D1695202

Werner Krause · Gerätekonstruktion in Feinwerktechnik und Elektronik

Gerätekonstruktion

in Feinwerktechnik und Elektronik

Herausgeber:

Prof. Dr.-Ing. habil. Dr. h. c. Werner Krause

3., stark bearbeitete Auflage,
mit 505 Bildern und 230 Tafeln

Carl Hanser Verlag München Wien

Federführung und Gesamtkonzeption:

Prof. Dr.-Ing. habil. Dr.h.c. Werner Krause
Institut für Feinwerktechnik der Technischen Universität Dresden

Autoren:

Prof. Dr.-Ing. habil. Erich Bürger (Abschnitt 6.3.2)
Prof. Dr.-Ing. Dirk Heinze (Abschnitt 5.7)
Prof. Dr.-Ing. habil. Günther Höhne (Abschnitt 2)
Prof. Dipl.-Formgestalter Ing. Alfred Hückler (Abschnitt 7)
Dr.-Ing. Dieter Joneit (Abschnitte 6.1.1 bis 6.1.3)
Ing. Alfred Kalusa (Abschnitt 8)
Prof. Dr.-Ing. habil. Dr.h.c. Werner Krause (Abschnitte 1, 4.4, 5.9, 6.1.1 bis 6.1.3, 6.3.1, 6.3.3, 6.3.4, 6.6)
Doz. Dr.-Ing. Eberhard Richter (Abschnitt 6.4.3)
Prof. Dr.-Ing. Günter Röhrs (Abschnitte 1, 3, 6.1.4, 6.1.5, 6.3.5, 6.4.4)
Prof. Dr.-Ing. habil. Manfred Schilling (Abschnitte 4.1 bis 4.3, 4.5, 6.4.1, 6.4.2)
Prof. Dr.-Ing. Wolfgang Schinköthe (Abschnitt 6.2)
Prof. Dr.-Ing. habil. Benno Schmidt (Abschnitt 6.5)
Prof. Dr.-Ing. Heinz Weißmantel (Abschnitt 3.2.5.5)
Dr.-Ing. habil. Inge Witte (Abschnitte 4.5, 5.1 bis 5.6)
Prof. Dr.-Ing. habil. Klaus Zimmermann (Abschnitt 5.8)

Die Deutsche Bibliothek - CIP-Einheitsaufnahme

Gerätekonstruktion : in Feinwerktechnik und Elektronik / Hrsg.:
Werner Krause. [Autoren: Erich Bürger ...]. - 3., stark bearb. Aufl. -
München ; Wien : Hanser, 2000

ISBN 3-446-19608-0

http://www.hanser.de

Satz: Initial, Satz und Grafik Studio, Dresden
Druck und Bindung: Druckhaus „Thomas Müntzer" GmbH, Bad Langensalza
Umschlaggestaltung: MCP · Susanne Kraus GbR, Holzkirchen
Printed in Germany

Vorwort

An Funktion, technisch-ökonomisches Niveau und Qualität feinwerktechnischer und elektronischer Produkte werden ständig neue und höhere Forderungen gestellt. In Verbindung mit der wachsenden Anzahl verfügbarer Forschungsergebnisse muß deshalb das Leistungsvermögen der betrieblichen Entwicklungs- und Konstruktionsbereiche bei zugleich sinkenden Zeiten und Kosten wesentlich gesteigert werden. Das zwingt zum weiteren Rationalisieren der Arbeit sowie zum schnellen und zuverlässigen Bereitstellen aufbereiteter Informationen und Daten, bedingt aber auch eine hohe Qualifikation der Mitarbeiter. In besonderem Maße gilt dies für die Feinwerktechnik und Elektronik, die sich außerordentlich schnell entwickeln. Ihnen kommt mit der Effektivierung wissenschaftlicher Arbeiten und der Automatisierung von Produktionsprozessen eine herausragende Bedeutung zu.

Das vorliegende Buch will für das Gebiet der Gerätekonstruktion zur Bewältigung dieser Aufgaben beitragen. Es baut auf den im gleichen Verlag erschienenen Standardwerken „Grundlagen der Konstruktion in Elektronik, Elektrotechnik und Feinwerktechnik“, „Konstruktionselemente der Feinmechanik” und „Fertigung in der Feinwerk- und Mikrotechnik“ auf und strebt eine geschlossene Darstellung der Baugruppen- und Gerätekonstruktion für den feinmechanischen, optischen und elektronischen Gerätebau an.

Der Inhalt vermittelt sowohl für in der Praxis tätige Ingenieure als auch für Studierende an Universitäten, Hoch- und Fachhochschulen die erforderlichen Grundlagen des konstruktiven Entwicklungsprozesses sowie des funktionellen und geometrisch-stofflichen Aufbaus von Geräten. Des weiteren werden wesentliche, Konstruktion, Herstellung und Einsatz der Produkte beeinflussende Faktoren der Genauigkeit und Zuverlässigkeit sowie des Schutzes von Geräten und der Umwelt dargestellt. Ganz bewußt darauf aufbauend, nimmt die Beschreibung typischer und häufig verwendeter elektrisch-elektronischer, elektromechanischer, feinmechanischer, optischer, optoelektronischer und mikromechanischer Funktionsgruppen breiten Raum ein. Dabei wurde der Versuch unternommen, die enorme Vielfalt von Gerätefunktionen zu verallgemeinern und systematisiert als Zielstellung der konstruktiven Entwicklung darzustellen. Abschließend werden die in ihrer Bedeutung immer mehr zunehmenden Gebiete des Gerätedesign und der Verpackung von Geräten behandelt.

Die im Jahre 1982 im Verlag Technik Berlin erschienene erste Auflage dieses Buches war bald vergriffen, so daß im Jahre 1986 eine zweite, stark bearbeitete Auflage folgte.

Da die Rationalisierung der Produktion eine automatisierte Montage von Einzelteilen zu Baugruppen und Geräten verlangt, fand im Abschnitt „Geometrisch-stofflicher Geräteaufbau“ dieser Auflage zusätzlich die automatisierungsgerechte Gestaltung Berücksichtigung. Bei den elektrisch-elektronischen Funktionsgruppen wurde die Leiterplattenkonstruktion ausführlicher beschrieben und ein Abschnitt zu optoelektronischen Funktionsgruppen eingefügt, der in umfassender Form konstruktive Richtlinien enthält.

Wegen der großen Nachfrage nach diesem Buch in Deutschland und im Ausland sowie vielen positiven Einschätzungen durch Fachkollegen in der Industrie und an den Universitäten, Hoch- und Fachhochschulen haben sich der Carl Hanser Verlag und der Herausgeber nunmehr zu einer dritten, stark bearbeiteten Auflage entschlossen.

Die Gerätekonstruktion wird heute in hohem Maße durch die Entwicklung der Mikroelektronik und Computertechnik beeinflußt. Die Autoren waren deshalb bemüht, bei der Überarbeitung und Aktualisierung aller Stoffgebiete dem in dieser Hinsicht modernsten Stand gerecht zu werden. Zudem ergab sich die Notwendigkeit, dem rechnerunterstützten Konstruieren (CAD) über einen neugefaßten Abschnitt hinaus generell breiteren Raum einzuräumen, gleichermaßen auch den Richtlinien zum Geräteaufbau unter Beachtung der Montage- und Demontageautomatisierung sowie des Recycling. Weiterführende Erkenntnisse zum Justieren, bei der Berechnung von Maß- und Toleranzketten, zur elektromagnetischen Verträglichkeit (EMV), zur thermischen, Schwingungs- und Stoßbelastung von Geräten sowie für die Lärmminderung erforderten eine Neubearbeitung dieser Kapitel.

Bei den Funktionsgruppen bestand die Aufgabe, wesentliche inhaltliche Erweiterungen vorzunehmen. Sie betreffen zum einen die Gebiete integrierte Schaltkreise, Stromversorgungen, Leitungsverdrahtungen und Leiterplatten, Tastaturen und Eingabebaugruppen sowie integrierte optische und optoelektronische Bauelemente. Die Fortschritte auf dem Gebiet der Antriebstechnik zwangen zum anderen zur Neufassung des Abschnitts der elektromechanischen Funktionsgruppen und Aktoren einschließlich der mechanischen Übertragungselemente für Rotations-Translations-Bewegungen sowie der in geregelten Antriebssystemen erforderlichen Geber für Weg- und Winkelmessungen. Außerdem eröffnete die rasche Entwicklung der Mikrotechnik die Möglichkeit, eine Übersicht zu mikromechanischen Funktionsgruppen einzubinden.

Stärker zu erneuern waren aber auch die Abschnitte zum Gerätedesign und zur Geräteverpackung. Zugleich wurden die Literaturangaben aktualisiert und, dem Vertiefen der internationalen Wirtschaftskooperation Rechnung tragend, DIN- und DIN-ISO-Normen sowie VDI/VDE-Richtlinien aufgenommen.

Von diesem Aufbau her folgt das Buch nunmehr den an Universitäten, Hoch- und Fachhochschulen eingeführten Lehrprogrammen des Hauptstudiums elektrotechnisch-feinwerktechnisch orientierter Studienrichtungen. Beim inhaltlichen Konzipieren konnten die Erfahrungen in der Ausbildung an den Technischen Universitäten Dresden, Ilmenau und Darmstadt sowie an der Universität Stuttgart berücksichtigt werden. Die umfassende Darstellung der einzelnen Abschnitte aber war nur dadurch möglich, daß sich namhafte Hochschullehrer und Wissenschaftler bereit erklärten, die ihrem jeweiligen Forschungs- und Lehrgebiet entsprechenden Themen unter Berücksichtigung des neuesten Erkenntnisstandes zu bearbeiten. Ihnen möchte ich an dieser Stelle herzlich danken. Des weiteren gebührt für die zusätzliche Unterstützung beim Ausarbeiten und Ergänzen einer Reihe von Teilgebieten den Herren Doz. Dr.-Ing. E. Seydel (Abschnitt 2.3), Dr.-Ing. C. Baier, Dr.-Ing. U. Schmitz, Dipl.-Ing. C. Doerrer (Abschnitt 3.2.5.5), Dr.-Ing. R. Nönnig (Abschnitt 4.3), Dr.-Ing. R. Lautenschläger (Abschnitt 4.5), Prof. Dr.-Ing. C. Markert (Abschnitte 5.1 bis 5.4), Prof. Dr.-Ing. habil. E. Habiger (Abschnitte 5.5 und 5.6), Dr.-Ing. J. Grabow (Abschnitt 5.8), Doz. Dr.-Ing. habil. M. Meissner (Abschnitt 6.3.1), Dr.-Ing. R. Gerstenberger und Dr.-Ing. F. Michel (Abschnitt 6.6) sowie Doz. Dr.-Ing. G. Bleisch (Abschnitt 8) mein Dank. Die zeichnerische Ausführung der Bilder lag in den Händen von Frau H. Weise, deren engagierte Mitarbeit eine besondere Würdigung verdient. Nicht zuletzt danke ich aber auch dem Carl Hanser Verlag für die bewährte kollegiale Zusammenarbeit.

Dresden　　　　Werner Krause

Inhaltsverzeichnis

1 Einleitung

Die Feinwerktechnik ist ein interdisziplinäres Gebiet der Ingenieurwissenschaften. Es verknüpft die physikalischen Disziplinen der Mechanik, Optik und Elektrotechnik-Elektronik in der Einheit von Hard- und Software, wofür international auch der Begriff *Mechatronik* geprägt wurde. Durch diese Verknüpfung eröffnet sich die Möglichkeit, mechanische Baugruppen durch Sensoren, Mikroprozessoren, Aktoren usw. zu ergänzen und mit einem hohen Anteil von Systemwissen und Software intelligente Produkte zu entwickeln. Diese können auf Umgebungsänderungen im Ergebnis einer geeigneten Informationsverarbeitung reagieren. Beispiele hierfür sind Roboter, CD-Player, Videokameras, automatische Kopiergeräte, Montageköpfe für SMT, Bearbeitungseinrichtungen mit selbsteinstellenden Werkzeugen usw. Mit dem Einsatz des Computers zur Steuerung von Funktionen ist bei diesen und weiteren Produkten eine neue Qualität entstanden. Es eröffnen sich umfangreiche Möglichkeiten zur Programmierbarkeit. Zugleich steigen Flexibilität, Universalität, Funktionsumfang sowie der Automatisierungsgrad, und es zeichnen sich weitere Veränderungen ab, wie sie **Tafel 1.1** auszugsweise zeigt.

Tafel 1.1 Entwicklungstendenzen in der Feinwerktechnik
Realisierung der informationsverarbeitenden Baugruppen der Produkte mit mikroelektronischen Bausteinen (zum Beispiel auch Ersatz von Kurvenscheiben und Nocken durch elektronische Speicher). Durch die damit gegebene Programmierbarkeit der Gerätefunktionen steigen Flexibilität, Universalität, Funktionsumfang und Automatisierungsgrad.
Realisierung der Baugruppen an der Geräteperipherie (Ein- und Ausgabe, Datenträgertransport, Steuerung von Bewegungsabläufen usw.) mit leistungsfähigen und zunehmend stärker miniaturisierten mechanischen und elektromechanischen Bauelementen (hochübersetzende Getriebe wie Harmonic drive, elektromechanische Schrittmotoren, lagegeregelte Gleichstromkleinstmotoren).
Übergang von traditionellen analogen zu digitalen Verarbeitungsprinzipen (z. B. digitale Ton- und Bildübertragung).
Funktionenintegration, das heißt immer mehr Funktionselemente werden zu einer, vielfach nicht mehr reparierbaren Einheit integriert (unter anderem in der Mikroelektronik, der Optoelektronik, der Antriebs-, Meß- und Sensortechnik).
Selbstdiagnose, das heißt, im Zusammenhang mit der Programmierbarkeit steigen die Möglichkeiten, daß Produkte Funktionsabweichungen und -ausfälle selbst erkennen und beseitigen.
Übergang von zentralen zu dezentralen Antriebssystemen innerhalb eines Produktes (z. B. drei bis vier speziell angepaßte Kleinstmotoren in einer Schreibmaschine oder Kamera).
Einführung neuer Gerätegenerationen in immer kürzeren Zeiträumen. Bei Rechenanlagen ist dies derzeit im Abstand von etwa drei Jahren der Fall, bei Automatisierungsanlagen innerhalb von zweieinhalb bis drei Jahren.
Ansteigen der Softwarekosten im Vergleich zu den Hardwarekosten (beispielsweise bei Computern der sogenannten ersten Generation 10 %, bei derzeitigen Computern bis zu 80 %).

Bemerkenswert ist dabei, daß der Wertanteil mechanischer Bauteile in einer Vielzahl von Produkten in den letzten Jahren zwar reduziert wurde, an der sogenannten Geräteperipherie jedoch nach wie vor Baugruppen mit miniaturisierten mechanischen Konstruktionselementen erforderlich sind. Bei ihnen erhöhen sich die Anforderungen bezüglich Leistungsfähigkeit, Zuverlässigkeit, Lebensdauer und Lärmminderung bei steigenden Arbeitsgeschwindigkeiten und zunehmender Präzision. Hinzu kommt, daß neben den bisher vorherrschenden Produkten mit vorwiegend informationsverarbeitenden Aufgaben solche in den Vordergrund treten, in denen Energie- sowie Stoffflüsse und damit mechanische und elektromechanische Bauelemente und Baugruppen dominieren **(Tafel 1.2)**. Zugleich nimmt der Anteil feinwerktechnischer Komponenten in anderen Wirtschaftsgruppen zu.

Tafel 1.2 Wirtschaftsfaktor Feinwerktechnik [1.1] [1.27] [1.42]

• **Produktpalette/Branchen**

Produkte mit dominierendem Informationsfluß (Beispiele):	*Produkte mit dominierendem Energie- und Stofffluß* (Beispiele):
- Informationsgewinnung (Fernrohre, Mikroskope, Koordinatenmeßgeräte) - Informationsverarbeitung (Rechner aller Art, Codierer und Decodierer, Integratoren - Realisierung vorwiegend mit mikroelektronischen Bausteinen) - Informationsübertragung (Radar-, Fernsprech-, Faxgeräte) - Informationsspeicherung (Tonband-, Plattenspieler-, Video-, Fotogeräte) - Informationsausgabe (Projektoren, Plotter, Drucker)	- Bürotechnik (Schreib-, Vervielfältigungsgeräte) - Medizin- und Labortechnik (Bestrahlungs- und Operationsgeräte, künstliche Organe und Prothesen, Laborzentrifugen) - Haushalttechnik (Waschmaschinen, Nähmaschinen, Mixgeräte, Hobbywerkzeuge) - Technisches Spielzeug (Mechanikbaukästen, Modellspielzeug, Spielautomaten) - Produktionstechnik (Manipulatoren, Roboter, Laserbearbeitungsgeräte, Beschichtungsanlagen)

• **Gesamtumsatz** der Feinwerktechnik-Branchen ca. 27 % des Bruttosozialproduktes (davon etwa ein Drittel Feinwerktechnik-Anteile im engeren Sinn)

• **Umsatzanteile** der Feinwerktechnik in anderen Wirtschaftsgruppen

⇒ Maschinenbau	8 %	⇒ Straßenfahrzeuge	25 %
⇒ Elektrotechnik	55 %	⇒ Eisen-, Blech-, Metallwaren	30 %

Der historisch jüngste Einsatz, der für die Feinwerktechnik neue Anforderungen und große Entwicklungsperspektiven bringt, ist die Ausführung, Beeinflussung und Überwachung von materiellen und geistigen Prozessen durch Automatisierung. Die Entlastung des Menschen von geistiger Routinearbeit in Forschung, Entwicklung und Konstruktion sowie bei der Organisation und Leitung ist Aufgabe der Feinwerktechnik schon seit der Entwicklung des Rechenschiebers, der mechanischen Tischrechenmaschine, der Zeichen- oder Schreibmaschine. Die teilweise oder vollständige Automatisierung formalisierbarer geistiger Prozesse steht jedoch trotz der bereits erreichten Ergebnisse noch am Anfang. Repräsentant für dieses Aufgabengebiet ist der Computer in allen seinen technischen Konfigurationen. Bei der Konstruktion von Produkten werden heute mit ihm die vielfältigsten Aufgaben bearbeitet, von der automatischen Unterlagenherstellung über naturwissenschaftlich-technische Berechnungen, die Simulation komplexer Systeme bis zur automatischen Synthese technischer Lösungen. Der Entwicklungstrend verläuft allerdings nicht zum vollständig automatisierten Konstruktionsprozeß, da die schöpferischen Phasen dieses Prozesses dem Ingenieur vorbehalten bleiben. Es entwickelt sich immer stärker das rechnerunterstützte Konstruieren, das seinerseits aufgrund der Notwendigkeit variabler und effektiver Eingriffsmöglichkeiten in den Programmablauf eine neue Generation von Geräten zur Kommunikation des Menschen mit dem Rechner hervorbringt.

Aber auch die Erweiterung der sensorischen, motorischen und geistigen Möglichkeiten des Menschen ist erst durch feinwerktechnische Lösungen möglich geworden. So erlauben medizinische Therapiegeräte das gezielte Beeinflussen des menschlichen Körpers, z. B. das Anschweißen der Augennetzhaut durch Laserstrahlen. Mikromechanische Systeme ermöglichen hohe Positioniergenauigkeiten im Mikrometerbereich und Computer große Informationsverarbeitungsgeschwindigkeiten, wozu in allen Fällen der Mensch mit seinen Fähigkeiten nicht in der Lage ist.

Die interessanteste und wirtschaftlich bedeutsamste Entwicklung vollzieht sich bei der Anwendung von Geräten zur Ausführung, Beeinflussung und Überwachung materiell-technischer Prozesse in der Produktion, im Verkehrswesen und in anderen Bereichen. Ausgelöst und befruchtet wurde diese Entwicklung durch die Mikroelektronik. Aufgrund der hohen Integrationsgrade sowie der Komplexität und Variabilität der elektronischen Funktionen von integrierten Schaltungen, der damit einhergehenden Erhöhung der Verarbeitungsgeschwindigkeit und Zuverlässigkeit, der geringen Abmessungen und angemessenen Kosten werden feinwerktechnische Lösungen möglich, die bisher nicht denkbar oder nicht zweckmäßig waren. Der gegenwärtige Stand der in der Feinwerktechnik realisierbaren Automatisierung wird gekennzeichnet durch den Einsatz von hochintegrierten Mikroprozessorschaltkreisen in Verbindung mit frei programmierbaren elektronischen Speicherbauelementen und einer internen Struktur mit einfachen Informationskopplungs- und -austauschmöglichkeiten zu vielen peripheren Funktionseinheiten. Damit existiert ein äußerst universelles Mikrorechnersystem als Herzstück eines allgemeinen Automatisierungssystems für beliebige Prozesse der Informations-, Energie- oder Stoffverarbeitung **(Bild 1.1)**.

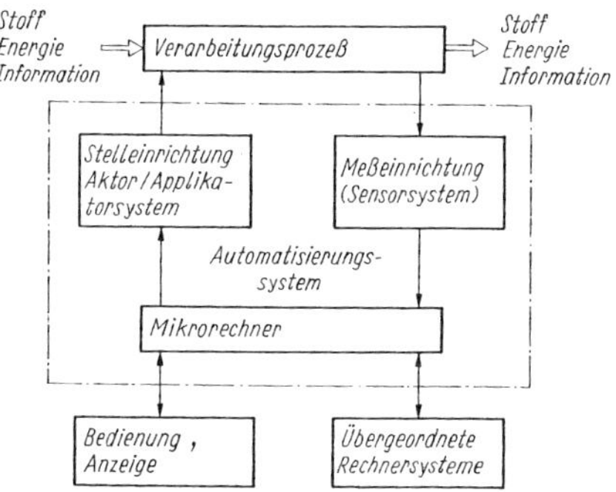

Bild 1.1
Allgemeines Automatisierungssystem

Neben der Prozeßautomatisierung ermöglicht die Mikroelektronik auch eine geräteinterne Automatisierung, d. h. entsprechend Bild 1.1 die Beeinflussung des Verarbeitungsprozesses im Gerät. Das eröffnet nicht nur Perspektiven für den automatisierten und damit optimierten Ablauf und die Integration von zusätzlichen gebrauchswerterhöhenden Funktionen, sondern vor allem auch für den Aufbau von Geräten, die mit geeigneten Mitteln der Fehlererkennung, Diagnose und Fehlerbeseitigung ausgerüstet sind. Es sei darauf hingewiesen, daß sich der Trend zur Automatisierung nicht nur auf bekannte Prozeßabläufe bezieht, sondern vor allem auf technisch bisher nicht realisierte Prozesse, z. B. die Nachbildung der menschlichen Handbewegungen durch Industrieroboter. Solche und andere neue Hardwarelösungen sind zukünftig in immer stärkerem Maße mit der Erarbeitung umfangreicher Software verbunden, deren Anteil an den Gerätekosten in vielen Fällen beträchtlich steigt.

Die Gewinnung von naturwissenschaftlich-technischen Erkenntnissen entspricht der traditionellen Aufgabe der Messung physikalischer Größen. Heute ist das Meßgerät in allen Bereichen menschlicher Tätigkeit unentbehrlich. In der verarbeitenden Industrie werden beispielsweise etwa 15 % der lebendigen Arbeit auf das Messen verwendet, in der Elektroindustrie sogar 60 %, wobei dieser Anteil steigt. Die umfangreichen und z. T. komplizierten Aufgaben der Meßwerterfassung, -wandlung, -verarbeitung und -bereitstellung sind immer mehr nur noch durch die Verknüpfung mit der Computertechnik zu lösen. Automatische Meßsysteme, die eine Vielzahl von Einzelgeräten verketten und den Gesamtprozeß der Meßwerterfassung, -verdichtung, -wandlung, -verarbeitung und -bereitstellung autonom durchführen, sind für die Lösung der bereits genannten Automatisierungsaufgaben unumgänglich. Mit dem immer tieferen Eindringen menschlicher Erkenntnis in Mikro- und Makrobereiche, die mit den Sinnesmodalitäten nicht mehr zu erfassen sind, wird auch die Meßgerätetechnik vor ständig neue Aufgaben gestellt.

Aus den Einsatzzielen ergeben sich Geräteklassen, wie sie Tafel 1.1 verdeutlicht. Die Fülle der aufgeführten Beispiele läßt erkennen, daß sich nahezu alle physikalischen Bereiche technisch nutzen lassen, mit Vorrang jedoch die der Mechanik, Optik und Elektrotechnik/Elektronik **(Bild 1.2)**, die als die eigentliche technische Basis der Feinwerktechnik angesehen werden können. **Bild 1.3** gibt mit Schätzwerten für einige Geräteklassen die zu erwartenden Entwicklungstendenzen an. Der Trend zur Realisierung von Funktionen durch elektronische Lösungen ist eindeutig. Er bezieht sich grundsätzlich auf alle informationsverarbeitenden Operationen innerhalb von Geräten, erfaßt ständig neue Bereiche und greift zunehmend in traditionelle nichtelektronische Gerätelösungen ein, z. B. die vollelektronische Uhr, die ohne sich bewegende mechanische Teile aufgebaut werden kann. Unabhängig davon behalten nichtelektronische, insbesondere elektromechanische und präzisionsmechanische Lösungen aus elementaren funktionellen Gründen ihre volle Berechtigung. Das Beibehalten dieser Lösungen bezieht sich in erster Linie auf die Peripherie des Gerätes, d. h. einerseits auf die Kommunikation mit dem Menschen und andererseits auf die Schnittstellen der Erfassung von Meßgrößen und der Ausgabe von Stellgrößen in der Automatisierungstechnik. Die Kommunikation bedingt wegen der Anpassung an die sensorischen und motorischen Fähigkeiten des Menschen Einrichtungen zur mechanischen Eingabe (Hebel, Tastaturen u. a.) und zur mechanischen, optischen und akustischen Ausgabe. Das Erfassen von Meßgrößen und die Ausgabe von Stellgrößen in Automatisierungssystemen erfordert eine Fülle von Signal- und Energiewandlern. Dadurch sind gerade durch die Feinwerktechnik die

Elektromechanik, Elektromagnetik, Elektroakustik, Thermoelektrik, Piezoelektrik, Optomechanik, Optoelektronik u. a. zu einem hohen Entwicklungsstand geführt worden.

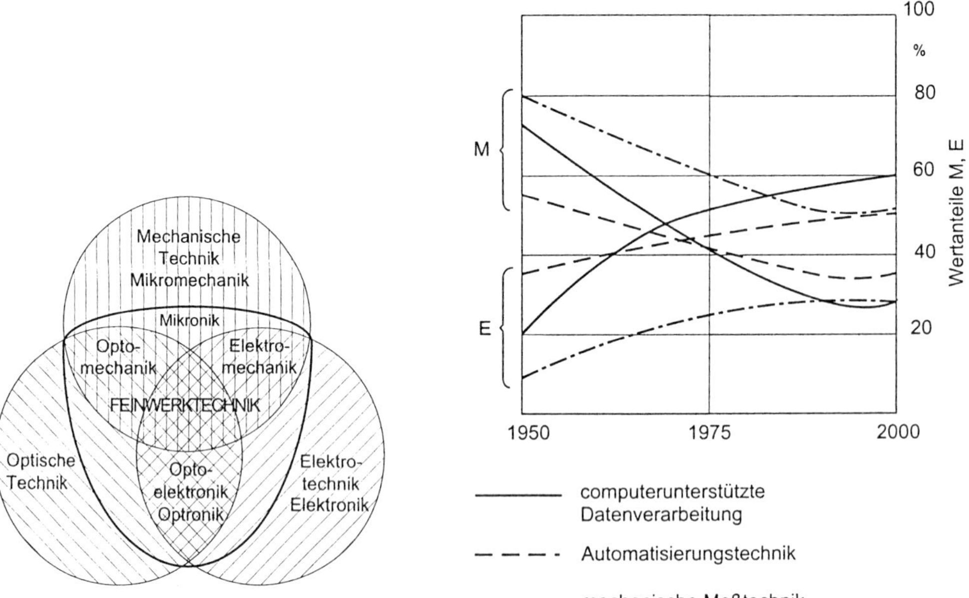

Bild 1.2 Feinwerktechnik im Schnittbereich der physikalischen Disziplinen Mechanik, Optik und Elektrotechnik-Elektronik

Bild 1.3 Prozentuale Veränderung der Wertanteile von Mechanik (M) und Elektronik (E) in feinwerktechnischen Produkten [1.24]

Wegen der notwendigen Anpassung an die Eigenschaften und Möglichkeiten der elektronischen Funktionen und hinsichtlich optimaler Schnittstellen entstehen zunehmende Anforderungen an die entsprechenden nichtelektronischen, speziell mechanischen Bauelemente. Sie beziehen sich auf die Steigerung der Leistungsfähigkeit, Erweiterung der Leistungsgrenzen, weitergehende Miniaturisierung der geometrischen Abmessung und Erhöhung von Genauigkeit, Zuverlässigkeit, Lebensdauer, Wartungsabständen und Umweltfreundlichkeit, besonders hinsichtlich des Geräuschpegels und der Recyclingfähigkeit. Gesichert zu betrachtende Analysen besagen, daß der wertmäßige Anteil mechanischer Elemente in den Produkten der Feinwerktechnik heute noch anderthalbmal so groß ist und auch im Zeitraum der nächsten zwei Jahrzehnte noch etwa ebenso groß bleiben wird wie der elektronischer Elemente. Eine qualitativ neue Situation entsteht aber durch den Übergang zur Serien- und Massenproduktion von Präzisionsmechanik [1.1]. Deshalb besteht auf dem Gebiet der Gerätekonstruktion die dringende Aufgabe, durch eine noch sichere Beherrschung der Mechanik und durch Erarbeitung moderner konstruktiver Lösungen mit der Entwicklung der Mikroelektronik Schritt zu halten. Es sind vielfach immer wieder neue, an die Möglichkeiten der zunehmend unifizierten mikroelektronischen Bausteine angepaßte Arbeitsprinzipe erforderlich, um die Vorzüge der Elektronik in Verbindung mit der Elektromechanik und Mechanik innerhalb eines Produktes voll zur Geltung bringen zu können.
Völlig neue Möglichkeiten bietet die *Mikromechanik*, mit den aus der Mikroelektronik bekannten Verfahren der Fotolithographie und Ätztechnik mechanische Funktionselemente wie Membranen, Zungen, Gitter usw. zu erzeugen [1.1] [1.4] [1.7] [1.15]. Diese neuartigen Elemente mit extremer Miniaturisierung und direkter Kopplung an elektronische Komponenten ermöglichen Anwendungen in der Sensorik und Aktorik, in peripheren Geräten der Computertechnik (z. B. für Tintenstrahl- oder Thermodrucker), in der Medizintechnik (für Implantate, wie Insulinpumpen, Sensoren für Körperfunktionen u. a.) und im wissenschaftlichen Gerätebau (z. B. für Gaschromatographie und Isotopentrennung).

Die Einführung neuer Gerätegenerationen vollzieht sich in immer kürzeren Zeiträumen, bei Computern z. B. derzeit im Abstand von etwa drei Jahren. Infolge der breiten Palette von Disziplinen, die die gerätetechnische Realisierung von Produkten beeinflussen, ist zum Beherrschen des Zeitfaktors Teamarbeit dringende Voraussetzung, um von Beginn einer Entwicklung an die zukunftsträchtigsten Lösungen für Gesamtkonzeption, elektronische Funktionen, elektromechanische, feinmechanische, optische, optoelektronische und mikromechanische Baugruppen sowie die geeignetsten Herstellungsverfahren erarbeiten zu können.

Mit den dargestellten Veränderungen im Aufgaben- und Einsatzbereich entstehen zwangsläufig auch neue *Gebrauchsanforderungen* für Geräte. Von den in **Tafel 1.3** aufgeführten gehören die Leistungsfähigkeit, Zuverlässigkeit und Genauigkeit, Material- und Energieökonomie sowie das Gerätedesign zu den wichtigsten, die Weiterentwicklung der Feinwerktechnik bestimmenden Kenngrößen.

Tafel 1.3 Gebrauchsanforderungen an Geräte

- Leistungsfähigkeit	- Design (ästhetische, ergonomische, soziale Anforderungen)
- Zuverlässigkeit	- Nutzungsgerechtheit
- Lebensdauer (funktionell, moralisch)	• Einfachheit, Bequemlichkeit, Zeitersparnis
- Genauigkeit und Reproduzierbarkeit der Funktion	• Kombinierbarkeit, Kompatibilität
- Umfang der Verwendbarkeit, Programmierbarkeit der Funktion	• Widerstands-, Strapazierfähigkeit
- Typisierungs- und Standardisierungsgrad	• Lagerungsfähigkeit
- Materialökonomie	- Instandhaltungsgerechtheit
- Energieökonomie	- Schutzgüte (Selbsttätigkeit der Sicherungsfunktionen, Sicherheit der Anwendung)
- Erzeugnisökonomie (Preis, Betriebskosten)	

Darüber hinaus kommt den *Umweltbedingungen* eine immer größere Bedeutung zu. In den Anfangsjahren der Entwicklung der Feinwerktechnik handelte es sich dabei zumeist um klar abgegrenzte Laborbedingungen für den Einsatz von Geräten. Heute besteht dagegen eine breite Palette einschließlich aller denkbaren Extreme, mit denen kein anderer Produktbereich konfrontiert wird. Moderne Geräte sind in Wohnräumen, Labors und Industriehallen, auf Bau- und Landmaschinen, in Kraftwagen, Flugzeugen und auf Schiffen, in Raketen und Raumflugkörpern, unter Tage und im Freien unter den verschiedensten klimatischen Bedingungen im Einsatz. Sie unterliegen zusätzlichen Belastungen durch den Menschen beim Transport, bei der Bedienung, Wartung und Reparatur. Es ist daher nicht verwunderlich, daß in der Gerätekonstruktion den Fragen des Geräteschutzes und des Umweltschutzes bis hin zum Recycling eine vorrangige Bedeutung beigemessen wird und dazu umfangreiche Vorschriften bestehen.

Literatur zum Abschnitt 1

Bücher

[1.1] *Krause, W.:* Konstruktionselemente der Feinmechanik. 2. Aufl. München, Wien: Carl Hanser Verlag 1993.

[1.2] *Krause, W.:* Grundlagen der Konstruktion – Elektronik, Elektrotechnik, Feinwerktechnik. München, Wien: Carl Hanser Verlag 1994.

[1.3] *Krause, W.:* Lärmminderung in der Feinwerktechnik. Düsseldorf: VDI-Verlag 1995.

[1.4] *Krause, W.:* Fertigung in der Feinwerk- und Mikrotechnik – Verfahren, Werkstoffe, Gestaltung. München, Wien: Carl Hanser Verlag 1996.

[1.5] *Hansen, F.:* Konstruktionswissenschaft – Grundlagen und Methoden. Berlin: Verlag Technik 1974 und München, Wien: Carl Hanser Verlag 1974.

[1.6] *Koller, R.:* Konstruktionslehre für den Maschinenbau. 2. Aufl. Berlin, Heidelberg: Springer Verlag 1985.

[1.7] *Heuberger, A.:* Mikromechanik. Berlin: Springer Verlag 1989.

[1.8] *Warnecke, H.-J.; u. a.:* Kostenrechnung für Ingenieure. München, Wien: Carl Hanser Verlag 1990.

[1.9] *Kirchner, H.-J.; Baum, E.:* Ergonomie für Konstrukteure und Arbeitsgestalter. München, Wien: Carl Hanser Verlag 1990.

[1.10] *Ehrlenspiel, K.:* Integrierte Produktentwicklung. Methoden für Prozeßorganisation, Produkterstellung und Konstruktion. München, Wien: Carl Hanser Verlag 1995.

[1.11] *Pahl, G.; Beitz, W.:* Konstruktionslehre. 3. Aufl. Berlin, Heidelberg, New York: Springer-Verlag 1995.

[1.12] *Roth, K.:* Konstruieren mit Konstruktionskatalogen. Bde. 1 bis 3. Berlin, Heidelberg: Springer-Verlag 1994 bis 1996.

[1.13] *Specht, G.; Beckmann, C.:* F&E-Management. Stuttgart: Schüffer-Poeschel Verlag 1996.

[1.14] *Pfeifer, T.:* Qualitätsmanagement – Strategien, Methoden, Techniken. 2. Aufl. München, Wien: Carl Hanser Verlag 1996.

[1.15] *Gerlach, G.; Dötzel, W.:* Grundlagen der Mikrosystemtechnik. München. Wien: Carl Hanser Verlag 1997.

[1.16] GMM-Report 1998. Frankfurt/M: VDE/VDI-Gesellschaft Mikroelektronik, Mikro- und Feinwerktechnik.

Aufsätze, Normen und Richtlinien

[1.20] *Höhne, G.; Schilling, M.:* CAD-Einsatz in der Gerätekonstruktion. Feingerätetechnik 36 (1987) 2, S. 51.

[1.21] *Krause, W.:* Automatisierte Präzisionsgerätetechnik - aktuelle Schwerpunkte in Lehre und Forschung. Feingerätetechnik 37 (1988) 11, S. 482.

[1.22] *Krause, W.; Schilling, M.:* Konstruktionselemente der Feinmechanik/Präzisionsgerätetechnik – Charakterisierung und Aufgaben. Feingerätetechnik 38 (1989) 1, S. 17.

[1.23] *Krause, W.:* Noch immer Feinmechanik im Zeitalter der Mikroelektronik? Feinwerktechnik und Meßtechnik 98 (1990) 9, S. 345.

[1.24] *Krause, W.:* Traditionen und Trends in der Feinmechanik. Technische Rundschau Bern 82 (1990) 45, S. 76.

[1.25] *Krause, W.:* Ökologie aus feinwerktechnischer Sicht. Technische Rundschau Bern 84 (1992) 47, S. 64.

[1.26] *Todt, H.:* Die Bedeutung der Mikro- und Feinwerktechnik in der heutigen Zeit. Feinwerktechnik • Mikrotechnik • Meßtechnik 100 (1992) 7, S. 270.

[1.27] *Skoludek, H.:* Feinmechanik-Optik, eine Schlüsselindustrie im Markt. Feinwerktechnik • Mikrotechnik • Meßtechnik 100 (1992) 7, S. 272.

[1.28] *Krause, W.; Weißmantel, H.:* Mikro- und Feinwerktechnik – Modell einer zukunftsorientierten Studienrichtung. Feinwerktechnik • Mikrotechnik • Meßtechnik 101 (1993) 9, S. 329.

[1.29] *Krause, W.:* Umweltgerechte Produktentwicklung. Wiss. Zeitschrift der TU Dresden 44 (1995) 4, S. 1.

[1.30] *Röhrs, G.; Krause, W.:* Recyclinggerechtes Konstruieren elektronischer und feinwerktechnischer Produkte. Wiss. Zeitschrift der TU Dresden 44 (1995) 4, S. 6.

[1.31] *Prottung, U.:* Parallelentwicklung beim Gerätedesign. Feinwerktechnik • Mikrotechnik • Meßtechnik 103 (1995) 10, S. 596 und 104 (1996) 1-2, S. 12.

[1.32] *Roth, K.:* Finden und Ordnen technischer Lösungen - Wahl des Gliederungsprinzips und der Zugriffsmerkmale für Konstruktionskataloge. Feinwerktechnik • Mikrotechnik • Mikroelektronik 104 (1996) 1- 2, S. 76.

[1.33] *Merz, G.:* CAD als Schlüssel zur durchgängigen Prozeßkette. Feinwerktechnik • Mikrotechnik • Mikroelektronik 104 (1996) 3, S. 158.

[1.34] *Becker, W.:* CAD/CAM-Modellierer der nächsten Generation. Feinwerktechnik • Mikrotechnik • Mikroelektronik 104 (1996) 6, S. 438.

[1.35] *Schmidt, G.:* Integrierte Entwicklungen von Optik und Mechanik. Feinwerktechnik • Mikrotechnik • Mikroelektronik 104 (1996) 6, S. 448.

[1.36] *Roessger, W. O.:* Der Weg zu höherer Produktivität. Feinwerktechnik • Mikrotechnik • Mikroelektronik 104 (1996) 9, S. 596.

[1.37] *Ehlers, K.:* Konzentration auf die Kernkompetenz. Feinwerktechnik • Mikrotechnik • Mikroelektronik 104 (1996) 10, S. 694.

[1.38] *Klipstein, D. L.:* Optoelektronik und Mikromechanik setzen neue Maßstäbe. Feinwerktechnik • Mikrotechnik • Mikroelektronik 105 (1997) 1 - 2, S. 15.

[1.39] *Mertz, G.:* Entwicklungswerkzeuge als Wettbewerbsfaktor. Feinwerktechnik • Mikrotechnik • Mikroelektronik 105 (1997) 5, S. 319.

[1.40] *Merz, G.:* Rettung aus dem Konstruktionsengpaß. Feinwerktechnik • Mikrotechnik • Mikroelektronik 105 (1997) 6, S. 428.

[1.41] *Krause, W.:* Mechatronik studieren – aber wie? Feinwerktechnik • Mikrotechnik • Mikroelektronik 106 (1998) 1-2, S. 18.

[1.42] *Krause, W.:* Feinwerktechnik im Zeitalter der Mikroelektronik. GMM-Report 1998, S. 33. Frankfurt/M: VDE/VDI-Gesellschaft Mikroelektronik, Mikro- und Feinwerktechnik.

[1.43] DIN 40150: Begriffe der Feinwerktechnik.

[1.44] VDI/VDE 2422 : Entwicklungsmethodik für Geräte mit Steuerungen durch Mikroelektronik.

[1.45] VDI/VDE 2424: Industrial Design.

[1.46] VDI/VDE 2428: Gerätetechnik.

[1.47] VDI 2242: Konstruieren ergonomiegerechter Erzeugnisse.

[1.48] VDI 2243: Recyclingorientierte Gestaltung technischer Produkte.

2 Konstruktiver Entwicklungsprozeß von Geräten

Zeichen, Benennungen und Einheiten
(für Abschn. 2 und 3)

A	Ausgangsgröße
C	Drehfedersteifigkeit eines Stabelements in N · mm
D	Biegesteifigkeit eines Plattenelements in N · mm
E	Eingangsgröße, Elastizitätsmodul in N/mm²
F	Funktion, Kraft in N
I	Flächenträgheitsmoment in mm⁴, Information, elektrischer Strom in A
K	Bewertungskriterium
M	Menge von Elementen, Drehmoment in N · mm
N	Nebenwirkung, Anzahl von Komplexionen
P	Informationsparameter, Leistung in W
Q	Signal
R	Relation zwischen Systemelementen, elektrischer Widerstand in Ω
S	Struktur eines Systems
U	Umgebung eines Systems, elektrische Spannung in V
V	Variante, Kontrollgröße
W	Störgröße, Energie in J
X	Rückführgröße
Y	Stellgröße
Z	Systemoperator (Gerätekennwerte)
a	Kantenlänge in mm
b	Kantenbreite in mm
c	Federsteife in N/mm
d	Durchmesser in mm
e	Exzentrizität in mm
f	Frequenz in kHz
g	Einflußzahl
k	Dämpfungskonstante in N · s/mm
l	Länge in mm
m	Masse in g
n	Drehzahl in U/min
p	Wahrscheinlichkeit, Bewertungspunkt
r	Radius in mm
s	Dicke in mm, Weg in mm
t	zeitabhängige Variable
v	Geschwindigkeit in mm/s
w	Durchbiegung in mm
x	Wert einer Variante
x, y, z	ortsabhängige Variable
ΔZ	innere Störgröße (system-, geräteintern)
Δ	Änderung, Differenz einer Größe
Σ	Summe
α, β	Koeffizienten, Winkel in rad
γ	Verformungsbeiwert
ϑ	Temperatur in K
ν	Querkontraktionszahl, Dichte in g/mm³
φ, Ψ	Winkel in rad
$\{x\}$	Menge einer Größe x
$\wedge$	Konjunktion

Indizes

E	Energie
EP	Erdpotential
I	Information
MP	Massepotenial
NP	Nullpotential
S	Stoff
a	Ausgang
e	Eingang
el	elektrisch
f	funktionsrelevant
g	gesamt
i, j	Zählgrößen
k	kommunikativ
n	nichtfunktionsrelevant
th	thermisch
ü	Übergang
v	Verarbeitung
z	Störung

Bei der Entwicklung von Geräten nimmt der Konstrukteur mit seiner Aufgabe, ein technisches Gebilde schöpferisch vorauszubestimmen, einen herausragenden Platz ein. Damit Qualität und Produktivität seiner Tätigkeit mit den wachsenden Anforderungen Schritt halten, müssen im konstruktiven Entwicklungsprozeß wissenschaftliche Grundlagen, Methoden und technische Hilfsmittel zur Anwendung kommen [2.1] bis [2.32]. Dabei sind die Besonderheiten des Entwicklungsgegenstands zu berücksichtigen.

2.1 Begriffe und Grundlagen

2.1.1 Allgemeine Eigenschaften von Geräten und ihre Beschreibung

Eine für das Gebiet der Feinwerktechnik gültige Darstellung des Konstruktionsablaufs und der dazu notwendigen Methoden erfordert Abgrenzungen und Verallgemeinerungen zur einheitlichen Behandlung der verschiedenen Geräte. Auch für die konstruktive Tätigkeit hat es sich als nützlich erwiesen, Geräte als Systeme zu betrachten. Der Systembegriff ermöglicht es, Geräte mit unterschiedlicher physikalischer Wirkungsweise und unterschiedlicher Komplexität, wie Geräteketten, Einzelgeräte und deren Bestandteile (Baugruppen und Einzelteile), bezüglich ihrer Wesensmerkmale einheitlich darzustellen.

Ein technisches *System* ist ein abgegrenzter Bereich der Wirklichkeit, der Beziehungen zu seiner *Umgebung* (U) hat, bestimmte *Funktionen* (F) erfüllt und eine *Struktur* (S) aufweist. Für den Konstrukteur folgt daraus, daß er die Eigenschaften U, F und S eindeutig festlegen muß, um ein Gerät hinreichend zu beschreiben. Eine Zusammenstellung der Systembegriffe zeigt **Tafel 2.1** (s. auch Abschn. 4.2.1, Tafel 4.1).

Tafel 2.1 Systembegriffe

<table>
<tr><td>System-parameter</td><td>Eingangsgrößen $\{E\}$</td><td>E_f → Z → A_f
E_n → Z → A_n
E_f, A_f funktionsrelevante Größen
E_n, A_n nichtfunktionsrelevante Größen (Umstände, Bedingungen, Nebenwirkungen)
Z Systemoperator (Gerätekennwerte)</td><td>$\{A\}$ Ausgangsgrößen</td></tr>
<tr><td>Definition</td><td>Umgebung (U)
ist die Gesamtheit der Objekte außerhalb eines Systems, die Beziehungen zum System haben.</td><td>Funktion (F)
ist die für einen bestimmten Zweck ausgenutzte Eigenschaft eines Systems, die dazu notwendigen Eingangsgrößen E_f in die Ausgangsgrößen A_f unter bestimmten Bedingungen E_n und A_n zu überführen.</td><td>Struktur (S)
ist die Gesamtheit der Elemente M und der zwischen ihnen bestehenden Relationen R innerhalb eines Systems.
$S=\{M,R\}$</td></tr>
<tr><td>Zusammen-hänge</td><td>Die Beziehungen zur Umgebung werden über die Ein- und Ausgänge realisiert.
$U=\{E_f, E_n, A_f, A_n\}$</td><td>Die technische Funktion beschreibt den Zusammenhang zwischen Umgebung und Struktur.
$A=Z(E)$</td><td>Durch die Umgebung (E, A) werden bestimmte Elemente und Relationen der Struktur aktiviert, die infolge ihrer Eigenschaften die geforderte Zuordnung über den Systemoperator Z realisieren.</td></tr>
</table>

2.1.1.1 Umgebung

Ein Gerät ist nur einsetzbar, wenn es Beziehungen zu seiner Umgebung hat. Diese können sehr vielgestaltig sein **(Tafel 2.2)**. Jedes Gerät tritt im Verlauf seiner Existenz in den verschiedenen Umgebungssituationen mit typischen Umweltobjekten in Wechselwirkung. Diese Beziehungen müssen beim Konstruieren gedanklich vorausbestimmt und die daraus resultierenden Forderungen konstruktiv umgesetzt werden (s. Abschnitte 5 und 8). Dazu dient eine geeignete Beschreibung, für die es zwei Möglichkeiten gibt:

- Darstellung der geometrisch-stofflichen Eigenschaften der Umgebung (geometrisch-stoffliche Beschreibung)
- Darstellung der Ein- und Ausgangsgrößen, die zwischen System und Umgebung ausgetauscht werden (funktionelle Beschreibung).

Bei der Ermittlung der Umgebungsbeziehungen können gedankliche Modelle nach **Bild 2.1** das systematische Vorgehen unterstützen.

Tafel 2.2 Umgebungsbeziehungen eines Gerätes

Objekte in der Umgebung	Umgebungssituationen im Lebenszyklus eines Gerätes
- technische Objekte	- Fertigung, Kontrolle, Erprobung - Lagerung, Transport
- Mensch	- Installation, Inbetriebnahme - Einsatz (Nutzung)
- Medien, Felder, Klima	- Wartung, Reparatur - Recycling, Entsorgung

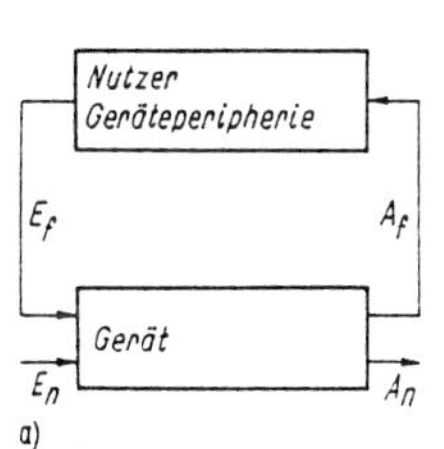

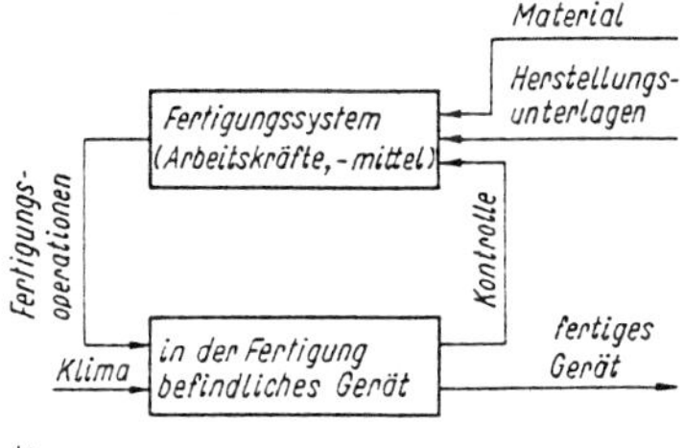

Bild 2.1 Umweltbeziehungen bei Einsatz und Fertigung
(vgl. Tafel 2.1)
a) Ermittlung der Einsatzbedingungen
b) Ermittlung der Fertigungsbedingungen

2.1.1.2 Funktion

Die Funktion eines technischen Gebildes ist die für die Erfüllung eines Zwecks genutzte Eigenschaft, die Eingangsgrößen *E* in die Ausgangsgrößen *A* zu überführen. Sie läßt sich durch die in Tafel 2.1 angegebenen Systemparameter charakterisieren. Die Anzahl der Funktionen, die ein technisches Gebilde übernehmen kann, entspricht der Zahl seiner ausnutzbaren physikalischen Eigenschaften. Erfüllt ein Gerät oder ein Bauelement mehrere technische Funktionen, so müssen die zwischen ihnen bestehenden Relationen beachtet werden.

An einem System kann man *Gesamt-* und *Teilfunktionen* unterscheiden. Die Gesamtfunktion umfaßt alle Ein- und Ausgangsgrößen, die das betrachtete Gebilde (Gerät, Baugruppe oder Einzelteil) als Ganzes verarbeitet. Teilfunktionen innerhalb eines Gerätes lassen sich abgrenzen

1. nach der Bedeutung für die Erfüllung des Zwecks:
   Haupt- und Nebenfunktionen
2. nach der Art der Veränderungen von Funktionsgrößen innerhalb des Funktionsflusses in einem Gerät:
   Grundfunktionen (Wandeln, Leiten, Speichern usw.)
3. nach dem physikalischen Charakter der Funktionsgrößen:
   Teilfunktionen der Stoff-, Energie- und Informationsverarbeitung.

Durch diese Untergliederung des Funktionsflusses entstehen funktionell abgegrenzte Teilsysteme in einem Gerät. Alle drei Möglichkeiten der Bildung von Teilfunktionen können je nach Anwendungsfall einzeln oder auch gleichzeitig bei einem Gerät benutzt werden. Zur Kennzeichnung der untersten Ebene der Zerlegung benutzt man den Begriff der *Elementarfunktion* [2.10]. Der Grad der Zerlegung ist stets dem Zweck anzupassen.

Die vielfältigen physikalischen Eigenschaften eines Bauteils ermöglichen seine Verwendung für mehrere Funktionen. Die Spannbänder eines elektrischen Meßwerks **(Bild 2.2)** werden funktionell mehrfach genutzt. Diese Erscheinung heißt *Funktionenintegration.* Sie wird in der Gerätekonstruktion zur

Vereinfachung des Geräteaufbaus und zur Miniaturisierung genutzt. Man muß jedoch beachten, daß sich die Funktionen innerhalb des Bauelements störend beeinflussen können. Dies läßt sich durch *Funktionentrennung* vermeiden (s. Abschn.4.2).

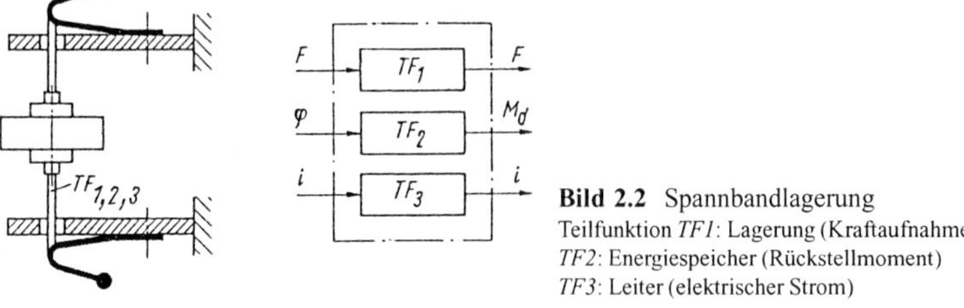

Bild 2.2 Spannbandlagerung
Teilfunktion *TF1*: Lagerung (Kraftaufnahme)
TF2: Energiespeicher (Rückstellmoment)
TF3: Leiter (elektrischer Strom)

Untersuchungen technischer Gebilde haben ergeben, daß die Anzahl der technischen Funktionen überschaubar ist und daß bei geeigneter Abstraktion die gleichen Funktionen nicht nur in Geräten, sondern in allen Bereichen der Technik auftreten. Die notwendige Verallgemeinerung besteht darin, von den konkreten physikalisch-technischen Merkmalen zu abstrahieren. Diese wiederkehrenden, verallgemeinerten Funktionen sollen als *Grundfunktionen* bezeichnet werden. Eine Grundfunktion gibt die wesentlichen funktionellen Eigenschaften einer Klasse von Bauelementen wieder. Damit sind die Voraussetzungen geschaffen, sie als Bausteine (Funktionselemente) für die Synthese von Strukturen zu benutzen. Den Vorgang der Abstraktion veranschaulicht **Tafel 2.3** an einigen ausgewählten Beispielen.

Zahlreiche Bemühungen verfolgen das Ziel, die allgemein anwendbaren Funktionen zu definieren und zu ordnen [2.10] [2.15] [2.27] [2.30] [2.32]. Als Ordnungsmerkmale werden an den Funktionsgrößen vollzogene Änderungen benutzt: Qualität, Quantität, Ort, Anzahl und Zeit, die für Funktionen des Stoff-, Energie- und Informationsflusses gelten, **Tafel 2.4**. Weitere Einzelheiten der Funktionsbeschreibung von Geräten enthält Abschn. 3.

Tafel 2.3 Beispiele für Grundfunktionen

Bauelement		Konkrete Funktion	Verallgemeinertes Funktionselement	
Bezeichnung	Skizze		Funktion	Bezeichnung
Anschlag	φ, φ_A, ω	ω → $\omega = 0$ bei $\varphi = \varphi_A$	E → Funktionsfluß verhindert	Sperre
Elektromagnet	I, F	I → $F = \frac{\mu_0 I^2 w^2}{l^2}$ → F	E → E u. A qualitativ verschieden → A	Wandler
Winkelhebel	s_1, l_1, l_2, s_2	s_1 → $s_2 = \frac{l_2}{l_1} s_1$ → s_2	E → A > E → A	Verstärker
		s_2 → $s_1 = \frac{l_1}{l_2} s_2$ → s_1	E → A < E → A	Reduzierer

2.1.1.3 Struktur

Ein Gerät kann seine Funktion nur dann erfüllen, wenn es in der dazu notwendigen Weise aufgebaut ist. Den Aufbau eines Systems bezeichnet man als Struktur, die sich aus Elementen und Relationen zusammensetzt (s. Tafel 2.1). Aus systemtheoretischer Sicht sind Elemente Systembestandteile, die innerhalb dieser Gesamtheit nicht weiter zerlegt werden. Für die Produktgliederung ist es zweckmäßig, Komplexitätsebenen der Struktur zu unterscheiden:

Gerätesysteme (Geräteketten) erfüllen komplexe Funktionen und setzen sich aus Einzelgeräten zusammen, wie z.B. CAD-Arbeitsplätze, Meßplätze u.ä.

Einzelgeräte sind für einen bestimmten Zweck bestimmt und unterteilen sich in Teilsysteme oder Baugruppen unterschiedlicher Komplexität.

Tafel 2.4 Übersicht über technische Funktionen

Veränderungsklasse	Grundfunktion	Zugeordnete Funktionen
Qualität	Wandeln	
	Umsetzen	
Quantität	Umformen	Verstärken
		Reduzieren
	Schalten	Sperren
Ort	Übertragen	Leiten
		Fördern
		Koppeln
Anzahl (Menge)	Verknüpfen	Selektieren
		Vereinigen
		Verzweigen
		mathematisches Verknüpfen
		logisches Verknüpfen
Zeit	Speichern	Bereitstellen
		Aufnehmen

Baugruppen sind abgegrenzte, selbständige Gruppen von Einzelteilen, die miteinander gekoppelt sind. Sie werden unter dem Systemaspekt auch als Teilsystem betrachtet. Baugruppen werden als Bauelemente bezeichnet, wenn sie z. B. als Kauf- oder Zulieferteile in das Gerät einzubauen sind (Relais, Steckverbinder, integrierte Schaltkreise, genormte Kupplungen, Getriebe oder Motoren).

Bauelemente sind sowohl Einzelteile als auch Baugruppen, die beim Konstruieren nicht weiter zerlegt werden und demnach unterschiedliche Komplexität besitzen können. Betrachtet man nicht deren Gestalt, sondern nur ihre Funktion, so heißen sie *Funktionselemente* (Wandler, Speicher, Leiter oder Verstärker).

Einzelteile bilden die niedrigste Ebene für die körperliche Zerlegung eines Geräts. Es sind Bauelemente, die durch Bearbeiten eines Werkstoffs ohne Fügen mit anderen Bauelementen entstehen. Sie haben keine inneren Kopplungen und setzen sich aus Formelementen (geometrischer Grundkörper, Flächen) sowie dem Werkstoff zusammen.

Wirkflächen sind die am Funktionsfluß beteiligten Flächen eines Einzelteils mit einer für diesen Zweck geeigneten Gestalt.

Relationen sind die Beziehungen zwischen den beschriebenen Strukturbestandteilen. Für die Konstruktion sind solche Relationen von Interesse, die den Aufbau und die Funktion betreffen. Das sind die Anordnungen und die Kopplungen.

Anordnungen sind Relationen zwischen Systemelementen, die die geometrischen Relativlagen der Elemente beschreiben. Die Anordnung kann durch Koordinatensysteme (körperfeste für die Elemente und ein raumfestes Bezugssystem für das Gesamtgerät) eindeutig beschrieben werden. Durch sie ist die Grundlage für eine formale Beschreibung von Konstruktionsergebnissen gegeben. Die geometrische Struktur eines technischen Gebildes ist durch Angabe der geometrischen Form der Elemente und ihrer Anordnung vollständig beschrieben. Zwischen den Bauelementen bestehen neben den geometrischen auch funktionelle Beziehungen, die Kopplungen.

Kopplungen sind Relationen zwischen Systemelementen, die der Übertragung von Stoff, Energie oder Information zwischen den Elementen dienen. An der Kopplung von Bauelementen sind gewöhnlich nicht die ganzen Elemente beteiligt, sondern nur Teile von ihnen, vorzugsweise die Wirkflächen der Koppelstellen. Eine *Koppelstelle* ist der geometrische Ort für die Übertragung der Funktionsgrößen. Kopplungen lassen sich über die verschiedensten physikalischen Mittel erreichen (mechanische Verbindungen, Felder, Wellen, Teilchenströme usw.).

Ebenso wie die technische Funktion kann die Struktur auf unterschiedlichen Abstraktionsebenen beschrieben werden. Je nach Entwicklungsstufe und Zweck ist es möglich, bei der Darstellung bestimmte Eigenschaften der Struktur in den Vordergrund zu stellen (**Tafel 2.5**). Strukturbeschreibungen dienen beim Konstruieren der Dokumentation der Zwischen- und Endergebnisse sowie als methodische Hilfsmittel zur Unterstützung der Vorstellungen des Konstrukteurs und der Manipulation mit dem Objekt.

Tafel 2.5 Abstraktionsebenen der Strukturbeschreibung

Abstraktionsebene		Definition	Darstellungsmittel
Funktionelle Beschreibung	Verfahrensprinzip (Wirkprinzip)	abstrahierte Darstellung der Struktur, die physikalisch-technische Operationen und systeminnere Zustandsfolgen mit ihren Verknüpfungen enthält	Graph, Blockbild
	Funktionsstruktur (Blockschema)	abstrahierte Darstellung der Struktur, die die Funktionselemente und deren Kopplungen enthält	Blockbild, Graph (für bestimmte Bereiche genormt)
Geometrisch-stoffliche Beschreibung	technisches Prinzip (Arbeitsprinzip, Funktionsprinzip)	abstrahierte Darstellung der Struktur, in der die geometrisch-stofflichen Eigenschaften der funktionswichtigen Bauelemente und Relationen qualitativ bestimmt sind	Prinzipskizze (gestaltähnliche Symbole, für bestimmte Bereiche genormt)
	technischer Entwurf	Strukturbeschreibung, die die geometrisch-stofflichen Eigenschaften (d. h. die Gestalt) des technischen Gebildes in ihrer Gesamtheit quantitativ darstellt	technische Zeichnung

2.1.2 Ablauf des konstruktiven Entwicklungsprozesses

Das Konstruieren ist die gedankliche Vorausbestimmung eines Erzeugnisses und ist der Beginn eines Lebenszyklus.

Konstruktionsaufgaben entspringen ebenso wie die übrigen technischen Aufgaben stets einem gesellschaftlichen Bedürfnis. Sie werden in enger Wechselwirkung mit den anderen Prozessen der technischen Vorbereitung, wie der technologischen Entwicklung, der Vorlaufforschung, des Musterbaus u.a., gelöst.

2.1.2.1 Einordnung und Charakter des Konstruierens

Der konstruktive Entwicklungsprozeß (KEP) ist ein Teil der technischen Vorbereitung der Produktion. Er umfaßt alle zur Vorausbestimmung eines technischen Gebildes notwendigen gedanklichen, manuellen und maschinellen Operationen, die ausgeführt werden müssen, um von einer konstruktiven Aufgabenstellung zu einer für Produktion und Einsatz hinreichenden Beschreibung des technischen Gebildes zu gelangen.

Der Konstruktionsvorgang hat demnach entscheidenden Einfluß auf den Gebrauchswert des Produkts und auf die Ökonomie von Produktion und Einsatz. Untersuchungen haben ergeben, daß die Kosten eines Erzeugnisses zu 75 % im Verlauf des konstruktiven Entwicklungsprozesses festgelegt werden [2.17] [2.57].

Das methodische Vorgehen bei der Lösung von Konstruktionsaufgaben wird durch die Merkmale der Struktursynthese geprägt. Der Konstrukteur vollzieht gedankliche Vorgriffe auf alle Phasen der Existenz eines künftigen Gebildes. Das Bestimmen der Struktur S für eine vorgegebene Funktion F ist ein nichtdeterminierter Vorgang mit einer Übergangswahrscheinlichkeit $P_{ü} < 1$ [2.10] [2.22], dessen Ergebnis eine unbegrenzte Zahl von Varianten $\{S_i\}$ umfaßt:

$$F \xrightarrow[P_{ü}<1]{} \{S_i\} \qquad (2.1)$$

Die Beziehung Funktion-Struktur ist somit mehrdeutig und unbestimmt. Beim Konstruieren hat man deshalb nicht nur die Konstruktionslösung, sondern auch den Lösungsweg zu bestimmen.

Unter Beachtung dieser Bedingungen lassen sich Maßnahmen für das prinzipielle Vorgehen beim Konstruieren ableiten (**Tafel 2.6**). Die Mehrdeutigkeit bei der Lösungsfindung bietet die Möglichkeit zur Optimierung, erfordert aber einen erhöhten Arbeitsaufwand.

Tafel 2.6 Grundlagen einer systematischen Arbeitsweise beim Konstruieren

Problemsituation		$F \xrightarrow{}$ Geforderte Funktion	$P_{ü} < 1$ Lösungsweg mit Übergangswahrscheinlichkeit	$\{S_i\}$ Menge der funktionserfüllenden Strukturen
Maßnahmen	Ziel	Vervollständigen und Konzentrieren der Anfangsinformation	Einschränken der Unbestimmtheit	Ausnutzen und Einschränken der Lösungsvielfalt
	Mittel	durch - Präzisieren - Verallgemeinern (Abstraktion) - Einschränken	durch - schrittweises Vorgehen - Ausnutzung vorhandener Lösungen (Speicher) - zyklische Arbeitsweise (Rückkopplung)	durch - Erschließen des Lösungsfeldes - Ordnen (Klassifizieren, Systematisieren) - Auswahl der optimalen Variante

Die Unbestimmtheit bei der Synthese kann gemindert werden, indem man den notwendigen Informationszuwachs in zweckmäßigen Schritten erarbeitet, vorhandene Lösungen benutzt und durch schöpferische Vorgriffe auf neue Varianten bzw. Lösungselemente sowie durch bewußte Rückkopplung auf die Ausgangssituation iterativ die gewünschte Struktur entwickelt. Das Finden eines Lösungsansatzes wird erleichtert, wenn man die unvollständigen Angaben der Konstruktionsaufgabe ergänzt und dann auf das Wesentliche (Funktion) beschränkt. Die in Tafel 2.6 angegebenen Maßnahmen erweisen sich als methodische Grundregeln für die Lösung jeder Konstruktionsaufgabe. Ihre Anwendung erfordert eine konsequente, systematische Arbeitsweise, wie sie das heuristische Oberprogramm [2.22] im **Bild 2.3** angibt. Sie sind auch die Grundlage für den Einsatz des Computers und moderner Expertensysteme beim Konstruieren (s. Abschn. 2.3).

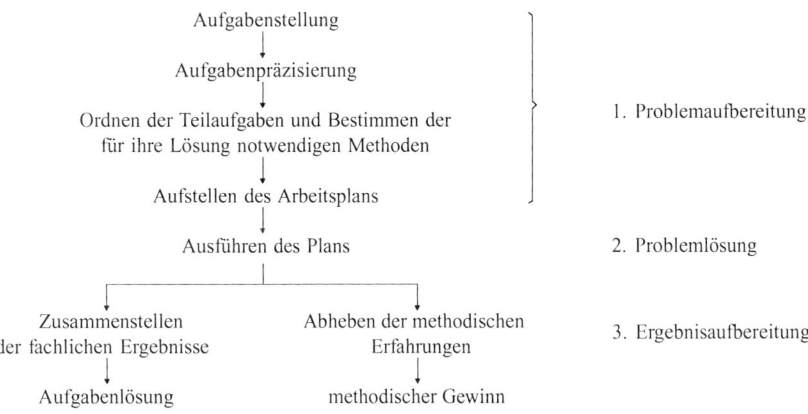

Bild 2.3 Ablauf einer systematischen Arbeitsweise

2.1.2.2 Stadien und Phasen des konstruktiven Entwicklungsprozesses

Für die Synthese gelten zunächst folgende Etappen:

- Ermittlung der Gesamtfunktion des technischen Gebildes
- Ermittlung der Funktionsstruktur
- Ermittlung der geometrisch-stofflichen Eigenschaften der Struktur.

Endergebnis ist die vollständige Bestimmung der *Gestalt* des Produktes, festgelegt durch Geometrie, Werkstoff und Zustandseigenschaften [2.36]. Unter Berücksichtigung der in Tafel 2.5 dargestellten

Abstraktionsebenen kann ein allgemeiner Ablauf für den konstruktiven Entwicklungsprozess angegeben werden [2.46]. Er ist charakterisiert durch eine Folge von Entwicklungsstadien, die einem bestimmten Abstraktionsgrad der Beschreibung des Entwicklungsobjekts entsprechen (**Tafel 2.7**). Durch diese Gliederung entstehen Tätigkeitsabschnitte und Phasen, die unter Nutzung spezifischer Methoden und Darstellungsmittel durchlaufen werden. **Tafel 2.8** zeigt dazu ein Beispiel. Die Folge der Entwicklungsphasen nach Tafel 2.7 ist verallgemeinert und vereinfacht. Bei realen Prozessen ist zu beachten:

- Die Phasen sind nicht scharf abgrenzbar; sie gehen fließend ineinander über.
- Die Abfolge der Phasen ist sehr variabel. Relativ unabhängige Teilaufgaben bearbeitet man parallel. Vorgriffe (Antizipationen) und Rückkopplungen werden innerhalb eines Arbeitsschritts (**Bild 2.4**) und über größere Abschnitte hinweg notwendig.
- Die in der Konstruktionsaufgabe enthaltenen Vorgaben führen zur Unterscheidung verschiedener Konstruktionsarten (**Tafel 2.9**) mit charakteristischen, vom Neuheitsgrad der zu erarbeitenden Lösung abhängigen Abläufen.

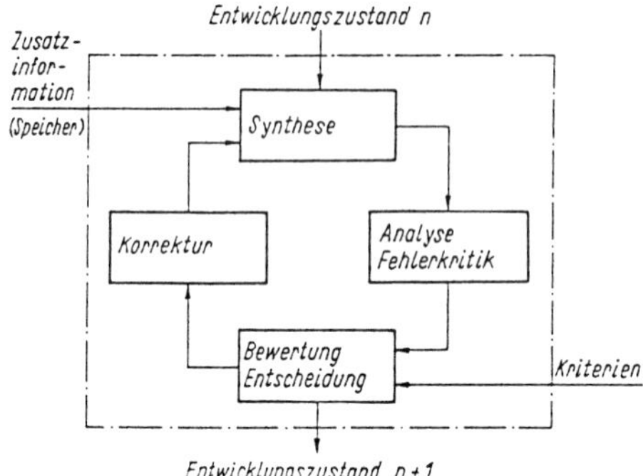

Bild 2.4 Entwicklungszyklus innerhalb einer Prozeßphase

2.1.2.3 Rationalisierung des Konstruierens

In den Phasen des konstruktiven Entwicklungsprozesses wiederholen sich typische Tätigkeiten **(Bild 2.5)**. Die Analyse ihrer Zeitanteile gibt Aufschluß über Rationalisierungsmöglichkeiten für den Konstruktionsbereich.

Besonders aussichtsreich sind zwei Wege:

- Erhöhung der Qualität der Entwurfs- und Berechnungsarbeiten in der Prinzip- und Gestaltungsphase, da sie Inhalt und Umfang aller nachfolgenden Arbeiten bestimmen;
- Erhöhung der Produktivität der Unterlagenbearbeitung (Zeichnen, Vervielfältigen, Stücklistenschreiben u.ä.).

Die Stellung des Menschen bei der Durchführung des Konstruktionsprozesses erfährt Veränderungen. Durch den Einsatz von Methoden, Programmen und technischen Hilfsmitteln wird er von gedanklicher und manueller Routinearbeit entlastet. Der Grad dieser Arbeitsteilung kann als ein Maß für das Entwicklungsniveau und die Arbeitsproduktivität im Konstruktionsbereich betrachtet werden. Durch Integration von Methoden (s. Abschn. 2.2) und Informationsverarbeitung mit CAD (s. Abschn. 2.3) erreicht man Produktivitätssteigerungen über 100 % [2.57].

Daneben kommen weitere technische Einrichtungen zum Einsatz. Die Übersicht in **Tafel 2.10** ordnet wichtige technische Hilfsmittel nach den von ihnen ausgeführten Operationen der Informationsbearbeitung beim Konstruieren.

Ein weiteres zentrales Problem bei der Rationalisierung der Konstruktionstätigkeit ist das Verbessern der Informationsversorgung. Bis zu 30 % der Arbeitszeit [2.57] werden für das Aufsuchen und Abspeichern von Informationen benötigt.

Für die Lösungsfindung sind solche Speicher zweckmäßig, die Strukturen von Bauelementen, Kopplungen und Geräten nach ihrer Funktion geordnet, bereitstellen (**Bild 2.6**).

Tafel 2.7 Vorgehen in der Feinwerktechnik (nach VDI 2221)

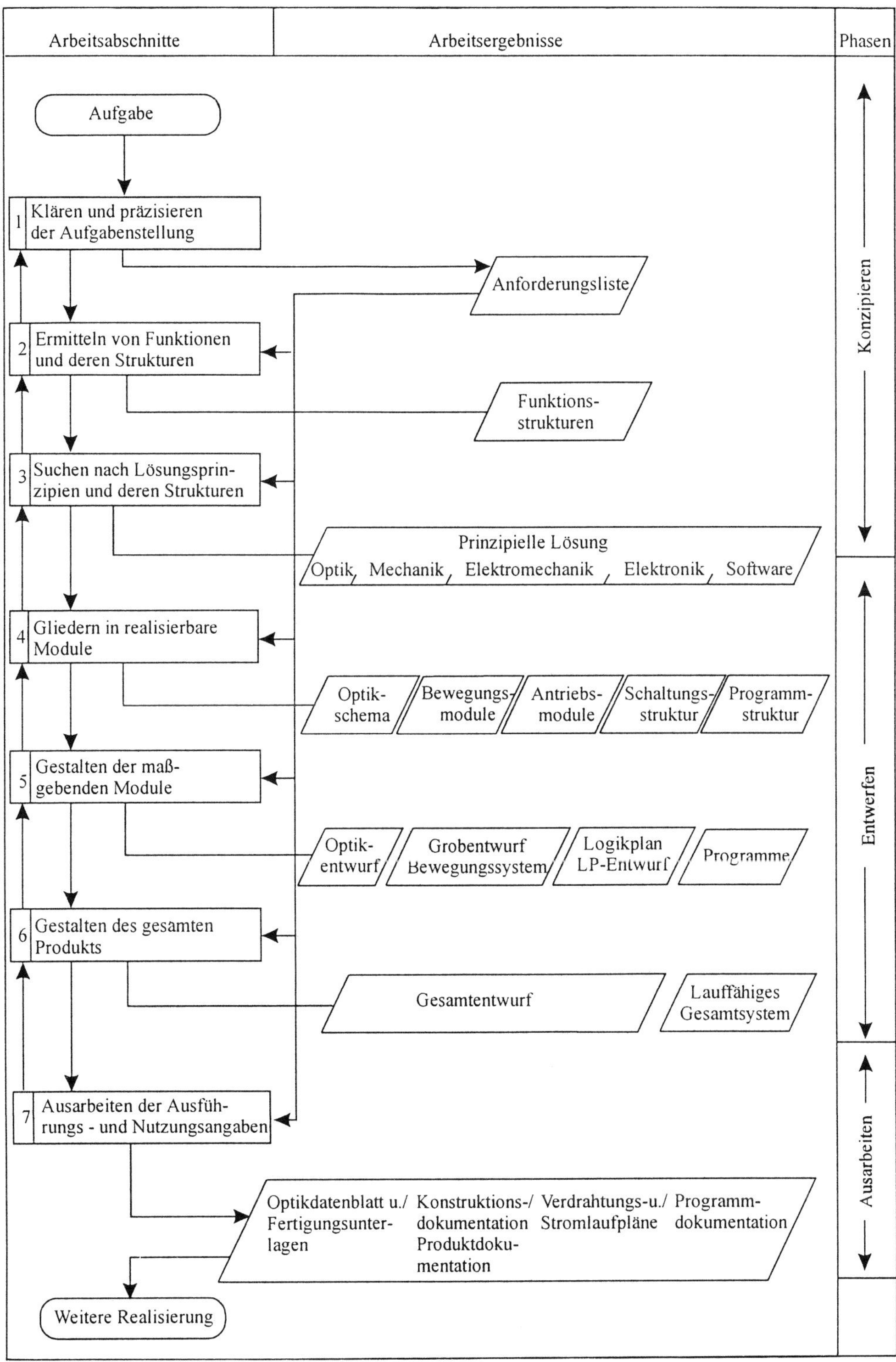

Tafel 2.8 Ablauf einer Baugruppenentwicklung (Relais)

<table>
<tr><th></th><th>Entwicklungszustände</th><th>Beispiele</th></tr>
<tr><td rowspan="3">Aufbereitungsphase</td><td>Aufgabenstellung</td><td>Entwicklung eines steuerbaren Schalters mit mechanischer Unterbrechung des Stromkreises</td></tr>
<tr><td>1. Präzisierte Aufgabenstellung</td><td>Gegebenheiten und Forderungen:
Funktion:
max. Schaltleistung 30 VA
Ansprechzeit < 10 ms
Rückgangszeit < 4 ms
Kontaktkraft 15 ... 20 cN
Lebensdauer 10^5 Schaltspiele
Struktur:
Raum
(50 x 20 x 12) mm^3
Einbaulage beliebig
Herstellung:
Großserie 500 000 Stück/Jahr</td></tr>
<tr><td>2. Gesamtfunktion</td><td>- verbale Beschreibung:
Schließen und Öffnen eines elektrischen Stromkreises zu einem beliebigen Zeitpunkt
- symbolische Beschreibung: 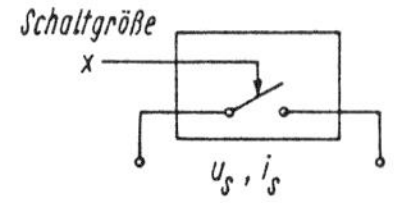
Schaltgröße x; u_S, i_S</td></tr>
<tr><td rowspan="3">Prinzipphase</td><td>3. Verfahrensprinzip</td><td>Zum Schließen und Öffnen der Kontakte werden Kräfte benötigt.
Varianten:
Schwerkraft $F = mg$
statischer Auftrieb $F = \rho V g$
Zentrifugalkraft $F = mr\omega^2$
Elastizität $F = cs$
Bimetall $F = \frac{kEbh^2}{4l}\Delta\vartheta$
Elektromagnet $F = \frac{\mu_0 \omega^2 I^2}{l^2} A$
Gewähltes Prinzip:
Schließen durch E-Magnet
Öffnen durch Rückstellfeder</td></tr>
<tr><td>4. Funktionsstruktur</td><td>Beispiel einer möglichen Funktionsstruktur 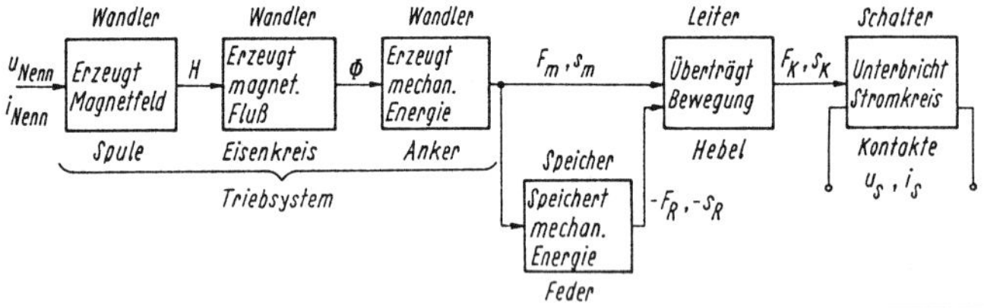
u_{Nenn}, i_{Nenn} → Wandler: Erzeugt Magnetfeld (Spule) → H → Wandler: Erzeugt magnet. Fluß (Eisenkreis) → Φ → Wandler: Erzeugt mechan. Energie (Anker) → F_m, s_m → Leiter: Überträgt Bewegung (Hebel) → F_K, s_K → Schalter: Unterbricht Stromkreis (Kontakte) → u_S, i_S
Spule, Eisenkreis, Anker: Triebsystem
Speicher: Speichert mechan. Energie (Feder); $-F_R$, $-s_R$</td></tr>
<tr><td>5. Technisches Prinzip</td><td>Technische Prinzipe für Triebsystem (Auszug):
<table>
<tr><th rowspan="2">Magnetform</th><th colspan="3">Ankerbewegung</th></tr>
<tr><th>Translation</th><th colspan="2">Rotation</th></tr>
<tr><td></td><td></td><td>mehrere Luftspalte</td><td>ein Luftspalt</td></tr>
<tr><td>U</td><td>U_1</td><td> 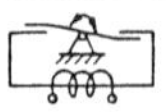U_2</td><td> 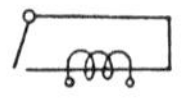U_3</td></tr>
<tr><td>E</td><td> 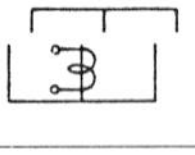E_1</td><td> 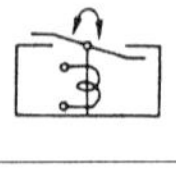E_2</td><td> 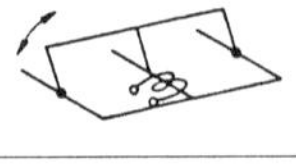E_3</td></tr>
<tr><td>Topf</td><td> 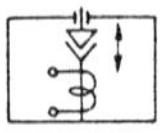T_1</td><td> 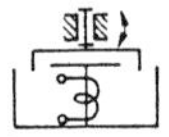T_2</td><td></td></tr>
</table></td></tr>
<tr><td rowspan="2">Gestaltungsphase</td><td>6. Technischer Entwurf</td><td>Gestaltungsvarianten, z. B.:
Kontaktfedern
Ankerlagerung: Gleitlager, Schneidenlager, Federlager
Entwurf zu U_3:</td></tr>
<tr><td>7. Konstruktionsdokumentation</td><td>Zeichnungssatz, Stückliste, Montageanleitung, Justiervorschrift, Prüfvorschrift und andere Unterlagen</td></tr>
</table>

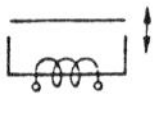

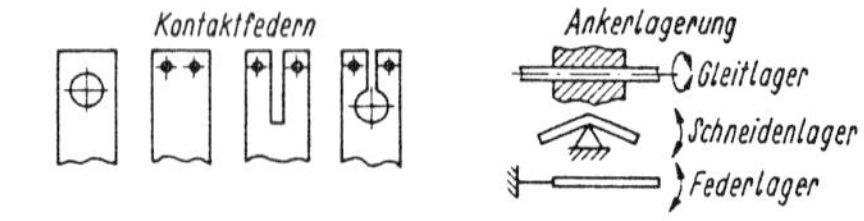

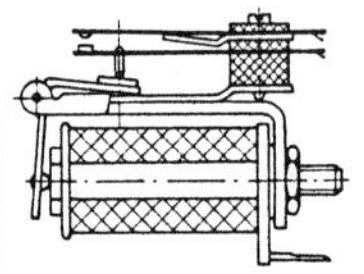

Tafel 2.9 Konstruktionsarten

Konstruktionsart	Neukonstruktion	Anpassungskonstruktion	Variantenkonstruktion
Inhalt der Konstruktionsaufgabe	- Struktur unbekannt - Aufgabenstellung oft nur sehr allgemein als gesellschaftliches Bedürfnis gegeben - keine Lösungsvorschläge gegeben	- Struktur bekannt - Aufgabe enthält Forderungen zur Weiterentwicklung bzw. Änderung der gegebenen Lösung - Vorbilder z. T. bekannt	- für häufig wiederkehrende Konstruktionsaufgaben liegt Lösungsprinzip oder Standardlösung vor - Aufgabe enthält alle notwendigen Angaben zur konkreten Ausführung der Konstruktion
Typische Konstruktionstätigkeiten	- Erkundung des Einsatzgebietes - exakte Ermittlung aller Anforderungen - Suche neuer Lösungen - z. T. umfangreiche Laborerprobungen	- Kritik der gegebenen Lösung - Ermittlung der Möglichkeiten und Grenzen für die Weiterentwicklung des vorhandenen Prinzips - qualitative und quantitative Veränderung der Struktur zur Anpassung an die Forderungen	- Überprüfung der Vollständigkeit der Angaben - Auswahl und Zusammenfügen von Standardelementen - Ermittlung der erforderlichen Abmessungen
Beispiele	Sonderkonstruktion auf speziellen Gebieten (Raumfahrt, Astronomie, Automatisierung) Übergang zu einer neuen Gerätegeneration (Analog/Digital-Technik, Ersatz mechanischer Prinzipe durch elektronische)	Weiterentwicklung aller Gerätearten mit dem Ziel - höhere Leistungsfähigkeit - Vereinfachung der Herstellung Zusammenfügen von Einzelgeräten zu Gerätesystemen	Entwurf von Baugruppen und Einzelteilen: Wellen; Zahnräder; Transformatoren; Leiterplatten; Optikfassungen; Getriebe; als Baukasten ausgebildete Produkte

Tafel 2.10 Technische Hilfsmittel für die Konstruktion

Operation	Mechanische und grafische Hilfsmittel	Rechentechnik
- Entwerfen - Berechnen - Überprüfen - Ändern - Bewerten	Nomogramme	CAD-Arbeitsplätze Großrechner
- Suchen - Ordnen - Speichern	Hand- und Fachbücher Normen- und Patentsammlungen Zeichnungsarchive, Kataloge, Karteien, Mikrofilmspeicher	Datenbanksysteme Rechnernetze (Server) Internet
- Schreiben (alphanumerische Darstellung)	Konventionelle Schreibgeräte Schreibmaschinen Zeichnungsbeschriftungsmaschinen	Drucker (mechanische, nichtmechanische)
- Zeichnen - Darstellen	Konventionelle Zeichengeräte Geräte für Montagezeichentechnik 2D- und 3D-Modelle (körperliche Modelle) Fotogrammetrie	Zeichenautomaten (Koordinatographen, Plotter) Grafische Bildschirmgeräte Grafische Mikrofilmausgabegeräte Rapid Prototyping
- Umsetzen (analog $\rightarrow$ digital)		Digitalisiergeräte, Scanner Automatische Informationserfassungsgeräte
- Vervielfältigen	- Reprografie (Lichtpausverfahren, Thermokopierverfahren, elektrostatische Verfahren, Schnellkopierverfahren, Reflexkopierverfahren) - Fotografie (Mikrofilmtechnik, Industriefotogrammetrie) - Kleindruckverfahren (Umdruckverfahren, Schablonendruckverfahren, Offsetverfahren, Prägedruckverfahren)	Kopieren von Dateien

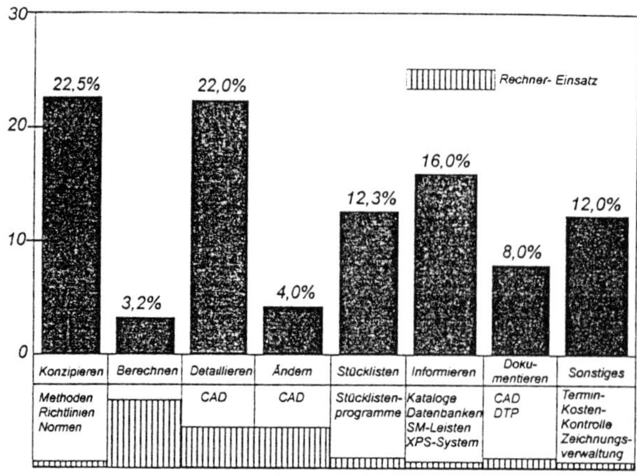

Bild 2.5 Zeitanteile beim Konstruieren [2.20]
SM Sachmerkmalsleisten, XPS Expertensystem, DTP Desktop publishing

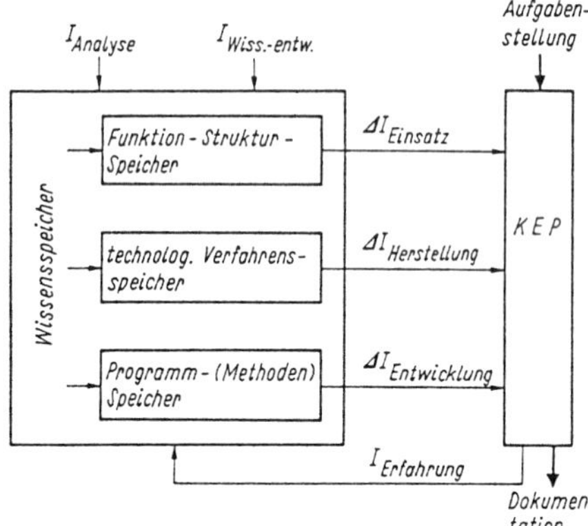

Bild 2.6 Einsatz von Informationsspeichern beim Konstruieren
I Information

Nicht zuletzt sei auf technische Einrichtungen verwiesen, die für experimentelle Überprüfungen von Konstruktionsergebnissen benötigt werden (z.B. Rapid Prototyping) [2.28]. Ein hohes technisches Niveau im Musterbau und Labor ist unerläßlich für kurze Entwicklungs- und Überleitungszeiten.

2.2 Methoden

Als Methode wird ein System von Regeln bezeichnet, das die Verfahrensweise zur Lösung von Aufgaben in einem bestimmten Bereich durch schrittweises (diskursives) Vorgehen festlegt.

Die bisherigen Bemühungen konstruktionswissenschaftlicher Arbeiten führten zu einem gesicherten Fundus von Methoden für alle Arbeitsschritte des Konstruierens. Bereits bei der Entwicklung der Konstruktionssystematik [2.1] [2.5] [2.7] wurde deutlich, daß man für die Anwendung von Methoden bestimmte Voraussetzungen zu beachten hat:

- Da Methoden stets verallgemeinerte Regeln enthalten, ist für eine erfolgreiche Arbeit die Anpassung von Methode und Problem erforderlich. Zunächst muß man den Kern des vorliegenden Problems erkennen, woraufhin die Auswahl einer Methode möglich wird. Danach lassen sich die Abstraktionen der Methode mit den Informationen des konkreten Problems belegen, um ggf. die Verfahrensweise zu modifizieren.
- Eine zweite Voraussetzung ist die Anpassung von Methode und Bearbeiter. Bei der Ausarbeitung von Methoden werden ein bestimmtes Wissensniveau und die Beherrschung bestimmter Routinen beim Bearbeiter vorausgesetzt. Die rationelle Anwendung einer Methode hängt deshalb von der Erfahrung und Übung im Umgang mit ihr ab. Jeder Anwender ist gut beraten, wenn er sich bemüht, das Prinzip der Methode zu erkennen und ohne zu strenge Bindung an die einzelnen Vorschriften das Problem zu bearbeiten [2.22].

2.2.1 Elementare Methoden

Die Darstellungen in Abschn. 2.1 haben bereits gezeigt, daß bei der Analyse und Synthese technischer Gebilde bestimmte gedankliche Operationen immer wieder vorkommen. Zu ihnen gehören das Abstrahieren und das Klassifizieren.

Abstrahieren. Der Begriff Abstraktion (lat.: abziehen) bezeichnet das Verfahren zur Gewinnung von Begriffen und idealen Gegenständen wie auch das Resultat dieses Verfahrens (**Tafel 2.11**). Beim Konstruieren dient es

- dem Herausheben des Wesentlichen zur Vorbereitung der Problemlösung
- der Ermittlung gemeinsamer Merkmale von Konstruktionslösungen (Klassifizierung)
- der Vereinfachung von Zusammenhängen bei der Modellierung.

Tafel 2.11 Abstraktionsarten

	Generalisierende Abstraktion	Isolierende Abstraktion	Idealisierende Abstraktion
Vorgang	Aussondern unwesentlicher Elemente und Relationen, Hervorheben der für einen bestimmten Zweck wesentlichen Merkmale	Herauslösen bestimmter Eigenschaften von Gegenständen aus einem Zusammenhang und relativ selbständige Behandlung	Schaffung begrifflicher Modelle unter Vernachlässigung von störenden Abweichungen; es entstehen ideale Gegenstände
Anwendung	Grundprinzip, Übergang von konkreten zu abstrakten Strukturbeschreibungen	Bestimmen eines Funktionselements, Modellbildung für bestimmte Eigenschaften (Schwingungen, thermisches Verhalten, Optiksystem) eines Geräts	Bildung idealisierter Elemente, wie Punktmasse, idealer Leiter, starrer Körper, ideales Lager, rein ohmscher Widerstand u. ä.

Generalisieren, Isolieren und Idealisieren werden dabei gemeinsam zweckentsprechend benutzt und sind am Ergebnis oft kaum zu trennen.

Die Wahl der Abstraktionsebene beim Konstruieren hat Einfluß auf den Lösungsvorgang. Formuliert man die Aufgabenstellung oder die Ausgangsbasis eines Syntheseschritts (die Funktion) zu allgemein, so erhält man eine große Lösungsmenge. Zu detaillierte Vorgaben können das Auffinden einer Lösung u. U. völlig in Frage stellen.

Klassifizieren. Durch die Mehrdeutigkeit beim Konstruieren entsteht die Notwendigkeit der Ordnung und Systematisierung der Lösungsmenge. Das Aufstellen eines Ordnungssystems schafft darüber hinaus die Voraussetzung, Lücken und damit neue Prinzipe zu finden.

Ein gutes Hilfsmittel einer Klassifikation für konstruktive Zwecke ist die von *Bischoff, Hansen* und *Bock* entwickelte Methode des Grundprinzips [2.5]. Es enthält alle Wesensmerkmale der betrachteten Klasse technischer Gebilde in Form einer Tabelle (**Tafel 2.12**). Die Eintragungen sollen nur qualitative Angaben über die Eigenschaften des Objektes enthalten.

Die *Gegebenheiten* sind Angaben über Bauelemente, die unerläßlich für die Existenz und Funktion des betrachteten technischen Gebildes sind.

Das *Funktionsziel* beschreibt die Gesamtwirkung des Produktes, in der Regel durch Angabe der Ausgangsgröße. Diese allgemeine Aussage ist durch *eingrenzende Bedingungen* zu konkretisieren, indem Hinweise auf typische andere Bestandteile der Gesamtfunktion hinzugefügt werden. Man beachte, daß die Funktionsangabe im Grundprinzip im Sinne der Definition unvollständig ist. Sie enthält nur die unbedingt geforderten Merkmale der zu realisierenden Funktion. Alle übrigen Merkmale sind variabel und führen zu Lösungsvarianten bei der Synthese. Sie bilden den Vorrat an unterscheidenden Merkmalen für die Klassifikation.

Dieser erste Teil des Grundprinzips ist der *Kern der Aufgabe.*

Der zweite Teil enthält die *erforderlichen Maßnahmen* zur Lösung der Aufgabe. Sie umfassen alle notwendigen Bestandteile der Struktur des technischen Gebildes. Charakteristisch für die Maßnahmen im Grundprinzip ist ihre Abwandelbarkeit. Sie ist damit die Quelle für den Variantenreichtum an Lösungen und die Gewinnung von Klassifikationsmerkmalen zur Ordnung vorhandener Gebilde.

Bei der Analyse kann das Grundprinzip zur Vorbereitung und für den zweckmäßigen Aufbau eines Ordnungssystems benutzt werden (s. Tafel 2.12b). Es ermöglicht, den Wesenskern einer abgegrenzten Klasse technischer Gebilde zu

Tafel 2.12 Grundprinzip und Ordnungssystem

a) Grundprinzip Festhaltungen

Kern der Aufgabe		Durch eine Festhaltung	
	Gegebenheiten	wird	ein gelagertes Teil
	Funktionsziel		an einer möglichen Bewegung ① gehindert
	Eingrenzende Bedingungen	und zwar	vorübergehend und in einem gewünschten Grade ②,
Keim für alle Lösungen	Erforderliche Maßnahmen	wenn	mindestens ein weiteres Teil hinzutritt, das Kräfte aufnehmend ③ und ausschaltbar ist.

① ② ③ s. Tafel 2.12b

b) Ordnungssystem Festhaltungen (Rotation)

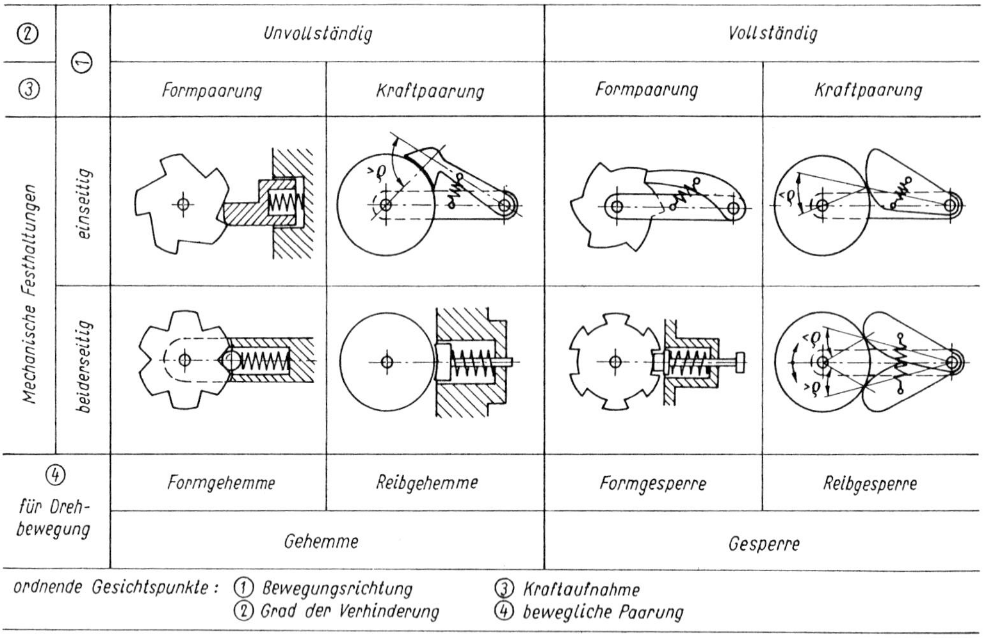

②	①	*Unvollständig*		*Vollständig*	
③		*Formpaarung*	*Kraftpaarung*	*Formpaarung*	*Kraftpaarung*
Mechanische Festhaltungen	*einseitig*				
	beiderseitig				
④ *für Drehbewegung*		*Formgehemme*	*Reibgehemme*	*Formgesperre*	*Reibgesperre*
		Gehemme		*Gesperre*	

ordnende Gesichtspunkte: ① *Bewegungsrichtung* ② *Grad der Verhinderung* ③ *Kraftaufnahme* ④ *bewegliche Paarung*

erfassen, zweckmäßige Benennungen abzuleiten, Ordnungsmerkmale zu gewinnen, die dem Zweck anpaßbar sind, sowie Lücken innerhalb der Klasse festzustellen.

Bei der Synthese unterstützt das Grundprinzip den Übergang Funktion-Struktur. Der Zwang zur Abstraktion impliziert eine große Lösungsvielfalt und liefert Denkanstöße für neuartige Lösungen. Es ist zu beachten, daß das Grundprinzip nur eine geordnete Liste der wesentlichen Merkmale und keine ganzheitliche Beschreibung des Systems sein kann. Demzufolge ist auch keine bildliche Darstellung des Grundprinzips möglich.

2.2.2 Präzisieren von Konstruktionsaufgaben

Die Bearbeitung einer Konstruktionsaufgabe beginnt mit der Analyse des gestellten Problems. Durch die Präzisierung soll der Konstrukteur die vorliegende Problemsituation genau erkennen und sich durch systematische Ordnung der gegebenen Informationen eine geeignete Ausgangsbasis für die Lösung der Aufgabe erarbeiten (Frageschema nach **Bild 2.7**, Vorgehensweise nach **Tafel 2.13**).

Ziele der Präzisierung sind:

- Erkennen des Zusammenhangs, in dem die Aufgabe steht
- Erfassen aller Gegebenheiten des geforderten technischen Gebildes
- Erfassen und systematische Ordnung aller Teilaufgaben
- Bestimmung des Vorgehens für den folgenden Konstruktionsprozeß
- Erzeugung des notwendigen Interesses an der Lösung der Aufgabe beim Bearbeiter (Motivation).

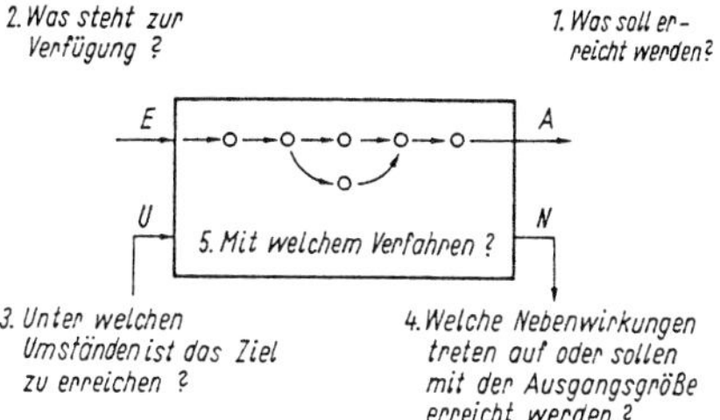

Bild 2.7 Frageschema zur Analyse von Aufgabensituationen (vgl. Tafel 2.1)

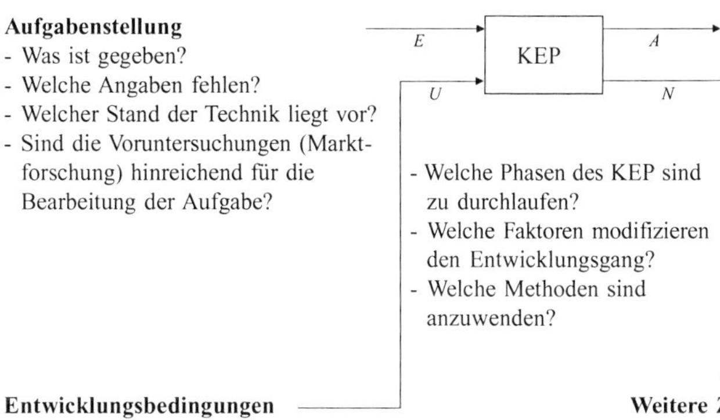

Bild 2.8 Analyse des konstruktiven Entwicklungsprozesses (KEP)

Die wichtigste Maßnahme bei der Präzisierung ist die Umsetzung des mit der Aufgabenstellung verfolgten Zwecks in eine technische Formulierung:

$$\text{Zweck} \rightarrow \text{technische Funktion.}$$

Das Ergebnis des konstruktiven Entwicklungsprozesses hängt somit wesentlich von den Festlegungen bei der Aufgabenpräzisierung ab. Deshalb gilt der Grundsatz:

- Keine Aufgabenstellung darf unbesehen und unkritisch hingenommen werden. Sie bedarf stets der Schriftform.

Konstruktionsaufgaben entstehen in der Regel außerhalb des Konstruktionsbereichs bei der Marktforschung, durch den Kundendienst, bei prognostischen Untersuchungen und bei der Wirtschaftsplanung. Umfang, Genauigkeit und Zuverlässigkeit der Angaben streuen sehr.

Im allgemeinen ist eine Konstruktionsaufgabe durch folgende Merkmale charakterisiert:

- Sie enthält Informationen über Umgebung, Funktion und Struktur als Gegebenheiten oder Forderungen.
- Sie beschreibt eine Problemsituation:
  - Die Aufgabe ist in einen sozialen und technischen Zusammenhang eingebettet.
  - Die Situation ist durch Widersprüche, Lücken, Mängel (Defekte) gekennzeichnet.

Tafel 2.13 Arbeitsschritte bei der Aufgabenpräzisierung

1.	Bestimmen des zu vollziehenden Konstruktionsprozesses (s. Bild 2.7 und **Bild 2.8**)
2.	Analyse des technischen Problems 2.1 Bestimmen des Zwecks des technisches Gebildes 2.2 Präzisierung der Angaben über die Funktion - Wechselbeziehungen zur Umgebung - Angaben über internen Funktionsablauf - Bestimmung und Ordnung der vom technischen Gebilde zu realisierenden Funktionsmenge 2.3 Präzisierung der Angaben über die Gestalt - Charakter des zu entwickelnden Objektes (Bauelement, Baugruppe, Gerät) - Gegebene Bestandteile der Struktur - Angaben über die Gestalt, die aus der Umgebung ableitbar sind (Bauraum, Anschlußmaße)
3.	Bestimmen der Fertigungsbedingungen (**Bild 2.10**) - Ein- und Ausgangsgrößen für Gesamt- und Teilprozesse - Form und Inhalt der bereitzustellenden Unterlagen und Daten - Vorhandene Herstellungsbedingungen (Stückzahlen, verfügbare Verfahren und Maschinen, Qualifikation des Personals)
4.	Ermitteln von Forderungen für weitere Umgebungssituationen nach Tafel 2.2
5.	Zusammenstellen der Forderungen und Teilaufgaben in einer Forderungsliste (vgl. Tafel 2.14)
6.	Bestimmen des Vorgehens bei der Bearbeitung der Aufgabe (s. Bild 2.11) - Rangfolge der Teilaufgaben - Zur Lösung notwendige Voraussetzungen - Vernetzung der Teilaufgaben - Abschätzung der Bearbeitungszeit

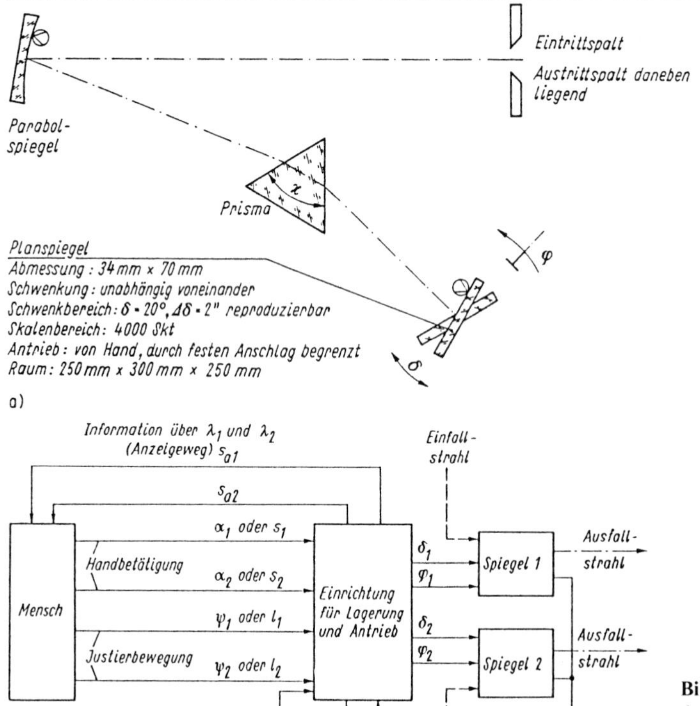

Bild 2.9 Ermittlung der Funktion bei der Aufgabenpräzisierung
a) Forderungsplan; b) Funktionsplan

- Für die Lösung der Aufgabe muß ein Bedürfnis vorliegen.
- Die Aufgabe impliziert Probleme in anderen Bereichen (Herstellung, Vertrieb usw.); die Problemsituation ist stets mehrschichtig.

Tafel 2.14 Forderungsliste für die Aufgabe im Bild 2.9
F Festforderung, *M* Mindestforderung, *W* Wunsch

Nr.	Wichtung	Forderung	Bemerkungen
		Funktion	
1	*F*	Antriebseinrichtung: $\delta = 20° \pm 2''$, Begrenzung durch harten Anschlag, Feinfühligkeit $Fü = 1°/2'' = 3600/2$	$Fü = \frac{\text{Betätigungsweg}}{\text{Funktionsgrößenänderung}}$ (s. auch Abschn. 4.3)
2	*F*	Anzeigeeinrichtung: Gesamtbereich 4000 Skt.; Reproduzierbarkeit: 2" Eichkurven: Dispersionsprismen aus Quarz ($\kappa = 60°$) und Steinsalz ($\kappa = 50°$) gesucht: $\alpha(\lambda)$ bzw. $\delta(\lambda)$	
3	*F*	Spiegellagerung: Achsen koaxial und vertikal, nicht umlaufende, langsame Bewegung $\delta = 20° \pm 2''$	
4	*M*	Halterung und Justierung der Spiegel: Spiegelgröße und -masse beachten, justierbar $\varphi_1 = f(\psi_1)$, $\varphi_2 = f(\psi_2)$	Bestimmte Justierung mit geeigneter Feinfühligkeit
		Struktur	
5	*F*	2 Spiegel: $l \times b \times d$, oberflächenverspiegelt, mit möglichst geringem Abstand, Drehachsen koaxial	
6	*M*	Einbaubedingungen: s. Bild 2.9a	Bemerkungen ergänzen durch:
		Fertigung	- Bearbeitungszeit
7	*M*	Stückzahl: 20 Stck. (Werkstattfertigung)	- benötigte Hilfsmittel
8	*W*	möglichst keine Fremdfertigung	- verantwortlicher Bearbeiter
⋮		Weitere Forderungen aus anderen Umgebungssituationen (s. Tafel 2.2)	- Kontrolltermine, Zwischenergebnisse - Kosten

Bei der Problemanalyse hat der Konstrukteur nicht nur den gegebenen Zustand, sondern auch alle während der Entstehung und Existenz des zu entwickelnden Geräts eintretenden Bedingungen (s. Tafel 2.2) gedanklich vorauszubestimmen.

Der *Forderungsplan* (**Bild 2.9a**) erfaßt die gegebenen Elemente des Produktes und die geometrischen Bedingungen der Umgebung.

Mit dem *Funktionsplan* lassen sich die Funktionsgrößen des gewünschten Erzeugnisses sowie die zu erwartenden Störgrößen aus der Umgebung anschaulich darstellen. Bild 2.9b zeigt, daß die Einrichtung zwei Planspiegel um die Winkel δ und φ durch Handantrieb verstellen und dem Benutzer die durch Schwenkung der Spiegel am Austrittsspalt erscheinende Wellenlänge des Lichtes anzeigen soll.

Mit Hilfe beider Darstellungen ermittelt man unter Berücksichtigung aller für das Produkt zutreffenden Umweltsituationen (s. Tafel 2.2) die einzelnen Forderungen, die in der Forderungsliste (**Tafel 2.14**) geordnet und gewichtet zusammengestellt werden.

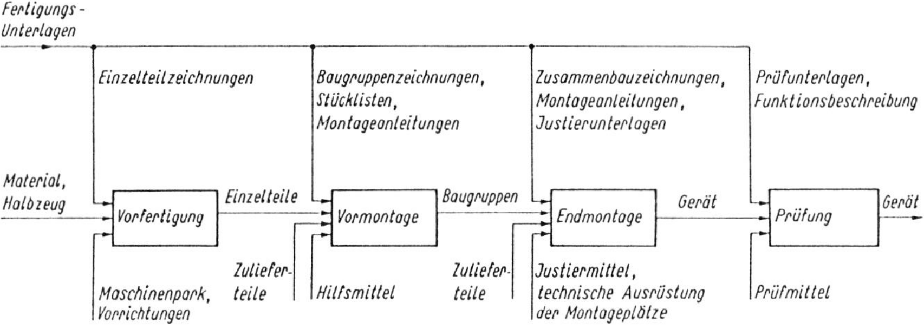

Bild 2.10 Analyse des Fertigungsprozesses zur Ermittlung von Forderungen an die Konstruktion

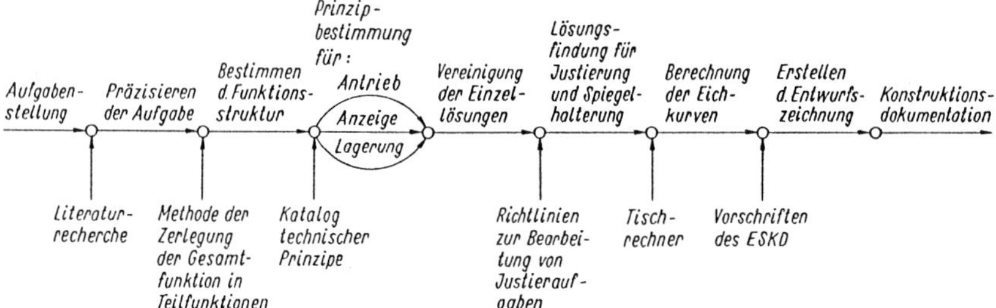

Bild 2.11 Arbeitsplan für die Aufgabe Planspiegelverstelleinrichtung nach Bild 2.9 (vereinfacht)

Aus diesen Informationen ist mit den Regeln in Tafel 2.13 (Punkt 4) ein Arbeitsplan aufstellbar (**Bild 2.11**). Da während der Aufgabenbearbeitung neue Bedingungen und Forderungen auftreten können, ist die Forderungsliste laufend zu aktualisieren.

2.2.3 Synthesemethoden

Die Synthese (griech.: Zusammenfassung, Verknüpfung) ist die gegenständliche oder gedankliche Verbindung einzelner Elemente zu einem Ganzen. Syntheseaufgaben treten in allen Phasen des Konstruktionsprozesses auf. Im folgenden sollen Methoden besprochen werden, die der Lösungsfindung dienen. Grundlage dafür sind nach [2.5] drei Axiome der Konstruktionswissenschaft:

1. Ganzheitsaxiom (Aufbaubedingung). Jede Konstruktionslösung ist nach Form, Inhalt und Wirkung durch ihre Elemente und deren Relationen bestimmt.

2. Fehleraxiom. Jede Konstruktionslösung ist fehlerbehaftet. Der Fehler resultiert aus Mängeln beim gedanklichen Vorausbestimmen und bei der stofflichen Realisierung.

3. Zeitwertaxiom. Jede Konstruktionslösung wird im Laufe der Zeit durch eine bessere abgelöst (moralischer Verschleiß).

Diese Sätze geben dem Konstrukteur eine grundlegende Orientierung für die Entwicklung und Beurteilung seiner Lösung.

2.2.3.1 Ermitteln der Gesamtfunktion

Bei der Neuentwicklung von Erzeugnissen sowie bei Weiterentwicklungen mit dem Ziel, neue Prinzipe zu verwenden, ist es erforderlich, für die Lösungsfindung eine Ausgangsposition zu schaffen, die sich von bekannten Vorbildern löst. Dazu ist eine entsprechende Abstraktion notwendig. Als Ergebnis der Aufgabenpräzisierung liegen detaillierte Angaben über die Gesamtfunktion vor, wodurch die Suche nach neuen Lösungen z.T. erschwert ist. Folgende Vereinfachungen sind zu empfehlen:

1. Vernachlässigung nichtfunktionsrelevanter Größen
   (im Bild 2.9 können unberücksichtigt bleiben die Justierbewegung und die Störgrößen).
2. Vernachlässigung quantitativer Angaben
   Wichtige qualitative Relationen zwischen den Größen, die aus den quantitativen Angaben folgen, müssen aber erfaßt werden ($\delta \ll \alpha$ folgt aus der Feinfühligkeit, s. Tafel 2.14).
3. Vernachlässigung von Merkmalen der funktionswichtigen Eingangs- und Ausgangsgrößen
   Im Beispiel sind zwei gleichartige Lagerungen und Antriebe für den Planspiegel gefordert. Bei der Bearbeitung der Aufgabe genügt es, sich bis auf weiteres auf ein System zu beschränken.

Als Hilfsmittel kann bei diesen Überlegungen die Methode des Grundprinzips (s. Abschn. 2.2.1) - die Formulierung des Funktionsziels und der eingrenzenden Bedingungen - benutzt werden. Das Bestimmen der Gesamtfunktion dient der Vorbereitung der Synthese. Die vernachlässigten Größen bzw. Teilfunktionen müssen im Verlauf der Entwicklung wieder hinzugefügt werden.

2.2.3.2 Synthese von Funktionsstrukturen

Im ersten Syntheseschritt sind für eine gegebene Gesamtfunktion mögliche Teilfunktionen und ihre Relationen zu bestimmen. Dies kann entweder verfahrensorientiert oder funktionselementorientiert erfolgen (s. Tafel 2.5). Der Feinwerktechniker wird in der Regel mit bekannten Funktionselementen operieren, da die für die Funktion benötigten Bausteine oft bekannt sind. Für die Ermittlung von Funktionsstrukturen (oder Verfahrensprinzipen) gibt es mehrere Methoden.

Suche und Verknüpfung von Teilfunktionen. Die Eingangs- und Ausgangsgrößen der Gesamtfunktion sowie der Teilfunktionen, die bei der Präzisierung der Aufgabenstellung ermittelt wurden, liefern die Grundlage für die gesuchte Funktionsstruktur:

- Nutzung gegebener Teilfunktionen aus der präzisierten Aufgabe

  Aus der im Bild 2.9 nach Abschn. 2.2.3.1 verallgemeinerten Gesamtfunktion können die Teilfunktionen des Antriebs (F_1: $\alpha \rightarrow \delta$) und der Anzeige ($F_2$ mit Anzeigeweg s_a als Ausgangsgröße) als gegebene Funktionselemente für die Synthese dienen. Für die Kopplung der Funktionselemente gibt es prinzipiell drei Möglichkeiten (**Bild 2.12**). Im ersten Fall wird die Strahlablenkung des außerhalb liegenden Spiegels zur Anzeige genutzt. Spalte 2 verdeutlicht, daß anstelle von δ auch der Antriebswinkel α zur Anzeige nutzbar ist. Schließlich lassen sich die gegebenen Teilfunktionen weiter zerlegen. So kann die Untersetzung von α mehrstufig erfolgen, wobei die unbekannte physikalische Zwischengröße x beispielsweise noch für eine einfache Messung wählbar ist. In Fortführung dieser Überlegungen sind weitere Varianten angebbar.

- Strukturierung des als blackbox gegebenen Systems, beginnend mit den Eingangs- und Ausgangsgrößen

Der Unterschied zwischen Eingangs- und Ausgangsgrößen der gegebenen Gesamtfunktion wird analysiert. Unter Zuhilfenahme bekannter Funktionselemente baut man, ausgehend vom bekannten Systemrand, die Funktionsstruktur so auf, daß der festgestellte Unterschied überwunden wird.

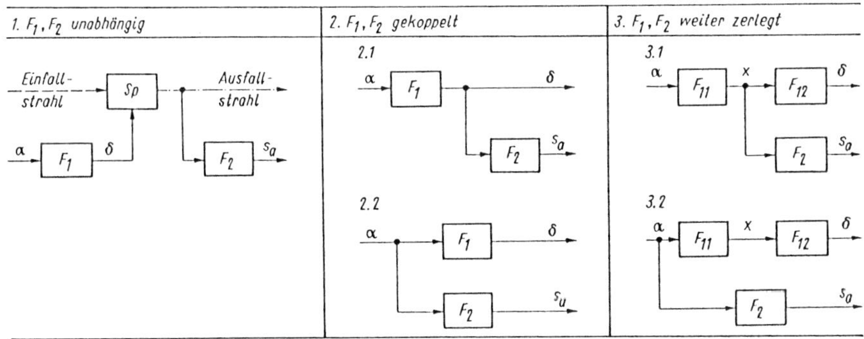

Bild 2.12 Ermittlung von Funktionsstrukturen (Aufgabe nach Bild 2.9)

Verknüpfen physikalischer Effekte. Physikalische Zusammenhänge sind als Grundlage für die Strukturierung eines technischen Gebildes zu benutzen, wenn neuartige Lösungen gewünscht werden. Zunächst sind die für die Realisierung der Gesamtfunktion geeigneten Effekte zu bestimmen. Hierzu sind Kataloge entwickelt worden, die die Effekte geordnet nach den von ihnen realisierbaren technischen Funktionen (Eingangs- und Ausgangsgrößen) bereithalten [2.27] [2.30] [2.45].

Für die Erarbeitung von Verfahrensprinzipen und Funktionsstrukturen gibt es zwei Etappen:

- Aufbau einer Struktur aus einer Menge von Effekten, die in geeigneter Weise zu koppeln sind (s. Abschn. 2.3.2.2, Bild 2.54)
- Aufbau der Struktur durch Funktionselemente, die für die technische Realisierung eines Effekts notwendig sind, der die gewünschte Gesamtfunktion bestimmt.

Durch Analyse des physikalischen Gesetzes und der Anforderungen der Aufgabenstellung sind die für die technische Nutzung des Effekts notwendigen Teilfunktionen abzuleiten (**Tafel 2.15**). Man erhält in der Regel nicht nur Hinweise für den Aufbau der Funktionsstruktur, sondern auch für geometrisch-stoffliche Eigenschaften, insbesondere über die Anordnung der Elemente, so daß der Übergang zum technischen Prinzip sich unmittelbar anschließen kann.

Tafel 2.15 Entwicklung einer Lösung für einen gegebenen physikalischen Effekt

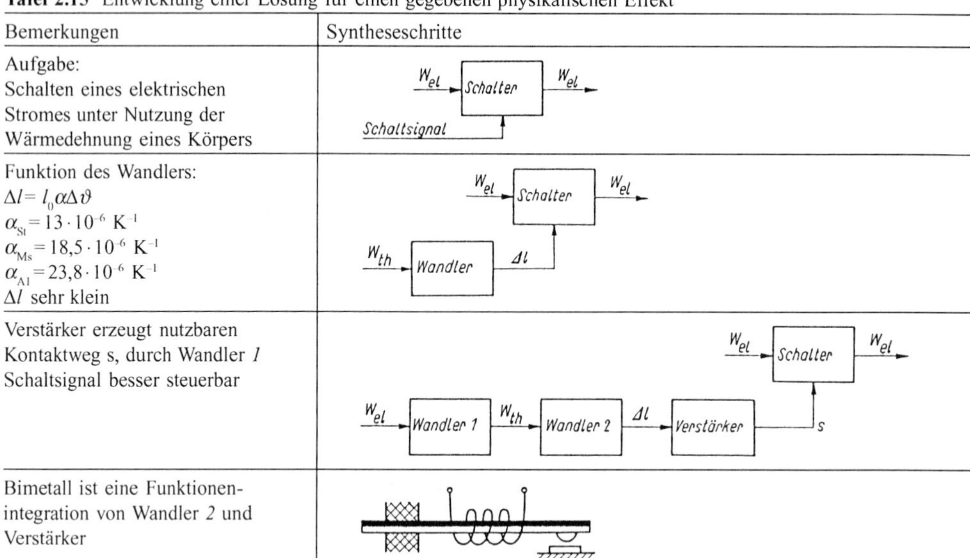

Bemerkungen	Syntheseschritte
Aufgabe: Schalten eines elektrischen Stromes unter Nutzung der Wärmedehnung eines Körpers	W_{el} → Schalter → W_{el}; Schaltsignal
Funktion des Wandlers: $\Delta l = l_0 \alpha \Delta \vartheta$ $\alpha_{St} = 13 \cdot 10^{-6}$ K^{-1} $\alpha_{Ms} = 18{,}5 \cdot 10^{-6}$ K^{-1} $\alpha_{Al} = 23{,}8 \cdot 10^{-6}$ K^{-1} Δl sehr klein	W_{el} → Schalter → W_{el}; W_{th} → Wandler → Δl
Verstärker erzeugt nutzbaren Kontaktweg s, durch Wandler *1* Schaltsignal besser steuerbar	W_{el} → Schalter → W_{el}; W_{el} → Wandler 1 → W_{th} → Wandler 2 → Δl → Verstärker → s
Bimetall ist eine Funktionen-integration von Wandler *2* und Verstärker	

Ermittlung der Funktionsstruktur durch Systemanalyse. Man benutzt die Funktionsstruktur bekannter Lösungen als Grundlage für die Erarbeitung neuer Varianten auf gleicher Ebene oder versucht, sie mit anderen Elementen technisch zu realisieren. Dabei muß die Abstraktion so weit getrieben werden, daß man sich von dem vorhandenen Vorbild lösen kann.

Das Vorgehen läßt sich wie folgt zusammenfassen:

1. Aufsuchen einer Lösung mit ähnlicher Gesamtfunktion
2. Analyse und Bestimmung der Funktionsstruktur

3a. Variation der Funktionsstruktur (s. Abschn.2.2.3.4) oder 3b. Prinzipbestimmung mit neuen Realisierungsvarianten (z. B. mittels Kombination)

Für das Erarbeiten von Funktionsstrukturen mit Hilfe dieser Methoden sollen noch folgende Hinweise dienen:

- Die Zerlegung einer Gesamtfunktion kann sehr weit getrieben werden. Eine sinnvolle Grenze ist erreicht, wenn für die Teilfunktionen bekannte Lösungselemente einsetzbar sind, was bei den Grundfunktionen der Fall ist.
- Die Ausnutzung des Abstraktionsbereichs und der Variationsmöglichkeiten der Funktionsstruktur erleichtert das Vorgehen bei der Lösungsfindung.
- Eine gute Hilfe für das Entwerfen von Funktionsstrukturen ist die Unterscheidung von Informations-, Stoff- und Energiefluß im Gerät sowie die Wichtung der Funktionsflüsse bezüglich des zu erreichenden Zwecks (vgl. Abschn. 3.1 und [2.48]).

2.2.3.3 Kombination

Bei jeder Synthese sind zwei Operationen auszuführen:

- Ermittlung der benötigten Elemente
- Verknüpfung dieser Elemente.

Durch die in der Technik gegebenen vielfältigen Verknüpfungsmöglichkeiten bieten sich kombinatorische Methoden an. Die Kombination von Elementen führt zu neuen Eigenschaften, die nicht allein aus der Summe der Einzeleigenschaften der Elemente ableitbar sind. Aus einer kleinen Anzahl von Elementen kann man eine Vielzahl verschiedener Gebilde aufbauen.

Für die Anwendung der Kombinationsmethode muß vorausgesetzt werden, daß

- das zu behandelnde Objekt strukturierbar ist, d. h., es läßt sich (wenigstens gedanklich) in Elemente und Relationen zerlegen

- für die zur Strukturierung beitragenden Bestandteile (Elemente und Relationen) mehr als eine Variante (Realisierungsmöglichkeit) angebbar ist.

Diese Bedingungen sind bei der Konstruktion technischer Gebilde erfüllt. Für die Durchführung der Kombination benutzt man Kombinationstabellen. Eine Kombinationstabelle („Kombinationsmatrix", „morphologischer Kasten" [2.5] [2.6] [2.27] [2.32]) enthält eine übersichtliche Zusammenstellung von Lösungselementen (**Tafel 2.16**).

Die Oberbegriffe (auch „ordnende Gesichtspunkte", „Variable") sind die in jeder Lösung enthaltenen allgemeinen Strukturbestandteile, für die Realisierungsvarianten bestimmbar sind.

Alle Varianten („unterscheidende Merkmale"), die das gleiche Merkmal haben, sind unter einem Oberbegriff zusammengefaßt. Die Varianten lassen sich hierarchisch ordnen.

Beim Kombinationsvorgang wird je Oberbegriff eine Variante herausgegriffen und zu einer *Komplexion* formal zusammengestellt. Diese Zusammenstellung von Lösungselementen ist das erste Teilergebnis der Synthese, das zu einer vollständigen Struktur weiterentwickelt werden muß.

Für die Anzahl der in einer Kombinationstabelle enthaltenen Komplexionen N gilt

$$N = \sum V_{\text{OB1}} \sum V_{\text{OB2}} \cdots \sum V_{\text{OB}n} \tag{2.2}$$

Als Oberbegriff können Teilfunktionen, verallgemeinerte Bauelemente, Relationen sowie deren wesentliche Merkmale benutzt werden.

Tafel 2.17 zeigt eine Kombinationstabelle, in der die Oberbegriffe direkt aus der Funktionsstuktur von Bild 2.12 folgen. Sie entsprechen den Teilfunktionen (für die Größe x wurde ein Weg s angenommen).

Sucht man technische Prinzipe für einfachere technische Gebilde, für die das Aufstellen einer Funktionsstruktur nicht sinnvoll ist, so müssen geometrisch-stoffliche Merkmale als Oberbegriffe benutzt werden. Die Ermittlung der Varianten ist ein nichtdeterminierter Schritt.

Tafel 2.16 Kombinationstabelle

Oberbegriffe (OBi)	Varianten V_{ij}	
OB 1	V_{11}	V_{111} V_{112} V_{113} ⋮
	⋮ V_{1r}	⋮
OB 2	V_{21}	V_{211} V_{212} ⋮
	⋮ V_{2s}	⋮
⋮	⋮	⋮
OB n	V_{n1} ⋮ V_{nt}	

Tafel 2.17 Kombinationstabelle für die Funktionsstruktur 3.1 aus Bild 2.12

Oberbegriffe	Varianten	
1. Umsetzer 1 $\alpha \to s$	1.1 Schraubengetriebe	
	1.2 Zugmittelgetriebe	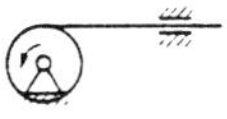
	1.3 Koppelgetriebe	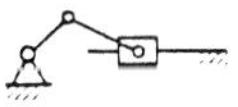
2. Umsetzer 2 $s \to \alpha$	2.1 Koppelgetriebe	
	2.2 Federgetriebe	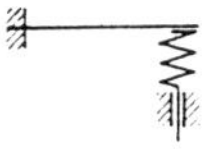
	2.3 Zugmittelgetriebe	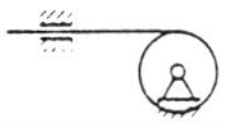
3. Anzeige $s \to s_{\text{Anzeige}}$	3.1 Maßstab mit optischer Ableseeinrichtung	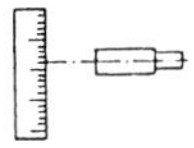
	3.2 Feinmeßschraube	
	3.3 Feinzeiger	

Das Ergebnis hängt vom Ideenreichtum und von der Erfahrung des Bearbeiters ab. Folgende Methoden sind dazu geeignet:

- Speicherabfrage (Literatur, Informationsspeicher für technische Prinzipe, wie z.B. in Abschn. 6.2; s. auch [2.27] [2.30] [2.45])
- Variation (s. Abschn.2.2.3.4)
- Ideenfindung (s. Abschn.2.2.3.5).

Das Aufsuchen der Teillösungen geschieht völlig losgelöst vom Gesamtzusammenhang. Die Methode unterstützt dadurch das Einbeziehen unkonventioneller, neuartiger Lösungselemente und wirkt anregend auf die Kreativität des Konstrukteurs.

Da der Kombinationsvorgang keine vollständigen Lösungen liefert, müssen die formal zusammengestellten Varianten in den für die Erfüllung der Gesamtfunktion nötigen Zusammenhang gebracht und durch die fehlenden Strukturbestandteile ergänzt werden (**Bild 2.13**). Aus einer Komplexion sind mehrere Prinzipvarianten synthetisierbar. Gezielte Variation kann unter Berücksichtigung der Funktionenintegration oder Funktionentrennung zu einfachen Strukturen führen (z. B. wurden in allen Prinzipen Meß- und Antriebsschraube integriert).

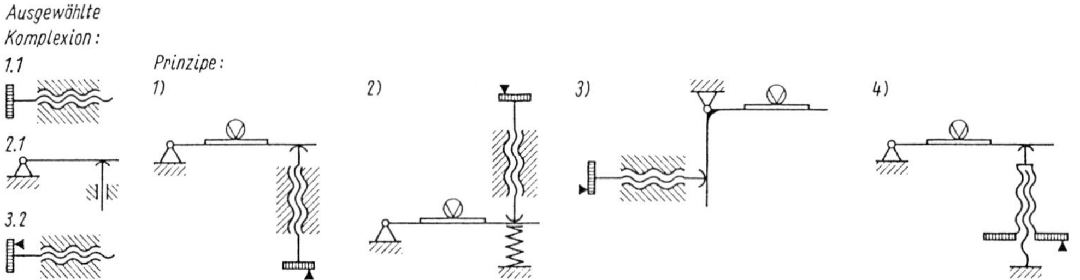

Bild 2.13 Entwicklung vollständiger Prinzipe aus einer Komplexion
(ausgewählte Komplexionen 1.1, 2.1, 3.2 gemäß Tafel 2.17)

Wegen der großen Anzahl der möglichen Komplexionen ist die Handhabung der Kombinationsmethode aufwendig. Der formale Vorgang der Kombination bringt auch physikalisch und technisch unverträgliche Lösungselemente in Zusammenhang, und man hat keinen Einfluß auf die Bildung ökonomisch günstiger Varianten.

Für die praktische Anwendung ergibt sich die Notwendigkeit der Einschränkung der Komplexionsmenge. Da sich die Gesamtzahl N aus Lösungen und Nichtlösungen zusammensetzt, besteht das Problem, solche Komplexionen zu eliminieren, die zu technisch nicht sinnvollen Strukturen führen. Die Einschränkung kann beim Aufstellen und Abarbeiten der Kombinationstabelle erfolgen (**Tafel 2.18**). Beim praktischen Vorgehen werden in der Regel mehrere Einschränkungsmöglichkeiten gleichzeitig benutzt. Dabei ist es vorteilhaft, wenn die Lösungselemente grafisch dargestellt sind.

Die Kombinationsmethode kann in allen Phasen des konstruktiven Entwicklungsprozesses angewendet werden. Hauptanwendungsgebiet ist die Prinzipfindung. Die Kombinationsmethode eignet sich für die Anwendung des Rechners (s. Abschn.2.3.3.5).

2.2.3.4 Variation

Bei der Bearbeitung von Konstruktionsaufgaben tritt nicht selten der Fall auf, daß vorhandene oder neu gefundene Strukturen den gestellten Anforderungen nicht voll genügen, aber einen neuen, entwicklungsfähigen Ansatz enthalten. Solche Lösungen sind hinsichtlich ihrer Verbesserungsmöglichkeiten zu prüfen und ggf. so zu verändern, daß sie die Forderungen erfüllen. Dazu dient die Variation. Sie bezeichnet den Austausch von Merkmalen eines Objekts oder Oberbegriffs, der dem Ziel dient, von diesem Varianten abzuleiten, die einer gegebenen Forderungsmenge genügen. Voraussetzung für die Variationsmethode ist eine gegebene Lösung. Aus ihr werden durch partielle Veränderungen der Struktur neue Lösungen erarbeitet. Die Variationsmethode kann man im konstruktiven Entwicklungsprozeß in vielfältiger Weise anwenden:

Verbesserung und Weiterentwicklung von Lösungen, Abwandlung von Lösungen für bestimmte For-

Tafel 2.18 Einschränkung von Kombinationstabellen

Einschränkungen 1. Beim Aufbau	2. Beim Abarbeiten
1.1 Verminderung der zu kombinierenden Objekte (Teilfunktionen, Teilstrukturen)	2.1 Taktweises Kombinieren Nach jedem OB wird bewertet
1.2 Einschränkung der Oberbegriffe OB	2.2 Selektives Kombinieren Es werden nur einzelne ausgewählte bewertete Varianten kombiniert
1.3 Verminderung der Varianten	

derungen, Vervollständigung des Lösungsfelds, Erreichen der Kopplungsfähigkeit mit Elementen der Umgebung, zielgerichtete Entwicklung von Wiederholteilen, Umgehen von bekannten (patentierten) Lösungen usw.

Gegenstand der Variation sind die Eigenschaften der technischen Gebilde. Die Systembetrachtung (s. Tafel 2.1) gestattet einen Überblick über die vorhandenen Variationsmöglichkeiten:

- Bei einem technischen Gebilde können Umgebung, Funktion und Struktur variiert werden.
- Die Variation der Funktion $A = Z(E)$ ist stets auf eine Variation der Umgebung und der Struktur des technischen Gebildes (oder eines von beiden) zurückführbar.
- Da eine Variation der Umgebung nur über deren Strukturänderung möglich ist, kann jede Variation konstruktiv nur durch eine Strukturvariation realisiert werden.
- Die Variation ist auf allen Abstraktionsebenen der Strukturbeschreibung möglich.

Im Gegensatz zur Kombinationsmethode verbleibt man bei der Variation auf der Abstraktionsebene der gegebenen Lösung. Der Austausch von Merkmalen führt zu keiner Konkretisierung. Die Lösungsmenge wird erweitert.

Das Variieren gehört zu den ständig benutzten Methoden des Konstrukteurs, ohne daß er sich dessen bei jeder Anwendung bewußt ist.

▶ **Beispiele**

1. Für eine Verarbeitungsmaschine wird ein nichtperiodisch gesteuertes Stellglied benötigt. Der notwendige Stellweg s_a mit einer ausreichenden Kraft läßt sich, wie das Prinzip im **Bild 2.14** zeigt, über eine zusätzliche Energiequelle (im Beispiel die Schubkurbel) gewinnen. Über einen mechanischen Schalter steuert der Elektromagnet die Übertragung des Wegs s_1 nach s_a. Die benötigte Schalterenergie ist jedoch noch so groß, daß die geforderte Frequenz nicht erreicht wird. Über die verallgemeinerte Darstellung im Blockbild lassen sich neue Lösungsansätze finden. In Variante *1* wird das gleiche Prinzip noch einmal auf die Betätigung des Schalters angewendet und s_2 nicht durch den Elektromagneten, sondern von einer zusätzlichen Quelle erzeugt. Der für s_2 notwendige Schalter ist in Variante *2* durch einen steuerbaren Speicher ersetzt, der periodisch geladen wird. Die Variation erfolgte durch Hinzufügen und Austausch von Funktionselementen. Überlegungen auf dieser Abstraktionsebene geben sehr schnell einen guten Überblick über eine größere Anzahl z.B. patentrechtlich geschützter Lösungen und eröffnen Wege zu neuen Prinzipen.
2. Ein technisches Prinzip muß bei seiner konstruktiven Realisierung oft unter Beibehaltung der Funktion abgewandelt werden. **Bild 2.15** zeigt, wie sich bei einem Sinusgetriebe Ansätze für verschiedene konstruktive Ausführungen durch Variation gewinnen lassen. Variationsmerkmal und -gegenstand bieten hier eine zweckmäßige Ordnungsmöglichkeit für die Variationsschritte (nicht für die Lösungen). Variante *1.1* ist aus der Anfangslösung durch Erhöhung der Anzahl der Koppelstellen (zweistellige Führung) entstanden usw.
3. Die Drehgelenkerweiterung **(Bild 2.16)** ist eine spezielle Anwendung der Variationsmethode, bei der Abmessungen von Koppelstellen (Gelenken) und Hauptmaße von Bauelementen relativ zueinander so verändert werden, daß sich ihr Größenverhältnis umkehrt. Wird der Radius des Zapfens A_0 gegenüber der Kurbellänge a vergrößert ($d_{A0} > 2a$), so kann man bei A_0 einen Strahlengang hindurchlegen, wie z. B. bei einer Irisblende. Die Vergrößerung von d_A führt zu einem Exzenter.

   Nach dem gleichen Prinzip lassen sich beliebig kleine Hebellängen ($\overline{AA_0}$) bei raumsparenden Anordnungen und günstigen Lagerabmessungen realisieren (s. Bild 2.16e).

Das Variieren kommt der auf Anschauung beruhenden Arbeitsweise des Konstrukteurs sehr entgegen. Die wichtigsten methodischen Schritte sind im **Bild 2.17** zusammengefaßt. Eine Ordnung der möglichen Variationsmaßnahmen kann helfen, den geeigneten Variationsansatz zu finden.

Die Bestimmung der zu verändernden Bauelemente, Kopplungen und Anordnungen liefert den Gegenstand der Variation. Besonders effektive Variationsmaßnahmen sind Zahlen-, Formen-, Lage-, Größen- und Werkstoffwechsel [2.15] [2.30].

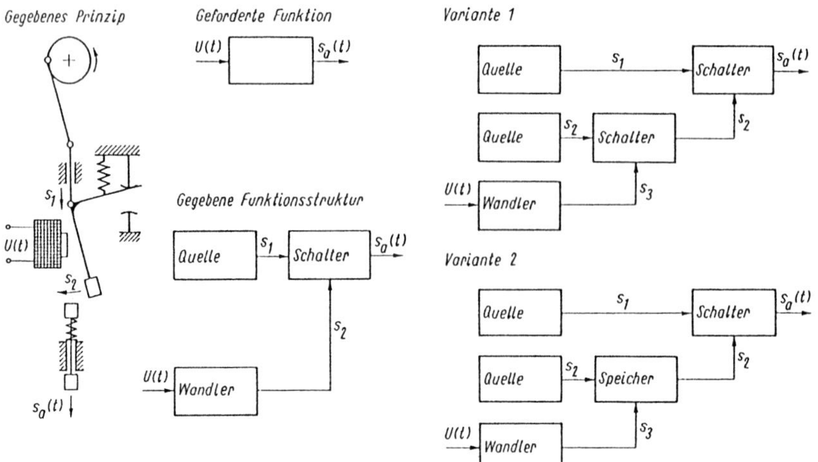

Bild 2.14 Variation einer Funktionsstruktur

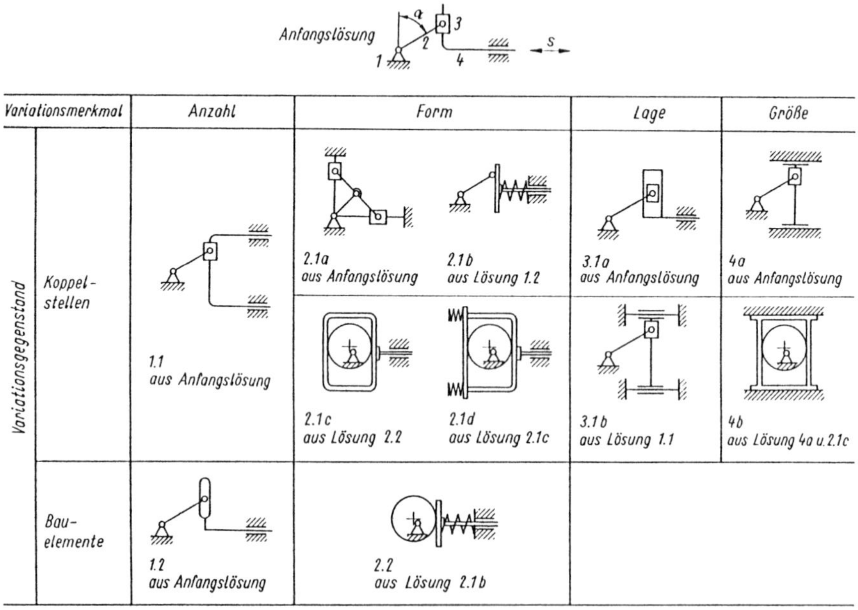

Anfangslösung 1 2 3 4 α s

Variationsmerkmal		Anzahl	Form		Lage	Größe
Variationsgegenstand	Koppel-stellen	1.1 aus Anfangslösung	2.1a aus Anfangslösung	2.1b aus Lösung 1.2	3.1a aus Anfangslösung	4a aus Anfangslösung
			2.1c aus Lösung 2.2	2.1d aus Lösung 2.1c	3.1b aus Lösung 1.1	4b aus Lösung 4a u. 2.1c
	Bau-elemente	1.2 aus Anfangslösung	2.2 aus Lösung 2.1b			

Bild 2.15 Prinzipvariation (systematisiert nach [2.7])

2.2.3.5 Ideenfindung

In wissenschaftlichen Arbeiten über das Konstruieren wird oft die Frage gestellt, welchen Beitrag Phantasie, Intuition, die Idee oder der „geniale Einfall" zur Lösung konstruktiver Aufgaben leisten. Intuition und Phantasie sind in ihrem Wesen wissenschaftlich noch nicht so weit aufgeklärt, daß sie zielgerichtet im Einzelfall wie ein anderes Hilfsmittel einsetzbar sind. Sie können aber wichtige Denk- und Lösungsansätze für die Bearbeitung von Konstruktionsaufgaben liefern. Es sind Zufallsprozesse, die nach dem Prinzip der Versuch-und-Irrtum-Methode (trial and error) zu einer Lösung gelangen (**Bild 2.18**). Ausgehend von der Konstruktionsaufgabe werden verschiedene Lösungsversuche unternommen, wovon einige (Sekundärausgangspunkte *1, 2, 3*) erfolgversprechend scheinen, aber dann

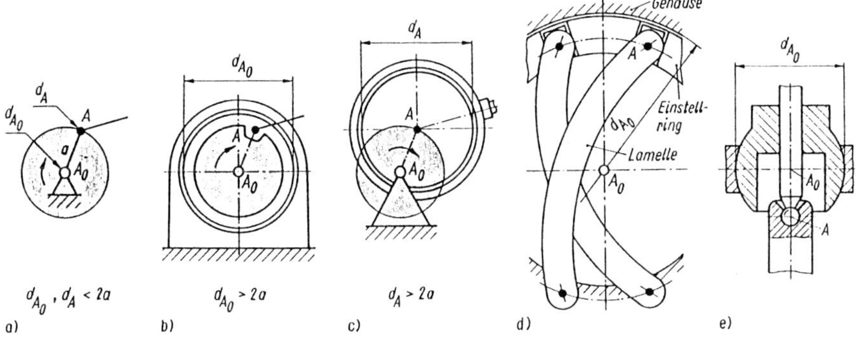

Bild 2.16 Drehgelenkerweiterung (Variation durch Größenwechsel)
a) gegebene Struktur; b) Vergrößerung des Lagerzapfens *AO*; c) Vergrößerung des Lagerzapfens *A* (Exzenter); d) Irisblende; e) Vorrichtung für feinfühlige Bewegung (Mikromanipulator)

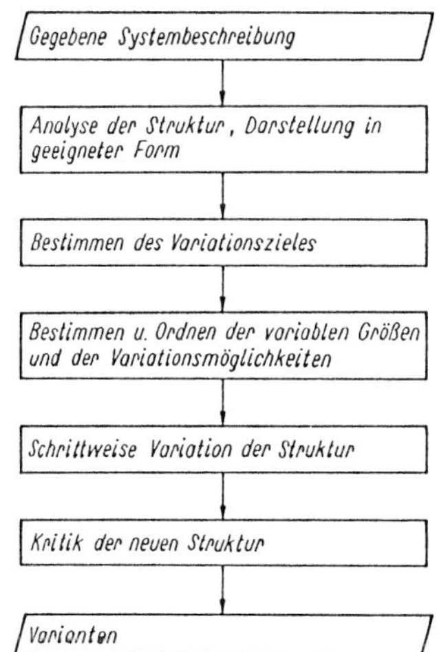

Bild 2.17 Ablauf der Variationsmethode

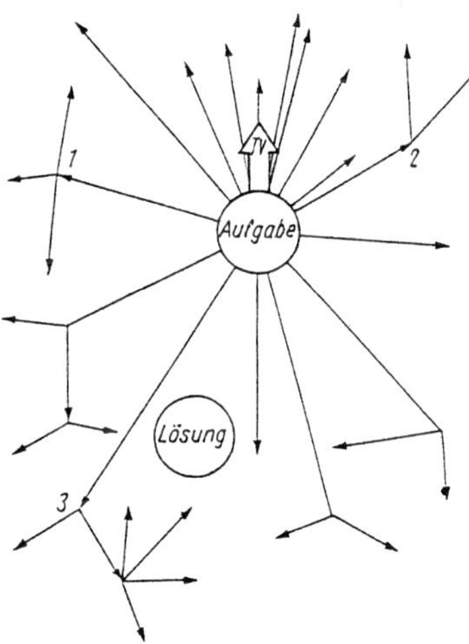

Bild 2.18 Versuch- und Irrtum-Methode [2.14]

nicht realisierbar sind. Schrittweise wird das Lösungsfeld abgetastet. Durch den Wissensstand und die Erfahrungen des Bearbeiters kann eine Häufung der Vorstöße (Trägheitsvektor *TV*) entstehen, die nicht in Richtung der Lösung führen.

Die Aufgabe der Methoden zur Ideenfindung besteht darin, die Effektivität dieses Prozesses zu erhöhen, indem

- eine möglichst große Anzahl von Ideen produziert wird und
- eine relativ gleichmäßige Überdeckung des Lösungsfelds entsteht.

Die folgenden Methoden dienen diesem Ziel:

Ideenkonferenz. Eine Ideenkonferenz (brainstorming) [2.2] [2.12] ist eine Zusammenkunft, in der die Teilnehmer in möglichst ungezwungener Form Ideen zur Lösung eines vorher bekanntgegebenen Problems vorbringen, diskutieren und festhalten.

Bei der praktischen Durchführung sind drei Etappen zu unterscheiden:

(*1*) *Vorbereitung:* Die Problemstellung muß zunächst analysiert, aufbereitet und formuliert werden, so daß Zielstellung und wichtige Randbedingungen für den Teilnehmerkreis verständlich sind.

Die Teilnehmer (etwa 5 bis 15 Personen) werden so ausgesucht, daß zahlreiche und sehr breit streuende Lösungsvorschläge zu erwarten sind. Fachleute verschiedener Gebiete sowie Nichttechniker sollten einbezogen werden.

Die Teilnehmer erhalten die Aufgabe rechtzeitig vor der Konferenz.

(*2*) *Durchführung:* Der Problemsteller leitet die Ideenkonferenz.
Es gelten folgende Diskussionsregeln:
- Phantasie ist Pflicht; je mehr Einfälle, um so besser.
- Kritik ist verboten.
- Vorgebrachte Ideen können ergänzt, kombiniert und variiert werden.
- Bestätigungen, Kommentare usw. sind zu vermeiden.

Die Ideen werden stichwortartig geäußert und protokolliert. Jeder Teilnehmer erhält zur weiteren Ergänzung ein Protokoll. Eine Ideenkonferenz sollte die Dauer von 30 min. nicht überschreiten und in aufgelockerter Atmosphäre stattfinden.

(*3*) *Auswertung:* Die während der Konferenz untersagte Kritik der vorgeschlagenen Lösungen wird bei der Auswertung vorgenommen. Die Ideen werden geordnet, bewertet und einer Entscheidung über die weitere Bearbeitung zugeführt. Dabei ist eine tiefgründige Analyse des sachlichen Inhalts der Ideen notwendig. Das Ergebnis sollte mit den Teilnehmern nochmals diskutiert werden.

Die Wirksamkeit der Ideenkonferenz ergibt sich aus der Trennung von Ideenfindung und Kritik, dem heterogen zusammengesetzten Teilnehmerkreis und der Kombination und Variation der vorgebrachten Ideen durch die Teilnehmer. Eine solche Konferenz liefert keine fertigen Lösungen, sondern Denkanstöße. Viele Vorschläge sind technisch oder ökonomisch nicht realisierbar.

Eine abgewandelte Form der Ideenkonferenz ist die *Methode 635,* bei der die Übermittlung der Lösungsvorschläge schriftlich erfolgt [2.50]. Sechs Teilnehmer bringen jeweils drei Vorschläge zu Papier. Diese werden dem Nachbarn übergeben, der durch Weiterentwicklung, Ergänzung oder Abwandlung drei weitere hinzufügt. Die Runde ist beendet, wenn die Vorschläge fünfmal weitergegeben wurden. Die Beschäftigung mit einer Lösungsidee erfolgt hierbei systematischer. Allerdings wird die in der Diskussion nutzbare spontane Aktivität der Teilnehmer nicht wirksam.

Delphimethode. Sie benutzt das Prinzip der Expertenbefragung [2.4] (*Delphi* - Ort der Orakelbefragung im alten Griechenland). Einem sehr unterschiedlichen Bearbeiterkreis wird das Problem mitgeteilt. Die Befragten äußern schriftlich zum Gesamtproblem bzw. zu vorbereiteten Teilproblemen ihre Vorstellungen. Sie arbeiten dabei unabhängig voneinander. Die Methode ist vor allem für die Ermittlung von Entwicklungstrends und für eine langfristige Entscheidungsvorbereitung bei bedeutsamen Entwicklungsvorhaben anwendbar.

Der Ablauf gliedert sich wie folgt:

(1) Problemformulierung, Auswahl der Experten, Übergabe von Fragen, z. B.:
  - Welche Lösungen sind für das Problem denkbar?
  - Unter welchen Voraussetzungen ist die Lösung möglich?
  - Welche Auswirkungen hat die Problemlösung auf andere Bereiche?
  - Welchen Aufwand an Zeit und Kosten erfordert die Lösung?

(2) Zusammenstellen der Ergebnisse der ersten Befragungsrunde in einer Liste, Übergabe dieser Liste zur Ergänzung durch Experten

(3) Systematisierung der Ideen in einer Übersicht und Übergabe an die Experten zur Bewertung der Lösungen

(4) Auswertung durch den Bearbeiter.

Geeignete Formblätter unterstützen die Erfassung und Auswertung. Bei der Auswertung können Häufigkeitsbetrachtungen (bei 10 bis 20 Experten) zu den vorgeschlagenen Lösungen und festgehaltenen Schätzwerten Anhaltspunkte über günstige oder wahrscheinlich zu erwartende Entwicklungen geben. Einer besonderen Untersuchung sind Vorschläge zu unterziehen, die weit vom Durchschnitt abweichen.

Die Methode ist zeitaufwendig, kann aber für die Vorbereitung von Grundsatzentscheidungen eine wertvolle Hilfe sein.

Synektik (Kunstwort aus dem Griechischen) bedeutet Austausch und Zusammenfügen verschiedener und scheinbar unbedeutender Begriffe. Man gewinnt Lösungen durch Analogien aus Bereichen, die außerhalb der betrachteten Problemsituation liegen (nichttechnische Bereiche) [2.3]. Gleichnisse und Assoziationen sollen zunächst vom Problem wegführen. Durch Analyse und Präzisierung des neuen Betrachtungsstandpunkts in bezug auf das ursprüngliche Problem können neue Lösungsaspekte entstehen. Synektik kann in Form von Ideenkonferenzen oder vom Einzelbearbeiter nach folgendem Prinzip angewendet werden:

- Suche Ähnliches, was bereits gelöst ist!
- Trenne Ideenfindung und Kritik!
- Notiere jeden Einfall!

Bei der Anwendung der Synektik ergeben sich folgende Arbeitsschritte:

(1) Darlegung des Problems
(2) Vertrautmachen mit dem Problem (Analyse)
(3) Verfremden des Vertrauten (Analogien und Vergleiche aus anderen Lebensbereichen)
(4) Analyse der gefundenen Analogie
(5) Vergleich zwischen Analogie und bestehendem Problem
(6) Entwicklung einer neuen Idee aus dem Vergleich
(7) Entwicklung einer möglichen Lösung.

Das Hauptproblem ist das Auffinden einer Analogie, die Denkanstöße für die Problemlösung liefert. Bei technischen Aufgaben können oft Vorbilder aus der Natur herangezogen werden.

▶ **Beispiele**

1. Der Skelettaufbau eines Dinosaurierhalses lieferte die Anregung für die Konstruktion eines 20 m hohen Antennenmastes, der zerlegbar und in einem Tornister zu transportieren ist. Er besteht analog den Wirbelknochen aus Ringen, die ineinandergesteckt und verspannt werden (*Kulikow*-Antenne).
2. Zur Stabilisierung hoher Masten wurde eine neue Lösung gesucht. Hinweise für eine zweckmäßige Verwendung von Zugmitteln liefert die Befestigung eines Spinnennetzes (**Bild 2.19a, b**). Die versetzten Ansatzpunkte bieten erhöhte Sicherheit und erreichen eine mehrstellige Krafteinleitung. Bei den gegenwärtigen technischen Mitteln würde jedoch die Materialeinsparung durch den Mehraufwand für die Befestigung aufgehoben. Neue, der Natur ähnliche Haftprinzipe sind zu suchen. Als Beispiele wären zu nennen das Festsaugen durch Saugnäpfe (Bandwurm), Ankrallen mit Hilfe kleiner Häkchen (Klette), Ankleben mit Hilfe spezieller Sekrete (Insekten), Eindringen in die Oberfläche durch partielle Zerstörung (niedere Pflanzen) oder das Umschlingen von Gegenständen (Schlingpflanzen).
3. Für die Versteifung flexibler Rohre findet der Konstrukteur ebenfalls Vorbilder in der Biologie (s. Bild 2.19c, d, e, f). Die Bionik erforscht diese Zusammenhänge.

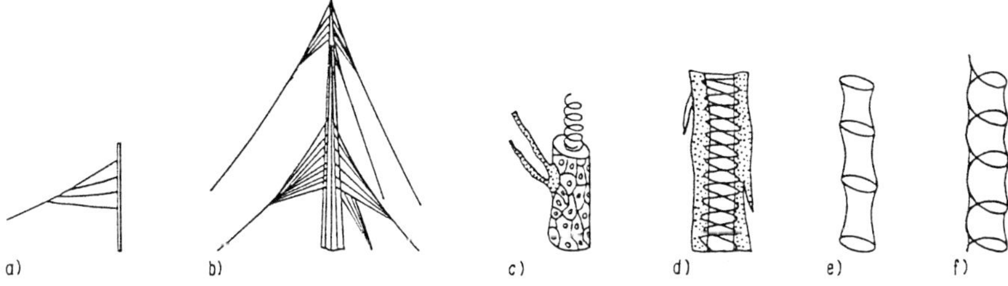

Bild 2.19 Natürliche Gebilde als Vorbilder für technische Lösungen [2.8]
a) Befestigung eines Netzfadens einer Spinne; b) „organische" Lösung für das Stabilisieren eines Mastes; c) spiralversteifte Tracheenrohre der Insekten; d) spiralversteifte Schwebeborsten von Diatomeen; e), f) Vorschlag für die Versteifung von Folienschläuchen

Die Lösungssuche mit Hilfe von Phantasie und Intuition bedarf eines bestimmten Trainings. Abstraktion und Flexibilität der Gedankengänge können geübt und mit systematischem Vorgehen verbunden werden. Dabei haben sich folgende heuristische Prinzipe bewährt [2.12] [2.14] [2.22]:

- Analogie, Inversion (Negation, Umkehrung des Bestehenden),
- Analyse (Aufspaltung, Zerlegung, Zerstückelung),
- Synthese (Verknüpfung, Kombination),
- Transformation (in einen anderen Bereich),
- Translokation (Veränderung der Ortsbedingungen),
- Temporaländerung (Veränderung der Zeitbedingungen).

Ihre bewußte Anwendung unterstützt den Konstrukteur, sich von Vorbildern zu lösen und bekannte Lösungen unter völlig anderen Bedingungen zu betrachten.

Die Methoden der Ideenfindung sind mit Vorteil anzuwenden, wenn die bisherige Lösungssuche ergebnislos verlaufen ist, völlig neuartige Prinzipe gesucht werden oder wenn noch kein realisierbarer

Lösungsweg vorliegt. Bei der Vorbereitung und Auswertung der Ideenfindung sind stets die systematischen Methoden heranzuziehen, insbesondere zur Ordnung der Lösungsvorschläge und zum Erkennen von freien Feldern.

2.2.4 Methoden zur Entscheidungsfindung

Beim Konstruieren treten wiederholt Situationen auf, in denen man aus einer Lösungsmenge die ungeeigneten aussondern und eine günstige Lösung für die weitere Bearbeitung auswählen muß. In derartigen Situationen steht man vor einem Entscheidungsproblem. Entscheidungssituationen treten beim Konstruieren am Beginn und am Ende einer Entwicklungsphase auf. Zu Beginn jeder Phase ist über eine zweckmäßige Vorgehensweise bzw. Methode zu entscheiden. Am Ende jeder Phase muß sich der Konstrukteur für eine oder mehrere Lösungsvarianten entscheiden, die er im nächsten Entwicklungsabschnitt weiterbearbeitet. Obwohl sich beide Situationen nach ihrem Gegenstand unterscheiden, sind sie methodisch in gleicher Weise zu behandeln. Damit eine sachlich richtige und für den Gesamtablauf des KEP günstige Entscheidung getroffen werden kann, ist diese Entscheidung gut vorzubereiten. Das erfolgt in zwei Schritten:

- kritische Analyse der vorliegenden Varianten
  (Fehlerkritik, Schwachstellenforschung, Mängelanalyse)
- Bewertung der Varianten
  Auf der Grundlage der dabei gewonnenen Informationen ist die Entscheidung zu treffen.

2.2.4.1 Fehlerkritik

Das Fehleraxiom besagt, daß jede Konstruktionslösung fehlerbehaftet ist. Die Aufgabe der Fehlerkritik besteht in der Bestimmung dieser Mängel zum Zweck ihrer Beseitigung.

Der Konstruktionsgrundsatz „Schaffe das Bestmögliche" wird methodisch zweckmäßiger realisiert mit der Forderung „Vermeide das Nachteilige" oder „Suche die Lösung mit der geringsten Mängelsumme" [2.5].

Unter einem Fehler versteht man allgemein die Abweichung eines vorliegenden Ergebnisses von einem Soll. Der beim Konstruieren auftretende Fehler ist die Abweichung zwischen dem gedanklich vorausbestimmten technischen Gebilde und seiner stofflichen Realisierung. Als Fehler einer Konstruktionslösung sind somit Mängel (Schwachstellen, Defekte) jeder denkbaren Art, bezogen auf die Forderungen der Aufgabenstellung zu verstehen.

Der grundlegende Ablauf der Fehlerkritik besteht in drei Schritten:

Fehlererkennung (Analyse), Fehlerbeurteilung (Bewertung), Fehlerbekämpfung (Synthese).

Die Fehlererkennung ist ein Analyseprozeß, in dem die Existenz eines Fehlers festgestellt wird. Das erfolgt durch Gegenüberstellung der Eigenschaften des konstruierten Gebildes mit den Forderungen der Aufgabenstellung. Dabei stellt man zunächst die Fehlererscheinungen fest. Sie können in vielfältigen Formen auftreten. Danach müssen die Zusammenhänge, in denen der Fehler steht, aufgeklärt werden. Es sind Ursachen und Auswirkungen des Fehlers zu ermitteln. Je nach Situation und Aufgabenstellung erweisen sich verschiedene Vorgehensweisen als zweckmäßig (**Tafel 2.19**)[2.51].

Zur Erkennung und Beurteilung von Fehlern kann ein allgemeingültiges Ordnungssystem (**Tafel 2.20**) herangezogen werden. Es dient zur qualitativen Bestimmung von Ursache und Auswirkung. Die quantitative Ermittlung von Fehlern wird in Abschn. 4.3 behandelt.

Für die Fehlerbekämpfung bestehen grundsätzlich folgende Alternativen:

- Inkaufnahme des Fehlers: Man findet sich mit einem bestimmten Mangel ab. Dieser Kompromiß muß Bedeutung und Größenordnung der Fehlerauswirkung in Relation zum ökonomischen Aufwand für die Fehlerbekämpfung berücksichtigen.
- Vorbeugen: Es wird die Fehlerursache beseitigt. Der dazu notwendige Aufwand ist mitunter hoch. Er führt aber zu der besten und sichersten Fehlervermeidung.
- Entgegenwirken: Durch quantitative oder qualitative Strukturvariation sind die Fehlereinflüsse auf das geforderte Maß zu reduzieren (s. auch Abschn.4.3). Die Umwelt wird verändert (Einsatz in klimatisierten Räumen, Zusatzgeräte zur Anpassung u. a.).

Tafel 2.19 Arten der Fehlerkritik

	Vorausschauende Fehlerkritik	Nachträgliche Fehlerkritik
Ziel	Ermittlung aller möglichen Fehler für eine noch nicht realisierte Konstruktionslösung	Ermittlung der Fehler einer abgeschlossenen Entwicklung, die als Entwurf oder gegenständlich vorliegt
Anwendung	als Hilfsmittel zur Optimierung von Konstruktionslösungen in allen Phasen des KEP	- Beurteilung von Konkurrenzerzeugnissen (Weltstandsvergleich) - Übernahme von Lösungen aus früheren Entwicklungen - Beurteilung von Entwürfen bei Verteidigungen
Ablauf	Strukturbeschreibung auf bestimmter Abstraktionsebene ↓ Ermittlung aller denkbaren Abweichungen der Strukturbestandteile (Fehlererkennung) ↓ Ermittlung des Einflusses der Fehler auf Funktion, Herstellung u.a. Umgebungssituationen (s. Tafel 2.2) ↓ Vergleich der ermittelten Fehlerauswirkungen mit den Forderungen der präzisierten Aufgabe (Bewertung) ↓ Entscheidung über die zu bekämpfenden Fehler ↓ Ermittlung von Maßnahmen zur Fehlerbekämpfung ↓ Strukturvariation ↓ verbesserte Lösung	Technischer Entwurf, fertiges Gerät ↓ Analyse von Zweck und Umwelt des Geräts, Ermittlung der Zielstellung der Konstruktionskritik ↓ Ermittlung des technischen Prinzips aus dem technischen Entwurf ↓ Ermittlung der Prinzipfehler ↓ Ermittlung der Fehler der konstruktiven Ausführung ↓ Vergleich der Fehler mit den Forderungen bezüglich Funktion, Herstellung, Gebrauch u.a. (Bewertung) ↓ Erarbeiten von Vorschlägen zur Fehlerbekämpfung ↓ Gesamturteil über den vorliegenden Entwurf

Tafel 2.20 Einteilung der Fehler

Oberbegriff	Merkmale	Fehlerarten
Ursache	Bereich der Entstehung des Fehlers	Prognosefehler, Planungsfehler, Entwicklungsfehler, Herstellungsfehler, Transportfehler usw.
	innerhalb Ort des Geräts außerhalb	Strukturfehler Umweltfehler
	Art der Ursache	subjektive Fehler objektive Fehler
Erscheinung	Art der fehlerhaften Strukturkomponenten	Elementefehler, Kopplungsfehler, Anordnungsfehler
	Art der fehlerhaften Eigenschaft	technische Fehler, ökonomische Fehler, ergonomische Fehler, ästhetische Fehler
	Charakter der fehlerhaften Größen	skalare Fehler, vektorielle Fehler statische Fehler, dynamische Fehler
Auswirkung	Bereiche der Auswirkung des Fehlers	Entwicklungsschwierigkeiten Herstellungsschwierigkeiten Transportschwierigkeiten usw.
	Größenordnung des Fehlereinflusses auf das Ergebnis	Fehler erster Ordnung Fehler höherer Ordnung Fehler ohne Einfluß
	Wichtung entsprechend den Forderungen der Aufgabe	Verletzung der Festforderungen Verletzung der Mindestforderungen Verletzung der Wünsche Verletzung der Ziele

2.2.4.2 Bewertung und Entscheidung

Die Bewertung hat die Aufgabe, gleichartige Objekte zu vergleichen, um eine Rangfolge oder den absoluten Wert der Objekte bezüglich einer Menge von Forderungen zu ermitteln. Zur Bestimmung des Werts werden die Istwerte der Eigenschaften der Objekte in Klassen gleichen Nutzens eingeteilt. Es handelt sich im Prinzip um eine Bestimmung des Abstands, den ein Teil-, Zwischen- oder Gesamtergebnis im konstruktiven Entwicklungsprozeß gegenüber der in der Aufgabenstellung formulierten Zielstellung (Forderungsmenge), dem bisherigen Entwicklungsstand (bzw. dem Welthöchststand) oder dem möglichen Ideal bzw. dem theoretisch oder praktisch anzustrebenden Grenzwert hat. **Bild 2.20** veranschaulicht die Situation [2.22]. Man erkennt, daß für die Ermittlung einer Wertaussage zwei Gegenüberstellungen notwendig sind. Zunächst müssen die in einer Lösung enthaltenen technischen, ökonomischen und anderen Eigenschaften möglichst exakt ermittelt werden. Danach sind die Ergebnisse an einem vom Zweck der Entwicklung abhängigen Maßstab zu beurteilen.

Bild 2.21 zeigt ein zweckmäßiges Verfahren.

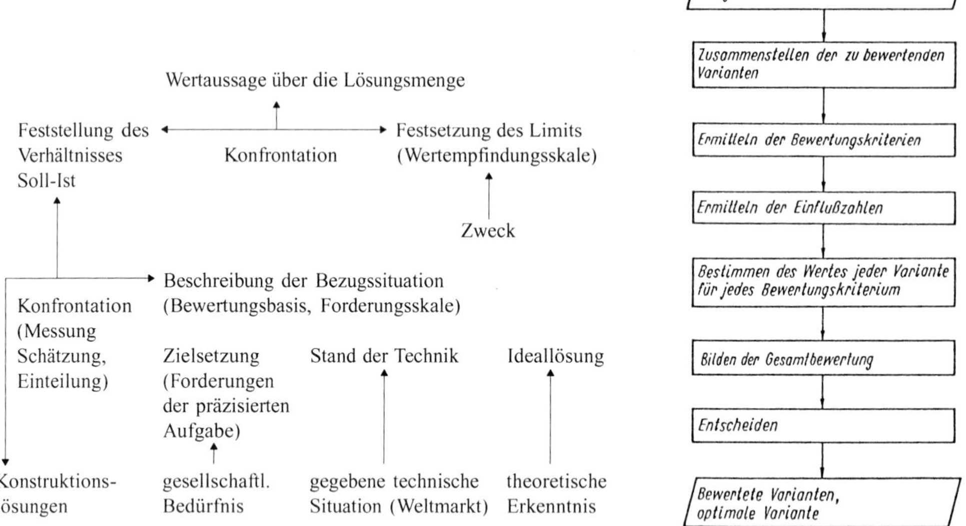

Bild 2.20 Bewertungssituation

Bild 2.21 Ablauf der Bewertung

Die zu bewertenden Lösungsvarianten müssen vergleichbar sein, d. h. das gleiche Abstraktionsniveau haben. Die Beurteilung der Varianten wird erleichtert, wenn man sie einer Fehlerkritik unterzieht.

Die für das konstruktive Gesamtergebnis wesentlichen Forderungen werden als Bewertungskriterien benutzt und bilden in ihrer Gesamtheit die Bewertungsbasis. Die Bewertungskriterien müssen für die zu bewertenden Konstruktionslösungen des betrachteten Entwicklungsstadiums relevant sein und auf alle Varianten zutreffen. Man gewinnt sie aus den Forderungen der präzisierten Aufgabenstellung, aus den Ergebnissen der Fehlerkritik, aus dem Stand der Technik sowie aus denkbaren Ideallösungen. **Tafel 2.21** stellt wichtige Bewertungskriterien zusammen. Die Anzahl der Kriterien ist im Hinblick auf die Bedeutung der nachfolgenden Entscheidung sinnvoll zu beschränken, da bei einer großen Anzahl ein hoher Bewertungsaufwand entsteht und die Übersichtlichkeit leidet. Jedes Kriterium bezieht sich auf eine Eigenschaft der zu bewertenden Lösungen. Zur Feststellung der Istwerte dieser Eigenschaften dient eine Forderungsskale. Damit werden die Kriterien exakt und eindeutig (nach Möglichkeit quantitativ) definiert. Außerdem vermeidet man Überschneidungen von Kriterien. Um zu einer Gesamtbewertung zu gelangen, müssen die Forderungen vergleichbar sein. Dazu benutzt man eine für alle Kriterien einheitliche Wertempfindungsskale (**Bild 2.22**).

Sie wird entsprechend der Zielstellung der Entwicklung festgelegt und berücksichtigt vorgegebene Limits, Wertebereiche, Toleranzen u.ä. Ihre Teilung hängt von der Tendenz der Forderung ab (im

Tafel 2.21 Beispiele für wichtige Bewertungskriterien

Bereich	Kriterien
Gesellschaft, Volkswirtschaft	Gebrauchswert, wissenschaftlich-technisches Niveau der Lösung, Steigerung der Produktivität, Umweltschutz, Exporterweiterung
Funktion	Zuverlässigkeit, Genauigkeit, Wertebereich, Leistung, Lebensdauer, Wirkungsgrad, Wirkungsweise, Automatisierungsgrad
Struktur	Benötigtes Bauelementesortiment, Teileanzahl, verwendete Werkstoffe, Anschlußmaße, Raumbedarf, Wiederholteilgrad, Masse
Fertigung	Notwendige Fertigungsverfahren; fertigungsgerechte, montagegerechte, prüfgerechte Gestaltung; Eignung für Einzel-, Serien- oder Massenfertigung; Automatisierbarkeit der Fertigung
Gebrauch	Energiebedarf, Ergonomie, Bedienkomfort, Formgestaltung, Arbeitsschutz, Arbeitsgeschwindigkeit, Wartung, Instandsetzung
Ökonomie	Kosten bei Entwicklung, Herstellung, Einsatz, Preis
Rechtssituation	Rechtsmängelfreiheit, Patentfähigkeit, Lizenznahme/Lizenzvergabe

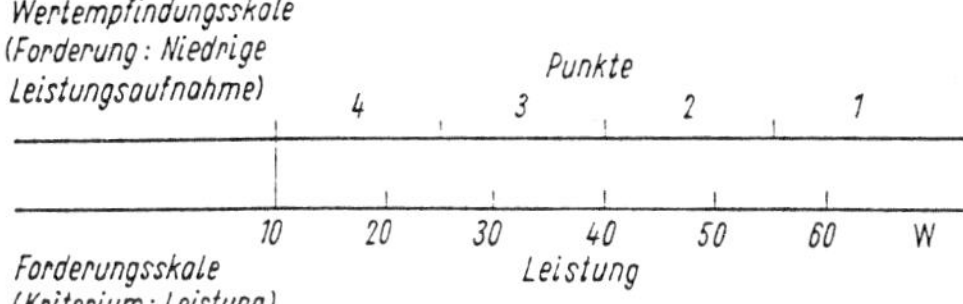

Bild 2.22 Bewertungsmaßstab

Beispiel niedrige Leistungsaufnahme). Beide Skalen bilden gemeinsam den Bewertungsmaßstab. Die Relativlage der beiden Skalen ist entscheidend für die Wertbestimmung. Man kann bei ihrer Festlegung den Einfluß subjektiven Ermessens reduzieren, wenn man zur Bestimmung der maximalen und minimalen Punktezahl theoretische Grenzwerte (z.B. Leistungsaufnahme 10 W), Werte von Vergleichserzeugnissen des Weltmarkts u. ä. heranzieht. Außerdem ist zu beachten, wie der Verlauf der Eigenschaftswerte bezüglich der Forderung ist (linear, quadratisch, exponentiell; symmetrisch oder unsymmetrisch; monoton fallend oder steigend). Jede Forderung benötigt einen gesonderten Bewertungsmaßstab. Die Forderungen sind nach Möglichkeit metrisch (Maßeinheit und Zahl) zu skalieren. Anderenfalls kann man eine relative Ordnung (Rangfolge, Präferenz) festlegen, die sich an qualitativen Merkmalen orientiert.

Zur Wertfestlegung haben sich zwei Nominalskalen bewährt (**Tafel 2.22**). Die duale oder zweiwertige Bewertung wird für die Festforderungen benutzt und dient oft der Vorselektion von Lösungen. Für die mehrwertige Bewertung ist eine fünfstufige Einteilung zweckmäßig [2.1] [2.5].

Tafel 2.22 Nominalskalen für die Bewertung

	Zweiwertig			Mehrwertig		
	Erfüllungsgrad		*p*	Erfüllungsgrad	Note	*p*
	erfüllt nicht erfüllt	j n	1 0	sehr gut gut ausreichend noch tragbar unbefriedigend	1 2 3 4 5	4 3 2 1 0
Vorteile	• sehr einfach • subjektiver Einfluß gering • gut geeignet zur Vorselektion von Varianten bezüglich Festforderungen (z. B. Funktionsfähigkeit, Herstellbarkeit)			• feinere Differenzierung der Varianten • für alle Klassen von Forderungen geeignet		
Nachteile	• keine Differenzierung brauchbarer Varianten • Festlegung der Grenze bei graduierten Forderungen ist problematisch			• subjektiver Einfluß hoch • höherer Aufwand		

Die Handhabung des Bewertungsmaßstabs zeigt **Bild 2.23**. Entsprechend ihrer Wichtigkeit haben die Bewertungskriterien unterschiedlichen Einfluß auf die Bestimmung des Gesamtwerts. Bereits bei der Aufgabenpräzisierung (s. Abschn. 2.2.2) unterscheidet man Festforderungen, Mindestforderungen, Wünsche und Ziele.

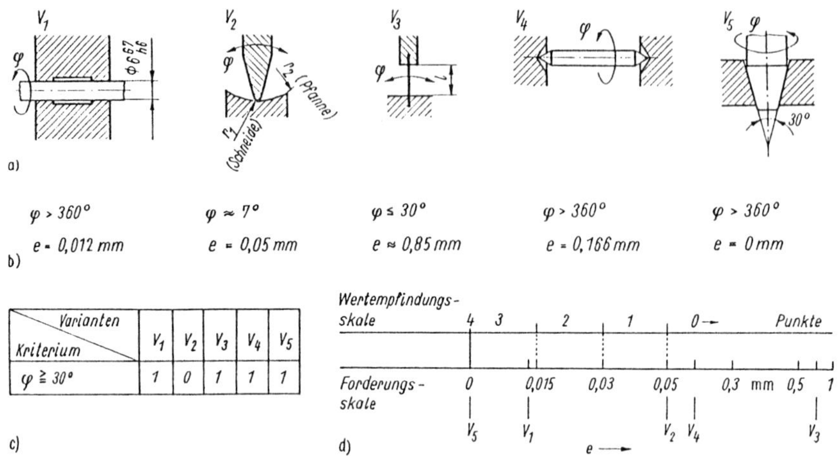

Bild 2.23 Bewertung von Varianten für eine Präzisionslagerung
Forderungen: 1. Drehwinkel $\varphi = \pm 30°$; 2. Zulässige Verlagerung der Drehachse $e \leq 0{,}05$ mm
a) Varianten: V_1 Gleitlager, V_2 Schneidenlager ($r_1 = 0{,}1$ mm, $r_2 = 0{,}2$ mm), V_3 Federlager ($l = 10$ mm), V_4 Spitzenlager ($r_1 = 0{,}1$ mm, $r_2 = 0{,}4$ mm), V_5 Kegellager;
b) ermittelte Eigenschaften; c) zweiwertige Bewertung (Forderung 1); d) mehrwertige Bewertung (Forderung 2)

Innerhalb der Bewertungsbasis mit den Kriterien K_1 K_2, ..., K_n differenziert man diese nach ihrer Bedeutung und drückt dies durch Einflußzahlen g_i (Wichtungsfaktoren u.ä.) aus **(Bild 2.24)**. Ihr absoluter Wert ist beliebig, jedoch müssen ihre Relationen die realen Verhältnisse erfassen. Wesentliche Kriterien erhalten eine hohe Einflußzahl. Kriterien und Einflußzahlen gelten unabhängig von der bewerteten Variante und der Höhe des Werts. Als Hilfsmittel zur übersichtlichen Bewertung dient eine Bewertungstabelle (**Tafel 2.23**). Mit Hilfe der Bewertungsmaßstäbe werden die Werte p_{ij} ermittelt. Innerhalb einer solchen Tabelle muß man eine einheitliche Wertempfindungsskale benutzen.

Tafel 2.23 Bewertungstabelle

Bewertungskriterien	Varianten / g	V_1	V_2	...	V_i	...	V_m
K_1	g_1	p_{11}	p_{21}	...	p_{i1}	...	p_{m1}
K_2	g_2	p_{12}	p_{22}	...	p_{i2}	...	p_{m2}
⋮	⋮	⋮	⋮		⋮		⋮
K_j	g_j	p_{1j}	p_{2j}	...	p_{ij}	...	p_{mj}
⋮	⋮	⋮	⋮		⋮		⋮
K_n	g_n	p_{1n}	p_{2n}	...	p_{in}	...	p_{mn}
	Σg_j	$\Sigma g_j p_{1j}$	$\Sigma g_j p_{2j}$	...	$\Sigma g_j p_{ij}$	...	$\Sigma g_j p_{mj}$
Gesamtwerte		x_1	x_2	...	x_i	...	x_m

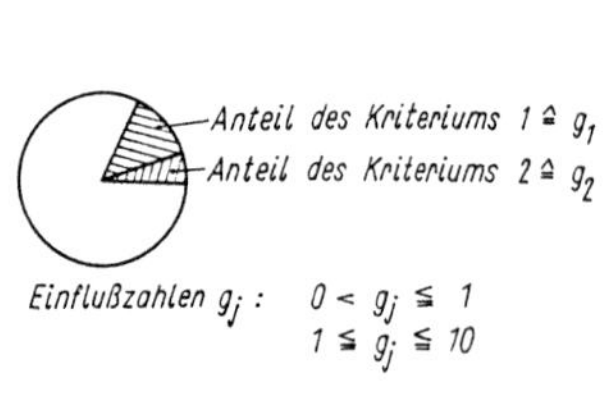

Bild 2.24 Festlegung von Einflußzahlen

Das Hauptproblem bei der Bewertung ist das exakte Ermitteln der Eigenschaften der Lösungen. Dazu ist es notwendig, gedanklich Herstellung, Nutzung u.a. vorausschauend zu beurteilen und Aufwände zu ermitteln.

Diese gedanklichen Vorgriffe sind mit Unsicherheiten verbunden. Sie hängen vom Abstraktionsniveau der gegebenen Lösung ab. So ist eine als Funktionsstruktur gegebene Lösung nur nach der formalen Erfüllung der Gesamtfunktion bewertbar. Eine Bestimmung des zu erwartenden Aufwands aus der Anzahl der Teilfunktionen bzw. der Anzahl und Kompliziertheit der Verknüpfungen kann zu schwerwiegenden Fehlurteilen führen, da sowohl komplizierte Funktionsstrukturen zu einfachen Gebilden führen können (Funktionenintegration) als auch einfache Strukturen komplizierte Ausführungen nicht ausschließen.

Das technische Prinzip läßt nur eine qualitative Beurteilung der Funktionserfüllung und anderer Forderungen zu. Erst durch wenigstens überschlägliche Berechnungen erhält man hinreichende Aussagen für die Bewertung.

Am günstigsten ist die Situation beim technischen Entwurf, der alle Details der Gestalt enthält. Bei entscheidenden Forderungen (die z. B. die Funktionserfüllung, Zuverlässigkeit u. ä. betreffen) sind u. U. experimentelle Ermittlungen notwendig.

Der Gesamtwert x_i einer Variante i wird aus den Einzelbewertungen p_{ij} nach folgenden Beziehungen ermittelt:

zweiwertige Bewertung

$$x_i = p_{i1} \wedge p_{i2} \wedge \ldots \wedge p_{in}, \tag{2.3}$$

mehrwertige Bewertung

$$x_i = \sum_{j=1}^{n} g_j p_{ij} \Big/ p_{\max} \sum g_j. \tag{2.4}$$

Bei der zweiwertigen Bewertung scheiden alle Varianten aus, die auch nur eine Forderung nicht erfüllen. Der gewichtete und auf den Idealwert bezogene Gesamtwert der mehrwertigen Bewertung ermöglicht die Einschätzung des Abstands von diesem Ziel. Für die Dokumentation der Bewertungsergebnisse ist zu empfehlen, neben den Werten p_{ij}, auch die Eigenschaftswerte der Forderungsskale für die jeweilige Variante in der Tabelle mit festzuhalten [2.32].

Man beachte, daß der errechnete Gesamtwert mit einer Unsicherheit behaftet ist, die sich aus subjektiven Urteilsfehlern, dem Informationsmangel bei der Eigenschaftsbestimmung und dem Bewertungsverfahren selbst ergibt. Diese Unsicherheit bestimmt das Risiko der nachfolgenden Entscheidung. Schätzkommissionen und Expertenbefragung können bei bedeutenden Projekten die Unsicherheit verringern helfen.

Auf der Grundlage der Gesamtbewertung läßt sich dann die Entscheidung treffen.

- **Entscheidungsregeln**

1. Regel des maximalen Nutzens:
   Wähle die Variante, die in der Rangfolge an erster Stelle steht !

$$V_i \quad \text{mit} \quad x_i = x_{\max}. \tag{2.5}$$

2. Regel der befriedigenden Lösung:
   Wähle alle Varianten, die hinreichend die Forderungen erfüllen!

$$V_i \quad \text{mit} \quad x_i \geq x_{\text{befriedigend}}. \tag{2.6}$$

Die Anwendung einer dieser Regeln muß entsprechend der Entscheidungssituation erfolgen.

Regel 1 führt zur Auswahl einer Variante. Regel 2 selektiert solche Lösungen, die für eine weitere Bearbeitung geeignet sind.

Die in Abschn. 2.2 behandelten Methoden stellen eine Auswahl dar. Weitere finden sich in [2.15] [2.18] [2.19] [2.27] [2.30] [2.31] [2.32] [2.43] [2.44] [2.47]. Für die Phase des Dimensionierens und Gestaltens sind hier keine allgemeinen Methoden angegeben. Sie werden in den einzelnen Abschnitten am konkreten Objekt verdeutlicht. Konstruktionsprinzipien sind in Abschn. 4.2 zusammengestellt.

2.3 Einsatz technischer Mittel

Der Begriff CAD (Computer Aided Design) entstand zwischen 1957 und 1959 am Messachusetts Institut of Technology (MIT) in den USA im Zusammenhang mit der rechentechnischen Verarbeitung von Geometriedaten einer Konstruktion zur Steuerung von Werkzeugmaschinen. CAD ist die Anwendung der Rechentechnik in der Konstruktion und Fertigungsvorbereitung zur Bearbeitung von geometrieabhängigen Aufgaben beim Berechnen, Zeichnen und Ausarbeiten von Stücklisten, Arbeitsplänen, NC-Steuerinformationen und Angeboten [2.16] [2.20] [2.28].

Weitere wichtige Anwendungsgebiete der Rechentechnik sind durch folgende Begriffe gekennzeichnet:

CAE	Computer Aided Engineering	:	Rechnerunterstütztes Auslegen
CAM	Computer Aided Manufacturing	:	Rechnerunterstützte Planung der Produktion
CAQ	Computer Aided Quality Assurance	:	Rechnerunterstützte Qualitätssicherung
CIM	Computer Integrated Manufacturing	:	Rechnerintegrierte Fertigung

CIM ist die Grundlage einer flexiblen, automatischen Fertigung und umfaßt CAD, CAM, CAP, CAQ sowie betriebsorganisatorische Bereiche.

Die CAD-Technologie als Lehre von den in der Konstruktion anwendbaren Methoden der rechnerunterstützten Informationsverarbeitung führt zu einer Objektivierung der Konstruktionsvorgänge mit Produktivitätsgewinn bei mechanischer Konstruktion mit Faktoren von 2 bis 5 und Erhöhung der Qualität [2.57].

2.3.1 Voraussetzungen

2.3.1.1 Allgemeine Bedingungen

Möglichkeiten und Grenzen des Rechnereinsatzes ergeben sich aus der Leistungsfähigkeit der Elektronischen Daten-Verarbeitungs-Anlagen (EDVA) und der Algorithmierbarkeit der beim Konstruieren auszuführenden Operationen.

Die Nutzung von CAD-Systemen in der Konstruktion ist durch die in **Tafel 2.24** zusammengestellten Bedingungen charakterisiert. Sie wird erst möglich, wenn eine für jeden neuen Anwendungsfall notwendige Vorbereitung mit den folgenden Etappen durchlaufen wurde:

1. Problemaufbereitung;
2. Algorithmierung;
3. Programmierung;
4. Datenbereitstellung.

Tafel 2.24 Bedingungen für den Einsatz von CAD im konstruktiven Entwicklungsprozeß (KEP)

Leistungsmerkmale des Rechners	Voraussetzungen für den CAD-Einsatz			
	Hardware	Software	Qualifikation der Konstrukteure	Organisation des KEP
- Verarbeitbarkeit von Zahlen, Text und grafischen Darstellungen - Hohe Bearbeitungsgeschwindigkeit - Gute Reproduzierbarkeit der Ergebnisse - Hohe Genauigkeit - Verarbeitbarkeit großer Datenmengen - Maschinelle Dokumentation der Ergebnisse - Automatische Speicherung und Wiedergabe von Informationen	**Konfiguration der EDVA** bestimmt Einsatzmöglichkeiten im KEP **Rechengeschwindigkeit und Speicherkapazität** bestimmen Art, Datenumfang und Komplexität der bearbeitbaren Aufgaben **Peripheriegeräte** bestimmen Organisation des Arbeitsablaufs und Kommunikationsmöglichkeiten zwischen Mensch und Rechner **Intra- und Internet-**Anschluß ermöglichen verteilte Problembearbeitung	**Maschinenorientierte Software** ermöglicht Rechenbetrieb, beeinflußt Effektivität der Programmentwicklung und -abarbeitung **Problemorientierte Software** ermöglicht die Problembearbeitung, muß vom Anwender erstellt werden, erfordert z. T. hohen Aufwand (Problemaufbereitung, Programmierung)	**Kenntnisse** über Gerätetechnik, Programmsysteme zur Entscheidung über deren Anwendbarkeit **Fähigkeiten** zur Anwendung systematischer Methoden **Fertigkeiten** bei Datenerfassung, Programmnutzung, Gerätebedienung im Dialogbetrieb	- Exakte Festlegung der **Informationsflüsse** - CAD-gerechte **Erzeugnisgliederung** (Sachnummern- und Klassifizierungssysteme) - CAD-gerechte **Unterlagengestaltung** (Datenerfassungsbelege, Stücklisten, Zeichnungen, technologische Unterlagen) - Anpassung von **Rechnerbetrieb und Konstruktionsablauf**

Aus der Unbestimmtheit und Mehrdeutigkeit des Konstruierens (s. Abschn.2.1.2.1) folgt, daß eine Algorithmierung von Konstruktionsvorgängen nur mit Einschränkungen möglich ist. Das betrifft besonders die Synthese neuer Lösungen und die Bewertung. Der Rechner kann die Kreativität und das Urteilsvermögen des Konstrukteurs bei diesen Operationen nicht ersetzen, aber unterstützen, indem er Informationen bereitstellt und zahlreiche formale Manipulationen übernimmt. Mit einem solchen Dialog wächst der Zwang, die Problembearbeitung streng systematisch zu organisieren.

Eine wichtige Bedingung für Art und Umfang des Einsatzes von CAD sind die erreichbaren ökonomischen Vorteile. Eine Analyse des Konstruktionsprozesses mit quantitativer Bestimmung der Zeitanteile von Tätigkeiten, der Struktur der Objekte sowie aller Kostenanteile liefert die notwendigen Informationen, um den Einsatz effektiv zu gestalten [2.20] [2.28].

2.3.1.2 CAD in der Feinwerktechnik

Die Anwendung der Rechentechnik in den verschiedenen Bereichen der Industrie kann gemeinsame Merkmale technischer Produkte nutzen, so daß Hardware und Basissoftware weitgehend übertragbar sind.

Aus der Struktur der Erzeugnisse und den Anforderungen an deren Entwicklung (s. Abschn. 1) resultieren jedoch für jeden Industriezweig spezifische Bedingungen für den Einsatz von CAD-Systemen. Die Feinwerktechnik ist durch folgende Merkmale charakterisiert [2.26]:

- Anwendung und Integration von Elementen unterschiedlicher physikalischer Bereiche in einem Gerät (mechanische, optische, elektronische, elektromechanische und optoelektronische Bauelemente);
- Ausnutzen der Prinzipe bis zu ihrer physikalischen Grenze;
- schnelle Innovation der technischen Lösungen (Ablösen mechanischer durch elektronische, elektronischer durch optische, analoger durch digitale Prinzipe, Hardware durch Software);
- Automatisierung zahlreicher geräteinterner Funktionen;
- Erreichen hoher Präzision durch spezielle Strukturierung der Erzeugnisse (Funktionenintegration oder -trennung, fehlerarme Anordnungen unter Nutzung von Invarianz und Innozenz, Justierung; s. Abschn. 4.2);
- große Vielfalt der konstruktiven Ausführungen und Werkstoffe;
- große Vielfalt der technologischen Verfahren.

Daraus wird erkennbar, daß der Wiederholungsgrad konstruktiver Lösungen gering und ein flexibler, über formalisierbare Routineaufgaben hinausgehender CAD-Einsatz erforderlich ist. **Bild 2.25** beschreibt die Einordnung von CAD in den Konstruktionsprozeß.

Haupteinsatzgebiete von CAD sind Entwurf und Berechnung von Baugruppen und Einzelteilen. Eine durchgehende Produktmodellierung vom Prinzipentwurf bis zur Fertigung setzt sich zunehmend durch.

2.3.2 Aufbau von CAD-Systemen

Ein CAD-System realisiert die für die Problemlösung erforderliche Informationsverarbeitung und umfaßt die Hardware, Software und den Menschen. Nach **Bild 2.26** sind folgende Merkmale charakteristisch: Mensch-Maschine-Dialog (alphanumerisch und grafisch), rechnerinterne Darstellung des technischen Gebildes, Aufbau zugehöriger funktionsorientierter Modelle (s. Abschn. 2.3.3.4), Kopplung mehrerer Konstruktionstätigkeiten (Berechnen, Optimieren, Darstellen, Informieren, Bewerten, Ändern und Dokumentieren) und Nutzung von Datenbanken. Wird das System mit Prozessen der Produktionsplanung und –steuerung gekoppelt, so spricht man von einem CAD/CAM-System oder von CIM.

2.3.2.1 CAD-Hardware

Im konstruktiven Entwicklungsprozeß kommen Rechner aller Größenordnungen zum Einsatz (**Tafel 2.25**), welche die Forderungen nach Dialogfähigkeit, Grafikfähigkeit und Verfügbarkeit am Arbeitsplatz des Konstrukteurs erfüllen [2.16] [2.19] [2.20] [2.21] [2.28].

CAD-Arbeitsplätze sind nach **Bild 2.27** aufgebaut. Sie arbeiten als selbständige Einzelsysteme (Stand-Alone-Systeme) oder gekoppelt mit anderen Rechnern in Netzen unterschiedlicher Konfigurationen (LAN-local area network, WAN wide area network). Schnittstellen (Interface) gestatten den Aufbau unterschiedlicher Konfigurationen und damit die Anpassung der Hardware an die Aufgaben der jeweiligen Konstruktionsabteilung.

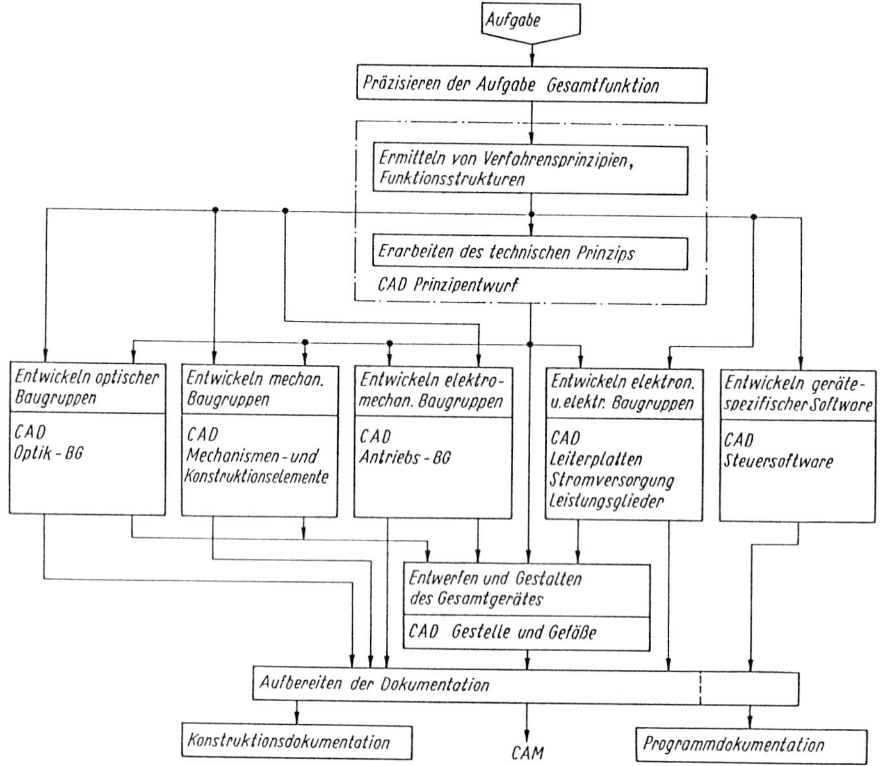

Bild 2.25 CAD in der Geräteentwicklung

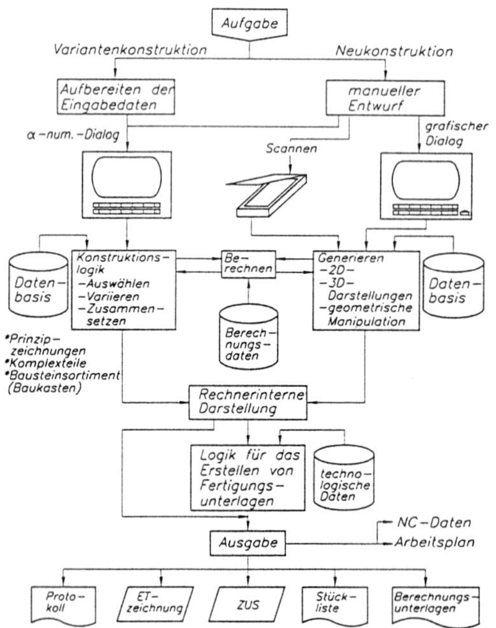

Bild 2.26 Informationsverarbeitung in einem CAD-CAM-System

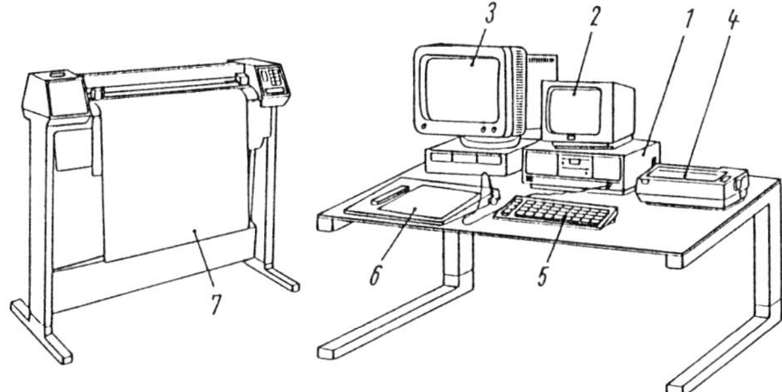

Bild 2.27 CAD-Arbeitsplatz
1 Arbeitsplatzrechner mit Festplatten- und externen Speichern; *2* alphanumerischer Bildschirm; *3* Grafikbildschirm; *4* Drucker; *5* Tastatur; *6* Eingabetablett; *7* Plotter

Tafel 2.25 Hardware für das rechnerunterstützte Konstruieren

Rechnertyp	Personalcomputer (PC)	Workstation (WS)	Großrechner (Mainframe)
Konfiguration			
Prozessortyp/CPU	80486 Pentium Pentium2	VAX, RISC, SPARC, Mehrprozessorsysteme	Mehrprozessorsysteme
Wortbreite (Bit)	32 32 32 - 64	16 - 64	≥ 64
Hauptspeicher	16-64MB 16-196MB 32-512MB	64MB - 1GB	> 1GB
Festplatte (BYTES)	120M - 4G - 34G	1,3 - 47G	> 16G
Grafikbildschirm	800x600 - 1280x1024	1024x864 - 1664x1248	Terminals bis 16.000x16.000
Betriebssystem	MS-DOS, OS/2, UNIX, Windows 95/98, Windows NT	VMS, UNIX, Windows NT	BS2000, UNIX
Anwendungen	* 2D-Konstruktion * einfache 3D-Konstruktion * Dimensionierung * FEM einfacher Objekte * Dateiverwaltung * Stücklisten * Arbeitsplanung * Multimedia	* 2D/3D-Konstruktion * wirklichkeitstreue Darstellungen * Dynamiksimulation und -animation * FEM komplexer Objekte * Multimedia * Virtual Reality	* Zentrale Betriebsdatenverwaltung * komplexe CIM-Systeme * Dynamiksimulation und -animation komplexer Systeme * Virtual Reality

Großrechner sind für integrierte Datenverarbeitungssysteme (CAD/CAM, CIM) erforderlich. Über sie erhält der Konstrukteur Zugang zu umfangreichen Programmsystemen und den gesamten Datenbestand eines Betriebes. Diesem Zweck dienen auch **Rechnernetze**, die Rechner stern-, baum- oder ringförmig durch einfache Leitungen, Koaxialkabel, Lichtwellenleiter oder Richtfunkstrecken verbinden. Gegenwärtig nutzt man bevorzugt Client-Server-Konfigurationen.

Periphere Geräte realisieren die externe Datenspeicherung sowie die Datenein- und ausgabe. Festplattenspeicher (120 MByte bis 47 GByte), (Disketten, 5 ¼"und 3 ½"; bis 2,88 Mbyte) und CD (Compact Disc mit 12 cm Dmr; ca. 600Byte) erlauben Direktzugriff zu den Daten, während Magnetbänder (10 bis 300 MByte je Band) und Magnetbandkassetten (100 MB bis 50 GB) als sequentielle Speichermedien vorzugsweise zur Datensicherung und –archivierung dienen. Neben diesen Geräten gehören Tastaturen, alphanumerische Bildschirmgeräte und Drucker (Typenrad-, Nadel-, Thermo-, Tintenstrahl- oder Laserdrucker) zur Standardperipherie eines Rechners. Für die rechnerunterstützte Konstruktion sind Geräte zur grafischen Ein- und Ausgabe von besonderem Interesse.

Grafische Bildschirmgeräte, gekoppelt mit Tastatur und Tablett (oder Maus, Steuerknüppel, Rollkugel, Lichtstift) ermöglichen die interaktive Arbeitsweise. Vorzugsweise kommen Displays mit Bildwiederholspeicher (Raster- oder Vektor-Refresh-Displays) mit 600 x 800 bis 4096 x 4096 Bildpunkten von 0,1 bis 0,3 mm Dmr. und mehreren Farben (bis 256) zum Einsatz. Zunehmend enthalten diese Geräte hochintegrierte Grafikprozessoren, wodurch Grafikoperationen ohne zusätzliche Software sofort ausführbar sind (intelligente Grafik-Terminals). Die zur Darstellung eines Bildes benötigten Daten können in mehreren Ebenen des Bildspeichers (bis 256) abgelegt werden, wodurch Bilderzeugung und -korrektur effektiv möglich sind. Charakteristisch für die interaktive Arbeit ist die Menütechnik (**Bild 2.28**). Durch Funktionstasten, Antippen mit dem gesteuerten Cursor identifiziert man Geometrieelemente und Menübefehle.

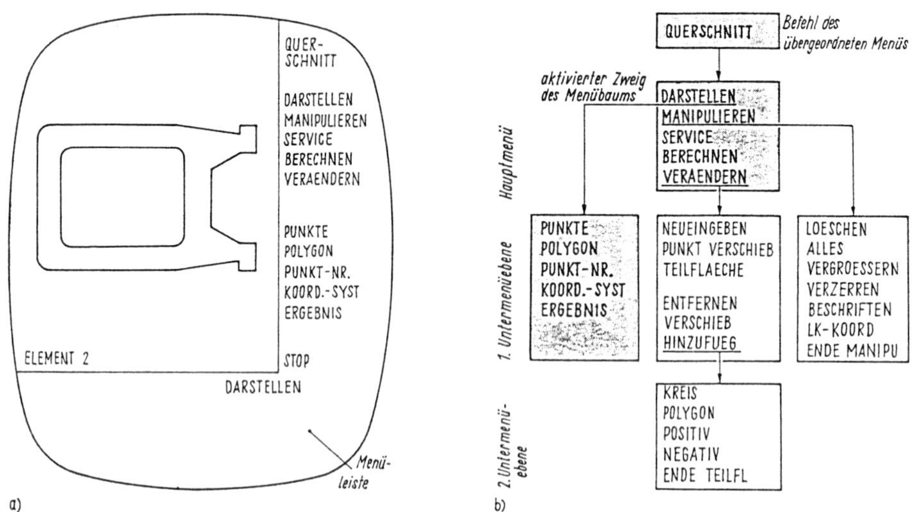

Bild 2.28 Menütechnik
a) Bildschirmbild mit aktiviertem Menü aus dem Menübaum; b) Hauptmenü zur Querschnittsvariation

Weiter kommen zum Einsatz:

Grafische Datenerfassung und Eingabe (analog-digital): Digitalisierbrett mit Stift, Digitalisiergeräte (Digitzer für 2D und 3D), automatische Digitalisierer (Scanner), Geräte der Industriefotogrammetrie.

Graphische Ausgabe (digital-analog): Zeichenmaschinen (Plotter), grafikfähige Drucker (Rasterdruck, Laserdruck, Tintenstrahldruck, Thermodruck, z. T. Hardcopygeräte), Mikrofilmausgabe.

Bild 2.29 zeigt typische Ausführungsarten von Zeichenmaschinen [2.16] [2.19], die für den Einsatz in der Konstruktion in Formatgrößen bis A0 verfügbar sind. Das Zeichenwerkzeug ist in 8 Grundrichtungen (selten 24 oder 48) geradlinig zu bewegen (**Bild 2.30**). Alle übrigen Linien werden durch die Elementarschritte approximiert. Dieser Effekt der „Treppenlinie" tritt auch bei Rasterbildern auf.

Die Auflösung (z. B. beim Auftragen von Tintentröpfchen auf Papier) wird in dpi (dots per inch) angegeben und beträgt bis zu 400 dpi (entspr. 63 µm).

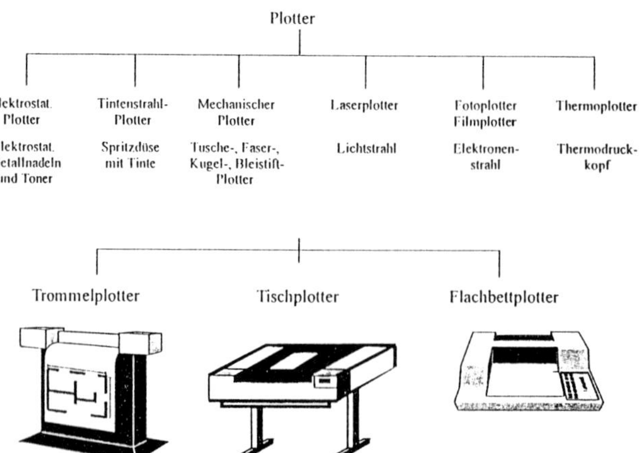

Bild 2.29 Zeichenmaschinen

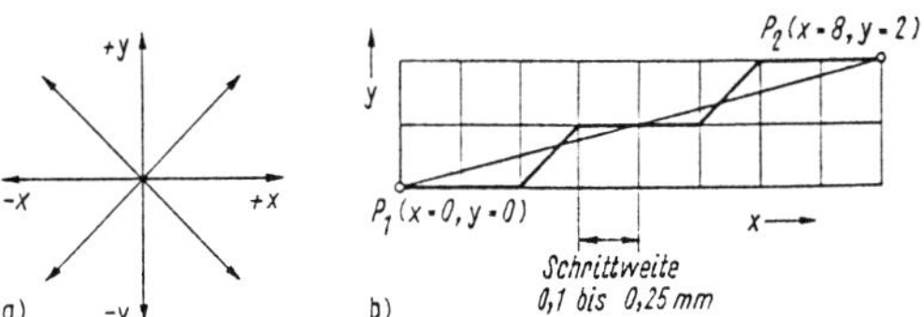

Bild 2.30 Bewegung des Zeichenkopfes einer Zeichenmaschine
a) Bewegungsgrundeinrichtungen; b) Approximation einer Geraden (8-Vektor-Format)

2.3.2.2 CAD-Software

Software ist die Gesamtheit der Programme, die man zur Bearbeitung von Aufgaben mit Hilfe eines Rechners benötigt (**Bild 2.31**). Die Systemsoftware ermöglicht den Betrieb der Rechenanlage und wird in der Regel von Produzenten der Hardware mitgeliefert. Die Betriebssysteme sind an den Hardwareaufbau angepaßt.

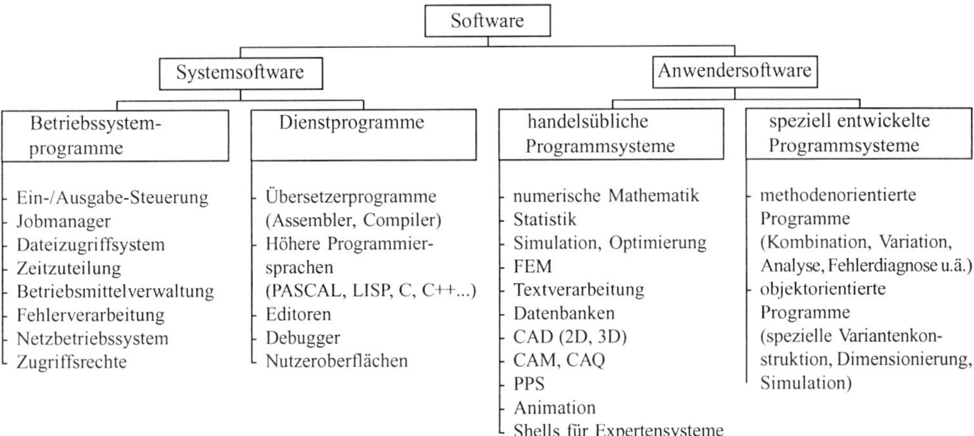

Bild 2.31 Gliederung der CAD-Software

Die Systemsoftware unterstützt Grundoperationen der Informationsverarbeitung, die vom Entwicklungsobjekt weitgehend unabhängig sind. Die Leistungsfähigkeit eines CAD-Systems wird wesentlich durch seine Grafiksoftware bestimmt. Da Digitalrechner analoge grafische Darstellungen, wie technische Zeichnungen nicht verarbeiten können, besteht das Hauptproblem der grafischen Datenverarbeitung in der Umsetzung der analogen in äquivalente digitale Beschreibungen und deren Rücktransformation nach der Verarbeitung im Rechner in ein entsprechendes Bild. Diesen mehrstufigen Prozeß zeigt **Bild 2.32**. Für die Geometriebeschreibung stehen 2D-Modelle (**Bild 2.33**), $2^1/_2$D-Modelle (**Bild 2.34**) und 3D-Modelle zur Verfügung (**Tafel 2.26**), mit deren Hilfe ein Objekt durch diskrete geometrische Grundelemente abgebildet wird. Der aufwendige Aufbereitungs- und Eingabevorgang ist mit folgenden Mitteln durchführbar:

Eingabesprache (grafische Programmier- oder CAD-Eingabesprache). Geometrische Grundelemente sind durch Worte und Parameter beschrieben (z. B. LINE X1, Y1, X2,Y2), die man über Tastatur eingibt.

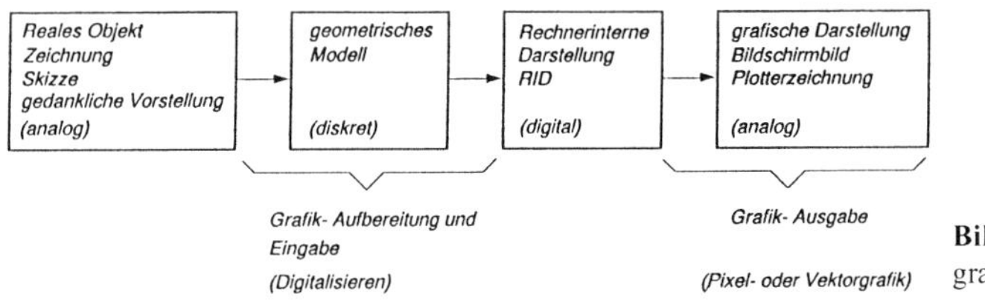

Bild 2.32 Grundsätzlicher Ablauf der grafischen Datenverarbeitung

Pkt.-Nr.	Verbindungsart	Linienart	Eckpunkt	Mittelpunkt
1			x_1/y_1	
	Strecke	Vollinie		
2			x_2/y_2	
	Kreis	Vollinie		
3			x_3/y_3	
4				x_4/y_4
⋮	⋮	⋮	⋮	⋮
17			x_{17}/y_{17}	
	Strecke	Strich-Punkt		
18			x_{18}/y_{18}	

Bild 2.33 Geometrische Modellierung eines Einzelteils (2D)

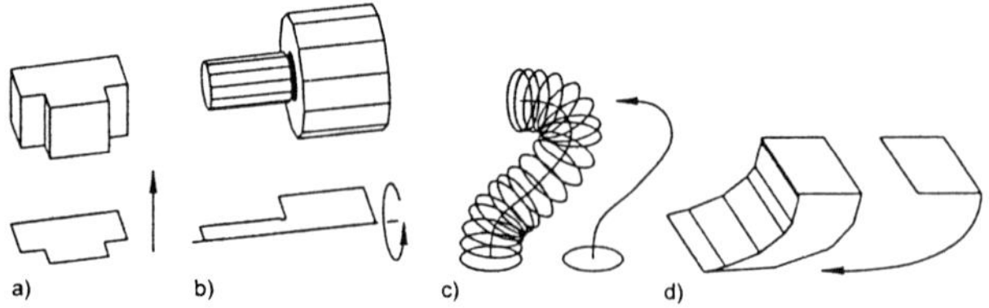

Bild 2.34 $2^1/_2$-D-Beschreibung [2.21]
Durch Translation a), Rotation b) oder Verschieben entlang einer Trajektorie c), d) einer Querschnittsfläche entsteht ein Körper.

Tafel 2.26 Eigenschaften geometrischer Modelle

Modellart	Kantenmodell wireframe model	Flächenmodell boundary representation model (B-REP)	Volumenmodell constructive solid geometry (CSG)
Bauteil	12 Punkte, 16 Kanten	10 Rechtecke	2 Quader
Geometrische Grundelemente			
Erweiterte Elemente			
Eigenschaften	geringer Speicherbedarf, kurze Antwortzeiten, gut für 2D-Systeme, Bemaßung einfach, 3D-Darstellung nicht eindeutig (außen/innen), Schnitte, Durchdringungen nicht möglich, keine Informtionen über Flächen, Volumen, Werkstoff	beschreibt Außenhaut, 1. Approximation durch ebene Flächen (Polyeder) nicht maß- und formtreu 2. Flächen höherer Ordnung und Approximation von Freiformflächen (Splines), Schnitte, Netzbelegung und Schattierung möglich	konsistente Vollkörperbeschreibung, beliebige Ansichten, Schnitte automatisch, Kollisionsprüfung und Explosivdarstellungen einfach, NC-Daten automatisch generierbar, gutes räumliches Vorstellungsvermögen nötig
Ausblenden verdeckter Kanten	nur interaktiv	Hiddenline-Algorithmus	automatisch
Berechnungen	Punktabstände leicht bestimmbar	Volumen berechenbar, Schwerpunktber. aufwendig	alle Berechnungen exakt möglich

Menütechnik. Geometrische Grundelemente sind über Eingabemittel (Funktionstasten, Tablettfelder, Kennzahlen, Worte) im Dialog auswählbar und (z. T. mit Nutzerführung) zu spezifizieren. Feste und variable Makros (im Rechner gespeicherte Grafikprogramme) für technische Elemente (z. B. genormte Fasen, Gewindedarstellungen, Paßfedernuten, Muttern usw.) senken für abgegrenzte Anwendungsbereiche den Eingabeaufwand. Der Nutzer benötigt keine Programmiersprache. Umfangreiche Menüs in CAD-Systemen mit bis > 100 Funktionen sind in Ebenen gegliedert (s. Bild 2.28).

Digitalisieren. In einer maßstäblichen Vorlage (2D: Zeichnung, Skizze auf Rasterpapier oder 3D: reales Objekt, körperliches Modell) bestimmt man mit einer begrenzten Abtastgenauigkeit die Koordinaten der geometrischen Grundelemente mit Hilfe einer Digitalisiereinrichtung. Handskizzeneingabe befindet sich in Entwicklung [2.28].

CAD-Systeme sind nur dann effektiv, wenn sie Objektmenüs, Datenbestände und Zusatzprogramme für die zu entwerfenden Produkte enthalten. Diese objekt- oder methodenorientierte Anwendersoftware entsteht unter Mitwirkung des Konstrukteurs. Die Aufbereitung konstruktiver Zusammenhänge umfaßt folgende Maßnahmen:

Modellierung (formale Beschreibung des Entwicklungsobjektes). Neben der Geometrie sind funktionelle, organisatorische, fertigungstechnische, ökonomische u.a. Daten sowie Beziehungen zwischen ihnen zu beschreiben. Ihre Gesamtheit bildet die rechnerinterne Darstellung (RID) des Objektes, wie z.B. die Modellierung mit finiten Elementen (FEM) [2.11] [2.33], die Modellierung optischer Systeme oder technischer Prinzipe (s. Abschn. 2.3.3). Die Objektbeschreibung erfordert vor allem die Ermittlung technischer Parameter.

Sie lassen sich in drei Gruppen einteilen:

- funktionelle Parameter (Kräfte, Momente, Temperaturen, Drehzahlen, elektrische Ströme, Spannungen u.ä.)
- restriktive Parameter (Lebensdauer, räumliche Bedingungen, Fertigungstoleranzen, Kosten usw.)
- systembeschreibende Parameter (Koordinaten der Ersatzelemente, Abmessungen. Werkstoffkenngrößen, geometrische Formen u. a.).

Algorithmierung (Erarbeiten der logischen Folge von Operationen). Der Konstruktionsablauf für die betreffende Aufgabe wird bis zu elementaren determinierten Operationen aufgegliedert (Konstruktionslogik). Im einfachsten Fall einer Bauelementedimensionierung geschieht das durch Zusammenstellung der notwendigen Berechnungsformeln.

Sehr viele konstruktive Zusammenhänge sind jedoch nicht durch mathematische Beziehungen zu beschreiben. Deshalb ist es notwendig, alle zu befolgenden Konstruktionsregeln, Bewertungen und Entscheidungen in Form logischer WENN-DANN-Beziehungen zu erfassen. Die Darstellung erfolgt als Flußbild (s. DIN 6241, 40700, 66001; [2.42]) oder als Entscheidungstabelle [2.9].

Entscheidungstabellen **(Tafel 2.27)** enthalten über Entscheidungsregeln verknüpfte Bedingungen und Maßnahmen. Dabei sind die Bedingungen so zu formulieren, daß sie die Wahrheitswerte „ja" oder „nein" annehmen können. Entscheidungstabellen sind ein zweckmäßiges Mittel zur Formalisierung von Konstruktionsabläufen mit folgenden Eigenschaften:

Vollständige und eindeutige Problembeschreibung, Erfassen qualitativer und quantitativer Zusammenhänge, leichte Überprüfbarkeit auf fachliche Richtigkeit, leichte Änderungsmöglichkeit, kompakte übersichtliche Darstellung, maschinelle Überführbarkeit in EDV-Programme.

Bereitstellung der erforderlichen Daten. Zu unterscheiden sind:

- Eingabedaten, die für jede Aufgabe durch den Konstrukteur neu aufzubereiten sind.
- Speicherdaten müssen für jedes Problem einmalig unter Mitwirkung des Konstrukteurs aufbereitet werden und sind dann aus Dateien für jeden Anwendungsfall abrufbar.
- Ausgabedaten sind nach Inhalt und Form bei der Programmentwicklung nutzergerecht festzulegen.

2.3.3 Fachkomponenten von CAD-Systemen

Im Konstruktionsprozeß (s. Bild 2.25) treten Problembearbeitungsoperationen auf, für die entsprechende Funktionen in CAD-Systemen (s. Bild 2.26) oder spezielle Programmsysteme einsetzbar sind. Dazu gehören Berechnungen, das Zeichnen, das Entwerfen, die Simulation und das Ermitteln neuer Prinziplösungen.

Tafel 2.27 Entscheidungstabellen
a) prinzipieller Aufbau; b) Entscheidungstabelle zur Auswahl von Lagerungsprinzipien
(j: ja; n: nein; x: Maßnahme erfüllt Bedingungen)

Bedingungen	Regeln R_1	R_2	...	R_m
B_1		(Bedingungsanzeiger)		
B_2				
⋮	———	———	——→ WENN	
B_n				
Maßnahmen				
M_1				
M_2				
⋮	←——	———	——— DANN	
M_K		(Maßnahmeanzeiger)		

a)

	Regeln							
Reibungsfrei	j	-	-	j	n	j	n	-
Spielfrei	-	j	-	j	j	j	j	-
Drehwinkel > 2π	-	-	j	j	j	n	n	n
Zylindergleitlager			x					
Kegellager (offen)		x	x		x			
Spitzenlager			x					x
Schneidenlager		x					x	
Wälzlager			x					x
Federgelenk	x	x				x		

b)

2.3.3.1 Berechnungen

Die erste Anwendung des Rechners in der Konstruktion waren Berechnungen. Sie lassen sich nach **Tafel 2.28** ordnen. Jede Berechnung bezieht sich auf eine bestimmte Klasse von Strukturen, deren Umfang vom Abstraktionsniveau des verwendeten Modells bestimmt ist.

Die Gestaltung des Rechenprogramms muß die Erfordernisse der Aufgabe berücksichtigen, wie Stellenanzahl der Rechengrößen (Genauigkeit), Anzahl der zu berechnenden Parameter (Datenumfang), Art und Weise der Verknüpfung der Variablen (z. B. Formel nicht explizit nach einer Größe auflösbar) sowie Wiederholgrad der Berechnung.

▶ **Beispiel:** Berechnung von Federführungen [2.26] [2.35].

Wegen ihrer Vorteile, wie vernachlässigbare Reibung, Wartungsfreiheit, Spielfreiheit und geringer Verschleiß, haben Federführungen (**Bild 2.35a**) eine sehr breite Verwendung gefunden. Mit Hilfe des Programms ist es möglich, das Bewegungsverhalten eines interessierenden Koppelpunkts B zu ermitteln, an dem sich z. B. eine Meßmarke, ein Tastelement, ein Spiegel o. ä. befinden. Die Auslenkkraft F (F_x, F_y, F_z), die Koordinaten der Punkte A und B sowie die Abmessungen der Federführung sind variierbar. Bild 2.35 b zeigt Abstraktions- und Berechnungsschritte bei der Problemaufbereitung, die Teil 1 des Programms (**Bild 2.36**) unterstützt.

Das Programm berechnet wahlweise die Bewegung des geführten Teils (Verschiebung, Drehung) bei gegebener Kraft oder die auslenkende Kraft für eine gewünschte Bewegung. Die Ergebnisse werden in übersichtlicher Form ausgedruckt und besonders interessierende Zusammenhänge in Form von Diagrammen mit Plotter gezeichnet (z. B. $v_x = f(v_y)$; $v_x = f(F_x, F_y)$; $v_y = f(F_y)$).

Zahlreiche Berechnungen von Bauelementen, Baugruppen und Geräten sind erst durch die maschinelle Abarbeitung bestimmter mathematischer Verfahren möglich, wodurch die weitverbreiteten Überdi-

Tafel 2.28 Übersicht über Berechnungen mittels EDVA

Verfahren	Merkmale	Typische Aufgaben	Beispiele
Nachrechnung	Berechnung ausgewählter Parameter einer Konstruktionslösung, deren Struktur qualitativ und quantitativ vorgegeben ist; die Nachrechnung dient der Überprüfung der Funktionserfüllung und anderer Forderungen	Berechnung von Abmessungen, Kräften, Spannungen, Deformationen, Verlagerungen, Schwingungen, Bahnkurven für Einzelteile, Baugruppen und Geräte	Bauelementeberechnungen [2.29][2.32] Finite-Elemente-Methode [2.11][2.33] Berechnung von Federführungen (Bild 2.36)
Auslegung	Berechnung funktionswichtiger Strukturparameter für eine qualitativ entworfene Struktur aus vorgegebenen Funktionswerten (Maßsynthese)	Berechnung von Abmessungen, Werkstoffkennwerten, Zähnezahlen u.ä. aus vorgegebenen Belastungen, Drehzahlen für Einzelteile und Baugruppen	Getriebeauslegungen [2.26] Dimensionierung von Antrieben [2.23][2.40][2.58]
Optimierung	Ermittlung von Strukturparametern einer gefundenen Lösung, so daß eine vorgegebene Zielfunktion unter Berücksichtigung eingrenzender Bedingungen (Restriktionen) erfüllt wird.	Optimierung von Konstruktionen bezüglich - Menge (Material-, Energiebedarf) - Qualität (Toleranzen, Lebensdauer) - Kosten (bei Herstellung, Nutzung)	Optimierung von Bauelementen und Maschinen [2.31]
Simulation	Nachbildung des Verhaltens einer entworfenen Struktur mit Hilfe eines Ersatzsystems (Modells), s. Abschn. 2.3.3.4	Überprüfung des dynamischen, thermischen und anderen Verhaltens von Bauelementen und Geräten, Ermittlung des Einflusses von Störgrößen auf die Funktion	Abschn. 2.3.3.4 Bild 2.37 Bild 2.38

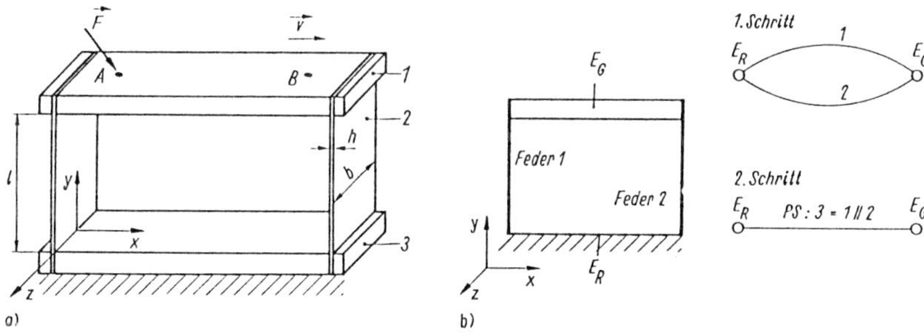

Bild 2.35 Berechnung von Federführungen
a) technisches Prinzip; b) Abstraktion und Reduktion der Struktur
1 Koppel; *2* Feder; *3* Gestell; *EG* Gangsystem; *ER* Rastsystem; *PS* Parallelschaltung

mensionierungen verringert, das Schwingungsverhalten der Geräte verbessert, der Aufbau von Erprobungsmustern (z.B. durch Simulation; s. Abschn. 2.3.3.4) eingeschränkt, die Genauigkeit erhöht und andere Verbesserungen erreicht werden konnten (**Bilder 2.37, 2.38, 2.39**).

Für wiederkehrende Berechnungsaufgaben empfiehlt sich eine für das Aufgabenprofil des Konstruktionsbüros zugeschnittene Programmbibliothek. Die Nutzung der Programme wird besonders effektiv, wenn die der Berechnung vorausgehende Modellierung, Problemaufbereitung und Eingabedatenermittlung weitgehend rechnerunterstützt im Dialog abläuft. Preprozessoren, wie z.B. die automatischen Netzgeneratoren bei FEM-Verfahren, erzeugen verarbeitungsgerechte rechnerinterne Modelle mit den erforderlichen Daten.

2.3.3.2 Entwerfen

Für die Konstruktionsarten nach Tafel 2.9 kommen die in Bild 2.26 genannten Verfahren zum Einsatz. **Variantenkonstruktion** erfordert vorbereitete, in der Datenbank des Rechners abgelegte Lösungen oder deren Bestandteile und erzeugt daraus für eine aktuelle Aufgabe den vollständigen Entwurf eines Erzeugnisses sowie die dazugehörigen Dokumente.

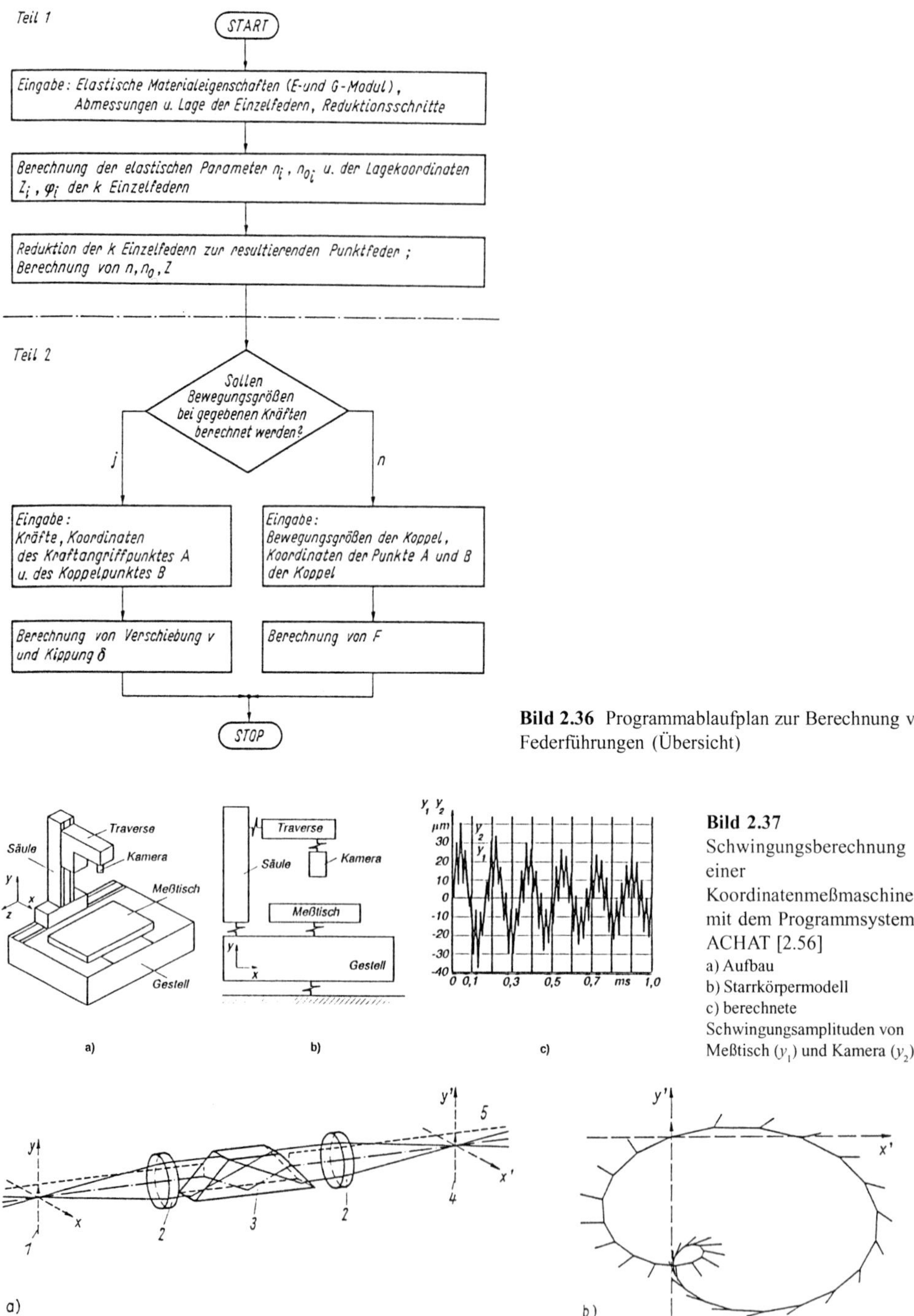

Bild 2.36 Programmablaufplan zur Berechnung von Federführungen (Übersicht)

Bild 2.37 Schwingungsberechnung einer Koordinatenmeßmaschine mit dem Programmsystem ACHAT [2.56]
a) Aufbau
b) Starrkörpermodell
c) berechnete Schwingungsamplituden von Meßtisch (y_1) und Kamera (y_2)

Bild 2.38 Analyse der Auswirkung von Toleranzen und Dezentrierung auf die Abbildung an einer Prismenbaugruppe mit dem Programmsystem ILPRIOS [2.53]
a) Baugruppe mit Strahlengang: *1* Objektebene; *2* Objektive; *3* Dovesches Wendeprisma (s. Tafel 6.4.1), rotiert zur Erzeugung einer Bilddrehung; *4* Bildebene; *5* Höhenbezugslinie *y-y*
b) Durch Simulation ermittelte Verlagerung des Bildmittelpunktes in der Bildebene bei Fehllage der Drehachse des Dove-Prismas mit Darstellung der veränderten Höhenrichtungen

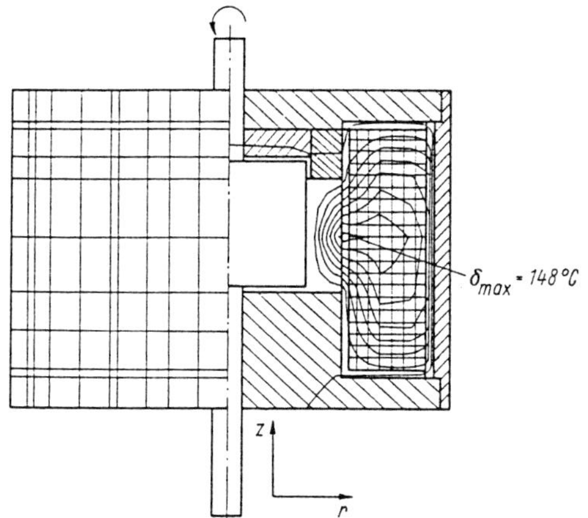

Bild 2.39 Temperaturfeldberechnung in einem rotationssymmetrischen Topfmagneten (s. Bild 2.59) mit FEM [2.33] [2.40]
links: Nachbildung der Geometrie durch FEM-Netz
rechts: Temperaturfeld bei Leistungsaufnahme von 10 W, Temperaturdifferenz benachbarter Isothermen 5 K

Man unterscheidet drei Verfahren:

Prinzipzeichenverfahren (Prinzipkonstruktion [2.16] [2.20]). Für vorgegebene Forderungen modifiziert das Programm vollständig detaillierte Entwürfe von Teilen oder einfachen Baugruppen durch Variation von Maßen, Toleranzen, Werkstoff, Oberflächenqualität u.ä. Parameter. Die geometrische Form bleibt prinzipiell erhalten. In Verbindung mit Berechnungsprogrammen und parametrisierter Geometrie entstehen Variantenzeichnungen (**Bild 2.40**).

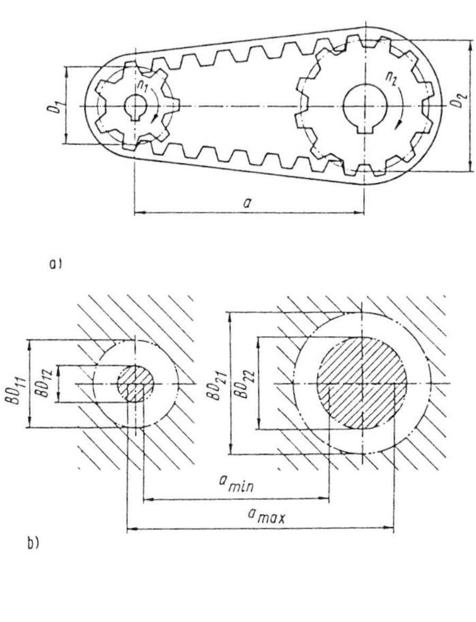

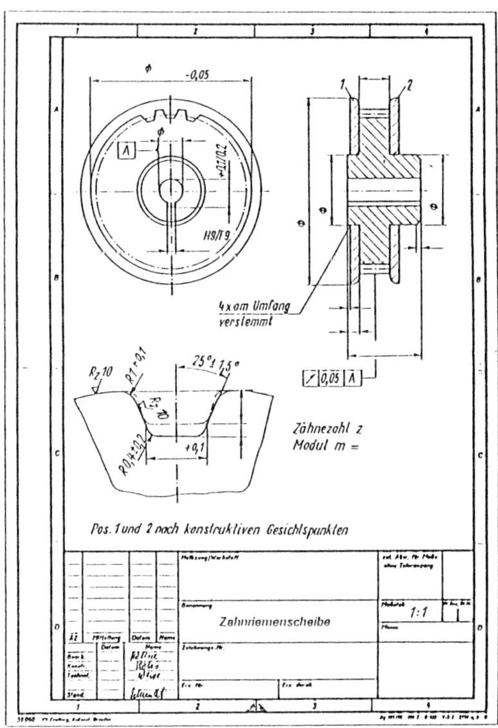

Bild 2.40 Variantenkonstruktion eines Zahnriemengetriebes
a) einstufiges Zahnriemengetriebe
b) räumliche Umgebung
c) Bauteilzeichung eines Zahnriemenrades (fehlende Maße ermittelt Programm)
a Achsabstand, *D* Durchmesser,
BD Begrenzungsdurchmesser

Komplexteilverfahren. Aus einem im Rechner gespeicherten fiktiven Komplexteil mit allen geometrischen Merkmalen einer Teilefamilie entsteht durch Variation von Abmessungen und Geometrie (additiv oder subtraktiv) den Anforderungen entsprechend das gewünschte Teil (**Bild 2.41**).

Katalogprojektierung. Für die Konstruktion eines Erzeugnisses steht ein Baukasten zur Verfügung, dessen Elemente nach einem Bauprogramm zusammensetzbar sind. Grundlage dafür sind vereinheitlichte, koppelbare Elemente [2.52] (**Bild 2.42**).

Die Variantenverfahren erzeugen die Lösung mit einer auf Auswahl, Variation, Zusammensetzen und Berechnen beruhenden Konstruktionslogik, deren nichtdeterminierte Entscheidungen im Dialog erfolgen. Die Eingabe grafischer Darstellungen ist nur einmal bei der Implementierung des Programms notwendig.

Neukonstruktion. Generierende Verfahren für die Neukonstruktion benutzen beim Entwurf Menüelemente, die für eine größere Erzeugnisgruppe anwendbar sind. Die Struktur entsteht durch gedankliche Vorstellung des Konstrukteurs, welche er über interaktive Arbeitsweise mit einem der unter Abschn. 2.3.2.2 beschriebenen Verfahren eingibt. Dieser Vorgang ist aufwendig. Man erreicht aber, daß alle Teile einer Konstruktion rechnerunterstützt weiterverarbeitet werden können (CAM, CIM).

In der Praxis nutzt man Kombinationen dieser Entwurfsverfahren (**Bild 2.43**), speichert die neuen Strukturen und erhöht schrittweise den Anteil von Variantenteilen.

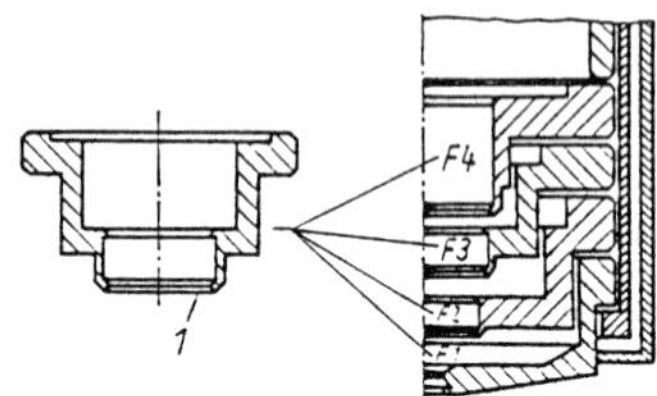

Bild 2.41 Komplexteilverfahren bei einem Mikroskopobjektiv (s. Bild 6.4.17c)
1 komplexes Fassungsteil; $F_1 \dots F_4$ Varianten

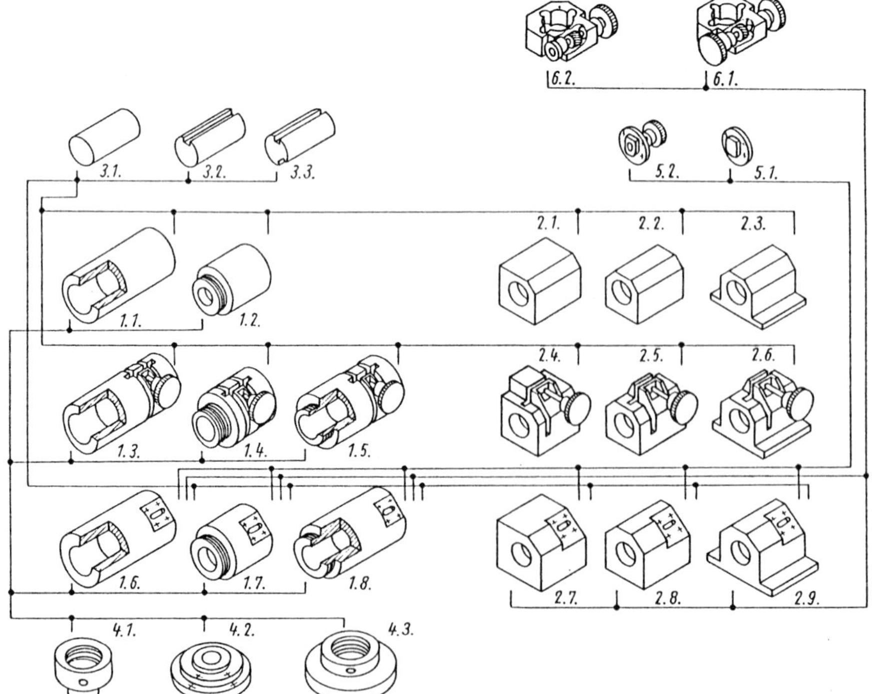

Bild 2.42 Baukastensystem Zylindergleitführungen des Programmsystems FUEHR [2.52]
1. Außenteile rund; *2.* Außenteile prismatisch; *3.* Innenteile; *4.* Flansch; *5.1* Verdrehsicherung; *5.2* Verdrehsicherung mit Klemmung; *6.* Verstelleinheiten

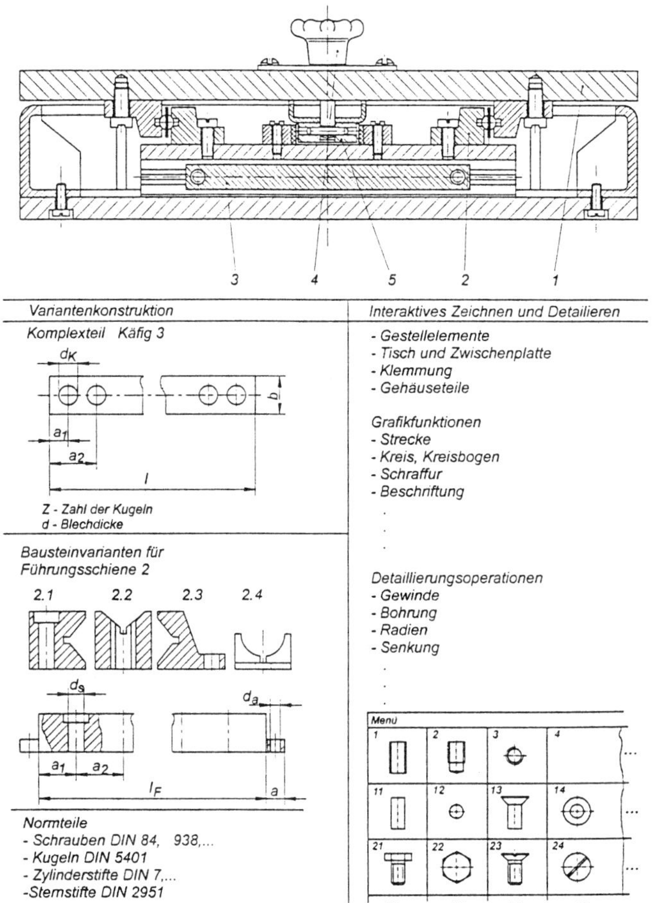

Bild 2.43 Entwurf eines Koordinatentisches (Auszug)
1 Tisch; *2* Führungsschienen; *3* Käfig; *4* Betätigungselement; *5* Klemmung

2.3.3.3 Zeichnen

Zeichnungsroutinen in CAD-Systemen unterstützen die Ausgabe von normgerechten Einzelteil-, Baugruppen-, Montage- u.ä. Zeichnungen, Diagrammen, Prinzipskizzen, Blockbildern, Schaltplänen sowie perspektivische Darstellungen. Die als rechnerinternes Modell vorhandene Geometrie ist durch Zusatzinformationen zu den gewünschten Zeichnungen zu vervollständigen (**Bild 2.44**). Die Bemaßung läßt sich für einfache Teile vollautomatisch erzeugen und ggf. im Dialog korrigieren.

Beim Erzeugen von Schraffuren an Schnittflächen benötigt das Programmsystem Angaben über den sie begrenzenden (geschlossenen) Konturzug. Das Menü bietet Schraffurwinkel, Linienabstand, Linienart bzw. standardisierte Schraffuren zur Auswahl.

Leistungsfähige Systeme passen Bemaßung und Schraffur bei Änderungen der Gestalt automatisch an (assoziative Bemaßung und Schraffur). Die Ebenentechnik (**Bild 2.45**) gestattet, die Zeichnungselemente getrennt abzuspeichern, wodurch Bildelemente übersichtlich geordnet und Änderungen vereinfacht sind. Die Belegung der Ebenen sollte man für einen Zeichnungssatz zweckmäßig vereinbaren.

Texteditoren, Maßstabbehandlung, Symbol-, Formelemente- und Teilebibliotheken gehören zum Leistungsumfang der gebräuchlichen Systeme. 3D-Systeme generieren beliebige Ansichten, perspektivische Darstellungen, Explosionszeichnungen (**Bild 2.46**) und schattierte Darstellungen. Fenstertechnik, Zeichen- und Befehlsmakros, Feature-Technik, Parametrik-Module u.a. Hilfsmittel erweitern ständig die Funktionalität von CAD-Systemen [2.19] [2.20] [2.21] [2.28].

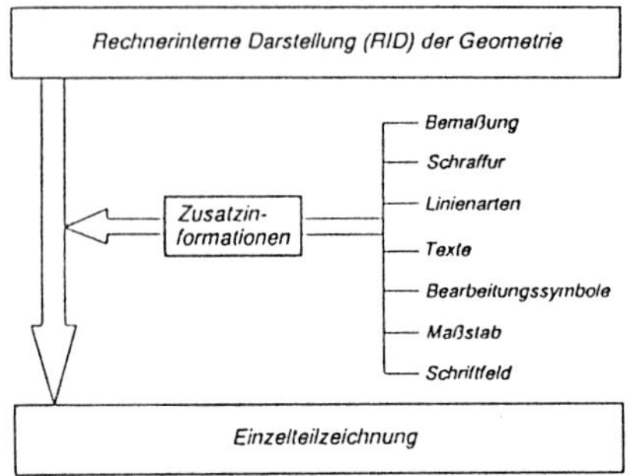

Bild 2.44 Zusatzinformationen für Einzelteilzeichnungen

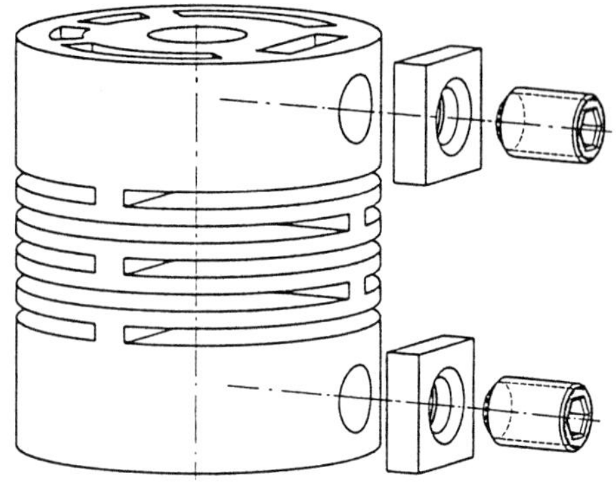

Bild 2.46 Explosionszeichnung einer Ausgleichskupplung

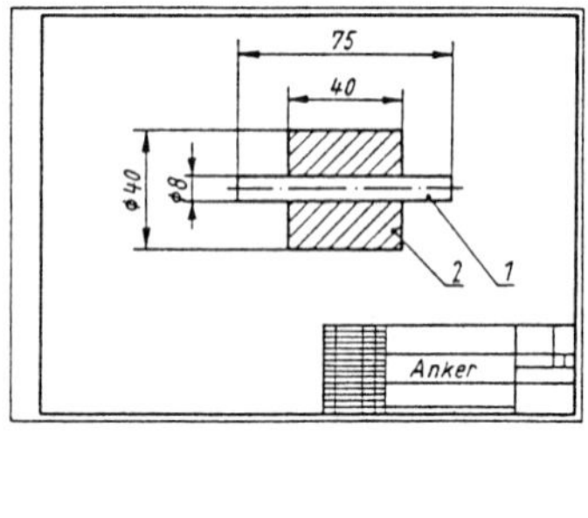

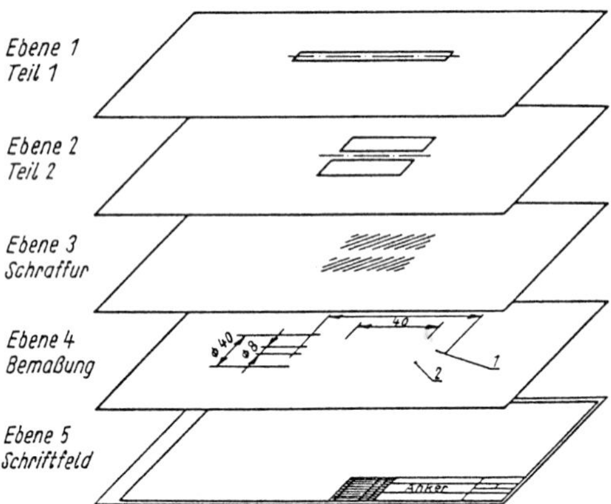

Bild 2.45 Ebenentechnik

2.3.3.4 Simulation

Die Simulationsmethode untersucht das Verhalten eines Objektes durch Experimente an einem Modell unter Verwendung eines Simulationssystems [2.24] [2.25] [2.59] [2.60], **Bild 2.47**.

Den Kern des Systems bildet das dynamische Modell (funktionelle Ersatzstruktur mit ihren Parametern (P)). Es ermöglicht die Analyse des Verhaltens V des Systems sowie eine Einfluß- und Toleranzanalyse seiner Teile. Parameteridentifikation und Synthese sind weitere Funktionen des Systems. Wenn in das Modell auch die Gestalt der Baugruppen und Bauteile als Geometriemodell eingebunden ist, lassen sich deren Abmessungen und Kenngrößen unter dynamischen Gesichtspunkten dimensionieren und optimieren.

Für die Entwicklung und Validierung des Simulationsmodells stehen Simulationssprachen oder bereitgestellte Modelle bzw. Modellblöcke zur Verfügung (**Bild 2.48**).

Allgemeine Simulationssysteme besitzen Blöcke für mathematische Grundfunktionen, Kennlinien und Signalgeneratoren (Bild 2.48a), aber auch für analoge Regler (Bild 2.48b).

Fachgebietsorientierte Simulationssysteme enthalten spezielle Objektbausteine wie z.B. PSPICE für elektronische Schaltungen mit ihren Zweipolen, Vierpolen (Bild 2.48c, d) sowie komplexe Bausteine für Rechenschaltungen oder für Festkörpersysteme.

In der Feinwerktechnik sind in einem Objekt oft mehrere Aspekte wie Elektronik, Wärme, Magnetismus und Mechanik meist mit Reibung, Spiel und Prellvorgängen in ihrem Zusammenwirken gleich-

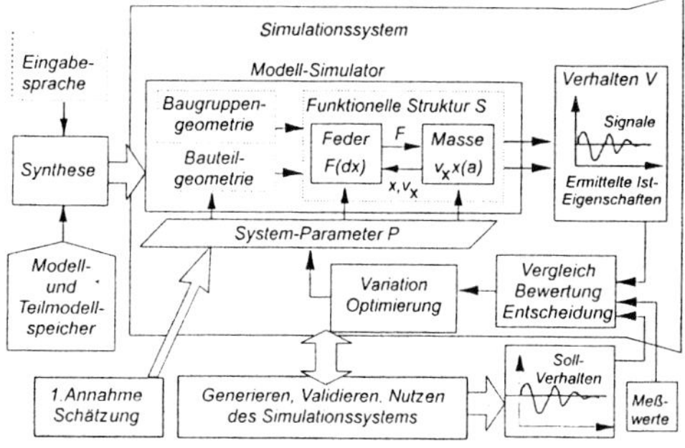

Bild 2.47 Bestandteile eines Simulationssystems

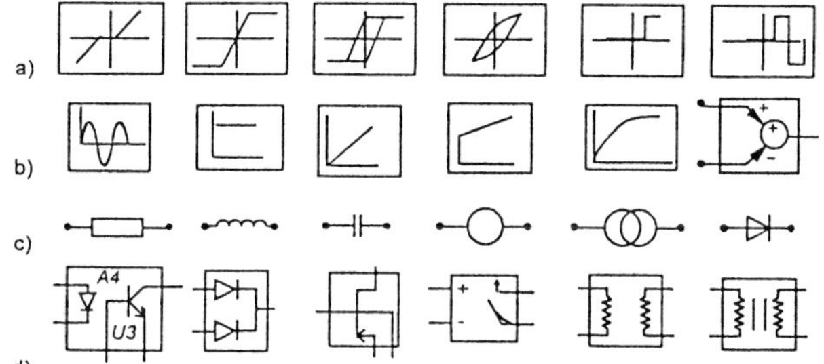

Bild 2.48 Allgemeine Simulationsblöcke
a) Kennlinien und Generatorblöcke
b) regelungstechnische Blöcke
c) elektrische Zweipolelemente
d) Vierpolelemente von PSPICE

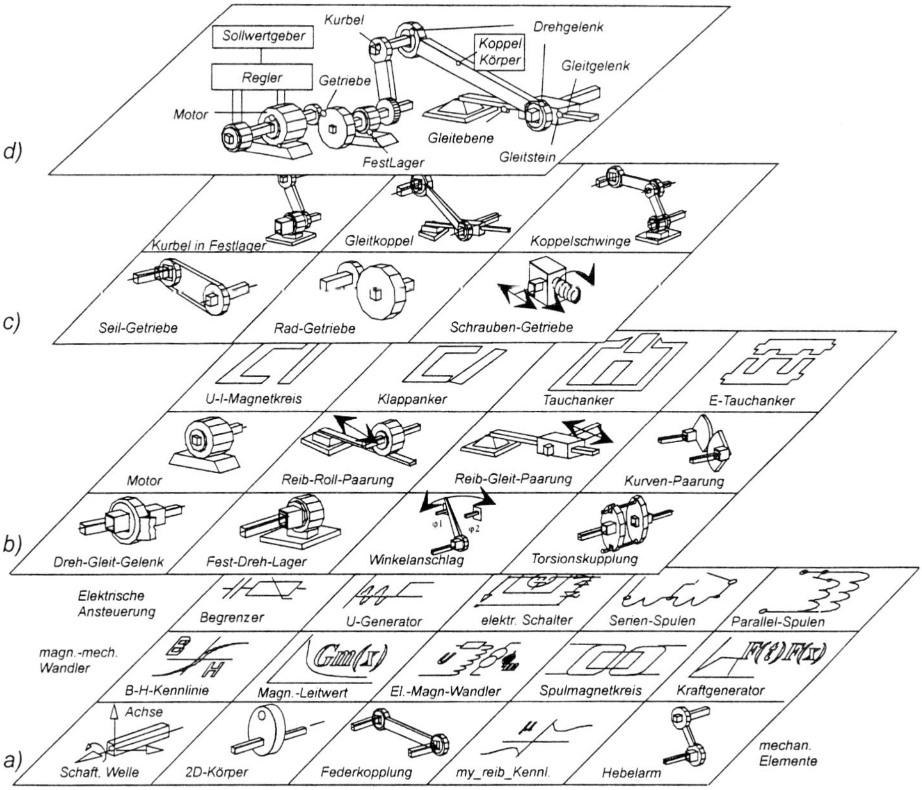

Bild 2.49 Modellbausteinhierarchie des Simulationssystems USAN

zeitig zu behandeln. Das Simulationssystem USAN [2.60] ermöglicht dies für gesteuerte feinwerktechnische Antriebe und Mechanismen (**Bild 2.49**).

Am Beispiel des Schalters in **Bild 2.50** soll die Anwendung gezeigt werden.

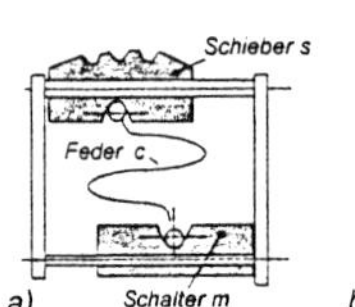

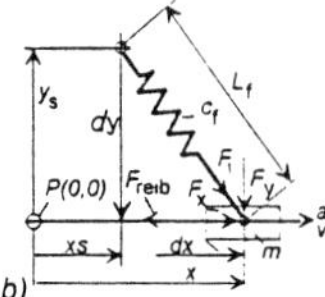

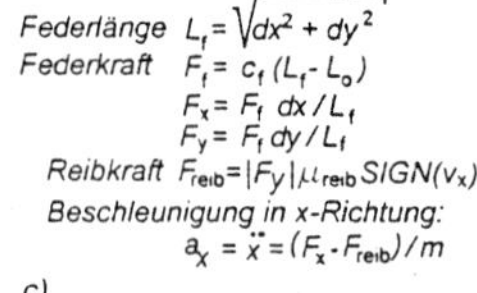

Bild 2.50 Kippschaltmechanismus
a) Prinzip
b) Modell
c) Berechnung der Funktionsgrößen

Eine Druckfeder c drückt den zwischen zwei Endlagen beweglichen Schalter m auf die jeweils andere Seite, wenn der von Hand bewegte Schieber s eine bestimmte Kippstellung überschreitet. Bild 2.50b zeigt die Idealisierung (ohne die für die technische Funktion notwendigen Anschläge) und Bild 2.50c die daraus abgeleiteten Formeln für Federkräfte, Reibkraft und für die Beschleunigung a_x des Schalters.

Daraus erhält man eine nichtlineare Differentialgleichung für die Beschleunigung a_x

$$a_x = d^2x/dt^2 = F_x/m = c_{\text{Feder}}\left(\sqrt{(x-x_s)^2 + dy^2} - L_0\right)(x-x_s)\Big/\left(m\sqrt{(x-x_s)^2 + dy^2}\right), \quad (2.7)$$

die bereits ohne Berücksichtigung der Anschläge, der Nichtlinearität des Reibfaktors und der zeitlichen Veränderung von x_s schwer analytisch zu lösen ist.

Bei der Simulation werden die Systemzustandsgrößen v_x und x kontinuierlich aus deren Ableitungen ($a_x = dv_x/dt$ und $v_x = dx/dt$) ermittelt. In USAN enthaltene, implizite Integrationsverfahren stellen ihre Integrationsschrittweite dt automatisch ein. So können steife Systeme mit sehr unterschiedlichen Zeitkonstanten, wie sie etwa bei Prellungen auftreten, problemlos berechnet werden.

Nach der Belegung der Systemparameter und der Wahl des Integrationsverfahrens können die gewünschten (nichtlinearen) Signalverläufe (**Bild 2.51**) angesehen und in aufbereiteter grafischer Form ausgegeben werden. Das dargestellte Verhalten ergibt sich bei festem Wert x_s und bei freier Schwingung des Schaltergliedes aus der Anfangsstellung $x_{max}(t=0)$.

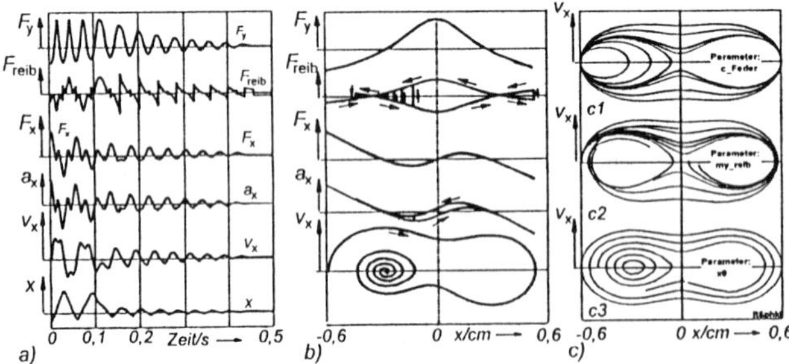

Bild 2.51 Simulationsergebnisse zum idealisierten Beispiel
a) Zeitverlauf
b) Phasenkurve
c) Parametervariation
$c1 = f(c_{Feder})$, $c2 = f(m_{reib})$, $c3 = f(x_0)$

Durch Einfügung einer Bewertung der ermittelten Systemeigenschaften lassen sich Parameteridentifikation und Optimierung realisieren **(Bild 2.52)**.

Die Identifizierung von Modellkennwerten mittels Optimierungsverfahren läßt sich realisieren, indem ein gemessenes Originalverhalten $v_x(t)$ als Meßfile in die Simulation eingefügt, als Sollverhalten definiert und mit dem Modellverhalten verglichen wird. Als Bewertung dient z.B die Summe der Differenzquadrate. Damit sind Kennwerte bestimmbar, die auf direktem Wege nicht meßbar sind. So läßt sich der von der effektiven Federsteife c abhängige Reibwert m_{reib} aus einer Meßkurve für den Geschwindigkeitsverlauf $v(t)$ des freien Schwingens ermitteln. Das Optimierungsgebirge für eine systematische Suche zeigt Bild 2.52b. Den Suchprozeß mit einem kombinierten Verfahren (*Hooke Jeeves*) zeigt Bild 2.52c.

Weitere Anwendungsmöglichkeiten bieten die Werkzeuge zur Toleranzanalyse und Toleranzoptimierung. Damit läßt sich bei gegebener Funktionstoleranz die ökonomisch optimale Toleranz von Bauelementeabmessungen ermitteln.

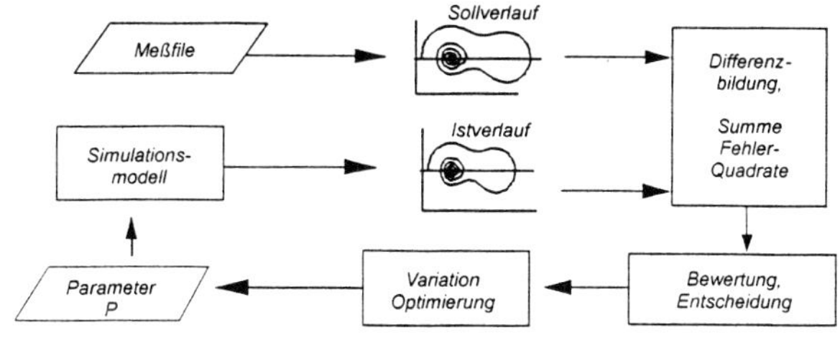

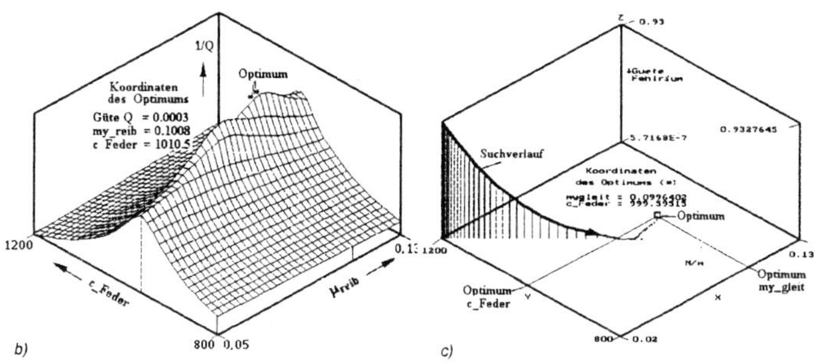

Bild 2.52
Parameteridentifikation mit Optimierungsverfahren
a) Programmablauf
b) Optimumgebirge
c) Suchverlauf

2.3.3.5 Struktursynthese

Ebenso wie bei der manuellen Synthese (s. Abschn. 2.2.3) muß der Rechner drei Operationen ausführen, wenn eine gewünschte Struktur entstehen soll:

- Bereitstellen der Synthesebausteine,
- Verknüpfen der Synthesebausteine zu Strukturen,
- Bewertung und Auswahl der optimalen Lösung.

Programmsysteme, die diese Teilaufgaben in geschlossener Folge über die Entwicklungsphasen des KEP lösen, liegen nicht vor. Für die Prinzipphase gibt es aussichtsreiche und bereits praktizierte Verfahren:

Ketten- und Netzbildung. Elemente der zu entwickelnden Strukturen (Verfahrensoperationen, physikalische Effekte, Funktionselemente, Prinzipsymbole) fügt das Programm unter Berücksichtigung ihrer Koppelbarkeit zu einer Reihenstruktur zusammen (**Bild 2.53**) [2.5] [2.27] [2.32]. Dabei können sich je nach Elementevorrat umfangreiche Ketten ergeben, die durch geeignete Bewertungskriterien zu beschränken sind. **Bild 2.54** zeigt die Synthese eines Verfahrensprinzips aus physikalischen Effekten.

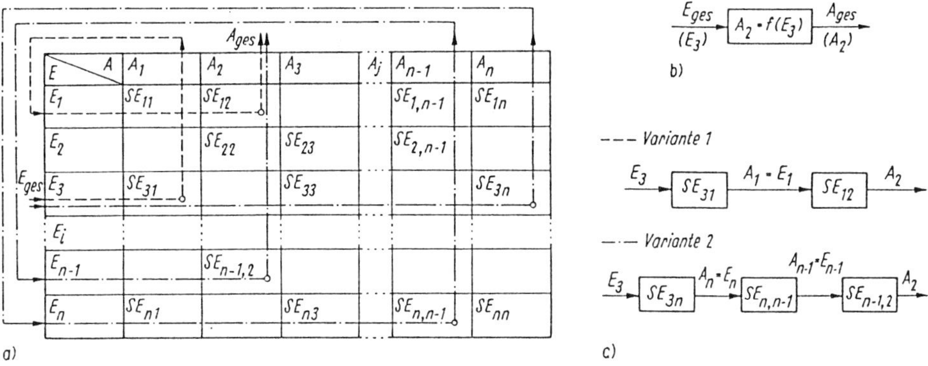

Bild 2.53 Algorithmus der Kettenbildung
a) Matrix der Strukturelemente (SE_{ij}); b) geforderte Gesamtfunktion; c) durch Suchwege in Matrix a) gefundene Varianten geeigneter Funktionsstrukturen

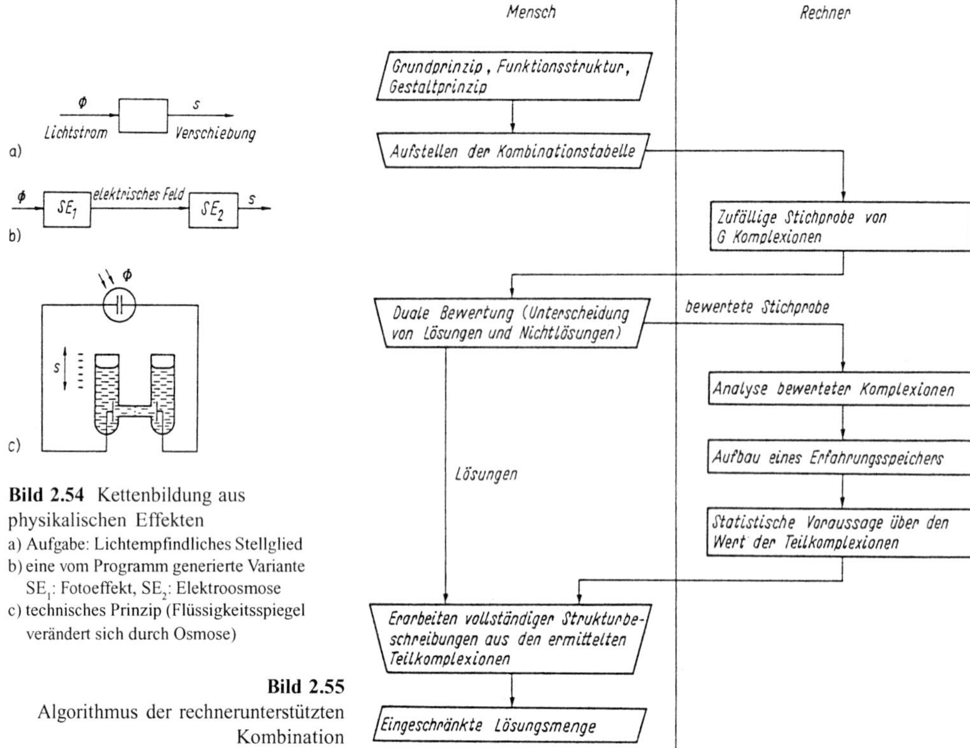

Bild 2.54 Kettenbildung aus physikalischen Effekten
a) Aufgabe: Lichtempfindliches Stellglied
b) eine vom Programm generierte Variante SE_1: Fotoeffekt, SE_2: Elektroosmose
c) technisches Prinzip (Flüssigkeitsspiegel verändert sich durch Osmose)

Bild 2.55
Algorithmus der rechnerunterstützten Kombination

Rechnerunterstützte Kombination. Die Lösungselemente werden in Kombinationstabellen (s. Abschn. 2.2.3.3) oder Graphen manuell oder rechnerunterstützt (Datenbank, Preprozessoren) gruppenweise zusammengestellt (Oberbegriffe in Kombinationstabellen, UND-Knoten in Graphen), die konjunktiv verknüpft, die neue Struktur bilden. Die Lösungselemente einer Gruppe gehen disjunktiv in die neue Struktur ein (Varianten in Kombinationstabellen, ODER-Knoten in Graphen). Alle bekannten Lösungen lassen sich außerdem in einer Tabelle bzw. einem Lösungsbaum zusammenfassen.

Das Verfahren der Kombination ist in **Bild 2.55** und ein Beispiel in **Bild 2.56** dargestellt. Aus der eingegebenen Kombinationstabelle ermittelt der Rechner aus der Menge von $N = 540$ möglichen Komplexionen eine zufällige Stichprobe mit $G = 20$. Der Konstrukteur entscheidet, welche Komplexion zu einer Lösung führt. Diese duale Bewertung wird dem Rechner mitgeteilt. Nach Analyse der zweistelligen Teilkomplexionen in der Stichprobe erarbeitet das Programm mit einer wählbaren Wahrscheinlichkeit eine Aussage über die Zusammensetzung der zu erwartenden Lösungen. Dazu wird ein Auswertekoeffizient berechnet, der ein Maß für die Verwendbarkeit der Teilkomplexionen für den Aufbau der Gesamtlösung ist. Im Beispiel hat die Teilkomplexion $X\,26\;X\,34$ den höchsten Wert und ist an zwölf möglichen Gesamtlösungen beteiligt, wovon die Variante im Bild 2.56c als optimale ermittelt wurde.

Algorithmen zur Lösungssuche auf Graphen (Bild 2.56d) ermitteln alle Teilgraphen, die den Forderungen der Aufgabe entsprechen und finden somit die zulässigen Varianten des Lösungsraums.

Rechnerunterstützte Variation. Eine gegebene Struktur wird so modifiziert, daß sie wesentliche neue Eigenschaften

- bei der Erfüllung der gleichen Funktion oder
- zur Realisierung anderer Funktionen erhält.

Damit geht diese Variation (s. Abschn. 2.3.3.2) über die Variantenkonstruktion hinaus. Sie verwendet Operationen wie Lagewechsel, Formenwechsel und Zahlenwechsel sowie qualitativ wirksame Operationen des Größenwechsels (Grenzübergänge, Umkehr von Größenrelationen).

Bild 2.57 demonstriert den Vorgang der formalen Erzeugung neuer Prinzipe durch Lagevariation der Elemente.

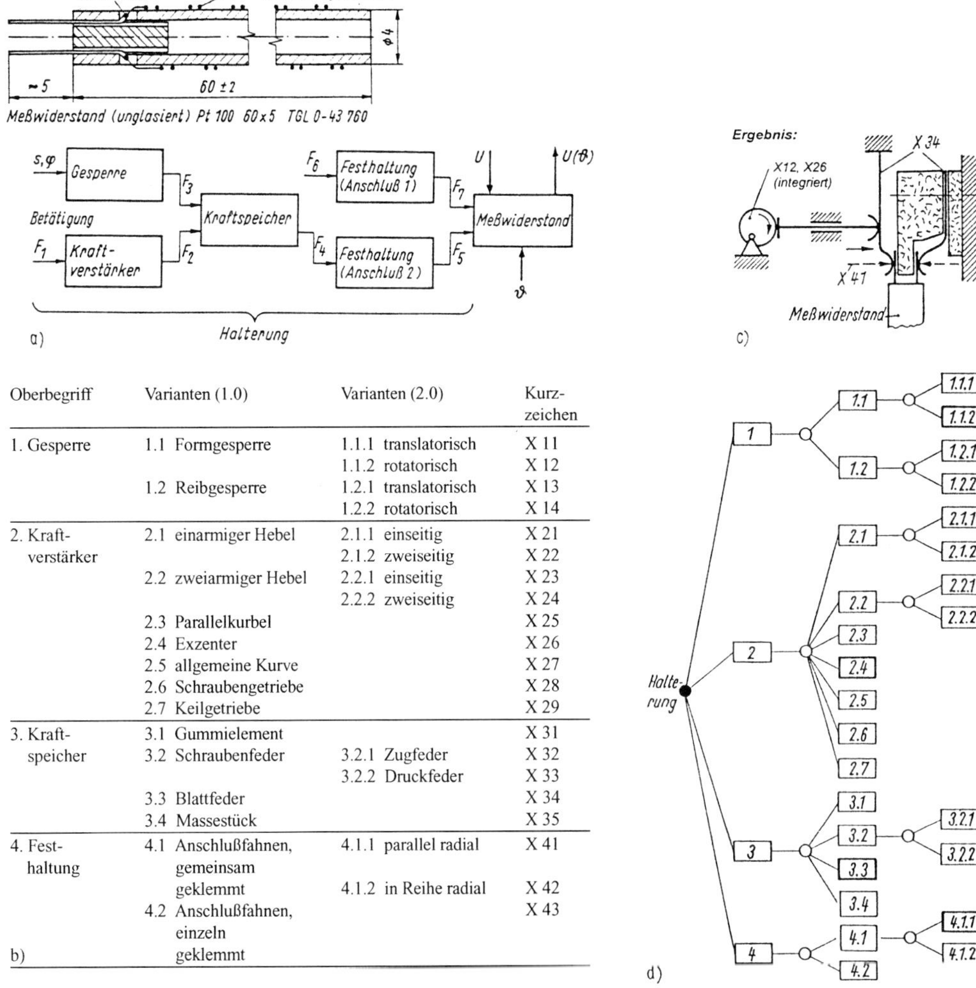

Oberbegriff	Varianten (1.0)	Varianten (2.0)	Kurz-zeichen
1. Gesperre	1.1 Formgesperre	1.1.1 translatorisch	X 11
		1.1.2 rotatorisch	X 12
	1.2 Reibgesperre	1.2.1 translatorisch	X 13
		1.2.2 rotatorisch	X 14
2. Kraft-verstärker	2.1 einarmiger Hebel	2.1.1 einseitig	X 21
		2.1.2 zweiseitig	X 22
	2.2 zweiarmiger Hebel	2.2.1 einseitig	X 23
		2.2.2 zweiseitig	X 24
	2.3 Parallelkurbel		X 25
	2.4 Exzenter		X 26
	2.5 allgemeine Kurve		X 27
	2.6 Schraubengetriebe		X 28
	2.7 Keilgetriebe		X 29
3. Kraft-speicher	3.1 Gummielement		X 31
	3.2 Schraubenfeder	3.2.1 Zugfeder	X 32
		3.2.2 Druckfeder	X 33
	3.3 Blattfeder		X 34
	3.4 Massestück		X 35
4. Fest-haltung	4.1 Anschlußfahnen, gemeinsam	4.1.1 parallel radial	X 41
	geklemmt	4.1.2 in Reihe radial	X 42
	4.2 Anschlußfahnen, einzeln geklemmt		X 43

b)

Bild 2.56 Rechnerunterstützte Kombination [2.34]
a) Aufgabenstellung und Funktionsstruktur einer Halterung für Meßwiderstände; b) Kombinationstabelle; c) technisches Prinzip; d) Graph der Lösungselemente (● UND-Knoten; ○ ODER-Knoten)

Bei allen Verfahren ist das Problem der Varianteneinschränkung bzw. -auswahl nicht im Dialog allein zu bewältigen. Automatische Einzelbewertung von Lösungselementen (über Eigenschaftsvektoren), einfache Verträglichkeits- und Funktionsprüfung (Bild 2.57b) sowie statistische Verfahren (s. Bild 2.56) sind dafür notwendig.

Die rechnerunterstützte Ermittlung neuer Konstruktionslösungen steht in ihrer Entwicklung noch am Anfang. Die bisher erarbeiteten Lösungen zeigen, daß auch die kreativen Phasen der Prinzipfindung und des Entwerfens mit Hilfe des Rechners wirksam unterstützt werden können [2.48] [2.55].

2.3.4 Komplexe Problembearbeitung

Rechnerunterstütztes Konstruieren wird erst effektiv, wenn es größere Prozeßabschnitte geschlossen erfaßt. Bewährt hat sich die Beschränkung auf ein bestimmtes Konstruktionsobjekt oder eine Gruppe gleichartiger Erzeugnisse, die einheitliche Modellierung und Konstruktionsalgorithmen ermöglichen. Ein anderer Weg verknüpft Ingenieurwissen und CAD-Lösungen mit Verfahren künstlicher Intelligenz zu Expertensystemen.

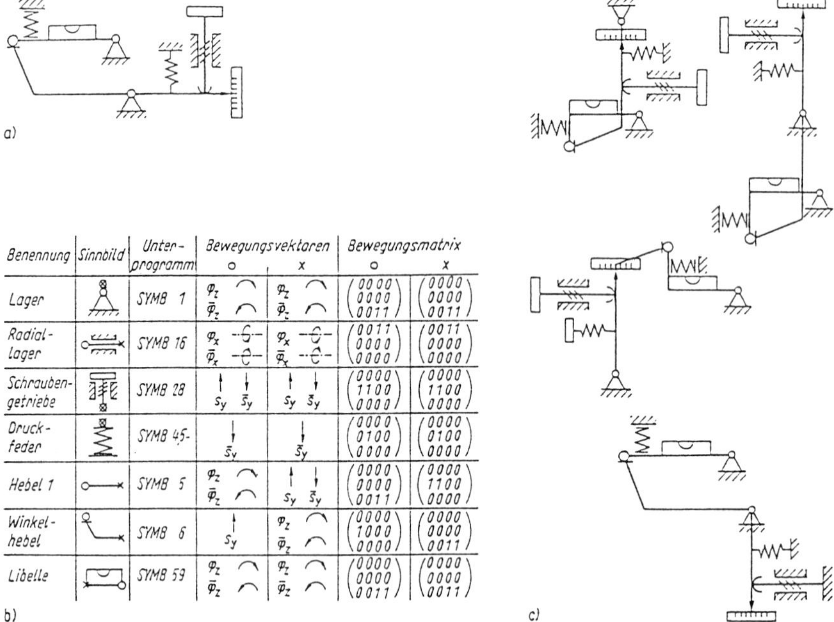

Bild 2.57 Rechnerunterstützte Prinzipvariation
(Drehen der Elemente in 90°-Schritten am Beispiel des Prinzips einer Koinzidenzlibelle; Drehlage der Libelle konstant)
a) Ausgangsprinzip
b) im Rechner abgelegte Prinzipelemente und ihre Eigenschaften (Auszug)
(o Eingangskoppelpunkt, x Ausgangskoppelpunkt, Bewegungsmatrix zur Selektion nichtfunktionsfähiger Elementestellungen)
c) vom Rechner ermittelte und gezeichnete Lösungsvarianten (Auszug)

2.3.4.1 Objektbezogene CAD-Lösungen

In der Feinwerktechnik haben sich durchgängige oder integrierte Systeme für ausgewählte Elemente und Baugruppen bewährt. Komplexe Erzeugnisse sind nach Bild 2.25 nur in ihren Hauptgruppen erfaßbar oder lassen sich bei sorgfältig aufbereiteten Lösungselementen projektierend entwerfen.

Systeme zum Entwurf von Leiterplatten (s. auch Abschn. 6.1.5), wie in **Bild 2.58**, erzeugen aus dem Schaltplan und einem vorgegebenem Bauelementesortiment bei geringem Dialogaufwand den Entwurf der Leiterplatte. Voraussetzung ist die weitgehend genormte konstruktive Ausführung der Leiter-

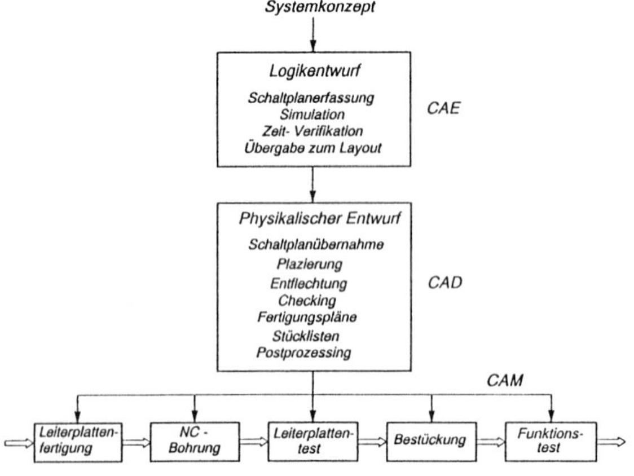

Bild 2.58 CAD/CAM-System für Elektronikbaugruppen [nach 2.20]

platte und eine automatisierte (flexible) Fertigung. Produktionsvorbereitung und -steuerung erhalten alle benötigten Daten vom CAD-System (Beispiele: EC-CAD, CADdyEL, HP-EGS).

Wird für eine Baugruppe die optimale Erfüllung einer geforderten Funktion unter bestimmten Einbaubedingungen verlangt, so sind, wie das Beispiel eines Gleichstrom-Topfmagneten zeigt, vom CAD-System magnetische, elektrische, mechanische, geometrische und thermische Eigenschaften zu bestimmen [2.40] [2.58].

Ein solches System realisiert folgende Arbeitsschritte (**Bild 2.59**):

- Aufstellen des Forderungskataloges (Magnetkraftverlauf, Werkstoff, thermische, elektrische und konstruktive Bedingungen)
- Auswahl der zu dimensionierenden Variante
- Berechnung der optimalen Magnethauptmaße (Bild 2.59a)
- Berechnung aller Spulendaten
- Bestimmen der Konstruktionsmaße für gespeicherte Varianten
- Erzeugen technischer Zeichnungen (Variantenkonstruktion).

Erzeugnisse mit unterschiedlichen Aufbauvarianten aus wiederkehrenden Elementen und Baugruppen besitzen gute Voraussetzungen für die Anwendung von CAD [2.20] [2.28] [2.54].

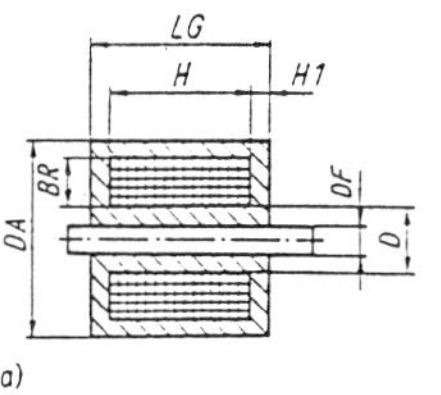

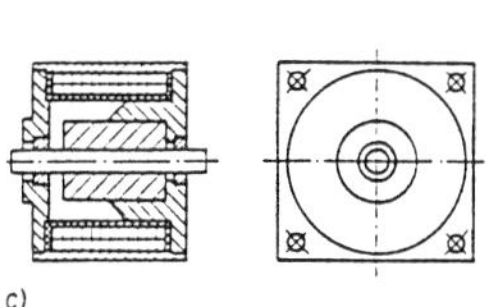

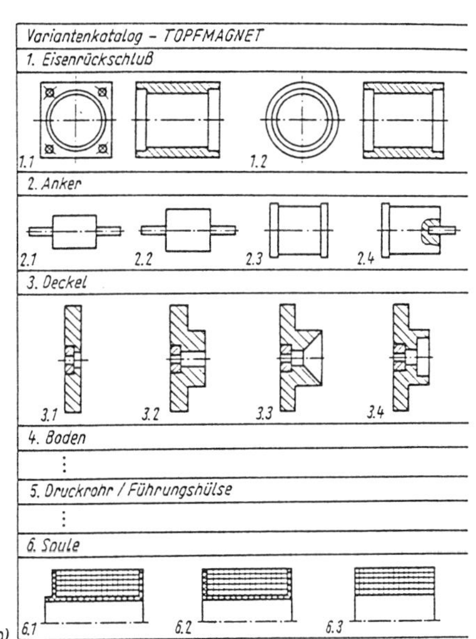

Bild 2.59 CAD-System für Gleichstromtopfmagnete [2.40]
a) Vereinfachter Magnetkreis als Berechnungsgrundlage mit Hauptmaßen
(*D* Ankerdurchmesser, *DF* Führungsstangendurchmesser, *DA* Außendurchmesser, *LG* Gesamtlänge, *BR* Wickelfensterbreite, *H* Wickelfensterhöhe, *H1* Deckeldicke)
b) Katalog der Variantenteile (Auszug)
c) Maschinell erzeugte Zusammenbauzeichnung

2.3.4.2 Expertensysteme

Ein Expertensystem ist ein computerunterstütztes Konstruktionssystem, in welchem das Wissen von Spezialisten über ein bestimmtes Fachgebiet enthalten ist und das in den Grenzen dieses Gebietes Lösungen liefert [2.41]. Durch die Verbindung von Wissen und Problemlösestrategien erreichen Expertensysteme (auch: Beratungssysteme, wissensbasierte Systeme [2.20] [2.28] [2.54] [2.57]) gegenüber den mit Daten und Algorithmen arbeitenden CAD-Systemen eine wesentlich höhere Flexibilität und mit den Verfahren der künstlichen Intelligenz eine neue Qualität bei der Problemlösung im Mensch-Maschine-Dialog.

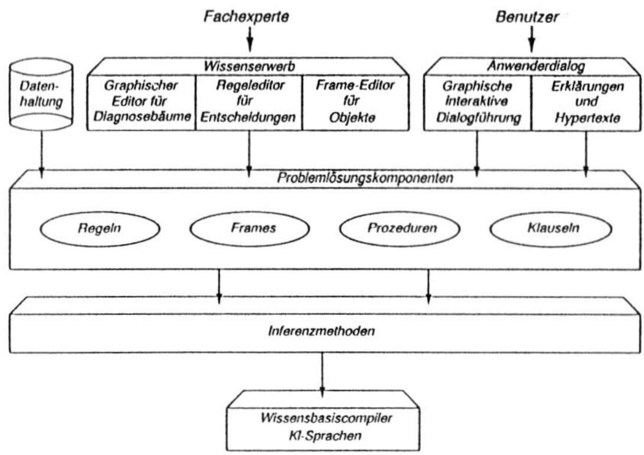

Bild 2.60 Bestandteile eines Expertensystems [2.20]

Die Bestandteile eines Expertensystems nach **Bild 2.60** sind Softwarekomponenten mit folgenden Aufgaben: Die Wissensbasis enthält Problemlösungskomponenten in Form von prozedualem Wissen (Regeln, Prozeduren, Klauseln) und deklarativem Wissen (Fakten, Erklärungen, Vorschriften als Frames), das als problemunabhängiger (statischer) bzw. problemabhängiger (dynamischer) Bestand behandelt wird. Die Wissenserwerbkomponenten unterstützen den Aufbau des Speichers, seine Handhabung sowie das Nachvollziehen von Lösungsvorgängen. Zur Verarbeitung des Wissens dient die Inferenzkomponente (Entscheidungs- und Entwurfsmodul). Sie arbeitet nicht nur mit logischen Beziehungen, sondern liefert auch mit Unsicherheit behaftete Ergebnisse, deren Glaubwürdigkeit sie durch wiederholte Versuche zu erhöhen sucht. Die Beziehung (WENN <Annahme, Bedingung> DANN <Aktion, Schlußfolgerung>) ist die Grundlage für die Lösungsermittlung. Die Dialogkomponente sorgt für eine effektive Kommunikation mit dem Nutzer. Schnittstellen zu anderen Systemen sind für einen direkten Datenaustausch erforderlich.

Expertensysteme nutzt man mit Erfolg für medizinische Diagnostik, Steuerung komplexer technologischer Prozesse (Elektroniktechnologie, Stahlproduktion, Chemie), geologische Erkundung sowie zur Konfiguration komplexer technischer Erzeugnisse (Anlagen, Roboter, Werkzeugmaschinen, Vorrichtungen). In der Gerätekonstruktion bietet sie sich für folgende Aufgaben an:

- Synthese von Baugruppen bei komplexen Anforderungen, **Bild 2.61** (Positioniersysteme, Steuerungen)
- Fehleranalyse und Bestimmung günstiger Justiermaßnahmen (feinmechanisch-optische Baugruppen, Positioniersysteme)
- Auswahl von Fertigungsverfahren und Optimierung der Gestalt für die Teilefertigung, Montage, Prüfung u.ä. während der Konstruktionsphase
- Synthese technischer Prinzipe für komplexe Systeme mit mechanischen, optischen, elektrischen und elektronischen Elementen.

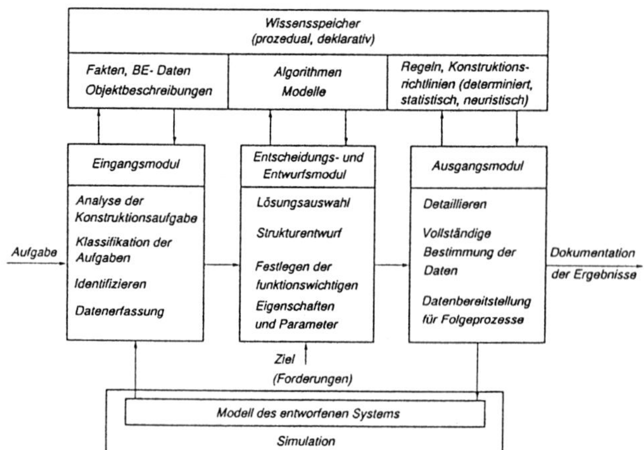

Bild 2.61
Wissensbasiertes Entwurfssystem

Literatur zum Abschnitt 2

Bücher, Dissertationen

[2.1] *Kesselring, F.*: Bewertung von Konstruktionen. Düsseldorf: VDI-Verlag 1951.
[2.2] *Osborn, A.F.*: Applied imagination-principles and procedures of creative thinking. New York: Scribner 1957.
[2.3] *Gordon, W.J.J.*: Synektics, the development of creative capacity. New York: Haper 1961.
[2.4] *Dalkey, N.D.*; *Helmer, O.*: An experimental applikation of the Delphi Method to the use of experts. Management Science Bd. 9, No. 3, April 1963.
[2.5] *Hansen, F.*: Konstruktionssystematik. Berlin: Verlag Technik 1965.
[2.6] *Zwicky, F.*: Entdecken, Erfinden, Forschen im morphologischen Weltbild. München, Zürich: Droemer-Knaur 1966/1971.
[2.7] *Kuhlenkamp, A.*: Konstruktionslehre der Feinwerktechnik. München: Carl Hanser Verlag 1971.
[2.8] *Patzeld, O.*: Wachsen und Bauen. Berlin: Verlag für Bauwesen 1972.
[2.9] *Thurner, R.*: Entscheidungstabellen. VDI-Taschenbuch T 33. Düsseldorf: VDI-Verlag 1972.
[2.10] *Hansen, F.*: Konstruktionswissenschaft - Grundlagen und Methoden. Berlin: Verlag Technik 1974 und München, Wien: Carl Hanser Verlag 1974.
[2.11] *Zienkiewicz, O.C.*: Methode der Finiten Elemente. Leipzig: Fachbuchverlag 1975.
[2.12] *Geschka, H.*; *Reibnitz, U.v.*: Vademecum der Ideenfindung. Battell-Institut e.V. Frankfurt/M. 1981.
[2.13] *Bock, A.*: Arbeitsblätter für die Konstruktion von Mechanismen. KDT-Bezirksvorstand Suhl 1983.
[2.14] *Altschuller, G. S.*: Erfinden - Wege zur Lösung technischer Probleme. Berlin: Verlag Technik 1984
[2.15] *Rodenacker, W.G.*: Methodisches Konstruieren. 3. Aufl. Berlin, Heidelberg, New York: Springer Verlag 1984.
[2.16] *Spur, G.*; *Krause, F.L.*: CAD-Technik. München, Wien: Carl Hanser Verlag 1984.
[2.17] *Ehrlenspiel, K.*; *Kiewert, A.*; *Lindemann, U.*: Kostengünstig Entwickeln und Konstruieren. Berlin, Heidelberg: Springer-Verlag 1998.
[2.18] *Gerhard, E.*: Entwickeln und Konstruieren mit System. Ehningen: expert-Verlag 1988.
[2.19] *Encarnação, J.L.*; *Lindner, R.*; *Schlechtendahl, E.G.*: Computer Aided Design. Berlin, Heidelberg, New York: Springer-Verlag 1990.
[2.20] *Abeln, O.*: Die CA...-Techniken in der industriellen Praxis. München, Wien: Carl Hanser Verlag 1990.
[2.21] *Pahl, G.*: Konstruieren mit 3D-CAD Systemen. Berlin: Springer-Verlag 1990.
[2.22] *Müller, J.*: Arbeitsmethoden der Technikwissenschaften. Berlin: Springer-Verlag 1990.
[2.23] *Bögelsack, G.*; *Kallenbach, E.*: Gerätetechnische Antriebe. München, Wien: Carl Hanser Verlag 1991.
[2.24] *Piefke, F.*: Simulationen mit dem Personalcomputer. Heidelberg: Dr. Alfred Hüthig Verlag 1991.
[2.25] *Möller, D.*: Modellbildung, Simulation und Identifikation dynamischer Systeme. Berlin, Heidelberg: Springer-Verlag 1992.
[2.26] *Krause, W.*: Konstruktionselemente der Feinmechanik. 2. Aufl. München, Wien: Carl Hanser Verlag 1993.
[2.27] *Roth, K.*: Konstruieren mit Katalogen. Berlin, Heidelberg, New York: Springer-Verlag 1994.
[2.28] *Vajna, S.*; *Weber, Ch.*; *Schlingensiepen, J.*; *Schlottmann, D.*: CAD/CAM für Ingenieure. Wiesbaden: Vieweg-Verlag 1994.
[2.29] *Krause, W.*: Grundlagen der Konstruktion - Elektronik, Elektrotechnik, Feinwerktechnik. 7. Aufl. München, Wien: Carl Hanser Verlag 1994.
[2.30] *Koller, R.*: Konstruktionslehre für den Maschinenbau - Grundlagen des methodischen Konstruierens. 3. Aufl. Berlin, Heidelberg, New York: Springer Verlag 1994.
[2.31] *Ehrlenspiel, K.*: Integrierte Produktentwicklung. München, Wien: Carl Hanser Verlag 1995.
[2.32] *Pahl, G.*; *Beitz, W.*: Konstruktionslehre. 4. Aufl., Berlin, Heidelberg, New York: Springer-Verlag 1996.
[2.33] *Müller, G.*; *Groth, C.*: FEM für Praktiker. Die Methode der Finite Elemente mit dem FE-Programm ANSYS. 3. Aufl., Renningen-Malmsheim: expert-Verlag 1997.
[2.34] *Lotter, E.*: Rechnerunterstützte Kombination im konstruktiven Entwicklungsprozeß. Diss. TH Ilmenau 1978.
[2.35] *Nönnig, R.*: Federgelenkführungen. Diss. TH Ilmenau 1979.
[2.36] *Sperlich, H.*: Das Gestalten im Konstruktionsprozeß. Habil-Schrift, TH Ilmenau 1983
[2.37] *Höhne, G.*: Struktursynthese und Variationstechnik beim Konstruieren. Habil.-Schrift, TH Ilmenau 1983.
[2.38] *Chilian, G.*: Die Variationsmethode im konstruktiven Entwicklungsprozeß und die Rechnerunterstützung bei der Variation technischer Prinziplösungen. Diss. TH Ilmenau 1986.
[2.39] *Pech, W.*: Rechnerunterstützte Gestellkonstruktion unter Berücksichtigung der Dynamik. Diss. TH Ilmenau 1987.
[2.40] *Eick, R.*: Rechnerunterstützte Konstruktion von Gleichstrommagneten. Diss. TH Ilmenau 1988.
[2.41] *Göbler, T.*: Modellbasierte Wissensakquisition zur rechnerunterstützten Wissensbereitstellung für den Anwendungsbereich Entwicklung und Konstruktion. Diss. TU Berlin 1992.
[2.42] VDI-Richtlinien 2210 bis 2217: Datenverarbeitung in der Konstruktion.
[2.43] VDI-Richtlinie 2225, Blatt 1 u. 2: Technisch-wirtschaftliches Konstruieren.

[2.44] VDI-Richtlinien 2801 u. 2802: Wertanalyse.
[2.45] VDI-Richtlinie 2222, Blatt 2: Konstruktionsmethodik - Erstellung und Anwendung von Konstruktionskatalogen.
[2.46] VDI-Richtlinie 2221: Methodik zum Entwickeln und Konstruieren technischer Systeme und Produkte.
[2.47] VDI/VDE-Richtlinie 2422: Entwicklungsmethodik für Geräte mit Steuerung durch Mikroelektronik.
[2.48] VDI-Richtlinie 2222, Blatt 1: Konstruktionsmethodik; Konzipieren technischer Produkte.

Aufsätze

[2.50] *Rohrbach, B.*: Kreativ nach Regeln - Methode 635, eine neue Technik zum Lösen von Problemen. Absatzwirtschaft 12 (1969), S. 73.
[2.51] *Sperlich, H.*: Konstruktionskritik - Grundlagen und Methoden. Feingerätetechnik 34 (1985) 6, S. 265.
[2.52] *Langbein, P.*; *Wartenberger, D.*; *Petzold, M.*: Vereinheitlichung von Baugruppen für effektive CAD-Systeme. Feingerätetechnik 36 (1987) 2, S. 54.
[2.53] *Herrig, M.*: Anwendungsmöglichkeiten des Programms ILPRIOS. Feingerätetechnik 39 (1990) 6, S. 271.
[2.54] *Gallas, R.*; *Höhne, G.*; *Spiller, F.*: Rechnerunterstütztes Konfigurieren modular aufgebauter Produkte. Datenverarbeitung in der Konstruktion '94. VDI-Berichte Nr. 1148, S. 567-583, Düsseldorf: VDI-Verlag 1994.
[2.55] *Chilian, G.*; *Lotter, E.*; *Höhne, G.*; *Spiller, F.*: Rechnerunterstützter Entwurf in frühen Entwicklungsphasen. 41. Internationales Wissenschaftliches Kolloquium der TU Ilmenau 1996. Band 2, S. 295.
[2.56] *Höhne, G.*; *Zimmermann, K.*; *Kolev, E.*: Schwingungsberechnungen im konstruktiven Entwicklungsprozeß. Konstruktion 48 (1996), S. 313.
[2.57] *Weule, H.*: Die Bedeutung der Produktentwicklung für den Industriestandort Deutschland. VDI/EKV-Jahrbuch 1997, S. 7-65. Düsseldorf: VDI-Verlag 1997.
[2.58] *Kallenbach, E.*; *Birli, O.*; *Dronz, F.*; *Feindt, K.*; *Spiller, S.*; *Walter, R.*: STURGEON - An existing software system for the completely CAD of electromagnets. ICED'97. Proceedings Vol. I, p. 149.
[2.59] *Emmelmann, C.*; *Beyer, O.*; *Kamusella, A.*; *Krause, W.*: Modellierung, Simulation und Optimierung miniaturisierter Magnetantriebe - Tagungsband MECHATRONIKA ´97 Band II, Seite 458.
[2.60] *Bausch-Gall, I.*; *Breitenecker, F.*; Die Welt im Baukasten - Nachahmen realer Prozesse mit ACSL, Dymola und Simulink- DOS PC-Magazin, H5. 1997, S. 280.
[2.61] USAN: Freeware-Download & Dokumente für Rechner-Praktika (http://www.et.tu-dresden.de/ifwt/usanpage.htm)

3 Geräteaufbau

Für eine sachgerechte und effektive Analyse und Synthese von Geräten ist die Kenntnis ihrer wesentlichen Eigenschaften und deren Bestimmung unerläßlich. Konkrete Ausprägung erfahren diese Eigenschaften im technischen Aufbau des Geräts. Dessen Gesetzmäßigkeiten, Prinzipe und konstruktive Lösungen sind im folgenden dargestellt. Systemtheoretisch betrachtet, stellt der Geräteaufbau die Struktur des Geräts dar, d. h. die Gesamtheit seiner Elemente und der zwischen ihnen bestehenden Relationen. Die Beschreibung der Struktur erfolgt zweckmäßig auf zwei Abstraktionsebenen, der funktionellen Ebene mit dem funktionellen Geräteaufbau und der geometrisch-stofflichen Ebene mit dem geometrisch-stofflichen Geräteaufbau.

Zeichen, Benennungen und Einheiten s. Abschn. 2.

3.1 Funktioneller Geräteaufbau

Entsprechend der gegebenen Definition stellt der funktionelle Geräteaufbau die Abstraktionsebene dar, in der nur die funktionelle Struktur des Geräts betrachtet wird, d. h. die Gesamtheit der funktionellen Elemente, der sog. *Funktionselemente*, und der funktionellen Relationen zwischen diesen Elementen, der sog. *Kopplungen*.

Die Notwendigkeit dieser abstrahierten Betrachtung erklärt sich daraus, daß

- wesentliche Zusammenhänge und Gesetzmäßigkeiten des Geräteaufbaus nur durch entsprechend hohe Abstraktion erkennbar und allgemeingültig darstellbar sind,
- die in der Regel hohe Komplexität und Kompliziertheit des Geräteaufbaus, die sich i. allg. einer vollständigen logischen und mathematischen Beschreibung entziehen, besser durchschaubar werden,
- damit ein Mittel für den Konstrukteur zur Verfügung steht, mit dem er die Analyse und Synthese von Geräten mit höherer Effektivität vollziehen kann.

Das Beschreiben des funktionellen Geräteaufbaus ist innerhalb eines Abstraktionsspielraums möglich, der vom allgemeinen Funktionsmodell bis zur detaillierten funktionellen Struktur aus Funktionselementen und ihren Kopplungen reicht.

3.1.1 Allgemeines Funktionsmodell

Die Umweltbeziehungen des Geräts werden durch das allgemeine Funktionsmodell (**Bild 3.1a**) beschrieben, dessen Grundlagen bereits in Abschn. 2.1.1 behandelt worden sind. Ausgehend vom Charakter dieser Beziehungen erweisen sich drei Kategorien von Schnittstellen zwischen Gerät und Umwelt als besonders bedeutungsvoll für die Wirkungsweise und den Aufbau von Geräten.

- **Schnittstelle 1: Verarbeitungsebene.** Zweck des Geräts ist es, im Einsatz bestimmte technische Operationen auszuführen, zu bewirken oder zu vermitteln. Das geschieht i. allg. durch die geräteinterne Verarbeitung einer Menge von Eingangsgrößen E_v in eine Menge von Ausgangsgrößen A_v. Man spricht daher von der *Verarbeitungsfunktion* des Geräts.
- **Schnittstelle 2: Kommunikationsebene.** In der Feinwerktechnik erfolgt ein grundsätzlich notwendiger Informationsaustausch zwischen dem Gerät und dem Menschen bzw. anderen technischen Gebilden. Das geschieht durch kommunikative Eingangsgrößen E_k zum Führen oder Steuern der Verarbeitungsfunktion und durch kommunikative Ausgangsgrößen A_k zur Rückmeldung oder Kontrolle der Verarbeitungsfunktion. Man spricht daher in diesem Zusammenhang von der *Kommunikationsfunktion* des Geräts.

- **Schnittstelle 3: Störgrößenebene.** Alle nichtfunktionsrelevanten Eingangs- und Ausgangsgrößen, die als unabhängige Variable und in meist unerwünschter Weise als Störgrößen E_z auf das Gerät einwirken und als Störgrößen A_z die Umwelt beeinflussen, werden zusammengefaßt. Gegenüber diesen Größen sind geeignete Maßnahmen zu ergreifen, in erster Linie zur Sicherung der Verarbeitungsfunktion, aber auch zur Sicherung bestimmter einzuhaltender Bedingungen der Umwelt des Geräts. Man spricht daher von der *Sicherungsfunktion*.

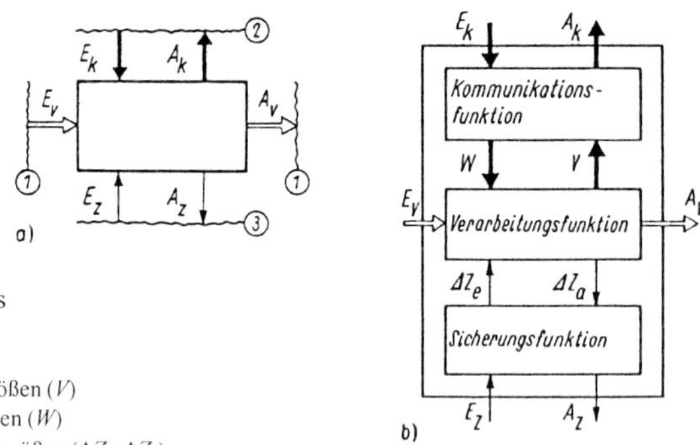

Bild 3.1 Allgemeines Funktionsmodell eines Gerätes
a) Umweltbeziehungen (externe Schnittstellen)
b) prinzipielle Struktur

⇨	Verarbeitungsgrößen (E_v, A_v)	Kontrollgrößen (V)
➞	Kommunikationsgrößen (E_k, A_k)	Steuergrößen (W)
→	Störgrößen (E_z, A_z)	innere Störgrößen (ΔZ_e, ΔZ_a)

Mit den genannten drei Kategorien von Eingangs- und Ausgangsgrößen ist das Strukturieren des allgemeinen Funktionsmodells gemäß Bild 3.1b möglich.

Die Funktion eines Gerätes wird nicht nur durch Hardware, sondern zunehmend auch durch Software ausgeführt. Beide Komponenten bilden eine Einheit und sind gegeneinander austauschbar. Das erweiterte Funktionsmodell des automatisierten Gerätes (**Bild 3.2a**) verdeutlicht das Zusammenwirken von Hard- und Software durch Einführen einer weiteren geräteinternen Schnittstelle zwischen der Hardware und der eingebetteten Software [3.26].

- **Schnittstelle 4: Koppelebene.** Die Schnittstelle charakterisiert die inneren Hardware-Software-Beziehungen, die durch die komplexe Koppelgrößen C beschrieben werden. Man spricht von der *Koppelfunktion*.

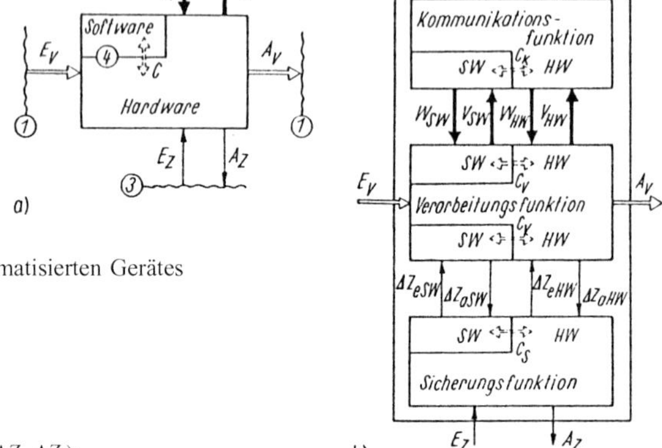

Bild 3.2 Allgemeines Funktionsmodell eines automatisierten Gerätes
a) externe und interne Schnittstellen
b) prinzipielle Struktur

⇨ Verarbeitungsgrößen (E_v, A_v);
➞ Kommunikationsgrößen (E_k, A_k);
→ Störgrößen (E_z, A_z);
⇠⇢ Koppelgrößen (C; C_v, C_k, C_s);
Kontrollgrößen (V); Steuergrößen (W); innere Störgrößen (ΔZ_e, ΔZ_a);
Hardware (HW); Software (SW)

Die Struktur des erweiterten Funktionsmodells (Bild 3.2b) enthält damit als weitere Teilfunktion die Koppelfunktion, die nicht separat wirksam wird, sondern entsprechend des komplexen Zusammenwirkens von Hard- und Software über die Koppelgrößen C_v, C_k und C_s alle anderen Teilfunktionen beeinflußt. Die internen Kopplungen zwischen den Teilfunktionen sind um programmtechnische Kopplungen V_{SW}, W_{SW}, ΔZ_{eSW}, ΔZ_{aSW} zu ergänzen.

3.1.2 Verarbeitungsfunktion

3.1.2.1 Grundlagen

Mit Bezug auf die systemtheoretischen Grundlagen in Abschn. 2.1.1 und gemäß Abschn. 3.1.1 kann die Verarbeitungsfunktion wie folgt definiert werden:

- Die Verarbeitungsfunktion (*VF*) ist die für einen bestimmten Einsatzzweck genutzte Eigenschaft eines Geräts, Eingangsfunktionsgrößen E_v in Ausgangsfunktionsgrößen A_v unter bestimmten Umweltbedingungen zu überführen. Die gewünschte Transformation der Eingangs- in Ausgangsgrößen erfolgt dabei im Zusammenwirken von Hard- und Software.

Als Verarbeitungsobjekte kommen Information (*I*), Energie (*E*) und Stoff (*S*) in Frage. Dementsprechend sind die drei Bereiche der Informations-, Energie- und Stoffverarbeitung zu unterscheiden (**Bild 3.3**).

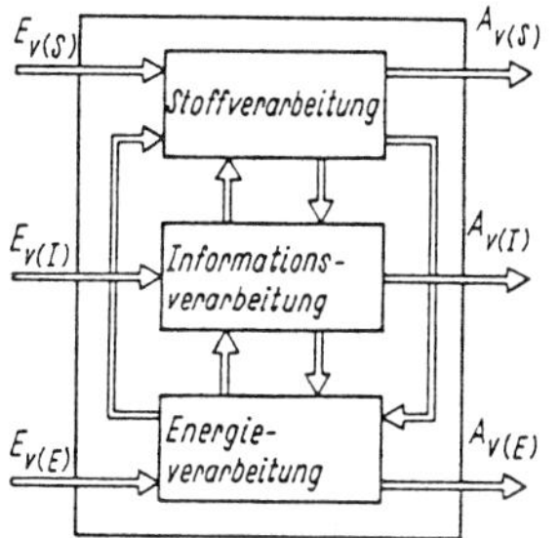

Bild 3.3 Prinzipielle Struktur des Verarbeitungsfunktionsmodells eines Geräts

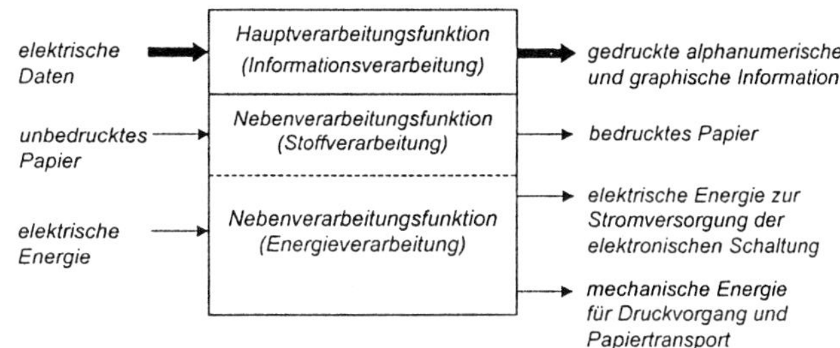

Bild 3.4 Haupt- und Nebenverarbeitungsfunktionen für ein Druckgerät

Je nach Einsatzzweck eines Gerätes hat ein Verarbeitungsbereich gegenüber den beiden anderen das Primat. Man unterscheidet daher nach einer *Hauptverarbeitungsfunktion* (primäre Funktion) und nach *Nebenverarbeitungsfunktionen* (sekundäre Funktionen). Als Hauptverarbeitungsfunktion (*HVF*) wird die Überführung von Eingangs- in Ausgangsgrößen innerhalb des die Geräteklasse charakterisierenden Funktionsbereichs bezeichnet. Bezogen auf diese Funktion spricht man daher von informations-, energie- oder stoffverarbeitenden Geräten. Nebenverarbeitungsfunktionen (*NVF*) sind die Eingangs/Ausgangs-Transformationen, die lediglich zum Gewährleisten der Hauptverarbeitungsfunktion erforderlich sind (**Bild 3.4**).

Geräte dienen in erster Linie dem Verarbeiten von Information. Das entspricht ihrem hauptsächlichen Einsatzzweck und begründet die Abgrenzung und Selbständigkeit der Feinwerktechnik gegenüber dem Maschinenbau. Auf die wichtigsten Aspekte der Informationsverarbeitung in Geräten wird deshalb in Abschn. 3.1.2.2 gesondert eingegangen. Mit der Übersicht in **Tafel 3.1** soll gezeigt werden, daß aber auch Energie- und Stoffverarbeitung in Geräten eine nicht unwesentliche Rolle spielen (s. auch Abschn. 1).

3.1.2.2 Informationsverarbeitung

Information und Signal. Für die Klasse der informationsverarbeitenden Geräte besteht die Hauptfunktion im Verarbeiten von Eingangs- in Ausgangsinformation, während Stoff- und Energieverarbeitungsoperationen nur Nebenfunktionscharakter im Sinne der Gewährleistung der Hauptfunktion haben. Die Information stellt eine letztlich stets auf den Menschen bezogene erkenntnistheoretische und kommunikationswissenschaftliche Kategorie dar, die für den Sendenden und Empfangenden mit einem bestimmten Bedeutungsinhalt, einer Semantik, verbunden ist.

Vom Standpunkt des Gerätekonstrukteurs ist jedoch eine technische Deutung des Informationsbegriffs erforderlich, d. h. das materielle Verkörpern des Begriffs und eine mathematische Beschreibbarkeit, um informationsverarbeitende Geräte entwerfen, berechnen, dimensionieren und bewerten zu können. Informationsverarbeitung ist an die Existenz einer physikalischen Größe als Informationsträger gebunden. Der Träger ist also materiell existent in Form einer bestimmten Verteilung von Stoff und/oder Energie über Raum oder Zeit und damit auch mathematisch beschreibbar. Den zeitlichen Verlauf dieser physikalischen Größe bezeichnet man als *Signal Q*, die physikalische Größe selbst als *Signalträger*. Der Informationsinhalt des Signals wird durch den Verlauf des *Informationsparameters P* dargestellt [3.8] (**Tafeln 3.2** und **3.3**). Es ist daher eine zulässige ingenieurgerechte Vereinfachung, von der Semantik zu abstrahieren und mit der technischen Kategorie „Signal" nur die physikalische Realisierung der Information zu betrachten. Dementsprechend wird im folgenden von Signalen und Signalverarbeitung gesprochen, wobei zu verarbeitende Signale zur Unterscheidung gegenüber Signalen zur Steuerung und Kontrolle als Arbeitssignale bezeichnet werden. Man darf aber bei dieser technischen Betrachtungsweise den Unterschied zwischen Signal und Information nie außer acht lassen, d. h., die Signalverarbeitung im Gerät ist stets so zu gestalten, daß die Informationsverarbeitung optimal verläuft.

Tafel 3.1 Energie- und Stoffverarbeitung in Geräten, Beispiele

Energieverarbeitung	Stoffverarbeitung
Baugruppen zur elektrischen Energieversorgung in Geräten (Stromversorgungsbaugruppen)	Baugruppen für Eingabe und Ausgabe, Transport, Positionierung und Speicherung fester, blattförmiger Medien (Papier, Papierstreifen, Papierbelege, Magnetband, Rollfilm, Planfilm u. ä.)
mechanische Antriebe und Laufwerke	Baugruppen für Eingabe und Ausgabe, Transport und Speicherung flüssiger und pastöser Medien (Kugelschreiber, Tintenschreiber, Injektionsspritze, Kühlmitteltransportsysteme, mechanische Druck- und Zeichensysteme, chemische und medizinische Labormeßtechnik u. ä.)
elektromagnetische, mechanische, pneumatische, hydraulische Steuer-, Regel- und Stellglieder	Baugruppen zur Realisierung chemischer Umwandlungen (Filmaufnahme-, -entwicklungs- und -kopiertechnik, Fotolithografie, Ätztechnik u. ä.)
Baugruppen zur Wärmeerzeugung (Heizaggregate, Öfen u. ä.)	Baugruppen zur Zustandsänderung fester, flüssiger und pastöser Medien (Haushaltrühr- und -mixgeräte, Waschgeräte u. ä.)
Baugruppen zur Kälteerzeugung (Kühlaggregate u. ä.)	
Lichtquellen (Leuchten, Bestrahlungsgeräte, Laser u. ä.)	
elektrisch-elektronische Leistungsgeneratoren (Sendeanlagen für Funk und Fernsehen u. ä.)	

Tafel 3.2 Signalbestandteile und ihre Merkmale

1. Signal $Q = f(x, y, z, t)$	**3. Informationsparameter** P
1.1 Zeitsignal $Q = f(t)$ (Übertragungsform)	3.1 Amplitude
1.1.1 Stetiges Signal	3.2 Frequenz
1.1.2 Unstetiges Signal	3.3 Phase
1.2 Raumsignal $Q = f(x, y, z)$	3.4 Anzahl von Impulsen
1.2.1 Eindimensionales Signal $Q = f(x)$	3.5 Dauer von Impulsen
1.2.2 Zweidimensionales Signal $Q = f(x, y)$	3.6 Folge von Impulsen
1.2.3 Dreidimensionales Signal $Q = f(x, y, z)$	3.7 Lage von Impulsen
	3.8 Anzahl von Punkten
	3.9 Anordnung von Punkten
	3.10 Abstand von Punkten zu Bezugspunkt bzw. von Winkeln zu Bezugswinkel
2. Signalträger	**4. Signalform**
2.1 Mechanisches Signal (Geschwindigkeit, Beschleunigung, Kraft, Masse, Druck usw.)	4.1 Analoges Signal (beliebige Werte von P innerhalb eines Bereiches)
2.2 Geometrisches Signal (Länge, Dicke, Winkel, Fläche, Volumen usw.)	4.2 Diskretes Signal (endlich viele Werte von P)
2.3 Hydraulisches Signal (Druck, Flüssigkeitsmenge usw.)	4.2.1 Binäres Signal (P mit nur genau zwei Werten)
2.4 Pneumatisches Signal (Druck, Gasdurchsatz usw.)	4.2.2 Digitales Signal (Werte von P entsprechen Wörtern eines vereinbarten Alphabets)
2.5 Akustisches Signal (Schallstärke, Tonhöhe usw.)	4.2.3 Mehrpunktsignal (diskretes Signal ohne vereinbartes Alphabet)
2.6 Thermisches Signal (Temperatur, Wärmemenge usw.)	4.3 Kontinuierliches Signal (P kann sich zu jedem beliebigen Zeitpunkt ändern)
2.7 Magnetisches Signal (Induktivität, Feldstärke, Magnetfluß usw.)	4.4 Diskontinuierliches Signal (P kann sich nur zu bestimmten Zeitpunkten ändern)
2.8 Elektrisches Signal (Strom, Spannung, Leistung usw.)	
2.9 Optisches Signal (Leuchtdichte, Brechungsindex, Wellenlänge usw.)	
2.10 Chemisches Signal (pH-Wert, Gaskonzentration usw.)	

Tafel 3.3 Kombinationen unterschiedlicher Merkmale der Signalbestandteile

Signal	Signalform, Informationsparamter	Beispiel
Zeitsignal, stetig	analog, kontinuierlich, Amplitude	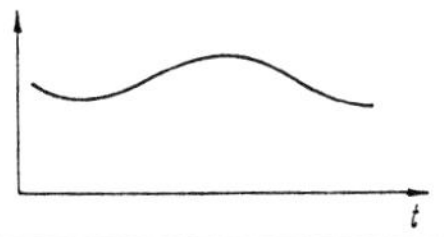
Zeitsignal, unstetig	analog, diskontinuierlich, Amplitude	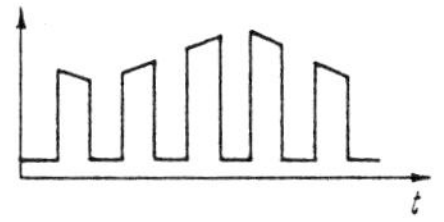
Zeitsignal, unstetig	diskret, kontinuierlich, Amplitude (zwei Werte *0* oder *L*)	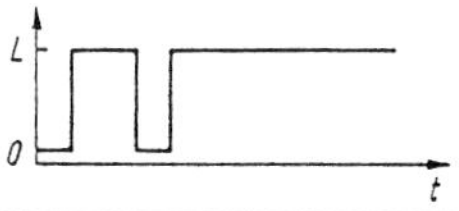
Zeitsignal, unstetig	diskret, diskontinuierlich, Amplitude	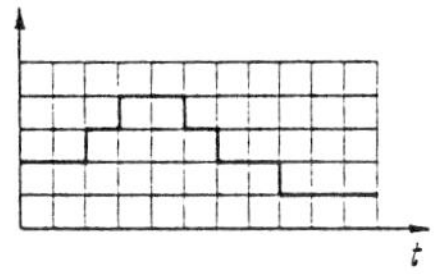
Zeitsignal stetig	analog, kontinuierlich, Frequenz	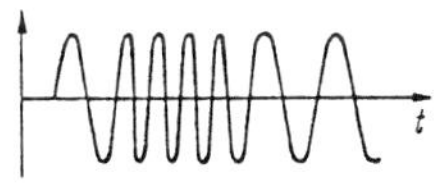
Raumsignal, zweidimensional	diskret, Anzahl und Anordnung von Punkten	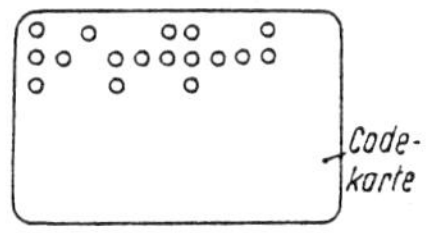 Codekarte

Das entscheidende Gütekriterium für die Signalverarbeitung in Geräten läßt sich in Analogie zum Energiewirkungsgrad bei energieverarbeitenden Maschinen bzw. Materialwirkungsgrad bei stoffverarbeitenden Maschinen als Informationswirkungsgrad postulieren:

- maximales Erhalten und minimales Verfälschen der Information, d. h. Minimieren des Verlustes von Teilen oder der gesamten Information sowie Minimieren linearer und nichtlinearer Verzerrungen der Information.

Signalverarbeitungsoperationen. Die vielfältigen und z. T. sehr komplexen Signalverarbeitungsfunktionen, die Geräte zu erfüllen haben, lassen sich durch eine begrenzte Menge elementarer Signalveränderungsoperationen realisieren. Sie werden in unterschiedlicher Kombination und Anzahl zu den gewünschten signalverarbeitenden Gesamtstrukturen zusammengefügt. Daraus lassen sich Grundfunktionen ableiten, die in allgemeingültiger Form in Abschn. 2.1 behandelt wurden. Unter dem Aspekt der Signalverarbeitung ergeben sich mit Berücksichtigung der physikalisch-technischen Realisierbarkeit, der praktischen Anwendbarkeit und der im Bereich der Informationsverarbeitung gebräuchlichen Terminologie die in **Tafel 3.4** aufgeführten Signalgrundfunktionen. Die physikalische Realisierung dieser Funktionen erfolgt im wesentlichen in den vier Bereichen Elektrotechnik/Elektronik, Optik, Mechanik und Pneumatik/Hydraulik.

Typische Funktionsstrukturen der Signalverarbeitung. In Abhängigkeit von den notwendigen Verarbeitungsbedingungen sind grundsätzlich zwei Signalverarbeitungssysteme zu unterscheiden, *analoge Systeme*, deren Zustand in einem begrenzten Bereich stetig veränderbar sein muß, und *diskrete Systeme*, deren Zustand nur eine bestimmte Menge diskreter Werte anzunehmen braucht. Analoge Systeme sind z. B. viele Geräte der konventionellen Meßtechnik, bei denen i. allg. die Amplitude

Tafel 3.4 Signalgrundfunktionen

Signalgrundfunktion	Symbol	Merkmale	Beispiele
Signalwandeln	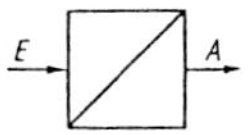 E, A	Verändern der stofflichen oder energetischen Qualität des Eingangssignals (E und A physikalisch unterschiedlich)	elektroakustische Wandler (Lautsprecher, Mikrofon); elektromagnetische Wandler, fotoelektrische Wandler (Fotodiode, Leuchtdiode); Thermoelemente, piezoelektrische Wandler
Signalumsetzen	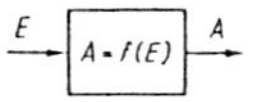 E, A = f(E), A	Verändern des zeitlichen Verlaufs oder Zustands eines Signals entsprechend $A = \mathrm{f}(E)$ (E und A physikalisch gleich)	mechanische Funktionsgetriebe, elektronische Funktionsschaltungen, Digital/Analog-, Analog/Digital-Umsetzer, Kodierer, Modulatoren
Signalumformen	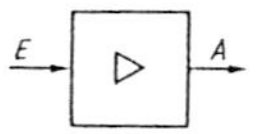 E, A	Verändern des Signalbetrags mit dem Verstärkungsfaktor V ($A = VE$) $V > 1$: (positiv) verstärken, (herauf-)transformieren $V < 1$: negativ verstärken, transformieren, dämpfen	elektronische Verstärker (RC-Verstärker, Selektiv-, Differenz-, Operations-, Leistungsverstärker), magnetische Verstärker, Transformatoren, Hebel- und Rädergetriebe, pneumatische und hydraulische Verstärker
Signalschalten	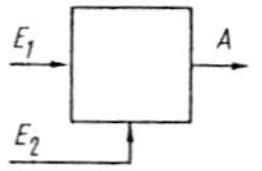 E_1, E_2, A	Unterbrechen und/oder Wiederherstellen eines Signalflusses $E_1 \rightarrow A$, i. allg. mittels einer zusätzlichen Eingangsgröße E_2; Sonderfall: Sperren (ausschließliches Unterbrechen bzw. Verhindern eines Signalflusses)	mechanische Schalter, elektronische Schalter (z. B. Thyristor), elektromechanische Schalter (z. B. Relais), Sperrglieder (mechanische Gesperre, Halbleiterdiode)
Signalübertragen	 E, Ort 1, A, Ort 2	Übertragen eines Signals von einem Ort 1 an einen Ort 2	elektrische Leitungen und Kabel, Bowdenzug, Wellen, Rohre, Schläuche, Kanäle, Linsen, Prismen, Lichleitfasern
Signalfiltern	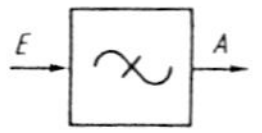 E, A	Auswählen (Selektieren) einer Teilmenge aus einer Signalmenge entsprechend einem definierten Kriterium	elektronische Bandfilter, Hochpässe, Tiefpässe, mechanische Filter, optische Filter (Polarisationsfilter, Farbfilter)
Signalverknüpfen	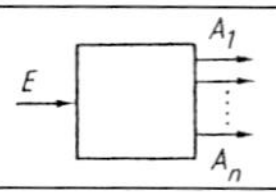 E, A_1 … A_n	Verzweigen eines Signals in mehrere Signale (A_1 ... A_n), beachte: $E = A_1 = (A_2 \dots A_n)$	elektrische Leitungsverzweigungen, Getriebe
	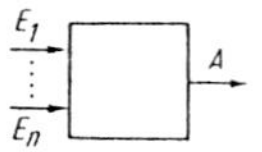 E_1 … E_n, A	mathematisches Verknüpfen zweier oder mehrerer Signale (E_1 ... E_n)	Funktionseinheiten zum Addieren, Subtrahieren bzw. Mischen, zum Multiplizieren, Dividieren u. a.
		logisches Verknüpfen zweier oder mehrerer Signale (E_1 ... E_n)	Funktionseinheiten für UND-, ODER-, NEGATOR-Funktionen u. a.
Signalspeichern	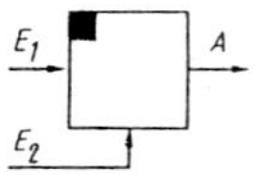 E_1, E_2, A	Aufnehmen einer Signalmenge und unverändertes Abgeben nach einer festen oder wählbaren Zeitdauer i. allg. auf Abruf (E_2)	elektronische Speicher (Flipflop, Register, Zähler, Speicherbildröhre), magnetische Speicher (Ferritkern, Magnetband), Fotografie, Hologramm, Unruh, gedruckte Zeichen, Schallplatte
	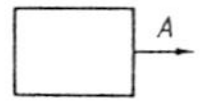 A	Generieren/Bereitstellen von Signalen (E nicht relevant)	Signalgeneratoren (Sinus- und Impulsgeneratoren)

eines elektrischen, optischen, mechanischen oder auch pneumatischen Signalträgers als Informationsparameter dient, um die über Meßfühler und -wandler aufgenommene analoge Information in eine geeignete auswertbare Ausgangsinformation zu übertragen (**Bild 3.5a**). Bei diskreten Systemen wird eine aus einem Alphabet der Informationsquelle ausgewählte Zeichenmenge einem Signal aufgeprägt, das Signal dann verarbeitet, um durch anschließende Entnahme der Information vom verarbeiteten Signal wieder eine zugeordnete Zeichenmenge im Alphabet der Informationssenke zu erhalten (Bild 3.5b). Digitalrechner sind repräsentative Vertreter diskreter Systeme. Eine Kombination von analogem und diskretem System stellt die Funktionsstruktur nach Bild 3.5c dar, die für Geräte zur Prozeßautomatisierung, d. h. zum Ermitteln von Zustandsgrößen eines Prozesses, zu ihrer Verarbeitung und Umsetzung in prozeßbeeinflussende Stellgrößen, allgemein gültig ist.

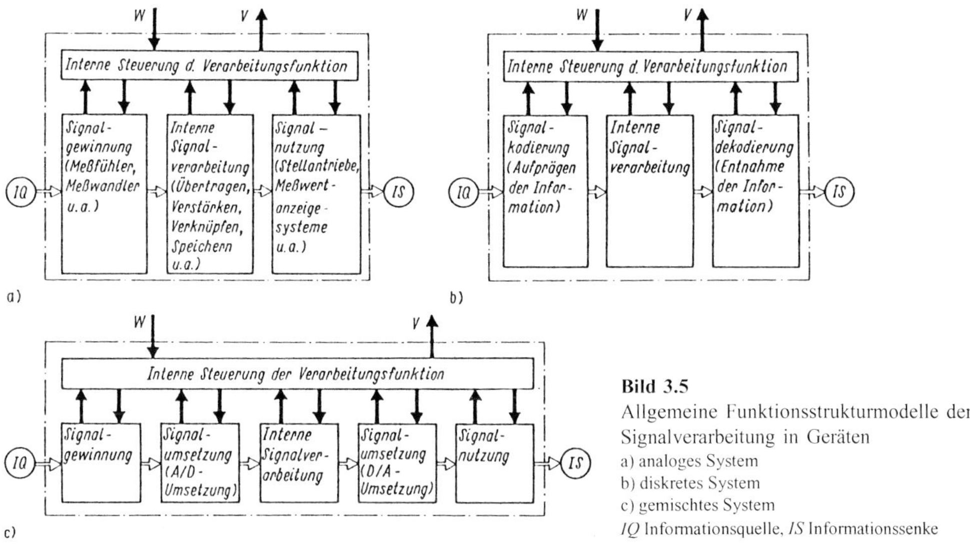

Bild 3.5
Allgemeine Funktionsstrukturmodelle der Signalverarbeitung in Geräten
a) analoges System
b) diskretes System
c) gemischtes System
IQ Informationsquelle, *IS* Informationssenke

Die drei Funktionsstrukturen weisen Teilfunktionen auf, die für die Signalverarbeitung in Geräten typisch sind. Sie werden nachfolgend näher beschrieben.

Signalgewinnung. Aus der externen Informationsquelle muß ein Signal gewonnen werden. Dazu gehören die Ermittlung von Stoff- und Zustandsgrößen eines Prozesses (Prozeßmeßtechnik) und die Aufnahme von Nachrichten (Bild- und Tonaufnahmetechnik). Die Signalgewinnung ist generell mit Signalwandlungsoperationen verbunden, da Wege, Drücke, Temperaturen, Geschwindigkeiten, Winkel usw. Größen unterschiedlicher physikalischer Beschaffenheit sind und auf einen bestimmten Signalträger, in der Regel einen elektrischen, abgebildet werden müssen. Die Teilfunktion der Signalgewinnung wird also repräsentiert durch Meßfühler (Sensoren), Meßwandler, Schall- und Bildwandler, die vielfach auch weit außerhalb des Geräts „vor Ort“ einzusetzen sind.

Interne Signalverarbeitung erfolgt auf der Basis der Grundfunktionen der Signalverarbeitung (s. Tafel 3.4) mit Hilfe spezieller Strukturen, deren Behandlung nicht Gegenstand dieses Buches ist (s. dazu [3.1] [3.2] [3.5] bis [3.9]).

Signalnutzung sind Signalwandlungsoperationen, mit deren Hilfe z. B. Stellantriebe zur Prozeßbeeinflussung betätigt, Meßwerte angezeigt und Bild- oder Toninformation ausgegeben werden. Im allgemeinen sind diese Wandlungsoperationen mit Signalverstärkungsoperationen verbunden.

Signalkodierung und -dekodierung. Die Aufprägung einer diskreten Information auf einen Signalträger bezeichnet man als Signalkodierung. Sie liegt z. B. vor, wenn eine Informationsmenge aus numerischen Zeichen zwecks Verarbeitung in einem Digitalrechner in geeignete elektrische Impulse übergeführt werden muß. Das geschieht mit einer Kodiervorschrift, die aus numerischen Zeichen verarbeitbare Kombinationen der Binärzeichen *L* und *0*, sog. Kodewörter, bildet. Bekannte Kodierungen sind der Dezimal-, Dual-, Gray-Kode und Fernschreibkode [3.2].

Die Signalkodierung bietet außerdem günstige Möglichkeiten zum Erhöhen der Sicherheit der Informationsverarbeitung durch fehlererkennende bzw. fehlerkorrigierende Kodes und zum Einsparen von Redundanz durch redundanzmindernde Kodes [3.5] [3.6].

Die Signaldekodierung entnimmt die Information vom verarbeiteten Signal durch Vergleich der aufgenommenen Kodewörter mit der Kodetabelle und vollzieht die Auswahl entsprechender Zeichen aus der Zeichenmenge der Informationssenke.

Signalumsetzung wird erforderlich, wenn analoge Signale digital verarbeitet und danach wieder analog ausgegeben werden sollen. Diese Umsetzungen haben Bedeutung erlangt, da einerseits der Einsatz von Prozeßrechnern Umsetzungen analoger Prozeßgrößen in digitale und digitaler Verarbeitungsgrößen in analoge Stellgrößen verlangt, andererseits aber auch in der Meßtechnik wegen des schaltungstechnischen Aufwands, der erreichbaren Verarbeitungsgeschwindigkeit und -zuverlässigkeit mehr und mehr digitale Signalverarbeitungsprinzipe Anwendung finden. Für Analog/Digital-Umsetzer (*A/D*-Umsetzer) und Digital/Analog-Umsetzer (*D/A*-Umsetzer) besteht eine Fülle technischer Lösungen [3.2] [3.7].

Interne Steuerung. Zum Steuern des gesamten Signalverarbeitungsprozesses und zum Anpassen an die Kommunikationsfunktion des Geräts ist eine interne Steuerung erforderlich. Zum Veranschaulichen der prinzipiellen steuerungstechnischen Bedingungen und dem Anpassen an die Kommunikationsfunktion dient **Bild 3.6**. Die Eingabegröße E_k wird in eine Steuergröße W umgesetzt, die i. allg. eine mechanische Bewegungsgröße ist. In der Steuereinheit erfolgt neben notwendigen Signalwandlungen, z. B. der mechanischen Steuergröße W in elektrische Signale, und entsprechenden Signalverstärkungen hauptsächlich eine geeignete Verarbeitung in die Stellgröße Y. Die Stellgröße steuert die Signalverarbeitungsfunktion (Steuerstrecke) i. allg. durch Parameteränderung von Funktionselementen oder durch Änderung der Funktionsstruktur der Verarbeitungsfunktion. Die Zustandsmeldung erfolgt durch die Rückführgröße X in die interne Gerätesteuerung. Über die Kontrollgröße V wird eine Informationsrückführung an die Eingabeeinheit vorgenommen. Aus dieser allgemeinen Struktur lassen sich spezielle Steuerungsstrukturen für Geräte ableiten, die **Tafel 3.5** in einer Übersicht zeigt.

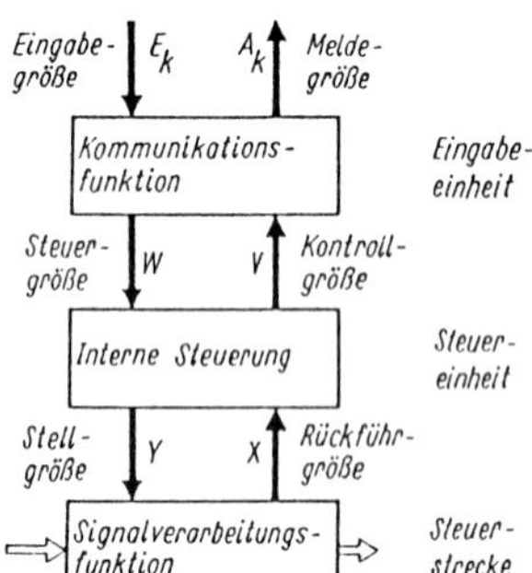

Bild 3.6 Prinzipielle steuerungstechnische Struktur signalverarbeitender Geräte

Führungssteuerungen. Die gesteuerte Größe A ist der Steuergröße W entsprechend $A = f(W)$ fest zugeordnet. Das Automatisierungsniveau ist also sehr niedrig und Führungssteuerung daher in der Feinwerktechnik wenig gebräuchlich. Allerdings gilt diese Steuerung in ihrer Trivialvariante grundsätzlich für jedes Gerät, wenn die interne Steuerung nur als Signalübertragung wirkt. Dann reduziert sich die Steuerung auf den einfachsten Fall des Schaltens, z. B. des Ein- und Ausschaltens eines Geräts, und auf eine Parameteränderung von Funktionselementen innerhalb der Verarbeitungsfunktion. Das Behandeln jedes Geräts als gesteuertes System erscheint zweckmäßig. Damit werden einheitlich alle Beeinflussungen der Ausgangsgröße eines Geräts, einer Baugruppe oder auch eines Einzelteils, die rückwirkungsfrei sein müssen (z. B. beim Justieren), als Steuerungsoperationen aufgefaßt. Das ist für die Automatisierung von Gerätefunktionen unter dem Einfluß der Mikroelektronik von Bedeutung.

Programmsteuerungen. Sie werden in der Feinwerktechnik dann eingesetzt, wenn die Geräteverarbeitungsfunktion so komplex ist, daß viele einzelne Verarbeitungsoperationen nach einer bestimmten Vorschrift, einem Algorithmus, ablaufen müssen. Dazu ist eine entsprechende Folge von Stellgrößen Y_i erforderlich. Die einfachste Programmsteuerung ist die *Zeitplansteuerung* mit Hilfe eines Zeitplangebers (kontinuierlich, schrittweise oder anderweitig getaktete Zeitsignale von Uhr, Nockenwelle, Kurvenscheibe o. ä.). Rückmeldesignale werden nicht verwendet, so daß die interne Gerätesteuerung noch keine logischen Elemente enthält, sondern sich auf Wandler, Verstärker u. ä. reduziert.

Tafel 3.5 Arten und Strukturen von Steuerungen in signalverarbeitenden Geräten
KF Kommunikationsfunktion; *VF* Verarbeitungsfunktion; *St* interne Steuerung; *μP* Mikroprozessor; *μR* Mikrorechner

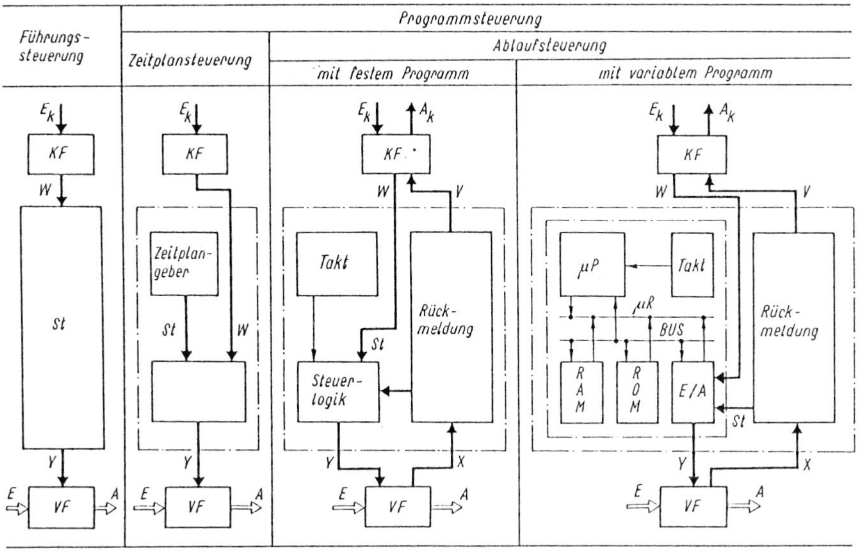

Führungssteuerung	Programmsteuerung		
	Zeitplansteuerung	Ablaufsteuerung	
		mit festem Programm	mit variablem Programm
E_k, KF, W, St, Y, E, VF, A	E_k, KF, Zeitplangeber, St, W, Y, E, VF, A	E_k, A_k, KF, W, V, Takt, Rückmeldung, St, Steuerlogik, Y, X, E, VF, A	E_k, A_k, KF, W, V, μP, Takt, μR, BUS, RAM, ROM, E/A, Rückmeldung, St, Y, X, E, VF, A

Ablaufsteuerungen. Sie unterscheiden sich von anderen dadurch, daß sie mit Rückmeldesignalen arbeiten, d. h. das Steuern der Verarbeitungsfunktion ist von Rückmeldungen über bestimmte Zustände abhängig. Die Operationen der Verarbeitungsfunktion laufen nach einem Ablaufprogramm ab. Diese Steuerungsart erfordert eine Steuerungslogik, die die logischen Verknüpfungen zwischen Rückmeldesignalen und einem die Reihenfolge bestimmenden Taktgeber herstellt. Diese Ausführungsform ist gerätespezifisch und entspricht in ihrem logischen System einem festen Ablaufprogramm, das entsprechend den Taktsignalen abgearbeitet wird. Damit sind Geräte realisierbar, deren gesamter Funktionsablauf sich nach festem Programm selbst steuert und durch den Menschen nur gestartet, unterbrochen oder gelöscht wird. Diese Steuerungsart charakterisiert den in den vergangenen Jahren erreichten Stand der automatisierten Feinwerktechnik. Auf ihrer Basis sind eine Fülle von gerätespezifischen Steuerungen entstanden, die Einzweckcharakter tragen und grundsätzlich für andere Anwendungsfälle nicht geeignet sind. Die Entwicklung drängt folglich immer mehr dahin, diese gerätebezogenen Lösungen durch eine beliebig programmierbare Steuerung zu ersetzen, die damit auch je nach Programm unterschiedliche Steuerungsaufgaben übernehmen kann und somit in verschiedensten Geräten einsetzbar ist. Eine geräteunabhängige Steuerungslogik wird heute durch den Mikroprozessor repräsentiert, der entsprechend eingespeichertem Programm praktisch jede beliebige gerätespezifische Steuerung realisiert. Tafel 3.5 zeigt die prinzipielle Struktur der geräteinternen Steuerung bei Einsatz eines Mikrorechners.

Daß außer den genannten Steuerungen verschiedene Regelungsstrukturen in der Feinwerktechnik Anwendung finden, ist selbstverständlich und bedarf hier keiner weiteren Erläuterung [3.9].

3.1.3 Kommunikationsfunktion

Die Kommunikation, also der gegenseitige „Informationsaustausch" zwischen Gerät und Umwelt, hat in den vergangenen Jahrzehnten an Umfang und Bedeutung ständig zugenommen und wird künftig eine noch entscheidendere Rolle spielen [3.16]. Gründe dafür sind:

- Das hauptsächliche Verarbeitungsobjekt des Geräts – die Information – ist eine ausschließlich und direkt auf den Menschen bezogene Kategorie, die des besonderen Einsatzes der sensorischen, motorischen und intellektuellen Fähigkeiten des Menschen bedarf und deshalb spezielle funktionelle und konstruktive Lösungen notwendig werden läßt.
- Mit der stürmischen Entwicklung der Feinwerktechnik, d. h. mit zunehmender Anzahl und Breite der Nutzer von Geräten, die immer weniger die notwendige Qualifikation zum Verständnis der inneren Vorgänge im Gerät haben, entsteht mehr und mehr der Zwang, die Schnittstelle zwischen Mensch und Gerät optimal an die Fähigkeiten des durchschnittlichen Nutzers anzupassen und ihm

absolut eindeutige Informationen zum notwendigen eigenen Verhalten und zum Betriebszustand des Geräts zu übermitteln.

- Die direkten kommunikativen Beziehungen Mensch – Gerät nehmen ständig an Umfang und Anteil an der Gesamtarbeit des einzelnen Menschen zu, so daß insbesondere aus der damit einhergehenden physischen und psychischen Belastung funktionelle und konstruktive Konsequenzen hinsichtlich arbeitsschutztechnischer, ergonomischer und ästhetischer Gestaltung gezogen werden müssen (s. auch Abschn. 7).
- Die wachsende Automatisierung auch in der Feinwerktechnik führt zur Steuerung von Geräten durch zentrale Steuereinheiten (Mikroprozessoren, Mikrorechner, Klein- und Großrechner) und damit zu einer immer enger werdenden Verflechtung und gegenseitigen (kommunikativen) Abhängigkeit von Geräten innerhalb komplexer Gerätesysteme.

Bedenkt man, daß z. T. sehr hohe volkswirtschaftliche Werte und auch Menschenleben von der sachgerechten Informationseingabe und -ausgabe abhängen können, z. B. bei der Bedienung und Überwachung großer Schaltwarten, daß völlig neue kommunikative Beziehungen zwischen Gerät und Mensch entstehen, z. B. durch interaktive Bildschirmdisplays, und daß die Mikroelektronik die Feinwerktechnik gerade durch die Möglichkeiten der automatischen Steuerung von Gerätefunktionen revolutioniert, wird die Notwendigkeit deutlich, eine Kommunikationsfunktion innerhalb des Gerätefunktionsmodells zu unterscheiden und daraus Schlußfolgerungen für den funktionellen und konstruktiven Geräteaufbau abzuleiten.

Die Kommunikationsfunktion realisiert die notwendigen informationellen Kopplungen zwischen Gerät und Mensch bzw. anderen technischen Gebilden (**Bild 3.7**) zum Zweck

- der Steuerung oder Führung der Verarbeitungsfunktion des Geräts durch Überführen externer Steuerungs- oder Führungsgrößen E_k bzw. E'_k in interne Steuerungsgrößen W,
- der Kontrolle oder Überwachung der Verarbeitungsfunktion des Gerätes durch Überführen interner Kontrollgrößen V in externe Kontroll- oder Überwachungsgrößen A_k bzw. A'_k.

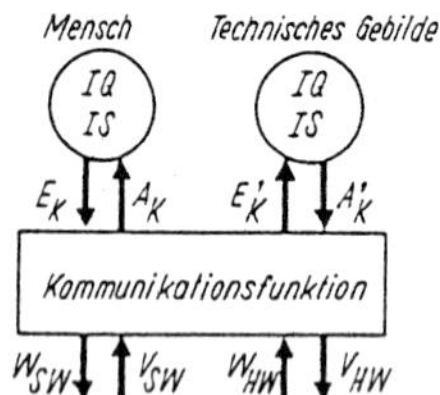

Bild 3.7 Grundbeziehungen der Kommunikation zwischen Gerät und Umwelt
IQ Informationsquelle, *IS* Informationssenke

Da es sich bei der Kommunikation ausschließlich um informationelle Beziehungen handelt, sind die Eingangs- und Ausgangsgrößen Signale und ihrem Zweck entsprechend Steuer- und Kontrollsignale. Damit liegt auch eine klare begriffliche Abgrenzung zu den in Abschn. 3.1.2 behandelten Arbeitssignalen vor.

Die informationelle Kopplung zwischen Kommunikationsfunktion und Verarbeitungsfunktion erfolgt hardwareseitig über die Steuer- und Kontrollsignale W_{HW} und V_{HW} sowie softwareseitig über die Steuer- und Kontrollprogramme W_{SW} und V_{SW}, die als virtuelle Schnittstelle innerhalb des Softwareproduktes die Verbindung zwischen Anwendersoftware und Betriebssystem darstellen.

Eine Grobstrukturierung der Kommunikationsfunktion ergibt sich einerseits aus den sensorischen und motorischen Fähigkeiten des Menschen und andererseits aus den geräteseitigen physikalisch-technischen Möglichkeiten (**Bild 3.8**).

- Die Informationseingabe erfolgt über die Stellorgane Finger, Hand, Arm bzw. Fuß und Bein, die die Teilfunktion „mechanisch Eingeben" oder „Betätigen", also ein Bewegen erfordern. Sonderfälle des Bewegens sind Halten, Fixieren (Positionieren) und Berühren (s. Abschn. 6.3.5). Insbesondere das Berühren ist wegen des kraftlosen mechanischen Anlegens eines Körperteils (i. allg. eines Fingers) an ein Eingabeelement eine ergonomisch gute Lösung und findet zunehmend Verbreitung. Aber auch der Einsatz der menschlichen Sprachorgane für die akustische Informationseingabe gewinnt an Bedeutung.
- Die sensorischen Fähigkeiten des Menschen werden fast in ihrer gesamten Breite für die Informationsausgabe, d. h. für die Teilfunktion „Anzeigen" („Melden"), genutzt. Trotzdem nimmt die optische Informationsanzeige eine Vorrangstellung ein, da der Mensch etwa 78 % aller Informationen über das Auge aufnimmt (s. Abschn. 7.5 und zu

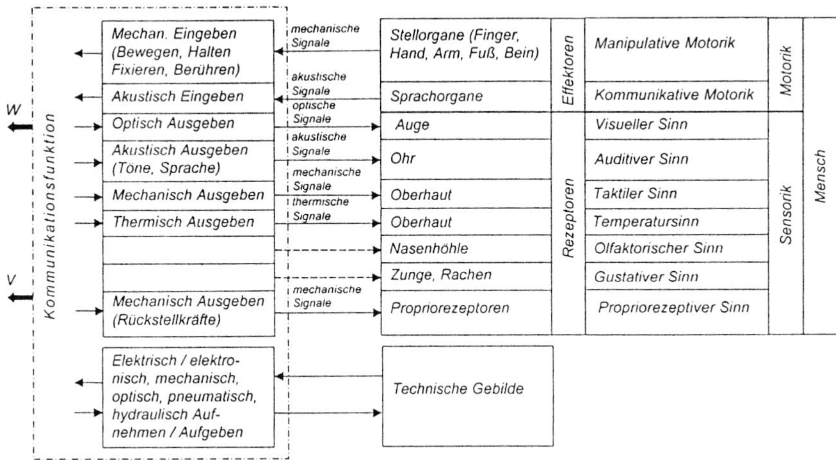

Bild 3.8 Prinzipielle Struktur des Kommunikationsfunktionsmodells eines Geräts und seiner Beziehungen zur Umwelt

Anzeigeeinrichtungen Abschn. 6.4.4). Ein wesentlicher Vorteil akustischer Informationsausgabe besteht darin, daß man einen größeren Personenkreis relativ unabhängig von der Stellung des Einzelnen im Raum informieren kann. Besonders hingewiesen sei auf die sprachliche Ausgabe, die in künftigen Gerätegenerationen eine Rolle spielen wird, indem z. B. Anweisungen aus Wörtern oder kurzen Sätzen problemabhängig im Gerät generiert und ausgegeben werden. Für die mechanische Informationsausgabe lassen sich der taktile oder Tastsinn, aber auch die Informationsaufnahmemöglichkeit über die Sensoren nutzen, die die Spannung der Sehnen und Muskeln erfassen. Dabei ist grundsätzlich Berührungskontakt erforderlich. Die Informationskopplung erfolgt durch Vibration oder ähnliche mechanische Bewegungen und durch unterschiedliche Form, Oberflächenstruktur oder Gegendruck mechanischer Bedienelemente. Anwendungen von Geschmacks- und Geruchsanzeigen sind in der Feinwerktechnik nicht bekannt.

- Die Teilfunktionen „Bedienen" und „Anzeigen" sind konstruktiv so zu gestalten, daß sie sich einerseits optimal an die Fähigkeiten des Menschen anpassen (und nicht umgekehrt der Mensch zwecks Anpassung an das Gerät zum Spezialisten werden muß) und daß sie andererseits eine sinnvolle Arbeitsteilung zwischen Mensch und Gerät realisieren, die insbesondere die Informationsverarbeitungsmöglichkeiten des Menschen (parallele Informationsverarbeitung, geringe Verarbeitungsgeschwindigkeit, relativ geringe Zuverlässigkeit der Verarbeitung) und des Geräts (serielle Informationsverarbeitung hoher Geschwindigkeit und Zuverlässigkeit) optimal ausschöpft.

Zur Kommunikationsfunktion zählt man auch den Informationsaustausch zwischen dem Gerät und anderen technischen Gebilden, die in der Regel wiederum Geräte, aber auch Maschinen bzw. entsprechende Baugruppen in Maschinen sind. Dieser Informationsaustausch erlangt Bedeutung beim Aufbau automatisierter technischer Systeme, für die die Anzahl der Funktionseinheiten so groß wird, daß vereinheitlichte informationelle und energetische Wechselbeziehungen zu schaffen sind. Die Vorschriften dazu bezeichnet man als *Interface*. Ein weiterer notwendiger Schritt ist das Normieren dieser Wechselbeziehungen auf ein bestimmtes Wertespektrum, das die Anschlußfähigkeit unterschiedlicher Funktionseinheiten eines Systems garantiert. Man spricht von einem *Standard-Interface*. Da nun weiterhin Inhalt und Umfang eines Interface von der Struktur des automatisierten Systems abhängig sind, unterscheidet man Standard-Interfaces für einzelne Systemstrukturen. **Tafel 3.6** zeigt die Bedingungen für die in der Feinwerktechnik charakteristischen ketten-, stern- und linienartigen Verbindungen.

3.1.4 Sicherungsfunktion

Unter Bezugnahme auf Abschn. 3.1.1 und Bild 3.1 lassen sich drei Teilaufgaben für die Sicherungsfunktion ableiten:

- Sicherung der Verarbeitungsfunktion des Geräts vor möglichen *Umweltstörungen* durch Überführen der externen Eingangsstörgrößen E_z in (verarbeitungs-) funktionsunwirksame interne Störgrößen ΔZ_e
- Sicherung der Verarbeitungsfunktion des Geräts vor möglichen innerhalb der Verarbeitungsfunktion entstehenden *Eigenstörungen* durch Überführen dieser internen Störgrößen ΔZ_a in externe Ausgangsstörgrößen A_z

- Sicherung der Umwelt des Geräts vor möglichen *Gerätestörungen* durch Überführen der internen Störgrößen ΔZ_a in umweltfreundliche Ausgangsstörgrößen A_z.

Tafel 3.6 Geräteinterface für verschiedene Systemstrukturen
FE Funktionseinheit; *ZFE* zentrale Funktionseinheit; *SI* Standard-Interface; *V* Kontrollgröße; *W* Steuergröße

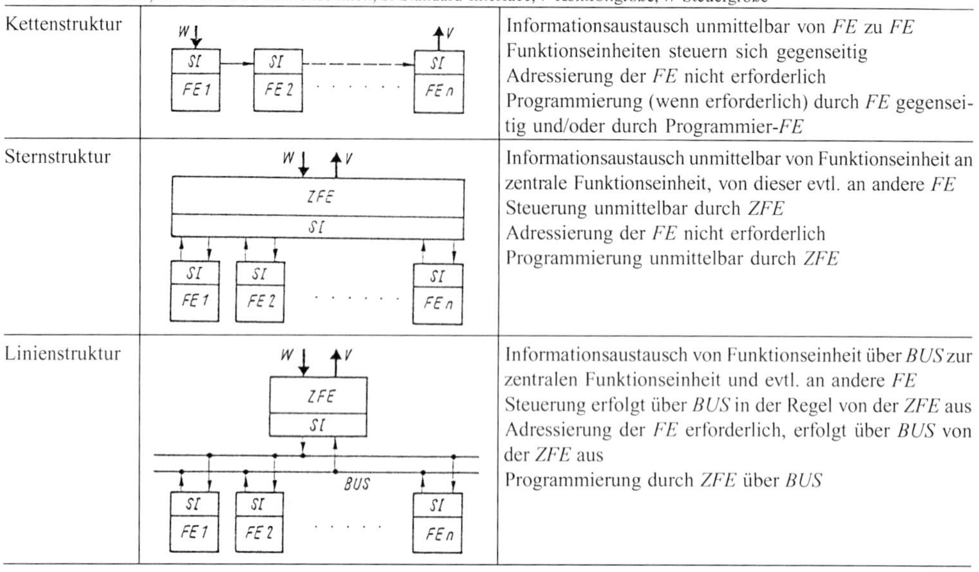

Kettenstruktur	W, V, SI, FE 1, SI, FE 2, SI, FE n	Informationsaustausch unmittelbar von *FE* zu *FE* Funktionseinheiten steuern sich gegenseitig Adressierung der *FE* nicht erforderlich Programmierung (wenn erforderlich) durch *FE* gegenseitig und/oder durch Programmier-*FE*
Sternstruktur	W, V, ZFE, SI, SI, FE 1, SI, FE 2, SI, FE n	Informationsaustausch unmittelbar von Funktionseinheit an zentrale Funktionseinheit, von dieser evtl. an andere *FE* Steuerung unmittelbar durch *ZFE* Adressierung der *FE* nicht erforderlich Programmierung unmittelbar durch *ZFE*
Linienstruktur	W, V, ZFE, SI, BUS, SI, FE 1, SI, FE 2, SI, FE n	Informationsaustausch von Funktionseinheit über *BUS* zur zentralen Funktionseinheit und evtl. an andere *FE* Steuerung erfolgt über *BUS* in der Regel von der *ZFE* aus Adressierung der *FE* erforderlich, erfolgt über *BUS* von der *ZFE* aus Programmierung durch *ZFE* über *BUS*

Das Erfüllen dieser Sicherungsaufgaben erfolgt ebenfalls hard- und softwaremäßig, wobei die internen Störgrößen ΔZ_{eSW} und ΔZ_{aSW} die programmseitige virtuelle Schnittstelle zwischen Wartungs- und Instandhaltungsprogrammen und dem Betriebssystem darstellen.

Für den praktischen Gebrauch ist diese aus rein systemtheoretischer Sicht abgeleitete Beschreibung noch zu allgemein und daher zu spezifizieren. Von den Störgrößen müssen die mechanischen Wirkungen durch Gravitation sowie durch andere statische und dynamische Kräfte eine exponierte Rolle spielen, weil es sich hierbei um ständig einwirkende Größen handelt. Da diese mechanischen Wirkungen Halte- oder Stützmaßnahmen für die Funktionselemente eines Geräts zum Sichern ihrer definierten räumlichen Anordnung erfordern, wird diese Teilfunktion der Sicherungsfunktion als *Stützfunktion* des Geräts definiert. Wie **Tafel 3.7** zeigt, geht die Stützfunktion aber über diese spezielle Aufgabe hinaus. Aus der geometrischen Anordnung der Verarbeitungsfunktionselemente ergibt sich nämlich die Möglichkeit, der Stützfunktion auch die Aufgaben des Bezugssystems für die Verarbeitungsfunktion zu übertragen. Das sind z. B. für elektrische Systeme das Null-, Masse- oder Erdpotential und für mechanische Systeme die Ruhemasse. Die Stützelemente eines Geräts sind also in der Regel in die Verarbeitungsfunktion einbezogen, werden von Funktionsflüssen durchsetzt und sind folglich auch nach Kriterien der Verarbeitungsfunktion zu dimensionieren (**Bild 3.9**). Man kann die beiden Teilaufgaben des Anordnens von Funktionselementen und des Gewährleistens des Bezugssystems, da sie sich auf das Geräteinnere beziehen, als interne Stützfunktion bezeichnen. Darüber hinaus bestehen noch nach außen wirkende, externe Stützaufgaben, die sich auf das Einordnen des Geräts in die Umwelt beziehen. Tafel 3.7 zeigt eine Zusammenstellung der für Geräte i. allg. in Frage kommenden Operationen.

Die restlichen Aufgaben der Sicherungsfunktion sollen unter dem Begriff der *Schutzfunktion* zusammengefaßt werden. Dementsprechend gliedert sie sich in Schutz der Umwelt, speziell des Menschen, und in Schutz des Geräts, unterteilt in Schutz gegen externe und interne Störungen (Tafel 3.7, s. auch Abschn. 5). Den möglichen Umweltstörungen ist durch Isolieren und Schirmen, Abdecken und Verkleiden, Abdichten und Kapseln so zu begegnen, daß die externen Störgrößen E_z in funktionsunwirksame interne Störgrößen ΔZ_e umgewandelt werden.

Tafel 3.7 Teilfunktionen der Sicherungsfunktion eines Geräts

Sicherungsfunktion				
Stützfunktion		Schutzfunktion (s. auch Abschn. 5)		
interne Stützfunktion	externe Stützfunktion	Schutz des Gerätes		Schutz der Umwelt vor Störungen des Geräts (A_z)
		Schutz vor externen Störungen (E_z)	Schutz vor internen Störungen (ΔZ_a)	
- Anordnen aller Funktionselemente - Bezugssystem für die Verarbeitungsfunktion	Ermöglichen der Operationen - Aufstellen - Legen - Aufhängen - Umhängen - Tragen - Einschieben - Einstecken - Rollen - Schieben - Anstecken - Anschrauben	- klimatische Einflüsse (Temperatur, Feuchte, Luftdruck, Sonnenstrahlung, Eis, chemische Bestandteile der Atmosphäre SO_2, CO_2, NaCl u.a., Sand, Pilze, Bakterien, Insekten) - Fremdkörper, Wasser - Wärmeeinwirkung - elektromagnetische Einstrahlung - Schwingungen und Stöße - radioaktive Strahlung - Einflüsse des Menschen	- interne Wärmequellen - interne Schwingungs- und Stoßerreger	- Berührungsschutz (sich bewegende Teile, gefährliche Engen, elektrischer Strom, elektrische Spannung, elektrostatische Aufladung, wärmeführende Teile, toxische Gase, Stäube, Dämpfe, sonstige Chemikalien) - Wärmeabgabe - elektromagnetische Abstrahlung - mechanische Schwingungen und Stöße - Schallabgabe - radioaktive Strahlung

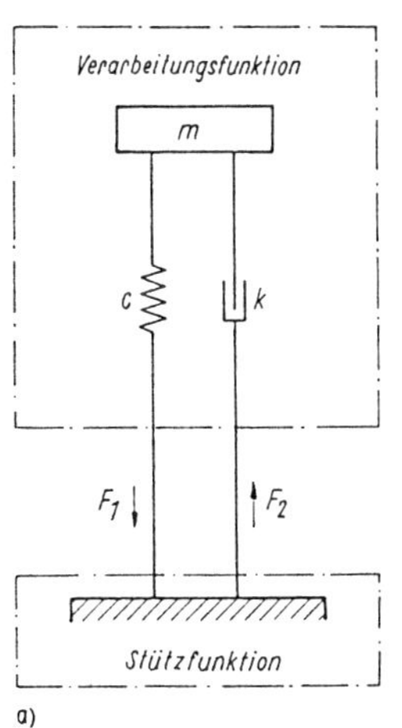

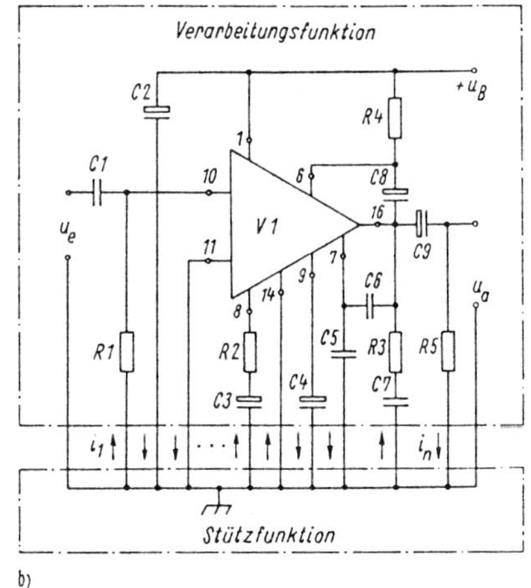

Bild 3.9 Stützfunktion als Bezugssystem für die Verarbeitungsfunktion eines Geräts
a) mechanisches System
b) elektronisches System
m Masse
c Federsteife
k Dämpfungskonstante

Gegenüber den innerhalb der Verarbeitungsfunktion entstehenden Eigenstörungen sind Ableitung und Abführung erforderlich, um die internen Störgrößen ΔZ_a möglichst vollständig in Ausgangsgrößen A_z zu überführen. Interne Störungen der Verarbeitungsfunktion durch Bauelementeausfälle, Toleranzüberschreitungen von Bauelementewerten, Dejustage o. ä. fallen nicht in den Aufgabenbereich der Schutzfunktion, da es sich hierbei um Funktionsfehler handelt. Diese müssen mit entsprechenden, in die Verarbeitungsfunktion integrierten Korrektur- oder Kompensationsmitteln ausgeschaltet werden. Dafür gibt es im elektronischen Gerätebau eine Reihe von Kompensations- und Fehlerkorrekturschaltungen, im feinmechanisch-optischen Gerätebau entsprechende fehlerarme Konstruktionsprinzipien u. ä. (s. Abschn. 4.2 und zu Gerätefehlern Abschn. 4.3.1). Die internen Störgrößen ΔZ_a sind so umzuwandeln, daß sie als Ausgangsstörgrößen A_z keinen unzulässigen Einfluß auf den Menschen und die Umwelt ausüben können. Dazu dienen Isolieren und Schirmen, Abdecken und Verkleiden, Abdichten und Kapseln. Die einzuhaltenden Bedingungen sind in den Vorschriften zur Gerätesicherheit [3.14] [3.15], zur Elektromagnetischen Verträglichkeit [3.17] bis [3.18] (s. a. Abschnitte 5.5 und 5.6) und zum allgemeinen Umweltschutz enthalten [3.20].

3.2 Geometrisch-stofflicher Geräteaufbau

Der geometrisch-stoffliche Geräteaufbau stellt die Abstraktionsebene der Gerätestrukturbeschreibung dar, in der die geometrisch-stoffliche Struktur des Geräts betrachtet wird, d. h. die Gesamtheit der geometrisch-stofflichen Elemente, der sog. *Bauelemente*, und der geometrisch-stofflichen Relationen zwischen diesen Elementen, der sog. *Anordnungen*.

3.2.1 Allgemeines Geometriemodell

Bild 3.10 zeigt das allgemeine Geometriemodell als geometrisch-stoffliche „Projektion“ des allgemeinen Funktionsmodells nach Bild 3.2. In der geometrisch-stofflichen Ebene ergeben sich aus den bekannten Teilfunktionen der Verarbeitungs-, Kommunikations- und Sicherungsfunktion zunächst drei Klassen von Bauelementen, die mit ihren Anordnungen untereinander eine funktionsorientierte geometrisch-stoffliche Einheit bilden und daher als Funktionsgruppen bezeichnet werden sollen:

- Bauelemente mit Verarbeitungsfunktion und ihre Anordnung untereinander (Funktionsgruppen mit Verarbeitungsfunktion)
- Bauelemente mit Kommunikationsfunktion und ihre Anordnung untereinander (Funktionsgruppen mit Kommunikationsfunktion)
- Bauelemente mit Sicherungsfunktion (Stütz- und Schutzfunktion) und ihre Anordnung untereinander (Funktionsgruppen mit Stütz- und Schutzfunktion).

Innerhalb der drei Bauelementeklassen sind die Bauelemente integriert, die die Kopplungen geometrisch-stofflich als Leitungs- und Verbindungselemente verwirklichen. Anders verhält es sich mit den

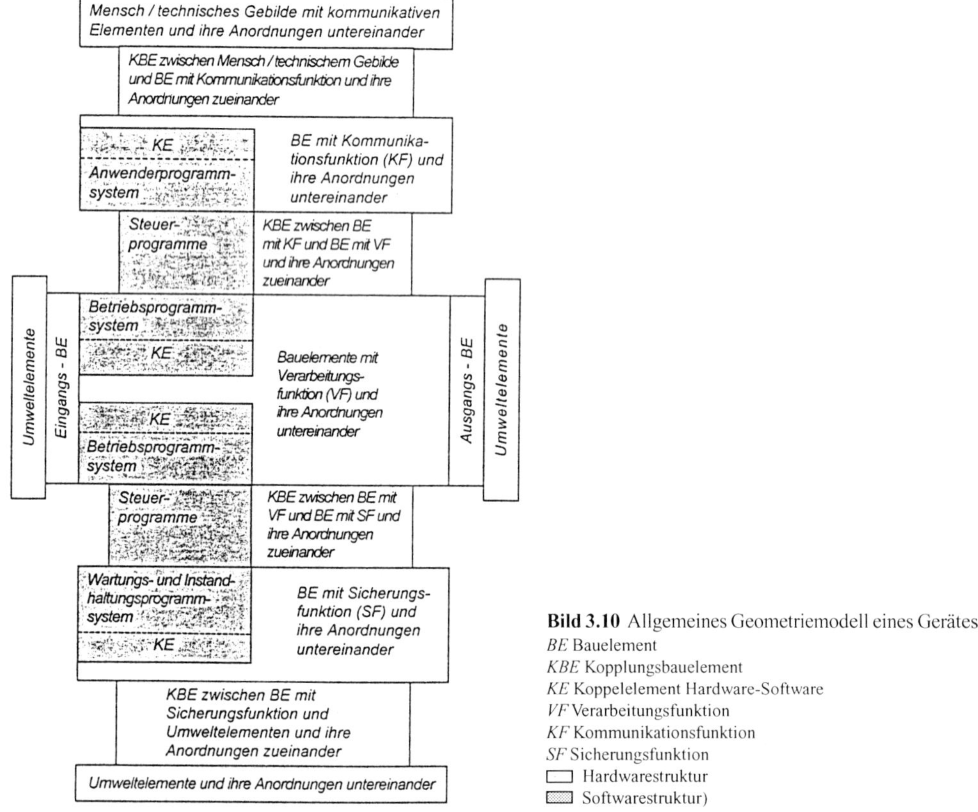

Bild 3.10 Allgemeines Geometriemodell eines Gerätes
BE Bauelement
KBE Kopplungsbauelement
KE Koppelelement Hardware-Software
VF Verarbeitungsfunktion
KF Kommunikationsfunktion
SF Sicherungsfunktion
□ Hardwarestruktur
▒ Softwarestruktur)

Bauelementen, die die Kopplungen zwischen den drei Teilfunktionen des allgemeinen Funktionsmodells und zwischen Funktionsmodell und Umwelt realisieren. Diese Kopplungsbauelemente erfüllen für den geometrisch-stofflichen Geräteaufbau grundsätzlich zwei Aufgaben:

- geometrisch-stoffliche Realisierung funktioneller Kopplungen zwischen den genannten Bauelementeklassen
- Realisierung der Anordnungen der genannten Bauelementeklassen zueinander.

Dieser Sachverhalt wird im Geometriemodell durch die Darstellung der Klassen von Kopplungsbauelementen besonders hervorgehoben.

Die dieser Hardwarestruktur zugeordnete Softwarestruktur wird durch das Betriebsprogrammsystem, das Anwenderprogrammsystem sowie das Wartungs- und Instandhaltungsprogrammsystem repräsentiert, die untereinander über geeignete Steuerprogramme verbunden sind. Die Verbindung zwischen den Software- und Hardwarekomponenten stellen als geometrisch-stoffliche Einheiten die Koppelelemente her, in denen die entsprechenden physischen Softwarebausteine implementiert sind (s. Bild 3.10).

3.2.2 Funktionsgruppen mit Verarbeitungsfunktion

Eine Systematik aller theoretisch möglichen allgemeinen Funktionsgruppen mit Verarbeitungsfunktion ergibt sich aus der Verknüpfung von Verarbeitungsobjektklassen, also von Stoff, Energie und Signal, mit den allgemeinen Veränderungsklassen für Funktionsgrößen bezüglich Qualität, Quantität, Ort, Menge und Zeit (s. Abschn. 2.1). Damit entstehen fünfzehn Klassen von allgemeinen Funktionsgruppen, die technisch unterschiedlich realisiert werden, so daß sie um die technischen Systemklassen Elektrotechnik/Elektronik, Mechanik, Optik usw. zu erweitern sind. Damit sind alle technisch realisierbaren Funktionsgruppen mit Verarbeitungsfunktion erfaßbar. Die nähere Behandlung gerätebautypischer Funktionsgruppen einschließlich charakteristischer Eingangs- und Ausgangsbauelemente erfolgt in Abschn. 6.

3.2.3 Funktionsgruppen mit Kommunikationsfunktion

Entsprechend der in Abschn. 3.1.3. entwickelten Grobstruktur der Kommunikationsfunktion (s. Bild 3.8) und dem allgemeinen Geometriemodell (s. Bild 3.10) ergeben sich als wesentliche Bestandteile für den Geräteaufbau aus Funktionsgruppen mit Kommunikationsfunktion die Bedien-, Anzeige- und Interfacebauelemente einschließlich der Kopplungsbauelemente zur Umwelt und zur Verarbeitungsfunktion.

Bedien- und Anzeigeelemente. Bedienelemente untergliedern sich in Bauelemente zur mechanischen Informationseingabe, den Betätigungselementen, und in Bauelemente zur akustischen Informationseingabe. Die letztgenannten spielen in der Feinwerktechnik eine sekundäre Rolle und bieten wegen der Verwendung bekannter Schallwandlerbauelemente (Mikrofone) auch keine konstruktiven Besonderheiten. Das bezieht sich auch auf akustische Anzeigefunktionen (Töne, Sprache), die mit elektroakustischen Wandlerelementen (Lautsprecher) einfach verwirklicht werden können [3.2] [3.12]. Dominierend sind in der Feinwerktechnik optische Anzeigeelemente, die es ermöglichen, einen außerordentlich großen Informationsumfang in sehr unterschiedlichen Darstellungsformen anzubieten. Die Betätigungs- und optischen Anzeigeelemente werden in den Abschnitten 6.3.5 und 6.4.4 ausführlich behandelt (s. auch Abschn. 7.6).

Interfacebauelemente. Die Festlegung informationeller und energetischer Wechselbeziehungen bei der kommunikativen Kopplung von Funktionseinheiten (s. Abschn. 3.1.3) muß zwangsläufig auch konstruktive Konsequenzen haben. Das betrifft die Anordnung der Leitungsverbindungen zwischen den einzelnen Funktionseinheiten (Kabel und Leitungen) und die Verbindungstechnik zwischen den Leitungsverbindungen und Funktionseinheiten (Steckverbinder). Einige typische Beispiele solcher konstruktiven Interfaces oder Schnittstellen zeigt **Bild 3.11**.

Die Gestaltung des Geräteaufbaus aus Funktionsgruppen mit Kommunikationsfunktion, insbesondere das anwendungsgerechte Anordnen und Zuordnen von Bedien- und Anzeigeelementen, bestimmt in entscheidendem Maß die Gebrauchseigenschaften eines Geräts. Die in ergonomischer und ästheti-

PC-Anschluß	Anschlußbelegung					End-gerät
	Stift- Nr.	Kurzzeichen			Be-deutung	
		EIA RS232	CCIT V.24	DIN 66020		
	1;7	AA; AB	101;102	E1;E2	Masse, Erde	
	2;3	BA;BB	103;104	D1;D2	Daten	
14 1 25 13	4;5 6;20 22;8 21;23 23;11	CA;CB CC;CD CE;CF CG;CH CI;CK	105;106 107;108.2 125;109 110;111 112;126	S2;M2 M1;S1.2 M3;M5 M6;S4 M4;S5	Steuer- und Melde-signale	1 14 13 25
	24;15;17	DA;DB;DD	113;114;115	T1;T2;T4	Takte	
	14;16 19;13 12	SBA;SBB SCA;SCB SCF	118;119 120;121 122	HD1;HD2 HS2;HM2 HM5	Zusatz-kanal	
	9;10; 11;18;25				Test, Reserve	

a)

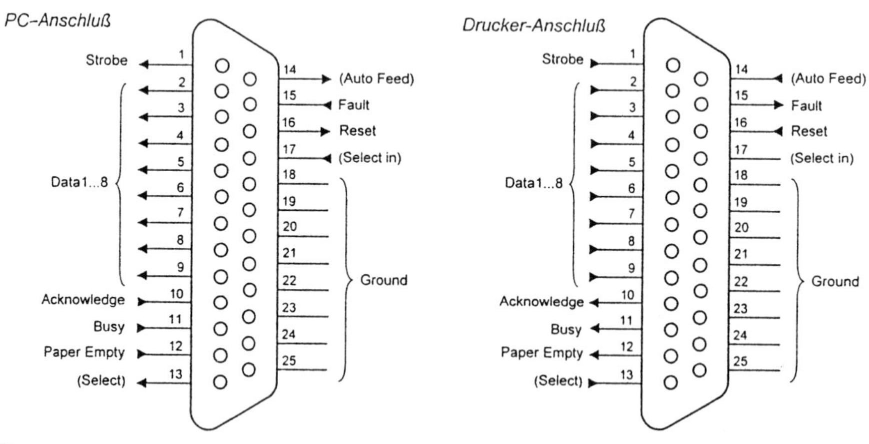

b)

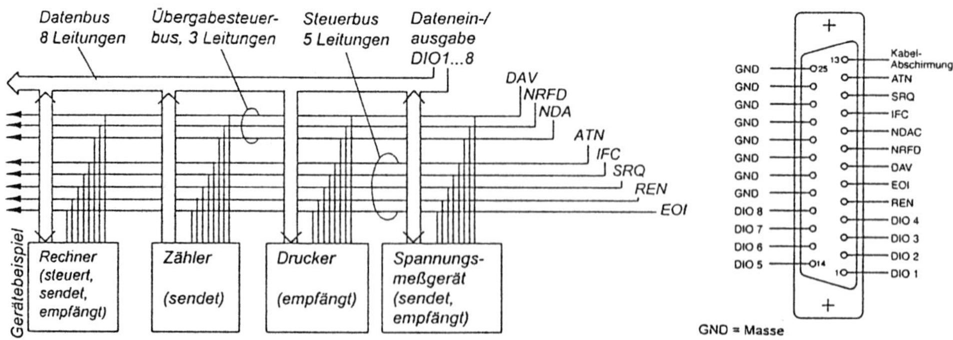

c)

Bild 3.11 Beispiele für genormte Schnittstellen zur Daten- und Befehlsübertragung zwischen Geräten
a) serielle Schnittstelle nach DIN 66 020, E/A (RS 232) und CCIT (V.24); b) parallele Schnittstelle;
c) IEC-BUS-Schnittstelle nach DIN IEC 625

scher Hinsicht wichtigsten Gestaltungsgrundsätze und -richtlinien sind in Abschn. 7 enthalten. Aufgrund der starken Gebrauchsbezogenheit ist der Geräteaufbau aus Funktionsgruppen mit Kommunikationsfunktion meist ein in sich abgeschlossener Geräteteil, der zwar oft mit anderen Geräteaufbauten eine konstruktive Einheit bildet, dann aber i. allg. als einfach lösbarer Geräteteil ausgebildet wird. Eine dafür beispielhafte konstruktive Lösung stellt die Frontplatte von elektronischen Geräten dar (**Bild 3.12a**). Verschiedentlich wird auch dem Geräteaufbau aus Funktionsgruppen mit Kommunikationsfunktion eine exponierte Anordnung innerhalb des Gesamtaufbaus des Geräts zuerkannt, um die Bedien- und Anzeigeelemente nicht im Gesamtaufbau „untergehen" zulassen, bzw. um eine hohe Variabilität der Anordnung der Kommunikationselemente „Bildschirm" und „Tastatur" zu ermöglichen (Bild 3.12b). Verstärkt ist ein Trend zum Realisieren konstruktiv völlig getrennter Geräteaufbauten aus Funktionsgruppen mit Kommunikationsfunktion zu erkennen. Gefördert wird diese Entwicklung durch den Einsatz mikroelektronischer Bausteine, die zwischen Bedien- und Anzeigeelementen einerseits und den Funktionsgruppen mit Verarbeitungsfunktion andererseits beliebig lange, funktionell unkritische Gleichspannungssteuerleitungen ermöglichen, und durch opto- bzw. akustoelektronische Bauelemente, die eine drahtlose Fernbedienung und -anzeige zwischen dem Geräteaufbau mit Verarbeitungs- und dem mit Kommunikationsfunktion herstellen. Dieser Trend wird sich auch deshalb fortsetzen, weil aufgrund des sehr hohen Schaltungsintegrationsgrads in der Elektronik Funktionsgruppen mit Verarbeitungsfunktion Gesamtabmessungen annehmen, die schon heute oft um ein Vielfaches kleiner sind als bei Funktionsgruppen mit Kommunikationsfunktion. Die Vorteile dieser Entwicklung sind gestalterisch zweckmäßige Lösungen für den Geräteaufbau aus Funktionsgruppen mit Kommunikationsfunktion, funktionell zweckmäßige Lösungen für den Aufbau aus Funktionsgruppen mit Verarbeitungsfunktion, technologische Vorteile, hohe Variabilität des Gesamtaufbaus sowie Baukastenlösungen für die einzelnen Geräteaufbauten.

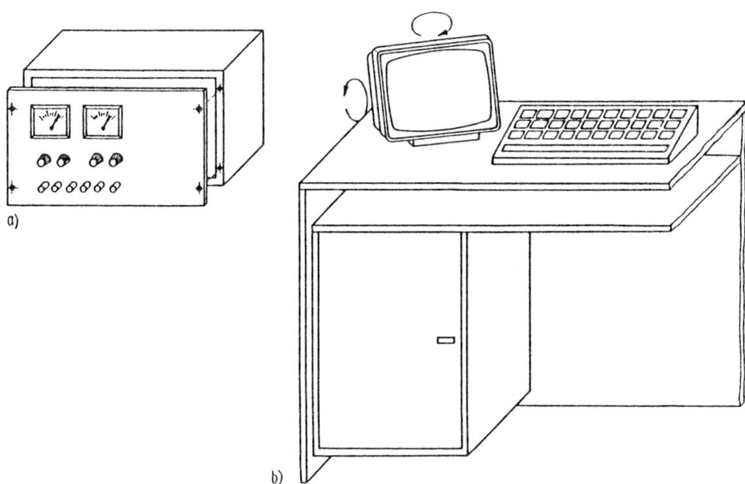

Bild 3.12 Gestaltungsbeispiele für den Geräteaufbau aus Funktionsgruppen mit Kommunikationsfunktion
a) Frontplatte eines elektronischen Gerätes; b) exponierte und veränderbare Anordnung einer Bildschirmeinheit, Tastatur und Maus

3.2.4 Funktionsgruppen mit Sicherungsfunktion

Aus der Sicherungsfunktion (s. Abschn. 3.1.4) und ihren Teilfunktionen (s. Tafel 3.7) sowie dem allgemeinen Geometriemodell (s. Abschn. 3.2.1, Bild 3.10) ergeben sich für den Geräteaufbau mit Sicherungsfunktion folgende wesentliche Bauelementeklassen:

- Bauelemente mit Stützfunktion (Stützelemente)
- Bauelemente mit Schutzfunktion (Schutzelemente)

einschließlich der Kopplungsbauelemente zur Umwelt und zur Verarbeitungsfunktion.

Eine Trennung in reine Stütz- und Schutzelemente ist in der Regel nicht möglich, da wegen der Verwandtschaft von Stütz- und Schutzfunktion und wegen der Bemühungen um Funktionenintegration i. allg. Stützelemente auch Schutzaufgaben und umgekehrt Schutzelemente auch Stützaufgaben mit übernehmen.

3.2.4.1 Bauelemente mit Stützfunktion

In Übereinstimmung mit der in Abschn. 3.1.4 (s. auch Tafel 3.7) vorgenommenen Unterteilung in eine interne und externe Stützfunktion lassen sich wiederum Bauelemente mit interner und externer Stützfunktion unterscheiden.

Bauelemente mit interner Stützfunktion (Platten, Stäbe, Rahmen und Gestelle) haben die definierte räumliche Anordnung aller Funktionselemente des Geräts unter allen zulässigen internen und externen Belastungen zu sichern und bilden gleichzeitig das Bezugssystem für die Verarbeitungsfunktion des Geräts.

Die elementare Ausführungsform eines Stützelements ist ein ebenes *Plattenelement*, welche das Anordnen von Bauelementen in einer Ebene gestattet (**Bild 3.13**). Von dieser Grundform abgeleitete Formen, von der L- über die U- und T-Form bis zur Schalenform, ermöglichen Bauelemente in zwei und drei unterschiedlichen Ebenen anzuordnen. Die Plattenelemente bilden jedoch erst die nullte Hierarchieebene des gesamten Stützaufbaus eines Geräts. Da das Unterbringen der Verarbeitungsfunktionselemente eines Geräts i. allg. mehrere Plattenelemente erfordert, die ihrerseits wiederum gestützt werden müssen, ergibt sich zwangsläufig eine weitere Hierarchieebene des Stützsystems mit den Ausführungsformen *Rahmen* oder *Gestell*. Rahmen und Gestelle sind aus *Stabelementen* mit rundem, rechteckigem oder Profilquerschnitt (L-, U-, T-Profil) aufgebaut.

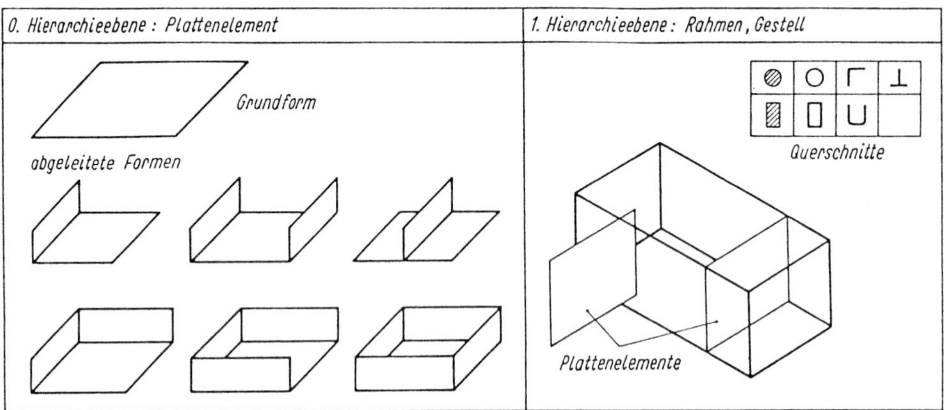

Bild 3.13 Elemente des Stützsystems eines Geräts

Typische Beispiele für Plattenelemente sind die Leiterplatte zum Anordnen elektronischer Bauelemente, Grundplatten für den Aufbau feinmechanischer Baugruppen und abgeleitete Formen von Plattenelementen, wie z. B. Schalenelemente für Meßgeräte, Mobiltelefone und ähnliche Handgeräte (**Bild 3.14**). Charakteristische Rahmenkonstruktionen sind die sog. Einschubrahmen für die Aufnahme von elektronischen Baugruppen und Gestelle für optische Geräte (**Bild 3.15**). Für Sonderformen von Bauelementen mit Verarbeitungsfunktion, z. B. optische Linsen, sind auch besondere Formen von Stützelementen erforderlich. Zu speziellen konstruktiven Fragen des Fassens (Stützens) optischer Bauelemente sei auf Abschn. 6.4 verwiesen. Als Werkstoffe für Stützelemente dienen Stahl, Aluminium und immer stärker Kunststoff. Die eingesetzten technologischen Verfahren für das Herstellen von Stützelementen sind Trennen, Biegen, Schweißen, Löten, Verschrauben, Gießen und Pressen [3.13]. Grundlage für die Berechnung, Dimensionierung und konstruktive Gestaltung der Stützelemente sind die statischen und dynamischen internen und externen mechanischen Belastungen. Die Tafeln 5.43 und 8.3 vermitteln einen Eindruck von der Größe und Vielfalt der in der Feinwerktechnik auftretenden mechanischen Belastungen.

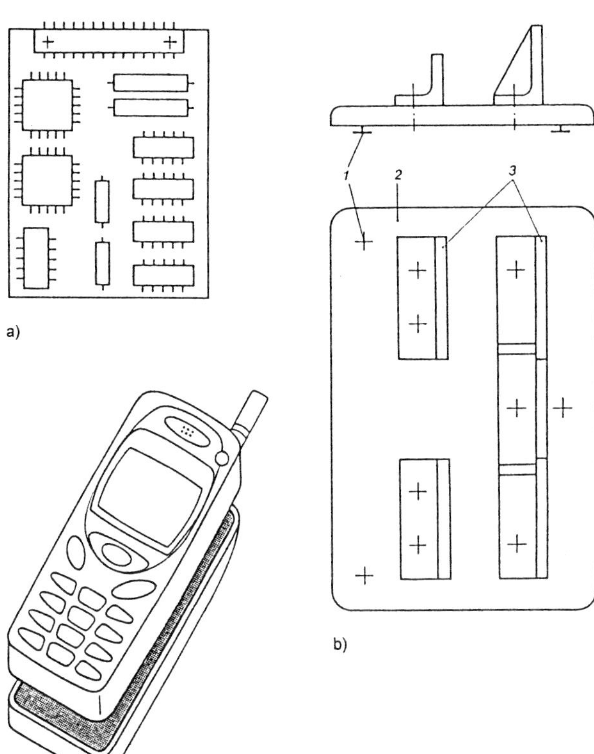

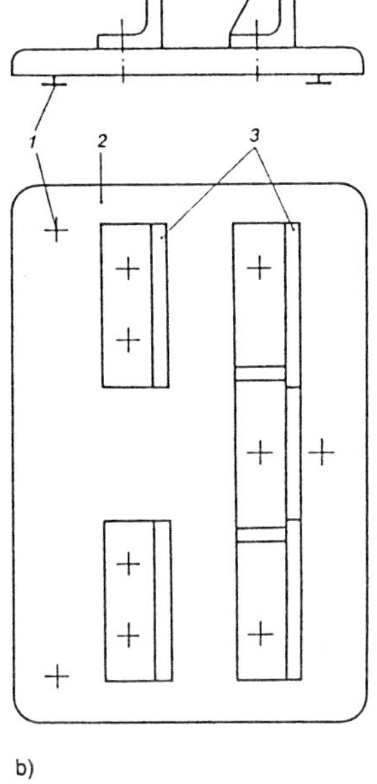

Bild 3.14 Ausführungsformen von Plattenelementen
a) Leiterplatte mit elektronischen Bauelementen
b) Grundplatte für den Aufbau feinmechanischer Funktionsgruppen
c) Schalenelemente für den Aufbau elektronischer Geräte
1 Auflagepunkte; *2* Grundplatte; *3* Montageplatten, auf Grundplatte verschraubt und verstiftet

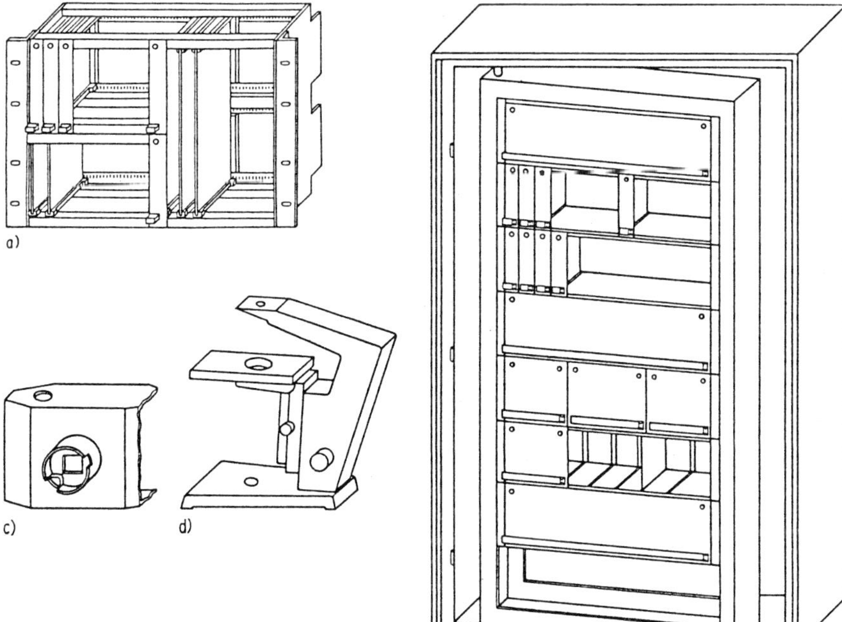

Bild 3.15 Ausführungsformen von Rahmen und Gestellen
a) Einschubrahmen für Leiterplattensteckeinheiten; b) Schwenkrahmenkonstruktion; c) Druckgußghäuse einer Kamera; d) Mikroskopstativ

Gestaltung von Platten- und Stabelementen. Eine wichtige konstruktive Gestaltungsaufgabe ist das Erhöhen der Verdrehsteife und Biegefestigkeit. Das geschieht bei dünnen metallischen und thermoplastischen Elementen durch Umlegen von Rändern, Eindrücken von Spiegeln, Anbringen von Sicken, Rippen und Ecken, durch Wölbung, Profilierung und das Aufbringen zusätzlicher Versteifungselemente, z. B. durch Schweißen. Bei gegossenen oder durch Pressen hergestellten Elementen werden im wesentlichen Rippen zum Versteifen angewendet. Detaillierte Gestaltungshinweise und weitere konstruktive Lösungsbeispiele sind [3.13] zu entnehmen. Für Grundplatten feinmechanisch-optischer Geräte ist oft von entscheidender Bedeutung, daß die auftretenden Verformungen der Grundplatte keinen Einfluß auf die Verarbeitungsfunktion des Geräts haben. In diesen Fällen werden justierbare Auflagepunkte (s. Stützelemente in Tafel 3.12) wegen der statischen Eindeutigkeit in der Regel in Dreipunkt- oder Quasidreipunktanordnung geschaffen, deren Anordnung von den Belastungsbedingungen der Grundplatte abhängig ist bzw. so gewählt wird, daß die Verformung (nach *Leinweber*) ein Minimum ergibt (s. auch [1.1] in Abschn. 1).

Dimensionierung von Platten- und Stabelementen. Unter der Annahme rein elastischer Verformungen ergeben sich für Platten- und Stabelemente die bekannten einfachen Beziehungen für Zug- und Druck-, Torsions- und Biegebelastung [3.1] [3.19] [3.29]. Für die Durchbiegung w frei aufliegender Plattenelemente bei einer Einzellast F gilt nach [3.27] die Näherungsbeziehung

$$w = (1/\gamma)\,(Fa^2/Es^3)\,. \tag{3.1}$$

Der Verformungsbeiwert γ ist von den Lagerbedingungen und dem Verhältnis der Kantenlängen des Plattenelements abhängig (**Tafel 3.8**).

Tafel 3.8 Durchbiegungen frei aufliegender Plattenelemente [3.28]

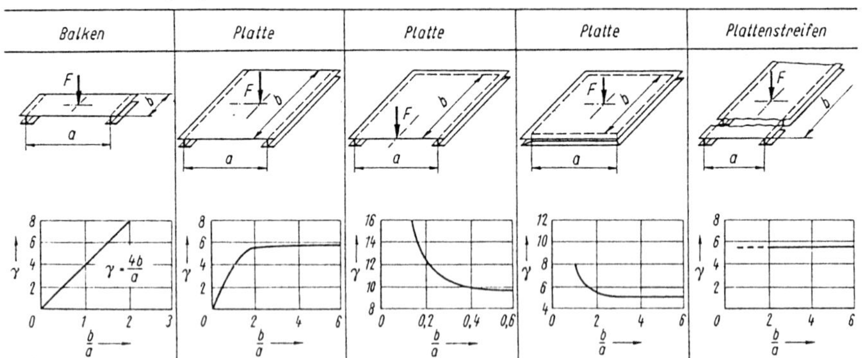

Bei dynamischer Beanspruchung ist die Kenntnis der Eigenfrequenz der Stützelemente notwendig, da bei Resonanzerregung hohe Amplituden der Auslenkung oder Durchbiegung auftreten und z. T. rasche Materialermüdung die Folge ist.

- *Eigenfrequenzen von Stabelementen.* Für die Eigenfrequenzen f_i von Stabelementen gilt die Beziehung

$$f_i = \left(\alpha_i^2/2\pi\right)\sqrt{(c/m)} \quad (i = 0,1,2,\ldots) \tag{3.2}$$

mit der Federsteife

$$c = EI/l^3\,. \tag{3.3}$$

Die Abhängigkeit des Koeffizienten α von den Lagerbedingungen des Stabelements zeigt **Tafel 3.9**.

- *Eigenfrequenzen von Plattenelementen.* Es gilt

$$f_0 = \left(\delta/2\pi a^2\right)\sqrt{D/\rho s} \tag{3.4}$$

mit der Biegesteife

$$D = Es^3/[12\,(1 - \nu^2)]\,. \tag{3.5}$$

Tafel 3.9 Schwingungskoeffizient α von Stabelementen

Grundwelle	1. Oberwelle	i-te Oberwelle ($i > 1$)	Lagerbedingung
4.7300	7,8532	$\frac{2(i+1)+1}{2}\pi$	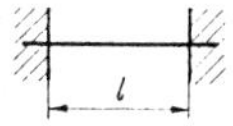
3,9266	7,0685	$\frac{4(i+1)+1}{4}\pi$	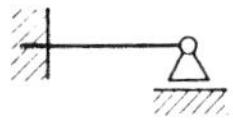
1,8750	4,6944	$\frac{2(i+1)+1}{2}\pi$	
3,9266	7,0685	$\frac{4(i+1)+1}{4}\pi$	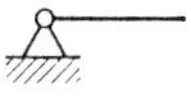
π	2π	$(i+1)\pi$	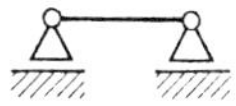

Der Faktor δ ist vom Verhältnis der Kantenlängen $\beta = a/b$ sowie von den Lagerbedingungen des Plattenelements abhängig (**Tafel 3.10**).

Tafel 3.10 Schwingungskoeffizient δ von Plattenelementen

Lagerbedingung	$\delta = f(\beta)$ $(\beta = a/b)$	Lagerbedingung	$\delta = f(\beta)$ $(\beta = a/b)$
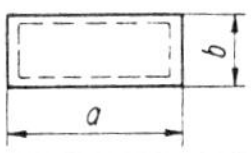	$9{,}870\,(1+\beta^2)$	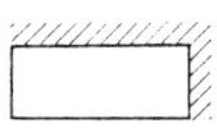	$15{,}421\sqrt{1+1{,}115\beta^2+2{,}441\beta^4}$
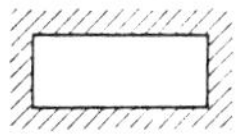	$22{,}373\sqrt{1+0{,}605\beta^2+\beta^4}$	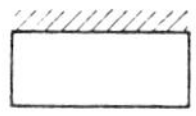	$9{,}870\sqrt{1+2{,}333\beta^2+2{,}441\beta^4}$
	$9{,}875\sqrt{1+2{,}566\beta^2+5{,}138\beta^4}$	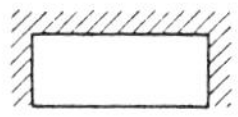	$22{,}373\sqrt{1+2{,}908\beta^2+2{,}441\beta^4}$

Gestaltung von Rahmen und Gestellen. Für die konstruktive Gestaltung sind die Richtlinien zu beachten, die für die Konstruktion von Schweiß-, Guß- und Preßteilen gelten [3.10] [3.13].

Dimensionierung von Rahmen und Gestellen. Rahmen und Gestelle sind derart komplexe Kontinua, daß nur mit starken Vereinfachungen bzw. großem Rechenaufwand eine mathematisch fundierte Dimensionierung möglich ist.

Bei der Methode der Übertragungsmatrizen [3.27] wird das räumliche Gebilde in eine Anzahl von Stäben zerlegt und für jeden einzelnen Stab eine Übertragungsmatrix aufgestellt. Dann erfolgt die Durchrechnung eines jeden Stabes mit Hilfe von Anfangsbedingungen und vorgegebenen Materialkenngrößen. Es ist damit möglich, Aussagen über Eigenfrequenzen und die statische und dynamische Festigkeit zu erhalten. Der rechentechnische Aufwand ist jedoch sehr hoch.

Bei der Methode der finiten Elemente [3.21] erfolgt das Aufteilen des räumlichen Gebildes in Stabtragwerke (Knoten und elastische oder starre Stäbe mit oder ohne Massebelegung). Es wird von der Schwingungsgleichung des ungedämpften Systems ausgegangen. Über die Einführung von Polynomen zum Beschreiben der Schwingungsformen erhält man ein System reeller, linearer homogener Gleichungen. Damit läßt sich das Problem auf eine Eigenwertaufgabe zurückführen. Die Lösung liefert Eigenfrequenzen und Eigenschwingungsformen. Mit diesen Ergebnissen läßt sich die Festigkeit des Systems überprüfen. Der Rechenaufwand ist wiederum erheblich.

Eine weitere Dimensionierungsmöglichkeit besteht in der experimentellen Überprüfung der dynamischen Eigenschaften eines materiell vorhandenen Gerätegestells durch ein geeignetes Prüfverfahren.

Bauelemente mit externer Stützfunktion. Die Bauelemente mit externer Stützfunktion stellen die Kopplungsbauelemente zwischen Sicherungsfunktion und Umwelt dar (s. Bild 3.10). Sie haben als

Aufstellfüße, Rollen, Griffe, Haken, Etuis u. a. ein störungsfreies Abstützen des gesamten Geräts gegenüber den Umweltelementen zu gewährleisten. **Tafel 3.11** gibt dazu eine Übersicht. Zur Berechnung und Dimensionierung solcher Stützelemente sind ausreichende Grundlagen in [3.10] enthalten. Auf einige spezielle Elemente, z. B. Stützelemente zur schwingungsisolierten Aufstellung von Geräten, wird außerdem in Abschn. 5.8 hingewiesen.

Tafel 3.11 Externe Stützelemente

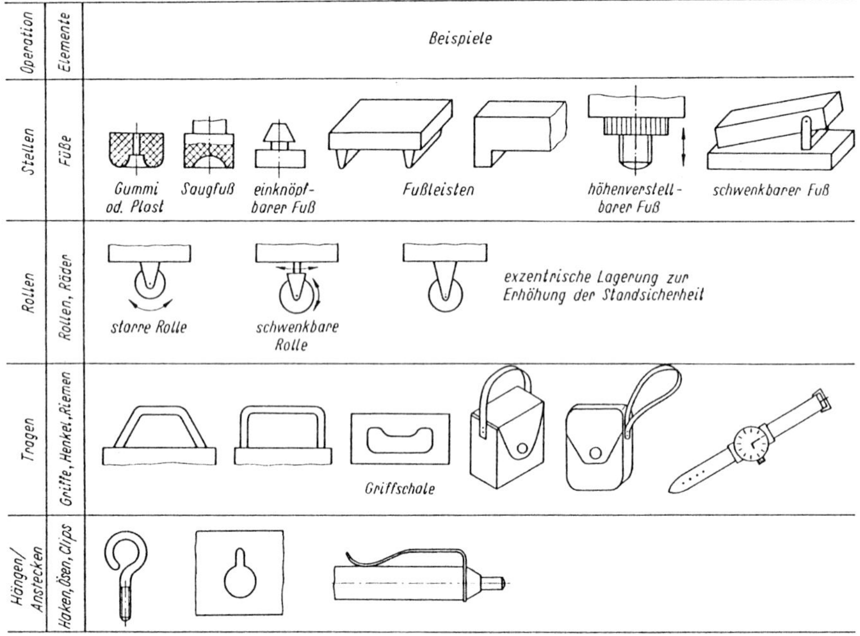

3.2.4.2 Bauelemente mit Schutzfunktion

Die Schutzfunktion eines Geräts ist derart komplex und wichtig, daß dem Schutz von Gerät und Umwelt der gesonderte Abschnitt 5 dieses Buches gewidmet ist, der für jede Schutzaufgabe auch detaillierte Aussagen zum Dimensionieren und konstruktiven Gestalten von Bauelementen mit Schutzfunktion enthält. An dieser Stelle sei nur festgestellt, daß unabhängig von der Schutzart Bauelemente mit Schutzfunktion im wesentlichen hüllende Elemente sind, deren typische Vertreter Gehäuse als selbsttragende Gesamthülle eines Geräts und Verkleidungen als Plattenelemente auf Geräterahmen oder Gestellen darstellen. Für die Werkstoffe dieser Elemente gelten die zu den Stützelementen (s. Abschn. 3.2.4.1) getroffenen Aussagen.

3.2.5 Bauweisen des Geräts

3.2.5.1 Grundlagen

Jedes technische Erzeugnis, also auch jedes Gerät, ist materiell aus Einzelteilen und Baugruppen aufgebaut. Baugruppen sind abgegrenzte, selbständige Gruppen von miteinander gekoppelten Einzelteilen. Daraus ergibt sich die Frage nach den Gesichtspunkten oder Prinzipien für das Aufteilen in Baugruppen. Ausgehend von der Zweckbestimmung technischer Erzeugnisse können das nur die Gesichtspunkte der Funktion und Herstellung sein. Je nachdem, welchem Aspekt das Primat eingeräumt wird, kann man funktionsorientierte und herstellungsorientierte Baugruppen unterscheiden.

Das funktionsorientierte Gliedern von Erzeugnissen in Baugruppen hat dabei entscheidende Vorteile, so daß als zweckmäßiges Aufbauprinzip formuliert werden kann:

- Aufbau mit funktionsorientierten Baugruppen, d. h. mit funktionell in sich abgeschlossenen Baugruppen als sog. Funktionsgruppen unter weitgehender Berücksichtigung einer rationellen Herstellung.

Für die Feinwerktechnik gilt dieses Aufbauprinzip im besonderen, da der Anteil der Prüfprozesse am Herstellungsprozeß sehr groß ist und die Forderungen nach hoher Betriebszuverlässigkeit sowie schneller Wartung und Reparatur ein eindeutiges Primat haben. Ein demonstratives Beispiel bietet der Aufbau von Geräten mit Leiterplattensteckeinheiten. Bei einem rein herstellungsorientierten Aufbau werden die elektronischen Bauelemente ohne Berücksichtigung ihrer Funktion nur nach Packungsdichte und Verdrahtungstopologie auf der Leiterplatte plaziert und sämtliche Bauelementeanschlüsse an die Anschlüsse des Steckverbinders geführt. Die Gerätefunktion entsteht erst durch die Rückverdrahtung der Steckverbinder aller Leiterplatten. Der herstellungsorientierte Charakter dieser Leiterplattenart wird besonders deutlich, wenn man bedenkt, daß nur durch unterschiedliche Rückverdrahtungen unterschiedliche Gerätefunktionen realisiert werden können. Man hat damit eine Universalleiterplatte, die sich in großen Stückzahlen geräteunabhängig produzieren läßt. Der entscheidende Nachteil liegt jedoch in der i. allg. unvertretbar hohen Anzahl von Steckverbindungen zwischen den einzelnen Leiterplatten eines Geräts. Bei funktionsorientiertem Aufbau ist die Anzahl der Steckverbindungen zwangsläufig minimiert, da bei in sich abgeschlossenen Teilfunktionen auf jeder Leiterplatte die Anzahl der Kopplungen nach außen auf die Signaleingänge und -ausgänge und die Stromversorgungsleitungen einschließlich der Masseleitung reduziert wird.

Das Berücksichtigen der unterschiedlichen funktionellen, fertigungs- und anwendungstechnischen Aspekte führt beim Aufbau von Geräten aus Baugruppen zu bestimmten Aufbauformen oder Bauweisen für den Geräteaufbau, die eingeteilt werden

- nach dem Grad der Elementarisierung des Geräteaufbaus:
  Komplett- oder Kompaktbauweise, Baugruppen- oder Modulbauweise sowie Baukastenbauweise;
- nach der Art der Teilung des Geräteaufbaus:
  Einschubbauweise, Verschalungsbauweise sowie Klappbauweise;
- nach der Art der Einordnung des Geräteaufbaus in die Umwelt:
  Einbau- oder Anbaugerät, Standgerät, Schrankgerät, Koffergerät, Pultgerät, Traggerät sowie Handgerät;
- nach dem Grad der Wiederverwertbarkeit des Geräteaufbaus (Recycling, s. Abschn. 3.2.5.5).

3.2.5.2 Elementarisierung des Geräteaufbaus

Komplett- oder Kompaktbauweise. Die Bezeichnung besagt bereits, daß der Geräteaufbau praktisch ohne Funktionsbaugruppenbildung erfolgt. Das Gerät wird als komplette Einheit aus seinen Bauelementen nach der Kompaktheit oder Einfachheit des Aufbaus montiert. Die Bauweise ist geeignet

- für Geräte mit geringer Anzahl von Teilfunktionen, die eine Funktionsbaugruppenbildung unzweckmäßig erscheinen lassen;
- für Geräte mit minimalen inneren und äußeren Abmessungen, die eine Baugruppenbildung nicht zulassen (Herzschrittmacher, medizinische Sonden, sonstige Meßsonden, bestimmte Geräte der Raumfahrttechnik usw.);
- für Geräte mit sehr geringen Stückzahlen und geringer Nutzungsdauer, die den Aufwand einer Baugruppenkonstruktion nicht rechtfertigen (z. B. für Meßgeräte, die nur als spezielle Betriebsmittel kurzzeitig Verwendung finden).

Der Aufbau in Kompaktbauweise erfolgt i. allg. von außen nach innen, da der innere Geräteaufbau an Größe und Form des Hüllenvolumens anzupassen ist.

Baugruppen- oder Modulbauweise. Bei dieser Bauweise wird das Gerät systematisch und konsequent aus Funktionsbaugruppen, d. h. aus Baugruppen mit in sich abgeschlossenen Teilfunktionen, sog. Moduln, aufgebaut (**Bild 3.16**). Der Geräteaufbau erfolgt i. allg. von innen nach außen, da die Baugruppen die Größe und Form der Gerätehülle bestimmen.

Die wesentlichen Vorteile sind

- Variabilität der Gesamtverarbeitungsfunktion durch Austausch von Funktionsbaugruppen,
- Ermöglichen von Typenserien eines Erzeugnisses unter ständiger Wiederverwendung bestimmter Baugruppen für unterschiedliche Typen eines Geräts,

- Ermöglichen der schnellen Weiterentwicklung eines Geräts durch Modifikation vorhandener Baugruppen bzw. Entwicklung neuer Baugruppen,
- Wartungs- und Reparaturerleichterung durch schnelles Auswechseln von Baugruppen, die i. allg. steckbar oder zumindest einfach lösbar gestaltet sind,
- herstellungstechnische Vorteile durch Bilden von Baugruppentypen (Stückzahlerhöhung), spezialisierte und parallele Fertigung, Montage und Prüfung der einzelnen Baugruppen.

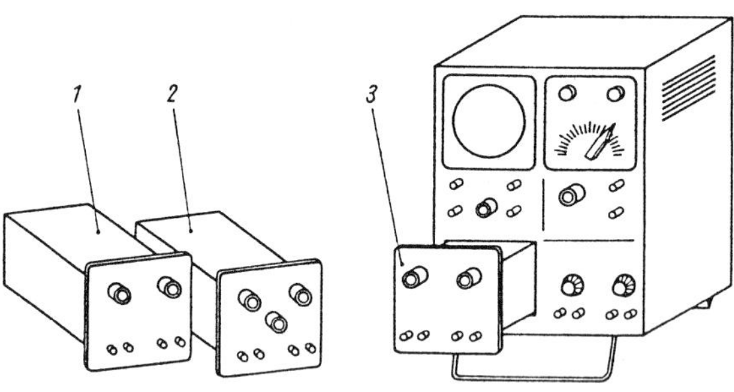

Bild 3.16 Gerät in Baugruppenbauweise
1, 2, 3 gegeneinander auswechselbare Baugruppen als unterschiedliche, in sich abgeschlossene Funktionseinheiten

Baukastenbauweise. Die konsequente Weiterführung der Baugruppenbauweise zu noch höheren Graden der Baugruppenelementarisierung führt zum Baukastenprinzip [3.24] [3.25] [3.30]. Die technische Nutzung des Baukastenprinzips ist heute in allen Erzeugnisbereichen und besonders auch in der Feinwerktechnik in einem Umfang und Vervollkommungsgrad anzutreffen, daß darauf näher eingegangen werden muß.

Ausschlaggebend für die verbreitete Anwendung ist die Forderung nach ständigem Erhöhen der Produktivität sowohl bei der Entwicklung als auch beim Herstellen und Anwenden technischer Erzeugnisse. Ein entscheidender Weg dazu ist die Unifizierung und Normung von Erzeugnissen und Verfahren sowie die arbeitsteilige Spezialisierung und Entwicklung der Produktion im nationalen und internationalen Rahmen. Das bedeutet aber nichts anderes als konsequentes Anwenden des Baukastenprinzips. In der Feinwerktechnik wurde der Schritt zur Baukastenbauweise vollzogen, als man Geräte nicht mehr als voneinander unabhängige Einzellösungen entwickelte, sondern Gerätesysteme schuf. Unter einem Gerätesystem ist eine begrenzte Menge von Gerätetypen innerhalb eines bestimmten Anwendungsbereichs zu verstehen, die einheitlichen Aufbau- und Ordnungsprinzipien gehorchen. Diese Prinzipe beziehen sich auf den funktionellen und geometrisch-stofflichen Aufbau, sind jedoch grundsätzlich beliebig erweiterbar, so auf Fertigung, Montage, Prüfung u. a. Ein Gerätesystem in seiner einfachsten Form ist eine Baureihe. Sie umfaßt Geräte gleicher Funktion mit quantitativ abgestuften Leistungs- und Abmessungsparametern. Bekannt sind Baureihen von Elektromotoren, Relais, Schaltern oder Getrieben. Ein Gerätesystem in höchster Form ist ein Baukasten. Er umfaßt Geräte verschiedener Funktion mit eindeutigen funktionellen und konstruktiven Verträglichkeitsbedingungen der Einzelteile, Baugruppen und Geräte untereinander. Jeder Baukasten beruht auf dem Grundsatz, daß ein Ganzes aus Teilen besteht, demzufolge in Teile zerlegt und aus diesen wieder zusammengesetzt werden kann.

Das allgemeine Grundprinzip, nach dem ein *Baukasten* zu konzipieren ist, lautet:

- Möglichst viele verschiedene Gebilde aus möglichst wenig unterschiedlichen Elementen, den Bausteinen, zusammensetzen!

Der *Baustein* ist wie folgt zu definieren:

- Der Baustein für Geräte ist ein nach bestimmten, vorrangig funktionellen und geometrisch-stofflichen Gesichtspunkten unifiziertes Aufbauelement für Geräte, das kombinations-(paß-)fähig und in der Regel wiederverwendbar ist.

Für den *Gerätebaukasten* gilt:

- Der Gerätebaukasten besteht aus einer begrenzten Menge von Bausteintypen, aus denen sich durch verschiedene Auswahl, Kopplung und Anordnung viele verschiedene Baugruppen und Geräte, in der Regel wiederzerlegbar, zusammensetzen (kombinieren) lassen.

Die eingangs erwähnten Ordnungsprinzipe werden durch das Baukastensystem dokumentiert. Für einen Gerätebaukasten ist es das übergeordnete, vollständige Ordnungssystem (Regeln, Vorschriften) für den Aufbau von Baugruppen und Geräten aus Bausteinen nach einem Bauprogramm oder Baumusterplan (**Tafel 3.12**). Das Baukastensystem besteht aus mehreren Teilsystemen, so aus dem Funktionssystem, dem Geometriesystem, dem Werkstoff-, Form-, Farb-, Schutz-, Toleranz- und

Zuverlässigkeitssystem, aber auch aus dem Herstellungs-, Transport-, Wartungs- und Reparatursystem. Mit steigender Anzahl verbindlich festgelegter Teilsysteme steigen der Vervollkommnungsgrad der Baukastenkonstruktion, aber auch der Aufwand bei der Entwicklung des Baukastens.

Tafel 3.12 Arten von Kombinationsprogrammen bei Baukästen

Baukasten	Kombinationsprogramm
Begrenzte Anzahl von Kombinationsmöglichkeiten	*Bauprogramm* als vollständiges Verzeichnis der Kombinationen
Unbegrenzte Anzahl von Kombinationsmöglichkeiten	*Baumusterplan* als beispielhaftes Verzeichnis bevorzugter Kombinationen

Entsprechend den Geräteteilaufbauten und ihren internen und externen Kopplungen können unterschieden werden:

- Bausteine mit Verarbeitungs- und Kommunikationsfunktion (Funktionsbausteine)
- Bausteine mit Sicherungsfunktion (Stütz- und Schutzbausteine)
- Bausteine mit Kopplungsfunktion (Kopplungsbausteine).

Es versteht sich, daß es i. allg. reine Formen dieser Bausteine nicht gibt, sondern Überschneidungen durch Funktionenintegration immer auftreten. Genauso ist auch die Anwendung reiner Baukästen i. allg. nicht möglich, weil durch einzelne Extremforderungen und Sonderwünsche des Anwenders Adaptierungsmaßnahmen notwendig werden. Es entstehen dabei Sonderbausteine.

Bekannte Anwendungsfälle für Baukästen sind

- Getriebebaukästen, z. B. für Zahnradgetriebe,
- Baukästen für elektronische Schaltungen, speziell in der digitalen Schaltungstechnik,
- Baukästen für elektrische Bauelemente, z. B. Schalter- und Tastaturbaukästen,
- Baukästen der mechanischen Meßtechnik, z. B. Endmaßbaukästen,
- Baukästen der Haushalttechnik, z. B. Geräte zur Speisenzubereitung,
- Spielzeugbaukästen, z. B. Metall-, Optik-, Elektronikbaukästen.

Aus der Fülle der bestehenden Baukästen soll ein gerätebautypisches Beispiel näher vorgestellt werden, das *19"-Aufbausystem für die Elektronik* [3.25] [3.43] [3.44] [3.45].

Dieses auch als 482,6 mm-Bauweise bezeichnete Aufbausystem ist aus der Überlegung entstanden, daß gerade im elektronischen Gerät die Bauelemente mit Sicherungsfunktion (Stütz- und Schutzfunktion) eine ausschlaggebende Rolle spielen. Sie sind im wesentlichen geräteunabhängig. Aufgrund der gut abgrenzbaren Teilfunktionen bietet sich die Entwicklung eines Baukastens mit Stütz- und Schutzbausteinen (Gefäßbausteinen) geradezu an. Wegen des hohen Wiederverwendungsgrads ist ein hoher Nutzen bei der Entwicklung, Herstellung und Anwendung von Geräten möglich. Aus einer systematischen Analyse der Stütz- und Schutzaufgaben wurden folgende Bausteine entwickelt

- Stützbausteine (intern): verschiedene Stützelemente von der einfachen Leiterplatte über Einschübe bis zu großen Gestellen und Wartenzellen
- Stützbausteine (extern): verschiedene Aufstellfüße, Griffe und andere Tragelemente sowie unterschiedliche Befestigungsmöglichkeiten an Front- und Rückseite von Gehäusen
- Schutzbausteine: verschiedene Gefäße von der geschützten Leiterplatte über Gerätegehäuse bis zu Schränken, Pulten, Tischen mit diversen Verschlußelementen (Klappen, Türen, Hauben, Scharniere, Schlösser) einschließlich Festlegungen zu Lüftungsöffnungen in Gefäßwänden
- spezielle Kopplungsbausteine: Leiterplattenführungsschienen, Steckverbinder u. ä.

Bild 3.17 zeigt den modularen Aufbau des Systems.

Tafel 3.13 gibt eine Übersicht zu den Bestandteilen und den zugeordneten DIN- und IEC-Normen der vier Aufbauebenen. **Bild 3.18** verdeutlicht, wie weit die Elementarisierung und damit die Variabilität des Geräteaufbaus geht. Daneben bestehen auch metrische Modulordnungen, die auf dem für technische Anwendungen gültigen Modulsystem nach DIN 30798 sowie dem IEC-Guide 103 aufbauen (s. Tafel 3.15).

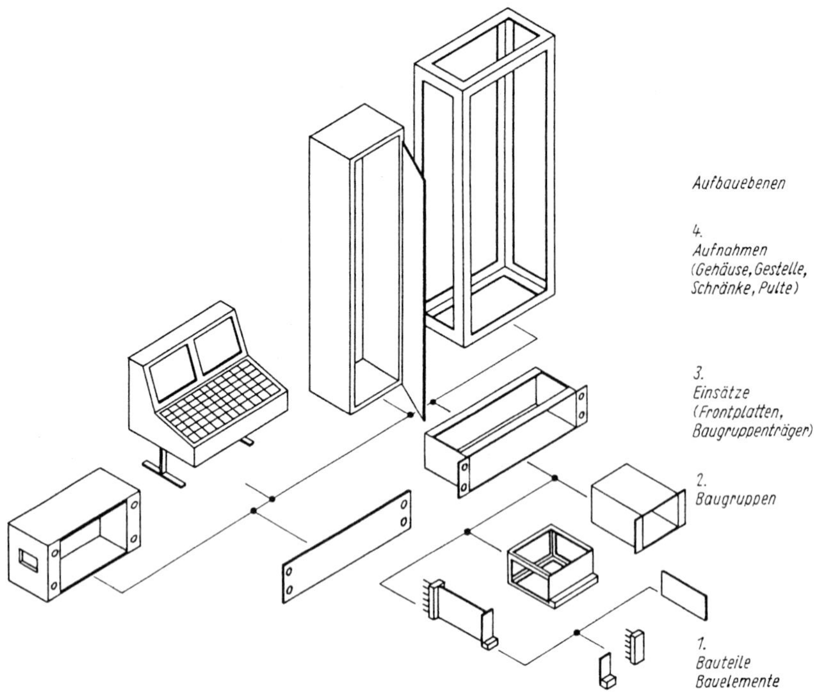

Bild 3.17 Systemübersicht zum 19"-Aufbausystem für die Elektronik

Tafel 3.13 Normen zum 19"-Aufbausystem

Ebene	Norminhalt	DIN	IEC
1. Ebene:	Leiterplatte:		
Bauteile	Gedruckte Schaltungen,		
	Grundlagen, Raster,	40801, Teil 1	97, 3. Ausgabe
Bauelemente	Löcher, Nenndicken	40801, Teil 2	97, 2. Ausgabe
			326-3, 1. Ausgabe
	Leiterplattenmaße	41494, Teil 2	297-3
	Bauelemente an Frontplatten	41494, Teil 8	
	Entwurf und Anwendung		52.141
	Steckverbinder:	41612	603-2, 1. Ausgabe
2. Ebene:	Baugruppen:		
	Steckplatte	41494, Teil 5	297-3
Baugruppen	Kassette, Steckblock		
3. Ebene:	Frontplatte:		
	Breite 482,6 mm (19")	41494, Teil 1	297, 2. Ausgabe
Frontplatten	Höhenteilungs- und		
	Befestigungsmaße		
	Gestell-Einbaumaße		
Baugruppenträger	Baugruppenträger:		
	Maße mit indirekten Steckverbindern	41494, Teil 5	297-3
4. Ebene:	Gehäuse:		
Gehäuse	Einbaumaße	41494, Teil 1	297, 2. Ausgabe
	Gehäusestapelung	41494, Teil 3	
Gestelle	Gestelle:		
	Einbaumaße	41494, Teil 1	297, 2. Ausgabe
Schränke	Schränke:		
	Schrankabmessungen und		
	Gestellreihenteilungen	41494, Teil 7	297-2

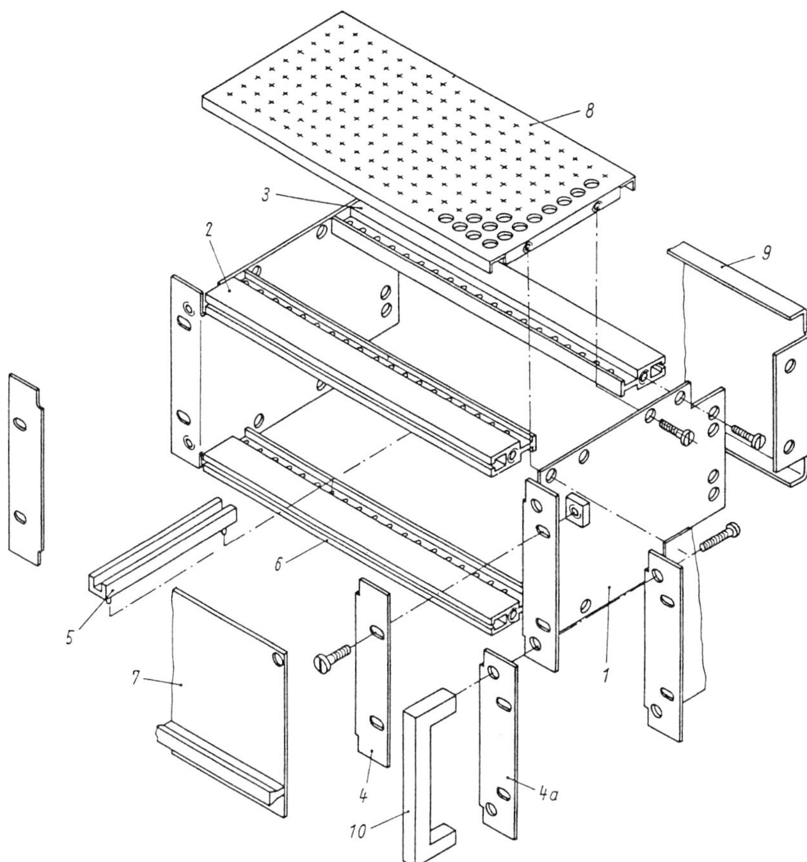

Bild 3.18 Einzelteile eines Gefäßes (Baugruppenträger) des 19"-Aufbausystems für die Elektronik [3.25]
1 Seitenwand; *2* Modulschiene vorn; *3* Modulschiene hinten; *4* Deckplatte; *4a* Deckplatte mit Rundlöchern für Griffe; *5* Führungsschiene; *6* Führungsrost; *7* Teilfrontplatte; *8* Abdeckblech; *9* Schutzhaube; *10* Griff

3.2.5.3 Teilung des Geräteaufbaus

Aus fertigungs- und anwendungstechnischen Gründen wird der Gerätegesamtaufbau geteilt. Dabei ergeben sich Bauweisen, die in einer vereinfachenden Übersicht (nur mit den wesentlichen Stütz- und Schutzelementen) im **Bild 3.19** enthalten sind. Die im Bild gewählte Rechteckform von Geräten ist nur als Darstellungsbeispiel speziell für elektronische Geräte zu werten. Mit anderen geometrischen Formen bzw. mit geringfügigen Modifikationen und Erweiterungen gilt diese Übersicht ebenfalls für feinmechanische und optische Geräte, so z. B. die Bauweise B11 für eine Kamera und in runder Ausführung für eine Armbanduhr.

Einschubbauweise. Bei der Einschubbauweise muß die Stabilität des Geräts weitgehend vom Schutzaufbau übernommen werden, der dadurch relativ aufwendig sein muß. Die Bauweise findet hauptsächlich Anwendung bei kleinen und mittleren Geräten und dort, wo das Gesamtgerät aus mehreren, in sich abgeschlossenen Stützaufbauten besteht, z. B. bei Leiterplattensteckeinheiten, Teileinschüben, Volleinschüben und Schränken im elektronischen Gerätebau.

Verschalungsbauweise. Kennzeichen der Verschalungsbauweise sind Schalen oder Platten als Elemente des Schutzaufbaus. Die Gerätestabilität liegt i. allg. im Stützaufbau. Der Herstellungsaufwand für Verschalungselemente ist gering. In Verbindung mit dem rationellen Einsatz von Kunststoffteilen hat sich die Bauweise, speziell in den Aufbauformen B7 und B10, für elektronische Geräte mit einem

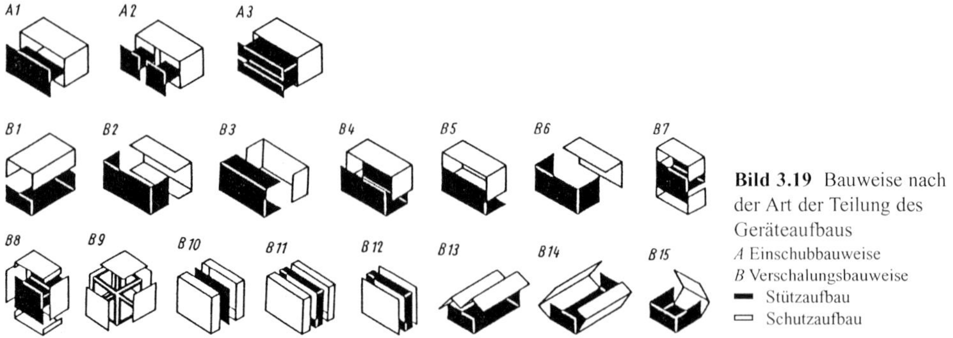

Bild 3.19 Bauweise nach der Art der Teilung des Geräteaufbaus
A Einschubbauweise
B Verschalungsbauweise
▬ Stützaufbau
▭ Schutzaufbau

Stützaufbau aus einer oder aus wenigen Leiterplatten durchgesetzt (**Bild 3.20**). Ein weiterer typischer Anwendungsfall, speziell in der Bauform B9, sind große Geräte (Pulte, Schränke) und Geräte mit hohen internen und externen dynamischen Belastungen.

Klappbauweise. Die Klappbauweise ist lediglich eine Sonderform der Verschalungsbauweise und für Geräte mit hohem Wartungsaufwand typisch.

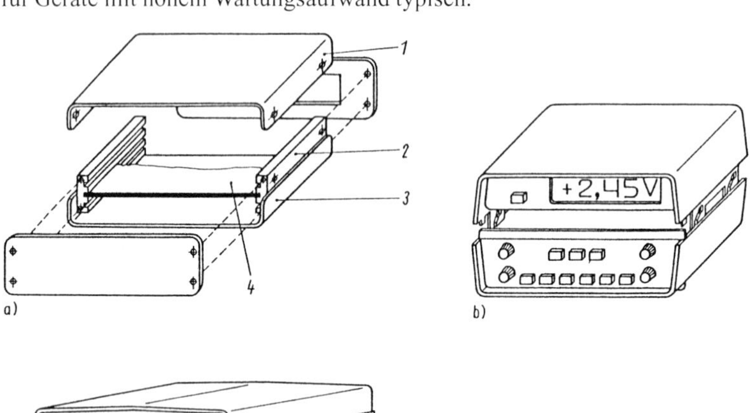

Bild 3.20 Geräteaufbau in Verschalungsbauweise
a) prinzipieller Aufbau; b) Ausführung mit Schnappverschluß der Gehäusehalbschalen; c) Ausführung mit kombiniertem Trag- und Aufstellelement
1 obere Gehäuseschale; *2* Verbindungsleiste mit Führungsnuten; *3* untere Gehäuseschale; *4* Leiterplatte

3.2.5.4 Einordnung des Geräteaufbaus in die Umwelt

Die unterschiedlichen Anwendungen von Geräten bedingen angepaßte Geräteformen und -abmessungen sowie entsprechende kommunikative Elemente zur stationären oder nichtstationären Einordnung des Gerätes in die gegebene Einsatzumgebung. **Tafel 3.14** gibt eine Übersicht zu den hauptsächlichen Bauweisen mit ihren typischen Merkmalen.

3.2.5.5 Montage- und demontagegerechtes Entwickeln von Produkten

3.2.5.5.1 Einleitung

Auf dem Weg von der Idee zum fertigen Produkt kommt bei feinwerktechnischen Geräten dem Entwicklungsingenieur und Konstrukteur eine besondere Verantwortung zu. Er trifft die Entscheidungen, wie und mittels welcher Technologien das Produkt erzeugt wird und damit auch wie und mit welchen Kosten es produziert werden kann [3.10][3.22][3.33][3.39]. Es ist die wesentliche Aufgabe

Tafel 3.14 Gerätebauweisen nach Art der Anwendung

Bezeichnung	Merkmale
Einbau- oder Anbaugerät	Gerät besitzt Befestigungsmöglichkeiten zum Einbau in bzw. Anbau an ein übergeordnetes System
Tisch(stand)gerät, Laptop	Gerät besitzt Stützelemente nach Tafel 3.11 zum Gewährleisten der Standsicherheit; Gerätegehäuse i. allg. sehr flach, u. a. auch zur besseren Stapelbarkeit mehrerer Geräte
Boden(stand)gerät	Gerät besitzt Stützelemente nach Tafel 3.11 zum Gewährleisten der Standsicherheit; bei notwendiger Ortsveränderung und großer Gerätemasse auch mit Rollen ausgerüstet; Geräteabmessungen i. allg. mit geringer Breite, großer Höhe und Tiefe
Schrankgerät	Sonderform des Bodenstandgerätes mit Abdeck- bzw. auch Verschlußmöglichkeiten für die Kommunikationselemente durch Tür, Rollo, Gitter o. ä.
Traggerät	Gerät ist für nichtstationäre Anwendung bestimmt und mit Tragelementen nach Tafel 3.11 ausgerüstet; in Einzelfällen auch in Kofferform
Handgerät	die Geräteabmessungen gehorchen den Erfordernissen des Handbetriebes, oft auch des Einhandbetriebes (Einhandbedienung)
Taschengerät	die Geräteabmessungen und eine flache Geräteform ermöglichen das Tragen und Aufbewahren in Kleidungsstücken
Pultgerät	die Geräteabmessungen erfüllen anthropometrische und ergonomische Anforderungen für stehende oder sitzende Tätigkeit (z. B. Bildschirmarbeitsplatz nach DIN 66234)

des Ingenieurs, für technische Probleme mit Hilfe natur- und ingenieurwissenschaftlicher sowie soziotechnischer Erkenntnisse bei Berücksichtigung von stofflichen, technologischen, wirtschaftlichen und auf den Menschen bezogenen Bedingungen bzw. Einschränkungen akzeptable Lösungen zu finden. Fast alle Bedingungen wechselwirken miteinander (**Bild 3.21**).

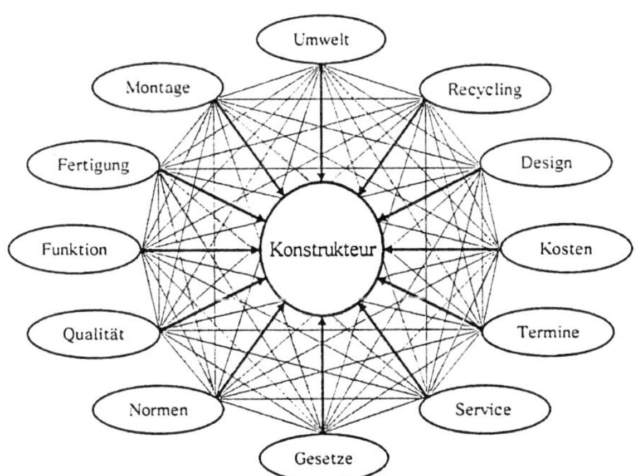

Bild 3.21
Einflußnetz beim Entwickeln und Konstruieren

Die Entwickler agieren in einem unentwirrbaren Netz aus Forderungen und Abhängigkeiten. Erschwerend wirken sich zudem die ständig kürzer werdenden Produktlebenszyklen aus. Auch bei Werkstoffen und Produktionsverfahren werden die Innovationszyklen kürzer. Damit wächst der Lösungsraum für optimale Produkte. Metalle, Kunststoffe und Keramiken überschreiten die Grenzen ihrer klassischen Domänen und konkurrieren miteinander. Neue Werkstoffe und Technologien sind entscheidend für die Durchsetzung neuer Produkte im Markt. Beispiele sind die Optoelektronik und in Zukunft möglicherweise auch die Mikrotechnik. Darauf hinzuweisen ist auch, daß eine verspätete Markteinführung katastrophale wirtschaftliche Folgen haben kann, d.h. daß eine Fehler ausschließende Entwicklung Voraussetzung sein muß für den Erfolg, auch wenn höherer Personaleinsatz und die Anwendung moderner Fehlerverhütungsmaßnahmen wie QFD und FMEA, also ein Qualitätsmanagement, dadurch notwendig werden. Auch die Produkthaftung zwingt dazu. Die Anzahl von Vorschriften und Gesetzen wächst. Der Entwicklungsingenieur verliert leicht den Überblick. Teamarbeit ist auch aus diesem Grund ein vordringliches Gebot. Kein Konstrukteur ist heute in der Lage, alle neuen Erkenntnisse selbst zu kennen und optimal einzusetzen. Spezialisten der einzelnen Fachgebiete müssen zumindest in der Entwicklungsphase hinzugezogen werden. Trotzdem verlangt die Kreativität von den Entwicklern ein immer breiteres, interdisziplinäres Fachwissen, selbst dann, wenn Spezialisten zur Verfügung stehen.

Die Entwicklungsmethodik [3.10][3.38][3.48] ist ein Hilfsmittel, das für die Bewältigung von komplexen Entwicklungsaufgaben schon seit längerer Zeit zur Verfügung steht. Jedoch wird sie in der Praxis zu selten oder zu inkonsequent eingesetzt. Für die Einbeziehung von Lösungen zur Montage und Demontage in den Entwicklungsprozeß stehen speziellere Hilfsmittel zur Verfügung [3.31] bis [3.35][3.39][3.47] bis [3.55]. Sie werden im folgenden vorgestellt.

3.2.5.5.2 Montage- und Demontagegerechtheit

Montagegerechtes Entwickeln oder Konstruieren ist das systematische Vorgehen während des Entwicklungsablaufs mit dem Ziel, die Montage des Produkts durch gestaltende Maßnahmen mit minimalem technischen und wirtschaftlichen Aufwand zu ermöglichen. Die Demontagegerechtheit ist nötig, um bei Recyclingvorgängen wesentliche Teile voneinander zu trennen, bevor ein Shredderprozeß anläuft oder bevor Geräte einem thermischen Recycling zugeführt, d.h. verbrannt werden. Hierbei müssen gefährliche Materialanteile oder wertvolle Anteile durch einfache Demontageprozesse, vielleicht auch sortenrein, entnommen werden können. Mit Hilfe der Regeln, die im folgenden dargestellt und erläutert werden, kann der Entwicklungsingenieur seine Produktideen möglichst zusammen mit Spezialisten der Montage auf eine einfache, funktionsgerechte, recyclingerechte, billige und zuverlässige Montage und Demontage hin überprüfen. Ein umfangreicheres Hilfsmittel zum umweltgerechten Entwickeln, das Montage, Demontage und Recycling mit einschließt, ist in einem geförderten Gemeinschaftsprojekt an der TU Darmstadt in Vorbereitung.

3.2.5.5.3 Das Regelwerk

Montage und Demontage sind durch zahlreiche gleiche, aber auch widersprüchliche Anforderungen eng miteinander verknüpft. Sie sollten im Entwicklungsprozeß gemeinsam behandelt werden. Schon beim Erarbeiten des Pflichtenheftes sind montage- bzw.demontagerelevante Entscheidungen zusammen mit dem Auftraggeber zu treffen.

Das Regelwerk ist aus 11 Zielen, 1 bis 8 für Montage und Demontage und A, K, L für Service und Produktrecycling (**Bild 3.22**), aufgebaut. Jedes dieser Ziele läßt sich, wenn man eine wechselnde Anzahl von Regeln beachtet, erreichen. Jede Regel ist anwendbar durch das Ergreifen definierter

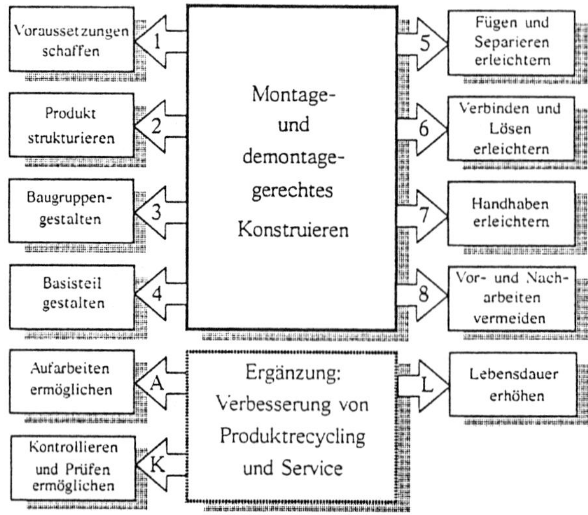

Bild 3.22 Übersicht der Ziele des montagegerechten Entwickelns sowie für das Produktrecycling

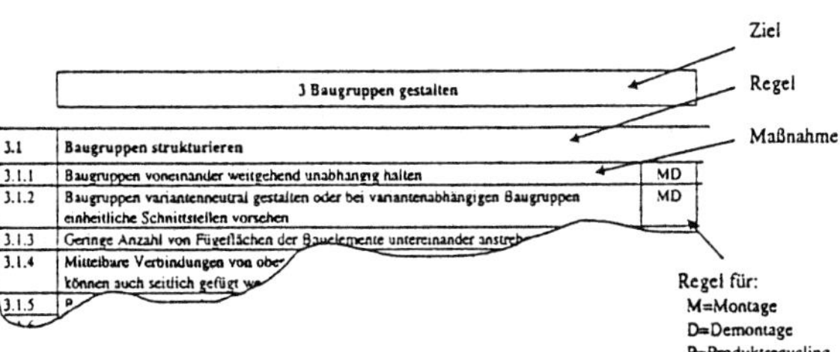

Bild 3.23 Auszug aus dem Regelkatalog (s. Tafel 3.15)

Maßnahmen (**Bild 3.23**). Es gibt aber auch Regeln und Maßnahmen, die sich gegenseitig ausschließen oder die durch andere Anforderungen nicht erfüllbar sind. Dann muß ein Gut gegen ein anderes aufgewogen werden.

Viele der Regeln und Maßnahmen sind jedem bekannt. Nur wenige wenden sie jedoch konsequent an. Die Regelsystematik führt den Entwicklungsingenieur und Konstrukteur von Regel zu Regel und von einer zur anderen Maßnahme. Wenn der Konstrukteur will, wird keine Regel vergessen. So wie der Flugkapitän an Hand einer Checkliste vor dem Abflug seine Maschine prüft, kann der Entwicklungsingenieur sein Produkt auf Montagefreundlichkeit und Recycelbarkeit hin überprüfen.

Mit einigen Beispielen wird der Umgang mit dem Regelwerk erläutert. Daran schließt sich der Regelkatalog aller Regeln und Maßnahmen an.

► Die Numerierung im Regelkatalog entspricht der Numerierung in den folgenden Beispielen.

1. Ziel: Montage- und Demontagevoraussetzungen schaffen (s. Abschn. 3.2.5.5.4, Tafel 3.15)

1.1 Regel: Informationen beschaffen
1.1.1...5 Maßnahmen
Gründliche Informationen, nicht nur über die Funktion von Lösungsprinzipien und Werkstoffen, sondern auch über die Forderungen der Montage und Demontage, sind unverzichtbar. Neben grundlegender Fachliteratur und speziellen Konstruktionskatalogen, wie das hier zu behandelnde Regelwerk, sollten Hausnormen, Checklisten, Verträglichkeitslisten, Verbotslisten, VDI/VDE-Richtlinien u.a. zur Verfügung stehen. Literaturdatenbanken und der rechnergesteuerte Zugriff erleichtern die Informationsbeschaffung. Ein Team aus Fachleuten der Entwicklung, der Arbeitsvorbereitung, der Fertigung und Montage sowie der Qualitätssicherung können durch ständigen Dialog die betrieblichen Möglichkeiten optimal integrieren.

1.2 Regel: Montage und Demontage im Pflichtenheft berücksichtigen
1.2.1...5 Maßnahmen
Alle Forderungen des Pflichtenhefts sind mit den unter 1.2.1...5 im Regelkatalog aufgeführten Maßnahmen hinsichtlich ihrer Vereinbarkeit zu überprüfen und fehlende Forderungen aus innerbetrieblichen Belangen der Bereiche Demontage und Montage zu ergänzen.

1.3 Regel: Baustruktur prüfen
1.3.1 Maßnahme: „Baukastensystem anstreben" (**Bild 3.24**)
Insbesondere bei unterschiedlichen Produktvarianten ist ein Baukastensystem anzustreben. Dadurch und durch Kombination von Bauelementen mit definierten Schnittstellen kann die Teilezahl des Produkts erheblich reduziert werden.

1.4 Regel: Funktionsstruktur prüfen
1.4.1 Maßnahme: „Funktionsstruktur mit geringer Komplexität anstreben"
Eher serielle oder baumartige als netzartige Strukturen wählen, weil die Komplexität und damit die Schwierigkeiten bei der Montage und Demontage mehr als linear mit der Zahl der Knoten zunehmen. Netze nur mit geringer Knotenzahl, eventuell als Unterbaugruppe zulassen (**Bild 3.25**).

2. Ziel: Produkt strukturieren
2.1...5 Regeln und Maßnahmen (s. Abschn. 3.2.5.5.4, Tafel 3.15)
Unter das Ziel Produkt strukturieren fallen die Regeln 2.1 bis 2.5, beginnend mit der Reduzierung der Anzahl der Bauelemente und endend mit der Forderung, daß das Produkt in montagefreundliche Bau-

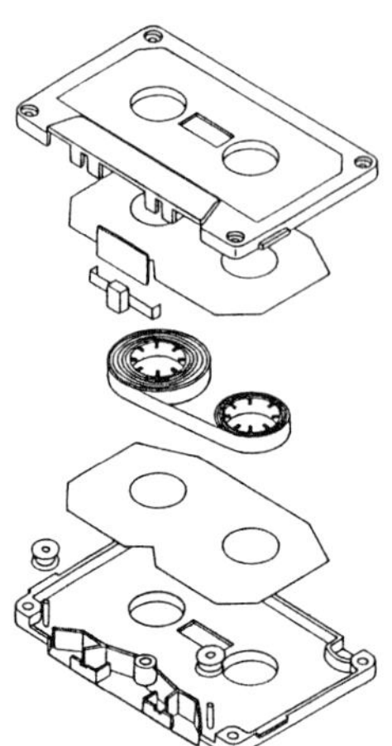

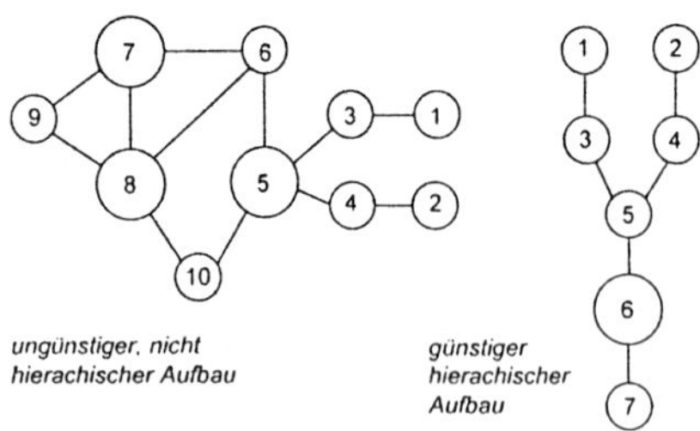

Bild 3.25 Komplexe Netz- und einfache Baumstrukturen

Bild 3.24 Baukastenstruktur

gruppen zerlegbar sein soll. Insgesamt geht es um eine montagefreundliche Bauweise, die das Montieren und notfalls das Demontieren wesentlich vereinfachen soll. Analysiert man auf dem Markt befindliche Produkte, insbesondere solche, die über den Handel direkt an den Endverbraucher gehen, dann muß man feststellen, daß diese Produkte weder demontagefreundlich, d.h. auch nicht reparaturfreundlich, aufgebaut sind und daß sie, was sehr verwundert, auch keine montagefreundliche Struktur aufweisen. Dies bessert sich erst, wenn ein Automat die Montage übernommen hat oder übernehmen soll.

2.1 Regel: Anzahl der Bauelemente reduzieren

2.1.1 Maßnahme: „Bauelemente weglassen, die keinen Beitrag zur Funktion leisten"

Ein Bauelement, das nicht vorhanden ist, muß weder montiert noch demontiert und schon gar nicht auf Lager gehalten werden. Die Kosten dafür lassen sich einsparen. Diese Maßnahme und die zugehörige Regel sind eigentlich selbstverständlich, und doch findet man häufig genug Produkte mit Bauelementen, die keine ersichtliche Funktion haben. Dies gilt sowohl für elektronische als auch für mechanische Baugruppen. Bei den ersteren findet man solche überflüssigen Bauelemente nur sehr viel schwerer.

Oftmals werden nach Änderungen überflüssig gewordene Bauteile, weil Änderungskosten für die Unterlagen sowohl im eigenen Betrieb als auch beim Zulieferanten oder Kunden anfallen, im Produkt belassen. Unterlegscheiben oder Federringe übernehmen den Ausgleich für nicht eingehaltene Maße oder Passungen. Auch findet man gelegentlich Montagehilfen im Produkt.

Aus Gründen der Sicherheit und der daraus resultierenden Gewährleistung steigt die Anzahl von Schrauben, Nieten oder anderen Verbindungselementen über das notwendige, das die Festigkeit bestimmende Minimum hinaus an. In vielen Fällen läßt sich durch die Integration von Funktionen die Anzahl der Bauelemente ohne zusätzliche Kosten verringern (**Bild 3.26**).

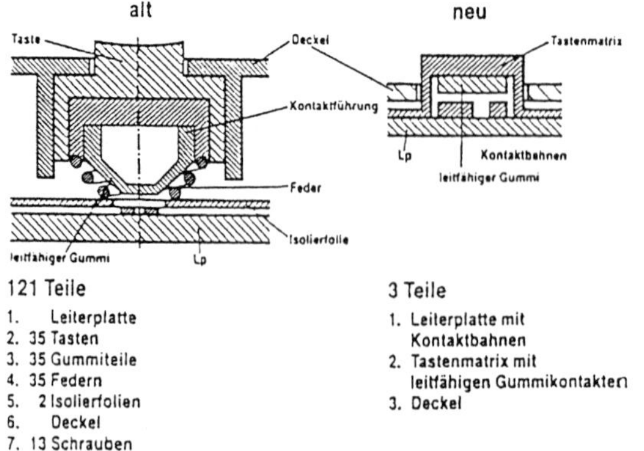

Bild 3.26 Reduzieren der Bauelementeanzahl einer Tastatur durch Integration von Funktionen

Die Kunststoffspritzgießtechnik bietet genügend nachdenkenswerte Lösungen wie angespritzte Federn oder Gelenke. Die höheren Kosten für das Werkzeug sind fast immer gut angelegt. Die Kosten für die Bereitstellung mehrerer Bauteile steigt in der Regel schneller als für die komplexere Spritzform.

2.2 Regel: Bauelemente vereinheitlichen

2.2.1 Maßnahme: Bauelemente mit gleicher konstruktiver Funktion vereinheitlichen
Bauelemente mit gleicher Funktion sollten gleich sein. Diese Maßnahme läßt sich häufig bei Verbindungselementen anwenden. Unterschiedliche Schrauben verursachen nicht nur durch schraubenspezifische Zuführeinrichtungen, sondern vor allem durch die mit der Bereitstellung verbundenen Verwaltungs- und Logistikvorgänge zusätzliche Kosten.
Auch bei großen Serien sind Einsparungen dadurch möglich. Die Gewohnheit, für jede Verbindung eine andere Schraube zu wählen, muß einer nachprüfbaren Entscheidung für möglichst gleiche Verbindungselemente weichen.

2.3 Regel: Günstige Bauweisen verwenden
Zu den günstigen Bauweisen gehört ein gutes Basisteil (siehe 4. Ziel). Baukastensysteme, Modulbauweisen, Schachtel- und Schichtbauweisen sind mit ins Kalkül zu ziehen.

2.3.2 Maßnahme: „ Schichtbauweise anstreben"
Schichtbauweisen, Sandwich-Bauweisen sind dadurch gekennzeichnet, daß die Baugruppe ein ausgesprochenes Basisteil enthält, wobei jedes hinzukommende Bauteil von einer Seite gefügt und vom zuvor gefügten Bauteil oder dem Basisteil aufgenommen und eventuell auch zentriert wird (**Bild 3.27**). Ein Beispiel dafür ist die Kraftfahrzeugleuchte, deren Grundkörper auch als Beispiel für ein montagegerechtes Basisteil gelten kann.

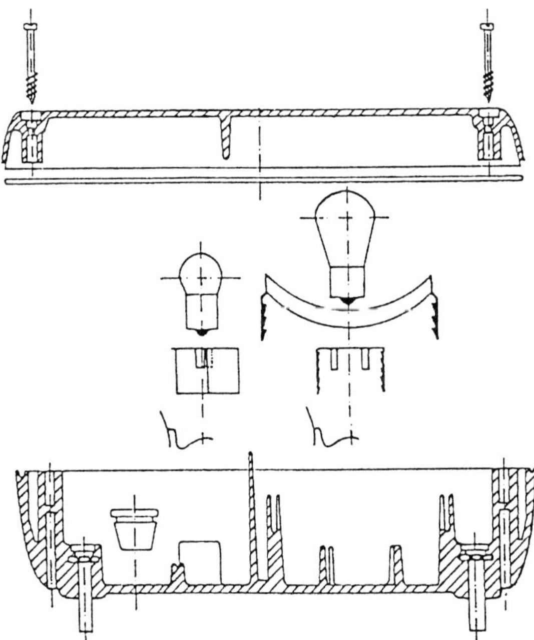

Bild 3.27 Kraftfahrzeugrückleuchte (*HELLA*) als Beispiel für die Schichtbauweise mit montagegerechtem Basisteil

Leiterplatten sind ein besonderes Beispiel aus der Elektronik für die Schichtbauweise, auch wenn die zweiseitige oder sogar die dreidimensionale Belegung der Oberflächen mit elektronischen Bauelementen üblich ist. Ebenso gehört die Montage von Tonband- oder Videokassetten in diese Beispielkategorie, wobei sie eher der Schachtelbauweise zugeordnet werden muß. Die Montage erfolgt auch hier von einer Seite. Zusammengehalten wird die Baugruppe von oben einzubringenden Schrauben. Bei Videokassetten erfolgt der Zusammenhalt der Baugruppe in der Regel durch Schnappverschlüsse, weil die Kassette vom Kunden nicht mehr für eine Reparatur, z.B. bei Bandsalat, zu öffnen sein soll.

3. Ziel: Baugruppen gestalten

3.1...4 Regeln und Maßnahmen (s. Abschn. 3.2.5.5.4, Tafel 3.15)
Eine montagegerechte Produktstruktur erfordert die Gliederung des Produktes in montageorientierte Baugruppen. Damit ergibt sich:

- die zeitlich abstimmbare Teilbarkeit des Montageprozesses
- kein Zwang für einen bestimmten Montageablauf
- die Möglichkeit der freien Bildung von Montagefamilien.

Montageorientierte Baugruppen sollen die Montage unterstützen. Deshalb

- sollten sie bei der Montageplanung während der Konzepterstellung gebildet werden
- sollten sie grundsätzlich gegen ein ungewolltes Auseinanderfallen gesichert sein
- müssen sie keine geschlossene technische Funktion bilden
- sollten sie nur eine geringe Anzahl von Bauelementen enthalten
- sollten sie über Fügeflächen verfügen
- sollten sie einen starken Wiederholcharakter haben
- sollten sie kein Bauteil enthalten, das ein Gesamtbasisteil sein kann
- sollten sie nur aus einer Richtung montierbar sein.

Beispiele dafür sind die oben schon genannten Leiterplatten, Dickschicht- und Dünnschichtschaltungen sowie im mechanischen Bereich Tonbandkassetten u.a.
Bevor die Wahl auf eine rein montageorientierte Baugruppe fällt, muß die Service-Recyclingstrategie überprüft werden. Für den Service oder eine Weiterverwendung der Baugruppe sind funktionsorientierte Baugruppen unter Umständen den montageorientierten Baugruppen vorzuziehen.

Funktionsorientierte Baugruppen

- bilden in der Regel eine geschlossene technische Hauptfunktion
- treten selten wiederholt auf
- können eine beliebige Anzahl von Bauelementen enthalten
- besitzen nicht immer einen dauerhaften Zusammenhalt.

Falls sich gefährliche oder umweltgefährdende Werkstoffe nicht vermeiden lassen, sollten sie sich bei der Entsorgung des Produktes leicht entfernen lassen. Baugruppen sollten auch nur miteinander verträgliche Werkstoffe enthalten. Die Baugruppe muß dann vor der Entsorgung nicht demontiert werden.
Um die Kosten niedrig zu halten, können vormontierte Zukaufbaugruppen Verwendung finden. Sinnvoll ist es auch, als Baugruppe durchstrukturierte mechatronische Systeme zu entwickeln oder zuzukaufen. Auch Zukaufbaugruppen sollten den Regeln der Demontage im Sinne einer guten Recyclierbarkeit gehorchen.

4. Ziel: Basisteil gestalten

4.1...10 Regeln (s. Abschn. 3.2.5.5.4, Tafel 3.15)
Das Basisteil sollte den Zusammenhalt einer Baugruppen sicherstellen oder alle Baugruppen miteinander verbinden. Dazu müssen möglichst viele der Bauelemente bzw. der Unterbaugruppen mit dem Basisteil gut fügbar sein. Die entsprechenden Fügeflächen für ein möglichst paralleles Fügen aus einer Richtung müssen so gestaltet sein, daß beim Fügen nicht zwei oder mehrere Fügeflächen gleichzeitig gefügt werden.

5. Ziel: Fügen und Separieren erleichtern

5.1...5 Regeln und Maßnahmen (s. Abschn. 3.2.5.5.4, Tafel 3.15)
Unter diesem Ziel finden sich u.a. die bei 4. genannten Regeln wieder, die schon beim Basisteil Gültigkeit haben. Unter Fügen versteht man das Zusammenführen zweier oder mehrerer gemeinsamer Fügeflächen. Der dauerhafte Zusammenhalt, das Verbinden, erfolgt dann durch Verbindungselemente wie Schrauben oder Niete oder durch Verbindungsverfahren wie Kleben oder Löten. Eine Sonderstellung nimmt die Schnappverbindung und Preßverbindung ein, bei der Fügen und Verbinden zusammenfallen. Die Forderungen aus den Regeln bezüglich günstiger Bewegung und Bewegungsrichtung, der Zugänglichkeit und geeigneter Werkstoffe, sind jeweils mit einer Reihe von Maßnahmen erreichbar (s. Abschn. 3.2.5.5.4). Wie Einführhilfen an beiden Fügepartnern das Fügen erleichtern, zeigt das **Bild 3.28**.

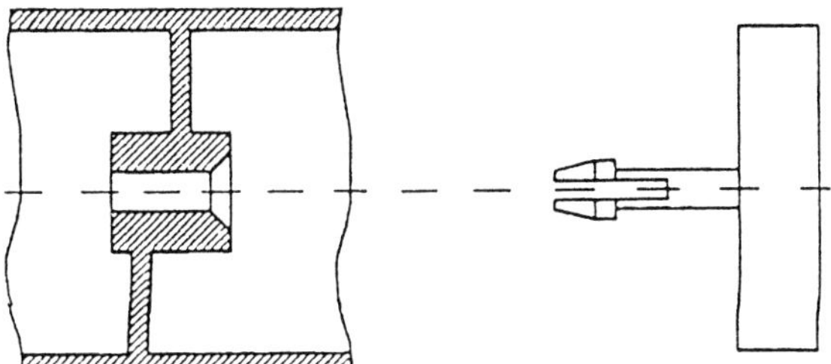

Bild 3.28 Einführhilfen zur Erleichterung der Montage, Haartrockner (*Braun*)

6. Ziel: Verbinden und Lösen erleichtern

6.1...3 Regeln und Maßnahmen (s. Abschn. 3.2.5.5.4, Tafel 3.15)

Verbindungen sichern die beim Fügen hergestellten Berührflächen gegen unbeabsichtige Lageveränderung der Baugruppen oder Bauelemente sowohl bei der Handhabung während der Montage als auch in der Nutzungsphase des Gerätes. Bei der Verbindungstechnik konkurrieren traditionelle Verfahren, das Schrauben, das Nieten, mit modernen Verfahren, dem Ultraschall-, dem Laser- oder Elektronenstrahlschweißen. Diese Verfahren sind schnell, sie sind automatisierbar und häufig sehr kostengünstig. Die Insert- und Outserttechnik (**Bild 3.29**) sind gute Beispiele für das verbindungsgerechte Gestalten von Großserienteilen. Jedoch sind diese Verfahren unter dem Gesichtspunkt der einfachen Demontage und dem Service möglicherweise völlig ungeeignet. Bricht z.B. an der im Bild 3.29 gezeigten Outsert-Basisplatte (Metallplatte) ein Schnapphaken aus Kunststoff, so ist die gesamte Baugruppe irreparabel geschädigt. Das Produkt ist damit ein Wegwerfartikel. Die Unsichtbarkeit der Schnappverbindung ist häufig ein weiterer Nachteil für den Service oder für die zerstörungsfreie Demontage, wenn die Verbindung nicht gekennzeichnet ist.

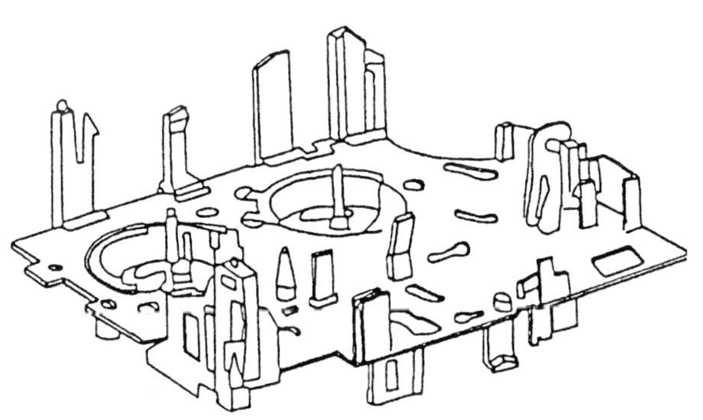

Bild 3.29
Outserttechnik, Basisplatte für einen Kassettenrekorder (*Philips*)

Bild 3.30 Der Kabel- oder Werkzeughalter von Zeller-Plastik besteht durch den Einsatz von Filmgelenken aus einem einzigen Teil. Beim Einlegen des Kabels oder eines anderen Teils schnappt das obere Teil zu einem geschlossenen Ring zusammen.

Mit Filmgelenken lassen sich Fügen und Verbinden manchmal ganz vermeiden (**Bild 3.30**). Häufige Biegewechsel erfordern allerdings Polypropylen oder Polyethylen als Werkstoff. Gut zugängliche Verbindungen mit Einführhilfen sowie der Verzicht auf Spezialwerkzeuge helfen Fehler zu vermeiden sowie Zeit und Kosten zu sparen.

Im Gegensatz zu den Bedingungen einer exakt geplanten Montage mit ihren die Montage erleichternden Werkzeugen und Vorrichtungen, ist die Demontage, insbesondere deren Werkzeuge und Hilfsvorrichtungen, in der Regel nicht in allen Einzelheiten vorhersehbar.

7. Ziel: Handhaben erleichtern

7.1...6 Regeln und Maßnahmen (s. Abschn. 3.2.5.5.4, Tafel 3.15)

Während des Montageablaufs müssen die zu montierenden Bauelemente und Baugruppen gespeichert, bewegt und lagerichtig bereitgestellt werden. In automatisierten Montagesystemen ist dies die Aufgabe von Handhabungsvorrichtungen. Die Handhabungsvorrichtungen einfach und preiswert zu halten, unterstützen die unter Ziel 7. aufgeführten Regeln: Bewegen, Speichern, Ordnen, Greifen,

Positionieren erleichtern und die zugehörigen Maßnahmen (s. Abschn. 3.2.5.5.4). Zwei Beispiele sollen die Regeln erläutern helfen.
Erhebliche Schwierigkeiten bereiten bei der Montage und bei der Demontage biegeschlaffe Teile, insbesondere elektrische Anschlüsse. Biegeschlaffe Teile zu vermeiden ist eine Maßnahme, um Handhabungsfunktionen zu erleichtern (s. Maßnahme 7.1.3 in Tafel 3.15).
Auch elektrische Anschlüsse lassen sich formstabil ausführen (**Bild 3.31**).

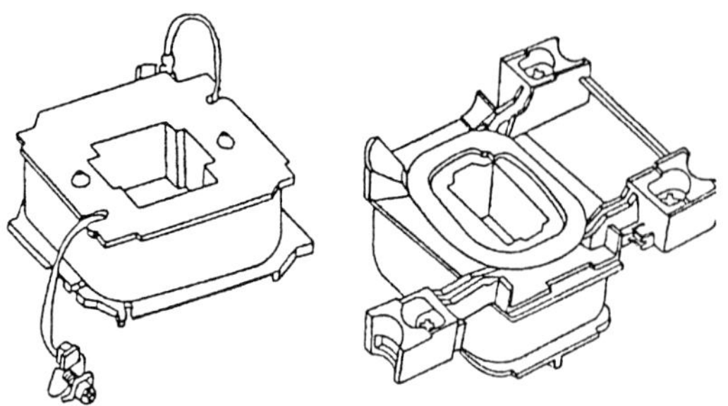

Bild 3.31 Baugruppe Spule eines Kleintransformators mit formstabilem elektrischen Anschluß im Vergleich zur alten Ausführung (*Siemens*)

Beim Positionieren erleichtern Bezugsflächen oder Einführhilfen sowohl das automatische Montieren als auch die Handmontage, wie es das **Bild 3.32** verdeutlicht.

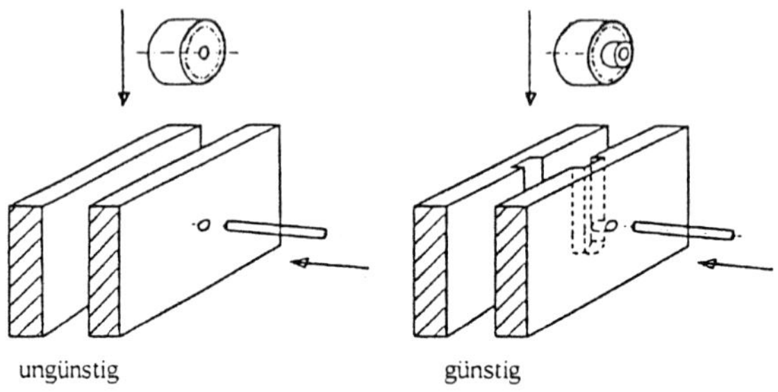

Bild 3.32 Bei der rechten Ausführung erleichtern die Führung und der Anschlag das Positionieren des zwischen zwei Platinen liegenden Zahnrads

8. Ziel: Vor- und Nacharbeiten vereinfachen

8.1...5 Regeln und Maßnahmen (s. Abschn. 3.2.5.5.4, Tafel 3.15)
Bei diesen Regeln und Maßnahmen geht es darum, alle Vorgänge und Abläufe rund um das Montieren zu erfassen. Hierzu gehören das Anpassen, Justieren und das Kontrollieren ebenso wie Reinigungsvorgänge, die unter Umständen zwischen einzelnen Montageschritten oder zum Schluß der Montage erfolgen. Wenn nötig sollten einheitliche und umweltfreundliche Verfahren zum Einsatz kommen oder sogar ganz vermieden werden. Besonders wichtig sind die Reinigungsverfahren, wenn nach der Demontage Baugruppen oder Bauelemente für eine Wiederverwendung vorbereitet, d.h. auch gereinigt werden müssen.

Die alte Regel „feintolerant fertigen und grobtolerant montieren“ hat auch heute noch nichts von ihrer Gültigkeit eingebüßt. Bei der heutigen automatisierten Serien- und Großserienfertigung stellt die statistische Summentoleranzrechnung allerdings weniger harte Forderungen an die Fertigungstoleranzen. Und doch muß man berücksichtigen, daß die Summentoleranz einer Toleranzreihe auch über das zulässige Maximum hinausgehen kann. Das Berechnen der entsprechenden Größen darf deshalb trotz der Justierregeln nicht vergessen werden.
Eine der wichtigsten Maßnahmen ist 8.5.1 in Tafel 3.15, d.h. so zu entwickeln, daß Vor- und Nacharbeiten vermieden oder zumindest an den Anfang oder an das Ende der Montagekette gelegt sind.

Das ursprünglich für die Montage entwickelte Regelwerk wurde um Regeln für das Produktrecycling und den Service ergänzt. Diese Regeln und Maßnahmen sind unter den Zielen: „A-Aufarbeiten“, „K-Kontrollieren und Prüfen“ sowie „L-Lebensdauer erhöhen“ dokumentiert. Auch hierbei lassen sich einige Regeln finden, die für die reine Montage relevant sind. Zusätzliche Regeln, die das Altstoffrecycling betreffen, fehlen.

A. Ziel: Aufarbeiten ermöglichen

A1...3 Regeln und Maßnahmen (s. Abschn. 3.2.5.5.4, Tafel 3.15)
Das Ziel des Aufarbeitens ist es, bei wiederzuverwendenden Baugruppen Verschleißelemente auszutauschen oder den Verschleiß auszugleichen, um das Bauteil in seiner Qualität mit Neuteilen vergleichbar zu machen. Ein Beispiel sind die Lager von Lichtmaschinen oder das Überdrehen der Kommutatoren dieser Maschinen. Bei elektronischen Schaltungen werden defekte Bauelemente ausgetauscht oder z.B. Mikroprozessoren ausgebaut und einer anderen Verwendung (z. B. Spielzeug) wieder zugeführt. Das Aufarbeiten wird aber unsinnig, wenn dafür mehr Energie als für das Neuteil nötig ist. Trotzdem können die Kosten eines Deponierens dazu verleiten. Das Problem der Entsorgung verschiebt sich dann auf die Nachfolgegenerationen.

K. Ziel: Kontrollieren und Prüfen

K1...3 Regeln und Maßnahmen (s. Abschn. 3.2.5.5.4, Tafel 3.15)
Zu demontierende und wiederzuverwendende Teile sollten in drei Klassen einteilbar sein:

- unbrauchbar, d. h. Ausschuß
- nach einer Aufarbeitung wieder einsetzbar
- direkt wiederverwendbar.

Bei größeren Losen sollte der Sachverhalt automatisch überprüft werden, doch erfordert dies mehr Lagerraum, weil zurückgeführte Geräte selten in gleichmäßiger Stückzahl zurücklaufen. Um das Prüfen zu erleichtern, müssen Prüfstützpunkte vorhanden sein.
Auch die Konzentration des Verschleißes auf wenige Teile vermindert die Prüfzeiten.
Grundsätzlich ersetzen lassen sich Normteile. Der Prüfaufwand fällt weg, z.B. bei Sinter- oder Kugellagern. Prüfmethoden für Langzeitfehler fehlen fast ganz. Alterungsprozesse sind deshalb oft nicht objektiv feststellbar. Betriebsstundenzähler, auch in elektronischer Form, können zumindest über die Nutzungsdauer Aufschluß geben.

L. Ziel: Lebensdauer erhöhen

L1...4 Regeln und Maßnahmen (s. Abschn. 3.2.5.5.4, Tafel 3.15)
Recycling ist vom Werkstoff abhängig und nicht beliebig oft wiederholbar. Ausnahmen sind die Metalle, insbesondere die Edelmetalle. Kunststoffe verändern mit dem Einschmelzen ihre Qualität. Der wiederholte Einsatz vermindert die Qualität des Produkts.
Eine Lösung, Material, Energie, Kosten usw. einzusparen, ist es, die Lebens- oder Nutzungsdauer eines Produktes zu erhöhen. Bauteile und Bauelemente eines solchen Produkts müssen langzeitstabil ausgelegt sein. Technische Neuerungen begrenzen dann die Lebensdauer eines solchen langzeitstabilen Produkts. Trotz seiner fehlerfreien Funktion erfolgt ein Austausch durch ein moderneres, meist auch mit mehr Funktionen ausgestattetes, neues Produkt. Moden spielen auch in der Technik eine nicht zu unterschätzende Rolle, obwohl Ingenieure, so denkt die Mehrheit, dagegen gefeit sein sollten.
Baut der Entwickler Geräte modular auf, lassen sie sich auch an neue Moden oder dem Fortschritt der Technik anpassen. Schon in der Konzeptphase sollte festgelegt werden, welche Baugruppen oder Bauelemente dafür geeignet sind. Recyclingwege, Materialfraktionen und die Kosten für das Recycling lassen sich mit Hilfe spezieller Programme in einem frühen Stadium ermitteln [3.46].

3.2.5.5.4 Katalog der Regeln

Anmerkung: Die Zeichen in der letzten Spalte der nachfolgenden **Tafel 3.15** geben an, ob die Regel die Montage (M), die Demontage (D) oder beide Prozesse (MD) unterstützt. Widersprüchliche Regeln sind mit einem stilisierten Blitz gekennzeichnet. Zusätzlich ist bei spezifischen Regeln noch die Relevanz für das Produkt- (P) bzw. das Altstoffrecycling (A) angegeben.

Eine Zusammenstellung ausgewählter Normen und Richtlinien zum Abschnitt 3 enthält **Tafel 3.16**.

Tafel 3.15 Regelkatalog

1. Montage- und Demontagevoraussetzungen schaffen		
1.1	**Informationen beschaffen**	
1.1.1	Aktuellen Stand der Montage- und Demontagetechnik beachten	MD
1.1.2	Konstruktionsregeln, Hausnormen, Listen mit verträglichen Werkstoffen und Verbindungsverfahren bereitstellen	MD PA
1.1.3	Gespräche mit Montage- und Recyclingfachleuten führen	MD
1.1.4	Innerbetriebliche Montage- und Demontagemöglichkeiten prüfen	MD
1.1.5	Außerbetriebliche Montage- und Demontagemöglichkeiten prüfen	MD
1.2	**Montage und Demontage im Pflichtenheft berücksichtigen**	
1.2.1	Montage- und Demontageart prüfen bzw. festlegen	MD
1.2.2	Einfluß der Varianten auf die Montage und Demontage prüfen	MD
1.2.3	Einbau von Normbauteilen fördern	MDP
1.2.4	Dienstleistungs- und Servicestrategie prüfen bzw. festlegen	DPA
1.2.5	Produktstruktur, Abmessungen, Toleranzen, Oberflächen und Massen mit den Zielen 2 bis 8 abgleichen	MD
1.3	**Baustruktur prüfen**	
1.3.1	Baukastensystem anstreben	MDP
1.4	**Funktionsstruktur prüfen**	
1.4.1	Funktionsstruktur mit geringer Komplexität anstreben	MD

2. Produkt strukturieren		
2.1	**Anzahl der Bauelemente reduzieren**	
2.1.1	Bauelemente weglassen, die keinen Beitrag zur Funktion leisten	MD
2.1.2	Bauelemente (mit gleicher bzw. unterschiedlicher Funktion) zusammenfassen	MD
2.1.3	Gesonderte Sicherungselemente vermeiden	MD
2.1.4	Fertigmontierte Zukaufteile verwenden (s. auch Ziel 3)	M
2.2	**Bauelemente vereinheitlichen**	
2.2.1	Bauelemente mit gleicher konstruktiver Funktion vereinheitlichen	MD
2.2.2	Bauelemente standardisieren, Produktzugehörigkeiten aufheben	MDP
2.2.3	Einheitliche Verbindungselemente verwenden	MD
2.2.4	Einheitliche Montage- und Demontageverfahren anstreben	MD
2.2.5	Einheitliche Montage- und Demontagewerkzeuge anstreben	MD
2.2.6	Einheitliche Reihenfolge der Montage- und Demontageverfahren anstreben	MD
2.3	**Günstige Bauweisen verwenden**	
2.3.1	Baukastensystem anstreben	MD
2.3.2	Schichtbauweise anstreben	MD
2.3.3	Schachtelbauweise anstreben	MD
2.3.4	Basisteil vorsehen (s. Ziel 4.)	M
2.3.5	Modulbauweise anstreben	DP
2.4	**Geeignete Verbindungsverfahren wählen**	
2.4.1	Montagefreundliche Verbindungsverfahren auswählen ! abhängig von der Service- bzw. Recyclingstrategie Demontagefreundliche Verbindungsverfahren auswählen	M ↯ D P
2.5	**Produkt in Baugruppen zerlegbar gestalten**	
2.5.1	Montagegerechte Baugruppenbildung ermöglichen (montageorientiert) ! abhängig von der Service- bzw. Recyclingstrategie Demontagegerechte Baugruppenbildung ermöglichen (funktionsorientiert)	M ↯ D P
2.5.2	Zwangsfolgen vermeiden	MD

3. Baugruppen gestalten

3.1	**Baugruppen strukturieren**	
3.1.1	Baugruppen voneinander weitgehend unabhängig halten	MD
3.1.2	Baugruppen variantenneutral gestalten oder bei variantenabhängigen Baugruppen einheitliche Schnittstellen vorsehen	MD
3.1.3	Geringe Anzahl von Fügeflächen der Bauelemente untereinander anstreben	M
3.1.4	Mittelbare Verbindungen von oben formschlüssig fügen, unmittelbare Verbindungen können auch seitlich gefügt werden	MD
3.1.5	Baugruppe soll Einzelteilcharakter aufweisen	MD
3.1.6	Bauelemente nur aus einer Richtung montieren	MD
3.1.7	Bauelementeanzahl und -vielfalt innerhalb der Baugruppen reduzieren	MD
3.1.8	Durchführungen, gleichzeitiges Halten mehrerer Bauelemente und undefinierte Lagen vermeiden	MD
3.1.9	Fraktionierung innerhalb der Baugruppe beachten	DA
3.1.10	Unvermeidbare Schilder auf möglichst kleinem Basisteil anbringen	DA

3.2	**Vormontierte Zukaufteile verwenden**	
3.2.1	Normbaugruppen verwenden	MDP
3.2.2	Zukaufbaugruppen sollten den Regeln für die Montage wie ein einzelnes Bauteil entsprechen	M
3.2.3	Zukaufbaugruppen sollten mit allen Bauelementen den Regeln für die Demontage entsprechen	D

3.3	**Baugruppenbildung erleichtern**	
3.3.1	Baugruppen untereinander nur mit einem Verbindungsverfahren verbinden	MD
3.3.2	Wenden der Baugruppe während der Vormontage und zur Weiterleitung vermeiden	MD
3.3.3	Einfachste Verbindungselemente auswählen	MD

3.4	**Gefahrstoffe vermeiden oder besonders behandeln**	
3.4.1	Umweltgefährdende oder gefährliche Stoffe vermeiden	MD
3.4.2	Leichtes und gefahrloses Entnehmen von Gefahrstoffbaugruppen zu Beginn der Demontage ermöglichen	D
3.4.3	Umweltgefährdende oder gefährliche Baugruppen/-elemente deutlich kennzeichnen	D

4. Basisteil gestalten

4.1.1	Mit dem Basisteil Zusammenhalt der gesamten Baugruppe bzw. des Geräts herstellen	MD
4.1.2	Möglichst viele Bauelemente unmittelbar mit dem Basisteil fügen	MD
4.1.3	Basisteil als Maßbasis verwenden	M
4.1.4	Ausreichende Befestigungsmöglichkeiten vorsehen	M
4.1.5	Zugänglichkeit aus jeder Richtung gewährleisten	MD
4.1.6	Gute Lagestabilität gewährleisten	MD
4.1.7	Basisteil zentrierfähig gestalten	MD
4.1.8	Sicheres Greifen gewährleisten	MD
4.1.9	Einfaches Ordnen gewährleisten	M
4.1.10	Basisteil stoßunempfindlich und steif gestalten	MD

5. Fügen und Separieren erleichtern

5.1	**Günstige Bewegungen und Richtungen anstreben**	
5.1.1	Eindeutige und geradlinige Bewegungen anstreben	MD
5.1.2	Kurze Wege anstreben	MD
5.1.3	Einheitliche Richtungen anstreben (nicht von unten)	MD
5.1.4	Möglichst viele Freiheitsgrade durch Führungen binden	MD
5.1.5	Füge-/Separierungsbewegung möglichst in Richtung der Werkstückbewegung vornehmen	MD
5.1.6	Formstabile Bauelemente verwenden	MD

5.2	**Gute Zugänglichkeit und Übersicht gewährleisten**	
5.2.1	Ausreichend Raum für Füge-/Separierwerkzeuge sicherstellen	MD
5.2.2	Gleichzeitiges Fügen/Separieren mehrerer Bauelemente ermöglichen	MD
5.2.3	Fügen/Separieren ohne Hindernisse ermöglichen	MD
5.2.4	Beobachtung des Fügevorgangs ermöglichen	M
5.2.5	Separierrichtung leicht erkennbar halten oder kennzeichnen	D
5.2.6	Bei Zwangsfolge Separierreihenfolge kennzeichnen	D

5.3	**Geeignete Werkstoffauswahl treffen**	
5.3.1	Elastische Werkstoffe einsetzen	MD
5.3.2	Formlose Werkstoffe vermeiden	MD
5.3.3	Empfindliche Werkstoffe und Oberflächen vermeiden	MD
5.3.4	Kontaktkorrosion vermeiden	D

5.4	**Optimalen Werkzeugeinsatz anstreben**	
5.4.1	Fügen/Separieren ohne oder mit einfachen Werkzeugen ermöglichen	MD
5.4.2	Genormte Werkzeuge vorsehen	MD

5.5	**Fügen und Separieren vereinfachen**	
5.5.1	Einführhilfen und Bezugsflächen vorsehen	M
5.5.2	Gleichzeitiges Herstellen mehrerer Fügeflächen vermeiden	M
5.5.3	Federnde Luftpolster beim Fügen bzw. Unterdruckerzeugung beim Separieren vermeiden	MD
5.5.4	Lageveränderungen gefügter (nicht verbundener) Bauelemente vermeiden	M
5.5.5	Zwangsfolgen vermeiden	MD
5.5.6	Fügeflächen während des Gebrauchs schmutz- und korrosionsfrei halten	D

6. Verbinden und Lösen erleichtern

6.1	**Wirtschaftliche Verfahren einsetzen**	
6.1.1	Stand der Technik berücksichtigen, Technologiewechsel überlegen – – – – – – – – ! abhängig von der Service- bzw. Recyclingstrategie Zerstörungsfrei lösbare Verbindungen bevorzugen	M ↯ D P
6.1.2	Standardverbindungen einsetzen	MD
6.1.3	Gleichzeitiges Fügen und Verbinden bzw. Lösen und Entnehmen ermöglichen (Schnappen, Klipsen)	MD
6.1.4	Verbindungs-/Lösevorgang soll keine Spezialkenntnisse fordern	MD
6.1.5	Verbindungen ohne verfahrensbedingte Vor- und Nacharbeiten bevorzugen	M
6.1.6	Emissionsarme Verfahren verwenden	M

6.2	**Verbindungs- und Löseaufwand reduzieren**	
6.2.1	Anzahl und Vielfalt der Verbindungselemente reduzieren	MD
6.2.2	Standardisierte Werkzeuge vorsehen	MD
6.2.3	Verfahren wählen, die ohne Werkzeuge beim Verbinden bzw. Lösen auskommen	MD
6.2.4	Verbindungselemente verwenden, die selbst als Werkzeug wirksam sind	M
6.2.5	Verbindungselemente verwenden, die aus elastischen Werkstoffen bestehen – – – – – – – – ! abhängig von der Service- bzw. Recyclingstrategie Spröde Verbindungsverfahren einsetzen	M ↯ D A
6.2.6	Schnellverschlüsse verwenden	MD
6.2.7	Sicherungsoperationen vereinfachen, selbstsichernde Verbindungen verwenden	MD
6.2.8	Korrosionsfeste Verbindungen einsetzen, Kontaktkorrosion durch geeignete Werkstoffpaarungen vermeiden	DP
6.2.9	Langzeitstabile Verbindungen einsetzen	DP
6.2.10	Verschmutzung der Verbindung konstruktiv verhindern	D
6.2.11	Rückstandsfrei lösbare Verbindungen bevorzugen	DPA

6.2.12	Sollbruchstellen vorsehen, falls zerstörungsfreies Lösen nicht möglich sein sollte	DA
6.2.13	Löseenergie gering halten	D
6.2.14	Gute Zugänglichkeit der Verbindungsstelle gewährleisten	MD
6.2.15	Einführhilfen für Werkzeuge bei versenkten Verbindungen vorsehen	D

6.3	**Erkennen der Verbindung erleichtern**	
6.3.1	Zentrale Verbindungselemente vorsehen	D
6.3.2	Verbindungsstellen symmetrisch anlegen	D
6.3.3	Verbindungsart leicht erkennbar machen	D
6.3.4	Werkzeugansatzpunkt kennzeichnen	D
6.3.5	Verbindungsplan vorsehen	D

7. Handhaben erleichtern

7.1	**Handhabungsfunktionen vereinfachen**	
7.1.1	Hohe Teilequalität anstreben	MD
7.1.2	Handhabungsgerechte (unempfindliche) Werkstoffe und Oberflächen anstreben	MD
7.1.3	Formstabile Bauelemente gestalten	MD

7.2	**Speichern und Entspeichern vereinfachen**	
7.2.1	Verhaken und Verklemmen vermeiden	MD
7.2.2	Bauelemente sollen stapelfähig sein	MD
7.2.3	Bauelemente sollen schüttfähig sein	MD
7.2.4	Bauelemente/Baugruppen sollen lagestabil sein	MD
7.2.5	Bauelemente sollen gurtfähig sein	M

7.3	**Bewegen erleichtern**	
7.3.1	Bauelemente sollen rollfähig sein	MD
7.3.2	Bauelemente sollen gleitfähig sein	MD
7.3.3	Bauelemente sollen hängefähig sein	MD
7.3.4	Lagestabilität während der Bewegung sichern	MD

7.4	**Ordnen erleichtern**	
7.4.1	Symmetriegrad steigern	M
7.4.2	Unsymmetrie betonen	M
7.4.3	Verwechslungen durch Formgestaltung vermeiden	M
7.4.4	Verwechslungen von Materialien vermeiden	MDA
7.4.5	Leicht zu verwechselnde oder mit zu kleinen Ordnungsmerkmalen versehene Bauelemente kennzeichnen	MD

7.5	**Greifen erleichtern**	
7.5.1	Greifflächen schaffen	MD
7.5.2	Greifflächen verschiedener Bauelemente einheitlich gestalten	MD
7.5.3	Greifgerechte (unempfindliche) Oberflächen schaffen	MD
7.5.4	Greifmöglichkeit im Schwerpunkt schaffen	MD
7.5.5	Zugänglichkeit gewährleisten	MD

7.6	**Positionieren erleichtern**	
7.6.1	Einführhilfen am Bauelement vorsehen	M
7.6.2	Bezugsflächen vorsehen	M
7.6.3	Überbestimmung vermeiden	M
7.6.4	Integrierten Werkstückträger vorsehen	M

8. Vor- und Nacharbeiten vereinfachen

8.1	**Anpassen und Justieren vermeiden**	
8.1.1	Summentoleranzen durch Integralbauweise verringern	M
8.1.2	Lösungen anstreben, die große Montagetoleranzen erlauben	MD
8.1.3	Eng toleriert fertigen, grob toleriert montieren	MD
8.1.4	Toleranzschluckende Bauelemente verwenden	M
8.1.5	Paßflächen auflösen	M
8.1.6	Überbestimmung vermeiden	M

8.2	**Anpassen und Justieren erleichtern**	
8.2.1	Einstellen statt anpassen	MP
8.2.2	Justiervorgänge voneinander unabhängig halten	MP
8.2.3	Paßstücke zuletzt montieren	M
8.2.4	Zugänglichkeit für Einstellwerkzeuge sichern	M
8.2.5	Gleichzeitiges Einstellen mehrerer Justierstellen ermöglichen	M

8.3	**Kontrollieren erleichtern**	
8.3.1	Kontrollen möglichst am Anfang oder am Ende der Montage vornehmen	
8.3.2	Sichtkontrolle ohne Demontage ermöglichen	MDP
8.3.3	Unabhängig voneinander (vor-)prüfbare Baugruppen schaffen	MD

8.4	**Reinigen vermeiden bzw. erleichtern**	
8.4.1	Reinigen vermeiden	MD
8.4.2	Automatisierte Reinigung ermöglichen	MD
8.4.3	Einheitliche Reinigungsmittel und -technologien für alle Bauelemente ermöglichen	MD
8.4.4	Reinigungstechnologie und -mittel angeben	D
8.4.5	Umweltfreundliche Reinigungstechnologien ermöglichen	MD
8.4.6	Tote Ecken und Hinterschneidungen vermeiden	MD
8.4.7	Sacklöcher vermeiden	MD
8.4.8	Reinigungsfreundliche Oberflächen bevorzugen	MDP
8.4.9	Werkstoffe und Werkstoffzugaben auf Verträglichkeit mit Reinigungsverfahren prüfen	MD
8.4.10	Separieren problematischer Werkstoffe ermöglichen	D

8.5	**Flüssigen Montage-/Demontageprozeß ermöglichen**	
8.5.1	Unvermeidbare Vor- und Nacharbeiten am Anfang oder Ende der Montage/Demontage vornehmen	MD

A. Aufarbeiten ermöglichen

A1	**Aufarbeitungsgerechte Werkstoffe verwenden**	
A1.2	Materialien mit hoher Langzeitkonstanz auswählen	P
A1.2	Erneut behandelbare Oberflächen vorsehen	P

A2	**Aufarbeitungsgerecht Konstruieren**	
A2.1	Materialzugaben (Fleisch) vorsehen	P
A2.2	Spannmöglichkeit vorsehen	P
A2.3	Justierhilfen vorsehen	P
A2.4	Wertvolle oder empfindliche elektronische Bauelemente sockeln	P
A2.5	Automatisches Aufarbeiten ermöglichen	P

A3	**Verschleiß beachten**	
A3.1	Verschleiß minimieren	P
A3.2	Verschleiß auf niederwertige Bauelemente konzentrieren	P
A3.3	Nachjustiermöglichkeiten vorsehen (s. auch 8.2)	P
A3.4	Verschleißteile nicht stoffschlüssig verbinden	P
A3.5	Verschleißteile gut zugänglich halten	P

K. Kontrollieren und Prüfen

K1	**Prüfgerecht konstruieren**	
K1.1	Automatisches Prüfen ermöglichen	P
K1.2	Standardisierte Prüfvorgänge vorsehen	P
K1.3	Verschleiß konzentrieren	P
K1.4	Abnutzungsgrad bzw. Zustand der Verschleißteile leicht (möglichst ohne Demontage) erkennbar machen	P

K2	**Objektives Prüfen ermöglichen**	
K2.1	Prüfkriterien standardisieren	P
K2.2	Innere Uhr vorsehen	P
K2.3	Anzahl der Reparaturen, Wartungen und Aufarbeitungen kennzeichnen	P

K3	**Prüfaufwand reduzieren**	
K3.1	Prüfen vermeiden	P
K3.2	Bauelemente standardisieren	P
K3.3	Zu prüfende Bauelemente kennzeichnen	P
K3.4	Prüftoleranzen angeben	P

L. Lebensdauer erhöhen

L1	**Lange Lebensdauer anstreben**	
L1.1	Bauteile hoher Qualität anstreben	MDP
L1.2	Verschleiß vermeiden bzw. konzentrieren	P
L1.3	Langzeitstabile Werkstoffe einsetzen	P

L2	**Technologisches Hochrüsten ermöglichen**	
L2.1	Modulbauweise (Einschubtechnik) bevorzugen	MDP
L2.2	Anpaßbares Systemdesign anstreben	MDP
L2.3	Selbstheilende Komponenten einsetzen	P
L2.4	Fehlertolerantes Systemdesign anstreben	P

L3	**Wartung und Reparatur erleichtern**	
L3.1	Fehler- bzw. Verschleißkontrolle ohne Demontage ermöglichen	MDP
L3.2	Basisfunktionen bei Komponentenausfall ermöglichen	P
L3.3	Einfache Wartung und Reparatur ermöglichen	P

L4	**Recycling unterstützen**	
L4.1	Zukauf von aufgearbeiteten Teilen und Werkstoffen prüfen	PA
L4.2	Einbau von Bauteilen aus eigenen Altgeräten vorsehen	PA
L4.3	Recyclingwege aller Teile und Fraktionen prüfen	PA

Tafel 3.16 Normen und Richtlinien zum Abschnitt 3

DIN-Normen	
DIN 19245	Messen, Steuern, Regeln; PROFIBUS
DIN 19258	Leittechnik; INTERBUS-S
DIN 30798	Modulsystem; Modulordnungen
DIN 40150	Begriffe zur Ordnung von Funktions- und Baueinheiten
DIN 41488	Elektrotechnik; Teilungsmaße für Schränke
DIN 41494	Bauweisen für elektronische Einrichtungen; 482,6-mm-Bauweise (s. auch Tafel 3.13)
DIN 43350	Begriffe für elektrisch-mechanische Bauweisen
DIN 43355	Bauweisen für elektronische Einrichtungen; Modulordnung, Fachgrundnorm
DIN 43356	Bauweisen für elektronische Einrichtungen; Metrische Bauweise
DIN 66020	Funktionelle Anforderungen an die Schnittstelle zwischen Datenendeinrichtung und Datenübertragungseinrichtung in Datennetzen
DIN 66233	Bildschirmarbeitsplätze; Begriffe
DIN 66234	Bildschirmarbeitsplätze; Gestaltung des Arbeitsplatzes
DIN IEC 625	Ein byteserielles bitparalleles Schnittstellensystem für programmierbare Meßgeräte
Richtlinien	
VDI 2221	Methodik zum Entwickeln und Konstruieren technischer Systeme und Produkte
VDI/VDE 2242	Konstruieren ergonomiegerechter Erzeugnisse
VDI/VDE 2243	Recyclingorientierte Gestaltung technischer Produkte
VDI/VDE 2244	Konstruieren sicherheitstechnischer Erzeugnisse
VDI/VDE 2422	Entwicklungsmethodik für Geräte mit Steuerung durch Mikroelektronik
VDI/VDE 2428	Gerätetechnik; Grundlagen
VDI 3237	Fertigungsgerechte Werkstückgestaltung im Hinblick auf automatisches Zubringen, Fertigen und Montieren

Literatur zum Abschnitt 3

Bücher, Dissertationen

[3.1] *Töpfer, H.; Kriesel, W.:* Funktionseinheiten der Automatisierungstechnik: elektrisch, pneumatisch, hydraulisch. 5. Aufl. Berlin: Verlag Technik 1988.

[3.2] *Philippow, E.:* Taschenbuch Elektrotechnik, Bd. 2 bis 4. Berlin: Verlag Technik und München: Carl Hanser Verlag 1989, 1984, 1990.

[3.3] *Volmer, J.:* Industrieroboter: Funktion und Gestaltung. Berlin: Verlag Technik 1992.

[3.4] *Bögelsack, G.; Kallenbach, E.:* Roboter in der Gerätetechnik. Berlin: Verlag Technik und Heidelberg: Dr. Alfred Hüthig Verlag 1984.

[3.5] *Töpfer, H.; Besch, P.:* Grundlagen der Automatisierungstechnik - Steuerungs- und Regelungstechnik für Ingenieure. 2. Aufl. Berlin: Verlag Technik und München, Wien: Carl Hanser Verlag 1989, 1990.

[3.6] *Möschwitzer, A:* Halbleiterelektronik - Ein Wissensspeicher. Weinheim u.a.: VCH Verlag 1993.

[3.7] *Köstner, R.; Möschwitzer, A.:* Elektronische Schaltungstechnik. 5. Aufl. Berlin: Verlag Technik 1989.

[3.8] *Woschni, E. -G.:* Informationstechnik - Signal, System, Information. 4. Aufl. Berlin: Verlag Technik 1990.

[3.9] *Böttiger, A.:* Regelungstechnik - Eine Einführung für Ingenieure und Naturwissenschaftler. 2. Aufl. München: Verlag R. Oldenbourg 1991.

[3.10] *Krause, W.:* Konstruktionselemente der Feinmechanik. 2. Aufl. München, Wien: Carl Hanser Verlag 1993.

[3.11] *Krause, W.:* Grundlagen der Konstruktion - Elektronik, Elektrotechnik, Feinwerktechnik. 7. Aufl. München, Wien: Carl Hanser Verlag 1994.

[3.12] *Kraak, W.; Schommartz, G.:* Angewandte Akustik. Berlin: Verlag Technik 1988.

[3.13] *Krause, W.:* Fertigung in der Feinwerk- und Mikrotechnik - Verfahren, Werkstoffe, Gestaltung. München; Wien: Carl Hanser Verlag 1996.

[3.14] *Kollmer, N.:* Gerätesicherheit. Heidelberg: Forkel Verlag 1997.

[3.15] *Grass, K.-H.; Kraft, H.:* Handbuch Gerätesicherheit. Rechtsvorschriften, Darstellung, Arbeitshilfen. Heidelberg: Forkel Verlag 1996.

[3.16] *Baumann, K.; Lanz,H.:* Mensch-Maschine-Schnittstellen elektronischer Geräte. Berlin: Springer Verlag 1998.

[3.17] *Habiger, E.; u.a.:* Handbuch Elektromagnetische Verträglichkeit - Grundlagen, Maßnahmen, Systemgestaltung. Berlin: VDE-Verlag 1987 und Berlin: Verlag Technik 1987.

[3.18] *Durcansky, G.:* EMV-gerechtes Gerätedesign, 3. Aufl. München: Franzis-Verlag 1992.

[3.19] *Göldner, H.; Holzweißig, F.:* Leitfaden der technischen Mechanik - Statik, Festigkeitslehre, Kinematik, Dynamik. 11. Aufl. Leipzig: Fachbuchverlag 1989.

[3.20] Wichtige Umweltgesetze für die Wirtschaft, 4. Aufl. Herne, Berlin: Verlag Neue Wirtschaftsbriefe 1993.

[3.21] *Zienkiewicz, O. C.:* Methode der finiten Elemente. 2. Aufl. Leipzig: Fachbuchverlag 1987.

[3.22] *Lotter, B.:* Wirtschaftliche Montage - Ein Handbuch für Elektrogerätebau und Feinwerktechnik. 2. Aufl. Berlin, Heidelberg: Springer-Verlag 1992.

[3.23] *Lotter, B.; Schilling, W.:* Manuelle Montage - Planung, Rationalisierung, Wirtschaftlichkeit. Berlin, Heidelberg: Springer-Verlag 1994.

[3.24] *Borowski, K.-H.:* Das Baukastensystem in der Technik. Berlin: Springer-Verlag 1961.

[3.25] *Hesse, D.:* Das 19-Zoll-Aufbausystem - Eine Einführung in die modulare Aufbautechnik elektronischer Geräte und Anlagen nach den Basisnormen DIN 41494 und IEC-Publikation 297 für elektronische Bauweisen. Würzburg: Vogel Verlag 1991.

[3.26] *Markmann, R.:* Systematische Entwicklung des geometrisch-stofflichen Aufbaus von Gefäßsystemen der automatisierten Informationsverarbeitung. Diss. TH Ilmenau 1990.

[3.27] *Feiertag, R.:* Formsteifigkeit von dünnwandigen Bauelementen der Feinwerktechnik. Diss. TH Karlsruhe 1967.

[3.28] *Tiesler, J.:* Ein Beitrag zur Modellierung und Berechnung von Gehäusen für ein Gefäßsystem der Elektrotechnik/Elektronik. Diss. TU Dresden 1984.

[3.29] *Pech, W.:* Rechnerunterstützte Gestellkonstruktion unter Berücksichtigung der Dynamik. Diss. TH Ilmenau 1987.

[3.30] *Biegert, H.:* Die Baukastenbauweise als technisches und wirtschaftliches Gestaltungsprinzip. Diss. TH Karlsruhe 1971.

[3.31] *Baier-Welt, C.:* Bewertungsverfahren für die Recyclinggerechtheit elektromechanischer Produkte. Diss. TU Darmstadt, VDI-Fortschritt-Berichte Reihe 15 Nr. 208.

[3.32] *Gairola, A.:* Montagegerechtes Konstruieren. Diss. TU Darmstadt 1981.

[3.33] *Gairola, A.:* Montagegerechte Gerätekonstruktion. VDI-Bericht 400, Düsseldorf: VDI-Verlag 1982.

[3.34] *Gairola, A.; Weißmantel, H.:* Grundlegende Gestaltungsmaßnahmen. Dokumentation TH Darmstadt, Institut für Elektromechanische Konstruktionen 1982.

[3.35] *Henschke, F.:* Miniaturgreifer und Montagegerechtes Konstruieren in der Mikromechanik. Diss. TH Darmstadt, VDI-Fortschritt-Berichte Reihe 1, Nr. 242, 1994.

[3.36] *Kunstmann, C.:* Handhabungssystem mit optimierter Mensch-Maschine-Schnittstelle für die Mikromontage. Diss. TU Darmstadt 1999, VDI-Fortschritt-Bericht Reihe 8, Nr. 751.

[3.37] *Lotter, B.:* Wirtschaftliche Montage. Düsseldorf: VDI-Verlag 1986.

[3.38] *Pahl, W.; Beitz, W.:* Konstruktionslehre. 4. Aufl. Springer-Verlag 1996

[3.39] *Schmitz, U.:* Wissensbasierte Unterstützung des montage- und demontagegerechten Konstruierens. Diss. TH Darmstadt, VDI-Fortschritt-Berichte Reihe 20, Nr. 181, 1995.

Aufsätze, Firmenschriften

[3.40] *Köstner, R.; Rettelbusch, L.; Köster, G.:* Entwicklung der Mikroelektronik und ihr Einfluß auf die Gerätetechnik. Nachrichtentechnik 35 (1985) 9, S. 322.

[3.41] *Lenart, C.:* Erweiterte Mensch / Produkt-Kommunikation-Analyse und methodische Konstruktion der Benutzerebene feinwerktechnischer Produkte. VDI-Fortschrittsberichte Reihe 1, Nr. 123. Düsseldorf: VDI-Verlag 1985.

[3.42] *Gerhard, E.; Lenart, C.:* Physikalisch-technische und geräte-technische Darstellung feinwerktechnischer Produkte. VDI-Berichte Nr. 460. Düsseldorf: VDI-Verlag 1982.

[3.43] Firmenschrift „19“-Aufbausysteme“. Schroff-GmbH, Straubenhardt 1990.

[3.44] Firmenschrift „Aufbausysteme INTERMAS“. AEG-Aktiengesellschaft, Frankfurt/Main 1989.

[3.45] Firmenkatalog Knürr-AG München 1990.

[3.46] *Baier, C.; Kaase, B.:* Bewertung der Recyclinggerechtheit mit DEMROP. Fellbach: VDI-Tagung, Juni 1998.

[3.47] *Gairola, A.:* Montage automatisieren durch montagegerechtes Konstruieren. VDI-Z. 127 11, 1985.

[3.48] *Weißmantel, H.:* Lösungsansätze zur Überprüfung der Montagegerechtheit von Produkten der Feinwerktechnik. VDI-Bericht 747 S. 161-175.

[3.49] *Weißmantel, H.:* Montagegerechtes Konstruieren. Werkstatt und Betrieb 119, 1986.

[3.50] *Weißmantel, H.:* Wettbewerbsfähig durch montagegerechtes Konstruieren. Hallwag, Bern: Technische Rundschau Nr. 50, 11. 12. 1986.

[3.51] *Weißmantel, H.; Buschmann, H.:* A practical development method, Training in small groups for undergraduate precision engineers. Sydney: Int. J. Appl. Eng. Ed. Vol. 6, Nr. 1 pp. 69-77, 1990.

[3.52] *Weißmantel, H.:* Gedanken zur Montagegerechtheit am Beispiel von Bauelementen der Mikromechanik. Berlin: Feingerätetechnik Bd. 2, 1990.

[3.53] *Weißmantel, H.; Henschke, F.:* Is it possible to develop micromechanical components according to the rules of Design for assembly. Technical Digest Micromechanics Europe (MME 90), Berlin 1990.

[3.54] *Weißmantel, H.; Schmitz, U.; Baier, C.:* Montage- und Demontagegerechtes Entwickeln. Vorlesungsmanuskript, Institut für Elektromechanische Konstruktionen, TU Darmstadt 1996.

[3.55] *Weißmantel, H.:* Regeln zum montagegerechten Konstruieren. XI. Internationale Tagung „Wissenschaftliche Fortschritte der Elektronik-Technologie und Feingerätetechnik“ Dresden 1986 und: Intelligente flexible Greifer für Montageroboter der Feinwerktechnik. Fachtagung „Automatisierung der Montage in der Feinwerktechnik“, VDI-Bericht 556.

4 Genauigkeit und Zuverlässigkeit von Geräten

Mit dem zunehmenden Einsatz von Erzeugnissen der Feinwerktechnik und Elektronik in allen Bereichen des privaten und gesellschaftlichen Lebens werden in verstärktem Maß Forderungen nach hoher Genauigkeit und Zuverlässigkeit gestellt.

Im Gegensatz zu den Maschinen, die vornehmlich die physische Leistungsfähigkeit des Menschen erweitern und ergänzen, leisten Geräte ähnliches für den Bereich der Sinne (s. Abschn. 1). Da in allen Zweigen von Wissenschaft und Technik Informationen erfaßt und weiterverarbeitet werden, haben die Feinwerktechnik und Elektronik bedeutenden Anteil und Einfluß bei der Entwicklung dieser Bereiche. Dies betrifft besonders Geräte zum Messen, Steuern und Regeln, in jüngster Zeit aber auch solche der automatischen Handhabung und unmittelbar als Produktionsinstrumente dienende Geräte. Oft müssen zum Gewinnen von Informationen kleinste Meßwerte erfaßt und möglichst unverfälscht verstärkt und weiterverarbeitet werden. Das erklärt, daß *Empfindlichkeit und Genauigkeit* schon immer eine dominierende Rolle spielten und wegen der steigenden Forderungen an die Leistungsfähigkeit der Erzeugnisse in erhöhtem Maß Bedeutung erlangen.

Darüber hinaus muß der *Zuverlässigkeit* größere Beachtung geschenkt werden. Die meist komplizierter werdenden Geräte sind infolge größerer Bauelementeanzahl i. allg. störempfindlicher als einfache technische Gebilde. Das Absinken der Zuverlässigkeit läßt sich aber nicht allein mit der Zunahme der Komplexität der Geräte erklären; denn in einigen Fällen kann auch mit mehr Elementen eine höhere Genauigkeit und Zuverlässigkeit realisiert werden (s. Abschn. 4.2.3.1). Eine wesentliche Ursache für das Verringern der Zuverlässigkeit besteht darin, daß in Verbindung mit höheren Leistungsparametern und Arbeitsgeschwindigkeiten viele Elemente nahe den Grenzen ihrer Widerstandsfähigkeit betrieben werden. Während früher vielfach ein Überdimensionieren auf Erfahrungsbasis die Zuverlässigkeit weitgehend sicherte, sind für moderne Erzeugnisse lastabhängige Dimensionierungen unter Ausnutzen spezieller Werkstoffeigenschaften erforderlich.

Das Festlegen der notwendigen Zuverlässigkeitsforderungen ist aus den Einsatzbedingungen der Erzeugnisse abzuleiten. Dabei müssen alle zuverlässigkeitsbeeinträchtigenden Vorgänge während des gesamten Reproduktionsprozesses von der Entwicklung bis zur Nutzung berücksichtigt werden.

Bezüglich der Zuverlässigkeitsziele lassen sich zwei Grenzfälle unterscheiden:

- Für eine vorgesehene Betriebszeit muß mit einer sehr hohen Wahrscheinlichkeit die Funktion des Erzeugnisses gesichert sein. Diese Forderung besteht bei solchen Systemen, die die Sicherheit von Menschen oder den Schutz hoher materieller Werte zu gewährleisten haben, deren Ausfall hohe ökonomische Verluste nach sich zieht bzw. die nach Inbetriebnahme nicht mehr für Reparaturen zugänglich sind. Beispiele sind die Luft- und Raumfahrt-, die Reaktortechnik sowie Systeme der Militärtechnik. Im Mittelpunkt steht hier die Erfolgschance, d. h. die Wahrscheinlichkeit der ausfallfreien Arbeit (Überlebenswahrscheinlichkeit).
- Für die Nutzung eines Erzeugnisses ist ein optimales Verhältnis von Gebrauchswert und Kosten anzustreben. Der Gebrauchswert wird für die hier interessierenden Gesichtspunkte durch die realisierten technischen Parameter des Produkts und deren zeitliches Verhalten (Zuverlässigkeit) bestimmt. Hohe Zuverlässigkeit ist meist mit hohen Anschaffungs-, aber geringen Instandhaltungskosten verbunden. Bei niedriger Systemzuverlässigkeit kehrt dieses Verhältnis um. Angestrebt wird ein Kostenminimum, aus dem sich Zielwerte für die Kenngrößen der Entwurfszuverlässigkeit ableiten lassen. In der Kostenbilanz sind aber auch Materialökonomie und Instandhaltungskapazität zu berücksichtigen, die im gesamtgesellschaftlichen Rahmen große Bedeutung haben. Diese Zuverlässigkeitsziele gelten für die meisten Industrieerzeugnisse.

Da Genauigkeit und Zuverlässigkeit eines Geräts bereits durch Entwicklung und Konstruktion im wesentlichen festgelegt werden, müssen die dafür Verantwortlichen über die notwendigen Kenntnisse und Einstellungen verfügen.

4.1 Grundbegriffe der Zuverlässigkeit, Beschaffenheit und Verhalten von Geräten

Der Preis eines Erzeugnisses wird neben dem notwendigen Arbeitsaufwand durch seinen *Gebrauchswert* bestimmt. Dieser wird durch eine Vielzahl objektiver Qualitätskennziffern beschrieben, z. B. Leistung, Abmessungen, Wirkungsgrad, Masse, Materialeinsatz, Genauigkeit, Umweltbeeinflussung, Hygiene, Störanfälligkeit, Reparaturaufwand, Design, Schutzgüte und Normung. Je nach Erzeugnisart und Betrachtungsstandpunkt haben diese das Erzeugnis letztlich kennzeichnenden Parameter unterschiedliches Gewicht und unterliegen je nach technischem Fortschritt auch ständiger zeitlicher Veränderung.

Es muß vorausgeschickt werden, daß für die folgenden Begriffe sowohl national als auch international keine einheitlichen Auffassungen und Festlegungen bestehen. Widersprüche mit dem einschlägigen Schrifttum sind nicht zu vermeiden.

Unter der *Qualität* eines Erzeugnisses ist die Gesamtheit seiner Eigenschaften zu verstehen, die ohne Berücksichtigung seiner Verwendungsart lediglich seine Erkennung und Charakterisierung ermöglichen. Anders dagegen ist es bei dem Begriff Güte. Die *Güte* eines Erzeugnisses ist die Gesamtheit seiner positiven Eigenschaften im Hinblick auf eine bestimmte Verwendungsart, d. h. der Eigenschaften, die den an das Erzeugnis gestellten zweckentsprechenden Anforderungen genügen. Die Qualität ist also ein absoluter, die Güte ein relativer Begriff. Beide werden aber im täglichen Sprachgebrauch und häufig auch im Schrifttum als gleichbedeutend verwendet. Im folgenden wird deshalb nur noch der Begriff Qualität benutzt.

Die Qualität (Güte) eines Erzeugnisses verkörpert einen bestimmten Gebrauchswert. Dabei versteht man unter Qualität sowohl solche Parameter, die den Zustand eines Erzeugnisses zu einem bestimmten Zeitpunkt, meist dem des Neuwerts, kennzeichnen, als auch jene, die zum Beschreiben des Verhaltens eines Erzeugnisses über einen längeren Zeitraum dienen.

Zur Gruppe der erstgenannten Kennziffern gehören:

- Kennziffern der Zweckbestimmung, z. B. Leistungs-, Produktivitäts- und Aufwandskennziffern
- Kennziffern der Umwelt, d. h. einerseits Kennziffern der Umweltbeeinflussung und andererseits Kennziffern der Arbeitswissenschaften (z. B. hygienische, anthropometrische, physiologische und psychologische)
- Kennziffern des Gerätedesign
- Kennziffern der Normung
- Kennziffern des Schutzrechts.

In der zweiten Gruppe werden alle Angaben des zeitlichen Verhaltens zusammengefaßt. Sie bestimmen die *Zuverlässigkeit*. Solche Kennziffern sind nicht nur physikalisch-technischer Natur, sondern unterliegen wegen ihrer Abhängigkeit von Herstellung und Nutzung auch ökonomischen und organisatorischen Einflüssen. Unter Zuverlässigkeit eines technischen Erzeugnisses versteht man – in Anlehnung an die Bedeutung dieses Begriffs in der Umgangssprache – die Fähigkeit des Erzeugnisses, seinem Verwendungszweck während einer bestimmten Zeitdauer zu genügen.

Die erstgenannte Gruppe von Qualitätsparametern bezieht sich auf *ein* Exemplar eines Erzeugnisses, sie charakterisiert es, gestattet aber keine Aussage über das zeitliche Verhalten.

Die Zuverlässigkeit ist eine durch Kenngrößen belegte Eigenschaft, die das zeitliche Verhalten in bezug auf Ausfälle, Reparatur und Vorbeugung beschreibt. Die Zuverlässigkeitskennwerte können nur aus einer Anzahl von Erzeugnissen oder aus deren Beobachtung über einen langen Zeitraum gewonnen werden. Die Angaben sind deshalb entweder Prognosen mit einer bestimmten Wahrscheinlichkeit (z. B. mittlere Ausfallrate) oder selbst Wahrscheinlichkeiten (z. B. Wahrscheinlichkeit der ausfallfreien Arbeit). Hierin besteht der grundsätzliche Unterschied zwischen den Kennziffern der beiden genannten Gruppen. Selbstverständlich können Kennwerte der ersten Gruppe auch mit einer Toleranzangabe versehen sein; Angaben zur Zuverlässigkeit sind jedoch stets mit einer Wahrscheinlichkeit behaftet, so daß Aussagen über das tatsächliche zeitliche Verhalten eines Einzelexemplars nicht getroffen werden können.

Die Genauigkeit dagegen bezieht sich auf das Erreichen und Beibehalten der geforderten Funktionsparameter eines technischen Systems innerhalb der zulässigen vereinbarten Abweichungen. Sie betrifft damit sowohl den Ausgangszustand eines Geräts als auch dessen Zustandsveränderungen für einen bestimmten Zeitraum.

Die Funktionserfüllung eines Geräts, d. h. die Qualität, wird maßgeblich durch dessen Konzeption, also der gewählten Struktur, durch Herstellungs-, Montage- und Nutzungsbedingungen und durch Umwelteinflüsse und Alterung, Ermüdung oder Verschleiß bedingt. Dabei hängt der Grad der Einflußnahme der äußeren und inneren Störfaktoren weitgehend von den qualitativen und quantitativen strukturellen Beziehungen ab. Deshalb besteht für die Konstruktion ein enger *Zusammenhang zwischen Genauigkeit und Zuverlässigkeit* der Geräte.

Es ist Aufgabe der folgenden Abschnitte, die Einflußgrößen auf Genauigkeit und Zuverlässigkeit, Grundlagen ihrer Behandlung, Maßnahmen zu ihrer Verbesserung und Zusammenhänge für den Bereich der Konstruktion darzulegen.

Ausgehend von den in Abschn. 2 angeführten Methoden und Mitteln, deren Aufgabe darin besteht, eine optimale Struktur für eine geforderte Funktion zu erarbeiten, beschränken sich die folgenden Ausführungen auf das Fehler- und Ausfallverhalten der Struktur und ihrer Bestandteile und auf diesbezügliche Möglichkeiten der Strukturverbesserung.

4.2 Konstruktionsprinzipien

[4.11] [4.19] [4.50] bis [4.52]

4.2.1 Konstruktionsmethode, -richtlinie, -prinzip

Es muß vorausgeschickt werden, daß für die in der Überschrift genannten Begriffe keine einheitliche Auffassung besteht und eine z. T. recht willkürliche Anwendung gebräuchlich ist. Hinzu kommen weitere Begriffe, wie Konstruktionsgrundsatz, -leitlinie, -grundregel u. ä. Alle haben letztlich das Ziel, die Technik des Konstruierens – eingedenk der Problematik, die aus der Mehrdeutigkeit und Unbestimmtheit des Übergangs von der Funktion zur Struktur herrührt – zielgerichtet und rationell zu gestalten und dabei die während des Konstruierens schier unübersehbare Menge von Einzelforderungen durch übergeordnete und geordnete Regeln zu berücksichtigen. Die Summe all dieser Forderungen läßt sich zunächst zwei großen Bereichen zuweisen.

Zu dem einen Bereich gehören die unmittelbar an das zu entwickelnde Erzeugnis gerichteten speziellen Festforderungen oder Wünsche, im wesentlichen die technisch-physikalischen und ökonomischen Parameter betreffend.

Zum anderen Bereich gehören alle diejenigen Forderungen, die unabhängig vom speziellen Erzeugnis bei jeder Entwicklung zu berücksichtigen und für deren Erfüllung keine festen Werte oder Grenzen vorgegeben sind, die letztlich alle auf wirtschaftliche Abhängigkeiten zurückgehen und die deshalb – im Gegensatz zu denen des ersten Bereichs- als sog. Extremalforderungen formuliert werden können.

Sie lassen sich folgenden fünf übergeordneten Forderungen zuordnen:

- **minimale Herstellungskosten** (durch geringstmögliche Kosten für Forschung und Entwicklung, für Werk- und Hilfsstoffe, für den Fertigungsprozeß, für die Amortisation der Grundmittel u. a.)
- **minimaler Raumbedarf** (durch gute Raumausnutzung, Wahl eines geeigneten Arbeitsprinzips u. a.)
- **minimale Masse** (durch hochfeste Werkstoffe und ihre optimale Ausnutzung u. a.)
- **minimale Verluste** (durch Vermeiden von energetischen und stofflichen Verlusten u. a.)
- **optimale Nutzung** (durch günstiges Handhaben, optimale Schutzgüte, Vermeiden schädigender und belästigender Folgen, zuverlässige Funktionserfüllung u. a.).

Aus diesen durch den Konstrukteur zu berücksichtigenden Forderungen ergeben sich die stets gültigen

■ **Grundregeln des Konstruierens: einfach, eindeutig und sicher** [4.11] [4.19].

Sie sind in allen Phasen des konstruktiven Entwicklungsprozesses anwendbar, vom Präzisieren der Aufgabenstellung bis hin zu Überlegungen konstruktiver Einzelheiten.

Sie drücken aus das Streben nach einfachen technischen Lösungen als Voraussetzung für deren wirtschaftliches Realisieren, nach eindeutigen Zusammenhängen zwischen Ursache und Wirkung, Einflußgröße und Verhalten als Voraussetzung für deren Erfaßbarkeit, Berechnung und damit zuverlässiger Voraussage und schließlich nach sicherer Funktionserfüllung mit optimaler Zuverlässigkeit und Abwendung von Gefahren für Mensch und Umwelt.

Gemäß Abschn. 2.1 kann ein technisches Gebilde als System aufgefaßt und durch seine Umwelt, Funktion und Struktur eindeutig beschrieben werden. So lassen sich die drei genannten Grundregeln nach diesen Aspekten ordnen und sind in **Tafel 4.1** näher erläutert, können jedoch erheblich weiter präzisiert und untersetzt werden, wie dies z. B. in [4.11] geschehen ist.

Tafel 4.1 Drei Grundregeln des Konstruierens

	Einfach	Eindeutig	Sicher
Umwelt	sinnfällige, verständliche, übersichtliche Beziehungen zum Menschen (Bedienung, Wartung, Kontrolle, Reparatur) und zu gekoppelten technischen Gebilden	Irrtümer ausschließende Montage, Bedienung, Kopplung und Instandhaltung; eindeutige und vollständige technische Dokumentation für Fertigung und Nutzung	mittelbare Sicherheit durch Schutz des Systems gegenüber Einflüssen der Umwelt bzw. Schutz der Umwelt gegenüber dem System und dessen möglichem Versagen
Funktion	möglichst wenige Teilfunktionen, übersichtlich und logisch verknüpft; durchschaubare physikalische Gesetzmäßigkeiten	definiertes Zuordnen der Teilfunktionen, geordnete Führung des Energie-, Stoff- und Informationsflusses; Ausnutzen reproduzierbarer physikalischer Effekte mit klarer Beschreibbarkeit zwischen Ein- und Ausgangsgrößen	Vermeiden schädlicher Wechselwirkungen zwischen den Teilfunktionen; Anstreben geringer Kompliziertheit und Komplexität
Struktur	möglichst wenige Systemelemente; einfache, leicht herstellbare geometrische Formen, die auch der Berechnung leicht zugänglich sind	Vermeiden von Zwangszuständen durch nicht überbestimmte Koppelstellen, definierte Belastungsfälle nach Größe, Art und Richtung; eindeutiges Verhalten gegenüber Störgrößen (Temperatur, Toleranzen, Verschleiß u. a.)	unmittelbare Sicherheit durch 1. Sicherheitsprinzip „sicheres Bestehen" infolge ausreichender Dimensionierung oder 2. Sicherheitsprinzip „zugelassenes Versagen" ohne schwerwiegende Folgen

Das Anwenden der drei Grundregeln verlangt vom Konstrukteur erstens ein methodisches Vorgehen, zweitens das Beachten bestehender verbindlicher Vorschriften oder Empfehlungen und drittens das Ausnutzen grundsätzlicher Möglichkeiten der Strukturierung technischer Gebilde, der sog. Konstruktionsprinzipien. **Tafel 4.2** veranschaulicht diesen Sachverhalt und grenzt die drei angeführten Begriffe gegeneinander ab. Die Konstruktionsmethoden sind Gegenstand von Abschn. 2. Konstruktionsrichtlinien werden in diesem Buch nicht in geschlossener Form abgehandelt, da hierzu umfangreiche Literatur existiert, besonders zur fertigungsgerechten Konstruktion [4.15].

4.2.2 Übersicht über Konstruktionsprinzipien

Konstruktionsprinzipien sind grundsätzliche Möglichkeiten des Strukturierens technischer Gebilde und ihrer Bestandteile aufgrund der in der Struktur selbst vorhandenen inneren Zusammenhänge und Veränderungsmöglichkeiten. Sie haben, wie auch die Konstruktionsmethoden und -richtlinien, das Ziel, die geforderte Funktion optimal erfüllen zu helfen. Ihr Anwenden trägt den in Abschn. 4.2.1 genannten fünf übergeordneten Forderungen Rechnung, indem die Strukturbestandteile (Elemente, Anordnungen und Kopplungen) so aufzufinden, anzupassen und zu verbessern sind, daß sich bestimmte Vorteile hinsichtlich der sicheren Funktionserfüllung ergeben. Einige der bekanntesten Konstruktionsprinzipien enthält **Tafel 4.3**.

Es ist verständlich, daß nicht alle Prinzipien zugleich in einem technischen Gebilde angewendet werden, im Gegenteil, in vielen Fällen schließt das Anwenden eines Konstruktionsprinzips das eines anderen aus. Auch ist das vorteilhafte Ausnutzen eines Konstruktionsprinzips an bestimmte Voraussetzungen der Struktur selbst und an bestimmte äußere Bedingungen geknüpft, wobei die Zusammenhänge zwischen der Möglichkeit oder Notwendigkeit des Anwendens eines Konstruktionsprinzips einerseits und den Bedingungen andererseits noch weitgehend ungeklärt sind. Die Frage, inwieweit also ein Konstruktionsprinzip wichtig, notwendig, wünschenswert, überhaupt möglich oder gar von Nachteil ist, kann nicht generell beantwortet werden. Konstruktionsprinzipien sind deshalb nur eine Hilfe für den Konstrukteur, über deren zweckmäßiges Anwenden er selbst entscheiden muß. Dies kann er nur eingeordnet in eine streng methodische Vorgehensweise tun, von dem Präzisieren der Aufgabe bis zur Bewertung und Entscheidung gemäß Abschn. 2.2.

Tafel 4.2 Abgrenzung zwischen Konstruktionsmethoden, -richtlinien und -prinzipien

	Konstruktions-Methoden	Richtlinien	Prinzipien
sind	Handlungsvorschriften zur Optimierung der Vorgehensweise der Konstruktionstätigkeit	Vorschriften und Empfehlungen	grundsätzliche Möglichkeiten
		für die Struktur des technischen Gebildes und ihre Bestandteile	
mit dem Ziel	die Struktur eines technischen Gebildes mit optimaler Erfüllung der Funktion aufzufinden, anzupassen und zu verbessern		
durch	Empfehlen einer Folge von Operationen zur optimalen Gestaltung des Konstruktionsprozesses	Berücksichtigen der durch Herstellung, Gebrauch und Vorschriften gegebenen Forderungen	in der Struktur selbst vorhandenen Zusammenhänge
Beispiele	Methode - der Abstraktion - der Klassifikation - des Grundprinzips - der Präzisierung - Kombinations- und Variationsmethode - Ideenkonferenz - Synektik - Bewertungsmethoden u. a.	- fertigungsgerecht (z. B. gieß-, schweiß-, montage-, justier-, prüfgerecht) - normgerecht - baukastengerecht - verschleißgerecht - korrosionsgerecht - recyclinggerecht - bediengerecht - wartungsgerecht u. a.	Prinzip - der Funktionentrennung - der Funktionenintegration - der fehlerarmen Anordnungen (Invarianz, Innozenz) - der Selbstunterstützung - der Kraftleitung - des Vermeidens von Überbestimmtheiten u. a.

Nachfolgend werden einige Konstruktionsprinzipien näher erläutert und mit Beispielen belegt.

4.2.3 Ausgewählte Konstruktionsprinzipien und Beispiele

4.2.3.1 Funktionenintegration und Funktionentrennung

Funktionenintegration. Technische Gebilde sind i. allg. so aufgebaut, daß eine Teilstruktur, bestehend aus einem oder mehreren Bauelementen (Einzelteilen), nicht nur eine einzige Teilfunktion realisiert, sondern an mehreren Teilfunktionen beteiligt ist. Man nennt diese Erscheinung integrierte Funktionsausnutzung oder kurz Funktionenintegration (s. Abschn. 2.1). Beispielsweise werden in einem einfachen Gleitlager nach **Bild 4.1a**, das aus Welle und Lagerkörper aufgebaut ist, die Hauptfunktionen „Lagerung" (Gestellfunktion, Realisierung einer Drehachse), „Aufnahme der Radialkräfte" und „Aufnahme der Axialkräfte" verwirklicht. Ferner werden gleichzeitig die Nebenfunktionen „Aufnahme des Reibmoments" und „Wärmeabfuhr" und die Hilfsfunktion „Erzeugen bestimmter Schmierungsverhältnisse" mit übernommen.

Diese Funktionenintegration ergibt sich in den meisten Fällen zwangsläufig bei der vorzunehmenden Strukturierung, wird jedoch auch bewußt angestrebt, da sie folgende Vorteile mit sich bringt:

- Verringern der Bauelementeanzahl
- Vereinfachen des Geräteaufbaus
- Miniaturisieren (geringere Massen, Verbesserung des dynamischen Verhaltens, geringeres Volumen)
- Einsparen von Montage- und Justierungsaufwand
- intensive Werkstoffausnutzung.

Tafel 4.3 Zusammenstellung von Konstruktionsprinzipien

Konstruktionsprinzip	Beispiele/Erläuterungen
Prinzip der Funktionenintegration	Bild 4.1
Prinzip der Funktionentrennung	Bilder 4.2, 4.3, 4.4
Prinzip der Strukturintegration	Leiterplatte; integrierter Schaltkreis; Gestell und Gehäuse aus einem Stück
Prinzip der Strukturtrennung	Gehäuseteilung wegen Montierbarkeit
Prinzipien des Kraftflusses	
- Prinzip der direkten und kurzen Kraftleitung	Bild 4.16a, b
- Prinzip der gleichen Gestaltfestigkeit	strebt überall gleich hohe Ausnutzung der Festigkeit an, z. B. Träger gleicher Festigkeit
- Prinzip der abgestimmten Verformungen	Bild 4.16c, d
- Prinzip des Kraftausgleichs	Bild 4.16e, f
- Prinzip der definierten Kraftverzweigung	Bild 4.17a, b
Prinzipien der Selbstunterstützung	Wahl einer Struktur mit gegenseitig unterstützender Wirkung, Hilfsfunktionen unterstützen die Hauptfunktion
- Prinzip der Selbstverstärkung	sich selbst anpressende Dichtung mit anwachsender Flächenpressung bei steigendem Druck im Medium; anwachsende Normalkraft in einem Reibgetriebe bei größer werdendem Drehmoment (Prym-Getriebe)
- Prinzip des Selbstschutzes	Einleiten eines zusätzlichen Kraftleitungswegs bei Überlast, z. B. zusätzliche Festanschläge in elastischen Anschlägen oder Kupplungen, die bei Überlast einsetzen
- Prinzip des Selbstausgleichs	Hilfswirkung einer Nebengröße zur Erfüllung der Hauptfunktion, z. B. Stabilisierung durch Fliehkraft einer dünnen schnell rotierenden Scheibe; schwimmendes Abtastsystem eines Magnetplattenspeichers; selbstzentrierende Luftlager
Prinzipien der fehlerarmen Anordnungen	Wahl einer Struktur mit minimierten Fehlern oder Fehlern zweiter und höherer Ordnung
- Prinzip der Fehlerminimierung	Bild 4.22 (in Tafel 4.4)
- Prinzip der Innozenz	Bilder 4.5, 4.8, 4.9, 4.10, 4.23 und 4.24 (in Tafel 4.4)
- Prinzip der Invarianz	Bilder 4.5, 4.6, 4.7, 4.10
- Prinzip der Fehlerkompensation	Bild 4.31 (s. Abschn. 4.3.8)
Prinzip des Vermeidens von Überbestimmtheiten	Bilder 4.12, 4.13, 4.14, 4.15
Prinzip Funktionswerkstoff an Funktionsstelle	Beschränken des funktionsnotwendigen Werkstoffs auf funktionsnotwendige Strukturbestandteile

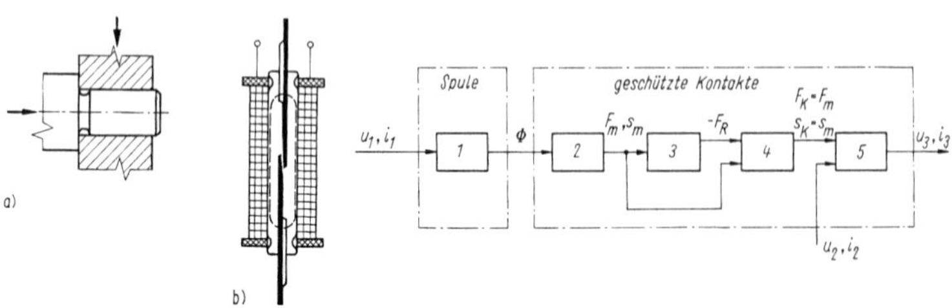

Bild 4.1 Beispiele für Funktionenintegration
a) Gleitlager
Teilfunktion *1*: Aufnahme der Radialkraft; Teilfunktion *2*: Aufnahme der Axialkraft
b) Ge-Ko-Relais (geschützte Kontakte)
Teilfunktion *1*: Magnetfluß erzeugen
Die Teilfunktionen *2* bis *5* werden von den Kontaktzungen übernommen.
Teilfunktion *2*: Kontaktkraft erzeugen (ferromagnetisches Material, Anker);
Teilfunktion *3*: Rückstellkraft erzeugen (Blattfeder);
Teilfunktion *4*: Kontaktstücke lagern (Federgelenk);
Teilfunktion *5*: Strom leiten (Kontaktstücke)
F Kraft; *s* Weg; *u* Spannung; *i* Strom; Φ Magnetfluß
Indizes: 1 Spuleneingang; 2 Kontakteingang; 3 Kontaktausgang mit Magnet; K Kontakt; R Rückstellkraft; m Magnet

Es können sowohl Teilfunktionen aus einem physikalischen Bereich als auch aus verschiedenen physikalischen Bereichen integriert werden. Beispiele zeigt Bild 4.1, wo im Fall a) zwei Teilfunktionen des gleichen Bereichs und im Fall b) vier Teilfunktionen verschiedener Bereiche integriert ausgenutzt werden.

Funktionenintegration bedeutet, daß die Eigenschaften eines Strukturbestandteils in mehrfacher Weise ausgenutzt werden. In diesem Sinne ist z. B. das Aufbringen zahlreicher Transistoren und Widerstände auf dem Chip eines integrierten Schaltkreises höchstens im mechanischen Sinne eine Funktionenintegration. In bezug auf die elektrischen Funktionen liegt keine Funktionen-, sondern eine Strukturintegration vor.

Aus dem Vereinigen mehrerer Teilfunktionen in nur einem Strukturbestandteil mit dem mehrfachen Ausnutzen bestimmter stofflicher Eigenschaften des Funktionsträgers ergeben sich die Nachteile der Funktionenintegration:

- Gefahr des gegenseitigen störenden Beeinflussens der Teilfunktionen (z. B. bei dem Ge-Ko-Relais nach Bild 4.1b Erwärmen durch Stromdurchgang und daraus folgende Veränderung der Federsteife)
- wegen der stets notwendigen Kompromisse kann die Teilstruktur bezüglich einer einzelnen Teilfunktion nie optimal gestaltet und bemessen werden
- Verstoß gegen die Grundregel „eindeutig" erschwert das Berechnen und damit die zuverlässige Voraussage des Verhaltens
- Teilstruktur kann bezüglich einer einzelnen Teilfunktion nicht bis zur möglichen Grenzleistung ausgenutzt werden; das betrifft insbesondere Fragen der Belastungsfähigkeit und Genauigkeit
- hohe Anforderungen an die Herstellung zum Erreichen der Parameter aller beteiligten Teilfunktionen
- meist keine Möglichkeit einer eindeutigen Justierung (s. Abschn. 4.3) bzw. des gezielten Beeinflussens einer einzelnen Teilfunktion.

Funktionenintegration ist deshalb in der Feinwerktechnik mit hohen Forderungen hinsichtlich Genauigkeit und Zuverlässigkeit oft nicht vereinbar. Sobald die notwendigen Einschränkungen oder gegenseitigen Behinderungen und Störungen die zuverlässige Funktionserfüllung nicht ermöglichen, kann das Prinzip der Funktionentrennung angewendet werden.

Funktionentrennung. Sie ist die der Integration entgegengesetzte Maßnahme und hat das Ziel, den zum Erfüllen der Gesamtfunktion relevanten Teilfunktionen gesonderte Teilstrukturen zuzuweisen. In den meisten Fällen wird eine einzige, besonders wichtige oder an der Grenze der Erfüllbarkeit liegende Teilfunktion durch eine eigens dafür geschaffene Teilstruktur realisiert und damit aus den übrigen Teilfunktionen herausgelöst. Die dafür vorgesehene Struktur kann man dann optimal dimensionieren. Die obengenannten Nachteile der Funktionenintegration werden weitgehend beseitigt, wobei jedoch die Gesamtanzahl der notwendigen Bauelemente und i. allg. auch der benötigte Bauraum bzw. die Gesamtmasse anwachsen. Dies ist aber nicht gleichbedeutend mit schlechter Wirtschaftlichkeit oder Zuverlässigkeit, da die Funktionentrennung gerade die eindeutige und bessere Beherrschbarkeit der gestellten Forderungen an die Gesamtfunktion mit sich bringt. In der Feinwerktechnik wird das Prinzip der Funktionentrennung vorzugsweise dort angewendet, wo hohe Genauigkeit und Zuverlässigkeit gefordert werden. Im Maschinenbau nutzt man sie häufig, um die Werkstoffe den einwirkenden Kräften und Momenten entsprechend optimal auszulasten. Einige Beispiele mit unterschiedlichen Zielstellungen sollen das für die gesamte Technik wichtige Prinzip der Funktionentrennung näher erläutern.

Bild 4.2 zeigt, wie durch Anwendung von zwei Wälzlagern Axial- und Radialkräfte voneinander getrennt und gegenseitig unbeeinflußt aufgenommen werden können. Wichtig ist die axiale Beweglichkeit innerhalb des Radiallagers. Schräg angreifende Kräfte zerlegt man eindeutig in die zwei möglichen definierten Richtungen.

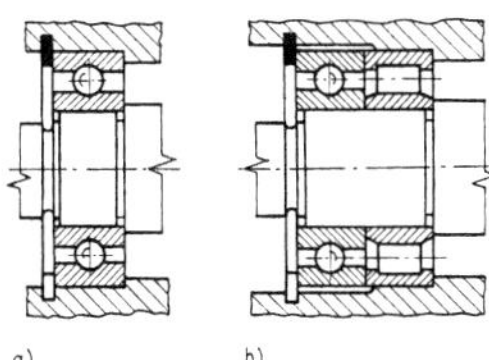

Bild 4.2 Funktionentrennung an einer Wälzlagerung
a) Kugellager nimmt sowohl Axial- als auch Radialkräfte auf (Funktionenintegration)
b) Kugellager nimmt ausschließlich Axialkräfte, das Rollenlager ausschließlich Radialkräfte auf

Bild 4.3 veranschaulicht schematisch eine für die Präzisionsgerätetechnik typische Lösung zum Trennen der von jeder Lagerung und Führung zu übernehmenden beiden Teilfunktionen „Kraftaufnahme" und

„Verwirklichung der Drehachse bzw. Leitgeraden". Durch äußere Kräfte und Momente werden Lagerungen und Führungen wegen der eintretenden Verformung in ihrer Funktion (Genauigkeit, Reibung) beeinträchtigt. Durch Realisieren zweier miteinander gekoppelter Systeme mit aber völlig unterschiedlichen Aufgaben wird dies weitgehend vermieden. Eine Hebelanordnung entlastet das die Genauigkeit bestimmende Lager bzw. die Präzisionsführung, so daß die dort aufzunehmenden Restkräfte beliebig klein gehalten und Deformationen vermieden werden können. Das erfordert die Verlagerung des Schwerpunkts *S* in ein zweites, die Kräfte aufnehmendes Lager bzw. in eine zweite Führung, an die jedoch keinerlei Genauigkeitsforderungen gestellt sind. Auf diese Weise wird auch der Verschleiß der genauigkeitsbestimmenden Teile nahezu vollständig vermieden. Entlastete Lagerungen und Führungen gelangen in der Feinwerktechnik z. B. in astronomischen und feinmeßtechnischen Großgeräten zur Anwendung.

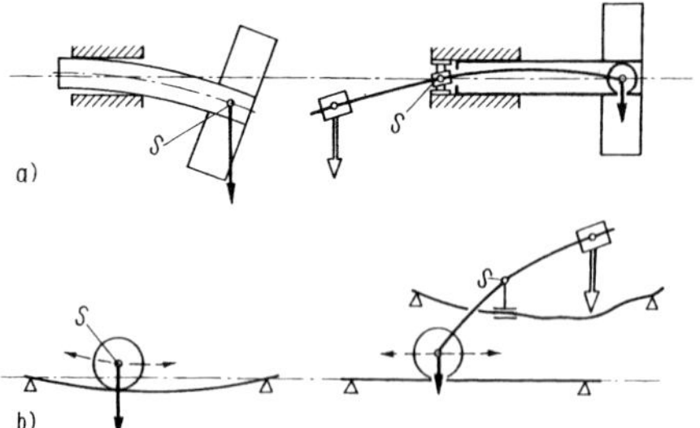

Bild 4.3 Funktionentrennung
a) an einer Lagerung
b) an einer Führung

Als weiteres Beispiel sei die Schwenkeinrichtung eines Spiegels angeführt, deren technisches Prinzip im **Bild 4.4** dargestellt ist. Zum zeitweiligen Ablenken eines Strahlengangs soll ein Spiegel durch Schwenken um eine Drehachse in eine Stellung gebracht werden, an die hohe Lageforderungen gestellt sind, da ein Kippfehler des Spiegels eine doppelt so große Ablenkung der Lichtstrahlen bewirkt. Im Bild 4.4a wird die Lagegenauigkeit des Spiegels durch den Anschlag und das Schwenklager bestimmt, welches außerdem einem Verschleiß unterliegt. Durch Trennen der Funktionen „Schwenken" und „Lagefixierung" gelangt man zur Ausführung in Bild 4.4b, bei der die Lagegenauigkeit des im Hebel über eine kugelartige Lagerung beweglichen Spiegels ausschließlich durch die drei Anschläge gegeben ist. Das Lager selbst hat keinen Einfluß darauf. Hier wird konsequent der Grundsatz befolgt, Genauigkeitsforderungen nur dort zu erfüllen, wo sie tatsächlich verlangt werden; denn außerhalb der Funktionsstellung des Spiegels ist dies nicht der Fall. Obwohl die Ausführung in Bild 4.4b mehr Teile enthält, ist sie wirtschaftlicher und zuverlässiger als die in Bild 4.4a gezeigte, da sie ohne Präzisionslager auskommt.

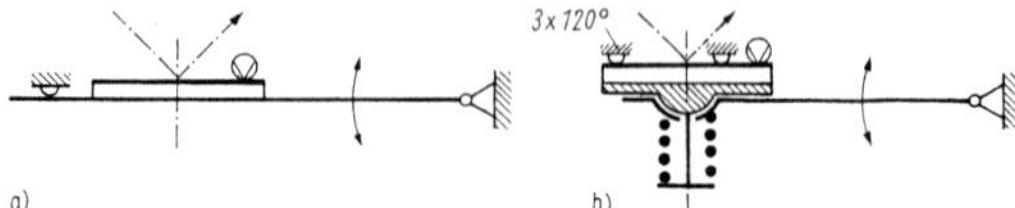

Bild 4.4 Funktionentrennung an einer Spiegelschwenkeinrichtung

Teilaufgaben, bei denen ein Bauteil außerhalb einer Funktionsstellung bevorratet und wahlweise in eine exakte Position bewegt wird, sind recht häufig in der Feinwerktechnik anzutreffen. Dabei ist für die Teilfunktionen „Bevorraten" und „Transport" selten Genauigkeit vorgeschrieben, weshalb die im Bild 4.4 vorgenommene Funktionentrennung für viele analog geartete Fälle zutrifft, z. B. beim Einbringen oder Auswechseln von Dispersionsgittern, bei Objektiven verschiedener Brennweiten eines Objektivrevolvers und anderen vorzugsweise optischen Bauelementen.

4.2.3.2 Innozenz und Invarianz

Die Konstruktionsprinzipien *Innozenz* und *Invarianz* sind Mittel, um das Fehlerverhalten von Geräten, also die Genauigkeit auch über lange Zeiträume, entscheidend zu verbessern. Man versteht darunter solche Strukturen von Elementen oder Teilsystemen, die sich gegenüber bestimmten Störeinflüssen invariant oder innozent verhalten, d. h., die Ausgangsgröße wird nicht von der Störgröße beeinflußt, oder es treten nur Fehler zweiter und höherer Ordnung auf. Beide Konstruktionsprinzipien entstammen der Feinwerktechnik und haben dort eine außerordentliche Bedeutung. Wie in Abschn. 4.3

ausführlich dargelegt ist, wird die Gerätefunktion durch das Einwirken äußerer und innerer Störgrößen beeinträchtigt. Dort sind auch die Maßnahmen zum Verbessern des Fehlerverhaltens zusammengestellt, und zwar allgemein gegenüber Störgrößen beliebiger Art.

Viele der bisher bekannt gewordenen innozenten und invarianten Anordnungen richten sich gegen eine der hauptsächlichsten Störgrößen in der Feinwerktechnik, gegen geometrische Fehler, d. h. gegen Fehler bezüglich Abmessungen und Lage der Bauelemente (Toleranzen, Grenzabweichungen, Grenzabmaße usw.). Diese entstehen durch unvermeidliche Herstellungs- und Montagetoleranzen sowie durch Lage- und Abmessungsveränderungen infolge der durch Kräfte und Temperatur hervorgerufenen Deformationen und infolge Verschleißes. Deshalb haben innozente und invariante Strukturen häufig das Ziel, den Einfluß gerade dieser Störgrößen auf die Gerätefunktion völlig zu beseitigen oder möglichst klein zu halten.

Beispiele für invariante optische Bauelemente gegenüber Verlagerungen sind im **Bild 4.5** zusammengestellt.

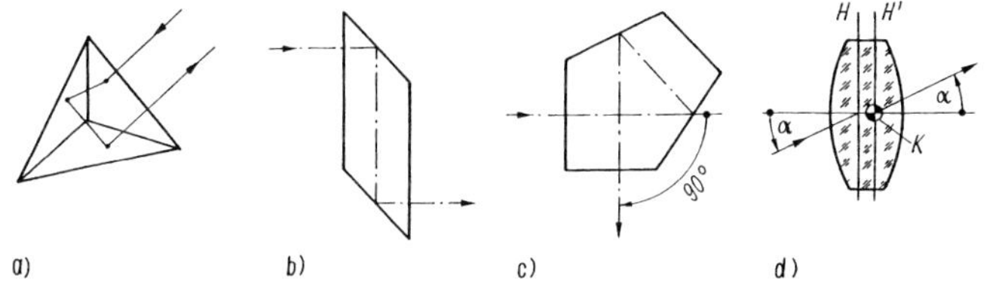

Bild 4.5 Beispiele für invariante optische Bauelemente
a) Tripelprisma
b) rhombisches Prisma
c) Pentaprisma
d) Objektiv
K Knotenpunkt; *H, H'* Hauptebenen

Tripelprisma und rhombisches Prisma (s. Abschn. 6.4.1) sind allseitig lageinvariant, d. h., die Eigenschaft, das Licht um 180° abzulenken (Tripelprisma) bzw. es parallel zu versetzen (Rhomboidprisma), bleibt erhalten trotz möglicher Kippungen des Bauelements um alle drei Achsen eines kartesischen Koordinatensystems. Die 90°-Ablenkung des Pentaprismas ist invariant gegenüber Kippungen um Achsen senkrecht zu seinem Hauptschnitt. Die Richtung des vom Objektiv abgebildeten Lichts bleibt unbeeinflußt, wenn dieses um Achsen gekippt wird, die durch den hinteren Knotenpunkt gehen. Die letztere Eigenschaft wird in Kollimatoren ausgenutzt, um sog. invariante Kollimatoren aufzubauen, wie sie im **Bild 4.6** dargestellt sind.

Der Kollimator nach Bild 4.6a enthält die abzubildende Marke *M* im hinteren Knotenpunkt des Objektivs *O*. Diese wird durch den raumfesten Planspiegel im Abstand *f*/2 nach M_1 in die Brennebene des Objektivs abgebildet. Beim Fokussieren auf endliche Entfernungen durch Verschieben des Objektivs bleiben dessen Verlagern und Verkippen ohne Einfluß auf die Richtung der Zielachse, die stets orthogonal zum Spiegel steht; da sich das Markenbild M_2 um den gleichen Betrag verlagert. Der Schlotterfehler des Objektivs wird damit völlig ausgeschaltet. Der Doppelkollimator nach Bild 4.6b ist so aufgebaut, daß sich die jeweilige Marke des einen Kollimators im hinteren Knotenpunkt des Objektivs vom anderen Kollimator befindet. Bei möglichen Verlagerungen und Kippungen der Objektive (gestrichelt dargestellt), z. B. wegen Durchbiegung des Tubus infolge einseitigen Erwärmens oder Krafteinwirkung, bleibt die Koinzidenz beider Zielachsen erhalten. Dieses Prinzip findet z. B. in optischen Entfernungsmessern Anwendung.

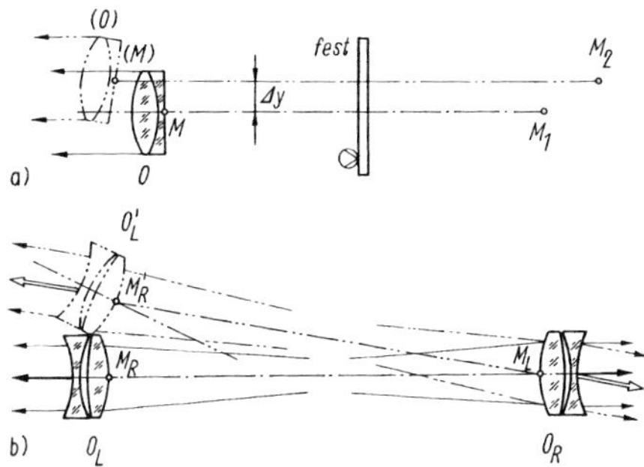

Bild 4.6 Kollimatoren invarianter Bauweise
a) fokussierbarer Kollimator mit richtungsinvarianter Zielachse
O Objektiv; *M* Marke
b) invarianter Doppelkollimator
O_L, O_R linkes, rechtes Objektiv; M_L, M_R linke, rechte Marke

Die Unempfindlichkeit gegenüber Kippungen um Achsen, die durch den positiven Knotenpunkt gehen, wird in abgewandelter Form in optischen Ableseeinrichtungen ausgenutzt, deren Objektiv mit einer Spiegelanordnung kombiniert wurde (*Eppenstein-Prinzip*; s. auch Abschn. 4.3.6). Es entstehen dann innozente Anordnungen, d. h., die Fehler sind klein von höherer Ordnung.

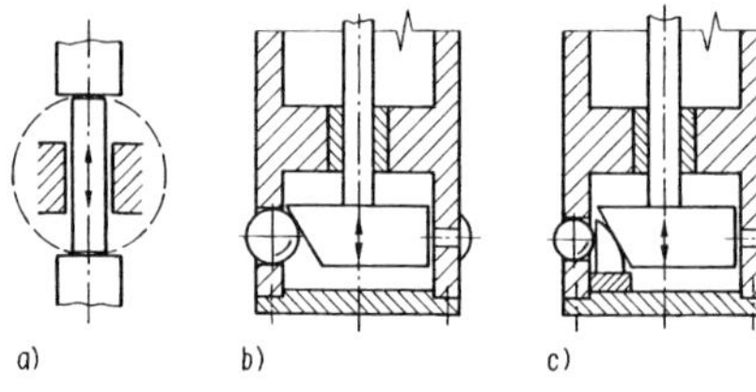

Bild 4.7 Spielinvariante Anordnungen
a) Druckstelze als Übertragungsglied
b), c) Bohrungsmeßgerät in zwei Ausführungsformen

Auch für rein mechanische Funktionen sind innozente und invariante Strukturen bekannt. Sie haben ebenfalls meist die Aufgabe, den Einfluß von Herstellungs- oder Montageabweichungen oder von während des Betriebs eintretenden Verlagerungen auf die Ausgangsgröße klein zu halten. **Bild 4.7** zeigt spielinvariante Anordnungen. Wenn in a) die als Zylinderstift ausgebildete, zum Übertragen eines Wegs dienende Druckstelze mit solchen Kugelkappen versehen ist, die Teile einer gemeinsamen Kugel sind (gestrichelt dargestellt), so bleiben selbst größere Kippungen infolge des unvermeidlichen Führungsspiels ohne Auswirkung auf den Abstand zwischen An- und Abtriebsglied. In der Ausführung des Bohrungsmeßgeräts nach Bild 4.7b wird die Meßbewegung der Abtastkugel an der Schräge des Tastbolzens, der am oberen Ende mit einem Feinzeiger versehen ist, rechtwinklig umgelenkt. Dabei verfälscht das Führungsspiel der Kugel die Anzeige bis zum vollen Betrag des Spiels, da die Kugel beim Suchen nach dem Umkehrpunkt (mittels Kippbewegungen des Tastkopfs) in der zu messenden Bohrung verschiedene Möglichkeiten der Anlage in der Wand ihres Führungszylinders hat. Die Ausführung nach Bild 4.7c vermeidet diesen Fehler wegen des eingelegten Zwischenteils, das die Form eines Zylindersegments hat. Das Führungsspiel kann sich nicht auf die Anzeige auswirken.

Ein seit langem bekannter Spezialfall des Innozenzprinzips ist das *Abbesche Komparatorprinzip*. Beim Messen sollen Prüfling und Normal fluchtend hintereinander angeordnet sein, um Fehler erster Ordnung zu vermeiden (s. Bild 4.9a). Kippungen zwischen Prüfling und Normal bewirken dann nur noch Fehler zweiter Ordnung.

Allgemein gilt für den Fehler einer Ausgangsgröße

$$\Delta A = V_{F1}\Delta Z + V_{F2}(\Delta Z)^2 + V_{F3}(\Delta Z)^3 + \ldots + V_{Fn}(\Delta Z)^n \qquad (4.1)$$

A Ausgangsgröße, ΔZ Störgröße (s. Abschn. 4.3.1), V_{F1} bis V_{Fn} Fehlerfaktoren:

$V_{F1} \neq 0$ Fehler erster Ordnung
$V_{F1} = 0$ Fehler zweiter (und höherer) Ordnung
$V_{F1} = V_{F2} = 0$ Fehler dritter (und höherer) Ordnung

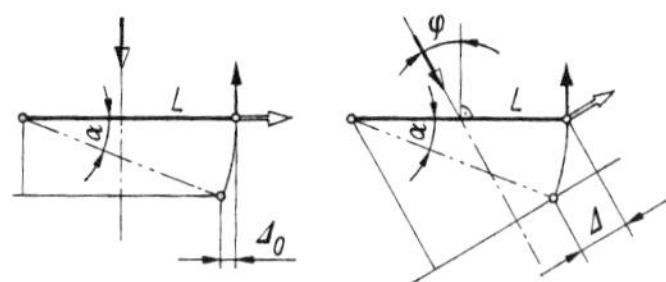

	Δ	Δ_0
Für die Einheitsstrecke	$\cos\varphi - \cos(\varphi + \alpha)$	$1 - \cos\alpha$
Für kleine Kippwinkel α	$\frac{\alpha^2}{2}\cos\varphi + \alpha\sin\varphi$	$\frac{\alpha^2}{2}$

Bild 4.8 Veränderung der Projektion gekippter Strecken
L Strecke (Meß- oder Übertragungslänge); α Kippwinkel; Δ Fehler, Abweichung (Meßfehler, Übertragungsabweichung); φ Projektionswinkel

Dieses Prinzip läßt sich geometrisch sehr anschaulich darstellen und damit auch über reine Meßaufgaben hinaus verallgemeinern (**Bild 4.8**). Bei Kippung einer Strecke L um kleine Winkel α ändert sich die Projektion der Strecke nur dann um Beträge, die klein zweiter Ordnung bleiben, wenn die Projektionsrichtung zur Ausgangslage der Strecke rechtwinklig verläuft. Kippungen um beliebige Punkte lassen sich stets durch eine Parallelverschiebung und eine Kippung um einen Endpunkt der Strecke ersetzen. Sollen die Fehler Δ einer um kleine Winkel α gekippten Strecke vernachlässigbar klein zweiter Ordnung bleiben, so müssen die Richtungen einer möglichen Verlagerung (schwarzer

Pfeil) und der Projektionsrichtung (schwarzweißer Pfeil) zusammenfallen und rechtwinklig zur Meßrichtung (weißer Pfeil) stehen. Mit dieser geometrisch gedeuteten Forderung läßt sich an Übertragungsmechanismen oder Meßeinrichtungen, bei denen eine weg- oder winkeltreue Bewegungsübertragung gefordert ist, schnell überprüfen, ob Fehler erster Ordnung vermieden werden. Beispiele enthält **Bild 4.9**. Zunächst wird ermittelt, um welche Punkte P bzw. P_0 Kippungen infolge Spiels, fehlerhafter Montage, Deformation, Verlagerung u. ä. stattfinden können. Diese bewirken an der Abtast- oder Koppelstelle kleine Bewegungen (schwarze Pfeile). Die Auswirkungen in bezug auf die zu messende oder zu übertragende Strecke bzw. den Radius eines zu übertragenden Winkels bleiben nur dann klein zweiter Ordnung, wenn die Verlagerungsbewegung (schwarze Pfeile) senkrecht auf der Meß- bzw. Übertragungsbewegung (weiße Pfeile) stehen. Der Taster nach Bild 4.9a ist also so aufzubauen, daß Maßstab und Prüfling fluchten (*Abbesches Komparatorprinzip*), und die Mitnehmerkupplung nach Bild 4.9b ist so anzuordnen, daß die Ebene des durch die Berührungsstellen an der Kugel bei Drehung der Wellen sich ergebenden Kreises den Punkt P_0, d. h., die Kegelspitzen, enthalten muß. Für die Wälzhebelanordnung nach Bild 4.9c bedeutet die genannte Forderung, daß die Drehpunkte beider Hebel und der Kugelmittelpunkt auf einer Geraden liegen müssen und die Berührungsebene dazu parallel sein muß.

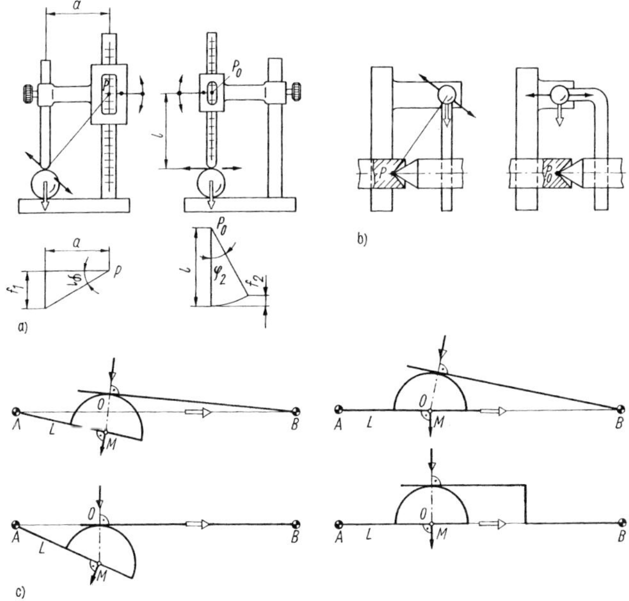

Bild 4.9 Beispiele für innozente Anordnungen
a) Höhenmesser
f_1 Meßfehler erster Ordnung:
$f_1 = a \sin \varphi_1 \approx a\varphi_1$
f_2 Meßfehler zweiter Ordnung:
$f_2 = l\,(1 - \cos \varphi_2) \approx l\varphi_2^2/2$
P (P_0) Kippunkt bei Fehler erster (zweiter) Ordnung: $\varphi_{1,2}$ Kippfehler; a Abstand; l Meßwert; $f_{1,2}$ Meßfehler
b) Mitnehmerkupplung
P (P_0) Kippunkt bei Fehler erster (zweiter) Ordnung
c) Wälzhebelübertragung
A, B Drehpunkte; L Hebellänge; M Kugelmittelpunkt; O Punkt, der das Hebelverhältnis definiert

Als abschließendes Beispiel für innozente und invariante Anordnungen zeigt **Bild 4.10** eine Doppelbelegtrenneinrichtung. Sie hat die Aufgabe, papierförmige Datenträger unterschiedlicher Dicke von einem Stapel *1* zu vereinzeln und nacheinander in einem bestimmten Bestand einer nicht näher dargestellten Transportbahn *T* zuzuführen.

Dazu werden die Datenträger durch Saugluft von einer ständig rotierenden Saugtrommel angesaugt, was jedoch zeitweilig durch befehlsgesteuerte Kippbewegungen des Taktierkamms *4* so unterbrochen wird, daß die Datenträger einzeln abgerufen werden können. Trotz geschickter konstruktiver Maßnahmen läßt es sich nicht vermeiden, daß manchmal mehr als ein Datenträger, sog. Doppelbelege, gleichzeitig das Magazin verlassen wollen. Um dies zu verhindern, ist ein Trennmechanismus nachgeordnet, der aus einer gegenläufigen Reibrolle *5* besteht. Ein ständiges Gleiten der Rolle *5* auf der Saugtrommel, was zu Erwärmung und vorzeitigem Verschleiß führt, wird durch die Justierschraube *7* verhindert, die so eingestellt werden muß, daß der Spalt zwischen Saugtrommel *2* und Reibrolle *5* größer als die Dicke eines Einzelbelegs, aber kleiner als die Dicke zweier Belege ist. Da Belege unterschiedlicher Dicke verarbeitet werden, ist die zulässige Toleranz für die Spaltgröße sehr klein. Sie hängt unmittelbar vom Verschleiß der Reibrolle *5* ab. Es besteht deshalb das Bedürfnis, eine solche Anordnung zu finden, deren Spalt auch bei verschleißender Rolle konstant bleibt. Die für diesen Zweck verbesserte Anordnung zeigt Bild 4.10b. Der jetzt als

Reibrolle ausgebildete Antrieb *6* dient gleichzeitig als Anschlag. Wenn nun, wie sich zeigen läßt, der Mittelpunkt *M* der Reibrolle *5* auf der Bahn *P* einer Parabel geführt wird, so bleibt die Spaltgröße konstant, ist also invariant gegenüber dem Verschleiß. Da Mechanismen, die diese Parabelbahn verwirklichen, zu aufwendig werden, kann diese angenähert werden. Bringt man den Anlenkpunkt *D* in den Krümmungsmittelpunkt auf der Normalen *n* der Parabel, so entstehen nur Fehler klein dritter Ordnung. Liegt der Drehpunkt *D* beliebig auf der Normalen *n* außerhalb des Krümmungsmittelpunkts, so entstehen Fehler zweiter Ordnung. In beiden Fällen liegt also eine innozente Anordnung gegenüber einer Verschleißgröße vor. Liegt *D* nicht auf *n*, z. B. wie im Bild 4.10b, so entstehen Fehler erster Ordnung.

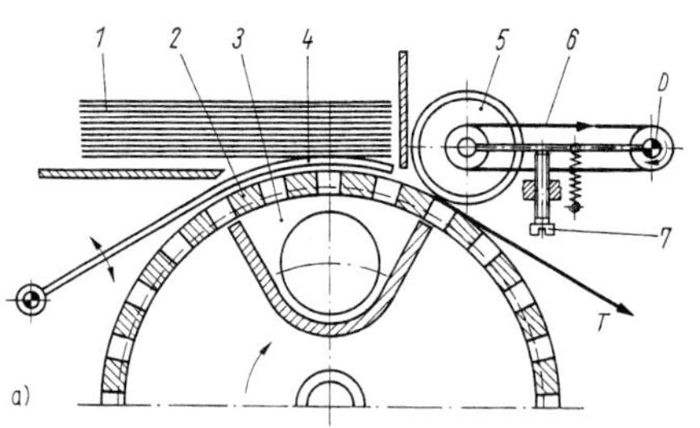

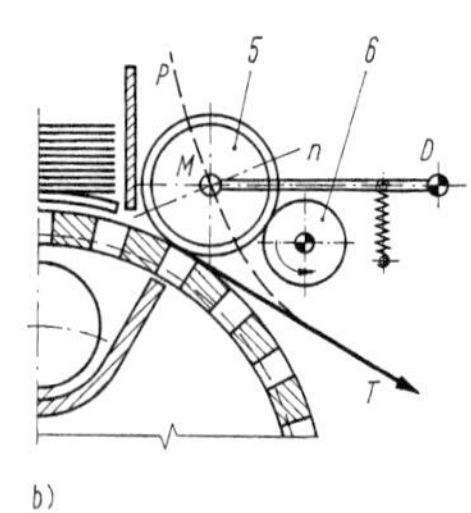

Bild 4.10 Trenneinrichtung gegen Doppelbelege
a) in ursprünglicher,
b) in verbesserter Ausführung
1 Zuführstapel;
2 Vereinzelungstrommel;
3 Saugkammer; *4* Taktierkamm;
5 gegenläufige Reibrolle;
6 Antriebselement;
7 Justierschraube
D, *M* Drehpunkt; *P* Parabel;
T Transportbahn, *n* Normale

Besonders das letzte Beispiel verdeutlicht, daß innozente oder invariante Anordnungen stets zwei Bedingungen genügen müssen. Erstens ist eine dafür geeignete qualitative Struktur zu finden, und zweitens ist sie quantitativ richtig zu bemessen.

Dieses für die Zuverlässigkeit und Genauigkeit gleichermaßen wichtige Prinzip wird noch zu wenig genutzt, weil es heute noch keine Regeln gibt, wie man eine solche Struktur auffinden kann. Hat man jedoch eine geeignete Struktur mit der latenten Eigenschaft für Innozenz oder Invarianz gefunden, obgleich man es einer solchen auf den ersten Blick nicht ansehen kann, ob sie über die erforderlichen Eigenschaften verfügt, dann gibt es Methoden der quantitativen Strukturierung [4.5][4.17][4.19][4.20] (s. auch Tafel 4.4).

4.2.3.3 Vermeiden von Überbestimmtheiten

Jedes technische Gebilde ist aus Einzelteilen aufgebaut, die in ihrer Gesamtheit die Struktur des Gebildes darstellen, um durch ihr Zusammenwirken eine technische Funktion zu erfüllen. Dazu ist es notwendig, die Einzelteile oder Gruppen derselben in geeigneter Weise anzuordnen, d. h. fest oder beweglich miteinander zu verbinden. Voraussetzung ist u. a. eine solche Paarungsfähigkeit der Teile, die der Paarung zweier Elemente einen zweckgerichteten Sinn erteilt.

Unter einer Paarung versteht man das Zusammenbringen zweier Teile zu einem Elementepaar, die sich an ihren Oberflächenelementen (Rändern) punkt-, linien- oder flächenförmig an einer oder mehreren Stellen berühren, so daß beide Teile entweder fest miteinander verbunden sind oder eine bestimmte Beweglichkeit zwischen ihnen möglich ist.

Eine Paarung enthält ein oder mehrere Berührungspaare, wobei man unter einem Berührungspaar die einzelnen in sich abgeschlossenen punkt-, linien- oder flächenförmigen Berührungsstellen versteht, die bei der Paarung zweier Teile zustande kommen und deren Anzahl und Art durch Form und Abmessungen der Oberflächengestalt beider gepaarter Teile bedingt ist.

Zwei beliebig geformte Körper werden sich zunächst nur punktförmig berühren können, ohne besondere Bedingungen an die Oberflächen zu stellen. Soll jedoch eine linienförmige Berührung zustande kommen, so ist neben der Forderung nach dazu geeigneten Flächen auch Formtreue notwendig. So ergibt z. B. eine in einem Kegel liegende Kugel nur dann eine linienförmige Berührung, wenn beide Flächen von der Idealgestalt nicht abweichen, aber es ist in bestimmten Grenzen gleichgültig, welchen Durchmesser die Kugel und welchen Kegelwinkel der Kegel aufweist. Soll eine flächenförmige Berührung entstehen, so eignen sich dazu nur kongruente Flächen, und es muß noch die weitere Bedingung nach Maßtreue der Flächen gestellt werden. Ein Voll- und ein Hohlzylinder berühren sich nur dann flächenförmig, wenn sie sowohl ideal zylinderförmig sind als auch gleiche Durchmesser aufweisen. Dies gilt auch für ebene Flächen, da deren „Durchmesser" gleich unendlich gesetzt werden kann.

Da die technische Ausführung der Oberflächen von der Idealgestalt abweicht, können die genannten Bedingungen praktisch nie eingehalten werden, so daß auch hier eigentlich Punktberührungen entstehen. Im weiteren wird jedoch unterstellt, eine einzelne flächen- oder linienförmige Berührungsstelle, also ein einzelnes Berührungspaar, auch als solche anzusehen. Die Berechtigung hierzu leitet sich aus der fertigungstechnischen Beherrschbarkeit der form- und maßgetreuen Ausführung einzelner Oberflächenelemente ab.

Bei jedem Berührungspaar hat das eine Teil (gegenüber dem anderen, als fest angenommenen) einen Bewegungsbereich, d. h. einen Bereich, innerhalb dessen es sich bewegen läßt, ohne die Berührung aufzugeben. Der Einfachheit halber reduziert man diesen Bewegungsbereich auf die sog. Freiheiten f, indem man dem Festteil ein kartesisches Koordinatensystem zuordnet. Entsprechend den drei möglichen Translationen längs der Achsen und den drei möglichen Rotationen um die Achsen erhält man sechs mögliche Freiheiten. Jede verhinderte, d. h. gesperrte Freiheit stellt eine Unfreiheit u dar.

Die Paarung zweier Teile enthält mindestens ein Berührungspaar mit einer entsprechenden Anzahl Freiheiten und Unfreiheiten. Da eine Paarung die Aufgabe hat, die Relativlage der beteiligten Teile zu bestimmen, und dabei Bewegungen und Kräfte übertragen kann, muß sie mindestens eine Unfreiheit u haben. **Bild 4.11** zeigt die in der Technik am häufigsten auftretenden Paarungen. Die Unfreiheit einer Paarung ist die Differenz ihrer vorhandenen Freiheiten gegenüber den sechs maximal möglichen. Die Anzahl der Unfreiheiten einer Paarung mit mehr als einem Berührungspaar ergibt sich aus der Summe der Unfreiheiten aller beteiligten Berührungspaare. Die gewünschte Einschränkung der Beweglichkeit einer Paarung kann durch Berührungspaare geeigneter Formgebung nach Bild 4.11 oder durch Kombination derselben vorgenommen werden.

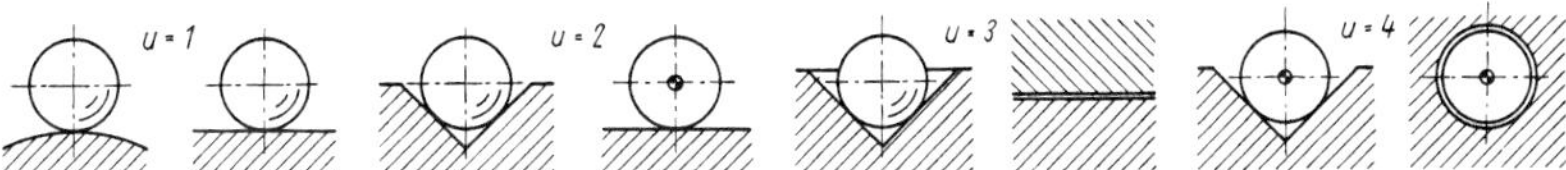

Bild 4.11 Unfreiheiten u von häufigen Paarungen

Bei festen Verbindungen wird die Beweglichkeit einer Paarung bis zur Unbeweglichkeit eingeschränkt. Damit hat sie den Freiheitsgrad Null, und die Summe aller vorhandenen Unfreiheiten muß $u = 6$ sein. Ist sie größer, dann ist mindestens eine Freiheit mehr als einmal gesperrt worden, und man spricht von einer überbestimmten Verbindung. Häufig wird dies auch mit dem Begriff „Doppelpassung" bezeichnet.

Analoges gilt für Paarungen, die beweglich sind. Sie können Freiheitsgrade von $f = 1 \dots 5$ aufweisen. Die Anzahl der zulässigen Unfreiheiten einer Paarung errechnet sich stets aus der Beziehung $u = 6 - f$. Jede Paarung, die mehr Unfreiheiten enthält, als eigentlich notwendig sind, ist überbestimmt. Um festzustellen, ob eine Paarung überbestimmt ist, erweist es sich als zweckmäßig, nicht von deren Freiheiten, sondern von den Unfreiheiten auszugehen.

Technische Gebilde sind i. allg. aus mehr als zwei Teilen aufgebaut. Bei einem starren Gebilde aus n Teilen mit einem als fest vorgegebenen Teil ergibt sich die Summe der maximal zulässigen Unfreiheiten aus der Beziehung

$$\Sigma\, u_{zul} = 6\,(n - 1)\,. \tag{4.2a}$$

Liegt ein Mechanismus mit dem Getriebefreiheitsgrad (Beweglichkeitsgrad) F vor, so ergibt sich die Summe der zulässigen Unfreiheiten aus

$$\Sigma\, u_{zul} = 6\,(n - 1) - F\,. \tag{4.2b}$$

Es sei an dieser Stelle bemerkt, daß man mit diesen Beziehungen nicht ohne weiteres auch umgekehrt aus der Anzahl der vorhandenen Unfreiheiten auf die Starrheit oder den Laufgrad eines mehrteiligen Mechanismus schließen kann. Dazu müssen die gegenseitige räumliche Orientierung der Freiheiten oder Unfreiheiten der einzelnen Paarungen, deren Abhängigkeit voneinander und evtl. vorhandene sog. identische Freiheiten berücksichtigt werden. Um aber technische Gebilde hinsichtlich evtl. vorhandener Überbestimmtheiten zu untersuchen, erweisen sich die obigen einfachen Beziehungen als brauchbar.

Wird die Anzahl der zulässigen Unfreiheiten überschritten, ergeben sich stets besondere Probleme bei der technischen Ausführung der Konstruktion, die man allgemein als leere, überflüssige Strukturredundanz und in ihrer Auswirkung mit dem Begriff Zwang bezeichnet. Werden nämlich bei einer Paarung (Kopplung) mehr als die notwendigen Unfreiheiten vorgesehen, so ist diese um den Grad überbestimmt, als zu viele Unfreiheiten vorhanden sind. Derartige Gebilde sind eigentlich funktionsuntüchtig. Sie gewährleisten ihre vorgesehene Berührung erst dann, wenn die Berührungsflächen gegenseitig maßlich zugeordnet werden, was strenggenommen eine Identitätsforderung darstellt, die sich durch Einhaltung enger Fertigungstoleranzen oder entsprechender Justierung bei der Montage nur angenähert erfüllen läßt. Geht diese Zuordnung durch irgendwelche Einwirkungen, z. B. Verschleiß oder Deformationen infolge von Kräften oder Temperatureinwirkung, verloren, so wird die Funktion mehr oder weniger bis zur Untüchtigkeit eingeschränkt. Überbestimmte Paarungen sind deshalb sowohl durch Mehraufwand in der Fertigung als auch durch Empfindlichkeit gegenüber äußeren Einflüssen gekennzeichnet, da es entweder nicht zur mechanischen Berührung in den vorgesehenen Koppelstellen kommt oder diese gewaltsam durch elastische oder plastische Deformation erzwungen wird. Das Gebilde arbeitet unter Zwang.

Das zwangfreie Gestalten der Koppelstellen beweglicher und fester Verbindungen ist ein Hauptproblem der Genauigkeit und Zuverlässigkeit mechanischer Systeme. Nur beim Vermeiden jeglicher Überbestimmtheit wird der Grundregel „eindeutig“ entsprochen und die Möglichkeit gegenseitiger schädlicher Einflußnahme zwischen den Elementen beseitigt.

Besonders kritisch wirken sich Überbestimmtheiten im Präzisionsgerätebau aus, da die entstehenden Zwangskräfte die Genauigkeit erheblich beeinträchtigen können. Nachstehende Beispiele sollen dies näher erläutern.

Die statisch bestimmten Dreipunktaufstellungen nach **Bild 4.12** sind Kraftpaarungen zweier Teile mit dem Freiheitsgrad $F = 0$. Die dazu maximal zulässigen sechs Unfreiheiten können auf unterschiedliche Art verwirklicht werden. Die sechs Punktberührungen kommen stets zustande, auch wenn sich die Abmessungen zwischen den Berührungsstellen verändern, z. B. infolge Herstellungstoleranzen, unterschiedlicher Temperaturen oder Längen-Temperaturkoeffizienten beider Teile oder bei der Durchbiegung durch Lastaufnahme.

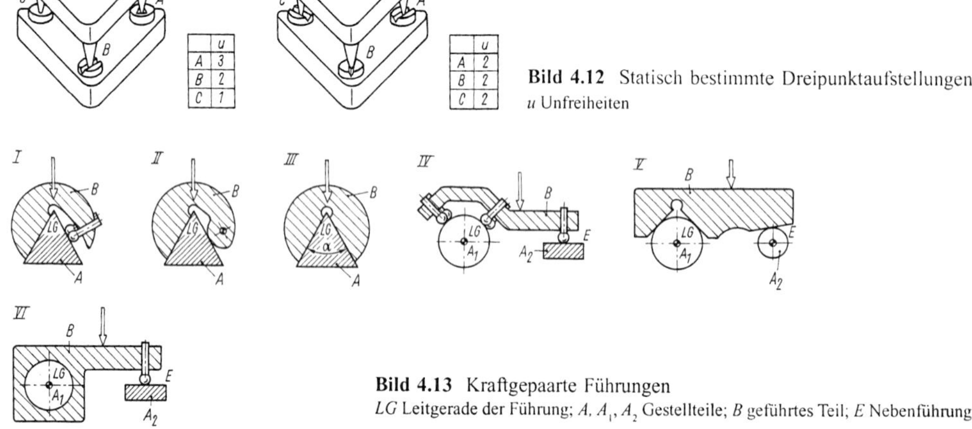

Bild 4.12 Statisch bestimmte Dreipunktaufstellungen
u Unfreiheiten

Bild 4.13 Kraftgepaarte Führungen
LG Leitgerade der Führung; *A*, A_1, A_2 Gestellteile; *B* geführtes Teil; *E* Nebenführung

Von besonderer Bedeutung in der Feinwerktechnik sind nicht überbestimmte Präzisionsgeradführungen. Im Bild **4.13** entsprechen die Führungen *I, II, IV* und *VI* diesem Grundsatz, da die Summe der vorhandenen Unfreiheiten $u = 5$ beträgt. Die vorgesehenen Berührungen kommen stets zustande, ohne maßliche Forderungen zu stellen. Die beiden jeweils um den Grad „eins“ überbestimmten Führungen *III* und *V* erfordern je eine fertigungstechnisch einzuhaltende zusätzliche Bedingung, damit die vorgesehene Berührung stattfindet. Bei *III* wird dies nur dann der Fall sein, wenn die Winkel α für beide Teile *A* und *B* identisch sind, und bei *V* muß der Nebenführungszylinder A_2 parallel zur Leitgeraden $\overline{LG}$ angeordnet sein. Die Leitgerade einer Führung bestimmt deren Führungsrichtung und wird bei prismatischen Führungen durch die Schnittgerade zweier Ebenen, bei zylindrischen Führungen durch die Achse eines Zylinders gebildet. Zusätzliche maßliche Forderungen erhöhen den Aufwand, gehen durch einwirkende Störgrößen verloren und beeinträchtigen deshalb Genauigkeit und Zuverlässigkeit. Besonders deutlich wird dies z. B. bei der mehrfach überbestimmten, hinreichend bekannten Schwalbenschwanzführung.

Die Geradführung mit einem Schraubengetriebe nach **Bild 4.14** besteht aus drei Teilen. Deshalb darf die Summe der Unfreiheiten die zulässige Anzahl von elf nicht übersteigen. Die Ausführung im Bild 4.14a enthält jedoch 15 Unfreiheiten, jeweils fünf an Führung, Spindel-Mutter-Paarung und Spindellagerung, ist also vierfach überbestimmt. Das entspricht den vier zusätzlichen Maßnahmen, die Spindel längs der Achsen y und z und um dieselben auszurichten. Zur Ausführung in Bild 4.14b gelangt man, wenn zu den zehn unvermeidbaren Unfreiheiten an Führung und Gewinde nur eine einzige hinzutritt. Die Kopplung Führung–Antrieb muß also fünf Freiheitsgrade haben. Die dadurch bei A bedingte, wegen zu großer Kräfte oft unerwünschte Punktberührung kann durch eine Kombination mehrerer Teile mit Flächenberührung nach A_1 ersetzt werden, die insgesamt ebenfalls den Freiheitsgrad 5 hat.

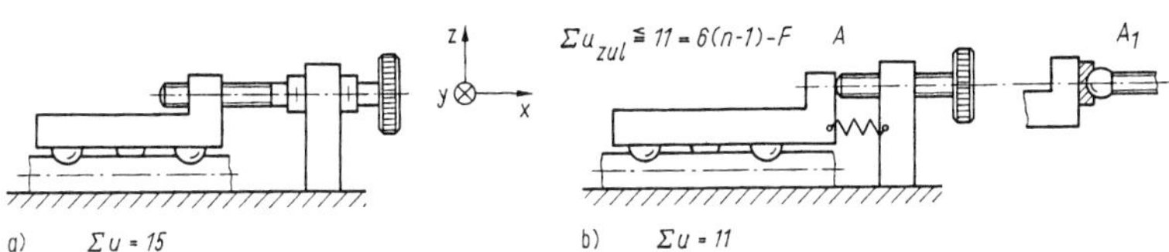

Bild 4.14 Schraubengetriebe (Spindelantrieb) für eine Geradführung

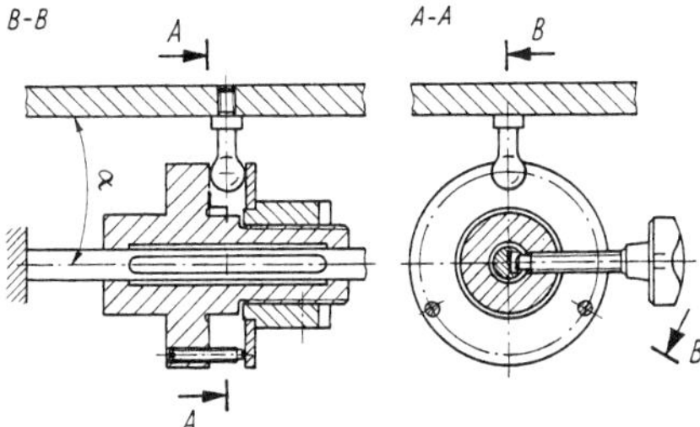

Bild 4.15 Zwangfreie Klemmung für eine Präzisionsführung

Analoge Forderungen ergeben sich beim Koppeln von anderen Funktionsgruppen, z. B. bei Kupplungen zwischen zwei Wellen und Klemmungen an Führungen und Lagern [6.12] [6.13]. Kupplungen haben die Aufgabe, eine Drehbewegung zu übertragen; sie dürfen deshalb eine und nur eine Unfreiheit, nämlich in Richtung der Drehung aufweisen. Die Mitnehmerkupplung nach Bild 4.9b ist in diesem Sinne zwangfrei. Kupplungen mit mehr als einer Unfreiheit rufen in den Lagern der Wellen schon bei geringen Fluchtungsabweichungen große Zwangskräfte hervor. Präzisionsführungen und -lager dürfen beim Klemmen nicht belastet werden. Das erfordert einen Aufbau ähnlich dem Beispiel im **Bild 4.15**, bei dem jegliche beim Klemmen auftretenden Kräfte ferngehalten werden, indem nur der verbliebene Freiheitsgrad der Lagerung bzw. Führung aufgehoben ist. Der Kugelbolzen befindet sich an der nicht näher dargestellten Führung und realisiert diese eine notwendige Unfreiheit. Er bildet die Kopplung zu dem stets notwendigen, zusätzlich geführten Teil, das geklemmt wird.

Zusammenfassend ist festzustellen, daß sich jedes technische Gebilde prinzipiell so aufbauen läßt, daß die maximal zulässige Anzahl an Unfreiheiten nicht überschritten wird.

Das ist insbesondere bei Präzisionsgeräten von Bedeutung, bedingt jedoch oft Elemente mit Punkt- oder Linienberührung, was aufgrund der zu übertragenden Kräfte, der dabei auftretenden lokalen Deformationen oder Spannungen und der dadurch zu erwartenden Abnutzung nicht zulässig ist. Punkt- und linienförmige Berührungen lassen sich stets ersetzen durch Paarungskombinationen aus mehreren Bauteilen mit dem gleichen Gesamtfreiheitsgrad. Der dadurch erforderliche Mehraufwand ist oft unvertretbar hoch. Deshalb ist es nicht sinnvoll, überbestimmte Gebilde zu vermeiden, wenn man diese fertigungstechnisch so beherrscht, daß die Funktion einwandfrei gewährleistet wird. Häufig lassen sich überbestimmte Koppelstellen elastisch ausbilden. Damit werden die entstehenden Zwangskräfte klein gehalten.

Zum Beherrschen der durch überbestimmte Gebilde entstehenden Zwangserscheinungen gibt es grundsätzlich folgende Möglichkeiten:

- Beseitigen der Überbestimmtheit durch konstruktive Maßnahmen, d. h. Zwangfreiheit (Ändern des technischen Prinzips; Ändern der Gestaltung einzelner Koppelstellen, so daß die Zahl der zulässigen Unfreiheiten nicht überschritten wird)

- Zulassen der Überbestimmtheit und Beseitigen bzw. Verringern ihrer Auswirkungen, d. h. Zwangarmut (durch entsprechend enge Fertigungstoleranzen; Herstellung identischer Maße für Längen und Winkel durch besondere Fertigungsmaßnahmen, z. B. gemeinsames Bearbeiten, Einpassen, Einschleifen; Justieren, auch Nachstellen, vgl. Abschn. 4.3; elastische Bauweise [4.15]).

4.2.3.4 Prinzipien des Kraftflusses

Die Prinzipien des Kraftflusses oder der Kraftleitung sind in [4.11] ausführlich dargestellt. Lediglich eine kurze Zusammenfassung der wichtigsten Gesichtspunkte sei im folgenden gegeben.

Mechanische Funktionen bedingen stets das Erzeugen, Weiterleiten und Aufnehmen von Bewegungen und Kräften. In der Feinwerktechnik sind diese häufig Träger von Informationen, die möglichst unverfälscht verarbeitet werden sollen. Deshalb wird i. allg. weniger den Aspekten der Festigkeit, sondern mehr denen der Stabilität und elastischen Verformung Rechnung getragen. Gleichermaßen gibt es jedoch genügend Fälle, wo aufgrund der kleinen Abmessungen trotz kleiner Kräfte sehr große Beanspruchungen entstehen, so daß hier die im wesentlichen aus dem Maschinenbau stammenden Regeln der kraftflußgerechten Gestaltung Anwendung finden können. Dieser Begriff soll das Berücksichtigen von Momenten einschließen.

In [4.11] werden vier Prinzipien der Kraftleitung unterschieden. Dabei ist grundsätzlich von der Tatsache auszugehen, daß der Kraftfluß kreisläufig ist, d. h., er ist in sich abgeschlossen, er kann nicht plötzlich beginnen oder abbrechen.

Das **Prinzip der gleichen Gestaltfestigkeit** beabsichtigt, die überall gleich hohe Ausnutzung der Festigkeit durch geeignete Gestalt, Abmessungen und geeigneten Werkstoff der Bauteile herzustellen. Diese intensive Form der Werkstoffausnutzung kann jedoch aus Gründen der wirtschaftlichen Herstellbarkeit nicht immer verwirklicht werden. Für den Präzisionsgerätebau hat dieses Prinzip eine untergeordnete Bedeutung, da seine Anwendung zu große elastische Verformungen mit sich bringt.

Das **Prinzip der direkten und kurzen Kraftleitung** besagt, daß der kürzeste und direkte Weg für das Weiterleiten einer Kraft oder eines Moments mit den geringsten Verformungen verknüpft ist. Die Verformungen werden außerdem dann minimal, wenn lediglich Zug- oder Druckspannungen entstehen, denn die Beanspruchungsarten Biegung und Torsion rufen größere Verformungen hervor (**Bild 4.16a, b**).

Das **Prinzip der abgestimmten Verformungen** hat zum Ziel, zwei miteinander verbundene Teile so zu gestalten, daß Belastungen an der Paarungsstelle möglichst keine Relativverformung hervorrufen. Das wird erreicht, wenn die Deformationen beider Teile gleichgerichtet und gleich groß sind. Besonders wichtig ist dieses Prinzip für alle stoff- und kraftschlüssigen Verbindungen, wie z. B. bei Kleb-, Schweiß-, Löt- und Preßverbindungen [4.12] [4.13]. Die abgestimmte Verformung trägt dem gleichmäßigen Belasten innerhalb der Verbindung Rechnung. Verstöße dagegen rufen ein ungleichmäßiges Verteilen der Spannungen mit hohen Spitzen hervor, die der Berechnung nicht zugänglich sind. Derartig ungünstige Verhältnisse ergeben sich auch bei schroffen Änderungen der Gestalt oder der Abmessungen der Bauteile, z. B. Kerbspannungen (Bild 4.16c, d).

Das **Prinzip des Kraftausgleichs** soll die nichtfunktionsrelevanten, aber häufig bei der Funktionserfüllung als Nebenwirkung entstehenden Kräfte auf möglichst kurzem Weg schließen. So ist es z. B. nicht günstig, die an einer Schrägverzahnung oder Kegelreibkupplung entstehenden Axialkräfte in den Lagern aufzunehmen. Durch symmetrisches Anordnen des gleichen Bauteils in entgegengesetzter Richtung können die Axialkräfte innerhalb der Welle auf kürzestem Weg in sich geschlossen werden (Bild 4.16e, f).

Das **Prinzip der definierten Kraftverzweigung** ist in der Feinwerktechnik von Bedeutung. Die einwirkenden Kräfte werden häufig auf mehrere strukturell parallel angeordnete Bauelemente verteilt, um entweder die hervorgerufenen elastischen Deformationen oder die Belastung einzelner Bauelemente oder Koppelstellen, besonders bei Punktberührung, zu verkleinern. Dabei soll der Kraftfluß in definierten Verhältnissen auf die einzelnen Strukturbestandteile verzweigt werden, ohne daß Fertigungs- und Montageabweichungen oder während der Nutzung eintretende geometrische Veränderungen darauf Einfluß nehmen. Deshalb ist grundsätzlich ein statisch bestimmtes Arbeitsprinzip

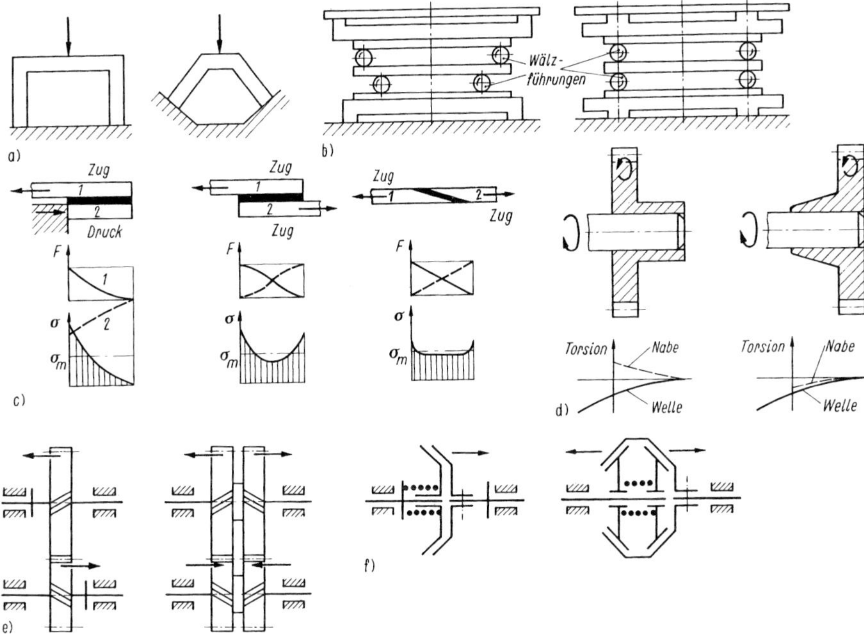

Bild 4.16 Prinzipien des Kraftflusses

a), b) Vermeiden zusätzlicher Biegebeanspruchung durch kurze und direkte Kraftleitung am Beispiel einer Abstützung (a) und eines Kreuztisches (b) führt zu minimalen elastischen Verformungen; c), d) möglichst gleichgerichtete und partiell gleich große Verformungen bewirken kleinste Relativverformungen in einer Klebeverbindung (c) und einer Preßverbindung (d); e), f) durch symmetrische Anordnung gleicher Bauteile in entgegengesetzter Richtung in einem schrägverzahnten Getriebe (e) und einer Kegelreibkupplung (f) werden die Axialkräfte auf kürzestem Wege in sich geschlossen und Lagerkräfte ferngehalten

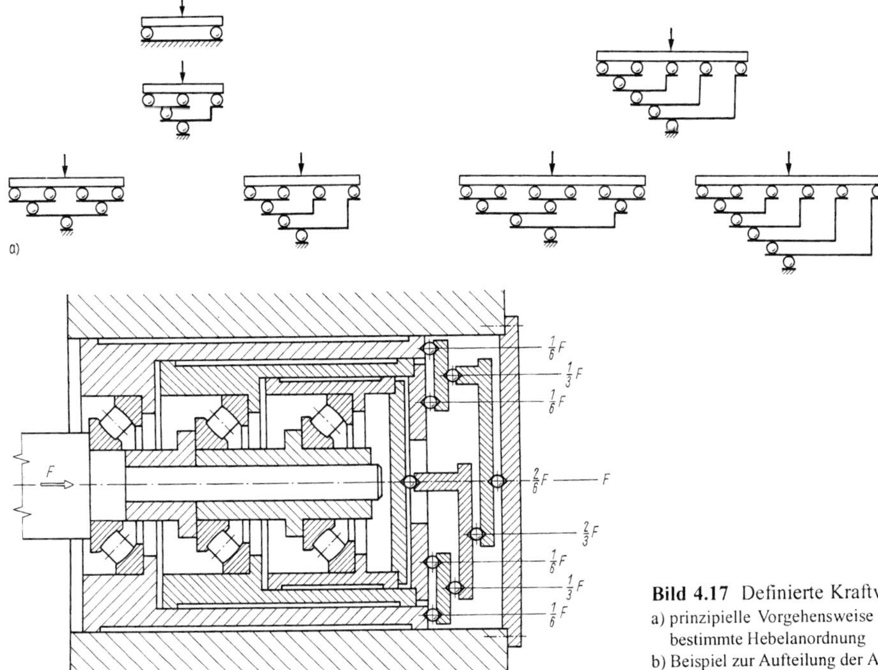

Bild 4.17 Definierte Kraftverzweigung

a) prinzipielle Vorgehensweise durch statisch bestimmte Hebelanordnung

b) Beispiel zur Aufteilung der Axialkraft F auf drei Kegelrollenlager

notwendig. Das „Prinzip der definierten Kraftverzweigung“ setzt also das „Prinzip des Vermeidens von Überbestimmtheiten“ voraus und kann als Sonderfall desselben aufgefaßt werden. **Bild 4.17a** veranschaulicht die Vorgehensweise, wenn ein Bauteil an mehreren Stellen abgestützt werden soll, um seine Verformung, z. B. durch die Eigenmasse, klein zu halten. Ein Ausführungsbeispiel ist die Spiegelhalterung für große Abmessungen (s. Abschn. 6.4.2, Bild 6.4.19). Analog kann gemäß Bild 4.17a die Schiene einer Geradführung gegenüber dem Gestell an mehreren Stellen so abgestützt werden, daß Deformationen oder Fertigungsabweichungen des Gestells keinen Einfluß auf die Durchbiegung der Schiene nehmen. Die Umkehrung der Betrachtungsweise nach Bild 4.17a wird benutzt, um eine Kraft auf mehrere Bauelemente zu verteilen, z. B. an Rollenführungen, wenn die Last auf vielen Rollen abgestützt werden muß. Als Beispiel diene die Wellenlagerung im Bild 4.17b, wo die Axialkraft auf drei Kegelrollenlager zu verteilen war. Die ideale Kraftaufteilung läßt sich neben den genannten, statisch bestimmten Hebelanordnungen (Hebel durch Drehgelenke miteinander gekoppelt) auch durch hydrostatische Mittel erzielen, eine Lösung, die im Maschinenbau bevorzugt wird. In Näherung gelangt das „Prinzip der definierten Kraftaufteilung“ auch durch eine elastische Bauweise zur Anwendung, indem die Bauteile selbst elastisch ausgebildet oder zusätzliche elastische Mittel eingeführt werden [4.12] [4.13].

4.3 Genauigkeit und Fehlerverhalten

[4.1] [4.2] [4.5] [4.17] bis [4.21] [4.53] bis [4.67]

Die Gerätefunktion wird bestimmt durch die Struktur des Gerätes sowie deren Beziehungen zur Umwelt, und sie ist mit entsprechender Genauigkeit zu realisieren. Diese hängt von vielen Faktoren ab, wie z. B. Arbeitsprinzip, Herstellung, Montage und Umwelt. Besonders in Geräten haben Fragen der Genauigkeit eine große Bedeutung, da diese das Fehlerverhalten entscheidend beeinflussen.

Die Begriffe *Fehler* und *Abweichung* sind in unterschiedlichen Fachgebieten nicht einheitlich definiert.

In der Meßtechnik spricht man von Meßabweichung, wenn der Istwert innerhalb einer vorgegebenen Toleranzgrenze liegt und vom Meßfehler, wenn der Istwert die Toleranzgrenze überschritten hat. Die Abweichung ist dabei allgemein die Differenz zwischen einem beobachteten Wert (Istwert) und einem Bezugswert (Soll-, Nennwert), der Fehler ein Merkmalswert, der die vorgegebenen Forderungen nicht erfüllt.

In der Fertigungstechnik versteht man unter Abweichungen das Nichteinhalten von Größen bzw. Werten und unterscheidet zulässige Abweichungen (Einhalten einer vorgeschriebenen Toleranz) und unzulässige Abweichungen (Überschreiten einer vorgegebenen Toleranz).

Im üblichen Sprachgebrauch werden beide Begriffe auch als Synonyme gebraucht, da je nach Betrachtungsweise sowohl Fehler als auch Abweichungen vorliegen können.

Im weiteren sollen unter dem Begriff Abweichung vor allem Fertigungsabweichungen verstanden werden, also Einzelabweichungen, und unter dem Begriff Fehler die zulässigen oder unzulässigen Abweichungen einer Funktionsgröße, einer Ausgangsgröße, als Folge von Fertigungsabweichungen und weiterer Störgrößen.

(Zeichen, Benennungen und Einheiten s. Abschn. 2).

4.3.1 Gerätefehler

Eine vorgegebene Funktion wird von jedem Gerät nur ungenau erfüllt. **Bild 4.18** zeigt die Einflußgrößen und die Einzelfehler (s. auch Tafel 2.1). Die funktionsrelevanten Eingangs- und Ausgangsgrößen E_{fi} und A_{fi} verkörpern die Sollfunktion. E_{ni} sind nichtfunktionsrelevante Eingangsgrößen. Die Schwankungen ΔE_{fi} und ΔE_{ni} (äußere Störgrößen Δx_i) stellen Abweichungen dar und verursachen Einzelfehler der Ausgangsgrößen.

Die Größen Z_i sind Gerätekennwerte, die sich ebenfalls nur mit begrenzter Genauigkeit, d. h. mit Abweichungen ΔZ_i herstellen lassen. Die Abweichungen ΔZ_i sind somit innere Störgrößen Δq_i.

Die Abweichungen der funktionsrelevanten Ausgangsgrößen ΔA_{fi}, der nichtfunktionsrelevanten Ausgangsgrößen – in Form von unerwünschten $(\Delta A_{ni})_u$ und unschädlichen $(\Delta A_{ni})_{us}$ Nebenwirkungen – hängen in komplexer Weise somit von den äußeren (ΔE_{ni} bzw. Δx_i) und inneren (ΔZ_i bzw. Δq_i) Störgrößen ab. Sie bilden in ihrer Summe den Gerätefehler.

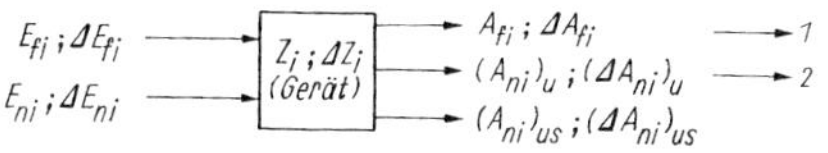

$E_{fi}; \Delta E_{fi}$ → $Z_i; \Delta Z_i$ (Gerät) → $A_{fi}; \Delta A_{fi}$ → 1

$E_{ni}; \Delta E_{ni}$ → $(A_{ni})_u; (\Delta A_{ni})_u$ → 2

$(A_{ni})_{us}; (\Delta A_{ni})_{us}$

Bild 4.18 Einzelfehler – Blockbilddarstellung
E_{fi}, ΔE_{fi} funktionsrelevante Eingangsgrößen; E_{ni}, ΔE_{ni} nichtfunktionsrelevante Eingangsgrößen; Z_i, ΔZ_i Gerätekennwerte; A_{fi}, ΔA_{fi} funktionsrelevante Ausgangsgrößen; $(A_{ni})_u$, $(\Delta A_{ni})_u$ unerwünschte nichtfunktionsrelevante Ausgangsgrößen, $(A_{ni})_{us}$, $(\Delta A_{ni})_{us}$ unschädliche nichtfunktionsrelevante Ausgangsgrößen

Die Schwankungen ΔE_{fi} werden infolge ihrer weitgehend eindeutigen Auswirkungen nicht näher betrachtet.

Der Gerätefehler setzt sich aus Einzelfehlern zusammen, die jeweils durch eine Einflußgröße hervorgerufen werden. Gleiche Einzelfehler faßt man zu einer Fehlerkomponente zusammen, entsprechend den unterschiedlichen Teilfunktionen, die zu erfüllen sind. Der Gesamtfehler ist die Summe der Fehlerkomponenten. Es ist weiterhin zweckmäßig, zwei Fehleranteile zu unterscheiden:

- Fehleranteil 1: Er enthält nur die Abweichungen ΔA_{fi} der funktionsrelevanten Ausgangsgrößen.
- Fehleranteil 2: Er faßt die unerwünschten Nebenwirkungen $(A_{ni})_u$, $(\Delta A_{ni})_u$ zusammen.

Fehleranteil 1 hat gegenüber dem Fehleranteil 2 Priorität.

Fehlerkomponenten des Anteils 1 dürfen Schranken (Forderungen) nicht überschreiten. Die Forderungen bezüglich der Fehlerkomponenten von Anteil 2 sind meist als Wünsche formuliert, z. B. darf das Ticken einer mechanischen Uhr nicht überlaut oder die Umgebungshelligkeit für einen Projektor nicht zu groß sein. Für einzelne unerwünschte Nebenwirkungen können jedoch auch quantitative Forderungen vorliegen, so daß sie wie Fehlerkomponenten des Anteils 1 zu behandeln sind; z. B. dürfen Erwärmungen durch Lichtquellen vorgegebene Werte nicht überschreiten.

Bezüglich ihrer Herkunft und Auswirkung lassen sich die Fehler in folgende Gruppen einteilen:

- Fehler, die Auswirkungen auf die Qualität der Funktionserfüllung haben, verursacht durch
  - Abweichungen ΔZ_i von den Kenndaten der Datenblätter, wie E-Modul, G-Modul, Brechzahl u. a.
  - Fertigungsabweichungen ΔZ_i bei der Herstellung der Bauelemente, wie z. B. Abweichung von der Sollgeometrie, von Dicke, Radius und Parallelität
  - Montageabweichungen ΔZ_i, wie Exzentrizität, Deformation, falsche Einbaulage u. a.
  - fehlerhafte Benutzung ΔE_{fi}, ΔA_{fi}, wie Einsatz unter schlechten bzw. falschen Voraussetzungen, falsche Bedienung, fehlerhafte Ablesung oder nicht geeignete Umgebung;
- Fehler, die Auswirkungen auf die Genauigkeit haben. Sie werden hauptsächlich durch einen Informationsverlust ΔE_{fi}, ΔZ_i, ΔA_{fi} im bzw. am Gerät verursacht, wie fehlerhafte Anzeige bzw. Auswertung der verwendeten Sensoren, fehlerhafte Übertragungs- bzw. Verarbeitungsbaugruppen, fehlerhafte Ausgabebaugruppen;
- Fehler, die gerätespezifische bzw. methodische Ursachen haben, indem die zugrundegelegte Theorie falsch bzw. mangelhaft, das gewählte Funktionsprinzip nicht in Ordnung oder die erarbeitete Konstruktion mangelhaft sind, z. B. ist die Messung der Entfernung mittels Laufzeitmessungen genauer und schneller als die optische Entfernungsmessung mittels Meßdreieck (besonders stark tritt dieser Fehler dort auf, wo das Prinzip der indirekten Messung angewendet wird).

Aufgrund der Mehrdeutigkeit des Konstruktionsprozesses lassen sich immer verschiedene Strukturen finden, die die vorgegebene Gerätefunktion erfüllen. Es ist leicht einzusehen, daß Geräte mit unterschiedlicher Struktur ein unterschiedliches Fehlerverhalten gegenüber ansonsten gleichen fehlerverursachenden Einflußgrößen haben.

Damit gilt folgende Festlegung:

■ Ein Gerät hat gegenüber einem anderen ein besseres Fehlerverhalten, wenn unter sonst gleichen Bedingungen kleinere Einzelfehler und kleinere Fehlerkomponenten entstehen, die sich auch über längere Zeiträume nicht wesentlich vergrößern dürfen.

4.3.2 Erfassung der Einflußgrößen

Die Kenntnis über das Verhalten der Einflußgrößen ist die Voraussetzung dafür, daß das Fehlerverhalten verbessert werden kann. Jedoch erweist sich die Ermittlung der die Einzelfehler verursachenden Störgrößen als schwierig, da während der Geräteentwicklung weitgehend eine gedankliche Ermittlung dieser Größen vorgenommen werden muß.

Eine erste und wichtige Möglichkeit, um den Einfluß der Störgrößen erkennen zu können, führt über die Funktionsgleichung

$$A = F(a, b, c, ...) , \tag{4.3}$$

worin $a, b, c, ...$ geometrische und physikalische Sollparameter sind. Ist sie explizit angegeben, so kann der Fehler ΔA mittels des linearen Fehlerfortpflanzungsgesetzes unter Beachtung der dafür geltenden Bedingungen zu

$$\Delta A = \frac{\partial F}{\partial a}\Delta a + \frac{\partial F}{\partial b}\Delta b + \frac{\partial F}{\partial c}\Delta c + ... \tag{4.4a}$$

$$\Delta A = V_{F_1}\Delta a + V_{F_2}\Delta b + V_{F_3}\Delta c + ... \tag{4.4b}$$

ermittelt werden. Die Größen Δa, Δb, Δc stellen die Abweichungen ΔE_{fi} und ΔZ_i von den Sollwerten dar. Es ist zu beachten, daß eine solche Vorgehensweise zwar formal durchführbar ist, aber nur dann gute Aussagen liefert, wenn die eingehenden Größen $a, b, c, ...$ in ihren funktionalen Abhängigkeiten beschrieben werden können.

Weiterhin lassen sich folgende Maßnahmen zum Ermitteln des Fehlerverhaltens anwenden:

- Zerlegen einer Übertragungsfunktion in eine Reihe mit anschließender Diskussion der einzelnen Glieder, um auf Fehler erster, zweiter und höherer Ordnung zu schließen;
- Aufstellen eines geometrischen Modells, an dem die Auswirkungen der Fehler dargestellt werden können;
- Durchführen von Experimenten mit gleichzeitiger Erfassung von Tabellen oder Kennlinien, an denen funktionale Zusammenhänge bzw. Näherungsformeln für das Fehlerverhalten ableitbar sind (gilt besonders für komplizierte Strukturen);
- Umformen des Ausgangsprinzips in der Weise, daß damit besser verallgemeinerungsfähige Aussagen erreicht werden können;
- Anwenden der Methode der kleinen Verschiebungen an einer Struktur;
- Beschreiben der funktionalen Zusammenhänge in einer Struktur mittels der Vektor-Matrizen-Methode.

Dabei ist zu unterscheiden, ob es sich um skalare oder vektorielle, systematische oder zufällige Fehler handelt.

Das Erkennen der inneren und äußeren Störgrößen kann durch Hilfsmittel, wie Blockbild-, Graphendarstellungen und auch Erfassungslisten wirkungsvoll unterstützt werden. **Bild 4.19a, b** zeigt dazu das technische Prinzip und die Blockbilddarstellung des mechanischen Teils einer Koinzidenzlibelle. Durch eine Drehung α an der Stellschraube *1* wird ein Hebelsystem bewegt, bestehend aus Doppelhebel *2* und einfachem Hebel *3*. Damit läßt sich die auf *3* befindliche Röhrenlibelle *4* feinfühlig um den Winkel ω kippen. An der Grobskala *5* und der Feinskala *6* kann man die jeweilige Kippung ablesen. Als Darstellungselemente werden die Graphenelemente „Kasten" für die Bauelemente und „Kreis" für die Kopplungen verwendet. Es ist möglich, mehrere zusammengehörige Bauelemente zu einem gemeinsamen Kasten zu vereinigen, wenn deren innere Zusammenhänge für die weiteren Betrachtungen nicht berücksichtigt werden müssen. Äußere Störgrößen sind als Leerpfeile, innere Störgrößen als Vollpfeile an die jeweiligen Elemente anzutragen. Die Bezeichnung der Störgrößen und deren Zuordnung ist konsequent und übersichtlich anzugeben. Die inneren Störgrößen werden mit Δq_i und die äußeren Störgrößen mit Δx_i bezeichnet.

Mittels Doppelindizierung erfolgt das Zuordnen zum Bauelement bzw. zur Koppelstellen- und zur Fehler-Nr.; z. B. bedeuten die Angaben

Δq_{11}: am Bauelement 1 tritt innere Störgröße 1 auf (Steigungsabweichung)
Δq_{12}: am Bauelement 1 tritt innere Störgröße 2 auf (Teilungsabweichung)
Δq_{13}: am Bauelement 1 tritt innere Störgröße 3 auf (Lage der Stellschraube nicht senkrecht zur Antaststelle)
Δx_{11}: am Bauelement 1 tritt äußere Störgröße 1 auf (Ablesefehler).

Alle Einflußgrößen werden systematisch, z. B. vom Anfang oder Ende der Funktionskette beginnend, erfaßt und in die Blockbilddarstellung übertragen (s. Bild 4.19b). Im nächsten Schritt kann man den durch jede Einflußgröße hervorgerufenen Einzelfehler ermitteln oder zumindest abschätzen.

Um eine ausreichende Sicherheit beim Erfassen von Störgrößen zu erhalten, empfiehlt es sich, mit dem gedanklichen Ansatz der „virtuellen Abweichungen" zu arbeiten. Das bedeutet, daß man gedanklich vorausbestimmt, welche möglichen Abweichungen vom Sollwert das jeweilige Bauelement (Kasten oder Kreis) haben kann.

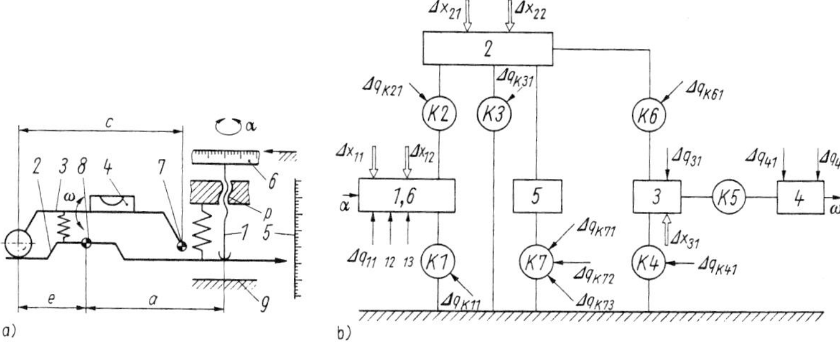

Bild 4.19 Koinzidenzlibelle

a) technisches Prinzip

1 Stellschraube; *2* Doppelhebel; *3* einfacher Hebel; *4* Röhrenlibelle; *5* Grobskala; *6* Feinskala; *7* Lager *A*; *8* Lager *B*; *9* Justierbasis = Aufstellfläche; α Drehwinkel am Betätigungsknopf; *w* Schwenkwinkel an Röhrenlibelle; *a, c, e* Hebellängen; *P* Steigung der Stellschraube

b) Blockbilddarstellung

K1 Kopplung Gewinde – Gestell; *K2* Kopplung Feinmeßschraube – Doppelhebel; *K3* Kopplung Doppelhebel – Gestellt (Lager *B*); *K4* Kopplung einfacher Hebel – Gestell (Lager *A*); *K5* Kopplung einfacher Hebel – Röhrenlibelle; *K6* Kopplung Doppelhebel – einfacher Hebel; *K7* Kopplung Grobskala – Gestell;

Δq_{11}	Steigungsabweichung Stellschraube
Δq_{12}	Teilungsabweichung Feinskala
Δq_{13}	Abweichung von senkrechter Lage zur Antaststelle
Δq_{31}	Längenabweichung Δc
Δq_{41}	Abweichung von paralleler Lage zum einfachen Hebel
Δq_{42}	Eigenabweichung der Röhrenlibelle
Δq_{K11}	Abweichung von senkrechter Lage zur Justierbasis
Δq_{K21}	Längenabweichung Δa
Δq_{K31}	Abweichung Achsparallelität zur Justierbasis
Δq_{K41}	Abweichung Achsparallelität zur Justierbasis
Δq_{K61}	Längenabweichung Δe
Δq_{K71}	Höhenversatz
Δq_{K72}	Abstandsabweichung zu Lager *B*
Δq_{K73}	Abweichung von senkrechter Lage zu Justierbasis
Δx_{11}	Ablesefehler
Δx_{12}	Einstellfehler
Δx_{21}	Längenfehler infolge Wärmeausdehnung
Δx_{22}	Durchbiegung infolge Belastung
Δx_{31}	Durchbiegung infolge Belastung

In [4.1] sind zum zielgerichteten Vorgehen dazu neun Fragestellungen erarbeitet worden:

1. Welchen Zweck hat das Funktionselement und welche Bewegungen sind zu dieser Zweckerfüllung nötig?
2. Welche geometrischen und physikalischen Größen sind für die Erfüllung seiner Funktion bestimmend?
3. Wie wirken sich Abweichungen, die die Funktion beeinflussen, aus?
4. Kann der Zweck des Funktionselements durch einen Lagefehler, d. h. durch eine Abweichung von seiner Soll-Lage beeinträchtigt werden?
5. Für welche Abweichungen von der Soll-Lage ist das Funktionselement unempfindlich?
6. Welche Toleranzbereiche sind funktionsmäßig gerade noch zulässig?
7. Welche Toleranzbereiche sind fertigungsmäßig zu erreichen?
8. Ist eine Justierung deshalb notwendig, weil die fertigungsmäßig erreichbaren Toleranzen den zulässigen Toleranzbereich überschreiten?
9. Welche Feinfühligkeit (Justiergenauigkeit) der Justiereinrichtungen ist – besonders bei sehr engem zulässigen Toleranzbereich – zweckmäßig?

Die Feinfühligkeit „*Fü*" ist definiert durch $Fü = \dfrac{\text{Betätigungsweg}}{\text{Funktionsgrößenänderung}}$. Dieses Verhältnis muß nicht konstant sein, wie z. B. bei einer Exzenterverstellung. Die Feinfühligkeit ist stets so zu wählen, daß die zu justierende Funktionsgröße (z. B. Weg, Winkel, Kraft, elektrische Spannung) mit der notwendigen Genauigkeit bzw. Auflösung bequem eingestellt werden kann. Man geht i. allg. davon aus, daß ein Betätigungsweg von etwa 1 mm von Hand sicher beherrscht wird, bei Drehbewegungen, gemessen am Umfang des Betätigungselements. Im Zähler steht deshalb stets die Einheit eines Weges, i. allg. 1 mm.

Beispiele für die Angabe der Feinfühligkeit: *Fü* = 1 mm/1 µm, *Fü* = 1 mm/2", *Fü* = 1 mm/1 mN, *Fü* = 1 mm/0,5 V.

Die Ergebnisse der Überlegungen und Untersuchungen werden in die Erfassungsliste (**Bild 4.20**) eingetragen. Es ist darauf zu achten, daß die Auswirkung der Abweichungen in der gleichen physikalischen Einheit dargestellt wird wie die zu untersuchende Ausgangsgröße, im o. g. Beispiel also in Einheiten des Winkels.

Die auf diese Weise vollständig ausgefüllte Erfassungsliste liefert einen guten Überblick über den Gesamt- und die Einzelfehler. Es können außerdem sofort Schlußfolgerungen gezogen werden, an

Nr.	Bauelem.-Nr. Koppl.-Nr.	Auswirkungen der Schwankungen Δx_i (infolge ΔE_{fi})				Störgrößen äußere Δx_i (infolge E_{ni}; ΔE_{ni})				Störgrößen innere Δq_i (infolge ΔZ_i)				Einzelfehler fehlerarme Anordn. A	Einzelfehler Justierung J	Einzelfehler Toleranzfestlegung T	Σ Fehler	Bemerkungen
		1	2	3		1	2	3		1	2	3						
1	*1*	Δx_{12} *T* ±0,5"				Δx_{11} *T* ±0,2"				Δq_{11} *T* ±0,03"	Δq_{12} *T* ±0,1"	Δq_{13} *A* $\rightarrow 0$				±0,5" ±0,03" ±0,1" ±0,2"	±0,83"	Δq_{13} Fehler höherer Ordnung
2	*2*					Δx_{21} $\rightarrow 0$	Δx_{22} *T* ±10^{-4}"									±1·10^{-4}"		$\Delta x_{21} \rightarrow 0$ kann vernachlässigt werden, kaum Biegebelastung zu erwarten
3	*3*					Δx_{31} *T* ±1·10^{-4}"				Δq_{31} *T* ±0,01"						±0,01" ±1·10^{-4}"	±0,01"	$\Delta x_{31} \rightarrow 0$ kann vernachlässigt werden, kaum Biegebelastung zu erwarten
4	*4*									Δq_{41} *T* ±1°	Δq_{42} *T* ±0,2"				±1°	±0,2"	±1°0'0,2"	Δq_{41} kann bei Bedarf durch eigene Justiereinheit an *4* beseitigt werden
5	*K1*									Δq_{K11} *A* $\rightarrow 0$								Δq_{K11} Fehler höherer Ordnung
6	*K2*									Δq_{K21} *T* ±0,01"						±0,01"	±0,01"	
7	*K3*									Δq_{K31} *A* $\rightarrow 0$								Δq_{K31} Fehler höherer Ordnung
8	*K4*									Δq_{K41} $\rightarrow 0$								Δq_{K41} Fehler höherer Ordnung
9	*K5*																	wird als fehlerfrei angenommen
10	*K6*									Δq_{K61} *J* ±0,8"					±0,8"		±0,8"	
11	*K7*									Δq_{K71}	Δq_{K72} $\rightarrow 0$	Δq_{K73} *A* $\rightarrow 0$						Δq_{K71} unkritisch, es gibt höchstens Ableseschwierigkeit Δq_{K73} Fehler höherer Ordnung
12																		
															±1°0'0,8"	±1,05"	1°0'1,85"	
														Fehler Spaltensummen			Fehler Gesamt	

Bild 4.20 Koinzidenzlibelle - Fehlererfassungsliste

welchen Stellen man Maßnahmen ergreifen muß, um das Fehlerverhalten zu verbessern. Die Zeilensumme gibt an, welche Bauelemente und Kopplungen größere Einzelfehler verursachen. Aus der Spaltensumme ist abzuleiten, welche wichtigen prinzipiellen Maßnahmen einzuleiten sind. Es ist in jedem Falle zu prüfen, wie der Einzelfehler verringert bzw. beseitigt werden kann und welcher Spalte er zuzuordnen ist. Die Einzelfehler lassen sich oft auf verschiedene Weise verringern, deshalb kann auch eine Zuordnung zu unterschiedlichen Spalten möglich bzw. eine Umverteilung sinnvoll sein. Zweckmäßig sind dort Maßnahmen einzuleiten, wo große Einzelfehler vorliegen.

In [4.5] sind Methoden angegeben, wie die Einflüsse der Störgrößen mit mathematischen Mitteln in komplexer Weise behandelt werden können und welchen Einflußkoeffizient der jeweilige Fehler besitzt. Anhand der Größe der Fehlerauswirkung und der Größe des Einflußkoeffizienten lassen sich daraus gezielte Schlußfolgerungen zur Festlegung der Beeinflussungsstellen ableiten.

4.3.3 Fehlerverhalten in der Geräteentwicklung

Ein Gerät hat eine Vielzahl von Forderungen zu erfüllen, entscheidend ist oft die nach einem guten Fehlerverhalten. Deshalb sind damit verbundene Probleme bereits während der Entwicklung eines Gerätes mit großer Aufmerksamkeit zu verfolgen und zu behandeln.

Wesentlich beeinflußt wird das Fehlerverhalten während der Produktentwicklung in den Phasen

- Suchen der Funktionsstruktur
- Aufstellen des technischen Prinzipes
- Konkretisieren des technischen Prinzipes
- Erarbeiten des technischen Entwurfes.

Der Schwerpunkt liegt in der Phase des Konkretisierens des technischen Prinzips, bevor man den technischen Entwurf erarbeitet. Beim Festlegen der Funktionsstruktur wird das Fehlerverhalten entscheidend prinzipiell bestimmt, obwohl in dieser Phase kaum konkrete Aussagen möglich sind. Dieser Widerspruch führt häufig zu Rückkopplungen während der Entwicklung.

In allen Phasen der Produktentwicklung ist zu entscheiden, ob ein Fehler in Kauf genommen oder ob seine Auswirkung durch Vorbeugen bzw. Entgegenwirken klein gehalten werden kann (s. auch Abschn. 2.2). Wenn z. B. in der Phase des Konkretisierens des technischen Prinzips die fehlertheoretischen Betrachtungen ein ungenügendes Fehlerverhalten ergeben, kann man durch die Wahl eines anderen physikalisch-technischen Wirkprinzips und erneutes Durchlaufen der folgenden Phasen eine Verbesserung und u. U. eine völlig neue Qualität erreichen.

4.3.4 Verbessern des Fehlerverhaltens

Das **Bild 4.21** zeigt die Möglichkeiten zum Verbessern des Fehlerverhaltens. Diese gelingen nur über das Verändern der Struktur. Je nach Bearbeitungsstand lassen sich an der Struktur funktionelle oder geometrisch-stoffliche Eigenschaften verändern.

In [4.5] sind Maßnahmen zum Verbessern des Fehlerverhaltens angegeben, die insbesondere das Beeinflussen der geometrisch-stofflichen Eigenschaften der Struktur betreffen, wobei außerdem technisch-ökonomische Aspekte einbezogen werden. Es sind dies

- technologische Maßnahmen, wie Methoden des nachträglichen Bearbeitens, z. B. Vermeiden von Spiel durch Einschleifen von Schraube und Mutter, Vermeiden von Exzentrizitäten an einem Teilkreis durch Aufbringen der Teilung nach erfolgter Montage der Baugruppe, Erreichen von Kontaktkräften durch nachträgliches plastisches Verformen der Kontaktfedern in einem Relais;
- organisatorisch-technische Maßnahmen, u. a. Selektion von Einzelteilen bei der Montage, Einbringen von Korrekturen anhand statistischer Auswertungen, Bewegen von Bauteilen in nur einer Richtung, Schaffen von reproduzierbaren Fertigungsbedingungen;
- konstruktive Maßnahmen, z. B. Einbringen von diskreten Abstimmelementen, Verwenden von kontinuierlich und diskontinuierlich arbeitenden Justiereinheiten, Anwenden der konstruktiven Prinzipien der fehlerarmen Anordnungen.

Phasen			Verbesserung des Fehlverhaltens durch:	
Suchen der Funktionsstruktur Aufstellen des technischen Prinzips	Eigenschaften der Struktur	funktionelle	physikalisch-technisches Prinzip	rechnerische Korrektion von Einzelfehlern am Geräteexemplar
Konkretisieren des technischen Prinzips Erarbeiten des technischen Entwurfs		geometrisch-stoffliche	fehlerarme Anordnungen - Fehlerminimierung - Innozenz - Invarianz - Kompensation Justierung Toleranzfestlegung quantitative Anpassung an Forderungen	

Bild 4.21 Verbesserung des Fehlerverhaltens in den Phasen der Produktentwicklung

Die rechnerische Korrektion von Einzelfehlern am realen Gerät gewinnt eine zunehmende Bedeutung. Insbesondere bei Meßgeräten können sowohl systematische als auch zufällige Fehler beim Auswerten der Meßergebnisse berücksichtigt werden. Infolge des hohen Standes der Rechentechnik gewinnt die umfassende rechnerische Korrektion der Meßergebnisse weiter an Bedeutung, ebenso wie die sich immer stärker ausbreitende Möglichkeit der Automatisierung von Gerätefunktionen. Damit lassen sich Gerätekennwerte automatisch erfassen und rechentechnisch verarbeiten. Mit gezielten Steuerungen und Regelungen sind die Gerätefehler dadurch noch besser beherrschbar, z. B. Aufbau von selbstprüfenden und -korrigierenden Systemen [4.54] [4.55] [4.57] [4.62].

Die Fehlerauswirkungen lassen sich außerdem durch gezielte organisatorische Maßnahmen, bei gleichem Fehlerverhalten der Struktur, weiter verringern. Dies geschieht vor allem durch Beachten spezieller Bedingungen beim Einsatz und bei der Bedienung der Geräte bezüglich ihres mechanischen und thermischen Verhaltens.

► **Beispiele:**

- Festlegen von kurzen Betriebszeiten, um den Temperaturgang im Gerät klein zu halten;
- Anstreben von solchen Anfahr- und Antastbewegungen bei Meßgeräten, daß Stöße und dadurch meßwertverfälschende Schwingungen vermieden werden;
- Einseitige Zielannäherung an die zu messenden bzw. einzustellenden Größen, um die Umkehrspanne infolge mechanischen Spiels oder mechanischer bzw. elektrischer Hysterese zu vermeiden;
- Anwenden von geeigneten Bedienstrategien, um Einflüsse von zufälligen Abweichungen zu reduzieren.

4.3.5 Prinzipien der fehlerarmen Anordnungen

Die Struktur eines Gerätes liegt nach der Phase „Erarbeiten des technischen Prinzips" qualitativ weitgehend fest. Es sind nur noch geringfügige prinzipielle Veränderungen möglich. Daraus wird deutlich, daß die davorliegenden Phasen entscheidend dafür sind, daß ein technisches Prinzip mit einem guten Fehlerverhalten erarbeitet worden ist. Das Verbessern des Fehlerverhaltens erreicht damit zwangsläufig eine natürliche Grenze.

Bei der konstruktiven Bearbeitung sollten in jedem Fall die Prinzipien der fehlerarmen Anordnungen beachtet werden. Diese entstehen, wenn für ein vorliegendes technisches Prinzip in der Phase der Konkretisierung das Fehlerverhalten durch quantitative und geringfügige qualitative Veränderungen verbessert werden kann. Die bewußte Suche nach solchen Anordnungen ist sehr gewissenhaft durchzuführen, weil oft erhebliche Verbesserungen des Fehlerverhaltens ohne zusätzlichen technischen und ökonomischen Aufwand zu erzielen sind. Fehlerarme Anordnungen erreicht man (s. Tafel 4.3) durch Minimierung des Fehlerfaktors und durch Kompensation (s. auch Abschn. 4.2.3.2).

Ferner kann durch Justierung (s. Abschn. 4.3.7) und Tolerierung (s. Abschn. 4.4) das Fehlerverhalten verbessert werden.

4.3.6 Minimieren des Fehlerfaktors

Der Fehlerfaktor V_F gemäß Gl. (4.4b) gibt für jeden Einzelfehler den Zusammenhang zwischen der entsprechenden Einflußgröße und dem durch sie hervorgerufenen Einzelfehler an. Es gilt

$$(\Delta A_i)_1 = V_{F1} \cdot \Delta Z_i; \quad V_{F1} = (\partial A/\partial Z_i)_I \tag{4.5a}$$

$$(\Delta A_i)_2 = V_{F2} \cdot \Delta E_{ni}; \quad V_{F2} = (\partial A/\partial E_{ni})_2 \tag{4.5b}$$

$$(\Delta A_i)_3 = V_{F3} \cdot \Delta E_{fi}; \quad V_{F3} = (\partial A/\partial E_{fi})_3 \tag{4.5c}$$

Die Einzelfehler ΔA_i können durch Abweichungen der funktionsrelevanten Eingangsgrößen ΔE_{fi}, Gl. (4.5c), durch nichtfunktionsrelevante äußere Störgrößen E_{ni}, ΔE_{ni}, Gl. (4.5b), und durch innere Störgrößen ΔZ_i, Gl. (4.5a), hervorgerufen werden. Mit 1, 2 und 3 wird die Art der Einflußgröße gekennzeichnet, i ist der fortlaufende Index.

Wenn der Fehlerfaktor V_F klein ist, bleibt auch der Einzelfehler klein. Je nach Grad der Verkleinerung entstehen fehlerminimierte, innozente oder invariante Anordnungen.

Von *fehlerminimierten* Anordnungen spricht man dann, wenn der Fehlerfaktor merklich gegenüber der Ausgangssituation verringert werden kann, z. B. mittels mathematischer Optimierungsverfahren (lineare oder dynamische Optimierung), Verkürzung von Funktions- oder Informationsketten, Einsatz von Bauelementen mit nichtlinearer Kennlinie (**Tafel 4.4**; Beispiel 1).

Innozente Anordnungen entstehen, wenn Strukturen gefunden oder aufgebaut werden können, bei denen der Fehlerfaktor so weit verkleinert ist, daß lediglich Einzelfehler von zweiter (bzw. höherer) Ordnung entstehen, s. Gl. (4.1). Der Fehlerfaktor V_F nimmt dann die Gestalt an

$$V_F = C \cdot \text{Einflußgröße} \tag{4.6a}$$

und der Einzelfehler die Form

$$\Delta A = C \cdot (\text{Einflußgröße})^2, \tag{4.6b}$$

wobei C eine Konstante unterschiedlicher Größe ist und die Einflußgröße einen kleinen Wert hat. Dadurch werden in Gl. (4.1) die Terme mit den nichtlinearen Anteilen insgesamt schnell sehr kleine Werte annehmen. So entstehen nach den Gln. (4.5a, b, c) Einzelfehler zweiter (und höherer) Ordnung, die meist sehr klein und vernachlässigbar sind. Die bewußte Anwendung und Nutzung solcher Strukturen ist als Prinzip der Innozenz bekannt geworden und erweist sich in der Feinwerktechnik als sehr wirkungsvoll (Beispiele s. Abschn. 4.2.3.2 und Tafel 4.4, Beispiel 2).

Invariante Anordnungen entstehen, wenn der Fehlerfaktor zu Null wird. Damit bleibt der Einzelfehler selbst für große Einflußgrößen immer Null. Die Nutzung von invarianten Anordnungen wird auch als Prinzip der Invarianz bezeichnet (Beispiele s. Abschn. 4.2.3.2).

4.3.7 Justierung

[4.1] [4.2] [4.5] [4.17] bis [4.21] [4.53] bis [4.67]

Die Justierung ist eine wichtige Maßnahme in der Feinwerktechnik, mit der das Fehlerverhalten eines Gerätes dann verbessert werden kann, wenn andere Maßnahmen (s. Abschn. 4.4) nicht zum Erfolg führen. Sie stellt einen Prozeß dar, den man mit einem Regelungsprozeß vergleichen und analog auch so beschreiben kann. **Bild 4.25a** zeigt die schematische Darstellung eines Justierprozesses in Form eines sogenannten Justierkreises. Der Justierer (Mensch oder Automat) erfaßt mittels einer Meßeinrichtung wichtige für die Gerätefunktion entscheidende Werte, vergleicht diese mit den vorgegebenen Sollwerten und entscheidet danach, ob und wie er mit den Stelleinrichtungen die Gerätekennwerte beeinflußt, bis die gewünschte Gerätefunktion erreicht ist. Nachdem das Justierergebnis ordentlich gesichert wurde, ist die Justierung beendet.

Es kann folgende Definition in verallgemeinerter Form angegeben werden [4.1], vgl. auch Abschn. 4.4.4:

- Justieren heißt, Funktionselemente so zu verändern, daß diese die für die gewünschte Funktion des gesamten technischen Gebildes oder Verfahrens notwendigen Kennwerte bekommen.

Jeder Justierprozeß weist nach **Tafel 4.5** allgemeine und spezifische Merkmale auf.

Tafel 4.4 Minimierung des Fehlerfaktors, Beispiele

▶ **Beispiel 1:** Fehlerminimierte Grenzmomentkupplung

Im **Bild 4.22** ist eine einfache Grenzmomentkupplung dargestellt, die man als Sicherheitskupplung einsetzen kann. Infolge der Reibung zwischen den beiden Reibscheiben *3* und dem Zahnrad *4* wird ein Moment M von der Welle *1* über das Zahnrad *4* übertragen. Das übertragbare Grenzmoment $M_G = 2\,\mu F_F r_w$ ist vom Reibwert μ, der Federkraft F_F und dem wirksamen Reibradius r_w abhängig. Wird aus Platzgründen eine scheibenförmige Feder *2* mit steiler Federkennlinie *5* verwendet, führt z. B. Verschleiß an den Reibstellen zu einer relativ großen Veränderung der Federkraft und damit zur Veränderung des Grenzmoments M_G. Setzt man jedoch eine Feder mit nichtlinearer Kennlinie *6* ein, wird der Einfluß des Verschleißes innerhalb des Arbeitsbereichs $\overline{AB}$ entscheidend verringert. Eine solche Kennlinie kann man mittels Tellerfeder erreichen. Durch einfache Überlegungen entsteht eine fehlerminimierte Anordnung mit nur geringem Einfluß des Verschleißes und der Dickentoleranzen auf das Grenzmoment.

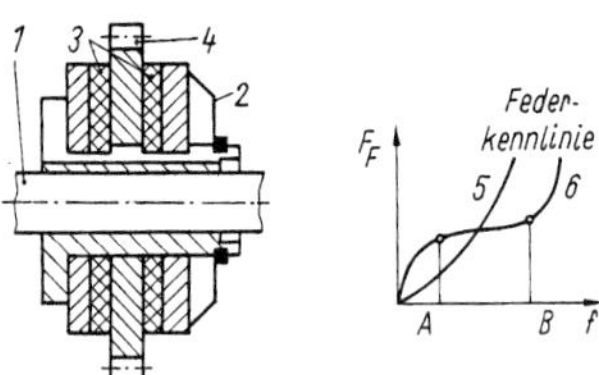

Bild 4.22 Grenzmomentkupplung
1 Welle; *2* Scheibenfeder; *3* Reibscheiben; *4* Zahnrad; *5* steile Federkennlinie; *6* nichtlineare Federkennlinie

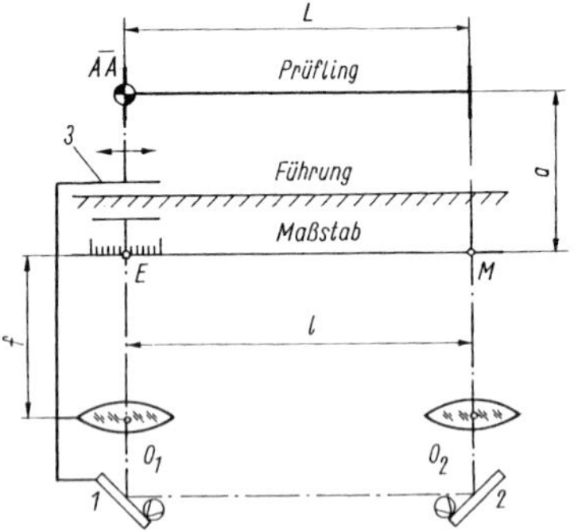

Bild 4.23 Meßanordnung nach *Eppenstein*
1 Spiegel; *2* Spiegel; *3* Meßschlitten; O_1 Objektiv; O_2 Objektiv; f Brennweite von O_1 und O_2; a Abstand zwischen Maßstab und Prüfling; L Länge Prüfling; l Länge Maßstab

▶ **Beispiel 2:** Eppenstein-Prinzip

Das *Abbesche Komparatorprinzip* (s. Abschn. 4.2) führt bei fluchtender Anordnung von Maßstab und Prüfling infolge Verkippen zwischen Prüfling und Maßstab bzw. Normal nur zu kleinen Fehlern. Bei Verletzen dieses Prinzips treten größere Meßfehler erster Ordnung auf. Mit einem Meßschieber z. B. kann man daher nur weniger genaue Messungen ausführen. *Bauerschmidt* hat in der Zeitschrift Feingerätetechnik 1975, Heft 6, optische Meßsysteme beschrieben, die innozente Anordnungen darstellen, obwohl Maßstab und Prüfling nicht fluchten. Auch die von *Eppenstein* stammende und in Meßmaschinen verwirklichte Meßanordnung (**Bild 4.23**) ist ein Spezialfall der genannten optischen Meßsysteme. Dennoch soll an diesem Spezialfall das prinzipielle Vorgehen zur Fehlerminimierung erläutert werden. Entsprechend Bild 4.23 befindet sich der Prüfling zwischen den beiden vertikalen Meßflächen und der Maßstab an der Meßmaschine parallel zum Prüfling. Das Objektiv O_1 mit der Brennweite f bildet den Punkt E des Maßstabs nach Unendlich und über die Einzelspiegel *1* und *2* sowie das Objektiv O_2 auf die Marke M des Maßstabs ab. Die Länge L des Prüflings soll der Länge l des Maßstabs entsprechen. Der mittels Führung verschiebbare Meßschlitten *3* enthält die eine Meßfläche sowie die Leseeinheit (O_1 und *1*) und gestattet, unterschiedlich lange Prüflinge zu messen. Infolge von Führungsfehlern kippt der Meßschlitten *3* um die Achse $\overline{AA}$, so daß Meßfehler entstehen.

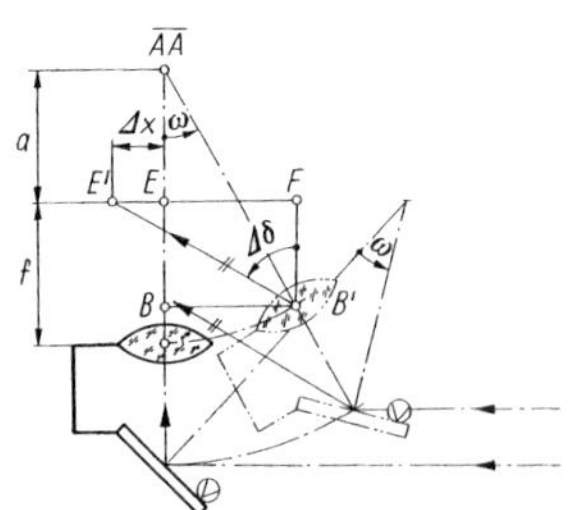

$$\Delta\delta = 2\omega \qquad \Delta x = \overline{E'F} - \overline{EF}$$

$$\Delta x = \left[(a+f)\cos\omega - a\right]\tan(2\omega) - (a+f)\sin\omega$$

$$\overline{EF} = \overline{BB'} \qquad \sin\omega = \frac{\overline{BB'}}{a+f} = \frac{\overline{EF}}{a+f} \qquad \overline{EF} = (a+f)\sin\omega$$

$$\overline{BE} = \overline{B'F} \qquad \tan\Delta\delta = \frac{\overline{E'F}}{\overline{B'F}} \qquad \overline{E'F} = \overline{B'F}\tan(2\omega)$$

$$\cos\omega = \frac{a+\overline{BE}}{a+f} = \frac{a+\overline{B'F}}{a+f} \qquad \overline{B'F} = (a+f)\cos\omega - a$$

Bild 4.24 Meßfehler der Meßanordnung gemäß Bild 4.23 bei Verkippung
Δx Ablesefehler; Δd Strahlablenkung infolge Kippfehler w; f Brennweite; a Abstand

Im **Bild 4.24** ist der infolge Verkippen des Meßschlittens entstehende Meßfehler Δx dargestellt.
Da die Verkippungen ω klein sind, kann man $\sin\omega$, $\cos\omega$ und $\tan 2\omega$ durch die Anfangsglieder der Reihenentwicklung ersetzen, so daß $\Delta x \approx (f - a)\,\hat{\omega} + f\,\hat{\omega}^3$ als Näherung gilt.
Für $a = f$ verbleibt lediglich ein sehr kleiner Meßfehler $\Delta x \approx +f\hat{\omega}^3$. Das bedeutet, daß die Antaststelle $\overline{AA}$ vom Maßstab im Abstand $a = f$ angeordnet werden muß.

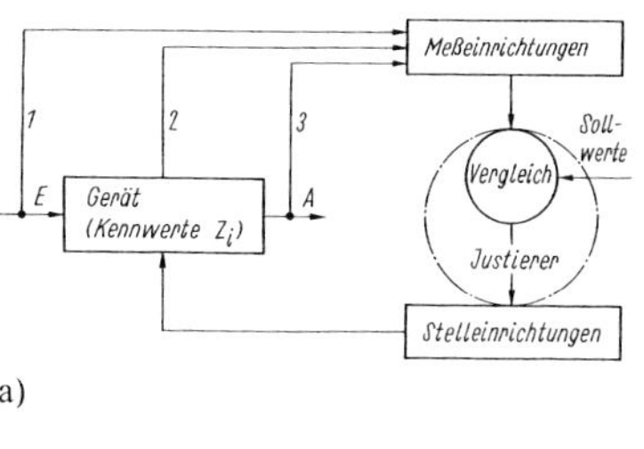

a)

Ordnungs-gesichtspunkte	Unterscheidungsmerkmale	
1. Art der Ausgangsgröße	ein diskreter Wert mehrere diskrete Werte funktionell abhängige Werte	- einfacher Justierkreis - mehrere einfache Justierkreise - gekoppelte Justierkreise
2. Art des Justierkreises	geschlossen offen	- kontinuierliche Justierung - diskontinuierliche (Sukzessiv-) Justierung
3. Art der Informationserfassung	Erfassung der	Eingangsgrößen Ausgangsgrößen Gerätekennwerte kombinierten Größen

b)

Justierproblem	Durchführung der Justierung
einfacher Justierkreis	problemlose Justierung
mehrere einfache Justierkreise	Mehrfachjustierung in beliebiger Reihenfolge
gekoppelte Justierkreise	- Entkoppeln der Justierkreise und Mehrfachjustierung in bestimmter festgelegter Reihenfolge - Einsatz von Sukzessivjustierung - Einsatz von Kompensationen - Einsatz eines zusätzlichen einfachen Justierkreises

c)

Bild 4.25 Justierungsmöglichkeiten
a) Justierkreis
b) Beschreibungsübersicht für die Justierungen
c) Maßnahmen zur zielgerichteten Justierung

Durch Justierung werden insbesondere die inneren Störgrößen beeinflußt, und sie erfolgt während oder nach der Montage. Justiermaßnahmen sind schon bei der Geräteentwicklung zu planen, indem die Gerätestruktur justiergerecht gestaltet und geeignete Justierabläufe festgelegt werden. Die Entscheidung darüber ist oft schwierig. Deshalb sind Kenntnisse über die Besonderheiten der Justierung wichtig.

Tafel 4.5 Merkmale einer Justierung

- **Allgemeine Merkmale**
- Justierung stellt einen einmaligen Vorgang dar, der nach Erreichen des Sollwerts und nach Sichern des Justierergebnisses (bei entsprechender Notwendigkeit) beendet ist.
- Justierung muß sich gut in den Montageablauf einfügen.
- Justierung kann statisch betrachtet werden, da Justierzeiten im Vergleich zu dynamisch ablaufenden Regelvorgängen lang sind.
- Der Justierer ist i. allg. in den Justierprozeß einbezogen und realisiert den Vergleich mit dem Sollwert und das erforderliche Verstellen; es gibt zunehmend auch Lösungen, bei denen die Justierung durch Automaten erfolgt.
- **Spezifische Merkmale**
- Die zu justierende Größe ist ein bestimmter Wert innerhalb eines Wertebereiches.
- Justierung sollte in einem geschlossenen Kreis ablaufen.
- Die zu justierende Größe wird gemessen und mit dem Sollwert verglichen.
- Das Verstellen muß mit der erforderlichen Feinfühligkeit (Justiergenauigkeit) erfolgen.
- Der Justierbereich muß das maximal mögliche Verstellen gewährleisten.
- Das Verstellen muß zielstrebig und sicher in kurzer Zeit zum gewünschten Ergebnis führen.

Sind die spezifischen Merkmale erfüllt, handelt es sich um die einfachste Form der Justierung, die in [4.1] als *bestimmte* Justierung bezeichnet wird.

Sind bestimmte spezifische Merkmale nicht erfüllt, z. B. die zu justierenden Größen bestehen aus einem Wertepaar oder einer Wertemenge, so wird die Justierung schwieriger. In der Literatur [4.1] [4.17] sind solche Justierungen als *unbestimmte* Justierungen charakterisiert, die man nach Möglichkeit vermeiden sollte, bzw. für die man besondere Maßnahmen ergreifen muß.

4.3.7.1 Justierverfahren

Bild 4.25b zeigt systematische Beschreibungsmöglichkeiten für die Justierung, die es ermöglichen, Justierprobleme einzuordnen. Schlußfolgerungen für das Verbessern der Justierungsmöglichkeiten lassen sich mit den in Bild 4.25c angegebenen Maßnahmen ziehen.

Die einfachste und eindeutige Justierung ist gegeben, wenn als Ausgangsgröße ein diskreter Wert vorliegt, die Ausgangsgröße gemessen und mit einem Sollwert verglichen sowie die dabei ermittelte

Differenz durch Justierung ausgeglichen wird, d. h. daß die Justierung in einem einfachen geschlossenen Justierkreis abläuft.

Die Probleme werden größer, wenn eine solch einfache Zuordnung nicht erfüllbar ist. Besonders aufmerksam muß man gekoppelte Justierkreise betrachten. Um solche handelt es sich, wenn an einem Gerät mehrere Ausgangsgrößen A_i vorhanden sind und justiert werden müssen, wobei mehrere Gerätekennwerte Z_i diese Ausgangsgrößen beeinflussen. Man spricht in diesem Fall auch von *unbestimmter* Justierung, im Gegensatz zur *bestimmten* Justierung bei einfachen Justierkreisen.

Bei Justierüberlegungen muß man sich von zwei pragmatischen Grundforderungen leiten lassen [4.1].

- *Erste Grundforderung*: Die Gesamtjustierung ist in einzelne Vorgänge aufzugliedern. Jeder Justiervorgang soll abgeschlossen und endgültig sein, nachfolgende dürfen vorangegangene Vorgänge nicht beeinflussen.
- *Zweite Grundforderung*: Bei jedem Justiervorgang soll jeweils nur ein Funktionselement in möglichst nur einer Richtung mit der notwendigen Feinfühligkeit verändert werden.

Diese beiden Forderungen lassen sich nicht in jedem Fall erfüllen. Bei komplizierteren Fällen müssen dann weitere Maßnahmen ergriffen werden (Bild 4.25c). Dazu ist es erforderlich, neben der Gestaltung und Behandlung der Justierkreise weitere umfangreiche Justierüberlegungen anzustellen, unter anderem

- zum Ausgangszustand einer zu justierenden Größe, z. B. definiert zu klein oder zu groß bezüglich des Sollwertes;
- zum Annähern des Justierergebnisses an den Sollwert aus nur einer Richtung, d. h. einseitige Zielannäherung.

Einige wichtige Justierverfahren sollen im folgenden erläutert und an Beispielen verdeutlicht werden.

▶ **Beispiel 1:** Einfacher geschlossener Justierkreis – Justierung einer Grenzmomentkupplung (Tafel 4.4, Bild 4.22 [4.12] [4.13])

Wenn bei in Serie herzustellenden Kupplungen das Grenzmoment M_G innerhalb enger Toleranzen gefordert wird, erweist sich eine Justierung als zweckmäßig, da dann die Toleranzen der Scheibendicke und der Federkennwerte nicht extrem eng sein müssen. Als Ausgangsgröße A liegt das Grenzmoment als einziger diskreter Wert vor. Damit läßt sich das Justierproblem mit einem einfachen Justierkreis beherrschen. Die Federvorspannung wird so lange verändert, bis M_G den Sollwert erreicht hat. Anschließend sichert man das Justierergebnis in geeigneter Weise, z. B. durch plastisches Deformieren am Gewinde. Damit ist der Justiervorgang abgeschlossen. Da dieser Vorgang gut überschaubar und technisch beherrschbar ist, leitet sich hierfür auch eine geeignete Automatisierung ab, so daß der Mensch als Justierer nicht mehr benötigt wird. Die Justierung kann entsprechend den technischen Möglichkeiten für die Einflußnahme auf die Federvorspannung und das Erfassen des Grenzmoments sowohl in geschlossenen als auch in offenen Justierkreisen ablaufen.

▶ **Beispiel 2:** Einfacher offener Justierkreis (Sukzessivjustierung) – Justierung eines Passameters (**Bild 4.26**)

Ist der Justierkreis nicht geschlossen, muß die Sukzessivjustierung angewendet werden, um in mehreren Schritten das Ziel iterativ zu erreichen.

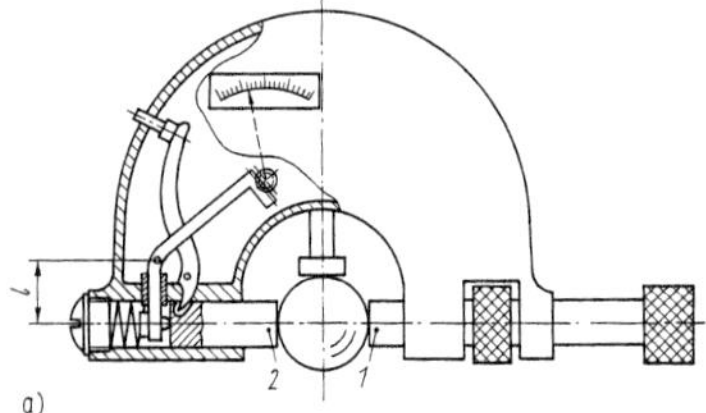

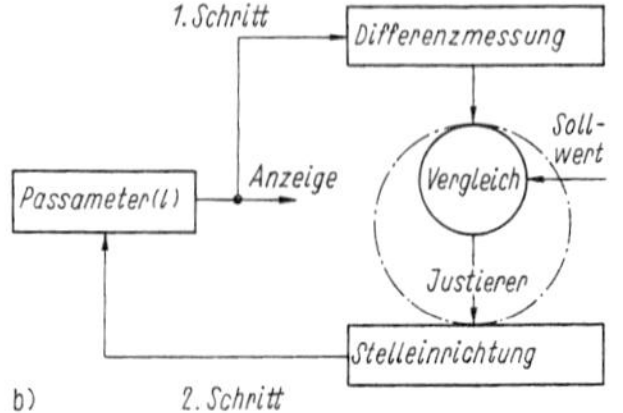

Bild 4.26 Passameter
a) Aufbau; b) Justierfolge
1 verstellbare Meßfläche
2 bewegliche Meßfläche
l Hebellänge

In Bild 4.26 ist der Aufbau eines Passameters dargestellt. Mit ihm lassen sich Abweichungen von einem vorgegebenen Maß, das eingestellt werden kann, bestimmen. Für dieses Maß wird ein Endmaß eingelegt und die Meßfläche *1* so lange verstellt, bis der Zeiger Null zeigt. Nunmehr können die zu prüfenden Teile eingelegt und ihre Abweichungen ermittelt werden. Das setzt das Übertragen der Verschiebung der beweglichen Meßfläche *2* mit richtiger Übersetzung auf einen Zeiger voraus, um auch ein exaktes absolutes Maß zu erhalten. Die richtige Übersetzung wird durch Justierung der Hebellänge *l* des Getriebes erreicht. Sie läßt sich leicht durch Differenzmessung ermitteln, indem man zwei unterschiedliche Endmaße einlegt und die Zeigerausschläge vergleicht. Danach schließt sich die Justierung an.

Es ist zu erkennen, daß diese aufgrund des unterbrochenen (offenen) Justierkreises in Schritten vorgenommen werden muß. Nach erfolgter Justierung wird durch Differenzmessung überprüft, ob das Justierziel erreicht ist. Die zielstrebige Justierung erfordert also Zyklen von je zwei Schritten:

Schritt 1 – Bestimmen des Anzeigefehlers durch Differenzmessung,
Schritt 2 – Verstellen der Hebellänge *l*.

Die Zyklen werden in der angegebenen Reihenfolge so lange wiederholt, bis die Anzeigegenauigkeit ausreichend ist. Dabei wird sich die Schrittweite bei Annähern an das Justierziel iterativ verkleinern.
Läßt sich aufgrund von Dimensionierungsrechnungen oder Labormessungen ein Zusammenhang tabellarisch oder grafisch zwischen Anzeige- und Hebellängenänderung ermitteln, vereinfacht sich die Justierung erheblich, weil man dann in einem Zyklus aufgrund einer Messung zielstrebig mit dem Verstellen das Justierziel erreichen kann.

▶ **Beispiel 3:** Gekoppelte Justierkreise – Justierung eines Abbildungssystems

Gekoppelte Justierkreise lassen sich prinzipiell anhand **Bild 4.27** darstellen, hier verdeutlicht an zwei Ausgangsgrößen A_{f1} und A_{f2}, die jeweils von den Gerätekennwerten Z_1 und Z_2 gleichzeitig abhängen. Im Beispiel in **Bild 4.28a** sind ein bestimmter vorgegebener Abbildungsmaßstab γ_{Soll} und eine hohe Bildschärfe b_s gefordert, wenn der Gegenstand von y nach y' abgebildet wird. Aus Bild 4.28a, b ist ersichtlich, daß sowohl die Verschiebung V_1 (Gegenstand) als auch die Verschiebung V_2 (Objektiv und Gegenstand gemeinsam) auf die beiden Forderungen einwirken und entsprechend Bild 4.27 diese Justierkreise *1* und *2* miteinander gekoppelt sind.

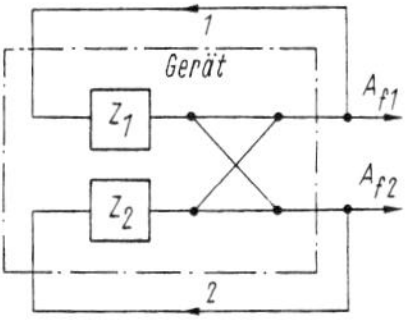

Bild 4.27 Zwei gekoppelte Justierkreise
1 Justierkreis *1*; *2* Justierkreis *2*

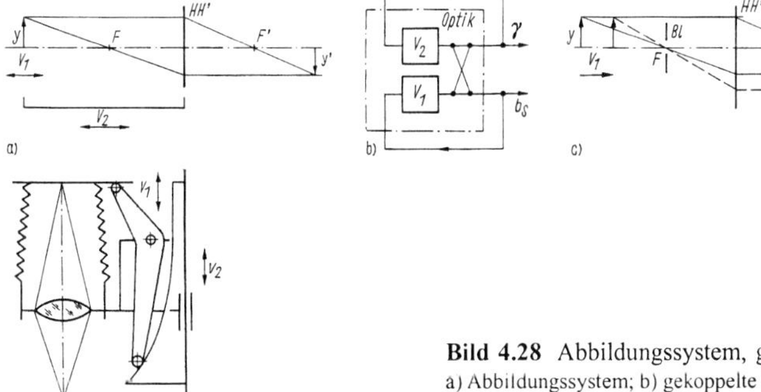

Bild 4.28 Abbildungssystem, gekoppelte Justierkreise
a) Abbildungssystem; b) gekoppelte Justierkreise; c) Entkopplung; d) Kompensation

Ein Entkoppeln ist durch Anordnen einer kleinen Lochblende (*BL*) in der vorderen Brennebene zu erzielen (Bild 4.28c). Die Justierkreise werden damit voneinander unabhängig. Bei eingeschalteter Lochblende wird das Objektiv um V_1 verstellt und damit der Abbildungsmaßstab γ_{Soll} erreicht. Die Blende erzeugt telezentrischen Strahlengang; es ergibt sich eine große Schärfentiefe, d. h. die Bildschärfe wird durch die Verschiebung V_1 nur unwesentlich beeinträchtigt. Nach dem Ausschwenken der Lochblende wird das Bild unscharf und läßt sich durch die Verstellung V_2 scharf stellen. Damit ist die Justierung meist schon beendet, weil sich der eingestellte Abbildungsmaßstab kaum ändert. Bei Bedarf sind die beiden Justierschritte zu wiederholen, wobei die richtige Reihenfolge beizubehalten ist. Auch die Sukzessivjustierung läßt sich in diesem Fall mit Erfolg anwenden. Sie besteht dann aus einer Folge von Zyklen mit je zwei Justierschritten. Zweckmäßigerweise geht man von einem scharf erkennbaren Bild und einem noch fehlerbehafteten Abbildungsmaßstab γ_0 aus:

Schritt 1 – Mit der Verstellung V_2 wird ein genäherter Maßstab γ_1 eingestellt (näherungsweise deshalb, da γ_1 aufgrund mangelnder Bildschärfe nicht exakt meßbar ist)
Schritt 2 – Mit der Verstellung V_1 wird nunmehr die Bildschärfe eingestellt. Damit ergibt sich außerdem in Verbindung mit dem Schritt 1 die tatsächliche Größe γ_1 des Abbildungsmaßstabes.

Diese Zyklen sind so lange zu wiederholen, bis der gewünschte Abbildungsmaßstab γ_{Soll} iterativ erreicht ist.
Der Einsatz von Kompensatoren soll anhand Bild 4.28d verdeutlicht werden. Der Kompensator besteht hier aus einer einfachen mechanischen Anordnung mittels Hebelgetriebe und Kurvenabtastung. Er ist ständig im Eingriff und wirkt so, daß bei einer Verstellung V_2 zum Verändern des Abbildungsmaßstabes gleichzeitig eine zwangläufige Verstellung V_1 vorgenommen wird, damit das Bild stets scharf bleibt.

▶ **Beispiel 4:** Gekoppelte Justierkreise und zusätzlicher einfacher Justierkreis

Bild 4.29 zeigt schematisch die Möglichkeit der Anwendung eines zusätzlichen einfachen Justierkreises. Mit ihm läßt sich die Justierung der gekoppelten Justierkreise *1* und *2* wesentlich erleichtern. Über Z_1 oder Z_2 (ein Justierkeis genügt) wird A_{f1} auf den Sollwert justiert, dabei hat sich A_{f2} aufgrund der Kopplung verändert. Mittels der Justierung an Z_3 kann man anschließend den Sollwert A_{f2} justieren. Bedeutung erlangt diese Methode dort, wo man mit Justierbewegungen unterschiedlicher Größe für die verschiedenen Justierkreise konfrontiert wird, d. h. sogenannte Grob-Fein-Justierungen vornehmen muß.

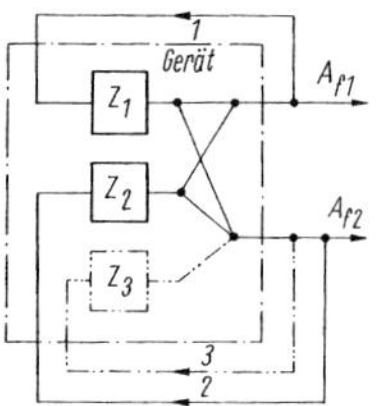

Bild 4.29 Gekoppelte Justierkreise (*1*, *2*) und ein zusätzlicher einfacher Justierkreis (*3*)

▶ **Beispiel 5:** Gekoppelte Justierkreise – Justierung von Kontaktfedersätzen eines Relais

Bild 4.30a zeigt einen Umschalter in einer Kontaktfederanordnung eines Relais. Dabei sind die Kontaktkräfte $F_{KÖ}$ und F_{KS} sowie die Abstände a_K und $a_S = a_Ö$ in engen Grenzen einzuhalten. Aufgrund der vielen Toleranzen aller beteiligten Bauelemente wird in fast allen Fällen eine Justierung unumgänglich.

Justierbasis		Anlagefläche, die durch Eisenrückschluß der Spule gebildet wird (Kreuzschraffur)
Justiereinheiten	*a*	Umschaltfeder
	b	Stützplatte Öffnerfeder
	c	Stützplatte Schließerfeder
Justiermittel	*A*	Abstandslehre für a_K (gut - schlecht)
	B	Abstandslehre für a_S (gut - schlecht)
	C	Kraftmeßdose (Meßfehler < 0,5 cN)
	D	Distanzstück für a_K und a_S
	E	Justierzange

Justiervorgänge

lfd. Nr.	Justiereinheit Justiermittel	Erläuterungen
1	*b*, *c*, *E*	mittels *E* an *b* und *c* solange biegen, bis *U* ohne störende Beeinflussung an *K* anliegt
2	*C*, *D*	Kulisse mittels *D* positionieren in die Lage a_K, danach mittels *C* Istwert von $F_{KÖ}$ ermitteln
3	*a*, *E*	bei Abweichung von $F_{KÖ\,Soll}$ mittels *E* an *a* Biegeverformung vornehmen
4	*C*, *D*	mittels *C* kontrollieren, ob $F_{KÖ\,Soll}$ im vorgegebenen Toleranzbereich liegt; wenn nicht, dann wiederholen ab lfd. Nr. 2 Ergebnis: Justierung *U* in Ordnung
.	.	.
.	.	.
weiter entsprechend Algorithmus Bild 4.30c		
.	.	.
.	.	.

1. Herstellen eines speziellen Ausgangszustandes	3. Justieren von Abstand a_K durch Heranbiegen von $St_Ö$
2. Justieren von *U*: Kraft $F_{KÖ}$ bei einem bestimmten Abstand	4. Justieren von Abstand a_S durch Heranbiegen von St_S

c)

Bild 4.30 Justierung von Kontaktfedern im Relais

a) Kontaktfederanordnung unbetätigt
Ö Öffnerfeder; *U* Umschaltfeder; *S* Schließerfeder; *K* Kulisse; $St_Ö$ Öffnerstützplatte; St_S Schließerstützplatte; $F_{KÖ}$ Öffnerkontaktkraft; a_K Kulissenabstand; a_S Schließerabstand

b) Kontaktfederanordnung betätigt
F_{KS} Schließerkontaktkraft; a_H Ankerhub

c) Justieralgorithmus

d) Justierplan
A Abstandslehre für a_K; *B* Abstandslehre für a_S; *C* Kraftmeßdose; *D* Distanzstück für $\bar{a}_K$ und $\bar{a}_K + \bar{a}_S$; *E* Justierzange;
a Justiereinheit Umschaltfeder; *b* Justiereinheit Stützplatte Öffnerfeder; *c* Justiereinheit Stützplatte Schließerfeder; a_K Mittelwert für den Kulissenabstand; $\bar{a}_K + \bar{a}_S$; Mittelwert für die Summe aus Kulissen- und Schließerabstand; $a_{K\,min}$, $a_{K\,max}$ Grenzwerte für a_K an den Lehrdornen; $a_{S\,min}$, $a_{S\,max}$ Grenzwerte für a_S an den Lehrdornen

e) Justiervorschrift

Bei der manuellen Justierung ist ein zielgerichteter Justierablauf erreichbar, wenn man eine Sukzessivjustierung durchführt. An der Kontaktpaarung *U-Ö* wird durch plastisches Deformieren (Biegen) an *U* die Kraft $F_{KÖ}$ justiert. Dabei verändert sich jedoch gleichzeitig der Abstand a_K. Nach Ermitteln der Werte (offener Justierkreis) muß erneut justiert werden, und zwar so oft, bis die engen Toleranzen erreicht sind.

Diese Tätigkeiten sind verbunden mit hohem zeitlichen Aufwand, anstrengender manueller Tätigkeit und erfordern viel Erfahrung beim richtigen plastischen Deformieren. Die Forderung nach deutlichem Verkürzen der Justierzeit und nach Automatisierung des Justierprozesses führte dazu, daß sich neben einer optimierten Sukzessivjustierung (schnelles iteratives Annähern an das Justierziel) die Justierung weiter entscheidend verbessern läßt. Die gekoppelten Justierkreise werden besser beherrscht, wenn man für die Justiergröße Abstand eine Kompensation anwendet (Bild 4.30d). Dazu wird die Umschaltfeder *U* mit einem Manipulator, der gleichzeitig eine Kraftmeßeinrichtung enthält, in die Sollposition für den Abstand $a_S = a_Ö$ gebracht. Durch Biegen an der Umschaltfeder wird in der Sollposition des Abstandes dann die notwendige Kontaktkraft $F_{KÖ}$ justiert. Der Lagefehler des Kraftmeßsensors ist durch entsprechend hohe Verformungssteifigkeit und zusätzliche automatische Korrektur der Durchbiegung bei bestimmten Kräften weitgehend kompensierbar. Die Justierung ist damit reduziert auf eine Ausgangsgröße, nämlich die richtige Einstellung der Sollkraft.

Durch einen zweckmäßigen Justieralgorithmus (Bild 4.30c) kann man für das gesamte Kontaktsystem einen Ablauf festlegen, der eine schnelle und zielgerichtete Justierung ermöglicht. Mittels Mikrorechnersteuerung wird ein automatischer Ablauf des Prozesses erreicht.

4.3.7.2 Durchführung der Justierung

Für die praktische Durchführung der Justierung sind eine Reihe von Voraussetzungen zu erfüllen. Selten findet die vollständige Justierung am fertig montierten Gerät statt. Es ist oft notwendig und sinnvoll, während der voranschreitenden Montage in bestimmten Zuständen Vor- bzw. Teiljustierungen vorzunehmen. Für alle diese Maßnahmen und die dafür erforderlichen Voraussetzungen sind eindeutige Unterlagen zu schaffen.

Nach der gedanklichen Ermittlung des Fehlerverhaltens eines Gerätes (s. Abschn. 4.3) erfolgt die Entscheidung, ob und wie justiert werden soll.

Dazu sind folgende Maßnahmen notwendig:

- Festlegen eines geeigneten Justieralgorithmus unter Beachtung der vorhandenen Justierkreise
- Festlegen einer Justierbasis als Bezugssystem
- Festlegen der notwendigen Justierstellen
- Festlegen der notwendigen gerätetechnischen Voraussetzungen (Meßeinrichtungen) zum Erfassen der zu justierenden Größen
- Ermitteln der notwendigen gerätetechnischen Bedingungen für die Stelleinrichtungen, wie Feinfühligkeit und Verstellbereich sowie Darstellung in einem Justierplan
- Erarbeiten einer Justiervorschrift, in der alle Justiervorgänge in geordneter Reihenfolge angegeben und die dazu jeweils erforderlichen Justier- und Prüfmittel (Meß- und Stelleinrichtungen) zugeordnet sind.

Zu einigen Maßnahmen seien noch folgende Erläuterungen gegeben:

Die zu justierenden Ausgangsgrößen sind mit entsprechender Genauigkeit in ihrem Ausgangszustand und nach erfolgter Justierung zu erfassen. Die dazu notwendigen Meßeinrichtungen werden auch *Justiermittel* [4.1] genannt. Es gibt eine große Anzahl bewährter Justiermittel für die verschiedensten Aufgaben und in vielfältigen Ausführungen aus allen Bereichen der Meßtechnik. Aber auch einfache Bauelemente lassen sich als Justiermittel einsetzen, wie Planplatten, Strichmarken, Lote, Lupen, Haarlineale usw. Typische optische Justiermittel sind Kollimator, Fluchtungs-, Richtungs- und Autokollimationsfernrohre, die in Verbindung mit Planspiegeln, Strichplatten, Umlenkprismen und weiteren Justiermitteln viele Justieraufgaben lösen helfen.

Mit Hilfe der *Stelleinrichtungen* erfolgt an den festgelegten Justierstellen das Beeinflussen. Die Größe der Beeinflussung ist davon abhängig, welche Abweichungen im Ausgangszustand infolge Herstellungstoleranzen, begrenzter Montagegenauigkeit, Streuungen von Werkstoffkennwerten und weiteren Einflüssen vorhanden sind. Aus diesen Bedingungen ist die Größe des notwendigen Stellbereiches abzuleiten. Andererseits ist zu beachten, daß man das Justierziel mit hoher Sicherheit durch die Stelleinrichtung erreicht. Das hängt davon ab, wie man die Stelleinrichtung betätigt, z. B. durch einen Justierer, der mit Hilfe einer Feinstelleinrichtung (s. Abschn. 6.3.4) die geforderte Sicherheit erreicht. Man spricht hier von Justiergenauigkeit bzw. von Feinfühligkeit. Justierbereich und Genauigkeit müssen für jede Justierstelle ermittelt werden, um eine sichere Justierung zu gewährleisten.

Die Justiervorschrift (s. Bild 4.30e) ist eine Arbeitsanleitung zum Durchführen der Justierung, bei manueller die Handlungsanleitung für den Justierer, bei automatischer die Grundlage zur Programmentwicklung für den Automaten. In der Justiervorschrift sind alle Justiervorgänge in geordneter Folge dargestellt, und es werden, ggf. ergänzt durch den Justierplan, in ihr detaillierte Hinweise für die benötigten Justiermittel und Stelleinrichtungen gegeben. Besonders wichtig ist die Angabe der *Justierbasis*, denn auf sie werden letztlich alle Justierarbeiten bezogen. Der *Justierplan* (s. Bild 4.30d) ist eine zeichnerische Darstellung geeigneten Abstraktionsgrades zum Verdeutlichen der richtigen Anwendung der Justiermittel und Stelleinrichtungen.

4.3.8 Kompensation

Mittels Kompensation lassen sich fehlerarme Anordnungen erzielen. Sie sorgt dafür, daß die infolge von äußeren und inneren Störgrößen hervorgerufenen Einzelfehler ständig kompensiert werden. Der Kompensator arbeitet also kontinuierlich, so daß auch die äußeren, sich meist zeitlich verändernden Störgrößen kompensierbar sind. Die Kompensation läßt sich mit den Mitteln der Regelungstechnik vollständig beschreiben und kann in Form eines geschlossenen Regelkreises (**Bild 4.31a**) oder einer offenen Steuerkette aufgebaut sein.

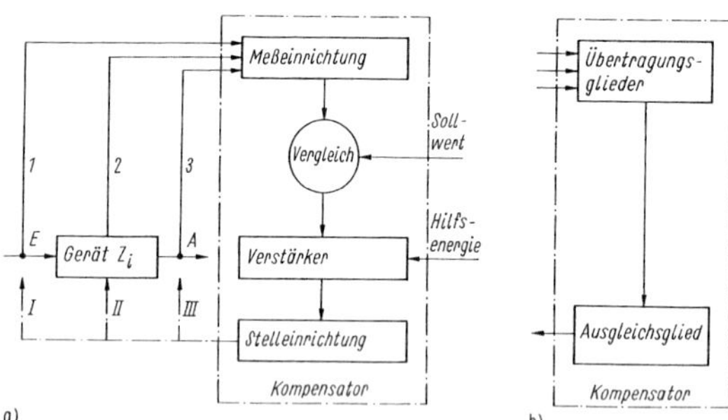

Bild 4.31 Kompensation
a) Regelkreis; b) Steuerkette

In der Feinwerktechnik werden häufig Kompensationen in Form der offenen Steuerkette verwendet. Sie erreicht zwar nicht immer die hohe Genauigkeit eines geschlossenen Regelkreises, besitzt aber den Vorteil, daß der gerätetechnische Aufwand geringer ist. Besonders günstig wirkt sich dies aus, wenn die Kompensation durch entsprechende konstruktive Maßnahmen im Gerät integriert ist. Beispiele dafür sind der Einsatz eines Kompensators in einem Abbildungssystem (s. Bild 4.28d), Kompensationsnivelliere sowie Einrichtungen zur Kompensation der Pupillenlage im afokalen System von Mikroskopen beim Scharfeinstellen. Besonders bekannt sind Anordnungen, die den Einfluß äußerer Störgrößen kompensieren, z. B. Temperaturschwankungen durch einen Thermostaten, der als Regelkreis oder als Steuerkette betrieben werden kann. Weitere Beispiele s. [4.3] [4.8], vgl. auch Abschn. 4.4.4.

4.3.9 Maßnahmen zum Verbessern des Fehlerverhaltens

Das methodische Vorgehen zum Verbessern des Fehlerverhaltens ist in **Tafel 4.6** dargestellt und soll eine Hilfestellung geben während der Geräteentwicklung.

Tafel 4.6 Maßnahmen zum Verbessern des Fehlerverhaltens

Verringerung des Gerätefehlers	
durch	- Fehlerkorrektion - Verbesserung des Fehlerverhaltens
Maßnahmen	1. Entscheidung - durch Korrektion zu berücksichtigender Einzelfehler - Einzelfehler, die zu verringern sind durch Verbesserung des Fehlerverhaltens 2. Auswahl eines geeigneten technischen Prinzips (gutes Fehlerverhalten) 3. Gründliches Erfassen aller zum Gerätefehler führenden Einflußgrößen (Hilfsmittel: Erfassungsliste, Graphendarstellung) 4. Fehlertheoretische Bestimmung der zu erwartenden Einzelfehler 5. Gründliche Überlegungen zum Erhalt fehlerarmer Anordnungen möglich durch: — mit Wirkung auf: 5.1. Minimierung des Fehlerfaktors — innere, äußere Ziel: - fehlerminimierte - innozente - invariante Anordnungen — Störgrößen 5.2. Justierung — innere 5.3. Toleranzfestlegungen (s. Abschn. 4.4) — innere 5.4. Kompensation — innere, äußere 6. Entscheidung, welche Einzelfehler durch 5.1 bis 5.4 zu verringern sind. Beachte: - fehlerarme Anordnungen: nur geringer technischer und ökonomischer Aufwand erforderlich - nur realisierbare und ökonomisch vertretbare Toleranzen wählen (s. Abschn. 4.4) - zur Justierung sind aussagefähige Justierunterlagen zu erarbeiten (Justiervorschrift, Justierplan); Justierung muß in den Montageablauf eingefügt werden und sicher zum Ziel führen - die Kompensation ist den speziellen Gegebenheiten gut anzupassen (Einsatz besonders, wenn veränderliche Fehler aufgrund äußerer Störgrößen).

4.4 Maß- und Toleranzketten

[4.3] [4.7] [4.8] [4.10] [4.14] [4.16] [4.68] bis [4.76]

Zeichen, Benennungen und Einheiten

- C Toleranzmittenmaß in mm
- E; ES, EI Abmaß; oberes, unteres Abmaß einer Bohrung, eines Innenmaßes in mm (in DIN bisher: A; A_{oB}, A_{uB})
- E Erwartungsmaß in mm
- E_E Erwartungsabmaß in mm
- G Größtmaß in mm
- K Kleinstmaß in mm
- M Maß in mm
- N Nennmaß in mm
- S Spiel in mm
- T Toleranz in mm
- U Übermaß in mm
- a Koeffizient der relativen Asymmetrie
- c Koeffizient der relativen Standardabweichung
- e; es, ei Abmaß; oberes, unteres Abmaß einer Welle, eines Außenmaßes in mm (in DIN bisher: A; A_{oW}, A_{uW})
- f relative Häufigkeit
- i Laufvariable für auf Einzelmaße oder Einzeltoleranzen bezogene Größen
- k Richtungskoeffizient ($k = +1$ oder -1)
- p Ausfallquote in %
- s Standardabweichung in mm
- t Faktor der Student-Verteilung (Risikofaktor)

Indizes

- C bezogen auf Toleranzmitte
- 0 bezogen auf Schlußmaß oder Schlußtoleranz
- g bezogen auf Größtwert
- i Laufvariable für auf Einzelmaße oder Einzeltoleranzen bezogene Größen
- k bezogen auf Kleinstwert
- m Anzahl der Einzelmaße oder Einzeltoleranzen
- n Zählnummer eines Einzelmaßes oder einer Einzeltoleranz

Die in der Technik vorkommenden physikalischen und geometrischen Größen haben i. allg. meßbare Eigenschaften, bei denen die Istwerte, also die tatsächlich vorliegenden Werte, von den theoretischen Werten, den Nenn- bzw. Sollwerten abweichen. Da diese Größen in technischen Produkten oft auf der Grundlage bestimmter Zusammenhänge miteinander verknüpft sind, können neben den Einzeleigenschaften der Größen auch die Funktionseigenschaften des gesamten Produktes von den theoretischen Werten abweichen. Es besteht deshalb die Aufgabe, den Einfluß der einzelnen Abweichungen auf die Gesamtabweichung zu ermitteln.

Sind unterschiedliche Größen auf der Grundlage von physikalischen Gesetzmäßigkeiten verknüpft, lassen sich die entsprechenden Zusammenhänge mathematisch so beschreiben, daß man die unabhängigen veränderlichen Größen mit einer abhängigen veränderlichen in Beziehung bringt. Diese Zusammenhänge bezeichnet man allgemein als *physikalische Maßketten*. In diesem Sinne läßt sich z. B. die Leistung P eines Elektromotors aus dem Drehmoment M_d und der Drehzahl n bestimmen, da ein Zusammenhang $P = f(M_d, n)$ besteht. Da sowohl M_d und n von ihren Nennwerten abweichen können, wird auch P mit einer Abweichung behaftet sein.

Gleichermaßen beeinflussen auch die einzelnen geometrischen Eigenschaften der Bauteile und Baugruppen das Verhalten eines Produktes insbesondere hinsichtlich des Gewährleistens der Funktionssicherheit und der wirtschaftlichen Herstellbarkeit. Die Anordnung von Elementen und die zwischen denselben bestehenden geometrischen Beziehungen werden durch Längen- und Winkelmaße bestimmt. Bei deren Eintragung in technische Zeichnungen unterscheidet man die Koordinatenbemaßung (Anordnen aller Maße unter Beachtung fertigungstechnischer Gesichtspunkte von einer Maßbezugsfläche aus und parallel zueinander; Winkelmaße analog, **Bild 4.32a**), die Kettenbemaßung (reihenweises Anordnen aller Maße, b) und die kombinierte Bemaßung, bei der die Maße sowohl parallel als auch reihenweise angeordnet werden, c). Da die ausschließliche Koordinatenbemaßung nicht immer möglich ist, ergeben sich *geometrische Maßketten* und, da alle Maße mit Abweichungen innerhalb begründet festgelegter Toleranzen behaftet sind, gleichermaßen auch *Toleranzketten*.

Nachfolgend werden nur die geometrischen Maß- und Toleranzketten betrachtet. Ausführliche Darstellungen zu physikalischen Ketten enthält [4.16].

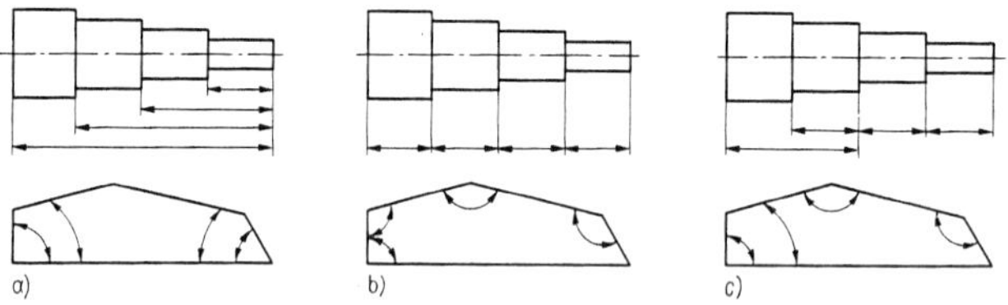

Bild 4.32 Arten der Maßeintragung [4.16]
a) Koordinatenbemaßung (Maßlinien parallel)
b) Kettenbemaßung (Maßlinien reihenweise)
c) kombinierte Bemaßung (Maßlinien parallel und reihenweise)

4.4.1 Maßkette, Toleranzkette, Arten der Austauschbarkeit

Unter einer geometrischen *Maßkette* versteht man das fortlaufende Aneinanderreihen der in einem technischen Gebilde (Einzelteil, Baugruppe, Gerät) zusammenwirkenden Einzelmaße M_i und des Schlußmaßes M_0. Bei schematischer Darstellung bilden M_i und M_0 einen in sich geschlossenen Linienzug (**Bild 4.33 a, b**). Zwischen den Einzelmaßen M_i und dem Schlußmaß M_0 müssen, um Funktion und Montage zu sichern, bestimmte Abhängigkeiten betrachtet werden. Für das Beispiel im Bild 4.33 gilt ohne die Anteile M_5 bis M_8 von Stirnlauftoleranzen

$$M_2 - M_1 - M_0 - M_4 - M_3 = 0\,. \tag{4.7}$$

Allgemein läßt sich formulieren:

$$M_0 = f(M_1, M_2, ..., M_i, ... M_m)\,. \tag{4.8}$$

Das Schlußmaß M_0 ist hierbei stets das zur Maßkette gehörende abhängige Maß, das aus den Einzelmaßen M_i resultiert.

Liegen *lineare Maßketten* vor, deren einzelne Glieder voneinander unabhängig sind, kann das Nennmaß N_0 des Schlußmaßes M_0 einer Kette als algebraische Summe der vorzeichenbehafteten Nennmaße N_i der Einzelmaße ermittelt werden:

$$N_0 = \frac{-1}{k_0}\sum_{i=1}^{m} k_i N_i\,. \tag{4.9}$$

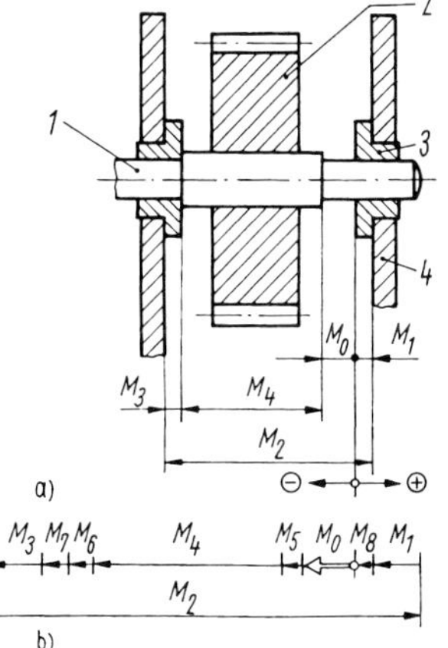

Bild 4.33 Maß- und Toleranzkette bei der Lagerung eines Zahnrads
a) Baugruppe; b) Maßkette
1 Welle; *2* Zahnrad; *3* Buchsen; *4* Gestell
$M_1 = (4 \pm 0{,}1)$ mm; $M_2 = (30 \pm 0{,}3)$ mm; $M_3 = (4 \pm 0{,}1)$ mm; $M_4 = 20^{-0{,}05}_{-0{,}10}$ mm;
$M_5 \ldots M_8$ Anteile von Stirnlauftoleranzen

Entsprechend erhält man das Nennmaß N_n eines beliebigen Einzelmaßes M_n:

$$N_n = \frac{1}{k_n}\left(k_0 N_0 + \sum_{i=1}^{n-1} k_i N_i + \sum_{n+1}^{m} k_i N_i \right). \qquad (4.10)$$

Bei *nichtlinearen Maßketten* ergibt sich das Nennmaß aus dem funktionalen Zusammenhang innerhalb der Kette (s. Abschn. 4.4.3).

Analog zur geometrischen Maßkette stellt eine *Toleranzkette* die fortlaufende Aneinanderreihung der in einem technischen Gebilde zusammenwirkenden Einzeltoleranzen T_i und der von diesen abhängigen Schlußtoleranz T_0 dar, die ebenfalls einen geschlossenen Linienzug bilden. Dabei ist zu beachten, daß neben Maßtoleranzen auch Form- und Lagetoleranzen Bestandteile geometrischer Maßketten sein können. Man muß deshalb immer prüfen, ob diese Toleranzen den Maßtoleranzraum eines Einzelmaßes völlig oder teilweise ausnutzen, als unabhängige selbständige Einzelmaße wirksam werden, oder evtl. sogar ein funktionsbestimmendes Schlußmaß darstellen [4.16].

Die Berechnung der Maß- und Toleranzketten an Baugruppen oder Geräten hat i. allg. zum Ziel, die meist aus der Gesamtfunktion abgeleitete und damit vorgegebene Toleranz des Schlußmaßes einer Kette zu verwirklichen. Derartige Schlußmaße können z. B. solche sein, deren Grenzmaße die Funktion oder die Möglichkeit der ordnungsgemäßen Montage bestimmen (Abstandsmaße von Funktionsflächen, Bohrungen usw.). Aber auch funktionswirksame Lageabweichung, z. B. Parallelitätsabweichungen von Paßflächen, sowie Spiele und Übermaße (sie sind Kettenglieder mit dem Nennmaß Null und werden in Zeichnungen nicht gesondert dargestellt) bilden typische Schlußmaße.

An Einzelteilen dagegen werden Ketten oft zum Umrechnen funktionswichtiger Maße in Fertigungsmaße aufgestellt. Auch dabei sind, allerdings abhängig vom Fertigungsablauf, Überlegungen anzustellen, welches Maß das Schlußmaß ist (i. allg. ein nichttoleriertes Gesamtmaß oder ein funktionswichtiges Kettenmaß, welches durch Koordinatenmaße zu ersetzen ist, d. h. durch Fertigungsmaße, oder umgekehrt) [4.16].

Generell ist zu beachten, daß das Schlußmaß immer das Maß ist, bei dem sich die Toleranzen aller anderen Maße auswirken. Es wird selbst nicht unmittelbar gefertigt, sondern ergibt sich an Baugruppen bei der Montage bzw. an Einzelteilen indirekt bei der Fertigung.

Für die Berechnung von Maß- und Toleranzketten stehen mehrere Methoden zur Verfügung, die u. a. abhängig davon anzuwenden sind, ob eine vollständige oder eine nur unvollständige Austauschbarkeit der Teile, z. B. einer Losgröße, gefordert wird.

- **Vollständige Austauschbarkeit** ist gegeben, wenn alle Teile eines durch die Maß- und Toleranzkette erfaßten technischen Gebildes ohne Überschreiten der erforderlichen Schlußtoleranz so montiert werden können, daß die Funktion in jedem Fall gewährleistet ist. Die Berechnung von Lage und Größe der Toleranzen erfolgt unter der Annahme der ungünstigsten Kombinationen der Istwerte nach der *Maximum-Minimum-Methode*; s. Abschn. 4.4.3.
- **Unvollständige Austauschbarkeit** ist nur mit einem geplanten Umfang an Überschreitungen der vorgegebenen Schlußtoleranz zu erfüllen, wobei die Verteilungen und die Wahrscheinlichkeit von

verschiedenen Kombinationen der Istwerte zu berücksichtigen sind. Die Berechnung erfolgt nach der *wahrscheinlichkeitstheoretischen Methode*; s. Abschn. 4.4.4.

Unvollständige Austauschbarkeit bei der Montage liegt aber auch vor, wenn man das zunächst vorhandene Überschreiten der Schlußtoleranz durch *Justieren* bzw. *Kompensieren* (s. Abschn. 4.4.5) beseitigt oder die *Methode der Gruppenaustauschbarkeit* (z. B. durch Auslesepaarungen) anwendet (s. Abschn. 4.4.6). Die Entscheidung darüber, welche der genannten Methoden jeweils am vorteilhaftesten ist, sollte durch Variantenvergleich herbeigeführt werden. Zu beachten ist, daß mit kleiner werdender Toleranz die Kosten des Herstellens der Einzelteile i. allg. nach einer hyperbolischen Funktion ansteigen. Das Vergrößern der Einzeltoleranzen dagegen zwingt vielfach zu zusätzlichem Aufwand z. B. während der Montage, in dessen Folge sich die Kosten exponentiell erhöhen, **Bild 4.34** [4.3] [4.16]. Es bedarf deshalb zunächst einer genauen Analyse, ob die gewählte konstruktive Lösung hinsichtlich des Festlegens von möglichst großen Einzeltoleranzen und damit dem Vermeiden einer unvertretbar kleinen Schlußgliedtoleranz bereits ein Optimum darstellt (s. dazu die in [4.12] [4.13] enthaltenen Regeln des toleranz- und passungsgerechten Gestaltens).

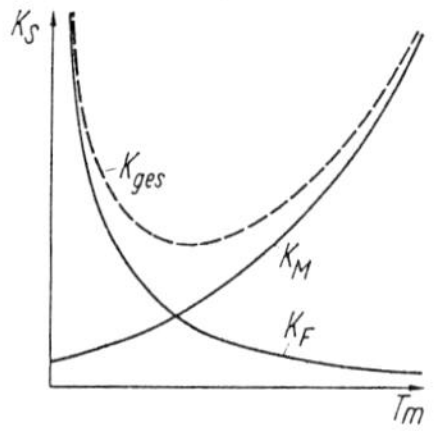

Bild 4.34 Abhängigkeit der Kosten von der Toleranzgröße (aus [4.3])
K_S Produktionsselbstkosten
K_F Kosten für Teilefertigung
K_M Montagekosten
K_{ges} Gesamtkosten
($K_{ges} = K_F + K_M$); T_m durchschnittliche Größe der Toleranz

Nachfolgend werden die Maximum-Minimum-Methode und die wahrscheinlichkeitstheoretische Methode ausführlich betrachtet und anhand von Beispielen erläutert.

Die Methoden des Justierens bzw. Kompensierens sind in Abschn. 4.3 behandelt. Der wirtschaftliche Anwendungsbereich der Gruppenaustauschbarkeit ist in der Feinwerktechnik begrenzt. Deshalb werden im Rahmen dieses Abschnitts zu diesen zuletzt genannten Methoden nur kurze Hinweise gegeben und vor allem die Anwendungsgrenzen mit Bezugnahme auf weiterführende Literatur aufgezeigt.

Bei Maß- und Toleranzketten liegen i. allg. folgende Aufgabenstellungen vor:

- Schlußmaß sowie Schlußtoleranz einer Kette sind z. B. abgeleitet aus funktionellen oder fertigungstechnischen Forderungen vorgegeben, und ein noch festlegbares Einzelmaß der Kette ist so zu bemaßen und zu tolerieren, daß Schlußmaß und Schlußtoleranz eingehalten werden können.
- Alle Einzelmaße sowie Einzeltoleranzen einer Kette sind vorgegeben, und es ist eine Nachrechnung mit dem Ziel vorzunehmen, Größt- und Kleinstwert des Schlußmaßes zu bestimmen.

Beim Lösen derartiger Aufgabenstellungen empfiehlt sich das Einhalten der in den **Tafeln 4.7** und **4.8** dargelegten Lösungsschritte. Die dabei in den folgenden Abschnitten verwendeten Begriffe enthält **Tafel 4.9**.

Bei Maßketten an Einzelteilen, mitunter als sog. *technologische Ketten* bezeichnet, muß besonders darauf geachtet werden, daß die Ketten jeweils ein nichttoleriertes Maß enthalten, da sonst eine Überbestimmung vorliegt. Als Schlußmaß einer solchen Kette ist immer dasjenige Maß festzulegen, das sich im Ergebnis der Bearbeitung der anderen Maße indirekt ergibt. Typisch bei der Behandlung derartiger Ketten ist deshalb oft das Ermitteln der erforderlichen Fertigungs- bzw. Werkzeugmaße aus den Funktionsmaßen.

4.4.2 Toleranzfortpflanzung in Maßketten

Der in Gl. (4.8) dargestellte Zusammenhang zwischen den Einzelmaßen und dem Schlußmaß einer Maßkette verdeutlicht, daß auch die Abweichungen der einzelnen Maße vom Sollwert die Gesamtabweichung beeinflussen.

Geht man von tolerierten Maßen aus, so verkörpert die Toleranz T den Unterschied zwischen den Grenzmaßen, also dem (zulässigen) Größtmaß G und dem (zulässigen) Kleinstmaß K (**Bild 4.35**):

$$T = G - K . \tag{4.11}$$

Tafel 4.7 Empfohlene Lösungsschritte für die Berechnung von Maß- und Toleranzketten

Lfd. Nr.	Lösungsschritt
1	Festlegen der Maß- und Toleranzkette sowie der Ausgangsgleichung für die Toleranzrechnung: Ausgehend von einer Analyse der zeichnerischen Darstellung des technischen Gebildes sind die Maß- und Toleranzkette zu ermitteln sowie Schlußmaß und Schlußtoleranz festzulegen. Letztere stellen die funktionell abhängigen Größen dar, während die Einzelmaße und -toleranzen in diesem Sinne unabhängige Größen sind. Im Ergebnis dieser Betrachtung können die für die weitere Toleranzrechnung wichtige Ausgangsgleichung, Gl. (4.8), in der Form $M_0 = f(M_i)$ festgelegt und die Kette grafisch dargestellt werden. Dazu verfährt man zweckmäßig so, daß an einer beliebigen Schnittstelle der Kette ein Ausgangspunkt 0 festgelegt und von diesem aus der geschlossene Linienzug mit den einzelnen Kettengliedern (einschließlich von Spielen und Übermaßen, die vielfach ein Nennmaß Null haben) unter Beachtung der konstruktiven Reihenfolge sowie des gewählten Richtungssinns (Richtungskoeffizient k_i) gebildet wird. Die Koeffizienten k_i sind dabei positiv, wenn sie mit der willkürlich gewählten positiven Richtung übereinstimmen, und M_0 ist wie ein Einzelmaß M_i zu behandeln (s. Bild 4.33).
2	Aufbereiten und Zusammenstellung der gegebenen Konstruktionswerte und -daten, wie der vorliegenden Paßmaße, der in der Maß- und Toleranzkette wirksamen Form- und Lagetoleranzen usw.: Dies erfolgt zweckmäßig in Tabellenform (s. Tafel 4.8), deren Aufbau sich nach der anzuwendenden Berechnungsmethode richtet und in der die aus den gegebenen Werten ermittelten Größen im Verlauf der Toleranzrechnung ergänzt werden (s. Beispiele 1 bis 4).
3	Abhängig von der Anzahl der Kettenglieder und der Art der Aufgabe (vgl. Beispiel 3) entweder Berechnung des Nennmaßes N und des Toleranzmittenabmaßes E_C oder des Toleranzmittenmaßes C für das interessierende Maß (Schlußmaß oder ein Einzelmaß), zu dem die Toleranz symmetrisch liegt.
4	Berechnen der Schlußtoleranz T_0 oder einer entsprechend der Aufgabenstellung gesuchten Einzeltoleranz T_i.
5	Berechnen des Paßmaßes bzw. anderer gesuchter Größen sowie Aufbereitung derselben für die Zeichnungseintragung.

Tafel 4.8 Empfehlung für die tabellarische Zusammenstellung der gegebenen Konstruktionswerte und -daten

i	Konstruktionsmaße M_i mm	N_i mm	E_{Ci} mm	k_i -	T_i mm	a_i -	c_i -	E_{Ei} mm
	...							

Tafel 4.9 Berechnung von Maß- und Toleranzketten, Begriffe

Begriff	Definition
Einzelmaß M_i	Ein Einzelmaß ist eines der zur Maßkette gehörenden untereinander unabhängigen Maße.
Schlußmaß M_0	Das Schlußmaß ist das zur Maßkette gehorende abhängige Maß, das ausschließlich aus den Einzelmaßen resultiert und bei dem sich die Toleranzen der anderen Nennmaße voll auswirken.
Positives Maß	Ein positives Maß ist ein Einzelmaß, dessen Vergrößern oder Verkleinern ein gleichsinniges Verändern des Schlußmaßes der Maßkette bewirkt.
Negatives Maß	Ein negatives Maß ist ein Einzelmaß, dessen Vergrößern oder Verkleinern ein gegensinniges Verändern des Schlußmaßes der Maßkette bewirkt.
Richtungskoeffizient k_i	Der Richtungskoeffizient ist ein Koeffizient des Einzelmaßes, der dessen Vorzeichen gemäß dem Einfluß auf das Schlußmaß angibt. Er ist bei einem positiven Maß +1, bei einem negativen Maß –1.
Toleranzmittenmaß C	Das Toleranzmittenmaß ist der arithmetische Mittelwert aus dem Größtmaß und dem Kleinstmaß (s. Bild 4.35).
Toleranzmittenabmaß E_C	Das Toleranzmittenabmaß ist die algebraische Differenz zwischen dem Toleranzmittenmaß und dem Nennmaß (s. Bild 4.35).
Erwartungsmaß E	Das Erwartungsmaß ist der arithmetische Mittelwert der Istwerte der Stichprobe, die für das jeweilige Montagelos repräsentativ ist (s. Bild 4.35b).
Erwartungsabmaß E_E	Das Erwartungsabmaß ist die algebraische Differenz zwischen Erwartungsmaß und Nennmaß (s. Bild 4.35b).
Einzeltoleranz T_i	Eine Einzeltoleranz ist eine der zur Toleranzkette gehörenden untereinander unabhängigen Toleranzen.
Schlußtoleranz T_0	Die Schlußtoleranz ist die zur Toleranzkette gehörende und ausschließlich aus den Einzeltoleranzen resultierende Toleranz.

Tafel 4.9 Fortsetzung

Koeffizient der relativen Asymmetrie a	Der Koeffizient der relativen Asymmetrie drückt die relative Differenz zwischen dem Erwartungsabmaß und dem Toleranzmittenabmaß, bezogen auf die Toleranz, aus (s. Bild 4.35, Tafel 4.11). Er charakterisiert den Einfluß der Häufigkeitsverteilung innerhalb der Einzeltoleranzen auf die Lage der Schlußtoleranz.
Koeffizient der relativen Standardabweichung $c = 2\,s/T$	Der Koeffizient der relativen Standardabweichung drückt die relative Streuung, bezogen auf die Einzeltoleranz, aus. Er charakterisiert den Einfluß der Istwertverteilungen innerhalb der Einzeltoleranzen auf die Größe der Schlußtoleranz.
Ausfallquote p	Die Ausfallquote ist der prozentuale Anteil der Istwerte des Schlußmaßes, der außerhalb der Schlußtoleranz anfällt, an der Gesamtzahl der Istwerte des Schlußmaßes.

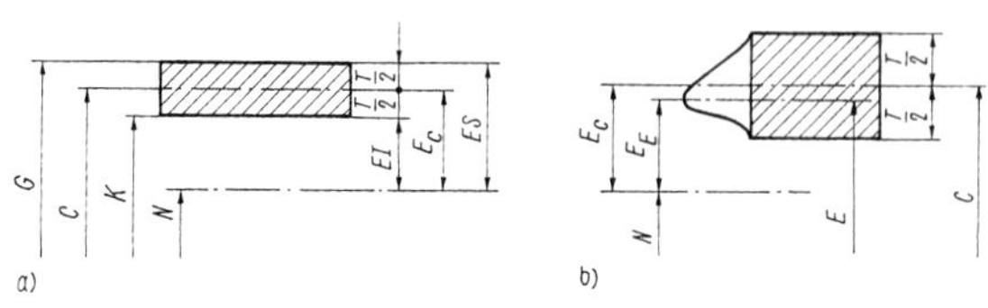

Bild 4.35 Zusammenhang zwischen Maßen, Abmaßen und Toleranzen
a) bei einem Toleranzfeld mit $C = (G + K)/2$; $E_C = C - N$; $E_C = (ES + EI)/2 = (es + ei)/2$
b) bei einer wahrscheinlichen Toleranz (s. auch Tafel 4.11) (in DIN Abmaße bisher mit A bezeichnet)

Die Grenzmaße lassen sich aus den Abmaßen ermitteln

$$G = N + es \quad \text{bzw.} \quad G = N + ES\,, \tag{4.12}$$

$$K = N + ei \quad \text{bzw.} \quad K = N + EI\,. \tag{4.13}$$

N stellt das Nennmaß dar, welches den Charakter eines Sollmaßes hat und den Abstand zwischen der Maßbezugsfläche und der Nullinie verkörpert, auf die die Abmaße bezogen sind. Aus den Grenzmaßen ergibt sich das Toleranzmittenmaß C zu

$$C = (G + K)/2\,, \tag{4.14a}$$

und für das tolerierte Maß M erhält man damit

$$M = C \pm T/2\,. \tag{4.14b}$$

• Folgende zwei Betrachtungsweisen sind üblich:

1. Entsprechend den Gln. (4.12) und (4.13) kann man aus den Nennmaßen N_i und den Abmaßen der Einzelmaße die Grenzmaße G_i und K_i berechnen und daraus unmittelbar die Grenzmaße G_0 und K_0 des Schlußmaßes M_0 einer Maßkette ermitteln

$$G_0 = \sum_{i=1}^{n} \frac{\partial f}{\partial M_i}\Big|_{>0} G_i - \sum_{i=n+1}^{m} \frac{\partial f}{\partial M_i}\Big|_{<0} K_i\,, \tag{4.15}$$

$$K_0 = \sum_{i=1}^{n} \frac{\partial f}{\partial M_i}\Big|_{>0} K_i - \sum_{i=n+1}^{m} \frac{\partial f}{\partial M_i}\Big|_{<0} G_i\,. \tag{4.16}$$

Das Größtmaß G_0 des Schlußmaßes M_0 einer Maßkette ergibt sich also aus der Summe der Größtmaße G_i der positiven Kettenglieder minus der Summe der Kleinstmaße K_i der negativen Kettenglieder, wenn hier n die Anzahl der positiven Einzelmaße ($\partial f/\partial M_i > 0$), $m - n$ die Anzahl der negativen Einzelmaße ($\partial f/\partial M_i < 0$) und m die Gesamtzahl der unabhängigen Einzelmaße in einer Maßkette darstellen.

Das Kleinstmaß erhält man entsprechend umgekehrt.

Für die Toleranz T_0 des Schlußmaßes M_0, die Schlußtoleranz, erhält man gem. Gl. (4.11):

$$T_0 = G_0 - K_0 = \sum_{i=1}^{n} \left|\frac{\partial f}{\partial M_i}\right| T_i + \sum_{i=n+1}^{m} \left|\frac{\partial f}{\partial M_i}\right| T_i$$

$$= \sum_{i=1}^{m} \left|\frac{\partial f}{\partial M_i}\right| T_i\,. \tag{4.17}$$

Die partiellen Differentiale legen den Einfluß und die Richtung der Einzelmaße in der Kette fest, ausgedrückt durch einen Richtungskoeffizienten k_i. Bei linearen Maßketten (vgl. Abschn. 4.4.3) gilt $k_i = +1$ oder -1, bei nichtlinearen Ketten allgemein $k_i = \partial f / \partial M_i$ [4.16].

Die Gln. (4.15) bis (4.17) werden oft als *Hauptsätze der Maßkettenberechnung* und als entscheidendes Kriterium für das Erzielen einer vollständigen Austauschbarkeit bezeichnet. Sie haben den Vorteil, daß sich mit ihnen der Zusammenhang zwischen der Schlußtoleranz T_0 und den Grenzmaßen G_0 und K_0 unmittelbar verdeutlichen läßt und durch Berechnen der Schlußtoleranz gem. Gl. (4.17) zugleich eine Kontrolle der ermittelten Grenzmaße nach den Gln. (4.15) und (4.16) gegeben ist. Als nachteilig erweist sich jedoch vielfach, daß kein Orientieren auf die für das Fertigen der Einzelmaße wichtige Mitte des Toleranzfeldes erfolgt.

Bei Verwendung der Toleranzmittenmaße C gem. nachfolgendem Pkt. **2.** (s. auch Bild 4.35) und der Einzeltoleranzen T tritt dieser Nachteil nicht auf.

2. Stellen tolerierte Einzelmaße Fertigungsmaße dar, sollte das Berechnen von Maßketten auch dann, wenn vollständige Austauschbarkeit zu sichern ist, zweckmäßig mit den Toleranzmittenmaßen und den Einzeltoleranzen erfolgen, wobei die Toleranz T für ein Maß M immer symmetrisch zu C liegt (s. Bild 4.35).

Das Schlußmaß M_0 einer Maßkette ergibt sich damit zu

$$M_0 = C_0 \pm T_0/2\,. \tag{4.18}$$

Der Ausdruck $C_0 \pm T_0/2$ verkörpert das tolerierte Schlußmaß, dargestellt durch das Toleranzmittenmaß C_0 als Sollmaß und die symmetrisch dazu liegende Schlußtoleranz $\pm\, T_0/2$. C_0 erhält man aus

$$C_0 = \sum_{i=1}^{m} \frac{\partial f}{\partial M_i} C_i\,. \tag{4.19}$$

Die Gl. (4.18) kann man mit dem Toleranzmittenabmaß E_{C0} (s. Bild 4.35) außerdem in der Form

$$M_0 = N_0 + E_{C0} \pm T_0/2 \tag{4.20}$$

schreiben.

N_0 erhält man hierbei aus Gl. (4.9) und E_{C0} analog aus

$$E_{C0} = \sum_{i=1}^{m} \frac{\partial f}{\partial M_i} E_{Ci}\,. \tag{4.21}$$

Die partiellen Differentiale haben dabei ebenfalls den Charakter des vorher erwähnten Richtungskoeffizienten k.

Das Berechnen der Schlußtoleranz T_0 in den Gln. (4.18) und (4.20) muß abhängig davon erfolgen, welche Art der Austauschbarkeit gefordert wird, bei vollständiger Austauschbarkeit nach dem linearen Toleranzfortpflanzungsgesetz (s. Abschn. 4.4.3) und bei unvollständiger nach dem quadratischen Toleranzfortpflanzungsgesetz unter Beachtung der Verteilungen der Istmaße und einer wirtschaftlich vertretbaren Ausfallquote (s. Abschn. 4.4.4).

4.4.3 Maximum-Minimum-Methode

Bei dieser Methode werden die Toleranzen der Einzelmaße so festgelegt, daß sich die Toleranz des Schlußmaßes bei beliebiger Kombination der Einzelteile in jedem Fall einhalten läßt. Die damit erreichte vollständige (absolute) Austauschbarkeit ergibt eine Reihe wesentlicher Vorteile, insbesondere hinsichtlich der Ökonomie, da während der Montage keine zusätzlichen Maßnahmen, wie Auswählen oder Zusammenpassen der Teile, erforderlich sind, und sich z. B. auch an die Qualifikation der Arbeitskräfte keine besonderen Forderungen ergeben. Zugleich gestaltet sich das Festlegen des Montagezeitaufwandes relativ einfach, die Möglichkeiten der Arbeitsteilung bezüglich Fertigung der Einzelteile und Herstellung der Finalprodukte werden erweitert sowie ein umfassender Austauschbau (Auswechseln z. B. schadhaft gewordener Teile ohne Nacharbeit oder dgl.) gesichert. Die Methode der vollständigen Austauschbarkeit ist deshalb zunächst immer anzustreben. Allerdings setzt sie zur Wahrung der Wirtschaftlichkeit weniggliedrige Ketten und große Schlußtoleranzen voraus, um hinreichend große fertigungstechnisch reale Einzeltoleranzen erreichen zu können.

Die Berechnung muß abhängig davon, ob lineare oder nichtlineare Maßketten vorliegen, nach unterschiedlichen Gesichtspunkten erfolgen.

• **Lineare eindimensionale Maßketten.** Bei diesen Ketten sind alle Maße in einer Ebene parallel bzw. reihenweise angeordnet, so daß der funktionale Zusammenhang $M_0 = f(M_i)$ gemäß Gl. (4.8) in der Form

$$M_0 = \frac{-1}{k_0}\left(k_1 M_1 + k_2 M_2 + \ldots + k_i M_i + \ldots + k_m M_m\right) \tag{4.22}$$

dargestellt werden kann (s. Bild 4.33). Es liegen lineare Beziehungen vor, d. h. die partiellen Differentiale in den Gln. in Abschn. 4.4.2 und die damit identischen Richtungskoeffizienten können nur die Werte $k_i = +1$ und -1 annehmen.

■ **Beachte:** Das Einführen des Richtungskoeffizienten k_0 des Schlußmaßes erfolgt deshalb, weil damit das Vorzeichen der Umlaufrichtung der Maßkette bezüglich des Schlußmaßes bedeutungslos wird. Das Schlußmaß kann hierbei also in einem beliebigen Zweig der Maßkette liegen. Ohne Berücksichtigung von k_0 in den Gleichungen ist der Richtungssinn der Maßkette so festzulegen, daß das Schlußmaß zum negativen Zweig dieser Kette gehört.

Wendet man die sog. Hauptsätze der Maßkettenberechnung an (s. Abschn. 4.4.2, Pkt. **1.**), vereinfachen sich die Gln. (4.15) bis (4.17), da bei linearen Maßketten $k_i = \partial f/\partial M_i = +1$ oder -1 wird (Vorzeichen für k_i beachten!). Liegt das Schlußmaß M_0 im negativen Zweig der Kette, gilt:

$$G_0 = \sum_{i=1}^{n} k_i G_i\Big|_{k_i=+1} + \sum_{i=n+1}^{m} k_i K_i\Big|_{k_i=-1} , \tag{4.23}$$

$$K_0 = \sum_{i=1}^{n} k_i K_i\Big|_{k_i=+1} + \sum_{i=n+1}^{m} k_i G_i\Big|_{k_i=-1} , \tag{4.24}$$

$$T_0 = \sum_{i=1}^{m} T_i = T_1 + T_2 + \ldots + T_i + \ldots + T_m \; . \tag{4.25}$$

Eine beliebige Einzeltoleranz T_n innerhalb der Kette kann daraus errechnet werden zu

$$T_n = T_0 - \sum_{i=1}^{n-1} T_i - \sum_{i=n+1}^{m} T_i \, . \tag{4.26}$$

Bild 4.36 verdeutlicht die Toleranzüberlagerung an einem einfachen Beispiel.

Geht man vom Toleranzmittenmaß C_0 und der Toleranz T_0 aus, also von $M_0 = C_0 \pm T_0/2$ (s. Abschn. 4.4.2, Pkt. **2.**), vereinfacht sich die Gl. (4.19):

$$C_0 = \frac{-1}{k_0} \sum_{i=1}^{m} k_i C_i \, . \tag{4.27}$$

Soll ein beliebiges Toleranzmittenmaß C_n innerhalb der Kette bestimmt werden, gilt

$$C_n = \frac{-1}{k_n}\left(k_0 C_0 + \sum_{i=l}^{n-1} k_i C_i + \sum_{i=n+1}^{m} k_i C_i \right) . \tag{4.28}$$

Analog vereinfachte Beziehungen erhält man für E_{C0} und E_{Cn} mit der Beziehung $M_0 = N_0 + E_{C0} \pm T_0/2$:

$$E_{C0} = \frac{-1}{k_0} \sum_{i=1}^{m} k_i E_{Ci} \, , \tag{4.29}$$

$$E_{Cn} = \frac{-1}{k_n}\left(k_0 E_{C0} + \sum_{i=1}^{n-1} k_i E_{Ci} + \sum_{i=n+1}^{m} k_i E_{Ci} \right) . \tag{4.30}$$

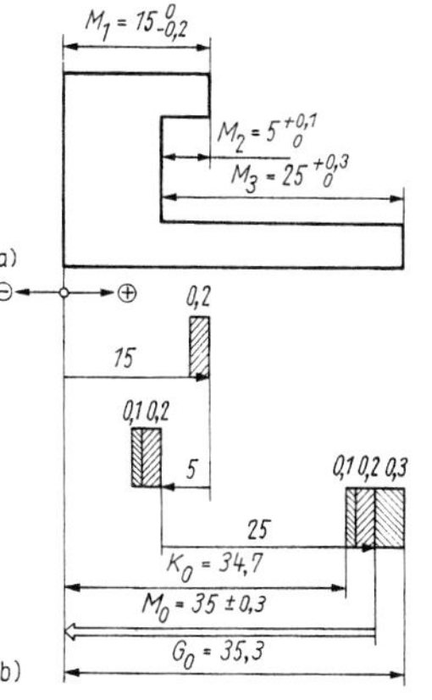

Bild 4.36 Lineare eindimensionale Maßkette an einem Schnitteil
a) bemaßtes Teil
b) schematische Darstellung der Toleranzüberlagerung

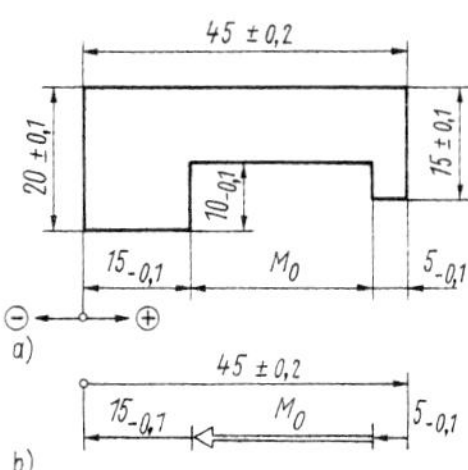

Bild 4.37 Schnitteil
a) Konstruktionszeichnung
b) Maßkette
$M_1 = (45 \pm 0,2)$ mm
$M_2 = (5 - 0,1)$ mm
$M_3 = (15 - 0,1)$ mm

T_0 und T_n erhält man hierbei ebenfalls aus den Gln. (4.25) und (4.26).

Man erkennt, daß z. B. bei gegebener Schlußtoleranz die in der Kette enthaltenen Maße so zu tolerieren sind, daß bei Überlagerung aller Einzeltoleranzen T_i die Schlußtoleranz T_0 nicht überschritten wird. Je mehr Maße also in einer Kette enthalten sind, um so kleiner müssen demzufolge die Einzeltoleranzen festgelegt werden.

▶ **Beispiel 1:** Bemaßung und Tolerierung eines Schnitteils

Für das Blechteil im **Bild 4.37a**, das durch Ausschneiden [4.15] herzustellen ist, sind das Nennmaß N_0 sowie die Toleranz T_0 des für das Fertigen des erforderlichen Schnittwerkzeugs interessierenden Schlußmaßes M_0 so zu bestimmen, daß vollständige Austauschbarkeit gewährleistet ist.

Gemäß den in Tafel 4.7 empfohlenen Lösungsschritten werden zunächst die zugehörige Maßkette gezeichnet und die Ausgangsgleichung aufgestellt (1). Danach erfolgen das Aufbereiten aller gegebenen Werte in einer Tabelle (2), das Berechnen des Nennmaßes N_0 und des Toleranzmittenabmaßes E_{C0} (3) sowie der Schlußtoleranz T_0 (4). Mit diesen Größen läßt sich das Schlußmaß M_0 eindeutig festlegen (5).

Lösung

(1) Maßkette (Bild 4.37b) und Ausgangsgleichung, Gl. (4.8):

$M_1 - M_2 - M_0 - M_3 = 0$ bzw. $M_0 = M_1 - M_2 - M_3$.

(2) Aufbereiten der gegebenen Werte:

i	Maße	M_i mm	N_i mm	E_{Ci} mm	k_i -	T_i mm
1	M_1	$45 \pm 0,2$	45	0	+1	0,4
2	M_2	$5_{-0,1}$	5	−0,05	−1	0,1
3	M_3	$15_{-0,1}$	15	−0,05	−1	0,1

(3) Nennmaß N_0 des Schlußmaßes, Gl. (4.9):

$$N_0 = \frac{-1}{-1}\,[(+1)45 + (-1)5 + (-1)15]\ \text{mm} = 25\ \text{mm}.$$

Toleranzmittenabmaß E_{C0} des Schlußmaßes, Gl. (4.29):

$$E_{C0} = \frac{-1}{-1}\,[(+1)0 + (-1)(-0{,}05) + (-1)(-0{,}05)]\ \text{mm} = 0{,}1\ \text{mm}.$$

(4) Schlußtoleranz, Gl. (4.25):

$T_0 = (0,4 + 0,1 + 0,1)$ mm $= 0,6$ mm.

(5) Schlußmaß, Gl. (4.20):

$M_0 = N_0 + E_{C0} \pm T_0/2 = (25 + 0,1 \pm 0,3)$ mm $= (25,1 \pm 0,3)$ mm

mit einem Größtmaß $G_0 = 25,4$ mm und einem Kleinstmaß $K_0 = 24,8$ mm.

▶ **Beispiel 2:** Toleranzanalyse einer elektromechanischen Baugruppe

Der Hebel *1* der Baugruppe im **Bild 4.38a** wird durch einen Hubstift *2* einem Elektromagneten *3* so weit genähert (Anbietstellung), daß der Magnet den Hebel anziehen kann. Der Abstand zwischen Magnet und Hebel beträgt in

Anbietstellung $c = 2{,}4$ mm und der Ruheabstand $c_1 = 3$ mm. Es ist zu untersuchen, welche Werte dieser Abstand des Hebels vom Magneten in dieser Stellung bei Einfluß der Toleranzen des Hubgetriebes annahmen kann.

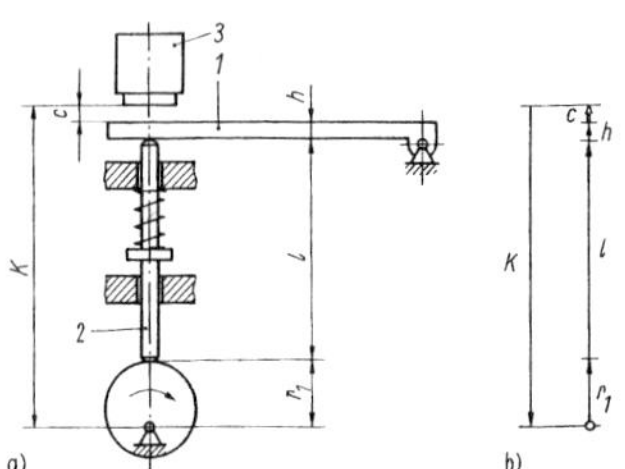

Bild 4.38 Elektromechanische Baugruppe
a) Aufbau; b) Maßkette

Gegeben sind:

$l = (30 \pm 0{,}05)$ mm, $K = (52{,}4 \pm 0{,}05)$ mm, $r_1 = (15 \pm 0{,}01)$ mm, $h = (5 \pm 0{,}02)$ mm.

Lösung

(1) Maßkette (Bild 4.38b) und Ausgangsgleichung, Gl. (4.8):

$c = K - h - l - r_1$.

(2) Aufbereiten der gegebenen Werte:

i	Maße	M_i mm	N_i mm	E_{Ci} mm	k_i -	T_i mm
1	$K = M_1$	$52{,}4 \pm 0{,}05$	52,4	0	+1	0,1
2	$h = M_2$	$5 \pm 0{,}02$	5	0	−1	0,04
3	$l = M_3$	$30 \pm 0{,}05$	30	0	−1	0,1
4	$r_1 = M_4$	$15 \pm 0{,}01$	15	0	−1	0,02
	$(c = M_0)$					

(3) Nennmaß N_0 des Schlußmaßes, Gl. (4.9):

$$N_0 = \frac{-1}{-1}[(+1)(52{,}4) + (-1)(5) + (-1)(30) + (-1)(15)]\ \text{mm} = 2{,}4\ \text{mm}$$

Toleranzmittenabmaß E_{C0} des Schlußmaßes, Gl. (4.29):

$E_{C0} = 0$ mm.

(4) Schlußtoleranz, Gl. (4.25):

$T_0 = (0{,}1 + 0{,}04 + 0{,}1 + 0{,}02)$ mm $= 0{,}26$ mm .

(5) Schlußmaß, Gl. (4.20):

$M_0 = N_0 + E_{C0} \pm T_0/2 = (2{,}4 \pm 0{,}13)$ mm

mit einem Größtmaß $G_0 = 2{,}53$ mm und einem Kleinstmaß $K_0 = 2{,}27$ mm.

Der Abstand c ist also mit einer Toleranz von 0,26 mm symmetrisch zum Nennmaß behaftet.

• **Lineare zweidimensionale Maßketten.** Derartige Ketten sind dadurch charakterisiert, daß die Einzelmaße zwar linear (additiv) verbunden sind, jedoch in der Ebene nicht parallel zueinander liegen (**Bild 4.39**). Die Berechnung kann nach mehreren Methoden erfolgen [4.16]. Eine einfache Möglichkeit ergibt sich dadurch, daß man die nichtparallelen Kettenglieder auf die Richtung der parallel liegenden projiziert und dann wie bei linearen eindimensionalen Maßketten verfährt (**Bild 4.40**). Zweckmäßig legt man dafür ein Koordinatensystem so fest, daß die Lage der Abszisse der des Schlußmaßes M_0 entspricht. Für die Projektion der Einzelmaße gilt dann

$$M_i' = M_i \cos\alpha_i \tag{4.31}$$

und für das Schlußmaß M_0 entsprechend

$$M_0 = \sum_{i=1}^{m} M_i' = \sum_{i=1}^{m} M_i \cos\alpha_i = \frac{-1}{k_0}\sum_{i=1}^{m} k_i M_i , \tag{4.32}$$

wobei hier der Richtungskoeffizient $k_i = \cos\alpha_i$ je nach der Größe des Winkels α_i $(0 < \alpha_i < 2\pi)$ alle Werte zwischen −1 und +1 annehmen kann. Allerdings ist vorausgesetzt, daß α nur vernachlässigbar kleine Abweichungen aufweist.

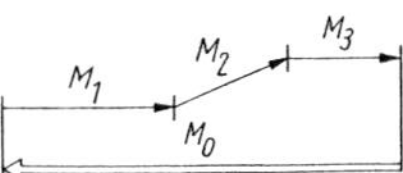

Bild 4.39
Lineare zweidimensionale Maßkette

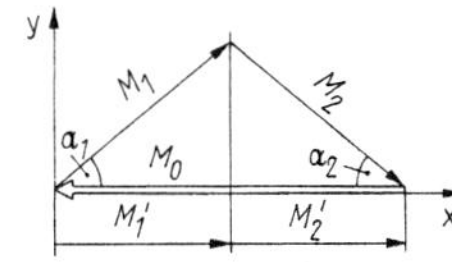

Bild 4.40 Umrechnung nichtparalleler Glieder in einer linearen zweidimensionalen Maßkette
$M_0 = M_1 \cos \alpha_1 + M_2 \cos \alpha_2 = M_1' + M_2'$ [4.18] [4.19]

Führt man die Berechnung des Schlußmaßes M_0 mit den Toleranzmittenmaßen C_i der Einzelmaße M_i und den Toleranzen T_i analog Abschn. 4.4.2, Pkt. **2.** aus, gilt gem. Gl. (4.18) mit $k_i = \cos \alpha_i$ und der o. g. Vereinfachung für α:

$$M_0 = C_0 \pm T_0 / 2 = \frac{-1}{k_0}\left(\sum_{i=1}^{m} k_i C_i \pm \sum_{i=1}^{m} |k_i| T_i / 2\right). \tag{4.33}$$

Im allgemeinen kann man jedoch den Einfluß der Toleranzen der Winkelmaße bzw. der Richtungstoleranzen der Maße nicht vernachlässigen. Die Toleranzen $T_{\alpha i}$ der Winkel α_i ($\alpha_i \pm T_{\alpha i}/2$) beeinflussen die Projektionen M_i' der nichtparallelen Kettenglieder M_i (**Bild 4.41**).

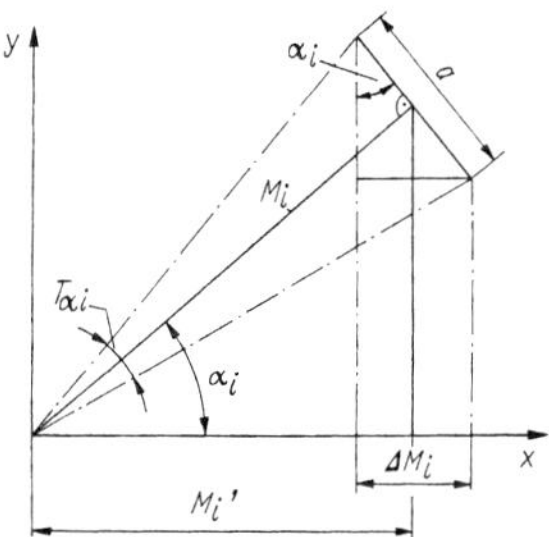

Bild 4.41 Einfluß der Toleranz $T_{\alpha i}$ des Winkels α_i auf das projizierte Einzelmaß M_i' in Richtung des Schlußmaßes [4.16]

Eine für die meisten Fälle ausreichende Genauigkeit erhält man mit den vereinfachenden Annahmen, daß $\tan T_{\alpha i} \approx T_{\alpha i}$ (da $T_{\alpha i} << \alpha_i$). Es gilt dann mit $\sin \alpha_i = \Delta M_i / a$ und $\tan (T_{\alpha i}/2) = a/(2 M_i)$: $\Delta M_i = a \sin \alpha_i = 2 M_i \tan (T_{\alpha i}/2) \sin \alpha_i$. Für die Projektion M_i' des nichtparallelen Kettengliedes M_i erhält man daraus

$$M_i' = M_i \cos \alpha_i \pm \Delta M_i/2 \approx M_i [\cos \alpha_i \pm (T_{\alpha i}/2) \sin \alpha_i] . \tag{4.34}$$

Diese Beziehung gilt mit den in Bild 4.41 dargestellten Zusammenhängen analog z. B auch für das Umrechnen der Größen N_i und C_i. Das gesamte Verfahren läßt sich auch auf dreidimensionale Maßketten erweitern, wenn Längenmaße räumlich unter verschiedenen Winkeln angeordnet sind.

Wird eine sehr hohe Genauigkeit gefordert, müssen bei zwei- und dreidimensionalen Ketten jedoch exakte mathematische Methoden angewendet werden [4.16], da die Vereinfachungen dann unvertretbar sind.

• **Nichtlineare Maßketten.** Sie sind dadurch gekennzeichnet, daß die unabhängigen Einzelmaße M_i und das Schlußmaß M_0 durch einen nichtlinearen funktionalen Zusammenhang verknüpft sind (**Bild 4.42**). Ist dieser bekannt, lassen sich die das Schlußmaß charakterisierenden Größen, also z. B. G_0, K_0 und T_0 oder C_0 und T_0 oder N_0, E_{C0} und T_0 aus den Einzelgrößen G_i und K_i oder C_i und T_i oder N_i, E_{Ci} und T_i mit ausreichender Genauigkeit mit den Gln. (4.15) bis (4.21) berechnen, wobei man den Richtungskoeffizienten k aus den partiellen Differentialen $\partial f / \partial M_i$ erhält.

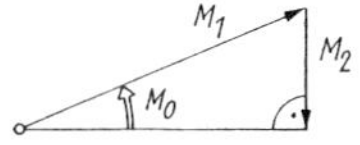

Bild 4.42 Nichtlineare Maßkette
Funktionaler Zusammenhang zwischen Längenmaßen M_1 und M_2 und Winkelmaß (Schlußmaß) M_0 :
$M_0 = \arcsin M_2/M_1$

Voraussetzung ist allerdings, daß die Toleranzen klein gegenüber den Nenn- bzw. Toleranzmittenmaßen sind. Ist diese Bedingung nicht erfüllt, müssen vor allem bei komplizierten funktionalen Zusammenhängen ebenso wie bei zweidimensionalen linearen Ketten genauere mathematische Methoden herangezogen werden (s. [4.16]).

▶ **Beispiel 3:** Achsabstand eines Zahnradgetriebes

Bild 4.43a zeigt ein Stirnradpaar *1, 2*, angeordnet auf einer Getriebeplatine *3*. Es ist zu prüfen, ob mit den angegebenen tolerierten Maßen bei vollständiger Austauschbarkeit ein Achsabstand von $a = (28{,}3 \pm 0{,}2)$ mm eingehalten wird. Die Paßtoleranzen zwischen den Lagerbolzen und den Bohrungen in der Platine sind vereinfachend nicht in die Berechnung einzubeziehen.

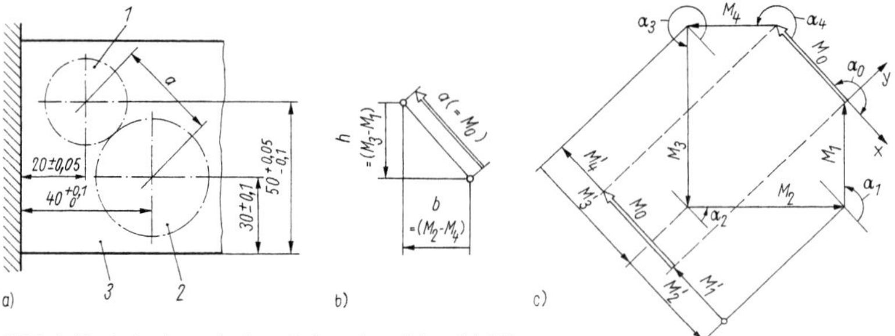

Bild 4.43 Achsabstand eines Zahnradgetriebes [4.16]
a) Konstruktionszeichnung
1, 2 Stirnräder; *3* Getriebeplatine
b) nichtlineare Maßkette zu Bild a)
c) lineare eindimensionale Maßkette zu Bild a)
(Projektion der Einzelmaße M_i in Richtung des Schlußmaßes M_0, so daß projizierte Maße M_i' lineare eindimensionale Maßkette bilden)

Lösung

Die in Bild 4.43b dargestellte Maßkette kann als nichtlineare Kette aufgefaßt werden, wobei zwischen den unabhängigen Einzelmaßen b und h und dem Schlußmaß a über den Satz des *Pythagoras* ein funktionaler Zusammenhang gefunden werden kann.

Es besteht hier aber auch die Möglichkeit, die nichtparallelen Kettenglieder b und h in Richtung des Schlußmaßes a zu projizieren und dann wie bei linearen eindimensionalen Maßketten zu verfahren (s. Bild 4.43c). Demgemäß kann das Ermitteln des Schlußmaßes nach zwei Varianten erfolgen:

Variante 1: Nichtlineare Maßkette

(1) Maßkette (Bild 4.43b) und Ausgangsgleichung:

$$a = M_0 = \sqrt{b^2 + h^2}$$

(2) Aufbereiten der gegebenen Werte:

i	Maße	M_i mm	N_i mm	E_{Ci} mm	C_i mm	T_i mm	α_i °	$k_i = \cos\alpha_i$ -
1	M_1	$30 \pm 0{,}10$	30	0	30	0,2	$\frac{3}{4}\pi$	$-\frac{1}{2}\sqrt{2}$
2	M_2	$40^{+0{,}10}_{0}$	40	0,05	40,05	0,1	$\frac{1}{4}\pi$	$\frac{1}{2}\sqrt{2}$
3	M_3	$50^{+0{,}05}_{-0{,}10}$	50	-0,025	49,975	0,15	$\frac{7}{4}\pi$	$\frac{1}{2}\sqrt{2}$
4	M_4	$20 \pm 0{,}05$	20	0	20	0,1	$\frac{5}{4}\pi$	$-\frac{1}{2}\sqrt{2}$

(3) Toleranzmittenmaß C_0 des Schlußmaßes:

$$C_a = C_0 = \sqrt{C_b^2 + C_h^2} = \sqrt{(C_2 - C_4)^2 + (C_3 - C_1)^2} = 28{,}302\,\text{mm}$$

(4) Schlußtoleranz, Gl. (4.17):

$$T_a = T_0 = |\partial a / \partial b| T_b + |\partial a / \partial h| T_h ,$$

$$T_a = \frac{b}{\sqrt{b^2 + h^2}} T_b + \frac{h}{\sqrt{b^2 + h^2}} T_h = \frac{b}{a} T_b + \frac{h}{a} T_h ; \qquad a = \sqrt{b^2 + h^2} .$$

$$T_a = T_0 = \frac{C_2 - C_4}{C_0}(T_2 + T_4) + \frac{C_3 - C_1}{C_0}(T_3 + T_1) = 0{,}389\,\text{mm} \approx 0{,}390\,\text{mm}.$$

(5) Schlußmaß, Gl. (4.18):

$a = M_0 = C_a \pm T_a/2 = (28{,}302 \pm 0{,}195)$ mm

mit einem Größtmaß $G_a = G_0 = 28{,}497$ mm und einem Kleinstmaß $K_a = K_0 = 28{,}107$ mm.

(6) Kontrollrechnung über Nennmaß und Toleranzmittenabmaß, Gl. (4.20):

Nennmaß N_a des Schlußmaßes

$$N_a = N_0 = \sqrt{N_b^2 + N_h^2} = \sqrt{(N_2 - N_4)^2 + (N_3 - N_1)^2} = 28{,}284\,\text{mm}.$$

Toleranzmittenabmaß E_{Ca} des Schlußmaßes, Gl. (4.21)

$$E_{Ca} = E_{C0} = \frac{\partial a}{\partial b} E_{Cb} + \frac{\partial a}{\partial h} E_{Ch},$$

$$E_{Ca} = E_{C0} = \frac{C_2 - C_4}{C_0}(E_{C2} - E_{C4}) + \frac{C_3 - C_1}{C_0}(E_{C3} - E_{C1}) = 0{,}018\,\text{mm}$$

Toleranzmittenmaß des Schlußmaßes, s. auch Bild 4.35:

$C_a = C_0 = N_a + E_{Ca} = 28{,}302$ mm.

Variante 2: Lineare eindimensionale Maßkette

(1) Maßkette (Bild 4.43c) und Ausgangsgleichung:

$M_1' + M_0 + M_4' - M_3' - M_2' = 0$ bzw. $M_0 = M_2' + M_3' - M_1' - M_4'$.

(2) Aufbereitung der gegebenen Werte (s. Variante 1):

(3) Toleranzmittenmaß C_0 des Schlußmaßes, Gl. (4.33):

$$C_0 = \frac{-1}{k_0}\sum_{i=1}^{m} k_i C_i = \frac{-1}{-1}\left[(-0{,}5)\cdot\sqrt{2}\cdot 30 + (+0{,}5)\cdot\sqrt{2}\cdot 40{,}05 + (+0{,}5)\cdot\sqrt{2}\cdot 49{,}975 + (-0{,}5)\cdot\sqrt{2}\cdot 20\right]\text{mm} = 28{,}302\,\text{mm}.$$

(4) Schlußtoleranz, Gl. (4.33):

$$T_0 = \sum_{i=1}^{m} |k_i| T_i = \left[\left|(-0{,}5)\cdot\sqrt{2}\right|\cdot 0{,}2 + \left|(+0{,}5)\cdot\sqrt{2}\right|\cdot 0{,}1 + \left|(+0{,}5)\cdot\sqrt{2}\right|\cdot 0{,}15 + \left|(-0{,}5)\cdot\sqrt{2}\right|\cdot 0{,}1\right]\text{mm} = 0{,}389\,\text{mm} \approx 0{,}390\,\text{mm}.$$

(5) Schlußmaß, Gl. (4.33):

$M_0 = C_0 \pm T_0/2 = (28{,}302 \pm 0{,}195)$ mm.

Der Vergleich mit dem vorgeschriebenen Funktionsmaß $a = (28{,}3 \pm 0{,}2)$ mm zeigt, daß die Funktion bei vollständiger Austauschbarkeit der Bauteile mit den angegebenen Konstruktionswerten gesichert ist.

4.4.4 Wahrscheinlichkeitstheoretische Methode

Diese Methode ermöglicht das Berechnen der Lage und Größe der Toleranzen unter Berücksichtigung der Verteilung der Istwerte und der Wahrscheinlichkeit von verschiedenen Kombinationen derselben bei einem geplanten Umfang an Überschreitungen der Schlußtoleranz. Da bei vielgliedrigen Ketten die ungünstigsten Extremwerte praktisch nur sehr selten zusammentreffen, lassen sich die nach den Gln. (4.25) und (4.26) ermittelten Toleranzen unter Beachtung wahrscheinlichkeitstheoretischer Gesetzmäßigkeiten erweitern. Dadurch wird das Fertigen der Einzelteile wesentlich erleichtert, ohne auf eine Austauschbarkeit verzichten zu müssen. Es ist lediglich eine verhältnismäßig kleine, vorher festlegbare Ausfallquote (Überschreiten der vorgegebenen Schlußtoleranz durch die Istabmessungen) in Kauf zu nehmen und daraus abgeleitet, eventueller Mehraufwand für Nacharbeit bzw. in Form von Ausschuß. Allerdings lassen sich die zunächst nicht verwendbaren Einzelteile bei anderen willkürlichen Kombinationen vielfach noch funktionsfähig montieren. Die wahrscheinlichkeitstheoretische Methode kann also immer dann Anwendung finden, wenn aus technischen und wirtschaftlichen Gründen eine unvollständige Austauschbarkeit im vorher beschriebenen Sinne zulässig ist.

Sie setzt voraus, daß die Verteilungsgesetze der Istmaße der Maßkettenglieder bekannt oder zumindest abschätzbar sind, daß relativ große Fertigungsstückzahlen (i. allg. Montagelosgrößen von mindestens 50 Teilen je Los) und vielgliedrige Ketten mit i. allg. mindestens fünf Einzelmaßen bzw. Einzeltoleranzen vorliegen. Weniggliedrige Ketten können nur dann mit dieser Methode untersucht werden, wenn die Istmaße in bestimmten Verteilungen anfallen, wobei im Rahmen der Fertigungsvorbereitung meist technisch-organisatorische Maßnahmen zur Sicherung von Art und Lage dieser Verteilungen festzulegen sind (näheres s. [4.3] [4.16]).

- Wird durch die Fertigung gewährleistet, daß die Istmaße symmetrisch zum Toleranzmittenmaß liegen und annähernd normalverteilt sind (Gaußsche Glockenkurve; s. Tafel 4.11), kann man für die Lösung das quadratische Toleranzfortpflanzungsgesetz heranziehen.

Das Berechnen des Schlußmaßes M_0 erfolgt dann analog den Gln. (4.18) und (4.20) aus

$$M_0 = C_0 \pm T_0/2 = N_0 + E_{C0} \pm T_0/2 \tag{4.35}$$

mit

$$T_0 = \sqrt{\sum_{i=1}^{m} \left(\frac{\partial f}{\partial M_i} T_i \right)^2} \ . \tag{4.36}$$

Bei linearen Maßketten vereinfacht sich diese Beziehung wegen den bereits in Abschn. 4.4.3 dargestellten Gründen zu

$$T_0 = \sqrt{\sum_{i=1}^{m} T_i^2} \ . \tag{4.37}$$

- Sind die Istmaße über dem jeweiligen Toleranzfeld nicht normalverteilt oder treten innerhalb einer Kette Glieder mit Normalverteilung und anderen Verteilungen auf, läßt sich die wahrscheinliche Größe der Schlußtoleranz näherungsweise aus Gl. (4.38) berechnen. Voraussetzung dafür sind mindestens vier Kettenglieder mit Normal-, fünf mit Simpson- oder sieben mit gleichmäßiger Verteilung der Istmaße:

$$T_0 = t \sqrt{\sum_{i=1}^{m} (c_i T_i)^2} \ . \tag{4.38}$$

Analog Gl. (4.26) kann daraus eine beliebige wahrscheinliche Einzeltoleranz T_n innerhalb der Kette errechnet werden zu

$$T_n = \frac{1}{c_n} \sqrt{\left[(T_0/t)^2 - \sum_{i=1}^{n-1} (c_i T_i)^2 - \sum_{i=n+1}^{m} (c_i T_i)^2 \right]} \ . \tag{4.39}$$

Der Faktor der Student-Verteilung (Risikofaktor) t ist in Abhängigkeit von der festzulegenden wirtschaftlich vertretbaren Ausfallquote p **Tafel 4.10** zu entnehmen. Werte für den Koeffizienten c der relativen Standardabweichung enthält für häufige Verteilungen **Tafel 4.11**.

Tafel 4.10 Faktor der Student-Verteilung (Risikofaktor) t in Abhängigkeit von der Ausfallquote p

p in %	0,1	0,2	0,5	1	2	5	10
t	3,37	3,09	2,81	2,58	2,33	1,96	1,65

Zum Bestimmen des Nennmaßes N und des Toleranzmittenmaßes C bzw. des Toleranzmittenabmaßes E_C gelten die gleichen Beziehungen wie bei der Maximum-Minimum-Methode.

Zusätzlich ist bei der wahrscheinlichkeitstheoretischen Methode mitunter noch das Erwartungsabmaß E_{E0} des Schlußmaßes (s. Bild 4.35b)

$$E_{E0} = \frac{-1}{k_0} \left[\sum_{i=1}^{m} k_i E_{Ei} \right] = \frac{-1}{k_0} \left[\sum_{i=1}^{m} k_i \left(E_{Ci} + a_i T_i \right) \right] \tag{4.40}$$

Tafel 4.11 Koeffizienten der relativen Standardabweichung c und der relativen Asymmetrie a
$c = 2\,s/T$; s Standardabweichung

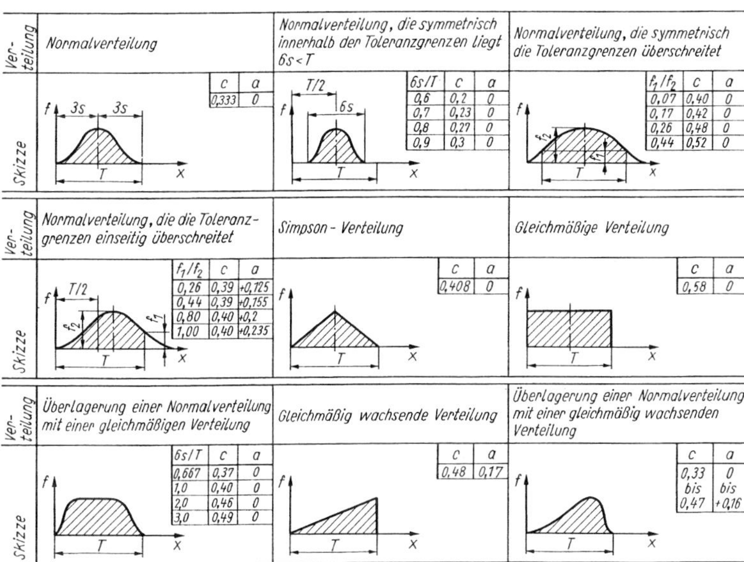

Verteilung	Parameter	c	a
Normalverteilung		0,333	0
Normalverteilung, die symmetrisch innerhalb der Toleranzgrenzen liegt $6s<T$	$6s/T$ = 0,6	0,2	0
	0,7	0,23	0
	0,8	0,27	0
	0,9	0,3	0
Normalverteilung, die symmetrisch die Toleranzgrenzen überschreitet	f_1/f_2 = 0,07	0,40	0
	0,17	0,42	0
	0,26	0,48	0
	0,44	0,52	0
Normalverteilung, die die Toleranzgrenzen einseitig überschreitet	f_1/f_2 = 0,26	0,39	+0,125
	0,44	0,39	+0,155
	0,80	0,40	+0,2
	1,00	0,40	+0,235
Simpson-Verteilung		0,408	0
Gleichmäßige Verteilung		0,58	0
Überlagerung einer Normalverteilung mit einer gleichmäßigen Verteilung	$6s/T$ = 0,667	0,37	0
	1,0	0,40	0
	2,0	0,46	0
	3,0	0,49	0
Gleichmäßig wachsende Verteilung		0,48	0,17
Überlagerung einer Normalverteilung mit einer gleichmäßig wachsenden Verteilung		0,33 bis 0,47	0 bis +0,16

bzw. das Erwartungsabmaß $E_{\mathrm{E}n}$ eines beliebigen Einzelmaßes innerhalb der Kette

$$E_{\mathrm{E}n} = \frac{1}{k_n}\left[k_0 E_{\mathrm{E}0} - \sum_{i=1}^{n-1} k_i E_{\mathrm{E}i} - \sum_{i=n+1}^{m} k_i E_{\mathrm{E}i}\right]$$

$$= \frac{1}{k_n}\left[k_0 E_{\mathrm{E}0} - \sum_{i=1}^{n-1} k_i\left(E_{\mathrm{C}i} - a_i T_i\right) - \sum_{i=n+1}^{m} k_i\left(E_{\mathrm{C}i} - a_i T_i\right)\right] \tag{4.41}$$

von Interesse.

Die Koeffizienten a der relativen Asymmetrie (s. Tafel 4.11) des Schlußmaßes (a_0) bzw. des Einzelmaßes (a_n)ergeben sich dabei aus den Beziehungen

$$a_0 = \left(1 / \sum_{i=1}^{m} T_i\right)\left(E_{\mathrm{E}0} - E_{\mathrm{C}0}\right) \tag{4.42}$$

bzw.

$$a_n = \left(1 / T_n\right)\left(E_{\mathrm{E}n} - E_{\mathrm{C}n}\right). \tag{4.43}$$

Die nach der wahrscheinlichkeitstheoretischen Methode z. B. ermittelte Schlußtoleranz einer Kette beträgt im Vergleich zu der nach der Maximum-Minimum-Methode berechneten oft nur etwa 50 bis 60 %. Die Toleranzen der einzelnen Maße können also um einen solchen Betrag vergrößert werden. Dabei gilt folgender

- **Grundsatz:** Das Teil ist am gröbsten zu tolerieren, das am wertvollsten ist bzw. dessen Fertigung den größten Aufwand erfordert.

• Bei komplexeren Baugruppen kann mitunter eine Kombination der Maximum-Minimum-Methode und der wahrscheinlichkeitstheoretischen Methode erforderlich werden, wenn z. B. zwei unterschiedlich lange Maßketten (i, j) ineinandergreifen. Man erhält die Schlußtoleranz T_0 dann analog aus

$$T_0 = \sum_{i=1}^{m} T_i + t\sqrt{\sum_{j=1}^{m}\left(c_j T_j\right)^2}. \tag{4.44}$$

Beispiel 4: Analyse des Axialspiels in einer Getriebebaugruppe

Für die Lagerung eines Zahnrads im Bild 4.33a ist die Größe des axialen Spiels der Welle *1* (Schlußmaß M_0) zunächst nach der Maximum-Minimum-Methode und dann nach der wahrscheinlichkeitstheoretischen Methode unter Beachtung einer wirtschaftlich vertretbaren Ausfallquote von 2 % zu bestimmen. Die Ergebnisse sind kritisch zu vergleichen. In der Rechnung sind in Übereinstimmung mit der Darstellung im Bild 4.33b die Größen M_5 ... M_8 (Anteile von Stirnlauftoleranzen) zu berücksichtigen.

Lösung

(1) Maßkette (Bild 4.33b) und Ausgangsgleichung, Gl. (4.8):

Ohne Beachtung der Stirnlauftoleranzen der Lagerbuchsen und Wellenabsätze gilt

$M_0 = M_2 - M_1 - M_4 - M_3$

und mit diesen Toleranzen

$M_0 = M_2 - M_1 - M_8 - M_5 - M_4 - M_6 - M_7 - M_3$.

(2) Aufbereiten der gegebenen Werte:

i	M_i mm	N_i mm	E_{Ci} mm	k_i -	T_i mm	c_i -
1	$4 \pm 0,1$	4	0	−1	0,2	0,33
2	$30_{-0,3}$	30	−0,15	+1	0,3	0,58
3	$4 \pm 0,1$	4	0	−1	0,2	0,33
4	$20^{-0,05}_{-0,10}$	20	−0,075	−1	0,05	0,48
5	$0^{+0,01}$	0	0,005	−1	0,01	0,40
6	$0^{+0,01}$	0	0,005	−1	0,01	0,40
7	$0^{+0,01}$	0	0,005	−1	0,01	0,40
8	$0^{+0,01}$	0	0,005	−1	0,01	0,40

(M_5 ... M_8 sind Anteile von Stirnlauftoleranzen).

Erläuterungen und ergänzende Annahmen für c_i und t:

a) Durch ausreichend große Anzahl von Messungen wurde bei den Einzelmaßen M_1 und M_3 eine Normalverteilung ermittelt, bei den Stirnflächen der Lagerbuchsen und Wellenabsätze eine mit einer gleichmäßig wachsenden Verteilung überlagerte Normalverteilung.

b) Für die Einzelmaße M_2 und M_4 liegen keine Meßergebnisse vor. Aus Kenntnis ähnlicher Fertigungsverfahren wird mit hoher Wahrscheinlichkeit auf eine relativ schiefe Verteilung der Istmaße von M_4 geschlossen (gleichmäßig wachsende Verteilung) und für M_2 die ungünstigste Verteilung angenommen, die praktisch zu erwarten ist (gleichmäßige Verteilung).

c) Die laut Aufgabenstellung zugelassene wirtschaftlich vertretbare Ausfallquote p beträgt 2 %, d. h. $t = 2,33$.

Maximum-Minimum-Methode

(3) Nennmaß N_0 des Schlußmaßes, Gl. (4.9):

$$N_0 = \frac{-1}{-1}[(+1)(30) + (-1)(4) + (-1)(20) + (-1)(4)] \text{ mm} = 2 \text{ mm}.$$

Toleranzmittenabmaß E_{C0} des Schlußmaßes, Gl. (4.29):

$$E_{C0} = \frac{-1}{-1}\,[(+1)(-0,15) + (-1)0 + (-1)(-0,075) + (-1)0 + 4(-1)(0,005)] \text{ mm}$$
$$= -0,095 \text{ mm}.$$

(4) Schlußtoleranz, Gl. (4.25):

$T_0 = (0,3 + 0,2 + 0,05 + 0,2 + 4 \cdot 0,01)$ mm $= 0,79$ mm.

(5) Schlußmaß, Gl. (4.20):

$M_0 = N_0 + E_{C0} \pm (T_0/2) = (2 - 0,095 \pm 0,395)$ mm $= (1,905 \pm 0,395)$ mm bzw. $(2^{+0,3}_{-0,49})$ mm mit einem Größtmaß $G_0 = 2,3$ mm und einem Kleinstmaß $K_0 = 1,51$ mm.

Wahrscheinlichkeitstheoretische Methode

Nach Gl. (4.38) berechnet sich die wahrscheinliche Größe der Schlußtoleranz (hier vereinfacht bezüglich der Anzahl der Verteilungen der einzelnen Glieder) zu

$$T_0 = t\sqrt{\sum_{i=1}^{m}(c_i T_i)^2}$$

$$= 2{,}33\sqrt{(0{,}33\cdot 0{,}2)^2 + (0{,}58\cdot 0{,}3)^2 + (0{,}33\cdot 0{,}2)^2 + (0{,}48\cdot 0{,}05)^2 + 4\cdot(0{,}40\cdot 0{,}01)^2}\ \text{mm}$$

$$= 0{,}464\ \text{mm}.$$

Diese Toleranz beträgt im Vergleich zu der nach der Maximum-Minimum-Methode ermittelten nur etwa 60 %. Erfüllt z. B. die im Lösungsschritt (4) errechnete Schlußtoleranz bereits die Funktion, dann werden für die Tolerierung der Einzelteile unter Beachtung der wahrscheinlichkeitstheoretischen Zusammenhänge mindestens 0,326 mm nicht ausgenutzt.

Um etwa diesen Betrag lassen sich in erster Näherung die Toleranzen geeigneter Einzelmaße erweitern:

$M_1 = (4 \pm 0{,}15)$ mm; $M_3 = (4 \pm 0{,}15)$ mm; $M_4 = 20_{-0{,}2}$ mm.

Die Maße M_2 und M_5 bis M_8 sollen unverändert bleiben.

Mit dieser gewählten Toleranzvergrößerung von 0,35 mm würde die Maximum-Minimum-Methode bereits eine Schlußtoleranz von $T_0 = 1{,}14$ mm ergeben, die wahrscheinlichkeitstheoretische Methode dagegen einen Wert von $T_0 = 0{,}57$ mm. In zweiter Näherung könnte nochmals eine Toleranzentfeinerung erfolgen, wenn damit weitere Vorteile für die Fertigung zu erwarten sind.

Entsprechend kann auch verfahren werden, wenn in der Aufgabenstellung bereits ein bestimmtes Axialspiel vorgegeben ist, dessen Größe mit den in der Tabelle (2) aufgeschlüsselten Einzeltoleranzen aber nicht einzuhalten ist.

- Stehen für die Lösung einer solchen Aufgabe gesicherte Angaben zu den vorliegenden Verteilungen nicht zur Verfügung und bereitet das Festlegen ergänzender Annahmen [gemäß Punkt (2) der obigen Lösung] Schwierigkeiten, genügt es in vielen Fällen, mit guter Näherung zunächst von einer Normalverteilung der Istwerte mit $c = 0{,}333$ auszugehen.

4.4.5 Justier- und Kompensationsmethode

Justier- und Kompensationsmethoden finden dann Anwendung, wenn sich nach der Maximum-Minimum-Methode oder nach der wahrscheinlichkeitstheoretischen Methode sehr kleine Einzeltoleranzen ergeben, die durch die Fertigung entweder nicht gewährleistet oder unwirtschaftlich wären. Man legt dann für die am Aufbau einer Kette beteiligten Glieder bewußt größere Einzeltoleranzen fest. Das sich ergebende Überschreiten der Schlußtoleranz wird durch Verändern eines i. allg. dazu (z. B. innerhalb einer Baugruppe oder eines Geräts) vorgesehenen Justier- oder Kompensationselements ausgeglichen. Das kann u. a. durch Verändern (Drehen, Kippen usw.) oder durch Nacharbeit dieses Elements (Schleifen, Schaben, Läppen, Biegen usw.) erfolgen [4.15].

Dem Vorteil dieser Methode, wirtschaftlich erzielbare Einzeltoleranzen festlegen zu können, stehen als Nachteile ein meist komplizierterer Aufbau des Produktes sowie zusätzliche Arbeitsgänge und höhere Kosten während der Montage gegenüber, für deren gesicherten Ablauf außerdem besondere Arbeitsunterlagen (z. B. Justiervorschriften) sowie Arbeits- und Meßmittel zur Verfügung gestellt werden müssen.

Die Hauptanwendungsgebiete liegen im Präzisions- und Meßgerätebau. Aber auch dann, wenn z. B. im Rahmen einer inner- oder überbetrieblichen Arbeitsteilung eine getrennte Baugruppenfertigung erforderlich ist oder sich eine Toleranzentfeinerung durch „elastische Bauweise" (Einsatz federnd gestalteter Bauteile [4.12][4.13]) verbietet, kann sich ein Justieren bzw. Kompensieren unzulässig großer Schlußtoleranzen als zweckmäßig erweisen.

Eine ausführliche Darstellung enthält Abschn. 4.3.

4.4.6 Methode der Gruppenaustauschbarkeit

Bei der Gruppenaustauschbarkeit (Auswahlmethode) werden die Einzelteile mit relativ großen wirtschaftlich vertretbaren Toleranzen gefertigt. Danach erfolgt ein Sortieren in n einander zugeordnete Toleranzgruppen und das (beliebige) Paaren jeweils nur der Teile dieser Gruppen (**Bild 4.44**), wodurch sich eine vorgegebene Schlußtoleranz einhalten läßt. Allerdings müssen die Gesamttoleranzen der Glieder der Maßkette die gleiche Größe aufweisen und sich in eine gleiche Anzahl gleich großer Teiltoleranzen T_t unterteilen lassen, da sonst der Charakter der Passung von Gruppe zu Gruppe geändert wird (**Bild 4.45**).

Der Anwendungsbereich der Methode erstreckt sich mit Rücksicht auf die Wirtschaftlichkeit der Fertigung besonders auf Ketten mit nur wenigen Gliedern bei kleiner Schlußtoleranz T_0 (z. B. Herstellen von Wälzlagern). Das Vermeiden von Fehlern bei der Montage erfordert Hinweise auf Zeichnungen und das Markieren der jeweils zusammengehörigen Einzelteile. Neben diesen zusätzlichen Maßnahmen ergeben sich u. a. auch Nachteile beim Bereitstellen von Ersatzteilen. Deshalb ist stets sorgfältig zu prüfen, ob dieser Mehraufwand das infolge der größeren Einzeltoleranzen erreichbare Verringern der Fertigungskosten ausgleicht.

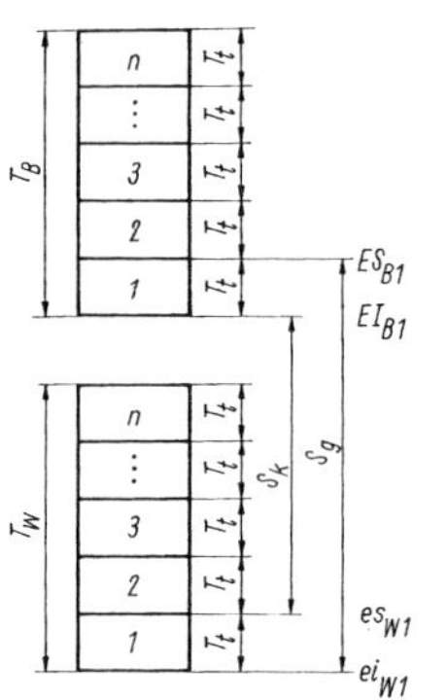

Bild 4.44
Zuordnung der Teiltoleranzfelder T_t bei Gruppenaustauschbarkeit (Beispiel Spielpassung für Wellen und Bohrungen, nach [4.3])

T_W, T_B Gesamttoleranz für Welle, Bohrung
es, *ei* oberes, unteres Abmaß für Welle (in DIN bisher: A_{oW}, A_{uW})
ES, *EI* oberes, unteres Abmaß für Bohrung (in DIN bisher: A_{oB}, A_{uB})

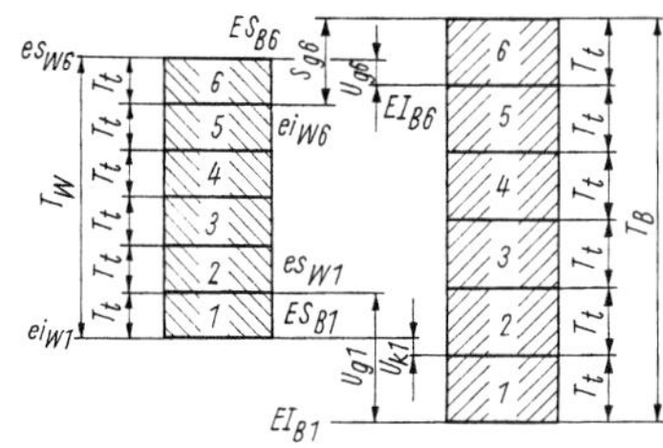

Bild 4.45 Änderung des Charakters der Passung bei $T_B \neq T_W$ (hier mit $T_B > T_W$) für Spielpassung nach Bild 4.44 [4.3]

4.4.7 Rechnerunterstützte Bearbeitung von Maß- und Toleranzketten

Bei komplizierten Ketten bietet sich die Möglichkeit des Rechnereinsatzes an. In [4.16] beschriebene Programme beinhalten z. B. für lineare Maßketten:

- Berechnung des Schlußmaßes aus *m* Einzelmaßen; wahlweises Bestimmen des Schlußmaßes bzw. Funktionsmaßes bei vollständiger oder unvollständiger Austauschbarkeit durch Abfragealgorithmus während der Bearbeitung;
- Berechnen eines Einzelmaßes aus Schlußmaß und übrigen Einzelmaßen; Bestimmen eines beliebigen Einzelmaßes bei vollständiger oder unvollständiger Austauschbarkeit;
- Numerisches Falten von statistischen Verteilungen gleicher Klassenbreite (schrittweises Erzeugen der Häufigkeitsverteilung des Schlußmaßes aus empirischen Verteilungen gleicher Klassenbreite von unabhängigen Einzelmaßen als Zufallsgrößen).

Eine Zusammenstellung ausgewählter Normen und Richtlinien zum Abschnitt 4.4 enthält Tafel 4.18.

4.5 Zuverlässigkeit

[4.22] bis [4.47] [4.78] bis [4.86]

Zeichen, Benennungen und Einheiten

E	Erwartungswert in h	R_S	System-Überlebenswahrscheinlichkeit
F	Ausfallwahrscheinlichkeit	*T*	Lebensdauer in h
K	Kosten	*V*	Verfügbarkeit
MTBF	mean time between failure, mittlerer Ausfallabstand	*c*	Konstante
		f	Dichtefunktion
MTTF	mean time to failure, mittlere Zeit bis zum Ausfall	h	Stunden
		k	Minderungsfaktor
MTTR	mean time to repair, mittlere Ausfalldauer (Mittelwert der Reparaturzeit)	*n*	Anzahl
		s	Standardabweichung
		t	Zeit in h
N	Elementeanzahl	ϑ	Temperatur in °C
P	Wahrscheinlichkeit	λ	Ausfallrate in h^{-1}
R	Überlebenswahrscheinlichkeit, Wahrscheinlichkeit der ausfallfreien Zeit	π	Beanspruchungsfaktor
		τ	Zeit in h

Indizes

A	Ausfall	m	mittlerer Wert
D	Dauer	r	redundant (Reserve)
N	Nutz	s	System
f	früh	t	Zeit
i	laufender Index	z	Zufall
j	Junction	0	Ausgangszahl

4.5.1 Einflußbereiche auf die technische Zuverlässigkeit

Die Funktion eines technischen Gebildes ist bestimmt durch seine Struktur und deren Beziehungen zur Umwelt. Analog hierzu können die Einflußfaktoren auf die Zuverlässigkeit geordnet werden (**Tafel 4.12**).

Tafel 4.12 Einflußfaktoren auf die Zuverlässigkeit

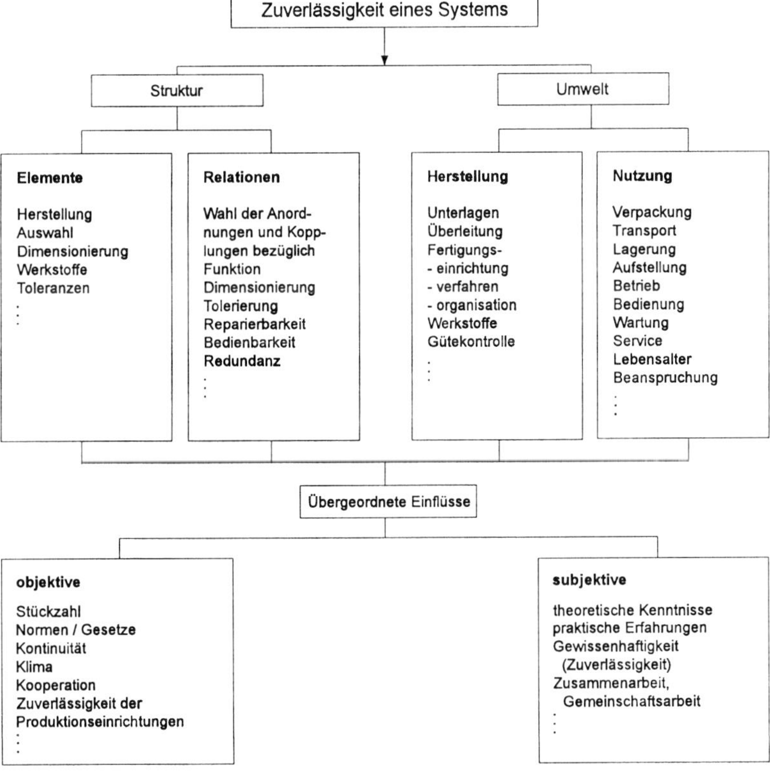

Die Zusammenstellung der Faktoren, die sich noch erweitern und verfeinern läßt, verdeutlicht:

- Die Einflußgrößen entstammen sehr unterschiedlichen Bereichen. Sie sind miteinander verflochten und überlagern sich.
- Die Zuverlässigkeit ist eine Eigenschaft, deren noch zu bildende Kenngrößen teils physikalisch-technischer, teils ökonomisch-organisatorischer Natur sind, die unterschiedliche Einheiten haben und nicht summierbar sind. Die Zuverlässigkeit kann nicht durch eine einzige Kennziffer charakterisiert werden.
- Zur Verbesserung der Zuverlässigkeit gibt es entsprechend der Vielzahl der Einflußfaktoren zahlreiche Möglichkeiten.

4.5.2 Definition der technischen Zuverlässigkeit

Entsprechend Abschn. 4.1 ist die Zuverlässigkeit eine Teileigenschaft der Qualität eines Erzeugnisses, ausgedrückt durch Kenngrößen, die das zeitliche Verhalten in bezug auf Ausfälle, ihre Vorbeugung und Reparatur beschreiben. Diese Parameter sind Mittelwerte einer Gesamtheit, Wahrscheinlichkeitsangaben oder wahrscheinlichkeitsbehaftete Prognosen. Für den Begriff der technischen Zuverlässigkeit hat sich international noch keine einheitliche Definition durchgesetzt. Dieser Wissenschaftszweig ist relativ jung. In einigen Publikationen wird die Zuverlässigkeit auf ein spezielles quantitatives Zuverlässigkeitsmaß (Überlebenswahrscheinlichkeit, Ausfallrate usw.) reduziert. Mit der Schaffung vieler möglicher Kenngrößen setzt sich die Tendenz durch, die Zuverlässigkeit an die Bedeutung dieses Begriffs in der Umgangssprache anzulehnen. Sie ist wie folgt definiert (s. auch Tafel 4.16):

- Die Zuverlässigkeit eines technischen Gebildes (einer sog. Betrachtungseinheit) ist die Eigenschaft, vorgegebene Funktionen unter Einhaltung der Werte festgelegter Parameter in vorgegebenen Grenzen, die den vorgegebenen Betriebsarten und Bedingungen der Nutzung, der Instandhaltung, der Lagerung und des Transports entsprechen, über ein bestimmtes Zeitintervall zu erfüllen.

Diese Definition kann, um die vom Konstrukteur besonders zu berücksichtigenden und durch ihn zu beeinflussenden Faktoren hervorzuheben, wie folgt ausgedrückt werden:

Technische Zuverlässigkeit ist die komplexe Eigenschaft eines technischen Gebildes, die vorgesehene Funktion

- für eine bestimmte Betriebsdauer
- bei einem bereits vorhandenen Lebensalter
- bei festgelegten Betriebs- und Umweltbedingungen
- unter bestimmten inneren und äußeren Arbeitsbedingungen
- innerhalb festgelegter Beanspruchungsgrenzen

zu erfüllen.

4.5.3 Kennziffern zur Charakterisierung der Zuverlässigkeit

4.5.3.1 Ausfallbegriff

Ein Ausfall eines Erzeugnisses liegt vor, wenn dieses seinen vorgesehenen Zweck nicht erfüllt. Das ist der Fall, wenn die Funktion durch einen nicht vorgesehenen äußeren Eingriff wiederhergestellt werden muß. Die Reparatur ist also – im Gegensatz zur Wartung oder planmäßigen vorbeugenden Instandhaltung (PVI) – ein nicht planmäßiger Eingriff zum Beseitigen des Ausfalls.

Das zeitliche Funktionsverhalten eines Elements oder Systems läßt sich durch **Bild 4.46** darstellen.

Werden die unterschiedlichen Zeitanteile während der Zeit der Nutzung summiert, so kann das Funktionsverhalten nach **Bild 4.47** beschrieben werden.

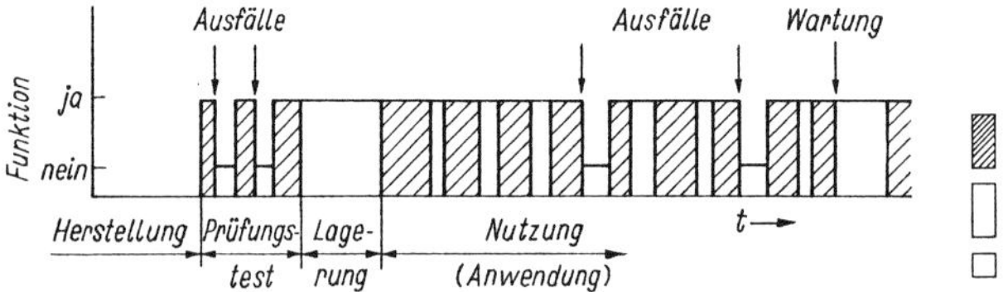

System (Element) ausfallfrei (arbeitsfähig), in Betrieb (Funktions- und Umweltbeanspruchung)
System (Element) ausfallfrei, nicht in Betrieb (Umweltbeanspruchung, Wartung)
System (Element) ausgefallen (Ausfall, Reparatur)

Bild 4.46 Zeitliches Funktionsverhalten eines Systems

Die Vorbereitungsdauer dient der technischen und organisatorischen Vorbereitung auf die Funktion, z. B. Programmeingabe, Warmlaufen, Einstellen (Justieren) der Betriebsparameter. Wartung und Stillstand werden geplant, weshalb während dieser Zeit eine Nutzung nicht zu erwarten ist. Ferner kann

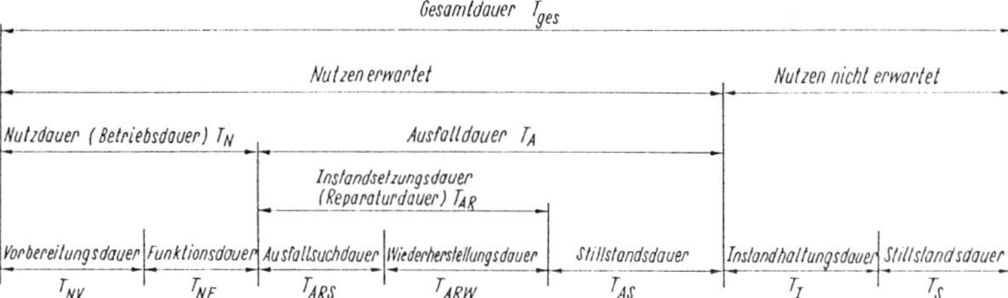

Bild 4.47 Zeitanteile während der Nutzung eines Systems

innerhalb der Ausfalldauer noch die sog. nutzlose Funktionsdauer eintreten (nicht im Bild 4.47 dargestellt), wenn ein Ausfall zu spät bemerkt (z. B. bei Ausschuß) oder ein zusammenhängender Funktionsprozeß unterbrochen wird, so daß auch Teilabschnitte bis zum Auftreten des Ausfalls zu wiederholen sind (z. B. Programmwiederholung).
Zum zielgerichteten Bekämpfen von Schäden und zum Verhindern der daraus resultierenden Ausfälle ist deren Klassifikation nach technischen (*nicht* ökonomischen) Gesichtspunkten zweckmäßig (**Tafel 4.13**). Eine vollständige Klassifizierung der Ausfälle ist in den in Tafel 4.18 genannten Normen enthalten.

Tafel 4.13 Technische Gesichtspunkte zur Klassifikation von Ausfällen

Nach technischem Umfang
- Totalausfall (Funktion ist nicht möglich)
- Teilausfall (ein oder mehrere Parameter haben die zulässigen Grenzen überschritten; Funktion teilweise möglich je nach Zulässigkeit der Überschreitungen entsprechend Zweckbestimmung des technischen Gebildes)
- Katastrophenausfall (plötzlicher Totalausfall)
- Degradationsausfall (allmählicher Teilausfall).

Nach Verlauf der Änderung
- Sprungausfall (zulässige Grenzen werden schlagartig, meist sehr stark überschritten)
- Driftausfall (stetige Änderung eines Merkmals, Ausfallzeitpunkt bei bekanntem Driftverlauf abschätzbar)
- zeitweiliges Versagen (reversible, meist beanspruchungsabhängige Parameteränderungen; häufiges zeitweiliges Versagen entspricht einem Driftausfall).

Nach Beanspruchung
- Ausfall bei zulässiger Beanspruchung (Ausfall bei zulässigem Verlauf der Beanspruchung)
- Ausfall bei unzulässiger Beanspruchung (Ausfall bei Überschreitung der festgelegten Grenzen)
- Folgeausfall (Ausfall, der durch Fehler oder Ausfall anderer Elemente hervorgerufen wird)
- unabhängiger Ausfall eines Elements (Ausfall, der nicht durch Fehler oder Ausfall anderer Elemente hervorgerufen wird).

Nach Verlauf der Ausfallrate (s. auch Bild 4.51)
- Frühausfall (Ausfall durch ungenügende Qualität während der Frühausfallphase, gekennzeichnet durch Abnahme der Ausfallrate)
- Zufallsausfall (Ausfall während der normalen Nutzungszeit durch das statistische Zusammenwirken vieler voneinander unabhängiger Faktoren, gekennzeichnet durch eine konstante Ausfallrate)
- Spätausfall (Ausfall am Ende der Nutzungsdauer durch Abnutzung, Ermüdung, Verschleiß, Alterung usw., gekennzeichnet durch Zunahme der Ausfallrate)
- systematischer Ausfall (Ausfall durch erkennbaren Zusammenhang zwischen Einflußfaktoren und Ausfallzeitpunkt, gekennzeichnet durch Änderung der Ausfallrate; Ausfallmechanismus durch Schwachstellenanalyse erkennbar).

Nach Entstehungsursache
- konstruktionsbedingter Ausfall (verursacht während des konstruktiven Entwicklungsprozesses)
- fertigungsbedingter Ausfall (verursacht während der Produktion oder Instandsetzung)
- nutzungsbedingter Ausfall (verursacht durch unsachgemäße Nutzung infolge Verletzung der festgelegten Vorschriften für die Betriebsbedingungen).

Bemerken des Ausfalls
- nicht angezeigter Ausfall (infolge Drifterscheinungen oder kleinerer Teilausfälle hervorgerufene Funktionsabweichungen)
- angezeigter Ausfall (absolute Funktionsunfähigkeit oder Ausfallmeldesignal bei Teilausfällen).

Die Vielzahl der Begriffe gestattet, die Ausfälle zweckmäßig zu ordnen, vor allem bei der praktischen Zuverlässigkeitsverbesserung, der kausalen Schwachstellenanalyse und beim Prüfen und Testen von Elementen und Erzeugnissen. Für die rechnerische Behandlung der Zuverlässigkeit und für die Bildung bestimmter Kenngrößen ist diese Klassifizierung von untergeordneter Bedeutung.

4.5.3.2 Ausfallcharakteristiken

Man betrachtet die Funktionserfüllung eines Erzeugnisses in einem Zeitabschnitt (0, t). Zum Zeitpunkt $t = 0$ (z. B. Verkauf oder Inbetriebnahme des Erzeugnisses) sei die Funktion mit Sicherheit erfüllt. Der Zeitpunkt des Ausfalls, d. h. die Lebensdauer eines Einzelerzeugnisses aus einer Gesamtheit von Erzeugnissen gleichen Typs und gleicher Lebensgeschichte, kann man nicht exakt voraussagen. Die Lebensdauer der Gesamtheit wird deshalb als Zufallsgröße interpretiert. Somit lassen sich zur mathematischen Behandlung der Zuverlässigkeit die bekannten Methoden der Wahrscheinlichkeitsrechnung und der mathematischen Statistik heranziehen.

Die als Zufallsgröße interpretierte Lebensdauer T der betrachteten Gesamtheit hat dann eine bestimmte Ausfallwahrscheinlichkeit F oder Ausfallwahrscheinlichkeitsverteilung

$$F(t) = P\,(T \leq t)\,. \tag{4.45}$$

F gibt die Wahrscheinlichkeit an, daß der Ausfall bis zu einem bestimmten Zeitpunkt t eintritt und die Lebensdauer $T \leq t$ ist. Die hierzu komplementäre Wahrscheinlichkeit R wird mit *Überlebenswahrscheinlichkeit, Wahrscheinlichkeit der ausfallfreien Zeit* oder auch *Intaktwahrscheinlichkeit* bezeichnet. Damit gilt für die Überlebenswahrscheinlichkeit

$$R(t) = 1 - F(t) = P\,(T > t)\,. \tag{4.46}$$

R gibt die Wahrscheinlichkeit an, daß der Ausfall nach dem Zeitpunkt t eintritt.

Da T in den meisten Fällen als stetige Zufallsgröße aufgefaßt werden kann, existiert die *Ausfalldichte* bzw. *Ausfallwahrscheinlichkeitsdichte*

$$f(t) = \mathrm{d}F(t)/\mathrm{d}t\,. \tag{4.47}$$

Die Größe $f(t)\,\mathrm{d}t = \mathrm{d}F(t) = \mathrm{F}(t + \mathrm{d}t) - F(t)$ bezeichnet dann die Wahrscheinlichkeit, daß ein Ausfall im Intervall $(t,\ t + \mathrm{d}t)$ eintritt.

Bild 4.48 zeigt das Überlebens- und Ausfallverhalten von 500 Erzeugnissen.

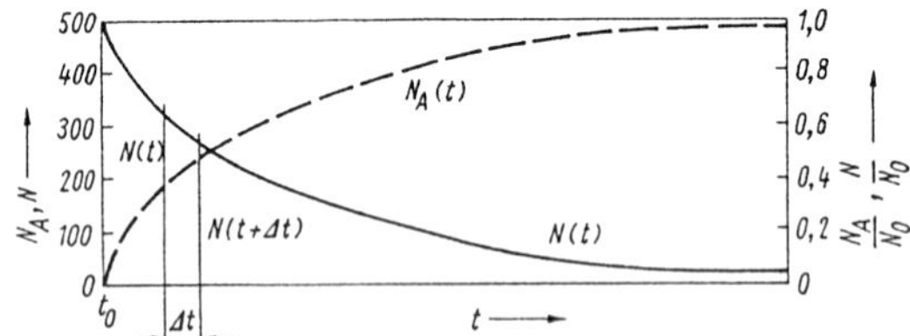

Bild 4.48 Überlebenskurve $N(t)$ und Ausfallkurve $N_A(t)$
N_0 Anzahl der Erzeugnisse zum Zeitpunkt $t = 0$ (Gesamtheit); N ausfallfreie Erzeugnisse zum Zeitpunkt $t \geq 0$; N_A ausgefallene Erzeugnisse zum Zeitpunkt $t \geq 0$; Δt endlich breites Intervall

Die Überlebenswahrscheinlichkeitsverteilung ergibt sich dann zu

$$R(t,\Delta t) = \frac{N(t + \Delta t)}{N(t)} \tag{4.48a}$$

und für $t \rightarrow t_0$ und $\Delta t \rightarrow 0$ mit $N(t) \rightarrow N_0$ und $N\,(t + \Delta t) \rightarrow N(t)$ zu

$$R(t) = N(t)/N_0\,. \tag{4.48b}$$

Für die Ausfallwahrscheinlichkeitsverteilung folgt analog

$$F\,(t,\ \Delta t) = [N(t) - N\,(t + \Delta t)]/N(t) \tag{4.49a}$$

und unter den gleichen Bedingungen

$$F(t) = [N_0 - N(t)]/N_0 = N_A(t)/N_0\,. \tag{4.49b}$$

Ferner gilt mit der Voraussetzung von Gl. (4.46)

$$R(t) + F(t) = 1\,. \tag{4.50}$$

Beide Größen sind eine Funktion der Betriebsdauer (Operationsdauer), denn je länger ein Erzeugnis arbeitet, desto größer wird die erwartete Ausfallwahrscheinlichkeit bzw. desto kleiner wird die Überlebenswahrscheinlichkeit sein.

Die *Ausfallrate* $\lambda(t)$ ist die Anzahl einer Menge von Erzeugnissen gleichen Typs und gleicher Lebensgeschichte, die schon das Alter t erreicht hat und im Intervall $(t, t + \mathrm{d}t)$ ausfällt, bezogen auf die Gesamtanzahl der bis zum Zeitpunkt t nicht ausgefallenen Erzeugnisse. $\lambda(t)\,\mathrm{d}t$ ist somit die Wahrscheinlichkeit, daß ein bis zum Zeitpunkt t noch nicht ausgefallenes Erzeugnis im Intervall $(t, t + \mathrm{d}t)$ ausfällt. Mit den bisherigen Bezeichnungen (s. Bild 4.48) und $\mathrm{d}N_A$ als die im Intervall $\mathrm{d}t$ ausfallenden Exemplare ergibt sich

$$\lambda(t+\mathrm{d}t) = \frac{\mathrm{d}N_A}{N_0 - N_A}\frac{1}{\mathrm{d}t} = \frac{1}{1 - N_A/N_0}\frac{\mathrm{d}(N_A/N_0)}{\mathrm{d}t} .$$

Für $\mathrm{d}t \to 0$ und $N_0 \to \infty$ gilt wegen $\lim\limits_{N_0 \to \infty} \frac{N_A}{N_0} = F(t)$

$$\lambda(t) = \frac{1}{1 - F(t)}\frac{\mathrm{d}F(t)}{\mathrm{d}t} , \tag{4.51}$$

und unter Verwendung der Gln. (4.47) und (4.50) mit

$$f(t) = \mathrm{d}F(t)/\mathrm{d}t = -\mathrm{d}R(t)/\mathrm{d}t$$

folgt

$$\lambda(t) = f(t)/R(t) . \tag{4.52a}$$

Die Ausfallrate ist somit u. a. eine Funktion des Alters t. Andere Schreibweisen für $\lambda(t)$ sind

$$\lambda(t) = -\frac{1}{R(t)}\frac{\mathrm{d}R(t)}{\mathrm{d}t} = -\frac{\mathrm{d}}{\mathrm{d}t}\left[\ln R(t)\right]. \tag{4.52b}$$

Praktisch wird $\lambda(t)$ aus Gl. (4.52a) ermittelt. Für viele Bauelemente und Systeme existiert eine Phase der konstanten Ausfallrate, in der $\lambda(t)$ praktisch konstant ist. Dieser Fall ist für viele theoretische Betrachtungen von besonderem Interesse. Auf ihn wird noch näher eingegangen. Praktisch wird λ mit der Einheit h^{-1} ausgedrückt durch das Verhältnis Ausfälle/h, Ausfälle/1 000 h, Prozent der Ausfälle/1 000 h oder Ausfälle/1 000 000 h. Für elektronische Bauelemente wird die Ausfallrate meistens in „FIT" angegeben (Ausfälle pro Zeit: 1 FIT = 10^{-9} Ausfälle/h).

▶ **Beispiel**: Aus einer Menge von 100 Exemplaren fallen im Mittel in 1000 h fünf Exemplare aus:

$$\lambda = 5/(100 - 5) \cdot (1/1000)\ \mathrm{h}^{-1} = 5{,}26 \cdot 10^{-5}\ \mathrm{h}^{-1} .$$

Derartige Angaben für Bauelemente und Systeme beziehen sich stets auf die Periode $\lambda(t)$ = konst. Die Ausfallrate ist abhängig von den verschiedenen Umgebungsbedingungen (Temperatur, Druck, Feuchte usw.) und den Betriebsbedingungen (Beanspruchung, Tolerierung, Betriebstemperatur usw.) und kann als Summe von partiellen Ausfallraten entsprechend den erfaßten Einflußgrößen aufgefaßt werden. Sie bezieht sich deshalb stets auf bestimmte anzugebende Parameter der Umgebung und Beanspruchung.

Für viele elektronische und mechanische Bauelemente gilt ein charakteristischer Verlauf von $\lambda(t)$ gemäß **Bild 4.49**.

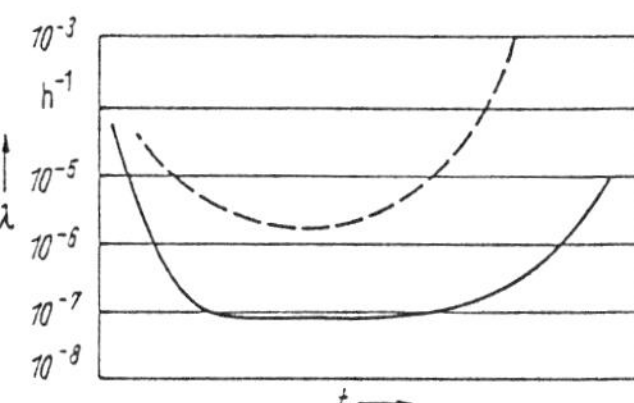

Bild 4.49 Charakteristik der Ausfallraten
——— elektronische, ------ mechanische Bauelemente (Systeme)

Der Zusammenhang zwischen Überlebenswahrscheinlichkeit $R(t)$ und Ausfallrate $\lambda(t)$ ist durch Gl. (4.52b) gegeben und kann auch geschrieben werden in der Form

$$-\int_0^t \lambda(\tau)\,\mathrm{d}\tau = \ln R(\tau)\Big|_0^t = \ln R(t) - \ln R(0)$$

$$= \ln R(t) - \ln 1 = \ln R(t) .$$

Daraus folgt

$$R(t) = \exp - \int_0^t \lambda(\tau)\,\mathrm{d}\tau \tag{4.53a}$$

und für den Spezialfall $\lambda(t)$ = konst.

$$R(t) = \mathrm{e}^{-\lambda t}\,. \tag{4.53b}$$

Das Rechnen mit den Ausfallraten λ setzt die Kenntnis ihrer funktionellen Abhängigkeit voraus. Man versucht deshalb, empirisch ermittelte Dichteverteilungen $f(t)$ durch bekannte Verteilungsgesetze anzunähern. Dazu werden folgende Verteilungen herangezogen:

1. Exponentialverteilung (**Bild 4.50 a**)
2. Gaußsche Normalverteilung oder die abgeschnittene Normalverteilung (b)
3. Gammaverteilung
4. Weibull-Verteilung (mit dem Spezialfall der Rayleigh-Verteilung).

Die Verteilungen 3 und 4 sind Kombinationen von 1 und 2 und dienen zum Darstellen spezieller Ausfallverteilungen für Bauelemente. Sie werden hier nicht behandelt.

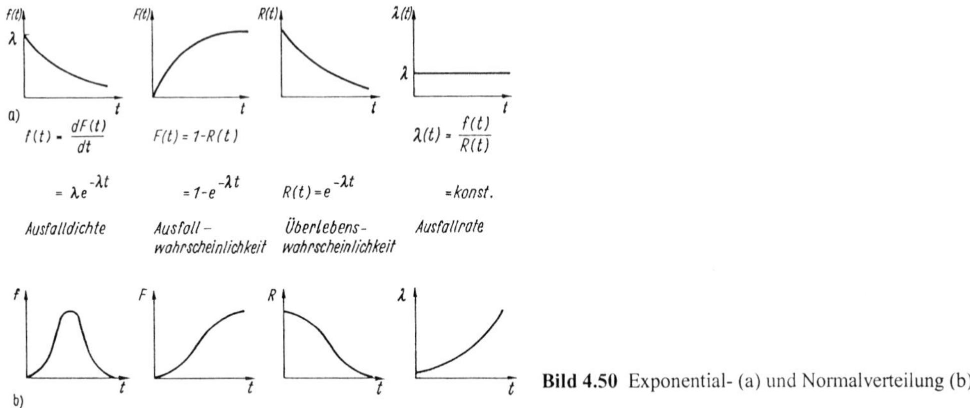

Bild 4.50 Exponential- (a) und Normalverteilung (b)

Die Exponentialverteilung ist ein Spezialfall von 3 bzw. 4. Obwohl sie keinesfalls hinreichend ist, um das Ausfallverhalten von verschiedenen Elementen und Systemen zu beschreiben, spielt sie bei theoretischen Betrachtungen zur Zuverlässigkeit eine wichtige Rolle, weshalb sich alle folgenden Ausführungen auf sie beschränken.

Als Begründung hierfür kann angegeben werden:

- Viele Elemente und insbesondere Systeme zeigen das charakteristische Verhalten nach **Bild 4.51** (*Badewannenkurve*). Nachdem die Frühausfälle („Kinderkrankheiten") ausgemerzt, ausgefallene Bauelemente durch neue ersetzt und systematische Ausfälle, z. B. infolge Unterdimensionierung, beseitigt worden sind, folgt eine Phase mit relativ konstanter Ausfallrate. Ihre Dauer ist je nach Bauelement oder Systemtyp unterschiedlich. Bei vielen mechanischen Geräten oder Bauteilen ist sie sehr kurz (s. Bild 4.49). Die Zufallsausfälle, d. h. ihr *zeitlich* zufälliges Auftreten, sind den Früh- und Ermüdungsausfällen überlagert; denn sie treten während der gesamten Zeit auf.
  Für die Periode $\lambda(t)$ = konst. gilt exakt die Exponentialverteilung.
- Viele Systeme, deren Elemente selbst anderen Verteilungsgesetzen unterliegen, können in guter Näherung durch die Exponentialverteilung beschrieben werden.
- Bei vielen Systemen, die erneuert oder repariert werden, d. h. deren ausgefallene Elemente durch neue zu ersetzen sind, stellt sich nach einiger Zeit ein Zustand konstanter Ausfallrate ein.
- Die Exponentialverteilung ist rechnerisch einfach zu handhaben.

Anstelle der Ausfallrate wird zum Charakterisieren des Ausfallverhaltens oft der *mittlere Ausfallabstand* angegeben, auch bezeichnet als *MTBF* (mean time between failures), mittlere Funktionsdauer, mittlere Betriebszeit. Er ergibt sich als Mittelwert aus der Dichtefunktion zu

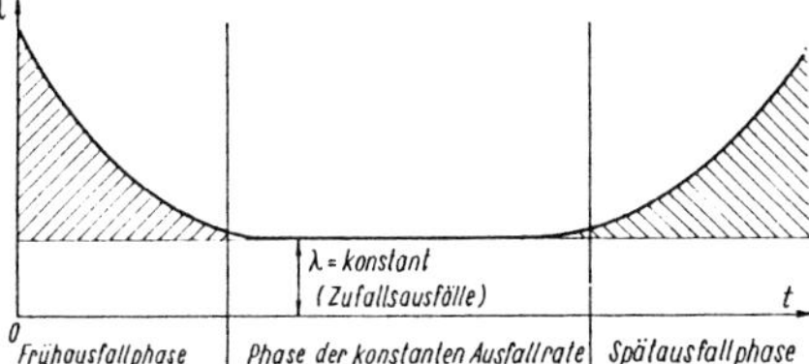

Bild 4.51 Idealisierter zeitlicher Verlauf der Ausfallrate

$$MTBF = \int_0^\infty t f(t)\,\mathrm{d}t$$

$$= \int_0^\infty t F'(t)\mathrm{d}t = -\int_0^\infty t R'(t)\mathrm{d}t \tag{4.54a}$$

und nach partieller Integration wegen $\lim\limits_{t \to \infty} tR(t) = 0$ zu

$$MTBF = \int_0^\infty R(t)\mathrm{d}t\,. \tag{4.54b}$$

MTBF charakterisiert für nicht reparierbare Systeme die mittlere Zeit bis zum ersten Ausfall und für reparierbare Systeme die mittlere Zeit zwischen zwei Ausfällen.

Für die Exponentialverteilung folgt unter Verwendung von Gl. (4.53b) aus Gl. (4.54b)

$$MTBF = 1/\lambda\,. \tag{4.54c}$$

Der mittlere Ausfallabstand ist gleich dem Kehrwert der Ausfallrate; er wird in Stunden angegeben.

4.5.3.3 Überlebenswahrscheinlichkeit

Die *Überlebenswahrscheinlichkeit R* für die Exponentialverteilung wird durch **Bild 4.52** dargestellt. Das Verständnis für das grundsätzliche Verhalten soll durch einige markante Punkte erläutert werden. Für eine Funktionsdauer $t = 1/\lambda$ ergibt sich eine Überlebenswahrscheinlichkeit von 37 %, für $t = 1/(\lambda\,10)$ 90 % und für $t = 1/(\lambda\,20)$ 95 %. Das bedeutet: Werden z. B. 100 Geräte bis zu ihrem mittleren Ausfallabstand betrieben, so überleben davon nur 37 %, 63 % sind ausgefallen, oder, anders gesagt, ein System mit einem mittleren Ausfallabstand von $1/\lambda = 100$ h wird mit 37 % Wahrscheinlichkeit 100 h ohne Ausfall arbeiten bzw. mit 90 % Wahrscheinlichkeit 10 h.

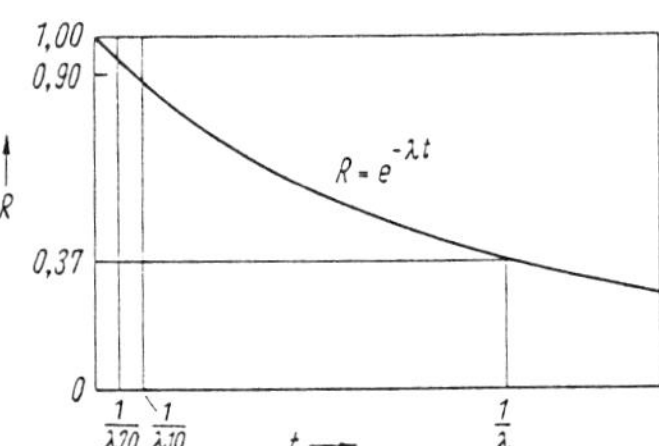

Bild 4.52 Überlebenswahrscheinlichkeit R für $\lambda(t)$ = konst.

► **Beispiel**: Ein Gerät mit einem mittleren Ausfallabstand $1/\lambda$ = 100 h wird 24 h betrieben. Die Wahrscheinlichkeit des ausfallfreien Betriebs beträgt

$$R = e^{-\lambda t} = e^{-24/100} = 0{,}78 = 78\ \%$$

Von 100 derartigen Geräten sind nach 24 h 22 ausgefallen.

Sind der mittlere Ausfallabstand bzw. die Ausfallrate λ bekannt, kann also die Wahrscheinlichkeit des Überlebens für eine bestimmte Betriebszeit berechnet werden. Es ist wichtig zu bemerken, daß sich Einzelereignisse nicht voraussagen lassen. Ein Gerät mit einem mittleren Ausfallabstand von 100 h kann nach 1 h, aber auch erst nach 1000 h ausfallen. Die Berechnung von $R(t)$ besagt lediglich, mit welcher Wahrscheinlichkeit das Gerät für eine bestimmte Zeit funktionieren wird bzw. mit welcher

Wahrscheinlichkeit wieviel Geräte aus einer bestimmten Menge in einer vorgegebenen Betriebszeit funktionieren bzw. ausfallen. Umgekehrt kann man aus vorgegebener Überlebenswahrscheinlichkeit und Betriebszeit den notwendigen mittleren Ausfallabstand bzw. die Ausfallrate $\lambda(t)$ berechnen.

Da die Überlebenswahrscheinlichkeit praktisch eine Kennziffer zur Charakterisierung der wahrscheinlichen Funktionsdauer bis zum Ausfall ist, wird sie vor allem zur Bewertung der Zuverlässigkeit von *nicht reparierbaren Erzeugnissen* herangezogen, z. B. für Seekabelverstärker, Raketen, Satelliten, Wetterballonsonden, integrierte Schaltkreise, elektronische Bauelemente und Wälzlager. Ferner ist die Überlebenswahrscheinlichkeit ein wichtiges Maß auch für reparierbare Systeme, wenn es festzustellen gilt, mit welcher Wahrscheinlichkeit ein System oder eine Gruppe von Systemen für eine bestimmte Operationszeit ausfallfrei arbeiten wird, insbesondere für strategisch-taktische Aufgaben oder für Prozesse bestimmter Zeitdauer, deren Unterbrechung zu großen Verlusten führt.

4.5.3.4 Verfügbarkeit

Die Verfügbarkeit V eines Erzeugnisses zu einem bestimmten Zeitpunkt (momentane Verfügbarkeit, stationärer Wert) kann berechnet werden aus

$$V = \frac{\text{mittlere Zeit zwischen zwei Ausfällen } (MTTF)}{\text{mittlere Zeit zwischen zwei Ausfällen } (MTTF) + \text{mittlere Ausfalldauer } (MTTR)}. \quad (4.55)$$

Häufig wird V mit 100 multipliziert, und die Angabe der Verfügbarkeit erfolgt damit in Prozent. Die Verfügbarkeit ist ein anwendungsorientiertes Maß zur Kennzeichnung der Zuverlässigkeit eines Erzeugnisses und drückt aus, in welchem Grad ein Erzeugnis beim Anwender verfügbar bzw. funktionsfähig ist. Sie wird als statistischer Mittelwert über einen längeren Zeitraum oder bestimmte Zeitetappen ermittelt. Da in der mittleren Ausfalldauer $MTTR$ die Ausfallsuch-, Wiederherstellungs- und Stillstandsdauer enthalten sind (s. Bild 4.47), diese sowohl von evtl. vorhandenen Fehleranzeigen, Fehlersuchprogrammen, von der Reparaturfreundlichkeit, d. h. von der konstruktiven Ausführung, als auch von der Qualifikation des Reparaturpersonals und der Organisation des Kundendienstes abhängen, ist die Verfügbarkeit keine reine Erzeugniskennziffer, sondern sie enthält auch organisatorische und subjektive Einflußfaktoren. Für *reparierbare Systeme* ist sie jedoch eine wichtige Zuverlässigkeitskennziffer. Sie erfaßt, im Gegensatz zur Überlebenswahrscheinlichkeit, das Geschehen *nach* dem Ausfall, d. h. die Dauer der Ausfälle, was u. a. auf die Größe des Schadens schließen läßt.

Die Kennziffer Verfügbarkeit orientiert den Hersteller auf konstruktive Lösungen mit kleinen Fehlersuch- und Reparaturzeiten (z. B. leichte Zugänglichkeit, Bausteinbauweise, geringer Justieraufwand) und auf Verbesserung seines Kundendienstes. Sie ist für viele Nutzer reparierbarer Erzeugnisse von größerer Bedeutung als die Kenntnis von Ausfallrate, mittlerem Ausfallabstand oder Überlebenswahrscheinlichkeit, wie dies die folgenden zwei Beispiele zeigen.

▶ **Beispiel 1**: Eine Stanzeinrichtung habe in einer Betriebsdauer von 1000 h 100 kurze Ausfälle von je 3 min Dauer (z. B. Stau im Zuführmagazin).
Daraus ergeben sich $\lambda(t)$, $R(t)$ und V für 100 h Operationszeit zu

$$\lambda = 100/1000 = 0{,}1\ \text{h}^{-1}$$

$$R = \text{e}^{-0{,}1 \cdot 100} = \text{e}^{-10} = 0{,}00005 \mathrel{\hat{=}} 0{,}005\ \%$$

$$V = 100/(100 + 10 \cdot 0{,}05) = 100/100{,}5 = 99{,}5\ \%.$$

▶ **Beispiel 2**: Die gleiche Stanzeinrichtung habe in der Betriebsdauer von 1000 h 20 Ausfälle mit je 5 h Ausfallzeit gehabt (z. B. Matrizenbruch der Stanzstation).
Für ebenfalls 100 h Operationszeit ergeben sich die gleichen Größen zu

$$\lambda = 20/1000 = 0{,}02\ \text{h}^{-1}$$

$$R = \text{e}^{-2} = 0{,}135 \mathrel{\hat{=}} 13{,}5\ \%$$

$$V = 100/110 \mathrel{\hat{=}} 91\ \%.$$

Die beiden Beispiele zeigen, daß in diesem Fall die völlig unzureichende Überlebenswahrscheinlichkeit kaum von Interesse ist; denn das Gerät war zu 99,5 % bzw. 91 % verfügbar. Für die meisten reparierbaren Systeme der Feinwerktechnik, insbesondere bei Bagatellreparaturen oder einfachen Handgriffen zum Wiederherstellen der Funktionstüchtigkeit, ist die Zuverlässigkeitskennziffer $R(t)$ von untergeordneter Bedeutung und die Verfügbarkeit ein besseres Kriterium. Für ein Gerät jedoch, das an einem automatischen Prozeß beteiligt ist, dessen Unterbrechung zu großen materiellen Verlusten führt oder Menschenleben gefährdet, ist wiederum $R(t)$ die wichtigere Kennziffer.

Je nach Betrachterstandpunkt und Einsatzkriterium können die Kennziffern

$\lambda(t)$, *MTTF*, $R(t)$ und V

herangezogen werden, um die Zuverlässigkeit eines Erzeugnisses zu beschreiben. Eine einzige Zuverlässigkeitskennziffer ist dafür nicht hinreichend. In der Feinwerktechnik, deren Erzeugnisse mit überwiegender Mehrheit reparierbar sind, bevorzugt man die Kennziffern V und *MTTF*. Oftmals werden weitere Kenngrößen herangezogen, z. B. die mittlere Ausfalldauer *MTTR*, d. h. die auf die Zahl der Ausfälle bezogene Summe der Ausfallzeiten. Sie charakterisiert die Instandhaltungseignung (Servicefreundlichkeit) eines Geräts. Analog zum mittleren Ausfallabstand kann eine Kennziffer „mittlerer Reparaturabstand" gebildet werden.

4.5.3.5 Kosten und Zuverlässigkeit
[4.37] [4.43] [4.45]

Die dem Anwender entstehenden Kosten setzen sich zusammen aus den

- Anschaffungskosten (Preis) K_1
- Instandhaltungskosten (Kosten zum Beseitigen und Vermeiden von Ausfällen) K_2
- Folgeschadenkosten (Kosten durch zeitweilige Funktionsuntüchtigkeit der Erzeugnisse) K_3.

Sie können zur sog. ökonomischen Grundgleichung der Zuverlässigkeit zusammengefaßt werden:

$$K_{ges} = K_1 + (K_2 + K_3)\,, \tag{4.56}$$

wobei K_2 und K_3 die für einen bestimmten Zeitraum, z. B. die vorgesehene Betriebsdauer, die Abschreibungszeit oder eine vereinbarte Zeit von z. B. fünf Jahren, anfallenden Kosten sind.

Alle drei Kostenanteile sind von der Zuverlässigkeit eines Erzeugnisses abhängig. Je höher die Zuverlässigkeit ist, desto mehr Aufwendungen müssen vom Entwickler bzw. Hersteller erbracht werden und desto kleiner werden Instandhaltungs- und Folgeschadenkosten. Ihr prinzipieller Verlauf ist durch **Bild 4.53** gegeben. Zur quantitativen Darstellung der Zuverlässigkeit kann auf der Abszisse z. B. der mittlere Ausfallabstand aufgetragen werden.

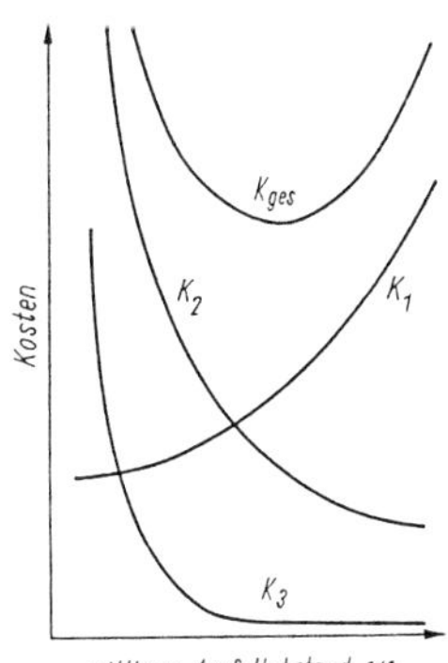

Bild 4.53 Kostenoptimum

Das für K_{ges} entstehende Kostenminimum besagt, daß es vom Standpunkt der Wirtschaftlichkeit her nicht zweckmäßig ist, grundsätzlich hohe Zuverlässigkeit anzustreben, sondern es existiert eine optimale Zuverlässigkeit, z. B. ein optimaler mittlerer Ausfallabstand von 250 h.

Das Ermitteln der Kostenfunktionen K_1, K_2 und K_3 stößt auf große Schwierigkeiten, besonders wenn schon während der Entwicklung eines Erzeugnisses derartige Betrachtungen notwendig sind. Man ermittelt sie dann aus vergleichbaren Erzeugnissen, für die Untersuchungen während ihrer Anwendung vorliegen oder angestellt werden können. Ferner ist zu bedenken, daß sich nicht alle Zuverlässigkeitsforderungen in Kosten ausdrücken lassen, z. B. volkswirtschaftliche Notwendigkeiten, militärische und politische Aspekte und Gefahren für Gesundheit und Leben.

4.5.4 Ausfallverhalten von Elementen und Systemen [4.28] [4.33] [4.34] [4.37] [4.39] [4.44] [4.45]

Das Ausfallverhalten von Elementen wird i. allg. durch die Ausfallrate $\lambda(t)$ angegeben. Ihr prinzipieller Verlauf ist durch Bild 4.49 gegeben. Die Funktionen $\lambda(t), f(t), R(t)$ oder $F(t)$ sind meist nicht in geschlossener Form angebbar, sondern häufig nur für einzelne Zeitabschnitte. Bei mechanischen und elektromechanischen Bauelementen wird anstelle der Ausfallrate oft der wahrscheinliche Mittelwert der zulässigen *Funktionszyklen* (Umdrehungen, Lastwechsel, Schaltspiele usw.) angegeben. Mit den im Einsatz je Zeiteinheit stattfindenden Funktionszyklen (z. B. Anzahl der Operationen je Stunde) läßt sich daraus die mittlere Lebensdauer bzw. mittlere ausfallfreie Betriebsdauer errechnen.

Die Angabe der Ausfallraten (Funktionszyklen) ist sinnlos ohne Randbedingungen für die Beanspruchung der Elemente. Man unterscheidet zwei Beanspruchungsbereiche:

Umweltbeanspruchung (Umgebungstemperatur, Feuchte, Druck, aggressive Medien, Staub, Mikroben, Insekten, Schwingungen, Stöße, Strahlung, elektromagnetische Felder usw.)

Funktionsbeanspruchung (Spannung, Strom, Leistung, Drehmoment, Drehzahl, Weg, selbsterzeugte Wärme [Verlustleistung], Frequenz, Reibung, Unwucht usw.).

Die einzelnen Beanspruchungsarten haben je nach Bauelementetyp sehr unterschiedlichen Einfluß auf die Ausfallraten.

Da die experimentelle Erfassung der Abhängigkeit der Ausfallraten von den Einflußfaktoren sehr zeit- und kostenaufwendig und eine theoretische Erfassung selten möglich ist, beschränkt man sich auf die wichtigsten Beanspruchungsarten, vor allem auf die Abhängigkeit der Ausfallrate von der Funktionsbeanspruchung und der Temperatur, weiterhin auf die Phase der konstanten Ausfallrate, d. h., die Perioden der Früh- und Spätausfälle werden ausgeklammert.

Die Umweltbeanspruchung wirkt ständig, ist also der Funktionsbeanspruchung überlagert. Bei mechanischen Bauelementen ist der Umwelteinfluß in Ruhe oft größer als während des Betriebs (Rost, keine Schmierung, Staubanlagerungen). Die größten Beanspruchungen treten häufig beim Einschalten der Geräte auf (Reibwert der Ruhe, Beschleunigungen, Stöße) und bei elektronischen Bauelementen durch Spannungsspitzen, notwendige Formierungen (z. B. Selengleichrichter, Elektrolytkondensatoren). Derartige Einflüsse auf die Ausfallraten können selten exakt erfaßt werden.

Die Angabe der Ausfallraten (Schaltspiele) erfolgt

1. als fester Wert unter den entsprechenden Funktions- und Umweltbeanspruchungen (Nenndaten), z. B. Schutzgaskontakt $I = 50$ mA; $U = 24$ V; $\vartheta = +5 \dots +70$ °C; mittlere Schaltspielanzahl bis zum ersten Ausfall: $5 \cdot 10^6$ Schaltspiele;
2. in Form von Tabellen für bestimmte Funktions- und Umweltbeanspruchungen in Abhängigkeit von den wichtigsten Einflußparametern, z. B. Ausfallrate für Papierkondensatoren 0,1 µF; $U = 400$ V; 50 Hz in Prozent/1000 h;
3. wie unter Pkt. 2 in Form von graphischen Darstellungen, z. B. Ausfallraten für Kohleschichtwiderstände 0,1 W (**Bild 4.54**) [4.39];
4. in Form von Gleichungen; für elektronische Bauelemente ist es gelungen, die Abhängigkeit der Ausfallrate von bestimmten Einflußfaktoren (z. B. Temperatur, Funktionsbeanspruchung) theoretisch und experimentell zu erfassen.

Bestimmte Einflüsse lassen sich durch sog. Minderungsfaktoren in Form von

$$\lambda = k\,\lambda_{\text{Nenn}} \tag{4.57a}$$

berücksichtigen, wobei $k = f$ (Umgebungstemperatur, Funktionsbeanspruchung oder Umwelt) angegeben werden kann, z. B. Labor $k = 1$, Erdboden $k = 10$, Schiff $k = 20$, Eisenbahn $k = 40$, Flugzeug $k = 150$, Rakete $k = 1000$.

Für elektronische Bauelemente kann die Abhängigkeit der Ausfallrate von einigen Einflußgrößen auch durch die Ausfallraten λ bei Betriebsbedingungen und λ_{ref} bei Referenzbedingungen (**Tafel 4.14**) angegeben werden über die Gleichung

$$\lambda = \lambda_{\text{ref}}\,\pi_i\,, \tag{4.57b}$$

wobei π_i verschiedene Faktoren wie z. B.: π_E Umweltbedingungen, π_L Reife des Herstellungsprozesses, π_Q Fertigungsqualität, π_T Chiptemperatur und Technologie, π_V Spannungsbelastung ausdrückt [4.37] [4.41]. Dem Faktor π_T für die Temperaturabhängigkeit liegt beispielsweise die *Arrhenius*-Gleichung zugrunde, die einen direkten Zusammenhang zwischen Temperatur und Reaktionsgeschwindigkeit für elektrochemische und Diffusionsvorgänge beschreibt. Die normierte Ausfallrate $\lambda/\lambda_{25\,°C}$ (**Bild 4.55**) ist von der Aktivierungsenergie und der *Boltzmann*-Konstante abhängig [4.39]. Verallgemeinert gilt z. B. für integrierte Schaltkreise, daß bei einem Anstieg der Betriebstemperatur um 10 K die Lebensdauer halbiert wird.

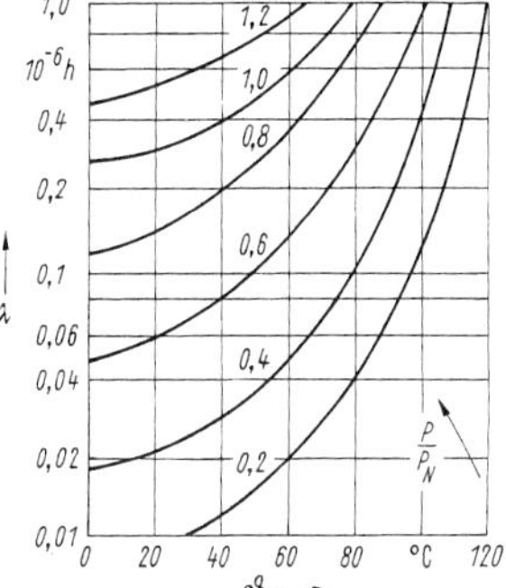

Bild 4.54 Beispiel für Ausfallraten (Kohleschichtwiderstände)
P/P_N = Verlustleistung/Nennleistung;
λ Ausfallrate; ϑ Umgebungstemperatur

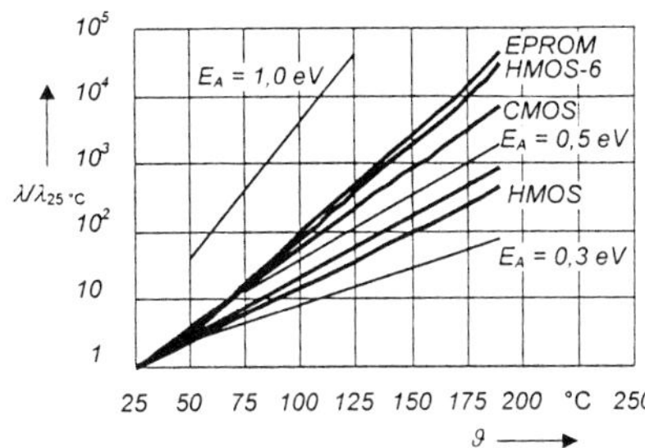

Bild 4.55 Temperaturabhängigkeit der normierten Ausfallrate $\lambda/\lambda_{25\,°C}$ für ausgewählte elektronische Schaltkreise

Tafel 4.14 Referenzbedingungen für klimatische und mechanische Beanspruchungen

Beanspruchungsart:	Referenzbeanspruchung:
Umgebungstemperatur	$\vartheta_U = 40$ °C
Relative Luftfeuchte	30 %
Luftdruck, der im Bereich von (0,860 ... 1,060)10^5 Pa für elektronische Bauelemente vernachlässigt werden kann	$1{,}013 \cdot 10^5$ Pa
Mechanische Beanspruchung	
- Schwingungsbeanspruchung	Frequenz: (10 ... 55) Hz Beschleunigung: 20 m/s^2
- Schockbeanspruchung	Beschleunigung: 150 m/s^2 Dauer: 11 ms
Sonderbeanspruchung (Wind, Regen, Schnee, Vereisung, Tropf-, Sprüh-, Spritz oder Strahlwasser, Staub, Einwirkung von tierischen Schädlingen, aggressiven Gasen, radioaktiver Strahlung, Temperaturwechsel usw.)	keine

In **Tafel 4.15** sind Richtwerte für Ausfallraten elektronischer Baugruppen zusammengestellt.

Wenn von den Ausfallraten, dem mittleren Ausfallabstand oder der Überlebenswahrscheinlichkeit der Elemente auf das Ausfallverhalten eines Systems geschlossen werden soll, so ist stets folgende wichtige Bedingung vorausgesetzt:

Das Verhalten bzw. Versagen eines Elements ist unabhängig von den anderen Elementen, d. h., es liegt keine gegenseitige Beeinflussung vor. Das bedeutet, die Struktur des Systems (Anordnungen und Kopplungen) hat keinen Einfluß auf das Ausfallverhalten der Elemente. Diese notwendige Voraussetzung ist für viele elektronische Systeme praktisch nahezu erfüllt, für viele mechanische, elektromechanische und mechanisch-optische jedoch nicht oder nur in Ausnahmefällen. Das ist einer der Gründe, warum die Zuverlässigkeitstheorie für elektronische Systeme weiter fortgeschritten ist und auch praktisch brauchbare Ergebnisse liefert, jedoch für mechanische erhebliche Lücken bestehen.

Der Grad des gegenseitigen Beeinflussens der mechanischen Bauelemente ist wegen ihres gegenseitigen Zusammenhangs, ihrer Vermaschung und integrierten Funktionsausnutzung oft derart hoch, daß Ausfallraten für ein einzelnes Bauelement (losgelöst aus dem Zusammenhang) nicht angegeben werden können oder die rechnerische Ableitung der Systemzuverlässigkeit keine sinnvollen Ergebnisse liefert. Ein Ausweg ist, Ausfallraten für Baugruppen, z. B. Motoren, Getriebe, Relais oder Kupplungen, empirisch zu ermitteln und durch konstruktive Maßnahmen dafür zu sorgen, daß ihr Ausfallverhalten von anderen miteinander gekoppelten Baugruppen unbeeinflußt bleibt (s. Abschn. 4.2.3.3).

Tafel 4.15 Richtwerte für Ausfallraten λ (s. auch [4.40] [4.41])

Element	λ in FIT = $10^{-9}\,h^{-1}$	Element	λ in FIT = $10^{-9}\,h^{-1}$
Verbindungen:		Transistoren:	
Via	7	Kleinsignaltransistor	15
Flachbandleitung (je Draht)	5	Thyristor, Triac	25 ... 100
Lötstelle (automatisch)	0,2	Transistor, bipolar	5 ... 10
Lötstelle (manuell)	18,6		50 ... 100 (ϑ_j = 85 °C)
Steckverbindung (je Kontakt)	4	Transistor, FET	10 ... 20
Klemmverbindung (je Kontakt)	4		30 ... 60 (ϑ_j = 85 °C)
Festwiderstände:		Dioden:	
Kohleschichtwiderstand	1	Signaldiode	8
Metallfilmwiderstand	1 ... 2	Zenerdiode	5 ... 100
Drahtwiderstand	5 ... 20		50 ... 100 (ϑ_j = 85 °C)
Thermistoren	10 ... 50	Leistungsdiode	10 ... 20 (ϑ_j = 85 °C)
Drehwiderstände:		ICs:	
Kohleschichtdrehwiderstand	2000	Digitale ICs, bipolar	2 ... 5 (SSI/MSI)
Potentiometer	600		20 ... 200 (LSI) 50 ... 300
Keramiktrimmer	20 ... 100	Digitale ICs, MOS	(LSI/VLSI)
Drahttrimmer	30 ... 100	Digitale ICs, CMOS	2 ... 6 (SSI/MSI)
Kondensatoren:			20 .. 200 (LSI/VLSI)
Elektrolytkondensator	10 ... 50	Analog-IC	3 ... 300
Folienkondensator	2 ... 10	Optohalbleiter (LED, Foto-	5 ... 200
Keramikkondensator	1 ... 5	elemente, Optokoppler usw.)	
Tantalkondensator	5 ... 10	Flüssigkristallanzeige	3000
Schwingquarz	300	Leuchtdioden	40

Unter der oben genannten Voraussetzung kann die Systemzuverlässigkeit aus den Ausfallraten der Elemente (Baugruppen) – man beachte die Relativität der Begriffe System, Gruppe, Element (bei Zuverlässigkeitsbetrachtungen spricht man ganz allgemein von „Betrachtungseinheit") – errechnet werden, und zwar je nach vorliegender Serien- oder Parallelstruktur des Systems.

Seriensysteme sind Systeme ohne strukturelle Redundanz und liegen vor, wenn das ganze System als Folge eines Ausfalls von mindestens einem Element ausfällt. Fast alle Geräte können als Seriensystem aufgefaßt werden, da sie versagen, wenn ein Element versagt (**Bild 4.56**).

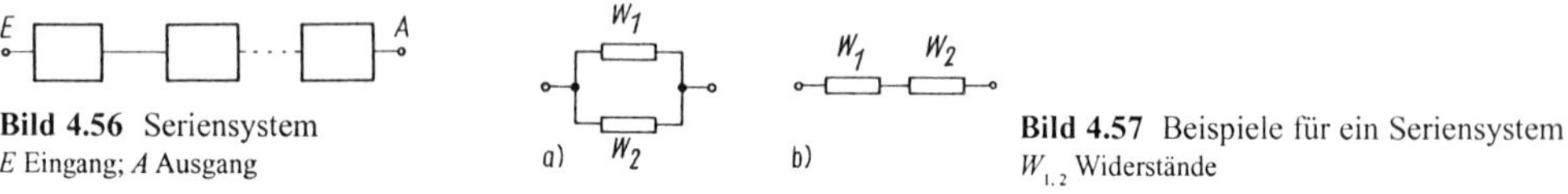

Bild 4.56 Seriensystem
E Eingang; *A* Ausgang

Bild 4.57 Beispiele für ein Seriensystem
$W_{1,2}$ Widerstände

Es ist besonders darauf hinzuweisen, daß die Zuverlässigkeitsersatzschaltung eines Systems nicht mit der Funktionsstruktur oder dem schaltungstechnischen Aufbau im Sinne eines Stoff-, Informations- oder Energieflusses gleichgesetzt werden darf. Im **Bild 4.57** fällt System *a* bei Kurzschluß eines der beiden Widerstände (oder beider) aus, System *b* bei Unterbrechung von W_1 oder W_2. Spielt die genaue Größe des Gesamtwiderstands keine Rolle, kann dagegen das System *a* bei Unterbrechung bzw. das System *b* bei Kurzschluß eines Widerstands noch als funktionstüchtig angesehen werden (Parallelsystem).

Ob im Sinne der Zuverlässigkeit also eine Serienstruktur vorliegt, hängt sowohl von der Funktionsstruktur als auch von der Art des Ausfalls (Fehler) ab.

Das Überleben eines Seriensystems setzt voraus, daß alle Elemente (Teilsysteme) überleben. Damit ergibt sich die Überlebenswahrscheinlichkeit des Systems als Produkt aus den Überlebenswahrscheinlichkeiten der *n* Elemente des Systems zu

$$R_S(t) = \prod_{i=1}^{n} R_i(t). \tag{4.58}$$

Unter Verwendung von Gl. (4.53a) erhält man

$$R_S(t) = \prod_{i=1}^{n} \exp\left[-\int_0^t \lambda_i(\tau)\mathrm{d}\tau\right] = \exp\left[-\int \sum_{i=1}^{n} \lambda_i(t)\,\mathrm{d}t\right], \tag{4.59}$$

woraus für die Systemausfallrate folgt

$$\lambda_S(t) = \sum_{i=1}^{n} \lambda_i(t). \tag{4.60}$$

Für die Exponentialfunktion ergibt sich

$$R_S = \mathrm{e}^{-\lambda_S t} \tag{4.61}$$

mit

$$\lambda_S = \frac{1}{MTBF_S} = \sum_{i=1}^{n} \lambda_i . \tag{4.62}$$

Für die Systemausfallwahrscheinlichkeit gilt

$$F_S(t) = 1 - R_S(t) = 1 - \prod_{i=1}^{n} R_i(t) = 1 - \prod_{i=1}^{n}\left[1 - F_i(t)\right] . \tag{4.63}$$

Mit diesen Beziehungen können die Systemkennziffern der Zuverlässigkeit aus den Kennziffern der Elemente berechnet werden. Für gleich große Werte $R_i = R$ aller Elemente folgt

$$R_S = R^n , \tag{4.64}$$

was verdeutlicht, wie schnell die Überlebenswahrscheinlichkeit mit der Anzahl der Elemente abnimmt.

▶ Beispiel: $n = 1$ $R_i = R = 0{,}990$ $n = 100$ $R_S = 0{,}990^{100} = 0{,}36$
$n = 10$ $R_S = 0{,}990^{10} = 0{,}904$ $n = 1000$ $R_S = 0{,}990^{1000} = 0{,}00004$.

Parallelsysteme im Sinne der Zuverlässigkeit bestehen aus einer Grundeinheit und mindestens einer Reserveeinheit und haben zur Folge, daß das System nicht versagt, solange eine einzige Einheit arbeitsfähig ist. Durch die Reserveeinheit sind weitere Elemente vorhanden, die die Funktion des ausgefallenen Elements übernehmen. Diese Elemente stellen eine strukturelle Redundanz dar. Sind r gleiche oder ähnliche Elemente zum Ausüben einer Teilfunktion vorhanden, so ist $r - 1$ der *Redundanzgrad*. Sind diese im Sinne der Zuverlässigkeit parallel angeordneten Elemente ständig an der Funktion beteiligt, so spricht man von *belasteter (heißer) Reserve*, sind sie so angeordnet, daß stets nur ein Element in Betrieb ist, d. h. durch Umschalten bei Ausfall eines Elements das Reserveelement (die Reserveeinheit) dessen Funktion übernimmt, so spricht man von *unbelasteter (kalter) Reserve* (Beistandssysteme). Die Parallelstruktur wird als Zuverlässigkeitsersatzschaltung im **Bild 4.58** dargestellt.

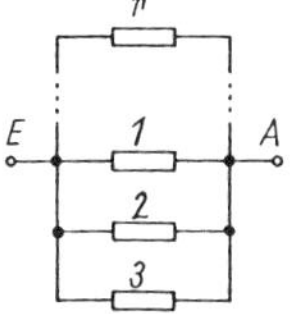

Bild 4.58 Parallelsystem
E Eingang; *A* Ausgang
1 Grundeinheit
2, 3, r Reserveeinheiten

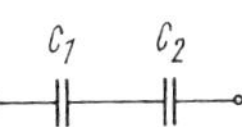

Bild 4.59 Beispiel für ein Parallelsystem
$C_{1,2}$ Kondensatoren

Es muß noch einmal betont werden, daß ein Parallelsystem nicht hinsichtlich seiner Funktionsstruktur ein Parallelsystem sein muß. Im **Bild 4.59** kann das System bei Kurzschluß eines Kondensators als redundantes System aufgefaßt werden, wenn C_{ges} unwesentlich ist (z. B. Entstörkondensator; s. auch Bemerkungen zu Bild 4.57). Die Überlebenswahrscheinlichkeit für Systeme mit belasteter Reserve errechnet man über die Ausfallwahrscheinlichkeiten der redundanten Elemente, da das System genau dann ausfällt, wenn in der Zeit t alle r Elemente ausgefallen sind. Damit gilt das Produktgesetz der Ausfallwahrscheinlichkeiten mit

$$F_S(t) = \prod_{i=1}^{r} F_i(t) \tag{4.65}$$

oder mit Gl. (4.50)

$$R_S(t) = 1 - \prod_{i=1}^{r} F_i(t) = 1 - \prod_{i=1}^{r} \left[1 - R_i(t)\right] . \tag{4.66}$$

Da in den meisten Fällen gleiche oder ähnliche Elemente redundant angeordnet sind, ist $R_i = R$ gleich für alle Elemente. Es folgt

$$R_S(t) = 1 - [1 - R(t)]^r \tag{4.67}$$

und für die Exponentialfunktion

$$R_S(t) = 1 - (1 - e^{-\lambda t})^r \tag{4.68}$$

mit dem Redundanzgrad $r - 1$.

Da für alle $r > 1$ immer $R_S > R$ ist, erhöht Redundanz die Überlebenswahrscheinlichkeit, wie im **Bild 4.60** gezeigt wird. Man erkennt, daß sich die Redundanz in erster Linie auf das Erhöhen der Überlebenswahrscheinlichkeit für kleine Werte t auswirkt. Besonders in der Umgebung von $t = 0$ bleibt R_S nahezu gleich groß.

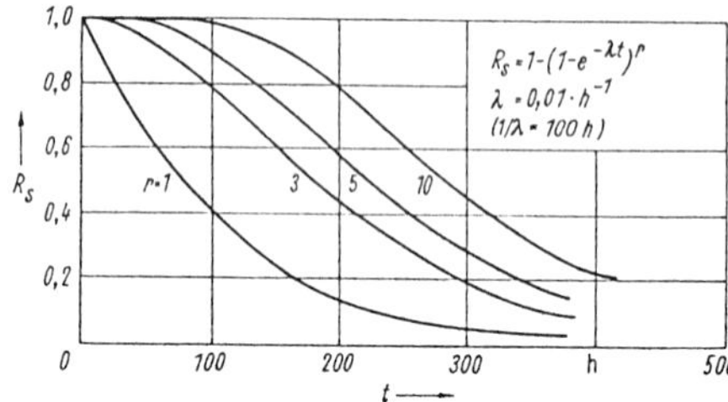

Bild 4.60 Überlebenswahrscheinlichkeit bei belasteter Reserve für die Redundanzgrade $r - 1 = 0, 2, 4, 9$

Die Anwendung redundanter Techniken wird durch den notwendigen ökonomischen Aufwand, Größe, Masse und Energiebedarf begrenzt. Auch große Redundanzgrade verbessern R_S nur noch unwesentlich (Bild 4.60). Deshalb wird der Redundanzgrad praktisch auf zwei bis vier beschränkt und Redundanz nur bei solchen Systemen angewendet, bei denen man einen sehr großen Wert R_S verlangt und die nicht oder nur in bestimmten Zeitabständen repariert werden können (Raketen, Flugzeuge, Zugverkehr, automatisierte Fertigungseinrichtung u. a.).

Für jederzeit reparierbare Systeme, also für die meisten Systeme der Feinwerktechnik, ist die Redundanz keine sinnvolle Lösung zum Verbessern der Zuverlässigkeit.

Man unterscheidet, ob die Redundanz auf der Ebene der Elemente (Elementereservierung), Teilsysteme oder des ganzen Systems (Systemreservierung) eingesetzt wird. Es läßt sich beweisen, daß man auf Elementenebene eine höhere Überlebenswahrscheinlichkeit erzielt als bei gleichgradiger Redundanz auf System- oder Teilsystemebene.

Auf die Berechnung der Ausfallrate und des mittleren Ausfallabstands für belastete Reserve und auf die analogen Kennziffern $R(t)$, $\lambda(t)$ und $1/\lambda$ für unbelastete Reserve wird in diesem Zusammenhang nicht eingegangen (s. [4.34] [4.39] [4.40]).

Oftmals ist die Anwendung beider Reservierungsarten aus physikalischen und strukturellen Gründen unmöglich, oder sie führt zu unvertretbarem Aufwand. Man beachte auch, daß für die unbelastete Reserve ein Ausfalldetektor und eine Umschalteinrichtung notwendig sind, die ihrerseits hohe Zuverlässigkeit aufweisen müssen.

4.5.5 Besonderheiten des Ausfallverhaltens mechanischer Systeme [4.22] [4.23] [4.36] [4.44] [4.45] [4.47] [4.80] [4.81]

Mechanische Systeme weisen gegenüber denen der Elektronik einige grundlegende Unterschiede im Ausfallverhalten auf, die zu entsprechenden Konsequenzen bei der Zuverlässigkeitsberechnung von Systemen sowie bei der Datenermittlung von Bauelementen führen. Die meisten mechanischen Bauelemente sind während der Nutzung einer systematischen Schädigung durch Funktions- und Umweltbedingungen ausgesetzt. Daraus ergeben sich Spätausfälle durch Abnutzung, die zu einer stetigen Zunahme der Ausfallrate führen. Daneben können aber ebenfalls Früh- und Zufallsausfälle auftreten. Im Resultat entsteht eine ausgeprägte „Badewannenkurve" (s. Bild 4.51) für mechanische Systeme. Die Phase mit konstantem oder minimalem Wert wird meist als relativ kurz angenommen.

Der Anteil der Frühausfälle hängt i. allg. von der Stabilität der Fertigung sowie vom Stand und von dem Umfang der Qualitätskontrolle ab.

Zufallsausfälle können zu jedem Zeitpunkt auftreten und sind vor allem vom Verhalten verschiedener Störgrößen und der Störsicherheit des Systems abhängig. Bei Systemen mit vorbeugender Instandhaltung bestimmen nach der Einlaufzeit die Zufallsausfälle die Zuverlässigkeit des Systems. Für diesen Fall ist die Angabe einer konstanten Ausfallrate gerechtfertigt.

Zur Konstruktion kostengünstiger Austauschbaugruppen müssen die Abnutzungs-Ausfall-Verteilungen der Elemente zum Bestimmen eines optimalen Instandhaltungstermins bekannt sein. Außerdem sollten die Erneuerungszeitpunkte für möglichst viele Elemente bzw. bestimmte Verschleißbaugruppen übereinstimmen, um die Leistungsreserven des jeweiligen Geräts voll auszuschöpfen. Das erfordert neben einer lebensdauerorientierten Dimensionierung auch eine servicegerechte Konstruktion.

Im allgemeinen Fall, der Nutzung des Systems bis zum Spätausfall (Abnutzungsausfall) – sofern nicht vorher ausgefallen –, wird die Ausfallrate einen zeitabhängigen Verlauf aufweisen. Damit entfallen bei Berechnungen die im Abschnitt 4.5.4 angegebenen Vereinfachungen. Für die Mechanik erscheint es daher zweckmäßig, andere Kenngrößen mit gleichem Informationsgehalt (Überlebens- bzw. Ausfallwahrscheinlichkeit, Ausfallwahrscheinlichkeitsdichte) zu verwenden. Die Struktur im Sinne der Zuverlässigkeit ist bei mechanischen Systemen der Feinwerktechnik in den meisten Fällen seriell, soweit es sich um das Erfüllen mechanischer Funktionen handelt. Bei mechanischen Elementen zum Auslösen elektrischer Funktionen, z. B. Schalter, ist strukturelle Redundanz in Form belasteter Reserve gebräuchlich. Prinzipiell ist belastete Reserve auch auf der Ebene mechanischer Bauelemente und Verbindungen möglich. Sind aber mehrere Elemente gleichzeitig an der Erfüllung einer Funktion beteiligt, tritt gegenseitige Beeinflussung ein (s. Abschn. 4.2.3.3).

Infolge herstellungsbedingter Ungleichheit der Elemente arbeitet das System bei Parallelschaltung unter Zwang, wenn nicht konstruktive Maßnahmen zum Entkoppeln vorgesehen wurden. Bei Ausfall eines der redundanten Elemente ändert sich sprunghaft die Beanspruchung und somit auch die Ausfallrate für die übrigen Teile. Neben der Zeitabhängigkeit der Ausfallrate ist das gegenseitige Beeinflussen des Ausfallverhaltens ein weiterer Nachteil für die Anwendung von Reserveeinheiten bei mechanischen Baugruppen. Durch diese Faktoren wird das rechnerische Erfassen der Systemzuverlässigkeit sehr erschwert. Eine Möglichkeit wäre die Verwendung bedingter Wahrscheinlichkeiten als Ausdruck der Verkopplung. Das praktische Ermitteln dieser Größen scheitert aber am Aufwand.

Bei zwangfreier Gestaltung der Koppelstellen kann man aber auch die Berechnungsverfahren der Elektronik verwenden. Es müssen dabei solche Untersysteme gefunden werden, die unabhängig voneinander ausfallen, und für diese Systeme sind die notwendigen Daten aufzubereiten. Die Zuverlässigkeit der mechanischen Systeme läßt sich dann nach Gl. (4.58) berechnen:

$$R_{\text{mech}}(t) = \prod_{i=1}^{n} R_i(t). \tag{4.69}$$

$R_i(t)$ ist die Überlebenswahrscheinlichkeit der unabhängigen Teilsysteme

$$R_i(t) = \int_0^{\infty} f_i(\tau)\,\mathrm{d}\tau = \exp - \int_0^{t} \lambda_i(\tau)\,\mathrm{d}\tau. \tag{4.70}$$

Das *Angebot an geeigneten Daten* für das rechnerische Bestimmen der Systemzuverlässigkeit mechanischer Baugruppen und Geräte ist das Hauptproblem für Zuverlässigkeitsabschätzungen in der Konzeptionsphase eines Produktes. Dieses zwingt immer wieder zu einer Kombination unterschiedlichster Verfahren der Zuverlässigkeitstechnik (**Bild 4.61**).

Die Ursachen für das mangelnde Datenangebot sind:

- vergleichsweise geringe Stückzahlen mechanischer Elemente
- Bauelemente für spezielle Anwendungsfälle
- niedriger Normungsgrad bei mechanischen Funktionselementen

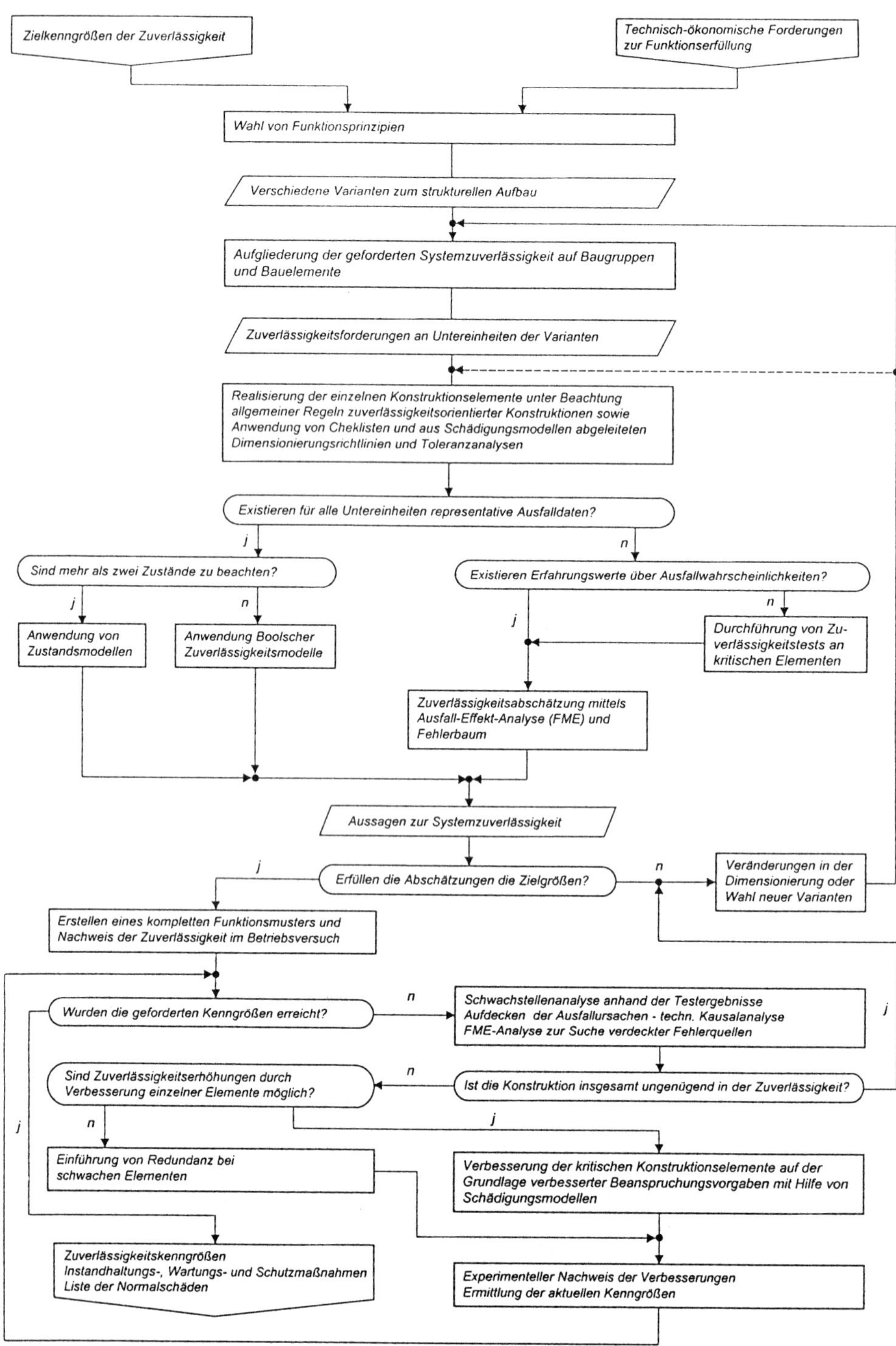

Bild 4.61 Ermittlung von Zuverlässigkeitsangaben bei der Geräteentwicklung

- Normteile in einem breiten Beanspruchungsspektrum einsetzbar
- zu erwartende Beanspruchungen bei der Komplexität der Funktionen vielfach nur schwer abschätzbar.

All diese Faktoren stehen einer statistischen Datenermittlung entgegen, da die geringe Wiederverwendbarkeit der Daten den ökonomischen Aufwand (Laborversuche, Datenrückmeldung vom Anwender) nicht rechtfertigt.

Bessere Zuverlässigkeit von Bauelementen kann nur auf der Basis von Untersuchungen zum Entstehen der ausfallverursachenden Schäden erreicht werden. Je nach Betriebs- und Umweltbedingungen läßt sich einzelnen Systemen eine Hauptausfallursache zuordnen (**Bild 4.62**). Das praktische Verhalten anderer Elemente zeigt, daß mehrere Schädigungsmechanismen wirken. Während Federn z. B. meist durch Ermüdung ausfallen, sind u. a. bei Wälzlagern und Zahnrädern sowohl Ermüdung als auch Verschleiß als Ausfallursachen bekannt. Dabei wird durch die Ermüdung tragender Oberflächen die mögliche Lebensdauer bestimmt, die sich je nach auftretendem Verschleiß verringert.

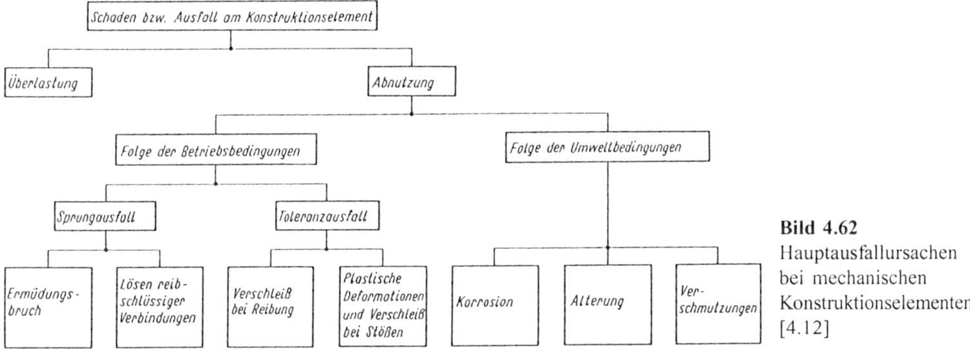

Bild 4.62
Hauptausfallursachen bei mechanischen Konstruktionselementen [4.12]

An einzelnen, häufig wiederkehrenden mechanischen Grundelementen erfolgten bisher Zuverlässigkeitsuntersuchungen hinsichtlich der Schädigungsmechanismen. Dabei wurden sowohl eine Reihe technologischer Größen als auch Werkstoff, geometrisch-stoffliche Gestaltung sowie verschiedene Parameter der Betriebs- und Umweltbedingungen als Einflußfaktoren festgestellt. Ausfallanalysen an feinmechanischen Erzeugnissen, wie Uhren, mechanischen Druckwerken, Tonbandgeräten, Schreibmaschinen und Kinoprojektoren, ergänzen die Bauelementeuntersuchungen durch Aussagen über die gegenseitige Beeinflussung und das Zusammenwirken vieler Elemente. Im Resultat ergeben sich neben den Gewaltschäden (Überlastung) verschiedene Kategorien von Abnutzungsschäden. Ausfälle entstehen daraus, wenn zulässige Grenzen der funktionsbestimmenden Parameter überschritten werden (s. Bild 4.62).

Eine Zuordnung von typischen Schäden zu einzelnen Funktionselemente- und Verbindungsklassen erscheint nicht sinnvoll, da je nach konstruktiver Gestaltung und realer Beanspruchung verschiedene Formen und Kombinationen von Ausfällen auftreten können. Geeigneter ist eine Zusammenstellung von Abnutzungsschäden und verursachender Beanspruchung (**Bild 4.63**). Dabei bleiben Kombinationen von Betriebs- und Umweltbedingungen bzw. von Schädigungsmechanismen unberücksichtigt.

4.5.6 Maßnahmen und Regeln zur Verbesserung der Zuverlässigkeit

Aus den Einflußbereichen und Kennziffern der Zuverlässigkeit läßt sich eine Vielzahl von Maßnahmen ableiten. Man unterscheidet vorbeugende (aktive) und nachträgliche (passive) Maßnahmen, nach dem Bereich ihrer Anwendbarkeit in den Phasen der Produktentwicklung (s. Abschn. 2) oder in den Etappen der Lebensgeschichte jedes Produktes (z. B. Forschung, Entwicklung, Herstellung, Test, Anwendung und Service). In **Tafel 4.16** wurden gemäß Abschnitt 4.5.2 berücksichtigt:

- das Zeitintervall (Operations- oder Betriebsdauer)
- das Lebensalter (Einlauf-, nützliche Lebens-, Ermüdungsdauer)
- die Arbeitsbedingungen (innere und äußere)
- die Beanspruchung.

Diese Maßnahmen sind in Tafel 4.16 zugleich in Form pragmatischer Regeln zusammengefaßt. Sie sind speziell für die Feinwerktechnik gedacht, beschränken sich auf wesentliche Maßnahmen und Bereiche, auf die Einfluß genommen werden kann und soll. Sie sind nicht hinsichtlich ihrer Wichtigkeit geordnet.

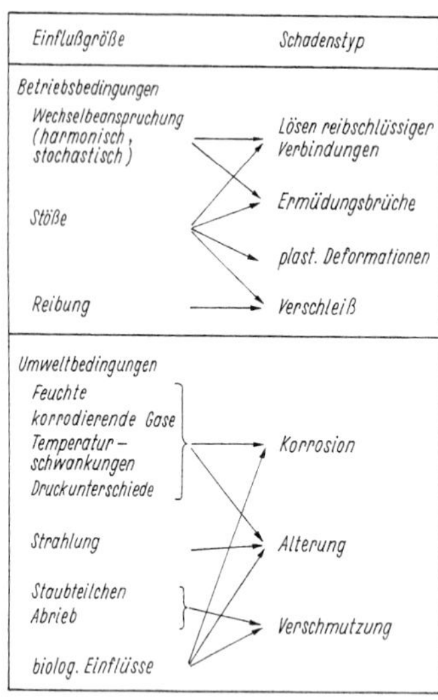

Bild 4.63 Einflußfaktoren auf die wichtigsten Schadenstypen

Tafel 4.16 Maßnahmen und Regeln zur Verbesserung der Zuverlässigkeit

1. Maßnahmen mit Rücksicht auf die Betriebsdauer (Operationsdauer)

Aus Gl. (4.53b) folgt, daß für das Verbessern der Überlebenswahrscheinlichkeit die Betriebsdauer möglichst klein zu halten ist. Zunächst scheint es, als ob die Betriebsdauer durch die Benutzung gegeben ist, also vom Konstrukteur gar nicht beeinflußt werden kann. Die Forderung besteht jedoch darin, die *erforderlichen Operationszeiten* der Geräte, ihrer Teilsysteme und Bauelemente möglichst klein zu halten und nicht schlechthin die Betriebsdauer. Es sind solche Prinzipien zu bevorzugen, mit denen bei kürzerer Zeit das gleiche oder mehr geleistet werden kann oder ein Gerät nur so lange eine Operation ausführt, wie dies innerhalb der Gesamtfunktion notwendig ist (also keine zeitredundanten Operationen).

■ ***Regel 1:***

Prinzip der minimalen zeitlichen Redundanz:
Für Systeme, Teilsysteme und Elemente die minimal erforderlichen Operationszeiten wählen.

Beispiele:

- Abschalten von Lampen
- Abschalten von peripheren Geräten, wenn z. B. nach 30 s kein neuer Aufruf erfolgt
- eine zeitredundante Lösung liegt bei allen Schritttransporten vor, wenn nicht bei jedem Schritt eine Operation vollzogen wird; ein Prinzip, das nur solche Schritte ausführt, bei denen tatsächlich eine Operation stattfindet, entspricht Regel 1.

Die Regel ist insofern bedeutend, als bei mechanischen Geräten die Belastung für unnötige, also redundante Operationen in vielen Fällen höher ist als bei ausgesetzter Operation.
Die bei Beachten dieser Regel oft notwendigen Ein-/Ausschaltvorgänge können zuverlässigkeitsmindernd wirken (Stöße, Beschleunigungen, Reibung, Formierung), wie bereits angeführt wurde. Ein Beispiel zeigt **Bild 4.64**.
Deshalb ist es für viele Geräte (Elemente) sinnvoller, sie nicht gänzlich ab-, sondern auf eine verminderte Belastungsstufe, einen sog. Schongang zu schalten, z. B. auf halbe Drehzahl oder 10 % Unterspannung.

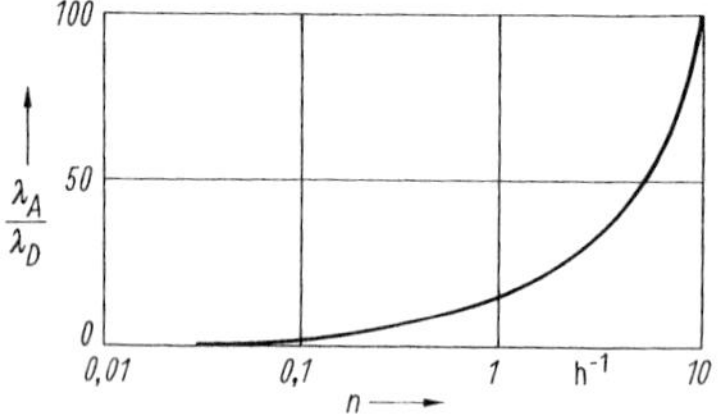

Bild 4.64 Verhältnis der Ausfallraten in Abhängigkeit von den Einschalt-/Ausschaltvorgängen eines elektronischen Geräts
λ_A Ausfallrate bei Einschalt-/Ausschaltbetrieb
λ_0 Ausfallrate bei Dauerbetrieb
n Anzahl der Einschalt-/Ausschaltvorgänge je Stunde

■ ***Regel 2:***

Beachten der Folgen häufiger Ein-/Ausschaltvorgänge. Sie beeinflussen die Zuverlässigkeit meist ungünstiger als ein möglicher Dauerbetrieb. Ein Optimum besteht oft in einem Dauerbetrieb bei herabgesetzter Beanspruchung.

Tafel 4.16 Fortsetzung 1

2. Maßnahmen mit Rücksicht auf das Lebensalter

Entsprechend den drei charakteristischen Phasen der sog. Badewannenkurve (s. Bild 4.51) können diese Maßnahmen geordnet werden:

2.1. Maßnahmen während der Frühausfallphase [4.34]

Diese Maßnahmen betreffen hauptsächlich die Einlauf- bzw. Erprobungszeit und dienen besonders der *Frühausfallausmerzung* und können zusammengefaßt werden in

■ ***Regel 3:***

- Frühausfälle rechtzeitig und möglichst vollständig ausmerzen
- die technischen Voraussetzungen bei der Konzeption des Erzeugnisses und die organisatorischen Voraussetzungen des Entwicklungsablaufs so schaffen, daß Bauelemente, aber insbesondere in sich abgeschlossene Funktionsgruppen getrennt in Betrieb genommen und erprobt werden können; Ausfälle schon in den Funktionsgruppen ausmerzen, ehe das Gesamtgerät in Betrieb genommen wird (s. Anmerkung A)
- Ausfallausmerzung gewissenhaft protokollieren und Ausfallhistogramm zeichnen (es gestattet, Richtwerte für die Ausmerzungsdauer abzuleiten; s. Anmerkung B)
- Beachten des Problems der sog. „Starmechaniker" in jeder Versuchswerkstatt (s. Anmerkung C)
- wenn zeitlich und funktionell möglich, sollten bei und nach der Frühausfallausmerzung auch schon Lebensdaueruntersuchungen hinsichtlich Verschleiß oder Drift erfolgen, insbesondere für in sich abgeschlossene Funktionsgruppen (s. Anmerkung D).

Anmerkung A: Besonders günstige Voraussetzungen sind bei Bausteinbauweise gegeben (s. Abschn. 3.2). Für völlig neue Wirkprinzipe empfehlen sich Aufbau und Erprobung mehrerer Varianten.

Anmerkung B: Von großem Interesse ist der Erwartungswert $E(t)$ der Ausmerzzeit der Frühausfälle. Es ist vorteilhaft, ihn aus einem Ausfallhistogramm (**Bild 4.65**) abzuleiten. Aufgetragen wird über der Zeitachse die Anzahl der Ausfälle je Zeiteinheit, z. B. je Tag.

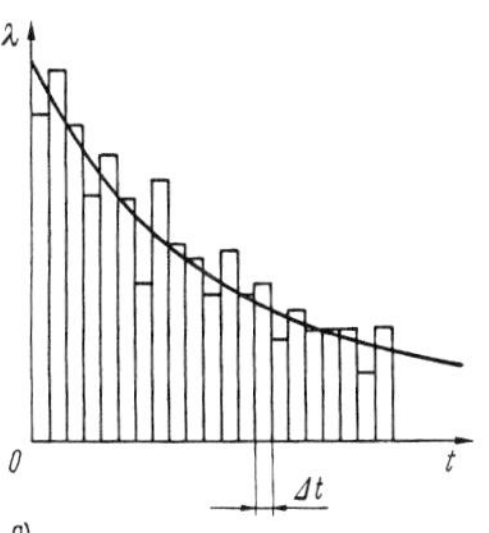

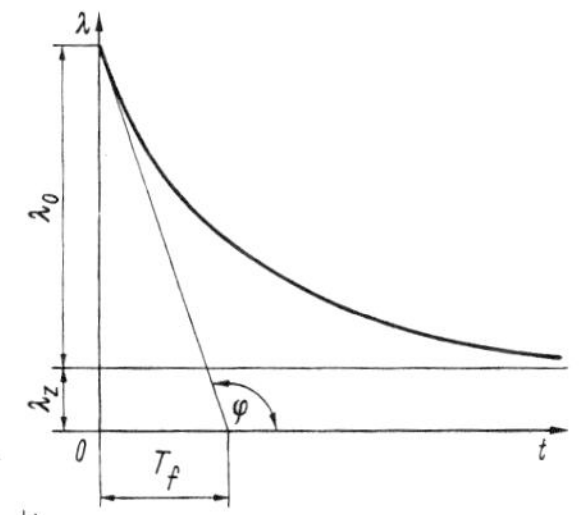

Bild 4.65 Frühausfallphase
a) Ausfallhistogramm
b) Ermittlung der Frühausfallausmerzdauer

Für die Ausfallrate während der Einlaufzeit kann man angenähert setzen

$$\lambda_f = \lambda_z + \lambda_0 \, e^{-t/E},$$

da die Zufallsausfallrate λ_z der Frühausfallrate $\lambda_0(t)$ überlagert ist.
Durch Differentiation folgt

$$d\lambda_f/dt = \tan\varphi = -(\lambda_0/E)\, e^{-t/E}$$

und für $t = 0$

$$\tan\varphi = -\lambda_0/E\,.$$

Andererseits gilt nach Bild 4.65b

$$\tan(2\pi - \varphi) = -\tan\varphi = (\lambda_z + \lambda_0)/T_f\,.$$

Durch Gleichsetzen folgt

$$T_f = E\,(1 + \lambda_z/\lambda_0)$$

und, da $\lambda_z/\lambda_0 \ll 1$, gilt $T_f \approx E$.

Wegen der nur zu 63 % bestehenden Wahrscheinlichkeit, daß E die Zeit der Frühausfälle darstellt, gilt als Richtwert für die vollständige Ausmerzzeit

$$T_{fv} = (3 \ldots 5)\, E\,.$$

Aus Bild 4.65 kann auch λ_z extrapoliert werden.

Tafel 4.16 Fortsetzung 2

Anmerkung C: Bei der Fertigung der Teile in einer Versuchswerkstatt fallen die Toleranzen wesentlich enger aus, als es innerhalb der zulässigen Toleranz und später unter Fertigungsbedingungen möglich ist. Viele hochqualifizierte Mechaniker der Montage sehen ihren ganzen Ehrgeiz darin, eine Baugruppe zur Funktion zu bringen, obgleich dies eigentlich laut Zeichnungssatz gar nicht möglich ist. Deshalb sind Protokollierung und Rückmeldung jedes Fehlers und jeder Unstimmigkeit an den Konstrukteur unerläßlich.

Anmerkung D: Die während der Entwicklung entstehenden Muster werden häufig lediglich dazu benutzt, die Funktion prinzipiell nachzuweisen. Danach werden sie beiseitegestellt, abgerüstet oder verschrottet. Sie sind jedoch geeignet für weitere Untersuchungen hinsichtlich der Lebensdauer bestimmender Bauelemente oder Funktionsgruppen. Derartige Erkenntnisse sollten so früh wie möglich gesammelt werden.

2.2. Maßnahmen während der Phase der konstanten Ausfallrate

Da die Ausfallzeitpunkte während dieser Periode rein zufälliger Natur sind und die Ausfallrate einen konstanten Minimalwert annimmt, folgt, daß eigentlich keine Maßnahmen zum Verbessern der Zuverlässigkeit möglich sind, Systeme nur innerhalb dieser Phase betrieben und nur solche Bauelemente eingesetzt werden sollten, deren Frühausfallphase abgeschlossen ist bzw. noch keine Spätausfälle auftreten.
Dies gilt für elektronische Systeme, prinzipiell aber auch für mechanische Systeme, obwohl für diese eingeschränkt werden muß, daß eine ausgeprägte Phase konstanter Ausfallrate oft nicht vorliegt (s. Bild 4.49). Deshalb sind Instandhaltungsmaßnahmen (Inspektion) angebracht. Weiterhin ist es vorteilhaft, das Ausfallverhalten zu erfassen, um für analoge Erzeugnisse (Funktionsgruppen, Elemente) Angaben für deren Zuverlässigkeit zu erhalten.

2.3. Maßnahmen während der Spätausfallphase

Abgesehen von der Verwendung möglichst langlebiger Bauelemente, der jedoch aus physikalischen und ökonomischen Gründen Grenzen gesetzt sind, werden die wesentlichen Maßnahmen zusammengefaßt in

▪ *Regel 4:*

- Alterungs- und Abnutzungserscheinungen können durch Kompensation beseitigt bzw. hinausgezögert werden (s. Anmerkung A).
- Instandhaltungsmaßnahmen, d. h. Wartung und Reparatur, dienen der Verlängerung der Lebensdauer (s. Anmerkung B).

Anmerkung A: Die Kompensation kann durch Steuerung oder Regelung erreicht werden. Die Steuerung benutzt gleich- oder gegenläufige Charakteristika korrespondierender Elemente, so daß deren Gesamtfunktion länger konstant bleibt.

Beispiele:
- *RC*-Kombinationen gleichbleibender Zeitkonstante mit gegenläufigen Bauelementen (Anwachsen des Widerstands, Absinken der Kapazität)
- gleichläufige Teilsysteme, z. B. Hintereinanderschaltung eines in der Leistung absinkenden Verstärkers und einer Kippstufe mit absinkendem Schwellwert
- Beseitigung von Lagerspiel durch gefederte Gelenke.

Die Regelung entspricht einem Regelkreis, sie ist in jedem Falle möglich, wenn auch oft nur mit erheblichem Aufwand, im Gegensatz zur Steuerung, die nur bei bestimmtem strukturellen Aufbau möglich wird.

Anmerkung B: Die Instandhaltung kann korrigierend (nicht festgesetzt) – besser als Instandsetzung bezeichnet – oder vorbeugend (planmäßig, festgesetzt) durchgeführt werden. Für mechanische Systeme ist die vorbeugende Instandhaltung am geeignetsten, da ohnedies zyklische Wartungsmaßnahmen in den meisten Fällen vorzunehmen sind. Wichtig ist, ermüdete oder verschlissene Elemente *rechtzeitig* und *vollständig*, d. h. typenweise, zu ersetzen. Wenn die Zuverlässigkeit verbessert werden soll, müssen alle Elemente eines Typs, auch die noch funktionstüchtigen, ausgewechselt werden (gleiche Belastung vorausgesetzt). Deshalb ist die korrigierende Instandhaltung (Reparatur), bei der nur das ausgefallene Element ersetzt wird, auch kein wirksames Mittel der Zuverlässigkeitserhöhung in der Spätausfallphase.

3. Maßnahmen mit Rücksicht auf die Arbeitsbedingungen

3.1. Maßnahmen mit Rücksicht auf die inneren Bedingungen

Hierunter fällt in erster Linie die Konzeption des Geräts, also seine Arbeitsweise aufgrund der Nutzung physikalisch-technischer Effekte. *Masing* sagt hierzu in [4.27]:
„Es ist wichtig, festzuhalten, daß die Zuverlässigkeit eines komplexen Gebildes zwar von der Zuverlässigkeit der Einzelteile abhängt, aus denen es besteht, daß jedoch die Zuverlässigkeit des Gebildes ganz wesentlich von seiner Gesamtkonzeption, von der Konstruktion bestimmt wird. Es ist eine bekannte Tatsache, daß man aus reichlich fragwürdigen Elementen noch ein recht gutes System bauen kann, dagegen ist es hoffnungslos, ein schlecht durchdachtes System durch Verwendung hervorragender Einzelteile erstklassig machen zu wollen."
Das Ergebnis ist mehr als die Summe der Teile. Die Zuverlässigkeit hängt zwar von der Anzahl und Güte der Einzelteile ab, aber die Eigenschaft „Zuverlässigkeit" ist mehr als die Abhängigkeit der Überlebenswahrscheinlichkeit von der Anzahl der Elemente. Damit entsteht die Frage nach der optimalen Konzeption eines Geräts hinsichtlich seiner physikalisch-technischen Wirkprinzipe, seiner Zerlegung in Teilsysteme usw. Diese Fragen sind Gegenstand des konstruktiven Entwicklungsprozesses (KEP), wie er im Abschn. 2. dargestellt ist, und es läßt sich ableiten

Tafel 4.16 Fortsetzung 3

■ ***Regel 5***:

Zuverlässig konstruieren heißt wissenschaftlich nach den Vorgehensweisen des KEP konstruieren. Besonders hervorzuheben sind

- exakte Aufgabenpräzisierung (Eindeutigkeit und Zweckmäßigkeit der Aufgabe, keine Multifunktionsgeräte, exaktes Unterscheiden in Fest- und Mindestforderungen)
- exaktes Beschreiben der Funktion auf möglichst hoher Abstraktionsebene
- Bestimmen der Teilsysteme und der Relationenmenge
- Finden einfachster Strukturen mit einem Minimum an Elementen und Relationen
- Bestimmen mehrerer Prinzipe, Bewertung und Optimierung und viele andere Maßnahmen entsprechend den Phasen und Stadien des KEP, deren Kenntnis hier vorausgesetzt werden kann (s. Abschn. 2).

Hinsichtlich der Struktur lassen sich jedoch auch speziellere Hinweise geben (s. Regeln 6 bis 10).

■ ***Regel 6***:

Strukturelle Redundanz in Form von belasteter und unbelasteter Reserve ist ein geeignetes Mittel der Zuverlässigkeitserhöhung, wenn der damit verbundene höhere Aufwand vertretbar ist.
Für mechanische Systeme ist die belastete Reserve auf Elementeebene am ehesten anwendbar. Für eine Teilsystemebene ist die unbelastete Reserve i. allg. zweckmäßiger.
Beispiel für Reservierung:

- Doppelkontakte in Relais (belastete Reserve)
- Bürstenkontakte in Drehschaltern (belastete Reserve)
- Vorschubeinrichtungen mit mehreren Zähnen für Film (belastete Reserve)
- Verdoppeln von Lampen in Signalanzeigen (geschaltet oder ungeschaltet, unbelastete oder belastete Reserve)
- Reservebatterie bei Netzausfall (unbelastete Reserve).

Viel wichtiger für die Zuverlässigkeit von mechanischen Systemen ist jedoch das Vermeiden der sog. nutzlosen oder leeren Redundanz. *Nutzlose Redundanz* liegt vor, wenn in einem System mehrere Elemente, Elementepaare oder auch Teilsysteme existieren, die gleichzeitig an einer Teilfunktion Anteil haben, ohne daß sie hierfür erforderlich sind. Dieser Überfluß ist Ursache für das gegenseitige Beeinflussen der Teilsysteme, denn mehrere Elemente können nur dann gleichzeitig die gleiche Funktion im Zusammenhang erfüllen, wenn sie miteinander verträglich gestaltet werden. Deshalb ist leere Redundanz nicht nur nutzlos, sondern in den meisten Fällen für die Zuverlässigkeit schädlich und letztlich unverzeihlich, da sie stets vermeidbar ist. Daraus folgen

■ ***Regel 7***:

Leere, nutzlose Redundanz vermeiden; gleichbedeutend mit dem Prinzip des Vermeidens von Überbestimmtheiten für den mechanischen Aufbau von Systemen (s. auch Abschn. 4.2.3.3).

■ ***Regel 8***:

Prinzip der Funktionentrennung anwenden (s. Abschn. 4.2.3.1).

■ ***Regel 9***:

Die Prinzipien der fehlerarmen Anordnungen anwenden (s. Abschn. 4.2.3.2. und 4.3.5).

Die Regeln 7, 8 und 9 sind im Abschn. 4.2.3 ausführlich dargestellt und durch Beispiele erläutert. Sie haben besonders in der Feinwerktechnik große Bedeutung. Regel 7 ist elementare Voraussetzung für jede erfolgreiche Konstruktionstätigkeit in der Feinwerktechnik. Die zwangfreie Gestaltung der Koppelstellen beweglicher und fester Verbindungen ist ein Hauptproblem der Zuverlässigkeit (und Genauigkeit) mechanischer Systeme. Nur bei Vermeiden jeglicher Überbestimmtheit wird der Bedingung entsprochen, daß zwischen den Elementen kein unkontrollierbares gegenseitiges Beeinflussen stattfindet, und es wird damit überhaupt erst theoretisch zulässig und praktisch möglich, die Überlebenswahrscheinlichkeit eines Systems aus den Ausfallraten der Elemente zu berechnen.
Analoge Betrachtungen liegen der Regel 8 zugrunde.
Beim mechanischen Aufbau in der Feinwerktechnik wird die integrierte Funktionsausnutzung wegen Reduzierung der Kosten, des Raumbedarfs und der Teileanzahl häufig angewendet (typische Beispiele: Spannbandlagerung, Reed-Relais). Diese Funktionenintegration bringt neben den genannten Vorteilen stets den Nachteil einer möglichen gegenseitigen Beeinflussung der Teilsysteme mit sich. Sobald Genauigkeitsforderungen über längere Zeiträume an eine oder mehrere der mit einem Element verwirklichten Teilfunktionen gestellt werden, erhöhen sich die Schwierigkeiten, diese zu erfüllen. In solchen Fällen sollte man die Teilfunktionen jeweils getrennt und unabhängig voneinander konstruktiv ausführen. Damit ergibt sich die Möglichkeit, jede Teilfunktion mit dem jeweils für die Gesamtfunktion notwendigen Grad zu erfüllen und die gegenseitige Abhängigkeit sowie die daraus resultierende Beeinflussung zu eliminieren.
Von den fehlerarmen Anordnungen haben in der Feinwerktechnik besonders die invarianten und innozenten Strukturen die größte Bedeutung. Man versteht darunter solche Strukturen, deren Funktion sich invariant oder innozent gegenüber bestimmten Störeinflüssen verhält, d. h., die Ausgangsgröße wird überhaupt nicht von der Störgröße beeinflußt, oder es treten nur Fehler zweiter und höherer Ordnung auf. Sie sind hinsichtlich Zuverlässigkeit und Genauigkeit nahezu ideal.

Tafel 4.16 Fortsetzung 4

Eine Reihe weiterer Maßnahmen, die spezielle Hinweise für die Strukturierung geben sollen, sind zusammengefaßt in

■ ***Regel 10***:

- Sicherstellen einer guten Instandhaltungseignung durch leichte Zugänglichkeit und Reparaturfreundlichkeit, besonders bei störanfälligen sowie leicht verschleißenden Elementen und Teilsystemen
- übertriebene Packungsdichte vermeiden
- sich bewegende Teile weitgehend vermeiden; wenn dies nicht möglich ist, folgende, für die Zuverlässigkeit günstige Rangordnung der Bewegungsart wählen
  - Biegung (Federgelenke)
  - Rollbewegung, kontinuierlich
  - Rollbewegung, pulsierend
  - Gleitbewegung
  - Stoßbewegung
- weitgehend schon erprobte, bewährte Elemente und Systeme verwenden (möglichst Normteile)
- Schmierung, besonders beim Anwender, vermeiden.

3.2. Maßnahmen mit Rücksicht auf die äußeren Bedingungen

Hierzu zählen alle Maßnahmen, die die Einflußfaktoren nach Tafel 4.12 unter dem Faktor Umwelt berücksichtigen. Herstellung und Nutzung bieten zahlreiche Möglichkeiten, auf die Zuverlässigkeit Einfluß zu nehmen. Das sind sowohl technische als auch organisatorische Maßnahmen. Aus der Sicht des Konstrukteurs seien einige wenige Hinweise hervorgehoben, die vor allem die Konzeption der Geräte betreffen, also von ihm maßgeblich beeinflußbar sind (s. Abschn. 5).

■ ***Regel 11***:

- Die technischen, physikalischen, biologischen und klimatischen Bedingungen beim Einsatz der Geräte beachten
- keine Universalgeräte für beliebige Umwelt schaffen, sondern dies durch verschiedene Ausführungsformen berücksichtigen
- Geräte vor wesentlichen Umwelteinflüssen schützen, z. B. durch Abschirmung, Stoß- und Schwingungsdämpfung, Abdichtung und dgl. sowie durch Anwendung von Regel 8
- Eine einfache, übersichtliche und narrensichere Bedienung vorsehen.

4. Maßnahmen mit Rücksicht auf die Beanspruchung

Diese Maßnahmen könne am anschaulichsten aus **Bild 4.66** abgeleitet werden.

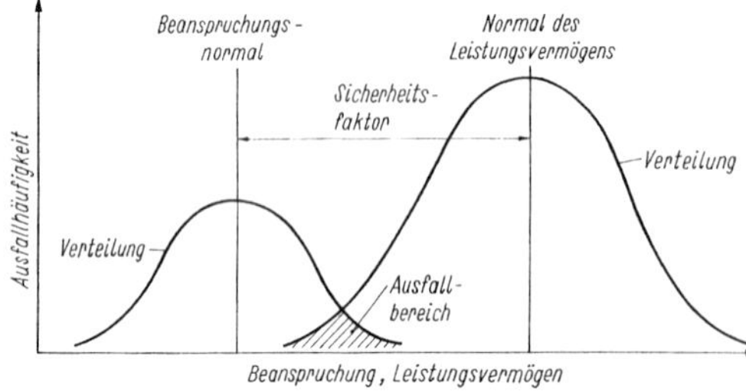

Bild 4.66 Beanspruchung und Leistungsvermögen eines Elements

Der Ausfallbereich wird um so kleiner, je größer der Sicherheitsfaktor, d. h. die Belastungsredundanz (Überdimensionierung bzw. Unterlastung) ist und je kleiner die Schwankungen von Beanspruchung und Leistungsvermögen gehalten werden können, d. h., je kleiner die Streuung der beiden Verteilungskurven ist.
Die Streuung des Leistungsvermögens der Elemente wird in erster Linie durch die Fertigung bestimmt. Die Streuung der Beanspruchung durch die Umwelt wird durch Nutzung und Konzeption des Geräts bestimmt, durch die die auftretenden Beanspruchungen eingeschränkt werden, z. B. durch technische Sicherheitsvorkehrungen.
Zusammenfassend läßt sich formulieren

■ ***Regel 12***:

Zur Erhöhung der Zuverlässigkeit bieten sich an

- die Methode der Unterlastung (Überdimensionierung, Belastungsredundanz)
- das Einschränken auftretender Beanspruchungsschwankungen
- das Einschränken der Schwankungen des Leistungsvermögens der Elemente durch fertigungstechnische Maßnahmen und geeignete Prüf- und Kontrolltechnologie.

Tafel 4.16 Fortsetzung 5

Es muß darauf hingewiesen werden, daß Unterlastung in manchen Fällen auch zu einem Ansteigen der Ausfallrate bzw. zum Herabsetzen der Lebensdauer führen kann, z. B. bei Unterlastung von Halogenlampen und Elektronenröhren oder bei Herabsetzen der Drehzahl hydrodynamisch geschmierter Lager.

Besonders hingewiesen sei darauf, daß, um Regel 12 sinnvoll anwenden zu können, der prinzipielle Schädigungsverlauf bekannt sein muß. Speziell bei mechanischen Bauelementen läßt sich daraus eine lebensdauerorientierte Dimensionierung ableiten. Abgesehen von unzulässig hohen Beanspruchungen tritt bei allen im Bild 4.63 dargestellten Schadenstypen mit zunehmender Zeit eine Schadensakkumulation auf.

Für die vier unter Betriebsbedingungen vorkommenden Ausfallursachen wird im folgenden der Schädigungsverlauf erläutert.

Bei Abtragungsprozessen (verschiedene Verschleißtypen bei Reibung und Verschleiß sowie plastische Deformation bei Stoßvorgängen) tritt eine zunehmende Abweichung $\Delta x(t)$ vom Ausgangswert eines betrachteten Parameters x auf. Je nach Größe der zulässigen Toleranzen Δx_{zul} entsteht zu einem bestimmten Zeitpunkt ein Driftausfall, wobei dieser Zeitpunkt von den notwendigen Toleranzen abhängt (**Bild 4.67**). Die Abnutzungskurve wird von stochastischen Faktoren bestimmt, was zu einer statistischen Verteilung der Ausfallzeitpunkte führt ($(f(t)_{\Delta xzul})$). Beim Zusammenwirken vieler Elemente können bei entsprechender Struktur Kompensationseffekte auftreten. Meist ist die zulässige Toleranz für ein Element dann ebenfalls zeitabhängig und über eine Gesamtheit von Bauelementen auch statistisch verteilt (**Bild 4.68**).

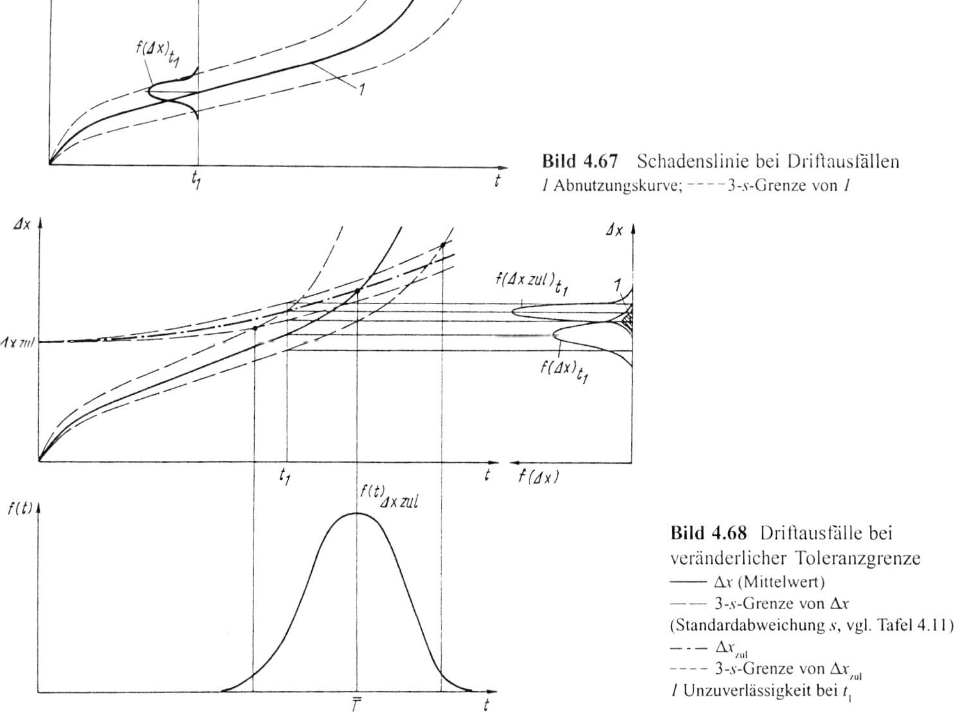

Bild 4.67 Schadenslinie bei Driftausfällen
1 Abnutzungskurve; ---- 3-s-Grenze von *1*

Bild 4.68 Driftausfälle bei veränderlicher Toleranzgrenze
—— Δx (Mittelwert)
— — 3-s-Grenze von Δx (Standardabweichung s, vgl. Tafel 4.11)
— · — Δx_{zul}
---- 3-s-Grenze von Δx_{zul}
1 Unzuverlässigkeit bei t_1

Für eine Vorausbestimmung der Lebensdauer müssen alle Einflußfaktoren bekannt sein (Beanspruchung, Betriebs- und Umweltbedingungen, s. Abschn. 5, Werkstoffparameter usw.) [4.22] [4.47] [4.81] [4.82]. Unter dem Einfluß wechselnder oder stochastisch verteilter Beanspruchung treten bei Bauelementen und Verbindungen nach einer bestimmten Betriebszeit Totalausfälle auf – Ermüdungsbrüche sowie Lösen von Schrauben-, Steck- und Klemmverbindungen. Die Ursachen liegen in einer visuell meist nicht erkennbaren Schadensakkumulation, zu der alle Beanspruchungen über einer Mindestgrenze (Dauerfestigkeit) beitragen. Die Schädigung äußert sich im Verschlechtern der ursprünglichen Eigenschaften. Aus Modellversuchen wurde in Abhängigkeit von den wirkenden Bedingungen eine Schadenslinie (**Bild 4.69**) ermittelt, die die Grundlage für Lebensdauerberechnungen darstellt. Eine zerstörungsfreie Analyse des vorhandenen Schadens ist bisher nur in Sonderfällen möglich. Die Schädigungslinie – bei Ermüdungsschäden die Wöhler-Linie – ist als Mittelwertkurve anzusehen, bei deren Anwendung die Streuung der Meßwerte berücksichtigt werden muß. Im Bild 4.69 ist der prinzipielle Weg der Zuverlässigkeits- und Lebensdauerermittlung angegeben.

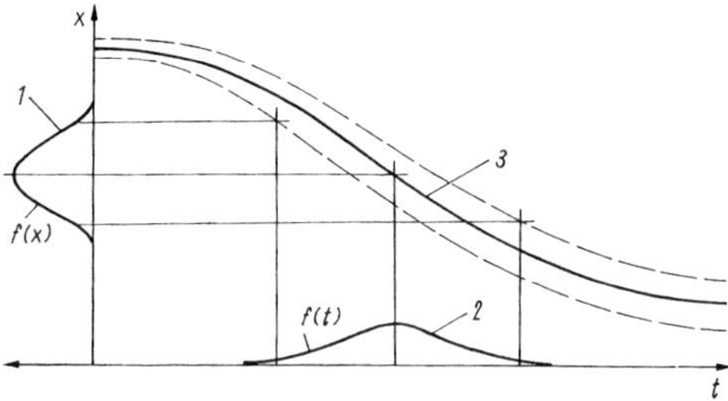

Bild 4.69 Zuverlässigkeitsermittlung bei Schadensakkumulation
1 Verteilung der Belastung; *2* Lebensdauerverteilung; *3* Schadenskurve

Die Umweltschädigungen nach Bild 4.63 führen bei ruhenden Konstruktionsteilen ebenfalls zu Abtragungen, Brüchen, Strukturveränderungen u. a. m. Bewegte Teile bedingen ein Forcieren der durch die Betriebsbedingungen hervorgerufenen Schäden. Eine modellmäßige Abschätzung des Umwelteinflusses (s. Abschn. 5) ist bei der Vielzahl der zu berücksichtigenden Parameter problematisch. Hier sind in jedem Fall Streßtests vorzuziehen.

4.5.7 Ermittlung von Zuverlässigkeitsangaben für Erzeugnisse der Feinwerktechnik [4.23] [4.29] [4.31] [4.44] [4.45] [4.79 [4.82]

Die in Abschn. 4.5.6 angegebenen Konstruktionsregeln sind notwendig für die Konstruktion zuverlässiger Erzeugnisse. Sie gestatten aber keine Aussage über die tatsächlich erreichte Zuverlässigkeit. Eine rechnerische Ermittlung der Systemzuverlässigkeit nach Abschnitt 4.5.4 ist bestenfalls für elektronische Baugruppen möglich. Für mechanische Systeme sind dafür keine Voraussetzungen vorhanden (s. Abschn. 4.5.5). Neben den mathematischen Modellen der Zuverlässigkeitstheorie [4.25] [4.27] [4.32] [4.37] [4.41] gibt es sog. ingenieurtechnische Verfahren der Zuverlässigkeitsarbeit sowie experimentelle Untersuchungsmethoden.

Die wichtigsten ingenieurtechnischen Verfahren (**Tafel 4.17a**) sind die Ausfall-Effekt-Analyse (FME-Analyse), Fehlerbaummethode, technische Diagnostik, technische Kausalanalyse und die Checklistenmethode.

Je nach Höhe der Beanspruchung werden außerdem drei Testarten unterschieden: Betriebsversuche, forcierte Tests und Streßtests (Tafel 4.17b).

Tafel 4.17 Ermittlung von Zuverlässigkeitsangaben
a) Ingenieurtechnische Verfahren; b) Experimentelle Methoden

a) Ingenieurtechnische Verfahren

Ausfall-Effekt-Analyse (FME-Analyse/failure mode and effect). Mit Hilfe eines Logiktests werden die Auswirkungen aller möglichen Bauelementschäden und -ausfälle auf das System untersucht. Das Ziel ist das Ableiten von Schutzmaßnahmen, das Aufdecken von Schwachstellen sowie das Aufstellen einer Liste von Normalschäden als Grundlage für die Instandhaltung.

Fehlerbaummethode. Ausgehend vom Systemausfall wird unter Anwendung logischer Verknüpfungen die Systemstruktur so dargestellt, daß bei bekannter Wahrscheinlichkeit von Bauelementeausfällen die Systemzuverlässigkeit abgeschätzt werden kann (vom Fehlerbaum bestehen Analogien zum Booleschen Modell). Mit diesem Verfahren lassen sich Schwachstellen ermitteln sowie qualitative und quantitative Zuverlässigkeitsaussagen treffen.

Technische Diagnostik. Anhand meßbarer Parameter des technischen Gebildes wird eine Einschätzung des vorhandenen Schadens und der noch zu erwartenden Lebensdauer vorgenommen (Beispiele: Rausch- und Oberwellenmessungen an elektrischen Widerständen, Geräuschmessungen an Lagern). Anwendung finden Verfahren der technischen Diagnostik sowohl für Selektionstests zum Aussondern potentiell unzuverlässiger Elemente noch vor ihrem Einsatz als auch

Tafel 4. 17 Fortsetzung

zum Überwachen in Betrieb befindlicher Erzeugnisse. Einschränkend muß bemerkt werden, daß die Verfahren meist sehr aufwendig sind und für viele Schadensfälle sich noch im Erprobungsstadium befinden.

Technische Kausalanalyse. Untersuchung ausgefallener Systeme bzw. Bauelemente nach den aufgetretenen Schäden und Aufdecken der Kausalkette Belastung-Schaden-Ausfall einschließlich schädigender Einflüsse bei der Herstellung.

Checklistenmethode. Programm zur Sicherung der Zuverlässigkeit eines Erzeugnisses von der Entwicklung bis zur Nutzung. Es beinhaltet ingenieurtechnische, mathematische und experimentelle Methoden der Zuverlässigkeitsarbeit sowie Fragen der Qualitätskontrolle, Lager- und Transportvorschriften, Bedienungs- und Wartungsanleitungen.

b) **Experimentelle Methoden**

Betriebsversuche. Nutzung der Erzeugnisse bei Nennbeanspruchung unter Simulation möglichst vieler, real auftretender Einflußfaktoren mit dem Ziel des Ermittelns von Zuverlässigkeitskenngrößen oder dem Nachweis einer bestimmten Mindestzuverlässigkeit.

Forcierte Tests. Tests bei Erhöhung der Belastung über die Nennwerte zur Zeitraffung der gesamten Brauchbarkeits- oder Lebensdauer sowie für sog. Selektionstests zum Vermeiden von Frühausfällen.

Streßtests. Tests bei Belastungen nahe der Beanspruchungsgrenzen des Erzeugnisses zum Ermittteln von Sicherheitsfaktoren sowie zur Schwachstellenanalyse und Erkundung von Ausfallursachen.

Hinweis

Zur Gewinnung von Zuverlässigkeitsaussagen mit hoher statistischer Sicherheit sind die angeführten experimentellen Methoden nach Verfahren der statistischen Versuchsplanung zu organisieren, wobei für Betriebsversuche speziell die Sequential-Quotienten-Tests immer breitere Anwendung in der Feinwerktechnik finden.

Für die Ermittlung quantitativer Zuverlässigkeitskenngrößen sind forcierte Tests und Streßtests wegen der weitgehend ungeklärten Zusammenhänge zwischen Lebensdauer und Belastung bei mechanischen Elementen jedoch nicht zu empfehlen.

Aufgrund der Unterschiede im Ausfallverhalten verschiedener Gruppen eingesetzter Bauelemente und der damit verbundenen Schwierigkeiten beim Gewinnen von Ausfalldaten ist es nicht möglich, die Zuverlässigkeit eines komplexen Systems mit nur einem der angeführten Verfahren ausreichend zu bewerten. Es ist also notwendig, geeignete Kombinationen von Verfahren aller drei Kategorien zu verwenden. Im Bild 4.61 sind verschiedene Bearbeitungsstufen bei der Ermittlung von Zuverlässigkeitsangaben als Programmablaufplan dargestellt. Ein wichtiges Problem ist dabei die Festlegung der Zielkenngrößen für die Zuverlässigkeit. Sie können **Bild 4.70** entnommen werden.

Mit dem weiteren Verbessern der theoretischen Grundlagen zu den im Bild 4.61 angegebenen Verfahren werden sich die Proportionen zugunsten der weniger zeit- und kostenaufwendigen Berechnung verschieben, ohne allerdings den experimentellen Zuverlässigkeitsnachweis vollständig zu ersetzen.

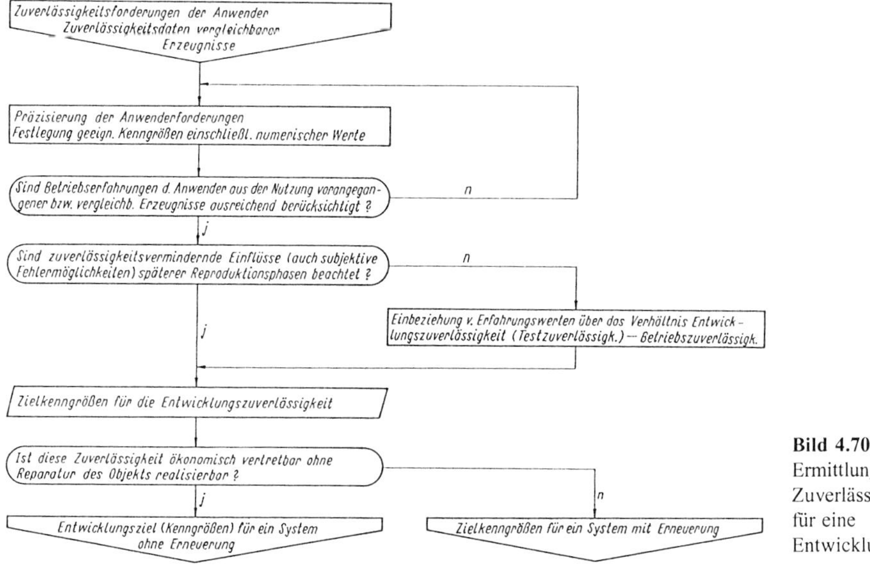

Bild 4.70
Ermittlung der Zuverlässigkeitsziele für eine Entwicklungsaufgabe

Eine Zusammenstellung ausgewählter Normen und Richtlinien zum Abschnitt 4 enthält **Tafel 4.18.**

Tafel 4.18 Normen und Richtlinien zum Abschnitt 4

DIN- und ISO-Normen, VDI-Richtlinien	
Abschnitt 4.4:	
DIN 323 T 1	Normzahlen und Normzahlreihen; Hauptwerte, Genauwerte, Rundwerte
T 2	–; Einführung
DIN 406 T 1 bis T 4	Maßeintragung in Zeichnungen; Arten, Regeln; Bemaßung durch Koordinaten; Bemaßung für die maschinelle Programmierung
DIN 7150 T 1	ISO-Toleranzen und ISO-Passungen für Längenmaße von 1 bis 500 mm; Einführung
DIN 7151	ISO-Grundtoleranzen für Längenmaße von 1 bis 500 mm Nennmaß
DIN 7154 T 1	ISO-Passungen für Einheitsbohrung; Toleranzfelder, Abmaße in mm
T 2	–; Paßtoleranzen, Spiele und Übermaße in mm
DIN 7157	Passungsauswahl; Toleranzfelder, Abmaße; Paßtoleranzen
DIN 7160	ISO-Abmaße für Außenmaße (Wellen), für Nennmaße von 1 bis 500 mm
DIN 7161	ISO-Abmaße für Innenmaße (Bohrungen), für Nennmaße von 1 bis 500 mm
DIN 7168 T 1	Allgemeintoleranzen; Längen- und Winkelmaße (nicht für Neukonstruktionen)
T 2	–; Form und Lage (nicht für Neukonstruktionen)
DIN 7172 T 1, T 2, T 3	Toleranzen und Grenzabmaße für Längenmaße über 500 bis 10 000 mm; Grundtoleranzen; Grenzabmaße; Grundlagen
DIN 7182 T 1	Maße, Abmaße, Toleranzen und Passungen; Grundbegriffe
DIN 7186 T 1	Statistische Tolerierung; Begriffe, Anwendungsrichtlinien und Zeichnungsangaben
DIN 58700	ISO-Passungen; Toleranzfeldauswahl für die Feinwerktechnik, Toleranzfelder, Nennabmaße; Empfohlene Passungen
DIN ISO 286 T 1	ISO-System für Grenzmaße und Passungen; Grundlagen für Toleranzen, Abmaße und Passungen
T 2	–; Tabellen der Grundtoleranzgrade und Grenzabmaße für Bohrungen und Wellen
DIN ISO 1101	Technische Zeichnungen; Form- und Lagetolerierung; Form-, Richtungs-, Orts- und Lauftoleranzen; Allgemeines, Definitionen, Symbole, Zeichnungseintragungen
DIN ISO 2692	Technische Zeichnungen; Form- und Lagetolerierung; Maximum-Material-Prinzip
DIN ISO 2768	Allgemeintoleranzen für Maße ohne Toleranzangabe
T 1	–; Toleranzen für Längen- und Winkelmaße
T 2	–; Toleranzen für Form und Lage ohne einzelne Toleranzeintragung
Abschnitt 4.5:	
DIN 25419	Ereignisablaufanalyse; Verfahren, graphische Symbole und Auswertung
DIN 25424 T 1	Fehlerbaumanalyse; Methode und Bildzeichen
DIN 40041	Zuverlässigkeit; Begriffe
DIN 55350 T 11	Begriffe der Qualitätssicherung und Statistik; Grundbegriffe der Qualitätssicherung
T 12	–; Merkmalsbezogene Begriffe
T 13	–; Begriffe zur Genauigkeit von Ermittlungsverfahren und Ermittlungsergebnissen
T 14	–; Begriffe der Probenahme
T 15	–; Begriffe zu Mustern
T 17	–; Begriffe der Qualitätsprüfungsarten
T 21	–; Begriffe der Statistik; Zufallsgrößen und Wahrscheinlichkeitsverteilungen
T 22	–; –; Spezielle Wahrscheinlichkeitsverteilungen
T 23	–; –; Beschreibende Statistik
T 31	–; Begriffe der Annahmestichprobenprüfung
DIN IEC 56(CO)156	Leitfaden für die Erfassung von Zuverlässigkeitsdaten im Betrieb
DIN IEC 56(Sec)348	Zuverlässigkeitsvorhersage für Bauelemente der Elektronik; Referenzbedingungen für die Angabe von Ausfallraten und Modelle für die Umrechnung zwischen unterschiedlichen Beanspruchungen
DIN IEC 56(Sec)366	Statistische Tests zur Entscheidung über die Hypothese einer konstanten Ausfallrate oder einer konstanten Ausfalldichte
DIN IEC 48B(Sec)286	Technischer Bericht; Leitfaden für die Beurteilung der Zuverlässigkeit von elektrischen Steckverbindungen
DIN IEC 60409	Anleitung für Zuverlässigkeitsfestlegungen in Spezifikationen für Bauelemente (oder Bauteile) der Elektronik
DIN IEC 60605 T 1	Elektrotechnik; Prüfung der Zuverlässigkeit von Geräten; Allgemeine Anforderungen

Tafel 4.18 Fortsetzung

T 3	–; –; Empfohlene Prüfbedingungen; Tragbare Geräte in Innenräumen; Niedriger Simulationsgrad
T 4	–; –; Schätzwerte und Vertrauensgrenzen
T 6	–; –; Statistischer Test zur Bestätigung einer konstanten Ausfallrate
T 7	–; –; Prüfpläne für Ausfallrate und mittleren Ausfallabstand bei vermuteter konstanter Ausfallrate
DIN IEC 60863	Elektrotechnik; Darstellung von Zuverlässigkeitsvorhersagen
DIN IEC 61070	Prüfverfahren zum Nachweis einer stationären Verfügbarkeit
VDI 4001 Bl. 1	Allgemeine Hinweise zum VDI-Handbuch Technische Zuverlässigkeit
Bl. 2	Begriffsbestimmungen zum Gebrauch des VDI-Handbuches; Technische Zuverlässigkeit
VDI 4002 Bl. 1	Systematische Grundlagen; Erläuterungen zum Problem der Zuverlässigkeit technischer Erzeugnisse und/oder Systeme
VDI 4003 Bl. 1	Anwendung zuverlässigkeitsbezogener Programme
Bl. 2	Allgemeine Forderungen an ein Sicherungsprogramm, Klasse A; Funktionszuverlässigkeit
VDI 4004 Bl. 4	Zuverlässigkeitskenngrößen; Verfügbarkeitskenngrößen
VDI 4005 Bl. 1	Einflüsse von Umweltbedingungen auf die Zuverlässigkeit technischer Erzeugnisse; Grundlagen
Bl. 2	–; Mechanische Einflüsse der Umwelt
Bl. 3	–; Thermisch-klimatische Einflüsse der Umwelt
Bl. 4	–; Chemisch-biologische Einflüsse der Umwelt
Bl. 5	–; Elektromagnetische Einflüsse der Umwelt
VDI 4007 Bl. 1	Zuverlässigkeitsmanagement; Übersicht
Bl. 2	Organisation und Zusammenarbeit der Zuverlässigkeitssicherungsstellen von der Planung bis zur Erstellung des Systems/Produkts
Bl. 3	Zuverlässigkeitsmanagement in der Verwendungsphase; Voraussetzungen, beteiligte Stellen und deren Funktionen, Zusammenarbeit und Organisation
Bl. 4	Berichtswesen in der Zuverlässigkeit
VDI 4008 Bl. 1	Voraussetzungen und Anwendungsschwerpunkte von Zuverlässigkeitsanalysen
VDI 4009 Bl. 4	Stichprobenpläne im Rahmen der Zuverlässigkeitssicherung
Bl. 7	Numerische Verfahren zur Bestimmung der Zuverlässigkeit
Bl. 8	Zuverlässigkeitswachstum bei Systemen
Bl. 9	Methoden der Punkt- und Bereichsschätzung von Zuverlässigkeitskenngrößen und Testen von Hypothesen
VDI 4010 Bl. 2	Datenarten und Datenverwendung in Zuverlässigkeits-Daten-Systemen (ZDS)
VDI 4010 Bl. 3	Planung eines Zuverlässigkeits-Daten-Systems (ZDS)
VDI 4010 Bl. 4	Beschaffung, Betrieb und Verwendung eines Zuverlässigkeits-Daten-Systems (ZDS)

Literatur zum Abschnitt 4

Bücher, Dissertationen

[4.1] *Hansen, F.:* Justierung. 2. Aufl. Berlin: Verlag Technik 1967 und London: Iliffe books 1969.

[4.2] Taschenbuch Feingerätetechnik. 2. Aufl. Berlin: Verlag Technik 1971/72.

[4.3] *Richter, E.; Schilling, W.; Weise, M.:* Montage im Maschinenbau. 2. Aufl. Berlin: Verlag Technik 1978.

[4.4] *Warnecke, H.-J.; Dutschke, W.:* Fertigungsmeßtechnik. Berlin, Heidelberg, New York, Tokio: Springer-Verlag 1984.

[4.5] *Latyew, S. M.:* Fehlerkompensation in optischen Geräten. St. Petersburg: Mashinostroenie 1985 (russ.).

[4.6] *Altschuller, G. S.:* Erfinden - Wege zur Lösung technischer Probleme. 2. Aufl. Berlin: Verlag Technik 1986.

[4.7] *Kirschling, G.:* Qualitätssicherung und Toleranzen. Toleranz- und Prozeßanalyse für Entwicklungs- und Fertigungsingenieure. Berlin, Heidelberg, New York, Tokyo: Springer-Verlag1988.

[4.8] *Felber, E.; Felber, K.:* Toleranz- und Passungskunde. 14. Aufl. Leipzig: Fachbuchverlag 1989.

[4.9] *Föllinger, O.:* Regelungstechnik. 6. Aufl. Heidelberg: Dr. Alfred Hüthig Verlag 1990.

[4.10] *Klein, B.; Mannewitz, F.:* Statistische Tolerierung. Braunschweig: Verlag Friedrich Vieweg & Sohn 1993.

[4.11] *Pahl, G.; Beitz, W.:* Konstruktionslehre, 3. Aufl. Berlin, Heidelberg, New York: Springer-Verlag 1993.

[4.12] *Krause, W.:* Konstruktionselemente der Feinmechanik. 2. Aufl. München, Wien: Carl Hanser Verlag 1993.

[4.13] *Krause, W.:* Grundlagen der Konstruktion - Elektronik, Elektrotechnik, Feinwerktechnik. 7. Aufl. München, Wien: Carl Hanser Verlag 1994.

[4.14] *Kimura, F.:* Computer-aided Tolerancing. Proceedings of the 4th CIRP Design Seminar. London, Weinheim, New York: Chapman & Hall 1995.

[4.15] *Krause, W.:* Fertigung in der Feinwerk- und Mikrotechnik - Verfahren, Werkstoffe, Gestaltung. München, Wien: Carl Hanser Verlag 1996.

[4.16] *Trumpold, H.; Beck, Ch.; Richter, G.:* Toleranzsysteme und Toleranzdesign. München, Wien: Carl Hanser Verlag 1997.

[4.17] *Bauerschmidt, M.:* Beitrag zur Verbesserung des Fehlerverhaltens von Geräten. Diss. B. TH Ilmenau 1975.

[4.18] *Langbein, P.:* Methodische Grundlagen zur projektierenden Konstruktion von Justier- und Prüfmitteln. Diss. B. TH Ilmenau 1982.

[4.19] *Schilling, M.:* Konstruktionsprinzipien der Gerätetechnik. Diss. B. TH Ilmenau 1982.

[4.20] *Bochnia, A.:* Ein Beitrag zur Justierung optischer Geräte. Diss. TH Ilmenau 1986.

[4.21] *Heiderich, T.:* Ein Beitrag zur Lösung von Toleranz- und Justieraufgaben bei der Konstruktion optischer Geräte. Diss. TH Ilmenau 1988.

[4.22] *Kragelski, J. W.:* Reibung und Verschleiß. Berlin: Verlag Technik und München, Wien: Carl Hanser Verlag 1971.

[4.23] *Wohllebe, H.:* Technische Diagnostik im Maschinenbau. Berlin: Verlag Technik und München, Wien: Carl Hanser Verlag 1978.

[4.24] *Koslow, B. A.; Usakow, I. A.:* Handbuch zur Berechnung der Zuverlässigkeit in Elektronik und Automatentechnik. Berlin: Akademie-Verlag 1978.

[4.25] *Höfle-Isphording, U.:* Zuverlässigkeitsrechnung. Berlin, Heidelberg, New York, Tokyo: Springer-Verlag 1978.

[4.26] *Sachs, L.:* Statistische Methoden - Planung und Auswertung, Bd. 1, 7. Aufl. Berlin, Heidelberg, New York: Springer-Verlag 1993.

[4.27] *Rosemann, H.:* Zuverlässigkeit und Verfügbarkeit technischer Anlagen und Geräte. Berlin, Heidelberg, New York, Tokyo: Springer-Verlag 1981.

[4.28] *Käs, G.:* Qualität und Zuverlässigkeit elektronischer Bauelemente und Systeme. München: Verlag R. Oldenbourg 1983.

[4.29] *Härtler, G.:* Statistische Methoden für die Zuverlässigkeitsanalyse. Berlin: Verlag Technik 1983.

[4.30] *Bitter, P.:* Technische Zuverlässigkeit. 3. Aufl. Berlin, Heidelberg: Springer-Verlag 1986.

[4.31] *Beichelt, F.; Franken, P.:* Zuverlässigkeit und Instandhaltung. Berlin: Verlag Technik und München, Wien: Carl Hanser Verlag 1984.

[4.32] *Messerschmidt-Bölkow-Blohm GmbH (Hrsg.):* Technische Zuverlässigkeit. 3. Aufl. Berlin, Heidelberg, New York, Tokyo: Springer-Verlag 1986.

[4.33] *Reinschke, K.; Usakov, I. A.:* Zuverlässigkeitsstrukturen. Berlin: Verlag Technik 1987 und München: Verlag R. Oldenbourg 1988.

[4.34] *Kronjäger, O.:* Frühausfallphase elektronischer Erzeugnisse. Berlin: Verlag Technik 1987.

[4.35] *O'Conner, Patrick D. T.:* Zuverlässigkeitstechnik: Grundlagen und Anwendungen. 2. Aufl. Weinheim: VCH Verlagsgesellschaft 1990.

[4.36] *Bertsche, B.; Lechner, G.:* Zuverlässigkeit im Maschinenbau - Ermittlung von Bauteil- und System-Zuverlässigkeiten. Berlin, Heidelberg: Springer-Verlag 1990.

[4.37] *Birolini, A.:* Qualität und Zuverlässigkeit technischer Systeme. 3. Aufl. Berlin, Heidelberg, New York, London, Tokyo: Springer-Verlag 1991.

[4.38] *Beichelt, F.:* Zuverlässigkeits- und Instandhaltungstheorie. Stuttgart: Verlag B. G. Teubner 1993.

[4.39] *Jensen, F.:* Electronic component reliability: fundamentals, modelling, evaluation and assurance. Chichester: John Wiley 1995.

[4.40] *Becker, P.; Gottschalk, A.; Ulbricht, H.:* Qualität und Zuverlässigkeit elektronischer Bauelemente und Geräte bestimmen, voraussagen und sichern. Kontakt & Studium; Bd. 325: Elektrotechnik. Renningen-Malmsheim: expert-Verlag 1995.

[4.41] *Birolini, A.:* Zuverlässigkeit von Geräten und Systemen. 4. Aufl. Berlin: Springer-Verlag 1997.

[4.42] *Heidtmann, K.:* Zuverlässigkeitsbewertung technischer Systeme. Stuttgart, Leipzig: Verlag B. G.. Teubner 1997.

[4.43] VDI-Handbuch Technische Zuverlässigkeit. VDI-Ausschuß Technische Zuverlässigkeit. Düsseldorf: VDI-Verlag.

[4.44] *Lautenschläger, R.:* Probleme der Zuverlässigkeit mechanischer Systeme der Feingerätetechnik. Diss. TU Dresden 1977.

[4.45] *Kurt, J.:* Ein Beitrag zur Zuverlässigkeit elektromechanischer Geräte. Diss. TH Ilmenau 1977.

[4.46] *Michler, E.:* Über die Modellierung der Zuverlässigkeit von Systemen unter besonderer Berücksichtigung technischer Systeme. Diss. TU Dresden 1977.

[4.47] *Schmidt, E.:* Sicherheit und Zuverlässigkeit aus konstruktiver Sicht - ein Beitrag zur Konstruktionslehre. Diss. TH Darmstadt 1981.

Aufsätze

zu 4.2 Konstruktionsprinzipien

[4.50] *Schilling, M.:* Konstruktionsprinzipien der Gerätetechnik. Feingerätetechnik 29 (1980) 11, S. 514.

[4.51] *Schilling, M.:* Konstruktionsprinzipien der Gerätetechnik. Fernmeldetechnik 22 (1982) 1, S. 33.

[4.52] *Schilling, M.:* Konstruktionsprinzipien der Feinwerktechnik. Proceedings of ICED '91, Vol. 2, S. 1435, Zürich 1991.

zu 4.3 Genauigkeit und Fehlerverhalten

[4.53] *Liedtke, K.; Nönnig, R.:* Untersuchungen zur Justierung von Kontaktfedersätzen. Feingerätetechnik 31 (1982) 1, S. 19

[4.54] *Walczak, A.:* Selbstjustierende Funktionskette als kosten- und montagegünstiges Gestaltungsprinzip, gezeigt am Beispiel eines mit methodischen Hilfsmitteln entwickelten Lesegeräts. Konstruktion 38 (1986) 1, S. 27.

[4.55] *Autorenkollektiv:* Automatisches Justieren von Leiterplattenrelais. Feingerätetechnik 36 (1987) 6, S. 247.

[4.56] *Heiderich, T.:* Rechnerunterstützte Lösung von Justier- und Toleranzaufgaben bei der Konstruktion optischer Geräte. Feingerätetechnik 36 (1987) 6, S. 260.

[4.57] *Teodorescu, D.:* Selbstprüfende und fehlerkorrigierende Systeme. Messen, prüfen, automatisieren 23 (1987) 4, S. 221.

[4.58] *Herrig, M.:* Analyse von Justiervorgängen in optischen Geräten mit einem linearen Fehlermodell, Tagungsband IWK der TH Ilmenau 1989, Heft 3, S. 203.

[4.59] *Hamann, L.; Rosen, H.-G.:* Relaisfederjustierung mittels gepulster Nd: YAG-Laser. Laser/Optoelektronik in der Technik 1990, S. 661.

[4.60] *Höhne, G.; Perreira, M. G.; Roettger, W.:* Entwurf von Meß- und Justiereinrichtungen mittels Konstruktionsmethodik und CAD. Proceedings of ICED'91, Vol. I, S. 133, Zürich 1991.

[4.61] *Danuser, R.:* Fassungen für Präzisionsobjektive automatisch zentrieren. Feinwerktechnik und Meßtechnik 100 (1992) 6, S. 233. Heft 6, S. 233-236.

[4.62] *Warnecke, H.-J.; Krühl, G.:* Steuerung einer mehrdimensionalen Justage über Fuzzy-Logik. Robotersysteme, Band 8 (1992) 4, S. 245.

[4.63] *Noll, T.:* Baugruppen justierbar befestigen. Feinwerktechnik • Mikrotechnik • Meßtechnik 100(1992)8, S. 357.

[4.64] *Diethelm, G.; Eimer, G.; Hölsch, G.:* Vollautomatisches Justieren und Richten - Präzision durch Akribieren. Technische Rundschau Bern 22 (1993) 15, S. 94.

[4.65] *Nönnig, R.; Schorcht, H.-J.; Weiß, M.:* Automatisierte Justage in der Massenfertigung. Tagung: „Serienfertigung feinwerktechnischer Produkte von der Produktion bis zum Recycling", VDI-Bericht 1171, Düsseldorf: VDI-Verlag 1994.

[4.66] *Walczak, A.:* Konstruktionsleitkriterien als Hilfsmittel des Konstrukteurs zur Lösung extremer Anforderungen. Konstruktion 46 (1994) 12, S. 349.

[4.67] *Perreira, J.M.; Antunes, S.; Antunes, P.; Höhne, G.; Nönnig, R.; da Costa Gouvea:* Quality Improvement of precision engineering Products by means of a CAA-System. International Conference on Engineering Design ICED Tampere/Finnland, 1997, Postervortrag.

zu 4.4 Maß- und Toleranzketten

[4.68] *Görler, E.:* Berücksichtigung der Lage und Form statistischer Verteilungen von Maßketten. Vortrag zur INFERT Dresden 1978.

[4.69] *Vechet, V; Glaubitz, W.:* Berechnung von Maßketten unter Verwendung der Edgeworthschen Reihe. Feingerätetechnik 27 (1980) 10, S. 458.

[4.70] *Krause, W.; Sang, Le Van:* Berechnung der Drehwinkeltreue mehrstufiger Stirnradgetriebe der Feingerätetechnik. Feingerätetechnik 29 (1980) 9, S. 387.

[4.71] *Klein, B.; Mannewitz, F.:* Toleranzsimulation an feinwerktechnischen Elementen. Feinwerktechnik • Mikrotechnik • Meßtechnik 102 (1994) 9, S. 441.

[4.72] *Klein, B.; u.a.:* Statistisches Toleranzmodell mit approximierender Gesamtdichtefunktion. Qualität und Zuverlässigkeit 39 (1994) 10, S. 1127.

[4.73] *Klein, B.; u.a.:* Parametrisiertes Toleranzmodell spart Kosten. Feinwerktechnik • Mikrotechnik • Meßtechnik 103 (1995) 10, S. 620.

[4.74] *Kalusa, U.; Anacker, P.:* Abschied von der Stichprobe. Feinwerktechnik • Mikrotechnik • Mikroelektronik 104 (1996) 10, S. 761.

[4.75] *Li, Z.:* Nichtlineare Maßketten und ihre optimale statistische Tolerierung. Qualität und Zuverlässigkeit 41 (1996) 6, S. 709.

[4.76] *Krause, W.:* Betriebsverhalten feinwerktechnischer Stirnradgetriebe - Teil I: Genauigkeit der Bewegungsübertragung. Feinwerktechnik · Mikrotechnik · Mikroelektronik 104 (1996) 11-12, S. 858.

[4.77] *Rönnebeck, H.:* So ungenau wie möglich - Statistische Tolerierung und Verfahren zur Einengung der Toleranz von Maßketten. Qualität und Zuverlässigkeit 42 (1997) 11, S. 1270.

zu 4.5 Zuverlässigkeit

[4.78] *Werner, G. W.; Hellmuth, V.:* Die Schadbild-Effektanalyse - ein wirksames Mittel zur Zuverlässigkeitsarbeit. Fertigungstechnik und Betrieb 24 (1974) 1, S. 15.

[4.79] *Löffler, Ch.:* Die Störfallanalyse - ein wichtiges Mittel zur Erhöhung der Zuverlässigkeit. Feingerätetechnik 23 (1974) 4, S. 168.

[4.80] *Thum, H.:* Beurteilung des Zuverlässigkeitsverhaltens von Baugruppen bei verschleißbedingten Ausfällen. Schmierungstechnik 5 (1974) 8, S. 230, Fortsetzung bis 12, S. 365.

[4.81] *Groß, H.:* Verhütung von Maschinenschäden. VDI-Zeitschrift 117 (1975) 17, S. 797.

[4.82] *Bajenescu; T. I.:* Zuverlässigkeit elektronischer Komponenten. Feinwerktechnik und Meßtechnik 89 (1981) 5, S. 232.

[4.83] Technische Zuverlässigkeit - ihre Verwirklichung unter den Bedingungen der Zukunft. Tagung in Nürnberg 1981. Düsseldorf: VDI-Verlag 1981.

[4.84] *Koch, H.; Müller, R.:* Zuverlässigkeitssicherung bei der Entwicklung von Seriengeräten. Feinwerktechnik und Meßtechnik 91 (1983) 5, S. 233.

[4.85] Technische Zuverlässigkeit 1991: Vorträge der 16. Fachtagung vom 4.-5. Juni 1991 in München. Berlin: VDE-Verlag 1991.

[4.86] *Bowles, J. B.:* A survey of reliability-prediction procedures for microelectronics devices. IEEE Trans. on Reliability 41 (1992) 1, p. 2.

5 Schutz von Gerät und Umwelt

Mit dem immer stärkeren Eindringen der Produkte der Feinwerktechnik und Elektronik in nahezu alle Bereiche der Gesellschaft kommt den Wechselwirkungen von Gerät und Umwelt zunehmend Bedeutung zu. Aufgaben des Schutzes von Gerät und Umwelt müssen bewußt bereits in eine frühe Phase der Produktentwicklung integriert werden. Sie betreffen Maßnahmen zum Klima- und Berührungsschutz, des Schutzes gegen die Wirkung von Wärme und hinsichtlich der elektromagnetischen Verträglichkeit. Sie beinhalten weiterhin den Schutz vor Feuchte, Schwingungsbeanspruchung und Lärmbelästigung.

Aus veränderten Umweltbedingungen und größeren Einsatzbereichen, z. B. extreme klimatische Verhältnisse, ergeben sich zugleich erhöhte Anforderungen zur Sicherung von Funktion und Zuverlässigkeit sowie zum Schutz der Produkte selbst. Das Klima nimmt sowohl bei Transport und Lagerung als auch unmittelbar im Betrieb durch Lufttemperatur, Luftfeuchte, Eindringen von Staub, Schädlingen usw. wesentlichen Einfluß auf die Funktionstüchtigkeit, so daß konstruktive Maßnahmen zum Schutz, aber auch Prüfungen unter entsprechenden Bedingungen erforderlich sind. Für eine zielgerichtete Produktentwicklung und -handhabung setzt dies gesicherte Kenntnisse zu Fragen der klimatischen Beanspruchung, zu erforderlichen Schutzarten sowie zunehmend zum Schutz gegen thermische Belastungen, Störstrahlung, Feuchteeinwirkungen und mechanischen Beanspruchungen voraus.

5.1 Forderungen an den Geräteschutz

[5.1] bis [5.6]

Jedes Gerät muß so entwickelt und konstruiert werden, daß es bei normalem Betrieb und bei Störungen Personen nicht gefährdet und Forderungen des Sicherheits- und Gesundheitsschutzes, des Verbraucherschutzes, der elektromagnetischen Verträglichkeit und der elektrischen Sicherheit erfüllt. Diese Zielstellung umfaßt Berührungsschutz, Schutz gegen gefährliche Körperströme, gegen Auswirkung hoher Temperaturen und Strahlung, gegen Implosionswirkung, unzureichende Standsicherung und Verletzungen durch bewegte Teile sowie Schutz gegen Feuer.

Da für feinwerktechnische, elektrische und elektronische Geräte sehr unterschiedliche Sicherheitsbestimmungen existieren, werden nachfolgend die wesentlichen gesetzliche Richtlinien und Normen beschrieben.

5.1.1 Gesetzliche Richtlinien und Normen

In Europa gelten einheitliche Sicherheitsanforderungen, die mit dem CE-Kennzeichen vom Hersteller bestätigt werden. Die europäischen Richtlinien sind mit dem Gerätesicherheitsgesetz in deutsches Recht umgesetzt. Die Verordnungen zu diesem Gesetz beziehen sich auf alle elektrischen Betriebsmittel außer Telekommunikationseinrichtungen, für die historisch aus der Fernmeldetechnik Sonderregelungen bestehen. Für weitere Bereiche sind eigene Gesetze erlassen, wie z. B. die Niederspannungsrichtlinie, das EMV-Gesetz als Umsetzung der EMV-Richtlinie und das Medizinproduktengesetz als Umsetzung der Medizinproduktenrichtlinie [5.5].

Normen werden von anerkannten Organisationen durch das Europäische Komitee für Normung (CEN) und in Deutschland durch das Deutsche Institut für Normung e.V. (DIN), die Deutsche Elektrotechnische Kommission im DIN (DKE), den Verband Deutscher Elektrotechniker e.V. (VDE) oder von Fachorganisationen wie dem Europäischen Komitee für elektrotechnische Normung (Comité Européen de Normalisation Electrotechnique - CENELEC) erarbeitet und enthalten technische Regeln. Das europäische Normenwerk ist allgemein gegliedert in

- Grundnormen (A-Normen, Gestaltungsleitsätze),
- Fachgrundnormen (B-Normen, Sicherheitsaspekte),
- Produkt- und Produktfamiliennormen (C-Normen).

Das deutsche Normenwerk, das den Charakter von Empfehlungen hat, wird in Form von DIN-Normen herausgegeben und mit Varianten, z. B. DIN-ISO (unveränderte Übernahme einer ISO-Empfehlung), DIN-IEC (unveränderte Übernahme einer IEC-Empfehlung) und DIN-EN (europäische Norm, deren deutsche Fassung als DIN gilt) [5.3].

5.1.2 Sicherheitstechnisches Zertifikat

Den sicherheitstechnischen Anforderungen wird ein Gerät bei einer Nennspannung zwischen 50 und 1000 V für Wechselstrom und zwischen 75 und 1500 V für Gleichstrom gerecht, wenn es den harmonisierten europäischen Normen entspricht. Zur Sicherheit der Anwender entstand in der Europäischen Union ein System der Zertifizierung von Produkten und Systemen mit einheitlichen Konformitätsbewertungsverfahren z. B. auf den Gebieten Elektrotechnik/Gerätesicherheit, Umwelt, Kerntechnik, Qualitätsmanagement, Ergonomie und elektromagnetische Verträglichkeit. Bei der *Produktzertifizierung* bescheinigt eine unabhängige Institution die Übereinstimmung mit Normen, Gesetzen, europäischen Richtlinien oder anderen Regeln für ein Produkt oder auch Verfahren. Der Hersteller bestätigt mit der EU-Konformitätserklärung, daß das in Verkehr gebrachte Gerät alle einschlägigen Sicherheitsanforderungen erfüllt. Außerdem ist der Hersteller im Schadensfall nach dem europäischen Produkthaftungsgesetz verantwortlich. In der EU-Konformitätserklärung wird beschrieben, ob auch andere zutreffende EU-Richtlinien eingehalten sind und ob dafür geltende Übergangsregelungen in Anspruch genommen wurden. Das *CE-Kennzeichen* ist in der Europäischen Union seit 1997 mit wenigen Ausnahmen für alle elektrischen und elektronischen Geräte Pflicht.

Die technischen Unterlagen eines Gerätes mit CE-Kennzeichen umfassen:

- Beschreibung des Gerätes,
- Entwürfe, Fertigungszeichnungen und -pläne von Bauelementen, elektronischen Schaltkreisen, Baugruppen, Montagegruppen usw.,
- Beschreibungen und Erläuterungen der Funktionsweise des Gerätes und der Baugruppen,
- Liste der angewandten Normen, sowie Beschreibung der Erfüllung der Sicherheitsnormen,
- Ergebnisse von Konstruktionsberechnungen, Prüfungen usw.,
- Prüfberichte.

Die nationale Umsetzung der CE-Kennzeichnungsrichtlinie erfolgte durch das Gerätesicherheitsgesetz und dessen erste Verordnung [5.2] [5.100]. Neben dem CE-Kennzeichen (**Bild 5.1**) gibt es noch Prüf- und Bauartzeichen, die von Testhäusern vergeben werden. Das in Deutschland übliche GS-Zeichen für geprüfte Sicherheit (s. Bild 5.1) wird benutzt, wenn ein geprüftes Produkt den Anforderungen des Gerätesicherheitsgesetzes entspricht. Ist die Zertifizierung mit dem CE-Kennzeichen identisch, kann das GS-Kennzeichen entfallen. Die Pflicht zur Zertifizierung von Produkten gibt es auch in den USA, in Kanada, Japan, China und weiteren Staaten.

Bild 5.1 CE- und GS-Kennzeichen

5.1.3 Schutzklassen

Mit den Schutzklassen I bis III sind die Maßnahmen gegen berührungsgefährliche Spannungen an betriebsmäßig nicht unter Spannung stehenden Teilen für elektrische und elektronische Betriebsmittel festgelegt [5.6] [5.14]:

Schutzklassen I. Der Schutz gegen gefährliche Körperströme beruht nicht nur auf der Basisisolierung, sondern zusätzlich werden leitfähige Teile mit dem Schutzleiter der festen Installation verbunden (Schutzleiteranschluß, z. B. Gerätestecker mit Schutzkontakt, Anschlußleitungen mit Schutzleiter).

Schutzklasse II. Der Schutz gegen gefährliche Körperströme beruht nicht nur auf der Basisisolierung, sondern auch auf zusätzlichen Sicherheitsvorkehrungen wie doppelte oder verstärkte Isolierung (Schutzisolierung). Ausschlaggebend ist, daß schutzisolierte Geräte nicht mit dem Schutzleiter verbunden werden.

Schutzklasse III. Der Schutz gegen gefährliche Körperströme beruht auf Schutzkleinspannung. Die aktiven und berührbaren Teile dürfen nicht mit Erde, dem Schutzleiter oder anderen Stromkreisen verbunden werden.

Die Merkmale und die Kennzeichnung von Betriebsmitteln entsprechend dieser Klassifizierung zeigt **Tafel 5.1**. Die Schutzklasse 0 ist in Deutschland nicht mehr zulässig.

Konstruktive Richtlinien zur Ausführungen der Schutzmaßnahmen s. Abschn. 5.3.3.

Tafel 5.1 Hauptmerkmale von Betriebsmitteln entsprechend der Schutzklasse

Merkmal	Schutzklasse 0	Schutzklasse I	Schutzklasse II	Schutzklasse III
	In Deutschland nicht mehr zulässig	Schutzleiteranschluß	Schutzisolierung	Kleinspannung
Schutzleiterverbindung	Keine Anschlußstelle für Schutzleiter	Anschlußstelle für Schutzleiter	Zusätzliche Isolierung, keine Anschlußstelle für Schutzleiter	Versorgung mit Schutzkleinspannung
Voraussetzungen für die Sicherheit	Umgebung frei von Erdpotential	Anschluß an Schutzleiter	keine	Anschluß an Schutzkleinspannung
Symbol				

5.1.4 Schutzarten

Die IP-Schutzart eines elektrischen Betriebsmittels, realisiert durch das Gehäuse, umfaßt Forderungen an den Berührungs-, Fremdkörper- und Wasserschutz. Für Geräte, die in explosionsgefährdeten Räumen und Betriebsanlagen sowie in schlagwettergefährdeten Grubenanlagen eingesetzt werden, ist zusätzlicher Explosions- und Schlagwetterschutz notwendig. Die Angabe der Schutzart erfolgt durch das IP-Kurzzeichen, das sich aus den Code-Buchstaben IP (International Protection) und zwei Kennziffern für den Berührungs- und Fremdkörperschutz (erste Ziffer) sowie den Wasserschutz (zweite Kennziffer) zusammensetzt. Die grundsätzliche Kennzeichnung der IP-Schutzarten zeigt **Bild 5.2**. Besteht keine Festlegung bezüglich des Schutzes, so ist die Kennziffer durch den Großbuchstaben X zu ersetzen.

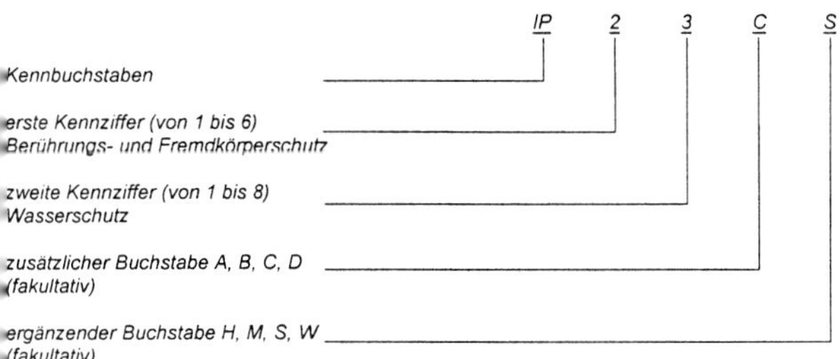

Bild 5.2 Kennzeichnung der IP-Schutzarten

Der *Berührungsschutz* bezeichnet Schutzmaßnahmen gegen das Gefährden Bedienender durch ein Gerät (spannungsführende oder sich bewegende Teile, Chemikalien usw.). Der *Fremdkörperschutz* umfaßt Maßnahmen, die ein störendes Beeinflussen des Gerätes von außen verhindern (unzulässige mechanische Einwirkungen). *Wasserschutz* kennzeichnet den Schutz eines Produktes gegen das Eindringen von Wasser. Der erforderlichen bzw. erzielten Schutzart sind jeweils Kennziffern zugeordnet. Der Schutzumfang für Berührungs- und Fremdkörperschutz, der Schutzgrad gegen den Zugang zu gefährlichen Teilen und gegen feste Fremdkörper sowie für Wasserschutz sind in **Tafel 5.2** zusammengestellt, die zusätzlichen bzw. ergänzenden Buchstaben in **Tafel 5.3**. Maßnahmen zum Wasserschutz sind z. B. Abdecken und Abdichten gefährdeter Teile oder des gesamten Gerätes (s. auch Abschn. 5.7).

Entsprechend der geplanten Einsatzart und dem Einsatzort können Schutzarten bestimmten Anwendungsfällen zugeordnet werden (**Tafel 5.4**). Die Schutzart ist so auszuwählen, daß spannungsführende Teile mit über 50 V Wechselspannung oder 120 V Gleichspannung für Menschen unter Verwendung von Hilfsmitteln nicht gefahrbringend berührt werden können (Schutzart mindestens

Tafel 5.2 Schutzumfang der IP-Schutzarten

Kenn-	erste Kennziffer		zweite Kennziffer
ziffer	Berührungsschutz	Fremdkörperschutz	Wasserschutz
0	kein Schutz	kein Schutz	kein Schutz
1	Schutz gegen zufälliges Berühren mit der Hand; geschützt gegen den Zugang zu gefährlichen Teilen mit dem Handrücken	Schutz gegen feste Fremdkörper 50 mm Durchmesser und größer	Schutz gegen senkrecht fallendes Tropfwasser
2	Schutz gegen Berühren mit den Fingern; geschützt gegen den Zugang zu gefährlichen Teilen mit den Fingern	Schutz gegen feste Fremdkörper 12,5 mm Durchmesser und größer	Schutz gegen Tropfwasser bei einer Gehäuseneigung bis 15°
3	Schutz gegen Berühren mit Werkzeugen; geschützt gegen den Zugang zu gefährlichen Teilen mit einem Werkzeug	Schutz gegen feste Fremdkörper 2,5 mm Durchmesser und größer	Schutz gegen Sprühwasser
4	Schutz gegen Berühren mit Werkzeugen und Drähten; geschützt gegen den Zugang zu gefährlichen Teilen mit einem Draht	Schutz gegen feste Fremdkörper 1,0 mm Durchmesser und größer	Schutz gegen Spritzwasser aus allen Richtungen
5	vollständiger Schutz gegen Berühren; geschützt gegen den Zugang zu gefährlichen Teilen mit einem Draht	Schutz gegen Staub	Schutz gegen Strahlwasser
6	vollständiger Schutz gegen Berühren; geschützt gegen den Zugang zu gefährlichen Teilen mit einem Draht	Schutz gegen Staub	Schutz gegen starkes Strahlwasser aus allen Richtungen
7	-	-	Schutz gegen zeitweiliges Untertauchen in Wasser
8	-	-	Schutz gegen dauerndes Untertauchen in Wasser

Tafel 5.3 Zusatzbuchstaben bei IP-Code

Schutz von Personen gegen Zugang zu gefährlichen Teilen	Zusätzlicher (fakultativer) Buchstabe
- Handrücken	A
- Finger	B
- Werkzeug	C
- Draht	D
Schutz des Gerätes	Ergänzender (fakultativer) Buchstabe
- Hochspannungsgeräte	H
- Wasserprüfung während des Betriebs	M
- Wasserprüfung bei Stillstand	S
- Wetterbedingungen	W

IP 3X). Bei Niederspannungs-Betriebsmitteln mit Bemessungsspannungen bis 1 kV Wechselspannung oder 1,5 kV Gleichspannung sind in Abhängigkeit vom Berührungsschutz Mindestabstände zu isolierten, betriebsmäßig unter Spannung stehenden Teilen entsprechend den genormten Forderungen einzuhalten (Schutzart mindestens IP 4X). Bei Festlegung der Schutzart sind die gesetzlichen Forderungen des Gesundheits-, Arbeits- und Brandschutzes zu berücksichtigen.

Berührungs- und Fremdkörperschutz werden durch Abdecken gefährdeter Teile oder Geräte mit Schutzgittern oder entsprechend gestalteten Gehäusen erreicht. Die Maschenweite eines Schutzgitters oder die Abmessungen der Perforation eines Gehäuses werden von der erforderlichen Schutzart bestimmt. Für den Wasserschutz eines Bauteils oder Gerätes sind zusätzliche konstruktive Maßnahmen notwen

Tafel 5.4 Zuordnung von Schutzarten

Anwendung	Einsatzbedingungen	Beispiele für Einsatzorte	Schutzart
1 Leicht geschützt	- Trockene Innenräume ohne Kondenswasserbildung	Büros, Wohn- und Geschäftsräume, Verkaufsräume	IP 10, IP 20
2 Mäßig geschützt	- Innenräume, in denen Kondenswasser auftreten kann - Betrieb der Geräte in Landfahrzeugen - Geräte, die einen höheren Berührungs- und Fremdkörperschutz als in Anwendungsklasse 1 angegeben, haben	Küchen, Kühlräume, Keller, geschlossene Ställe, PKW, geschlossene LKW	IP 30, IP 40, IP 41, IP 22
3 Mittelstark geschützt	- Außenräume, zeitweiliger Betrieb im Freien	Wetterschutzräume, Zelte, überdachte Flächen, im Tagebau	IP 22C, IP 34, IP 43, IP 44
4 Stark geschützt	- ständiger Betrieb im Freien	Orte, an denen ständig die Witterungseinflüsse wirksam werden	IP 54, IP 56, IP 65, IP 66
5 Total geschützt	- zeitweilige oder ständige Überflutung von Wasser		IP 67, IP 68

dig. Einige prinzipielle Lösungen für Dichtungen bei Geräteaufbauten zeigt **Bild 5.3** [5.11]. Beispiele zum Abdichten von Gerätegehäusen sind im **Bild 5.4** dargestellt und eine Möglichkeit der Perforierung eines spritzwassergeschützten Gehäuses im **Bild 5.5**.

Ausgewählte Normen und Richtlinien zu Abschn. 5.1 s. Tafel 5.56.

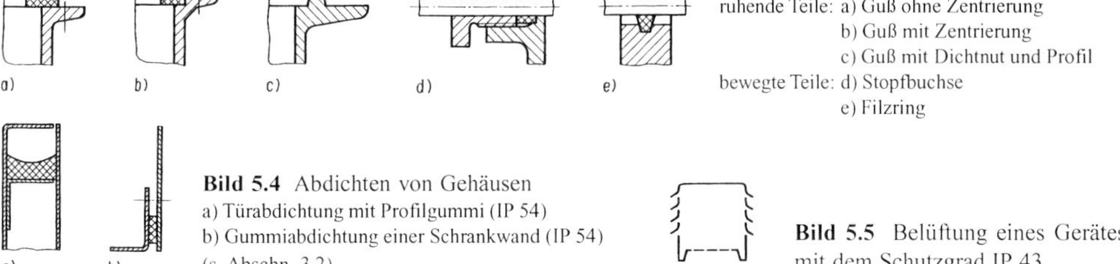

Bild 5.3 Prinzipielle Lösungen für Dichtungsmaßnahmen bei Geräteaufbauten [5.11]
ruhende Teile: a) Guß ohne Zentrierung
b) Guß mit Zentrierung
c) Guß mit Dichtnut und Profil
bewegte Teile: d) Stopfbuchse
e) Filzring

Bild 5.4 Abdichten von Gehäusen
a) Türabdichtung mit Profilgummi (IP 54)
b) Gummiabdichtung einer Schrankwand (IP 54)
(s. Abschn. 3.2)

Bild 5.5 Belüftung eines Gerätes mit dem Schutzgrad IP 43

5.2 Klimaschutz

[5.8] [5.9] [5.12]

Produkte sind während ihres Einsatzes, der Lagerung und des Transportes den unterschiedlichsten Beanspruchungen ausgesetzt. Klimatische, mechanische, elektromagnetische, biologische und chemische Einflüsse charakterisieren die typischen Umgebungsbedingungen (**Tafel 5.5**). Das Klima umfaßt allgemein den charakteristischen Ablauf atmosphärischer Zustände an einem bestimmten Ort. Dieser Ablauf ist durch die mittleren kurz- und langzeitigen Änderungen von Zuständen der Atmosphäre sowie durch die zu erwartenden Extreme gegeben. Zum Klima (s. Abschn. 8.3 und 8.6) gehören die Einflußgrößen Temperatur, Luftfeuchte, Luftdruck, Sonnenstrahlung, Wind, Regen, Tau, Schnee, Eis u.ä., Industriegase in der Atmosphäre (z.B. NaCl, CO_2, SO_2), Fremdkörper, Sand, Staub usw., biologische Einwirkungen, wie Schimmelpilze und Bakterien sowie u.a. auch Schädlingsbefall durch Insekten, Termiten und Nagetiere (s. Tafel 5.56).

5.2.1 Klimate

Allgemein betrachtet kann ein Produkt Erd-, künstlichen (Industrie- und Raum-) und außerirdischen (lunearen, planetaren, solaren) Klimaten ausgesetzt sein. Das Klima wird in Form eines Klimamodells, das ausgewählte Klimagrößen enthält, dargestellt. Für technische Zwecke ist die Erde in *Techno-*

Tafel 5.5 Typische Umgebungsbedingungen

Kurzzeichen	Umgebungsbedingungen	Beispiele für Einflußgröße
K	klimatisch	Temperatur Luftfeuchte Luftdruck Niederschläge Sonnenstrahlung
M	mechanisch	Schwingungen Stoß und Schlag
B	biologisch	Bakterien Schimmelpilze Insekten (Termiten usw.) Kleintiere (Mäuse, Ratten, Marder usw.)
C	chemisch	SO_2 H_2S
S	mechanisch aktive Substanzen	Sand
E	elektromagnetisch	elektrische Felder magnetische Felder radioaktive Strahlung

Tafel 5.6 Einteilung der Erde in Klimagebiete

Kurzzeichen	Benennung	Kurzzeichen abgeleitet aus	Beispiele
A	Trockenes Klimagebiet	**a**ridus	Zentralasien, Sudan
F	Kaltes Klimagebiet	**f**rigidus	Antarktis, Kanada
H	Warmfeuchtes Klimagebiet	**h**umidus	Äquadorialstaaten, Korea
M	Meeresklimagebiet	**m**are	freier Ozean, Persischer Golf
T	Gemäßigtes Klimagebiet	**t**emperatus	Mittel- und Nordeuropa

Tafel 5.7 Klimabereiche

Bereichskenn-buchstabe	Benennung	Kennbuchstabe abgeleitet aus	Bereichskenn-buchstabe	Benennung	Kennbuchstabe abgeleitet aus
C	Alternierendes Klima	**c**ommutatus	S	Sonderbereich	**s**eparatus
D	Randland	**d**esertus	AT	Mäßigtrockenes Klima	**t**emperatus
E	Höhenklima	**e**levatus	V	Hygrothermes Klima	**v**apor
L	Mildtropisches Klima	**l**enis	-	Hohe Globalstrahlung	
N	Feuchtluftwüste	**n**ebulosus	X	Extremwarmes Klima	ma**x**imus
Q	Sommerfeuchtes Klima	a**q**uosus	Y	Extremhygrothermes Klima	h**y**gros

Freiluftklimate mit fünf zugeordneten Klimagebieten eingeteilt (**Tafel 5.6**). Diese werden durch meteorologisch und statistisch gesicherte Grenzwerte der Umgebungsbedingungen (Lufttemperatur, relative Luftfeuchte, partieller Wasserdampfdruck und Globalstrahlung) beschrieben. Innerhalb der Klimagebiete gibt es abgegrenzte Bereiche, in denen die geltenden Werte der Klimagrößen eingeschränkt oder erweitert sind (**Tafel 5.7**). Die Bereichskennbuchstaben werden bei Bedarf alphabetisch geordnet an das Klimagebietskurzzeichen angehängt, z. B. $T_{-40}E$. Die Systematik der Untergebiete in Land- und Meeresklimate zeigt **Tafel 5.8**. Vor der Benennung des Klimagebietes oder Klimas steht ein klassifizierendes Eigenschaftswort (**Tafel 5.9**). Da Geräte und Anlagen oft in mehreren Klimagebieten eingesetzt werden, sind Techno-Klimagebiete und -bereiche zu *Klimagruppen* zusammengefaßt. Für den Einsatz eines technischen Produktes unter bestimmten Umgebungsbedingungen (**Tafel 5.10**) sind die klimatischen Einflüsse aus entsprechenden Klimamodellen für ortsbezogene Freiluft- (**Tafel 5.11**) und Raumklimate (**Tafel 5.12**) ersichtlich. Es können mehrere Klimamodelle verwendet oder entsprechend der Norm ausgearbeitet werden. Außerdem gibt es größenordnungsbezogene Makro-, Meso- und Mikroklimate.

Tafel 5.8 Einteilung der Klimagebiete in Klimauntergebiete

Zuordnung	Mittlerer Jahrestiefstwert der Lufttemperatur $\overline{\vartheta}_n$ in °C	Klassierende Eigenschaft	Zuordnung	Normalwert des Jahresmittels der Meeresoberflächen-Wassertemperatur $\overline{\vartheta}_n$ in °C	Klassierende Eigenschaft
Landklimate	–85	winterexzessiv	Meeresklimate	–2	Kalt
	–55	winterextrem		5	Gemäßigt
	–40	winterkalt		18	Warm
	–25	winterrauh			
	–15	winterkühl			
	5	ausgeglichen			

Tafel 5.9 Beispiele für Klimagebiete

Kurzzeichen	Benennung
F_{-85}	Winterexzessives Kaltes Klima (-gebiet)
T_{-25}	Winterrauhes Gemäßigtes Klima (-gebiet)
H_5	Ausgeglichenes Warmfeuchtes Klima (-gebiet)
M_{18}	Warmes Meeresklima (-gebiet)

Tafel 5.10 Einsatzbedingungen eines Produktes

Einsatzort	Einsatzbedingungen	Beanspruchungen
Freiluft	ungehinderte Einwirkung aller am Einsatzort auftretenden Klimaeinflüsse	Luftverunreinigungen, Schimmelwachstum, schneller Temperaturwechsel, Sand und Staub, Tau, Kondensation, Rauhreif, Regen, Schnee, Sonnenstrahlung
unter Überdachung	Schutz gegen Regen, Schnee und direkte Sonnenbestrahlung, ansonsten Freiluftklima	Luftverunreinigungen, Schimmelwachstum, schneller Temperaturwechsel, Sand und Staub, Tau, Kondensation, Rauhreif
geschlossene Räume	keine unmittelbare Einwirkung des Freiluftklimas; Änderungen der Lufttemperatur und relativen Luftfeuchte treten stark gedämpft und zeitlich verzögert auf	Luftverunreinigungen, Schimmelwachstum

Tafel 5.11 Freiluft-Klimamodelle

Kurzzeichen	Klima	Kurzzeichen
O 11	Freiluftklima; winterexzessives Kaltes Klima, einschließlich Antarktis	F_{-85}
O 12	Freiluftklima; winterextremes Kaltes Klima	F_{-55}
O 21	Freiluftklima; winterkaltes Gemäßigtes Klima	T_{-40}
O 22	Freiluftklima; winterrauhes Gemäßigtes Klima	T_{-25}
O 31	Freiluftklima; winterrauhes Mäßigtrockenes Klima	$A_{-25}T$
O 32	Freiluftklima; mildtropisches und winterkühles Warmtrockenes Klima	$A_{-15}L$
O 33	Freiluftklima; winterkühles Warmtrockenes Klima	A_{-15}
O 34	Freiluftklima; extrem Warmtrockenes Klima	$A_{-15}X$
O 41	Freiluftklima; mildtropisches Warmfeuchtes Klima	H_5L
O 42	Freiluftklima; ausgeglichenes Warmfeuchtes Klima	H_5

Die vollständige Klassifizierung eines Einsatzortes für ein bestimmtes Produkt ist in den Entwicklungsunterlagen vom Hersteller ausgewiesen und informiert den Anwender, welche Einsatzbedingungen das Produkt erfüllt. Auch während *Lagerung und Transport* von Geräten und deren Ersatzteilen ist zu gewährleisten, daß keine härtere Klimabeanspruchung vorliegt als in der Produktdokumentation ausgewiesen. Durch Auswahl einer geeigneten Verpackungsart ist sicherzustellen, daß die Produkte durch die Transportdauer, die wahrscheinliche Umschlaghäufigkeit, die klimatischen Transportbeanspruchungen und die Lagerbedingungen nicht beschädigt werden (s. Abschn. 8).

Tafel 5.12 Raum-Klimamodelle

Kurzzeichen	Klimate; Anwendungsbeispiele
R 11	Raumklima; Innenraum, vollklimatisiert
R 12	Raumklima; Innenraum, Temperatur begrenzt geregelt, z. B. Betriebs- und Fertigungsraum mit technisch hochwertigen Einrichtungen
R 13	Raumklima; Innenraum, geheizt, gelüftet, z. B. Wohnraum, Büroraum, Verkaufsraum
R 14	Raumklima; Innenraum, Temperatur begrenzt geregelt, mäßig trocken, z. B. Lagerraum für hochwertige Geräte
R 15	Raumklima; Innenraum heizbar; Fabrikationsraum für Grobbetrieb, z. B. Kraftfahrzeugswerkstatt, Kraftwerksbetrieb, Gießerei, chemischer Betrieb
R 16	Raumklima; Innenraum ohne Frost, feucht, z. B. Keller
R 51	Raumklima; wettergeschützter, leicht gebauter Außenraum, nicht geheizt, feucht, weitgehend verglast, z. B. Fernsprechzelle, im Freien abgestelltes Fahrzeug
R 52	Raumklima; wettergeschützter, ungeheizter, feuchter Außenraum mit strahlungsabsorbierender Oberfläche, z. B. dunkles Gehäuse mit Lüftungsschlitzen, Standardcontainer
R 53	Raumklima; wettergeschützter Außenraum, nicht geheizt, feucht, z. B. ungeheizter Lagerraum, Schuppen
R 91	Raumklima; Unterflurraum, ungeheizt, feucht, Boden 0,5 bis 1,0 m unter Erdgleiche, z. B. Kabelschacht

Prüfklimate. Für die Funktionskontrolle von Bauelementen und Geräten erlangen *Klimaprüfungen* zunehmend an Bedeutung. Diese thermodynamischen Prüfungen und Beanspruchungen mit den Parametern Temperatur, Druck, Feuchte und Salzsprühnebel werden häufig in Verbindung mit elektrischen und mechanischen Prüfungen durchgeführt. Durch Prüfung unter verschärften Bedingungen können beim Burn-in-Test (elektrischer Betrieb bei erhöhter Temperatur) oder Run-in-Test (beschleunigte Alterung bzw. Temperaturwechsel innerhalb der zulässigen Grenzbedingungen) defekte und fehlerhafte elektronische Bauelemente, Baugruppen oder Geräte ausgelesen und somit Entwicklungs- und Produktionsfehler sowie Frühausfälle erkannt werden. Für Klimaprüfungen liegen internationale Prüfnormen und -vorschriften als Empfehlungen vor. Diese wurden für den militärischen Einsatz erarbeitet und sind mit geringfügigen Änderungen auch für zivile Anwendungen gültig [5.102]. Die Produktprüfung erfolgt dabei unter Prüfklimaten (**Tafel 5.13**), das sind Konstant- oder Wechselklimate mit festgelegten Werten für Lufttemperatur und -feuchte sowie mit eingeschränkten Bereichen für Luftdruck und -geschwindigkeit ohne wesentliche zusätzliche Strahlungseinflüsse. Bestandteil der Produktdokumentation ist ein Prüfbericht, der eine genaue Beschreibung der Proben sowie Hinweise zum Prüfklima, zur Durchführung und Dauer der Prüfungen angibt.

Für die Untersuchung temperaturabhängiger Eigenschaften gibt es *Vorzugstemperaturen*, z. B. Normaltemperaturen, die den üblichen Bedingungen in Laborräumen oder den Normalklimaten (**Tafel 5.14**) entsprechen. Das *Normalklima* ist ein bevorzugtes Konstantklima mit festgelegten Werten für Lufttemperatur und -feuchte sowie mit eingeschränkten Bereichen für Luftdruck und -geschwindigkeit ohne wesentliche Strahlungseinflüsse und wird in Klimaschränken, -kammern oder -räumen zum Aufrechterhalten eines definierten Zustandes von temperatur- und feuchteempfindlichen Objekten eingestellt.

Tafel 5.13 Konstante Prüfklimate

Kurzzeichen	Lufttemperatur ϑ in °C	Relative Luftfeuchte U in %	Taupunkt-temperatur ϑ_d in °C	Luftdruck p in hPa	Luftgeschwindigkeit v in m/s	Bemerkung
23/83	23	83	20,0	800		feucht
40/92	40	92	38,4	bis	≤ 1	feuchtwarm
55/20	55	≤ 20	≤ 25,0	1060		trockenwarm

Tafel 5.14 Normalklimate

Kurzzeichen	Lufttemperatur ϑ in °C	Relative Luftfeuchte U in %	Taupunkt-temperatur ϑ_d in °C	Luftdruck p in hPa	Luftgeschwindigkeit v in m/s
23/50	23	50	12,0	860	
20/65	20	65	13,2	bis	≤ 1
27/65	27	65	20,0	1060	

5.2.2 Korrosionsschutz

Zum Klimaschutz gehört die Auswahl geeigneter Werkstoffe sowie deren Oberflächenschutz. Im Mittelpunkt steht dabei die *Korrosion*. Sie bezeichnet eine von der Oberfläche ausgehende unbeabsichtigte Zerstörung metallischer Werkstoffe durch chemische oder elektrochemische Reaktionen. Die chemische Korrosion (Eigenkorrosion) findet meist durch unmittelbare Einwirkung eines aggressiven Stoffes auf den Werkstoff statt, die elektrochemische Korrosion (Kontakt- oder galvanische Korrosion) unter Mitwirken eines Elektrolyten. Die elektrochemische Korrosion verursacht den größten Teil der Korrosionsschäden. Der Korrosionsschutz kann durch natürliche Schutzschichtbildung und mit Schutzschichten durch Beschichten, Überziehen, Umhüllen und Auskleiden mit flüssigen, pastenförmigen, pulverförmigen oder festen Beschichtungsstoffen erfolgen. Eine Korrosionsschutzschicht ist eine auf einem Metall oder im oberflächennahen Bereich eines Metalls hergestellte Schicht, die aus einer oder mehreren Lagen besteht. Mehrlagige Schichten werden auch als Korrosionsschutzsystem bezeichnet.

Die Korrosionsbeanspruchung ist von der *Korrosivität* der Atmosphäre abhängig, die in Korrosivitätskategorien C 1 bis C 5 eingeteilt wird (**Tafel 5.15**). Die Abschätzung der zu erwartenden Korrosionserscheinungen stützt sich dabei auf klimatische Einflüsse, den Atmosphärentyp (Land-, Stadt-, Meeres- und Industrieatmosphäre) und die Aufstellungskategorie (Freibewitterung, Innenraumatmosphäre). Von besonderer Bedeutung ist dabei die Befeuchtungsdauer, die für ausgewählte Klimate **Tafel 5.16** zeigt. Auch mechanische und physikalische Einflüsse wie z. B. Strömung, Temperatur, Temperaturdifferenzen sowie statisch und dynamisch auftretende Spannungen können die Schichten bzw. Korrosionsschutzsysteme unterschiedlich beanspruchen. Korrosionsschäden entstehen besonders durch Luftverunreinigungen auf der Grundlage korrosiver Stoffe und deren Konzentration in der Atmosphäre wie Schwefeldioxide sowie Chloride und Sulfate z. B. in Industriegebieten.

Die Auswahl von Schutzschichten erfolgt entsprechend der wirkenden Umwelteinflüsse, der geplanten Nutzungsdauer des Produktes und des Recyclings. An die Eigenschaften von Schutzüberzügen werden neben Korrosionsbeständigkeit und Korrosionsschutz Forderungen bezüglich Härte, Haftfestigkeit, Aussehen der Oberfläche sowie leichter und kostengünstiger Herstellung gestellt. Für das Beschichten einer Oberfläche eignen sich Verfahren wie z. B. Lackieren, Pulverbeschichten, Veredeln mit metallischen Überzügen (Plasmabeschichten oder Galvanisieren), Kunststoffbeschichten oder eine Kombination verschiedener Oberflächenbehandlungen. Zum Beschichten werden häufig Zink- und Zinklegierungen mit Nachbehandlungen eingesetzt. Bei Teilen aus Aluminium erzielt man beispielsweise durch Oxidation, Chromatieren und Phosphatieren gute Korrosionsbeständigkeit. Für Korrosionsbeanspruchungen bei Stahl im Innenraum sind galvanische Überzüge, z. B. die Schutzschichten Fe/Znph (Bezeichnung für einen Phosphatüberzug auf einem Gegenstand aus Stahl mit Zinkphosphat), Fe/Ni 8 p (Nickelüberzug auf Stahl mit 8 μm Mattnickel, poliert) oder Fe/Cr 20 (Chromüberzug auf Stahl mit 20 μm Hartchrom) möglich. Eine weitere kostengünstige Lösung ist ein kathodischer Schutz mittels Opferanode (Wahl eines unedleren Werkstoffes).

5.2.3 Werkstoffauswahl und Oberflächenschutz

Die Auswahl eines geeigneten Werkstoffes ist außer von funktionellen Gesichtspunkten auch von seinen Korrosionseigenschaften abhängig. Darüber hinaus ist die Paarung der Grundwerkstoffe von Bedeutung. Bei leitend verbundenen Metallen kommt es beim Bilden eines Elektrolyten, z. B. durch Schwitzwasser oder atmosphärische Niederschläge, zur *elektrochemischen Korrosion*, wobei der unedlere Werkstoff angegriffen wird. Der Korrosionsprozeß ist von der Kontaktspannung des gebildeten Lokalelements der sich berührenden Metalle abhängig. Außerdem beeinflußt die Zusammensetzung des Wassers sehr stark die gebildeten Potentiale. Die Spannungsreihe der Metalle (**Tafel 5.17**) beginnt mit dem unedelsten Metall (negative Potentialwerte) und endet mit dem edelsten Metall (positive Potentialwerte) [5.14].

Aus der Spannungsreihe ergeben sich für die Werkstoffauswahl folgende Richtlinien:

- Verwenden von Grundwerkstoffen mit kleinen Potentialdifferenzen. Für elektrische und elektronische Geräte sind Kontaktspannungen bis 0,5 V, für Präzisionsgeräten nur bis 0,25 V zugelassen [5.30].

Tafel 5.15 Typische Umgebungen in Bezug auf Korrosivitätskategorien

Korrosivitäts-kategorie (C)	Korrosivität	Typische Umgebungen (Beispiele) innen	außen
C 1	unbedeutend	Geheizte Gebäude mit niedriger relativer Luftfeuchte, z. B. Büros, Schulen, Museen	-
C 2	gering	Ungeheizte Gebäude mit schwankender Temperatur und relativer Luftfeuchte, z. B. Lager, Zimmer, Sporthallen	Gemäßigtes Klima mit geringen Luftverunreinigungen (SO_2>20 µg/m³), z. B. ländliche bzw. Kleinstadtgebiete, trockene oder kalte Klimate mit kurzer Befeuchtungsdauer, z. B. Wüsten, subarktische Regionen
C 3	mäßig	Produktionsräume mit gemäßigten Kondensations- und Verunreinigungsgefahren	Gemäßigtes Klima mit mäßigen Luftverunreinigungen (SO_2= 20 ... 40 µg/m³) oder mit kleiner Beeinflussung durch Chloride, z. B. Stadtatmosphäre, Küstenbereiche mit geringer Flächenbeaufschlagung durch Chloride, tropisches Klima, Atmosphäre mit geringen Luftverunreinigungen
C 4	stark	Produktionsräume mit hohen Kondensations- und Verunreinigungsgefahren, z.B. Chemieanlagen, Schwimmbäder	Gemäßigtes Klima mit hohen Luftverunreinigungen (SO_2= 40 ... 80 µg/m³) oder mit wesentlicher Beeinflussung durch Chloride, z. B. Stadtgebiete mit Luftverunreinigungen, Industriegebiete, Küstengebiete, nicht im Bereich der Spritzwasserzonen, starker Einfluß von Enteisungssalzen, tropisches Klima, Atmosphäre mit mäßigen Luftverunreinigungen
C 5	sehr stark	Produktionsräume mit fast ständigen Kondensations- und Verunreinigungsgefahren, z. B. Bergwerke, Höhlen für Industriezwecke, nicht belüftete Schuppen in tropischen Klimaten	Gemäßigtes Klima mit sehr hohen Luftverunreinigungen (SO_2= 80 ... 250 µg/m³) oder mit starker Beeinflussung durch Chloride, z.B. Industriegebiete, Küsten- und Offshorebereiche, Spritzwasserzone, tropisches Klima, Atmosphäre mit hohen Luftverunreinigungen und/oder stark beeinflußt durch Chloride

Tafel 5.16 Berechnete Befeuchtungsdauer und ausgewählte klimatische Merkmale für verschiedene Klimate

Klimatyp	Mittelwert der jährlichen Extremwerte			Berechnete Befeuchtungsdauer (Stunden h, in denen die relative Luftfeuchte U > 80 % und die Temperatur ϑ > 0 °C betragen) in h/Tag
	Niedrige Temperatur in °C	Hohe Temperatur in °C	Höchste Temperatur mit relativer Luftfeuchte $U \geq 95$ % in °C	
Extrem kalt	– 65	+ 32	+ 20	0 bis 100
Kalt	– 50	+ 32	+ 20	150 bis 2500
Kalt gemäßigt	– 33	+ 34	+ 23	
Warm gemäßigt	– 20	+ 35	+ 25	2500 bis 4200
Warmtrocken	– 20	+ 40	+ 27	
Mild warmtrocken	– 5	+ 40	+ 27	
Extrem warmtrocken	+ 3	+ 55	+ 28	10 bis 1600
Feuchtwarm	+ 5	+ 40	+ 31	
Feuchtwarm, gemäßigt	+ 13	+ 35	+ 33	4200 bis 6000

- Überziehen der Grundwerkstoffe mit einer Schutzschicht, welche die Paarung isoliert.
- Berührungsflächen isolierter Metalle klein halten, da sich die Kontaktkorrosion mit zunehmendem Flächenverhältnis verstärkt.

Weitere Maßnahmen zur Korrosionseinschränkung sind:

Oberflächenschutz durch metallische Schutzschichten. Der edlere Werkstoff von zwei elektrisch

Tafel 5.17 Normalpotentiale [5.14]

Werkstoff	chemisches Kurzzeichen	Normal-potential	Werkstoff	chemisches Kurzzeichen	Normal-potential
Magnesium	Mg	– 2,34 V	Zinn	Sn	– 0,14 V
Aluminium	Al	– 1,67 V	Blei	Pb	– 0,13 V
Zink	Zn	– 0,76 V	Wasserstoff	H_2	± 0,00 V
Chrom	Cr	– 0,71 V	Kupfer	Cu	+ 0,35 V
Eisen	Fe	– 0,44 V	Silber	Ag	+ 0,81 V
Nickel	Ni	– 0,25 V	Gold	Au	+ 1,42 V

leitend verbundenen Metallen ist an der Berührungsstelle und in deren Umgebung mit einer Schutzschicht zu versehen, die unedler als die beiden Werkstoffe sein muß. Die Auswahl der Schutzschicht erfolgt entsprechend der Werkstoffpaarung, den technologischen Möglichkeiten und der korrosiven Beanspruchung nach folgenden Kriterien:

- klimatische Beanspruchung
- geplante Nutzungsdauer
- gewünschtes Aussehen der Oberfläche (z. B. matt oder glänzend)
- Herstellungsverfahren für die Schutzschicht.

Schutzschichten entstehen beim Plasmabeschichten und Galvanisieren sowie chemisch durch Vernikkeln, Brünieren, Chromatieren und Phosphatieren. Gebräuchlich sind Überzugswerkstoffe wie Zink (Zn), Nickel (Ni), Chrom (Cr), Kupfer (Cu), Zinn (Sn), Eisenphosphat (Feph), Silber (Ag), Zinkphosphat (Znph), Zinkcalciumphosphat (ZnCaph) und Manganphosphat (Mnph). Da Zink ein wirtschaftlicher Überzugswerkstoff ist, sind Zinkschichten verstärkt üblich. Silber, Nickel und Zinn schlagen beim Galvanisieren aus einer wäßrigen Lösung elektrolytisch auf das Grundmetall nieder. Die Korrosionsbeständigkeit läßt sich durch nachträgliches Passivieren (Chromatisieren oder Phosphatieren) wesentlich erhöhen. Bei der Auswahl der Schutzschicht ist vom Korrosionsverhalten der Schutzschicht, von den Einsatzbedingungen und den auftretenden korrosiven Schadstoffen auszugehen. Die Verwendung verzinkter Teile erfordert, längeres Einwirken von Kondensationswasser beim Einsatz, Transport und Lagern auszuschließen, da Zink bei einer relativen Luftfeuchte oberhalb 75 bis 80 % gegen in geschlossenen Räumen auftretende spezifische korrosive Einflüsse besonders empfindlich ist. Kadmium und -verbindungen sind giftige und umweltgefährdende Stoffe und deshalb zu vermeiden.

Isolationsmaßnahmen. Der elektrische oder galvanische Kontakt zwischen zwei sich berührenden Metallteilen läßt sich z. B. durch Metallkleben anstelle elektrisch leitender Verbindungen oder durch Anstriche bei mechanisch weniger beanspruchten Verbindungsstellen unterbrechen. Weitere konstruktive Varianten s. Abschn. 5.2.4.

Korrosionsschutz gegen Hilfsstoffe. Durch Hilfsstoffe und den Austritt korrosiver Stoffe wirken Korrosionserscheinungen in zwei Richtungen, unmittelbar am Teil und auf andere Teile.

▶ **Beispiele:** Zum Einschränken der Korrosion sind das Vermeiden der Einwirkung von Hilfsstoffen (z. B. häufiges und gründliches Spülen beim Leiterplattenätzen sowie Anwenden umweltfreundlicher Lötmittel), Schutzüberzug von Störstellen (z. B. Schutzlackierung von Leiterplatten) und geeignete Konstruktion der Baugruppen erforderlich (z. B. getrennte Batteriekästen) sowie das Reinigen elektronischer Baugruppen nach dem Schwall- bzw. Reflowlöten.

Korrosionsschutzöle und -wachse. Sie dienen zum temporären Korrosionsschutz für Halbzeuge und -fertigteile während der Lagerung und des Transports oder für Teile im Gerät, die aus technologischen oder technischen Gründen keinen oder aufgrund begrenzter Schichtdicke einen nur unzureichenden Dauerschutz haben (z. B. Federn und Getriebeteile). Temporäre Korrosionsschutzmittel müssen entsprechend der Wartungsvorschrift des jeweiligen Produktes und in Abhängigkeit von den Umgebungseinflüssen in einem bestimmten Zeitraum erneuert werden. Bei ihrer Auswahl sind die Art der Oberflächenbehandlung, die Korrosivitätskategorie des Endproduktes, der Zweck der Konservierung (Zwischen- oder Endkonservierung) und die konstruktive Gestaltung des jeweiligen Teils zu berücksichtigen. Korrosionsschutzöle und -fette halten atmosphärische Feuchte von der Oberfläche der Metalle fern. Sie können durch Zusatz korrosionshemmender Stoffe (Inhibitoren) unterstützt werden.

Auswahl und Anwendung von Anstrichen [5.9][5.12][5.13]. Ein Anstrichsystem (Anstrichaufbau) besteht i.allg. aus dem Grund- und Deckanstrich. Der Grundanstrich dient zum Passivieren der zu schützenden Oberfläche sowie zum Herstellen einer sicheren Verbindung zwischen Untergrund und Deckanstrich. Der Deckanstrich besteht aus Vorstreich- und Lackfarbe, wobei die Vorstreichfarbe die sichere Verbindung zwischen Grundanstrich und dem unmittelbar gegen Umwelteinflüsse schützenden Deckanstrich herstellen soll und damit die Farbgebung vorbereitet.

Bei Anstrichen hat sich in der Praxis gezeigt, daß besonders bei feingliedrigen Konstruktionen aus Eisenmetallen das Rosten an den Kanten beginnt, da hier die Schichtdicke nicht ausreicht. Dadurch tritt ein Unterrosten auf, das nach und nach die Schutzschicht abhebt. Das gleiche gilt auch für Niete und Schrauben sowie für Schweißnähte. Abhilfe schafft ein zusätzlicher Kantenschutz. Bei Kunststoffen dagegen tritt durch Feuchteaufnahme, Angriff chemischer Agenzien, thermische Belastungen (Erweichen und Verspröden), Bakterien, Termiten, Schimmelpilzwuchs u.ä. vorzeitig ein Altern bzw. Zerstören ein. Deshalb sind deren Eigenschaften gegenüber extremen Umwelteinflüssen besonders zu beachten.

5.2.4 Konstruktionsrichtlinien

Neben den in den Abschnitten 5.2.2 und 5.2.3 genannten Maßnahmen zum Korrosionsschutz (Werkstoffauswahl und Oberflächenschutz) können die Klimaeigenschaften von Geräten durch zusätzliche konstruktive Maßnahmen weiter verbessert werden. Besonders zu beachten sind korrosionsverstärkende Einflüsse (Schwingungen, Spannungen, örtliche Temperaturunterschiede, Erosion, Staub u.ä.) und die Beanspruchungsbedingungen (Atmosphärentyp, Umgebungsbedingungen, Zusatzbeanspruchungen durch chemische und thermische Belastungen). Darüber hinaus bedarf es einer sorgfältigen Überwachung des Korrosionsschutzes. Die klimatisch günstigste Möglichkeit bietet ein geschlossenes, abgekapseltes Gerät, das jedoch z. B. hinsichtlich der Wärmebeanspruchung zusätzliche Probleme bei höheren Verlustleistungen bringt. In **Tafel 5.18** sind Vor- und Nachteile verschiedener Bauweisen unter klimatischen Gesichtspunkten zusammengestellt. Weitere Maßnahmen bestehen darin, die Außenflächen bei Freiluftklima weitgehend senkrecht anzuordnen, waagerechte Deckflächen durch schräge, kegelförmige oder konvexe Flächen zu ersetzen sowie kleine und glatte Flächen anzustreben. Außerdem ist eine gute Luftzirkulation an Außenteilen zu ermöglichen; ablaufendes Wasser darf nicht auf andere Teile tropfen; Hohlprofile an Stirnflächen sind luftdicht zu verschließen und Vertiefungen ggf. mit Entwässerungsöffnungen zu versehen.

Demgegenüber sind enge Spalten, scharfe Kanten, spitze Innenwinkel, profilierte Flächen und Möglichkeiten für Schmutzansammlungen zu vermeiden. Bei elektronischen Baugruppen erweist sich vielfach das Vergießen mit Kunstharz oder Silikongummi als zweckmäßig. Für abgedichtete Bauweisen (s. Tafel 5.18) eignen sich u.a. geschlossene Gehäuse, Schutzkappen, Abdeckungen und Dichtungen (**Bild 5.6**). Neben der Werkstoffauswahl und dem Oberflächenschutz sind in den **Bildern 5.7** und **5.8** weitere Möglichkeiten zum Verhindern der Kontaktkorrosion aufgezeigt.

Ausgewählte Normen und Richtlinien zu Abschn. 5.2 s. Tafel 5.56.

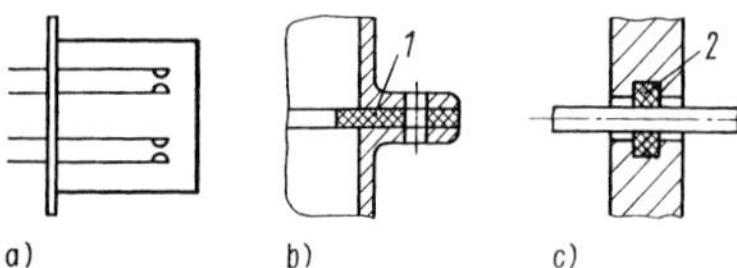

Bild 5.6 Beispiele für den Schutz von Einzelteilen
a) Schutzkappe für Relais
b) Abdichtung eines Gußgehäuses
c) Abdichtung einer Welle
1 Dichtung; *2* Filzring

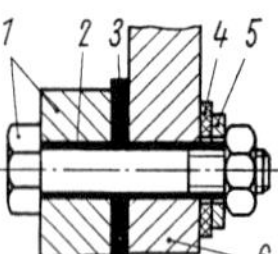

Bild 5.7 Schraubenverbindung von Blechen
1 Aluminium; *2* Kunststoffhülse oder Wickel aus Isolierbinde; *3* Isolierbinde; *4* Kunststoffscheibe; *5* Scheibe galvanisiert; *6* Stahl

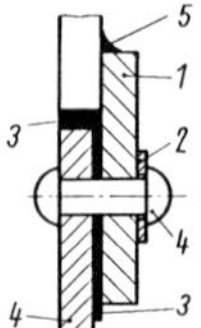

Bild 5.8 Nietverbindungen von Blechen
1 Aluminium; *2* Scheibe galvanisiert; *3* Isolierbinde; *4* Stahl; *5* Schweißnaht

Tafel 5.18 Klimaeigenschaften verschiedener Gerätebauweisen

Bauweise	Vorteile	Nachteile
Gut abgedichtet	Schutz gegen Wasser und Pilze langsame Wasserdampfdiffusion hohe Lebensdauer für Trockenmittel	Kondenswasser langsames Anpassen an günstige Umgebung Trockenmittelwechsel
Wenig abgedichtet	Rascher Feuchteaustausch weitgehender Staubschutz	Eindringen von Spritzwasser Pilze kleine Lebensdauer für Trockenmittel (häufiger Wechsel)
Offen (mit guter Belüftung)	Geräteklima = Umgebungsklima gute Ventilation (kaum Schimmelbildung)	Gefährdung durch Fremdkörper feuchteempfindlich

5.3 Schutz gegen gefährliche Körperströme [5.6] [5.14]

Der Schutz gegen gefährliche Körperströme (auch Schutz gegen elektrischen Schlag) gliedert sich für elektrische und elektronische Betriebsmittel in den Schutz gegen direktes Berühren im normalen Betrieb und Schutz bei indirektem Berühren im Fehlerfall **(Bild 5.9)** [5.14] (s. Tafel 5.56). Für elektronische Geräte und Einrichtungen der Informations- und Telekommunikationstechnik sowie für elektrische Meß-, Steuer-, Regel- und Laborgeräte und Geräte für den Hausgebrauch gelten zusätzlich zu den Vorschriften für elektrische und elektronische Betriebsmittel spezielle Sicherheitsbestimmungen.

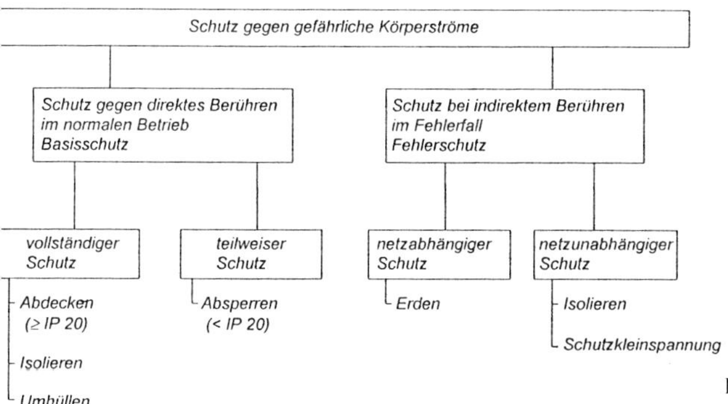

Bild 5.9 Maßnahmen zum Schutz gegen gefährliche Körperströme

5.3.1 Schutz gegen direktes Berühren

Schutzmaßnahmen gegen direktes Berühren sind der Schutz durch Isolierung aktiver Teile sowie durch Abdeckung oder Umhüllung. Alle betriebsmäßig unter Spannung stehenden Teile elektrischer und elektronischer Betriebsmittel sind so zu isolieren, abzudecken bzw. anzuordnen, daß Personen und Nutztiere (Schafe, Rinder, Pferde u.a.) gegen Berühren geschützt sind. Das Entfernen von Abdeckungen und Umhüllungen darf nur mittels Werkzeug möglich sein. Bei Spannungen, die unter der gefährlichen Berührungsspannung liegen, kann der Berührungsschutz entfallen, sofern nicht besondere Bedingungen auch bei diesen Spannungen Sicherheitsmaßnahmen erfordern, z. B. für elektromedizinische Geräte. Gefährliche Spannungen betragen für Personen über 50 V Wechsel- oder 120 V Gleichspannung und für Nutztiere 25 V Wechsel- oder 60 V Gleichspannung.

Für elektronische Geräte müssen alle Anschlußstellen mit gefährlichen Spannungen (z. B. Spannungsklemmen) durch geeignete konstruktive Maßnahmen geschützt und in einem bestimmten Sicherheitsabstand gegenüber anderen spannungsführenden und berührbaren Teilen angeordnet werden. Der Berührungsschutz muß dabei bei beliebiger Reihenfolge der Betätigung von Bedienelementen gewährleistet sein. Öffnungen an Gehäusen, z. B. Perforationen zur Belüftung, sind so auszuführen, daß die für das Gerät festgelegte Schutzart eingehalten wird. Die Gehäuse müssen mindestens Schutzart IP 2X und somit handrücken- bzw. fingersichere Ausführung aufweisen. Gehäuseöffnungen bei elektronischen Geräten werden mit Prüfkugel, -kette, -finger oder -stab getestet.

5.3.2 Schutz gegen indirektes Berühren im Fehlerfall

Maßnahmen gegen indirektes Berühren im Fehlerfall sind der Schutz durch automatisches Abschalten der Spannungsversorgung (z. B. mittels Schutzeinrichtungen wie Leistungs- und Leistungsschutzschalter, Sicherungen, Fehlerschutzeinrichtungen) sowie Schutzisolierung und Schutztrennung. Betriebsmäßig nicht unter Spannung stehende berührbare Teile von elektronischen Geräten und Anlagen (z. B. Gehäuse und Verkleidungen) sind so aufzubauen, daß auch bei gestörtem Betrieb keine berührungsgefährlichen Spannungen auftreten können. Für elektrische Betriebsmittel mit Nennspannungen bis 1000 V Wechsel- oder 1500 V Gleichspannung ist die konsequente Anwendung der festgelegten Schutzklassen Bedingung (s. Abschn. 5.1.3).

Schutzmaßnahmen sind nicht erforderlich für

- Geräte, die an einen Übertrager mit einem Dauerkurzschlußstrom $I_k = 20$ mA angeschlossen sind,
- Geräte mit Batteriebetrieb und anschließendem Transverter für höhere Leerlaufspannungen ($U_{l\,eff} \geq 50$ V), wenn die abgegebene Leistung des Transverters $P_{ab} \leq 2$ W bei einem Innenwiderstand $R_i > 10$ kΩ ist,
- Geräteteile, die man nur im spannungsfreien Zustand berühren kann und bei denen gewährleistet ist, daß Fehlerspannungen nicht auf berührbare Teile übertragen werden (z. B. Geräteteile innerhalb von Einschüben),
- Metallbefestigungen für Leitungen und Kabel (z. B. Tragbügel und Schellen).

Die Wirksamkeit der Schutzmaßnahmen darf umgebungs- und funktionsbedingt nicht eingeschränkt werden. So müssen beispielsweise bei elektronischen Geräten Schraubenverbindungen durch Federringe und Lötverbindungen durch Abbinden des Drahts oder Umbiegen des Drahtendes in der Lötöse zusätzlich mechanisch gesichert werden, um den Berührungsschutz durch unbeabsichtigtes Lösen nicht zu verändern.

5.3.3 Konstruktive Maßnahmen

Die Maßnahmen gegen berührungsgefährliche Spannungen an betriebsmäßig nicht unter Spannung stehenden Teilen für elektrische und elektronische Betriebsmitteln sind mit den Schutzklassen I bis III festgelegt (s. Abschn. 5.1.3).

5.3.3.1 Schutzleiteranschluß

Durch eine impedanzarme Verbindung der Geräte- und Anlagenteile (z. B. Schrank, Gehäuse, Gestell oder Einschub) mit dem Schutzleiter (Schutzerdung) fließt im Fehlerfall ein so hoher Strom, daß innerhalb kurzer Zeit eine Überstromschutzeinrichtung (Schmelzsicherung oder Leistungsschutzschalter) anspricht. Daher müssen Schutzleiter niederohmig sein, was über entsprechende Werkstoff- und Querschnittswahl erreicht wird (Kupfer oder Aluminium, Mindestquerschnitt entsprechend der Norm auswählen oder berechnen, s. Tafel 5.56).

Außerdem gilt:

- Schraubenverbindungen für Schutzleiter dürfen keine andere Funktion haben und müssen gegen Lockern gesichert sein. Je Verbindung ist nur ein Schutzleiter zulässig (**Bild 5.10**).
- Die sichere Verbindung aller leitenden Teile, die direkt oder indirekt berührt werden und Fehlerspannung annehmen können, ist zu gewährleisten. Der Leitwert dieser Verbindungen muß dem des erforderlichen Schutzleiterquerschnittes entsprechen. Bei Lackieren, Schachtelverbindungen u.ä. ist das Korrosionsverhalten zu beachten.
- Schutzleiter müssen eine grün-gelbe Isolation haben, und die Schutzleiteranschlußstelle im Gerät muß mit dem Schutzzeichen nach Tafel 5.1 oder durch die Buchstaben PE gekennzeichnet sein.
- Bei Schutzklasse I sind ortsfeste Geräte über einen festen Schutzleiteranschluß mit Klemmen und ortsveränderliche Geräte über Schutzkontaktstecker anzuschließen. Tragbare Geräte der Schutzklasse I sind nicht zugelassen.
- Leitungen müssen zugentlastet ausgeführt werden. Bei Defekten an der Zugentlastung oder beim Herausreißen der Zuführungsleitung muß sich der Schutzleiter als letzter lösen (z. B. durch eine längere Anschlußschlaufe). Die

Zugentlastung darf keine Spannung führen und nicht durch Verknoten von Leitungen oder Fäden, Drähten u.ä. erreicht werden (**Bild 5.11**).

- Bei Steckverbindern (z. B. Schutzkontaktstecker-Schutzkontaktsteckdose) muß beim Verbinden der Schutzleiter gegenüber der Betriebsspannung voreilend verbunden und bei Kontaktlösung nacheilend gelöst werden. Schutzkontaktstecker sind nur für Schutzkontaktsteckdosen zu verwenden (**Bild 5.12**).

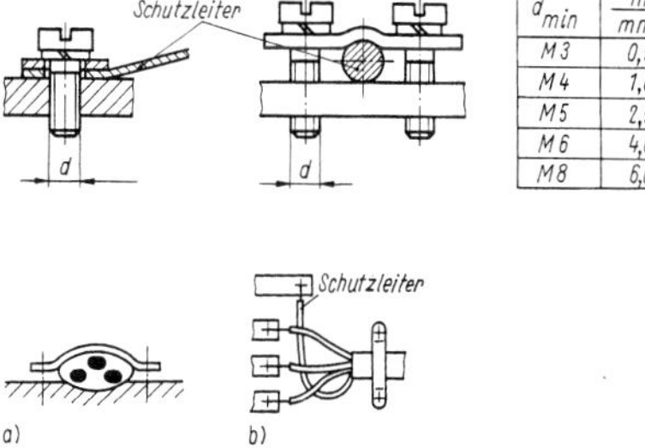

d_{min}	$\frac{A_{max}}{mm^2}$
M3	0,5
M4	1,0
M5	2,5
M6	4,0
M8	6,0

Bild 5.10 Beispiele für Schraubenverbindungen bei Schutzleitern

Bild 5.11 Beispiele für Zugentlastung, Anwendung z. B. bei Gerätesteckern
a) Schelle zur Zugentlastung; b) Schutzleiter

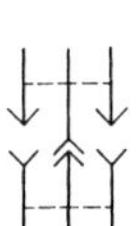

Bild 5.12 Prinzip der Schutzkontaktsteckverbindung

Bei Geräten der Informationstechnik der Schutzklasse I mit Steckbaugruppen, Teileinsätzen, Kassetten, Baugruppenträgern u.ä. muß jede Baugruppe gut leitend mit der Schutzleiteranschlußstelle im Schrank, Gestell, Gehäuse usw. verbunden werden, sofern die konstruktive Einheit nicht schutzisoliert gemäß Schutzklasse II aufgebaut ist. Im Schrank, Gestell oder Gehäuse darf jeweils nur eine Schutzleiteranschlußstelle vorhanden sein. Bei isoliertem Einbau von Teileinsätzen, Kassetten, Baugruppenträgern und kompletten Produkten in ein Gerät ist der Schutzleiter getrennt zu führen. Der Widerstand zwischen dem Schutzleiteranschluß und allen leitenden Teilen, die im Fehlerfall Netzspannung annehmen können, muß $\leq 1\ \Omega$ sein (z. B. im Geräteinneren als Lötstelle). Ein Beispiel für Schutzerdung zeigt **Bild 5.13**. Die genannten Forderungen realisieren speziell gefertigte Schutzleiterverbindungssysteme wie Schutzleiterkabel des Querschnitts $A = 1{,}5\ mm^2$ mit Ringöse, Flachsteckschuh und Befestigung, Erdungsbänder des Querschnitts $A = 4, 16, 25\ mm^2$ für Schraubenverbindungen M6 bzw. M8 sowie Schutzleitersammelschienen.

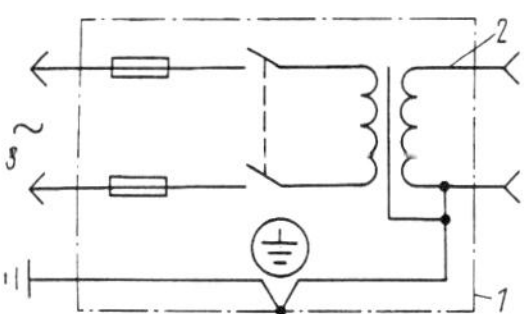

Bild 5.13 Beispiel einer Schutzerdung
1 metallisches Gehäuse; *2* schutzgeerdeter Betriebsstromkreis; *3* Netzanschluß

5.3.3.2 Schutzisolierung und -trennung

Maßnahmen der *Schutzisolierung* sind doppelte oder verstärkte Isolierung sowie zusätzliche Isolierung zur Basisisolierung. Bei Schutzisolierung, die zusätzlich zur Basisisolierung erfolgt, werden alle Geräteteile, die man direkt oder indirekt berühren kann, mit einem Isolierwerkstoff abgedeckt, oder die Basisisolierung wird verstärkt. Der Isolationswiderstand sollte mindestens 1,5 MΩ bei einer Prüfspannung über 4 kV betragen. Der Isolierstoff muß eine gute mechanische, elektrische und thermische Festigkeit sowie chemische Beständigkeit aufweisen, um die Schutzmaßnahme bei sachgemäßem Gebrauch zu gewährleisten. Leitfähige Teile, die berührt werden können, dürfen keinen Schutzleiteranschluß aufweisen. Der aus Funktionsgründen erforderliche Masseanschluß elektronischer Geräte oder Baugruppen ist zulässig. Ausführungen der Schutzisolierung zeigt **Bild 5.14**.

Für informationstechnische Einrichtungen besteht bei Schutzklasse II die Forderung, daß an berührbaren und zugänglichen Teilen keine statischen Aufladungen eintreten. Bei Meßgeräten der Schutzklasse II können die Schutzmaßnahmen beliebig kombiniert werden. Ein schutzisoliertes Gerät muß ein festes, aus Isoliermaterial bestehendes Gehäuse haben, das alle Teile umschließt, die berührungsgefährliche Spannungen annehmen können, ausgenommen kleine Teile, z. B. Schrauben oder Niete, wenn diese getrennt verstärkt isoliert sind.

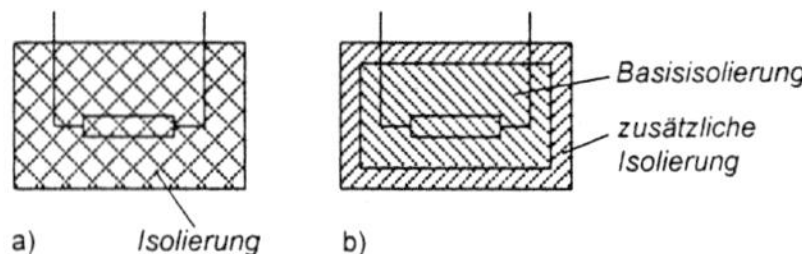

Bild 5.14 Ausführungen der Schutzisolierung
a) doppelte oder verstärkte Isolierung; b) zusätzliche Isolierung

Maßnahmen der *Schutztrennung* sind die Anwendung eines Trenntransformators, Stromquellen, die eine gleichwertige Sicherheit wie z. B. Transformatoren bieten, sowie Spannung bis 500 V. Alle aktiven Teile eines Stromkreises sind bei Schutztrennung nicht mit anderen Stromkreisen oder Erde zu verbinden. Der Verbraucher wird dabei z. B. durch einen Trenntransformator vom Primärnetz getrennt, wobei er schutzisoliert (Schutzklasse II) ist. Wird nur ein Gerät angeschlossen, darf dieses keinen Schutzkontakt haben (Steckdose ohne Schutzkontakt oder Schutzkontakt nicht angeschlossen), um einen hochwertigen Schutz zu realisieren. Werden mehrere Verbraucher an einer Stromquelle angeschlossen, sind diese untereinander mit einem erdfreien, örtlichen Potentialausgleichsleiter zu verbinden.

5.3.3.3 Schutzkleinspannung

Diese Maßnahme, die gleichzeitig den Schutz sowohl gegen direktes als auch indirektes Berühren sichert, wird in der Praxis durch Anwenden einer Schutz- bzw. Funktionskleinspannung (nach EN-Norm: SELV - Safety Extra Low Voltage, PELV - Protective Extra Low Voltage, FELV - Funktional Extra Low Voltage) realisiert. Die zulässigen Nennspannungsgrenzen bei Kleinspannung betragen 50 V Wechselspannung (Effektivwert) und 120 V Gleichspannung (oberschwingungsfrei). Nachteilig ist, daß aufgrund der niedrigen Spannung nur geringe Leistungen übertragen werden können. Das Erzeugen der Schutzkleinspannung erfolgt mit Sicherheits- oder Schutztrenntransformatoren (gekapselter Sicherheits-, Spielzeug- oder Klingeltransformator), Generatoren, Motorgeneratoren (Umformer), Akkumulatoren und elektrochemischen Stromquellen. Unter Spannung stehende Leiter von Kleinspannungsgeräten dürfen nicht betriebsmäßig geerdet werden und nicht mit Leitern anderer Stromkreise oder Schutzleitern verbunden sein. Geräte und Leitungen sind zusätzlich mit einer Spannungsfestigkeit von mindestens 500 V zu isolieren. Steckverbinder für Kleinspannung müssen ohne Schutzkontakt und unverwechselbar zu Steckverbindern für höhere Spannungen ausgeführt werden.

Ausgewählte Normen und Richtlinien zu Abschn. 5.3 s. Tafel 5.56.

5.4 Schutz gegen thermische Belastungen
[5.16] [5.17] [5.19] [5.22] bis [5.25] [5.28]

Zeichen, Benennungen und Einheiten

A	Fläche in m^2
A^*	Absorption
C	Kapazität in F = A · s, Wärmekapazität in J/K
D	Durchlässigkeit
E	Strahlungsvermögen, Emissionsvermögen in W/m^2
I	elektrischer Strom in A
J	Stromdichte in A/m^2
Q	Wärmemenge in W · s, J
R	Wärmewiderstand in K/W; elektrischer Widerstand in Ω
R^*	Reflexion
T	Temperatur in K
U	elektrische Spannung in V
a	Temperaturleitfähigkeit in m^2/s
c	spezifische Wärmekapazität in J/(kg · K)
c_p	spezifische Wärmekapazität bei konstantem Druck in J/(kg · K)
e_0	Elementarladung = $1{,}6 \cdot 10^{-19}$ A · s
$\dot{e}$	volumenspezifischer Energiestrom
g	Fallbeschleunigung in m/s^2
h	Höhe in cm
k	Boltzmann-Konstante = $1{,}38\ 10^{-23}$ W · s/K
l	Abmessungsparameter, bevorzugt Länge in m
n	Anzahl

q	Wärmestromdichte in W/m²	ν	kinematische Zähigkeit in m²/s
s	Materialdicke in mm	ρ	Dichte in g/m³
t	Zeit in s	φ	Emissionsvermögen; Einstrahlungszahl; Winkelverhältnis
u	Umfang in m		
v	Geschwindigkeit in m/s		
Φ	Wärmestrom in W	**Indizes**	
α	Wärmeübergangskoeffizient in W/(m²·K)	D	Durchlaß; Diode
		F	Meßfühler
β	räumlicher Ausdehnungskoeffizient in K^{-1}	K	Konvektion
		M	Meßobjekt
γ	elektrische Leitfähigkeit in S/m	S	Sperr
$\Delta\vartheta$, ΔT	Temperaturdifferenz in K	W	Wand
ε	Emissionsvermögen	a	außen
η	dynamische Viskosität in kg/m·s; Kühlflächenwirkungsgrad	f	fluid
		i	innen
ϑ	Temperatur in °C	j	Junction, Sperrschicht
l	Wärmeleitfähigkeit in W/(K·m)	ref	Referenz
λ'	Wellenlänge in µm	u	Umgebung

Thermische Belastungen, die im Betrieb elektronischer Geräte, Baugruppen und Bauelemente durch die in Wärme umgesetzte Verlustleistung entstehen, nehmen mit der Erhöhung der Packungsdichte und der Miniaturisierung erheblich zu. In der Geräteentwicklung ergeben sich aus thermischer Sicht verschärfte Bedingungen aus Forderungen nach hoher Zuverlässigkeit, EMV-Konformität, Einsatz unter extremen Umgebungsbedingungen (z. B. in der Automobilelektronik), verbreitetem Einsatz von Kunststoffen, hohen Schutzgraden (z. B. bei transportablen Geräten) und der möglichst zu vermeidenden Kühlung mittels Zwangskonvektion (Störanfälligkeit und Geräusch des Lüfters). Jede Temperaturänderung wirkt auf die funktionellen, geometrischen und stofflichen Kenngrößen der Bauelemente und Baugruppen. Die durch Mikroelektronik und Halbleitertechnik möglichen Packungsdichten elektronischer Geräte sind meist durch die vom Kühlverfahren abhängigen abführbaren Verlustleistungsdichten begrenzt. Damit wird die thermische Dimensionierung bzw. Optimierung zu einem entscheidenden konstruktiven Problem, das bereits in einer frühen Phase des konstruktiven Entwicklungsprozesses zu berücksichtigen ist. Eine rechnergestützte thermische Analyse ist häufig bereits in moderne CAD-Systeme integriert.

5.4.1 Thermische Forderungen an elektronische Bauelemente und Geräte

Thermische Betrachtungen sind nicht nur im mechanischen Entwurf beim methodischen Konstruieren zu berücksichtigen, sondern auch im elektrischen Entwurf bei der Schaltungsentwicklung. Durch Auswahl verlustleistungsarmer Bauelemente ist es möglich, die thermische Beanspruchung entsprechend zu verringern. In **Bild 5.15** sind verschiedene Faktoren, die den thermischen Entwurf eines elektronischen Gerätes beeinflussen, zusammengestellt. Eine umfassende thermische Betrachtung elektronischer Systeme beinhaltet

- die Auswahl eines geeigneten Kühlverfahrens in Abhängigkeit von der Verlustleistung zur effektiven Wärmeabführung,
- die Ermittlung der Temperaturverteilung eines Bauelementes, einer Baugruppe oder eines Gerätes, um lokale Temperaturerhöhungen auszuschließen und
- die Minimierung der Temperaturgradienten in den einzelnen Systemebenen.

Allgemein wirkt jede Temperaturerhöhung auf die Sicherheit, die Funktion und das Ausfallverhalten eines Gerätes. Aus sicherheitstechnischen Gründen dürfen alle berührbaren Teile vorgegebene Temperaturgrenzwerte nicht überschreiten (**Tafel 5.19**). Außerdem sind die Entflammbarkeit der Werkstoffe und die Verformung von Kunststoffen zu beachten. Die meisten elektrischen Parameter elektronischer Bauelemente sowie Fehlermechanismen hängen von der Temperatur ab. Untersuchun-

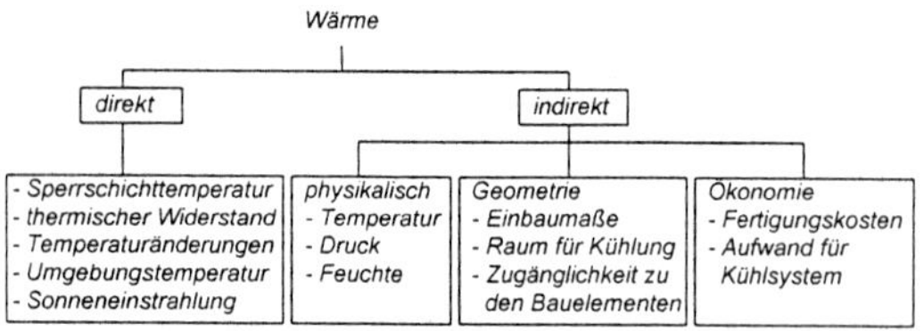

Bild 5.15
Einflußfaktoren auf den thermischen Entwurf

Tafel 5.19 Ausgewählte Beispiele für zulässige Übertemperaturen

Bauteile, Werkstoff	Zulässige Übertemperatur in K	
	normaler Betrieb	gestörter Betrieb
Metallteile, außen		
- Gehäuse	40	65
- Betätigungselemente	30	65
Nichtmetallische Teile, außen		
- Gehäuse	60	65
- Betätigungselemente	30	65

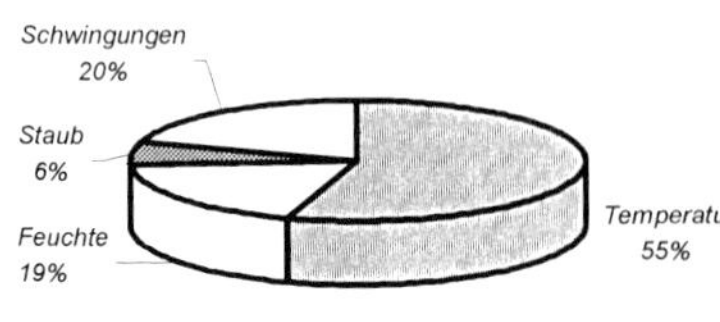

Bild 5.16 Ausfallursachen elektronischer Systeme [5.112]

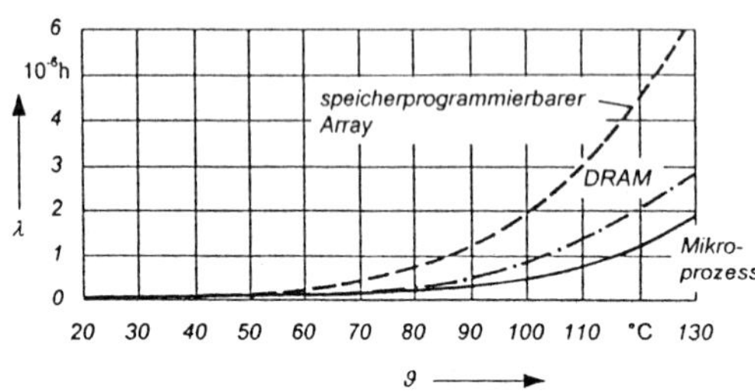

Bild 5.17
Abhängigkeit der Ausfallrate λ ausgewählter elektronischer Bauelemente von der Sperrschichttemperatur [5.17]

gen zum Fehlerverhalten moderner elektronischer Systeme (**Bild 5.16**) belegen, daß eine thermische Überbeanspruchung die häufigste Ausfallursache ist [5.112]. Ein Beispiel für die Abhängigkeit der Ausfallrate ausgewählter elektronischer Bauelemente von der Sperrschichttemperatur zeigt **Bild 5.17**.

Der Trend in der Elektronik ist durch die ständige Miniaturisierung der Bauelemente gekennzeichnet. Damit verbunden ist eine Verringerung von Volumen und Masse und das Erhöhen der Packungsdichte, der Funktionsdichte und der Zuverlässigkeit elektronischer Baugruppen. Funktionsbestimmend sind aktive Bauelemente meist in Form integrierter Schaltkreise und passive Bauelemente wie Widerstände, Kondensatoren, Induktivitäten und Steckverbinder. Gegenwärtig bestimmt die Anwendung aufsetzbarer Bauelemente (SMD - Surface Mounted Devices) die Baugruppenstruktur [5.18]. Durch Verringern der Strukturabmessungen der einzelnen Funktionselemente, dem Vergrößern der Chipfläche und der Entwicklung neuer Schaltkreistechnologien ist seit Mitte der sechziger Jahre eine ständige Zunahme des Integrationsgrades mikroelektronischer Bauelemente vom diskreten Transistor bis zur gegenwärtigen Anwendung hochintegrierter Techniken zu verzeichnen. Ein Beispiel dafür ist die Entwicklung von Speicherschaltkreisen, deren Kapazität alle drei Jahre vervierfacht wird (Gesetz von *Moore*) [5.109]. Ausgehend von der Verkleinerung der zu realisierenden Chipstruktur wird die Chipfläche und damit die Anzahl der Gatter oder Transistorfunktionen pro Chip kontinuierlich vergrößert. Die Entwicklung der Anzahl der Transistoren pro Chip zeigt **Bild 5.18** [5.107]. Mit der Zunahme der Komplexität elektronischer Schaltkreise steigt deren Verlustleistung, wie in **Bild 5.19** am Beispiel ausgewählter Prozessoren dargestellt ist.

In Zukunft rücken thermische Forderungen bei der Entwicklung elektronischer Funktionseinheiten immer mehr in den Vordergrund. Der typische Wärmestrom liegt beispielsweise im Bereich von etwa 0,2 W/cm² bei durchschnittlich belasteten bestückten Leiterplatten, bis 20 W/cm² bei komplexen integrierten Schaltkreisen und über 50 W/cm² bei Bauelementen der Leistungselektronik. Die Gerätezuverlässigkeit erfordert das Einhalten einer bestimmten maximalen Geräteinnentemperatur $\vartheta_{i\,max}$, die sich nach dem temperaturempfindlichsten Bauelement richtet. Kriterium für die thermische Dimensionierung einer elektronischen Baugruppe ist beispielsweise das Einhalten der zulässigen

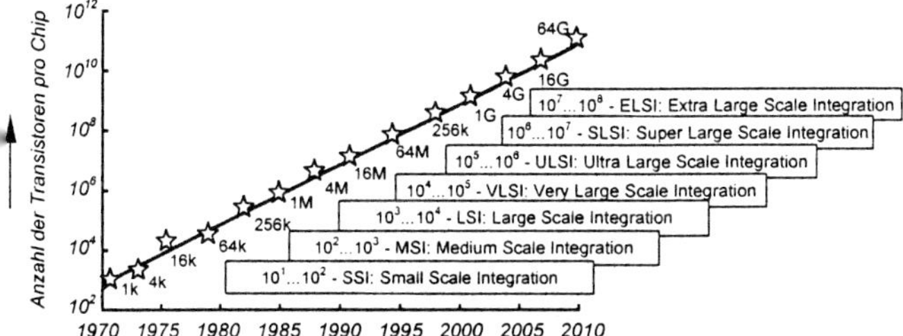

Bild 5.18 Entwicklung der Anzahl der Transistoren pro Speicherchip [5.109]

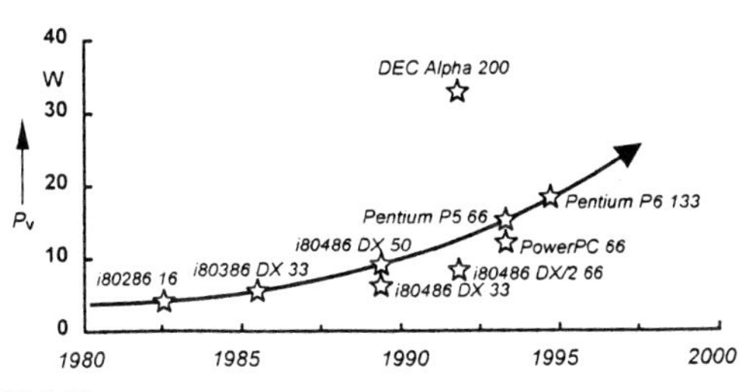

Bild 5.19
Entwicklung der Verlustleistung ausgewählter Prozessoren [5.110]

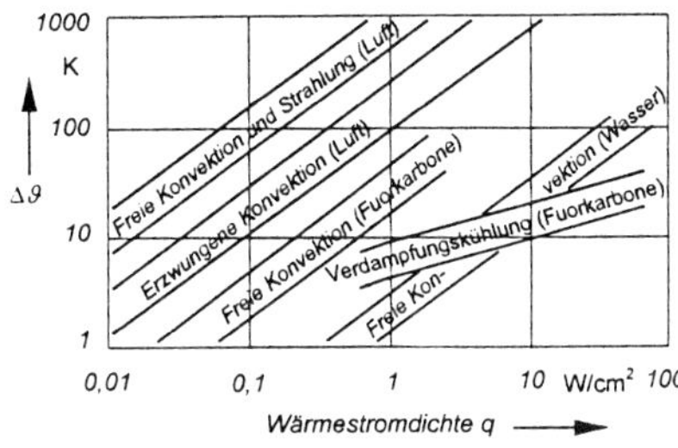

Bild 5.20
Temperaturdifferenz als Funktion des Wärmeflusses für verschiedene Kühlverfahren [5.28]

Sperrschichttemperatur mikroelektronischer Bauelemente. Bei integrierten Bauelementen halbiert bereits ein Anstieg der Betriebstemperatur von 10 K die Lebensdauer [5.114]. In den letzten Jahren wurden spezielle Verfahren zur Wärmeabführung von Bauelementen z. B. auf der Grundlage der freien und erzwungenen Konvektion, der Flüssigkeits- und Verdampfungskühlung entwickelt. Charakteristisch für die Wärmeübertragung zwischen Oberfläche und Umgebung ist die Temperaturdifferenz $\Delta\vartheta$ als Funktion der Wärmestromdichte q, die in **Bild 5.20** für typische Kühlverfahren angegeben ist.

Wärmeerzeugende Bauelemente in einem elektronischen Gerät sind z. B. integrierte Schaltkreise, Transistoren, Thyristoren, Transformatoren u.a. Wesentliche Einflußgrößen auf die Wärmeübertragung eines Bauelementes sind Gehäuseform, Anschlußzahl, innerer Aufbau des Bauelementes und Werkstoffeigenschaften. Die *Sperrschichttemperatur* eines Halbleiterbauelementes hängt von der Summe der thermischen Widerstände zwischen der Sperrschicht und der Umgebung des Bauelementes ab oder ist, anders ausgedrückt, eine Funktion der Umgebungstemperatur, der Luftströmung und der Verlustleistung. Aus Gründen der Zuverlässigkeit darf bei Halbleiterbauelementen die maximal zulässige Sperrschichttemperatur nicht überschritten werden. Sie beträgt abhängig vom Aufbau des Bauelementes und den Angaben des Herstellers für Silizium $\vartheta_j = 125...200$ °C und für Germanium nur $\vartheta_j = 60...100$ °C. Möglichkeiten zur Ermittlung der Sperrschichttemperatur sowie zur Wärmeabführung von Bauelementen sind in Abschn. 5.4.4 aufgezeigt.

5.4.2 Temperaturfeldermittlung

Die sehr komplizierten thermischen Prozesse z. B. in einem elektronischen Gerät mit verteilten Wärmequellen sind mathematisch nur mit hohem Aufwand zu erfassen. Für die *Modellbildung* ist eine Abstraktion des gesamten Geräteaufbaus (s. auch Abschn. 3.2) erforderlich, dessen Grundlage der konstruktive Aufbau elektronischer Systeme ist. Der Systemaufbau ist in Hierarchieebenen mit den konstruktiven Niveaus Chip, elektronisches Bauelement, Baugruppe, Einschub und Gerät oder Schrank gegliedert. Entscheidenden Einfluß auf den Aufbau elektronischer Funktionsgruppen haben dabei die Verbindungstechnologie sowie die Wechselwirkung von Abschirmung und Entwärmung.

5.4.2.1 Temperaturbereiche

Jeder Temperaturpunkt kann durch unterschiedliche Temperaturskalen beschrieben werden. Grundlage ist die internationale Temperaturskala von 1990 (ITS-90), in der definierte Temperaturfixpunkte festgelegt werden. Die SI-Einheit der (thermodynamischen) Temperatur ist das Kelvin (K), das auch als Einheit für Temperaturdifferenzen und -intervalle benutzt wird. Das Temperaturintervall 1 K entspricht dem der Celciusskala, die eine Sondereinheit der Kelvintemperatur ist (**Bild 5.21**). In einigen anglo-amerikanischen Ländern wird noch die Fahrenheit-Skala benutzt, wobei der Schmelzpunkt des Eises bei 32 °F und der Siedepunkt des Wassers bei 212 °F liegt. In **Tafel 5.20** sind die nachfolgend benutzten Temperaturschreibweisen für *Temperaturpunkte* und *Temperaturdifferenzen* dargestellt.

Tafel 5.20 Temperaturschreibweisen

Formelzeichen	Maßeinheit	Erklärung
T	K	Temperatur, bezogen auf absoluten Nullpunkt
ϑ	°C	Temperatur, bezogen auf Schmelzpunkt des Eises
$\Delta\vartheta$, ΔT	K	Temperaturdifferenz zwischen zwei Punkten

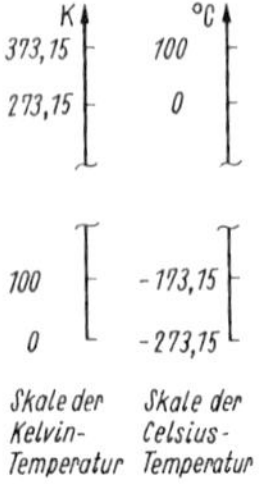

Bild 5.21 Temperaturskalen

Für Temperaturbereiche in elektronischen Geräten wird definiert:

- Der *Betriebstemperaturbereich* umfaßt die Umgebungstemperaturen der Geräte, die im Betriebszustand auftreten können. Charakteristisch für Bauelemente ist ihre Oberflächentemperatur. Die Umgebungstemperaturen ergeben sich aus den möglichen Temperaturbeanspruchungen für Freiluft- und Raumklimate (angegeben durch Klimagruppen, s. Abschn. 5.1.1). Für Geräte liegen die Umgebungstemperaturen der Luft i.allg. im Bereich von –30 bis +55 °C.
- Der *Durchgangstemperaturbereich*, der gleich oder meist größer als der Betriebstemperaturbereich ist, gibt den Bereich der Umgebungstemperaturen an, der im ausgeschalteten Zustand der Geräte oder Bauelemente überstrichen werden kann, z. B. bei Montage, Lagerung und Transport.

Sind in einem Gerät Wärmequellen vorhanden, so ist dessen Innentemperatur ϑ_i entsprechend der zulässigen Eigenerwärmung höher als die Umgebungstemperatur ϑ_a. Die Temperaturdifferenz $\Delta\vartheta_{ia} = \vartheta_i - \vartheta_a$ wird im entscheidenden Maße durch die Konstruktion der Geräte und Bauelemente beeinflußt. Das Gleiche gilt für das Temperaturfeld im Geräteinneren. Die maximal zulässigen Temperaturen an verschiedenen Stellen im Inneren eines Gerätes werden durch deren Eigenschaften, wie Lebensdauer, Genauigkeit, Aussehen, Berührungsschutz, Brand- und Explosionsschutz, Temperaturerhöhung des Umgebungsmediums u.a. bestimmt. Sie müssen somit vor Beginn der Konstruktion genau festgelegt werden, wobei für elektronische Geräte die Forderungen nach Lebensdauer und Genauigkeit meist dominieren.

Bei Geräten mit Wärmequellen ist zu beachten, daß zwischen deren Betriebstemperturbereich und dem der bestückten Bauelemente ein wesentlicher Unterschied besteht. Die Anforderungen an die Konstruktion ergeben sich dabei aus dem Betriebstemperaturbereich unter Berücksichtigung desselben für die Bauelemente. Bei Geräten mit einer Eigenerwärmung muß immer die Oberflächentemperatur der Bauelemente für die Bestimmung des Betriebstemperaturbereiches verwendet werden, auch wenn sie selbst keine Wärme erzeugen. In Geräten ohne Eigenerwärmung ist die Oberflächentemperatur der Bauelemente dagegen mit der Umgebungstemperatur identisch.

In Normen und Richtlinien sind die Sicherheitsforderungen in bezug auf die zulässigen Übertemperaturen für normalen und gestörten Betrieb für unterschiedliche Anwendungsgebiete (Geräte und Einrichtungen der Telekommunikationstechnik, elektronische Meßgeräte und Heimgeräte) festgelegt. Bei einer maximalen Umgebungstemperatur von 35 °C für gemäßigtes und von 45 °C für Tropenklima dürfen die in Tafel 5.19 angegebenen Übertemperaturen z. B. für elektronische Geräte des Hausgebrauches aus Sicherheitsgründen nicht überschritten werden.

5.4.2.2 Temperaturfeldberechnung

Die meisten Temperaturfeldberechnungen beruhen auf der Lösung der Fourierschen Wärmeleitungsgleichung. Das Temperaturfeld eines festen Körpers kann für den dreidimensionalen Fall durch die Differentialgleichung der Wärmeleitung [5.22] beschrieben werden

$$\rho\, c \frac{\mathrm{d}T}{\mathrm{d}t} = \frac{\mathrm{d}}{\mathrm{d}x}\left(\lambda_{\mathrm{XX}} \frac{\mathrm{d}T}{\mathrm{d}x}\right) + \frac{\mathrm{d}}{\mathrm{d}y}\left(\lambda_{\mathrm{YY}} \frac{\mathrm{d}T}{\mathrm{d}y}\right) + \frac{\mathrm{d}}{\mathrm{d}z}\left(\lambda_{\mathrm{ZZ}} \frac{\mathrm{d}T}{\mathrm{d}z}\right) + \dot{e}_{\mathrm{i}}\,. \tag{5.1}$$

Für den stationären Fall $\mathrm{d}T/\mathrm{d}t = 0$ sowie unter Vernachlässigung der Änderung der inneren Energie erhält man die Poissonsche Differentialgleichung

$$\operatorname{div}\operatorname{grad} T + \dot{e}_{\mathrm{i}}/\lambda = 0\,. \tag{5.2}$$

Eine geschlossene Lösung der Fourierschen Differentialgleichung gemäß Gl. (5.1), einer partiellen inhomogenen nichtlinearen Differentialgleichung zweiter Ordnung, ist nur unter Berücksichtigung der Grenzbedingungen, d. h. der Anfangs- und Randbedingungen, möglich. Die Anfangsbedingung ist durch das Temperaturfeld im Körper zum Zeitpunkt $t = 0$ gegeben. Die Randbedingungen beschreiben die Oberflächentemperatur T des Körpers, den flächenspezifischen Energiestrom $\dot{e}_{\mathrm{n}}$ normal zur Oberfläche und den konvektiven Wärmestrom $\Phi_{\mathrm{n,K}}$ normal zur Oberfläche und lassen sich in drei Arten angeben:

- Randbedingung 1. Art (Dirichletches Problem): $T = T(x, y, z, t)$, (5.3)
- Randbedingung 2. Art (Neumannsches Problem): $\dot{e}_{\mathrm{n}} = \dot{e}_{\mathrm{n}}(x, y, z, t)$, (5.4)
- Randbedingung 3. Art (Fouriersches Problem): $\Phi_{\mathrm{n,K}} = a\,(T - T_{\mathrm{u}})$. (5.5)

Möglichkeiten zur Lösung der Wärmeleitungsgleichung und damit zur Berechnung von Temperaturfeldern sind in **Bild 5.22** zusammengestellt [5.34] [5.35][5.37]. Die Auswahl eines optimalen Verfahrens ist nur schwer zu treffen und muß entsprechend der speziellen Bedingungen und Randwerte für jeden Anwendungsfall konkret entschieden werden. Für die Temperaturfeldberechnung elektronischer Baugruppen und Geräte haben Analogiebetrachtungen in der Vergangenheit eine weite Verbreitung gefunden. Mit der Anwendung leistungsfähiger Rechentechnik sind eine Vielzahl von anwendungsorientierten Programmen auf der Grundlage der Methode der finiten Elemente (FEM) und der thermodynamischen Simulation strömungstechnischer Vorgänge (CFD - Computer Fluid Dynamic) entstanden.

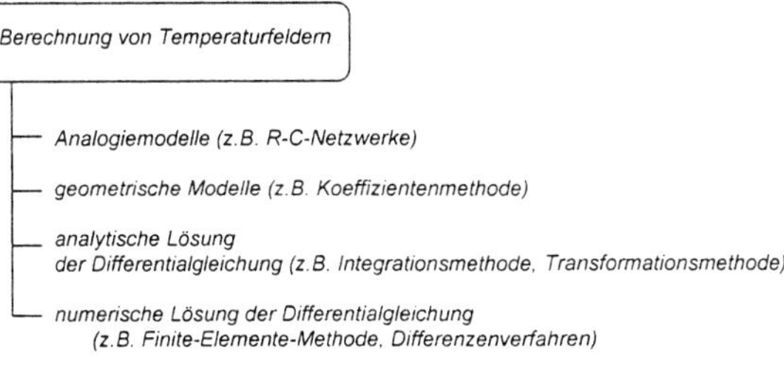

Bild 5.22 Methoden zur Berechnung von Temperaturfeldern

Analogiemodelle. Analogiebetrachtungen beruhen auf der Allgemeingültigkeit der Formulierung der Feldgleichung. Grundlage der thermoelektrischen Analogie ist die Ähnlichkeit der Differentialgleichung der Wärmeleitung und der elektrischer Leitungsvorgänge.

Diese Analogiebeziehung wurde erstmalig 1936 von *L. C. Beuken* zur Nachbildung instationärer Wärmeleitungsvorgänge benutzt und von *Hackeschmidt* wesentlich systematisiert. Eine umfassende Anwendung der Analogie für die Betrachtung überwiegend stationärer Vorgänge der Erwärmung elektronischer Geräte wird von *Markert* [5.38] gezeigt. Bei dieser Methode werden thermische Probleme durch den Aufbau eines elektrischen Modells nachgebildet. Die Auswertung eines RC-Netzwerkes kann mit Lösungsmethoden der modernen Netzwerktheorie oder durch praktischen Aufbau erfolgen. Für die Strukturbeschreibung thermodynamischer Netzwerke mittels des Signalflusses kann die Graphentheorie, wie aus der Elektrotechnik bekannt, unter Anwendung leistungsfähiger Rechentechnik benutzt werden. Thermodynamische Netzwerke können klassifiziert werden nach

- Modellierungselementen (R-, RC-, RL-, RCL-, C-, L- und LC-Netzwerke),
- Modellierungsraum (ein-, zwei- und dreidimensional),
- Struktur der Modellierungselemente (statische und dynamische Netzwerke),
- Konfiguration der Elemente (symmetrisch und unsymmetrisch; Dreiecke, Vierecke, Sechsecke) und
- Anordnung der Knoten (im Inneren, an den Ecken usw.).

Verbreitet ist die Anwendung von RC- bzw. R-Netzwerken. Die Nachbildung als elektrischer Stromkreis beruht auf der Grundlage der Gleichheit der Wärmeleitfähigkeit und der elektrischen Leitfähigkeit, wobei Maßstabsfaktoren in Form von Analogiekonstanten gebildet werden. Für die Analogie Wärmeübertragung - Elektrotechnik wurden verschiedene Systeme entwickelt. Die für die Betrachtungen elektronischer Baugruppen und Geräte vorteilhafteste und auch häufig benutzte Analogie enthält **Tafel 5.21** [5.38]. Ihr Vorteil ist die weitgehende Identität zwischen Wärmegrößen und elektrischen Größen (Widerstand, Kapazität, Strom, Leitfähigkeit u.a.) sowie die einfache Möglichkeit der Modellierung stationärer Zustände. Für die Analogie ergibt sich eine grundsätzliche Ersatzschaltung nach **Bild 5.23**. Der zu übertragende Wärmestrom Φ wird durch den Strom I nachgebildet. Da in der Regel ein bestimmter Wärmestrom Φ zu übertragen ist, ist der Strom I die vorgegebene Größe. Die Spannungsabfälle und damit die einzelnen Temperaturdifferenzen werden durch die Größe der Widerstände R_i (z. B. Innenraum) und R_a (z. B. Außenraum) bestimmt. Bei Forderung einer kleinen Temperaturdifferenz $\Delta\vartheta_{ia}$ müssen R_i und R_a so klein wie möglich gehalten werden. Die Wärmekapazität $C \sim \Phi t/\Delta\vartheta_a$ ist um so größer, je günstiger die Wärmeübertragungsverhältnisse gestaltet sind (großer Wert Φ bei möglichst kleinem Wert $\Delta\vartheta_{ia}$). Das Verhältnis R_i zu R_a beeinflußt nicht nur das Verhältnis der Temperaturdifferenzen $\Delta\vartheta_{iw}$ zu $\Delta\vartheta_{wa}$, sondern auch die Zeitdauer der Erwärmung bzw. Abkühlung. Bei Betrachtung des stationären Zustandes kann die Wärmekapazität vernachlässigt werden, und es ergibt sich eine rein ohmsche Ersatzschaltung (**Bild 5.24**).

Tafel 5.21 Thermisch-elektrische Analogie: Korrespondierende Größen [5.38]

Wärmegrößen			Elektrische Größen		
$\frac{1}{KA}$; Φ; $\frac{Q}{\Delta\vartheta}$; $\Delta\vartheta$			i; C; R; u		
$\Phi(t) = \frac{d(\Delta\vartheta)}{dt}\frac{Q}{\Delta\vartheta} + KA\,\Delta\vartheta$			$i(t) = C\frac{du}{dt} + \frac{1}{R}u$		
Stationärer Fall					
Wärmestrom	Φ	W	Strom	I	A
Wärmestromdichte	q	$W \cdot m^{-2}$	Stromdichte	J	$A \cdot m^{-2}$
Temperaturdifferenz	$\Delta\vartheta$, ΔT	K	Spannungsabfall	U	V
Wärmewiderstand	$\Delta\vartheta/\Phi = 1/(K \cdot A)$	K/W	Widerstand	R	Ω, V/A
Wärmekapazität	$Q/\Delta\vartheta$	W · s/K	Kapazität	C	F, A · s/W
Wärmeleitfähigkeit	λ	W/(K · m)	Leitfähigkeit	γ	A/(V · m)

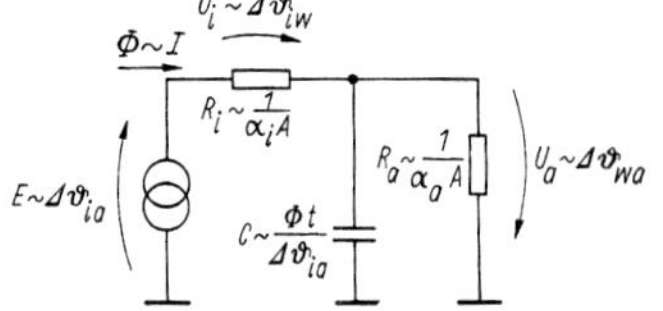

Bild 5.23 Allgemeines thermisches Ersatzschaltbild

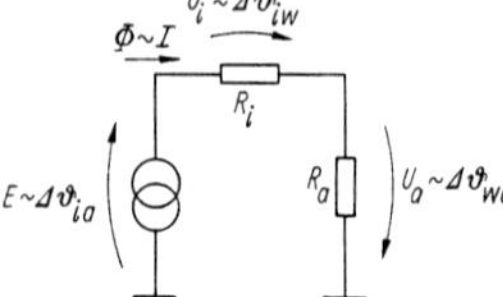

Bild 5.24 Stationäres thermisches Ersatzschaltbild

Methode der finiten Elemente. Mit der Entwicklung leistungsfähiger Rechentechnik entstanden für die Lösung der Wärmeleitungsgleichung verschiedene numerische Verfahren wie das Differenzen- und Bilanzverfahren sowie die *Methode der finiten Elemente*, welche die Rand- und Nebenbedingungen umfassend berücksichtigen. Allgemein besteht das Problem, für eine geometrisch-stoffliche Struktur die Verteilung von Feldgrößen bei zeitlich und örtlich unterschiedlichen Nebenbedingungen zu ermitteln. Für die mathematische Beschreibung eines Systems besteht der Grundgedanke darin, daß der mathematische Kern verschiedener technischer Systeme durch einander entsprechende Größen und Gesetzmäßigkeiten begründet ist und die verschiedenen Feldgrößen, z. B. Temperaturen oder Wärmeströme, Diffusionsvorgänge, elektrische und magnetische Potentiale, durch eine einheitliche Differentialgleichung beschrieben werden können. Somit hat die Formulierung der Feldgleichung einen allgemeingültigen Charakter. Durch die Entwicklung universeller Programmsysteme können unterschiedliche Feldprobleme gelöst werden, die bisher nur schwer einer Berechnung zugänglich waren. Zur Berechnung stationärer und instationärer Temperaturfelder beliebig geformter dreidimensionaler Körper gibt es viele geeignete Programmsysteme mit speziellen Anwendungen für elektronische Baugruppen wie beispielsweise das Programmsystem THECOM, das zur thermischen Dimensionierung von Elektronikbaugruppen, Hybridbaugruppen, Kühlkörpern und Leistungsbauelementen sowie zur Temperatursimulation beim Reflowlöten geeignet ist [5.111] [5.113].

Temperaturberechnungen mit der Methode der finiten Elemente zur Lösung der Fourierschen Wärmeleitungsgleichung betrachten überwiegend die Wärmeübertragung durch Wärmeleitung. Die Wärmeübertragung durch Konvektion, die für elektronische Baugruppen eine entscheidende Rolle spielt, wird indirekt über die Randbedingung 3. Art erfaßt. Zur genaueren Erfassung des Temperaturfeldes sind Rechnerprogramme zur thermodynamischen Simulation von Strömungsvorgängen (CFD - Computer fluid dynamic) geeignet.

5.4.2.3 Temperaturmessung [5.20] [5.21] [5.26] [5.29]

Die Temperatur ist die in der Technik am meisten gemessene Größe. Ihre Messung beruht auf folgenden Prinzipien: temperaturabhängige Änderung der Länge, des Volumens, des Drucks, des elektrischen Widerstandes, der Kontaktspannung zwischen zwei unterschiedlichen Metallen oder der Strahlungsenergie. Moderne Temperaturmeßsysteme arbeiten mit Sensoren, Meßverstärker sowie Software zur Meßwerterfassung, -aufbereitung und -auswertung. Die Ermittlung eines Temperaturfeldes erfolgt berührungslos oder mit Berührungsthermometern durch gleichzeitiges Messen des Temperaturprofils oder durch schrittweises Abtasten ausgewählter Meßpunkte. Jede physikalische Größe, die eindeutig von der Temperatur abhängig ist, kann mit unterschiedlichem Aufwand für die Temperaturmessung aufbereitet werden.

Allgemein werden Thermometer unterschiedlichster Art und Ausführung benutzt, deren Einsatzbereiche **Bild 5.25** zeigt. Sensoren zur Temperaturmessung kann man in Ausdehnungsthermometer, Thermoelemente, Widerstandsthermometer und Strahlungspyrometer einteilen. Bei Berührungsthermometern sind Thermoelemente gebräuchliche Temperaturfühler, da sie einfach im Aufbau und

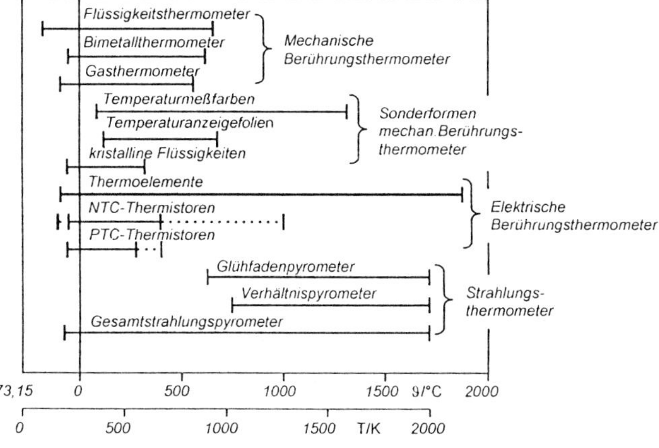

Bild 5.25
Einsatzbereiche industriell gebräuchlicher Thermometer

kostengünstig bei angemessener Leistungsfähigkeit sind. Höhere Meßgenauigkeiten werden mit Widerstandsthermometern auf Platinbasis erreicht. Weitere Möglichkeiten bieten Thermistoren, Dioden und Transistoren, optische Sensoren (Temperaturabhängigkeit der Eigenschaften von Festkörpern) und spezielle Temperaturfühler wie Rauschthermometer, akustische Thermometer und Hohlraumresonatoren. Eine auch für die Temperaturmessung geeignete Entwicklung sind temperaturempfindliche PTC- und NTC-Dickschichtwiderstände. Zur berührungslosen Messung von Oberflächentemperaturen unter vorwiegend stationären Bedingungen bieten sich die Infrarotmeßtechnik und die Anwendung spezieller Temperaturmeßfarben an.

Bei jeder Temperaturmessung ist das dynamische Verhalten des Sensors von Interesse. Bei einer Temperaturänderung vergeht eine bestimmte Zeit, die *Ansprechzeit*, bis der Sensor die neue Temperatur angenommen hat. Diese Zeit ist von der Ausführung des Sensors und dem Wärmeübergang zum umgebenden Medium abhängig. Die Beschreibung des Temperaturausgleichs erfolgt im Zeitbereich durch die Übergangsfunktion oder im Frequenzbereich durch die Übertragungsfunktion. Die Ansprechzeit eines Meßfühlers wird durch die Thermometergleichung beschrieben [5.26]. Unter Ansprechzeit ist dabei die Meßdauer zu verstehen, die erforderlich ist, um eine Meßgröße durch einen Meßwert innerhalb eines vorgegebenen Toleranzbereiches abzubilden. Die Temperaturänderung ist von der Wärmekapazität des Meßfühlers

$$C_F \, dT/dt = (T_M - T_F)/R_M + (T_U - T_F)/R_U \qquad (5.6)$$

abhängig. Die Lösung dieser Differentialgleichung ergibt eine Exponentialfunktion mit der Zeitkonstante $\tau = C_F \cdot R_M$. Die Wärmeübergangswiderstände R_M und R_U sind vom Konvektionskoeffizienten α_K und die Wärmekapazität C_F von den Stoffwerten ρ und c abhängig. Daraus werden für instationäre Temperaturmessungen folgende, allgemeingültige Forderungen abgeleitet:

- Zur Realisierung kleiner Wärmekapazitäten sind Meßfühler aus Werkstoffen mit niedrigen spezifischen Wärmekapazitäten (z. B. Metall, Halbleiter) einzusetzen.
- Durch guten Wärmekontakt zwischen Meßfühler und -objekt sowie günstige konstruktive Gestaltung (geringe Beeinflussung des Wärmeaustausches mit der Umgebung) ist ein kleiner thermischer Widerstand R_M anzustreben.

Zur Messung sich schnell ändernder Temperaturen sind dünne Thermoelemente gut geeignet. Die Zeitkonstante eines Thermoelementes ist von der Ausführung (einfaches oder Mantelthermoelement) und den Strömungsbedingungen des umgebenden Mediums (Luft, Flüssigkeit) abhängig. Für verschiedene Thermoelemente werden in Firmenschriften Ansprechzeiten $t = (2...300)$ ms angegeben, während mit Hilfe der Dünnfilmtechnik hergestellte Thermoelemente in die Größenordnung von 10^{-6} s gelangen.

Thermoelemente. Die Temperaturmessung mittels Thermoelementen beruht auf zwei thermoelektrischen Effekten [5.20] [5.26]. Der Seebeck-Effekt beschreibt die temperaturabhängige Ausbildung einer Kontaktspannung an der Berührungsstelle zweier Materialien unterschiedlicher elektrischer Leitfähigkeit (vorwiegend Metall und Metallegierungen). Der Thomson-Effekt beinhaltet, daß bei Abkühlung oder Erwärmung eines homogenen, stromdurchflossenen Leiters in dessen Längsrichtung ein Temperaturgefälle entsteht. Für technische Anwendungen haben sich die im **Bild 5.26** genannten Materialpaarungen bewährt, deren Kennlinien dargestellt sind. Kriterien für die Auswahl geeigneter Thermopaare sind die Thermospannung U_{AB} und eine gute Reproduktion der Messungen in Abhängigkeit von der Alterung. Für den praktischen Aufbau eines Thermoelementes werden zwei Drähte aus unterschiedlichen Metallen oder Legierungen kontaktiert. Eine Verbindungsstelle wird der zu messenden Temperatur ausgesetzt, die andere auf einer bekannten Referenztemperatur gehalten. Früher wurde dafür einen Behälter mit schmelzendem Eis verwendet, heute gibt es elektronische Schaltungen, die aus der Umgebungstemperatur automatisch eine Nullpunkt-Korrekturspannung herleiten. Die Messung der Thermospannung erfolgt mit hochohmigen elektronischen Meßgeräten, die an die Nichtlinearität der Kennlinie des entsprechenden Thermopaares angepaßt sind und eine automatische Vergleichsstellenkorrektur ausführen. Thermoelemente müssen an die Meßstelle gut angepaßt werden, um die Meßwerte exakt aufzunehmen. Allgemein sind Thermodrähte mit einem metallenen Schutzrohr umgeben, Edelmetalldrähte mit einem keramischen Schutzrohr. Eine weitere Ausführungsform sind Mantelthermoelemente, bei denen die Thermodrähte gegeneinander und gegen den Mantel mit pulverförmigen Oxiden isoliert werden. Für Messungen an elektronischen Bauelementen und Baugruppen werden Mantelthermoelemente (Meßsonden) oder feindrahtige Thermoelemente mit geschweißter Spitze mit einem Durchmessern kleiner 1,5 mm benutzt.

Metall- und Halbleiterwiderstandsthermometer. Grundlage der Temperaturmessung mit Widerstandsthermometern ist die Änderung des spezifischen Widerstandes in Abhängigkeit von der Tempe-

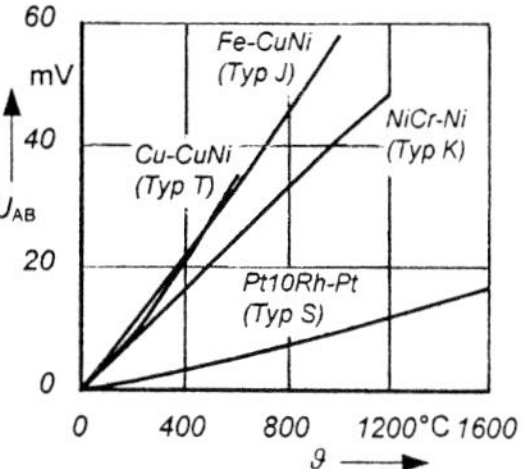

Bild 5.26
Kennlinien ausgewählter genormter Thermoelemente

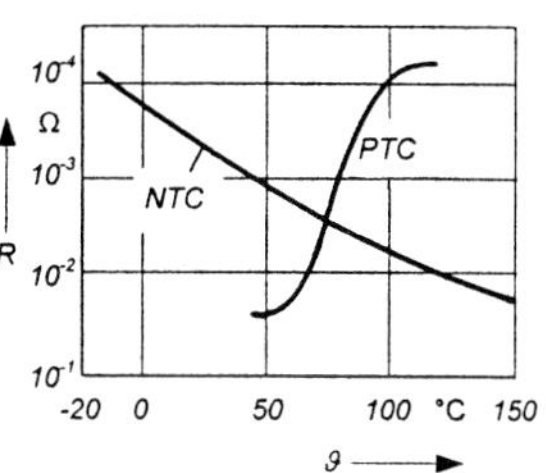

Bild 5.27
Kennlinien eines PTC- und NTC-Widerstandes

ratur. Der spezifische Widerstand ρ eines elektrischen Leiters ist nichtlinar von der Temperatur des Leiters und vom Werkstoff abhängig. Werkstoffe, die mit steigender Temperatur ihren spezifischen Widerstand erhöhen, werden Kaltleiter oder PTC-Widerstände genannt, die, welche mit steigender Temperatur ihren spezifischen Widerstand verringern und einen negativen Temperaturkoeffizienten aufweisen, Heißleiter oder NTC-Widerstände (**Bild 5.27**).

Platin-Widerstandsthermometer. Das für Meßwiderstände am häufigsten verwendete Metall ist Platin, da die elektrischen Eigenschaften gut reproduzierbar sind. Der elektrische Widerstand von Platin nimmt mit steigender Temperatur zu und hat einen positiven Temperaturkoeffizienten (PTC). Platinwiderstände sind für die Temperaturbereiche –200 bis 0 °C und 0 bis 850 °C genormt. Der Widerstand bei 0 °C beträgt 100 Ω und wird als Nennwert R_0 oder *Pt 100*-Meßwiderstand oder -sensor bezeichnet. Den Zusammenhang zwischen elektrischem Widerstand und Temperatur beschreibt ein Polynom dritten Grades für den Bereich -200 °C bis 0 °C:

$$R(\vartheta) = R_0\,[1 + A\,\vartheta + B\,\vartheta^2 + C\,(\vartheta - 100°\mathrm{C})\,\vartheta^3], \tag{5.7}$$

bzw. ein Polynom zweiten Grades für 0 bis 850 °C:

$$R(\vartheta) = R_0\,(1 + A\,\vartheta + B\,\vartheta^2), \tag{5.8}$$

mit den Koeffizienten $A = 3{,}9083 \cdot 10^{-3}$ °C^{-1}, $B = -5{,}775 \cdot 10^{-7}$ °C^{-2} und $C = -4{,}183 \cdot 10^{-12}$ °C^{-3}.

Zur Meßwertauswertung werden Platinwiderstände als Wheatstonsche Brücke geschaltet. Ausführungsformen von Platinmeßwiderständen sind

- dünner Platindraht eingeschmolzen in Glas, Keramik oder Folie, Sensor kann direkt in ein Medium eingetaucht werden,
- geschützter Einbau in Meßeinsätze, Schutzrohre oder Mantel,
- Platin-Schichtmeßwiderstände in flacher und runder Ausführung,
- Chipwiderstände mit auf Keramiksubstrat aufgesputterter Platinschicht in Dünn- bzw. Dickschichttechnik.

Halbleiterwiderstände, Thermistoren. Metalle mit einem positiven Temperaturkoeffizienten werden für PTC-Sensoren eingesetzt, Halbleiter und Elektrolyte mit einem negativen Temperaturkoeffizienten für NTC-Widerstände. Benutzt werden dafür sperrschichtfreie Halbleitermaterialien wie Mischungen von Metalloxiden (Ni-Co-Mn) oder Eisenoxide mit Spinellstruktur. Den Kennlinienverlauf von Heiß- und Kaltleitern zeigt Bild 5.27. Der Einsatzbereich dieser Sensoren liegt zwischen –100 und +300 °C. Ausführungsformen sind Perlen oder Scheiben mit einem Durchmesser < 1mm, zylindrische Bauelemente mit unterschiedlichen Durchmesser- und Längenverhältnissen sowie Heißleiter in Chipform beispielsweise zur Temperaturmessung von Hybridschaltungen in Dickschichttechnik.

Halbleitersensoren. Bei Halbleiterbauelementen gibt es unterschiedliche temperaturabhängige elektrische Kenngrößen des pn-Überganges, die für die Temperaturmessung genutzt werden. Für die Durchlaßspannung einer Diode oder die Emitter-Basis-Spannung eines als Diode geschalteten bipolaren Transistors gilt

$$U_D = k\,T/e_0 \ln I_D/I_S \tag{5.9}$$

mit der *Boltzmann*-Konstante k und der Elementarladung e_0. Der Sperrstrom I_S ist stark temperaturabhängig

$$I_S = I_S(T_0)\exp\,[c\,(T - T_0)], \tag{5.10}$$

wobei c für Germanium zwischen 0,065 und 0,095 K^{-1} und für Silizium zwischen 0,04 und 0,06 K^{-1} liegt.

Die Auswertung der Durchlaßspannung ist elektronisch sehr aufwendig und fordert zusätzliche Maßnahmen zum Linearisieren der Kennlinie über einen größeren Temperaturbereich. Mit Diodensensoren lassen sich beispielsweise sehr gut Aussagen zur Innentemperatur eines Halbleiterbauelementes angeben. Für die Temperaturmessung können auch Diodenstrukturen integrierter Schaltkreise entsprechend genutzt werden. Der Einsatzbereich von Diodenmeßfühlern liegt bei Temperaturen von –60 bis 150 °C.

Berührungslose Temperaturmessung. Die pyrometrische Gerätetechnik umfaßt gegenwärtig ein breites Spektrum an Sensoren bis hin zur thermographischen Auswertung. Die berührungslose Temperaturmessung erfolgt in Form der Thermografie oder durch punktweises Abtasten. Voraussetzung für die Bestimmung der realen Oberflächentemperatur ist die Kenntnis des Emmissionsgrades. Die wichtigsten Vorteile der berührungslosen Temperaturmessung sind das Messen hoher bis sehr hoher Temperaturen, rückwirkungsfreie Temperaturmessung, Messen an bewegten und schwer zugänglichen Objekten und kurze Ansprechzeiten.

Strahlungsthermometer oder Strahlungspyrometer [5.29]. Mit diesen Thermometern werden Oberflächentemperaturen gemessen. Voraussetzung für die Temperaturmessung ist, daß man den Emissionsgrad des Meßobjektes kennt. Die physikalischen Grundlagen der Wärmestrahlung werden im Abschn. 5.4.3.3 erläutert. Jeder Körper mit einer Temperatur oberhalb des absoluten Nullpunktes sendet eine Strahlung vorwiegend im Infrarot(IR)-Spektralbereich aus. Diese Strahlung ist von der Wellenlänge, der Temperatur und dem Emissionsgrad ε abhängig. Den Zusammenhang zwischen Temperatur und abgestrahlter Energie beschreiben die Strahlungsgesetze von *Boltzmann*, *Planck* und *Wien*. Ein Strahlungssensor nimmt die abgegebene Strahlung auf und wandelt diese in ein elektronisches Signal, das entsprechend ausgewertet wird. Die wesentlichen Infrarot-Sensortypen sind Quantensensoren (Fotowiderstände und -dioden) sowie thermische Sensoren (pyroelektrische Sensoren, Thermosäulen oder Bolometer), ausgeführt als Einelement- oder Dualsensor, Kleinarray, lineares Array und 2D-Array.

Pyrometer, Geräte die man zur berührungslosen Temperaturmessung benutzt, werden nach ihren spektralen Empfindlichkeitsbereichen oder der Art der Strahlungsmessung in Gesamtstrahlungspyrometer und in Verhältnispyrometer unterteilt. *Gesamtstrahlungspyrometer* überdecken den gesamten energetisch wirksamen Spektralbereich und arbeiten mit einem Bolometer (temperaturabhängiger Widerstand) oder Thermoelementen als Strahlungsempfänger. Bei *Verhältnispyrometern* wird die Temperatur aus dem Verhältnis zweier Signale ermittelt. Strahlungsthermometer wurden für spezielle Spektralbereiche, z. B. Glas 4,5 bis 5,5 µm, thermoplastischer Kunststoff 3,4 bis 8,05 µm, Flammen 4,4 µm, Glühgut im Ofen 3,9 µm, Siliziumscheiben 3,65 bis 4,4 µm, entwickelt. Außerdem gibt es IR-Bildgeräte, die die Temperaturverteilung linienförmig mit einem Linienscanner oder flächenförmig mit einem Bildgerät wiedergeben.

Temperaturmeßfarben. Durch Auftragen spezieller Temperaturmeßfarben oder Flüssigkristalle wird die Oberflächentemperatur über Farbvergleiche bestimmt. Für die Thermografie sind Mehrstoffgemische geeignet, die in Abhängigkeit von der Temperatur das einfallende Licht unterschiedlich reflektieren [5.115]. Flüssigkristalle haben eine extrem hohe optische Aktivität. Im Bereich der temperaturabhängigen Reflexionswellenlänge λ_{max} ist eine selektive Zirkulation des polarisierten Lichtes zu beobachten. Entsprechend der Wellenlänge kann einem Temperaturbereich eine Reflexionsfarbe zugeordnet werden. Die durch Temperaturänderung verursachten Farbänderungen mit einem Farbverlauf von beispielsweise dunkelrot - rot - orange - gelb - grün - blau - schwarzblau sind reversibel. Außerdem kann die Temperatur mit chemischen Gemischen ermittelt werden, die in bestimmten Farbbereichen schwarz werden oder zerfallen. Angebotsformen für Temperaturmeß- bzw. Indikationsstreifen sind mikroverkapselte Flüssigkristallfolien, Thermostreifen und -punkte sowie Thermolacke, -kreiden und -pillen. Voraussetzung für diese Verfahren ist, daß man die Oberfläche des Meßobjektes direkt betrachten kann.

5.4.3 Wärmeübertragung [5.22] [5.23] [5.25] [5.32] [5.38]

Die Wärmeübertragung ist ein bedeutendes Teilgebiet der Thermodynamik, das den thermischen Energietransport und dessen mathematische Beschreibung umfaßt. Voraussetzung für die Wärmeübertragung ist eine Temperaturdifferenz $\Delta\vartheta$ zwischen System und Umgebung. Die drei physikalischen Vorgänge Wärmeleitung, Konvektion (Wärmeübergang) und Strahlung wirken gleichzeitig, wobei je nach den vorhandenen Bedingungen einer oder zwei dieser Vorgänge dominieren können.

Für ein Gerät oder Bauelement erhält man nach **Bild 5.28**

$$P_V = P_{zu} - P_{ab} = \Phi_L + \Phi_K + \Phi_S + dQ/dt. \qquad (5.11)$$

Im stationären (eingeschwungenen) Zustand gilt:

$$P_V = \Phi_L + \Phi_K + \Phi_S. \qquad (5.12)$$

Da in einem elektronischen Gerät die zugeführte elektrische Verlustleistung oft annähernd zu 100 % in Wärme umgesetzt wird, ist $P_{ab} \approx 0$ und somit $P_{zu} \approx P_V$.

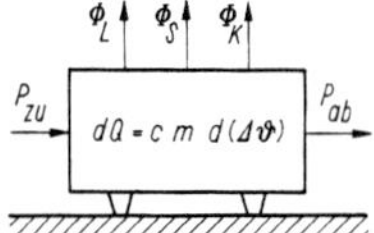

Bild 5.28 Wärmebilanz eines Gerätes

5.4.3.1 Wärmeleitung

Bei Wärmeleitung erfolgt der Energietransport durch interatomare oder -molekulare Impulsübertragung. Ausgehend vom Grundgesetz der Wärmeleitung nach Gl. (5.1) lautet die allgemeine Form des Grundgesetzes der Wärmeleitung (Fouriersches Erfahrungsgesetz der Wärmeleitung)

$$q = -\lambda\,(\Delta\vartheta/\mathrm{d}x) = -\lambda\,\mathrm{grad}\,\vartheta. \tag{5.13}$$

Die *Wärmeleitfähigkeit* λ als charakteristische Kenngröße für die Wärmeleitung ist eine Stoffkenngröße, die von Struktur, Dichte, Temperatur, Feuchte, Druck u.a. abhängt. Man kann sie in λ_e (Wärmeleitfähigkeit der Elektronen) und λ_s (Wärmeleitfähigkeit der thermischen Schwingungen und Wellen) teilen:

$$\lambda = \lambda_e + \lambda_s. \tag{5.14}$$

Für *Metalle* ist $\lambda_e >> \lambda_s$. Nach dem Wiedemann-Franzschen Gesetz (auch *Wiedemann-Franz-Lorenz)* gilt für reine Metalle $\lambda_e \sim \gamma$, d.h., gute elektrische Leiter sind auch gute Wärmeleiter (**Tafel 5.22**). Die Lorenzzahl beschreibt, daß die Wärmeleitfähigkeit der Elektronen der elektrischen Leitfähigkeit proportional ist. Durch Verunreinigungen sowie die mechanische und thermische Vorgeschichte wird die Wärmeleitfähigkeit verringert. *Halbleiterwerkstoffe* sind durchschnittliche Wärmeleiter; λ_e und λ_s werden wirksam. Bei *Nichtleitern* ist $\lambda_s >> \lambda_e$, d.h. sie sind schlechte Wärmeleiter. Zwischen λ und γ ist kein Zusammenhang mehr vorhanden. λ_s wird durch die Stoffstruktur und die Dichte des Stoffes bestimmt. Für Kunststoffe liegt die Wärmeleitfähigkeit mit λ = (0,2 ...0,8) W/(K · m) etwa zwei Größenordnungen unter der von Stahl; sie sind also Wärmeisolatoren. λ kann z. B. durch Verschäumen wesentlich herabgesetzt und durch Beimischen geeigneter Füllstoffe oder durch Einlagern von Verstärkungsmaterial verbessert werden (**Bild 5.29**) [5.122]. Bei Luft und Wasser ist der Wert von λ sehr klein und stark temperaturabhängig.

Tafel 5.22 Wärmeleitfähigkeit ausgewählter Stoffe bei 20 °C

Wärmeleitfähigkeit λ	W/(m · K)	Wärmeleitfähigkeit λ	W/(m · K)
Metalle		*Nichtmetalle*	
Aluminium	225	Aminokunststoff	0,36
Aluminium (99,9)	205	Asbest	0,18
Duraluminium	164		
Blei	34	Epoxidglas	0,29
Lot (Sn60Pb40)	51		
Bronze (25 Sn, 75 Cu)	27	Filz	0,05
Al-Bronze (95 Cu, 5 Al)	82		
Eisen (99,9)	60	Glas	0,80
Gußeisen	58	Quarzglas	1,45
Kohlenstoffstahl	45	Glaswolle	0,05
Wolframstahl	39	Glimmer	0,36
Dynamoblech, längs	65	Gummi	0,17
Dynamoblech, quer	1	Hartgewebe	0,34
Trafoblech, längs	25		
Trafoblech, quer	0,5		
Gold	310	Hartpapier	0,26
Konstantan	23	Keramik (Al_2O_3) und Ton	0,46
Kovar	16,7	Polystyrol	0,15
Kupfer (99,9)	390	PVC	0,16
Kupfer	360		
Messing	110	Porzellan	1,21
Quecksilber	10	Schichtpreßstoffe	
Silber, rein	456	Epoxidharz	≈ 0,2
Silber, technisch	410	Phenolharz	0,2...0,3
		Siliconharz	0,07
Zink	119	Quarz	10
Zinn	64	Trafoöl	0,16
Luft 10 °C	0,025	*Wasser* 10 °C	0,575
30 °C	0,027	30 °C	0,618
50 °C	0,028	50 °C	0,647
70 °C	0,030		

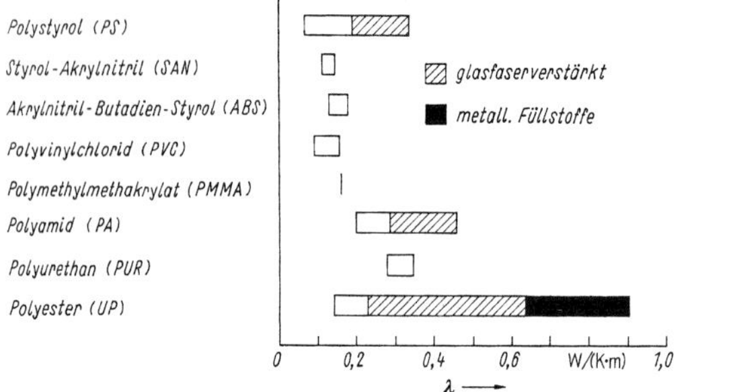

Bild 5.29 Wärmeleitfähigkeit λ für ausgewählte Kunststoffe bei 20 °C

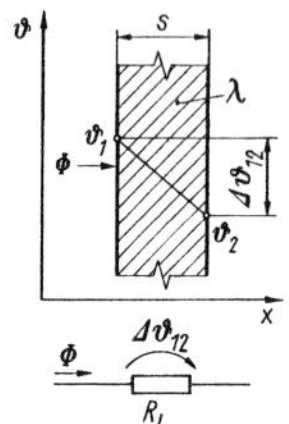

Bild 5.30
Wärmeleitung einer ebenen, einschichtigen Wand

Wärmeleitung einer Wand. Für die ebene einschichtige Wand wird bei eindimensionaler stationärer Wärmeleitung nach **Bild 5.30** und der thermoelektrischen Analogie

$$q = \frac{\lambda}{s}(\vartheta_1 - \vartheta_2) = \frac{\lambda}{s}\Delta\vartheta_{12}\,, \tag{5.15}$$

$$\Phi_L = qA = \frac{\lambda}{s}A\Delta\vartheta_{12} = \alpha_L A\Delta\vartheta_{12}\,. \tag{5.16}$$

Für den Wärmewiderstand der Leitung gilt:

$$R_L = 1/(\alpha_L A) = s/(\lambda A). \tag{5.17}$$

Bei Metallwänden ist im Gerätebau der Temperaturabfall über der Wanddicke zu vernachlässigen. Bei Gehäusewänden aus Kunststoff muß er bei der Ermittlung des Wärmeüberganges berücksichtigt werden.

Für eine Wand mit n Schichten im Gerätebau, z. B. in Form lackierter oder kunststoffbeschichteter Bleche, ergibt sich mit **Bild 5.31**

$$\Phi_L = \frac{A}{\sum\limits_{n=1}^{n}\frac{s_n}{\lambda_n}}\Delta\vartheta_{1(n+1)}\,. \tag{5.18}$$

Auch für lackierte und kunststoffbeschichtete Gehäusewände ist der Temperaturabfall über der Wand bei der Ermittlung des Wärmeüberganges in der Regel zu vernachlässigen.

5.4.3.2 Konvektion

Der Wärmeübergang bei Konvektion findet in der Regel zwischen einer festen Oberfläche und der Umgebung statt und wird wesentlich durch die Strömungsvorgänge des fluiden Umgebungsmediums bestimmt. Die *Wärmeübertragung* von einer *Wand zur Luft* (bzw. umgekehrt) erfolgt entsprechend **Bild 5.32**. An der festen Wand bildet sich eine dünne Schicht des umgebenden Mediums (x_1), in der die Wärme durch Leitung übertragen wird. In der Grenzschicht (x_2) entsteht mit zunehmender Entfernung von der Wand die Konvektionsbewegung. Die Luft wird erwärmt bzw. abgekühlt und strömt infolge des Dichteunterschieds bei verschiedenen Temperaturen aufwärts bzw. abwärts. Diese physikalische Erscheinung wird als Eigenkonvektion oder Wärmemitführung bezeichnet. Nach der Grenzschichttheorie von *Prandtl* wird die Strömung in zwei Bereiche eingeteilt, den Grenzschichtbereich und den Bereich der ungestörten Strömung. Zur Berechnung der Wärmeübertragung einer Wand muß nach dieser Theorie nur die Grenzschicht betrachtet werden [5.22].

Für den durch Konvektion übertragenen Wärmestrom zwischen Wand und Luft gilt nach dem Newtonschen Wärmeübergangsgesetz

$$\Phi_{K11} = \alpha_{K11} A_1 \Delta\vartheta_{K11} \tag{5.23}$$

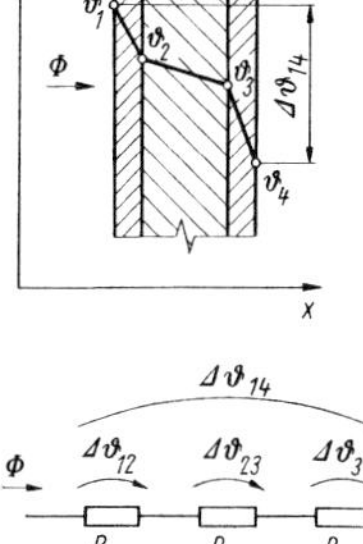

Bild 5.31
Wärmeleitung einer ebenen, mehrschichtigen Wand

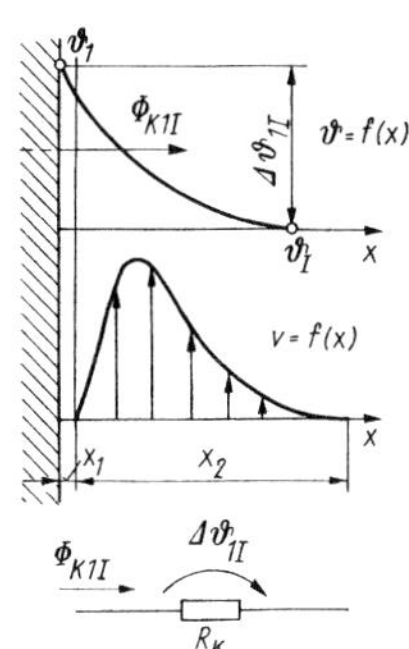

Bild 5.32
Konvektion an einer senkrechten Wand

und für den Wärmewiderstand

$$R_K = 1/(\alpha_{K1I} A_1). \tag{5.24}$$

Der *Wärmeübergangskoeffizient* α_K ist von sehr unterschiedlichen Einflußfaktoren wie der Strömungsgeschwindigkeit v_f und der Turbulenz des Fluids an der Gehäusewand, den Temperaturen der Gehäusewand ϑ_W und der Umgebung ϑ_U, den Stoffparametern des strömenden Mediums Zähigkeit η, Dichte ρ, Wärmeleitfähigkeit λ, spezifische Wärme c_p und dem räumlichen Ausdehnungskoeffizient β sowie den geometrischen Verhältnissen Höhe h und Form der Gehäusewand abhängig. Die Berechnung von α_K ist angenähert durch Anwendung der Ähnlichkeitstheorie des Wärmeüberganges mit dimensionslosen Kennzahlen möglich:

$$Gr = g\,\beta\,\Delta\vartheta\,l^3/v_f^{\,2} \quad \text{(Grashof-Zahl)} \tag{5.25}$$

$$Nu = \alpha_K\,l/\lambda_f \quad \text{(Nußelt-Zahl)} \tag{5.26}$$

$$Pr = v_f/a \quad \text{(Prandtl-Zahl)} \tag{5.27}$$

$$Ra = g\,\beta\,\Delta\vartheta\,l^3/\alpha\,v_f^{\,2} \quad \text{(Rayleigh-Zahl)} \tag{5.28}$$

$$Re = v\,l/v_f \quad \text{(Reynolds-Zahl).} \tag{5.29}$$

Vereinfacht gilt für freie Konvektion die Kriteriumsgleichung in Verbindung mit den Gln. (5.25) und (5.28)

$$Nu = \mathrm{c}\,(Gr \cdot Pr)^{\mathrm{n}} = \mathrm{c}\,Ra^{\mathrm{n}} \tag{5.30}$$

und bei erzwungener Konvektion

$$Nu = \mathrm{c}\,(Re \cdot Pr)^{\mathrm{n}}. \tag{5.31}$$

Der Exponent n ist ein von der Strömung abhängiger empirischer Faktor und beträgt bei laminarer Strömung 0,25 für $5 \cdot 10^2 < Gr \cdot Pr < 2 \cdot 10^7$ und bei turbulenter Strömung 0,33 für $Gr \cdot Pr > 2 \cdot 10^7$. Für Luft als strömendes Medium ergibt sich die Näherung n = 0,25 für $\Delta\vartheta \le (0{,}84/l)^3$ und 0,33 für $\Delta\vartheta > (0{,}84/l)^3$. Die Grashof-Zahl wird zur Berechnung des Wärmeüberganges bei freier Konvektion benutzt, die Prandtl-Zahl ist eine reine Materialkenngröße und die Reynolds-Zahl beschreibt den Strömungscharakter. Die kritische Reynolds-Zahl Re_{kr} gibt den Übergang von laminarer in turbulente Strömung an. Bei Strömungen in Rohren und geschlossenen Kanälen tritt beispielsweise oberhalb einer kritischen Reynolds-Zahl $Re_{kr} > 2000$ turbulente Strömung auf [5.25]. Gegenüber laminarer begünstigt turbulente Strömung den Wärmeübergang.

Eine Berechnung des Konvektionskoeffizienten ist durch sehr unterschiedliche Einflüsse auf die komplizierten Prozesse der Wärmeübertragung nur mit einer Genauigkeit von etwa 20 % möglich [5.22]. Bedeutung haben deshalb experimentelle Untersuchungen. Die Konvektionskoeffizienten für Luft bei *freier Konvektion* und Normaldruck erhält man über Näherungswerte aus **Tafel 5.23** [5.31]. Aus den Gleichungen in Tafel 5.23 geht hervor, daß ein flaches und tiefes Gehäuse einer hohen und schmalen Anordnung vorzuziehen ist.

Tafel 5.23 Konvektionskoeffizienten für Luft bei freier Konvektion und Normaldruck [5.31]

Anordnung	laminare Strömung	turbulente Strömung
senkrecht Platte, Rohr, Zylinder	$\alpha_K = 1{,}35 \cdot \sqrt[4]{\frac{\Delta T_{wf}}{h}}$	$\alpha_K = 1{,}5 \cdot \sqrt[3]{\Delta T_{wf}}$
horizontal nach oben Platte	$\alpha_K = 1{,}75 \cdot \sqrt[4]{\frac{\Delta T_{wf}}{l_{min}}}$	$\alpha_K = 1{,}95 \cdot \sqrt[3]{\Delta T_{wf}}$
horizontal nach unten Platte	$\alpha_K = 1{,}9 \cdot \sqrt[4]{\frac{\Delta T_{wf}}{l_{min}}}$	$\alpha_K = 1{,}05 \cdot \sqrt[3]{\Delta T_{wf}}$

Wärmeübergangskoeffizienten α_K für verschiedene praktisch zur Anwendung kommenden Kühlverfahren der Elektronik sind in **Bild 5.33** zusammengestellt [5.31] [5.34] [5.38] [5.108]. Die freie oder natürliche Konvektion mit Wärmeübergangskoeffizienten α_K bis 10 W/(m$^2 \cdot$K) beruht auf der Eigenkonvektion, wobei freie Konvektion geschlossener und belüfteter Systeme unterschieden wird. Bei höheren Packungsdichten, bedingt durch die fortschreitende Integration und Miniaturisierung der Bauelemente, ist die freie Konvektion oft nicht ausreichend. Mit Zwangskonvektion durch Einsatz von Lüftern erreicht man α_K-Werte zwischen 10 und 120 W/(m$^2 \cdot$K). Eine weitere Erhöhung von α_K ist durch Flüssigkeitskühlung möglich, die aber für elektronische Systeme eine Vielzahl technischer und ökonomischer Probleme bringt. Bei der direkten Flüssigkeitskühlung umgibt die Kühlflüssigkeit die Bauelemente unmittelbar, während bei indirekter Flüssigkeitskühlung die Verfahrenswärme über thermisch gut leitende Materialien zur Flüssigkeit geführt wird. Sonderfälle der Flüssigkeitskühlung sind die Siede- und Kondensationskühlung. Ein Anwendungsbeispiel hierfür ist das Wärmerohr (heat pipe) mit einer Wärmeleitfähigkeit bis $\lambda = 10^5$ W/(m$\cdot$K), das zur Wärmeableitung hoher Wärmestromdichten an schwer zugänglichen Stellen und für konzentrierte Wärmequellen benutzt wird. Weitere Ausführungen zur Realisierung der Entwärmung s. Abschn. 5.6.

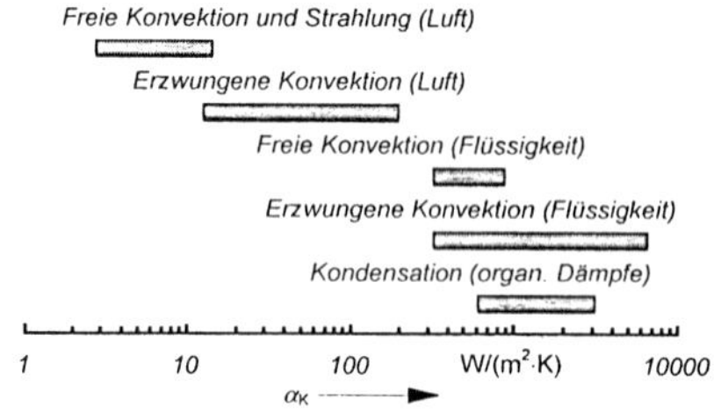

Bild 5.33 Wärmeübergangskoeffizienten verschiedener Kühlverfahren [5.31] [5.108]

5.4.3.3 Strahlung

Der Energietransport erfolgt bei Wärmestrahlung durch elektromagnetische Wellen mit Wellenlängen λ' von etwa 0,1 bis 100 µm, ist also auch im Vakuum möglich, und wird umfassend mit der Quantentheorie beschrieben. Die Einordnung der Temperaturstrahlung in das elektromagnetische Spektrum zeigt **Bild 5.34**.

Treffen Wärmestrahlen auf einen Körper, so werden sie absorbiert, reflektiert oder durchgelassen (**Bild 5.35**). Für die Strahlungsbilanz gilt:

$$A^* + R^* + D = 1 \tag{5.32}$$

Grenzfälle: $A^* = 1,\ R^* = 0,\ D = 0$ schwarzer Körper (nur Absorption A^*)

$A^* = 0,\ R^* = 1,\ D = 0$ weißer Körper (nur Reflexion R^*)

$A^* = 0,\ R^* = 0,\ D = 1$ diathermaner Stoff (nur Durchlässigkeit oder Transmission).

Die Begriffe „schwarz“ und „weiß“ charakterisieren hier physikalische Eigenschaften, die nicht mit der Farbe dieser Körper identisch sein müssen.

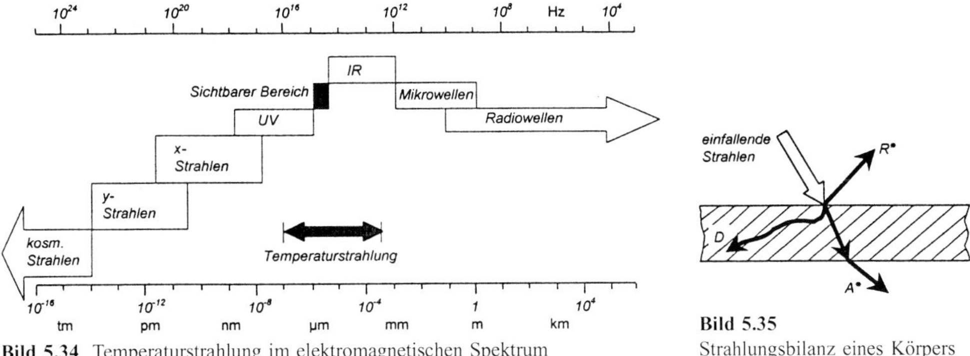

Bild 5.34 Temperaturstrahlung im elektromagnetischen Spektrum

Bild 5.35 Strahlungsbilanz eines Körpers

Absorptions- und Strahlungsvermögen sind nach dem Kirchhoffschen Gesetz A^*/E = konst. direkt proportional. Für technische Rechnungen wurde das Emissionsvermögen ε eingeführt, das den gleichen Zahlenwert wie das Absorptionsvermögen A^* hat ($A^* = \varepsilon$). Das Emissionsvermögen ε ist von der Wellenlänge und dem Einfallwinkel der Strahlung sowie der Art und Temperatur der Oberfläche abhängig, d. h. $\varepsilon = \mathrm{f}(\varphi, T, A_{\mathrm{Art}}, \lambda')$. In **Tafel 5.24** ist das Emissionsvermögen für verschiedene Stoffe in Abhängigkeit vom Einfallwinkel für senkrechte Normalstrahlung ε_{n} und von der Oberflächenart angegeben. Blanke Metalle haben einen kleinen Wert ε, organische Stoffe und Oxide dagegen einen großen Wert ε. Das Emissionsvermögen metallhaltiger Farben liegt, bedingt durch ihre Pigmentstruktur, unter dem anderer Farben. Für Geräte der Feinwerktechnik und Elektronik ist $\varepsilon = \mathrm{f}(T)$ im üblichen Temperaturbereich etwa konstant. Das Frequenzverhalten $\varepsilon = \mathrm{f}(\lambda')$ wird als arithmetischer Mittelwert für verschiedene Stoffe in Tafel 5.24 sowie für Aluminium im **Bild 5.36a** und für verschiedene Lackfarben im Bild 5.36b als Diagramm dargestellt.

Tafel 5.24 Emissionvermögen der Normalstrahlung im interessierenden Temperaturbereich (arithmetischer Mittelwert)

Metalle	ε	Nichtmetalle	ε
Aluminium, walzblank	0,04	Eis, Wasser	0,95
Aluminium, roh	0,08	Eiche, glatt	0,9
Aluminium, eloxiert 30 µm	0,65	Emaille, weiß	0,9
Chrom, poliert	0,08	Glas	0,94
Gußeisen, rauh	0,9	Gummi, weich	0,9
Gußeisen, bearbeitet	0,7	Mauerwerk	0,91
Kupfer, poliert	0,03	Papier	0,92
Kupfer, oxidiert	0,76	Porzellan, glasiert	0,93
Messing, poliert	0,05	Teflon	0,85
Messing, matt	0,22		
Nickel, poliert	0,07	**Anstriche**	ε
Nickel, oxidiert	0,4		
Silber, poliert	0,02	Aluminiumfarbe	0,3
Stahl, gewalzt	0,6	Emaillelack	0,9
Stahl, leicht angerostet	0,7	Hammerschlaglack	0,35
Stahl, stark verrostet	0,85	Lack, schwarz, hochglänzend	0,89
Stahl, blank geschmirgelt	0,24	Lack, schwarz, matt	0,96
Stahl, blank geätzt	0,13	Lack, weiß, matt	0,92
Stahlblech, roh	0,6	Mennige	0,92
Stahlblech, verzinkt	0,27	Ölfarbe	0,9
Stahlblech, vernickelt (nicht poliert)	0,11	Spezialalufarbe	0,2
Zinn, blank	0,06		
Zink, poliert	0,05		
Zink, oxidiert	0,11		
Zink, rauh	0,25		

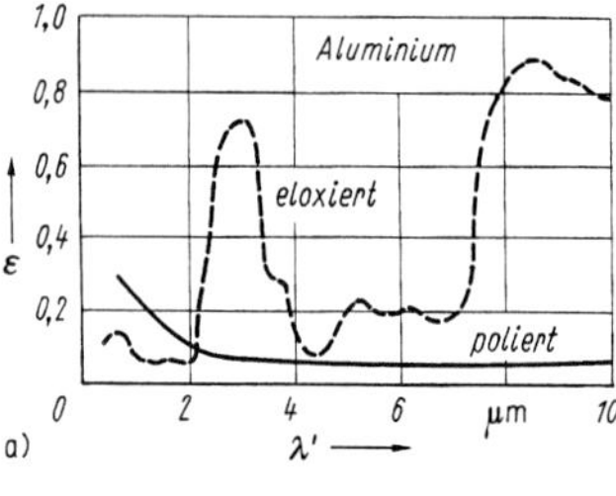

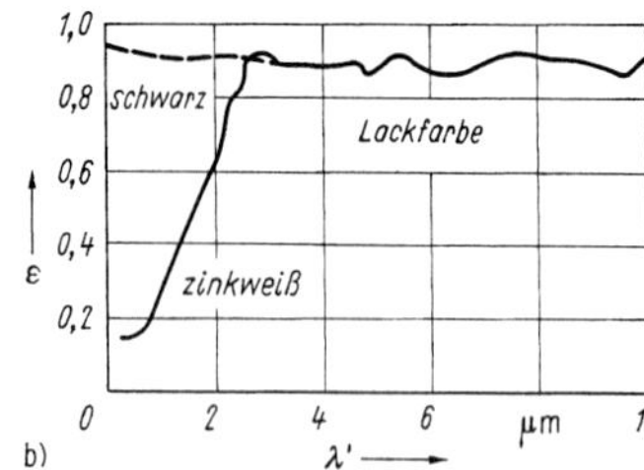

Bild 5.36 Emissionsvermögen im Licht- und Infrarotbereich
a) Aluminium
b) unterschiedliche Farbtöne

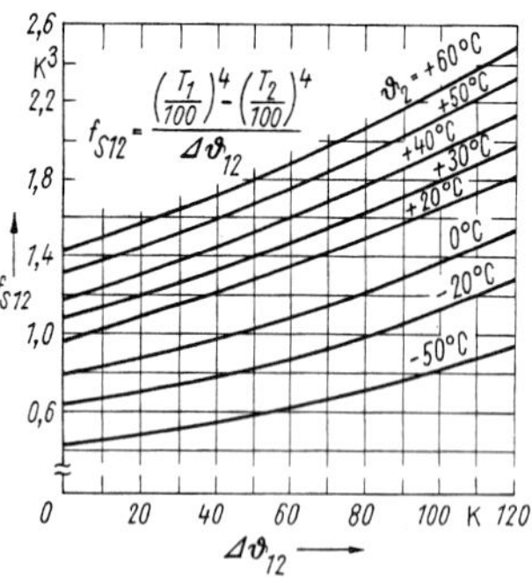

Bild 5.37 Temperaturfunktion der Strahlung

Die Wärmestrahlung erfolgt immer zwischen zwei Flächen. Steht eine Fläche A_1 mit höherer Temperatur T_1 mit einer Fläche A_2 mit niedrigerer Temperatur T_2 im Strahlungsaustausch, so erhält man nach dem Stefan-Boltzmann-Gesetz

$$q_{12} = \varepsilon_x\, C_S f_{S12}\, \Delta\vartheta_{12} \tag{5.33}$$

mit der Temperaturfunktion der Strahlung (**Bild 5.37**)

$$f_{S12} = [(T_1/100)^4 - [(T_2/100)^4]/\Delta\vartheta_{12}. \tag{5.34}$$

Die Größen- und Längenverhältnisse der Flächen A_1 und A_2 sind dabei im resultierenden Emissionsverhältnis ε_x durch die Einstrahlungszahl φ_{12} (teilweise auch Winkelverhälnis genannt) berücksichtigt.

Für den Wärmewiderstand der Strahlung gilt

$$R_S = 1/(\alpha_{S12} A_1) \tag{5.35}$$

mit $\alpha_{S12} = \varepsilon_x\, C_S f_{S12}$.

Soll durch Strahlung ein großer Wärmestrom übertragen werden, so muß das resultierende Emissionsvermögen ε_x groß sein. Bei Sonneneinstrahlung verkleinert sich die Strahlung von der Oberfläche des Gerätes in den Außenraum um den Betrag, der durch die Sonneneinstrahlung zugeführt wird. Die durch Sonneneinstrahlung zugeführte Wärme wird bei kleinem Absorptionsvermögen für Sonneneinstrahlung A^*_{So} (s. Bild 5.36a, b, da $\lambda'_{So} \approx 0{,}5$ µm). Im Gerätebau kann man einen kleinen Wert A^*_{So} durch Oberflächen mit weißen Lacken oder eloxiertem Aluminium erreichen.

5.4.4 Wärmeabführung von Bauelementen

Wärmeerzeugende Bauelemente in einem elektronischen Gerät oder einer Anlage sind z. B. integrierte Schaltkreise, Transistoren, Gleichrichter, Thyristoren, Transformatoren u.a. Aus Gründen der Zuverlässigkeit darf bei Halbleiterbauelementen die maximal zulässige Sperrschichttemperatur nicht überschritten werden (s. Abschn. 5.4.1). Die maximale Sperrschichttemperatur läßt sich ohne zusätzliche Kühlung nur bei geringen Leistungsanforderungen einhalten. Bei Bauelementen mit höherer Verlustleistung ist die Wärmeabführung an die Umgebung durch geeignete konstruktive Maßnahmen wie Kühlschellen, Kühlbleche, Kühlkörper bzw. durch Zwangskonvektion günstig zu beeinflussen. Eine weitere Verbesserung der Wärmeübertragung bringt die Flüssigkeitskühlung (s. auch Abschn. 5.6).

5.4.4.1 Thermisches Ersatzschaltbild eines Halbleiterbauelementes

Die thermische Analyse eines Halbleiterbauelementes umfaßt die Wärmeübertragung vom Chip über das Bauelement und seine Anschlüsse, das Gehäuse sowie den Bauelementeträger bis zur Umgebung der Baugruppe. Die Wärmeübertragung von einem SMD- und einem bedrahteten Bauelement durch Leitung, Konvektion und Strahlung zeigt **Bild 5.38**. Charakteristisch für die Wärmeabführung aus einem Halbleiterbauelement ist der thermische Widerstand R_{ja}, der meistens durch zwei separate thermische Widerstände beschrieben wird, dem inneren thermischen Widerstand R_i zwischen Sperrschicht und Gehäuse und dem äußeren thermischen Widerstand R_a zwischen Gehäuse und Umgebung. Für die Ermittlung des Temperaturverhaltens eines elektronischen Bauelementes gibt es zahlreiche Modelle unterschiedlicher Genauigkeit, die auf der experimentellen oder numerischen Ermittlung der thermischen Widerstände unterschiedlicher Gehäusebauformen beruhen [5.105] [5.106]. Unter Anwendung der thermoelektrischen Analogie (s. Abschn. 5.4.2.2) läßt sich für die Wärmeabführung von einem Halbleiterbauelement ohne zusätzlichem Kühlelement das vereinfachte thermische Ersatzschaltbild nach **Bild 5.39a** aufstellen [5.116]. Für den stationären Zustand gilt für die Sperrschichttemperatur

$$\Delta\vartheta_{ja} = \Phi\,(R_i + R_a) = P_V\,(R_i + R_a) = P_V\,R_{ja}. \tag{5.36}$$

Der konvektive Wärmeübergangswiderstand R_a wird wesentlich durch die umgebende Luft und deren Strömungseigenschaften beeinflußt. Bei Bauelementen kleiner Verlustleistung erfolgt die Wärmeabführung direkt an die umgebende Luft (z. B. Transistoren mit $R_{ja} > 15$ K/W). Für ein Halbleiterbauelement mit Kühlelement wird das Ersatzschaltbild nach Bild 5.39a erweitert und man erhält Bild 5.39b mit

$$\Delta\vartheta_{ja} = \Delta\vartheta_{gj} + \Delta\vartheta_{gA} \tag{5.37a}$$

$$\Delta\vartheta_{jg} = \Phi\,(R_ü + R_{LA} + R_A) = P_V\,(R_ü + R_{LA} + R_A) \tag{5.37b}$$

$$\Delta\vartheta_{ja} = P_V\,(R_i + R_ü + R_{LA} + R_A). \tag{5.37c}$$

Da $R_a >> (R_ü + R_{LA} + R_A)$, kann R_a vernachlässigt werden.

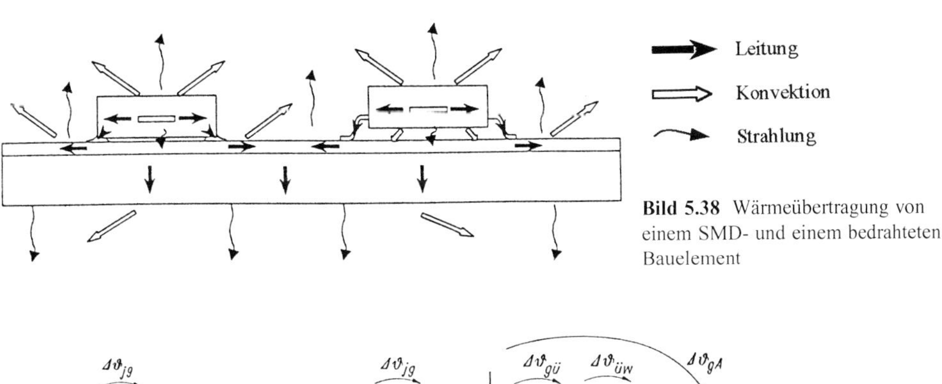

Bild 5.38 Wärmeübertragung von einem SMD- und einem bedrahteten Bauelement

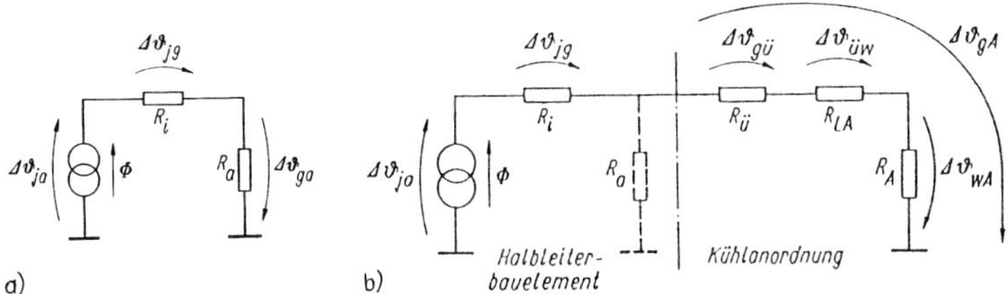

Bild 5.39 Thermisches Ersatzschaltbild eines Halbleiterbauelements
a) ohne Kühlelement; b) mit Kühlelement
R_A Außenwiderstand des Kühlelements; R_a Widerstand Anschlüsse-Umgebung;
R_i Innenwiderstand Sperrschicht-Gehäuse; R_{LA} Leitwiderstand des Kühlelements;
$R_ü$ Übergangswiderstand Bauelement-Kühlelement

Die thermischen Widerstände R_i bzw. R_{ja} sind vom Aufbau und der Fertigung der Bauelemente abhängig und werden vom Hersteller in Datenlisten angegeben. Diese Angaben beruhen auf meßtechnischen Untersuchungen, die durch Normen festgelegt sind, oder thermischer Modellierung. Für Leistungstransistoren mit Metallgehäuse beträgt der thermische Widerstand R_i 0,5 bis 6 K/W, im Kunststoffgehäuse 5 bis 10 K/W und für Transistoren im TO5-Gehäuse 5 bis 10 K/W. In **Bild 5.40** sind Widerstandswerte für R_i ausgewählter Gehäuse integrierter Schaltkreise zusammengestellt.

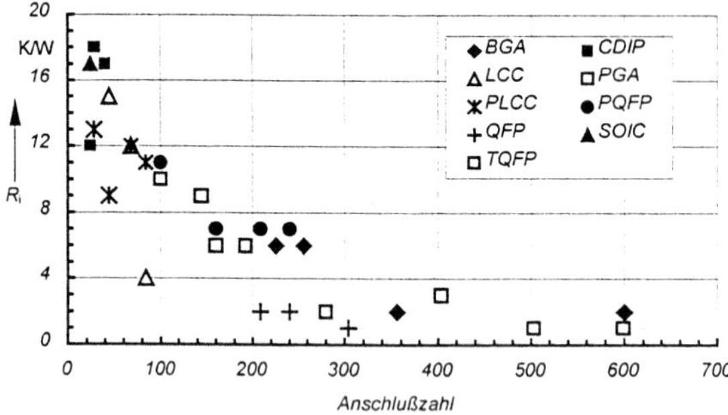

Bild 5.40 Thermischer Widerstand R_i ausgewählter Gehäusetypen
BGA Ball Grid Array; CDIP Ceramic Dual In-line Package; LCC Leadless Chip Carrier; PGA Pin Grid Array Package; PLCC Plastic Leaded Chip Carrier; PQFP Plastic Quad Flat Package; QFP Quad Flat Package; SOIC Small Outline Integrated Circuit (auch SO); TQFP Thin Quad Flat Package

Grundlage der Modellbildung zur Gehäusebeschreibung mittels thermodynamischer Netzwerke ist die Systematisierung der Bauelemente in die Kategorien [5.105]:

- Kunststoff-Mono-Chip-Gehäuse (PQFP, PLCC, PPQFP, PBGA, PDIP, TSOP, SSOP, TSSOP);
- Keramik-Mono-Chip-Gehäuse (CPGA, CDIP, CERQUAD, LCCC, CQFP, CBGA);
- Sonderbaugruppen (MCM, Chip-on-board, TO220, TO3);
- passive Bauelemente (Elektrolytkondensatoren, Transformatoren);
- Zubehör zur Optimierung der Wärmeströmung (perforierte Platten, Axial- und Radiallüfter), der Wärmeübertragung (z. B. Kühlkörper) und des Wärmeübergangs (Wärmeleitpasten, Kleber u. a. auch zur Chipbefestigung).

In der Regel wird das Chip mit einem Gehäuse umgeben, das die Funktion des Schutzes vor äußeren Einflüssen hat. Das Gehäuse trägt die Anschlüsse als Verbindungselemente vom Chip zur Leiterplatte und kann zur Wärmeabführung mit dem Kühlkörper verbunden werden. Der thermische Widerstand von SMD-Gehäusen ist beispielsweise größer als der von DIL-Gehäusen, da aufsetzbare Bauelemente eine kleinere Gehäuseoberfläche haben. Durch Montage der Chips auf Metallgittern oder -ebenen (lead frames) wird eine bessere Wärmeabführung aus aufsetzbaren Bauelementen erreicht. Der thermische Widerstand R_{ja} aufsetzbarer Bauelemente ist u. a. von der Anschlußzahl, dem Substratmaterial und dem Leadframe-Werkstoff abhängig. Da bei SMD-Bauelementen die Wärme hauptsächlich über die metallischen Anschlußbahnen abgeführt wird, erfolgt eine starke Beeinflussung durch die Geometrie der Leiterbahnen, die Art der Montage und den Werkstoff des Verdrahtungsträgers (Epoxidharz oder Keramik). Weitere Einflußgrößen auf den thermischen Widerstand eines Bauelements sind: Chipabmessung, Anzahl der Chips pro Bauelement, Anzahl und Lage thermischer Vias, physikalische und Werkstoffeigenschaften des Gehäuses sowie das Kühlverfahren der Baugruppe (freie oder erzwungene Konvektion) und vertikale oder horizontale Anordnung. Eine bessere Wärmeabführung erreicht man mit ungehäusten Bauelementen (Direktmontage des Chips auf dem Verdrahtungsträger, auch Nacktchipverdrahtung) [5.15]. Bei dieser, für die zukünftige Entwicklung charakteristischen Montageart, wird das Halbleiterchip auf eine Wärmesenke (z. B. Wärmespreizer und Kühlelement) montiert und drahtgebondet oder flip-chip-kontaktiert.

Der Wärmeleitwiderstand $R_ü$ zwischen Bauelement und Kühlelement ist von der Kontaktfläche, der Oberflächengüte, der Flächenpressung und dem Zwischenmedium und dessen Dicke abhängig. Durch Rauheit und Unebenheit sind die thermisch zu koppelnden Oberflächen nicht vollständig in Kontakt und der Kontaktwiderstand ist sehr hoch, da Lufteinschlüsse thermisch isolieren. Ein entsprechendes Oberflächenbehandeln des Kühlkörpers, ausreichender Flächendruck durch Schraubenverbindungen oder Federelemente und ausgleichende Koppelmaterialien verringern den Übergangswiderstand $R_ü$. Konkrete Werte dieses Widerstandes sind sehr entscheidend von der Flächenpressung und den Montagebedingungen abhängig und werden vom Hersteller des Koppelmaterials oder des Kühlelements meistens mit angegeben. Richtwerte für den Übergangswiderstand Bauelement/Kühlelement sind in Abhängigkeit von der Montageart in **Tafel 5.25** zusammengestellt.

▶ **Beispiel:** Die Sperrschichttemperatur $\vartheta_j = 150$ °C der Transistoren einer komplementären Leistungsendstufe darf bei einer Geräteinnentemperatur $\vartheta_a = 55$ °C ($P_V = 3$ W) nicht überschritten werden. Für die beiden Transistoren ist der Kühlkörper so zu berechnen und auszuwählen, daß er minimalen Platz beansprucht.

Tafel 5.25 Eigenschaften thermischer Koppelwerkstoffe

Montageart	Leitfähigkeit λ in W/(m·K)	thermischer Übergangswiderstand $R_ü$ (JEDEC TO-3-Gehäuse) in K/W ohne Wärmeleitpaste	mit Wärmeleitpaste
Al_2O_3-Keramik 1 bis 3 mm	25	1,0 bis 1,3	0,28 bis 0,35
Berylliumoxidkeramik 1,6 mm	140 bis 250	0,55 bis 0,7	0,15 bis 0,25
direkt verbunden	-	0,05 bis 0,15	-
Glimmer 50 µm	0,53	1,2 bis 1,3	0,35 bis 0,6
Glimmer 80 µm	0,53	1,2 bis 1,65	0,35 bis 0,5
Graphit 250 µm	-	0,1	-
Polyimid 50 µm	0,53	0,17	-
Silikonfolie 0,15 bis 0,3 mm	≈ 1	0,34 bis 0,45	-
Silikonschaumfolie	-	0,9 bis 6,0	-
metalloxidgefüllte Silikonwärmeleitpaste	0,6 bis 0,8		

Die Transistoren mit einem TO-220-Gehäuse (R_{ja} = 4,16 K/W) können elektrisch isoliert auf einen gemeinsamen Kühlkörper montiert werden. Ausgehend vom thermischen Ersatzschaltbild (Bild 5.39b) ergibt sich für isolierte Montage mit Glimmerscheiben (R_{th} = 1,2 K/W) ein Übergangswiderstand

$$R_ü = \frac{s}{\lambda A} = 0{,}18\ \mathrm{K/W}\ .$$

Für den Kühlkörper gilt

$$\left(R_{LA} + R_A\right) = \frac{\Delta\vartheta_{ja}}{P_V} - \left(R_i + R_ü\right) = 27{,}33\,\mathrm{K/W}$$

Sind der thermische Widerstand und die Strömungsgeschwindigkeit des Umgebungsmediums bekannt, kann ein geeigneter Kühlkörper aus Katalogen ausgewählt werden.

Der Leitungswiderstand R_{LA} ist vom Werkstoff des Kühlelements und dessen geometrischer Gestaltung abhängig. Für Kühlkörper und Kühlprofile wird vorwiegend Aluminium eingesetzt, das neben einer hohen Wärmeleitfähigkeit λ auch gute Verarbeitungseigenschaften hat. Auf den thermischen Widerstand R_A haben die Oberfläche und die Strömungsbedingungen des Umgebungsmediums Einfluß.

5.4.4.2 Kühlelementedimensionierung

Ausgehend von den thermischen Forderungen des Bauelements ist bei der Auswahl als erstes der thermische Widerstand des Kühlkörpers nach den Gln. (5.37a) bis (5.37c) festzulegen. Die Sperrschichttemperatur ϑ_j, die Verlustleistung P_V und der thermische Widerstand R_i werden vom Bauelementehersteller in der Regel angegeben. Die Umgebungstemperatur ϑ_a, die der Konvektionskoeffizient α_K bestimmt, ist für die Bauelementekühlung sehr entscheidend. Typische Werte für diese Temperatur sind 35 bis 45 °C bei Luftkühlung und 50 bis 60°C für eingebettete Bauelemente mit zusätzlichen Kühlmaßnahmen wie Zwangskonvektion mit Flüssigkeiten oder Wärmeableitung über zusätzliche Kühlstifte und -stempel, Wärmespreizer oder Wärmerohre (heat pipes).

Für praktische Berechnungen der Dicke bzw. der Rippendicke eines Kühlelements nach **Bild 5.41** und dem Ersatzschaltbild **Bild 5.42** ist es günstig, den Kühlflächenwirkungsgrad η zu definieren

$$\Delta\vartheta_{ja} = P_V\,(R_i + R_ü + R_{LA} + R_A/\eta) \tag{5.38}$$

mit $$\eta = \frac{1}{1 + R_{LA}/R_A} = \frac{R_A}{R_A + R_{LA}}\ .$$

Nach [5.116] ergibt sich für die Materialdicke s einer Kühlfläche

$$s = \frac{2\alpha_K}{\lambda}\,l^2 f(\eta)\ . \tag{5.39}$$

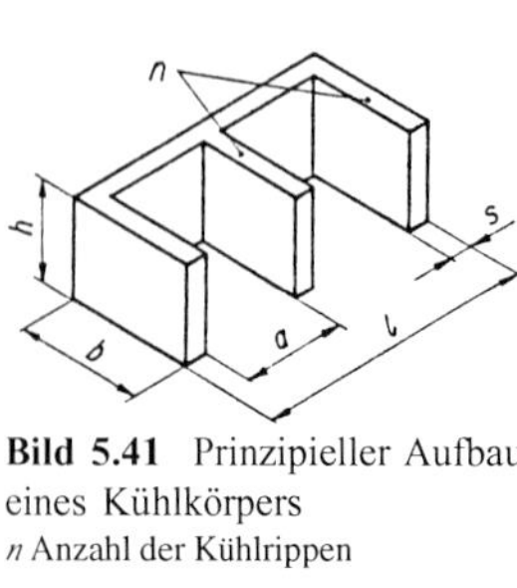

Bild 5.41 Prinzipieller Aufbau eines Kühlkörpers
n Anzahl der Kühlrippen

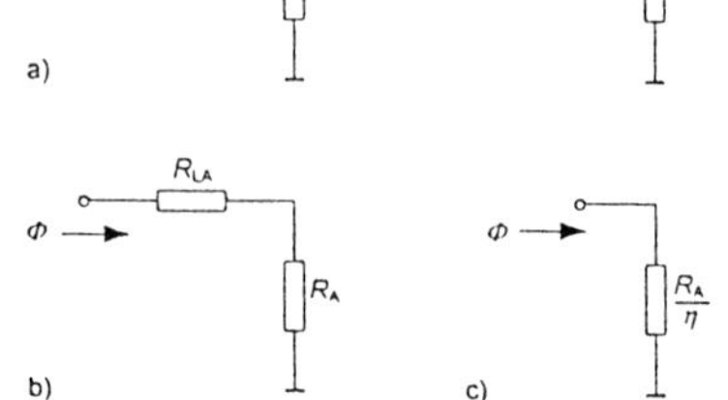

Bild 5.42 Thermisches Ersatzschaltbild eines Kühlelements
a) vollständig mit *n* Kühlrippen
b) vereinfacht
c) mit Kühlflächenwirkungsgrad *η*

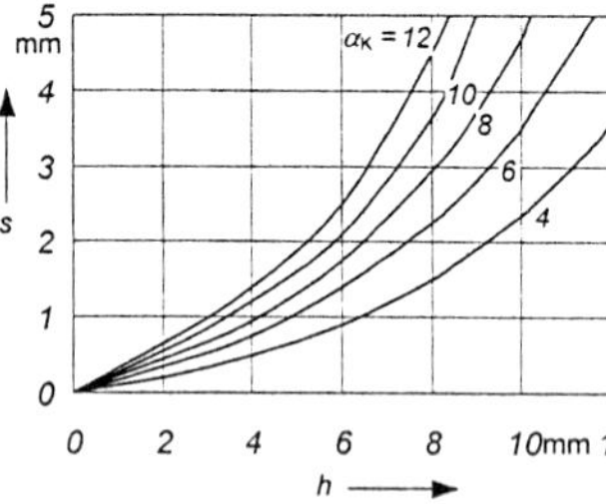

Bild 5.43 Rippendicke eines Aluminiumkühlkörpers
λ = 160 W/(m·K); η = 0,9

Tafel 5.26 Berechnung der Kühlflächendicke

η	0,95	0,9	0,85	0,8	0,7
f(η)	4,5	2,1	1,25	0,8	0,4

Die Werte für die Funktion f(η) zeigt **Tafel 5.26**. Für ein optimales Verhältnis zwischen Dicke *s* und Fläche A_F des Kühlelements sind bei Eigenkonvektion $\eta \geq 0{,}9$ und bei Zwangskonvektion $\eta \geq 0{,}7$ anzustreben. Um große Kühlflächen zu umgehen, ist es sinnvoll, $R_i \leq R_ü + R_A/\eta$ zu wählen oder Kühlkörper mit entsprechend ausgebildeten Kühlrippen einzusetzen. In **Bild 5.43** ist das Verhältnis Rippendicke *s* zu Länge *l* eines Kühlkörpers aus Aluminium dargestellt. Die *Kühlkörperdimensionierung* (Kühlkörperaufbau nach Bild 5.41) hat das Ziel, den Rippenabstand *a* zu optimieren [5.38]. Für eine mittlere Kühlkörpertemperatur gilt für Eigenkonvektion die zugeschnittene Größengleichung mit *a* und *b* in cm und der Temperaturdifferenz $\Delta\vartheta_{wa}$ in K

$$a_{opt} = 1{,}3\sqrt[4]{b/\Delta\vartheta}\,, \qquad (5.40)$$

und für Zwangskonvektion in Abhängigkeit von der Strömungsgeschwindigkeit der Luft *v* in m/s

$$a_{opt} = 0{,}4\sqrt[4]{b/v}\,. \qquad (5.41)$$

Zur Ausbildung einer ungehinderten Konvektion sind Richtwerte für die Dimensionierung für $a \geq 0{,}5$ und das Verhältnis Rippenlänge/Rippenhöhe $b = (0{,}5...1)h$.

Die Effektivität der Wärmeableitung eines Kühlkörpers ist durch den Werkstoff und dessen Wärmeleitfähigkeit λ bestimmt, die Wärmeabgabe an die Umgebung durch Größe und Farbe der Oberfläche (schwarz oder eloxiert), die durch Kühlrippen vergrößert werden kann. Weiterhin beeinflussen die Einbaulage, die Temperatur und die Strömungsgeschwindigkeit der umgebenden Luft sowie die Art der Montage und der Isolation des Bauelementes auf dem Kühlkörper die Wärmeübertragung.

Zahlreiche Hersteller bieten ein umfangreiches Sortiment genormter Profile an. Die Auswahl eines Kühlkörpers unter Verwendung eines Strangpreßprofils erfolgt durch Berechnung des thermischen Widerstandes der Kühlanordnung. Als Werkstoff wird eine Aluminiumlegierung (z. B. Al Mg Si 0,5 M22 oder Al Mg Si 0,5 F22) benutzt, die eine gute Wärmeleitfähigkeit λ hat und auch entsprechend bearbeitet werden kann. In Abhängigkeit von der Profillänge ist der Wärmewiderstand den Herstellerunterlagen zu entnehmen (**Tafel 5.27**). Die in den Datenblättern angegebenen Wärmewiderstände stellen Richtwerte dar, wobei als Randbedingung die Strömungsgeschwindigkeit des Umgebungsmediums zu berücksichtigen ist. Gebräuchliche Bauformen für Kühlkörper sind Kühlwinkel, Kühlplatten und Kühlstege, einfache Fingerkühlkörper, Profilkühlkörper für Halbleiterbauelemente unterschiedlicher Gehäuseformen mit einfacher bzw. mehrfacher Montagefläche oder einseitig gerippt (Kammprofil). Kühlkörper können am Gehäuse als Sicht- und Dekorteile montiert, mit Lötkontakten versehen direkt auf die Leiterplatte gesetzt, als Stanz- und Biegeteil ausgeführt oder mit eingepreßten bzw. gelöteten Lamellen gefertigt werden.

Zur Abführung der Wärme von Leistungstransistoren, Gleichrichterdioden und Thyristoren sind stranggepreßte Kühlkörperprofile nach **Bild 5.44a** üblich. Aufgrund des optimierten Rippenabstandes haben diese Profile sehr günstige thermische Kennwerte (Bild 5.44b). Die in den Diagrammen angegebenen Werte gelten für Kühlkörperprofile mit unbehandelten Oberflächen in vertikaler Einbaulage bei freier Konvektion.

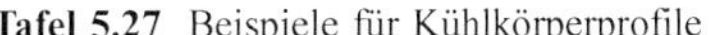

Tafel 5.27 Beispiele für Kühlkörperprofile

Profil	Wärmewiderstand $R = R_{LA} + R_A$ in K/W
54; 4; 20	R (K/W): 4,0; 2,0; 1,0 — l: 0; 50; 100 mm; 150
150; 4,5; 25	R (K/W): 2,0; 1,0; 0,5 — l: 0; 50; 100 mm; 150
69,4; 4; 37; 88; 17; 26	R (K/W): 4,0; 2,0; 1,0 — l: 37,5; 75; 100; 125 mm; 200
30; 4,5; 88; 25	R (K/W): 4,0; 2,0; 1,0 — l: 37,5; 75; 100; 125 mm; 200

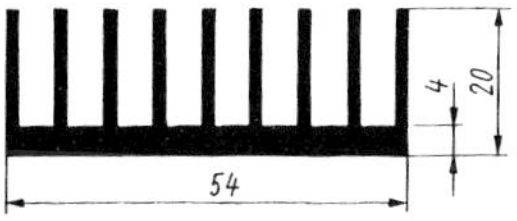

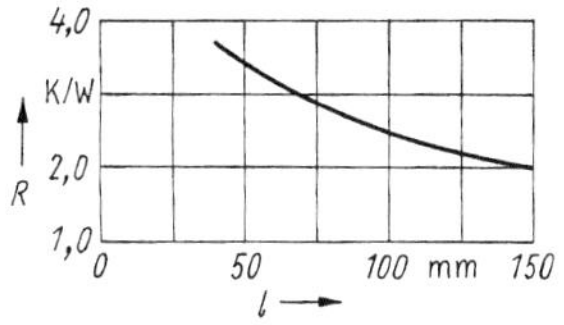

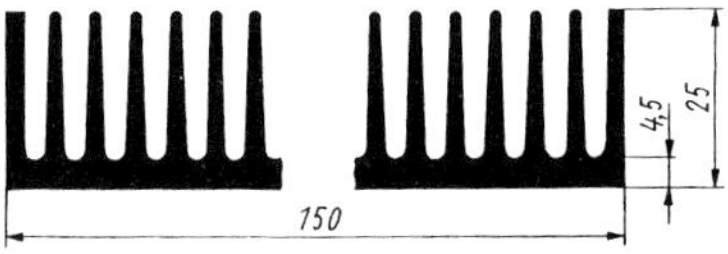

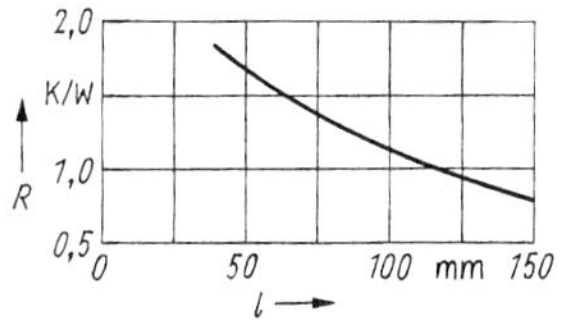

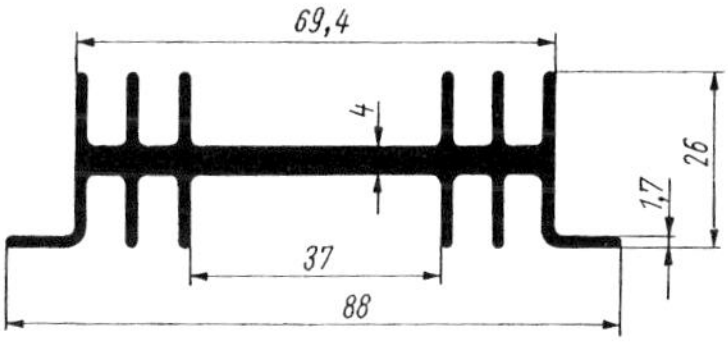

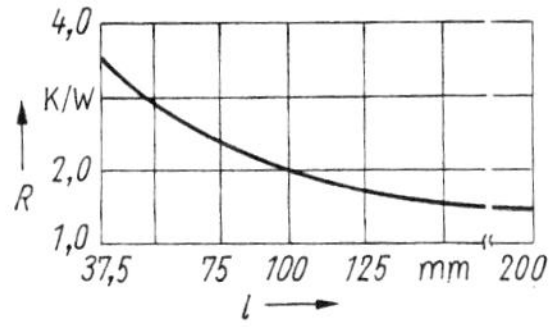

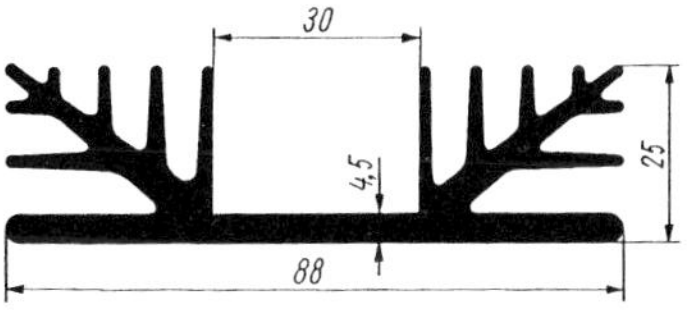

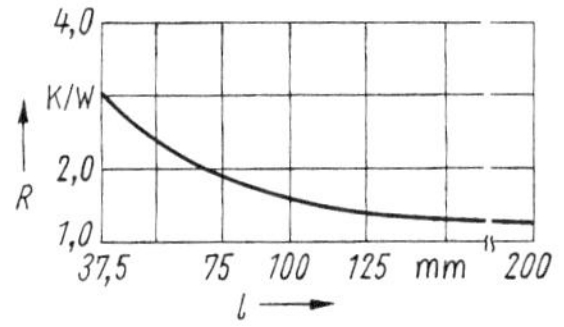

Für moderne Aufbaukonzepte elektronischer Baugruppen, die beispielsweise mit Bauelementen kleiner Gehäuseausführungen (μBGA, FP oder CSP) bestückt sind oder bei Nacktchipmontage, wird eine Kühlfläche in den Verdrahtungsträger integriert oder ein Kühlkörper thermisch direkt an die Baugruppe gekoppelt. Beispiele für solche Lösungen sind die Metallkernleiterplatte mit thermischen Vias, die Folienleiterplatte mit thermischen Leitebenen (DYCOstrate® - oder TWINFLEX®-Leiterplatte, s. auch Abschn. 6.1), die flächenhafte Kühlung mit Elastomerauflage oder Kühlkissen sowie die direkte Kühlkörperankopplung mit speziell ausgebildeten Koppelelementen an das Bauelementesubstrat auf der bestückten oder unbestückten Substratseite.

Ist die Wärmeabführung mittels Leitung über Kühlelemente nicht ausreichend, so ist Zwangskonvektion notwendig.

5.4.4.3 Zwangskonvektion

Die *Zwangskonvektion* oder auch die *erzwungene Konvektion mit Luft* ist für Leistungsbauelemente und integrierte Schaltkreise mit einer sehr hohen Verlustleistung angebracht (z. B. Mikroprozessoren bis 30 W). Bei geschlossenen Gehäusen ist diese Kühlmethode oft die einzige Möglichkeit, die Wärme effektiv von den Bauelementen abzuführen. Die Bauelemente werden dabei lokal mit speziellen Lüftern gekühlt.

So wurden beispielsweise in den letzten Jahren Hochleistungskühlmodule für Pentium- und Pentium-Pro-Prozessoren entwickelt, die aus einem kugelgelagerten Ventilator und einem speziell bearbeiteten Kühlkörper, der über eine wärmeleitende Folie thermisch mit dem Kunststoff-PGA-Gehäuse gekoppelt wird, bestehen. Bei modernen Motherboards werden Prozessor und Stromversorgungseinheit gleichzeitig mit nur noch einem gemeinsamen Lüfter gekühlt. Das erhöht die Betriebssicherheit und reduziert die Lärmentwicklung des PC-Systems.

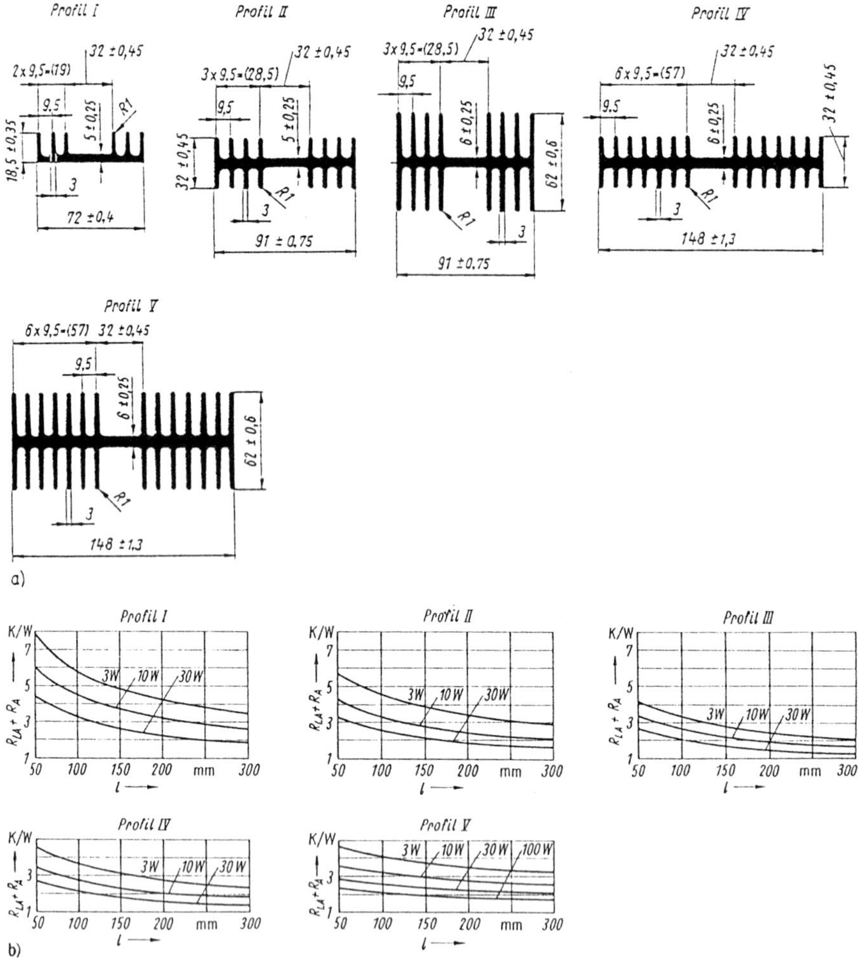

Bild 5.44 Gebräuchliche Kühlkörperprofile
a) Abmessung
b) Wärmewiderstand in Abhängigkeit von der Länge des Kühlkörperprofils

5.4.4.4 Flüssigkeitskühlung

Flüssigkeitskühlung wird immer dann benutzt, wenn die Grenzen der Wärmeabführung mit Luftkühlung erreicht sind. Praktische Bedeutung hat die *indirekte Flüssigkeitskühlung*. Ein Anwendungsbeispiel sind mit Flüssigkeit (z. B. Fluorcarbon) gefüllte Kühlkissen, die zur Wärmeabführung von einer Leiterplatte benutzt werden. Bei erzwungener Konvektion wird die Flüssigkeit über entsprechend ausgebildeten Kreislaufsysteme (Rohr- bzw. Kammersysteme), die beispielsweise in die Leiterplatte oder den Kühlkörper integriert sind, an das zu kühlende Bauelement geführt.

Weitere Darlegungen zur konstruktiven Realisierung der Wärmeabführung sowie zur thermischen Dimensionierung elektronischer Geräte s. Abschn. 5.6.

Ausgewählte Normen und Richtlinien zu Abschn. 5.4 s. Tafel 5.56.

5.5 Schutz gegen elektromagnetische Beeinflussungen (EMV)

[5.39] bis [5.49] [5.117] bis [5.119]

Zeichen, Benennungen und Einheiten

C	elektrische Kapazität in µF
E	elektrische Feldstärke in V/m; Störemissionsgrad
H	magnetische Feldstärke in A/m
L	Induktivität in H
M	Koppelinduktivität in H
R	elektrischer Widerstand in Ω
S	Störfestigkeit; Schirmfaktor
Z	Wellenimpedanz, -widerstand in Ω
a	Dämpfung in dB
c	Lichtgeschwindigkeit $c = 2{,}99792458 \cdot 10^8$ m/s
d	Material-, Wanddicke in mm
f	Frequenz in Hz
i	elektrischer Strom in A
l	Länge in m
r	Abstand, Radius bei Kugelkoordinaten in m
u	elektrische Spannung in V
x	Strecke in m
δ	Eindringtiefe in mm
γ	elektrische Leitfähigkeit in $S \cdot m/m^2$
λ	Wellenlänge in m
μ	Permeabilität
σ	Leitwert in S/m

Indizes

A	Absorption, Anfang
E	Eigen
F	Fremd, Fern
R	Reflexion
S	Schirm
eff	Effektiv
a	außen
i	innen
r	relativ
st	Stör
w	Welle

Für alle feinwerktechnischen, elektrischen und elektronischen Baugruppen und Geräte ist ein gesetzlicher Nachweis der Elektromagnetischen Verträglichkeit (EMV) notwendig. Mit der Weiterentwicklung der Mikro- und Leistungselektronik steigen die Packungsdichte elektronischer und elektrischer Baugruppen sowie die Forderungen an ihre Störfestigkeit seitens der Signalpegel. Beispielsweise werden elektronische Baugruppen mit immer empfindlicheren Bauelementen, die mit sehr kleinen Signalspannungen arbeiten, aufgebaut. Dem gegenüber steht aber, daß die Anzahl von potentiell starken Störquellen, wie beispielsweise Mobiltelefonen, ständig steigt. Außerdem ist die zuverlässige Funktion eines Gerätes unter Einfluß elektromagnetischer Felder ein Qualitätsmerkmal eines Produktes. Um einen störungsfreien Betrieb der Geräte und Anlagen nebeneinander auch in kritischen Frequenzbereichen zu garantieren, ist ein EMV-konformes Design bereits in einer frühen Phase der Produktentwicklung zu berücksichtigen. Ausgehend von den gesetzlichen Grundlagen, den nationalen und internationalen Normen und Richtlinien sowie der Klassifizierung elektromagnetischer Felder werden schirmungstechnische Maßnahmen zum Verbessern der EMV-Eigenschaften von Geräten und Systemen aufgezeigt.

5.5.1 EMV-Forderungen an Geräte

Nach der EMV-Richtlinie der Europäischen Union sind Hersteller, Importeure, Händler und Betreiber elektrischer und elektronischer Geräte verpflichtet, diese Produkte auf Elektromagnetische Verträglichkeit zu prüfen und mit dem CE-Kennzeichen als Konformitätsnachweis zu versehen. Das CE-Zeichen (CE, Abkürzung für Communauté Européenne) versichert, daß das Produkt allen Forderungen der zutreffenden EG-Richtlinien, insbesondere Schutzanforderungen, gerecht wird (s. Abschn. 5.1). Gegenwärtig gibt es über zwanzig Richtlinien, sehr wichtig die EMV-Richtlinie, die Maschinenrichtlinie und die Niederspannungsrichtlinie (s. Tafel 5.56), die ein elektrisches bzw. elektronisches Gerät, eine Anlage oder ein System erfüllen müssen. Die EMV-Richtlinie wurde 1992 in Deutschland durch das Gesetz über die elektromagnetische Verträglichkeit von Geräten (EMVG) national umgesetzt und besagt kurzgefaßt, daß alle Geräte mit elektrischen oder elektronischen Komponenten so entwickelt und konstruiert werden, daß sie in ihrer elektromagnetischen Umgebung zufriedenstellend funktionieren und andere Geräte in dieser Umgebung nicht störend beeinflussen. Dieses Gesetz gilt für Geräte, die elektromagnetische Störungen verursachen können oder deren Betrieb durch diese Störungen beeinträchtigt werden kann und regelt das Inverkehrbringen, Weitergeben, Ausstellen, Inbetriebnehmen und Betreiben solcher Geräte. Die Elektromagnetische Verträglichkeit von Geräten beschreibt also einerseits die *Störaussendung* eines Systems und andererseits die *Störfestigkeit* gegenüber anderen Störquellen.

Störungen oder Signale können durch elektromagnetische Wellen bzw. Strahlung, das elektrische oder magnetische Feld und galvanisch als Strom oder Spannung über Leitungen übertragen werden (leitungsgebundene, galvanische Kopplungen s. Abschn. 6.1). Um elektrische und elektronische Geräte störungsfrei nebeneinander zu betreiben, sind durch zielgerichtete EMV-Maßnahmen bei unterschiedlichen Umgebungsbedingungen die zulässigen Grenzwerte der Eigenstörfestigkeit S_E, der Fremdstörfestigkeit S_F und des Störemissionsgrades E einzuhalten.

Internationale Normen und Vorschriften zur EMV werden weltweit durch das Technische Komitee TC 77 der Internationalen Elektrotechnischen Kommission (IEC) und den Sonderausschuß für Funkstörungen (CISPR) erarbeitet, die EMV-bezogenen Europanormen (EN) durch das Europäische Komitee für Elektrotechnische Normung (CENELEC). In Deutschland ist das Komitee 767 der Deutschen Elektrotechnischen Kommission DIN und VDE für EMV-Normen ziviler Anwendungen zuständig. EMV-Normen sind nach folgender Hierarchie aufgebaut [5.39] [5.117]:

Basic Standards (Grundnormen): Definition elektromagnetischer Phänomene und Umgebungen sowie phänomenbezogener Anforderungen an Meß-, Test- und Prüfverfahren;

Generic Standards (Fachgrundnormen): EMV-Anforderungen und Prüfbedingungen für Produkte in Umgebungen wie Wohn-, Geschäfts- und Gewerbebereichen sowie Kleinbetrieben, Industriebereichen und Spezialbereichen; Grenzwerte für Störfestigkeit und -aussendung, wenn keine Produktnorm vorhanden ist;

Product-/Product-Family Standards (Produktfamilien-Normen): produkt- und produkteinsatzspezifische Meß- und Prüfbedingungen sowie EMV-Schutzforderungen;

Nationale Normen: in das deutsche Normenwerk überführte Europanormen und militärische Verteidigungsgerätenormen (VG).

Auf ein Produkt ist immer die speziellste Norm anzuwenden, d.h. auf eine Fachgrundnorm darf nur zurückgegriffen werden, wenn weder eine Produkt- noch eine Produktfamiliennorm existieren.

5.5.2 Schirmungstechnische Grundlagen

Die Störbeeinflussungen eines elektrischen bzw. elektronischen Gerätes oder einer Baugruppe in einer elektromagnetischen Umgebung zeigt **Bild 5.45**. Ursachen dafür sind äußere Störquellen sowie die Verkopplung von Stromkreisen und Einzelbauelementen durch ruhende und veränderliche elektrische und magnetische Felder, deren Klassifizierung nach **Bild 5.46** erfolgt. Betreffs der Feldarten sind ruhende und veränderliche Felder zu unterscheiden sowie veränderliche Felder in quasistatische (langsam veränderliche) Felder und elektromagnetische Wellen (schnell veränderliche Felder) zu

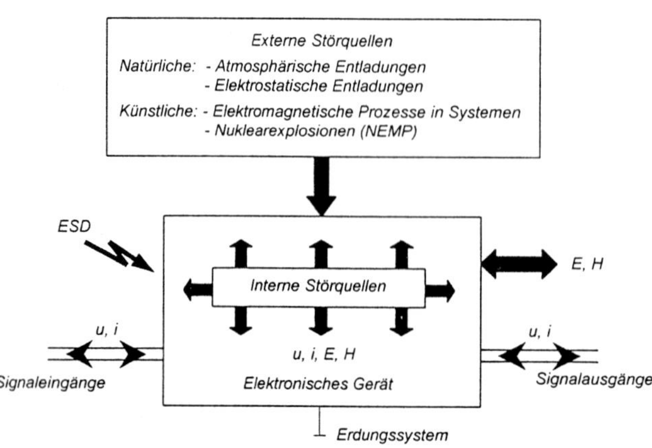

Bild 5.45 Störbeeinflussungen eines elektronischen Gerätes in einer elektromagnetischen Umgebung [5.39]
ESD Entladung statischer Elektrizität
u, i leitungsgebundene Störgrößen
E, H feldgebundene Störgrößen

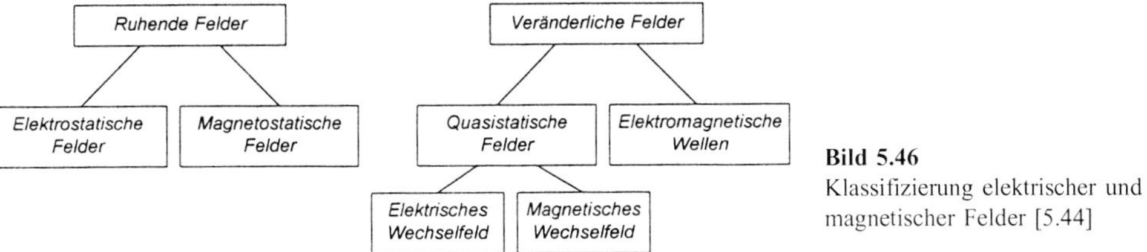

Bild 5.46
Klassifizierung elektrischer und magnetischer Felder [5.44]

Tafel 5.28 Kopplungsmechanismen zwischen Störquelle und Störsenke [5.39]
Koppelgröße *K*, Störquelle *Q*, Störsenke *S*, Störgröße *z*, *1* beeinflussender, *2* beeinflußter Stromkreis, u_{st} eingekoppelte Störspannung

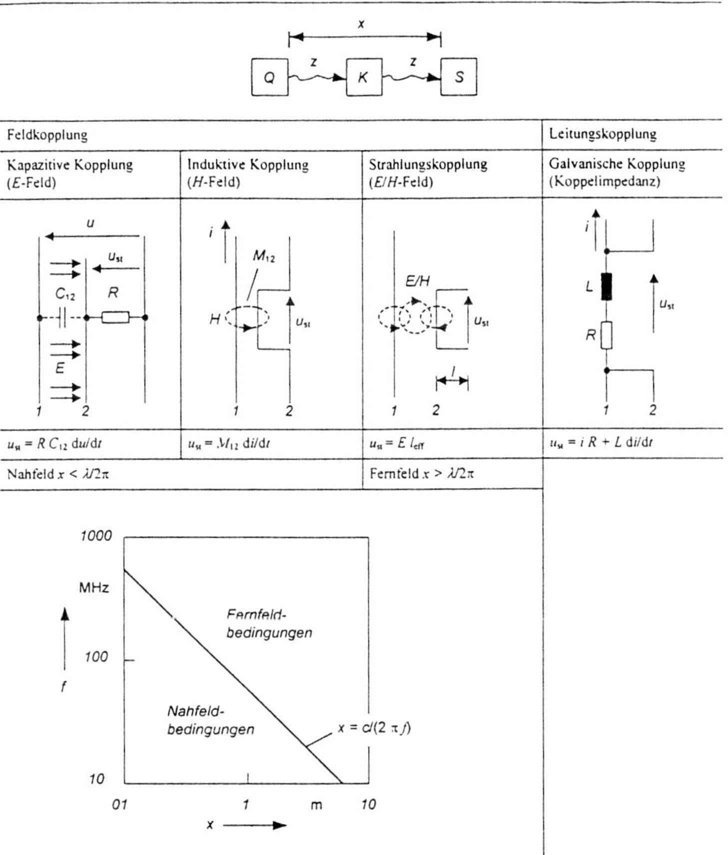

Feldkopplung			Leitungskopplung
Kapazitive Kopplung (*E*-Feld)	Induktive Kopplung (*H*-Feld)	Strahlungskopplung (*E*/*H*-Feld)	Galvanische Kopplung (Koppelimpedanz)
$u_{st} = R\,C_{12}\,du/dt$	$u_{st} = M_{12}\,di/dt$	$u_{st} = E\,l_{eff}$	$u_{st} = i\,R + L\,di/dt$
Nahfeld $x < \lambda/2\pi$		Fernfeld $x > \lambda/2\pi$	

unterteilen. Einen wirksamen Schutz gegen elektromagnetische Felder erreicht man durch Abschirmen. Bei der elektromagnetischen *Abschirmung* wird das Feld durch einen Schirm zwischen Störquelle und Störsenke beeinflußt. Mögliche Kopplungsarten zwischen elektrischen Stromkreisen (Störquelle und Störsenke) sind in **Tafel 5.28** dargestellt.

Durch einen Schirm werden elektrische, magnetische und elektromagnetische Felder geschwächt und am Eindringen in bzw. am Austreten aus elektrischen und elektronischen Baugruppen und Geräten gehindert, d. h. Schirme reduzieren die elektrische und/oder magnetische Feldstärke. Das Verhältnis der äußeren Feldstärke E_a oder H_a zur verbleibenden Feldstärke E_i oder H_i nach dem Schirm wird als *Schirmfaktor S* bezeichnet. Für ein magnetisches Feld gilt beispielsweise:

$$S = H_i / H_a. \qquad (5.42)$$

Praktisch rechnet man meist mit der Schirmdämpfung, dem logarithmischen, reziproken Wert des Schirmfaktors:

$$a_S = \ln H_a/H_i \text{ (in Neper)} \quad \text{oder} \quad a_S = \lg H_a/H_i \text{ (in dB)}. \qquad (5.43), (5.44)$$

Schirmen statischer (quasistatischer) Felder. Bei einem *elektrostatischen Schirm* werden die Ladungen im Schirmmaterial räumlich umverteilt. Eine Schirmberechnung kann entfallen, da die Schirmdämpfung eines fugenlosen, leitenden Schirms unendlich groß ist (Faraday-Käfig). Bei elektrischen Gleichfeldern ist der Raum innerhalb eines leitenden Schirmes fast feldfrei.

Für einen *magnetostatischen Schirm* gilt, daß in einer dicken Wand eines hochpermeablen Werkstoffes ein magnetischer Fluß entsteht, da jeder stromdurchflossene Leiter von einem Magnetfeld umgeben ist. Dieses Magnetfeld steigt proportional mit der Stromstärke und nimmt mit der Entfernung zum Leiter quadratisch ab. Für einen Hohlzylinder mit $d << r_i$ ergibt sich die in **Bild 5.47** dargestellte Schirmdämpfung für unterschiedliche Schirmwerkstoffe. Eine hohe Schirmdämpfung gegen magnetische Gleichfelder erreicht man mit hochpermeablen Werkstoffen hinreichender Materialdicke wie z.B. Eisenblech, Dynamoblech, Mu-Metall, Permalloy oder Hipernick (**Tafel 5.29**). Beim Verarbeiten der Werkstoffe sind die Vorschriften der Hersteller zu beachten, insbesondere die Glühvorschriften (z.B. Wärmebehandeln nach dem Verformen).

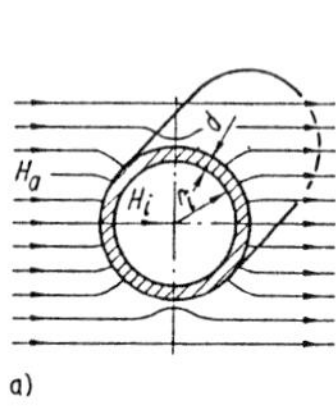

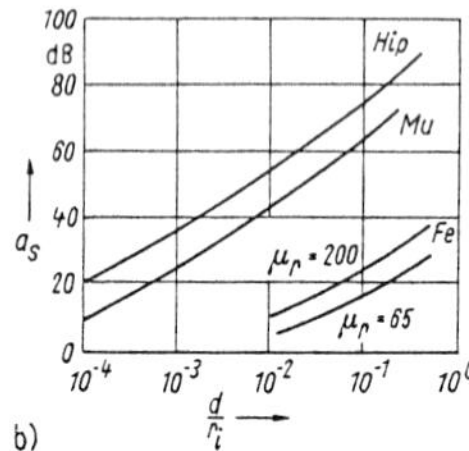

Bild 5.47 Dämpfung eines magnetostatischen Schirmes
a) Wirkung des Schirmes
b) Schirmdämpfung a_S eines Hohlzylinders
(Fe: Stahlblech; Mu: Mu-Metall 75 % Ni, 8 % Fe, 5 % Cu, 2 % C, μ_r = 20000; Hip: Hipernick 50 % Fe; 50 % Ni, μ_r = 100000)

Tafel 5.29 Leiterwerkstoffe für magnetische Abschirmbleche bei niedrigen Frequenzen [5.48]

Werkstoff	Materialzusammensetzung in Masse-% (Rest Fe)	ρ in μΩ · cm	μ_{rA}	$\mu_{r\,max}$
Dynamoblech I	0,5 bis 0,8 Si; <0,3 Mn; <0,1 C	20	150	≈ 4000
Dynamoblech III	2,4 bis 3 Si; <0,3 Mn; <0,08 C	45	≈ 300	≈ 6000
Dynamoblech IV	3,4 bis 4,5 Si; <0,3 Mn; <0,07 C	≈ 55	≈ 400	7000 bis 15000
Hipernick	≈ 50 Ni	46	≈ 5000	≈ 65000
Mu-Metall	76 Ni; 5 Cu; 2 Cr (0,8 Mn)	50 bis 62	10000 bis 20000	50000 bis 100000
Permalloy	78,5 Ni; 3 Mo	55	≈ 6000	≈ 80000

Schirmen von Wechselfeldern. In einem Schirm für *elektrische Wechselfelder* verursacht ein dielektrischer Verschiebungsstrom Potentialdifferenzen, d. h. im Schirminnenraum entstehen elektrische Feldstärken. Mit zunehmender Frequenz nimmt die Schirmdämpfung einer geschlossenen Schirmhülle zunächst ab, mit Eintritt des Skineffektes wieder zu. Für die konstruktive Gestaltung des Schirmes ist zu beachten, daß gut leitende Schirmmaterialien eingesetzt und kurze Zuleitungen verwendet werden. Einen Schutz gegen elektrische Felder oder eine kapazitive Entkopplung für alle Frequenzbereiche erreicht man durch dünne, gut leitende Bleche oder Metallfolien bzw. durch Drahtgitter oder Drahtnetze. Als Werkstoffe werden nichtmagnetische Leiterwerkstoffe wie Kupfer und Aluminium eingesetzt.

In einem *magnetischen Wechselfeld* werden im Schirm Spannungen induziert, die Wirbelströme zur Folge haben. Das magnetische Feld der Wirbelströme wirkt dem ursprünglichen elektrischen Feld entgegen. Die Wirbelströme bilden sich nur bis zu einer Eindringtiefe δ (auch äquivalente Schichtdicke) im Werkstoff aus:

$$\delta = 1/\sqrt{\pi f \mu \gamma}\,. \qquad (5.45)$$

Bei hohen Frequenzen ist die Stromverdrängung sehr stark, so daß der Strom mit Eintreten des Skin-Effekts ($\delta < d$) an der Außenseite des Schirmes fließt. Die Eindringtiefe, bei der die Stromdichte auf den Wert e^{-1} des Oberflächenwertes abgenommen hat, ist nach *Vilbig* in Abhängigkeit von der Frequenz für verschiedene Werkstoffe in **Tafel 5.30** angegeben. Die Frequenzabhängigkeit der wirksamen Schichtdicke δ verschiedener Metalle ist im **Bild 5.48a** dargestellt. Für die zu wählende Blechdicke gilt die Empfehlung $d \geq 3\delta$. Für die Schirmdämpfung einer leitenden Hohlkugel nach Bild 5.48b gilt beispielsweise

$$a_S = 20\lg\left[\left(\sqrt{2}/6\right)\left(r_i/\delta\right)e^{-d/\delta}\right]. \tag{5.46}$$

Tafel 5.30 Eindringtiefe verschiedener Werkstoffe für ausgewählte Frequenzen

f	δ in mm			
in Hz	Cu	Al	Fe	
50	9,44	12,3	$\mu_r = 200$	1,8
10^2	6,67	8,7		1,3
10^3	2,11	2,75		0,41
10^4	0,667	0,87		0,13
10^5	0,211	0,275	$\mu_r = 1$	0,36
10^6	0,0667	0,087		0,11
10^7	0,0211	0,0275		0,04
10^8	0,0067	0,0087		0,01
10^9	0,0021	0,0028		

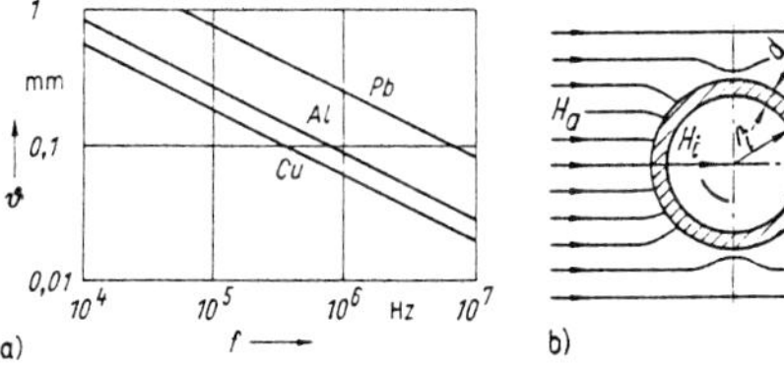

Bild 5.48
a) Wirksame Schichtdicke verschiedener Metalle in Abhängigkeit von der Frequenz
b) leitende Hohlkugel im magnetischen Wechselfeld

Je besser Wirbelströme in gut leitfähigen Schirmen fließen können, desto höher ist die Schirmdämpfung, die außerdem mit der Frequenz zunimmt und von der Wanddicke, der Leitfähigkeit, der Permeabilität und der Geometrie des Schirmes anhängt. Zweckmäßig sind dünne, elektrisch gut leitende nichtmagnetische Schirmbleche z.B. aus Kupfer oder Aluminium (**Tafel 5.31**).

Elektrisch gut leitende Werkstoffe schirmen Frequenzen im HF-Bereich und höher ab. Bei extrem hohen Frequenzen verbessern z. B. versilberte Trägerwerkstoffe wie Kupfer und Messing noch zusätzlich die elektrische Leitfähigkeit.

Tafel 5.31 Leiterwerkstoffe für Abschirmbleche bei magnetischen Wechselfeldern [5.48]

Werkstoff	γ in $m/(\Omega \cdot mm^2)$	ρ in 10^{-3} $(\Omega \cdot mm^2)/m$
Aluminium, weich	35,9	27,8
Aluminium, hartgewalzt	33,0	30,3
Eisen	10,4	86
Kupfer		
E-Cu F 20, weich	>57	<17,5
E-Cu F 37, hart	>55	<18,2
Messing		
Ms 60		58
Ms 63		65
Ms 67		64,5
Ms 72		59
Silber	61,3	16,3

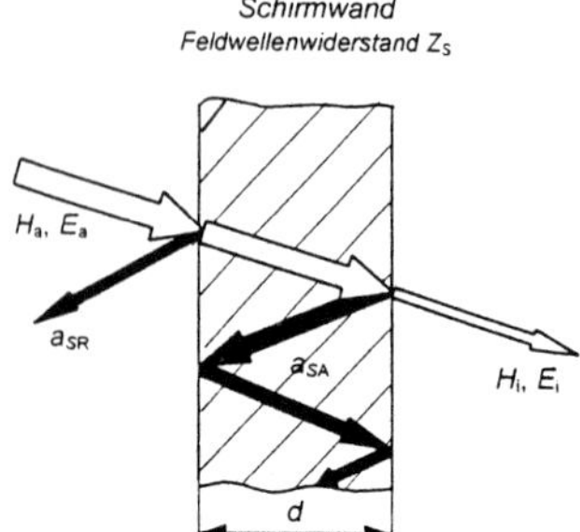

Bild 5.49 Schirmwirkung einer unendlich ausgedehnten Wand

5.5.3 Schirmwirkung nach dem Impedanzkonzept

Zur Ermittlung der Schirmwirkung ist es günstig, mit dem Impedanzkonzept nach *Schelkunoff* zu arbeiten, das auf einer Analogie zur Wanderwellenausbreitung auf elektrisch langen Zweidrahtleitungen beruht [5.39] [5.44]. Dabei beschreibt die Feldwellenimpedanz Z_w das Verhältnis E/H, und der Abstand $x = \lambda/(2\pi)$ zur Störquelle erlaubt die Einteilung in einen Nah- und Fernfeldbereich. Die Grenze zwischen Nah- und Fernfeld ist entscheidend von der Frequenz abhängig. Im Bereich des elektrischen Nahfeldes dominieren das elektrische oder auch das magnetische Feld, im Fernfeldbereich wirkt ein elektromagnetisches Wellen- oder Strahlungsfeld (s. auch Tafel 5.28).

Die Wirkung elektromagnetischer Schirme beruht auf der Kombination mehrerer physikalischer Erscheinungen. Trifft eine elektromagnetische Welle auf eine Metallwand, wird ein Teil der Welle reflektiert, ein anderer in der Wand durch Mehrfachreflexionen in Wärme umgewandelt, der Rest durchdringt das Medium und kennzeichnet die Störenergie (**Bild 5.49**). In der Metallwand verringert sich die Energie um den Anteil der Absorption. Die Schirmwirkung beruht also auf der Absorption der Feldenergie im Schirmmaterial (Absorptionsdämpfung a_{SA}) und der Reflexion der auftreffenden Wellen an der Schirmwand (Reflexionsdämpfung a_{SR}). Die gesamte Schirmdämpfung beträgt

$$a_S = a_{SA} + a_{SR} + K, \tag{5.47}$$

mit dem Korrekturwert K, der die mehrfachen Reflexionen innerhalb der Schirmwand berücksichtigt und bei einer Absorptionsdämpfung $a_{SA} > 10...15$ dB vernachlässigt wird.

Berechnungsgrundlagen für die Reflexions- und Absorptionsdämpfung unter Nah- bzw. Fernfeldbedingungen sind zugeschnittene Größengleichungen mit a_S in dB; d in mm; f in Hz; x in m; σ_r relative Leitfähigkeit, bezogen auf den Leitwert von Kupfer ($\sigma_{Cu} = 5{,}8$ S/m) [5.39]:

- *Reflexionsdämpfung* a_{SR}

  Magnetisches Nahfeld ($x < c/2\pi f$): $$a_{SR} = [15 - 10\lg(\mu_r/\sigma_r) + 20\lg x] + 10\lg f \tag{5.48}$$

  Elektrisches Nahfeld ($x < c/2\pi f$): $$a_{SR} = [202 - 10\lg(\mu_r/\sigma_r) - 20\lg x] - 30\lg f \tag{5.49}$$

  Elektromagnetisches Fernfeld ($x > c/2\pi f$): $$a_{SR} = [168 - 10\lg(\mu_r/\sigma_r)] - 10\lg f \tag{5.50}$$

- *Absorptionsdämpfung* a_{SA}

  Nah- und Fernfeldbereich: $$a_{SA} = \left[0{,}1314\, d\sqrt{\mu_r \sigma_r}\right]\sqrt{f}\,. \tag{5.51}$$

Die sich daraus ergebende prinzipielle Frequenzabhängigkeit der Gesamtschirmdämpfung für den Nah- und Fernfeldbereich zeigt **Bild 5.50**. Die *Absorptionsdämpfung* ist von der Frequenz der einfallenden Welle, der Dicke d des Schirmes bezogen auf die Eindringtiefe δ nach Gl. (5.45), dem Leitwert σ und der Permeabilität μ des Schirmwerkstoffes abhängig. *Reflexionen* entstehen bei allen Inhomogenitäten der Impedanz an den Grenzflächen des Schirmes. Elektrische Felder werden vorwiegend an der Vorderseite reflektiert, während magnetische Felder an der Rückseite des Schirmes und innerhalb des Schirmbereiches mehrfach reflektiert werden.

Die Schirmwirkung eines Gehäuses hängt im wesentlichen vom verwendeten Werkstoff und der konstruktiven Gestaltung ab. Die Wirksamkeit des Schirmes wird durch schlecht leitende Verbindungen,

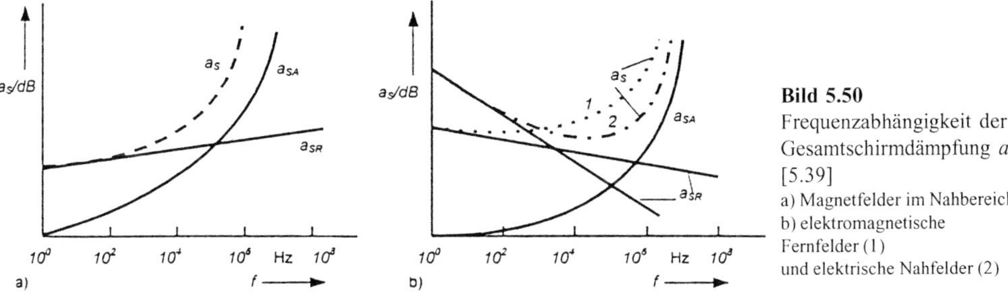

Bild 5.50 Frequenzabhängigkeit der Gesamtschirmdämpfung a_S [5.39]
a) Magnetfelder im Nahbereich
b) elektromagnetische Fernfelder (1) und elektrische Nahfelder (2)

Öffnungen und Durchbrüche erheblich beeinflußt. Weitere Darlegungen zur konstruktiven Realisierung von Schirmen, deren Dimensionierung und Auswahl von Schirmwerkstoffen s. Abschn. 5.6.

Ausgewählte Normen und Richtlinien zu Abschn. 5.5 s. Tafel 5.56.

5.6 Thermisch- und EMV-gerechte Konstruktion

[5.16] [5.38] bis [5.49] [5.120] bis [5.127]

Zeichen, Benennungen und Einheiten

A	Fläche in m²
K	Wärmedurchgangskoeffizient in W/(m²·K)
E	elektrische Feldstärke in V/m
H	magnetische Feldstärke in A/m
M	Gegeninduktiviät in µH
P	elektrische Leistung in W
Q	Wärmemenge in W·s, J
R	Wärmewiderstand in K/W
T	Temperatur in K
$\dot{V}$	Volumenstrom in m³/s
a	Dämpfung in dB, Abstand in mm
c_p	spezifische Wärmekapazität bei konstantem Druck in J/(kg·K)
d	Durchmesser in mm
f	Frequenz in Hz
l	Spaltlänge, Länge in m
n	Anzahl
p	Perforationsgrad
r	Radius in mm
s	Stegbreite, Schirmdicke, Wanddicke in mm
w	Lochweite in mm
Ψ	Belüftungsfaktor in %
α	Wärmeübergangskoeffizient in W/(m²·K)
γ	elektrische Leitfähigkeit in S/m
$\Delta\vartheta$, ΔT	Temperaturdifferenz in K
ϑ	Temperatur in °C, wirksame Schichtdicke in mm
λ	Wellenlänge in µm
μ	magnetische Permeabilität in H/m
ρ	Dichte in g/m³, spezifischer Widerstand in Ω·mm²/m

Indizes

K	Konvektion
L	Leitung
S	Strahlung, Schirm
V	Verlust
W	Wand
a	außen
g	Gehäuse, Grenz
ges	Gesamt
i	innen
m	Mittelwert
o	Summe aller Durchbrüche
r	Relativ
z	Zylinder

Das thermische und EMV-gerechte Design eines elektrischen oder elektronischen Produktes ist bereits zu Entwicklungsbeginn zu berücksichtigen. Grundlage für die folgenden Betrachtungen ist der konstruktive Aufbau (s. auch Abschn. 3.2) mit den Hierarchieebenen Chip, elektronisches Bauelement, Baugruppe, Einschub und Gerät oder Schrank, der durch die Wechselwirkung von Abschirmung und Entwärmung sowie die Verbindungstechnologie entscheidend beeinflußt wird. Weiterhin sind die Abmessungen, die notwendige Schutzart und die Werkstoffauswahl für die Umhüllung bzw. das Gehäuse wichtige Kriterien. Nachfolgend werden konstruktive Maßnahmen zur thermischen und EMV-gerechten Dimensionierung und Gestaltung aufgezeigt.

5.6.1 Thermische Gerätedimensionierung

Die Geräteinnentemperatur ist von der in Wärme umgesetzten Verlustleistung P_V im Gerät sowie von der Anordnung der Wärmequellen abhängig und entspricht einem räumlichen Temperaturfeld. Der Wärmezustand gilt als normal, wenn die Temperatur der einzelnen Bauelemente unter Betriebsbedingungen die höchstzulässigen Werte nicht überschreitet. Die Übertragung der Wärme erfolgt durch die drei bekannten Methoden Wärmeleitung, Wärmestrahlung und Konvektion.

Die Wirksamkeit der Wärmeübertragung unter normalen Umgebungsbedingungen wird entscheidend durch die Konvektion bestimmt und damit vom Wärmeübergangskoeffizienten α_K (s. Bild 5.33). Nach dem Kühlverfahren unterscheidet man die in **Tafel 5.32** zusammengestellten Möglichkeiten der Wärmeabführung.

Tafel 5.32 Maßnahmen zur Wärmeabführung

Wärmeleitung	Luftkühlung	Flüssigkeitskühlung	Sonstige Kühlverfahren
· Wärmeleitende Flächen · Berippte Flächen · Kühlkörper	Freie Konvektion und Strahlung · Perforationen · Strömungskanäle · Kaminwirkung · Oberflächengestaltung	Indirekte Flüssigkeitskühlung · Kühlkissen · Heat Pipes · geschlossene Rohrleitungssysteme	thermoelektrische Erscheinungen, z. B. Peltierelemente
	Erzwungene Konvektion · Lüftereinsatz · Prallstrahlkühlung · Wärmetauscher · Kühlaggregate	Verdampfungskühlung Direkte Flüssigkeitskühlung	

5.6.1.1 Wärmeabführung durch freie Konvektion mit Luft

Die Ausnutzung der natürlichen oder freien Konvektion der Luft ist das einfachste Kühlverfahren.

In einem *geschlossenen Geräteinnenraum* entstehen zwischen den Bauelementen und Baugruppen umlaufende, oft komplizierte Luftströmungen, die von der Geometrie des Raums und vom Temperaturgefälle abhängig sind. Die Konvektion beträgt dabei näherungsweise 1/3 der des Außenraums, bezogen auf gleiche kritische Abmessungen und gleiche Temperaturunterschiede. In engen Spalten ($a < 5$ mm) bildet sich im geschlossenen Raum keine Eigenkonvektion aus; es ist nur noch reine Wärmeleitung vorhanden. Aus einem geschlossenen Gehäuse erfolgt die Wärmeabführung von den Bauelementen durch Konvektion und teilweise durch Strahlung zur Gehäusewand, die Wärme gelangt durch Leitung durch die Gehäusewand zur Gehäuseoberfläche und wird durch Konvektion und Strahlung von der Gehäusewand an die Umgebung abgegeben.

Nachfolgend sollen näherungsweise die wärmetechnisch bedingten Geräteabmessungen bei geschlossenem Gehäuse betrachtet werden. Die Wärmequellen seien so im Gerät angeordnet, daß eine möglichst gleichmäßige Wärmebelastung von Gerät und Gehäuse vorhanden ist. Bei der wärmetechnischen Gerätedimensionierung ist von Interesse, welche Verlustleistung P_V bei einer maximal zulässigen Geräteinnentemperatur aus dem Gerät abgeführt werden kann. Eine vereinfachte Ableitung für den Gehäuseersatzwiderstand R_g, der sich aus zahlreichen Teilwiderständen im Innen- und Außenraum zusammensetzt, ist im **Bild 5.51** dargestellt. Dabei ist jeder Gehäusefläche ein innerer, ein Leit- und ein äußerer thermischer Widerstand zugeordnet. Bei einem Metallgehäuse kann der Wärmeleitungswiderstand R_L vernachlässigt werden. Die Teilwiderstände sind zum Wärmedurchgangswiderstand des Gehäuses R_g zusammengefaßt.

Nach dem thermischen Ersatzschaltbild (s. Bild 5.51) gilt

$$R_{gn} = \frac{1}{\alpha_{gn} A_{gn}} \tag{5.52}$$

$$= R_{in} + R_{Wn} + R_{an} \tag{5.53}$$

$$= \frac{1}{(\alpha_{Sin} + \alpha_{Kin}) A_{gn}} + \frac{1}{\alpha_{LWn} A_{gn}} + \frac{1}{(\alpha_{San} + \alpha_{Kan}) A_{gn}} \tag{5.54}$$

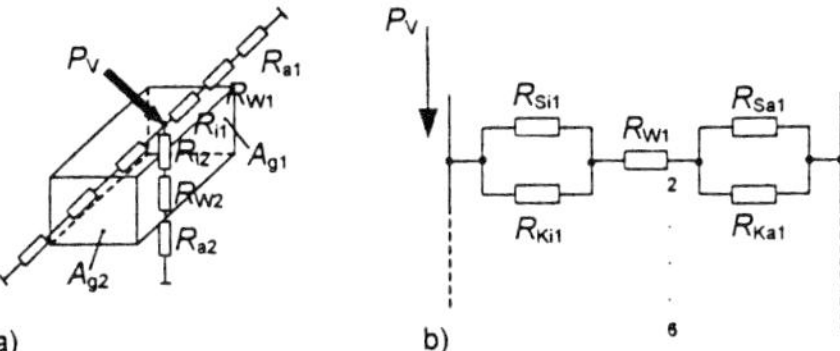

Bild 5.51 Thermisches Ersatzschaltbild eines Gerätes

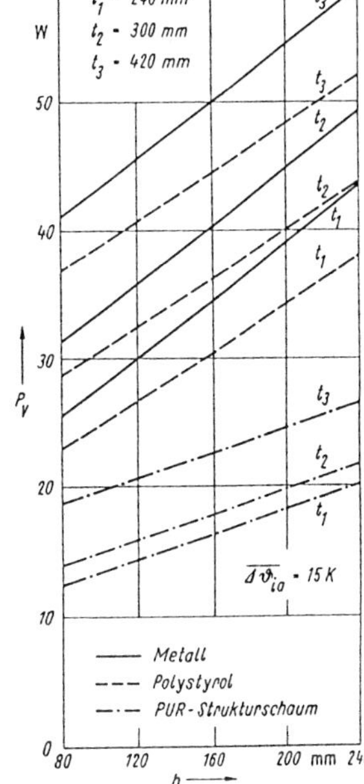

Bild 5.52
Abführbare Verlustleistung bei geschlossenen Gehäusen für ausgewählte Abmessungen (Gehäusebreite 480 mm)

mit

$$R_{\text{g,ges}} = R_{\text{g,1}} \| R_{\text{g,2}} \| \ldots R_{\text{g,6}} \tag{5.55}$$

und

$$R_{\text{S}} \| R_{\text{K}} = \frac{1}{(\alpha_{\text{S}} + \alpha_{\text{K}}) A_{\text{g}}}. \tag{5.56}$$

Bei gleichem Emissionsvermögen im Innen- und Außenraum kann man näherungsweise setzen (gleiche Oberflächenbeschaffenheit):

$$\alpha_{\text{Si}} \approx \alpha_{\text{Sa}} \approx \alpha_{\text{S}}. \tag{5.57}$$

Nach einer Vereinfachung in [5.38] ist weiterhin

$$\alpha_{\text{Ki}} \approx \alpha_{\text{Ka}} \approx \alpha_{\text{K}}. \tag{5.58}$$

Damit wird der Gehäuseersatzwiderstand für ein geschlossenes Metallgehäuse näherungsweise

$$R_{\text{g}} = \frac{2}{(\alpha_{\text{S}} + \alpha_{\text{K}}) A_{\text{g}}} \tag{5.59}$$

und die Temperaturdifferenz zwischen Geräteinnen- und -außenraum

$$\overline{\Delta\vartheta_{\text{ia}}} = \frac{2 P_{\text{V}}}{(\alpha_{\text{S}} + \alpha_{\text{K}}) A}. \tag{5.60}$$

Bei Berechnung eines Kunststoffgehäuses läßt sich der Wärmeleitwiderstand R_{L} nicht vernachlässigen. Mit $R_{\text{L}} = s/(\lambda A) = 1/(\alpha_{\text{L}} A)$ ergibt sich aus Gl. (5.60)

$$\overline{\Delta\vartheta_{\text{ia}}} = \frac{P_{\text{V}}}{A} \left(\frac{2}{\alpha_{\text{K}} + \alpha_{\text{S}}} + \frac{1}{\alpha_{\text{L}}} \right). \tag{5.61}$$

In **Bild 5.52** ist die abführbare Verlustleistung P_{V} für ausgewählte Gehäuseabmessungen in Abhängigkeit von der Gerätehöhe h dargestellt.

Bei einem *belüfteten Gerät*, das mit geeigneten Lüftungsöffnungen im Gehäuse versehen ist, findet im Geräteinnenraum eine erhöhte Eigenkonvektion statt. Diese Konvektion ist von Art, Größe und Anordnung der Lüftungsöffnungen im Gehäuse und der Lüftungskanäle im Gerät abhängig. Eine

Bestimmung der Größe dieser Konvektion ist sehr schwierig und rechnerisch fast unmöglich. Zur Erfassung der Wirkung der Belüftung beim belüfteten Gerät wurde deshalb der Belüftungsfaktor Ψ eingeführt [5.38]:

$$\Psi = (2A_L/A_{ges})\ 100\ \%\ , \qquad (5.62)$$

wobei A_L der wirksame Gesamtquerschnitt der Strömungskanäle und A_{ges} die gesamte Oberfläche des unbelüfteten Gehäuses sind. Der Belüftungsfaktor kann im Bereich $2\ \% < \Psi < 25\ \%$ liegen; eine Vergrößerung von über 25 % bringt keine wirksame Verbesserung.

Durch verstärkte Konvektion gegenüber geschlossenen Gehäusen wird bei belüfteten Geräten ein Teil der Wärme durch Konvektion von der Wärmequelle direkt aus dem Gerät abgeführt. Die Wärmeabführung ist von der Größe und Anordnung der Lüftungskanäle abhängig. Eine mathematische Erfassung der Wärmeabführung bei einem belüfteten Gerät erfolgt über den Belüftungsfaktor Ψ nach Gl. (5.62). Ψ ist nach [5.38] eine Funktion der Verlustleistung P_V, der Gehäuseoberfläche und der Geräteinnentemperatur. Als Näherungslösung erhält man:

$$\sqrt{\Psi} = 0{,}9\left[P_V/\left(A\alpha_K\Delta\vartheta_{ia}\right)\right]. \qquad (5.63)$$

Die Berechnung von α_K ist sehr kompliziert, da auf diesen Wert viele Einflußgrößen einwirken. Näherungswerte für verschiedene Werte α_K sind in Bild 5.33 angegeben. Für ein perforiertes Gehäuse wird der Wärmedurchgangskoeffizient des Gehäuses K_g über

$$K_g = \alpha^*/\left[1+1/\left(1+0{,}5\sqrt{\Psi}\right)\right] \qquad (5.64)$$

mit $\alpha^* = \alpha_K\left(\sqrt{\Psi}+1\right)+\alpha_S$ berechnet. Für die abführbare Verlustleistung P_V^* aus einem belüfteten Gerät gilt die Gleichung

$$P_V^* = \frac{\alpha^* A_g \overline{\Delta\vartheta_{ia}^*}}{1+1/\left(1+0{,}5\sqrt{\Psi}\right)}\ . \qquad (5.65)$$

Das Verhältnis P_V^*/P_V ist für verschiedene Gehäusewerkstoffe im **Bild 5.53** dargestellt.

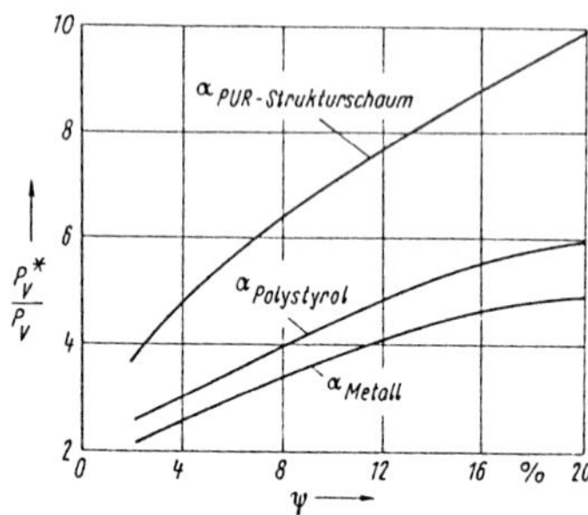

Bild 5.53 Verhältnis der abführbaren Verlustleistung eines belüfteten Gehäuses zu der eines geschlossenen Gehäuses

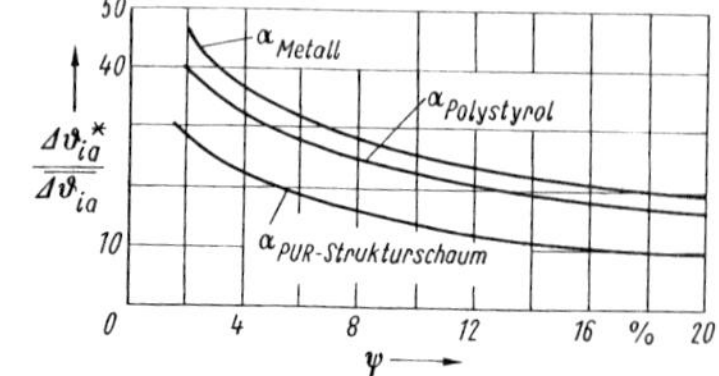

Bild 5.54 Verhältnis der Temperaturdifferenz Innenraum – Außenraum eines belüfteten Geräts zum unbelüfteten Gerät in Abhängigkeit vom Belüftungsfaktor

Die Temperaturdifferenz $\overline{\Delta\vartheta_{ia}^*}$ zwischen Innen- und Außenraum eines belüfteten Gerätes berechnet sich nach

$$\overline{\Delta\vartheta_{ia}^*}(\Psi) = \frac{P_{VW}(\Psi)}{A(\Psi)}\left(\frac{1}{K_M}+\frac{1}{\alpha_L}\right). \qquad (5.66)$$

Bild 5.54 enthält das Verhältnis $\overline{\Delta\vartheta_{ia}^*}/\overline{\Delta\vartheta_{ia}}$ eines belüfteten Geräts zu einem unbelüfteten in Abhängigkeit vom Belüftungsfaktor. Bei Annahme eines Wärmestroms $q = 200\ \text{W/m}^2$ (für elektronische

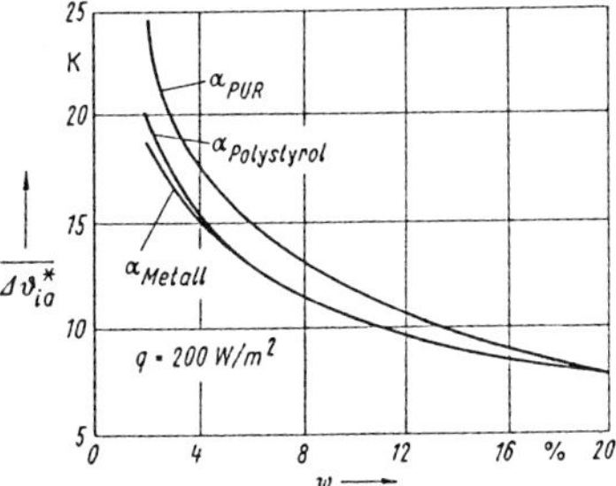

Bild 5.55 Maximale Temperaturdifferenz bei perforierten Gehäusen in Abhängigkeit vom Werkstoff

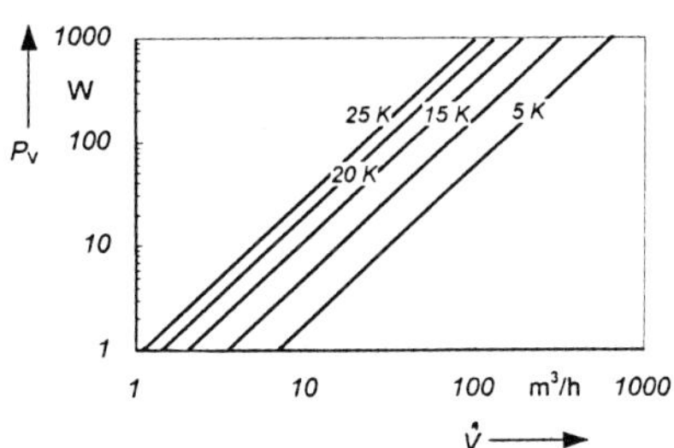

Bild 5.56 Volumenstrom bei vorgegebener Temperaturerhöhung der Kühlluft

Geräte ist dies eine hohe Oberflächenbelastung) ergeben sich für verschiedene Werkstoffe die im **Bild 5.55** dargestellten maximalen Temperaturdifferenzen. Aus dem Diagramm geht hervor, daß mit zunehmendem Belüftungsfaktor der Gehäusewerkstoff kaum noch einen Einfluß auf die abführbare Verlustleistung hat.

5.6.1.2 Wärmeabführung durch erzwungene Konvektion mit Luft

Bei höheren Packungsdichten, bedingt durch die fortschreitende Integration und Miniaturisierung der elektronischen Bauelemente, ist die natürliche Konvektion oft nicht ausreichend, es kommt zur Überschreitung der maximal zulässigen Geräteinnentemperatur. Einen Ausweg bietet die Zwangskonvektion durch Einsatz von Lüftern. Der Wärmeübergang von einer Wand zur Luft erfolgt auch hier durch Wärmeleitung. Der durch Zwangskonvektion abgeführte Wärmestrom Φ_Z beträgt

$$\Phi_Z = \alpha_Z A \overline{\Delta\vartheta}_{Wm} \,. \tag{5.67}$$

Während man bei freier Konvektion einen Wert $\alpha_K \approx 5$ W/(m²·K) erreichen kann, liegt α_K bei erzwungener Konvektion zwischen 20 und 120 W/(m²·K). Eine Sonderform der Zwangskonvektion ist die Prallstrahlkühlung, bei der durch zielgerichtete Anströmung der Bauelemente mit einem gerichteten Luftstrahl über Spezialkassetten mit Düsensystem der Wärmeübergang verbessert wird. Bei guter Ausführung und Anpassung an die jeweiligen Baugruppen erreicht man α_K-Werte zwischen 300 und 500 W/(m²·K).

Voraussetzung für die Bestimmung des Wärmeübergangs bei erzwungener Konvektion mit Luft sind definierte Strömungsverhältnisse im Gerät zwischen den Leiterplatten und Baugruppeneinheiten. Um das gesamte Volumen der durchströmenden Luft zur Wärmeabführung zu nutzen, müssen Strömungskanäle ausgebildet werden, und durch Abdichten ist Nebenluft zu vermeiden.

In Abhängigkeit von der Anordnung der Lüfter im Gerät oder überwiegend in Anlagen kann man Druck- und Sauglüftung unterscheiden. Bei *Drucklüftung* wird der Lüfter im Boden der Anlage eingebaut und treibt die Luft durch die Anlage. Durch Nebenluft bzw. Undichtheiten kommt es mit zunehmender Höhe zu einem Abfall der Geschwindigkeit bzw. des Volumenstroms der Luft. Infolgedessen werden die Bauelemente im oberen Teil der Anlage schlechter gekühlt. Bei *Sauglüftung* wird im Deckenbereich der Anlage der Lüfter eingebaut und saugt die Kühlluft durch die Anlage. Undichtheiten bewirken ein Ansaugen von Nebenluft, wobei die angesaugte Nebenluftmenge mit der Höhe zunimmt. Die Geschwindigkeit bzw. der Volumenstrom der Luft ist am Kanaleintritt am geringsten. Häufig wird eine Kombination von Druck- und Sauglüftung angewendet. Dabei wirkt bis etwa zur halben Höhe des Strömungskanals die Drucklüftung und im oberen Bereich die Sauglüftung.

Bei der *Lüfterauswahl* sind sehr unterschiedliche Einflüsse zu berücksichtigen. Zu bestimmen sind die abzuführende Wärmemenge, die zulässigen Temperaturen sowie der erforderliche Volumenstrom nach der Gleichung

$$\dot{V} = Q/(\rho\, c_p\, \Delta T). \tag{5.68}$$

Den Volumenstrom für eine vorgegebene Temperatur der Kühlluft nach Gl. (5.68) beschreibt **Bild 5.56**. Außerdem ist der Arbeitspunkt, d. h. der Schnittpunkt der Lüfter- und der Gerätekennlinie festzulegen.

Den unterschiedlichen Kennlinienverlauf von Axial-, Radial- und Querstromlüftern zeigt **Bild 5.57**. Daraus geht hervor, daß bei Radiallüftern bei einem geringeren Volumenstrom ein großer Förderdruck, bei Querstromlüftern dagegen ein großer Volumenstrom bei einem kleinen Förderdruck erzielt wird. Am verbreitetsten ist die Anwendung von Axiallüftern, wobei man oft mehrere Lüfter in einer Anlage kombiniert. Bei einer Kombination von Saug- und Drucklüftung sind die Lüfter in Reihe geschaltet, und die Förderdrücke addieren sich bei konstantem Volumenstrom, während Lüfter nebeneinander angeordnet einer Parallelschaltung entsprechen und sich bei gleichem Förderdruck die Volumenströme addieren. Für Gestelle und Schränke beispielsweise gibt es Lüftereinheiten mit drei Axiallüftern, die nebeneinander montiert und als Einschub im Schrank angeordnet werden können. Radiallüfter kommen beispielsweise in Gestellen zum Einsatz, wenn eine Belüftung mit hohem Strömungswiderstand möglich ist.

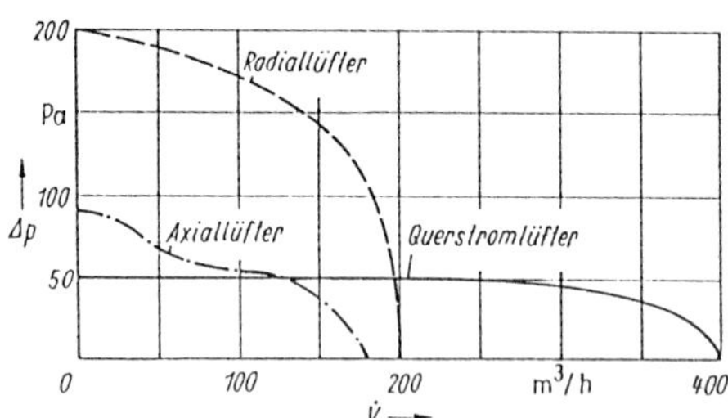

Bild 5.57 Typische Kennlinien verschiedener Lüfter

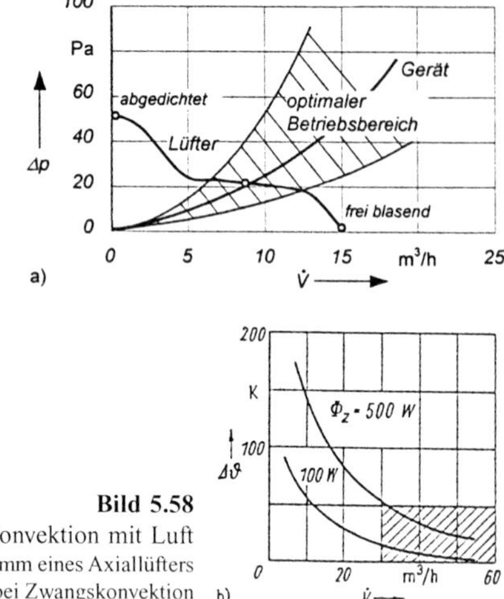

Bild 5.58
Erzwungene Konvektion mit Luft
a) Leistungsdiagramm eines Axiallüfters
b) Einfluß des Volumenstroms bei Zwangskonvektion

Die Gerätekennlinie, die zur Festlegung des Arbeitspunkts eines Lüfters notwendig ist, hängt von der konstruktiven Gestaltung des inneren Geräteaufbaus ab. Mit steigender Anzahl der Einschübe wächst der Strömungswiderstand, wodurch bei gleicher Lüfteranordnung der Volumenstrom abnimmt. Die Strömungswiderstände werden weiterhin von der Bauelementebestückung und dem Leiterplattenabstand bestimmt. Die Gerätekennlinie kann durch Messen und Berechnen über die Luftstrom-Netzwerk-Methode oder mit CFD (Computational Fluid Dynamics)-Programmen ermittelt werden.

Der Lüfterarbeitspunkt wird im Schnittpunkt der Lüfter- und Gerätekennlinie festgelegt. Ein Arbeitspunkt rechts vom Scheitel- bzw. Wendepunkt der Kennlinie garantiert, daß Förderdruck und -volumen einer Lüfterkombination mindestens gleich dem Druckabfall und dem benötigten Volumenstrom sind. **Bild 5.58a** gibt den Betriebsbereich an, in dem der Lüfter optimal hinsichtlich Wirkungsgrad und Geräuschpegel arbeitet (z. B. 32 dB bei 50 Hz). Aus Bild 5.58b geht hervor, daß ein Erhöhen des Volumenstroms nur bis zu dem angegebenen Grenzbereich einer Temperaturänderung $\Delta\vartheta$ sinnvoll ist.

Der zuverlässige Betrieb des Lüfters erfordert *Filter* zum Reinigen und Entfeuchten der eindringenden Luft. Filter halten Staubpartikel zurück und gleichen Turbulenzen der Luftströmung aus. Metallfilter schirmen außerdem das elektromagnetische Feld ab. Bei der Dimensionierung eines Lüfters ist zu beachten, daß durch Filter ein zusätzlicher Druckverlust entsteht, der durch etwa 10 % Reserve beim Bestimmen des Volumenstroms zu berücksichtigen ist. Die Verschmutzung der Filter muß kontrolliert werden, ein regelmäßiges Warten ist notwendig. In moderne Lüftereinschübe sind Temperatur- oder Strömungswächter integriert.

In Anlehnung an Gl. (5.68) beträgt die abführbare Verlustleistung P_V für Zwangskonvektion mit einem Filterlüfter aus einem elektronischen Gerät mit der Temperaturdifferenz ΔT zwischen Lufteintritts- und Luftaustrittsöffnung

$$P_V - P_S = \dot{V} \rho \; c_p \Delta T. \tag{5.69}$$

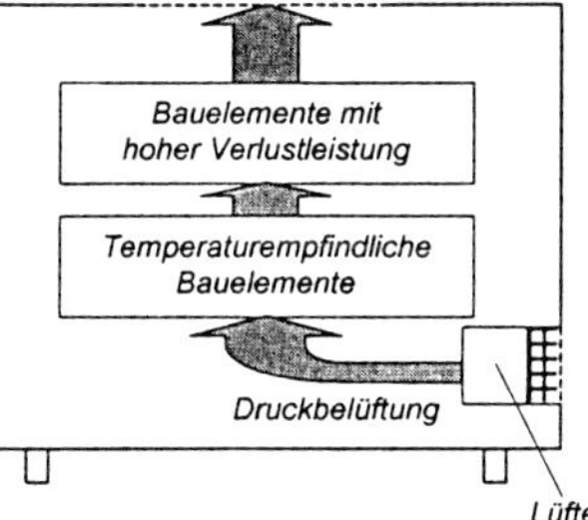

Bild 5.59 Gerätekonzept bei erzwungener Konvektion

Die Verlustleistung P_S berücksichtigt den vom Gehäuse abgestrahlten Wärmestrom. Für den Volumenstrom ergibt sich

$$\dot{V} = f(h)\frac{P_V - P_S}{\Delta T}, \tag{5.70}$$

wobei ρ von der Temperatur und der Höhe und c_p und f(h) von der Betriebshöhe des Gerätes abhängen. Für Überschlagsrechnungen gilt die vereinfachte zugeschnittene Größengleichung

$$\dot{V} \text{ in m}^3 = 3\, P_V \text{ in W}/\Delta T \text{ in K}. \tag{5.71}$$

Bild 5.59 zeigt einen Vorschlag für das Gerätekonzept bei erzwungener Konvektion mit Druckbelüftung. Der Lüfter mit Filter wird im unteren Geräteteil angeordnet. Die Baugruppen sind so aufzubauen, daß die Querschnittsfläche für die Strömung beim Durchfluß der Luft ausreichend ist und die Strömung durch Kanalverengungen so wenig wie möglich behindert wird. Günstig ist, wenn die Belüftungsflächen für den Luftaustritt größer als die Lufteintrittsflächen sind.

5.6.1.3 Wärmeabführung durch Flüssigkeitskühlung

Die Wärmeabfuhr hoher Verlustleistungsdichten, die beispielsweise bei hochintegrierten Schaltkreisen Werte bis 2 W/cm² erreichen, erfolgt durch Flüssigkeitskühlung. Bei der direkten Flüssigkeitskühlung umgibt die Kühlflüssigkeit die Bauelemente oder Baugruppen unmittelbar, während bei der indirekten Flüssigkeitskühlung die Verlustwärme über gut wärmeleitende Materialien zur Flüssigkeit geführt wird [5.31] [5.120].

Die *direkte Flüssigkeitskühlung* stellt hohe Anforderungen an die elektrischen, thermischen, physikalischen und chemischen Eigenschaften einer Flüssigkeit. Angewendet werden Flüssigkeiten auf der Basis von Freon und Silicon. Der Wert des zu erwartenden Wärmeübergangskoeffizienten α liegt bei 200 W/(m²· K). Der direkte Kontakt der Elektronik mit der Flüssigkeit, der kompakte Aufbau, der eingeschränkte Zugang zu den Bauelementen und die aufwendige Rückkühlung der Flüssigkeit eines solchen Kühlsystems sind Gründe, daß diese Methode kaum eingesetzt wird.

Konstruktiv günstiger, aber auch aufwendiger ist die *indirekte Flüssigkeitskühlung* mit natürlicher oder erzwungener Konvektion. Ein praktisches Beispiel für die Nutzung der freien Konvektion einer Fluor-Carbon-Flüssigkeit zur Wärmeabfuhr sind Kühlkissen, die auf einer Leiterplatte angeordnet werden. Bei erzwungener Konvektion wird die Kühlflüssigkeit durch ein spezielles Kanal- oder Rohrsystem, das als Mikrokühlsystem in das Bauelement oder die Leiterplatte integriert ist, an das zu kühlende Element transportiert. Die Flüssigkeit wird über einen gesonderten Kreislauf durch die Anlage geführt und in der Regel in außerhalb der Anlage angeordneten Wärmetauschern gekühlt.

Sonderfälle der Flüssigkeitskühlung sind die Siede- und Kondensationskühlung. Ein Anwendungsbeispiel hierfür ist das Wärmerohr (heat-pipe). Ein evakuiertes Rohr, gefüllt mit etwas Flüssigkeit, wird auf einer Seite erwärmt, bis die Flüssigkeit siedet. Der entstehende Dampf kondensiert am anderen kühleren Ende des Rohres, und damit entsteht zwischen beiden Enden ein intensiver Wärmestrom. Eine spezielle Auskleidung der Rohrinnenwand mit Keramik, Glas- bzw. Metallfasern oder Asbestgeweben bewirkt durch die einsetzende Kapillarwirkung einen Rücktransport der Flüssigkeit zur verdampfenden Seite. Die Wärmeleitfähigkeit des Wärmerohrs liegt in der Größenordnung von $\lambda = 10^5$ W/(m · K) und damit weit über der des besten metallischen Wärmeleiters, dem Silber mit $\lambda = 410$ W/(m· K). Durch Kapillarwirkung im evakuierten Rohr ist dieses lageunabhängig; die Länge kann jedoch nicht unbegrenzt vergrößert werden. Anwendung findet das Wärmerohr zur Wärmeableitung an schwer zugänglichen Stellen und für konzentrierte Wärmequellen, wo hohe Wärmestromdichten abzuführen sind. Sinnvoll ist die Anwendung beispielsweise zur Wärmeableitung von leistungsintensiven Bauelementen wie Thyristoren, integrierten Schaltkreisen oder auch Transformatoren. Wärmerohre werden als Standardbauelemente für rohr- und plattenförmigen Einsatz industriell gefertigt. Ihr gegenwärtiger Nachteil sind die hohen Kosten.

5.6.1.4 Wärmeabführung durch thermoelektrische Erscheinungen

Thermoelektrische Effekte sind das Joulesche Gesetz, der Seebeck-, der Peltier-Effekt u. a. Praktische Bedeutung für die Kühlung eines elektronischen Geräts hat das Peltier-Element. Wenn über eine Verbindung (elektrischer Kontakt, Lötstelle), die aus zwei unterschiedlichen Materialien besteht, ein Strom fließt, kommt es in Abhängigkeit von der Stromrichtung zur Erwärmung oder Abkühlung. Bei einem Peltier-Element (**Bild 5.60**) besteht die Verbindung aus Halbleiterübergängen (pn-Übergänge), die zur Erhöhung der abführbaren Verlustleistung thermisch parallelgeschaltet werden können. Diese Elemente arbeiten mit sehr kleinen Betriebsspannungen ($U_B < 1$ V) und sehr großen Strömen ($I_B > 10$ A). Diese Speisung muß durch separate, elektrisch ungünstige Netzteile erfolgen und bringt damit einen entscheidenden Nachteil der Peltier-Elemente.

▶ **Beispiel:** Spezielle CPU-Lüftereinheiten für Pentium II-Prozessoren bestehen aus einem Kühlkörper mit einem thermoelektrischen Modul und zwei oder drei Miniaturlüftern und können eine Verlustleistung P_V bis etwa 125 W abführen. Der Peltierkühler aus Wismut-Tellurid hat eine hohe Wärmeleitfähigkeit λ von der heißen zur kalten Seite der Anordnung.

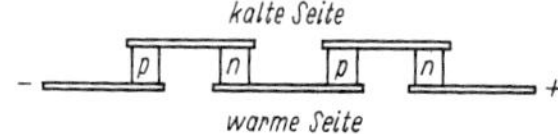

Bild 5.60 Aufbau eines Peltier-Elements

5.6.1.5 Wärmeausgleichende Konstruktion

Aus Gründen der Zuverlässigkeit eines Geräts oder einer Anlage muß bereits in einem frühen Entwicklungsstadium das günstigste Kühlverfahren ausgewählt werden. Kriterien sind die umgesetzte Verlustleistung, die Umgebungsbedingungen und die höchsten zulässigen Bauelementetemperaturen. Die abgeführte Verlustleistung ist, wie oben dargelegt, vom Wärmeübergangskoeffizienten α_K abhängig. Charakteristische Werte für die betrachteten Kühlverfahren sind die in Bild 5.33 angegebenen Wärmeübergangskoeffizienten. Für Produkte der Feinwerktechnik ist i. allg. die Konvektion von Luft das dominierende Kühlverfahren. Richtwerte für die abführbare Verlustleistung enthält **Tafel 5.33**. Für eine wärmetechnisch günstige Gerätegestaltung sind folgende Richtlinien zu beachten:

- Für die *Anordnung der Wärmequellen* in einem Gerät gilt, daß das Temperaturfeld von den Strömungsbedingungen abhängig ist. Experimentelle Untersuchungen [5.38] mit unterschiedlich angeordneten Wärmequellen und veränderter Gerätehöhe lassen folgende Schlußfolgerungen zu:
  - Bei in der Nähe der Deckfläche angebrachten Wärmequellen sind sowohl die Temperatur der Deckfläche als auch die der Wärmequelle am höchsten. Je tiefer die Wärmequelle im Gehäuse angeordnet wird, um so mehr verringern sich diese beiden Temperaturen. Der Vorteil von Wärmequellen im oberen Gehäuseteil ist der im unteren Gehäuseteil vorhandene Bereich niedriger Geräteinnentemperatur. Das gilt sowohl für das hohe als auch für das flache Gerät mit geschlossenem oder belüftetem Gehäuse.
  - Bei Gehäusen mit einer kleinen Bauhöhe (bei konstanten Oberflächen bzw. Volumina) sind die Übertemperaturen der Wärmequelle, des Gehäuses und des Geräteinnenraums niedriger als bei Gehäusen mit großer Bauhöhe. Der in der Praxis oft genannte Effekt der „Kaminwirkung“, bei dem aufgrund des Dichteunterschieds der Luft ein besonderer Auftrieb erfolgt, ist bei kleinen Geräten nicht vorhanden, sondern wird erst in größeren Anlagen (Mindesthöhe 0,3 m) wirksam.
- *Leiterplatten* können grundsätzlich horizontal, vertikal oder als Leiterplattenstapel im Gerät angeordnet werden (s. Abschn. 6.1).

  Bei kleinen Geräten in Komplettbauweise (s. Abschn. 3.2) ist die horizontal angeordnete Leiterplatte thermisch günstig, wenn das Verhältnis Gerätehöhe zu Breite kleiner ist als 0,6. Wird ein perforiertes Gehäuse erforderlich ($q > 80$ W/m^2), so ist auch eine waagerecht angeordnete Leiter-

Tafel 5.33 Beispiele mit Richtwerten für die abführbare Verlustleistung bei freier Konvektion von Luft

Gehäuse	Kühlverfahren	Abmessung in mm	$\Delta\vartheta_{ia}$ in K	Abführbare Verlustleistungsdichte in W/dm³
Geschlossen	freie Konvektion	130 x 430 x 280	20	2
		1800 x 600 x 600	20	0,5
Perforiert	freie Konvektion	130 x 430 x 280	20	8
		800 x 430 x 280	20	3,5
Perforiert	erzwungene Konvektion	130 x 430 x 280	20	50
		800 x 430 x 280	20	30

platte mit Durchbrüchen zu versehen, um eine günstige Luftströmung zu ermöglichen. Die Übertemperatur der Leiterplatte wird bei einem geschlossenen und auch bei einem belüfteten Gehäuse niedriger, wenn sich die Leiterplatte in geringer Höhe über dem Gehäuseboden befindet.

Die Anordnung von Leiterplatten im Stapel ist in Aufbausystemen üblich und kann ein- oder mehretagig erfolgen. Die vertikale Leiterplattenanordnung bringt gegenüber der horizontalen bessere Konvektionsbedingungen und ein ausgeglicheneres Temperaturprofil des gesamten Stapels. Zur Ausbildung der Konvektion zwischen den einzelnen Leiterplatten soll der Abstand der Platten in Abhängigkeit von der Grenzschichtbedingung bei freier Konvektion mindestens 30 mm und bei erzwungener Konvektion etwa 10 bis 15 mm betragen.

- Für *Strömungskanäle* in einem Gerät ist wegen der aufsteigenden Warmluft eine senkrechte Anordnung vorteilhaft. Eine an Boden- und Deckfläche des Gehäuses angebrachte Perforation mit dem erforderlichen Strömungsquerschnitt (Belüftungsfaktor Ψ) unterstützt die Luftzirkulation. Eine wirksame Strömung kommt im Gerät nur zustande, wenn die Höhe der Gerätefüße einen genügenden Abstand von der Aufstellfläche gestattet (Mindesthöhe für Tischgehäuse 20 mm und für Schrankaufbauten 60 mm). Im **Bild 5.61** sind Grundprinzipe für die Anordnung von Strömungskanälen für verschiedene Geräteanordnungen zusammengestellt. Der gleiche Effekt wie bei einem Meßplatz mit mehreren gestapelten Geräten tritt bei Gestellen bzw. Schrankaufbauten ein. In mehretagigen Gestellen ist eine senkrechte Luftführung anzustreben. Reicht diese Luftströmung zur Kühlung nicht aus, so kann man durch Lüfter die Strömung forcieren. In Aufbausystemen werden beispielsweise Lüftereinschübe eingesetzt.

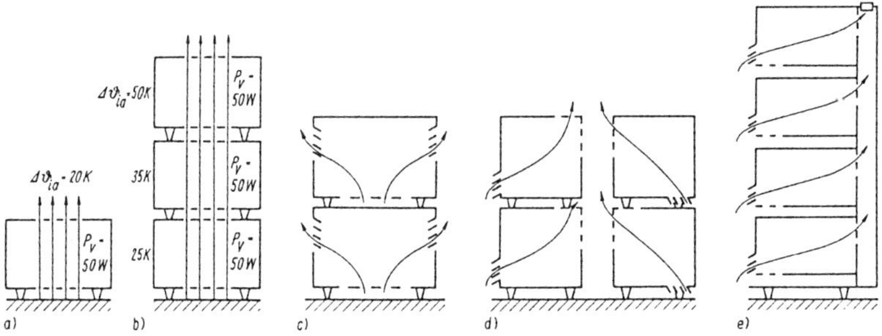

Bild 5.61
Anordnungsbeispiele für Strömungskanäle
a) Einzelgerät
b), c), d) Meßplatz
e) Schrankaufbau

- Zur günstigen Wärmeübertragung bei *geschlossenen Gehäusen* muß man zunächst immer versuchen, die Wärme durch Wärmeleitung an die Gehäuseoberfläche zu bringen. Mindestens 65 % der Verlustleistung werden von einem geschlossenen Gehäuse bei strahlungsgünstiger Oberflächengestaltung ($\varepsilon > 0{,}8$) durch Wärmestrahlung abgeführt. Über ein geschlossenes Gehäuse lassen sich durch Konvektion und Strahlung Wärmestromdichten bis zu 80 W/m² abführen. Die Anwendung von Strahlungsschutzblechen (blanke Bleche), Luftleitblechen und Einteilung des Geräts in verschiedene Kammern bringt eine bessere Luftzirkulation im Inneren.
- Ein wirksamer Luftstrom in einem *perforierten Gehäuse* bildet sich nur aus, wenn die Strömungskanäle und die Belüftungsflächen an den Geräteaufbau angepaßt und mit hinreichendem Querschnitt dimensioniert werden. Durch entsprechende Leiterplattenanordnung und bevorzugt senkrechte Strömungskanäle kann die Wärmeübertragung günstig beeinflußt werden (s. Bild 5.61).

5.6.2 Dimensionierung und konstruktive Gestaltung von Schirmen

Ein EMV-gerechtes Design feinwerktechnischer oder elektronischer Systeme ist entscheidend von konzeptionellen, schaltungstechnischen und konstruktiven Maßnahmen abhängig, die bereits in einer frühen Phase der Produktentwicklung zu berücksichtigen sind. Diese beginnt mit der Analyse des elektromagnetischen Störumfeldes sowie der Ermittlung der zulässigen Störemissionsgrenzwerte und der erforderlichen Störfestigkeit des Gerätes. Eine zentrale Rolle bei der Geräteentwicklung hat die zielgerichtete Auswahl geeigneter Bauelemente bzw. Baugruppen (z. B. digitale Schalkreise, Schaltnetzteile, Taktgeber). Das Verhindern elektromagnetischer Störungen ist stets die günstigste Lösung und umfaßt den EMV-gerechten Schaltungsentwurf, die Unterdrückung von Störsignalen möglichst direkt an der Störquelle und das störsichere Leiterplattenlayout. Erst dann ist es sinnvoll, elektronische Bauelemente, Baugruppen und Geräte in spezielle Schirmgehäuse einzubauen, um in den Normen festgelegte Grenzwerte einzuhalten.

Die Schirmdämpfung a_S aus den Gln. (5.43) und (5.44) kann nach **Tafel 5.34** bewertet werden. Ein gut wirkender Schirm hat einen Dämpfungswert von etwa 60 dB (entspricht einem Verhältnis der Feldstärken vor und hinter dem Schirm von 10^3). Wesentliche Einflüsse bei der Konstruktion eines Schirmes sind die Stärke und die Art des Feldes, der Schirmwerkstoff, die Größe und die Anzahl der Öffnungen und Unterbrechungen (Lüftungsschlitze, Durchbrüche für Bedien- und Anzeigeelemente, Kabeleinführungen usw.) und die Masse- bzw. Erdverbindung.

Tafel 5.34 Werte der Schirmdämpfung [5.40]

Erreichbare Schirmdämpfung	Dämpfungswerte in dB
gering	unter 20
mittel	40 bis 60
sehr gut	80
ausgezeichnet	ab 100

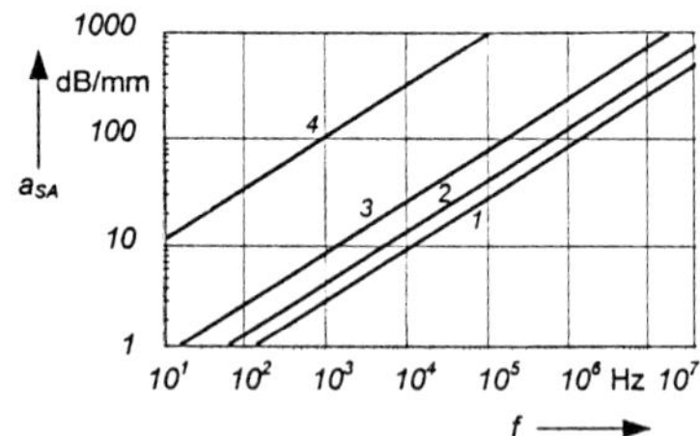

Bild 5.62 Absorptionsdämpfung verschiedener Schirmwerkstoffe in Abhängigkeit von der Frequenz der elektromagnetischen Welle je mm Materialdicke [5.46]
1 Cu, *2* Al, *3* Fe, *4* Mu-Metall

5.6.2.1 Werkstoffauswahl

Die theoretischen und schirmungstechnischen Grundlagen als Voraussetzung für die Auswahl eines geeigneten Werkstoffes sind bereits in Abschn. 5.5 kurz umrissen. Zusammenfassend gilt, Kupfer, Messing und Aluminium schirmen elektrische Felder sowie magnetische Felder oberhalb einiger 10 kHz und Eisen/Stahl oder weichmagnetische Werkstoffe niederfrequente magnetische Nahfelder [5.46]. Bei nicht magnetischen Leiterwerkstoffen (Kupfer, Aluminium) beruht die Dämpfung gegen magnetische Felder auf der Ausbildung von Wirbelströmen. Deshalb werden niederfrequente magnetische Felder kaum gedämpft, während elektrische Felder aller Frequenzbereiche sehr gut gedämpft werden. Die Dämpfung ferromagnetischer Werkstoffe gegenüber elektrischen und magnetischen Feldern steigt mit der Frequenz steil an. Die Absorptionsdämpfung für unterschiedliche Schirmwerkstoffe, die auf der Eindringtiefe der elektromagnetischen Welle in die Schirmwand beruht, ist stark frequenzabhängig (**Bild 5.62**).

Zum Aufbau von Schirmen sind diese Werkstoffe als Gehäusebleche, Kunststoffverbunde mit Zuschlägen von Metallpulver, Metall- oder Kohlenstoffasern, dünne Kunststoffolien zum Teil mit Kleber beschichtet, Metallbänder und -geflechte, Wabenstrukturen aus Metallen, aufsprühbare Metallacke u.a. Ausführungen im Angebot. Im einfachsten Fall schirmt jedes Stahlblechgehäuse, das aber oft bei hohen Frequenzen den Anforderungen nicht gerecht wird. Für Gehäuse übliche lackierte, gepulverte oder eloxierte Oberflächen sind dekorativ und kratzfest, aber schlechte elektrische Leiter.

Deshalb werden aus optischen Gründen z. B. bei Aufbausystemen der Elektronik für geschirmte Gehäuse unterschiedliche Oberflächenveredelungen für die Wandaußen- und -innenseite benutzt. Übliche Werkstoffkombinationen sind Aluminium farblos oder gelb chromatiert bzw. verzinkt, Stahlblech farblos oder gelb verzinkt und Edelstahl [5.41]. Da bereits sehr dünne Schichten elektrische Felder schwächen, wirken auch Kunststoffgehäuse beschichtet mit leitfähigen Metallen als Schirm [5.40] [5.123].

5.6.2.2 Schirmkonstruktion

Um definierte Aussagen für die Schirmwirkung zu erhalten, ist der zu schirmende Raum mit einem möglichst geschlossenen Schirm zu umgeben. Fast jedes Gehäuse wird in der Regel aus einzelnen Gehäuseteilen aufgebaut und hat funktionsbedingt Lüftungsschlitze, Durchbrüche für Bedien- und Anzeigeelemente, Kabeleinführungen usw. Um einen ungestörten Fluß des Schirmstromes zu erreichen, sind das Abdichten von Öffnungen und das Realisieren eines geringen Übergangswiderstands zwischen den einzelnen Gehäuseteilen bei der Entwicklung eines EMV-gerechten Elektronikgehäuses entscheidend. Für den Schirmaufbau gilt nach [5.124], daß bei Frequenzen unter 100 kHz der Werkstoff und darüber die Öffnungen und Verbindungen des Gehäuses die Abschirmwirkung bestimmen.

Grundvoraussetzung für einen wirksamen Schirm ist ein dichtes, gut leitendes Gehäuse durch Ausbildung sauberer, korrosionsfreier Trennfugen. Diese müssen so gelegt werden, daß der Feldlinienverlauf nicht gestört wird, d.h. alle *Nahtverbindungen und Fugen* müssen bei elektrischen Feldern immer parallel zum Feldlinienverlauf liegen (**Bild 5.63**). Die Ausbildung von Wirbelströmen für verschiedene Körper zeigt ebenfalls Bild 5.63. Ein ungestörter Wirbelstromfluß entsteht, wenn alle Nähte und Fugen in Richtung der Feldlinien verlaufen. In Richtung des Wirbelstromverlaufs soll der Schirm allseitig geschlossen sein, und zur Unterdrückung von Streufeldern wird er geerdet. Anzustreben sind außerdem ein Schirmaufbau aus möglichst einem Grundelement sowie mit dicken Wänden, ausreichend überlappten Falzen und das Vermeiden von Spalten und Schlitzen.

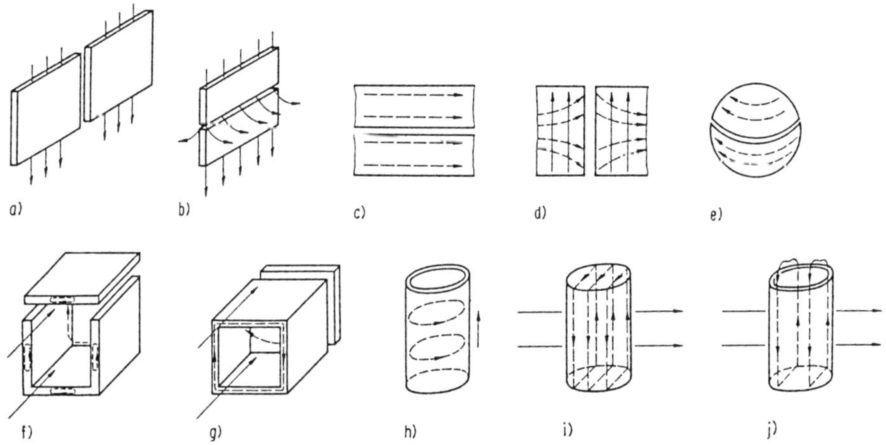

Bild 5.63 Einfluß auf den Feldlinien- und Wirbelstromverlauf
Feldlinienverlauf: a) ungestört; b) gestört; *Wirbelstromverlauf:* c) ungestört durch eine Fuge; d) gestört durch eine Fuge; e) ungestört bei einem Kugelschirm; f) gestört bei einem Gehäuse mit Abdeckung; g) ungestört bei einem geschlossenen Gehäuse; h) ungestört bei einem Zylinder; i) ungestört bei einem Zylinder mit Deckel; j) gestört bei einem Zylinder ohne Deckel
----▸ elektrischer Strom, ——▸ magnetisches Feld

Die beste Lösung zum Fügen der Gehäuseteile ist eine sehr aufwendige aber schlecht lösbare Lötverbindung. Praktisch benutzt werden Schrauben-, Niet- oder Schweißverbindungen, wobei der Abstand der Verbindungspunkte den Übergangswiderstand festlegt. Den Einfluß des Schraubenabstandes a auf die Schirmdämpfung a_S verdeutlicht **Bild 5.64**. Um sicher zu gehen, sind bei unbekannten Störfrequenzen Verbindungsabstände von maximal 10 mm notwendig. Ein niederohmiger Kontakt von Gehäuseteilen läßt sich außerdem mit *Dichtungen* erreichen [5.41] [5.124]. Aus Korrosionsgründen sollten der Beschichtungswerkstoff und das Dichtungsmaterial galvanisch verträglich sein (s. Abschn. 5.2). Die gebräuchlichsten Dichtungsarten sind:

- Kontaktfedern aus Metall mit Federeigenschaften, die als Bandmaterial sehr kostengünstig hergestellt werden (Kupfer-Beryllium-Legierungen, Edelstahl);
- Metallgestricke aus dünnen Monel-, Kupfer-Beryllium- oder Aluminium-Drähten;
- Textildichtungen, Elastomer-, Neopren- oder PU-Kern umhüllt mit leitfähigem Polyestergewebe;
- Silikone gemischt mit leitfähigem Kohlenstoff, versilbertem Glas oder Kupfer bzw. reinem Silber.

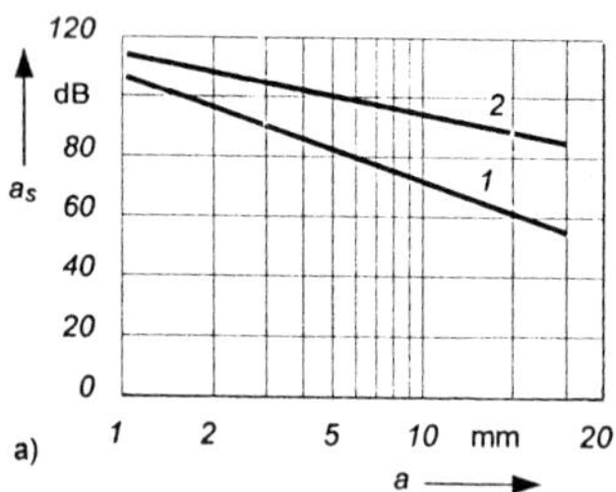

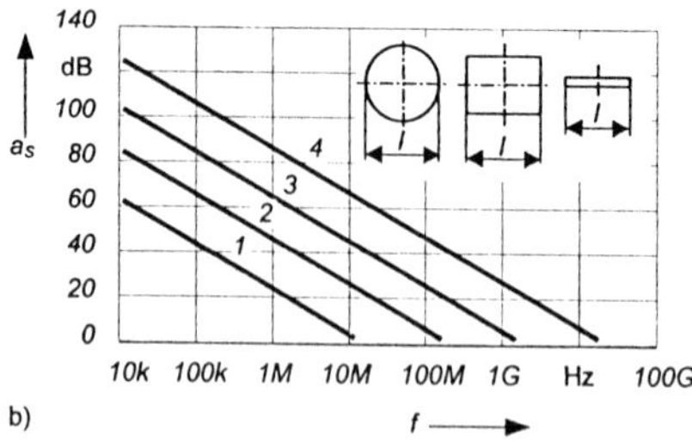

Bild 5.64 Abhängigkeit der Schirmdämpfung a_S
a) Schraubenabstand *a* bei zwei sich 12 mm überlappenden Al-Platten von 2,5 mm Dicke (Meßfrequenz 200 MHz) [5.46], *1* ohne Zwischenlage, *2* Monel-Einlage; b) Gehäuseöffnungen unterschiedlicher Geometrie [5.124], *1* l = 10 m, *2* l = 1 m, *3* l = 100 mm, *4* l = 10 mm

Die durch *Gehäuseöffnungen* (Aperturen) eindringende oder ausgesendete elektromagnetische Strahlung hängt im wesentlichen von der Art, der Stärke und der Frequenz oder Wellenlänge des Feldes ab. Entscheidend für die Schirmwirkung ist die lineare Ausdehnung der Öffnung in Richtung der Feldlinien der einfallenden Welle. Kleine elektromagnetisch wirksame Querschnittsflächen, deren Abmessungen bezogen auf die Wellenlänge der betrachteten Felder klein sind, haben kaum Einfluß auf die Schirmwirkung. Für den Feldlinienverlauf ist anzustreben, daß das ungestörte äußere elektrische Feld senkrecht und das ungestörte äußere magnetische Feld parallel zur Schirmoberfläche orientiert sind. Bei der Beschränkung des Querschnitts von Öffnungen auf das unbedingt notwendige Maß sind mehrere kleine Öffnungen günstiger als eine größere Öffnung gleicher Fläche. Bei einzelnen Öffnungen bis etwa 5 mm werden noch günstige Schirmdämpfungswerte erreicht. Bei mehreren gleichartigen Öffnungen ist zu berücksichtigen, daß sich im ungünstigen Fall der Betrag der wirkenden Feldanteile addiert.

Ein Schlitz in einer Abschirmhülle darf nicht strahlen, was bereits bei einer Schlitzlänge $l > \lambda/100$ auftreten kann. Besonders bei hohen Frequenzen (> 100 MHz) beeinflußt diese Strahlung die Schirmwirkung. Die maximale Strahlung einer Schlitzantenne tritt bei

$$l = \lambda/2 \tag{5.72}$$

auf bzw. beim ganzzahligen Vielfachen

$$l = n\,\lambda/2. \tag{5.73}$$

Die Dämpfung einer solchen Öffnung beträgt

$$a \text{ in dB} = 20\lg\frac{\lambda}{2l}. \tag{5.74}$$

In Bild 5.64 sind Dämpfungswerte unterschiedlicher Gehäuseöffnungen in Abhängigkeit von ihrer größten Abmessung l angegeben. Die Dämpfung einer Öffnung sollte erfahrungsgemäß mindestens 20 dB betragen, d.h. bei einer Frequenz von 1 GHz gilt für die Spaltlänge l < 15 mm. Zulässige Spaltlängen in Abhängigkeit von der Frequenz der abzuschirmenden Strahlung sind in **Tafel 5.35** zusammengestellt.

Anders dargestellt, sinkt die Dämpfung einer Perforation mit zunehmendem Durchmesser d nach

$$a \text{ in dB} = 143 - 60\lg d. \tag{5.75}$$

Bei mehreren Öffnungen einer Gehäusewand ist der *Perforationsgrad* p [5.44] zu berücksichtigen:

$$p = \frac{n\pi r_0^2}{A}. \tag{5.76}$$

Tafel 5.35 Maximal zulässige Spaltlängen [5.40]

λ	a_S in dB	maximale Spaltlänge l in mm			
		3 MHz	30 MHz	300 MHz	3000 MHz
$\lambda/10$	14,46	10000	1000	100	10
$\lambda/20$	20,46	5000	500	50	5
$\lambda/50$	28,46	2000	200	20	2
$\lambda/100$	34,46	1000	100	10	1

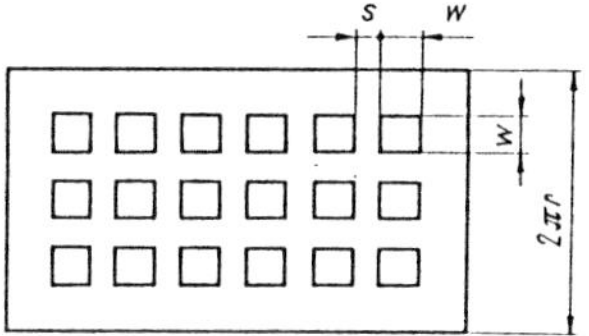

Bild 5.65 Perforierter Schirmzylinder

▶ **Beispiel:** Für einen Zylinder mit einer Perforation nach **Bild 5.65** ist die Abschirmwirkung nach [5.49] vom Perforationsgrad

$$p = A_0/A_z = (1 + s/w)^{-2} \tag{5.77}$$

abhängig. Für weitmaschige Schirme ($w >> s$) gilt die Näherung

$$p = 1 - s/w. \tag{5.78}$$

Damit ergibt sich bei hohen Frequenzen eine Schirmdämpfung

$$a_S = 20 \lg (2 \cdot r/w \cdot p). \tag{5.79}$$

Der *Felddurchgriff* bei Aperturen beeinflußt die Schirmdämpfung ebenfalls ungünstig, denn das Feld dringt, wie im **Bild 5.66** für elektrische und magnetische Felder dargestellt, in die Öffnung ein. Für einen perforierten Schirm mit einer Anzahl n gleichartiger Öffnungen im Abstand r auf der Lochachse und dem Öffnungsmaß r_0 (Lochradius, bei quadratischen und rechteckigen Öffnungen die halbe Diagonale) gilt für die Schirmdämpfung

$$a_{SE} \text{ in dB} \approx a_{SH} \text{ in dB} \approx (10 + 60 \lg r/r_0 - 20 \lg n). \tag{5.80}$$

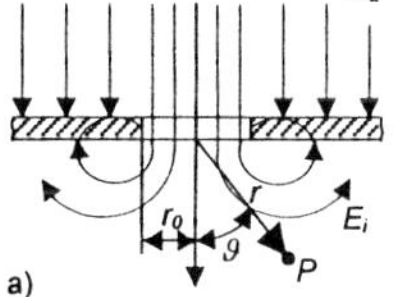

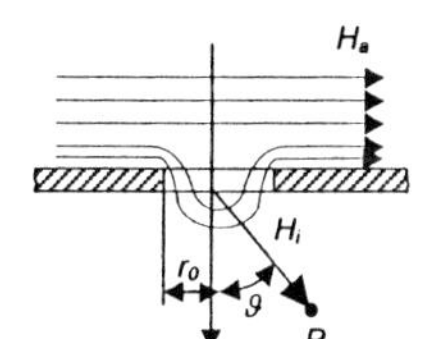

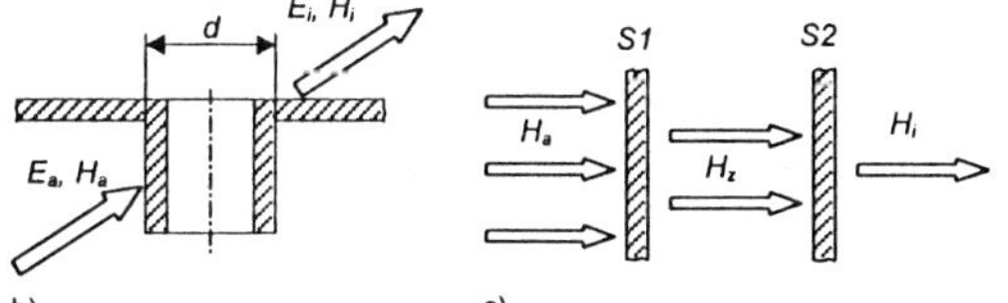

Bild 5.66 Beeinflussung des Feldverlaufes bei verschiedenen Schirmkonstruktionen
a) Felddurchgriff für einen Punkt P im Raum (elektrisches oder magnetisches Feld)
b) Kaminwirkung
c) Doppelschirm, Schirm $S1$ und Schirm $S2$

Um eine hohe Schirmwirkung zu erzielen, ist der Schirm möglichst weit von den zu schirmenden Bauelementen oder Baugruppen anzuordnen. Weiterhin läßt sich die Schirmwirkung eines perforierten Gehäuses durch einen *Kamin* an der Öffnung oder durch Mehrfachschirme verbessern (Bild 5.66 b, c) [5.44] [5.46]. Bei einer matrixförmigen Kaminanordnung entstehen Wabenkamine, die beispielsweise zur Schirmung großer Flächen bei Elektronikschränken oder auch für Türverkleidungen benutzt werden.

▶ **Beispiel:** Unterhalb einer Grenzfrequenz

$$f_g \text{ in GHz} = 170/d \tag{5.81}$$

beträgt die Dämpfung eines Kamins

$$a \text{ in dB} = 32\, l/d, \tag{5.82}$$

d.h. mit $l = 3d$ wird die Schirmdämpfung etwa 100 dB.

Damit der Schirm durchgängig elektrisch leitfähig ist, sollten alle Öffnungen mit einem schirmenden Gitter, durchlässiger Folie oder entsprechendem Textilgeflecht abgedeckt und mit dem Gehäuse kontaktiert werden.

Mehrfachschirme verbessern die Schirmwirkung gegenüber einem einfachen Schirm. Diese in der Regel als Doppelschirm aufgebaute Abschirmung erhöht die Absorptionsdämpfung, schirmt bei entsprechender Kombination sowohl elektrische als auch magnetische Nah- und Fernfelder und mindert den Felddurchgriff. Der zusätzliche Aufwand eines Doppelschirmes ist bei Forderungen an die Schirmdämpfung $a_S >> 60$ dB, starken sowie hochfrequenten Störfeldern und zu dicken Schirmwänden sinnvoll. Bei der Verwendung mehrerer Schirme addieren sich die einzelnen Dämpfungswerte.

▶ **Beispiel:** Für einen doppelt geschirmten unendlich langen Hohlzylinder mit den Durchmessern d_1 des äußeren und d_2 des inneren Schirmes und den entsprechenden Schirmdicken s_1 und s_2 ist die Wirkung der Einzelschirme 1 und 2 bei einem magnetischen Gleichfeld [5.46]:

$$a_{SH1} \text{ in dB} = 20 \lg \frac{\mu_r s_1}{d_1} \quad (5.83)$$

und

$$a_{SH2} \text{ in dB} = 20 \lg \frac{\mu_r s_2}{d_2}\,. \quad (5.84)$$

Beim Berücksichtigen des Luftspaltes wird die Gesamtschirmung

$$a_{SH} \text{ in dB} = 20 \lg \left[\frac{\mu_r^2 s_1 s_2}{d_1 d_2} \left(1 - \frac{d_2^2}{d_1^2} \right) + 1 + \frac{\mu_r s_1}{d_1} + \frac{\mu_r s_2}{d_2} \right], \quad (5.85)$$

bei kleinem Luftspalt ist $d_1 = d_2$ und

$$a_{SH} \text{ in dB} = 20 \lg \left[\mu_r \frac{s_1 + s_2}{d} \right]. \quad (5.86)$$

Neben Gehäusen aus Metall werden in der Elektrotechnik und Elektronik zunehmend auch metallbeschichtete oder mit Metallpartikeln gefüllte Kunststoffe eingesetzt [5.40] [5.123]. **Tafel 5.36** gibt einen Überblick über Schichtdicken und Oberflächenwiderstände beschichteter Kunststoffflächen.

Tafel 5.36 Schirmschichten auf Kunststoffgehäusen [5.39]

Beschichtungsverfahren		Oberflächenwiderstand in Ω/cm² bei einer Schichtdicke von 25 µm	75 µm
Leitlacke	Graphit	20...30	
	Kupfer	0,5	
	Nickel	2	
	Silber	0,01...0,04	
Metallspritzen			0,01...0,13

Verfahren zum *Beschichten* von Kunststoffen sind:

- Aufsprühen von Lacken (EMV-Schutzlacke) mit einem hohen Anteil leitfähiger Partikel, z. B. Silber, Kupfer, Nikkel, Graphit oder Kombinationen aus diesen,
- Flamm-, Plasma- und Lichtbogenspritzen mit Beschichtungswerkstoffen wie Zink, Aluminium und Kupfer bei Schichtdicken von 80 bis 150 µm,
- Vakuumbedampfen und Sputtern mit Kupfer oder Aluminium mit typischen Schichtdicken von 1 bis 2 µm oder Aufbau von Mehrfachschichten,
- chemisch galvanisches Beschichten mit Kupfer oder Nickel bei Schichtdicken naßchemisch bis 2 µm und galvanischem Verstärken bis 50 µm.

Industriell gefertigte Gehäuse moderner Elektronik-Aufbau-Systeme erreichen durch ihren konstruktiven Aufbau sowie eine geeignete Werkstoffauswahl, z. B. gefalzte Stahlblech-Halbschalenkonstruktion und zusätzliche Oberflächenbehandlung, hervorragende EMV-Schirmwerte von 1 MHz bis 1 GHz. So wird z. B. bei 30 MHz eine Schirmdämpfung von über 80 dB erzielt. Ein EMV-gerechter innerer Geräteaufbau wird durch entsprechende Zubehörkomponenten wie Massebänder, metallisch blanke Montageplatten, Potentialausgleichschienen u. a. unterstützt.

Elektronische Bauelemente, wie Transistoren, Kondensatoren, veränderliche Widerstände, Bandfilter, Bildröhren u. a., werden mit einem auf Bezugspotential liegenden Gehäuse kapazitiv geschirmt. Bei Kondensatoren wird der gekennzeichnete Außenbelag oder ein isolierter Metallmantel auf Bezugspotential gelegt. Das Abschirmen von Spulen beispielsweise erfolgt mit einem Metallmantel. Dabei fließen im Abschirmblech Wirbelströme, die ein dem Feld der Spule entgegengerichtetes Feld erzeugen. Diese Anordnung wirkt als Transformator mit sekundärseitig kurzgeschlossener Wicklung, d.h. für die geschirmte Spule ist die Transformatorwirkung beim Gestalten der Abschirmung zu berücksichtigen.

Ausgewählte Normen und Richtlinien zu Abschn. 5.6 s. Tafel 5.56.

5.7 Schutz gegen Feuchte

[5.50] bis [5.58] [5.128] bis [5.131]

Zeichen, Benennungen und Einheiten

A	Fläche in m^2
B	Anfangssteigung in $m/\sqrt{s}$
D	Diffusionskoeffizient in $m^2 \cdot s^{-1}$
G	Funktion
H	Saughöhe in m
J	Feuchtestromdichte in $kg/(m^2 \cdot s)$
L	Leckrate in $Pa \cdot m^3 \cdot s^{-1}$
P	Permeationskoeffizient in $kg/(m \cdot Pa \cdot s)$ bzw. in s
R	Gaskonstante in $Pa \cdot m^3/(g \cdot K)$
T	Temperatur in K
V	Volumen in m^3
X, Y	Funktionen
a, b	Konstante
c	Feuchtekonzentration in g/m^3
d	Dicke des Kunststoffmaterials in mm
f	Luftfeuchte in $g \cdot m^{-3}$
h	Wasserlöslichkeitskoeffizient im Kunststoff in $kg/(m^3 \cdot Pa)$
m	Masse in g
p	Partialdruck in Pa
r	Radius in m
t	Zeit in s
x	Feuchtegrad in g/kg; Ortskoordinate; allgemeine Variable
γ	elektrische Leitfähigkeit in $S \cdot m^{-1}$
ε	Dielektrizitätskonstante
η	Viskosität in $N \cdot s \cdot m^{-2}$
λ	Eigenwerte
ξ	allgemeine Variable
σ	Oberflächenspannung in $N \cdot m^{-1}$
τ	Taupunkttemperatur in K
φ	relative Feuchte in %
ψ	Materialfeuchte

Indizes

D	Wasserdampf
F	Feuchte
Fo	Folie
G	Gas
L	trockene Luft
P	Probe
R	Restfeuchte
S	Sättigung
W	Wasser
WK	Kondenswasser
ges	gesamt
kr	kritisch
n	ganze Zahl
r	relativ
t	zur Zeit t
trock	trocken

Erzeugnisse der Feinwerktechnik und Elektronik müssen gegen Feuchte geschützt werden, da diese Korrosionserscheinungen verursacht. Damit verbunden sind Wasseranlagerungen und Dissoziation, Verringerung von Lebensdauer und Zuverlässigkeit sowie Änderung der elektrischen und mechanischen Parameter bis zum funktionellen Ausfall.

Beim Verkappen können nur Metalle und anorganische Materialien den gewünschten Feuchteschutz unter extremen Bedingungen gewährleisten. Aus ökonomischen Gründen finden aber in steigendem Maß Kunststoffe, die in unterschiedlichem Verhältnis Wasser aufnehmen, Anwendung. Diese Werkstoffe sind mehr oder weniger feuchtedurchlässig. Ihr Feuchteverhalten muß deshalb sicher beherrscht werden. Wasser ist ein stark heterogener Stoff. Der Durchmesser eines Wassermoleküls (**Bild 5.67**) beträgt 0,28 nm. Das Wassermolekül ist als Ganzes elektrisch neutral, weist aber eine ungleichmäßige Ladungsverteilung auf. Dieser Dipolcharakter bestimmt das physikalische und chemische Verhalten.

Werden Kunststoffe in der Feinwerktechnik und Elektronik angewendet, interessiert die Dielektrizitätskonstante ε_r und der dielektrische Verlustfaktor tan δ.

Unter dem Einfluß von Feuchte verringern sich Isolationswiderstände, bilden sich Nebenkapazitäten und verändern sich mechanische Parameter. Außerdem ist das Temperaturverhalten der Feuchte im Werkstoff entscheidend. Bei Kunststoffen sind die relative Dielektrizitätskonstante und der dielektrische Verlustfaktor von der Temperatur abhängig: $\varepsilon_r(H_2O) = 80{,}35$ bei $T = 293$ K (flüssig); $\varepsilon_r(H_2O) = 27$ bei $T = 373$ K (dampfförmig). Allgemein weisen Werkstoffe nur bei bestimmter Temperatur und Feuchte die gewünschten Eigenschaften auf. Bei zu großer Feuchte können Kunststoffe quellen, bei zu geringer Feuchte verspröden. Außerdem ist das Kondensieren von Wasser bei Unterschreiten der Taupunkttemperatur wesentlich. Kunststoffe verändern ihre Eigenschaften zum Teil erheblich in Abhängigkeit von der Gastemperatur. Dies spielt beim Verkappen von Halbleiterbauelementen mit Kunststoff eine Rolle [5.51] (klimatische Beanspruchungen und Klimaschutz siehe auch Abschnitte 5.1, 5.2, 8.3 und 8.6).

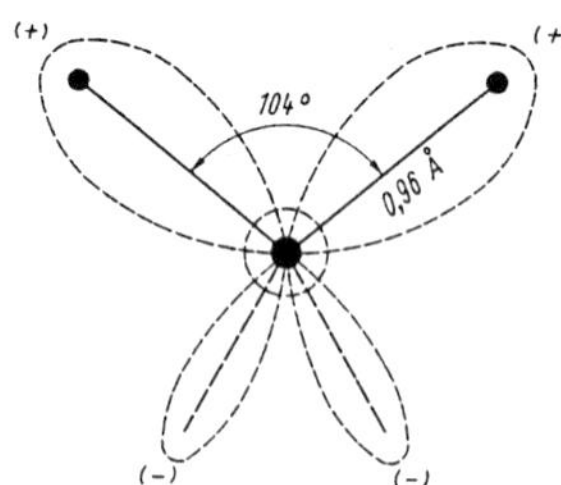

Bild 5.67
Schematische Darstellung eines Wassermoleküls
(nach *Bjerrum*)

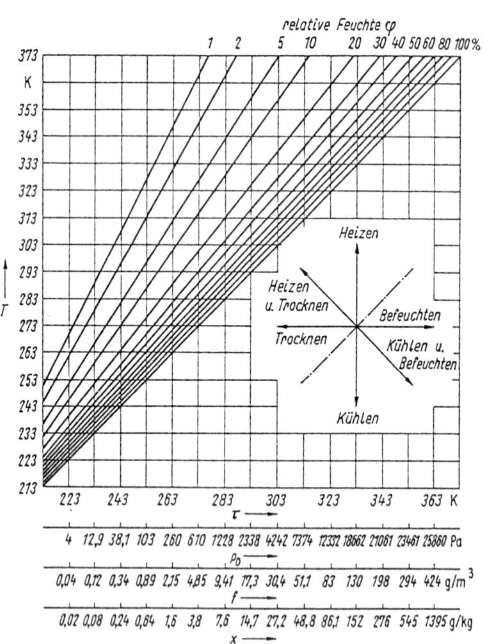

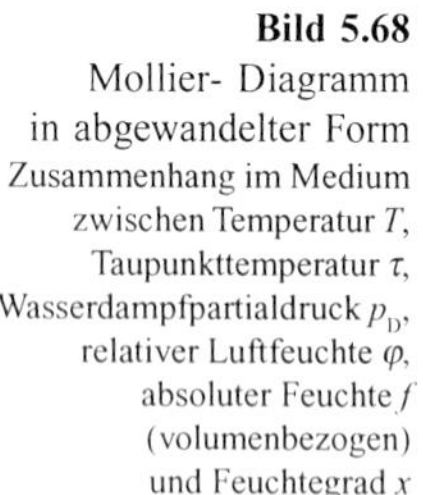

Bild 5.68
Mollier- Diagramm in abgewandelter Form
Zusammenhang im Medium zwischen Temperatur T, Taupunkttemperatur τ, Wasserdampfpartialdruck p_D, relativer Luftfeuchte φ, absoluter Feuchte f (volumenbezogen) und Feuchtegrad x

5.7.1 Feuchte- Luft- Diagramm

Zur überschläglichen Betrachtung eignet sich ein modifiziertes Dampfdruckdiagramm (Mollier- Diagramm, **Bild 5.68**). Daraus können die maximale Feuchte und die Temperatur beim Verschließen von Baugruppen und Geräten ermittelt werden, die der Forderung genügen, daß bei der tiefsten Betriebstemperatur der Taupunkt nicht unterschritten wird. Das Diagramm für feuchte Luft bildet die Basis für konstruktive und technologische Maßnahmen.

▶ **Beispiel:** Soll ein hermetisch verschlossenes Bauelement (f = konst.) auch bei $T = 218$ K (–55°C) noch funktionstüchtig sein und wird es bei $\varphi = 5$ % (technisch möglich) verschlossen, so muß die Verschlußtemperatur $T = 248$ K (–25°C) betragen. Ein Verschließen bei dieser Temperatur ist jedoch problematisch; deshalb ist Evakuieren vorzuziehen.

Wichtige Definitionen, Begriffe und mathematische Grundlagen zur Feuchte enthält **Tafel 5.37**.

Tafel 5.37 Definitionen, Begriffe und mathematische Grundlagen zur Feuchte

Partialdruck p_D: Vorhandener Wasserdampfteildruck als Teil des barometrischen Gesamtdrucks p (meteorologischer Luftdruck) der feuchten Luft, die eine Mischung von Wasserdampf und trockener Luft ist. Mit dem Partialdruck p_L der trockenen Luft gilt:

$$p = p_L + p_D.$$

Tafel 5.37 Fortsetzung 1

Sättigungsdampfdruck p_S: Bei der jeweiligen Lufttemperatur maximal möglicher Wasserdampfpartialdruck. Er ist von der Temperatur abhängig, aber weitgehend unabhängig vom Umgebungsdruck und von der Anwesenheit anderer Gase.

Taupunkttemperatur τ: Temperatur, auf die die Luft abgekühlt werden müßte, um bei konstantem Druck mit dem aktuell enthaltenen Wasserdampf die Sättigung zu erreichen [5.58], aus

$$P_D = P_{Do} \cdot \exp\left(\frac{a_w \tau}{b_w + \tau}\right).$$

Feuchtegrad (Feuchtegehalt, Wasserdampfgehalt) x: Ist die in 1 kg trockener Luft enthaltene Wassermasse in g oder kg bei einem Gesamtdruck von $p = 1013{,}25$ Pa

$$x = \frac{R_G}{R_W} \frac{p_D}{p - p_D} = \frac{m_W}{m_G}.$$

Absolute Luftfeuchte f: Masse des Wasserdampfes m_W, der in einem Volumen feuchter Luft vorhanden ist. Sie ist abhängig von der Temperatur. Mit der Gaskonstante für Wasserdampf $R_W = 0{,}4613$ kJ (kg · K)$^{-1}$ gilt:

$$f = \frac{m_W}{V} = \frac{p_D}{R_W T} \qquad \text{in g} \cdot \text{m}^{-3}.$$

Relative Feuchte φ: Verhältnis der absoluten Luftfeuchte (ungesättigter Zustand) zur maximalen absoluten Luftfeuchte (Sättigungszustand) bei gleicher Temperatur und gleichem Gesamtdruck

$$\varphi = \frac{f}{f_S} \cdot 100\,\% = \frac{p_D}{p_S} \cdot 100\,\%.$$

Maximale Feuchte f_{max}: Ist diejenige Menge Wasserdampf in g oder kg, die in 1 m³ Luft enthalten sein kann. Sie ist exponentiell von der Temperatur abhängig.

Sättigungsfeuchte f_S: Sie liegt vor, wenn die bei einer entsprechenden Temperatur maximal mögliche Menge Wasserdampf auch tatsächlich vorhanden ist. Die absolute Feuchte ist dann gleich der maximalen Feuchte. Das Überschreiten der Sättigung ist nicht möglich, da die überschüssige Wassermenge aus der Gasphase in flüssiger und fester Form ausfallen würde.

Diffusion: Durch die Diffusion wird der Transportvorgang von Wassermolekülen in einen Festkörper hinein, beispielsweise in einen Isolierstoff, beschrieben. Dieser Vorgang ist beendet, wenn der Gleichgewichtszustand der Partialdrücke (an der Kunststoffoberfläche und des den Kunststoff umgebenden Wasserdampfes) erreicht ist. Der Kunststoff hat dann die bei den gegebenen klimatischen Umgebungsbedingungen mögliche Wassermasse aufgenommen.

Permeation: Die Permeation beschreibt den Durchtritt von Wassermolekülen durch Festkörper, beispielsweise auch durch Kunststoffolien.

Sorption: Aufnahme oder Abgabe (Desorption) von Wassermolekülen durch Diffusion über Grenzschichten, Adsorption an Festkörperoberflächen, Absorption im Festkörper häufig durch dessen Kapillarität.

Leckrate L: Ausdruck für die Dichtheit eines evakuierten Systems. Die Leckrate besitzt die Einheit Pa · m³ · s^{-1}.

Hermetisch dicht: Hermetisch dicht ist ein System, wenn die Leckrate $L \leq 1{,}33 \cdot 10^{-14} \cdot$ Pa · m³ · s^{-1} wird.

Feststoffeuchte (Materialfeuchte) ψ: Ist das Verhältnis des Anteils der Wassermasse zur Gesamtmasse eines feuchten Materials m_{ges}

$$\psi = m_W / m_{ges} = m_W / (m_{trock} + m_W).$$

Feuchtekonzentration $\bar{c}$: Ist diejenige Menge Wasser m_W, die in einem Volumen V eines Stoffes von flüssiger, fester oder gasförmiger Phase enthalten ist. Sie berechnet sich zu:

$$\bar{c} = \bar{c}(t) = c_S \left[1 - \frac{8}{\pi^2} \exp\left(-\frac{\pi^2 D}{4d^2} t\right)\right].$$

Diese Gleichung liefert nur im Bereich von $t \geq 0{,}2\ \tau_F$ bzw. $\bar{c}\,(t) \geq 0{,}5\ c_S$ genaue Werte, wobei $\tau_F = d^2\,D^{-1}$ gesetzt werden kann.

Kondenswasser m_{WK}: Die Menge von ausgefälltem Kondenswasser m_{WK} in einem abgeschlossenen Volumen V nach einer sprungförmigen Temperaturabsenkung von T_1 auf T_2 ($T_1 > T_2$) läßt sich nach folgender Gleichung berechnen:

$$m_{WK} = \frac{V}{R_W} \left[\frac{p_D(T_1)}{R_W} - \frac{p_S(T_2)}{T_2}\right].$$

Tafel 5.37 Fortsetzung 2

Feuchtediffusion: Unter Annahme eines konstanten Diffusionskoeffizienten für Wassermoleküle D = const. wird der Feuchtekonzentrationsverlauf (**Bild 5.69**) durch das zweite Ficksche Diffusionsgesetz beschrieben:

$$\frac{\partial c}{\partial t} = D\frac{\partial^2 c}{\partial x^2}.$$

Für den Anfangszeitraum der Diffusion mit dem Geltungsbereich

$$m_W(t) \le \frac{m_{WS}}{2} \quad \text{bzw.} \quad t \le 0{,}2t_S \quad \text{gilt} \quad m_W(t) = m_{WS}\frac{4}{\sqrt{\pi}}\sqrt{\frac{Dt}{d^2}}.$$

Grenztemperatur: Kunststoffe verändern ihre Eigenschaften zum Teil erheblich in Abhängigkeit der Temperatur. Bedeutsam ist die Grenztemperatur. Sie liegt bei gebräuchlichen Kunststoffen zwischen 30 und 300°C. Dies ist vor allem für Verkappungsmaterialien bedeutsam.

Feuchteschutzzeit $t_{0,25}$: Sie ist die Zeit, in der eine merkliche Menge Wasser (0,25 m_{WS}) das kunststoffverkappte Objekt, z. B. einen Microchip, erreicht. Näherungsweise gilt:

$$t_{0,25} = -\frac{4d^2}{\pi^2 D}\ln\left[\frac{\pi}{4}\left(1-\frac{c_{0,25}}{c_S}\right)\right] = -\frac{4d^2}{\pi^2 D}\ln\frac{3\pi}{16} \approx \frac{2d^2}{\pi^2 D},$$

wobei c_S die Sättigungskonzentration ($c_{0,25}$ = 0,25 c_S) und t die Feuchteschutzzeit einer Kunststoffschicht ist, die ein Luftvolumen einschließt:

$$t = \frac{4d^2}{\pi^2 D}\ln\left[\frac{\pi^2}{8}\left(1-\frac{p_{Dkr}}{p_S}\right)\right].$$

Gonscharenko [5.128] bezeichnet eine relative Luftfeuchte von $\varphi \ge 40$ % als kritisch.

Feuchtetransport durch Kapillarität: Erfolgt, wenn die Kapillaren einen Radius 10^{-9} m $\le r \le 10^{-5}$ m haben. Liegen Kapillaren in dieser Größenordnung vor, dann überwiegt ihr Feuchtetransportmechanismus alle anderen [5.55]. Zur überschläglichen Berechnung der Saughöhe H und der Saugzeit t kann folgende Gleichung genutzt werden:

$$H = \sqrt{\frac{\sigma_W r}{2\eta}t},$$

σ_W Oberflächenspannung des Wassers ($\sigma_W = 72{,}8 \cdot 10^{-3}$ N · m^{-1} bei T = 296 K), r Radius der Kapillare, η Viskosität.

Zusammenhang von Diffusion und Permeation: Unter der Voraussetzung der Gültigkeit des Henryschen Gesetzes

$$c = h\,p_D$$

läßt sich der Zusammenhang zwischen Permeationskoeffizient P und Diffusionskoeffizient D herstellen:

$$P = h\,D.$$

Feuchtedurchgang durch Festkörper: Mit dem Permeationskoeffizienten P ist es möglich, den Feuchtedurchgang durch Festkörper zu berechnen (z. B. Verpackungsfolie):

$$J = -P\frac{\Delta p_D}{d},$$

Δp_D Wasserdampfpartialdruckdifferenz zwischen den beiden Seiten der Folie.

Osmotische Feuchteaufnahme: Die osmotische Feuchteaufnahme tritt als Oberflächen- oder Adsorptionserscheinung auf, besonders bei Oberflächenverschmutzungen. Sie ist typisch bei der Herstellung von gedruckten Leiterplatten. Daher sind besonders gefährdete Oberflächen in der Elektronik zu reinigen, wozu es spezielle Reinigungstechnologien u.a. mit deionisiertem Wasser bei erhöhter Temperatur gibt.

5.7.2 Feuchteaufnahme in Kunststoffen

Bei Kunststoffen unterscheidet man Feuchtetransport durch Diffusion [5.130], durch Kapillarität [5.55] und durch Permeation sowie durch osmotische Feuchteaufnahme. Die Konzentrationsänderung der Feuchte innerhalb eines Festkörpers kann durch die dreidimensionale Kontinuitätsgleichung der Diffusion erfaßt werden. Eine erhebliche Verminderung des Rechenaufwandes läßt sich erreichen, wenn man bei der Ermittlung der Feuchteschutzzeit einer Kunststoffverkappung den eindimensionalen Fall betrachtet.

Man nimmt an, daß diejenige Koordinate den entscheidenden Feuchteanteil liefert, bei der im Kunststoff die kürzeste Entfernung d der maximalen Feuchtekonzentrationsdifferenz auftritt (**Bild 5.69**).

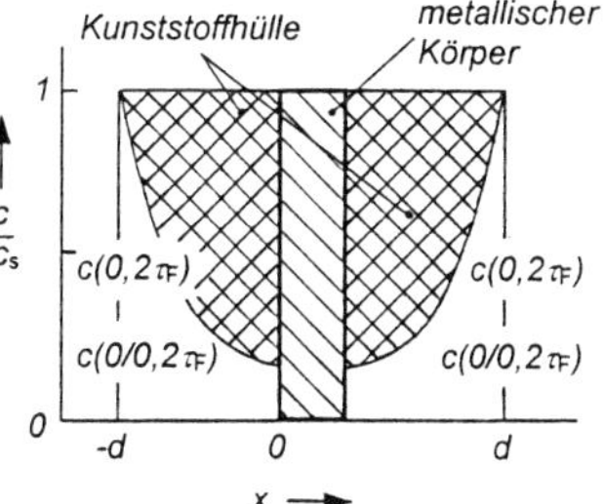

Bild 5.69 Feuchtekonzentration innerhalb der Kunststoffumhüllung eines metallischen Körpers

Die für Schutzschichten angewendeten Hochpolymere sind wasserunlöslich. Ihre Feuchtesättigungskonzentrationen sind, wie Messungen ergaben, durchschnittlich um drei Zehnerpotenzen kleiner als die Konzentrationsunterschiede, die während der Diffusion in den Kunststoffen auftreten, wenn man sie den Dämpfen von speziellen Quell- bzw. Lösungsmitteln aussetzt. Deshalb ist der Fehler, den man mit der Annahme eines diffusionsunabhängigen Diffusionskoeffizienten begeht, in erster Näherung zu vernachlässigen. Damit ergibt sich das *zweite Ficksche Diffusionsgesetz* zur Beschreibung des zeitlichen und eindimensional örtlichen Feuchtekonzentrationsverlaufs in isotropen Medien (vgl. Tafel 5.37).

5.7.3 Analogie Feuchte - Elektrotechnik

Für den Ingenieur mit Kenntnissen der Elektrotechnik stellt die Berechnung von Vorgängen der Feuchtediffusion mit Hilfe dieser Analogiemethode eine praktische Vorgehensweise dar. Die Einführung einer solchen Analogie erfolgte aufgrund der Tatsache, daß das zweite Diffusionsgesetz einen mathematischen Sonderfall der Telegraphengleichung darstellt, und daß man zu deren Lösung vergleichbare Anfangs- und Randbedingungen wählen kann.

Für diese Analogiebetrachtung werden die sorptiven Eigenschaften des Kunststoffes durch die elektrischen Eigenschaften eines *RC*-Gliedes modelliert. Eine sprungförmige Änderung der elektrischen Spannung am *RC*-Glied entspricht dann der sprungförmigen Belastung des Kunststoffes durch Feuchte. Die Sprungantwortfunktion des *RC*-Gliedes wird als entsprechendes zeitliches Verhalten der Feuchte im Feststoff interpretiert. Für Foliendicken $d < 100$ µm überwiegt die Permeation, bei dickeren Kunststoffschichten die Diffusion, für die in der Analogie mit einer homogenen Zweidrahtleitung der Länge d gearbeitet wird. In **Tafel 5.38** sind die wichtigsten Beziehungen dafür zusammengestellt (Zeichen und Benennungen zu den elektrischen Kenngrößen s. [5.50]).

5.7.4 Feuchtekennwerte und Meßmethoden

Für den Anwender ist die Kenntnis der Feuchtekennwerte der verschiedenen Kunststoffe wichtig, um sie entsprechend ihrer Eigenschaften einsetzen zu können (**Tafel 5.39**). Da in der Literatur nicht zu allen Werkstoffen die Feuchtekennwerte vorliegen, sind Meßmethoden zu deren Bestimmung entwikkelt worden. Bei üblichen Diffusionsvorgängen ist es mit Hilfe der Gleichgewichtssorptionsmessung möglich, Feuchtekennwerte an Material der Dicke $d_p = 2d$ anhand von wenigen Meßwerten zu bestimmen, bevor das Sorptionsgleichgewicht erreicht wird.

Zur Bestimmung des Diffusionskoeffizienten aus Sorptionskurven kann für $t > 0{,}2\ \tau_F$ folgende Beziehung verwendet werden, wenn die Kurve bis $m_t/m_s = ½$ linear verläuft:

$$D = 0{,}049 \frac{d_p^2}{t}. \tag{5.87}$$

Für die Auswertung von Diffusionsversuchen können im Bereich von $t \leq 0{,}2\ \tau_F$ bzw. $\bar{c}(t) \leq 0{,}5 c_S$ die folgenden Gleichungen verwendet werden:

Tafel 5.38 Analogien zwischen Feuchtegrößen und elektrischen Größen

Feuchte - Kenngrößen		Elektrische Kenngrößen	
Diffusion 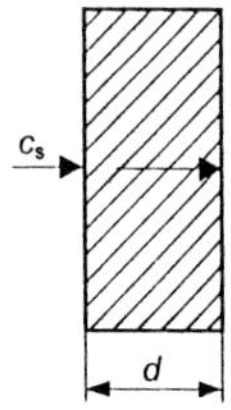 c_s, d		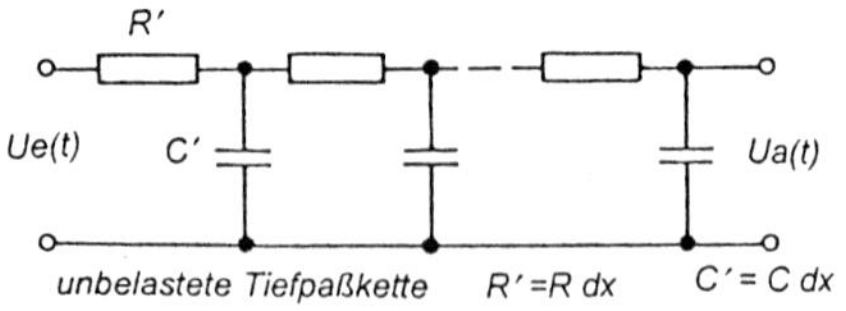 R', C', $Ue(t)$, $Ua(t)$ unbelastete Tiefpaßkette $R' = R\,dx$ $C' = C\,dx$	
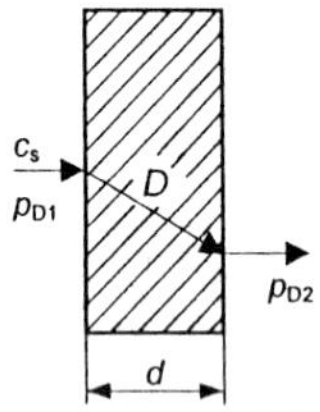 Permeation c_s, p_{D1}, D, p_{D2}, d $R_F = \dfrac{d}{pA}$ $C_F = \dfrac{\Delta m_W}{\Delta p_D}$		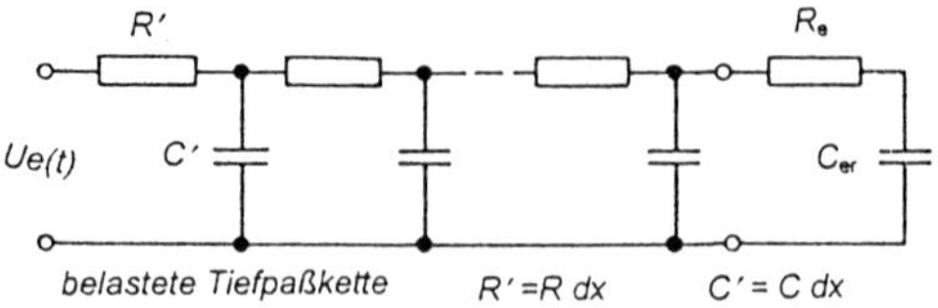 R', R_e, C', C_{er}, $Ue(t)$ belastete Tiefpaßkette $R' = R\,dx$ $C' = C\,dx$	
Feuchtestromdichte $g_F = \dfrac{m_W}{At} = \dfrac{P\,\Delta p_D}{d}$	in $\dfrac{\text{kg}}{\text{m}^2 \cdot \text{s}}$	Stromdichte $g = \dfrac{i}{A} = \dfrac{1}{A}\dfrac{dQ}{dt}$	in $\dfrac{\text{A}}{\text{m}^2}$
Feuchtestrom $i_F = \dfrac{dm_W}{dt} = hV$	in $\dfrac{\text{kg}}{\text{s}}$	Strom $i = \dfrac{dQ}{dt}$	in A
Feuchtespannung $\Delta p_D = i_F R_F$	in Pa	Spannung $u = R\,i$	in V
Feuchtewiderstand $R_F = \dfrac{d}{pA}$	in $\dfrac{\text{Pa} \cdot \text{s}}{\text{kg}}$	Widerstand $R = \dfrac{l}{\kappa A} = \dfrac{u}{i}$	in $\dfrac{\text{V}}{\text{A}} = \Omega$
Feuchtekapazität $C_F = \dfrac{\Delta m_W}{\Delta p_D} = hV$	in $\dfrac{\text{kg}}{\text{Pa}}$	Kapazität $C = \dfrac{Q}{u} = \dfrac{A\varepsilon}{d}$	in $\dfrac{\text{A} \cdot \text{s}}{\text{V}}$
Permeationskoeffizient P	in $\dfrac{\text{kg}}{\text{m} \cdot \text{Pa} \cdot \text{s}}$	Leitfähigkeit γ	in $\dfrac{\text{S}}{\text{m}}$
Feuchtekonzentrationsdifferenz $\Delta c = c_S - c$ $\Delta p_D = p_{DS} - p_D$	in $\dfrac{\text{kg}}{\text{m}^3}$ in Pa	Potentialdifferenz (Spannung) $u = \varphi_2 - \varphi_1$	in V
Zeitkonstante $\tau_F = R_F\, C_F$	in s	Zeitkonstante $\tau = R\,C$	in s
Diffusionskoeffizient D	in $\dfrac{\text{m}^2}{\text{s}}$		

$$\bar{c} = \bar{c}(t) = 2c_S \sqrt{\frac{Dt}{\pi d^2}}, \tag{5.88}$$

$$t = \frac{\pi d^2}{4D}\left(\frac{\bar{c}}{c_S}\right)^2. \tag{5.89}$$

Derartige Versuche werden mit vorgetrockneten Kunststoffscheiben mit $c_R = 0$ mit einer Dicke $d_P = 2d$ durchgeführt.

Tafel 5.39 Feuchtekennwerte einiger Kunststoffe

Bezeichnung	Permeationskoeffizient in s	Diffusionskoeffizient in m²/s	Anwendung
Polyäthylen	$6{,}2 \cdot 10^{-17} \ldots 6{,}2 \cdot 10^{-16}$	$2{,}77 \cdot 10^{-13} \ldots 1{,}9 \cdot 10^{-8}$	Elektrisch belastbar, mechanisch und thermisch bedingt belastbar, –50°C bis +60°C, bei hoher Feuchte verwendbar, Folien als Verpackungsmaterial.
Polystyrol	$7{,}56 \cdot 10^{-17} \ldots 8{,}75 \cdot 10^{-15}$	$1{,}7 \cdot 10^{-11} \ldots 4{,}3 \cdot 10^{-11}$	Ähnlich Polyäthylen, Isolierstoff, –40°C bis +100°C, elektrisch und mechanisch belastbar, nicht bei hoher Feuchte verwendbar, dünnste Folienkondensatordielektrika.
Polykarbonat	$3{,}12 \cdot 10^{-16} \ldots 1{,}51 \cdot 10^{-14}$	$1{,}2 \cdot 10^{-8}$	
Polytetrafluoräthylen	$3{,}33 \cdot 10^{-18} \ldots 1{,}51 \cdot 10^{-16}$	$8{,}33 \cdot 10^{-13} \ldots 2{,}77 \cdot 10^{-9}$	Elektrisch, mechanisch und klimatisch extrem belastbar, vakuumstabil, –190°C bis +250°C, wasserabweisend, hohe Stabilität elektrischer Parameter.
Polyamid	$2{,}91 \cdot 10^{-16} \ldots 4{,}2 \cdot 10^{-16}$	$8{,}3 \cdot 10^{-13}$	Elektrisch und mechanisch belastbar, –40°C bis +120°C, keine thermische Belastung bei hoher Feuchte, keine Kriechstrombelastung.

5.7.5 Konstruktive und technologische Richtlinien

Um bei feinwerktechnischen und elektronischen Erzeugnissen den Feuchteeinfluß zu eliminieren, gibt es verschiedene Möglichkeiten. In **Tafel 5.40** sind günstige und ungünstige Lösungen gegenübergestellt. Ausgewählte Normen und Richtlinien zu Abschn. 5.7 siehe Tafel 5.56.

Tafel 5.40 Richtlinien zur Eliminierung des Feuchteeinflusses

Ungünstige Lösung	Erläuterungen	Günstige Lösung
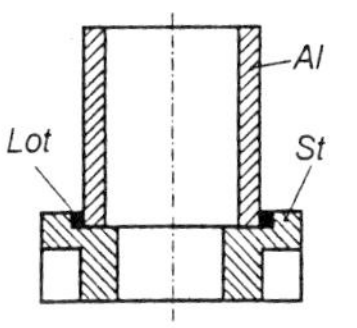 Lot, Al, St	Bei Auftreten von Schwall- oder Regenwasser sind gefährdete Baugruppen bzw. Funktionsblöcke durch entsprechende Werkstoffe, Werkstoffpaarungen (Beachten der elektrolytischen Spannungsreihe) und Formen so zu gestalten, daß sie notfalls kurzfristig unter Wasser funktionstüchtig sind, daß das Wasser jedoch ungehindert ablaufen kann. Durch geeignete Überzüge (Lack, Kunststoff) ist außerdem für entsprechenden Schutz zu sorgen.	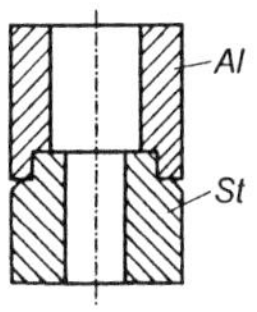 Al, St
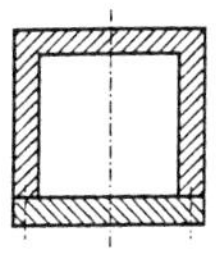	Bei Gefahr von Kondenswasser sind Baugruppen bzw. Funktionsblöcke so zu gestalten und herzustellen, daß ihre Funktionstüchtigkeit auch bei Unterschreiten des Taupunkts (Wasserausfall, Vereisen) garantiert ist. Nach Möglichkeit ist zu verhindern, daß sie durch Vorhandensein freier Ionen mit Wasser aggressive Medien bilden. Funktionsblöcke sind, wenn möglich, durch Kunststoffüberzüge zu schützen und Formen so zu gestalten, daß Wasser abtropfen kann. Durch Öffnungen mit $r \gg r_{\text{Kapillare}}$ ist die Möglichkeit zu schaffen, daß auftretendes Wasser ablaufen kann.	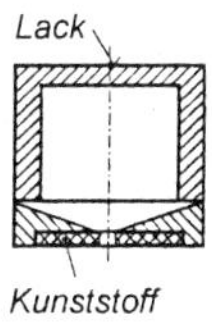 Lack, Kunststoff

Tafel 5.40 Fortsetzung

Ungünstige Lösung	Erläuterungen	Günstige Lösung
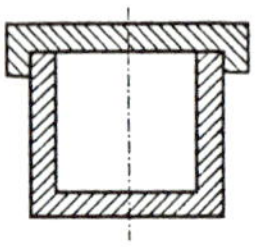	Durch Wärmeenergie, z. B. Verlustwärme, ist dem Eindringen entgegenzuwirken und ein Unterschreiten des Taupunktes (siehe Mollier- Diagramm) zu verhindern.	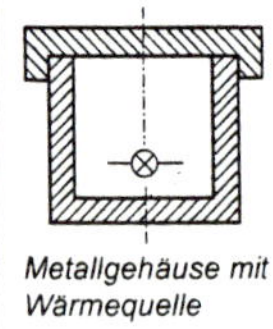 Metallgehäuse mit Wärmequelle
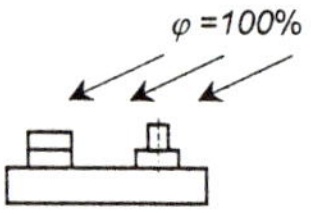 $\varphi = 100\%$	An feuchteempfindlichen Stellen sollte die Feuchte unter der kritischen Größe liegen: $\varphi_{kr} = 40\% \mathrel{\hat{=}} C_{kr} = 0{,}7305 \cdot 10^3$ $\mathrel{\hat{=}} p_{Dkr} = 935{,}4\ \mathrm{Pa \cdot g \cdot m^{-3}}$.	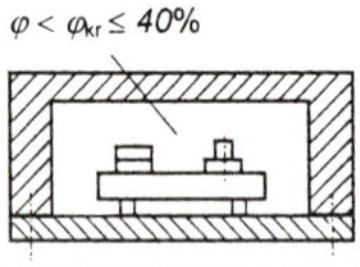 $\varphi < \varphi_{kr} \le 40\%$
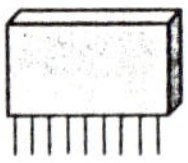	Bei extremen Forderungen muß eine Verarbeitung im Vakuum oder unter besonderen Bedingungen, z. B. entsprechend dem Mollier-Diagramm (geringe Luftfeuchte von etwa 5 %, niedrige Temperaturen, austrocknen, imprägnieren) und anschließendes Hermetisieren, erfolgen. Letzteres wird meist über längere Zeit nur durch Verwendung von Metall oder Glas erreicht.	Metallgehäuse mit Glasdurchführungen 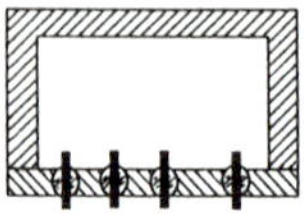
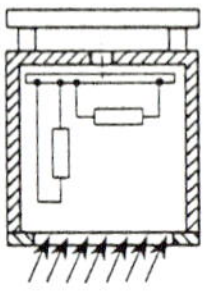	Baugruppen, auf deren Oberfläche Ströme fließen können, sind vor direkter Einwirkung von Staub zu schützen (Gefahr der Anlagerung von Feuchte). So sind z. B. spezielle Leiterplatten in einem Waschverfahren unter Verwendung von deionisiertem Wasser zu waschen.	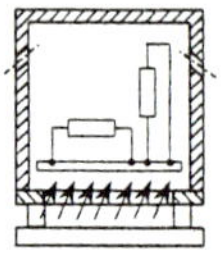
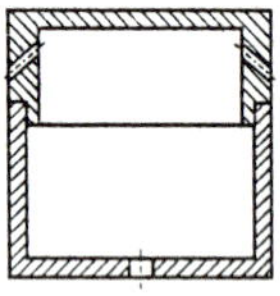	Bei normalen Beanspruchungen sind Baugruppen bzw. Funktionsblöcke durch geeignete Öffnungen völlig zu durchlüften. Damit ist ein Ausgleich zur umgebenden Atmosphäre gegeben, so daß bei langsamer Temperaturänderung der Taupunkt nicht unterschritten wird.	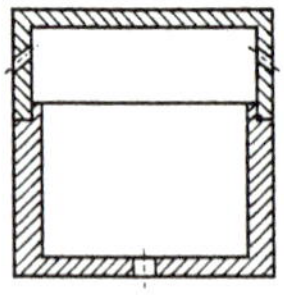
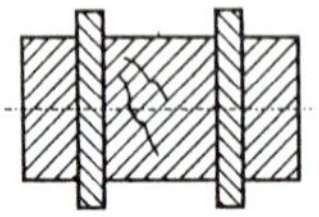	Bei feuchtedichten Konstruktionen ist darauf zu achten, daß auch das Entstehen von Kapillaren vermieden wird. Kapillaren, Spalten o.dgl. saugen im Verlauf des technologischen Prozesses schnell Feuchte auf und sind damit häufig Ursache für Schäden (z. B. Punktschweißnähte).	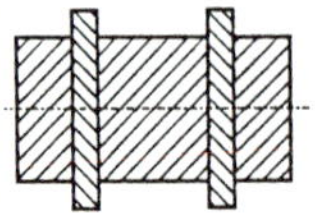

5.8 Schutz gegen mechanische Beanspruchungen

[5.59] bis [5.73][5.132] bis [5.136]

Zeichen, Benennungen und Einheiten

D	Dämpfungsgrad
$\vec{F}$	Kraft in N
K	Schwingstärke
Q	Güte
T_0	Eigenschwingungsdauer in s
V	Vergrößerungsfunktion
a	Beschleunigung in m/s^2
c	Federsteife in N/m
$\vec{e}$	Einheitsfaktor
f	Frequenz in Hz
g	Fallbeschleunigung in m/s^2
k	Reibungsfaktor in N · s/m
m	Masse in kg
s	Federweg in m
v	Geschwindigkeit in m/s
$\hat{x}, \hat{y}$	Spitzenwert; Amplitude in m
Ω	Erregerkreisfrequenz in 1/s
η	Abstimmung
κ	Dämpfungsfaktor in 1/s
μ	Reibwert
τ	Stoßdauer in s
ω_0	Eigenkreisfrequenz in 1/s
ξ	Koordinate in m

5.8.1 Grundlagen

Mechanische Beanspruchungen und Schwingungen entstehen durch Vorgänge, bei denen dynamische Kräfte Strukturen anregen. Die Auswirkungen von Schwingungen auf den Menschen reichen von Belästigung, Ermüdung und vermindertem Wohlbefinden bis hin zu Krankheiten. Bei Maschinen, Fahrzeugen und Geräten sowie Bauwerken können Verschleiß, fehlerhafte Funktionen, Betriebsstörungen oder irreversible Schäden auftreten. Der Schutz gegen Schwingungen ist durch Dämpfung, Isolierung und Tilgung möglich. Einige Grundlagen zum Schutz von Menschen und Maschinen vor mechanischen Beanspruchungen sind in Normen und Richtlinien festgelegt (s. Tafel 5.56).

Die Belastung durch die auf den Menschen einwirkenden Schwingungen hängt von deren Parametern, wie Amplitude, Frequenz, Spektrum und Richtung, sowie von der Einwirkstelle am Körper und der Dauer der Einwirkung ab. Aus den gemessenen physikalischen Daten der Schwingbelastung wird unter Berücksichtigung frequenzabhängiger Wirkungen eine bewertete Schwingstärke K als Beanspruchungskenngröße gebildet. Das Verfahren ist auf alle translatorischen, also harmonische, periodische und stochastische Schwingungen sowie Stoßvorgänge anwendbar. **Tafel 5.41** zeigt den Zusammenhang zwischen bewerteter Schwingstärke und subjektiver Wahrnehmung.

Tafel 5.42 enthält eine Auswahl zulässiger Werte der Schwingbeschleunigungen an Arbeitsplätzen. Es sind die Effektivwerte der frequenzbewerteten Schwingbeschleunigung in den Richtungen x, y und z für vier verschiedene Arbeitsplatzkategorien im Frequenzbereich von 1 bis 90 Hz. Zum Bewerten der in das Hand-Arm-System eingeleiteten mechanischen Schwingungen ist der frequenzbewertete Effektivwert der Schwingbeschleunigung in der Hauptschwingungsrichtung im Frequenzbereich von 2,8 bis 2800 Hz zu ermitteln. Die Indizes x, y, z kennzeichnen die jeweiligen Schwingungsrichtungen und der Index B die nichtvorgegebene Körperhaltung (s. VDI-Richtlinie 3831).

Tafel 5.41 Schwingbeschleunigung und subjektive Wahrnehmung

Bewertete Schwingstärke K_x, K_y, K_z, K_B	Beschreibung der Wahrnehmung
< 0,1	nicht spürbar
0,1	Fühlschwelle
0,4	gerade spürbar
1,67	gut spürbar
6,3	stark spürbar
> 100	sehr stark spürbar

Tafel 5.42 Zulässige Schwingbeschleunigung an Arbeitsplätzen (nach VDI-Richtlinie 3831, Werte in m/s²)

Kategorie	1		2		3		4	
Kennzeichen für Arbeitsplätze	keine besonderen		erhöhte Aufmerksamkeit		Behaglichkeit		geistige Tätigkeit, Präzision	
Beispiele	Werkstätten		Innenraum von Kfz und Schienenfahrzeugen		Schaltwarten, Büroräume		Forschungsinstitute, Konstruktionsbüros	
Zulässige tägliche Expositionszeit T_1	a_z	a_x, a_y	a_z	a_x, a_y	a_z	a_x, a_y	a_z	a_x, a_y
1 min	5,60	3,96	2,80	1,98	0,89	0,63	0,05	0,04
10 min	4,72	3,32	2,36	1,67	0,75	0,53		
30 min	3,12	2,22	1,56	1,11	0,50	0,35		
1 h	2,36	1,68	1,18	0,84	0,37	0,27		
8 h	0,63	0,44	0,32	0,22	0,10	0,07		
24 h	0,24	0,17	0,12	0,09	0,05	0,04		

5.8.2 Ursachen mechanischer Beanspruchungen

Mechanische Beanspruchungen in Form von Schwingungen und Stößen treten auf bei der Fertigung, beim Transport, im Betrieb oder bei der Prüfung von Geräten, Maschinen und Anlagen. Dabei unterscheidet man

- durch äußere Einflüsse verursachte Schwingungen und Stöße (Vibrationen des Aufstellorts): Fundamentschwingungen durch Stanzen, Pressen, Maschinen; Fahrzeugerschütterungen infolge Straßenunebenheiten; Rangierstöße beim Bahntransport (s. auch Abschn. 8); Geräteschwingungen infolge Boden- und Luftbewegungen; Störungen infolge Havarien im Betrieb (Kippen, Fallen); Prüfung auf Schwing- oder Stoßtischen;
- durch innere Ursachen bedingte Schwingungen und Stöße (Erregung durch Bewegungsvorgänge in Geräten oder Maschinen):
  Betrieb von Kolbenmaschinen; Unwuchten rotierender Teile; Lauf in Resonanznähe; Durchfahren kritischer Bereiche; Kopplung bewegter mit unbewegten Teilen; Fertigungsungenauigkeiten, Spiel, Zerspanungsvorgänge usw.

Das Erfassen, Beschreiben und gezielte Mindern derartiger Belastungen ist eine Voraussetzung für die Funktionsfähigkeit von Geräten. Gleichzeitig ist aber auch deren Betrieb Ausgangspunkt für Belastungen von Mensch und Umwelt. In Vibrationswendelförderern, Ultraschall-Reinigungsbädern und Schüttelmaschinen werden beispielsweise Schwingungen absichtlich erzeugt. Schwingprüfmaschinen gelangen zum Einsatz, um eine bestimmte Schwingungsenergiemenge auf Geräte und Baugruppen zu übertragen und damit ihr physikalisches und funktionelles Verhalten zu überprüfen bzw. ihre Widerstandsfähigkeit gegen die oben genannten Faktoren zu ermitteln.

5.8.2.1 Mechanische Beanspruchung durch Schwingungen

Während des Betriebes sind alle Geräte, Maschinen, Fahrzeuge und Bauwerke dynamischen Kräften ausgesetzt, die Schwingungen verursachen. Sie entstehen durch Fertigungstoleranzen, Lagerspiel, rollende oder gleitende Berührung zwischen Geräteteilen und aufgrund von Unwuchten in rotierenden und pendelnden Bauteilen. Die größten Beanspruchungen sind mit Resonanzerscheinungen verbunden. Resonanz tritt dann auf, wenn die Erregergrößen die Eigenfrequenzen oder Schwingungsmoden der betroffenen Struktur anregen.

Die Erreger- und Eigenfrequenzen für mechanische Schwingungen liegen im Bereich $f = 0 \dots 10^6$ Hz (**Tafel 5.43**; **Bild 5.70**).

Tafel 5.43 Bereiche mechanischer Schwingungen

Boden- und Gebäudeschwingungen	$f \approx 10^{-2} \dots 10^{1}$ Hz
für den Tastsinn spürbar	$f \approx 10^{-1} \dots 0{,}1 \cdot 10^{3}$ Hz
Eigenfrequenz vieler Bauelemente	$f \approx 10 \dots 1 \cdot 10^{3}$ Hz
Hörbereich des Menschen	$f \approx 16 \dots 16 \cdot 10^{3}$ Hz
Bereich des Ultraschalls	$f \approx 20 \cdot 10^{3} \dots 10^{6}$ Hz

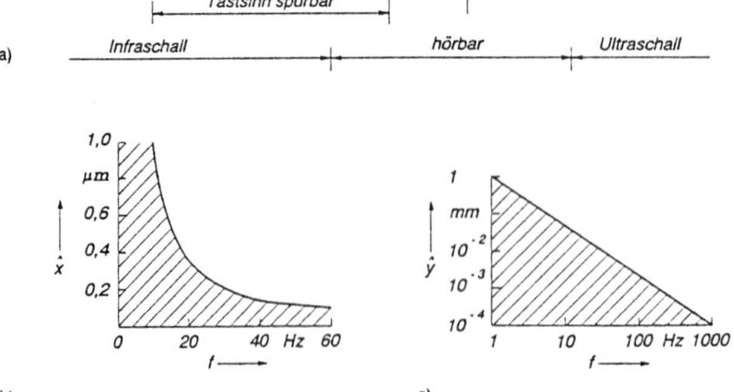

Bild 5.70 Mechanische Schwingungen in der Feinwerktechnik
a) Frequenzen (wesentliche Bereiche mechanischer Schwingungen)
b) Eingangsamplituden (Bereich gemessener Eingangsamplituden $\hat{x}(f)$ von Boden- und Gebäudeschwingungen feinwerktechnischer und elektronischer Betriebe)
c) Ausgangsamplituden (gemessene Ausgangsamplituden $\hat{y}(f)$ für Bauelemente der Feinwerktechnik bei harmonischer Erregung)

Die Erregergrößen können Wege, Geschwindigkeiten, Beschleunigungen oder Kräfte (bei Translation) bzw. Winkel, Winkelgeschwindigkeiten und -beschleunigungen oder Momente (bei Rotation) sein. Dabei werden die realen Erreger-Zeit-Funktionen durch ideale (z. B. periodische oder stoßförmige) angenähert. Die mechanische Beanspruchung eines Gerätes erfolgt häufig durch Schwingungen verschiedener Frequenzen und Amplituden während des Transports oder des Betriebes. Da sich besonders die Erregerfrequenz in weiten Grenzen ändern kann, müssen Elemente der Feinwerktechnik in einem breiten Frequenzspektrum geprüft werden.

5.8.2.2 Stoßbelastung von Geräten und Menschen

Unter einem Stoß versteht man eine kurzzeitige einmalige Krafteinwirkung, die in der Feinwerktechnik u. a. durch folgende Ursachen auftritt:

- Fall eines Gerätes aus geringer Höhe auf eine feste Unterlage,
- Kopplung eines bewegten mit einem unbewegten Teil und umgekehrt (Anfahr-, Dreh-, Rangierstoß; s. auch Abschn. 8),
- plötzliche Krafteinwirkung auf Bauelemente und Geräte durch Umgebungseinflüsse, z. B. durch Fahrzeuge, Maschinen oder Erdbeben.

Charakteristisch für den Stoßvorgang sind

- Stoßform (**Bild 5.71**),
- Stoßdauer τ (meist in der Größenordnung von Millisekunden)
- Spitzenwert $\hat{y}$ (maximale Belastung, **Tafel 5.44**),
- Stoßspektrum $\hat{y} / \hat{x} (\tau / T_0, Q)$ (Spitzenwerte der Stoßantwort $\hat{y}$ bezogen auf den Spitzenwert $\hat{x} = \hat{a} / \omega_0^2$ der Stoßanregung in Abhängigkeit von der Stoßdauer τ und der Eigenschwingungsdauer T_0 des ungedämpften Systems mit der Güte Q als Parameter).

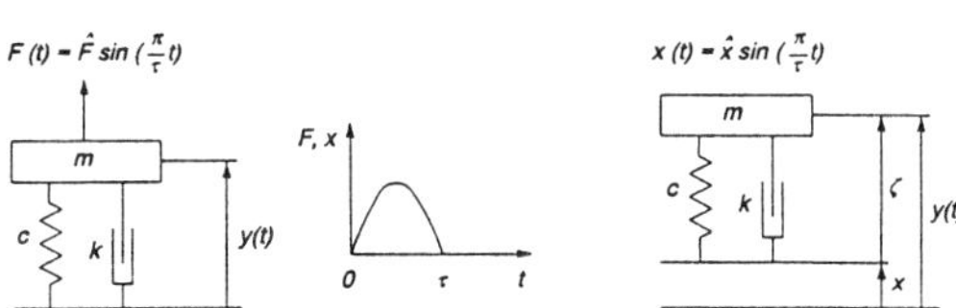

Bild 5.71 Direkte und indirekte Stoßanregung

Tafel 5.44 Stoßbelastung von Geräten (g = 9,81 m · s^{-2})

Belastungsart	Maximale Beschleunigung in g	Bemerkungen
Lochen (Stanzen)	10	Locher in der Papierverarbeitung
Sondergeräte	100	Militärtechnik, Kfz-Technik
Abdruck/Anschlag	1000 (100...1000)	Typenhebel-Schreibmaschine, Nadeldrucker
Belastbarkeit des Menschen	10	zum Vergleich
Prüfbelastung von Geräten und Elementen	15 bzw. 60	s. Abschn. 5.8.4
Erdbeben	1	mittlere Stärke
Fundamentstöße	100	Stanzen, Schmieden, Rammen
Metallische Schläge	10000	Kolbenkompressoren
Stoßprüfmaschinen	500	
Beschleunigungsaufnehmer	2000	

Bei der Berechnung der Stoßspektren wird zwischen direkter und indirekter Stoßanregung (s. Bild 5.71) und primärem ($y = y_0$ – Amplitude der Systemantwort *während* des Stoßes, **Bild 5.72**) und residuellem Stoßspektrum ($y = y_{10}$ – Amplitude der Antwort *nach* Ende der Stoßanregung) unterschieden.

Für direkte und indirekte Stoßerregung eines schwingungsfähigen Einmassensystems ist eine Stoßdauer $\tau \approx T_0$ besonders gefährlich. Sehr kurze Stöße ($\tau << T_0$) und relativ lange Stöße ($\tau >> T_0$) ergeben während als auch nach dem Stoß kleine Stoßantworten. Eine steigende Güte Q (abnehmende Dämpfung) vergrößert in allen Fällen die Ausgangsamplituden bei direkter oder indirekter Stoßerregung während und nach dem Stoß. Der Einfluß ist zwischen $Q = 20$ und $Q = \infty$ gering. Die Amplituden werden erst durch größere Dämpfung ($Q < 2$) stark verringert.

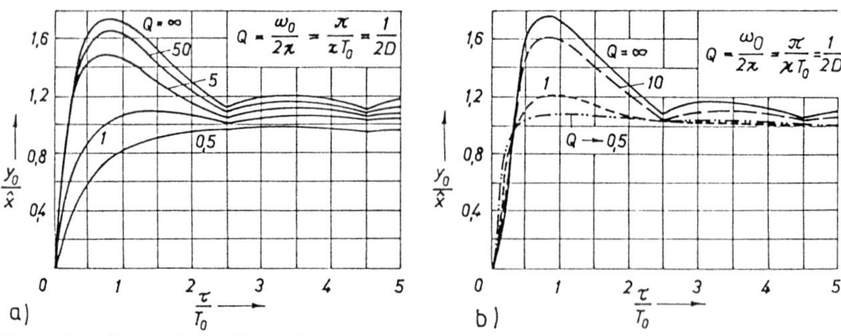

Bild 5.72 Primäres Stoßspektrum für
a) direkte Halbsinusstoßerregung, b) indirekte Halbsinusstoßerregung

5.8.3 Modellbildung

Um zu verstehen, wie sich Maschinen und Geräte unter dynamischer Belastung verhalten, sind geeignete Modelle erforderlich, die einerseits so einfach und transparent wie möglich sein sollen, andererseits aber alle für das technische Problem relevanten Phänomene richtig erfassen müssen **(Bild 5.73)**. Bei den *analytischen* Modellen dominieren die Mehrkörpersysteme (MKS) und die Finite-Elemente-Modelle (FEM).

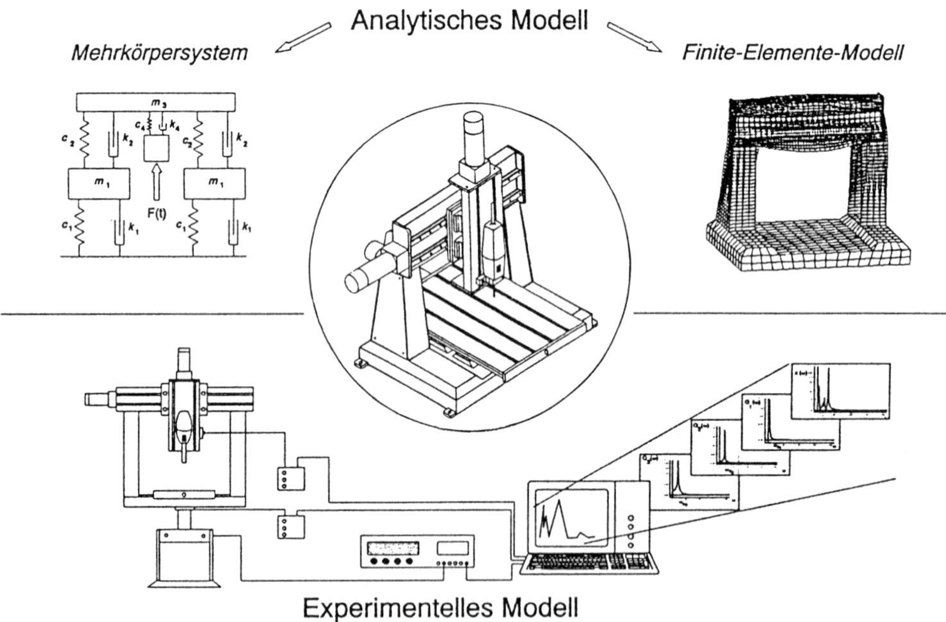

Bild 5.73 Modellbildung

Das Mehrkörpersystem besteht aus einer Menge starrer Körper, die untereinander physikalisch bzw. geometrisch gekoppelt sind. Physikalische Kopplung wird durch ein bekanntes Kraftgesetz (Feder-, Dämpfer-, Schwerkraft u. a.), geometrische Kopplung (ideale Gelenke, Stellmotoren) durch Zwangsbedingungen beschrieben. Das einfachste Modell ist der Einmassenschwinger (s. Bild 5.71), auf dessen Verhalten bei unterschiedlicher Erregung immer wieder Aussagen zur Schwingungsanalyse von Geräten zurückgeführt werden. Die mechanische Beanspruchung und als Folge die Spannungen sind bei linearen Spannungs-Dehnungs-Beziehungen der Vergrößerungsfunktion proportional **(Bild 5.74)**.

Wesentliches Element der Modelle sind die Systemparameter, deren Angabe vor allem bei der Güte Q (Dämpfungsgrad D) schwierig ist **(Tafel 5.45)**.

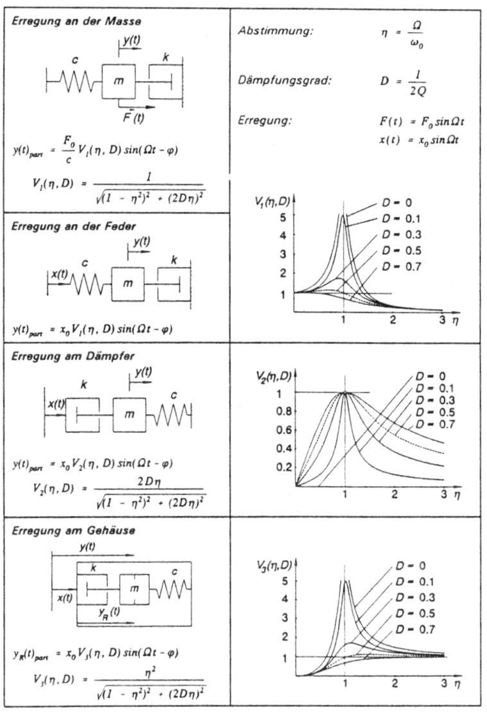

Bild 5.74 Vergrößerungsfunktionen

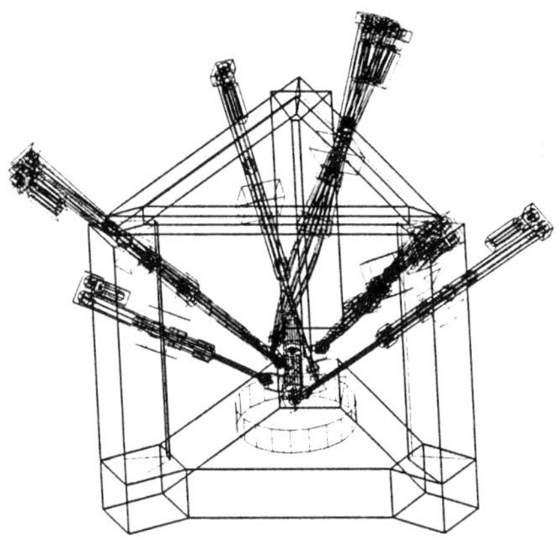

Bild 5.75 Eigenformberechnung des Werkzeugpositioniersystems Hexapod 6X der Fa. Mikromat und der Fraunhofer Gesellschaft (IWU) mit ALASKA

Bis zum Freiheitsgrad 2 (Zweimassenschwinger, z. B. elastisch gelagerter Lüfter in einem schwingungsisoliert aufgestellten Gerät) sind Aussagen zum Systemverhalten bei mechanischer Beanspruchung durch explizites Aufstellen der Bewegungsdifferentialgleichungen mit Impuls- und Drehimpulssatz oder Lagrange-Gleichungen zu gewinnen. Für komplexere Modelle werden Softwaresysteme zur computerunterstützten Simulation der Dynamik von MKS eingesetzt, wie ADAMS [5. 59], ALASKA [5.60], NEWEUL [5.61] oder SIMPACK [5.62]. In **Bild 5.75** ist dies an einem Beispiel verdeutlicht.

Gleiches gilt für die Anwendung der Finite-Elemente-Modelle. Sie basieren auf errechneten oder gemessenen Massen- und Steifigkeitsverteilungen unter bestimmten Randbedingungen. Kräfte und Momente wirken an diskreten Punkten massebehafteter elastischer Körper. Für die Ermittlung mechanischer Beanspruchungen kommen zum Einsatz (Auswahl): ANSYS [5.63], NASTRAN [5.64], COSAR [5.65], PATRAN [5.66].

Experimentelle mathematische Modelle werden aus gemessenen Modaldaten abgeleitet, die das System bei gemessenen Bedingungen repräsentiert.

Das Modell besteht aus einer Reihe unabhängiger Differentialgleichungen, jeweils eine pro gemessener Eigenfrequenz („Schwingungsmode"). Diese auch als Modal-Modell bezeichnete Abstraktion des realen Systems wird vor allem in Verbindung mit experimentellen Untersuchungsmethoden verwendet (s. Abschn. 5.8.4).

5.8.4 Untersuchungsmethoden

Wirksamer Schutz von Geräten und der Umwelt gegen mechanische Beanspruchungen setzt u. U. eingehende theoretische oder experimentelle Untersuchungen am Entstehungsort und im Übertragungsweg der Schwingungen und Stöße voraus:

Tafel 5.45 Eigenfrequenz f_0 und Güte Q für Bauelemente und Baugruppen der Feinwerktechnik (Richtwerte)

Bauelemente, Baugruppen	f_0 Hz	Q	Länge der Lötfahne mm
Widerstände (auf Leiterplatten angelötet)	200 ... 500	250 60 ... 120	10 ... 30 1 ... 8
Kondensatoren (auf Leiterplatten angelötet)	80 ... 600	40 ... 60 20 ... 40	15 ... 20 1 ... 8
Elektrolytkondensatoren (Becher auf Kondensator befestigt, Schwingungen quer zum Becher)	50 ... 140		
Transistoren und Dioden (auf Leiterplatten angelötet)	100 ... 400 50	200	20 35
Röhren (auf Leiterplatten gesteckt)	100 ... 200		
Relais (auf Leiterplatten befestigt)			
Gesamtkörper	120		
Kontaktsatz	350		
Potentiometer (auf Leiterplatten befestigt)	170		
Drähte (angelötet)			
blank	200 ... 1200	200	50 ... 100
lackiert	600	90	
Kabelbäume/Litze	30 ... 60	2 ... 3	
Kühl- und Abschirmbleche (2 mm Al auf Leiterplatte)	40 ... 80		
Leiterplatten in Gleitschienen (Masse 60 ... 220 g)	40 ... 80		
Schraubenfedern in Geräten	10 ... 100		
Blattfedern in Geräten	50 ... 500		
Gummipuffer	30 ... 300		
Piezoelektrische Dickenschwinger	einige 100 kHz	20000	
Bauelemente und Baugruppen in Geräten	(10 ... 1000) 50 ... 500	(2 ... 300) 20 ... 200	

- Theoretische Verfahren
  - Beschreibung durch lineare Systeme im Zeit- und Frequenzbereich, durch Differentialgleichungen, Fourier-, Laplace-, Z-Transformation, Frequenzgang
  - Modale Darstellung durch Eigenwerte und Eigenformen;
- Experimentelle Verfahren mittels Signalanalyse, Systemanalyse, Schwing- und Stoßprüfungen.

Um die mathematischen Modelle aufzustellen, können grundsätzlich zwei Wege beschritten werden, die theoretische und die experimentelle Strukturanalyse.

Bei der *theoretischen* Strukturanalyse mechanischer Systeme erfolgt die Modellbildung der Struktur direkt aus den physikalischen Gesetzmäßigkeiten. Meist werden die Modelle aus der Lösung von Bilanzgleichungen für Masse, Impuls oder Energie gewonnen. Dabei müssen an dieser Stelle Systeme mit konzentrierten Parametern von Systemen mit örtlich verteilten Parametern unterschieden werden. Während bei den erstgenannten Systemen die Bilanzgleichungen für die gespeicherten Massen, Energien und Impulse für das Gesamtsystem aufgestellt werden, zerlegt man ein System mit verteilten Parametern in eine endliche Menge infinitesimal kleiner Elemente. Als Ergebnis der theoretischen Strukturanalyse erhält man ein System gewöhnlicher oder partieller Differentialgleichungen mit einem ganz bestimmten Aufbau und bestimmten Parametern.

Bei der *experimentellen* Strukturanalyse erfolgt die Modellbildung auf der Grundlage der gemessenen Signale der Struktur. Die Eingangssignale des Systems können die im Prozeß natürlich auftretenden Signale oder auch künstlich erzeugte Testsignale sein. In Abhängigkeit der Identifikationsmethode und des Modellansatzes erhält man ein parametrisches oder nichtparametrisches Modell. Dabei müssen in Hinsicht auf bestimmte Kriterien das Modell und die reale Struktur äquivalent sein. Beide Modelle als Ergebnis der theoretischen und experimentellen Strukturanalyse können miteinander verglichen werden. Stimmen diese beiden Modelle innerhalb gesetzter Fehlerschranken nicht überein, sind einzelne Schritte der Modellierung zur Korrektur der Prozeßanalyse zu wiederholen. In der Praxis werden Korrekturverfahren sehr häufig verwendet, bei denen man zunächst das komplette theoretische Modell mit Hilfe der Konstruktionsunterlagen erstellt. Eine prinzipiell mögliche Vorgehensweise bei der Strukturanalyse zeigt **Bild 5.76**. Dabei wird deutlich, daß weder die theoretische noch die experimentelle Analyse allein zum Ziel führen, sondern daß nur durch geeignete Kombination beider Verfahren eine optimale Modellbildung möglich ist.

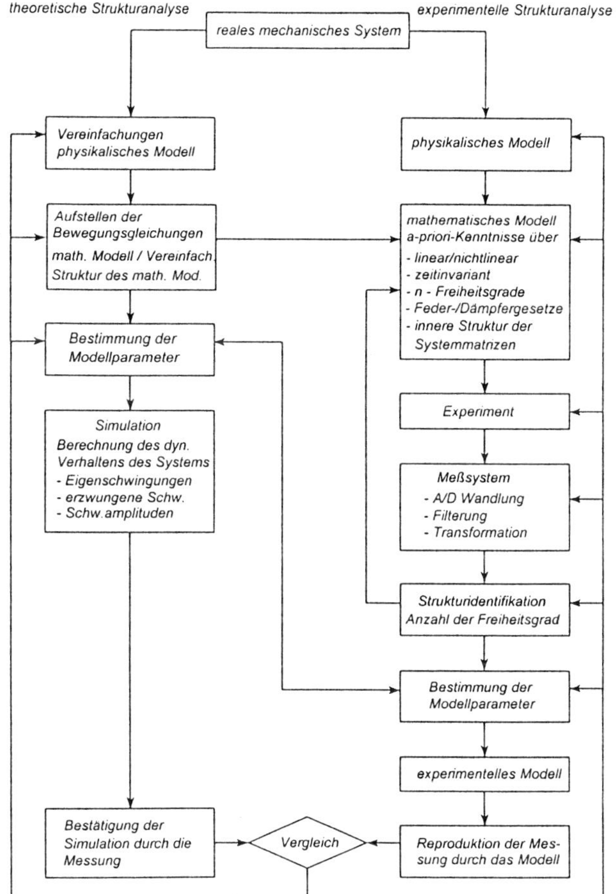

Bild 5.76 Theoretische und experimentelle Strukturanalyse

Vor der Lösung von Schwingungsproblemen muß zwischen den beiden Wegen Signalanalyse und Systemanalyse unterschieden werden. Unter Signalanalyse (A) versteht man die Vorgehensweise zum Ermitteln des Systemverhaltens infolge einer unbekannten Anregung durch aktuelle Betriebskräfte (Betriebsschwingungen, s. DIN 45667). Die Systemanalyse (B) bestimmt durch Analysemethoden das innere Systemverhalten. Das Prinzip der Eigenform*messung* am Beispiel des eingespannten Biegestabes zeigt das **Bild 5.77a**. Die Eigenform*berechnung* mit der FE-Methode ist im Bild 5.77b für eine Platte und ein Felgensegment dargestellt.

▶ Beispiel für A: Schwingpegelmessung
Betriebsschwingungsmessung,
FEM-Antwort-Analyse

▶ Beispiel für B: Beweglichkeitsmessungen
Modalanalyse,
FEM-Modalanalyse

5.8.5 Möglichkeiten der Schwingungsabwehr und Stoßminderung

Beim Projektieren von Geräten, Maschinen und Anlagen ist eine ausführliche Schwingungsberechnung notwendig, um die nachträgliche Schwingungsminderung zu vermeiden. Die gezielte Schwingungsabwehr an fertigen Objekten setzt genaue Kenntnisse des Schwingungssystems voraus.

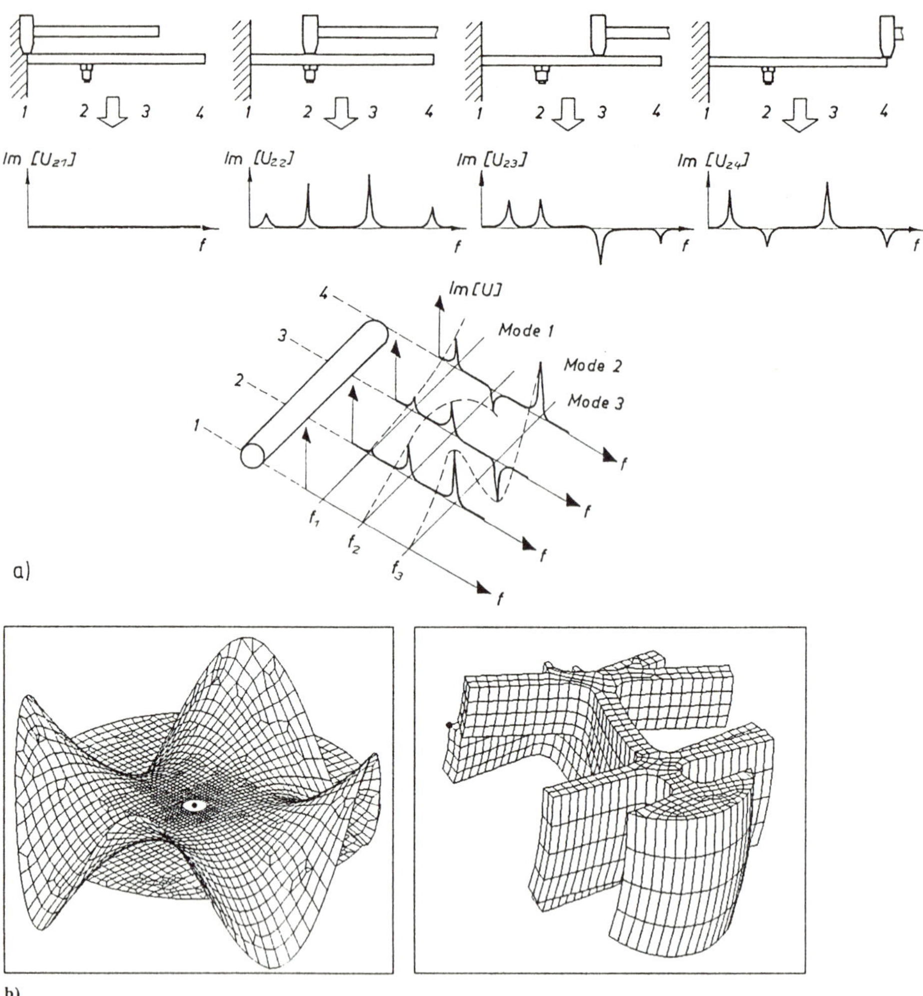

b)

Bild 5.77 Schwingungsuntersuchungen mit a) Modalanalyse und b) Finite Elemente Methode (FEM)

Bei der Schwingungsabwehr unterscheidet man

Primärmaßnahmen: Mindern der Erregergröße durch Dämpfung, Aktivisolierung oder Tilgung am Entstehungsort der Schwingungen (dazu gehören Auswuchten und Massenausgleich);
Sekundärmaßnahmen: Verändern der Übertragungsfunktion des Schwingsystems durch Resonanzvermeidung und Passivisolierung.

Prinzipiell bestehen drei Möglichkeiten, Gerät und Umwelt gegen mechanische Beanspruchungen durch Schwingungen und Stöße zu schützen:

- Dämpfung (Verändern der Dämpfungsgrößen k, κ, Q oder D),
- Isolierung (Verändern der Federsteife c des Schwingsystems),
- Tilgung (Verändern der Masse m des Schwingers).

Am schwingungsfähigen System ist Dämpfung möglich durch natürliche Reibung, durch angekoppelte mechanische (hydraulische, pneumatische) Dämpfer oder durch eingebaute elektrische Dämpfer. Als mechanische Dämpfer können auch Ventile, Schieber (Drosseln) oder Wellrohre (Metallbälge) eingesetzt werden.

5.8.5.1 Dämpfung durch mechanische Reibung

Die Dämpfungskräfte sind je nach Reibungsart aus den folgenden Gleichungen berechenbar:
Coulombsche Gleitreibung (Festkörper auf Festkörper, $|N|$ Betrag der Normalkraft)

$$\vec{F}_{\mathrm{C}} = -\mu|N|\vec{e}_{\mathrm{v}}\,; \quad 0 < \mu < \mu_0 < 1. \tag{5.90}$$

Stokessche Reibung (Festkörper in Flüssigkeiten oder Gasen bei kleinen Geschwindigkeiten $v = v\vec{e}_{\mathrm{v}}$)

$$\vec{F}_{\mathrm{St}} = -k_{\mathrm{St}} v\vec{e}_{\mathrm{v}}\,. \tag{5.91}$$

Newtonsche Reibung (Festkörper in Flüssigkeiten oder Gasen bei großen Geschwindigkeiten, aber kleiner als die Schallgeschwindigkeit)

$$\vec{F}_{\mathrm{N}} = -k_{\mathrm{N}} v^2\vec{e}_{\mathrm{v}}\,. \tag{5.92}$$

Mischreibung (Festkörper in Flüssigkeiten oder Gasen bei mittleren Geschwindigkeiten)

$$\vec{F}_{\mathrm{M}} = -k_{\mathrm{M}} v^a\vec{e}_{\mathrm{v}}\,; \quad 1 < a < 2\,. \tag{5.93}$$

Die Reibungsfaktoren μ, k_{St}, k_{N} und k_{M} sind aus Tabellen zu entnehmen oder experimentell zu bestimmen. Die Werkstoffdämpfung ist bei bewegten Teilen in der Feinwerktechnik um eine bis zwei Größenordnungen kleiner als die gleichzeitig auftretende Coulombsche oder Stokessche Reibung und wird daher vernachlässigt. Entsprechendes gilt für die Strukturdämpfung (Dämpfung an Verbindungsstellen). Die Gln. (5.90) bis (5.93) gelten auch für Drehbewegungen. Anstelle der Reibungskräfte treten dann Reibungsmomente, für die Geschwindigkeiten sind Winkelgeschwindigkeiten einzusetzen.

5.8.5.2 Dämpfung durch angebaute mechanische Dämpfer

Flüssigkeits- oder Luftdämpfer sind in Form von Zylinder-Kolben-Kombinationen für Translation und für Rotation realisierbar. Die Dämpfung wird wesentlich durch die Konstruktion des Dämpfers, d. h. durch Größe und Form des Spalts zwischen Kolben und Zylinder, und die Art des Dämpfermediums bestimmt. Im Dämpfer herrscht Stokessche Reibung. Ein quantitatives Maß für die Dämpfung ist der Dämpfungsgrad D

$$D = \frac{\kappa}{\omega_0} = \frac{k/m}{2\sqrt{c/m}} = \frac{k}{2\sqrt{cm}} = \frac{k}{2m\omega_0} = \frac{k\omega_0}{2c}\,. \tag{5.94}$$

Zwischen D und der mechanischen Güte Q besteht die Beziehung

$$Q = \frac{1}{2D} = \frac{\omega_0}{2\kappa} = \frac{\sqrt{c/m}}{k/m} = \frac{\sqrt{cm}}{k} = \frac{m\omega_0}{k} = \frac{c}{k\omega_0}\,; \tag{5.95}$$

$$Q_{\mathrm{opt}} = D_{\mathrm{opt}} = 0{,}707. \tag{5.96}$$

Die Größen D oder Q enthalten alle wesentlichen Eigenschaften eines Schwingsystems, also die Trägheit durch die Masse m, die Elastizität durch die Federsteife c und die Reibung durch die Dämpfungskonstante k. Das ist bei der mechanischen Zeitkonstante $\tau_{\mathrm{m}} = 1/\kappa = 2m/k$ nicht der Fall, hier fehlt die Elastizität c. Wesentlich für den Einsatz von Dämpfern in linearen Systemen sind die Werte von D bzw. Q, die aber nur bei harmonischen linearen Schwingungen gelten (z. B. optimale Dämpfung $D = 0{,}707$, Kriechfall $D > 1$, Schwingfall $D < 1$, festgebremst $D = \infty$, reibungslos $D = 0$, weitere Werte siehe Tafel 5.45).

5.8.5.3 Dämpfung durch eingebaute elektrische Dämpfer

Elektrische Dämpfung ist durch die elektromechanische Kraftwirkung stromdurchflossener Spulen möglich. Dabei muß eine Spule eines elektrischen Kreises feststehend, die andere mit dem zu dämpfenden (beweglichen) Teil verbunden sein, und beide müssen miteinander in Wechselwirkung stehen.

Für große Dämpfungskräfte sind hohe Stromstärken erforderlich. Elektrische Dämpfer sind für Translation und für Rotation möglich. Sie werden besonders bei Meßgeräten angewendet. Grundlagen zum Aufbau und zur Dimensionierung elektrischer Dämpfer s. [5.50].

5.8.6 Isolierung von Schwingungen und Stößen

Definition: Unter Schwingungsisolierung versteht man das Unterbinden oder Vermindern der Ausbreitung von Schwingungen durch den Einbau von Schwingungsisolatoren (elastische Elemente).

Grundregel: Die Erregerfrequenz f_{err} muß von der Eigenfrequenz f_0 des Schwingungsisolators wesentlich verschieden sein, sonst gibt es sog. Durchbruchsfrequenzen. Empfohlen wird, den Resonanzbereich $(0{,}5 \ldots 2)f_0$ zu vermeiden.

Wirkungsweise: Das Gerät oder die Maschine muß auf Isolatoren weich aufgestellt oder aufgehängt werden. Die Schwingungsisolierung ist nur wirksam, wenn die Eigenfrequenzen des schwingungsisolierten Systems kleiner als die niedrigste Frequenzkomponente der Störschwingung sind, möglichst

$$f_0 = (1/2)f_{err}. \tag{5.97}$$

5.8.6.1 Schwingungsisolatoren und Konstruktionsbeispiele

Schwingungsisolatoren sind:

- Stahlfedern zum Lagern von Geräten oder Maschinen mit niedrigen Drehzahlen
- Gummifedern (sog. Elastoelemente) zum Lagern von Geräten oder Maschinen mit mittleren bis hohen Drehzahlen
- elastische und dämpfende Zwischenglieder zum Abschirmen (Dämmplatten aus Gummi, Kork, Filz, Kunststoff, Metall-Kunststoff-Verbundbleche, Sandwichplatten, Sand usw.).

Damit derartige Elemente ihre Funktion erfüllen können und eine hohe Lebensdauer haben, sind bei ihrer Gestaltung und beim Einbau konstruktive Gesichtspunkte zu beachten **(Bild 5.78)**.

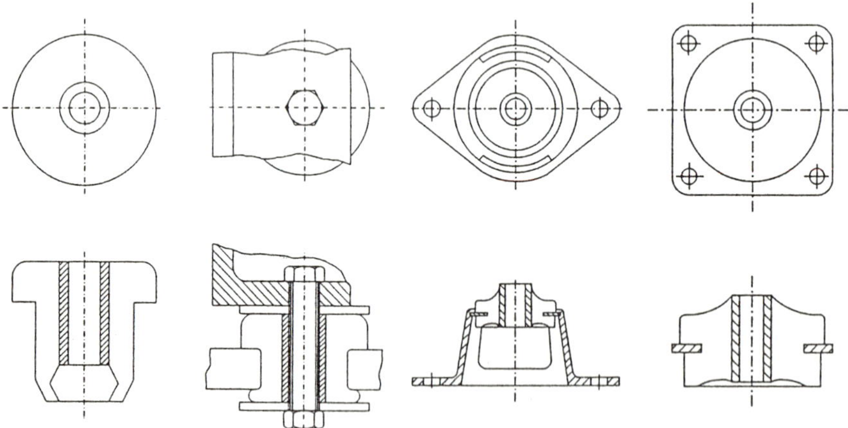

Bild 5.78 Beispiele für Schwingungsisolatoren [5.136]

5.8.6.2 Berechnungsbeispiel zur Schwingungsisolation

Aufgabe: Körperschallisolierung einer Antriebseinheit **(Bild 5.79)**

Um die Körperschallübertragung zu verhindern, wird die Antriebseinheit gegenüber dem Gerät schwingungsisoliert, indem man eine elastische Befestigung durch vier Gummielemente vorsieht. Zur überschläglichen Bestimmung der Federsteife der Gummielemente kann das Schwingungssystem als Schwinger mit einem Freiheitsgrad in *y*-Richtung

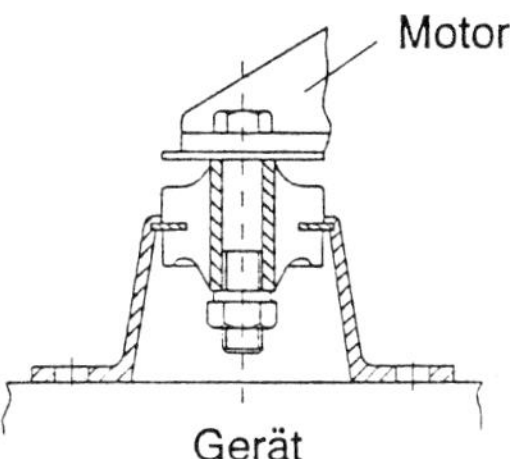

Bild 5.79 Schwingungsisolierte Aufstellung einer Antriebseinheit

betrachtet werden. Die Elastizität der Gummielemente in x- und z-Richtung wird nicht betrachtet, d. h. die y-Bewegung als entkoppelt von der x- und z-Bewegung angesehen. Die Masse der Antriebseinheit ist m = 40 kg und die Betriebsdrehzahl 1800 U/min. Der Isolationsgrad soll 75 % betragen.

Lösung nach [5.136]:

I. Anforderungen

1. Aufzunehmende Gewichtskraft für jeden Lagerpunkt
   Gesamtkraft 400 N, Lagerbelastung 100 N bei vier Lagerpunkten und gleichmäßiger Lastverteilung
2. Schwingungsfrequenz der zu lagernden Maschine (Störfrequenz)
   Motordrehzahl 1800 U/min, d. h. f = 30 Hz. Wenn nicht bekannt, können folgende allgemeine Hinweise helfen:
   a) Schwingungen werden häufig durch Unwucht rotierender Maschinenteile verursacht.
   b) Bei der Lagerauswahl für Kraftmaschinen (Verbrennungsmotoren) sollte die niedrigste Betriebsdrehzahl zugrunde gelegt werden.
   c) Ein Lagersystem, das die niedrigste Schwingungsfrequenz isoliert, wird auch alle höheren Frequenzen isolieren.
3. Ermittlung des verlangten Isoliergrades
   Annahme des Isoliergrades von 75 %. Dabei würden nur noch 25 % der störenden Schwingkraft oder -amplitude auf die zu isolierende Grundeinheit (Fundament, Rahmen) übertragen. Dieser Wert der Durchlässigkeit (Transmissibilität) ist normalerweise vertretbar.

II. Bestimmung der erforderlichen Eigenfrequenz

4. Berechnung der Eigenfrequenz und des statischen Federweges

$$\eta = 1 - \left[1/\left(f/f_e\right)^2 - 1\right] \quad \text{oder} \quad f_e = f\Big/\sqrt{1/(1-\eta)+1}\,; \qquad (5.98)(5.99)$$

für f = 30 Hz und η = 0,75 gilt

$$f_e = 30\Big/\sqrt{1/(1-0{,}75)+1}\ \text{Hz} = 13{,}4\ \text{Hz}\,. \qquad (5.100)$$

III. Bestimmung des erforderlichen statischen Federweges oder der Federsteife

5. Der Federweg s für diese Eigenfrequenz wird berechnet mit der Beziehung
   $$s = 250/f_e^2\,. \qquad (5.101)$$
   250 ist eine gerundete Konstante, abgeleitet aus der Eigenfrequenz-Gleichung.
   Für das obige Beispiel gilt:
   $$s = 250/13{,}4^2\ \text{mm} = 1{,}4\ \text{mm}\,. \qquad (5.102)$$
6. In Katalogblättern findet man häufiger die Federsteife c als den statischen Federweg s angegeben. Die Federsteife kann wie folgt berechnet werden:
   c = statische Belastung F/statischer Federweg s in N/mm . (5.103)

IV. Lagerauswahl

7. Das Lager wird unter folgenden Gesichtspunkten ausgewählt:
   a) zulässige Belastung gleich oder größer als die tatsächliche Belastung
   b) statischer Federweg gleich oder größer als der errechnete Wert

   Beispiel: Belastung je Lagerpunkt F = 100 N, Störfrequenz f = 30 Hz, gewünschter Isoliergrad 75 %, erforderlicher Federweg s = 1,4 mm.

   Gewählt werden: vier Lager (Flachlager), zulässige Belastung F = 107 N, tatsächlicher Federweg s = 1,6 mm.

V. Bestimmung des Isoliergrades

8. Nicht immer sind Lager mit dem richtigen Kombinationsgrad von zulässiger Belastung und statischem Federweg bzw. Federsteife verfügbar. Überbelastung der Lager ist nicht zu empfehlen, Unterbelastung ebensowenig. Sie ergibt einen kleineren statischen Federweg und damit geringere Isolierung.

Aus **Bild 5.80** läßt sich der Isoliergrad durch Berechnung des tatsächlichen statischen Federweges s aus Belastung und Federsteife bestimmen.

Für das Beispiel gilt:

$$s = F/c = 40/28{,}6 \text{ mm} = 1{,}4 \text{ mm}. \tag{5.104}$$

Im Schnittpunkt der Linien senkrecht über dem Federweg sowie waagerecht über der Störfrequenz liest man auf der Diagonallinie den Isoliergrad ab.

Ergebnis: 75 % Isolierung.

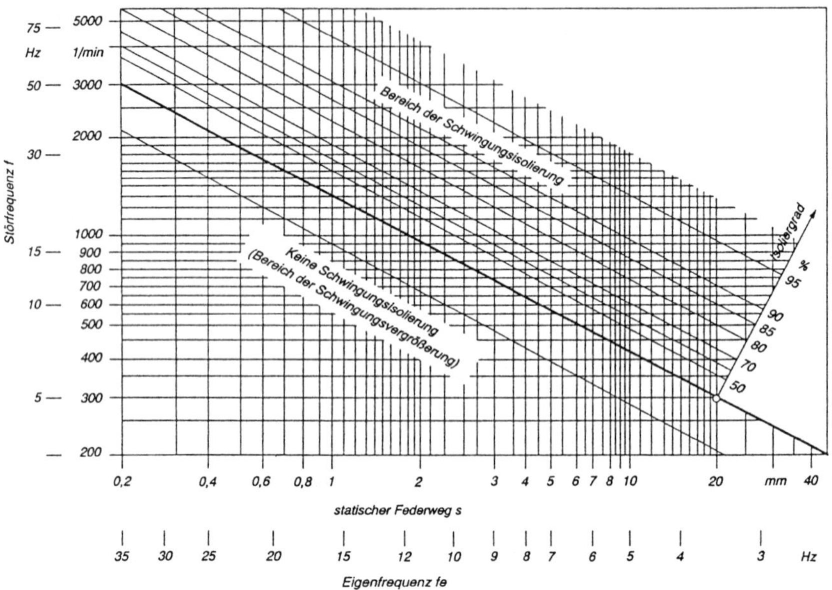

Bild 5.80 Diagramm zum Bestimmen des Isoliergrades

5.8.7 Tilgung von Schwingungen

Im Maschinen- und Großgerätebau, besonders an Werkzeugmaschinen, sind Schwingungstilger üblich **(Bild 5.81)**, mit denen man die Schwingungen der Hauptmasse bei einer bestimmten Frequenz verringern kann. Durch den Anbau einer kleinen zusätzlichen Masse, eines Zusatzschwingers, werden die Energie der Erregung aufgenommen und die Bewegungen des Hauptsystems getilgt. Der Tilger funktioniert entsprechend seiner Auslegung nur bei einer Erregerfrequenz. Erfahrungsgemäß lassen sich die Schwingbewegungen der Hauptmasse bis auf etwa ein Viertel der Werte ohne Tilger reduzieren.

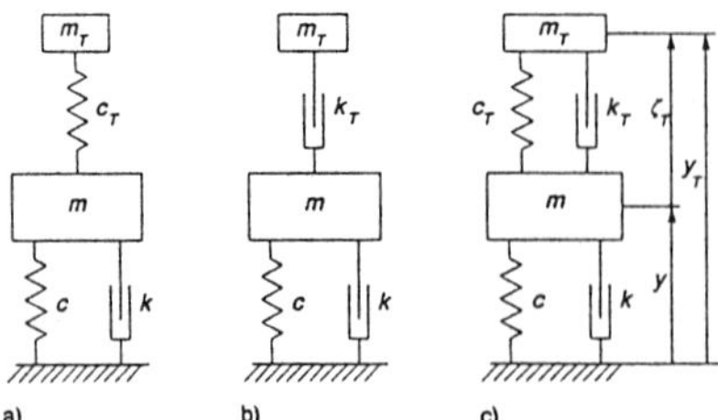

Bild 5.81
Tilger mit Feder-, Dämpfer- und Feder-Dämpfer-Kopplung

Bezeichnet man die für die Hauptmasse (Gerät oder Maschine) kennzeichnenden Parameter mit m, c und k, mit $y(t)$ ihre Auslenkung, mit $F(t) = F_0 \cos \Omega t$ die harmonische Erregerkraft und mit m_T, c_T und

k_T die entsprechenden Parameter des Tilgers sowie mit $\xi_T(t)$ den Relativabstand zwischen Tilger- und Hauptmasse, so lauten die gekoppelten Bewegungsdifferentialgleichungen für das Zweimassensystem

$$\text{Gerät: } m\ddot{y} + k\dot{y} + cy(t) = F(t) + k_T\dot{\xi}_T + c_T\xi_T\,; \tag{5.105}$$

$$\text{Tilger: } m_T\ddot{y}_T + k_T\dot{\xi}_T + c_T\xi_T(t) = 0 \quad \text{mit} \quad y_T = \xi_T + y\,. \tag{5.106}$$

Das Ziel der Dimensionierung besteht darin, $y(t)$ klein zu halten bei $m_T \ll m$ und $\xi_T < \xi_{max}$.
Der Tilger (Zusatzschwinger) ist optimal dimensioniert für $k = 0$ und $k_T \neq 0$, wenn

$$\omega_{02}/\omega_{01} = \sqrt{c_T/m_T}\Big/\sqrt{c/m} = m(m+m_T) \tag{5.107}$$

oder

$$c/c_T = (m+m_T)^2/(mm_T)\,, \tag{5.108}$$

wobei k_T so zu berechnen ist, daß der Maximalwert für den Tilgerausschlag nicht überschritten wird.

5.9 Lärmminderung

[5.75] bis [5.91] [5.137] bis [5.149]

Zeichen, Benennungen und Einheiten

A	Fläche in m²
E	Elastizitätsmodul in N/mm²
F	Kraft in N
I	Impuls in N·s
K	Stoßfaktor
$K_ü$	Körperschallübertragungsfunktion
L_p	Schalldruckpegel in dB
L_W	Schalleistungspegel in dB
P	Schalleistung in W
T	Übertragungsfunktion
f	Frequenz in Hz
f_{gB}	Biegewellengrenzfrequenz in Hz
g	Fallbeschleunigung in m/s²
h	Admittanz in m/(N·s), Höhe in mm
m	Masse in kg
n	Nachgiebigkeit in m/N
p	Schalldruck in Pa
r	Reibungsstandwert in N·s/m
s	Dicke in mm
v	Schwinggeschwindigkeit (Schallschnelle) in m·s⁻¹
α	Schallabsorptionsgrad
Δ	Differenz
η	Verlustfaktor
ε	Dehnung in mm
σ	Abstrahlgrad; Spannung in N/mm²
ω	Kreisfrequenz in s⁻¹

Indizes

T	Transformations-
e	Eingang
ges	Gesamt-
m	Mittelwert
n	Variable
v	Laufvariable
0	Bezugsgröße

Die Emission von störenden oder sogar gesundheitsschädigenden Geräuschen durch Geräte (**Tafel 5.46**) ist in engem Zusammenhang mit einer umweltfreundlichen Gerätekonzeption zu betrachten. Zum einen sind die Tendenzen zu höheren Arbeitsgeschwindigkeiten und Leistungsdichten sowie zur Miniaturisierung mit einer verstärkten Geräuschentwicklung verbunden, und zum anderen werden durch zunehmenden Einsatz mikroelektronischer Bausteine verschärfte Forderungen hinsichtlich der Geräuschminimierung an die mechanischen und elektromechanischen Funktionsgruppen gestellt. Neben den funktionellen Parametern eines Geräts wird damit dessen minimale Geräuschentwicklung zu einem wesentlichen Qualitätsparameter. Das äußert sich z. B. im stetigen Senken der zulässigen und in Normen verankerten Höchstwerte der Geräuschentwicklung bzw. im Neufestlegen solcher Höchstwerte für Geräte, die bisher noch keiner Beschränkung unterlagen (s. auch Tafel 5.56).

Diesen Entwicklungstendenzen muß durch ein systematisches und wissenschaftlich fundiertes Berücksichtigen, konstruktiver Gesichtspunkte und Regeln zur Lärmminderung bereits bei der Entwicklung und Konstruktion von Produkten Rechnung getragen werden [5.78] [5.79] [5.137].

Tafel 5.46 Schalldruckpegel ausgewählter feinwerktechnischer Produkte (gemessen am Bedienplatz) und ihre Wirkung auf den Menschen [5.78]

	L_{pA}	
Schmerzgrenze	130 dB	
	120	
Gehörschädigung	110	
	100	
	90	Handbohrmaschinen
deutliche vegetative Reaktion	80	
	70	Haushaltgeräte mit Universalmotor periphere EDVA-Geräte Büromaschinen
mögliche vegetative Reaktion	60	
	50	Raumheizlüfter Rasierapparate
	40	Bildwerfer mit Lüfter
	⋮	
Hörschwelle	0	

5.9.1 Geräuschkenngrößen

Luftschall und Körperschall. Das Auftreten von Schwingungen ist an das Vorhandensein eines schwingungsfähigen Systems gebunden. Im Falle des *Luftschalls* wird es durch die Masse der Luftteilchen und die Kompressibilität der Luft gebildet. Infolge dieser Eigenschaften schwingen die Luftteilchen um ihre Ruhelage mit der Schwinggeschwindigkeit oder Schallschnelle v. Dadurch treten örtliche Druckschwankungen in Form des Schalldruckes p auf. Dieser dem atmosphärischen Gleichdruck überlagerte Wechseldruck wird vom menschlichen Ohr unmittelbar wahrgenommen.

Wenn Schall in Form von Schwingungen innerhalb fester Körper auftritt, spricht man von *Körperschall* [5.80]. Das erforderliche schwingungsfähige System wird in diesem Falle durch den Körper selbst, seine Masse und Elastizität gebildet.

Schalldruck und Schalleistung. Das Ohr kann Schalldrücke von $p_0 = 2 \cdot 10^{-5}$ Pa (entspricht etwa der Hörschwelle bei 1000 Hz) bis zu etwa 20 Pa (Schmerzgrenze) aufnehmen. Wegen dieses großen Dynamikumfangs wird zur zahlenmäßigen Beschreibung des Schalldrucks die logarithmische Pegeldarstellung gewählt. Mit der Bezugsgröße p_0 ergibt sich der *Schalldruckpegel* zu

$$L_p = 10 \lg\left(\tilde{p}^2 / p_0^2\right) \mathrm{dB} = 20 \lg\left(\tilde{p} / p_0\right) \mathrm{dB}, \tag{5.109}$$

$\tilde{p}$ Effektivwert (quadratischer Mittelwert).

Die rechnerische Handhabung von Pegelgrößen bei der Überlagerung mehrerer Schalldrücke (z. B. zur Ermittlung des Einflusses eines Baugruppengeräuschs auf das Gesamtgeräusch des Geräts) ist in **Tafel 5.47** angegeben.

Der Schalldruck einer Schallquelle ist entfernungsabhängig und eignet sich deshalb nicht zur eindeutigen Beschreibung von Schallquellen. Die wesentliche Kenngröße für Geräuschquellen ist die *Schalleistung P*. Sie umfaßt die gesamte Schallenergie, die je Zeiteinheit von einer Quelle abgestrahlt wird. Die Schalleistung ist in der Regel unabhängig von den Meß- und Umgebungsbedingungen und stellt somit einen objektiven und vergleichbaren Wert dar. Sie läßt sich jedoch im Gegensatz zum Schalldruck nicht direkt meßtechnisch erfassen, sondern muß rechnerisch aus diesem ermittelt werden.

Tafel 5.47 Rechnung mit Pegelgrößen (s. auch VDI-Richtlinie 3720, Bl. 1)

1. Pegeladdition (bei Überlagerung mehrerer inkohärenter Schalldrücke zur Bestimmung des Gesamtpegels)

$$L_{\mathrm{p\,ges}} = 10\lg\left(\sum_{\nu=1}^{n}\frac{p_\nu^2}{p_0^2}\right)\mathrm{dB} = 10\lg\left(\sum_{\nu=1}^{n}10^{\frac{L_{\mathrm{p}\nu}}{10}}\right)\mathrm{dB}.$$

Vereinfachtes Verfahren: Für zwei Schalldrücke gilt

$$L_{\mathrm{p\,ges}} = 10\lg 10^{\frac{L\mathrm{p1}}{10}}\left(1+10^{-\frac{L\mathrm{p1}-L\mathrm{p2}}{10}}\right)\mathrm{dB} = \left(L_{\mathrm{p1}}+\Delta L\right)\mathrm{dB}.$$

Bestimmung von ΔL aus nachstehendem Nomogramm:

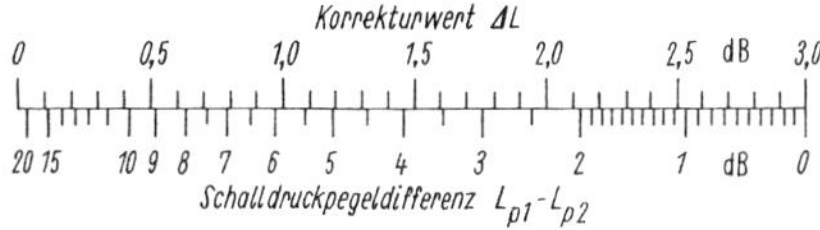

- Bei $L_{\mathrm{p1}} = L_{\mathrm{p2}}$ gilt: $L_{\mathrm{p\,ges}} = L_{\mathrm{p1(2)}} + 3$ dB.

2. Pegelsubtraktion (zum rechnerischen Ausschalten eines unerwünschten Anteils, z. B. des Störpegels), Rechnung analog Addition.
Vereinfachtes Verfahren:

$$L_{\mathrm{p2}} = \left[L_{\mathrm{p\,ges}} + 10\lg\left(1-10^{-\frac{L_{\mathrm{p\,ges}}-L_{\mathrm{p1}}}{10}}\right)\right]\mathrm{dB} = \left(L_{\mathrm{p\,ges}}-\Delta L\right)\mathrm{dB}.$$

Bestimmung von ΔL aus nachstehendem Nomogramm:

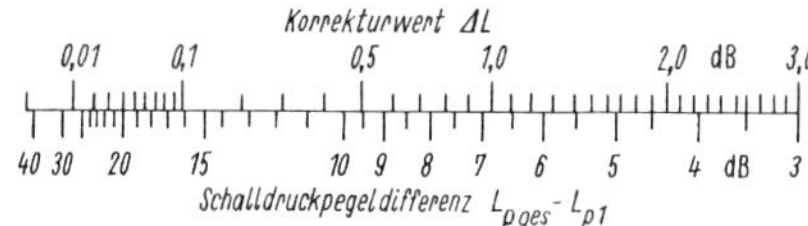

- Bei $L_{\mathrm{p1}} - L_{\mathrm{p2}} \geq 10$ dB gilt: $L_{\mathrm{p\,ges}} = L_{\mathrm{p1}} + (0 \ldots 0{,}5)$ dB (Störabstand bei Messungen also ≥ 10 dB erforderlich).

3. Mittelwertbildung mehrerer (inkohärenter) Pegel

$$L_{\mathrm{pm}} = 10\lg\left(\frac{1}{n}\cdot\sum_{\nu=1}^{n}\frac{p_\nu^2}{p_0^2}\right)\mathrm{dB} = 10\lg\left(\frac{1}{n}\cdot\sum_{\nu=1}^{n}10^{\frac{L_{\mathrm{p}\nu}}{10}}\right)\mathrm{dB}.$$

Näherungsformel, wenn die Differenz der einzelnen Pegel kleiner als 10 dB ist:

$$L_{\mathrm{pm}} = \frac{1}{n}\cdot\sum_{\nu=1}^{n}\mathrm{L}_{\mathrm{p}\nu}\ \mathrm{dB}.$$

Für die Schalleistung wird ebenfalls die Pegeldarstellung verwendet. Die Definitionsgleichung für den *Schalleistungspegel* L_W lautet

$$L_\mathrm{W} = 10\ \lg\ (P/P_0)\ \mathrm{dB}, \qquad (5.110)$$

wobei die Bezugsschalleistung $P_0 = 10^{-12}$ W auf einer die Quelle umgebenden kugeligen Hüllfläche von 1 m² einen Schalldruck von $p_0 = 2\cdot 10^{-5}$ Pa erzeugt.

Der *äquivalente Dauerschallpegel* spielt bei Geräten mit intermittierendem Betrieb oder mit einem in Abhängigkeit von verschiedenen Betriebszuständen stark schwankenden Schallpegel eine Rolle und stellt in erster Näherung eine Mittelung des Schallpegels über einen längeren Zeitraum dar [5.79]. Für die Lärmminderung ist diese Kenngröße jedoch von untergeordneter Bedeutung.

Zeitfunktion und Spektrum. Die bei der Lärmminderung interessierenden Größen Schalldruck, Geschwindigkeit und Kraft sind Zeitfunktionen $f(t)$ mit einem großen Anteil periodischer Funktionen. Auf Grund der ausgeprägten Frequenzabhängigkeit der physiologischen Störwirkung von Geräuschen sowie der in diesem Frequenzbereich leichteren experimentellen Behandlung erfolgt die

Beschreibung der Lärmminderung im Frequenzbereich. Man wählt also die spektrale Darstellung $A(f)$ bzw. $f(\omega)$, d. h. die Angabe der frequenzabhängigen Amplituden A. Das Spektrum kann aus der Zeitfunktion mittels rechnergestütztem Oszilloskop und schneller *Fourieranalyse* (FFT-Software, auch in Echtzeit) gewonnen werden (s. auch Abschn. 5.9.3). **Tafel 5.48** zeigt ausgewählte Zeitfunktionen und die zugehörigen Fouriertransformierten. Amplitude und Frequenz der Spektrallinien bzw. ihre Dichte erleichtern Schlußfolgerungen zu Geräuschursachen und -auswirkungen.

Tafel 5.48 Verschiedene Zeitfunktionen und ihre Spektren

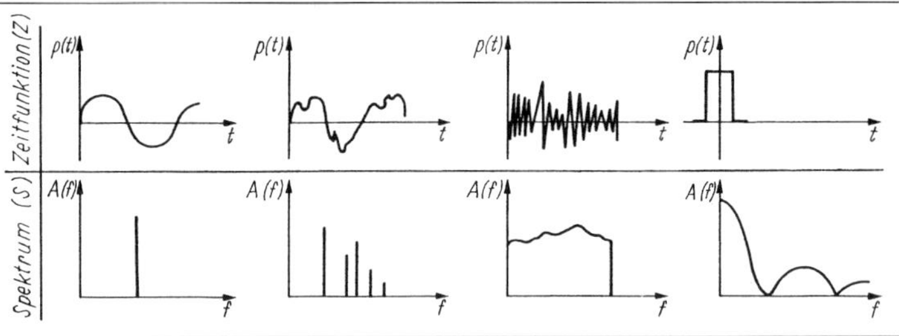

5.9.2 Entstehung, Ausbreitung und Wahrnehmung von Geräuschen

Direkt und indirekt erzeugte Geräusche. Geräusche werden hinsichtlich ihrer Ursachen in *direkt* erzeugte und *indirekt* erzeugte unterteilt.

Bei *direkt* erzeugten Geräuschen wird die Luft als übertragendes Medium unmittelbar zu Schwingungen angeregt. Das kann durch periodische oder stochastische Schwankungen von Strömungsgeschwindigkeit und Luftdruck, beispielsweise infolge Wirbelbildung an rotierenden Teilchen oder beim Durchströmen von Öffnungen, verursacht werden. In der Feinwerktechnik entstehen solche Geräusche meist durch Lüfter und schnell rotierende Teile. Ihre Weiterleitung erfolgt unmittelbar als Luftschall.

Weitaus vielfältigere Ursachen haben die *indirekt* erzeugten Geräusche. Sie sind dadurch charakterisiert, daß in mechanischen Bauteilen zunächst, meist mechanisch verursacht, Körperschallschwingungen angeregt werden, deren Abstrahlung dann entweder vom schwingenden Bauteil selbst oder, nach einer Weiterleitung des Körperschalls, von anderen Bauteilen bzw. vom Gehäuse als Luftschall erfolgt (**Bild 5.82a**). Im Gegensatz zu direkt erzeugten Geräuschen, deren Entstehungsmechanismus z. T. noch ungeklärt ist, kann bei indirekt erzeugten Geräuschen ein allgemeiner Zusammenhang zwischen den einzelnen an der Geräuschentstehung beteiligten Vorgängen formuliert werden [5.76].

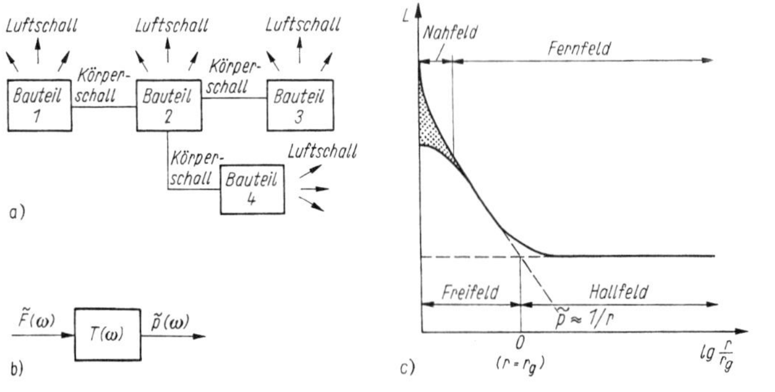

Bild 5.82 Ausbreitung von Geräuschen
a) Schallfortleitung und -abstrahlung in einer Baugruppe mit vier Bauteilen
b) Wirkungskette der indirekten Geräuschentstehung
c) Definition der Schallfelder [5.78]

Körperschallanregung, Körperschallausbreitung, Schallabstrahlung. Der Weg von der Anregung über die Weiterleitung als Körperschall bis zur Abstrahlung wird als Wirkungskette der indirekten Geräuschentstehung bezeichnet (Bild 5.82b).

Ausgangspunkt für das Geräusch ist eine *anregende Kraft* (Schwankungen der Betriebskräfte, Unwuchten, funktionsbedingte oder durch Spiel verursachte Stöße, stochastische Wechselkräfte infolge Reibung, Magnetostriktion o. ä.), die zweckmäßig durch ihr Frequenzspektrum beschrieben wird. Diese anregende Kraft wirkt auf die Übertragungsstruktur mit der Übertragungsfunktion $T(\omega)$. Diese umfaßt das akustische Verhalten des angeregten und der mit ihm verbundenen Bauteile sowohl hinsichtlich der Weiterleitung des Körperschalls als auch der Umsetzung in Luftschall durch Abstrahlung. Am Ende dieser Wirkungskette entsteht somit der Schalldruck $\tilde{p}(\omega)$. Mit den genannten Größen lautet das Grundgesetz der indirekten Geräuschentstehung

$$\tilde{p}(\omega) = \tilde{F}(\omega)\, T(\omega). \tag{5.111}$$

Daraus geht hervor, daß eine Verringerung des Schalldrucks $\tilde{p}(\omega)$ durch Vermindern der anregenden Kraft $\tilde{F}(\omega)$ und der Übertragungsfunktion $T(\omega)$ erreicht werden kann.

Für konstruktive Maßnahmen zum Vermindern der Übertragungsfunktion ist es zweckmäßig, die Funktion in Eingangsadmittanz h_e, Körperschallübertragungsfunktion $K_ü$ und Abstrahlgrad σ zu zerlegen:

$$T(\omega) = h_e(\omega)\, K_ü(\omega)\, \sigma(\omega)\,. \tag{5.112}$$

Dabei wird durch die Eingangsadmittanz $h_e = \tilde{v}_s / \tilde{F}$ der Zusammenhang zwischen anregender Kraft $\tilde{F}(\omega)$ und der an der Anregungsstelle entstehenden Körperschallschnelle $\tilde{v}_s(\omega)$ beschrieben.

Die Körperschallübertragungsfunktion $K_ü$ ist das Verhältnis zwischen der mittleren Körperschallschnelle auf dem schwingenden Bauteil und der Körperschallschnelle an der Anregungsstelle. Sie enthält sowohl die geometrischen als auch die Werkstoffeigenschaften der Bauteile und die dadurch verursachte Körperschalldämpfung. Die Größen h_e und $K_ü$ werden allgemein zur mittleren Übertragungsadmittanz h_T zusammengefaßt.

Am Ende der Wirkungskette der mechanischen Geräuschentstehung erfolgt das Umwandeln der Körperschallschwingungen in Luftschall. In Geräten und Maschinen sind es besonders plattenförmige Bauelemente, die einen großen Teil des störenden Schalls abstrahlen. Deren Verhalten läßt sich durch den Abstrahlgrad σ charakterisieren, dessen Größe zwischen 0 und 1 liegt, in der Nähe der Grenzfrequenz auch über 1. Er enthält die bezüglich des Abstrahlverhaltens interessierenden geometrischen und Werkstoffeigenschaften der abstrahlenden (flächenhaften) Bauteile. Verfahren zur Bestimmung von σ s. [5.79].

Luftschallausbreitung. Die Schallausbreitung wird wesentlich durch die Umgebung der Schallquelle bestimmt. Wenn sich die abgestrahlten Schallwellen nach allen Richtungen gleichmäßig ausbreiten können, ohne daß sie von Hindernissen reflektiert werden, spricht man vom *Freifeld* oder, weil an jedem beliebigen Punkt nur die direkt von der Quelle herrührenden Schallquellen eintreffen, vom *Direktschallfeld*. Innerhalb eines solchen Freifeldes nimmt der Schalldruckpegel linear mit dem Logarithmus der Entfernung ab (Bild 5.82c). Freifeldbedingungen sind in der hier definierten Form nur im Freien oder in speziell dafür eingerichteten Meßräumen (reflexionsarmen Räumen) anzutreffen.

Wenn eine Schallquelle allseitig von reflektierenden Begrenzungen umgeben ist, werden die von der Quelle ausgehenden Wellen ständig hin- und herreflektiert, so daß ein vollständiges Durchmischen des Schalls entsteht. An jedem Punkt des Raumes treffen also Wellen ein, die von der Quelle in alle Raumrichtungen abgestrahlt wurden, und es entsteht ein *diffuses Schallfeld* oder *Hallfeld*, innerhalb dessen der Schalldruck an jedem Punkt gleich groß ist. Zum Erzeugen dieses Hallfeldes dienen spezielle Meßräume, die allseitig von glatten Betonwänden umgeben sind, sogenannte Hallräume. Das Schallabsorptionsvermögen in einem Raum kann mit Hilfe der Nachhallzeit bestimmt werden. Das geschieht durch Messen der Zeit, in der nach beendeter Schallemission der Schalldruckpegel um 60 dB abgesunken ist. Das Absorptionsvermögen läßt sich aber auch an Hand von Erfahrungswerten rechnerisch abschätzen [5.78] [5.79]. Im Bild 5.82c ist in unmittelbarer Nähe der Quelle ein Bereich erkennbar, in dem kein definierter Schalldruck festgelegt werden kann. Diesen Bereich bezeichnet man als *Nahfeld*, seine Größe wird durch geometrische Abmessungen und Beschaffenheit der Quelle bestimmt. Im Nahfeld liegt eine Phasenverschiebung zwischen Schalldruck und Schallschnelle vor, die zum Entstehen von Blindleistung führt, so daß es zum definierten Messen von Schallkenngrößen nicht geeignet ist. Durch entsprechende Vorschriften wird garantiert, daß die Messung außerhalb des Nahfeldes im Fernfeld erfolgt.

Schallwahrnehmung. Der Lautstärkeeindruck des Menschen ist frequenzabhängig. Innerhalb des wahrnehmbaren Frequenzbereiches von 16 Hz bis 16 kHz besitzt das Ohr eine unterschiedliche Empfindlichkeit, deren Maximum im Bereich zwischen 2 kHz und 5 kHz liegt und die nach tieferen und höheren Frequenzen absinkt. Die Empfindlichkeitsabnahme beträgt bis zu 50 dB nach niedrigen und etwa 20 dB nach höheren Frequenzen. Der Verlauf der Abnahme ist vom absoluten Schalldruckpegel abhängig. **Bild 5.83** zeigt diesen Verlauf für mittlere Schalldruckpegel. Neben der Frequenz ist der Lautstärkeeindruck noch von der Länge des Geräusches abhängig. Stark impulshaltige Geräusche werden lauter empfunden als gleichförmige.

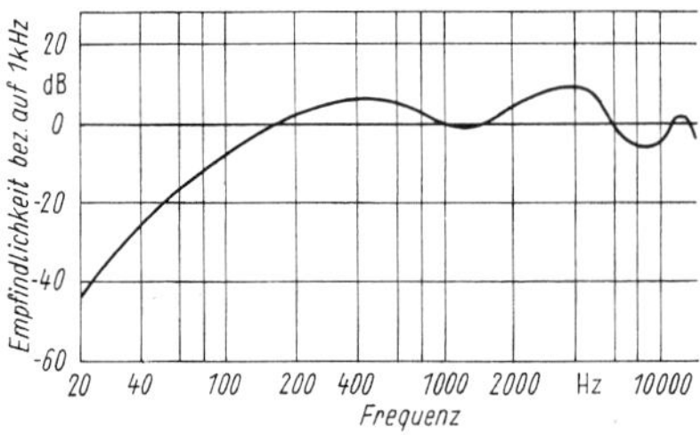

Bild 5.83 Frequenzabhängigkeit der Hörempfindlichkeit gemäß der Kurven gleicher Lautstärke für $L_M = 50$ phon [5.78] [5.79]

5.9.3 Meß- und Analyseverfahren

Luftschallmessung. Zum exakten meßtechnischen Bestimmen des Schalldruckpegels und damit auch des Schalleistungspegels müssen verschiedene Bedingungen hinsichtlich Umgebung, Meßort und Betriebszustand des Prüflings sowie hinsichtlich der Auswahl und Aufstellung der Meßgeräte eingehalten werden. Diese Bedingungen sind in Normen festgelegt (s. Tafel 5.56), die ebenfalls Vorschriften zum rechnerischen Ermitteln des Schalleistungspegels aus dem Schalldruckpegel enthalten.

Für die zur Lärmminderung häufig notwendigen Relativmessungen, bei denen es weniger auf einen exakten Absolutwert, sondern mehr auf die Messung eines Unterschieds ankommt, z. B. zum Nachweis der Wirksamkeit von lärmmindernden Maßnahmen, müssen diese vorgeschriebenen Bedingungen nicht eingehalten werden. Wichtig ist bei solchen Messungen, daß sie jeweils unter exakt gleichen Bedingungen durchgeführt werden.

Als Meßgerät für das Bestimmen des Schalldrucks dient ein Schallpegelmesser (**Bild 5.84a**), in dem die von einem Meßmikrofon gewonnene, dem Schalldruck proportionale Spannung verstärkt, gleichgerichtet und zur Anzeige gebracht wird.

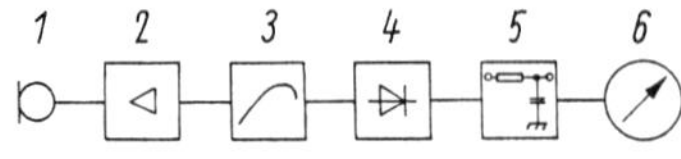

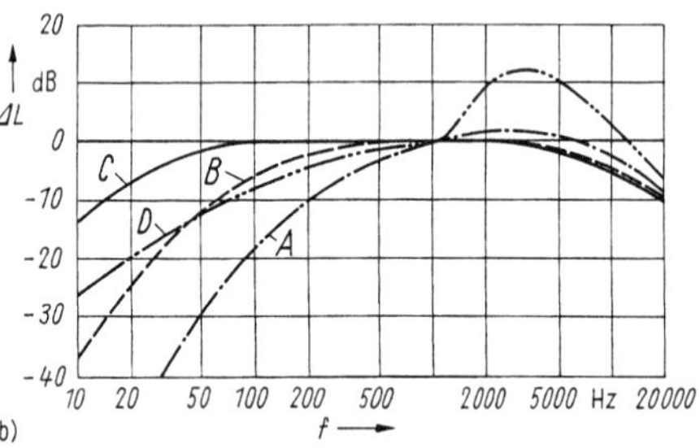

Bild 5.84 Bestimmung des Schalldruckes
a) Schematischer Aufbau eines Schallpegelmessers
b) genormte Frequenzbewertungskurven für Schallpegelmesser
1 Aufnehmer (Meßmikrofon); *2* Verstärker; *3* Frequenzbewertungsfilter (s. Bild b); *4* Effektivwertbildung; *5* Zeitbewertung; *6* Anzeigeinstrument

• Das Zwischenschalten von Bewertungsfiltern mit frequenzabhängiger Dämpfung gestattet eine Nachbildung des menschlichen Hörempfindens. Für den Verlauf der Dämpfung über der Frequenz existieren genormte Kurven A, B, C und D (Bild 5.84b) [5.78] [5.79]. Die A-Kurve entspricht am besten dem Hörempfinden, und ihre Anwendung wird in den meisten Fällen vorgeschrieben. Die anderen Kurven sind z. T. für spezielle Geräuschkategorien (z. B. Kurve D für Fluglärm) festgelegt und für die Geräuschmessung an Geräten ohne Bedeutung.

• Neben der Frequenzbewertung haben Schallpegelmesser noch eine in drei Stufen (S slow, F fast, I Impuls) einstellbare Zeitbewertung. Damit läßt sich die Anzeigedynamik des Instruments an den zeitlichen Verlauf bzw. die spektrale Zusammensetzung des zu messenden Geräuschs anpassen [5.78] [5.79]. Am häufigsten werden die Bewertungen S (Integrationszeit von 1000 ms, annähernde Mittelwertbildung bei nahezu gleichförmigen Geräuschen) und I (Integrationszeit von 35 ms, notwendig bei impulshaltigen Geräusche) verwendet; entsprechende Festlegungen sind in den in Tafel 5.56 aufgeführten Normen zu finden.

• Die Angabe der gewählten Frequenz- und Zeitbewertung erfolgt i. allg. durch Anfügen der in Klammern gesetzten Buchstaben an den jeweiligen Meßwert: L_p = 85 dB (AI) bedeutet also z. B., daß ein Schalldruckpegel von 85 dB mit der Frequenzbewertung nach der A-Kurve und der Zeitbewertung Impuls gemessen wurde. Auch die Angabe L_{pAI} ist üblich.

Körperschallmessung. Im allg. genügt die Messung der Schwingschnelle, der Impedanz bzw. der Admittanz und in Sonderfällen des Dämpfungsverhaltens, um ausreichende Informationen für die Lärmminderung zu erhalten.

Primäre Meßgröße für die Darstellung der Schwingschnelle als einer der Bewegungsgrößen ist die Schwingbeschleunigung, die häufig mit piezoelektrischen Beschleunigungsaufnehmern gemessen wird. Ein nachgeschalteter integrierender Meßverstärker gestattet das Bestimmen aller drei Bewegungsgrößen, von denen die Schnelle die wichtigste ist. Aus ihrer Kenntnis lassen sich Rückschlüsse auf die Anregungs-, Impedanz- und Abstrahlverhältnisse ziehen.

Wichtige Kriterien für den Einsatz piezoelektrischer Beschleunigungsaufnehmer sind Masse, Frequenzgang und Befestigung auf dem zu untersuchenden Bauteil (praktische Hinweise s. [5.78] [5.83]).

Über die Kenntnis der *Impedanz-* bzw. *Admittanzverhältnisse* lassen sich Aussagen über den gerätespezifischen Körperschallfluß sowie über Resonanzen der Struktur erlangen. Damit wird ein gezieltes Beeinflussen dieser Verhältnisse an wichtigen Punkten, z. B. an Ankoppelstellen körperschallintensiver Baugruppen, möglich. Allerdings erfordern derartige Messungen einen hohen gerätetechnischen Aufwand (**Bild 5.85**). Kernstück eines solchen Meßplatzes ist ein Impedanzmeßkopf [5.78] [5.83], der aus einer mechanischen Reihenschaltung von piezoelektrischem Beschleunigungs- und Kraftaufnehmer besteht. Das zu untersuchende Gerät bleibt dabei passiv, d. h., der Körperschall wird als Prüfsignal (Gleitsinus, Rauschen) in einem Schwingungserreger erzeugt und über den Meßkopf in die zu untersuchenden Stellen der Struktur eingeleitet.

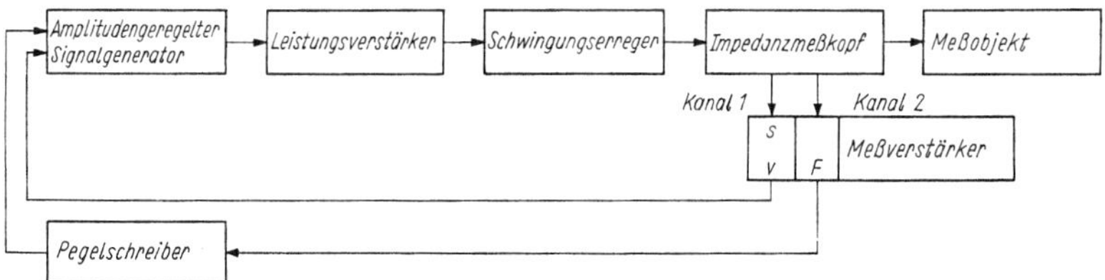

Bild 5.85 Gerätekombination zur automatisierten Messung mechanischer Impedanzen $z = F/v_S$, Admittanzen $h = v_S/F$ und Übertragungsfaktoren $ü = v_S/v_0$

Eine *Dämpfungsmessung* ist zum Beurteilen der Ausbreitungsverhältnisse des Körperschalls und zum Abschätzen der Wirksamkeit zusätzlicher Dämpfungsmaßnahmen nützlich und liefert Aussagen über die Dämpfungseigenschaften der interessierenden Bauteile. Der Kennwert dafür ist der Verlustfaktor η, der die auf die Formänderungsarbeit bezogene Dämpfungsarbeit darstellt. Für viskoelastische Werkstoffe mit konstantem Reibungsstandwert r und konstanter Nachgiebigkeit n gilt

$$\eta = \omega\, r\, n\,. \qquad (5.113)$$

Der Zusammenhang zwischen Spannung und Dehnung bei diesen Werkstoffen wird mit einem komplexen Elastizitätsmodul

$$\boldsymbol{E} = E\,(1 + j\,\eta) \qquad (5.114)$$

zu $\boldsymbol{\sigma} = \boldsymbol{E}\,\boldsymbol{\varepsilon}$ beschrieben ([5.79]; s. auch VDI-Richtlinie 2062, Tafel 5.56). Bei der überwiegenden Anzahl gerätespezifischer Teile und Baugruppen kann von einem Verlustfaktor η = 0,01 bis 0,05 ausgegangen werden, der damit bereits im Bereich des Optimums liegt. Konkrete Angaben lassen sich auch aus Tabellen entnehmen [5.78] [5.80], jedoch bleiben bei diesen Werten eine Reihe von Einflüssen (Frequenz, Temperatur, Geräteeigenschaften o. ä.) unberücksichtigt.

Die in bestimmten Ausnahme- oder Zweifelsfällen z. B. bei größeren Gehäusen erforderlichen genaueren Aussagen über den Verlustfaktor und damit die Dämpfungseigenschaften können nur auf meßtechnischem Wege gewonnen werden, z. B. über die Messung der *Halbwertsbreite* Δf [5.78] [5.79]. Dazu wird das Prüfobjekt mittels eines geeigneten Systems (Schwingungserreger) angeregt, d. h., an einem Koppelpunkt (Befestigungsstelle einer Baugruppe, Gehäusefuß o. ä.) erfolgt das Einspeisen eines sinusförmigen Bewegungssignals. Das eigentliche Meßsignal wird an dem Bauteil abgenommen, dessen Verlustfaktor interessiert, z. B. an einer Gehäusewand.

Messung von Stoßvorgängen. Stoßvorgänge bilden in vielen Geräten die dominierende Geräuschquelle. Um Stoßgeräusche wirksam bekämpfen zu können, ist neben der Kenntnis konstruktiver Parameter, wie Werkstoffe, Geometrie der Stoßflächen und Masse der Stoßteile, eine Analyse folgender Verläufe bzw. Größen notwendig (s. auch Abschnitte 5.8 und 6.3.2):

- *Kraft-Zeit Verlauf* $F(t)$. Die Messung, durch die das anregende Spektrum charakterisiert wird, erfordert eine Meßstrecke, die eine hohe Dynamik aufweist und Signale in einem breiten Frequenzbereich (20 Hz bis 16 kHz) übertragen kann. Von der Vielzahl üblicher Kraftmeßfühler erfüllt der piezoelektrische Beschleunigungsaufnehmer diese Anforderungen am besten [5.78] [5.82] [5.149].
- *Auftreffimpuls* I_A. Bei einigen feinwerktechnischen Wirkprinzipen (z. B. Drucken oder Stanzen) sind bestimmte Stoßenergien bzw. -impulse funktionsnotwendig. Der Auftreff- oder Aufprallimpuls ist aber gleichzeitig ausschlaggebend für die Geräuschanregung. Die Ermittlung von I_A reduziert sich auf eine Messung der Stoßgeschwindigkeit v_1 ($I_A = m_1 v_1$; m_1 stoßende Masse, entspricht reduzierter Masse an Stoßstelle). Für vergleichende Untersuchungen ist es ausreichend, die Stoßgeschwindigkeit über die Messung der Bewegungszeit t_s des Stoßteils kurz vor dem Aufprall, z. B. zwischen zwei Lichtschranken mit definiertem Abstand zu ermitteln. Zur Zeitmessung eignen sich Digitalzähler oder Kurzzeitmeßgeräte.
- *Stoßfaktor K*. Der Stoßfaktor ist ein komplexer Ausdruck für Verluste an der Stoßstelle. Ermittelt werden kann er durch Messen der Aufprallgeschwindigkeit v_1 und der Rückprallgeschwindigkeit v_1' des Stoßteils oder einfacher durch einen Fallversuch, indem man Fallhöhe h und Rücksprunghöhe h' einer Kugel aus dem Material des stoßenden Teils mißt, die auf das zu untersuchende Material des gestoßenen Körpers fällt: $K = |v_1'| / |v_1| = |\sqrt{2gh'}| / |\sqrt{2gh}| = \sqrt{h'/h}$; g Fallbeschleunigung. Dabei ist wichtig, daß das gestoßene Material auf einer ebenen, schweren und steifen Unterlage liegt. Da K keine konstante Größe ist, sollte auf den Einsatzfall nahe kommende Bedingungen u. a. bezüglich Masse und Geschwindigkeit geachtet und plastische Verformung vermieden wird.

Luftschallmessung bei Stoßvorgängen. Für vergleichende Untersuchungen sind vorteilhaft Luftschallmessungen geeignet. Dadurch ist die Wirkung von Veränderungen an der Stoßstelle komplex erfaßbar. Voraussetzung ist die Verfügbarkeit eines Schallpegelmessers mit Impulsbewertung, in dem der angezeigte Pegel zum Ablesen gespeichert wird. Bewährt haben sich Nahpegelmessungen mit einem Mikrofonabstand von 20 bis 30 cm zur Stoßstelle. Die dabei meßbaren Schallpegelwerte sind so hoch, daß sie kaum durch Störgeräusche beeinflußt werden.

Analysemethoden. Für bestimmte Meßaufgaben ist es notwendig, den Schallpegelmesser durch Zusatzgeräte, insbesondere Frequenzfilter und Registriergeräte, zu ergänzen. Dabei haben Frequenzfilter unterschiedlicher Bandbreite (Oktav-, Terz- und Schmalbandfilter) für die Lärmminderung eine besondere Bedeutung. Mit ihnen ist es möglich, das vom Gerät erzeugte Geräusch hinsichtlich seiner spektralen Zusammensetzung zu untersuchen, um daraus Rückschlüsse auf besonders lärmintensive Bauelemente oder Vorgänge zu ziehen (s. Abschn. 5.9.4.7).

Eine andere Möglichkeit zum Ermitteln des Beitrags einzelner Bauelemente oder Baugruppen zum Gesamtpegel besteht darin, diese getrennt zu betreiben, soweit das die Funktionsverknüpfung zuläßt.

Periodische Geräusche lassen sich bei bekanntem Funktions- oder Bewegungsablauf über die Periode auch dadurch analysieren, daß man in den Signalweg des Schallpegelmessers einen elektronischen Schalter einbringt, der während jeder Periode nur kurzzeitig geöffnet oder geschlossen wird. Durch Verschieben des Schaltzeitpunkts über der Periode und Vergleich mit dem Bewegungsablauf läßt sich ermitteln, welche Vorgänge in welchem Maß zum Gesamtschallpegel beitragen. Weitere Verfahren der Geräuschanalyse sind in [5.78] [5.79] angegeben.

Für die Lärmminderung ist es notwendig, jede der an der Geräuschentstehung beteiligten Größen sowie deren komplexes Zusammenwirken zu betrachten. Im folgenden sind die wesentlichen der aus dem Grundgesetz der Geräuschentstehung ableitbaren Richtlinien zur Lärmminderung durch Veränderung der Einflußgrößen zusammengefaßt.

5.9.4 Konstruktive Richtlinien zur Lärmminderung

Hauptsächliches Ziel lärmmindernder Maßnahmen ist die Einwirkung am Aufenthaltsort des Menschen herabzusetzen. Das läßt sich dadurch erreichen, daß entweder die Geräuschemission der Quelle, also z. B. eines Geräts, vermindert oder daß die Luftschallausbreitung von der Quelle zum Aufenthaltsort des Menschen behindert wird, z. B. durch schallschluckende Raumauskleidung, Aufstellen von Schallschutzschirmen oder sonstige raumakustische Maßnahmen. In diesem Zusammenhang werden häufig die Begriffe primäre und sekundäre Lärmminderung oder Lärmbekämpfung verwendet.

Unter *primärer Lärmminderung* versteht man Maßnahmen, die unmittelbar an der Quelle, z. B. an der Baugruppe oder am Gerät, vom Beeinflussen der anregenden Kraft bis hin zum Abstrahlen durchgeführt werden.

Die *sekundäre Lärmminderung* umfaßt das Beeinflussen der Luftschallausbreitung mittels schallschluckender Hauben oder raumakustischer Maßnahmen. In erster Linie sind die primären Maßnahmen interessant.

5.9.4.1 Grundregeln der Lärmminderung

• Die Lärmminderung muß bereits bei der Auswahl des Funktionsprinzips für ein Gerät beachtet werden. Sofern es die technisch-ökonomischen Randbedingungen zulassen, sind beispielsweise informationsverarbeitende Baugruppen mit elektronischen Bausteinen zu realisieren, mechanische Schrittgetriebe durch elektromagnetische Schrittmotoren zu ersetzen oder mechanische Druckprinzipe durch nichtmechanische, z. B. thermografische, abzulösen. Dabei ist zu beachten, daß u. U. ein anfänglich gescheuter höherer konstruktiver oder auch technologischer Aufwand für den Einsatz solcher Prinzipe durch die Kosten für nachträglich notwendige Maßnahmen zur Lärmminderung in einem vorwiegend mechanisch arbeitenden Gerät bei weitem übertroffen wird.

• Die Anwendung effektiver Lärmminderungsmaßnahmen erfordert ein systematisches Vorgehen. Es ist zweckmäßig, sich anhand eines Schallflußbilds (**Bild 5.86**) die wichtigsten Quellen, Körperschallwege und Abstrahlflächen zu verdeutlichen und daraus Schwerpunkte für Maßnahmen abzuleiten. Dazu sind die Erfahrungen mit ähnlichen Geräten und Baugruppen sowie die Ergebnisse der Geräuschanalyse mit heranzuziehen.

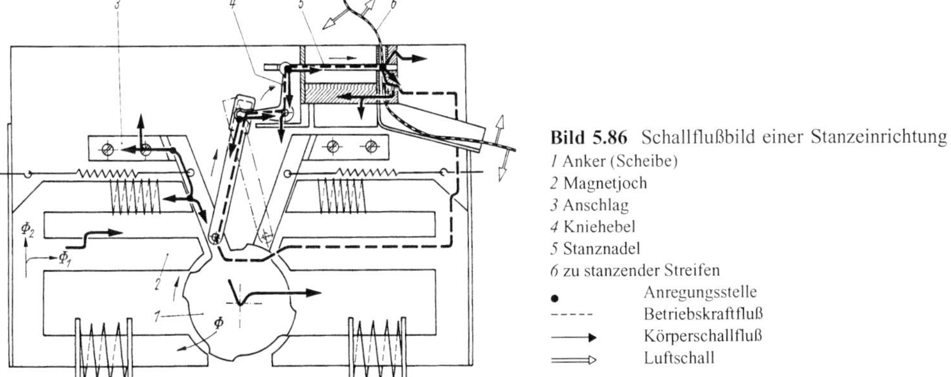

Bild 5.86 Schallflußbild einer Stanzeinrichtung
1 Anker (Scheibe)
2 Magnetjoch
3 Anschlag
4 Kniehebel
5 Stanznadel
6 zu stanzender Streifen
• Anregungsstelle
----- Betriebskraftfluß
⟶ Körperschallfluß
⟹ Luftschall

• Aus der logarithmischen Pegeladdition folgt die Notwendigkeit, in erster Linie geräuschmäßig dominierende Baugruppen zu betrachten, d. h. solche, deren Pegel um mehr als 5 dB über dem der anderen Baugruppen liegt und die damit den Gesamtpegel des Geräts bestimmen. Sind solche dominierenden Baugruppen nicht vorhanden, so werden Minderungsmaßnahmen an allen geräuscherzeugenden Baugruppen erforderlich.

• Ergibt sich aus der Analyse eines Geräts, z. B. anhand des Schallflußbildes, daß das Geräusch im wesentlichen von einer Quelle verursacht wird, von der der Körperschall auf verschiedenen Wegen zu unterschiedlichen Abstrahlflächen gelangt, dann sind Minderungsmaßnahmen möglichst nahe an der

Quelle durchzuführen. Wird dagegen eine Abstrahlfläche durch mehrere Quellen angeregt, so sind Maßnahmen an dieser Abstrahlfläche besonders wirksam.

5.9.4.2 Verminderung direkt erzeugter Geräusche

Von den direkt erzeugten Geräuschen sollen hier nur diejenigen betrachtet werden, die in der Feinwerktechnik eine Rolle spielen. Es sind vor allem die von Lüftern verursachten Komponenten Wirbelgeräusch, Sirenenklang und Drehklang [5.79] [5.145] [5.148].

Das breitbandige Wirbelgeräusch entsteht infolge stochastischer Wechselkräfte innerhalb von Strömungen oder zwischen diesen und festen Körpern. Es läßt sich durch strömungsgünstiges Auslegen der durch- bzw. umströmten Teile verringern z. B. durch Vermeiden von in den Strömungskanal ragenden Teilen und großen und plötzlichen Querschnittsänderungen, durch aerodynamisch günstige Formgebung, gratfreie Spritzteile oder abgerundete Kanten. Außerdem sollte die Strömungsgeschwindigkeit möglichst niedrig gehalten werden, z. B. Wahl langsamer laufende Ventilatoren mit größeren Abmessungen.

Sirenen- und Drehklang resultieren aus periodischen Wechselkräften zwischen Rotor und Strömung bzw. festen Körpern. Lärmminderung erreicht man durch Vergrößern des Abstands zwischen Rotor und Störkörpern, wie Streben zur Motorbefestigung, Verkleidungsgitter, Gehäusezungen bei Radiallüftern oder axiale Tragrippen bei durchzugbelüfteten Elektromotoren. Das strömungsgünstige Gestalten solcher Störkörper trägt ebenfalls zur Minderung bei. Vorteilhaft sind bei Axiallüftern auch das Ausbilden des Rotorkranzes als Einlaufdüse sowie ein geringer und gleichmäßiger Radialspalt zwischen Rotorblättern und Gehäusewand.

Regeln zum Vermindern direkt erzeugter Geräusche enthält **Tafel 5.49**. Hinweise zu Geräuschen bei pneumatisch und hydraulisch arbeitenden Baugruppen s. VDI-Richtlinie 3720 (vgl. Tafel 5.56).

Tafel 5.49 Regeln zur Verminderung direkt erzeugter Geräusche [5.78]
Die schematischen Darstellungen zeigen einen stilisierten Längsschnitt durch Strömungskanäle: das strömende Medium ist durch Pfeile angedeutet, deren Dichte die Geschwindigkeit des Mediums symbolisiert.

Regel	Lösung ungünstig	Lösung günstig
Wirbelbildung an in den Strömungskanal hineinragenden Teilen ist zu vermeiden!		
Notwendige Querschnittsänderungen sind nicht sprunghaft, sondern mit einem allmählichen Übergang ohne scharfe Kanten auszuführen!	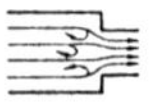	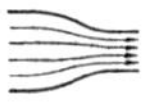
Bauteile, die aus funktionellen Gründen in die Strömung hineinragen müssen, sind strömungsgünstig zu gestalten (minimaler Strömungswiderstand durch aerodynamisch optimale Formgebung)!	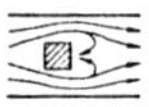	
Die Strömungsgeschwindigkeit des Mediums ist möglichst niedrig zu halten (langsamer laufende Ventilatoren mit größeren Abmessungen sind bei gleicher Fördermenge günstiger als schnell laufende mit kleinen Abmessungen)!	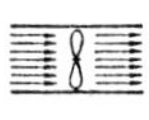	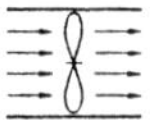
Ansaugöffnungen sind als Einlaufdüsen auszubilden, ggf. durch entsprechende Formgebung des Rotorkranzes bei Axiallüftern!		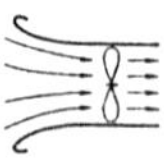
Abdeckungen von Ventilatoren oder ähnliche Störkörper sind möglichst weit entfernt vom Rotor anzubringen und strömungsgünstig zu gestalten!	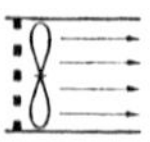	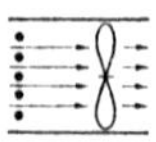

5.9.4.3 Verminderung der Körperschallanregung

Im Vergleich zu direkt erzeugten Geräuschen werden indirekt erzeugte durch unterschiedlichste Kräfte verursacht, die Körperschallschwingungen anregen. Das Verringern dieser Kräfte stellt die wirksamste Maßnahme der Lärmminderung dar und ist vorrangig anzustreben [5.78] [5.83].

Grundsätzlich sind funktionsnotwendige Kräfte so klein wie möglich zu halten, und der Weg des Kraftflusses soll möglichst kurz und auf wenige Bauelemente beschränkt sein. **Bild 5.87** verdeutlicht dies am Beispiel der Anordnung eines Zahnriemengetriebes.

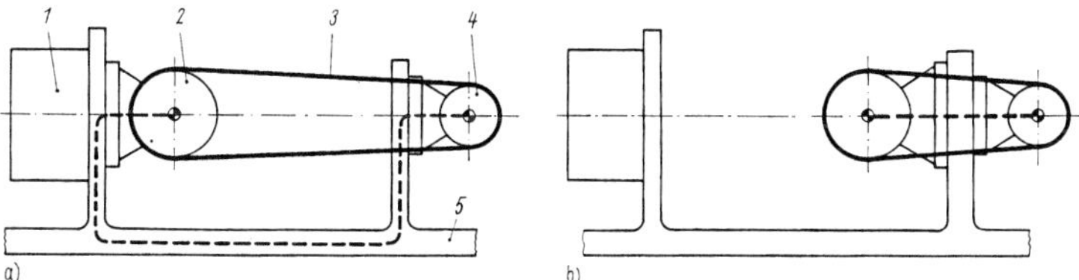

Bild 5.87 Zahnriemengetriebe in einem Gerät [5.11] [5.90]
a) ungünstige Lösung: Kraftfluß über Grundplatte; b) günstige Lösung: kurzer Kraftfluß
1 am Gestell *5* angekoppelte Baugruppe; *2* Motor mit Zahnriemenscheibe; *3* Zahnriemen;
4 Welle mit Zahnriemenscheibe und Lagerbock; *5* Gestell; -----Kraftfluß

Anregungskräfte treten hinsichtlich ihres zeitlichen Verlaufs in der Feinwerktechnik hauptsächlich in zwei typischen Formen auf, zum einen als Impulse mit relativ zur Impulsdauer großem Abstand (Stoßvorgänge beim Drucken und Stanzen, Anschläge, Gelenkspiel u. ä.) und zum anderen als periodische Kräfte (z. B. Unwuchten). Bei Stoßkräften wird die Amplitude des Kraftspektrums bis zu einigen Kilohertz vom übertragenen Impuls bestimmt. Ein Verringern der Anregung läßt sich also durch Verkleinern der am Stoß beteiligten Massen und ihrer Geschwindigkeiten erreichen. Bei höheren Frequenzen nimmt die Amplitude des Kraftspektrums ab, und zwar um so eher, je größer die Stoßzeit, d. h., je „weicher" der Stoß ist. Deshalb sind, sofern nicht funktionsnotwendig, harte Anschläge durch Einsatz entsprechender Werkstoffe oder durch Anbringen elastischer Zwischenlagen zu vermeiden.

Ebenso ist das Spiel an solchen Bauteilen, an denen eine Stoßanregung entstehen kann, durch geeignete Maßnahmen zu verhindern oder zu verringern, z. B. durch elastische Bauweise oder engere Tolerierung, vgl. [5.10] [5.11]. Bei periodischen Anregungskräften ist die Zeitfunktion des Grundvorgangs während einer Periode für das Anregungsspektrum und damit für die Geräuscherzeugung maßgebend. Anstieg und Krümmung dieser Zeitfunktion bestimmen die Amplitude des Kraftspektrums oberhalb der doppelten Grundfrequenz, d. h. meist schon ab einigen hundert Hertz. Deshalb müssen insbesondere sprunghafte Änderungen und sonstige Unregelmäßigkeiten im Kraftverlauf vermieden werden. Gleiches gilt für die Bewegungsgesetze zwischen den Rasten von Kurvengetrieben, die möglichst bis zur dritten Ableitung stetig sein sollen (z. B. ein Polynom siebten Grades, eine pentadische Sinoide oder sogar ein Polynom elften Grades) [5.11].

Wirken mehrere Anregungsvorgänge parallel, sind diese zeitlich zu versetzen, so daß eine Gleichzeitigkeit der Anregung verhindert wird. Das gleichzeitige Anregen größerer Längen oder Flächen läßt sich mit dem Prinzip der Schrägung umgehen, wodurch ein zeitliches Dehnen erreicht wird, z. B. durch Schrägverzahnung, Dachschliff bei Schneidstempeln, schräg angeordnete Nuten eines Elektromotors u. ä.

Regeln zur Verminderung der Körperschallanregung enthält **Tafel 5.50**.

5.9.4.4 Verminderung der Körperschallübertragung

Die Eingangsadmittanz des von einer Kraft angeregten Bauteils hat Einfluß auf die Körperschallübertragungsfunktion (s. Abschn. 5.9.2). Die Eingangsadmittanz wird durch die Masse und Biegesteifigkeit an der Anregungsstelle bestimmt. Um die Anregung, d. h. die Körperschallschnelle, an der Anregungsstelle minimal zu halten, ist es notwendig, entweder das gesamte angeregte Bauteil oder zumindest die Umgebung der Anregungsstelle mit einer geringen Admittanz, also massiv und biegesteif auszuführen. Das kann durch Zusatzmassen an der Anregungsstelle oder durch Verrippen des Bauteils geschehen. Bei fertigen Bauteilen genügt häufig eine gezielte Auswahl der Ankoppelstellen unter dem Gesichtspunkt minimaler Admittanz, die meßtechnisch vorgenommen werden kann [5.78]. **Bild 5.88** zeigt einige Beispiele.

Tafel 5.50 Regeln zur Verminderung der Körperschallanregung [5.78]

Regel/Erläuterungen	Lösung ungünstig / günstig
1. Funktionsnotwendige Kräfte sind nicht größer als unbedingt erforderlich zu wählen! Die Minimierung der Betriebskräfte hat zur Folge, daß nur ein technisch begründetes Mindestmaß an Körperschall entstehen und in Luftschall umgewandelt werden kann. Gleichzeitig werden Energieökonomie und Lebensdauer des Gerätes verbessert.	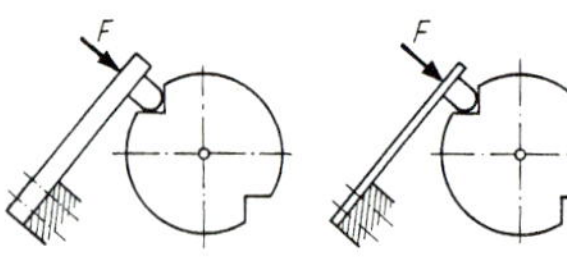
2. Die Drehzahl rotierender Bauteile soll so niedrig wie möglich liegen! Die Körperschallanregung durch Unwuchten wächst progressiv mit der Drehzahl. Eine Senkung der Drehzahl auf die Hälfte bewirkt eine Verminderung der Unwuchtanregung auf ein Viertel (um 12 dB). Die Anregung rechts im Bild beträgt bei gleicher Unwucht nur noch $(3000/20\,000)^2$, d. h. 2 % gegenüber der links dargestellten Variante.	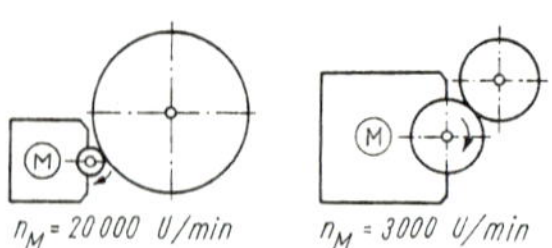
3. Durch geringe Änderung tonaler Anregungsfrequenzen (Drehzahl, Zahneingriffsfrequenz) oder der Bauteilgeometrie kann die Übereinstimmung mit Biegeeigenfrequenzen vermieden werden! Die auf Grund von Resonanzüberhöhungen entstehenden hohen Geräuschpegel treten infolge ihrer Schmalbandigkeit besonders störend in Erscheinung. Die ungünstige Lösung zeigt die Anregung einer Platte durch die Drehzahl n in einem Gebiet geringer Eingangsimpedanz z (starkes Mitschwingen). Durch Drehzahländerung Δn wird ein besseres akustisches Verhalten erreicht.	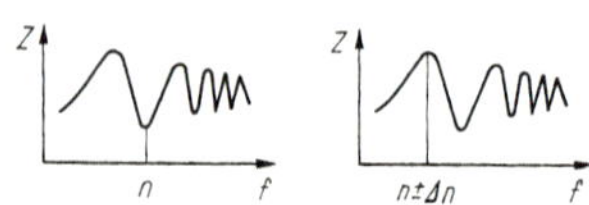
4. Eine zeitliche Dehnung des Anregungsvorgangs bewirkt eine stetigere Kraftübernahme und damit einen geringeren Körperschallpegel! Eine zeitliche Dehnung läßt sich durch das Schrägungsprinzip erreichen. Schrägverzahnte Getriebe laufen im allgemeinen ruhiger als geradverzahnte; Stanznadeln mit Dachschliff (Bild) arbeiten leiser als solche mit senkrechter Schnittfläche.	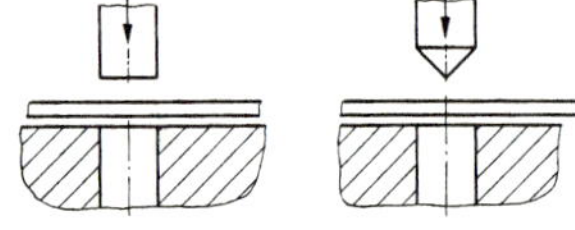
5. Hohe Präzision bei Herstellung und Montage sowie Spielfreiheit durch elastische Bauweise tragen zur Geräuschminderung bei! Oberflächenrauheiten sowie Form- und Lageabweichungen an Laufflächen (Bild), Spiel, Unwuchten u. ä. führen zum Auftreten nicht funktionsnotwendiger Kräfte und damit zu Körperschallanregung.	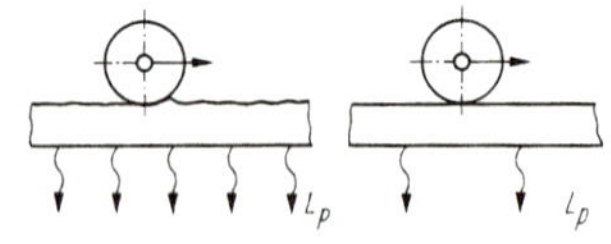
6. Stoßerzeugte Geräusche lassen sich wirksam nur an der Stoßstelle bekämpfen! Stoßgeräusche werden im Gegensatz zu kontinuierlichen Geräuschen von der unmittelbaren Umgebung der Anregungsstelle stärker abgestrahlt. Außerdem sind körperschallisolierende Maßnahmen (z. B. elastische Unterlage *1*) nur auf einen Teil (höhere Frequenzen) des angeregten breiten Spektrums begrenzt. Deshalb sollten bevorzugt die anregenden Größen (z. B. m und v) beeinflußt werden.	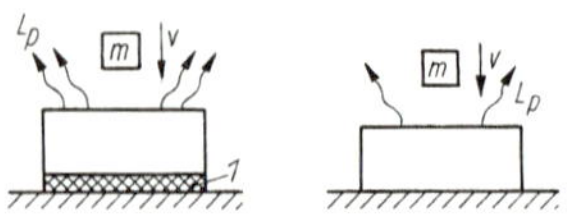
7. Stoßteile mit ausgeprägten Eigenresonanzen (langes Nachklingen) sind zu bedämpfen! Dämpfungsmaßnahmen beeinflussen hauptsächlich die durch den Stoßimpuls angeregten Eigenresonanzen, weniger das Stoßgeräusch (Nachklingen gespannter Federn, z. B. vermeidbar durch dämpfende Umhüllung *1*).	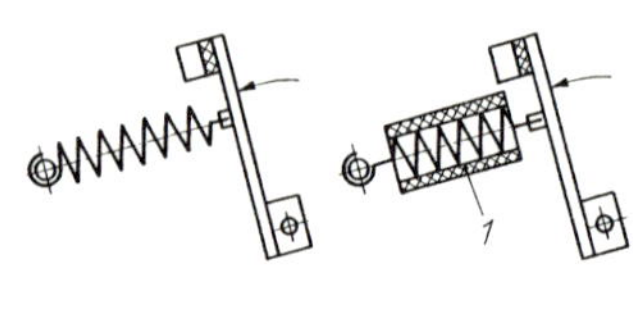
8. Bei der Gestaltung des Geräteaufbaus ist das Auftreten „sekundärer" Stoßstellen (sog. Klapperstellen) zu berücksichtigen! Schwingungsfähige Bauteile (Abdeckbleche, Hebel), die selbst keine Wechselkräfte übertragen, können durch andere Stoß- oder Schwingungsquellen im Gerät zum Anschlagen (Klappern) angeregt werden. Diese Bauteile sind ebenso wie „primäre" Quellen zu gestalten.	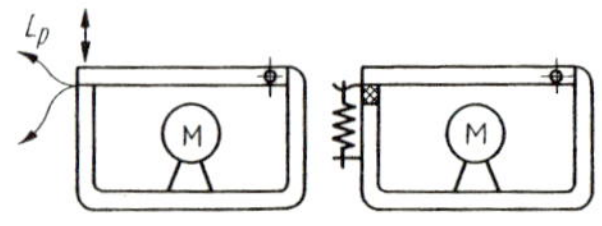

Tafel 5.50 Fortsetzung

Regel/Erläuterungen	Lösung ungünstig	günstig
9. An den Berührungsstellen von Stoßteilen sollte bevorzugt der Schichtaufbau Anwendung finden! Bei akustisch günstig gestalteten Stoßstellen (kleine Berührungsflächen, weiche Materialien) wird oft die zulässige Flächenpressung überschritten. Einen akustisch-konstruktiven Kompromiß bildet der Schichtaufbau, bei dem man ein weiches Material *1* mit einer (dünnen) harten Oberfläche *2* versieht.		
10. Das Auftreten von Mehrfachstößen (Prellen) ist zu verhindern! Die Spektren dicht aufeinanderfolgender Stöße (Prellen) überlagern sich und führen zur Erhöhung des abgestrahlten Geräusches. Zur Vermeidung des Prellens gibt es verschiedene konstruktive Möglichkeiten, z. B. elastisches Material *1* am 45°-Anschlag des Spiegels einer Spiegelreflexkamera.		

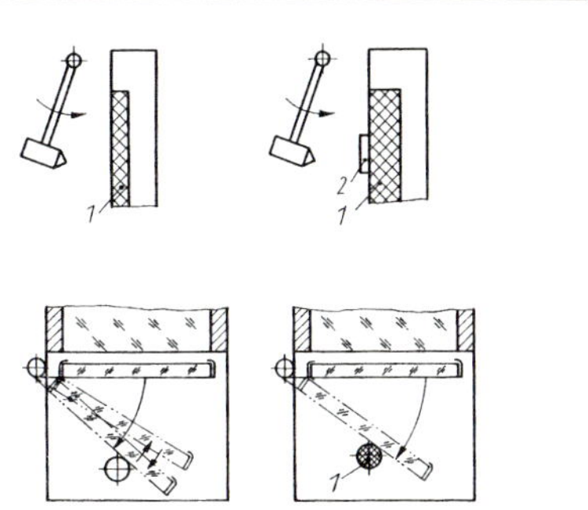

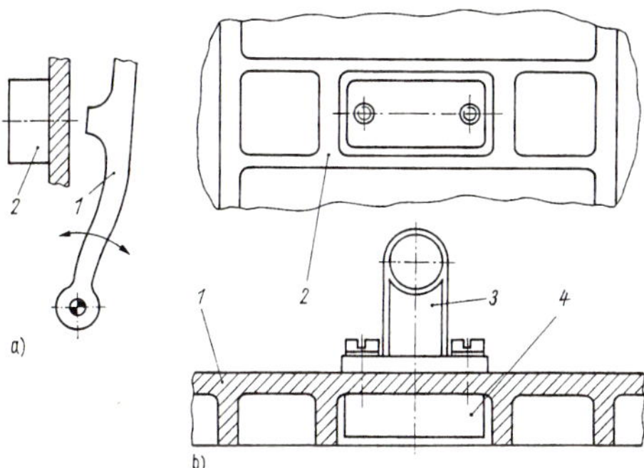

Bild 5.88 Gestaltung von Anregungsstellen mit minimaler Admittanz
a) Verringerung der Anregung durch Zusatzmasse
1 Schwinghebel mit Prellnase; *2* Zusatzmasse
b) Admittanzverringerung an der Befestigungsstelle eines Lagerbocks durch Verrippung (Steifigkeitserhöhung) und Zusatzmasse
1 Grundplatte; *2* Rippen; *3* Lagerbock für Wälzlager; *4* Zusatzmasse

Außer der *Kraftanregung* als eigentliche Ursache der Geräuschentstehung spricht man noch von einer *Geschwindigkeitsanregung.* Diese liegt dann vor, wenn ein Bauteil geringer Masse an ein solches mit großer Masse gekoppelt wird und somit dessen Schwinggeschwindigkeit aufgeprägt erhält, ohne daß dazu eine nennenswerte Kraft notwendig wäre. Für diesen Fall gelten die obigen Ausführungen nicht. Hier ist eine Körperschallentkopplung durch Zwischenschalten möglichst weicher, elastischer Elemente an den Verbindungsstellen erforderlich, ggf. verbunden mit einer Masseerhöhung des leichteren Bauteils an den Verbindungsstellen durch Zusatzmassen (**Bild 5.89**).

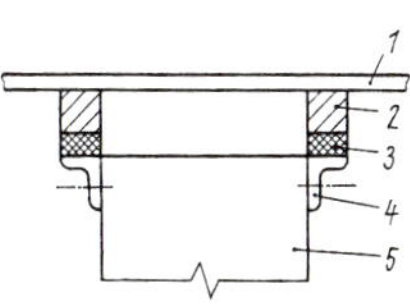

Bild 5.89 Körperschallentkopplung bei Geschwindigkeitsanregung (Prinzip)
1 Abdeckblech; *2* Zusatzmasse (Profil); *3* elastische Zwischenlage (mit *2* und *4* verklebt); *4* Befestigungswinkel; *5* körperschallerzeugende Baugruppe

Von der Anregungsstelle breitet sich der Körperschall wellenförmig bis zur Abstrahlfläche aus. Auf diesem Weg kann eine Reduzierung des Körperschalls durch Umwandlung in Wärme (Dämpfung) und Reflexion an Inhomogenitäten (Dämmung) erzielt werden. Eine *Dämpfung* läßt sich durch den Einsatz von Werkstoffen mit großem Verlustfaktor (Verbundbleche, Kunststoffe), aber auch durch die Wahl kraftschlüssiger Verbindungselemente erreichen (Ausnutzen der inneren Reibung sowie der Reibung an Verbindungsstellen). Eine Dämpfung bewirkt neben dem Verringern der Schwingungsamplitude noch den Abbau der durch Eigenresonanzen verursachten Spitzen im Frequenzgang der Bauteile sowie ein Reduzieren der Nachklingzeit [5.78].

Die *Dämmung* hat gegenüber der Dämpfung i. allg. untergeordnete Bedeutung. Sie beruht prinzipiell darauf, an bestimmten Stellen des Körperschallwegs die mechanischen Eigenschaften der Bauteile, insbesondere die Masse und Biegesteifigkeit, durch Anbringen von Sperrmassen und elastischen Zwischenschichten beträchtlich zu ändern. Grundsätzlich gilt, daß die Admittanz der Sperrmasse wesentlich kleiner und die der Zwischenschicht wesentlich größer sein soll als die der angekoppelten Bauteile. Ein Beispiel dafür ist die bereits erwähnte Körperschallentkopplung bei Geschwindigkeitsanregung nach Bild 5.89. Auf dem gleichen Prinzip beruht die körperschallisolierte Gehäusebefestigung (**Bild 5.90**). Eine spezielle Form der Körperschalldämmung ist das körperschallisolierte Anbringen von anregenden Baugruppen, z. B. Antriebselementen (Elektromotoren, Zugmagneten u. ä.). Die Wirkung der Körperschallisolierung wird um so größer, je kleiner die Admittanz von Quelle und angekoppelten Bauelementen gegenüber der Admittanz der Zwischenschicht, d. h., je weicher diese Schicht ist. Bei ihrer Dimensionierung ist neben einer ausreichenden Festigkeit darauf zu achten, daß die Resonanzfrequenz des aus den Massen von Quelle und angekoppelter Struktur sowie der Nachgiebigkeit der Zwischenschicht gebildeten schwingungsfähigen Systems unterhalb der Betriebsfrequenz liegt. **Bild 5.91** zeigt die prinzipielle Ausführung einer Körperschallisolierung (vgl. auch Abschn. 5.8).

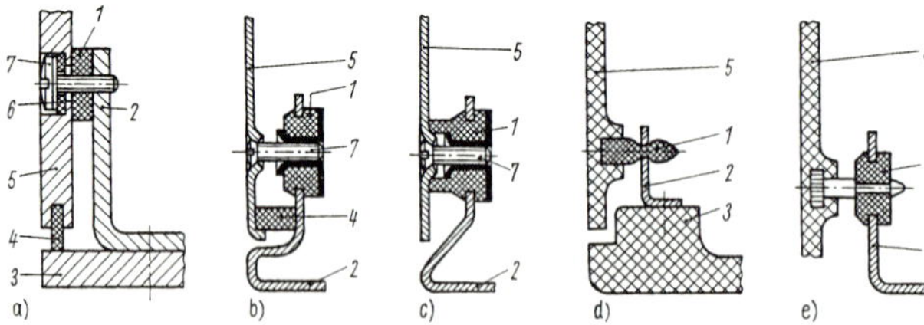

Bild 5.90 Möglichkeiten einer körperschallisolierten Gehäusebefestigung
a) bei massiven, dickwandigen Gehäusen; b, c) bei Blechgehäusen;
d), e) bei kleineren Kunststoff- oder Druckgußgehäusen
1, 4, 6 Zwischenlagen oder Formteile aus elastischem Material;
2 Befestigungsblech; *3* Grundplatte; *5* Gehäuse, Abdeckung u. ä.;
7 Befestigungsschraube

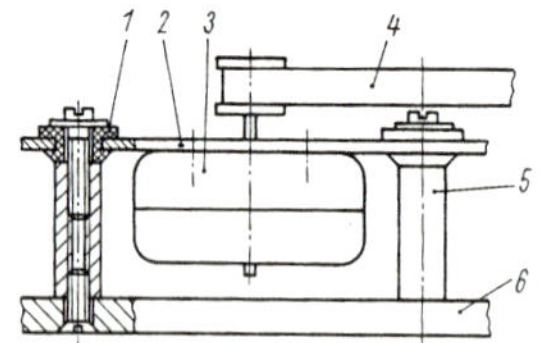

Bild 5.91 Körperschallisolierte Motoraufhängung eines Phonolaufwerks
1 Gummiformteil; *2* Platine;
3 Antriebsmotor; *4* Gummipeese;
5 Distanzbuchse (als Zusatzmasse wirksam);
6 Grundplatte

Regeln zur Verminderung der Körperschallübertragung und -ausbreitung enthält **Tafel 5.51**.

Tafel 5.51 Regeln zur Verminderung der Körperschallübertragung

Regel/Erläuterungen	Lösung ungünstig	 günstig
1. Zwischen den Teilen im Kraftfluß und dem Gehäuse bzw. den Gerätefüßen ist zur Körperschallisolierung eine möglichst weiche elastische Verbindung zu realisieren! Die Körperschallisolierung *1* bei einer Motor-Getriebe-Baugruppe *M-G* unterbricht den Körperschallfluß zu den Abstrahlflächen in Form des Gehäuses *2* bzw. verhindert die Körperschallanregung der Aufstellfläche.		
2. Als Befestigungspunkte für körperschallerzeugende Baugruppen sind solche mit großer Impedanz bzw. geringer Admittanz zu wählen (Massekonzentration, hohe Steifigkeit)! Dies bewirkt eine Fehlanpassung für den Körperschallfluß und führt zur Verringerung der Körperschallschnelle auf der Übertragungsstruktur (z. B. Versteifung *1* und Zusatzmasse *2*).		
3. Starre und schwere Baugruppen, die selbst keine dominierende Körperschallquelle darstellen (z. B. Transformatoren, Akkus), sind nach Möglichkeit unmittelbar bei den wichtigsten Körperschallerregern anzuordnen! Die Nutzung vorhandener Baugruppen ist eine wirksame Methode zur Verminderung des Schnellepegels. Dagegen sind zusätzlich angebrachte Massen mit rein akustischer Funktion unökonomisch; im Bild zwei unterschiedliche Anordnungen eines Transformators.		
4. Eine punktförmige Schwingungseinleitung sollte einer linienförmigen Anregung vorgezogen werden! Die Wirkung beruht auf der Körperschalldämmung. Einschränkungen ergeben sich jedoch bei schwach gedämpften Materialien durch die Verringerung der Strukturdämpfung.		

Tafel 5.51 Fortsetzung

Regel/Erläuterungen	Lösung ungünstig	günstig
5. Bei Impulsanregung sind für die Körperschallisolation viskoelastische Elemente (Gummi o. ä.) zu verwenden! Zur Bedämpfung der bei Impulsvorgängen zwangsläufig angeregten Systemresonanz liegt der Verlustfaktor viskoelastischer Elemente in einem günstigen Bereich (im Bild Montage eines Schützes auf der Schalttafel).	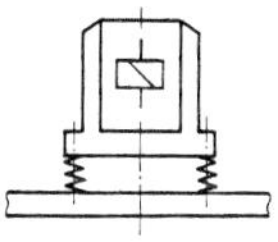	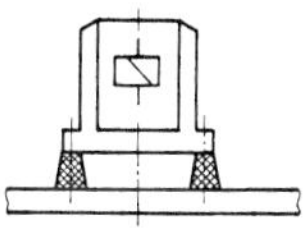
6. Kraftschlüssige Verbindungen sind gegenüber stoffschlüssigen Konstruktionen zu bevorzugen! Vernietete oder verschraubte Baugruppen weisen überwiegend ein optimales Dämpfungsvermögen auf. Sie sind daher günstiger als verschweißte oder gegossene Strukturen, bei denen eine zusätzlich notwendige Erhöhung des Verlustfaktors den Fertigungsaufwand vergrößern würde.	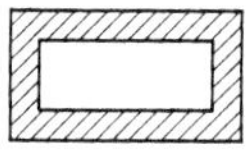	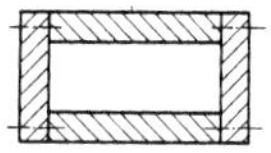
7. Dämpfungsmaßnahmen sind an Orten der größten Schwingamplituden am wirkungsvollsten! Ein körperschallerregtes flächiges Bauteil sollte nur an einigen Stellen mit großer Schwingbewegung bedämpft werden. Eine ganzflächige Entdröhnung bringt keine merkliche Verbesserung mehr und ist daher unökonomisch; im Bild: zwei Möglichkeiten zur Entdröhnung eines Abdeckbleches mit gleicher Wirkung.	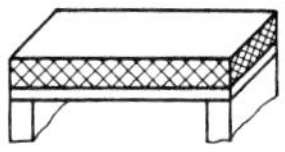	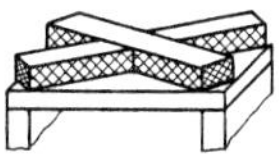
8. Die Anwendung von Versteifungen, wie unsymmetrische Verrippung, Sicken oder gekrümmte Oberflächen, tragen zur Verringerung der mittleren Schwinggeschwindigkeit bei! Die Maßnahme kann trotz Vergrößerung des Abstrahlgrades bei krafterregten Strukturen akustische Vorteile bringen.	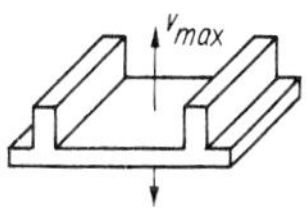 v_{max}	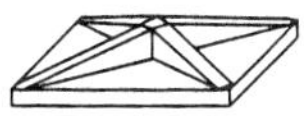

5.9.4.5 Verminderung der Schallabstrahlung

Die von einem Bauteil abgestrahlte Schalleistung P ist neben dem bereits erwähnten Abstrahlgrad σ noch von der Fläche A des Bauteils und der mittleren Schwinggeschwindigkeit (Körperschallschnelle) v dieser Fläche abhängig:

$$P \sim \sigma A \tilde{\bar{v}}^2 \tag{5.115}$$

Die Schwinggeschwindigkeit kann durch Masse- und Steifigkeitsänderungen beeinflußt werden, wobei sich für übliche Bauteile des Geräteaufbaus (s. Abschn. 3.2) unter Berücksichtigung der Anregungsart die in **Tafel 5.52** angeführten Verhältnisse ergeben. Daraus wird ersichtlich, daß sich die Luftschallabstrahlung durch schwere und biegeweiche Gestaltung flächenhafter Bauelemente verringern läßt. Eine weitere Möglichkeit zum Verringern der mittleren Schwinggeschwindigkeit besteht im zusätzlichen Bedämpfen größerer Flächen mittels Entdröhnbelägen oder Verbundkonstruktionen. Das ist jedoch nur bei solchen Teilen sinnvoll, die eine geringe innere Dämpfung haben, wie z. B. dickwandige Druckgußteile, geschweißte Konstruktionen u. ä. **Bild 5.92** zeigt als Beispiele die Bedämpfung von Transportrollen durch eingelegte ringförmige Gummisegmente.

Tafel 5.52 Auswirkung von Masse- und Steifigkeitsänderungen auf die Luftschallabstrahlung (nach [5.79])

Verdoppelung von	bei Kraftanregung	bei Geschwindigkeitsanregung
Masse	7,5 dB leiser	4,5 dB leiser
Biegesteife	1,5 dB lauter	4,5 dB lauter

Der Abstrahlgrad σ beschreibt die Umsetzung des Körperschalls durch Biegeschwingungen des abstrahlenden Bauteils in Luftschall. Bei großflächigen Bauteilen kommt es nur dann zu einer intensiven Abstrahlung, wenn die Wellenlänge der Biegeschwingungen größer ist als die der Luftschallwellen; ansonsten kann zwischen benachbarten schwingenden Luftteilchen ein Druckausgleich stattfinden (hydrodynamischer Kurzschluß). Aufgrund der frequenzabhängigen Ausbreitungsgeschwindigkeit von Biegewellen gegenüber der konstanten Ausbreitungsgeschwindigkeit

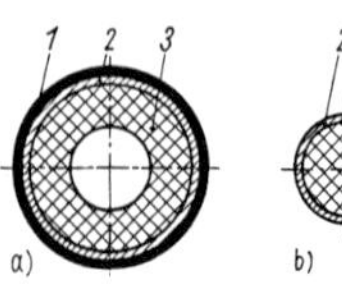

Bild 5.92 Körperschalldämpfung
a) Schreibwalze für Büromaschinen; b) Papiertransportrolle
1 Gummibelag; *2* Trägerrohr; *3* Dämpfungsmaterial (Schaumstoff, Mineralwolle o. ä.)

von Luftschallwellen tritt hydrodynamischer Kurzschluß unterhalb einer von den Bauteileigenschaften abhängigen Grenzfrequenz ein. Diese wird als Biegewellengrenzfrequenz f_{gB} bezeichnet. Sie beträgt für dünnwandige Bauteile (Wanddicke $s \approx 1$ bis 3 mm) etwa 5 bis 10 kHz, so daß die in der Feinwerktechnik dominierenden Frequenzen von 0,5 bis 5 kHz weniger intensiv abgestrahlt werden. Bei dickeren und flächenhaften Bauteilen läßt sich der hydrodynamische Kurzschluß künstlich durch Durchbrüche herstellen, die einen Druckausgleich ermöglichen. Der Flächenanteil der Durchbrüche soll mindestens 20 % betragen. Eine solche Maßnahme bewirkt aber gleichzeitig, daß die häufig erwünschte Dämmwirkung gegenüber Luftschall verlorengeht, z. B. bei Abdeckblechen, Schutzhauben und Gehäusen. Die Auslegung solcher Bauteile hängt also davon ab, ob der abgestrahlte Luftschall hauptsächlich von diesen Bauteilen infolge ihrer Kraft- oder Geschwindigkeitsanregung herrührt – dann gilt das oben Gesagte – oder ob er aus dem Geräteinneren stammt. In diesem Fall ist ein Dimensionieren im Hinblick auf maximale Luftschalldämmung und -dämpfung auf der Grundlage von Reflexion und Absorption notwendig. Dies wird durch massive und ggf. entdröhnte Bauteile erreicht, die auf der zur Quelle gewandten Seite mit einer möglichst dicken Absorberschicht (Malikustik, Mineralwolle, Texotherm, unverfestigter Nadelfilz, o. ä.) versehen sind.

Regeln zur Verringerung der Schallabstrahlung enthält **Tafel 5.53**.

Tafel 5.53 Regeln zur Verringerung der Schallabstrahlung [5.78]

Regel/Erläuterungen	Lösung ungünstig	günstig
1. Die Oberfläche von Bauteilen sollte so klein wie möglich gestaltet werden. Dadurch verringert sich der Abstrahlgrad σ besonders bei tiefen Frequenzen! Die geräuschmindernde Wirkung beruht auf der Ausnutzung des akustischen Kurzschlusses (Druckausgleich an Vorder- und Rückseite).		
2. Große körperschallerregte Flächen sind zur wirkungsvollen Verringerung der Schallabstrahlung mit Durchbrüchen zu versehen! Die Verringerung der Schallabstrahlung ist analog Regel *1* auf den Einfluß des akustischen Kurzschlusses zurückzuführen. Anzustreben ist ein Öffnungsflächenanteil von etwa 20 % (z. B. bei Grundplatte *1*). Einschränkungen erfährt diese Maßnahme bei Ausnutzung solcher flächenhaften Bauteile zur Luftschalldämmung (s. Tafel 5.54).	1	1
3. Zur Verringerung des Abstrahlgrades σ durch Erhöhung der Biegewellengrenzfrequenz sollen die Bauteile biegeweich und schwer sein! Dies gilt besonders für geschwindigkeitserregte Strukturen (z. B. Gehäuseteile) und kann durch Anbringen von biegeweichen und schweren Belägen oder durch Nuten in Platten erreicht werden.		
4. Durch Aufbringen von schallabsorbierendem Material (1) in Verbindung mit einer Schalldämmschicht (z. B. schwere Folie) läßt sich der abgestrahlte Luftschall direkt an der Entstehungsstelle verringern! Es handelt sich hierbei um eine Vorstufe zur Kapselung, so daß prinzipiell die Gesetzmäßigkeiten der Luftschalldämmung und -absorption gelten.		1

5.9.4.6 Verringerung der Luftschallausbreitung

Das Unterbrechen der Luftschallwege erfolgt durch eine die gesamte Quelle umschließende Kapsel, deren Wirkung auf Schalldämmung und -absorption beruht (**Bild 5.93**). Damit lassen sich erhebliche Pegelminderungen von 20 bis 40 dB erreichen. In der Feinwerktechnik finden diese großvolumigen Kapseln als selbständige Bauteile (z. B. Schallschutzhauben für Drucker) nur selten Anwendung. Es lassen sich aber oftmals Gehäuse oder Gehäuseteile zur Luftschalldämmung nutzen sowie auch Teilkapseln für schallabstrahlende Baugruppen. Allerdings wird der erforderliche Raumbedarf für Pegelminderungen > 10 dB relativ groß, da i. allg. Kapselwanddicken einschließlich schallabsorbierender Auskleidungen von mehr als 20 mm erforderlich sind. Außerdem sind die o. g. Werte der Pegelminderung bei zur Kommunikation notwendigen Öffnungen in den Gehäusen kaum zu erreichen, da bereits kleinste Öffnungen die Dämmwirkung erheblich mindern. Ein Lochflächenanteil von 1 % z. B. senkt die Dämmwirkung einer Kapsel von etwa 30 dB auf 20 dB. Deshalb müssen Öffnungen in lärmintensiven Geräten sorgfältig abgedichtet werden (**Bild 5.94**). Untersuchungen haben ergeben, daß dazu Moosgummi besonders gut geeignet ist; PUR-Schaum oder Schaumgummi zeigen wegen der großen Porosität nur geringe Wirksamkeit.

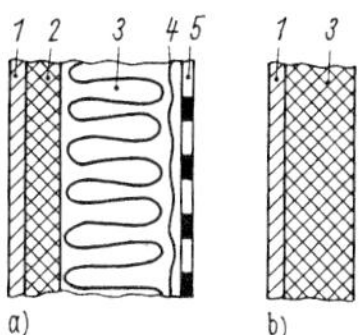

Bild 5.93 Querschnitt durch eine Kapselwand [5.78] [5.79]
a) vollständiger Aufbau mit mechanischem und klimatischem Schutz
b) vereinfachter Aufbau (für die meisten Geräte ausreichend)
1 Außenhaut der Kapsel (z. B. Stahlblech); *2* Entdröhnungsbelag; *3* Absorbermaterial (Kunststoffschaum, Mineralwolle o. ä.); *4* schlaffe Kunststoff-Folie zum Schutz des Absorbermaterials gegen Staub oder Feuchte; *5* mechanischer Schutz (Lochblech, Streckmetall o. ä.)

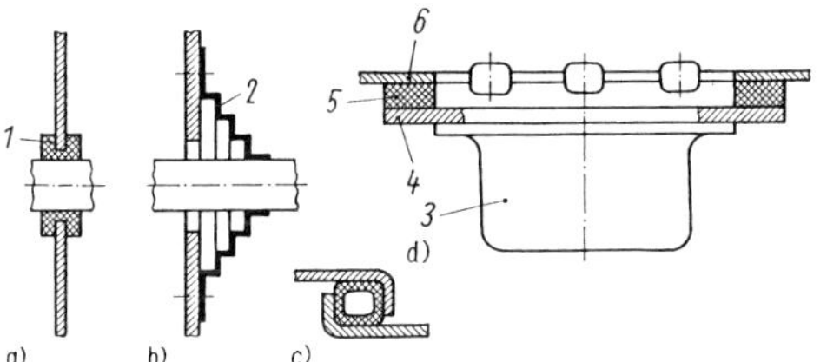

Bild 5.94 Möglichkeiten zum Abdichten von Öffnungen
a) für drehbare Teile
b) für oszillierende Teile
c) unter Verwendung von Gummischlauch (oder -profil)
d) durch Einlegen von Dichtungsmaterial
1 Formteil aus Gummi oder Kunststoff; *2* Gummimanschette; *3* Abdeckung der Baugruppe; *4* Trägerplatte der Baugruppe (z. B. Tastenfeld); *5* Moosgummistreifen; *6* Gehäuse

Regeln zur Verringerung der Luftschallausbreitung enthält **Tafel 5.54**.

Tafel 5.54 Regeln zur Verringerung der Luftschallausbreitung [5.78]

Regel/Erläuterungen	Lösung ungünstig	 günstig
1. Die Schalldämmung wächst mit zunehmender Dichte und Dicke des Dämmaterials und steigt linear mit der Frequenz an! Bei Verdopplung der Wanddicke oder der Frequenz erhöht sich die Schalldämmung um rund 6 dB.	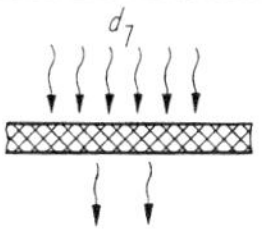	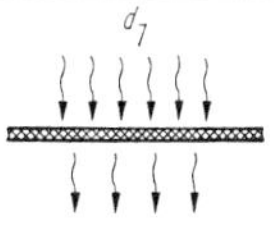
2. Die Schalldämmung von Materialien mit geringem Verlustfaktor kann durch Entdröhnung (z. B. Beschichtung mit Phon-Ex) verbessert werden! Diese Maßnahme ist anwendbar, solange der optimale Verlustfaktor η nicht erreicht ist.	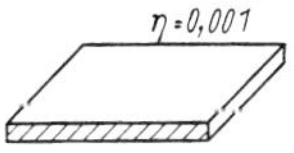	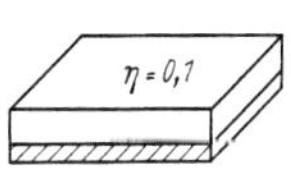
3. Zur Ausnutzung der möglichen Schalldämmung muß die Luftschallenergie im Inneren der Kapsel in andere Energieformen umgewandelt werden! Die Wirkung poröser Absorberschichten (*1*) beruht vorrangig auf der Reibung zwischen Luftteilchen und Gewebefasern. Je tiefer die zu absorbierende Frequenz ist, um so größer muß die Dicke der Auskleidung sein (z. B. bei 200 Hz und $\alpha \approx 0{,}5$ etwa 100 mm!)	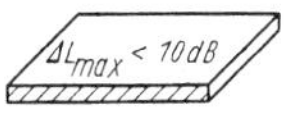	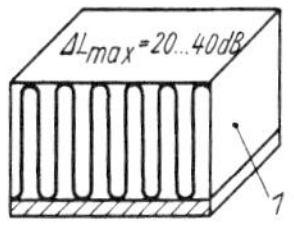
4. Öffnungen verringern die Dämmwirkung einer Kapsel erheblich und müssen vermieden werden! Nicht notwendige Öffnungen wie Fugen, Gehäuse, Durchführungen u. ä. sollten abgedichtet sein. Ab 10 % Öffnungsflächenanteil ist die Anwendung von Kapseln nicht mehr sinnvoll. Bei größeren Geräten können Öffnungen zur Be- und Entlüftung mit schallabsorbierenden Kanälen versehen werden. Der dafür notwendige Platzbedarf richtet sich nach dem zu dämpfenden Frequenzbereich sowie nach der erforderlichen Kühlluftmenge.	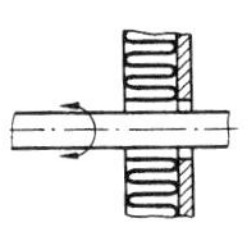	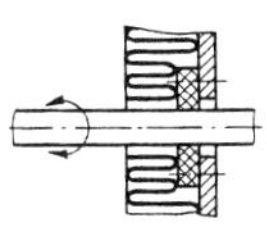
5. Zur Vermeidung einer Körperschallanregung der Kapselwände sind diese von schwingenden Teilen elastisch zu isolieren! Diese Forderung gilt nicht nur für die Ankopplung an das Chassis, sondern auch für Bauteile, die durch die Kapselwände nach außen geführt werden müssen.	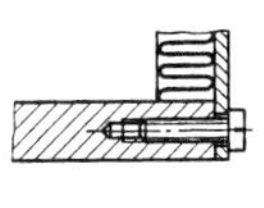	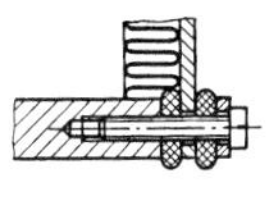

5.9.4.7 Spezielle Hinweise für typische Bauelemente der Feinwerktechnik

Die angegebenen Richtlinien sind allgemeingültig und prinzipiell für jedes Bauelement anwendbar. Darüber hinaus lassen sich jedoch für einige häufig verwendete Bauelemente typische Eigenschaften hinsichtlich der Geräuscherzeugung ermitteln, die deren Verhalten detaillierter beschreiben und die demzufolge auch einen genaueren Hinweis zur Lärmminderung gestatten. **Tafel 5.55** enthält eine Zusammenfassung von dominierenden Geräuschursachen und konstruktiven Richtlinien. Ausgewählte Normen und Richtlinien s. Tafel 5.56.

Tafel 5.55 Geräuschursachen typischer Bauelemente und Hinweise für lärmmindernde Maßnahmen

Zahnradgetriebe

Geräuschursachen:
- Reibgeräusch (breites Spektrum) durch Rauheit der Zahnflanken
- schwingungserregende Eingriffsstöße der Verzahnung
- starke Abhängigkeit des Geräusches von Drehzahl, Belastung, Schmierung, Achsauseinanderrückung, Übersetzung und Werkstoffpaarung [5.11]

Lärmmindernde Maßnahmen:
- niedrige Drehzahl und gleichmäßige Aufteilung der Übersetzung
- Verzahnungs- und Montageabweichungen klein halten
- Verwendung von Schmierstoffen hoher Viskosität
- Verringerung der Oberflächenrauheit der Zahnflanken, z. B. durch Schleifen, Polieren oder Einlaufläppen
- Verwendung von Werkstoffen mit hoher innerer Dämpfung (Hartgewebe, Polyamid o. ä.)
- Zahnkopfabrundung durch Kopfüberschneidverfahrern (bei Moduln $m < 1$ mm)
- Übergang zur Schrägverzahnung
- Ersatz der Zahnradgetriebe durch Zahnriemengetriebe [5.11] [5.90]

Koppelgetriebe

Geräuschursachen:
- Anregung von Schwingungen durch ungleichmäßige Bewegungsabläufe in Verbindung mit der Masse der Getriebeglieder
- Stöße durch Gelenkspiel

Lärmmindernde Maßnahmen:
- Vermeidung von Beschleunigungsspitzen im Bewegungsablauf
- Minimierung der freien Kräfte und Momente am Gestell durch günstige Massenverteilung
- spielarme bzw. spielfreie Ausführung der Gelenke (enge Passung oder elastische Bauweise [5.11])
- Einsatz von geeigneten Kunststoffen mit hoher innerer Dämpfung für Getriebeglieder und Gelenke

Kurvengetriebe

Geräuschursachen:
- Anregung niederfrequenter Schwingungen durch periodisches Abtasten der Kurve
- höherfrequente Schwingungen durch Bearbeitungsungenauigkeiten
- Stöße bei Nichteinhalten des Zwanglaufs

Lärmmindernde Maßnahmen:
- Verwendung von Bewegungsgesetzen, die bis einschließlich der dritten Ableitung stetig sind (z. B. Bestehorn-Sinoide)
- ausreichend starre Abtriebsglieder bei gleichzeitig geringer Masse
- geringe Welligkeit der Laufbahn
- Einsatz von Kunststoffen (Beachtung des Kaltfließens)

Wälzlager

Geräuschursachen:
- Schwingungen der Lagerteile infolge Fertigungs- und Einbauabweichungen, Verschmutzung und Verschleiß
- hauptsächlich Körperschallanregung der Umbauteile, kaum Luftschallabstrahlung
- Geräuschpegel steigt mit Drehzahl und Lagerdurchmesser

Lärmmindernde Maßnahmen:
- Einsatz geräuscharmer bzw. besonders geräuscharmer Lager
- Vermeidung von Verformungen beim Einbau durch geeignete Montagewerkzeuge
- richtige Passungsauswahl zur Minimierung der Lagerluft
- Schutz vor Verschmutzung
- Verwendung von Schmierstoffen hoher Viskosität
- Einbau elastischer Glieder zwischen Lager und Gestell
- Ersatz durch Gleitlager unter Beachtung der funktionellen Forderungen

Tafel 5.55 Fortsetzung

Kleinstmotoren und Lüfter
Geräuschursachen:
- magnetisch erzeuge Geräusche (Magnetostriktion in Blechpaketen und Wechselfelder im Luftspalt verursachen Schwingungen)
- mechanisch angeregte Geräusche durch Unwuchten, Lagerstellen und Bürsten
- aerodynamische Geräusche durch Nuten, Lüfterräder usw. als Wirbelschall, Dreh- und Sirenenklang

Lärmmindernde Maßnahmen:
- elastische Befestigung des Motors
- Verwendung elastischer Abtriebsglieder (z. B. Zahnriemengetriebe)
- Auswahl geräuscharmer Motoren (ohne Kollektor); Auswuchten
- Vermeidung der Wirbelbildung durch glatte Oberflächen [5.84] [5.89] [5.144]

Schlag- und stoßerregende Elemente, z. B. Anschläge, Gesperre, Schaltkupplungen
Geräuschursachen:
- funktionsbedingte Schläge (Stöße) bei Magnetsystemen, Gesperren, Schaltkupplungen, Tasten, Anschlägen usw.
- teilweise Umsetzung der Stoßenergie in Eigenschwingungen der Stoßpartner, Körperschallanregung; abhängig von Stoßgeschwindigkeit, Masse, Abmessungen der Elemente, innerer Dämpfung der Werkstoffe

Lärmmindernde Maßnahmen:
- Massen und Geschwindigkeiten klein halten
- Verwendung elastischer Werkstoffe mit großer innerer Dämpfung (Verschleiß beachten)
- Vermeidung von Prellvorgängen und Resonanzerscheinungen
- Erhöhung der mechanischen Impedanz an der Übergangsstelle zu den Umbauteilen durch Zusatzmassen oder Versteifung der Konstruktion
- Ersatz der mechanischen durch nichtmechanische, z. B. elektrische Funktionsprinzipe

Flächenhafte Bauelemente, z. B. Gehäuse, Abdeckbleche, großflächige Hebel, Hauben
Geräuschursachen:
- Luftschallabstrahlung infolge Körperschallanregung, abhängig von Einspannung und Eigenfrequenz (Abmessungen, Biegesteifigkeit, Masse)

Lärmmindernde Maßnahmen:
- Verlegung der Eigenfrequenzen außerhalb des Hörbereichs
- Druckausgleich zwischen beiden Seiten der schwingenden Teile durch Anbringen von Durchbrüchen (Lochbleche) mit einem Lochflächenanteil von mindestens 20 %
- Verwendung von Werkstoffen mit hoher innerer Dämpfung, z. B. Verbundblech
- Erhöhung der Randdämpfung durch günstigere Einspannung (z. B. Ersatz einer Schweißverbindung durch eine Schraubenverbindung) [5.11] [5.81]

5.9.4.8 Lärmminderung durch Schwingungsauslöschung (Antischall)

Das Antischallkonzept ist eine Variante der Lärmminderung, die für die Feinwerktechnik kaum Bedeutung hat. Sie soll hier jedoch erwähnt werden, da man in jüngerer Zeit verschiedentlich Realisierungsbeispiele veröffentlichte. Das Prinzip beruht auf der Interferenz zweier Schallwellen von gleicher Frequenz, gleicher Amplitude, gleicher Ausbreitungsrichtung, aber um 180° verschobenen Phasen. Man überlagert der ursprünglichen Schallwelle eine zweite, auf elektronischem Weg über Mikrofon oder Körperschallaufnehmer gewonnene und um 180° in der Phase gedrehte (Anti-)Schallwelle, die i. allg. von einem Lautsprecher abgestrahlt wird. Da aber normalerweise keine Punktquellen mit sinusförmiger Schwingung vorliegen, sondern räumliche Gebilde, deren Oberfläche Biegeschwingungen in unterschiedlichen Frequenzbereichen ausführt, und außerdem die künstliche Quelle immer an einem anderen Ort als die natürliche Quelle angebracht werden muß, läßt sich ein absolutes Auslöschen beider Schallwellen für alle Abstrahlungsrichtungen nicht erreichen. Es ist jedoch möglich, unter bestimmten Bedingungen Pegelminderung für definierte Raumrichtungen oder Aufpunkte herbeizuführen. Allerdings ist dazu meist ein erheblicher elektronischer Aufwand erforderlich (mehrere Mikrofone, Signalverarbeitung mit Mikroprozessor u. ä.). Deshalb wird auch künftig die Lärmminderung mittels Antischall nur auf wenige Spezialfälle beschränkt bleiben.

5.9.5 Systematisches Vorgehen bei der Lärmminderung [5.78]

Um die Aufgaben der Lärmminderung zielgerichtet zu bearbeiten, ist nicht nur die Kenntnis der Maßnahmen zum Senken des Schallpegels erforderlich, sondern diese sind auch zum richtigen Zeitpunkt anzuwenden bzw. sie sind zweckmäßig in den konstruktiven Entwicklungsprozeß einzuordnen. Deshalb werden im folgenden an Hand der einzelnen Phasen dieses Prozesses (s. Abschn. 2) das systematische Vorgehen bei der Verbindung von funktioneller und akustischer Dimensionierung erläutert und das zweckmäßige Anwenden von Regeln und Richtlinien diskutiert. Dabei erfolgt ein Unterteilen nach der Art der Aufgabenstellung, da eine Neuentwicklung sowohl eine andere Vorgehensweise erfordert und auch andere Möglichkeiten bietet als die Weiterentwicklung eines in seinen wesentlichen Parametern bereits festgelegten Produkts.

Weiterentwicklung von Produkten (Anpassungskonstruktion). Sie zielt in der Regel auf Verbesserung funktioneller, technologischer oder anderer Eigenschaften ab. Dabei müssen aus ökonomischen Gründen die Gesamtfunktion, das Verfahrensprinzip und vielfach auch die Funktionsstruktur weitgehend erhalten bleiben. Überarbeitet werden können also in erster Linie nur das technische Prinzip sowie der technische Entwurf. Dies führt letztlich zu einer geänderten Konstruktionsdokumentation. Dadurch sind die Möglichkeiten eingeschränkt, Regeln oder Richtlinien der Lärmminderung von vornherein zu berücksichtigen. Die erreichbare Pegelsenkung liegt meist nur bei maximal 5 dB, in Ausnahmefällen bei 10 dB. Ausgangspunkt für das Einbeziehen der Lärmminderung in die Überarbeitung sind das Ermitteln der Geräuschemission (Schalleistungspegel, ggf. Spektrum) des zu ändernden Gerätes (**Bild 5.95a**) und ihr Vergleich mit den Forderungen an das Nachfolgegerät. Liegen diese Forderungen wesentlich niedriger (10 dB und mehr) als der Istwert der Geräuschemission, dann lassen sie sich in der überwiegenden Zahl der Fälle allein durch konstruktive Veränderungen nicht erfüllen, sondern erfordern eine Neuentwicklung mit geändertem Verfahrensprinzip.

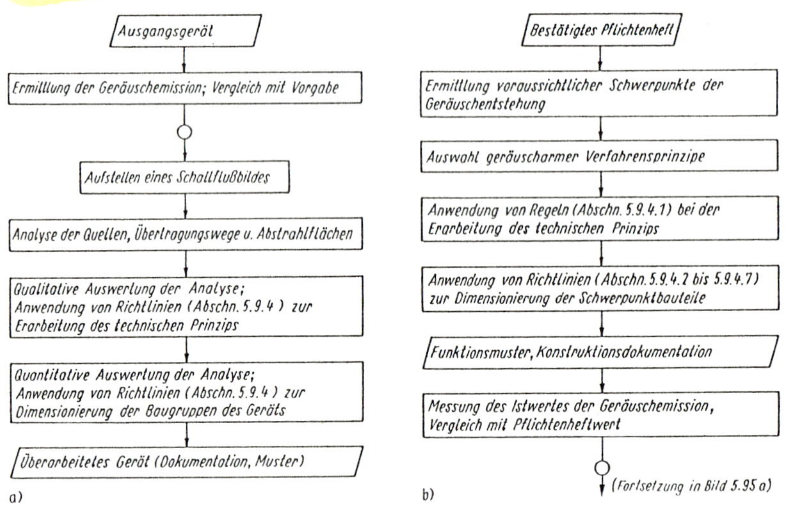

Bild 5.95 Algorithmus des Vorgehens zur Lärmminderung
a) bei Weiterentwicklung von Produkten (Anpassungskonstruktion); b) bei Neuentwicklungen

Neuentwicklungen. Um Vorgaben für die Geräuschemission einhalten zu können, ist ausgehend von einem lärmarmen Verfahrensprinzip von vornherein auf die akustisch optimale Gestaltung aller Bauelemente und Baugruppen zu orientieren und nach Bild 5.95b zu verfahren.

An dem als Ergebnis der konstruktiven Entwicklung entstandenen Funktionsmuster wird dann der Istwert der Geräuschemission bestimmt. Liegt dieser Wert unter Berücksichtigung des Unterschieds zwischen Musterbau und Serientechnologie und dessen Einfluß auf das Geräuschverhalten unter dem Sollwert, ist die Aufgabe erfüllt, wobei die entsprechenden Messungen am Fertigungsmuster und an Produkten der Nullserie zu wiederholen sind. Erfüllt bereits das Funktionsmuster die Anforderungen nicht, so ist nachfolgend wie bei einer Weiterentwicklung zu verfahren (weiter bei ⚲ im Bild 5.95b).

Eine Zusammenstellung ausgewählter Normen und Richtlinien zu Abschn. 5 enthält **Tafel 5.56**.

Tafel 5.56 Normen und Richtlinien zum Abschnitt 5

zu 5.1 Forderungen an den Geräteschutz

DIN-Normen

DIN 4844	Sicherheitskennzeichnung
DIN 31 000/VDE 1000	Begriffe der Sicherheitstechnik, Grundbegriffe
DIN 40053 T5	IP-Schutzarten; Prüfung des Wasserschutzes, Tropfwasserbrause
DIN EN 292	Sicherheit von Maschinen, Grundbegriffe, Allgemeine Gestaltungsgrundsätze
DIN EN 50102	Schutzarten durch Gehäuse für elektrische Betriebsmittel (Ausrüstung) gegen äußere mechanische Beanspruchungen (IK-Code)

Tafel 5.56 Fortsetzung 1

DIN EN 60529	Schutzarten durch Gehäuse (IP Code)
DIN EN 60601	Medizinische elektrische Geräte
DIN VDE 31000 T2	Allgemeine Leitsätze für das sicherheitsgerechte Gestalten technischer Erzeugnisse; Begriffe der Sicherheitstechnik; Grundbegriffe

Richtlinien

Gesetz über technische Arbeitsmittel (Gerätesicherheitsgesetz) in Form der Fassung der Bekanntmachung der Neufassung vom 23. Oktober 1992; BGBl. I S. 1793, zuletzt geändert durch das EWR-Ausführungsgesetz vom 27. April 1993, BGBl. I S.512

Erste Verordnung zum Gerätesicherheitsgesetz (Verordnung über das Inverkehrbringen elektrischer Betriebsmittel zur Verwendung innerhalb bestimmter Spannungsgrenzen – 1. GSGV) vom 1. Juni 1979, BGBl. I S. 629; in der Fassung der Änderung durch die Zweite Verordnung zur Änderung von Verordnungen zum Gerätesicherheitsgesetz vom 28.9.1995, BGBl. I S. 1213

zu 5.2 Klimaschutz

DIN-Normen

DIN 50010 T1	Klimate und ihre technische Anwendung; Klimabegriffe; Allgemeine Klimabegriffe
T2	-; -; Physikalische Begriffe
DIN 50011 T11	Klimate und ihre technische Anwendung; Klimaprüfeinrichtungen; Allgemeine Begriffe und Anforderungen
T12	-; -; Klimagröße; Lufttemperatur
T13	-; -; Klimagrößen: Luftfeuchte und Lufttemperatur
DIN 50013	Klimate und ihre technische Anwendung; Vorzugstemperaturen
DIN 50014	Klimate und ihre technische Anwendung; Normalklimate
DIN 50015	Klimate und ihre technische Anwendung; Konstante Prüfklimate
DIN 50019 T1	Klimate und ihre technische Anwendung; Technoklimate; Kennzeichnung und kartographische Darstellung der Freiluftklimate
T3	-; -; Statistische Klimamodelle
T3, Beibl. 1	-; -; Geographische Übersicht zu den Statistischen Freiluft-Klimamodellen
DIN 50900 T1	Korrosion der Metalle; Begriffe; Allgemeine Begriffe
T2	-; -; Elektrochemische Begriffe
T3	-; -; Begriffe der Korrosionsuntersuchung
DIN 50902	Schichten für den Korrosionsschutz von Metallen; Begriffe, Verfahren und Oberflächenvorbereitung
DIN 50959	Galvanische Überzüge; Hinweise auf das Korrosionsverhalten galvanischer Überzüge auf Eisenwerkstoffen unter verschiedenen Klimabeanspruchungen
DIN 50967	Galvanische Überzüge; Nickel-Chrom-Überzüge und Kupfer-Nickel-Chrom-Überzüge
DIN 50976	Korrosionsschutz; Feuerverzinken von Einzelteilen (Stückverzinken); Anforderungen und Prüfung
DIN EN 1029	Feuerverzinken von Einzelteilen (Stückverzinken); Anforderungen und Prüfungen
DIN EN 1403	Korrosionsschutz von Metallen; Galvanische Überzüge; Verfahren für die Spezifizierung allgemeiner Anforderungen
DIN EN 12329	Korrosionsschutz von Metallen; Galvanische Zinküberzüge auf Eisenwerkstoffen
DIN EN 12330	Korrosionsschutz von Metallen; Galvanische Cadmiumüberzüge auf Eisenwerkstoffen
DIN EN 12473	Allgemeine Grundsätze des kathodischen Korrosionsschutzes in Meerwasser
DIN EN 12487	Korrosionsschutz von Metallen; Gespülte und nicht gespülte Chromatierüberzüge auf Aluminium und Aluminiumlegierungen
DIN EN 12500	Korrosionsschutz metallischer Werkstoffe; Korrosionswahrscheinlichkeit in einer atmosphärischen Umgebung; Einteilung, Bestimmung und Abschätzung der Korrosivität der atmosphärischen Umgebung
DIN EN 12508	Korrosionsschutz von Metallen; Oberflächenbehandlung, metallische und andere anorganische Überzüge, Galvanotechnik und verwandte Verfahren; Klassifizierung der Benennungen, Wörterverzeichnis der Benennungen und Definitionen
DIN EN 12540	Korrosionsschutz von Metallen; Galvanische Nickel-Überzüge und Nickel-Chrom-Überzüge, Kupfer-Nickel-Überzüge und Kupfer-Nickel-Chrom-Überzüge
DIN EN ISO 14713	Schutz von Eisen- und Stahlkonstruktionen vor Korrosion; Metallische Überzüge; Leitfäden

Tafel 5.56 Fortsetzung 2

zu 5.3 Schutz gegen gefährliche Körperströme

DIN-Normen

DIN EN 60065	Sicherheitsbestimmungen für netzbetriebene elektronische Geräte und deren Zubehör für den Hausgebrauch und ähnliche allgemeine Anwendung
DIN EN 60950	Sicherheit von Einrichtungen der Informationstechnik
DIN EN 61010 T1	Sicherheitsbestimmungen für elektrische Meß-, Steuer-, Regel- und Laborgeräte; Allgemeine Anforderungen
DIN VDE 0100 T410	Errichten von Starkstromanlagen mit Nennspannungen bis 1000 V; Schutzmaßnahmen; Schutz gegen elektrischen Schlag
T540	-; Auswahl und Errichtung elektrischer Betriebsmittel; Erdung, Schutzleiter, Potentialausgleichsleiter
DIN VDE 0106 T1	Schutz gegen elektrischen Schlag; Klassifizierung von elektrischen und elektronischen Betriebsmitteln (VDE-Bestimmung)
DIN VDE 31000 T2	Allgemeine Leitsätze für das sicherheitsgerechte Gestalten technischer Erzeugnisse; Begriffe der Sicherheitstechnik; Grundbegriffe

zu 5.4 Schutz gegen thermische Belastungen

DIN-Normen

DIN 1341	Wärmeübertragung; Begriffe, Kenngrößen
DIN 1345	Thermodynamik; Grundbegriffe
DIN 41751	Stromrichter; Halbleiter-Stromrichtersätze und -Stromrichtergeräte, Kühlarten
DIN 17615 T1	Präzisionsprofile aus AlMgSi0,5; Technische Lieferbedingungen
T2	-; Konstruktionsgrundlagen
T3	-; Toleranzen
DIN EN 60065	Sicherheitsbestimmungen für netzbetriebene elektronische Geräte und deren Zubehör für den Hausgebrauch und ähnliche allgemeine Anwendung
DIN EN 60751	Industrielle Platin-Widerstandsthermometer und Platin-Meßwiderstände
DIN EN 60950	Sicherheit von Einrichtungen der Informationstechnik
DIN EN 61010 T1	Sicherheitsbestimmungen für elektrische Meß-, Steuer-, Regel- und Laborgeräte; Allgemeine Anforderungen
DIN EN ISO 9251	Wärmeschutz; Zustände der Wärmeübertragung und Stoffeigenschaften, Begriffe
DIN EN ISO 9288	-; Wärmeübertragung durch Strahlung; Physikalische Größen und Definitionen
DIN EN ISO 9346	-; Stofftransport; Physikalische Größen und Definitionen
DIN VDE 0100 T420	Errichten von Starkstromanlagen mit Nennspannungen bis 1000 V; Schutzmaßnahmen; Schutz gegen thermische Einflüsse

zu 5.5 Schutz gegen elektromagnetische Beeinflussungen (EMV)

DIN-Normen

DIN EN 50081 T1	Elektromagnetische Verträglichkeit (EMV); Fachgrundnorm Störaussendung; Wohnbereich, Geschäfts- und Gewerbebereich sowie Kleinbetriebe
T2	-; -; Industriebereich
DIN EN 50082 T1	Elektromagnetische Verträglichkeit (EMV); Fachgrundnorm Störfestigkeit; Wohnbereich, Geschäfts- und Gewerbebereich sowie Kleinbetriebe
T2	-; -; Industriebereich
DIN EN 55011	Grenzwerte und Meßverfahren für Funkentstörung von industriellen, wissenschaftlichen und medizinischen Hochfrequenzgeräten (ISM-Geräten)
DIN EN 55014 T1	Elektromagnetische Verträglichkeit; Anforderungen an Haushaltsgeräte, Elektrowerkzeuge und ähnliche Elektrogeräte; Störaussendung - Produktfamiliennorm
T2	-; -; Störfestigkeit - Produktfamiliennorm
DIN EN 55015	Funk-Entstörung von elektrischen Betriebsmitteln und Anlagen; Grenzwerte und Meßverfahren für Funkstörungen von elektrischen Beleuchtungseinrichtungen und ähnlichen Elektrogeräten
DIN EN 55020	Störfestigkeit von Rundfunkempfängern und verwandten Geräten der Unterhaltungselektronik
DIN EN 55022	Grenzwerte und Meßverfahren für Funkstörungen von Einrichtungen der Informationstechnik
DIN EN 55024	Einrichtungen der Informationstechnik; Störfestigkeitseigenschaften, Grenzwerte und Prüfverfahren

Tafel 5.56 Fortsetzung 3

DIN EN 60601 T1	Medizinische elektrische Geräte; Allgemeine Festlegungen für die Sicherheit; 2. Ergänzungsnorm; Elektromagnetische Verträglichkeit; Anforderungen und Prüfungen
DIN EN 60945	Navigationsgeräte für die Seeschiffahrt, Allgemeine Anforderungen; Prüfverfahren und geforderte Prüfergebnisse
DIN EN 61000 T3	Elektromagnetische Verträglichkeit (EMV); Grenzwerte; Abschnitt 2: Grenzwerte für Oberschwingungsströme (Geräte-Eingangsstrom < 16A je Leiter)
T4	-; Prüf- und Meßverfahren; EMV-Grundnorm; Hauptabschnitt 2: Prüfung der Störfestigkeit gegen die Entladung statischer Elektrizität; Hauptabschnitt 3: Prüfung der Störfestigkeit gegen hochfrequente elektromagnetische Felder; Hauptabschnitt 8: Prüfung der Störfestigkeit gegen Magnetfelder mit energietechnischen Frequenzen; EMV-Grundnorm
DIN EN 61131 T2	Speicherprogrammierbare Steuerungen; Betriebsmittelanforderungen und Prüfungen
DIN EN 61547	Einrichtungen für allgemeine Beleuchtungszwecke; EMV-Störfestigkeitsanforderungen
DIN ETS 300329	Funkgeräte und -systeme (RES); Elektromagnetische Verträglichkeit (EMV) für digitale, verbesserte schnurlose Telekommunikationsgeräte (DECT)
DIN ETS 300446	Funkgeräte und -systeme (RES); Elektromagnetischer Verträglichkeitsstandard (EMV) fürschnurlose Telefone (CT2) zweiter Generation, die im Frequenzband 864,1 MHz bis 868,1 MHz, einschließlich öffentlicher Zugriffsservices, arbeiten
DIN ETS 300680 T2	Funkgeräte und -systeme (RES); Elektromagnetischer Verträglichkeitsstandard (EMV) für CB-Funk- und Zusatzgeräte (Sprach- und / oder Nichtsprachfunk); (DSB) Zweiseitenband und / oder (SSB) Einseitenband
DIN ETS 300684	Funkgeräte und -systeme (RES); Elektromagnetischer Verträglichkeitsstandard (EMV) für kommerziell lieferbare Amateurfunkgeräte
DIN ETS 300386 T1	Geräteentwicklung (EE); Einrichtungen des Telekommunikationsnetzes; Anforderungen zur Elektromagnetischen Verträglichkeit (EMV); Produktfamilienübersicht, Bewertungskritierien und Prüfstörgrößen
T2	-; -; Produktfamilienstandard
DIN VDE 0660 T100	Niederspannungs-Schaltgeräte; Allgemeine Festlegungen
DIN VDE 0878 T200	Elektromagnetische Verträglichkeit von Einrichtungen der Informationsverarbeitungs- und Telekommunikationstechnik; Störfestigkeit von analogen Teilnehmereinrichtungen
DIN VDE 0878 T240	-; Störfestigkeit von Einrichtungen der Informationsverarbeitungstechnik
DIN V ENV 50204	Prüfung der Störfestigkeit gegen hochfrequente elektromagnetische Felder von digitalen Funktelefonen
EN 50091 T2	Unterbrechungsfreie Stromversorgung (USV); EMV Anforderungen
EN 50227	Steuergeräte und Schaltelemente - Näherungssensoren - Gleichstromschnittstelle für Näherungssensoren und Schaltverstärker (NAMUR)
EN 55013	Grenzwerte und Meßverfahren für die Funkstöreigenschaften von Rundfunkempfängern und verwandten Geräten der Unterhaltungselektronik
EN 55103 T1	Elektromagnetische Verträglichkeit; Produktfamiliennorm für Audio-, Video- und audiovisuelle Einrichtungen sowie für Studio-Lichtsteuereinrichtungen für den professionellen Einsatz; Störaussendungen
T2	-; Störfestigkeit
EN 60118 T13	Hörgeräte; Elektromagnetische Verträglichkeit (EMV)
EN 60439 T1	Niederspannungs-Schaltgerätekombinationen; Typgeprüfte und partiell typgeprüfte Kombinationen
EN 60669 T2	Schalter für Haushalt und ähnliche ortsfeste elektrische Installationen; Besondere Anforderungen; Hauptabschnitt 1: Elektronische Schalter; Hauptabschnitt 2: Fernschalter; Hauptabschnitt 3: Zeitschalter
EN 60730 T1	Automatische elektrische Regel- und Steuergeräte für den Hausgebrauch und ähnliche Anwendungen; Allgemeine Anforderungen
EN 61800 T3	Drehzahlveränderbare elektrische Antriebe; EMV-Produktnorm einschließlich spezieller Prüfverfahren
ENV 50204	Abgestrahlte elektromagnetische Felder von Digital-Funktelefonen, Funkstörfestigkeitsprüfung
VG 95370 T1	Elektromagnetische Verträglichkeit; Elektromagnetische Verträglichkeit von und in Systemen; Grundlagen
VG 95373 T1	Elektromagnetische Verträglichkeit; Elektromagnetische Verträglichkeit von Geräten; Grundlagen

Tafel 5.56 Fortsetzung 4

Richtlinien

Richtlinie des Rates vom 3. Mai 1989 zur Angleichung der Rechtsvorschriften der Mitgliedsstaaten über die elektromagnetische Verträglichkeit (89/336/-EWG); Brüssel: Amtsblatt der Europäischen Gemeinschaft Nr. L 139/19 vom 23.05.1989
Gesetz über die elektromagnetische Verträglichkeit von Geräten (EMVG) vom 09. 11. 1992 und erstes Gesetz zur Änderung (1. EMV GÄndG) vom 30. 08. 1995
Gesetz über die elektromagnetische Verräglichkeit von Geräten (EMVG) vom 18. 09. 1998 (Neufassung)

zu 5.6 Thermisch- und EMV-gerechte Konstruktion

DIN-Normen

DIN 40053 T5	IP-Schutzarten; Prüfung des Wasserschutzes, Tropfwasserbrause
DIN EN 292	Sicherheit von Maschinen, Grundbegriffe, Allgemeine Gestaltungsgrundsätze
DIN EN 50102	Schutzarten durch Gehäuse für elektrische Betriebsmittel (Ausrüstung) gegen äußere mechanische Beanspruchungen (IK-Code)
DIN EN 60065	Sicherheitsbestimmungen für netzbetriebene elektronische Geräte und deren Zubehör für den Hausgebrauch und ähnliche allgemeine Anwendung
DIN EN 60950	Sicherheit von Einrichtungen der Informationstechnik
DIN EN 61000 T3	Elektromagnetische Verträglichkeit (EMV); Grenzwerte; Abschnitt 2: Grenzwerte für Oberschwingungsströme (Geräte-Eingangsstrom < 16A je Leiter)
T4	-; Prüf- und Meßverfahren; EMV-Grundnorm; Hauptabschnitt 2: Prüfung der Störfestigkeit gegen die Entladung statischer Elektrizität; Hauptabschnitt 3: Prüfung der Störfestigkeit gegen hochfrequente elektromagnetische Felder; Hauptabschnitt 8: Prüfung der Störfestigkeit gegen Magnetfelder mit energietechnischen Frequenzen; EMV-Grundnorm
DIN EN 61010 T1	Sicherheitsbestimmungen für elektrische Meß-, Steuer-, Regel- und Laborgeräte; Allgemeine Anforderungen
DIN VDE 0100 T410	Errichten von Starkstromanlagen mit Nennspannungen bis 1000 V; Schutzmaßnahmen, Schutz gegen elektrischen Schlag

zu 5.7 Schutz gegen Feuchte

DIN-Normen

DIN 40040	Anwendungsklassen und Zuverlässigkeitsangaben für Bauelemente der Nachrichtentechnik und Elektronik
DIN 40046 T22 bis T25	Umweltprüfungen für die Elektrotechnik; Prüfgruppe F, Prüfung Fd: Schwingen, rauschförmig (Breitband), Allgemeine Anforderungen
DIN 50008 bis 50021	Klimate und ihre technische Anwendung
DIN 50035 T1	Begriffe auf dem Gebiet der Alterung von Materialien; Grundbegriffe
T2	Polymere Werkstoffe
DIN 53495 T1	Prüfung von Kunststoffen; Bestimmung der Wasseraufnahme
DIN IEC 654 T1 bis T3	Einsatzbedingungen für Meß-, Steuer- und Regeleinrichtungen in der industriellen Prozeßtechnik; Lufttemperatur, Luftfeuchte und Luftdruck

Richtlinien

VDE 0303 T7	VDE-Bestimmung für elektrische Prüfungen von Isolierstoffen; Verhalten unter Einwirkung von Oberflächen-Glimmentladungen
VDI 01946	*h, x*-Diagramm für feuchte Luft: Gesamtdruck 1013 mbar, Temperaturbereich -18°C bis +40°C
VG MIL-STD 810 D T0	Widerstandsfähigkeit von Wehrmaterial gegen Umwelteinflüsse; Prüfungen und Technische Richtlinien; Allgemeine Erläuterungen

zu 5.8 Schutz gegen mechanische Beanspruchungen

DIN-Normen

DIN 1311 T1 bis T4	Schwingungslehre
DIN 40046 T22 bis T25	Umweltprüfungen für die Elektrotechnik; Prüfgruppe F, Prüfung Fd: Schwingen, rauschförmig (Breitband), Allgemeine Anforderungen
DIN 41640 T1	Meß- und Prüfverfahren für elektrisch-mechanische Bauelemente; Allgemeines
T12	-; Prüfung 6a: Gleichförmiges Beschleunigen, zentrifugal
T13	-; Prüfung 6b: Dauerschocken

Tafel 5.56 Fortsetzung 5

T14	-; Prüfung 6c: Schocken (Einzel-Stöße)
T15	-; Prüfung 6d: Schwingen, sinusförmig
DIN 45661	Schwingungsmeßgeräte; Begriffe, Kenngrößen, Störgrößen
DIN 45662	Eigenschaften von Schwingungsmeßgeräten; Angaben in Typenblättern
DIN 45664	Ankopplung von Schwingungsmeßgeräten und Überprüfung auf Störeinflüsse
DIN 45666	Schwingstärkemeßgerät; Anforderungen
DIN 45667	Klassierverfahren für das Erfassen regelloser Schwingungen
DIN 45668	Ankopplung für Schwingungsaufnehmer zur Überwachung von Großmaschinen
DIN 45669 T1 bis T3	Messung von Schwingungsimmissionen
DIN 45671 T1, T2	Messung mechanischer Schwingungen am Arbeitsplatz; Schwingungsmesser, Meßverfahren
DIN 45675 T1	Einwirkung mechanischer Schwingungen auf das Hand-Arm-System; Allgemeine Festlegungen für die Messung
DIN 57530/VDE 0530 T1	Umlaufende elektrische Maschinen: Nennbetrieb und Kenndaten, Geräuschgrenzwerte
Richtlinien	
VDI 2056	Beurteilungsmaßstäbe für mechanische Schwingungen von Maschinen
VDI 2057	Einwirkung mechanischer Schwingungen auf den Menschen; Bl.1: Grundlagen, Gliederung, Begriffe; Bl.2: Bewertung; Bl.3: Beurteilung
VDI 2060	Beurteilungsmaßstäbe für den Auswuchtzustand rotierender starrer Körper
VDI 2062	Schwingungsisolierung; Bl.1: Begriffe und Methoden; Bl.2: Isolierelemente
VDI 3831	Schutzmaßnahmen gegen die Einwirkung mechanischer Schwingungen auf den Menschen; Allgemeine Schutzmaßnahmen, Beispiele
VDI 3840	Schwingungen von Wellensträngen; Erforderliche Berechnungen
zu 5.9 Lärmminderung	
DIN-Normen	
DIN IEC 651	Schallpegelmesser
DIN IEC 942	Schallkalibratoren
DIN EN 23741	Akustik; Ermittlung der Schalleistungspegel von Geräuschquellen, Hallraumverfahren der Genauigkeitsklasse 1
DIN EN 27779	Akustik; Geräuschmessungen an Maschinen, Luftschallemission, Hüllflächen- und Hallraum-Verfahren; Geräte der Büro- und Informationstechnik
DIN 1318	Lautstärkepegel; Begriffe, Meßverfahren
DIN 1320, 1332	Akustik; Grundbegriffe, Formelzeichen
DIN 45401	Akustik, Elektroakustik; Normfrequenzen für Messungen
DIN 45620	Audiometer; Begriffe, Anforderungen, Prüfung
DIN 45630	Grundlagen der Schallmessung; physikalische und subjektive Größen von Schall sowie Normalkurven gleicher Lautstärkepegel
DIN 45635	Geräuschmessung an Maschinen; Luftschallemission, Hüllflächen-Verfahren; Körperschallmessung; Luftschallmessung für Elektrische Geräte, Hausgeräte usw.
DIN 45641	Mittelung von Schallpegeln
DIN 45645	Einheitliche Ermittlung des Beurteilungspegels für Geräuschimmissionen und Geräuschimmission am Arbeitsplatz
DIN 45651	Oktavfilter für elektroakustische Messungen
DIN 45652	Terzfilter für elektroakustische Messungen
DIN 45661	Schwingungsmeßgeräte; Begriffe, Kenngrößen, Störgrößen
DIN 45664	Ankopplung von Schwingungsmeßgeräten und Überprüfung auf Störeinflüsse
DIN 45671	Messung mechanischer Schwingungen am Arbeitsplatz
IEC 225	Oktaven-, Halb- oder Drittеloktaven-Bandfilter für Analyse von Schall und Schwingungen
Richtlinien	
VDI 2058	Bl. 1: Beurteilung von Arbeitslärm in der Nachbarschaft; Bl. 2: Beurteilung von Lärm hinsichtlich Gehörgefährdung; Bl. 3: Beurteilung von Lärm am Arbeitsplatz unter Berücksichtigung unterschiedlicher Tätigkeiten
VDI 2711	Schallschutz durch Kapselung
VDI 3720	Lärmarm konstruieren; Bl. 1: Allgemeine Grundlagen; Bl. 2: Beispielsammlung; Bl. 3: Systematisches Vorgehen; Bl. 4: Rotierende Bauteile und deren Lagerung; Bl. 5: Hydrokomponenten und -systeme

Tafel 5.56 Fortsetzung 6

VDI 3727	Schallschutz durch Körperschalldämpfung; Bl. 1: Physikalische Grundlagen und Abschätzverfahren; Bl. 2: Anwendungshinweise
VDI 3737 bis 3757	Emissionskennwerte technischer Schallquellen; Elektrische Geräte für den Hausgebrauch, Transformatoren, Büromaschinen, Elektrowerkzeuge usw.
VDI 3760	Berechnung und Messung der Schallausbreitung in Arbeitsräumen

(s. auch VDI-Handbuch Lärmminderung mit 111 VDI-Richtlinien)

Literatur zum Abschnitt 5

Bücher, Dissertationen

[5.1] CE-Kennzeichnung und GS-Zeichen. Hrsg. Hauptverband der gewerblichen Berufsgenossenschaften. 3. Aufl. Sankt Augustin: HVBG 1998.

[5.2] *Janiszewski, J.*: Gerätesicherheitsrecht - Kommentar und Abdruck des Gerätesicherheitsgesetzes (GSG) mit Rechtsverordnungen und EG-Richtlinien. Berlin: Beuth Verlag 1997.

[5.3] *Klein, M.; Krieg, K. G.*: Einführung in die DIN-Normen. Hrsg. vom DIN, Deutsches Institut für Normung e.V. Stuttgart, Leipzig: Verlag Teubner 1997.

[5.4] *Kohling, A.*: CE-Konformitätskennzeichnung - EMV-Richtlinie und EMV-Gesetz. 3. Aufl. Erlangen: Publicis-MCD-Verlag 1996.

[5.5] *Horstkotte, J.*: CE-Kennzeichnung nach EMV- und Niederspannungsrichtlinie - Der CE-Ratgeber für Kennzeichnungspflichtige. 2. Aufl. Feldkirchen: Franzis Verlag 1996.

[5.6] Elektrotechnische Sicherheitsnormen für Ämter, Behörden, Bauschaffende und Sicherheitskräfte. DIN-VDE Taschenbuch 510. 3. Aufl. Berlin, Offenbach: VDE-Verlag und Berlin, Wien, Zürich: Beuth Verlag 1995.

[5.7] *Vogt, D.*: Potentialausgleich, Fundamentalerder, Korrosionsgefährdung - DIN VDE 0100, DIN 18014 und viele mehr. 4. Aufl. Berlin, Offenbach: VDE-Verlag 1996.

[5.8] Korrosion und Korrosionsschutz. - DIN-Taschenbuch 219. 2. Aufl. Berlin: Beuth Verlag 1995.

[5.9] *Baumann, K.*: Korrosionsschutz für Metalle. 2. Aufl. Leipzig, Stuttgart: Deutscher Verlag für Grundstoffindustrie 1993.

[5.10] *Krause, W.*: Fertigung in der Feinwerk- und Mikrotechnik - Verfahren, Werkstoffe, Gestaltung. München, Wien: Carl Hanser Verlag 1996.

[5.11] *Krause, W.*: Konstruktionselemente der Feinmechanik. 2. Aufl. München, Wien: Carl Hanser Verlag 1993.

[5.12] *Kannengiesser, L.*: Korrosionsschutz - Geschichte, Technik, Ökonomie. Berlin: Verlag Die Wirtschaft 1989.

[5.13] *Jostan, J. L.; Mussinger, W.; Bogenschütz, A.*: Korrosionsschutz in der Elektronik - Galvanische Schutzschichten und ihre Eigenschaften. Saulgau/Württ.: Leuze Verlag 1986.

[5.14] *Kiefer, G.*: VDE 0100 und die Praxis - Wegweiser für Anfänger und Profis. 8. Aufl. Berlin, Offenbach: VDE-Verlag 1997.

[5.15] *Reichl, H.*: Direktmontage - Handbuch über die Verarbeitung ungehäuster ICs. Springer-Verlag: Berlin, Heidelberg 1998.

[5.16] *Sergent, J. E. ; Krum, A.*: Thermal management handbook for electronic assemblies. New York: McGraw Hill 1998.

[5.17] *Remsburg, R.*: Advanced thermal design of electronic equipment. New York: Chapman & Hall 1997.

[5.18] *Scheel, W.*: Baugruppentechnologie der Elektronik. Berlin: Verlag Technik und Saulgau/Württ.: Leuze Verlag 1997.

[5.19] VDI-Wärmeatlas: Berechnungsblätter für den Wärmeübergang. 8. Aufl. Berlin, Heidelberg: Springer-Verlag 1997.

[5.20] *Bonfig, K. W.*: Temperatursensoren - Prinzipien und Applikationen. Renningen-Malmsheim: expert-verlag 1995.

[5.21] *Richter, W.*: Elektrische Meßtechnik - Grundlagen. 3. Aufl. Berlin: Verlag Technik 1994.

[5.22] *Elsner, N.; Fischer, S.; Huhn, J.*: Wärmeübertragung. Bd. 2. Grundlagen der technischen Thermodynamik. 8. Aufl. Berlin: Akademie Verlag 1993.

[5.23] *Wagner, W.*: Wärmeübertragung - Grundlagen. 4. Aufl. Würzburg: Vogel Verlag 1993.

[5.24] *Pecht, M.*: Handbook of electronic package design. New York: Marcel Dekker 1991.

[5.25] *Wutz, M.*: Wärmeabfuhr in der Elektronik. Braunschweig: Vieweg Verlagsgesellschaft 1991.

[5.26] *Neumann, H.; Stecker, K.*: Temperaturmessung. 2. Aufl. Berlin: Akademie-Verlag 1987.

[5.27] *Zienkiewicz, O. C.*: Methode der finiten Elemente. 2. Aufl. Leipzig: Fachbuchverlag 1987.

[5.28] *Kraus, A. D.; Bar-Cohen, A:* Thermal analyse and control of electronic equipment. New York: McGraw Hill 1983.

[5.29] *Walther, L.*: Infrarotmeßtechnik. 2. Aufl. Berlin: Verlag Technik 1983.

[5.30] *Brümmer, H.:* Elektronische Gerätetechnik - Systematische Entwicklung und Konstruktion. Würzburg: Vogel Verlag 1980.

[5.31] *Dulnjev, G. N.; Tarnovski, N. N.:* Teplovye rezimy elektronnoj apparatury. Leningrad: Energija 1971.

[5.32] *Michejew, M. A.:* Grundlagen der Wärmeübertragung. 3. Aufl. Berlin: Verlag Technik 1968.

[5.33] *Heinrich, P.:* Indirekte Flüssigkeitskühlung von elektronischen Bauelementen. Diss. TU Dresden 1992.

[5.34] *Witte I.:* Die Berücksichtigung des thermischen Verhaltens automatisierter technologischer Ausrüstungen der Elektronikmontage im rechnergestützten Entwurf. Habilitationsschrift TU Dresden 1989.

[5.35] *Kühn, H.:* Untersuchungen zur Wärmeabführung aus Kompaktbaugruppen der Elektronik unter Nutzung eines Finite-Elemente-Programms. Diss. TU Dresden 1988.

[5.36] *Hielscher, G.:* Thermische Dimensionierung von Montagebaugruppen der Mikroelektronik. Diss. TU Dresden 1985.

[5.37] *Link, R.:* Analyse numerischer Verfahren zur Berechnung von instationären Temperaturfeldern in festen Körpern. Diss. TU Dresden 1982.

[5.38] *Markert, C.:* Erwärmungsprobleme in elektronischen Geräten und ihre konstruktive Berücksichtigung. Diss. TU Dresden 1965.

[5.39] *Habiger, E.:* Elektromagnetische Verträglichkeit - Grundzüge ihrer Sicherstellung in der Geräte- und Anlagentechnik. 3. Aufl. Heidelberg: Dr. Alfred Hüthig Verlag 1998.

[5.40] *Habiger, E.:* Metallisieren von Kunststoffgehäusen unter EMV-, Umwelt- und Recyclingaspekten - Ansätze für eine funktions-, kosten- und umweltoptimierte Entwicklung schirmungsaktiver Kunststoffgehäuse. Saulgau/Württ.: Leuze Verlag 1998.

[5.41] *Haag, V.:* EDV-gerechtes Gehäusedesign. Berlin, Offenbach: VDE-Verlag 1998.

[5.42] *Leute, U.:* Kunststoffe und EMV - Elektromagnetische Verträglichkeit mit leitfähigen Kunststoffen. München, Wien: Carl Hanser Verlag 1997.

[5.43] *Jeromin, G.:* Elektromagnetische Verträglichkeit von Geräten - Ein Wegweiser durch die europäischen und deutschen gesetzlichen Regelungen. Köln: Bundesanzeiger 1996.

[5.44] *Schwab, A. J.:* Elektromagnetische Verträglichkeit. 4. Aufl. Berlin: Springer-Verlag 1996.

[5.45] *Chatterton, P.A.; Houlden, M.A.:* EMC - electromagnetic theory to practical design. Repr. Chichester [u.a.]: John Wiley & Sons 1998.

[5.46] *Durcansky, G.:* EMV-gerechtes Gerätedesign - Grundlagen der Gestaltung störungsarmer Elektronik. 4. Aufl. Poing: Franzis Verlag 1995.

[5.47] *Habiger, E.:* Handbuch elektromagnetische Verträglichkeit - Grundlagen, Maßnahmen, Systemgestaltung. 2. Aufl. Berlin, München: Verlag Technik 1992.

[5.48] *Philippow, E.:* Taschenbuch Elektrotechnik. Bd. 1: Allgemeine Grundlagen. 3. Aufl. München, Wien: Carl Hanser Verlag 1986.

[5.49] *Stoll, D.:* EMC - Elektromagnetische Verträglichkeit. Berlin: Elitera-Verlag 1976.

[5.50] *Philippow, E.:* Taschenbuch Elektrotechnik, Bd. 3: Bauelemente und Bausteine der Informationstechnik. Berlin: Verlag Technik 1980.

[5.51] *Berliner, M. A.:* Feuchtemessung. Berlin: Verlag Technik 1980.

[5.52] *Hanke, H.-J.; Fabian, H.:* Technologie elektronischer Baugruppen. 3. Aufl. Berlin: Verlag Technik 1982.

[5.53] *Schreiber, A.:* Ein Beitrag zur Korrelation der Zeit bis zum Ausfall unter Betriebsbedingungen bei Feuchteeinfluß. Diss. TH Ilmenau 1983.

[5.54] *Matthäi, G.:* Der Einfluß physikalischer und chemischer Eigenschaften von Epoxidharzplastmaterial auf die Zuverlässigkeit bipolarer Transistoren. Diss. TH Ilmenau 1988.

[5.55] *Fleischmann, R.:* Einführung in die Physik. 2. Aufl. Weinheim: Physik-Verlag 1980.

[5.56] *Nikolova, R.:* Ein Beitrag zur Feuchteaufnahme von Plastwerkstoffen, die als Verkappungsmaterialien in der Elektrotechnik und Elektronik Anwendung finden. Diss. TH Ilmenau 1980.

[5.57] *Heinze, D.:* Theoretische Grundlagen und Meßverfahren der Gasfeuchtemeßtechnik. Habilitationsschrift TH Ilmenau 1980.

[5.58] *Sonntag, D.; Heinze, D.:* Sättigungsdampfdruck- und Sättigungsdampfdichtetafeln für Wasser und Eis. Leipzig: Deutscher Verlag für Grundstoffindustrie 1982 (dt., engl., russ.).

[5.59] ADAMS®; Version 9.0. Marburg: Mechanical Dynamics GmbH 1998.

[5.60] ALASKA® 2.3; Benutzerhandbuch. Chemnitz: Institut für Mechatronik e.V. 1995.

[5.61] Programmsystem NEWEUL®'92, Anleitung AN-32. Stuttgart: Universität, Lehrstuhl B für Mechanik 1993.

[5.62] SIMPACK® 7. Wessling: intech-Ing.-Gesellschaft für neue Technologien GmbH 1998.

[5.63] ANSYS® V. 5.4. München: CAD-FEM GmbH 1997.

[5.64] NASTRAN® Vers. 70. Los Angeles: Mac Neal Schwendler Corporation 1998.

[5.65] COSAR® 6.01. Magdeburg: FEMCOS-Ingenieurbüro mbH 1998.

[5.66] PATRAN 3®. Costa Mesa: PDA Engineering 1994.

[5.67] *Zimmermann, K.:* Übungsaufgaben Technische Mechanik. Leipzig, Köln: Fachbuchverlag 1994.

[5.68] *Holzweißig, F.; Dresig, H.:* Lehrbuch der Maschinendynamik. Leipzig, Köln: Fachbuchverlag 1992.

[5.69] *Dossing, O.*: Strukturen prüfen. Mechanische Beweglichkeits-Messungen (Teil 1), Modalanalyse und Simulation (Teil 2). Kopenhagen: Brüel&Kjaer 1989.
[5.70] *Natke, H.G.*: Einführung in die Theorie und Praxis der Zeitreihen- und Modalanalyse. Braunschweig, Wiesbaden: Friedrich Vieweg & Sohn Verlagsgesellschaft mbH 1992.
[5.71] *Schwarz, P.G.*: Identifikation mechanischer Mehrkörpersysteme. VDI-Fortschr.-Berichte, Reihe 8, Nr. 30, 1980.
[5.72] *Grabow, J.*: Parameteridentifikation von MKS durch Zeitreihenanalyse. Diss. TU Ilmenau 1994.
[5.73] *Zaveri, K.*: Modal Analysis of large Structures - Multiple Exciter Systems. Kopenhagen: Brüel&Kjaer, BT 0001-12.
[5.74] *Gahlau, H.; u. a.*: Geräuschminderung durch Werkstoffe und Systeme. Sindelfingen: expert verlag 1986.
[5.75] *Neumann, J.*: Lärmmeßpraxis am Arbeitsplatz und in der Nachbarschaft - Einführung in Schallphysik, Schallmeßtechnik und Schallschutz. 5. Aufl. Ehningen bei Böblingen: expert verlag 1989.
[5.76] *Kollmann, F.*: Maschinenakustik. Berlin: Springer-Verlag 1993.
[5.77] *Lips, W.*: Strömungsakustik. Renningen-Malmsheim: expert verlag 1995.
[5.78] *Krause, W.*: Lärmminderung in der Feinwerktechnik. Düsseldorf: VDI-Verlag 1995.
[5.79] *Schirmer, W.*: Technischer Lärmschutz. Düsseldorf: VDI-Verlag 1996.
[5.80] *Cremer, L.; Heckel, M.*: Körperschall. 2. Aufl. Berlin: Springer-Verlag 1996.
[5.81] *Bernhardt, U.*: Das akustische Verhalten geschichteter Bleche. Diss. TH Hannover 1982.
[5.82] *Wandel, R.*: Minderung stoßerzeugter Geräusche in Erzeugnissen der Gerätetechnik. Diss. TU Dresden 1988.
[5.83] *Herklotz, B.*: Untersuchung und Beeinflussung des Körperschallübertragungsverhaltens gerätetechnischer Erzeugnisse hinsichtlich der Geräuschminderung. Diss. TU Dresden 1988.
[5.84] *Tappel, H.*: Über die Geräusche von Drehfeldmaschinen - Überprüfung der elektromagnetischen Schwingungsanregung und Berechnung der mechanischen Schwingungen. Diss. Universität der Bundeswehr Hamburg 1992.
[5.85] *Kutter-Schrader, H.*: Zur akustischen Analyse transient emittierender Maschinen mittels Schallintensitäts-Zeitsignalen. Diss. Universität Hannover 1992.
[5.86] *Ammerahl, U.*: Digitale Untersuchungsmethoden in der Motorakustik. Diss. Rheinisch-Westfälische Technische Hochschule Aachen 1993.
[5.87] *Bronzel, M.*: Aktive Beeinflussung nicht-stationärer Schallfelder mit adaptiven Digitalfeldern. Diss. Georg-August-Universität Göttingen 1993.
[5.88] *Kurr, K.-J.*: Aktive Systeme zur Minderung von Pulsationen in hydraulischen Anlagen. Diss. TH Darmstadt 1994.
[5.89] *Liang, X.*: Ein Beitrag zur Untersuchung und Reduzierung der Geräusche von Hybrid-Schrittmotoren. Diss. Universität Kaiserslautern 1995.
[5.90] *Böttger, A.*: Lärmminderung von Polyurethanzahnriemen-Getrieben. Diss. TU Dresden 1995.

Aufsätze, Firmenschriften

zu 5.1 Forderungen an den Geräteschutz

[5.100] *Barz, N.*: Die neue Niederspannungsrichtlinie. Die BG - Fachzeitschrift für Arbeitssicherheit, Gesundheitsschutz und Unfallversicherung (1996), S. 743.
[5.101] *Roza, R. J. de la:* CE - Quasi als Reisepaß. Technische Harmonisierung schafft EG-einheitliche Zulassungsvoraussetzungen. Elektrotechnik 75 (1993) 11, S. 12.

zu 5.2 Klimaschutz

[5.102] *Schmidt, P.*: Zur thermodynamischen Prüfung elektronischer Bauelemente und Baugruppen. SAQ-Bulletin-ASPQ (1987) 9, S. 87.

zu 5.3 Schutz gegen gefährliche Körperströme

[5.103] *Müller, R:* Neue internationale Berührungsbegriffe. Der Elektropraktiker 34 (1980) 4, S. 113.

zu 5.4 Schutz gegen thermische Belastungen

[5.104] *Bar-Cohen, A.; Krueger, W. B.:* Thermal characterization of chip packages-evolutionary development of compact models. IEEE Trans. CHMT-A 20 (1997) 4, p. 399.
[5.105] *Rosten, H. I.;. Lasance, C. J. M.; Parry, J. D.:* The world of thermal characterization according to DELPHI. Part I: Background to DELPHI. IEEE Trans. CHMT-A 20 (1997) 4, p. 384 and Part II: Experimental and Numerical Methods. IEEE Trans. CHMT-A 20 (1997) 4, p. 392.
[5.106] *Vinke, H.; Lasance, C. J. M:* Compact models for accurate thermal characterization of electronic parts. IEEE Trans. CHMT-A 20 (1997) 4, p. 411.
[5.107] Studie der Semiconductor Industry Association (SIA) 1997.
[5.108] *Simons, R. E.*: Direct liquid immersion cooling for high power density microelectronics. Electronics Cooling 2 (1996) 2, p.24.
[5.109] *Gilder, G.*: Metcalf's law and legacy. Studie der Forbes ASAP 1993.
[5.110] *Meyer, G. A.; Toth, J. E.*: Alternate thermal managment technologies. Eurotherm Conference. Delft 1993.

[5.111] *Kühn, H.:* THECOM - ein Programmsystem zur Temperaturfeldsimulation. Wiss. Zeitschrift TU Dresden 39 (1990) 1, S. 29.

[5.112] *Raynell, M.:* Thermal analysis using computational fluid dynamics. Electronic Packaging & Production 29 (1990) 10, S. 82.

[5.113] *Witte, I.:* Temperatur-Zeit-Regime bei der Kontaktierung aufsetzbarer Bauelemente. Feingerätetechnik 38 (1989) 5, S. 209.

[5.114] *Huang, C. C.; Sharma, N. K.:* Wärmepfade vom Chip zur Außenwelt. productronic 8 (1988) 11, S. 32.

[5.115] *Demus, D.; Wartenberg, G.:* Cholesterinische Gemische für die Thermografie. Kristall und Technik 11 (1976) 11, S.1197.

[5.116] *Markert, C.:* Die Optimierung von Kühlelementen für Halbleiterbauelemente. Feingerätetechnik 23 (1974) 7, S. 306.

zu 5.5 Schutz gegen elektromagnetische Beeinflussungen (EMV)

[5.117] *Kohling, A.:* Die EMV-Normung im Überblick. Elektromagnetische Verträglichkeit, EMC-Kompendium 1998, S. 51.

[5.118] *Wolfers, P.:* EMV-Analyse für alle. Feinwerktechnik · Mikrotechnik · Mikroelektronik 106 (1998) 6, S. 392.

[5.119] *Perschthaler, M.:* Praktischer Ansatz zum Thema EMV. Feinwerktechnik · Mikrotechnik · Meßtechnik 103 (1995) 11-12, S. 735.

zu 5.6 Thermisch- und EMV-gerechte Konstruktion

[5.120] *Peterson, G. P.; Ortega, A.:* Thermal control of equipment and devices. Advances in heat transfer 20 (1990), p. 181.

[5.121] *Markert, C.; Albrecht, H.:* Zu einigen Problemen der Wärmeabführung aus elektronischen Geräten mittels erzwungener Konvektion von Luft. Wiss. Zeitschrift der TU Dresden 31 (1982) 2, S 183.

[5.122] *Redlich, D.; Witte, I.:* Gerätetemperaturen bei nichtmetallischen Gehäusen. Feingerätetechnik 29 (1980) 6, S. 225.

[5.123] *Habiger, E.; Wolf, J.:* Vergleich verschiedener Schichtsysteme unter EMV-Gesichtspunkten. Galvanotechnik 89 (1998) 6, S. 1968.

[5.124] *Schneider, G.:* Praxisgerechte EMV-Dichtungen. Elektromagnetische Verträglichkeit, EMC-Kompendium 1998, S. 148.

[5.125] *Schubert, J.:* EMV-gerechtes Gerätedesign. Elektromagnetische Verträglichkeit, EMC-Kompendium 1998, S. 168.

[5.126] *Hoffmann, D.:* Gehäuseschirmdämpfung, messen - wozu und wie? HF-Report 10 (1996) 4.

[5.127] *Kebel, R.; Garbe, H.; Rose, M.:* Schirmdämpfung von Kleingehäusen. Elektrie 50 (1996) 4, S. 208.

zu 5.7 Schutz gegen Feuchte

[5.128] *Berg, M.; Paulsen, W.:* Chipcorrosion in plastic packages. Microelectronics and Reliability, vol. 20(1980), S. 247.

[5.129] *Galace, L.; Rosenfield, M.:* Reliability of plastic - Encapsulated Integraten Circuits in Moisture Environments. RCA Review vol. 45(1984) June.

[5.130] *Kienast, W.; Fleischmann, G.:* Mathematische Erörterungen zum Einfluß der Feuchtedifussion bei plastverkappten Bauelementen. Nachrichtentechnik-Elektronik 30 (1980)1, S. 24.

[5.131] *Kienast, W.:* Beitrag zum Problem des Ersatzschaltbildes Feuchte-Elektrotechnik. Wiss. Zeitschrift der TH Ilmenau 28 (1982)4, S. 119.

zu 5.8 Schutz gegen mechanische Beanspruchungen

[5.132] *Grabow, J.:* Experimentelle Modalanalyse. Tagungsband zum 3. COMETT Kurs Design mechatronischer Systeme der TU Ilmenau 1995, S. 21.

[5.133] *Natke, H.G.:* Transiente Anregungen von mechanischen Schwingungen in der Versuchstechnik. Technisches Messen tm 52 (1985)11, S. 339.

[5.134] *Zimmermann, K.; Grabow, J.:* Ansätze zur Modellierung von Antriebssystemen nach biologischem Vorbild. Tagungsband zum 2. Ilmenauer Workshop für Mikrosystemtechnik 1996, S. 76.

[5.135] Technischer Schallschutz. Best.-Nr. 81/2, G+H Montage. Ludwigshafen 1991.

[5.136] Katalog Schwingungsdämpfer. LORD GmbH Darmstadt.

zu 5.9 Lärmminderung

[5.137] Gesetz zum Schutz vor schädlichen Umwelteinwirkungen durch Luftverunreinigungen, Geräusche, Erschütterungen und ähnliche Vorgänge (Bundes-Immissionsschutzgesetz – BImSchG) in der Fassung der Bekanntmachung vom 14. Mai 1990 (BGBl. I, S. 880; BGBl. III, S. 2129 - 8).

[5.138] *Welp, E.G.:* Beeinflussung des Körperschallverhaltens von Platten- und Kastenkonstruktionen durch konstruktive Gestaltung. Konstruktion 30(1978)8, S. 353.

[5.139] *Gösele, R.; Kötter, W.:* Einfluß der Befestigung von Schwingungsaufnehmern auf die Meßgenauigkeit. Konstruktion 31(1979)10, S. 393.

[5.140] *Hartwig, L.*: Geräuschverminderung an belüfteten Geräten. Feinwerktechnik und Meßtechnik 92(1984)4, S. 179.

[5.141] *Herklotz, B.; Krause, W.; u. a.*: Geräuschminderung an einem Haushaltgerät. Feingerätetechnik 35(1986)3, S. 101.

[5.142] *Günther, K.; Thierfelder, D.*: Lärm- und schwingungsarme Antriebe für Haushaltgeräte. Feingerätetechnik 37(1988)7, S. 308.

[5.143] *Krause, W.*: Ökologie aus feinwerktechnischer Sicht. Technische Rundschau Bern 84(1992)47, S. 64.

[5.144] *Költzsch, P.; u. a.*: Lärmarm konstruieren. XVI. Integrierte Lärmminderungsmaßnahme an Ventilatoren. Schriftenreihe der Bundesanstalt für Arbeitsschutz, Forschung - Fb 700. Bremerhaven: Wirtschaftsverlag NW, Verlag für neue Wissenschaft GmbH 1994.

[5.145] *Költzsch, P.; Wilde, A.*: Aerodynamische Schallentstehung, insbesondere bei Rotoren. Vortragsband ERCOFTAC-Workshop TU Dresden, Institut für Technische Akustik, 1995.

[5.146] *Krause, W.*: Umweltgerechte Produktgestaltung. Wiss. Zeitschrift TU Dresden 44(1995)4, S. 1.

[5.147] *Krause, W.*: Wissensspeicher Präzisionsgerätetechnik, Teil 4. Lärmminderung. Lehrmaterialien TU Dresden 1998.

[5.148] *Költzsch, P.*: Akustische und strömungsakustische Forschungen. Ein Beitrag zur Verminderung der Schallemission technischer Aggregate. In: Berlin-Brandenburgische Akademie der Wissenschaften, Berichte und Abhandlungen, Band 2, S. 37. Berlin: Akademie Verlag GmbH 1996.

[5.149] Firmenschriften: A.S.T. Angewandte SYSTEM-TECHNIK GmbH, Dresden; Microtech Gefell GmbH, Gefell; Lucas CEL Instruments Ltd., Großbritannien; Metra - Meß- und Frequenztechnik Radebeul GmbH.

6 Funktionsgruppen

In Geräten und Systemen erfolgt die interne Informationsübertragung, -speicherung und -verarbeitung zunehmend mit digital arbeitenden elektronischen Bauelementen oder Funktionsgruppen. Eine meist kostengünstigere elektronische Baugruppe ersetzt intern mit oft überragenden Vorteilen gegenüber früher eine Vielzahl konventioneller mechanischer Konstruktionselemente. So konnten beispielsweise bisherige Steuerprogrammspeicher auf der Basis von Zahnrad- oder Kurvengetrieben, Nockenwellen od. dgl. durch programmierbare elektronische Speicherschaltkreise abgelöst werden. Besonders der Einsatz von Einchiprechnern (Microcontroller) hat völlig neue Möglichkeiten für die Informationsverarbeitung in Geräten eröffnet. An der Peripherie der Geräte jedoch besitzen sowohl die elektromechanischen und mechanischen als auch optische, optoelektronische oder mikromechanische Bauelemente und Funktionsgruppen eine, oft über Markt und Produktionsstückzahlen allein entscheidende Bedeutung. Mit ihren physikalisch-technisch erreichbaren Leistungsparametern bestimmen sie meist auch die Qualitätsparameter des Finalerzeugnisses, z. B. Arbeitsgeschwindigkeit, Zuverlässigkeit, Reproduzierbarkeit, Präzision, Miniaturisierung, Geräuschpegel, Bedienkomfort, Recyclingtechnologie usw. So werden Konstrukteure und Technologen feinwerktechnischer Funktionsgruppen durch die mit den Endprodukten kommunizierenden Prozesse und Objekte sowie den Menschen als Nutzer und Bediener dieser marktfähigen Technik immer wieder neu zu kreativen Lösungen herausgefordert. Die folgenden Abschnitte sollen auf diesem Weg das Einarbeiten erleichtern und Anregungen zur zielgerichteten Konstruktion moderner Baugruppen vermitteln.

6.1 Elektrisch-elektronische Funktionsgruppen

Zeichen, Benennungen und Einheiten

A	Fläche in mm²
C	Drehfedersteife in N·mm; Kapazität in F
D	Biegesteife in N·mm
E	Elastizitätsmodul in N/mm²
F	Kraft in N
I	Flächenträgheitsmoment in mm⁴
J	Massenträgheitsmoment in g·mm²
K	Konstante
L	Induktivität in H
M	Drehmoment in N·mm
R	elektrischer Widerstand in Ω
T	lötbare Anschlußlänge in mm
U	elektrische Spannung in V
W	Widerstandsmoment in mm³
Z	Überhang des Bauelementgehäuses in mm
a	Abstand, Kantenlänge in mm
b, E, W	Abstand, Kantenbreite in mm
c	Federsteife in N/mm; (Blech-)Dicke eines Anschlusses in mm
d, D	Durchmesser in mm
e	(Mitten-)Abstand in mm
f_0	Eigenfrequenz in kHz
h, H, A	Höhe in mm
k	Packungsfaktor in %
k_m	Massenkoeffizient
l, L	Länge in mm
m	Masse in g
s	Dicke in mm
z	Lötstellendichte in %
α	Winkel in rad
δ	Koeffizient
ν	Querkontraktionszahl
ρ	Dichte in g/mm³
σ_b	Biegespannung in N/mm²

Indizes

A	Ausgang	LP	Leiterplatte
B	Bestückung	n	Zählindex
E	Eingang	Ref	Referenz
L	Last	St	Stahl

Abkürzungen

ASIC	Application Specific Integrated Circuit (Anwenderspezifischer Schaltkreis)
aBE	aufsetzbares Bauelement für die Oberflächenmontage
BE	Bauelement
dBE	durchsteckbares Bauelement für konventionelle Montage
COB	Chip On Board (gehäuseloser Chip als Bauelement)
CECC	Europäische Norm für elektronische Bauelemente
DIL	Dual In Line Package
IS	Integrierte Schaltung
IC	Intergrated Circuit
FP	Flat pack (rechteckiges Flachgehäuse mit geraden Anschlüssen)
LCCC	Leadless Ceramic Chip Carrier (SK-Gehäuse aus Keramik mit leitfähigen Oberflächen als lötbare Anschlüsse)
LSI	Large Scale Integration (Großintegration)
MELF	Metal Electrode Face Bonding (Bauelemente mit zylindrischem Keramikkörper und Metallkappen)
MSI	Medium Scale Integration (mittlere Integration)
PLCC	Plastic Leaded Chip Carrier (SK-Gehäuse aus Kunststoff mit J-Anschlüssen)
QIL	Quadruple In Line Package (SK mit vier parallelen Anschlußreihen)
QFP	Quadruple Flat Pack (quadratisches Flachgehäuse mit Anschlüssen an allen vier Seiten)
SIL	Single In Line Package (SK-Gehäuse mit nur einer Anschlußreihe)
SK	Schaltkreis
SMD	Surface Mounted Device (auf Oberfläche montiertes BE)
SMT	Surface Mounted Technology (Oberflächenmontagetechnik)
SSI	Small Scale Integration (Kleinintegration)
TAB	Tape(d) Automated Bonding (Montagetechnologie mit vorgefertigtem Anschlußsystem)
TCC	Tape(d) Chip Carrier (bandförmiger Chip-Träger für TAB)
ULSI	Upper/Ultra Large Scale Integration (höchste Integration, oberhalb VLSI)
VLSI	Very Large Scale Integration (Größtintegration)

Elektrisch-elektronische Funktionsgruppen sind funktionell und konstruktiv-technologisch abgegrenzte, selbständige Einheiten. Art und Kopplung der zwischen ihren Ein- und Ausgängen angeordneten Funktionselemente beruhen vorrangig auf der Wirkung elektrischer Größen (elektromagnetisches Feld, Strom, Spannung und abgeleitete Größen) [6.1.1]. Der Zusammenhang zwischen den Eingangs- und Ausgangsgrößen dieser Funktionsgruppen wird durch die beabsichtigten sowie durch parasitäre Kopplungen aller in dem Netzwerk zwischen Ein- und Ausgängen angeordneten Schaltelemente bestimmt. Die ohmschen, kapazitiven und induktiven Komponenten können meist als konzentrierte Schaltelemente angenommen werden, denen technisch reale Bauelemente (BE) entsprechen (s. Abschnitte 6.1.1 und 6.1.2). Bei hohen Frequenzen sowie auf Kabeln und Leitungen aller Art (s. Abschn. 6.1.4) sind sie dagegen als verteilte Schaltelemente zu betrachten. Im folgenden werden solche elektrisch-elektronischen Funktionsgruppen behandelt, deren Betriebsfrequenz unter dem Höchstfrequenzbereich liegt. Ihre Hauptfunktion wird gesichert durch den schaltungstechnischen Entwurf des oben genannten Netzwerks auf der Basis analoger oder diskreter bzw. digitaler elektrischer Signale sowie durch den konstruktiv-technologischen Entwurf und seine Realisierung auf der Basis aktiver und passiver Bauelemente und deren Verbindungen.

Der Entwurf der Schaltung als auch ihre konstruktiv-technologische Bearbeitung für die Produktion kompletter Funktionsgruppen oder Geräte erfolgt i. allg. rechnerunterstützt. Im Gegensatz zu rein mechanischen Funktionsgruppen ist für die Konstruktion und Fertigung in der Elektrotechnik/Elektronik vorrangig eine *projektierende* Arbeitsweise (s. auch Abschn. 2) kennzeichnend. Entsprechend umfangreich ist die schon seit Jahrzehnten betriebene

Normung und Katalogisierung der elektronischen Bauelemente und der Mehrheit sonstiger elektrischer Bauteile. Gleichzeitig wird dadurch eine umfassende Nutzung von CAD/CAM-Methoden begünstigt.

Die gedruckte Schaltung – in der Regel als starre Leiterplatte, aber auch andere Verdrahtungsträger – steht im Mittelpunkt des konstruktiv-technologischen Entwurfs von Baugruppen und Geräten der Elektrotechnik/Elektronik. Sie trägt mechanisch und verbindet elektrisch die einzelnen Bauelemente und bildet damit die Grundlage für das ganze Gerät. Durch den stetig steigenden Integrationsgrad der Bauelemente ist dabei eine Verschiebung der Funktionsaufteilung zu beobachten. Immer mehr Teilfunktionen verlagern sich vom Gerät auf die Leiterplatte oder den Verdrahtungsträger und von diesem in integrierte Schaltungen (IS). Gleichzeitig erhöht sich der Funktionsumfang des ganzen Gerätes.

Die Tendenz zur Integration und Miniaturisierung ist aufs engste mit wirtschaftlichen Aspekten und Markttendenzen verflochten. Eine höhere Integration erfordert zwar teure technologische Ausrüstungen, baut aber auch Montageprozesse ab, verringert die Anzahl der Kontaktstellen, erhöht die Zuverlässigkeit und ermöglicht neue oder verbesserte Funktionen bei geringerem Aufwand.

Die folgenden Abschnitte befassen sich vorrangig mit dem konstruktiv-technologischen Entwurf der elektrisch-elektronischen Baugruppen und markanten Bauweisen.

Der Entwurf gedruckter Schaltungen sowie Fertigung, Prüfung, Einsatz, Wartung, Reparatur und Recycling elektronischer Baugruppen und Geräte erfordern zunehmend komplexere Vorbereitungen. Insbesondere ist sehr früh zu entscheiden, ob eine Baugruppe mit durchsteckbaren Bauelementen (dBE), aufsetzbaren Bauelementen (aBE), gemischt (mit beiden Bauelementearten) oder auch mit anderen Bauelementen (z. B. Nacktchips, s. Bild 6.1.12) bestückt werden soll, ob eine Leiterplatte nur auf einer Oberfläche oder auf beiden Seiten die Bauelemente aufnimmt, ob eine Leitungsebene ausreicht oder zur Steigerung der Packungsdichte zwei oder mehr Ebenen erforderlich sind, ob die Leiterplatte als starrer oder flexibler Träger von Bauelementen auszuführen ist usw. Die zuerst erwähnte Fragestellung beinhaltet den anhaltenden Trend zur *Oberflächenmontage* (SMT, s. [6.1.20] bis [6.1.29][6.1.38][6.1.39]).

Die Entwicklung neuer Technologien, Werkstoffe, Halbzeuge, Verdrahtungsträger, Leiterplatten und Bauelemente sowie die Forderungen nach Miniaturisierung und Fertigungsautomatisierung stellten inzwischen neben das konventionelle Sortiment der durchsteckbaren Bauelemente (mit stiftförmigen, starren oder flexiblen Anschlüssen, für die an jeder Kontaktfläche der Leiterplatte eine Bohrung vorzusehen ist) ein umfangreiches Sortiment von Bauelementen, die auf dem Verdrahtungsträger keine Bohrungen erfordern und zahlreiche Vorzüge aufweisen. In den Abschnitten 6.1.1 und 6.1.2 werden neben den konventionellen durchsteckbaren Bauelementen die auf die Oberfläche montierten Bauelemente (SMD) als meistverarbeitete aufsetzbare Bauelemente dargestellt; Abschnitt 6.1.5 bezieht sich fast ausschließlich auf aufsetzbare Bauelemente.

Vorteile bei SMT/SMD (aBE):

- Die kleinen Abmessungen der aBE und ihrer Anschlußbereiche (s. auch Bild 6.1.3 und Tafel 6.1.8) führen zu Einsparungen an Leiterplatten-Fläche (ca. 30 % bei einseitiger, ca. 50 % bei doppelseitiger Bestückung) und Masse.
- Wegfall der Bohrungen für jeden Bauelementekontakt beschleunigt den Fertigungsdurchlauf und spart Kosten.
- Die meist einfache aBE-Geometrie erleichtert und beschleunigt das automatische Bestücken; die Anzahl Fehlbestückungen kann auf höchstens 20 ppm (bei dBE: ca. 200 ppm) gesenkt werden.
- Automatisiertes Bestücken, Löten und Prüfen ist mit hoher Zuverlässigkeit auch für kleine Stückzahlen bzw. rasch wechselnde Lose wirtschaftlich; auch für Laborbedarf stehen Bestückungseinrichtungen meist mit manueller aBE-Positionierung zur Verfügung [6.1.27].
- Geometrie und Magazinierung der aBE (s. Bild 6.1.14), universelle aBE-Zuführung und flexible Steuerung erbringen Betriebs- und Umrüstkosten, die unter denen der Bestückungsautomaten für dBE liegen; bei vergleichbarer Automatenleistung (z. B. 5000 BE/h) gilt das meist auch für die hohen Investitionskosten.
- Baugruppen mit aBE verfügen bei richtiger Dimensionierung bezüglich Lötflächen, Leiterzügen, Werkstoffen usw. und sorgfältigen Technologien über besser reproduzierbare HF-Eigenschaften und elektromagnetische Verträglichkeit, höhere Lebensdauer und geringere Vibrationsempfindlichkeit als vergleichbare Baugruppen mit dBE.

Nachteile bei SMT/SMD (aBE):

- Die kleinen Abmessungen der aBE und die erwünschte große Bauelementedichte zwingt beim Bestücken zum Einhalten von z. T. extrem kleinen Positionsabweichungen für die „Landepunkte" jedes aBE (meist werden Wiederholgenauigkeiten weit unter ±0,1 mm gefordert); dafür sind bei manueller Bestückung von Unikaten (Labormuster usw.) z. T. hochentwickelte Bestückungsplätze verfügbar; die erwünscht hohe Arbeitsgeschwindigkeit und Universalität der Bestückautomaten [6.1.27] führt zu großem technischen Aufwand und entsprechenden Kosten (mehrere 100 000 DM pro Automat je nach Leistungsklasse).

- Das Umstellen der Montage elektronischer Baugruppen von konventionellen dBE auf aBE oder gemischte Bestükkung erfordert entweder hohe Investitionen für alle neuen technologischen Ausrüstungen zum Bestücken, Löten, Prüfen usw. oder zwingt zur Inanspruchnahme von darauf spezialisierten Unternehmen; daraus erwächst die Gefahr einer verzögerten Einführung leistungsfähiger Lösungen.
- Einige vielpolige aBE, z. B. Chip-Carrier aus Keramik (LCCC-48 nach Bild 6.1.10), besitzen Anschlüsse, die nach dem Löten kaum zugänglich sind; das erschwert nach Bestück- oder Lötfehlern die Reparatur (durch schadloses Entlöten) sowie „In-Circuit-Tests", falls keine zusätzlichen Prüfpunkte im Layout vorgesehen sind (reduziert die Bauelementedichte).
- Große vielpolige aBE mit Kantenlängen ab ca. 10 mm erfordern Untersuchungen zu evtl. auftretenden mechanischen Wärmespannungen zwischen aBE und Verdrahtungsträger, deren Längen-Temperaturkoeffizienten u. U. stark voneinander abweichen (Kunststoffe : Keramik ca. 10 : 1); extrem große Gehäuse sollten auf Verdrahtungsträger mit ähnlichen Längen-Temperaturkoeffizienten gelötet werden, um die Einsatztemperaturen der fertigen Baugruppe nicht unnötig einschränken zu müssen.
- Für gemischt beiderseitig bestückte Leiterplatten ist zu beachten, daß bestimmte aBE (in temperaturempfindlichen Kunststoffgehäusen) nicht überschwallbar sind, Schwall- oder Tauchlöten ihren Einsatz dafür also ausschließen.

Seit Beginn der 90er Jahre bieten namhafte Hersteller praktisch alle Bauelementekategorien auch für SMT-Montage an. Trotzdem werden in naher Zukunft durchsteckbare und aufsetzbare Bauelemente weiter nebeneinander, auch gemischt auf einer Leiterplatte, eingesetzt, denn vorrangig Wirtschaftlichkeitsaspekte, wie Lieferbedingungen, Termine, Markt und Kundenwünsche, entscheiden letztlich über die Lösungen. Die Vorteile der SMT führten jedoch zu ihrer deutlichen Überlegenheit.

Die Vielfalt an Bauelementen, Verdrahtungsträgern und Technologien fordert mit Blick auf die Wirtschaftlichkeit sinnvolle Einschränkungen, um bessere Austauschbarkeit, projektierendes Konstruieren, rationelle Produktion und ökonomischen Einsatz zu ermöglichen. Dazu sind Schutz und Tauglichkeit der Produkte oder Verfahren durch eine umfassende *Normung* unumgänglich. Tafel 6.1.29 faßt einen Teil der für die folgenden Abschnitte erforderlichen Normen zusammen. Begrenzte Auszüge bzw. Übersichten daraus vermitteln die Tafeln in den jeweiligen Abschnitten.

Zu einigen Besonderheiten bei der Normung elektrisch-elektronischer Funktionsgruppen, die aus Tafel 6.1.29 nicht direkt hervorgehen, sei vorbemerkt:

1. Bei den *Normenarten* spielen Grund-, Fach-, Terminologie- und Produktnormen eine besondere Rolle, daneben aber auch Prüf-, Verfahrens-, Schnittstellen- und weitere Normen. Die hier verwendeten Fachausdrücke werden z.T. synonym zu den in Normen streng abgegrenzten Begriffen verwendet, weil sie oft über mehrere Fachgebiete hinweggreifen. Demgegenüber enger begrenzt enthalten beispielsweise DIN IEC 747, DIN IEC 748 sowie DIN IEC 47(CO)1220, 1223, 1236 und 1253 die international verbindliche Terminologie zu Halbleiterbauelementen und integrierten Schaltungen.
2. Zur *Qualitätssicherung* von Finalerzeugnissen dienen zahlreiche theoretische und praktische Verfahrensweisen sowie eigenständige Komplexe der Normenwerke, z. B. das IEC-*Gütebestätigungssystem*. In ihm regeln zahlreiche Rahmen-, Fachgrund- und Bauartspezifikationen u.a. die Bauweisen, Prüfvorschriften, Zuverlässigkeitsparameter usw. bei unterschiedlichen Anforderungen. Für hohe Anforderungen der kommerziellen Industrieelektronik zitiert daneben im EU-Raum das Dokument CECC 00200 (1992) ein „Register der Firmen, Produkte und Dienstleistungen, die unter dem CECC-System anerkannt sind" im Rahmen des *Harmonisierten Gütebestätigungssystems* für Bauelemente der Elektronik. Bei höchsten Anforderungen in lebenserhaltenden Systemen, z. B. für Luft- und Raumfahrt, biomedizinische oder Militärtechnik, sind weiter verschärfte Normen geschaffen worden, so in den USA die MIL-STD oder in Deutschland die „Verteidigungsgeräte-Normen", z. B. nach VG 95 212 die „Liste zugelassener elektronischer und elektrischer Bauelemente (LZB)".
3. Die *Grundkörper*, *Gehäuse* und *Gehäuse-Familien* elektronischer Bauelemente werden, oft völlig unabhängig von ihren elektrischen Eigenschaften, in separaten IEC- und nationalen Normen beschrieben. Hier sind ihre typische Geometrie, Maße und Toleranzen meist gruppenweise, mit eigenständigen Bezeichnungen und landesspezifischen Kurzzeichen (oft auch synonym nebeneinander) ausgewiesen. Beispielsweise enthält die „Mechanische Normung von Halbleiterbauelementen" nach IEC 191 im Teil 4 ein Kodierungssystem für Gehäuse und deren Eingruppierung nach der Gehäuseform; DIN 41 870 gibt eine Übersicht zu Normen, Bezeichnungen und Anschlußbelegungen von Gehäusen für Halbleiterbauelemente und integrierte Schaltungen (dBE). In den folgenden Abschnitten werden die international verbreiteten Bezeichnungen verwendet.

Auf weitere Details zur Normung wird in den folgenden Abschnitten spezifisch verwiesen.

6.1.1 Funktionsgruppen mit diskreten Bauelementen
[6.1.1] bis [6.1.5][6.1.7][6.1.31][6.1.33]

Erfolgt die Realisierung eines schaltungstechnischen Entwurfs so, daß jedem Schaltelement (**Tafel 6.1.1**) ein elektronisches Bauelement entspricht, so bezeichnet man diese als „diskrete Bauelemente". Ein diskretes Bauelement (BE) ist eine für eine elementare elektrische Funktion (aktive, passive oder Verbindungsfunktion) gefertigte, in sich geschlossene Einheit. Über seine elektrischen Anschlüsse wird es mit anderen elektronischen Bauelementen durch räumlich oder flächenhaft gestaltete Leitungen verbunden oder verbindet selbst andere Bauelemente untereinander (s. Abschn. 6.1.4). Auch Doppel- oder Mehrfach-BE in einem handelsüblichen Gehäuse sowie Halbleiter-BE mit komplexerem Aufbau (s. DIN IEC 47(CO)1220 und 1253) können als diskrete oder Einzel-BE bezeichnet werden, wenn ihre Funktion und Komplexität nicht die einer integrierten Schaltung (s. Abschn. 6.1.2) erreicht; eine völlig eindeutige Abgrenzung ist nicht möglich.

6.1.1.1 Eigenschaften

Zwischen den Ein- und Ausgangsgrößen der meisten diskreten Bauelemente besteht ein linearer Zusammenhang, was sie für analoge Signalverarbeitung prädestiniert. Nichtlineare Zusammenhänge werden bei einigen Elementen, z. B. temperatur-, spannungs- oder strahlungsabhängigen Widerständen, beabsichtigt oder beschränken ihre Anwendung auf Schaltfunktionen (u.a. Dioden, Thyratrons und Thyristoren), d. h. auf binäre bzw. digitale Signale.

Passive Bauelemente verbrauchen oder speichern elektrische Energie. Dazu zählen ohmsche Widerstände, Kapazitäten und Induktivitäten aller Art (**Tafel 6.1.2**).

Aktive Bauelemente können bei anliegender Betriebsspannung durch ein spezifisches Eingangssignal einen Strom, eine Spannung oder Leistung verstärken oder schalten. Dazu zählen Transistoren, Halbleiterdioden, Thyristoren, Hochvakuum- und gasgefüllte Röhren u.a. (**Tafel 6.1.3**).

Wenn es auch Mindermengen- oder Massenfertigung elektronischer Bauelemente prinzipiell zulassen, die Eigenschaften eines bestimmten Bauelementetyps in weiten Grenzen zu variieren, so gebietet doch die Wirtschaftlichkeit eines jeden Produktes, seine Komponenten aus einem abgestuften Sortiment verfügbar zu halten, d. h. durch umsichtige Normung möglichst alle Kundenwünsche zu erfüllen. In der Elektrotechnik/Elektronik sind Normenorganisationen darum bemüht, die Bauart, d. h. Aufbau, äußere Form, Maße, Toleranzen usw., elektrische Kennwerte, physikalische und sonstige Eigenschaften sowie die Bezeichnung eines bestimmten Bauelementetyps in die Hierarchie einer umfangreicheren Bauelementegruppe, -familie od. dgl. einzuordnen und in genormten Stufen festzulegen. Derartige Stufungen erfolgen für jede Bauelementeart spezifisch und meist in internationaler Abstimmung/Harmonisierung der oft zahlreichen, gleichzeitig gültigen Normen. Neben solchen Bauelementetypen, die der Normung vollständig entsprechen, gibt es aus Herstellersortimenten des internationalen Marktes anhaltend auch Bauelemente, bei denen Kennwerte oder sonstige Eigenschaften bestimmten Normwerten nicht genügen oder aber diese weit übertreffen, darunter Zuverlässigkeitsparameter nach VG- oder MIL-Normen.

Tafel 6.1.4 beinhaltet für zahlreiche Bauelementearten die sich in DIN niederschlagende internationale Stufung von Kenndaten für elektrische und andere Parameter diskreter Bauelemente. Diese Stufung folgt teilweise den in Maschinenbau und Feinwerktechnik typischen R-Reihen nach DIN 323 bzw. ISO 3 [6.1.19], funktionsorientierten Festlegungen, z. B. bei Maßen oder den E-Reihen (seit den 60er Jahren für elektrische Nennwerte [6.1.19]). **Tafel 6.1.5** und **Bild 6.1.1** zeigen die zugrunde liegenden Prinzipien für Vorzugszahlen und -toleranzen der E-Reihen als markantes Beispiel international eingeführter Bauelementenormung. Besonders Bild 6.1.1 läßt erkennen, daß in Verbindung mit einerseits unvermeidbaren, andererseits zulässigen Toleranzen die meisten Anwenderforderungen erfüllt werden können. So ergibt sich bei nur sechs Nennwerten innerhalb jeder Dekade und ±20 % Toleranz eine, allerdings statistischen Gesetzen unterliegende, lückenlose Folge möglicher Istwerte für Widerstände und Kondensatoren der Reihe E 6.

Tafel 6.1.1 Eigenschaften und Anwendung von Schaltelementen in elektrisch-elektronischen Funktionsgruppen

Betriebsfrequenzbereich in Hz (in Klammern: Bauelementeschaltzeiten)	Charakteristische Eigenschaften der Schaltelemente					Beispiele für die technische Anwendung in Geräten und Anlagen		
		technische Realisierung						
	Lokalisierung	elektrische Verbindungen im Gerät		passive Bauelemente (Energie speichernd oder verbrauchend)	aktive Bauelemente (Energie schaltend oder verstärkend)	analoge Signale (meist sinusförmig)		digitale Signale (meist binär)
Gleichstrom bzw. Niederfrequenz 0...20 kHz (10 ms ... 1 µs)	konzentriert	- nahezu beliebig, eventuell abgeschirmt - gedruckte Ein- und Zweiebenenleiterplatten		- Widerstände und Kondensatoren (diskret oder integriert) - Induktivität (meist diskret, teilweise genormt)	bis zu sehr hohen Leistungen mittels - Halbleiterbauelemente (zunehmend integriert) - elektromechanischer Kontakte	Telefone, Tonübertragung, Tonaufzeichnung und Tonwiedergabe, Fernwirktechnik, Heimelektronik	elektronische Meß- und Prüftechnik	Telegrafie, Bildtelegrafie, Datenerfassung und Datenübertragung, industrielle Elektronik, Quarzuhren
Mittel- bis Hochfrequenz 20 kHz ... 300 MHz (3 µs ... 3 ns)	konzentriert	definierter Wellenwiderstand	Litze, Draht oder Folie, Flach- oder Koaxialleitungen; gedruckte Zwei- und Mehrebenenleiterplatten	- Widerstände und Kondensatoren (diskret oder integriert) - Induktivitäten in betriebsspezifischen Bauformen (auch „gedruckt" und mit nur einer Windung)	- Halbleiterbauelemente (zunehmend integriert) - Hochvakuumröhren (für hohe Leistungen bei hohen Frequenzen)	Rundfunk, Fernsehen, Heimelektronik, Nachrichtenübertragung mit Trägerfrequenzverfahren (TF)	elektronische Meß- und Prüftechnik	Rechentechnik, EDV, industrielle Elektronik, Nachrichtenübertragung mit Pulscodemodulationsverfahren (PCM)
Höchstfrequenz 300 MHz ... 300 GHz (technische Grenze für die Nutzung elektrischer Signale)	verteilt[1]	definierter Wellenwiderstand	Streifenleitungen, starre oder flexible Hohlleiter, Flansche	rechteckige oder runde Hohlleiter mit Querschnittsveränderungen (Blenden, Stifte), Verzweigungen, Schiebern usw.	- Spezialröhren - spezielle Halbleiterbauelemente (diskret) (häufig sehr geringe Fertigungsstückzahl)	Richtfunkstrecken, Funknavigation, Leitsysteme, Mikrowellenerwärmung	elektronische Meß- und Prüftechnik	zukünftige Kanäle für Datenübertragung (z. B. über Satelliten) PCM-Systeme (bis 15 360 Kanäle)

[1] Wellenlänge der elektrischen Signale entspricht den Bauelementeabmessungen.

Tafel 6.1.2 Passive Bauelemente der Elektronik
(Kennzeichnung s. Tafeln 6.1.9 und 6.1.10)

Physikalische Größe	Ohmscher Widerstand					
Bauelementeart	Festwiderstände				Veränderbare Widerstände	
	Schichtwiderstände	Masse- bzw. Volumenwiderstände		Drahtwiderstände	Schichtwiderstände	Drahtwiderstände
Ausführung, Werkstoff-eigenschaften	Glanzkohle-, Borkohle-, Metall-schichten	linear: oxidkeramisch	nichtlinear: temperatur-, spannungs-, strahlungs-abhängig	offen, umhüllt, bifilar	Dreh- und Schiebewiderstände verschiedene Kurven $R = f(\alpha)$ mit/ohne Anzapfung	
Schaltzeichen nach DIN 40 900	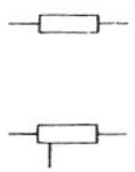	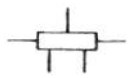	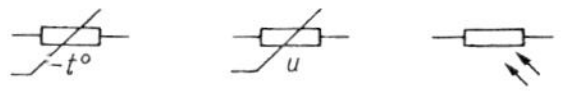	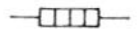		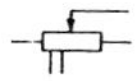
Hauptkenngrößen und Grenzwerte	Nennwiderstand, Auslieferungstoleranz, Nennverlustleistung, Grenzspannung, Temperaturkoeffizient, für mechanisch veränderbare Schichtwiderstände: Kurven und Abweichungen U, $R = f(\alpha)$					
	Prüf- und Einsatzklassen zur mechanischen Festigkeit, klimatischen Beständigkeit, Zuverlässigkeit; evtl. spezifische Angaben					

Physikalische Größe	Kapazität				Induktivität		
Bauelementeart	Festkondensatoren		Veränderbare Kondensatoren		Wickelbauelemente (Kopplung fest oder variabel)		
	Wickelkondensator	Keramik-kondensator	Luftkondensator	Keramik-kondensator	Fe-Blechkern	Keramikkern	unmagnetischer Kern
Ausführung, Werkstoff-eigenschaften	Papier-, MP-, Kunstfolie-, Elektrolyt-, Tantalkondensator	NDK-, HDK-, Spezial-kondensatoren	Drehkondensator 1-...4fach, verschiedene Kurven $C = f(\alpha)$	Scheiben- oder Rohrtrimmer	Netz- und NF-Drosseln und Transformatoren, Übertrager	NF- und HF-Drosseln und -Übertrager, Elektronenstrahlablenksysteme	HF-Spulen und -Übertrager, teilweise gedruckt
Schaltzeichen nach DIN 40 900					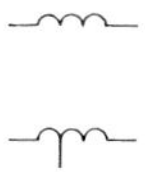	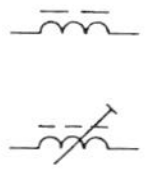	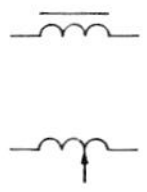
Hauptkenngrößen und Grenzwerte	Nennkapazität, Auslieferungstoleranz, Nennspannung, Spitzenspannung, Temperaturkoeffizient, Isolationswiderstand, Verlustfaktor tan δ, Dielektrikum				Bauvorschrift, Nenninduktivität, Gleichstromwiderstand, Strombelastbarkeit, Nennspannung, Windungszahl, Drahtdurchmesser, Spulengüte, Kernwerkstoff		

Tafel 6.1.3 Aktive Bauelemente der Elektronik (Auswahl, ohne Wandler)

Bauelementeart	Hochvakuumröhren			Gasentladungsröhren	Halbleiterbauelemente		
	Dichtegesteuerte Verstärkerröhren	Spezialröhren			Dioden	Transistoren	Sonstige
Bezeichnungen, Ausführungen, Funktionen, Anwendung	direkt oder indirekt geheizte Empfängerröhren / Senderöhren Spannungs- oder Leistungsverstärker: Diode, Triode, (Tetrode), Pentode, Hexode, Heptode, Oktode, Enneode Senderöhren: *bevorzugt:* Sende-Trioden, Mikrowellenröhren; *auch:* Sende-Tetroden, -Pentoden mit Luft- oder wasserkühlung	Laufzeitröhren Klystron Wanderfeldröhre Magnetron Spezialtypen	Elektronenstrahlröhren Zählröhren Anzeigeröhren Oszillographenröhren SW- und Farbbildröhren Bildaufnahme-, Radar- und Röntgenröhren	*mit Kaltkatode:* Stabilisatorröhren Schaltröhren Zählröhren Anzeigeröhren Glimmlampen mit Glühkatode Gleichrichterröhren Thyratrons	*nach Aufbau:* Spitzendioden Flächendioden *nach Funktion:* Universaldioden Schaltdioden Kapazitätsdioden Zener-Dioden Gleichrichterdioden, schnelle Schaltdioden Tunneldioden u.a.	*nach Aufbau:* bipolar/unipolar pnp/npn *nach Funktion:* NF-Transistoren HF-Transistoren Schalttransistoren Leistungstransistoren (MOS-)Feldeffekttransistoren	Thyristoren Triacs u.a. bis zu extrem hohen Leistungen und Frequenzen
Schaltzeichen nach DIN 40 900	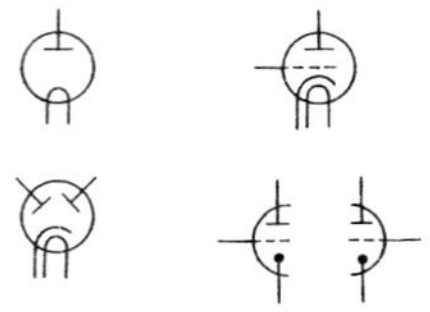	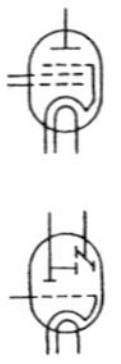	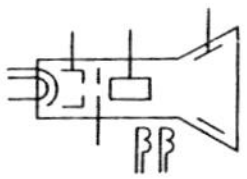		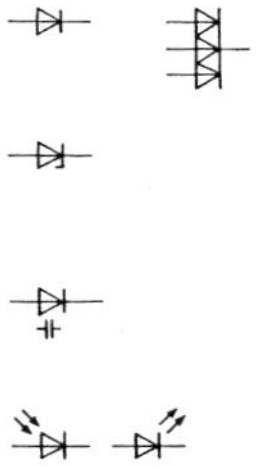		
Hauptkenngrößen und Grenzwerte	Heizstrom, Heizspannung, Anodenspannung, Anodenkaltspannung, Anodenstrom, Katodenstrom	Anodenverlustleistung, Anodensteilheit, Innenwiderstand, spezifische Kennwerte		Anodensperrspannung, Katodenstrom	Nenn- und Spitzensperrspannung, Nenn- und Spitzendurchlaßstrom, Schaltzeiten, Grenzfrequenzen, zulässige Gesamtverlustleistung		

Tafel 6.1.4 Stufung von Kennwerten genormter Elemente und Einrichtungen der Elektrotechnik/Elektronik (Auswahl)

<table>
<tr><th>Physikalische Größe</th><th>Gültigkeitsbereich, Anwendungsgebiet</th><th>Norm oder Vorschrift DIN</th><th>Kenngröße, Bezeichnung, Nennwert</th><th>Reihe nach DIN[1]</th><th>Grund-, Vorzugs- oder Auswahlreihe
|: :| für dekadische Wiederholung[2]</th><th>Ein-heit</th><th>Genormte Grenzwerte
minimal</th><th>
maximal</th></tr>
<tr><td colspan="9">1. Elektrische:</td></tr>
<tr><td>Strom</td><td>El. Betriebsmittel u. Anlagen allgemein</td><td>40 003</td><td>Nennstrom</td><td>R 10</td><td>|: 1,0 1,25 1,6 2,0 2,5 3,15 4,0 5,0 6,3 8,0 :|</td><td>A</td><td>1 A</td><td>10 000 A</td></tr>
<tr><td></td><td>Geräteschutzsicherungen:</td><td>VDE 0820</td><td>Nennstrom</td><td></td><td></td><td></td><td></td><td></td></tr>
<tr><td></td><td>G-Sicherungseinsätze 5x20; flink, träge</td><td>IEC 257</td><td></td><td>R 20</td><td>|: 1,0 1,12 1,25 1,40 1,60 bis 8,0 9,0 :|</td><td>A</td><td>32 mA</td><td>6,3 A</td></tr>
<tr><td></td><td>Funk-Entstördrosseln und -filter</td><td>VDE 0565</td><td>Belastbarkeit</td><td>R 10</td><td>s.o.</td><td>A</td><td>[3]</td><td>16/36 A</td></tr>
<tr><td></td><td>Meßbereich-Endwerte für Schalttafel-Meßinstrumente (Strom o. Spannung)</td><td>43 701 T 2</td><td>I-/U-Meß-bereich</td><td></td><td>|: 1,0 1,5 2,5 4,0 6,0 :|</td><td>A o. V</td><td>[3]</td><td>[3]</td></tr>
<tr><td>Spannung</td><td>Elektrische Netze und Betriebsmittel:
- Wechselspannungsversorgung</td><td>IEC 38</td><td>Normspannung</td><td></td><td>Drehstromnetz: 230/400V (auch 220/380...240/415V),
Einphasennetz: 220/240 V; 50 Hz (60 Hz für Export)</td><td></td><td></td><td></td></tr>
<tr><td></td><td>- Gleichspannungsversorgung</td><td>(72 251)</td><td>Nennspannung</td><td></td><td>6 12 24 48 110</td><td>V</td><td>5 V</td><td>110 V</td></tr>
<tr><td></td><td></td><td></td><td></td><td></td><td>≤6 12 24 36 45 60 72 96 110 220 ...</td><td>V</td><td>2,4 V</td><td>600 V</td></tr>
<tr><td></td><td>Integrierte Halbleiterschaltungen:</td><td>IEC 748</td><td>Versorgungs-</td><td></td><td></td><td></td><td></td><td></td></tr>
<tr><td></td><td>- Analog</td><td>-T 1</td><td>spannung</td><td></td><td>1,3 1,5 3 4 5 6 9 12 15 18 24 30 36 48 100</td><td>V</td><td>1,3 V</td><td>100 V</td></tr>
<tr><td></td><td>- Digital bipolar (ohne I²L)</td><td></td><td></td><td></td><td>1,5 5 12 15 (5,2 V für ECL)</td><td>V</td><td>1,5 V</td><td>15 V</td></tr>
<tr><td></td><td>- Digital MOS</td><td></td><td></td><td></td><td>1,3 1,5 3 5 12 15 18 24</td><td>V</td><td>1,3V</td><td>24 V</td></tr>
<tr><td></td><td>MSR-Technik:</td><td>IEC 946</td><td>Schalt-</td><td></td><td>Low: 0 V</td><td>V</td><td>-3 V</td><td>5 V</td></tr>
<tr><td></td><td>- Binäres Gleichspannungssignal</td><td></td><td>spannung</td><td></td><td>High: 24 V</td><td>V</td><td>13 V</td><td>33 V</td></tr>
<tr><td></td><td>Schichtfestwiderstände:</td><td>IEC 115-2</td><td>Nennspannung</td><td></td><td>75 100 150 200 250 350 500 750 1000</td><td>V</td><td>75 V</td><td>1000 V</td></tr>
<tr><td></td><td>- Höchste zulässige Dauerspannung</td><td>45 921 T 1</td><td>bei 70°C</td><td></td><td></td><td></td><td></td><td>(3000 V)</td></tr>
<tr><td></td><td>Kondensatoren: Betriebsspannung für</td><td>IEC 384</td><td></td><td></td><td></td><td></td><td></td><td></td></tr>
<tr><td></td><td>- Kunststoffolie-Kondensatoren</td><td>-T 2</td><td>Nennspannung</td><td>R 5,</td><td>40 50 75 |: 100 150 200 250 350 500 750 :|</td><td>V</td><td>40 V</td><td>1600 V</td></tr>
<tr><td></td><td>- Al-Elektrolyt-Kondensatoren</td><td>-T 4</td><td></td><td>R 10</td><td>≤ 4 5 7,5 |: 10 15 20 25 35 50 75 :|</td><td>V</td><td>1 V</td><td>400
(450) V</td></tr>
<tr><td>Leistung</td><td>Schichtfestwiderstände:</td><td></td><td>Nennbelast-</td><td></td><td>0,063 0,125 0,25 0,5 1 2 3 4</td><td>W</td><td>63 mW</td><td>4 W</td></tr>
<tr><td></td><td>- Axiale Anschlüsse</td><td>45 921 T 1</td><td>barkeit</td><td></td><td>0,03 0,063 0,125 0,25 0,5 1 2</td><td>W</td><td>30 mW</td><td>2 W</td></tr>
<tr><td></td><td>- Chip-Widerstände</td><td>45 921 T 4</td><td>dto.</td><td></td><td>mehrere Reihen, abhängig von Bauart</td><td>W</td><td>2,8 W</td><td>160 W</td></tr>
<tr><td></td><td>Drahtfestwiderstände</td><td>45 921 T 2</td><td>dto.</td><td></td><td>0,25 0,5 1 2 3 4</td><td>W</td><td>0,25 W</td><td>4 W</td></tr>
<tr><td></td><td>Integrierte Widerstandsnetzwerke</td><td>IEC 115-T 7</td><td></td><td></td><td></td><td></td><td></td><td></td></tr>
<tr><td>Widerstand</td><td>Schicht-/Draht-Fest-/Dreh- und Schiebewiderstände</td><td>45 920/21, IEC 115</td><td>Nenn-widerstand</td><td>E 3 bis E 192</td><td>s. Tafel 6.1.5</td><td>Ω</td><td>0,1 Ω</td><td>10 MΩ</td></tr>
<tr><td></td><td>HF-Kabel/-Leitungen: Wellenwiderstand</td><td>47 260</td><td>dto.</td><td></td><td>50 60 75 150 120 240</td><td>Ω</td><td>50 Ω</td><td>240 Ω</td></tr>
<tr><td>Kapazität</td><td>Kondensatoren aller Bauarten</td><td>zahlreiche</td><td>Nennkapazität</td><td>E 3 bis E 192</td><td>s. Tafel 6.1.5</td><td>F</td><td>[3]</td><td>[3]</td></tr>
<tr><td>Induktivität</td><td>Funk-Entstördrosseln</td><td>VDE 0565</td><td>Nennindukt.</td><td>E 12</td><td>s. Tafel 6.1.5</td><td>H</td><td>[3]</td><td>[3]</td></tr>
</table>

Tafel 6.1.4 Fortsetzung

Physikalische Größe	Gültigkeitsbereich, Anwendungsgebiet	Norm oder Vorschrift DIN	Kenngröße, Bezeichnung, Nennwert	Reihe nach DIN	Grund-, Vorzugs- oder Auswahlreihe |: :| für dekadische Wiederholung	Ein-heit	Genormte Grenzwerte minimal	maximal
2. Weitere:							minimal	maximal
Frequenz	El. Betriebsmittel, Anlagen u. Netze (Energieversorgung, Bahnen, Industrie u.a.)	40 005	Nennfrequenz		Allgemein: 50 100 150 bis 4000 10 000	Hz	16 Hz	10 kHz
			Frequenzen		Luftfahrt: 400 Hz, Export: 60 Hz (und Vielfache)			
	Funktechnik: Frequenz- und Wellenlängen-Bereiche	40 015	Wellenlängen		0,3...3 Hz dekadisch gestuft und ...3000 GHz	Hz	0,3 Hz	3000 GHz
					1...10 km benannt (z.B.: UKW) 0,1...1 mm	m	0,1 mm	10 km
Nennwert-toleranz	Grenzabweichungen für passive Bauelemente (Auswahl je Bauart spezifisch)	IEC 62 u.v.a.	Ausliefer-toleranz		Symmetrisch: (±30) ±20 ±10 ±5 bis ±0,005 %	%	0,005%	20%/30%
					Asymetrisch oder/und absolut: Genormt je nach Bauart			
Temperatur	Grenztemperaturen bei Anwendungsklassen elektronischer Bauelemente	40 040			Untere Grenztemp.: -65 -55 -40 -25 -10 0 +5 °C	°C	-65 °C	+5 °C
		IEC 748			Obere Grenztemp.: 40 50 85 100 125 155 400 °C	°C	+40 °C	+400 °C
Geometrie	Bevorzugte Durchmesser für Anschlußdrähte an elektronischen Bauelementen	IEC 301 41 591/93	Nenndurchmesser		0,2 0,25 0,3 0,4 0,5 0,6 0,7 0,8 1,0 1,2	mm	0,2 mm	1,2 mm
	Elektrisch-mechanische Bauelemente mit Zentralbefestigung (Drehschalter, -widerstände, ...)	IEC 620						
	- Wellenenden zur Betätigung		Durchmesser		2,0 3,0 4,0 6,0 u. a,	mm	2 mm	10 mm
			max. Länge		25 32 40 50 63 80 (lt.Tabelle)	mm	10 mm	80 mm
	- Gewindebuchsen zur Befestigung		Gewinde		M5x0,5 M6/M7x0,75 M7/M8x0,75 M9/M10x0,75	mm		
		43 700	max. Länge		(4) 5 6 8 10 12 (lt. Tabelle)	mm		
	Anzeigende Schalttafel-Meßinstrumente (quadratisch, rechteckig)	43 718	Frontrahmen-Ausschnittmaß		(24) 36 48 72 96 144 192 (288)	mm	24 mm	288 mm
			Nennmaß dafür		(22,2) 33 45 68 92 138 186 (282)	mm	22,2 mm	282 mm

[1] R-Reihen nach DIN 323 bzw. ISO 3, E-Reihen nach DIN IEC 63 (s. Tafel 6.1.5);
[2] auch in Kombination mit den bekannten dezimalen Vorsätzen zur Dimension wie bei allen SI-Einheiten, z. B. mA für 10^{-3}A;
[3] in Normen nicht festgelegt

Tafel 6.1.5 Internationale Stufung der Nennwerte für Widerstände und Kondensatoren (nach den Vorzugsreihen in DIN IEC 63 [1]), s. auch Bild 6.1.1)

Reihe m	Faktor F $F=\sqrt[m]{10}$ $m = 3, 6, 12 \ldots 192$	Nennwerte N (in Ω oder pF, gerundet) Dekade 1...10: $N = F^y$ ($y = 1, 2, \ldots m$) andere Dekaden: Multiplikation mit $10^{\pm z}$ ($z = 1, 2, 3, \ldots$)						Toleranz in %	Gültigkeit
E 3	2,154435	1,0		2,2		4,7		>20	Für alle festen und variablen Widerstände und Kondensatoren
E 6	1,467799	1,0	1,5	2,2	3,3	4,7	6,8	±20	
E 12	1,211528	1,0	1,5	2,2	3,3	4,7	6,8	±10	
		1,2	1,8	2,7	3,9	5,6	8,2		
E 24	1,100697	1,0	1,5	2,2	3,3	4,7	6,8	±5	
		1,1	1,6	2,4	3,6	5,1	7,5		
		1,2	1,8	2,7	3,9	5,6	8,2		
		1,3	2,0	3,0	4,3	6,2	9,1		
E 48	1,049140	1,00 ...		... 9,55				<5	Nur für Festwiderstände und Festkondensatoren
E 96	1,024275	1,00 ...		... 9,76				(bis <0,5)	
E 192	1,012065	1,00 ...		... 9,88					

[1]) auch induktive BE werden zunehmend danach gestuft; s. auch DIN IEC 51 (Sec) 279 sowie Tafeln 6.1.9 und 6.1.10

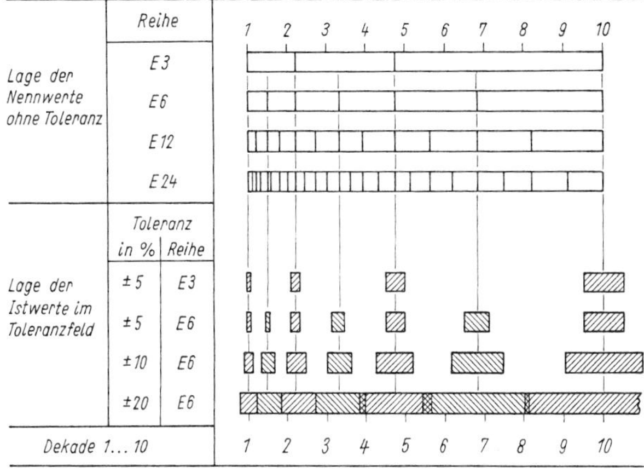

Bild 6.1.1 Nennwerte und Toleranzen der E-Reihen in linearer Darstellung (Auswahl innerhalb einer Dekade, s. Tafel 6.1.5 und [6.1.2][6.1.3][6.1.5])

Bereits die pauschale Gegenüberstellung von Informations- und Leistungselektronik nach **Tafel 6.1.6** läßt erkennen, daß diskrete Bauelemente mit unterschiedlichsten Anforderungen benötigt werden. Kleinste Signalpegel und Abmessungen, Betrieb bei Raumtemperatur sowie geringe Kosten in der Informationselektronik sind ebenso typische Anwenderforderungen wie große (Verlust-) Leistung bei hoher Betriebstemperatur und Zuverlässigkeit in der Leistungselektronik. So werden für die Informationselektronik immer weniger diskrete Bauelemente zugunsten von möglichst hochintegrierten Schaltungen (IS) benötigt. Demgegenüber dominieren in der unmittelbaren Leistungselektronik nach wie vor diskrete Bauelemente, weil die erreichbare Zuverlässigkeit thermisch hochbelasteter Chips auch bei niedrigem Integrationsgrad absinkt. Alle Endstufen mit mehr als etwa 100W Ausgangsleistung (gegenwärtige Grenze) enthalten keine integrierten Funktionen, sondern werden aus diskreten Bauelementen bis zu Verlustleistungen von über 100 kW (Siliziumthyristoren) bzw. 500 kW (Sendetrioden in ortsfesten Anlagen mit Wasserkühlung; s. Abschn. 5.4) aufgebaut.

Tafel 6.1.29 enthält für passive und aktive Bauelemente zahlreiche Normen mit anwenderspezifischen Bauarten, Typgruppen od. dgl., besonders bei Widerständen und Kondensatoren abhängig von Leistung, Nennspannung, Zuverlässigkeit, Technologie usw. gestufte Hierarchien. Für zahlreiche Bauarten von Festwiderständen zeigen **Tafel 6.1.7** (dBE) und **Tafel 6.1.8** (aBE), daß für vergleichbare elektrische Parameter trotz Normung erheblicher Spielraum für die Typauswahl verbleibt. Die hier angegebenen Maße und Toleranzen sollen sowohl auf den engen Zusammenhang zwischen den elektrischen Größen und den Bauelementeabmessungen (Miniaturisierung nur bei niedriger Verlustleistung,

Spannung usw.) als auch auf die hohen Anforderungen beim Bestücken von Leiterplatten oder anderen Verdrahtungsträgern hinweisen.

Wickelbauelemente (s. Tafel 6.1.2) sind teuer und besonders für Netzgeräte und Niederfrequenzverstärker oft zu groß und zu schwer. Durch Einsatz moderner Magnetwerkstoffe, Halbleiterbauelemente und integrierter Schaltungen gelingt es immer besser, ihren Aufbau zu vereinfachen oder sie ganz zu vermeiden und trotzdem die Kennwerte der Funktionsgruppen zu verbessern. Beispiele sind Schaltnetzteile, eisenlose Endstufen sowie u.a. auch Filter. Im Hochfrequenzbereich erlauben piezokeramische Bandfilter und auf die Leiterplatte gedruckte Spulen abgleicharme, bessere und billigere Lösungen.

Gebräuchliche Bauarten der oft umfangreichen Typgruppen für bedrahtete, durchsteckbare sowie aufsetzbare Bauelemente zur Oberflächenmontage (SMT) zeigen die **Bilder 6.1.2** bis **6.1.5**. Detaillierte Informationen über elektrische Eigenschaften diskreter Bauelemente sind der Fachliteratur [6.1.1] bis [6.1.5][6.1.7][6.1.32] und [6.1.33] sowie Normen und Richtlinien zu entnehmen (s. Tafel 6.1.29).

Tafel 6.1.6 Vergleich typischer Eigenschaften[1)] der Informations- und Leistungselektronik

Parameter	Einheit	Informationselektronik	Leistungselektronik
Umgesetzte Leistung	VA	10^{-6}... 1	1... 10^5
Dabei auftretende			
- Spannungen	V	1...30	1... >10^3
- Ströme	A	10^{-12}...1	1... >10^3
- Schaltzeiten	s	10^{-9}...10^{-3}	10^{-5}...10^{-2}
Verhältnis Lastwiderstand zu Generatorinnenwiderstand		>>1 (leistungsarm)	≈ 1 (Anpassung)
Erforderliches Volumen[2)]	mm^3	10^{-2}...10^4	10^3...10^8
Integrationsgrad verbreiteter Bauelemente		gering bis extrem hoch	gering, oft diskrete Bauelemente
Typische aktive Bauelemente		integrierte Schaltungen, Dioden, Transistoren, Hochvakuumröhren, Wandler	Leistungsgleichrichter, -transistoren, -thyristoren, gasgefüllte Röhren
Hauptfunktionen		Signalübertragung, -speicherung und -verarbeitung	Leistungsschalter und -verstärker, auch Materialveränderung
Wesentliche Anwendungsgebiete (Auswahl)		Nachrichten-, Daten-, Meß-, Steuer- und Regelungstechnik, industrielle Elektronik, Heimelektronik	

1) Die hier aufgeführten pauschalen Wertebereiche charakterisieren elementare Funktionen wie „Schalten" oder „Verstärken" eines Signals mit handelsüblichen Bauelementen;

2) einschl. Gehäuse, Anschlüsse und Kühlkörper

6.1.1.2 Anwendung

Die Montage der diskreten Bauelemente auf einer Leiterplatte oder einem Verdrahtungsträger umfaßt elektrische und geometrisch-stoffliche Verbindungen zum Eingliedern des Elements in die Funktionsgruppe. Sie setzt insbesondere das geometrische Anpassen zwischen den elektrischen Anschlüssen und den evtl. erforderlichen mechanischen Befestigungselementen am Bauelement und Träger voraus. Mechanisch gering belastete Elemente kleiner Eigenmasse werden auf dem Träger über ihre elektrischen Anschlüsse meist durch Löt- sowie durch Schweiß-, Schrauben-, Klemm- oder Steckverbindungen zuverlässig befestigt [6.1.19]. Die bei Montage, Betrieb und Transport an den Anschlüssen maximal zulässigen statischen und dynamischen Belastungen durch Kräfte, Momente, hohe Temperaturen, Chemikalien usw. sind den jeweiligen Bauelemente-Normen, spezifischen Verfahrensnormen (z.B. zum Kolben-, Schwall- oder Tauchlöten oder zur Prüfung auf mechanische Festigkeit) oder den Anwenderempfehlungen der Bauelementehersteller entnehmbar (s. Tafel 6.1.29). Diese Hinweise tragen oft entscheidend zum beanspruchungsgerechten Gestalten der Bauelementeverbindung mit seinem Träger sowie des Layouts (s. Abschn. 6.1.5) bei.

Die Mehrheit der Bauelemente wird heute in gut schützenden Transportverpackungen (s. auch Abschn. 8) geliefert, die für manuelles oder automatisiertes Bestücken gestaltet und ohne Umladen verwendbar sind. Die Bilder 6.1.13 und 6.1.14 in Abschn. 6.1.2.3 weisen auf gegurtete oder anders

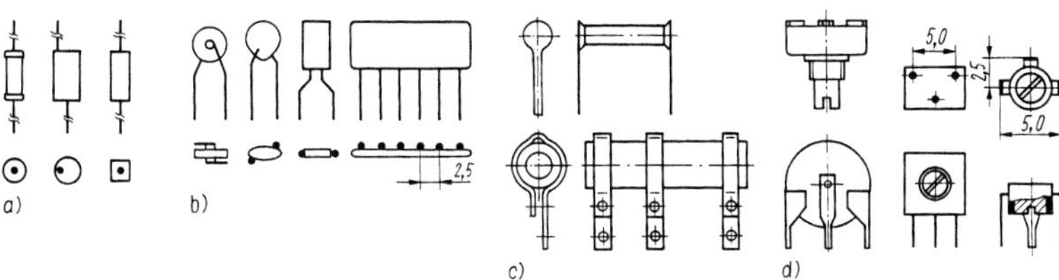

Bild 6.1.2 Typische Bauformen diskreter passiver durchsteckbarer Bauelemente (dBE)
(ausgewählte Beispiele in vereinfachter Darstellung)
a) axiale, flexible Drahtanschlüsse;
b) radiale oder einseitige Drahtanschlüsse bei Scheiben-, Tropfen- oder Rechteckform;
c) einseitige Flachanschlüsse (Lötfahnen, Schellen) bei hoher thermischer Belastung;
d) nahezu starre Anschlüsse bei stellbaren Bauelementen (Einstellregler und Trimmer für Leiterplattenmontage)

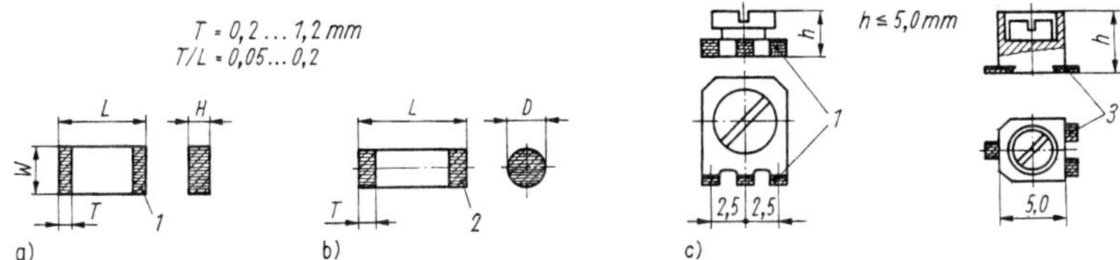

Bild 6.1.3 Typische Bauformen diskreter passiver aufsetzbarer Bauelemente (aBE)
(s. auch Tafel 6.1.8)
a) Quaderform („Chip"-Widerstände, -Kondensatoren und -Spulen);
b) Zylinderform („MELF"-Kohle- oder -Metallschichtwiderstände);
c) Mischformen bei stellbaren Bauelementen für die automatisierte Montage
1 lötbare Metallschicht; *2* lötbare Metallkappe; *3* lötbares Stanz-/Biegeteil

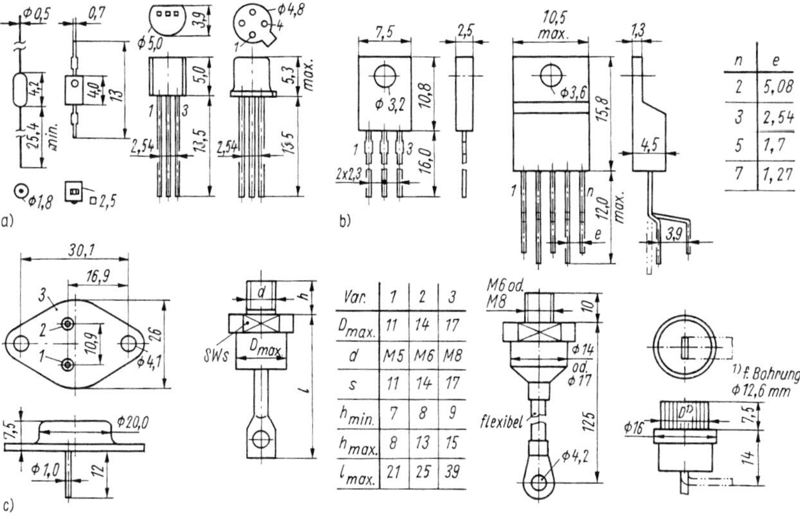

Bild 6.1.4 Typische Bauformen diskreter aktiver durchsteckbarer Bauelemente
a) flexible axiale Draht- oder Flachanschlüsse an Glas- oder Kunststoffgehäusen (Dioden und Transistoren bis etwa 0,1 Watt);
b) richtbare seitliche Anschlüsse an Metall- und Kunststoffgehäusen (z.T. Mehrfach-Dioden/-Transistoren, Thyristoren u.a. bis etwa 1 Watt);
c) robuste, starre Anschlüsse an Metallgehäusen; Befestigung durch Niet-, Schrauben- oder Preßverbindung (Leistungsdioden, -transistoren und -thyristoren bis weit über 10 Watt)

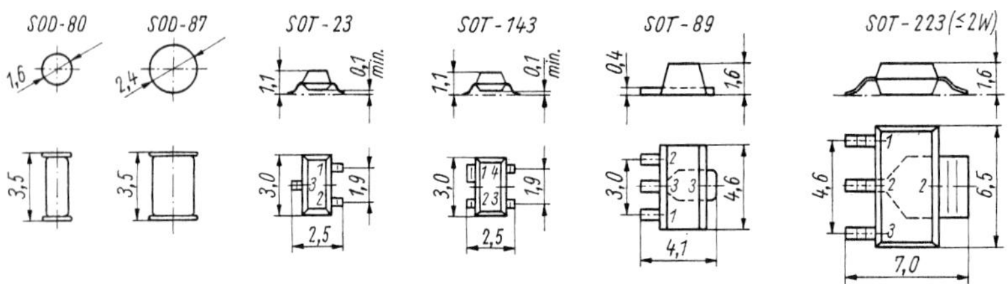

Bild 6.1.5 Bezeichnungen und Bauformen für international verbreitete Gehäuse diskreter aktiver aufsetzbarer Bauelemente
(Dioden und Transistoren bis maximal 2 Watt)

Tafel 6.1.7 Festwiderstände nach DIN 45 921

a) Übersicht über die Bauartspezifikationen

Alle Baugrößen mit rundem Querschnitt und axialen Drahtanschlüssen nach Bild 6.1.2a [1)]

DIN 45 921-Teil	Inhalt dieses Teiles, Bauartspezifikation (Schichtaufbau, Einsatz, Ausführung)	Baugrößen, ausgewählte Wertebereiche						
		Anzahl versch. Baugrößen	Körperlänge L mm min.	max.	Belastbarkeit W min.	max.	Widerstand Ω min.	max.
	Kohleschichtwiderstände für							
102	- allgemeine Anforderungen	8	3,5	31,7	0,21	1,31	10	22 M
103	- erhöhte Anforderungen	8	3,5	31,7	0,14	0,85	10	22 M
106	- erhöhte Anforderungen mit kleiner Drift mit kleinem Ausfallquotienten	4	5,3	16,8	0,22	0,45	10	2,2 M
1011	- Stabilität 1 % (isoliert)	4	3,3	16,7	0,063	0,50	CECC 00200	
105	Kohlegemischschichtwiderstände für allgemeine Anforderungen	4	6,0	15,0	0,27	1,0	10	22 M
	Metallschichtwiderstände für							
107	- erhöhte Anforderungen	6	3,5	16,8	0,21	0,71	1,0	1,5 M
1012	- Stabilität 0,5 %	5	3,3	22,0	0,063	1,0	CECC 00200	
1014	- erhöhte Anforderungen auf Träger hoher Wärmeleitfähigkeit	5	3,0	13,2	0,39	0,85	0,22	2,4 M
1017	- nachgewiesenen Zuverlässigkeitsfaktor, Bauart FM 21, Stabilität 0,5%, Bestätigungsstufe „S"	4	3,3	12,2	0,15	0,5	10	10 M
108	Metalloxidschichtwiderstände für erhöhte Anforderungen	5	9,0	32,5	0,66	3,0	51	100 k
109	Metallglasurwiderstände für erhöhte Anforderungen	3	6,0	15,1	0,5	1,0	10	1 M
	Drahtfestwiderstände							
202 [1)]	- im Keramikgehäuse, Bestätigungsstufe „M"[1)]	6	17	77	3,5	12	0,05	33 k
209 [1)]	- dto, mit einseitigen Drahtanschlüssen[1)]	4	24	77	5,0	12	0,27	33 k
203	- glasiert, Bestätigungsstufe „S"	5	11	53	2,8	12	1,0	82 k
208 [1)]	- dto, mit Anschlußschellen[1)]	8	43,5	335	9,0	280	3,3	320 k
207	- zementiert, Bestätigungsstufe „S"	5	11	53	2,5	9	0,15	51 k
206 [1)]	- dto. mit Anschlußschellen und Abgreifschelle	8	43,5	335	4,2	160	1,5	620 k
301	Präzisionsfestwiderstände,							
302	Bestätigungsstufe „F"							
	Chip-Widerstände rechteckig, Metallglasur, Bestätigungsstufe „S"							
1019[1)]	- Stabilitätsklasse 1	2	1,8	3,4	0,063	0,125	1	10 M
402 u. 1015[1)]	- Stabilitätsklasse 2	3	1,5	3,4	0,063	0,25	1	10 M
403 u. 1016 [1)]	Chip-Widerstände zylindrisch, Metallschicht, Bestätigungsstufe „S"	3	1,9	6,1	0,2	0,4	0,2	10 M

[1)] Ausnahmen: Quadratischer Querschnitt in Teilen 202 und 209 (s. Bild 6.1.2a); Blechschellen als Flachanschluß in Teilen 206 und 208 (s. Bild 6.1.2c); Chip-Widerstände (aBE), s. Tafel 6.1.8

Tafel 6.1.7 Fortsetzung

b) ausgewählte Bauartspezifikationen

DIN 45 921, Teil-	-102					-108					-203				
Inhalt dieses Teiles der Norm	Kohleschichtwiderstände für allgemeine Anforderungen					Metalloxidschichtwiderstände für erhöhte Anforderungen					Glasierte Drahtfestwiderstände Bestätigungsstufe „S“				
CECC	40 101 - 012					40 101- 033					40 201 - 004				
Baugröße, Bezeichnung	AC 0204	CC 0207	bis	KC 0922	LC 0933	CV 0411	NV 0414	bis	EV 0922	FV 0933	AC	BC	bis	DC	EC
Zulässige Belastbarkeit:															
- Nennleistung P W (bei 70 °C Umgebungstemperatur)	0,21	0,34		1,13	1,31	0,66	0,66		2,5	3,0	2,8	4,0		9,0	12,0
- Dauerspannung V (Stufungen s. DIN 45 920)	200	250		750	750	350	350		500	600	100	200		350	500
Abmessungen des Widerstandskörpers (über alles, max.):															
- Länge L mm	4,1	6,8		21,4	31,7	11,1	23,0		22,0	32,5	14,0	22,0		36,0	53,0
- Durchmesser D mm	1,8	2,5		9,0	9,0	4,0	4,2		9,0	9,0	6,0	7,0		10,5	11,0
Abmessungen der Anschlußdrähte:															
- Rastermaß (min.) mm	7,5	10,0		25,0	35,0	15,0	15,0		25,0	37,5	17,5	27,5		42,5	57,5
- Durchmesser D (max.) mm	0,5	0,6		0,8	0,8	0,7	0,8		0,8	0,8	0,8	0,8		0,8	0,8
Wertebereiche für Nennwiderstand:															
- Stufung (Vorzugsreihen nach DIN IEC 63, s. Tafel 6.1.5)			≥E24					≥E24					≥E24		
- niedrigster Nennwert Ω	10	10		10	10	51	51		51	51	1,0	1,0		1,0	2,2
- höchster Nennwert Ω	220k	5,1M		5,1k	22M	100k	100k		51k	51k	6,8k	15k		47k	82k
Zulässige Abweichungen vom Nennwiderstandswert:[1]															
- engste Tolerierung %			±2					±2					±2		
- gröbste Tolerierung %			±5					±5					±10		
Temperaturkoeffizient des Nennwiderstandswertes 10^{-6}K			-150 bis -1500					-250 bis +250					-100 bis +200		
Klimakategorie (DIN IEC 68-2)			55/155/21					55/155/56					55/200/56		
Zuverlässigkeit (Richtwert):			ohne Angaben			Beanspruchungsdauer: 130 000 h							in Vorbereitung		
						Ausfallquotient				10^{-8}/h					

[1] Stufung der Toleranzgrenzen nach Reihen R5/R10 gemäß DIN 323 bzw. ISO 3

Tafel 6.1.8 Bezeichnungen und Geometrie diskreter, passiver aufsetzbarer Bauelemente („Chip"-Bauelemente)

a) Quaderform (s. auch Bild 6.1.3a sowie DIN 45921 und DIN IEC 40(CO)621, 623, 629 bis 632
bevorzugt für Dickschicht-Widerstände bis max. 0,5 W, Keramik-, Vielschicht- und Elektrolytkondensatoren, Spulen bis 1 mH sowie Filter, Sensoren und passive Wandler

Kurzbezeichnungen[1]		0504	RR 0505	**RR 0603**	**RR/RS 0805**	RR 1005	RR 1010	**RR/RS 1206**	1210	RR 1605	1805	1812	2220	2522
Länge L	mm	1,25	1,25	1,6	2,0	2,5	2,5	3,2	3,2	4,0	4,5	4,5	5,7	6,3
Breite W	mm	1,0	1,25	0,85	1,25	1,25	2,5	1,6	2,5	1,25	1,25	3,2	5,0	5,7
Höhe H für														
- Chip-Widerstände	mm	1,0	0,6	0,45	0,6	0,6	0,6	0,6	2,0	0,6	0,6	1,9	1,9	1,9
- sonstige verbreitete aBE (von/bis)	mm			0,8	0,4/1,25			0,5/1,8	0,5/2,5		0,5/2,6	0,5/2,0	0,5/2,0	0,5/2,0
Belastbarkeit[2]:														
- Verlustleistung	mW			62,5	125(150)			250						
- Dauerspannung	V			50	100(150)			200						

b) Zylinderform (s. auch Bild 6.1.3b sowie DIN 45 921 T4, T 403, T 1016 und DIN IEC 40(C0)621)
bevorzugt für Metall-Dünnschicht-Widerstände

Kurzbezeichnungen[1]			Mikro-MELF[3] RC 2211 (0102) MMU 0102	Mini-MELF RC 3715 (0204) MMA 0204	MELF RC 6123 (0207)
Länge L	von/bis	mm	1,9/2,2	3,3/3,7	5,2/6,1
Durchmesser D	von/bis	mm	1,0/1,1	1,2/1,5	1,9/2,3
Belastbarkeit[2]:					
- Verlustleistung		mW	200 (125)	250 (125)	400 (250)
- Dauerspannung		V	100 (150)	200	250

[1] Codierungen RR oder RS (rectangular/square chip resistor) rechteckiger oder quadratischer Querschnitt
für Form: RC (cylindrical chip resistor) kreisförmiger Querschnitt
Codierungen für Maße: L x W in 1/100-Zoll-Stufung, metrisch gerundet nach IEC; Toleranzen bis ±0,4 mm

[2] Maximalwerte für (Chip-)Widerstände, Stabilitätsklasse 2

[3] auch für vertikale Montage in Bohrungen von 1,5 bis 1,9 mm dicken Multilayern (IMT - Insert Mounting Technology)

Fettdruck für bevorzugte Bauformen

magazinierte Lieferformen von durchsteckbaren und aufsetzbaren Bauelementen hin und zeigen auch, daß die Anschlüsse von durchsteckbaren Bauelementen bei großer Stückzahl bereits vorgebogen bezogen und verarbeitet werden können. In anderen Fällen sind die Drahtanschlüsse von durchsteckbaren Bauelementen durch Vorbereiten (Herrichten) vor der Montage dem Raster der Leiterplatte oder des Verdrahtungsträgers anzupassen (**Bild 6.1.6**). Die Maße der Anschlüsse für aufsetzbare Bauelemente entsprechen meist dem Leiterplattenraster; der Wegfall des Herrichtens unterstützt also die Kostensenkung durch entfallendes Bohren der Leiterplatte. Die Befestigung schwererer oder mechanisch belasteter Bauelemente mit individuell gestalteten oder genormten Elementen zeigt **Bild 6.1.7**.

Die spezifischen und typgebundenen elektrischen und sonstigen Kenngrößen jedes Bauelementes sollen während seiner Lebensdauer auch ohne Verpackung vor und nach der Montage möglichst eindeutig und ohne Messung erkennbar sein. Daher ist das Kennzeichnen auch kleinster Bauformen notwendig. Bei ausreichender Beschriftungsfläche werden Herstellerzeichen, Typenbezeichnung, Hauptkenngrößen, Herstellungsdatum und weitere Angaben (s. DIN IEC 62) direkt oder über Code lesbar angebracht (**Tafel 6.1.9**). Bei Bauelementen kleiner Abmessungen wird ein Farbcode angewendet, der internationale Verbreitung gefunden hat (**Tafel 6.1.10**). Kennzeichnung und Vorbereitung der Bauelemente haben so zu erfolgen, daß nach der Montage die Lesbarkeit möglichst gewährleistet bleibt.

Ausgewählte Normen und Richtlinien zu Abschn. 6.1.1 enthält Tafel 6.1.29.

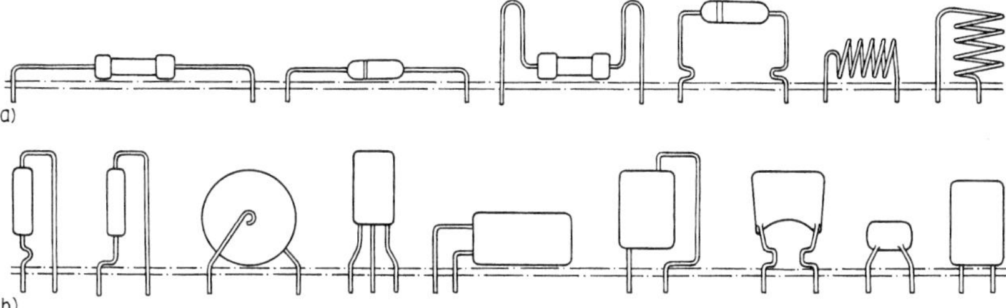

Bild 6.1.6 Montage diskreter durchsteckbarer Bauelemente auf Leiterplatten
a) beim Anwender vorbereitete, ungekürzte Drahtanschlüsse (manuelles Bestücken);
b) beim Hersteller gebogene, kurze Drahtanschlüsse (automatisiertes Bestücken aus Gurten, s. Bild 6.1.13)

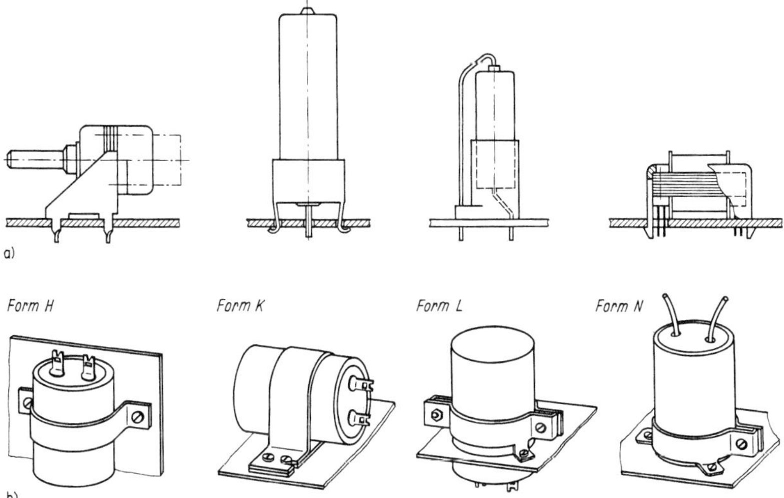

Bild 6.1.7 Sicherung mechanisch hoch belasteter durchsteckbarer Bauelemente mittels zusätzlicher Befestigungselemente aus Metall oder Kunststoff
a) leiterplattenspezifisch, vom Anwender konstruiert;
b) Ringschellen nach DIN 41212 für zylindrische Bauelemente der Durchmesser 20 bis 75mm

Tafel 6.1.9 Kennzeichnung elektronischer Bauelemente durch Kurzzeichen in Klarschrift (Internationaler Buchstaben-/Ziffern-Code)
(s. auch Tafeln 6.1.5, 6.1.10 und 6.1.29 sowie [6.1.1] bis [6.1.7])

Art des Bauelements Norm für Kennzeichnung	Geforderte Mindestkennzeichnung auf dem Bauelement Nennwert (DIN IEC 63) Zahl (2 oder 3 Stellen)	Multiplikator	Grenzabweichung relativ [2]	absolut	Zusätzliche Angaben auf dem Bauelement, weitere Angaben auf Verpackung, Magazin od. dgl. [1] bauelementspezifisch	allgemein	Beispiele für Kurzzeichen und deren Bedeutung
Festwiderstände nach DIN IEC 62, DIN IEC 40(CO)760, DIN IEC 115	Widerstand in Ω	R 10^0 K 10^3 M 10^6 G 10^9 T 10^{12}	E ±0,005% L ±0,01 % P ±0,02 % W ±0,05 % B ±0,1 %	A[1]	lt. Vereinbarung z.B. - Temperaturbeiwert - Rahmenspezifikation	Herstellungsdatum: 1. Jahr: A 1990 B 1991 bis	Metallschichtwiderstände nach DIN 45921 T 1012: 47 RM = 47 Ω ±20 % 48 k7 DE = 48,7 kΩ ±0,5 % ±25 · 10^{-6}/K
Festkondensatoren nach DIN IEC 62, DIN IEC 40 (CO)760, DIN IEC 384	Kapazität in F (oder pF, nF [1])	p 10^{-12} n 10^{-9} µ 10^{-6} m 10^{-3} F 10^0	C ±0,25 % D ±0,5 % F ±1 % G ±2 % J ±5 % K ±10 % M ±20 % N ±30 %	A[1] und für C 10pF: B +0,1 pF C +0,2 pF D +0,5 pF F +1,0 pF	Nenngleichspannung: Keram. Kond.: a 50 V, b 125 V, bis, g 700 V, h 1000 V Elyt-kond.: C 6,3 V, D 10 V, bis, G 40 V, H 63 V	W 2008 X 2009 2. Monat: 1 Januar 2 Februar bis N November D Dezember	Keram. Scheibenkondensatoren nach DIN 45910: 18 nKb = 18 nF ±10 %/125 V Al-Elyt-Kondensator für SMT (verkürzte Norm): 4G7 = 4,7 µF/40 V
Feste induktive Bauelemente nach DIN IEC 51 (Sec) 279	Induktivität in nH	0 10^0 1 10^1 2 10^2 bis 8 10^8 9 10^{-1}		A[1]	lt.Vereinbarung z.B. - Nennstrom - Anwendungsklasse	weitere[1]: - Hersteller - Klimakategorie - Bauart - Vereinbarungen	HF-Drosselspule auf Isolierstoffkern 680 K = 68 nH ±10 %
Diskrete Halbleiterbauelemente (auch für IS) nach DIN IEC 47(CO) 895	Stets mehrere Ziffern und Buchstaben in verschiedenen Systemen, z.B. auch als Farbcode je nach Region, Hersteller, Bauart u.a.: 1. Typ (elektrische Funktion): Europa: nach Pro Electron; USA u.a.: nach JEDEC — siehe [6.1.5] bis [6.1.8] 2. Gehäuse und Anschlüsse (Bauart): Internat. : IEC 191, T 2 u. T 4 (8 Gehäusekategorien); BRD: DIN 41 870, T 2 (Zahl/Buchstabe/Zahl je Gehäusetyp)						Dioden, Transistoren und andere (Einzel-)Halbleiterbauelemente, auch firmenspezfisch

[1] Kennzeichnung nach besonderen Vereinbarungen, die auf der Verpackung anzugeben sind; [2] bezogen auf den Nennwert; auch unsymmetrische Toleranzen genormt!

Tafel 6.1.10 Kennzeichnung elektronischer Bauelemente durch Farbringe oder Farbpunkte
(Internationaler Farbcode nach DIN IEC 62, DIN IEC 40(CO)760 und DIN IEC 51(Sec)279); s. auch Tafeln 6.1.5, 6.1.9 und 6.1.29

Art des Bauelements, Norm für Kennzeichnung	Geforderte Mindestkennzeichnung auf dem Bauelement Nennwert (E-Reihen nach IEC 63)		Grenzabweichung	Zusätzliche Kennzeichnung	Beispiele für Anordnung der Kennzeichnung[3] und Bedeutung der Farbcodes
Festwiderstände DIN IEC 62 u.a. Festkondensatoren DIN IEC 62 u.a.	Widerstand in Ω Kapazität in F (auch in pF [1])		Ausliefertoleranz von ±20 % bis ±0,1 %	symmetrischer Temperaturkoeffizient sowie weitere[2]	Anzahl Ringe und Kennfarbenfolge – Bedeutung Metallschichtwiderstände nach DIN 45 921: 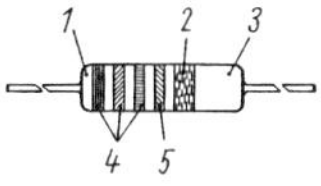
Feste induktive BE DIN IEC 51 (Sec) 279	Induktivität in nH		(Grenzen gestuft nach Grundreihe R5)	keine	
Kennfarben und Kurzzeichen[1]	2 oder 3 zählende Ziffern Ring 1, 2 o. 1, 2, 3	Multiplikator Ring 3 o. 4	Toleranz Ring 4 o. 5	TK (10^{-6}/K) Ring 5 o. 6	4: YE/VT/OG/- 47 kΩ ±20 % 5: YE/VT/BK/RD/GD 47 kΩ ±5 % 6: YE/GY/VT/RD/GN/YE 48,7 kΩ±0.5 % bei TK $+25 \cdot 10^{-6}$/K
ohne	-	-	±20 %	-	Keram. Scheibenkondensatoren nach DIN 45910, T163: 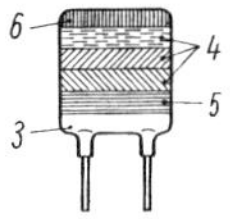
silbern SR	-	10^{-2}	±10 %	-	
golden GD	-	10^{-1}	±5 %	-	
schwarz BK	0	10^{0}	-	±250	
braun BR	1	10^{1}	±1 %	±100	
rot RD	2	10^{2}	±2 %	±50	
orange OG	3	10^{3}	-	±15	
gelb YE	4	10^{4}	-	±25	4: BR/GY/OG/ SR 18 nF ±10 %
grün GN	5	10^{5}	±0,5 %	±20	(Farbcode <u>nicht</u> in IEC 62!)
blau BU	6	10^{6}	±0,25 %	±5	
violett VT	7	-	±0,1 %	±1	Entstördrosselspulen mit Ferritkern,
grau GY	8	-	-	-	Baugröße 1210 lt. Tafel 6.1.8:
weiß WH	9	10^{9}	-	-	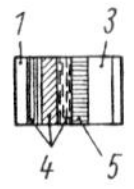 4: OG/OG/RD/RD 3,3 µH ±2 %

[1] Buchstabencode für Farben nach DIN IEC 757;
[2] Weitere und andere Zuordnungen sind verbreitet, z. B. für Nennspannungen bei Kondensatoren; [3] Erläuterungen zu den Bildern: *1* kleiner Abstand zum ersten Farbring; *2* 1,5 bis 2mal so breit wie andere Farbringe, Farbring für Temperaturkoeffizient oder anders vereinbart; *3* großer Abstand zum letzten Farbring, Kennfarbe Grundkörper und/oder zusätzliche Kennzeichnungen; *4* drei oder vier Farbringe für Nennwert; *5* Farbring für Grenzabweichungen (bei Kondensatoren z. T. Nennspannung); *6* Kennfarbe für Keramikart bzw. Temperaturkoeffizient

6.1.2 Funktionsgruppen mit integrierten Schaltungen [6.1.1][6.1.4] bis [6.1.11][6.1.29]bis [6.1.33]

Erfolgt die Realisierung eines schaltungstechnischen Entwurfs so, daß mehrere Schaltelemente (s. Tafel 6.1.1) elektrisch und mechanisch zu einer funktionellen und konstruktiv-technologischen Einheit untrennbar verbunden werden, so bezeichnet man diese Einheit als *Integrierte Schaltung* (*IS* oder *IC*, *Integrated Circuit*). Nach DIN IEC 748 T1 ist eine derartige IS hinsichtlich Datenblattangabe, Prüfung, Vertrieb und Instandhaltung zwar unteilbar, setzt einerseits aber nicht unbedingt ein Gehäuse, äußere Anschlüsse od. dgl. voraus (z.B. Nackt-Chips) und kann andererseits auch aus mehr als nur einem monolithischen Chip aufgebaut sein (Mehr-Chip-IS). Entwurf, Herstellung und Anwendung solcher oft hochgradig miniaturisierten elektronischen Schaltungen charakterisieren die moderne Mikroelektronik.

Die mehr oder weniger komplexen elektrischen Funktionen erfordern ihren Entwurf auf Basis analoger oder digitaler Signale sowie die konstruktiv-technologische Umsetzung mittels eines der weltweit verbreiteten Strukturierungsverfahren [6.1.10][6.1.11][6.1.29] bis [6.1.31]. Dafür verfügbare Strategien und Technologien sind nicht Gegenstand dieses Abschnittes; sie sollen jedoch konzentriert in den **Tafeln 6.1.11** und **6.1.12** zum Ausdruck kommen, weil die Verfahren zum Aufbau der inneren Strukturen bestimmter IS (Beispiel: Kontaktieren durch Bonden) beim Fertigen kompakter Baugruppen auf Leiterplatten zunehmend genutzt werden.

Fast alle in den Tafeln zitierten Arten und Parameter von integrierten Schaltungen unterliegen weltweiter, nationaler oder unternehmenseigener Normung (s. DIN IEC 747, DIN IEC 748 und Tafel 6.1.29). Jede integrierte Schaltung wird für eine bestimmte Funktion ausgelegt, erhält als selbständiger Typ eine eigene Bezeichnung und gehört meist einer Typgruppe, Baureihe oder Familie an (s. DIN 41870 und Tafel 6.1.13). Die Gesamtheit der Typen in einer Familie ist durch gleichartige Herstellungstechnologien, verwandte Funktionen sowie übereinstimmende oder ähnliche Kombinationen elektrischer Kenngrößen und sonstiger Eigenschaften charakterisiert.

Typisch für alle integrierten Schaltungen ist ihre gegenüber diskreten Bauelementen hohe Anzahl von Anschlüssen (Pins), die sowohl Betriebsspannungen, Ein- und Ausgangssignale zwischen ihrem inneren Aufbau und der äußeren Schaltung zu- bzw. abführen als auch der thermischen und mechanischen Verbindung des Gehäuses mit der Leiterplatte dienen. Die verschiedensten Gehäuse- und Anschlußformen passen somit den inneren Aufbau einer integrierten Schaltung an die äußere Verdrahtung an und stehen im Mittelpunkt des folgenden Abschnittes.

6.1.2.1 Eigenschaften

Wie diskrete Bauelemente stehen integrierte Schaltungen meist nicht nur als durchsteckbare Bauelemente, sondern mit fast identischen elektrischen Eigenschaften auch als aufsetzbare Bauelemente zur Verfügung. Die Maßbilder für DIL- und SO-Gehäuse nach **Bild 6.1.8** sowie die **Tafeln 6.1.13** und **6.1.14** enthalten den Größenvergleich zwischen durchsteckbaren und aufsetzbaren Bauelementen mit Anschlußrastern $e_d = 2{,}54$ mm und $e_a = 1{,}27$ mm. Mit **Tafel 6.1.15** für PLCC-Gehäuse wird deutlich, daß auch integrierte Schaltungen einer genormten Stufung ähnlich den diskreten Bauelementen unterliegen.

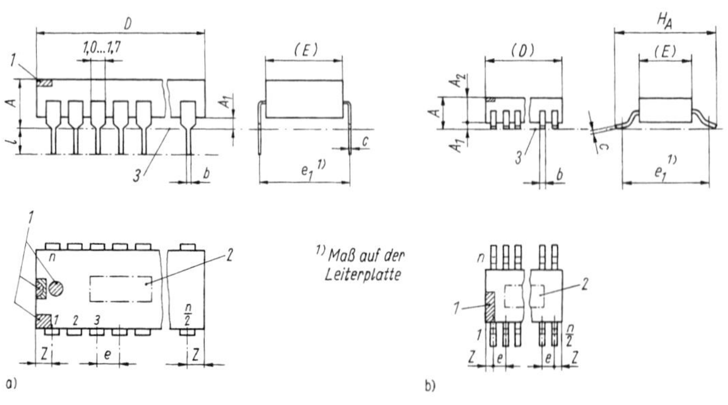

Bild 6.1.8 Gehäuse, Hauptmaße und Maßbuchstaben für integrierte Schaltungen (nach DIN 41870 und IEC)
a) für durchsteckbare Bauelemente: Bauformen DIL;
b) für aufsetzbare Bauelemente: Bauformen SO
1 Gehäuseprofilierung zum Markieren des Anschlusses *1* (Ausführungen herstellerspezifisch);
2 Fläche für aufgedruckte Kennzeichnungen (Hersteller, Typ, Charge usw.);
3 Aufsetzebene/Auflagefläche auf der Leiterplatte

Bezeichnungen nach IEC 191:

Anschlüsse:
- n Anzahl insgesamt
- e Abstand (Teilung Mitte-Mitte)
- l Länge (nur für DIL)
- b Breite
- c Dicke

Gehäuse:
- D Länge

Orientierungsmaße für Kunststoff- oder Keramikgehäusekörper:
- E Breite
- H_A Breite insgesamt (nur für SO)
- A Höhe über Auflagefläche insgesamt
- A_1 Lichte Höhe (Auflagefläche-Basisfläche)
- A_2 Höhe des Gehäusekörpers
- e_1 Steckbreite (DIL) oder Aufsetzbreite (SO) für die Montage auf der Leiterplatte
- Z Überhang (maximal 2,54 mm, 1,27 mm oder 0,635 mm)

Maß-Angaben dafür s. Tafeln 6.1.13 (DIL-Gehäuse) und 6.1.14 (SO-Gehäuse)
(weitere Beispiele und Kurzzeichen s. nachfolgende Bilder und Tafeln)

Tafel 6.1.11 Technologische und anwendungstechnische Merkmale integrierter Schaltungen (Übersicht)
(s. auch Tafeln 6.1.13 bis 6.1.17 und Tafel 6.1.29)

Oberbegriff (DIN IEC 7475 T 1, DIN IEC 47(CO)1220 und 1253)	Integrierte Schaltung (IS)					
Sammelbegriff	Integrierte Schichtschaltung		Hybrid integrierte Schaltung		Integrierte Halbleiterschaltung	
Bezeichnung für IS-Arten Eigenschaften der Schicht auf dem Substrat bzw. Funktion	Integrierte Dickschicht-schaltung s = 1...30 µm	Integrierte Dünnschicht-schaltung s = 0,01...1 µm	Hybrid integrierte Dünnschicht-schaltung	Hybrid integrierte Mehrchipschaltung	Bipolare Schaltung analog, digital	unipolare Schaltung analog, digital
Basismaterial	Al_2O_3-Keramik	verbreitet: Glas selten: Keramik	wie Dünnschicht-schaltungen	Glas, Keramik, Poly-amid, Cevausit u.a	weltweit: Chips aus Silizium (monokristallin) vereinzelt: Chips aus Saphir, Spinell (SOS)	
Substratdicke s in mm	0,3...1,0	0,2...0,5	0,2...0,5	0,2...1.0	0,1...0,6	
Abmessungen b x l in mm	10 x 10 bis 75 x 75	10 x 10 bis 50 x 50	maximal 50 x 50	maximal 80 x 80	SSI bis VLSI 1 x 1 bis 8 x 8 (max. 200)	
Herstellung von Schichten für Kontakte und Verbindungsleitungen	Siebdruck und Einbrennen edel-metallhaltiger Pasten	Kathodenzerstäu-bung oder Aufdamp-fen von Metall, dann Verzinnen	Kathodenzerstäubung, Aufdampfen oder Siebdruck (Auf- oder Abbauverfahren), Verbindungsnetzwerk auch mehrlagig		Aufdampfen von Aluminium über Masken für Leitbahnen und Kontaktflächen	
Leiterdicke s in µm	15... 25	0.5... 1 (5)	Geometrie gemäß gewählter Schichttechnik		0,1 ... 1,0	
Leiterbreite b in mm	0,15... 1,5	0,1...1			0,001 ... 0,05	
Herstellung passiver Bauelemente (R, C und L)	R und C in Schichttechnik üblich, L selten; R, C und L als diskrete Miniaturbauelemente auflötbar		als diskrete Miniaturbauelemente, Substrate von Film-SK oder Chips von Halbleiter-SK		R als Halbleiterbahn, C als Sperrschicht-kapazität	Realisierung von R und C als MOS-Schicht
Herstellung aktiver Bauelemente bzw. anwendbare Technologien	diskrete Dioden und Transistoren (bei Hybrid-SK auch Substrate von Film-SK und Chips von Halbleiter-SK) werden „nackt“ oder geschützt nachträglich aufgesetzt				Bipolartransistoren in Planar-Epitaxie-Technik auf Si-Basis	MOS-Feldeffekt-transistoren in Planar-Epitaxie-Technik auf Si-Basis
Verfahren zur Substratbearbeitung (Abgleich) und Verbindung	Elektronenstrahl, Minisandstrahl	Elektronenstrahl, Laserstrahl	Verbindungen Substrat-Bauelemente durch Löten, Bonden, Thermokompression, Kleben u.a.		Fotolithografie mittels Licht-, Röntgen- oder Elektronenstrahlen	
Komplexität bzw. Integrationsgrad	SSI	SSI	SSI...MSI	SSI...VLSI	SSI...VLSI	MSI...VLSI

Tafel 6.1.12 Unterscheidungsmerkmale zur Klassifizierung integrierter Schaltungen (Übersicht)

Kriterium, Aspekte	Spezifizierung, Hinweise, Bemerkungen		Typische Merkmale, Eigenschaften, Unterschiede			
1 Integrationsgrad - Funktionsdichte (anwendungsorientiert)	allgemein und unterschiedlich angewendet	Bezeichnung Abkürzung Übersetzung	Kleinintegration SSI small scale integration	Mittelintegration MSI medium scale integration	Großintegration LSI large scale integration	Größtintegration VLSI (auch: GSI) very large (grand) scale integration
- Schaltelementedichte (fertigungsorientiert)		Anzahl der - Gatter je Chip - Transistoren je SK - Elemente je Chip geometrische Struktur	 < 10 5...100 < 10 < 100 10 µm bis 100 µm	 <100 50...1000 < 1000 1 µm bis 10 µm	 > 100 50...10000 < 10000 bis ca. 1 µm	 >5000 <100000 unter 1 µm
2 Einsatzbreite	Herstellerangebote (Typ aus Typgruppe) interne Strukturierung verbreitete Integrationsgrade minimale Stückzahl für wirtschaftlichen Einsatz eines bestimmten SK-Typs		Standard-SK einfach, fest SSI, MSI, (LSI) 1...100	(Masken-)programmierbare SK komplex, auswählbar LSI, VLSI 10...1000 (auch mehr)		Kundenwunsch-SK spezifisch wählbar MSI, LSI, VLSI 100...10000
3 Technologie	s. Tafel 6.1.11		Schicht-, Hybrid- und Halbleiterschaltungen		Einchip- und Mehrchip-Halbleiterschaltungen	
4 Funktion und Einsatzgebiete	s. Tafel 6.1.17	Realisierung durch	analoge SK (auch: lineare SK)		digitale SK (s. Tafel 6.1.13)	
		- bipolare Baureihen	Verstärker aller Art, Konsumgüter wie Rundfunk- und Fernsehempfänger, Heimelektronik		insbesondere in TTL-Baureihen und Halbleiterspeichern weltweit verbreitet	
		- unipolare Baureihen	Meßverstärker auf Basis des MOSFET (wenig verbreitet)		insbesondere für Halbleiterspeicher und Mikrorechner zunehmend verbreitet	
5 Temperaturbereiche und Einsatzgebiete		Umgebungstemperatur vorrangiger Einsatz	0 ... + 70 °C allgemeine, kommerzielle Bereiche	-25 ... + 85 °C Anwendungen in der Industrie	-55 ... +125 °C Militärtechnik Luft- und Raumfahrt	andere (selten) bei besonderer Vereinbarung
6 Elektrische Ein- und Ausgangssignale	Betriebs- und Grenzwerte nach Normen oder Herstellerdaten	statische Kennwerte, dynamische Kennwerte, Toleranzen	Spannungen, Ströme, Leistung, Belastbarkeit, Art der Ein-/Ausgänge, ... Frequenzen, Schaltzeiten, Operationszeiten, Regelzeitkonstanten, ...			
7 Versorgungs-spannungen	wie 6	Anzahl je SK, Polarität und Nennwert in V	1 (Ziel und Tendenz) Stufung: s. Tafel 6.1.4	2 (z.Z. weit verbreitet)	≥3 (nur noch selten)	
8 Gehäuse-Bauarten	s. Bilder 6.1.9 und 6.1.10	geometrische Grundform - Varianten - Anschlußraster	Quader/rechteckig FP, SIL, DIL, QIL u.a. 2,5 mm und kleiner	Zylinder/rund TO-5, TO-8, TO-18, TO-78 auf Kreisbogen ∅5,0 u.a.	ohne Gehäuse/„nackt“ passivierte Chips s. Bild 6.1.12	
		Anzahl der Anschlüsse - dominierend - außerdem	FP: an 2 oder 4 Seiten 14, 16, 20, 24, 28, 40, 64 ≤ 12, 18, 22, 36, 42, 48	 8, 10, 12 4, 6, 16	an 2, 3 oder 4 Seiten: sehr unterschiedlich	
		Gehäusewerkstoffe	Kunststoff, Keramik und Metall-Glas; Kombinationen dieser Werkstoffe; FP: Metall-Glas u.a.		Glasur zur Passivierung	

Tafel 6.1.13 Genormte DIL- und QIL-Gehäuse für integrierte Schaltungen (Übersicht [1])
(s. auch Bilder 6.1.8a und 6.1.9a)

Maße für die IEC-Gehäuse-Familien 50, 51, 60 und 61 (s.u.)		Anschlüsse: e = 2,54 mm (0,1 Zoll) l = 2,54...5,0 mm b = 0,35...0,59 mm c = 0,20...0,36 mm								Gehäuse: Höhen: A = 5,1 mm A_1 = 0,51 mm Breite: nicht genormt				
Reihenabstand und Normen	Größe	*Variable Gehäuse-Daten*, abhängig von der Anschluß-Anzahl n												
e_1 = *7,62 mm*	n	4	4	6	6	8	8	14	14	16	16	18	18	20
DIN 41870 T9	Z_{max} mm	1,27	2,54	1,27	2,54	2,54	1,27	1,27	2,54	1,27	2,54	2,54	1,27	1,27
DIN IEC 47	D_{max} mm	5,08	7,62	7,62	10,16	12,70	10,16	17,78	20,32	20,32	22,86	25,40	22,86	25,40
(CO) 1152	Kurzzeichen:													
IEC 191-2	nach IEC 191	O50G16	O50G17	O50G18	O50G19	O50G20	A50D	A50A	A50B	A50C	A50E	A50F	A50G	A50H
	in BRD	A1AA	A1AB	A1BA	A1BB	A1CB			20A14		20A16	20A18		
	in GB						SO-87D	SO-87A	SO-87B	SO-87C	SO-87E	SO-87F		
e_1 = *10,16 mm*	n	18	18	20	20	22	22	24	28		14	16		
DIN 41870	Z_{max} mm	2,54	1,27	2,54	1,27	2,54	1,27	1,27	1,27		2,54	2,54		
T 11 (DIL)	D_{max} mm	25,40	22,86	27,94	25,40	30,48	27,94	30,48	35,56		20,32	22,86		
T 12 (QIL mit	Kurzzeichen:													
e_2 = 5,08 mm)	nach IEC 191	A60D	A60E	A60F	A60G	A60A	A60B	A60C	A60H		A61A	A61B		
IEC 191-2	in BRD					20D22						20C14		
	in GB					SO-141A	SO-141B	SO-141C				SO-142A	SO-142B	
e_1 = *15,24 mm*	n	24	24	28	28	40	40	42	42	48	48			
DIN 41870 T 10	Z_{max} mm	1,27	2,54	1,27	2,54	1,27	2,54	2,54	1,27	2,54	1,27			
IEC 191-2	D_{max} mm	30,48	33,02	35,56	38,10	50,80	53,34	55,88	53,34	63,50	60,96			
	Kurzzeichen:													
	nach IEC 191	A51A	A51D	A51B	A51E	A51C	A51F	A51G	A51H	A51J	A51K			
	in BRD		20B24		20B28		20B40							
	in GB	SO-119A	SO-119D	SO-119B	SO-119E	SO-119C	SO-119F							

[1] Weitere genormte und von den Normen abweichende DIL-Gehäuse aus Kunststoff und Keramik sind weltweit verbreitet

Tafel 6.1.14 Genormte SO-Gehäuse für integrierte Schaltungen (Übersicht [1])
(s. auch Bilder 6.1.8 und 6.1.10)

Normen	Gehäuse- und Anschlußmaße mm	*Variable Gehäuse-Daten*, abhängig von der Anschluß-Anzahl *n*								
DIN 41870	e = 1,27	n		4	4	6	6	8	8	10
T 16	(0,05 Zoll)									
DIN IEC 47	e_1 = 5,08	Z_{max}	mm	1,27	0,635	1,27	0,635	1,27	0,635	1,27
(CO)1011	(0,2 Zoll)									
IEC 191-2 [2]	H_A = 5,7...6,3	D_{max}	mm	3,8	2,5	5,0	3,8	6,3	5,0	7,5
	E = 3,0...4,0	Kurzzeichen:								
	A = 1,35...2,0	nach IEC 191		A76A1	A76A2	A76B1	A76B2	A76C1	A76C2	A76D1
	A_1 = 0,10...0,25	in BRD		24A4		24A6		24A8		24A10
	b = 0,25...0,48	in GB							SO-193A	
	c = 0,15...0,32	n		10	12	12	14	14	16	16
		Z_{max}	mm	0,635	1,27	0,635	1,27	0,635	1,27	0,635
		D_{max}	mm	6,3	8,75	7,5	10,0	8,75	11,3	10,0
		Kurzzeichen:								
		nach IEC 191		A76D2	A76E1	A76E2	A76F1	A76F2	A76G1	A76G2
		in BRD			24A12		24A14		24A16	
		in GB						SO-193B		SO-193C
DIN 41870	e = 1,27	n		10	14	16	20	24	28	
T 17	(0,05 Zoll)									
	e_1 = 9,53	Z_{max}	mm	0,82	0,82	0,82	0,82	0,82	0,82	
IEC 47 (CO)	H_A = 10,0...10,65	D_{max}	mm	6,70	9,20	10,5	13,0	15,6	18,1	
1011	E = 7,4...7,6	Kurzzeichen:								
	A = 2,35...2,65	nach IEC 191		A75E	A75F	A75A	A75B	A75C	A75D	
IEC 191-2 [3]	A_1 = 0,10...0,30	in BRD		24B10	24B14	24B16	24B20	24B24	24B28	
	b = 0,36...0,49	in GB		SO-192E	SO-192F	SO-192A	SO-192B	SO-192C	SO-192D	
	c = 0,15...0,32									
IEC 47 (CO)	e = 1,27	e_1	mm	5,72				7,62		
1001[4]	(0,05 Zoll)									
	A nicht genormt	H_A	mm	5,9... 6,8				7,4... 8,2		
	Z = 0,8/1,0/1,4	n		8	10	14	16	14	16	20
	b = 0,35...0,51	D_{max}	mm	6,9	7,92	10,5	10,5	10,5	10,5	13,0
	c = 0,10... 0,25	A_{max}	mm	2,54	2,54	2,54	2,54	3,05	3,05	2,54
		Kurzzeichen:								
		nach IEC 191		108E1	108E3	108E5	108E7	109E1	109E3	109E5
		e_1	mm	9,53					11,43	
		H_A	mm	9,8...10,65			9,16...9,7	9,8...10,65	11,5...12,7	
		n		16	20	24	28	28	24	
		D_{max}	mm	11,73	13,0	16,2	19,35	19,35	16,8	
		A_{max}	mm	3,05	3,05	3,05	3,05	3,05	3,05	
		Kurzzeichen:								
		nach IEC 191		110E1	110E3	110E5	110E7	110E9	111E1	

[1] Weitere genormte und von den Normen abweichende SO-Gehäuse aus Kunststoff sind weltweit verbreitet;
[2] Gehäusefamilie A 76 nach IEC 191-2; 14 unterschiedliche Typen (Kurzbezeichnung auch: SO-4 bis SO-16);
[3] Gehäusefamilie A 75 nach IEC 191-2; 6 unterschiedliche Typen (Kurzbezeichnung auch: SO-10L bis SO-28L, L für engl. „large");
[4] Gehäusefamilien 108E, 109E, 110E und 111E nach IEC 191-2; entstanden aus Normen für kleine DIL-Gehäuse (e = 1,27 mm), deren Anschlüsse so abgebogen sind, daß sie oberflächenmontiert werden können (hier nur stark verkürzte Angaben)

Bild 6.1.9 zeigt für durchsteckbare Bauelemente typische Gehäusebauarten mit zwei bis zwölf Drahtanschlüssen für Rundgehäuse (s. DIN 41870 und 41873), mit maximal 64 Flachanschlüssen an quaderförmigen Gehäusen sowie die seit Ende der 80er Jahre eingeführten vielpoligen Pin-Grid-Gehäuse mit bis ca. 300 Stäbchen an der Bodenplatte. Schicht-IS und hybride IS sind in zahlreichen anderen Gehäuse-Bauarten auf dem Markt, hier jedoch nicht dargestellt. Für alle integrierten Schaltungen wird die manuelle wie automatisierte Montage mit wachsender Anschlußzahl und -dichte komplizierter, da die Toleranzen der Bohrungen in der Leiterplatte sowie der Bauelementanschlüsse

Tafel 6.1.15 Genormte PLCC-Gehäuse für integrierte Schaltungen (Übersicht [1])
(s. auch Bild 6.1.10 (PLCC-20))

Maße für die IEC-Gehäuse-Familie 112E (quadratische Kunststoff-Chipträger) nach DIN IEC 47(CO) 1071 und 1146		Anschluß-Mittenabstand Anschlußbreite auf der Leiterplatte Gehäuseüberhang			e = 1,27 mm b = 0,30...0,55 mm Z = 2,15 mm				
Variable Gehäusedaten, abhängig von der Anschluß-Anzahl n:									
Anzahl Anschlüsse[2]	n	16(4)	16(4)	20(5)	20(5)	24(6)	24(6)	28(7)	28(7)
Längen und Breiten in mm:									
- Aufsetzbreite	e_D, e_E	7,20	7,20	8,13	8,13	9,10	9,10	10.67	10,67
- Kunststoffgehäuse	D, E	7,8	7,8	9,0	9,0	9,6	9,6	11,5	11,5
- Anschlüsse außen (max.)	H_D, H_E	8,8	8,8	10,0	10,0	10,4	10,4	12,5	12,5
Gehäuse-Höhen	A	3,2...3,7	4,1...4,6	3,2...3,7	4,1...4,6	3,2...3,7	4,1...4,6	3,2...3,7	4,1...4,6
	A_2	2,3...2,8	3,1...3,9	2,3...2,8	3,1...3,9	2,3...2,8	3,1...3,9	2,3...2,8	3,1...3,9
Kurzzeichen nach IEC 191-2		112E01	112E02	112E03	112E04	112E05	112E06	112E07	112E08
in BRD			112E02		112E04		112E06		112E08
in GB					SO-195A				SO-195B
Anzahl Anschlüsse[2]	n	44(11)	44(11)	52(13)	68(17)	84(21)	100(25)	124(31)	
Längen und Breiten in mm:									
- Aufsetzbreite	e_D, e_E	15,75	15,75	18,29	23,37	28,5	33,53	41, 15	
- Kunststoffgehäuse	D, E	16,6	16,6	19,1	24,2	29,3	34,3	42,0	
- Anschlüsse außen (max.)	H_D, H_E	17,7	17,7	20,2	25,3	30,4	35,5	43,1	
Gehäuse-Höhen	A	3,2...3,7	4,1...4,6	4,1...5,1	4,1...5,1	4,1...5,1	4,1...5,1	4,1...5,1	
	A_2	2,3...2,8	3,1...3,9	3,1...3,9	3,1...3,9	3,1...3,9	3,1...3,9	3,1...3,9	
Kurzzeichen nach IEC 191-2		112E09	112E10	112E11	112E12	112E13	112E14	112E15	
in BRD			112E10	112E11	112E12	112E13	112E14	112E15	
in GB			SO-195C	SO-195D	SO-195E	SO-195F			

[1] weitere genormte und von den Normen abweichende PLCC-Gehäuse aus Kunststoff und Keramik sind weltweit verbreitet;
[2] Gesamtzahl n der Anschlüsse verteilt auf 2 x 2 parallele Reihen (mit jeweils n/4 Anschlüssen je Reihe)

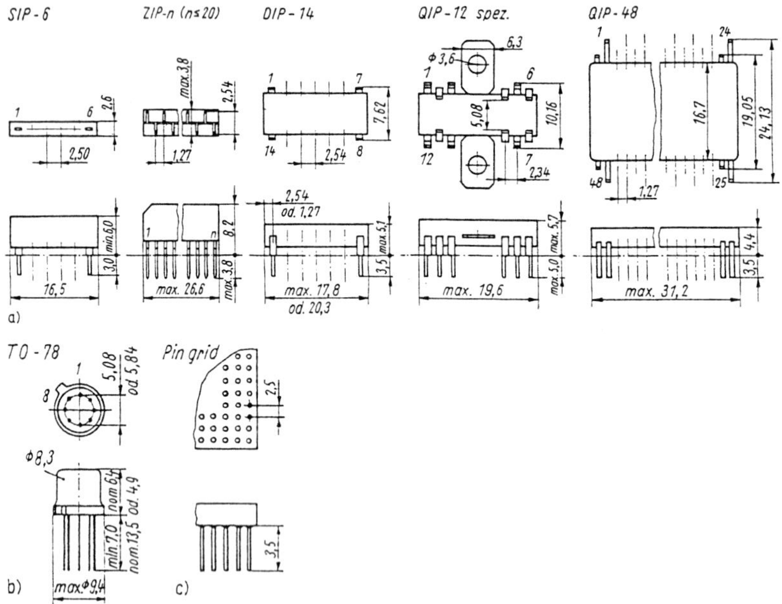

Bild 6.1.9 Bezeichnungen und Bauformen für international verbreitete Gehäuse integrierter durchsteckbarer Bauelemente
a) Quaderform; Anschlüsse ein-, zwei- oder vierreihig; b) Rundgehäuse nach DIN 41 873 (2 bis 12 Anschlüsse); c) Pin-Grid-Gehäuse(-ecke) mit „Stäbchen" (z. B. 144 Anschlüsse in drei Reihen)

zusätzliche Hilfsmittel oder Verlustzeiten beim Bestücken nach sich ziehen. Die genormten Maße der Anschlüsse erfordern für Bohrungen in der Leiterplatte Durchmesser von 0,8 bis 0,9 mm (Drahtanschlüsse) oder 1,2 bis 1,4 mm (Flachanschlüsse; selten bis 2,0 mm).

Bild 6.1.10 enthält die mindestens 8-poligen SMD-Gehäuse, deren Form, Werkstoffe und Anschlußgeometrien stark variieren, wie **Bild 6.1.11** belegt. Für die SO- und PLCC-Gehäuse aus Kunststoff (Massenfertigung für 0...70 °C) vermitteln die Tafeln 6.1.14 und 6.1.15 wichtige Maße.
In DIN IEC 47 (CO) 1144, 1001 und anderen werden neben eindeutigen Bezugsebenen und Lehren für die Anschlüsse auch vier Maßgruppen für Gehäusemaße definiert (s. auch Tafel 6.1.29):

I. Maße für Montage und Austauschbarkeit
II. Maße für Montage und Lehren
III. Maße für automatisches Bestücken
IV: Maße zur Information.

Das Layout muß die Mehrheit von ihnen exakt berücksichtigen und schließt besonders die z.T. im Zollsystem gestuften Mittenabstände benachbarter Anschlüsse (Anschlußraster *e*) sowie die Abstände paralleler Anschlußreihen (Aufsetzbreiten a_D, e_E; auch Steckbreiten e_1, e_2 bei DIL-Gehäusen, s. oben) mit ein:

Anschlußraster (Nennwerte):

in mm	2,54	2,50	1,27	1,25	1,016	1,00	0,762	0,750	0,650	0,635	0,508	0,500
in Zoll	0,10	-	0,05	-	0,04	-	0,03	-	-	0,025	0,02	-

Aufsetzbreiten e_1, e_2 bzw. e_D, e_E (Nennwerte):

in mm	5,08	5,72	7,62	9,53	10,16	12,70	15,24	17,78	20,32	22,86	25,40	27,94	30,48	33,02
in Zoll	0,2	0,225	0,3	0,375	0,4	0,5	0,6	0,7	0,8	0,9	1,0	1,1	1,2	1,3

Gehäuse und Leiterplatten sollten beide entweder metrisch (Europa) oder im Zoll-System (USA) bemaßt sein, um zusätzliche Fehler beim Bestücken vermeiden zu können. Lediglich bei kleinen Gehäusen (bis n = 8, d.h. 4 benachbarten Pins) treten bei Abweichungen im Anschlußraster (z.B. e = 1,25 mm auf der Leiterplatte, e = 1,27 am Bauelement) keine Beeinträchtigungen ein.

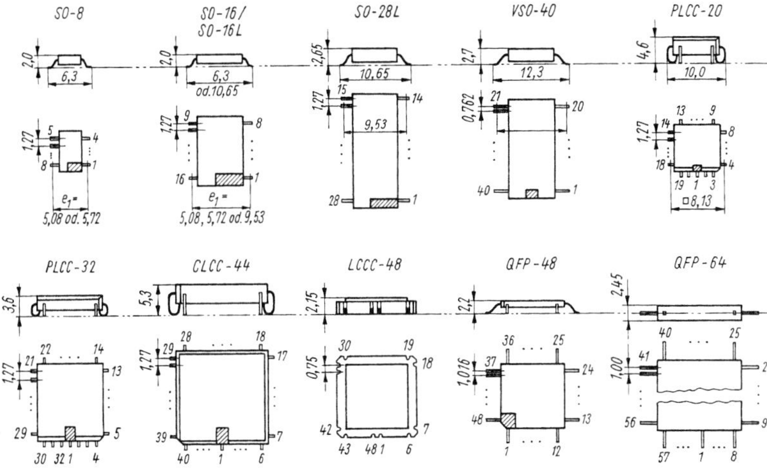

Bild 6.1.10 Bezeichnungen und Bauformen für international verbreitete Gehäuse integrierter aufsetzbarer Bauelemente
(s. auch Bild 6.1.11 und Tafel 6.1.14)

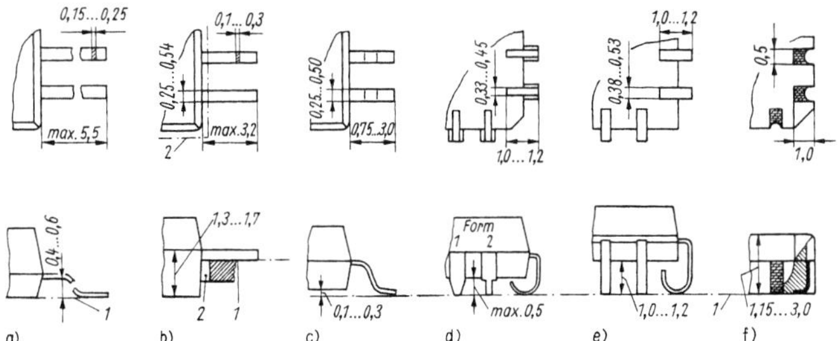

Bild 6.1.11 Gestaltung der lötbaren Anschlüsse an aufsetzbaren Bauelementen für die Oberflächenmontage
(s. auch Bilder 6.1.5 und 6.1.10)
a) gerade (relativ lang und flexibel); b) gerade (relativ kurz und steif); c) Z-Form (auch: Flügelform, Gull wing); d) J-Form (vorrangig Kunststoffgehäuse); e) J-Form (vorrangig Keramikgehäuse); f) metallisierte Kontaktbahnen in Rillen eines keramischen Chip-Trägers (LCCC)
1 Aufsetzfläche auf dem Verdrahtungsträger; *2* Kontur für „Fenster" in der Leiterplatte

Kleinste Abmessungen für Baugruppen können erzielt werden, wenn man auf alle soeben erwähnten Gehäuse verzichtet. Mehrere Technologien lassen eine sichere Montage von Nacktchips gemäß **Bild 6.1.12** zu. Dafür sind jedoch gesonderte Vereinbarungen mit dem Chip-Harsteller und minimale Verlustleistung der integrierten Schaltung (CMOS-Technik) erforderlich. Bereits seit Mitte der 80er Jahre werden Chips mit bis 200 Anschlüssen so montiert, jedoch lassen sich keinesfalls alle gewünschten Funktionen auf diesem Wege bewältigen. Die Trägerfilmtechnik gemäß Bild 6.1.12c ist in IEC 191-5 genormt.

Thermisch hoch belastete Schaltkreise (Verlustleistung größer als 1 W, z.B. für NF-Leistungsverstärker) erfordern eine gute Wärmeabfuhr vom Chip an die Umgebung. Dafür dienen Spezialgehäuse mit Metallflächen (z.B. 12poliges DIL-Gehäuse nach Bild 6.1.9a) bzw. zusätzliche Kühlkörper wie bei diskreten Bauelementen. Demgegenüber erfordern batteriebetriebene Funktionsgruppen (Uhren, mobile Geräte aller Art) besonders leistungsarme IS, die bevorzugt in CMOS-Technologien ausgeführt sind.

Die Betriebsspannungen der integrierten Schaltungen liegen zwischen 5 und 30 V (s. Tafel 6.1.4), in wenigen Ausnahmen, z.B. Armbanduhren, bei nur 1,3 V. Bei sehr hohem Integrationsgrad zwingt die entstehende Verlustleistung zum Verringern der Spannung auf etwa 3 V. Während ältere Baureihen bis

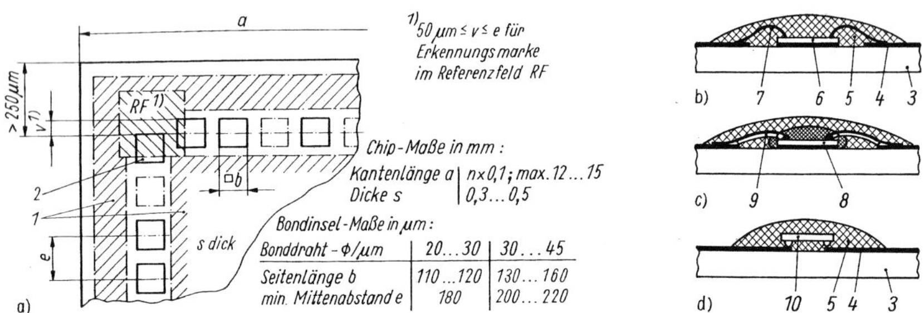

Bild 6.1.12 Gehäuselose Chips auf Leiterplatten und anderen Verdrahtungsträgern
a) Chip-Bauelemente für COB (Strukturierung und Maße abhängig vom technologischen Niveau beim Chip-Hersteller); b) Nacktchip-Bonden (COB); c) Trägerfilm-Montage (TAB), s. auch DIN 15851; d) Flip-Chip-Technik
1 strukturierte Fläche auf Si-Chip; *2* Bondinsel für Anschlüsse zu Außenleitern; *3* Verdrahtungsträger (Kunststoff, Keramik o. dgl.); *4* metallischer Leiter (Cu o. dgl., auch geschichtet); *5* Polymer-Abdeckung; *6* Nacktchip (mit *3* wärmeleitend verbunden); *7* Bonddraht (Al oder Au, Brückenlänge ca. 2 mm); *8* vorab mit Kunststoff umhüllter Chip im Trägerfilm, aufgeklebt; *9* flexibler Polyimid-Film (Dicke: 30 µm) mit Anschlußstrukturierung; *10* Chip mit Bondhügeln

zu drei verschiedene Betriebsspannungen unterschiedlicher Polarität erforderten, kommen moderne IS-Familien mit nur einer Spannung (z.B. 5V ±1V) bei oft sehr geringer Verlustleistung im mW-Bereich aus. Diese Tendenz erspart im Gerät Kosten, Raum und Masse für sonst aufwendigere Netzteile. Auch das elektrische Anpassen der Signalpegel unterschiedlicher IS-Familien aneinander ist durch Koppelschaltungen meist möglich, durch homogenen Einsatz nur einer oder wenig abweichender IS-Familien aber auch völlig vermeidbar.

6.1.2.2 Anwendung

Entwurf, Fertigung und Prüfung elektronischer Funktionsgruppen ermöglichen dank Rechentechnik, flexibler Produktionsausrüstungen usw. kundenspezifische Lösungen für nahezu jede Aufgabe. Stets ist aber zu überlegen, ob mit bereits verfügbaren integrierten Schaltungen gearbeitet werden kann oder ob mindestens eine neue, evtl. höher integrierte Schaltung entstehen könnte. Dazu müssen Sortimente nach den **Tafeln 6.1.16** und **6.1.17** analysiert und Entscheidungen unter Aspekten in den Tafeln 6.1.11 und 6.1.12 getroffen werden. In Abhängigkeit von der Art der Aufgabe, verfügbarem Sortiment, innerbetrieblichen Ausrüstungen usw. ist festzulegen, ob die Funktionsgruppe realisiert werden soll

- auf mehreren Leiterplatten, auf nur einer Leiterplatte, mit einer Hybrid-IS oder auf nur einem Chip (entweder völlig neu zu entwickeln oder vollständig, teilweise oder modifiziert nachnutzbar);
- mit anwenderspezifischer oder mit während des Fertigungsdurchlaufs wählbarer Struktur (bezogen auf Digitaltechnik; fest verdrahtete, programmierbare Logik oder ASIC).

Je nach geforderten Einsatzbedingungen und Kostenlimits muß geprüft werden, welche integrierten Schaltungen und Leiterplattenarten einzusetzen sind. Sollen starre Verdrahtungsträger oder Leiterplatten die Bauelemente tragen, so sind temperaturabhängige Wärmespannungen zwischen Träger und Schaltkreisgehäuse zu beachten. Bei Kunststoffgehäusen auf üblichen Leiterplatten entsteht auch bei vielpoligen Schaltkreisen kaum die Gefahr, daß Lötstellen oder Kupferleiter so abgeschert werden; für durchsteckbare Bauelemente mildert die Elastizität der Anschlüsse diese Gefahr zusätzlich. Nachrechnungen zu den Wärmespannungen an den Anschlüssen sind unerläßlich, wenn Leiterplatte und Gehäuse aus unterschiedlichen Werkstoffen bestehen und das aufsetzbare Bauelement eine starre Verbindungsbrücke zwischen den Anschlüssen darstellt, die sich anders ausdehnen als die Leiterplatte. Deshalb sollten LCCC auf Kunststoffleiterplatten nur geringen Temperaturschwankungen ausgesetzt oder besser auf keramische Verdrahtungsträger gelötet werden. Bei bestimmten Aufgaben, z.B. dem Einsatz von Rechner-, Interface-, Peripherie- und Speicherschaltkreisen, besteht die Möglichkeit oder Forderung, Steckfassungen für rasche Austauschbarkeit der Schaltkreise einzusetzen. Diese vermeiden außerdem evtl. unzulässige thermische Belastung hochwertiger VLSI- und LSI-Schaltungen beim Löten. Zwar reduzieren Steckfassungen einerseits die Zuverlässigkeit der Bau-

Tafel 6.1.16 Digitale Schaltkreisfamilie in Transistor-Transistor-Logik (TTL)

Bezeichnung und Schaltungsart der TTL-Baureihen[2]	Jahr der Einführung	Maximale Arbeitsfrequenz	je Gatter typische			International dominierender Integrationsgrad	Anzahl verschiedener Typen einer Baureihe	Bezeichnungsbeispiele für Baureihen[1] in den Umgebungstemperaturbereichen			Verbreitung und Einsatzgebiete (internationaler Vergleich), Bemerkungen
			Verzögerungszeit	Leistungsaufnahme	Zeit-Leistungs-Produkt			10 ... 70 °C allgemein	−25 ... 85 °C Industrie	−55 ...125 °C Militär u. a	
		MHz	ns	mW	pW·s						
Standard-TTL	1965	50	10	10	100	SSI, MSI, (LSI)	>200	X74nnn	X84nnn	X54nnn	abnehmende Verbreitung
High-speed-TTL	1967	125	6	22	132	SSI, MSI	>50	X74Hnn	X84Hnn	X54Hnn	schneller als Standard-TTL bei erhöhter Leistungsaufnahme, verbreitet
Schottky-TTL	1970	125	3	19	57	SSI... LSI (VLSI)	>50	X74Snnn	X84Snnn	X54Snnn	sehr schnell, relativ teuer, auch für Mikrorechner-IS genutzt
Low-power-TTL	1968	3	30	1	30	SSI, MSI	50	X74Lnn	X84Lnn	X54Lnn	leistungsarm, durch schnellere Low-power-Schottky-TTL, inzwischen überholt
Low-power-Schottky-TTL	1972 1975	5	10 5	2 2	20 10	SSI... LSI (VLSI)	>200	X74LSnnn	X84LSnnn	X54LSnnn	leistungsarmer Nachfolger der Standard-TTL, weit verbreitet

[1] in dieser Spalte steht „n“ statt einer Dezimalziffer zur Typkennzeichnung durch zahlreiche Hersteller;
[2] allgemeine elektrische Kennwerte: Versorgungsspannung 5V; Ausgangslastfaktor („Fan out“) 10; Ausführungsvarianten für Ausgänge: 3

Tafel 6.1.17 Einteilung integrierter Schaltungen (IS) nach ihrer Funktion (Übersicht)

Signal	Funktionsgruppe	(Elementar-)Funktionen der integrierten Schaltung (IS)	Varianten, technische Daten (Auswahl)	Anzahl[1]
Analog	sekundäre Speisequellen (s. Abschn. 6.1.3)	Gleichrichter, Umformer, Transverter, einstellbare und Festspannungsregler, Stromstabilisatoren, Konstantstromquellen und sonstige	integriert bis etwa 10 W Verlustleistung, auch Teilkomplexe	1, 2
analog oder diskret	Anordnungen (passive oder aktive Arrays)	Arrays aus Widerständen, Kondensatoren, Dioden, Transistoren und/oder sonstigen Schaltelementen (z. B. LED)	≥2 Schaltelemente, meist hoher Genauigkeit	1, 2
	Mehrfunktionsschaltungen (analog, digital, kombiniert)	Steuer-SK für Baugruppen und Geräte, SK-Baureihen für elektronische Konsumgüter (Uhren, Ton- und Bildübertragung/-speicherung, Kameras)	z.Z. obere Grenze: Einchip-Rundfunkempfänger (AM/FM)	1 (selten 2)
	Generatoren, Oszillatoren, u.a.	für sinusförmige, stetige, rechteckförmige oder spezielle Signale (z.B. Rauschen)	frei schwingend, synchronisierbar	1, 2
	Modulatoren, Demodulatoren, Filter, Verzögerungsschaltungen	für Amplituden-, Frequenz-, Phasen-, Pulskode- und sonstige Verfahren als Hoch-, Band- oder Tiefpaß, Resonanzfilter passiv oder aktiv (z.B. Laufzeitkette)	spannungs- oder quarzgesteuert im NF- bis HF-Bereich, meist spulenlos realisiert	1 (selten 2)
	Selektions- oder Vergleichsschaltungen	mit Ausgangssignalen, abhängig von Amplitude, Frequenz, Phasenlage, Zeitdauer (und/oder deren Kombination) am Eingang	Ausgangssignale analog oder diskret, meist unstetig	1, 2
	Umformer aller Art	Amplitude: Pegelumsetzer (Spannung, Leistung), Analog-/Digital-, Digital-/Analogwandler sonstige: Frequenz-, Phasen-, Impulsdauer- oder sonstige Umsetzer (Teiler u. a.)	Standard-SK oder kundenspezifisch (oft Hybrid-SK)	1, 2, selten mehr
	Trigger	Schmitt-Trigger, Schwellwertschaltungen, evtl. Monoflop		1, 2, 4
	Ansteuerschaltungen	vorrangig für impulsförmige Signale, Adressen- und Entladungsstromerzeugung	für einmalige oder periodische Vorgänge	1 ... 8
	Verstärker aller Art	NF-, ZF-, HF-, Operations-, Differenz-, Impuls-, Anzeige-, Aufnahme-/Wiedergabeverstärker (z.B. Bus-)Leitungstreiber, Folgeschaltungen u.a. mit extrem unterschiedlichen Anforderungen (Konstanz, Rauschen, Bandbreite usw.)	extrem unterschiedliche Realisierung (bipolar/unipolar Spannungs- bzw. Leistungsgrenzen)	1 ... 8
digital (binär)	Schalter, Kommutatoren	Strom- oder Spannungsschalter, Leitungstreiber (invertierend oder nicht invertierend, s. Verstärker)	auch mit offenem Kollektor und Tristate-Ausgang	1, 2, 4, 6, 8
	monostabile Schaltungen	Monoflops	Kippzeit extern festlegbar	1, 2, 4
	bistabile Schaltungen	D-, T-, RS-, JK-, Master-slave- oder dynamisches Flipflop	variable Eingänge	1, 2
	Register	Speicher- und Schieberegister, Latches (rein parallel, serienparallel bis rein seriell, auch löschbar, kaskadierbar u. a.)	4, 6, 8, 12 oder 16 bit mit wählbaren Ein-/Ausgängen	1, 2
	Zähler und Frequenzteiler	Eingänge und Teilerverhältnisse wählbar, auch programmierbar; Ausgänge: dual, oktal, dezimal, hexadezimal, BCD, 1 aus n, 7-Segment u.a.	4, 6, 8 und mehr bit, bis etwa 10 MHz (Standard-SK)	1, 2, selten mehr
	Speicher	Schreib/Lese-Speicher (statische oder dynamische RAM), Festwertspeicher (ROM, PROM, EPROM, EAPROM, EEPROM), Zeichengenerator, FIFO-/LIFO-Speicher, Schreib-/Lese-Speicher mit Datenerhalt	1, 4, 8, 16 bit Daten 8 ... 32 bit Adressen mit/ohne Ansteuerelektronik (meist LSI)	1
	logische Elemente	Gatter: OR, AND, NOR, NAND, XOR u.a., auch in Kombination: Negator (Inverter), Expander	2 ... 8 bit	1, 2, 3, 4, 6, 8
	arithmetische Elemente	Halb- oder Volladdierer, Multiplizierer, ALU, Mikroprozessor/-rechner, Peripherieanpassung (auch programmierbar, z.B. PIO, UART)	2, 4, 8, 16 bit (MSI...VLSI; Grenze: Ein-Chip-Mikrorechner)	1, selten 2
	Digital-Digitial-Umsetzer, Zuordner	Paritätsdetektor, Prioritätsprüfer, Datenselektor, Multiplexer, Koder und Dekoder (dual, oktal, dezimal, hexadezimal, BCD, 1 aus n, 7-Segment u.a.)	2 ... 9 bit, auch in anderen SK z.T. enthalten	1, 2, selten mehr

[1] verbreitete maximale Anzahl gleicher (Elementar-)Funktionen je integrierter Schaltung (IS)

gruppe, doch andererseits erfordert das Auslöten vielpoliger Schaltkreise vor allem bei Reparaturen spezielle Arbeitsplätze mit Entlötgeräten. Ein Beschädigen oder gar Zerstören von Schaltkreis oder Leiterplatte kann dann trotz ausreichender Erfahrungen nicht in jedem Falle ausgeschlossen werden.

6.1.2.3 Ausblick

Produktion, Montage-/Prüftechnologien und Normung neuer Bauelemente, kompakter Baugruppen und Geräte entwickeln sich schnell. Trends zu Kostensenkung, Funktionsvielfalt, Miniaturisierung usw. halten an, so daß die Bauelementeabmessungen und -toleranzen sowie Verlustleistungen weiter reduziert, Integrationsgrad, Anschlußanzahl bzw. -dichte, thermische Belastbarkeit der Werkstoffe, universelle Nutzbarkeit technologischer Ausrüstungen usw. gesteigert werden müssen. Die vielfältigen Anforderungen an Geräte und Bauelemente, insbesondere ihre Einsatzbedingungen, Liefertermine, Kosten usw. zwingen auch in Zukunft zu relativ großer Typenvielfalt und genormten Familien.

Für Unikate, Kleinserien und Labor- bzw. Fertigungsausrüstungen werden hochintegrierte Spezialschaltkreise nur teilweise schnell verfügbar und bezahlbar bleiben, so daß diskrete und integrierte Bauelemente für Handbestückung nicht entfallen können. Daneben erfordern Großserien- und Massenfertigung billige und eng tolerierte Bauelemente für hochproduktive Montage-, Löt- und Prüfautomaten. Schon heute stehen für beide Extreme attraktive Bauelemente und Verarbeitungstechnologien zur Verfügung. Die **Bilder 6.1.13** und **6.1.14** zeigen automatengerechte Konfektionierungen für durchsteckbare und aufsetzbare Bauelemente namhafter Hersteller. Mit diesen Beispielen zum Gurten und Magazinieren soll auch zum Ausdruck kommen, daß Bauelementeart und -konfektionierung, Verarbeitungstechnologien, optimale Losgrößen und Fertigungsstückzahl eng mit dem Management und der Philosophie eines Unternehmens verknüpft sind. So widersprechen sich beispielsweise Forderungen nach automatisierter Bestückung im eigenen Unternehmen und gleichzeitig minimaler Lagerbestände für ungenutzte Bauelemente. Für Kleinserien müßten Mindermengen der benötigten Bauelemente bestellt werden (kurze Gurtabschnitte oder nur teilweise gefüllte Magazine steigern die Bauelementekosten und verlängern Lieferzeiten), Bestellung von Schüttgut (evtl. einzelne Bauelemente für Handbestückung) oder Montage und Prüfung dieser Baugruppe durch ein darauf spezialisiertes, fremdes Unternehmen könnten der Ausweg sein.

Hybride integrierte Schaltungen und Schichtschaltungen (s. Tafel 6.1.11) für kleine Serien, voll den Kundenwünschen angepaßte Halbleiterschaltkreise hoher Integration für kostengünstige Massenfertigung (s. Tafel 6.1.12), Einsatz von Nacktchips (nach Bild 6.1.12 und weitere Lösungen), automatengerechte Gestaltung und Konfektionierung von vorrangig aBE (s. Bilder 6.1.13 und 6.1.14) gewinnen weiter an Bedeutung.

Eine Vielzahl anderer Probleme beim Einsatz integrierter Schaltungen stellt die Fachliteratur ausführlich dar, z. B. [6.1.8] bis [6.1.11] und [6.1.27] bis [6.1.31]. Neueste Normen erhärten diese Feststellungen.

Ausgewählte Normen und Richtlinien zu Abschn. 6.1.2 enthält Tafel 6.1.29.

6.1.3 Stromversorgung

Elektrisch-elektronische Funktionsgruppen benötigen prinzipiell elektrische Energie, um arbeiten zu können. Diese wird durch die Stromversorgung bereitgestellt. Sie stellen Funktionseinheiten dar, die die vom öffentlichen Netz oder von anderen Energiequellen vorgegebenen elektrischen Größen, wie Spannungsart und -wert, Frequenz usw., an die vom Verbraucher benötigten Größen mittels geeigneter Wandlungs- und Formungsprinzipe anpassen (Transformation, Gleichrichtung, Siebung, Stabilisierung, Wechselrichtung u.a.).

Unter Verbrauchern sind vor allem Geräte der Nachrichten-, Regelungs- und Automatisierungstechnik, Meß- und Prüftechnik sowie vielfältige andere elektrische und elektronische Einrichtungen zu verstehen.

Die für eine Stromversorgung charakteristischen Parameter sind:

- Eingangsspannungsbereich und ggf. Eingangsfrequenzbereich; innerhalb deren Grenzen muß die Funktionsfähigkeit gewährleistet sein, bei stabilisierten Ausgangswerten insbesondere das Einhalten ihrer Toleranzen
- Ausgangswerte (Ausgangsspannung, Ausgangsstrombereich)
- Stabilisierungsfaktor; bei Spannungsstabilisierung das Verhältnis der relativen Eingangsspannungsschwankung zur relativen Ausgangsspannungsänderung bei Nennausgangsstrom oder im zulässigen Ausgangsstrombereich; bei Stromstabilisierung das Verhältnis der relativen Ausgangsstromänderung zur relativen Lastwiderstandsänderung bei Nenneingangsspannung oder im zulässigen Eingangsspannungsbereich; statt des Stabilisierungsfaktors wird oft die zulässige relative Abweichung des Ausgangswerts vom Nennwert bei vollem Ausnutzen des Eingangsspannungs- und Lastbereichs angegeben

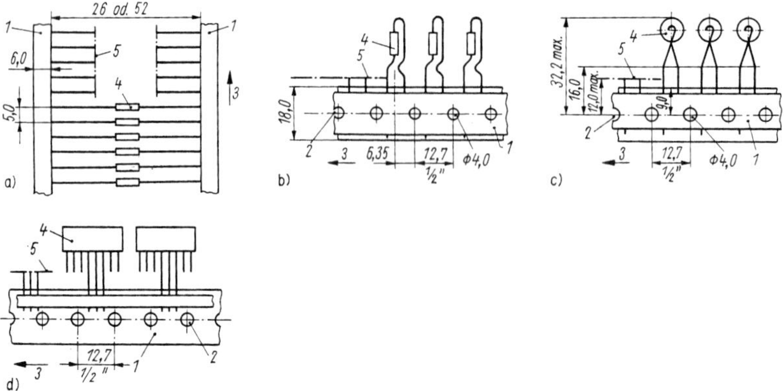

Bild 6.1.13 Gestaltung der (Draht-)Anschlüsse und Gurte zur automatisierten Montage von durchsteckbaren Bauelementen
(s. auch DIN IEC 286 Teil 1 und 2 sowie DIN 44233)
a) axial, beiderseitig gefaßt; b) axial, einseitig gefaßt und vorbereitet (s. Bild 6.1.6); c) radial, wie b); d) einseitig, drei tragende Pins des SIL-Gehäuses, z. B. Filter-Netzwerk
1 Bauelementeträger (Papier oder Kunststoff-Folie, verklebt oder gesiegelt); *2* Transport-Perforation für Gurt-Vorschub; *3* Gurt-Vorschubrichtung bei Bauelemententnahme; *4* greifergerechter Grundkörper des Bauelements; *5* Schnittkante (bei Entnahme oder Aussonderung des Bauelements)

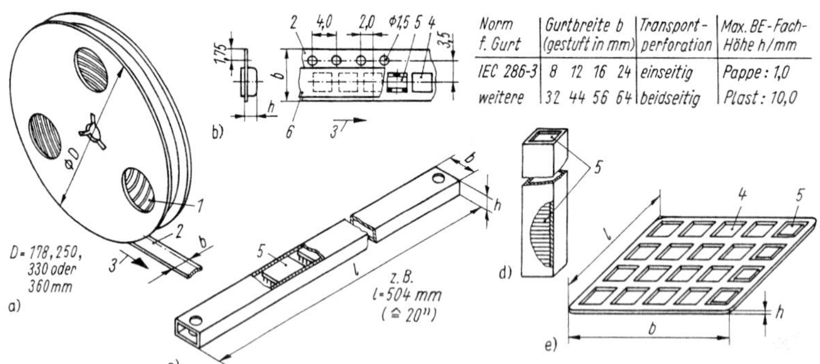

Norm f. Gurt	Gurtbreite b (gestuft in mm)	Transport-perforation	Max. BE-Fach-Höhe h/mm
IEC 286-3	8 12 16 24	einseitig	Pappe: 1,0
weitere	32 44 56 64	beidseitig	Plast: 10,0

Bild 6.1.14 Automatengerechte Magazinierung oder Transportverpackung für aufsetzbare Bauelemente
(s. auch DIN IEC 286, Teil 3)
a) Flanschspule für Papp- oder Blistergurt (nach IEC); b) Blistergurt-Geometrie (dominierend: b = 8 mm, 12 mm); c) Stangenmagazin (bevorzugt für Schaltkreise); d) Stapelmagazin (vorrangig beim Simultan-Bestücken); e) Flachmagazin („Waffle pack", Palette)
1 Öffnung für Sichtkontrolle des Füllgrades; *2* flexibler Papp- oder Blistergurt gemäß b); *3* Gurt-Vorschubrichtung bei Bauelemententnahme; *4* Bauelementefach (gemäß Bauelementekonturen); *5* aufsetzbare Bauelemente (lose in *4*); *6* Deckfolie, definiert abziehbar

- relative Schwingungsbreite (bei Gleichspannungs- bzw. Gleichstromausgang), definiert als Verhältnis des Spitze-Spitze-Werts der überlagerten Brummspannung (des Brummstroms) zum Gleichspannungs(strom)wert
- Ausregelzeit (bei stabilisierter Stromversorgung), definiert als Zeitspanne zwischen dem sprunghaften Ändern der Einflußgröße (Eingangsspannung, Last) und dem Erreichen der Ausgangsgröße im zulässigen Fehlerbereich.

6.1.3.1 Netzgespeiste Stromversorgung

Bild 6.1.15 gibt eine Übersicht über die wesentlichsten Stromversorgungsvarianten, wobei das Hauptgewicht auf das Bauelement zum Stabilisieren des Ausgangswerts gelegt ist.

Die meisten Stromversorgungen werden aus einem Einphasennetz gespeist. Drehstromspeisung ist, von wenigen Ausnahmen abgesehen, erst bei Leistungen ab etwa 3 kW üblich und sinnvoll. Die Versorgung mit Gleichspannung ist vor allem bei mobilen Geräten und bei unterbrechungsfrei arbeitenden Speisequellen anzutreffen. Ausgangsseitig herrscht stabilisierte Gleichspannung vor. Gleichstrom- oder Wechselspannungs(strom)ausgänge sind auf spezielle Anwendungsfälle beschränkt, z.B. Netzspannungsstabilisierung und Versorgung von Lampen. Oft hat eine Stromversorgung mehrere Ausgänge.

In den letzten Jahren ist das bisher übliche Wirkprinzip einer Stromversorgung zunehmend durch das der gesteuerten periodischen und hochfrequenten Ein-Aus-Schaltung induktiver Bauelemente wegen dem damit verbundenen Einsparen von Masse und Volumen sowie einer merklichen Wirkungsgraderhöhung ergänzt bzw. ersetzt worden. **Bild 6.1.16** zeigt die Blockschaltung einer konventionellen Netzstromversorgung mit einem stetig stabilisierten Gleichspannungsausgang im Vergleich zu einem Netzteil mit Schaltregler und einem Schaltnetzteil, während **Tafel 6.1.18** eine Übersicht der wichtigsten Eigenschaften der einzelnen Stromversorgungsprinzipe enthält. Weitere, bei der Lösung eines Stromversorgungsproblems zu beachtende Kriterien sind Zuverlässigkeit, Kosten, Ausgangsleistung und Ausgangsstrombereich.

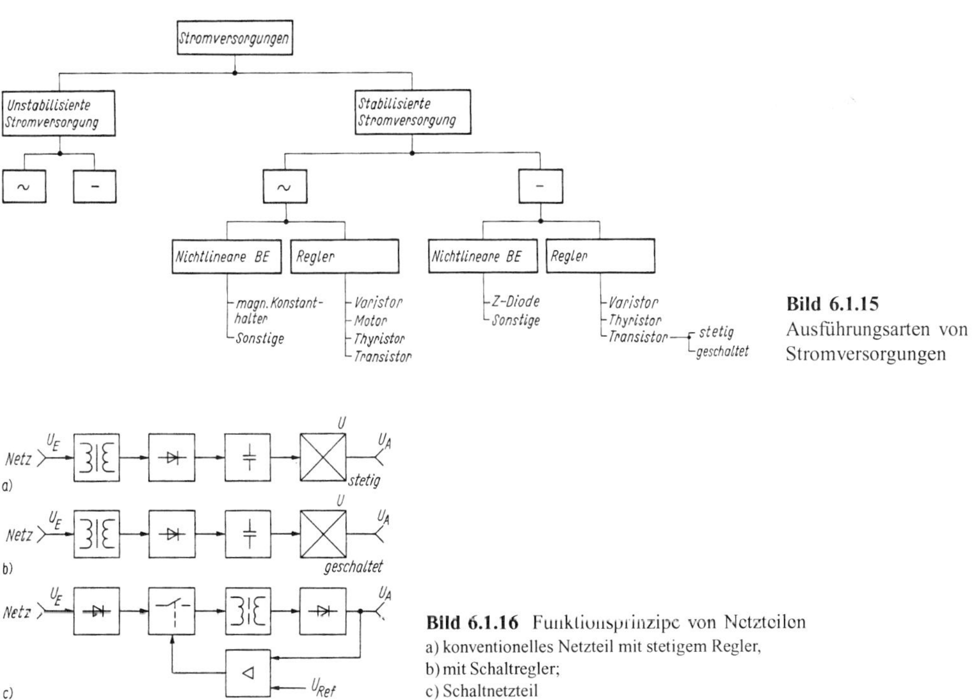

Bild 6.1.15 Ausführungsarten von Stromversorgungen

Bild 6.1.16 Funktionsprinzipe von Netzteilen
a) konventionelles Netzteil mit stetigem Regler,
b) mit Schaltregler;
c) Schaltnetzteil

6.1.3.2 Unterbrechungsfreie Stromversorgung

Einrichtungen, bei denen durch Ausfall der Netzspannung schwerwiegende Nachteile auftreten, z.B. in der Fernmeldetechnik und auf bestimmten Gebieten der Steuer- und Regelungstechnik, müssen unterbrechungsfrei gespeist werden. Wesentlichstes Element ist ein zusätzlicher Energiespeicher, meist in Form von Akkumulatoren. Während des Netzbetriebs wird sowohl der Verbraucher versorgt als auch die Batterie geladen bzw. geladen gehalten. Bei Netzausfall übernimmt diese sofort die Versorgung, bis der Ausfall beendet oder ihre Kapazität erschöpft ist.

Müssen netzspannungsgespeiste Verbraucher versorgt werden, ist ein Wechselrichter zwischen Verbraucher und Batterie bzw. Gleichrichterausgang zu schalten. Zum weiteren Erhöhen der Zuverlässigkeit werden oft zwei Netzgleichrichter und zwei Wechselrichter in Halblastbetrieb eingesetzt. Bei der Gleichrichter-Batterie-Kombination unterscheidet man entsprechend den Verbraucherbedingungen und der geforderten Netzausfallüberbrückungszeit hauptsächlich Puffer-, Bereitschaftsparallel- und Umschaltbetrieb.

Tafel 6.1.18 Vergleich der Hauptparameter der wichtigsten Stromversorgungsprinzipe

Parameter	Einheit	konventionelle Stromversorgung		Schaltnetzteil
		stetig stabilisiert	Schaltregler	
Masse	kg/W	5...6	4...5	1...2
Volumen	dm^3/W	7...8	4...5	1,5...2
Wirkungsgrad	%	30...50	50...60	65...90
Brummspannung	mV	1...20	≥50	≥50
Inkonstanz von U_A	%	≤1	≥1	≥1
Aufwand für Funkentstörung	-	klein	mittel	groß
Schaltungsaufwand	-	klein	mittel	groß
dynamische Eigenschaften	-	sehr gut	gut	gut

6.1.3.3 Autonome Stromversorgung

Autonome Stromversorgungen sind dort notwendig, wo kein Energienetz vorhanden ist. Das trifft vor allem auf trag- und fahrbare elektrische Geräte und Einrichtungen zu. Neben Generatoren, die durch Dieselmotoren oder Windkraft angetrieben werden, aber meist nur bei größerem Leistungsbedarf oder in Spezialfällen sinnvoll sind, kommen vor allem galvanische Elemente und in letzter Zeit auch photovoltaische Wandler (Solarzellen) als alternative Energiequellen in Betracht.

Bei ersteren unterscheidet man zwischen Primär- und Sekundärelementen. Primärelemente sind so aufgebaut, daß nur ein einmaliges Umwandeln chemischer Energie in elektrische erfolgen kann, d.h., sobald die in der Zelle gespeicherte Energie umgewandelt ist, muß ein Austausch erfolgen. Solche Elemente stehen in Form von Monozellen oder als Batterien, das sind in Reihe geschaltete Zellen, mit unterschiedlichen Werten von Kapazität und Abmessungen zur Verfügung (**Tafel 6.1.19**). Für extrem hohe Lebensdauererwartungen von fünf bis zehn Jahren bei sehr geringem Strombedarf eignen sich besonders Lithiumzellen, die sich direkt in die Schaltung einlöten lassen.

Die Funktion der Sekundärelemente beruht gleichfalls auf chemischen Umwandlungsprozessen, nur sind diese umkehrbar, d.h. durch Zuführen elektrischer Energie erfolgt eine Stoffumwandlung, die durch Energieentnahme rückgängig gestaltet wird. Wegen ihrer hohen Leistungsdichte bei relativ niedrigen Produktionskosten sind Bleibatterien am weitesten verbreitet. Für Spezialzwecke werden auch andere Platten- und Elektrolytmaterialien eingesetzt. So haben Nickel-Kadmium- und Silber-Zink-Batterien zwar eine höhere Leistungsdichte, sind aber wesentlich teurer. Auch Sekundärquellen stehen in gasdichter und wartungsfreier bzw. -armer Ausführung zur Verfügung, so daß sie in unmittelbarer Nähe des Verbrauchers einsetzbar sind, also keiner gesonderten Räume bedürfen.

6.1.3.4 Schutz- und Signaleinrichtungen

Zum Verhindern unzulässiger Erwärmungen oder anderer Überbeanspruchungen von Bauelementen und zum Schutz der angeschlossenen Verbraucher und Leitungen vor Überlastungen sind Schutzeinrichtungen erforderlich.

Am einfachsten und weitesten verbreitet sind Geräteschmelzeinsätze. Ihre Ansprechzeit und der Überlastungsfaktor (Verhältnis von Ansprech- zu Nennstrom) sind jedoch so groß, daß insbesondere Halbleiterbauelemente nicht mehr zuverlässig geschützt werden. Deshalb sind elektronische Schaltungen zum Überstrom- bzw. Überspannungsschutz notwendig. Bei den Überstromschutzschaltungen sind möglichst nur Prinzipe anzuwenden, bei denen nach Wegfall der Überlastung das Gerät automatisch wieder in Normalbetrieb übergeht.

6.1.3.5 Erwärmung

Der Wirkungsgrad von Stromversorgungen bei Nennlast liegt je nach Arbeitsprinzip zwischen 40 und 80 %. Die Verluste entstehen vor allem im Transformator, in den Gleichrichterdioden und im Stellglied des Regelkreises bzw. im nichtlinear wirkenden Stabilisierungselement einschließlich eventuel-

Tafel 6.1.19 Kennzeichnung und Eigenschaften von Primärzellen

a) Kennzeichnung der Normprodukte (s. DIN IEC 86 T 1)

Buchstabe	Positive Elektrode	Elektrolyt	Negative Elektrode	Nennspannung V
	Mangandioxid	Ammoniumchlorid, Zinkchlorid	Zink	1,5
A	Sauerstoff	Ammoniumchlorid, Zinkchlorid	Zink	1,4
B	Polykohlenstoffmonofluorid	Organischer Elektrolyt	Lithium	3
C	Mangandioxid	Organischer Elektrolyt	Lithium	3
L	Mangandioxid	Alkalimetallhydroxid	Zink	1,5
M	Quecksilberoxid	Alkalimetallhydroxid	Zink	1,35
N	Quecksilberoxid und Mangandioxid	Alkalimetallhydroxid	Zink	1,4
P	Sauerstoff	Alkalimetallhydroxid	Zink	1,4
S	Silberoxid (Ag_2O)	Alkalimetallhydroxid	Zink	1,55
T	Silberoxid ($Ag0$, Ag_2O)	Alkalimetallhydroxid	Zink	1,55

Folgebuchstabe: R Rundzellen und -batterien;
F Flachzellen;
S Quadratzellen und -batterien

Folgeziffern: Kennzeichnung von Maßen (s. DIN IEC 86 T 1)

Beispiele:

LR 20 Batterie, bestehend aus einer Zelle der Größe R20 des MnO_2-Alkalimetallhydroxid-Zn-Systems

3R12 Batterie, bestehend aus drei in Serie geschalteten Zellen der Größe R12 des $Mn0_2$-Ammoniumchlorid/Zinkchlorid-Zn-Systems

R12-3 drei Zellen der Größe R12 (s. oben), die parallelgeschaltet sind

b) Vergleich der Entladevorgänge bei mittlerer Belastung

Zellenmaterial	Zellenspannung V	I_{max} (dauernd) mA	Kapazität (typisch) Ah	Temperaturbereich °C	Leistungsdichte VAh/cm³
LiCuO	1,5	2...10	0,5...3,5	-55...+150	0,73
$LiFeS_2$	1,5	7...15	1,5...3,O	-20...+50	0,65
$LiMnO_2$	2,9	0,1...1	0,05...0,2	-20...+50	0,55
		10...350	0,16...10	-20...+50	0,55
$LiSO_2$	2,8	50...500	0,8...19	-40...+70	0,48
$LiSO_2Cl_2$	3,5	30...60	1...2	-55...+70	0,8
		0,5...10 A	2...18	-40...+70	0,8
MnO_2Zn	1,25	0,02...2 A	0,6...4	-10...+50	0,15
HgOZn	1,35	1...25	0,1...1	-20...+50	0,35
AgOZn	1,5	0,05...20	0,04...0,13	-20...+50	0,5
Zink-Luft	1,4	30	0,17...1	-20...+60	0,9

ler Vorwiderstände. Beim Festlegen bzw. Dimensionieren dieser Bauelemente ist grundsätzlich von deren zulässiger Erwärmung (Übertemperatur), den thermischen Umgebungsbedingungen und den konstruktiven Gegebenheiten auszugehen. Außerdem muß man berücksichtigen, daß die Lebensdauer eine Funktion der Betriebstemperatur ist, was besonders für Leistungshalbleiter und Elektrolytkondensatoren gilt. Der zulässige thermische Widerstand der zuzuordnenden Kühlkörper ist von der aufgenommenen maximalen Leistung und der zulässigen bzw. vorgesehenen Übertemperatur der Halbleiter abhängig, wobei räumliche Lage und Oberflächenbeschaffenheit des Kühlkörpers sowie der thermische Übergangswiderstand der Berührungsfläche zwischen Halbleiter und Kühlkörper ebenfalls eine merkliche Rolle spielen. Für genormte Kühlprofile bzw. -körper können die Werte des Wärmewiderstandes den entsprechenden Vorschriften entnommen werden (s. auch Abschn. 5.4).

6.1.3.6 Konstruktive Gestaltung

Stromversorgungen werden überwiegend in Leiterplattenbauweise realisiert (s. auch Abschn. 6.1.5). Beim Leiterplattenentwurf sind folgende Gesichtspunkte zu beachten:

- Die das gemeinsame Bezugspotential bildenden Leiterzüge müssen einen genügend großen Querschnitt haben und sind nur an einer Stelle mit dem leistungselektronischen Teil der Stromversorgung zu verbinden.
- Der Leiterzugquerschnitt ist so festzulegen, daß auch bei Überlastungen kein unzulässiges Erwärmen auftritt.
- Die Leitung für das Rückführen der Ist-Spannung (Ausgangsspannung) zum Vergleicher ist möglichst direkt an die Ausgangsklemmen anzuschließen. Auf ihr dürfen keine anderen Ströme fließen. Bei hohen Ansprüchen an die Spannungskonstanz sollte die Rückführung sogar direkt am Verbraucher angeschlossen werden. Zumindest ist aber beim Einsatz von Steckverbindern der dort auftretende Spannungsabfall auszuregeln, indem man die Rückführung erst hinter der Steckverbinderbuchse anschließt.
- Wird ein hoher Stabilisierungsfaktor gefordert, ist es wichtig, das Referenzelement, den Ausgangsspannungsteiler und den Strommeßwiderstand an einer relativ kalten Stelle anzuordnen. Zumindest aber ist dafür zu sorgen, daß diese Bauelemente nicht einer wechselnden Erwärmung, z. B. des Stellglieds oder Trafos bei Wechsellast, ausgesetzt werden.
- Elektrolytkondensatoren, insbesondere bei Schaltnetzteilen und -reglern, sind durch kurze Leitungen großen Querschnitts mit den Leitungen, die den Laststrom führen, zu verbinden, damit ihre Wirkung erhalten bleibt. Das gleiche gilt sinngemäß für Kondensatoren zum Abblocken der hochfrequenten Schaltspannungen, da sonst eine Funkentstörung sehr schwierig wird.
- Bei Schaltnetzteilen ist durch sorgfältige Leitungsverlegung zu vermeiden, daß es zu kapazitiven und induktiven Kopplungen zwischen Primär- und Sekundärseite kommt.
- Zum Verringern unsymmetrischer Funkstörspannungen sind die Flächen von Schleifen, die größere Wechselströme führen, so klein wie möglich zu halten, z.B. durch Verdrillen.

Da besonders netzgespeiste Stromversorgungen lebensgefährliche Spannungen führen, sind eine Reihe sicherheitstechnischer Forderungen zu beachten.

Stromversorgungen verbrauchen, bezogen auf das Volumen, die meiste Leistung. Sie sind deshalb in Geräten und Gestellen möglichst so anzuordnen, daß andere Funktionsgruppen nicht aufgeheizt werden. In Gestellen ist der Einbau im oberen Teil zweckmäßig, wenn es die mechanische Stabilität zuläßt (s. auch Abschn. 5.4).

Ausgewählte Normen und Richtlinien zu Abschn. 6.1.3 enthält Tafel 6.1.29.

6.1.4 Elektrische Leitungsverbindungen [6.1.17] [6.1.19]

6.1.4.1 Funktion und Aufbau

Innerhalb der elektrisch-elektronischen Funktionsgruppen kommt den Leitungsverbindungen die Aufgabe zu, die Funktionselemente funktionell zu koppeln. Sie haben die aus fertigungs- und montagetechnischen Gründen getrennt aufgebauten elektrisch-elektronischen Bauelemente, Baugruppen und Geräte so untereinander zu verbinden, daß der zwischen ihnen erforderliche Energie- oder Informationsfluß gewährleistet wird. Entsprechend **Bild 6.1.17** besteht daher eine Leitungsverbindung prinzipiell aus einem Leitungs- oder Übertragungselement mit der ausschließlichen Funktion des Leitens oder Übertragens von Energie- oder Informationsflüssen und einem aus fertigungs- und anwendungstechnischen Gründen erforderlichen Verbindungs- oder Kontaktelement, das ein Kontaktpaar von Anschlußelementen des Bauelementes, der Baugruppe bzw. des Gerätes und des Leitungselementes enthält.

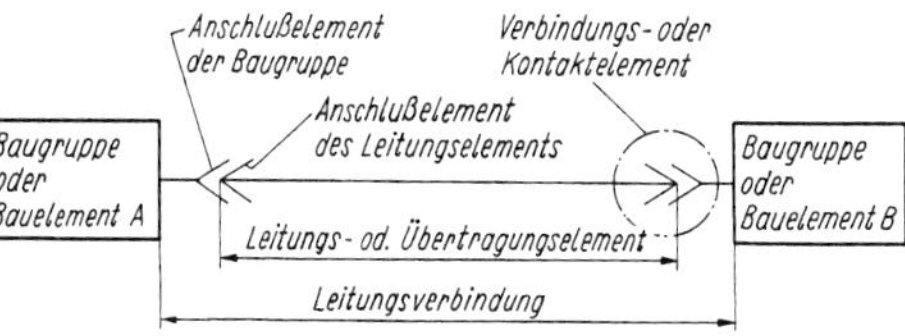

Bild 6.1.17 Prinzipieller Aufbau einer elektrischen Leitungsverbindung

6.1.4.2 Leitungselemente

Aus der Funktion dieser Elemente, nur eine Ortsveränderung der zu übertragenden Größen ohne deren quantitative und qualitative Beeinflussung zu bewirken, ergeben sich folgende Dimensionierungskriterien:

- minimale Übertragungsverluste durch ausreichende Leitungsquerschnitte, zulässige Leitungslängen und verlustfreie Isolierhüllen;
- minimale Störbeeinflussung von außen und nach außen durch mechanisch, chemisch und thermisch stabile Isolierhüllen, durch mechanische Festigkeit und Flexibilität von Leitungselement und Isolierhülle sowie durch elektromagnetische Schirmung der Leitungselemente.

Es ist daher eine Vielzahl spezifischer konstruktiver Lösungen erforderlich, um den in der Gerätetechnik auftretenden unterschiedlichen Einsatzbedingungen gerecht werden zu können. **Tafel 6.1.20** zeigt eine Auswahl der wichtigsten Arten, Ausführungen und Anwendungen.

Tafel 6.1.20 Elektrische Leitungselemente (Auswahl)

Art des Leitungselements	Kurzzeichen	Ausführungsform und -daten	Anwendung
1. Schwachstromleitungen, feste Legung			
Runddraht, blank (DIN 46420, 46431)		Leiter: E-Al oder E-Cu; d = (0,5 … 2,5) mm	Masse- oder Erdleiter in Geräten und Anlagen
Gedruckte Leitung, Folienleitung (DIN IEC 326)		Basismaterial: flexible Folien aus Polyester od. Polyimid; Leiter: E-Cu, Dicke (20…70) µm, ein- oder zweiseitige Kaschierung	Signalleitungen mit definierten elektrischen Eigenschaften (Induktivität, Kapazität, Wellenwiderstand, Signallaufzeit), mit hoher Flexibilität für Verbindung räumlich unterschiedlich angeordneter, i. allg. beweglicher Baugruppen; Verbindung von Bauelementen mit Anschlüssen in festem Raster und bestimmter Reihenfolge (z. B. für Schneidklemmverbindungen nach DIN 41651)
Flachleitung, Bandleitung, (DIN VDE 0811)	FLY, FL7Y, FLLiY, FLLi7Y	Isolierhülle: PVC (Y) od. ETFE (7Y); Leiter: E-Cu; Draht oder Litze (Li), d = (0,25…0,4) mm; Rastermaß 1,27 mm; Leiteranzahl 9…64	
Schaltdraht und Schaltlitze, ein- und mehradrig (DIN VDE 0812)	YV, LIY, YVC, YV(ST), YV(ST)Y, YVO(ST)Y, LIYC, LIYCY, LIYDY	Leiter: E-Cu, eindrähtig, verzinnt (V); Isolierhülle: PVC (Y); Mantel: PVC (Y); Leiter: E-Cu, Litze (LI); Isolierhülle: PVC; Schirm: Metallband (St), Cu-Drahtgeflecht (C), Cu-Drahtbespinnung (D); Bewicklung: Kunststoffband	Schaltdraht o. Schaltlitze für Signalleitungen in allen Verdrahtungen mit Löt-, Quetsch-, Klemm- oder Wickelverbindung; für fremdspannungsfreie Leitungen mit Schirm aus Metallband (ST), Cu-Drahtgeflecht (C) oder Cu-Drahtbespinnung (D)

Tafel 6.1.20 Fortsetzung

Art des Leitungselements	Kurzzeichen	Ausführungsform und -daten	Anwendung
2. Schwachstromleitungen, ortsveränderliche Legung			
Installationskabel und -leitungen ein- und mehradrig (DIN VDE 0815)	Y, 2YY, J-FY, J-Y(ST)Y, Li-Y, Li-2YY, Li-FY, Li-Y(ST)Y	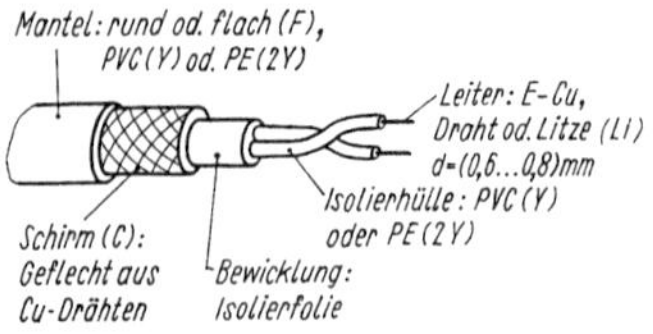 Mantel: rund od. flach (F), PVC (Y) od. PE (2Y) Leiter: E-Cu, Draht od. Litze (Li) d = (0,6...0,8) mm Isolierhülle: PVC (Y) oder PE (2Y) Schirm (C): Geflecht aus Cu-Drähten Bewicklung: Isolierfolie	Signalleitungen für ortsveränderliche Legung in der Feinwerktechnik
Koaxiales Hochfrequenzkabel, vollisoliert, 50 Ohm, 75 Ohm (DIN 47264, 47269)		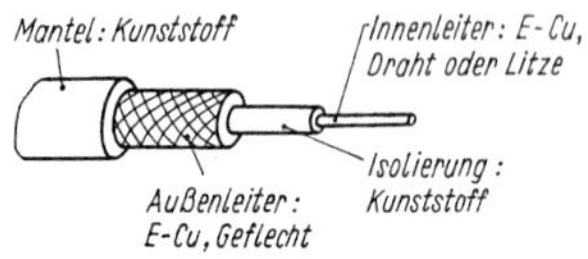 Mantel: Kunststoff Innenleiter: E-Cu, Draht oder Litze Isolierung: Kunststoff Außenleiter: E-Cu, Geflecht	Signalübertragung in der Rundfunk- und Fernsehsendetechnik, der Trägerfrequenztechnik, der Hochfrequenzmeßtechnik, der Fernsehempfangstechnik (Antennenkabel)
3. Starkstromleitungen, feste Legung			
Runddraht, blank (DIN 46420, 46431), Flachdraht, blank (DIN 46433)		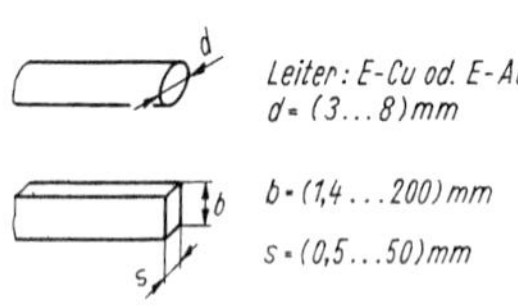 d Leiter: E-Cu od. E-Al; d = (3...8) mm b b = (1,4...200) mm s s = (0,5...50) mm	Strom (Sammel) Leitungen/Stromschienen oder Erdungs (Sammel) Leitungen/Erdungsschienen in größeren Geräten; isolierte Befestigung
PVC-Verdrahtungsleitung, einadrig (DIN 47726) und PVC-Aderleitung, einadrig (DIN 47727)	HO5V- HO7V-	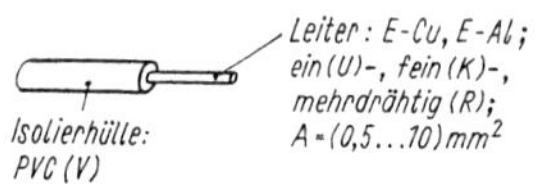 Leiter: E-Cu, E-Al; ein (U)-, fein (K)-, mehrdrähtig (R); A = (0,5...70) mm² Isolierhülle: PVC (V)	für geschützte Legung in Rohren und geschlossenen Installationskanälen; auch für innere Verdrahtung von Geräten
4. Starkstromleitungen, ortsveränderliche Legung			
PVC-Schlauchleitung (Zwillingsleitung) zweiadrig (DIN 47731)	HO3VV H2-	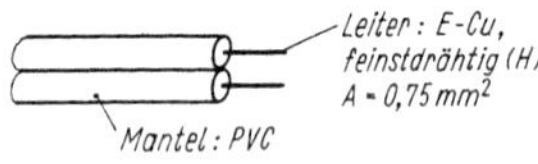 Leiter: E-Cu, feinstdrähtig (H) A = 0,75 mm² Mantel: PVC	für Netzanschluß ortsveränderlicher Geräte (z. B. Rundfunk-, Fernseh-, Phonogeräte, Elektrorasiergeräte) bei geringen mechanischen Belastungen; auch mit thermoplastisch angeformtem Flachstecker (Europastecker)
PVC- und Gummischlauchleitung, ein- u. mehradrig (DIN 47731, 47732, 47728, 47729, 47730)	HO3VV- HO5VV- HO5RR- HO5RRT- HO5RN- HO7RN	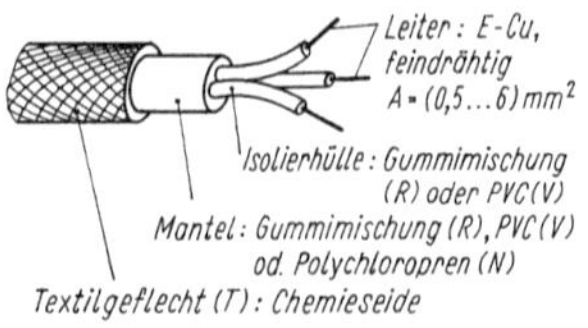 Leiter: E-Cu, feindrähtig A = (0,5...6) mm² Isolierhülle: Gummimischung (R) oder PVC (V) Mantel: Gummimischung (R), PVC (V) od. Polychloropren (N) Textilgeflecht (T): Chemieseide	für Netzanschluß ortsveränderlicher Geräte (z. B. Bügelgeräte, Tauchsieder, Staubsauger, Kühlschränke, Waschmaschinen, Elektroherde, Büromaschinen); hohe Biegeelastizität

6.1.4.3 Verbindungselemente

Das Gewährleisten eines sicheren elektrischen Kontaktes im Verbindungselement einerseits und die für verschiedene Anwendungsfälle erforderliche Lösbarkeit elektrischer Verbindungen andererseits führen zum Einsatz von sowohl stoffschlüssigen als auch kraftschlüssigen Verbindungsverfahren. Aus der Fülle stoffschlüssiger Verfahren kommen vorrangig die in [6.1.19] ausführlich dargestellten Metallschweiß- und Lötverfahren der Feinwerktechnik in Frage. Besonderheiten ergeben sich lediglich aus einem speziellen Anwendungsgebiet zur Kontaktieren elektronischer Bauelemente und Baugruppen. Die konstruktive Realisierung einer elektronischen Schaltung bedingt einerseits die elektrische Verbindung der Chipanschlüsse mit den Gehäuseanschlüssen des Bauelements (innere

Kontaktierung) und andererseits die Verbindung der Gehäuseanschlüsse der Bauelemente mit den Anschlüssen des Bauelementeträgers, z. B. der Leiterplatte (äußere Kontaktierung). Während die innere Kontaktierung (Thermokompression, Ultraschallschweißen, Beam-lead-Technik, Flip-chip-Technik [6.1.10]) nur für den Hersteller von Halbleiterbauelementen interessant ist, muß die äußere Kontaktierung bei der Gerätekonstruktion Berücksichtigung finden. **Tafel 6.2.21** enthält eine Übersicht über die ebenfalls in [6.1.10] eingehender behandelten Verfahren.

Tafel 6.2.21 Verfahren zur äußeren Kontaktierung elektronischer Bauelemente

Verfahren	Prinzip	Anwendung
Badlöten mit ruhendem Lötbad		
Senkrechtes Tauchlöten	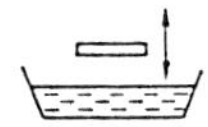	vorbehandeltes Werkstück wird durch unterschiedliche Bewegungsabläufe mit ruhendem Lotbad in Berührung gebracht; Löten von Verdrahtungsträgern in kleineren Serien; Bauelemente-Anschlußverzinnung, Steckerleistenfertigung
Flipflop-Verfahren	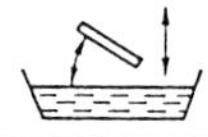	
Schlepplöten	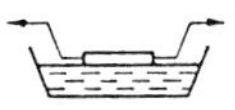	
Wischlöten	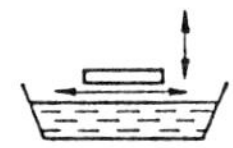	
Pendellöten		
Badlöten mit bewegtem Lötbad		
Schwallöten	 Pumpe Düse	bedeutsamstes Verfahren für steckbare Bauelemente; hoher Automatisierungsgrad bei großen Serien; ständig oxidfreie Lötbadoberfläche; Variation der Wellenform ermöglicht auch komplizierte Lötungen; Schwallötanlagen meist als Komplex mit Vor- und Nachbehandlung (Fluxen, Wärmen, Löten, Waschen)
Kaskadenlöten		geneigte Führung des Verdrahtungsträgers gegen das über eine gewellte Oberfläche fließende Lot; Lotbadoberfläche ist an gewellten Stellen ständig oxidfrei
Sylvania-Verfahren	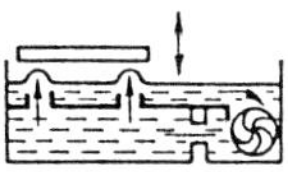	selektives Lötverfahren, bei dem der Verdrahtungsträger fest über dem Bad fixiert wird; Lot wird über Düsensystem (Düsenschablone) gegen den zu kontaktierenden Partner gepumpt; Anwendung nur bei Fertigung von Verdrahtungsträgern in großer Stückzahl
Reflow-Löten (Löten durch Aufschmelzen vorher aufgebrachter Lotschichten)		
Konvektions- oder Heißgaslöten	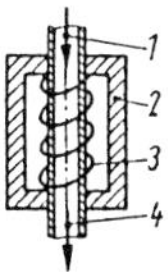 1 2 3 4	Kontaktierung von Miniaturbauelementen auf Verdrahtungsträgern, wenn mit lokal begrenzter Energieeinwirkung alle Anschlüsse eines Bauelements simultan zu kontaktieren sind; bei entsprechender Dimensionierung der auswechselbaren Düsen können verschiedene Bauelementeformen und -größen verarbeitet werden *1* Druckgas, kalt; *2* Wärmeisolation; *3* Heizwicklung; *4* Heißgas
Strahlungslöten: Infrarotlöten	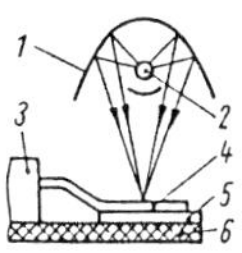 1 2 3 4 5 6	Sonderverfahren zum selektiven, linienhaften Löten, z. B. bei Vorhandensein langer Anschlußfahnen, an denen noch gewickelt werden soll; dosierte Lotzugabe (Ringe) ist vor dem Löten erforderlich *1* Reflektor; *2* Strahler; *3* integrierter Schaltkreis; *4* Schaltkreisanschluß, verzinnt; *5* Leiterzug verzinnt; *6* Trägermaterial
Strahlungslöten: Lichtstrahllöten		wie Infrarotlöten, aber mit höheren Temperaturen, Halogen- oder Hg-Strahler (punkt- oder linienförmig); Kontaktierung aufsetzbarer Bauelemente auf Verdrahtungsträgern; Verbindung kann bei bewegtem Trägermaterial erfolgen; hohe thermische Belastung des Trägermaterials

Tafel 6.2.21 Fortsetzung

Verfahren	Prinzip	Anwendung
Strahlungslöten: Laserlöten	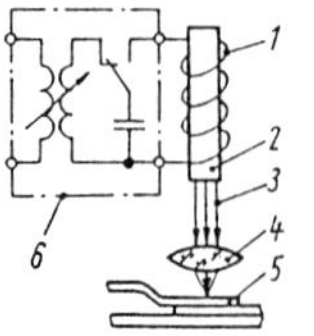	besonders geeignet zum Kontaktieren temperaturempfindlicher Bauelemente und dünner Drähte, wo es zu keiner Erwärmung der Fläche um die Lötverbindung kommen darf; Verbindungen müssen nacheinander hergestellt werden *1* Blitzlampe (Pumpquelle); *2* Rubinresonator; *3* Laserstrahl; *4* Optik; *5* Bauelementeanschluß; *6* Energiespeicher
Dampfphasen- oder Kondensationslöten	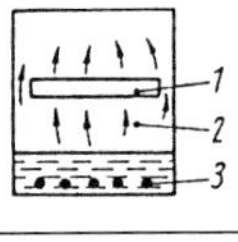	Eintauchen der gesamten Baugruppe in gesättigten Fluorinertdampf; abgegebene Wärme durch Kondensation der Flüsigkeit bewirkt Schmelzen des vorgebrannten Lotes; zeitlich einheitlich stattfindender Lötprozeß für gesamte Baugruppe bewirkt gleichmäßige Erwärmung (für 10 s auf 215 °C) *1* Verdrahtungsträger; *2* Fluorinertdampf; *3* Heizkörper
Bügellöten	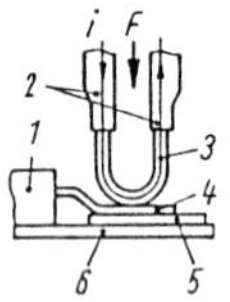	Kontaktierung aufsetzbarer Bauelemente; gleichzeitige Kontaktierung mehrerer Anschlüsse möglich; Aufschmelzen der Lotschichten durch indirekte Erwärmung von der infolge Stromflusses erhitzten Bügelelektrode *1* Bauelement; *2* Elektrodenhalter; *3* Bügelelektrode; *4* Bauelementeanschluß, verzinnt; *5* Leiterzug, verzinnt; *6* Trägermaterial
Widerstandslöten	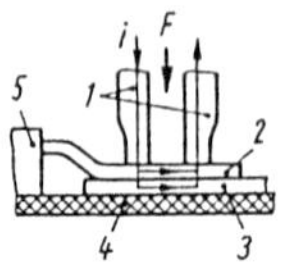	Kontaktierung aufsetzbarer Bauelemente; Feinlötungen in der Elektronikindustrie; Aufschmelzen der mittels Vorverzinnen aufgebrachten Lotschichten durch direkten Stromfluß; große Variationsbreite der Verfahrensparameter *1* Elektroden; *2* Bauelementeanschluß; *3* Leiterzug; *4* Trägermaterial; *5* Bauelement
Kaltlöten	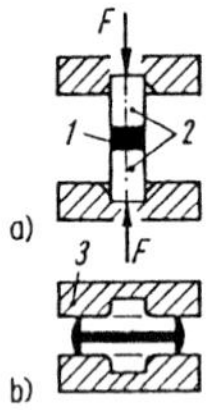	kostengünstiges, automatisierbares Verfahren; keine thermische Belastung der Verbindungspartner; Verwendung von Sonderloten in flüssiger Form oder als Pasten mit sehr niedrigem Schmelzpunkt; Legierungsbildung bei etwa 30 °C a) vor Verformung, b) nach Verformung der Lötteile *1* Lot; *2* Lötteile; *3* Spannbacken

Kraftschlüssige elektrische Verbindungen weisen gegenüber den gleichartigen mechanischen Verbindungen Unterschiede auf, die sich aus den speziellen Forderungen an die elektrische Leitfähigkeit und mechanische Stabilität der Verbindung ergeben.

Tafel 6.1.22 gibt eine Übersicht zu den wichtigsten Verfahren und Elementen.

Tafel 6.1.22 Kraftschlüssige elektrische Verbindungen (Auswahl)

Bezeichnung	Eigenschaften und Anwendung	Ausführungsformen
1. Quetsch- oder Crimpverbindungen (DIN 41611 T3)	Verpreßverbindung eines Leiters (Draht, Litze) mit einem Anschlußelement durch plastische Verformung einer Crimphülse; bei der offenen Crimphülse (a) werden die Schenkel eingerollt, bei der geschlossenen Crimphülse erfolgt eine Verformung in unterschiedlichen Querschnitten, gebräuchliche Anschlußelemente sind Kabelschuhe (DIN 46211, 46225, 46237), Lötösen, Anschlußstifte und -stecker	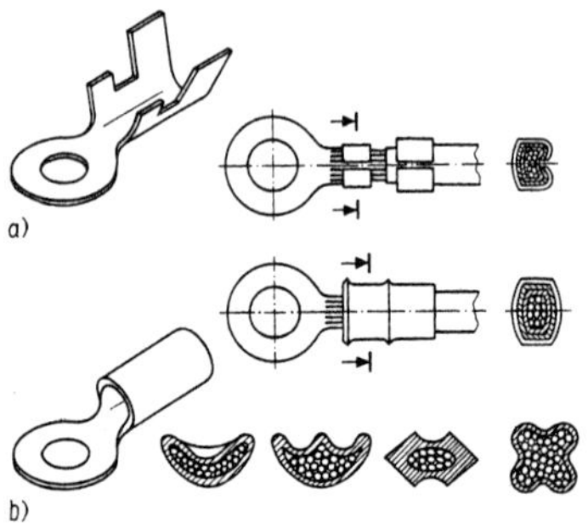

Tafel 6.1.22 Fortsetzung 1

Bezeichnung	Eigenschaften und Anwendung	Ausführungsformen
2. Klemmverbindung (DIN 46289)	Verbindung, bei der die Kraft von einem Anschlußelement oder einem dritten Bauteil ausgeübt wird; krafterzeugende Elemente sind Schrauben und Federn, einzeln und kombiniert	
2.1. Schraubenklemmverbindung (DIN 46206, 46207)	Verbindung eines Leiters (Draht, Litze) mit einem Anschlußelement durch Schrauben, unmittelbar als Buchsenklemme (a), als Kopfschraubenklemme (b), formschlüssig unterstützt durch Drahtöse (c) oder hochgezogenen Rand (d), kraftschlüssig unterstützt durch federnde Zusatzelemente (e, f) bzw. mittelbar mit Druckübertragungsteil als Buchsenklemme (g), Flachklemme (h) oder mittels Kabelschuh (i); verbreitete Anwendung für Starkstrominstallation in Geräten, in Verbindung mit Kabelschuhen auch in der Schwachstrominstallation	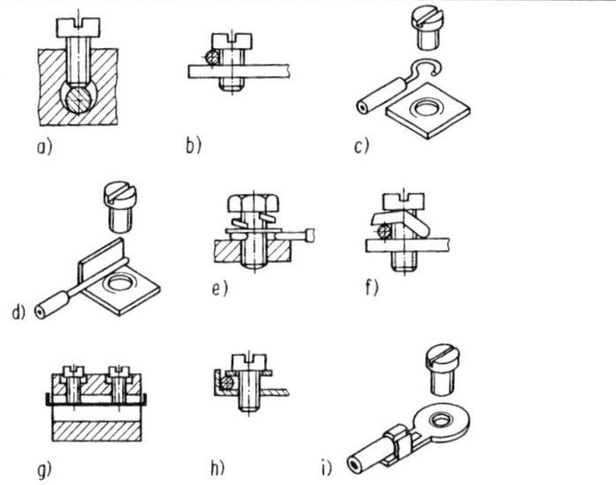 a) b) c) d) e) f) g) h) i)
2.2. Federklemmverbindung	Verbindung durch den mittelbaren oder unmittelbaren Einsatz von Federkraft	
2.2.1. Klemmfederverbindung	Mittelbare Verbindung eines Leiters (Draht) mit einem Anschlußelement durch ein zusätzliches Federelement (Klemmfeder) mit mittelbarem (a) oder unmittelbarem Kontakt (b)	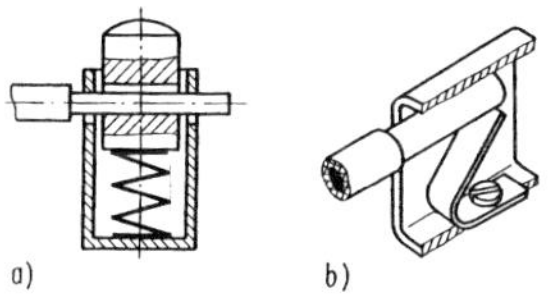 a) b)
2.2.2. Klemmhülsen- oder Klemmverbindung (DIN 41611 T4)	Mittelbare Verbindung eines Leiters (Draht, Litze) mit einem Anschlußelement durch ein zusätzliches elastisches Element (Klemmhülse oder Klammer); Stift-Draht-Verbindung bei Leiterplattenrückverdrahtung; bis zu drei Hülsen/Stift möglich	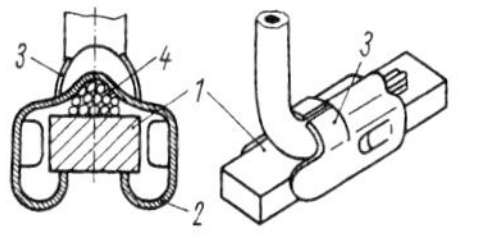 *1* Anschlußstift *2* Kontaktfederdruckbein (Klemmhülse) *3* Isolationsunterstützung *4* Anschlußlitze
2.2.3. Steckkontaktverbindung (DIN 41630)	Unmittelbare Verbindung durch federnde Ausbildung eines der beiden zu paarenden Anschlußelemente	
a) Einfachflachsteckverbindung (DIN 46244, 46245, 46247, 46248)	Verbindung zwischen Flachstecker (a) am Gerät und Steckhülse (b) mit angecrimpter Leitung; Verrasten der Verbindung durch Rastloch und Rastwarze; nicht für häufiges Stecken und Lösen (≤ 20); hohe Kontaktsicherheit; vorzugsweise in der Autoelektrik und Haushaltelektrik	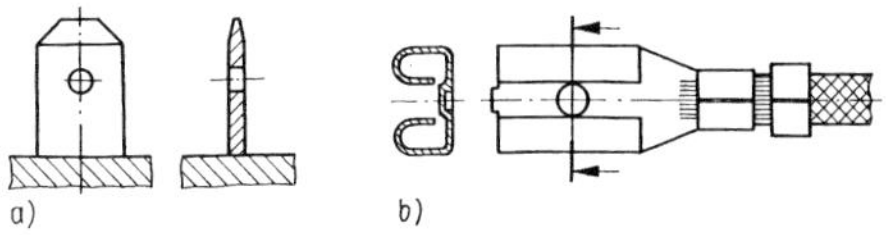 a) b)
b) Mehrfachflachsteckverbindung (DIN 41612, 41620)	Steckverbindung ausschließlich für Leiterplatten, indirekt mit Messerleiste (a) und Federleiste (b) oder direkt mit Federleiste (c) und der Leiterplatte als Messerleiste (d); Verbindungssystem mit 15 bis 96 Kontakten hoher Zuverlässigkeit (λ/Kontakt = $10^{-7}h^{-1}$) und Lebensdauer ($5 \cdot 10^2$ Steckungen); Anschlußstifte der Messerleiste für Einlötung in die Leiterplatte abgewinkelt; Messer zwei- bis dreireihig, geschützt angebracht; Anschlußstifte der Federleiste zum Einlöten oder Einpressen in Rückverdrahtungsleiterplatten bzw. zum Anschluß von Wickel- oder Klammerverbindungen	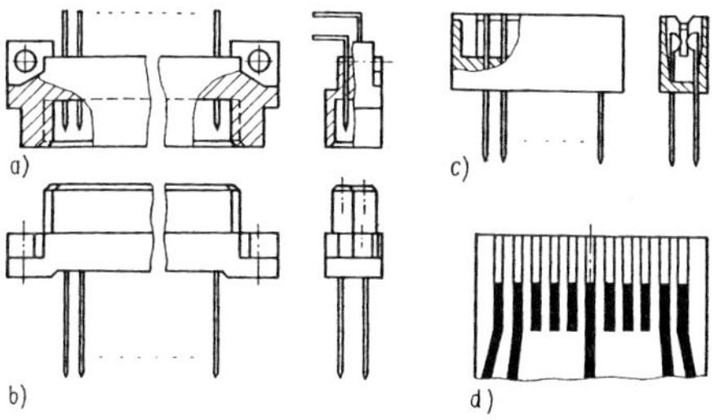 a) b) c) d)

Tafel 6.1.22 Fortsetzung 2

Bezeichnung	Eigenschaften und Anwendung	Ausführungsformen
c) Zwei- und Dreifachrundsteckverbindung (DIN 49400)	Gerätesteckverbindungen als zweipolige Steckverbinder mit oder ohne Schutzkontakte für die Stromversorgung von Geräten (Kleinspannung, Netzspannung) a) Flachstecker (DIN 49464) 2,5 A; b) Flachstecker (DIN 49406) 10/16 A; c) Rundstecker mit seitlichen Schutzkontakten (DIN 49441) 10/16 A; d) Kleingerätesteckverbindung (DIN 49454) < 1 A; e) Kleingerätesteckverbindung (DIN 49455) 1 A; f) Gerätesteckverbindung (DIN 49457) 6 A mit Schutzkontakt	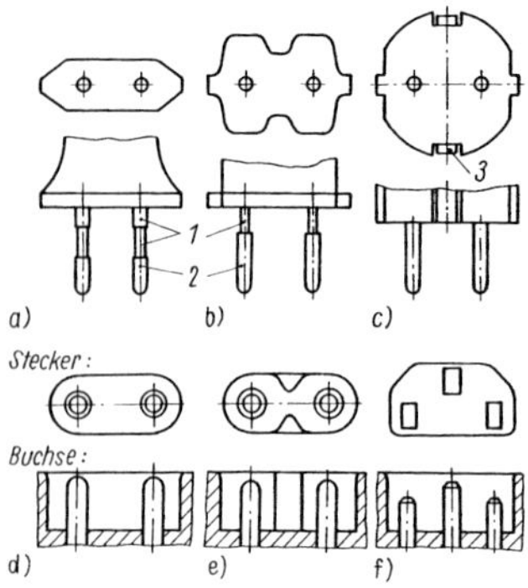
d) Mehrfachrundsteckverbindung (DIN IEC 268-11)	Drei- bis fünfpolige Steckverbindung der Informationstechnik; durch runde Ausführung gute Möglichkeiten der Verbindungssicherung durch Bajonett- oder Schraubverschluß; Lebensdauer > 10^3 Steckungen (a) Stecker; b) Einbausteckdose)	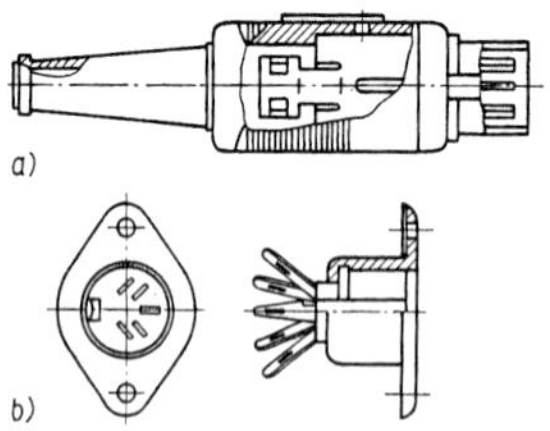
2.3. Schneidklemmverbindung (DIN 41611 T6)	Verbindung durch Einklemmen eines isolierten Leiters (Draht, Litze) in ein die Isolierhülle durchschneidendes und den Leiter klemmend kontaktierendes U-förmiges Anschlußstück (a) mit mindestens zwei freitragenden federnden Schenkeln; Verbindung hoher Zuverlässigkeit ($\lambda \approx 5 \cdot 10^{-9}\ h^{-1}$); Anwendung besonders zur Verbindung von Flachleitungen (b) bis zu 64 Adern mit Steckverbindern nach DIN 41651 *1* Einfachkontakte, *2* Doppelkontakte, *3* Federleiste, *4* Zugentlastung, *5* Flachleitung	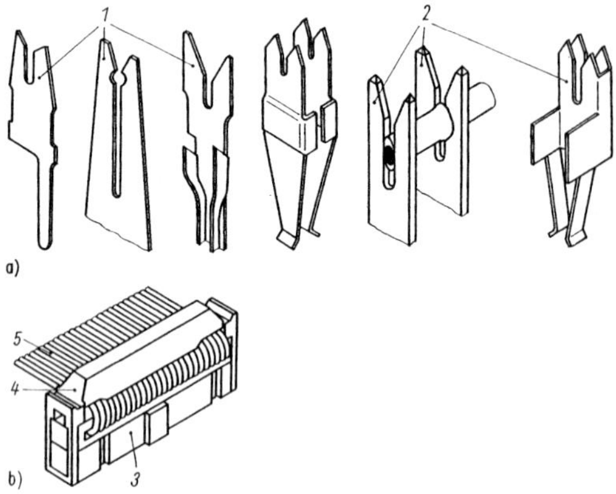
3. Wickelverbindung (DIN 41611 T9)	Unmittelbare Verbindung zwischen einem Leiter (Schaltdraht) und einem scharfkantigen Wickelstift, bei der der Schaltdraht direkt und unter kontrollierter mechanischer Spannung mehrmals um den Stift gewickelt ist, wobei die Isolierhülle des Schaltdrahtes durch die Kanten des Stiftes verdrängt wird, so daß der Leiter mit diesen Kanten gasdichte Kontaktzonen bildet, 4 Windungen (= 16 Kontaktstellen) ergeben Summe von Kontaktzonen ≥ Leiterquerschnitt; hohe Kontaktzuverlässigkeit ($\lambda \approx 0{,}5 \cdot 10^{-9}\ h^{-1}$); i. allg. bis zu drei Wickel/Anschlußstift	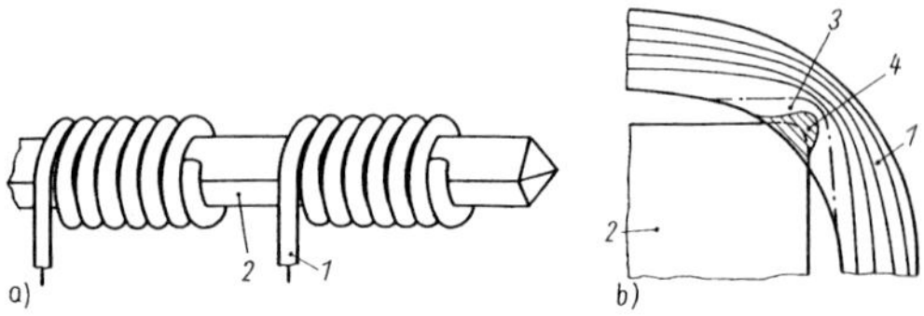 a) Zweifachwickel auf einem Anschlußstift; b) Kontaktzone

6.1.4.4 Verdrahtungen

Die verschiedenen elektrischen Leitungsverbindungen werden als Verdrahtungen bezeichnet. Die Güte ihrer Übertragungseigenschaften ist aufgrund der gestiegenen Leistungsdichte in Geräten und der damit einhergehenden gegenseitigen Beeinflussung vorrangig von der Anordnung oder Legung abhängig. Die Verdrahtungen klassifiziert man daher primär nach mechanisch-geometrischen Gesichtspunkten (**Bild 6.1.18**).

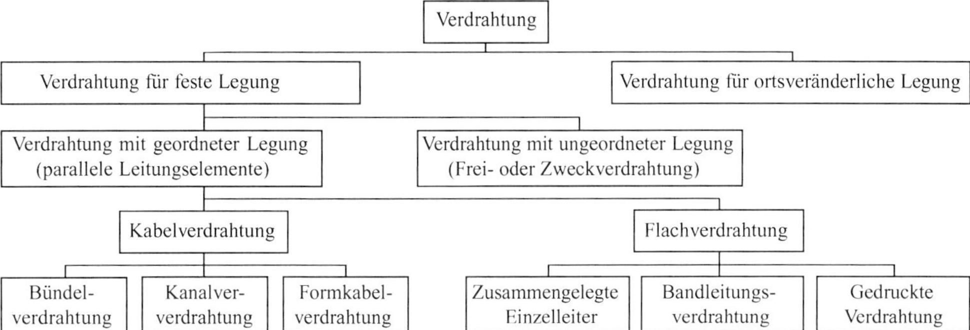

Bild 6.1.18 Klassifikation von Verdrahtungen

Bei fester Legung können die Leitungen ihre Lage nicht verändern im Gegensatz zur ständigen Lageveränderung bei ortsveränderlicher Legung. Nachfolgend werden einige für die Feinwerktechnik wichtige Festverdrahtungen näher behandelt.

Frei- oder Zweckverdrahtung ist eine ungeordnete Legung einzelner diskreter Leitungen auf dem zweckmäßigsten, i. allg. kürzesten Weg einzeln von Anschlußstelle zu Anschlußstelle (**Bild 6.1.19**). Diese traditionelle Verdrahtungsart ermöglicht minimale Leistungslängen zwischen den Anschlußpunkten mit ebenfalls minimierten kapazitiven und induktiven Störkopplungen und bietet günstige Voraussetzungen für eine automatische Legung der Verdrahtung bei der Gerätemontage. Bild 6.1.19c zeigt die Rückverdrahtung von Leiterplattensteckbaugruppen, bei der die Kontaktierung an den Anschlußstiften der Steckverbinder durch eine Klemmhülsen- oder Wickelverbindung erfolgt (s. Tafel 6.1.22).

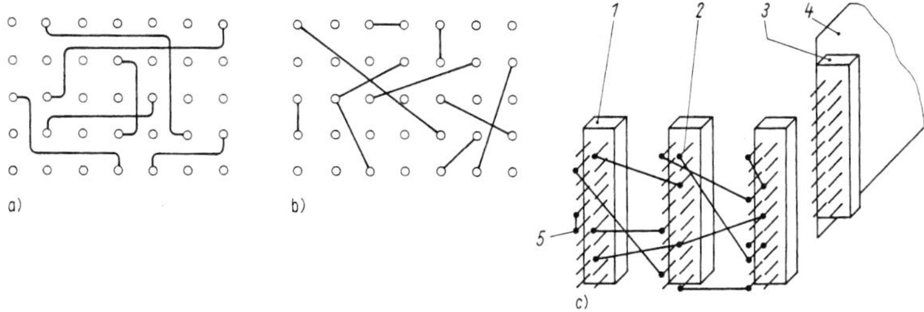

Bild 6.1.19 Frei- oder Zweckverdrahtung
a) allgemein; b) mit minimierten Leitungslängen; c) zur Rückverdrahtung von Leiterplattensteckeinheiten
1 Steckverbinderbuchsenleiste; *2* Anschlußstift des Steckverbinders; *3* Steckverbindersteckerleiste;
4 Leiterplatte; *5* Kontaktierung durch Löt- oder Wickeltechnik

Kabelverdrahtung ist eine geordnete Legung diskreter Leitungselemente, die zu Bündeln zusammengefaßt (Bündel- und Kanalverdrahtung) oder zu speziell geformten Kabeln (Formkabelverdrahtung) verbunden sind.

Bei Bündelverdrahtung werden die Leitungen während der Gerätemontage in Bündeln parallel verlegt und durch Kordelschnur oder gelochtes Kunststoffband zusammengebunden (**Bild 6.1.20**).

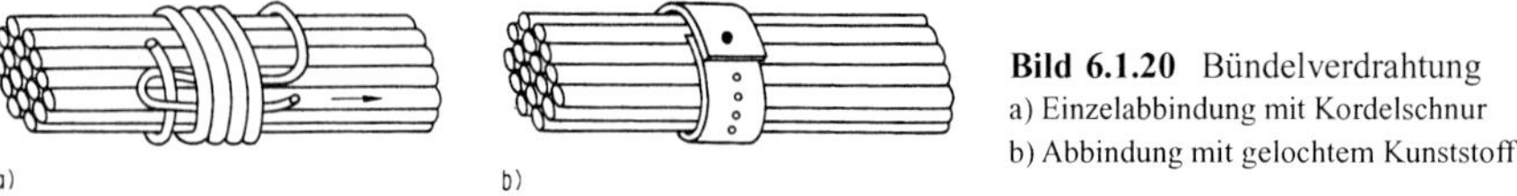

Bild 6.1.20 Bündelverdrahtung
a) Einzelabbindung mit Kordelschnur
b) Abbindung mit gelochtem Kunststoffband

Bei Kanalverdrahtung liegen die Leitungen in halboffenen oder geschlossenen Leitungskanälen aus Kunststoff oder Blech mit rechteckigem oder rundem Querschnitt (**Bild 6.1.21**).

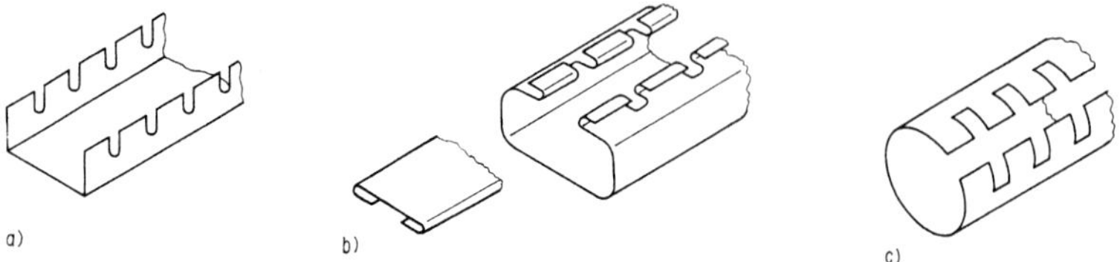

Bild 6.1.21 Kanalverdrahtung, Ausführungsformen von Kanälen
a) offener Kanal; b) Rechteckkanal mit lösbarer Abdeckung; c) Schlitzrohrkanal

Das Formkabel unterscheidet sich von der Bündel- und Kanalverdrahtung im wesentlichen dadurch, daß es als vorgefertigtes, durch Fäden abgebundenes Leitungsbündel (Kabelbaum) in das Gerät eingesetzt wird (**Bild 6.1.22**). Vorteile der genannten Kabelverdrahtungen sind Montageerleichterung und Übersichtlichkeit. Nachteile sind hohe Leitungskapazitäten und -induktivitäten, so daß sie sich nur für Niederfrequenzzwecke einsetzen lassen.

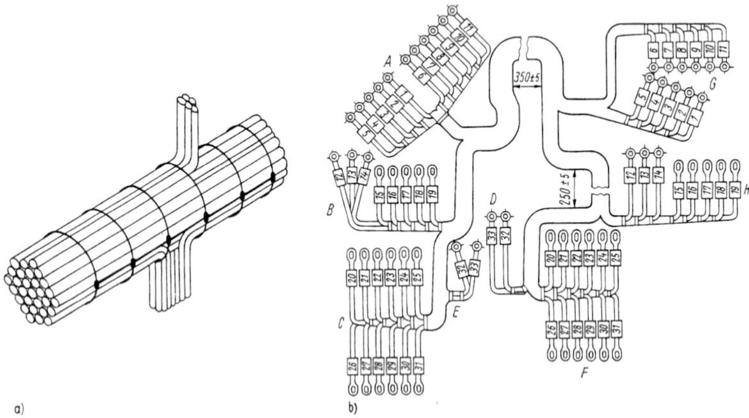

Bild 6.1.22 Formkabelverdrahtung
a) prinzipieller Aufbau; b) Kabelplan, Anschlußkennzeichnung

Flachverdrahtung ist eine geordnete Legung diskreter Leistungselemente, die in einer Ebene unmittelbar nebeneinander angeordnet und miteinander befestigt sind. Bei der Bandleitung sind Draht, Litze oder Folie in einem Parallelverbund in Kunststoff eingebettet bzw. gedruckte Leitungen auf einem flexiblen Trägermaterial aus Kunststoff aufgebracht (**Bild 6.1.23**). Unabhängig vom Biegezustand und von der Lage der Bandleitung im Raum besteht immer eine feste geometrische Zuordnung der einzelnen Leiter zueinander, so daß Bandleitungen für Signalübertragungen verwendet werden, die definierte elektrische Eigenschaften (Induktivität, Kapazität, Wellenwiderstand, Signallaufzeit) besitzen müssen. Wegen ihrer Flexibilität sind sie besonders geeignet für die Verbindung räumlich unterschiedlich angeordneter Funktionseinheiten, für bewegliche Funktionseinheiten (Schwenkrahmen, Abdeckungen von Pulten, **Bild 6.1.24**) und für die Kontaktierung von Bauelementen, deren Anschlüsse in einem einheitlichen Raster und in bestimmter Reihenfolge vorliegen, z. B. für Steckverbinder mit Schneidklemmkontaktierung (s. Tafel 6.1.22).

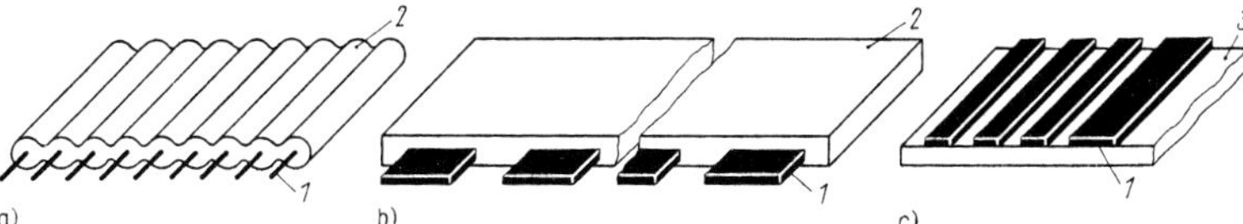

Bild 6.1.23 Bandleitungen
a) in Kunststoff eingebettete Rundleiter; b) in Kunststoff eingebettete Flachleiter; c) Folienleiter auf flexiblem Kunststoffträger
1 Leiter; *2* Isolierhülle; *3* Isolierträger

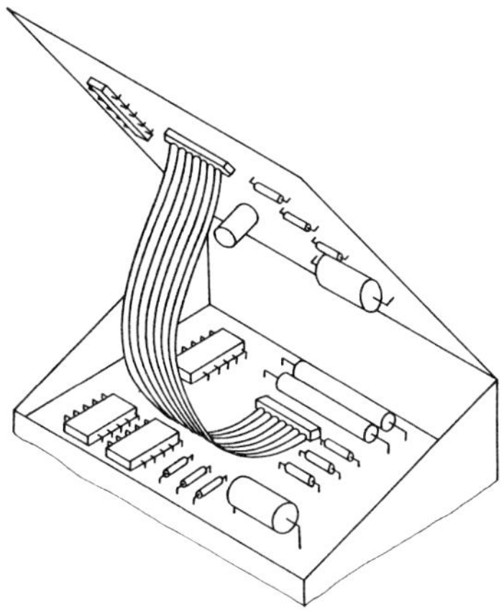

Bild 6.1.24 Bandleitungsverdrahtung räumlich unterschiedlich angeordneter Funktionseinheiten in einem Gerät

6.1.5 Funktionsgruppen mit Leiterplatten

Elektrisch-elektronische Funktionsgruppen werden auf Leiterplatten oder ähnlichen flächenhaften Gebilden aufgebaut. Für die heute gebräuchlichen elektronischen Schaltungen mit Bauelementen extrem kleiner Abmessungen sowie sehr hoher Anschlußelementeanzahl und -dichte sind die Verbindung der Bauelemente mit einzelnen Schaltdrähten und die diskrete Befestigung der Bauelemente auf gesonderten Trägerelementen elektrisch und mechanisch nicht mehr realisierbar. Die Leiterplatte verbindet beide Aufgaben, indem sie als *Trägersystem* für die Bauelemente und als *Leitungssystem* zur elektrischen Verbindung der Bauelemente dient (**Bild 6.1.25**). Sie ist damit selbst ein Bauelement, das in einem durchgängigen technologischen Prozeß als gesondertes Bauteil hergestellt werden kann und wegen seiner flächenhaften Struktur außerdem sehr gute Automatisierungsmöglichkeiten für Herstellung, Montage und Prüfung bietet [6.1.20] [6.1.25]. Weitere entscheidende Vorteile liegen in den gegenüber konventionellen Verdrahtungen insgesamt besseren elektrischen Eigenschaften, der hohen Reproduzierbarkeit aller elektrischen und mechanischen Parameter, der großen Packungs- und Verbindungsdichte, der Masse- und Volumenreduzierung, dem ökonomischen Materialeinsatz und der Erhöhung der Zuverlässigkeit.

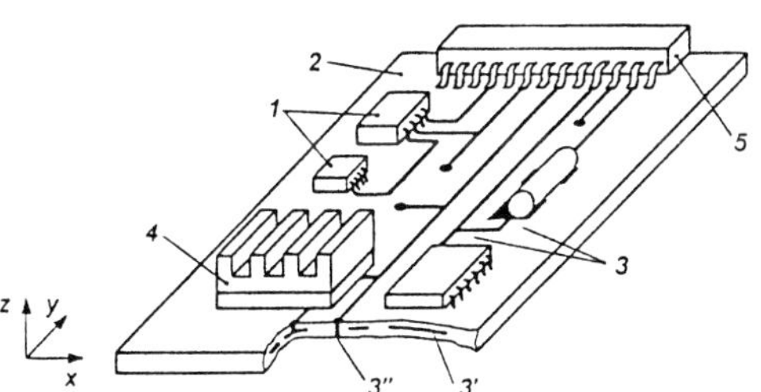

Bild 6.1.25 Prinzipieller Aufbau einer Leiterplattenfunktionsgruppe
1 elektronische Bauelemente;
2 Trägerplatte zur Anordnung der Bauelemente;
3 metallische Leiter zur elektrischen Verbindung der Bauelemente BE (in x/y-Richtung auf den Außenebenen);
3' metallische Leiter zur elektrischen Verbindung der BE (in x/y-Richtung auf den Innenebenen);
3'' metallisch durchkontaktierte Bohrungen zur elektrischen Verbindung von Innen- und Außenleitungsebenen in z-Richtung;
4 Kühlkörper zur Wärmeabführung;
5 Steckverbinder als Schnittstelle zur Umgebung

6.1.5.1 Leiterplattenarten

Aus funktioneller und anwendungstechnischer Sicht sind die *Standard-*, *Modul-* und *Folien-Leiterplatte* zu unterscheiden.

Standard-Leiterplatte. Sie entspricht dem klassischen Aufbauprinzip, auf einem flächigen elektrisch isolierenden Basismaterial ein elektrisches Leitungssystem zu strukturieren, das die über geeignete Anschlußflächen (Pads) kontaktierten elektrisch/elektronischen Bauelemente miteinander verbindet. Durch eine mehrfache gegeneinander isolierte Schichtung dieser Grundstruktur entstehen Lagensysteme mit einer entsprechenden Anzahl von Leitungsebenen, die über durchkontaktierte Löcher (Vias) zu sehr komplexen Leitungsnetzen verbunden werden können (**Tafel 6.1.23**).

Tafel 6.1.23 Aufbauformen starrer und flexibler Standard-Leiterplatten
BE Bauelement, dBE durchsteckbares BE, aBE aufsetzbares BE

Bezeichnung	Aufbau	Beschreibung	Verbindungsdichte D_v in cm/cm²
Einebenen-Leiterplatte	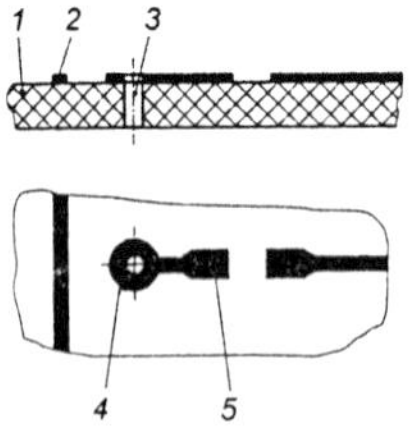 1 2 3 4 5	Auf elektrisch isolierendes Basismaterial (*1*) aufgebrachte leitende Schicht (*2*) aus E-Cu, die in chemisch-technologischem Prozeß im Subtraktiv- oder Additivverfahren als Verdrahtung strukturiert wird. Bohrungen (*3*) mit Lötaugen (*4*) bzw. Kontaktierflächen (*5*) zum Lötkontaktieren von dBE bzw. aBE.	≤ 25
Zweiebenen-Leiterplatte	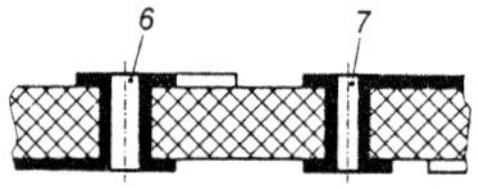 6 7	Strukturierung der Verdrahtung auf beiden Seiten der Leiterplatte. Elektrische Verbindung beider Seiten über durchkontaktierte Bestückungsbohrungen (*6*) oder Durchverbindungslöcher (Vias) (*7*).	≤ 50
Mehrlagen-Leiterplatte Ebenenanzahl: 4 ... 10, max. 20 Ebenenanzahl für flexible Leiterplatten i. allg. ≤ 4	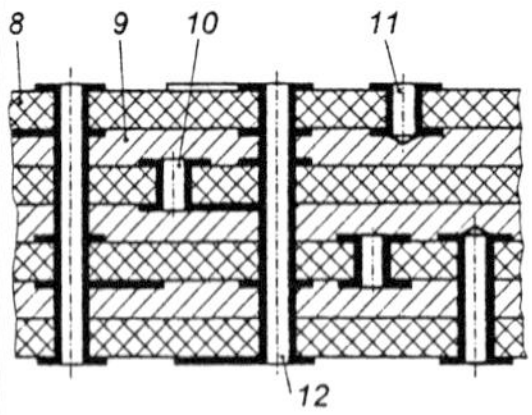 8 9 10 11 12	Strukturierung der Verdrahtung auf mehreren Ebenen durch Schichtung von Zweiebenenlagen (Laminaten) (*8*) mit isolierenden Verbundfolien (Prepregs) (*9*). Verbindung der einzelnen Leitungsebenen untereinander einerseits mit lagenbezogenen Durchverbindungen in Form vergrabener (buried) Vias (*10*) sowie Sackloch-(blind) Vias (*11*) und andererseits mit metallisierten Durchgangsbohrungen (plated through holes) (*12*)	bei 4 Signalebenen ≤ 200

Für den Aufbau kompakter Leiterplattenbaugruppen ist neben einer hohen *Packungsdichte* der Bauelemente die Größe der erreichbaren *Verbindungsdichte* entscheidend (s. Abschn. 6.1.5.2). Tafel 6.1.23 ist zu entnehmen, daß mit Mehrlagen-Leiterplatten bei vertretbaren Lateralabmessungen der Leitungen eine Verbindungsdichte von $D_{vmax} = 50$ cm/cm² pro Ebene erzielt werden kann. Die für komplexe elektronische Schaltungen erforderlichen Werte der Verbindungsdichte von $D_v = (500 \ldots 1000)$ cm/cm² sind daher mit der klassischen Mehrlagenleiterplatte bei ökonomisch vertretbaren Ebenenzahlen nicht mehr zu erreichen.

Modul-Leiterplatte. Um unter weitgehender Beibehaltung relativ grober Strukturabmessungen des Leitungssystems und geringer Ebenenanzahl einer Leiterplatte zu höheren Verbindungsdichten zu gelangen, kann man durch geeignete *Partitionierung*, z. B. nach dem Prinzip der Schnittstellenminimierung, die elektronische Schaltung in Schaltungsblöcke aufteilen, die als Leiterplattenmodule auf der Basis-Leiterplatte aufgesetzt und kontaktiert werden (**Bild 6.1.26**).

Diese Module sind als sog. *Multichipmodule* (*MCM*) weit verbreitet. Sie werden nach drei sehr unterschiedlichen Technologien in Aufbauformen hergestellt, die eine große Variationsbreite der Leiterbahnabmessungen, der Verbindungsdichte, der Ebenenanzahl und spezifischer Bauelementeformen zulassen (**Tafel 6.1.24**) [6.1.26] [6.1.40].

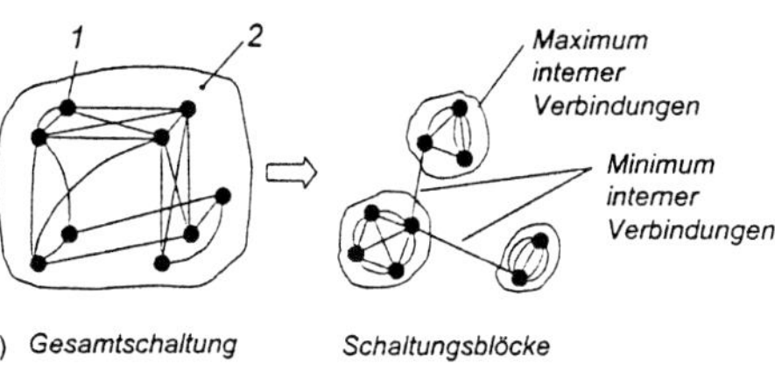

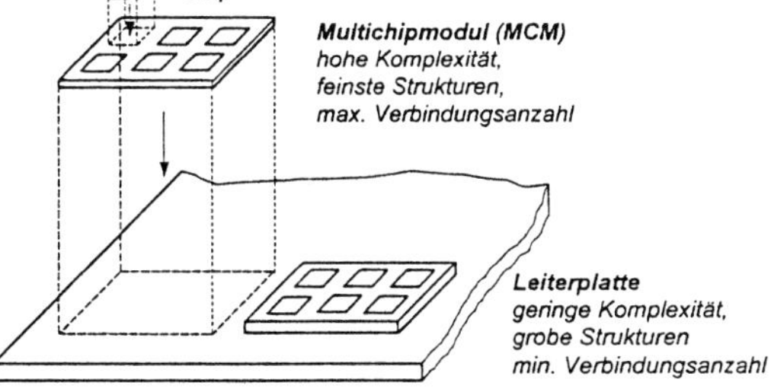

Bild 6.1.26 Modularisierung von Leiterplatten
a) Partitionierung nach dem Prinzip der Schnittstellenminimierung
b) Aufbau von Multichipmodulen

Folien-Leiterplatte. Die Forderungen nach weiterer Erhöhung der Verbindungsdichte, verbunden mit spezifischen elektrischen Ansprüchen nach extremer Verkürzung der Signalleitungslängen, nach Reduzierung der Lagendicke, Verbesserung der dielektrischen Werte einer Lage und nach Erhöhung der elektromagnetischen Verträglichkeit der Leiterplatte, sind mit dem klassischen Aufbau der Standard-Leiterplatte nicht mehr zu erfüllen. Nur eine Änderung der Baustruktur vom traditionellen Prinzip der Funktionenintegration nach Bild 6.1.25 in eine Struktur mit klarer Funktionentrennung in ein elektrisches Leitungs- und ein mechanisches Trägersystem [6.1.41] [6.1.42] ermöglicht eine getrennte, unabhängige Optimierung der Aufbaubestandteile hinsichtlich Leitungsgeometrie und Werkstoffeinsatz (**Tafel 6.1.25**).

Mit diesem neuen Aufbauprinzip ist die Folien- oder auch HDI-Leiterplatte (HDI – high density interconnect) entstanden, deren Leitungssystem aus sequentiell auf einem Träger aufgebauten einzelnen kupferstrukturierten Lagen aus Kunststoffolie besteht (SBU-Technologie – sequentiel build up technology). Die Lagendicken betragen 50 bis 25 µm und ermöglichen damit erstmalig eine die Verbindungsdichte maßgeblich beeinflussende erhebliche Verkleinerung der Durchmesser von Vias. Mit der Mikrovia-Technologie können Durchmesser von ≤ 50 µm durch Laserbohren, Plasmaätzen oder durch fotolithographische Strukturierung hergestellt werden.

Die Integration von passiven Bauelementestrukturen, wie Widerständen und Kondensatoren, in das Trägersystem ermöglicht die MOV-Technologie [6.1.43]. Schließlich verwirklicht das System *Interconnect 2000* die konsequente Funktionentrennung dadurch, daß das im Inneren angeordnete Leitungssystem überhaupt keine mechanische Tragfunktion mehr besitzt, die in diesem Fall vollständig durch die äußere Versteifung und Umhüllung übernommen wird. Die einzelnen Funktionsmodule kann man unabhängig voneinander anforderungsgerecht auslegen. Erstmalig wird mittels planarer lichtleitender Strukturen optische Signalübertragung auf der Leiterplatte vorgesehen und durch elektrisch/optische bzw. optisch/elektrische Koppler mit der elektronischen Signalverarbeitung und -übertragung verknüpft [6.1.44].

Die vollständige Integration aller elektronischen Bauelemente und ihre unmittelbare, direkte Kontaktierung mit dem Leitungssystem ermöglicht schließlich das Aufbauprinzip „Chip in board" [6.1.45].

6.1.5.2 Konstruktive Gestaltung

Werkstoffe. Als elektrisches Leitungsmaterial kommt für Standard- und Folien-Leiterplatten hochreines Elektrolyt-Kupfer zur Anwendung, das i. allg. als Kupferfolie vorliegt und subtraktiv strukturiert wird. Für Modul-Leiterplatten in Dick- oder Dünnschichttechnik erfolgt die Leiterbild-

Tafel 6.1.24 Aufbauformen von Modul-Leiterplatten (MCM)

Bezeichnung	Aufbau	Beschreibung	Verbindungs-dichte D_v in cm/cm²
MCM-L (Multichip-modul-laminated)	1 2 3 4	Unter Verwendung von Werkstoffen und Technologien der Leiterplattentechnik in Laminiertechnik hergestellter Verbund von Kupfer-Leiterbahnebenen und organischen Isolationsschichten; Entstehung des Moduls durch Umspritzen des Verbundes mit Kunststoff (*1*); (*2*) Nacktchips; (*3*) Bonddrahtkontaktierung; (*4*) Anschlußelemente; Leiterbahnbreite ca. 80 µm, Raster ca. 200µm.	50 ... 150
MCM-C (Multichip-modul-confired)	3 a) 5 4 3 2 1 b) 6	Als Mehrschichtverdrahtungsträger auf Keramiksubstrat (*1*) aufgebrachte Leit- (*2*), (*5*) und Isolationsschichten (*3*), die im Siebdruck ohne (a) oder mit (b) Komplementärdruck und Füller (*6*) mit Leit-, Isolations- und Widerstandspasten als Dickschichtverdrahtung strukturiert und abschließend gebrannt werden, Verbindung der Leitebenen über Vias (*4*), Anzahl der Leitebenen ≤ 4; Leiterbahnbreite ca. 100 µm, Raster ca. 400 µm.	100 ... 250
MCM-C (LTC) (Multichip-modul-low temperature cofired)	1 2 4	Als Mehrschichtverdrahtungsträger durch Schichtung von Substratlagen (*1*) aus ungesinterter Keramik und anschließende Sinterung zu einem Verbund aus Leit- (*2*) und Isolationsebenen mit Vias durch Löcher in den Keramiklagen (*4*); Lagenanzahl ≤ 30; Leiterbahnbreite ca. 100 µm, Raster ca. 400 µm.	150 ... 250
MCM-D (Multichip-modul-deposited)		Erzeugung der Leiterbahnebenen und der organischen Isolationsschichten mit Hilfe von Abscheide- und Strukturierungsverfahren aus der Dünnfilmtechnik auf Glas-, Keramik- oder Siliziumsubstraten; Leiterbahnbreite ca. 25 µm, Raster ca. 75 µm.	200 ... 400

strukturierung additiv mit Leitpastensystemen in Siebdrucktechnik bzw. elektrisch leitenden Materialien in einer Maskentechnik durch Bedampfen, Bestäuben oder Dampfphasenabscheidung [6.1.26].

Die Palette der eingesetzten Werkstoffe für das Träger- und Foliensystem ist anwendungsbezogen und abhängig von der Substrattechnologie sehr groß (**Tafel 6.1.26**). Für Standard-Leiterplatten werden ausschließlich Verbundmaterialien aus verstärktem Kunststoff eingesetzt. Die Verstärkungsmaterialien sind vorrangig Glasseidengewebe, in jüngster Zeit aber ebenfalls Kunststoffe mit Faser- oder Vliesstruktur.

Leiterbildgestaltung. Das Leiterbild besteht aus Anschlußflächen zur Kontaktierung der elektronischen Bauelemente und aus Leiterzügen, die als i. allg. streifenförmige Leiterflächen zur elektrischen Verbindung zwischen den Anschlußflächen dienen. Formen von Anschlußflächen sind einerseits ringförmige Flächen mit Mittelbohrung, die als sog. Lötaugen zum Kontaktieren der Anschlüsse durchsteckbarer Bauelemente verwendet werden und andererseits rechteckige oder quadratische Flä-

Tafel 6.1.25 Aufbauformen von Folien-Leiterplatten

Bezeichnung	Aufbau	Beschreibung	Verbindungsdichte D_v in cm/cm²
Sequential-Build-Up (SBU)-Leiterplatte (Dycostrate [6.1.46], TWINflex [6.1.47] u. a.)	3, 1, 4, 2, a), b)	Durch Funktionentrennung in ein gesondertes elektrisches Leitungssystem (*1*) und ein mechanisches Trägersystem (*2*) entsteht ein Leiterplattenaufbau aus einem flexiblen Verbund von sequentiell hergestellten kupferstrukturierten und mit Mikro-Vias (*3*) durchkontaktierten Kunststoffolien (*1*), der mit einem Kleber (*4*) auf einen mechanischen Träger auflaminiert und damit stabilisiert wird. Der Träger kann aus Kunststoff, Keramik oder Metall bestehen. Die Folien-Leiterplatte kann einseitig (a) oder auch beiderseitig angebracht werden (b).	≥ 200
Mehrschicht-Oberflächen-Verdrahtung (MOV-Leiterplatte [6.1.43])	6, 5, 2	Die in Sequential-Build-Up (SBU)-Technologie hergestellte Leiterplatte integriert im Trägersystem (*2*) passive Bauelementestrukturen (Kondensatoren (*5*) und gedruckte Widerstände (*6*)), so daß die Leiterplatte nur noch mit integrierten Schaltkreisen bestückt wird (*1* und *3* wie oben)	≥ 200
Interconnect 2000 [6.1.44]	1, 2, 7, 10, 11, 13, 8, 12, 9	Die konsequente Funktionentrennung in ein Leitungs- und Trägersystem führt zur Umkehrung des Aufbaus der SBU-Leiterplatte derart, daß das Trägersystem (*2*) die beiderseitig mit Bauelementen (*13*) bestückte Folien-Leiterplatte (*1*) durch Umhüllung versteift. Mit der dominierenden vertikalen Verdrahtung (*7*) durch Vias in der Leiterplatten-Folie werden extrem kurze Verbindungslängen erzielt. Die Leiterplatte integriert elektrische (*1*) und optische Signalverarbeitung (*9*); weitere Funktionsmodule: (*10*) Wärmeabführung, (*11*) EMV-Schutz, (*8*) elektrisches und (*12*) optisches Interface.	≥ 400
Chip in board [6.1.45]	1, 3, 5, 13, 6, 10, 8, 2	Die in einem Trägersystem (*2*) integrierten aktiven (*13*) und passiven (*5*, *6*) Bauelemente werden an ihren Anschlußelementen mit durchkontaktierten Mikro-Vias (*3*) in einer Kunststoffschicht (*1*) direkt mit kürzestmöglicher Verbindungslänge kontaktiert. Die Bauelemente-Kontaktierung erfolgt damit entgegen bisheriger Vorgehensweise vor der eigentlichen Leitungsstrukturierung (*8* und *10* wie oben).	≥ 400

Tafel 6.1.26 Werkstoffe für das Träger- und Foliensystem von Leiterplatten

	rel. Dielektrizitätskonstante ε_r (1 MHz)	dielektrischer Verlustfaktor $\tan \delta \cdot 10^{-3}$ (1 MHz)	thermischer Ausdehnungskoeffizient α in $10^{-6} \cdot K^{-1}$		Wärmeleitfähigkeit λ in $W \cdot m^{-1} \cdot K^{-1}$	Glasübergangstemperatur T_g in °C	Dauerwärmebeständigkeit in °C	Elastizitätsmodul E in GPa	Wasseraufnahme in %	Dichte ρ in $g \cdot cm^{-3}$	Anwendung
			x/y	z							
Epoxidharz-Glasgewebe-Verbund (FR-4)	4,6	18...24	16...18	190	0,2...0,3	135	130	14	0,3	1,8...1,9	Standard-Leiterplatte
Cyanat-Ester (CE)	3,8	9	12	65	0,2	230	-	-	-	-	
Bismaleimid-Triazinharz (BT)	4,2	7	12	130	0,28	175	-	-	0,2	-	
Polyimid (PI)	3,8	6	14	50	0,2	275	260	-	2,5	1,43	Folien-Leiterplatte
Polyimid-Aramid	4,1	5	4...10	110	0,2	220	260	-	0,15	-	
Liquid Crystal Polymer (LCP)	3,7	20	20	130	1,9	320	250	10,4	0,02	1,4	Folien-Leiterplatte, hohe thermische Belastungen
Polytetrafluorethylen (PTFE)	2,1	0,9	9	70	0,25	327	250	0,4...0,75	< 0,05	2,15...2,2	hohe elektrische Ansprüche, HF-Anwendungen
Al_2O_3-Keramik	9...10	0,2...1	6...8	-	10...35	-	-	-	-	-	MCM-C
ALN-Keramik	8...11	1...2	2...3	-	140...170	-	-	-	-	-	MCM-C
Aluminium	-	-	24	-	230	-	-	68	-	2,7	Trägermaterial als Wärmesenke
Kupfer	-	-	17	-	390	-	-	122	-	8,93	Trägermaterial als Wärmesenke

chen zum Kontaktieren der Anschlüsse aufsetzbarer Bauelemente mit SO-Anschlüssen bzw. runde Flächen zum Kontaktieren von Bauelementen mit Matrixanschlüssen (**Tafel 6.1.27**).

Tafel 6.1.27 Leiterbildabmessungen von Leiterplatten

Maße in µm	Standardleitertechnik	Feinleitertechnik	Feinstleitertechnik	Mikroleitertechnik
Leiterzugbreite w	250 ... 150	150 ... 100	100 ... 50	50 ... 30
Leiterzugabstand c	300	200	100	50
Via-Bohrungsdurchmesser d_v	600	300	100	50 ... 30
Via-Paddurchmesser d_p	1000	600	300	50 ... 30
Restringbreite 0,5 $(d_p - d_v)$	200	150	100	0
Verbindungsdichte D_v/Ebene				
D_{vmin} in cm/cm²	18	28	50	100
D_{vmax} in cm/cm²	22	33	66	125
Anschlußpadbreite p_1	300	300	200	150
SO-Anschluß bei Anschlußpadraster e_1	500	500	300	300
Anschlußpaddurchmesser p_2	≥ 600	600	300	150
Matrixanschluß bei Anschlußpadraster e_2	1270	1270	500	300

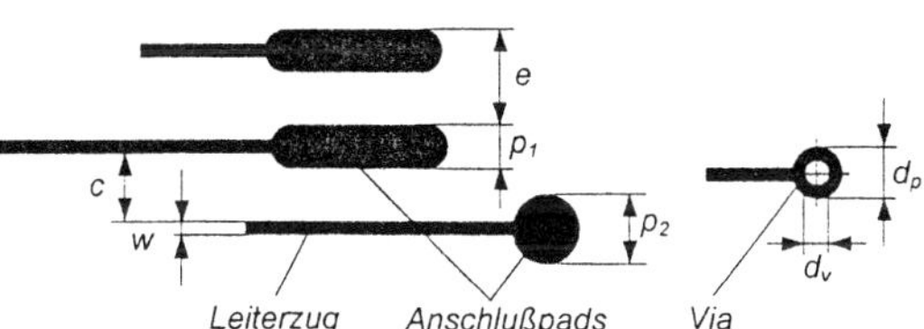

aufgelockerte Kupferflächen

Leiterzugbreite und -abstand werden wesentlich durch die Erfordernisse der Verbindungsdichte bestimmt. Der praktisch erreichbare Wert ist von der Anzahl und dem Durchmesser der Vias abhängig. Es läßt sich zeigen, daß für sehr kleine Via-Durchmesser von ≤ 100 µm die Abweichung vom theoretischen Wert sehr gering ist. Darin ist u.a. ein Grund dafür zu suchen, in der Leiterplattentechnik Technologien einzuführen, mit denen Via-Durchmesser von ≤ 100 µm realisiert werden können. Die Leiterzugbreite ist auch von der zulässigen Strombelastbarkeit abhängig (**Bild 6.1.27**). Eine spezifische Leiterzugform sind Leiterfelder als größere, i. allg. die gesamte Leiterplattenfläche umfassende Leiterflächen zum Herstellen einer möglichst niederohmigen und induktivitätsarmen Stromversorgung bzw. Masseverbindung und als Massepotential zum Vermeiden von Störkopplungen (s. auch Abschn. 3.2.4). Wegen vorhandener Durchkontaktierungen und zum Herabsetzen des Induktivitätsbelages werden die Leiterfelder gitter- oder rasterförmig aufgelockert (s. Tafel. 6.1.27).

Die Verkleinerung der Via-Durchmesser hat es auch ermöglicht, zu immer geringeren Lagendicken überzugehen. Da aus technologischen Gründen der zuverlässigen Durchverkupferung der inneren Fläche eines Vias ein bestimmtes Verhältnis zwischen Lagendicke h und Via-Durchmesser d_v, das sog. Aspect Ratio AR, nicht über dem Wert $AR = h/d_r \leq 1$ liegen darf, sind Mikro-Vias grundsätzlich erst mit dem Übergang zu folienhaften Leiterplatten möglich geworden.

Mechanische Festigkeit. Mit dem verstärkten Einsatz von aufsetzbaren Bauelementen und dem damit verbundenen Wegfall schwingungsfähiger Bauelementeanschlüsse lassen sich Festigkeitsbetrachtungen auf den Verdrahtungsträger reduzieren. Von ausschließlichem Interesse sind dabei Durchbiegungen des Verdrahtungsträgers, die durch statische oder dynamische Belastungen ausgelöst werden und zu den Schadensformen Lötstellenabriß, Ablösen der Kontaktierfläche vom Basismaterial und Verdrahtungsträgerbruch führen können. Das Schwingungsverhalten der bestückten Leiterplatte wird wesentlich durch die Eigenfrequenz bestimmt [6.1.17] [6.1.48]. Sie ist abhängig von den Abmessungen $a \times b$ der Leiterplatte, von der Plattendicke s, vom Leiterplattenmaterial (Elastizitätsmodul E, Querzahl ν, Dichte ρ), von der Bestückungsmasse m_B, der Leiterplattenmasse m_L, von den

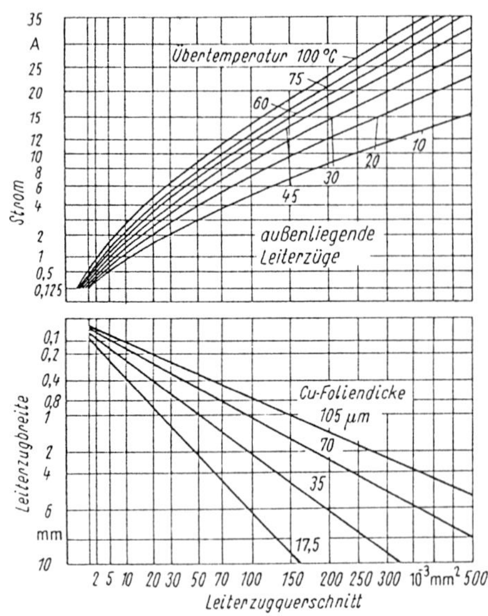

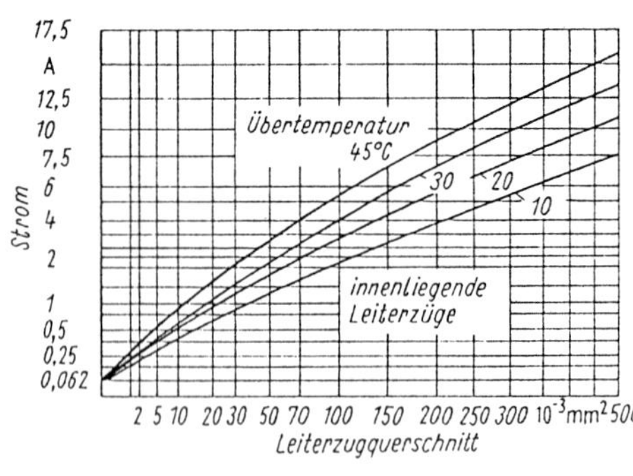

Bild 6.1.27 Strombelastbarkeit von Kupferleiterzügen auf Leiterplatten

Befestigungsbedingungen der Leiterplatte δ (s. Tafel 3.10) und berechnet sich zu

$$f_0 = k_m\left(\delta/2\pi a^2\right)\sqrt{D/(\rho s)} \tag{6.1.1}$$

mit der Biegesteife

$$D = \left(Es^3\right)/\left(12\left[1-\mu^2\right]\right) \tag{6.1.2}$$

und dem Massekoeffizienten

$$k_m = 1/\sqrt{1+m_B/m_L}\,. \tag{6.1.3}$$

In [6.1.17] werden die Konstanten auf eine unbestückte Stahlplatte bezogen, so daß für die Berechnung der Eigenfrequenz nur die Abhängigkeit von den Befestigungsbedingungen und entsprechende Vergleichskoeffizienten vorliegen müssen:

$$f_0 = 10\left(Ks/a^2\right)k_m k_e \tag{6.1.4}$$

mit

$$k_e = \sqrt{\left(E/E_{St}\right)\left(\rho_{St}/\rho\right)} \tag{6.1.5}$$

und $K = f(a/b)$ entsprechend **Tafel 6.1.28**.

In **Bild 6.1.28a** sind für verschiedene Befestigungen und im Bild b) für verschiedene Werkstoffe und Nenndicken einer Leiterplatte der Größe (160 x 135) mm die Eigenfrequenzverläufe angegeben. Zum Erzielen möglichst kleiner Schwingungsamplituden ist folglich die Eigenfrequenz zu erhöhen, d. h. für geringe Bestückungsmassen, stabile Befestigung, kleine Leiterplattenabmessungen und entsprechenden Leiterplattenwerkstoff ist Sorge zu tragen. Das gilt insbesondere für Leiterplatten mit aufsetzbaren Bauelementen, da deren Lötstellen in Größe und Form wesentlich schlechter für die Kraftübertragung geeignet sind als solche durchsteckbarer Bauelemente. Beim Entwurf von Leiterplatten mit aufsetzbaren Bauelementen muß das beachtet werden, und auch bei der Herstellung und späteren Handhabung dieser Leiterplatten ist dafür zu sorgen, daß möglichst jegliche mechanische Beanspruchung dieser Leiterplatten und Baugruppen vermieden wird. Erforderlichenfalls sind entsprechende konstruktive Maßnahmen an der Leiterplatte bzw. dem Gerät vorzusehen.

Tafel 6.1.28 Typische Befestigungsarten von Leiterplatten

Ideale Einspannbedingung	Leiterplatten-befestigung	K = f(a/b) nach Gl. (6.1.4)							
		0,25	0,5	1	1,5	2	2,5	3	4
Zwei Längsseiten gestützt	Leiterplatte in Gleitschienen	8	16	38	70	112	165	230	394
Zwei Längsseiten gestützt, eine Querseite fest eingespannt	Leiterplatte in Gleitschienen mit Steckverbinder	40	41	56	84	124	176	240	864
Alle Seiten gestützt	Leiterplatte in vierseitigem Rahmen mit Nut	25	29	47	76	117	170	234	375
Alle Seiten fest eingespannt	Leiterplatte in vierseitigem Versteifungsrahmen, gelötet	54	58	86	145	234	352	497	868
Zwei Längsseiten gestützt, zwei Querseiten fest eingespannt	Leiterplatte in Gleitschienen mit Steckverbinder und Verriegelung	54	56	69	93	131	181	244	406
Zwei Längsseiten und eine Querseite gestützt	Leiterplatte in dreiseitigem Rahmen mit Nut	4	10	28	58	99	151	216	380

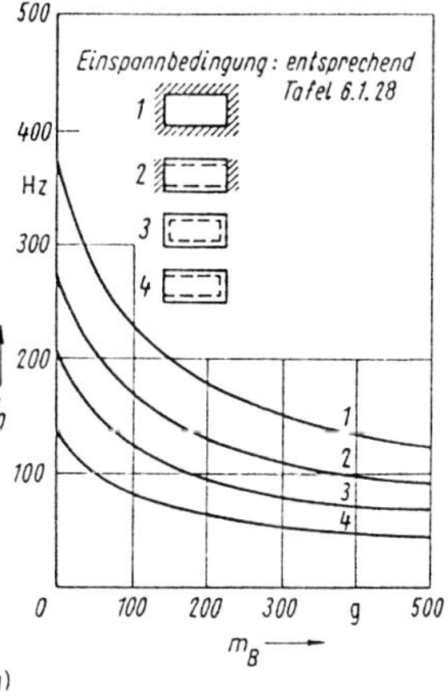

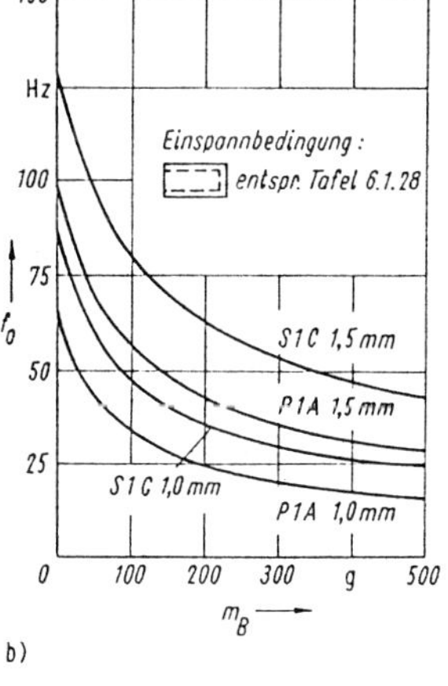

Bild 6.1.28 Eigenfrequenzen f_0 einer bestückten Leiterplatte in Abhängigkeit von der Bestückungsmasse m_B
a) für unterschiedliche Befestigungsbedingungen entsprechend Tafel 6.1.28 (Abmessungen: 160 mm x 135 mm x 1,5 mm, Werkstoff: S1C)
b) für unterschiedliche Werkstoffe und Leiterplattendicken (Abmessungen: 160 mm x 135 mm)

Thermische Dimensionierung. Ein wirksames Abführen der Wärmeverlustleistung der elektronischen Bauelemente direkt an die Umgebung ist aufgrund der schlechten Wärmeleitfähigkeit der Kunststoffgehäuse und ihrer sehr kleinen Oberfläche praktisch nicht möglich. In Ausnahmefällen können auf leistungsintensive Bauelemente, welche die entsprechende Größe und Stabilität aufweisen, gesonderte Kühlkörper bzw. sogar bauelementespezifische Lüfter, z. B. bei Prozessor-Schaltkreisen, angebracht werden. Im allgemeinen besteht aber nur die Möglichkeit, die Wärme über die Bauelementeanschlüsse und die Gehäuseunterseite des Bauelements durch den Einsatz von thermisch leitenden Vias direkt in die Leiterplatte auf entsprechend ausgebildete Wärmesenken zu leiten. Als eine solche Wärmesenke können durchgängige Flächen innerhalb der Leiterplatte dienen, die als Metall- oder Kohlenstoffkern ausgebildet werden (**Bild 6.1.29a**). Zur Herabsetzung des Wärmeleitungswiderstandes muß eine entsprechend große Anzahl thermischer Vias eingesetzt werden, so daß das unter dem Bauelement befindliche Leiterplattenvolumen für die Unterbringung der elektrischen Verdrahtung nicht zur Verfügung steht. Wesentlich vorteilhafter ist daher auch aus thermischer

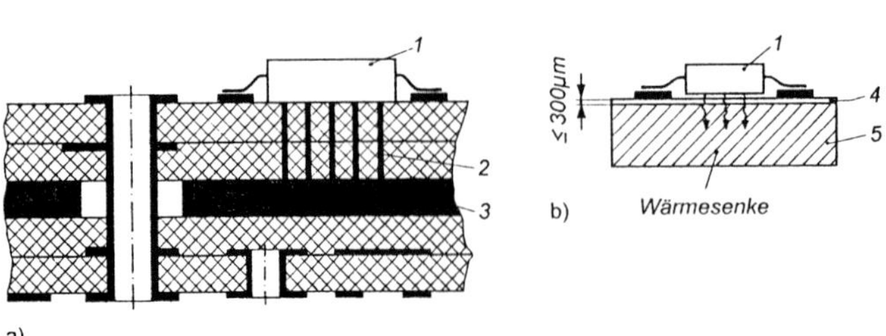

Bild 6.1.29 Wärmeabführung von elektronischen Bauelementen auf Leiterplatten
a) Metallkern-Leiterplatte mit thermischen Vias
b) Folien-Leiterplatte mit Trägersystem als Wärmesenke
1 wärmeerzeugendes Bauelement
2 metallisierte thermische Vias
3 Metallkern
4 Folien-Leiterplatte mit kleinem thermischen Widerstand
5 metallische Wärmesenke

Sicht die Folien-Leiterplatte, bei der die Wärme durch die dünne Folie direkt auf den Träger geleitet und konvektiv an die Umgebung abgeführt werden kann (Bild 6.1.29b).

Neben der Wärmeabführung ist beim Dimensionieren von Leiterplatten ein weiteres thermisches Problem zu beachten, das sich aus den unterschiedlichen linearen Wärmeausdehnungskoeffizienten α der am Leiterplattenaufbau beteiligten Elemente ergibt. Besonders kritisch sind Ausdehnungsdifferenzen in *x/y*-Richtung zwischen der Leiterplatte und elektronischen Bauelementen. Sie führen zu einer Scherbelastung von Löt- oder Leitklebkontakten bei aufsetzbaren Bauelementen, die zur Schädigung oder Vernichtung der Kontaktverbindung führen können. Gefährdet sind insbesondere direktkontaktierte Nacktchips und Bauelemente im Keramik- oder Kunststoffgehäuse ohne elastische Anschlußelemente (**Bild 6.1.30**).

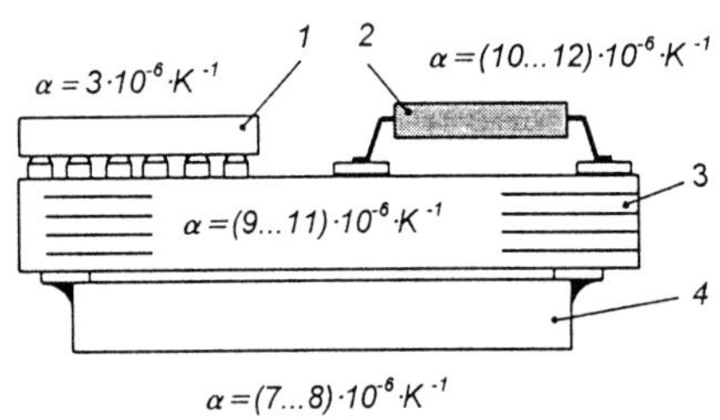

Bild 6.1.30 Wärmeausdehnungsbedingungen für verschiedene elektronische Bauelemente und die Leiterplatte
1 Nacktchip in direkter Flip-Chip-Kontaktierung
2 TSOP-Kunststoffgehäuse
3 Leiterplatte aus Epoxidharz mit Aramidvliesverstärkung
4 Keramikgehäuse ohne elastische Anschlußelemente

Durch die Ausbildung des Metallkerns als Verbundwerkstoff, dessen Ausdehnungskoeffizient durch unterschiedliche Werkstoffzusammensetzung und Werkstoffmengenanteile in weiten Grenzen variiert werden kann, ist eine weitgehende Anpassung der Wärmeausdehnungskoeffizienten möglich (**Bild 6.1.31**). Eine besondere Bedeutung hat der Kupfer-Invar-Kupfer-Kern mit Invar als einer Eisen-Nickel-Legierung mit einem sehr kleinen Wert von $\alpha = 1{,}4 \cdot 10^{-6} \cdot K^{-1}$ und gebräuchlichen Mengenanteilen Kupfer-Invar-Kupfer von (20 – 60 – 20) %. Der resultierende α-Wert ergibt sich für einen Werkstoffverbund zu

$$\alpha_{ges} = \frac{\alpha_1 E_1 h_1 + \alpha_2 E_2 h_2}{E_1 h_1 + E_2 h_2}, \qquad (6.1.6)$$

mit E Elastizitätsmodul und h relative Dicke des Materials.

Aufbauformen. Heute dominiert die *Chassis-Leiterplatte* als anwendungsspezifische Aufbauform, die man i. allg. in den Fällen anwendet, bei denen sämtliche elektrischen, elektronischen und auch sonstigen Bauelemente eines Gerätes auf einer als Chassis fungierenden Leiterplatte untergebracht werden können. Aufgrund des hohen Grads der erreichten Schaltungsintegration und Bauelementeminiaturisierung erhöhen sich die Anwendungsfälle für diese Aufbauform zunehmend. Das führt u. a. auch dazu, die Chassisleiterplatte in Form und Abmessungen noch stärker an die Einsatzbedingungen im Gerät anzupassen, wofür **Bild 6.1.32** charakteristische Beispiele zeigt.

Eine weitere zweckmäßige Aufbauform stellt die *Leiterplatten-Steckbaugruppe* dar, die mit genormten Abmessungen und Anschlußkonfigurationen des Steckverbindersystems besonders den Ansprüchen der schnellen Austauschbarkeit, Erweiterbarkeit und technischen Aufrüstbarkeit gerecht werden kann (**Bild 6.1.33**).

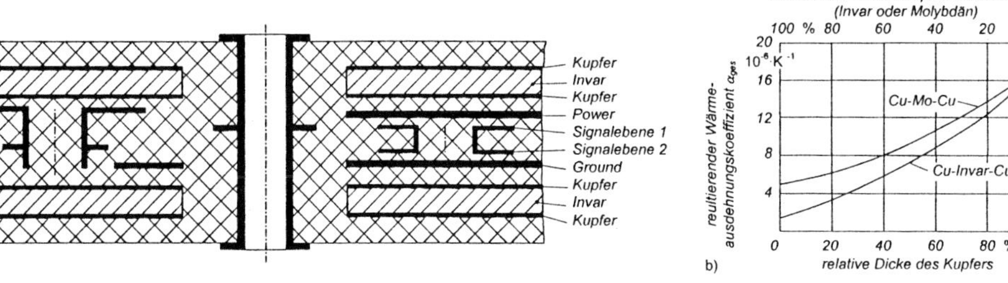

Bild 6.1.31 Steuerung des Wärmeausdehnungskoeffizienten einer Leiterplatte
a) Metallkern-Leiterplatte mit Kupfer-Invar-Kupfer-Kern
b) Verlauf des resultierenden Wärmeausdehnungskoeffizienten

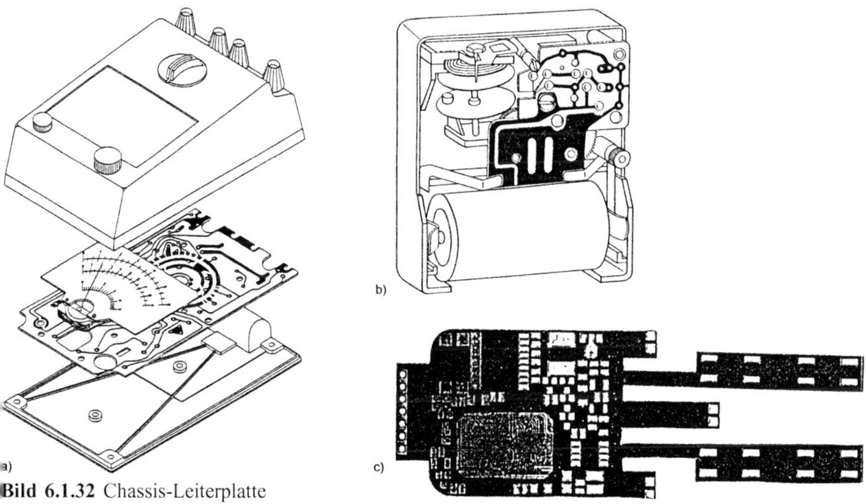

Bild 6.1.32 Chassis-Leiterplatte
a) in einem Vielfachmeßgerät, b) in einer Uhr, c) in einem Autoschlüssel (Leiterplatte auseinandergefaltet dargestellt)

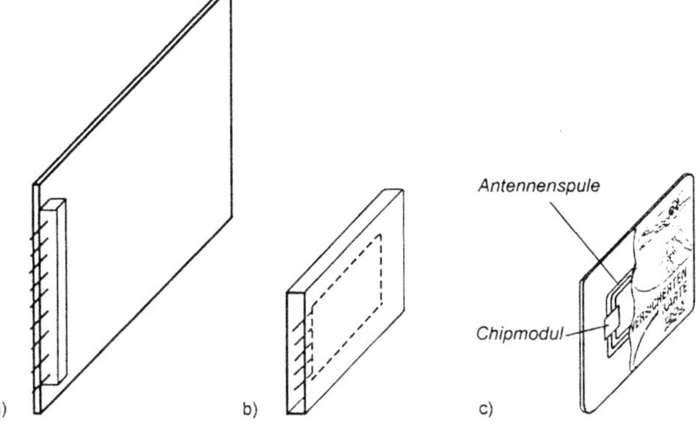

Bild 6.1.33 Leiterplatten-Steckbaugruppe
a) standardisierte Flachsteckbaugruppe mit indirektem Steckverbinder; b) PCMCIA-Card im Metallgehäuse; c) Kontaktlose Chip-Card

Ausgewählte Normen und Richtlinien zu Abschn. 6.1 s. **Tafel 6.1.29**.

Tafel 6.1.29 Normen und Richtlinien zum Abschnitt 6.1

Elektrotechnik/Elektronik - *allgemein*	
DIN 40 100 (zahlreiche Teile)	Bildzeichen der Elektrotechnik
DIN 45 900 und 45 901 (zahlreiche Teile)	Grundlegende Bestimmungen und Verfahrensregeln im CENELEC-Komitee
DIN 45 902 T 2 bis T 4	Umwelt- und Stichprobenprüfverfahren; Grundspezifikationen
DIN IEC 1(CO) 1190 (und weitere)	Internationales Elektrotechnisches Wörterbuch; zahlreiche Fachgebiete und Begriffe
DIN IEC 757	Code zur Farbkennzeichnung in der Elektrotechnik
DIN VDE 0625	Gerätesteckvorrichtungen bis 250 V/15 A (VDE-Bestimmung)
DIN VDE 0838, auch als EN 60555	Rückwirkungen in Stromversorgungsnetzen, die durch Elektrogeräte für den Hausgebrauch und ähnliche Zwecke verursacht werden
DIN VDE 0860 (8 Teile), auch als IEC 65 und HD 195 S 4	Rückwirkungen für netzbetriebene elektronische Geräte und deren Zubehör für den Heimgebrauch und ähnliche allgemeine Anwendungen (VDE-Bestimmung)
DIN VDE 0883 (weitere: s. Tafel 6.1.4)	Optoelektronische Koppelelemente (VDE-Bestimmung)
Elektronische Bauelemente - *allgemein*	
DIN 40 040	Anwendungsklassen und Zuverlässigkeitsangaben für Bauelemente der Nachrichtentechnik und Elektronik
DIN 40 046 (zahlreiche Teile)	zahlreiche Umweltprüfverfahren für die Elektrotechnik; mechanische und sonstige Einwirkungen auf Bauelemente, Baugruppen und Geräte; Prüfgruppen
DIN 41 099 T 3 bis T 5	Prüfung der Abmessungen von elektrischen Bauelementen für Leiterplatten; Höhe verschiedener Bauformen, Lage und Länge der Drahtanschlüsse
DIN 41 100	Rechteckige Metallgehäuse für Bauelemente der Elektrotechnik; gestanzt, fließgepreßt, gezogen
DIN 41 112 T 1, T 2	Befestigungsteile für Bauelemente und Metallgehäuse
DIN 41 115 bis 41 117	Zylindrische Metallgehäuse für die Elektrotechnik; fließgepreßt aus Aluminium; auch mit Gewindezapfen oder Anschlußdraht
DIN 41 313 (90 Teile) und Beiblätter	Meß- und Prüfverfahren für elektrisch-mechanische Bauelemente; Allgemeines, Prüfgruppen, Prüfverfahren und Kennwerte
DIN 44 233	Gurtung von Bauelementen mit einseitig herausgeführten Anschlüssen für die automatische Verarbeitung; Rastermaße 5,0 mm, 22,5 mm und 27,5 mm
DIN IEC 40 415	Vorzugsabmessungen für Wellenenden und Buchsen für veränderbare Kondensatoren und Widerstände
DIN IEC 40 (CO) 474	Vorzugsabmessungen für die Einlochmontage von elektronischen Bauelementen mit Betätigungswelle und Befestigungsbuchse
DIN IEC 40 (CO) 689, 690	Gurtung von Bauelementen ohne Anschlüsse (SMD); Änderung und Ergänzung zu IEC 286-3
DIN IEC 40 (CO) 691	Magazinierung von Bauelementen für die automatische Verarbeitung; Stangenmagazin für DIL-Gehäuse
DIN IEC 62	Kennzeichnung von Widerständen und Kondensatoren
DIN IEC 63	Vorzugsreihen für die Nennwerte von Widerständen und Kondensatoren
DIN IEC 286 T1, T2, T3	Gurtung von Bauelementen für die automatische Verarbeitung bei axialen, einseitig herausgeführten Anschlüssen und ohne Anschlüsse (SMD) (zu Teil 3 s. oben; Änderung und Ergänzung (Gurtbreiten) nach DIN IEC 40 (CO) 689, 690)
DIN IEC 286 T 4	Magazinierung von DIL-Gehäusen in Stangenmagazinen
DIN IEC 294	Bestimmung der Maße eines zylindrischen Bauelements mit zwei axialen Anschlüssen
DIN IEC 301	Bevorzugte Durchmesser für Anschlußdrähte an Widerständen und Kondensatoren
DIN IEC 319	Darstellung der Zuverlässigkeitsangaben für Bauelemente der Elektronik
DIN IEC 620 und DIN 41 593	Maße für Gewindebuchsen von wellenbetätigten elektrisch-mechanischen Bauelementen mit Zentralbefestigung
DIN IEC 717	Verfahren zum Bestimmen des Raumbedarfs bei Kondensatoren und Widerständen mit einseitigen Anschlüssen

Tafel 6.1.29 Fortsetzung 1

Widerstände	
DIN 41 428	Schichtfestwiderstände; Standardausführung für gedruckte Schaltungen
DIN 41 431, 41 432	Drahtfestwiderstände; Glasierte Bauformen
DIN 41 450 T 1, T 2	Potentiometer; Begriffe, Anforderungen, Meß- und Prüfverfahren
DIN 41 474 bis 41 476	Drahtdrehwiderstände; Bauformen und Größen, Anwendungsklassen
DIN 41 571 bis 41 577, 41 660 bis 41 689	Geräteschutzsicherungen; G-Sicherungseinsätze (5 mm x 20 mm) und Sicherungshalter
DIN 44 050	Schichtfestwiderstände; Begriffe, Anforderungen, Meß- und Prüfverfahren, Anwendungshinweise
DIN 44 050 bis 44 055	Kohleschicht-Festwiderstände mit axialen Drahtanschlüssen für allgemeine oder erhöhte Anforderungen
DIN 44061 bis 44 064	Metallschicht-Festwiderstände mit axialen Drahtanschlüssen für erhöhte Anforderungen; Anforderungen, Bauformen, Anwendungsklassen
DIN 44 070 bis 44 073	Heißleiter direkt geheizt; Perlen- und Scheibenform; Werte, Prüfung, Anwendungsklassen
DIN 44 080 bis 44 082	Kaltleiter; Werte, Prüfung, Anwendungsklasse HFF
DIN 44 146 bis 44 176	Einfach- und Doppel-Schichtdrehwiderstände; Bauformen und Größen, Anwendungsklassen
DIN 44 185, 44 191 bis 44 197	Drahtfestwiderstände; Begriffe, Anforderungen, Meß- und Prüfverfahren, Bauformen und Größen, Anwendungshinweise
DIN 44211, 44 212	Drahtdrehwiderstände (Trimmer) für gedruckte Schaltungen; Anwendungsklasse HLF
DIN 45 920 bis 45 922 (zahlreiche Teile)	Festwiderstände und Potentiometer; Fachgrund-, Rahmen- und zahlreiche Bauartspezifikationen im Harmonisierten Gütebestätigungssystem für Bauelemente der Elektronik
DIN 45 921 T 4, T 401, T 402, T 1015 und T 1019	Chip-Widerstände für die Oberflächenmontage, rechteckig, Metallglasur; Rahmen- und Bauartspezifikationen
DIN 45 921 T 403 und T 1016	Chip-Widerstände für die Oberflächenmontage, zylindrisch (MELF), Metallschicht; Bauartspezifikationen
DIN 45 923 (6 Teile)	Varistoren 0,1 bis 1 W; Fachgrund-, Rahmen- und Bauartspezifikationen; Scheibenbauform mit einseitigen Drahtanschlüssen
DIN 45 924 (6 Teile)	Heißleiter direkt geheizt; Fachgrund-, Rahmen- und Bauartspezifikationen; Perlen-, Scheiben- und Stabform, Chip-Heißleiter (ohne Drahtanschlüsse)
DIN IEC 40 (90) 621 und 623	Chip-Festwiderstände; Rahmen- und Bauartspezifikationen
DIN IEC 40 (CO) 624 und 625	Netzwerke aus Festwiderständen; zwei- und einreihig; Bauartspezifikation
DIN IEC 40 (CO) 653 bis 655	dto; Fachgrund- und Rahmenspezifikationen, Anerkennungen
DIN IEC 115 T1 bis T5-1 T6 bis T7-1	Festwiderstände; Fachgrund-, Rahmen- und Bauartspezifikationen; niedrig und hoch belastbar, Präzisions-Festwiderstände, Netzwerke
Induktivitäten, Wickelbauelemente (Kleintransformatoren, Übertrager, Drosselspulen, Relais)	
DIN 41 215, weitere bis DIN 41 224	Elektromagnetische Relais; Begriffe, Prüfung, Maße und technische Werte verschiedener Bauformen
DIN 41 276 bis 41 299, DIN 41 980 bis 41 990	Weichmagnetische Pulver- und Ferritkerne; Eigenschaften, Kernformen, Spulenkörper und Maße
DIN 41 300 bis 41 311	Kleintransformatoren, Übertrager, Wandler (zahlreiche Teile) und Drosselspulen; Daten, Kerne, Kernbleche, Spulenkörper, Typenreihen, Raumbedarf
DIN 42 402 und 42 404	Anschlußbezeichnungen für Kleintransformatoren und Kleindrosseln
DIN 42 513	Bauteilekennzeichnung für Transformatoren und Drosselspulen
DIN 45 960, 45 965 bis DIN 45 969 (mehrere Teile)	Elektromechanische Schaltrelais; Fachgrund-, Rahmen- und Bauartspezifikationen für Reed- und Quecksilberrelais
DIN 45 970 (26 Teile)	Kerne aus magnetischen Oxiden in Spulen und Übertragern für die Nachrichtentechnik; Fachgrund-, Rahmen- und zahlreiche Bauartspezifikationen
DIN IEC 51 (CO) 266	Maße für Blechpakete
DIN IEC 51 (CO) 267, 268	Raumbedarfsmaße von Transformatoren und Induktivitäten mit Kernen YEx-2 und YUI-1
DIN IEC 51 (CO) 271	Bezeichnungsschema für Transformatoren und Zubehörteile
DIN IEC 404 (mehrere Teile)	Weichmagnetische Werkstoffe
DIN IEC 647	Magnetische Ferritkerne; EI-Kerne zur Anwendung in Stromversorgungen; Maße
DIN IEC 723 T 1 bis T 4-1	Magnetische Ferrit- und Pulverkerne in Spulen und Übertragern für die Nachrichtentechnik; Fachgrund-, Rahmen und Bauartspezifikationen

Tafel 6.1.29 Fortsetzung 2

Norm	Inhalt
DIN IEC 852	Raumbedarfsmaße für Transformatoren und Drosseln der Nachrichtentechnik und Elektronik
DIN VDE 0435 (10 Teile)	Elektrische Relais; Begriffe, Verhalten, Ausführungen, Maße
DIN VDE 0550, 0551 (zahlreiche Teile)	Klein-, Netz-, Spar- und Trenntransformatoren sowie Netz- und Funk-Entstördrosseln (VDE-Bestimmungen)
Kondensatoren	
DIN 41 117, 41 122	Zylindrische Gehäuse für Tantal- und Aluminium-Elektrolytkondensatoren
DIN 41 140, weitere bis DIN 41 198	Papier- und Metallpapierkondensatoren (über 160V); Technische Werte, Prüfbestimmungen, zahlreiche Bauformen und Anwendungsklassen
DIN 41 236, weitere bis DIN 41 259, DIN 45 910 und DIN IEC 40 (CO) 697 und weitere	Aluminium-Elektrolytkondensatoren (Einfach/Mehrfachkapazitäten von 6,3 V bis 450 V); zahlreiche Bauformen
DIN 41 313, 48 505	Kennzeichnung der Anschlüsse von Kondensatoren bis 1000 V
DIN 41 331	Zubehörteile und Montagelochungen für zylindrische Elektrolytkondensatoren
DIN 41 353, 41 354	Keramische Durchführungskondensatoren (bis 500 V)
DIN 41 365 bis 41 367	Zweifach-Luftdrehkondensatoren für Rundfunkempfänger
DIN 41 379, weitere bis DIN 41 396, DIN 44 110, weitere bis DIN 44 127, DIN 44 390, 44 392, DIN 45 910 und DIN IEC 40 (CO) 588 ff. (zahlreiche Teile), DIN IEC 384 (mehrere Teile)	Kunststoffolien-Kondensatoren (50 V bis 1000 V); Technische Werte, Prüfbestimmungen, zahlreiche Bauformen und Anwendungsklassen
DIN 41 920, weitere bis DIN 41 930, DIN 45 910 und DIN IEC 40 (CO) 596 ff. (zahlreiche Teile)	Keramik-Rohr-und Scheibenkondensatoren; Technische Werte, Prüfbestimmungen, zahlreiche Bauformen und Anwendungsklassen
DIN 41 952, 41 953, DIN 41 960, 41 961, DIN 41 969	Luft- und Keramik-Trimmerkondensatoren; Bauformen und Anwendungsklassen
DIN 44 350, weitere bis DIN 44 359, DIN 45 910 und DIN IEC 40 (CO) 709	Tantal-Elektrolytkondensatoren (3 V bis 80 V); Technische Werte, Prüfbestimmungen, zahlreiche Bauformen, Anwendungsklassen und Klimakategorien
DIN 45 910 T 151, DIN IEC 40 (CO) 629 bis 632 und 731, DIN IEC 384 T 1 und T 3-1	Vielschicht-Keramik-Chip- und Tantal-Chip-Kondensatoren; Prüfung und Bauartspezifikationen, Anwenderspezifikation
DIN IEC 384 (zahlreiche Teile)	Festkondensatoren zur Verwendung in Geräten der Elektronik; alle Rahmen- und Bauartspezifikationen
DIN IEC 418 T 1 bis T 4 A	Variable Kondensatoren; Fachgrund und Rahmennormen für Dreh-, Einstell- und Trimmer-Kondensatoren
DIN VDE 0560 T 1 bis T 16	Bestimmungen für Kondensatoren in verschiedenen Anwendungsbereichen
Elektronenröhren, Schwingquarze und Filter	
DIN 41 609 und DIN 44 400 bis 44 402 (zahlreiche Teile)	Elektronenröhren; Elektrodenanschlüsse, Nummerung, Kennzeichnung, Begriffe, Übersicht, Angaben in Datenblättern
DIN 45 100 bis 45 103, DIN 45 110, 45 161	Schwingquarze; Begriffe, Normwerte, Kennzeichnung, Anwendung, Prüfung, Metall- und Glasgehäuse
DIN 45 165 bis 45 167	Piezoelektrische Filter
DIN 45 170 bis 45 172	Thermostate für Schwingquarze
DIN 45 980 bis 45 982 (zahlreiche Teile)	Kleinsenderöhren, Leistungsscheibenröhren, Magnetrons und andere Spezialröhren

Tafel 6.1.29 Fortsetzung 3

DIN 45 985 T 1 und T 1001	Katodenstrahlröhren; Fachgrund- und Bauartspezifikation
DIN IEC 49 (CO) 176	Quarzoszillatoren und Filter; Gehäuse und Anschlüsse für verschiedene Typen
DIN IEC 122 T 1 bis T 3	Schwingquarze zur Frequenzstabilisierung und -selektion; Normwerte, Prüfbedingungen, Anwendung, Gehäusemaße und Anschlußbelegungen
DIN IEC 235	Mikrowellenröhren
DIN IEC 679 T 3	Quarzoszillatoren; Norm-Gehäusemaße und Anschlußbelegungen
DIN IEC 862 T 1 bis T 3	Oberflächenwellenfilter; Allgemeines, Prüfung, Gehäuse
DIN IEC 1019	Oberflächenwellen-Resonatoren; Allgemeines, Normwerte, Prüfbedingungen
Diskrete Halbleiterbauelemente und integrierte Schaltkreise	
DIN 41 785 T 3 und T 5	Halbleiterbauelemente; Kurzzeichen in Datenblättern
DIN 41 848 T 1 und DIN 41 850 T 1 bis T 4	Integrierte Schichtschaltungen; Allgemeines, Begriffe, Werkstoffe für Substrate und Pasten
DIN 41 865 bis 41 899 (zahlreiche Teile)	Gehäuse für Halbleiterbauelemente und integrierte Schaltungen; Bezeichnungen, Kurzzeichen, Hauptmaße und Toleranzen für zahlreiche Gehäusetypen
DIN 41 870 T 1 bis T17 (s. auch DIN IEC 748)	Gehäuse für Halbleiterbauelemente und integrierte Schaltungen; Kurzzeichen, Übersicht, Maßbilder und Anschlußbelegungen für zahlreiche Gehäusetypen und -familien
DIN 41 882 T 1 bis T 3	Kühlkörper für Halbleiterbauelemente; Hauptmaße, Meßverfahren
DIN 45 930 und DIN IEC 47 (CO) 895	Einzel-Halbleiterbauelemente; Fachgrund- und Rahmenspezifikation
DIN 45 940 und 45 941 (zahlreiche Teile)	Integrierte monolithische Hybrid- und Schichtschaltungen; Fachgrund-, Rahmen- und Bauartspezifikationen für analoge und digitale Schaltungen; Familienspezifikationen für TTL und CMOS
DIN IEC 47 (CO) 821	Einteilung der Chip-Träger-Gehäuse in Familien
DIN IEC 47 (CO) 895	IEC-Gütebestätigungssystem; Rahmenspezifikation für Einzel-Halbleiterbauelemente
DIN IEC 47 (CO) 901 (s. a. DIN 41 870 T 9 bis T 12)	DIL-Gehäuse der IEC-Gehäusefamilien PA 96, PA 97 und PA 100 (A 60, A 51 und A 50)
DIN IEC 47 (CO) 903, 1001 und 1012	DIL-Gehäuse mit abgebogenen Anschlüssen für Aufsetzmontage (Form E); Bemaßungsregeln
DIN IEC 47 (CO) 1003 und 1152	DIL-Gehäuse (Formen G und 50 G); Bemaßungsregeln mit Bezug auf IEC 191-2
DIN IEC 47 (CO) 1004 und 1014	Gehäuse für Kleinsignal-Halbleiterbauelemente zur Oberflächenmontage (SOT-23, SOT-89, SOT-143)
DIN IEC 47 (CO) 1005 und 1139	Gehäuse für Leistungshalbleiterbauelemente (durchsteckbare Bauelemente)
DIN IEC 47 (CO) 1011 (s. a. DIN 41 870 T 16 und T 17)	(SO-)Gehäuse für integrierte Schaltungen zur Oberflächenmontage; Maße und Bezeichnungen
DIN IEC 47 (CO) 1070	Gehäuse für die Oberflächenmontage; Anordnung der Anschluß-Auflageflächen
DIN IEC 47 (CO) 1071 und 1146	Gehäusefamilie PLCC, Form E; Maße und Bezeichnungen
DIN IEC 47 (CO) 1142	Gehäuse für Leistungshalbleiterbauelemente (aufsetzbare Bauelemente)
DIN IEC 47 (CO) 1143	Gehäuse der Familie A 53 in IEC 191-2
DIN IEC 47 (CO) 1144	Bemaßungsregeln für SMD-Halbleitergehäuse
DIN IEC 47 (CO) 1150	Gehäusefamilie „Zig-Zag" für integrierte Schaltungen
DIN IEC 47 (Sec) 1197	Vorsichtsmaßnahmen für elektrostatisch gefährdete Bauelemente
DIN IEC 47 A (CO) 163 181, 182, 184 sowie DIN IEC 47 A (Sec) 259 bis 262	Integrierte Schicht- und Hybridschaltungen; Fachgrund- und Bauartspezifikationen sowie weiteres
DIN IEC 47 A (CO) 189, 190 und 276	Digitale integrierte HCMOS-Schaltungen; Familienspezifikation für Serien 54/74 HC, HCT, HCU
DIN IEC 47 A (CO) 204	Integrierte Halbleiterschaltungen; Rahmenspezifikation
DIN IEC 191 T 4	Kodierungssystem für Gehäuse von Halbleiterbauelementen und Eingruppierung der Gehäuse nach der Gehäuseform
DIN IEC 747 (zahlreiche Teile)	Einzel-Halbleiterbauelemente und integrierte Schaltungen; Allgemeines, Dioden, Transistoren, Thyristoren, Optoelektronik; integrierte Schaltungen (Fachgrund-, Rahmen- und Bauartspezifikationen)

Tafel 6.1.29 Fortsetzung 4

DIN IEC 748 T 1, T 2 und T 20	Integrierte Schaltungen; Allgemeines, integrierte Digitalschaltungen, Schicht- und Hybridschaltungen
DIN IEC 749	Mechanische und klimatische Prüfverfahren für Halbleiterbauelemente (s. auch Ergänzungen nach IEC 47 (CO))
Elektrische Verbindungen	
DIN 41524	Rund-Steckverbinder für Rundfunk- und verwandte Geräte
DIN 41611	Lötfreie elektrische Verbindungen;
T 1	Begriffe, klimatische Prüfklassen, allgemeine Meß- und Prüfverfahren
T 3	Crimpverbindungen
T 4	Klammerverbindungen
T 5	Einpreßverbindungen
T 6	Schneidklemmverbindungen
T 7	Federklemmverbindungen
T 8	Durchdringverbindungen
T 9	Abisolierfreie Wickelverbindungen
DIN 41612 T1 bis T10	Steckverbinder für gedruckte Schaltungen; indirektes Stecken, Rastermaß 2,54 mm
DIN 41620 T1	Steckverbinder für gedruckte Schaltungen; Federleisten, Leiterplatten
DIN 41630	Elektrische Steckverbinder für die Nachrichtentechnik; Begriffe, Anwendungsklassen, Prüfungen
DIN 41651	Steckverbinder für gedruckte Schaltungen zum Anschluß von Flachleitungen
DIN 46206	Anschlüsse für elektrische Betriebsmittel; Flachklemmen
DIN 46207	Anschlüsse für elektrische Betriebsmittel; Klemmstellen von Buchsenklemmen
DIN 46211	Gestanzte Kabelschuhe für Kupferleiter
DIN 46225	Gestanzte Krallenkabelschuhe mit Isolierungsumfassung für isolierte Leitungen
DIN 46237	Quetschkabelschuhe für lötfreie Verbindungen
DIN 46244	Flachstecker am Gerät für Steckhülsen
DIN 46247	Steckhülsen ohne Isolierhülse
DIN 46289	Klemmen für die Elektrotechnik; Einteilung, Begriffe, Fachwörter
DIN 46341	Verbinder für lötfreie Verbindungen ohne Isolierhülse für Kupferleiter
DIN 46420	Runddrähte aus Aluminium für die Elektrotechnik
DIN 46431	Runddrähte aus Kupfer für die Elektrotechnik
DIN 46433	Flachdrähte und Flachstangen, gezogen
DIN 47261	Hochfrequenz-Leitungen (Bandleitungen)
DIN 47264, 47265, 47269	Koaxiale Hochfrequenz-Kabel; vollisoliert, Übersicht
DIN 47727	PVC-Aderleitungen 07V
DIN 47728	Gummischlauchleitung 05RR und 05RRT
DIN 47729	Gummischlauchleitung 05RN
DIN 47730	Gummischlauchleitung 07RN
DIN 47731	PVC-Schlauchleitung 03VV und 03VVH2
DIN 47732	PVC-Schlauchleitung 05VV und 05VVH2
DIN 49400	Installationsmaterial; Wand-, Geräte- und Kragensteckvorrichtungen, Übersicht
DIN 65107, 65108	Flachleiter-Bandleitungen (300V, ungeschirmt)
DIN VDE 0811	Flachleitungen mit runden Leitern; Rastermaß 1,27 mm für Fernmeldeanlagen und Informationsverarbeitungsanlagen
DIN VDE 0812	Schaltdrähte und Schaltlitzen mit PVC-Isolierhüllen für Fernmeldeanlagen und Informationsverarbeitungsanlagen
DIN VDE 0814	Schnüre für Fernmeldeanlagen und Informationsverarbeitungsanlagen
DIN VDE 0815	Installationskabel und -leitungen für Fernmeldeanlagen und Informationsverarbeitungsanlagen
DIN IEC 352	Lötfreie elektrische Verbindungen; Wickelverbindungen
Leiterplatten	
DIN IEC 60194	Gedruckte Schaltungen; Begriffe
DIN EN 60097	Rastersysteme für gedruckte Schaltungen
DIN EN 60249 T1 und T2	Basismaterialien für gedruckte Schaltungen
DIN EN 61188 T1	Leiterplatten und Flachbaugruppen; Konstruktion und Anwendung
DIN EN 61249 T5	Materialien für Verbindungsstrukturen: Rahmenspezifikationen für leitfähige Folien und Filme mit und ohne Beschriftungen; Hauptabschnitt 1: Kupferfolien

Tafel 6.1.29 Fortsetzung 5

DIN EN 62326 T1	Leiterplatten: Fachgrundspezifikation
DIN EN 123000	Fachgrundspezifikation: Leiterplatten
DIN EN 123200	Rahmenspezifikation: Leiterplatten mit Leiterbildern auf einer oder auf beiden Seiten mit metallisierten Löchern
DIN EN 123300	Rahmenspezifikation: Mehrlagen-Leiterplatten
DIN EN 123500	Rahmenspezifikation: Flexible Leiterplatten mit Durchverbindungen
DIN EN 123800	Rahmenspezifikation: Flexible Mehrlagen-Leiterplatten mit Durchverbindungen
DIN 41848	Integrierte Schichtschaltungen
DIN IEC 52 (CO) 245	Basismaterialien für gedruckte Schaltungen; Anforderungen
DIN IEC 52 (CO) 248	Gedruckte Schaltungen; Begriffe
DIN IEC 52 (CO) 303	Gedruckte Schaltungen; Leiterplatten, Unterlagen für die Erstellung
DIN IEC 326 T1 bis T8	Gedruckte Schaltungen; Leiterplatten
VDI/VDE 3709	Herstellung von Fertigungsunterlagen für Leiterplatten
VDI/VDE 3710	Fertigung von Leiterplatten; Übersicht und Verfahrenszusammenstellung

Literatur zum Abschnitt 6.1

Bücher, Dissertationen

[6.1.1] *Philippow, E.:* Taschenbuch Elektrotechnik, Bd. 3, Teile 1 und 2: Bauelemente und Bausteine der Informationstechnik. Berlin: Verlag Technik 1988.

[6.1.2] *Rumpf, K.-H.:* Elektronische Bauelemente (1000 Begriffe für den Praktiker). Heidelberg: Dr. Alfred Hüthig Verlag 1986 und Berlin: Verlag Technik 1986.

[6.1.3] *Friedrich:* Tabellenbuch Elektrotechnik/Elektronik. Bonn: Dümmler Verlag 1986.

[6.1.4] *Scholz, K.-P.:* Mikroelektronik und deren Bauelemente (1000 Begriffe für den Praktiker). Berlin: Verlag Technik 1986 und Heidelberg: Dr. Alfred Hüthig Verlag 1986.

[6.1.5] *Nührmann, D.:* Das kleine Werkbuch Elektronik (Datensammlungen/Bauelemente/Grundschaltungen). München: Franzis Verlag 1990.

[6.1.6] *Gies, J.:* Tabellenbuch digitaler integrierter Schaltungen. München: Franzis-Verlag 1990.

[6.1.7] *Benda, O.:* Basiswissen Elektronik, Bd. 2: Bauelemente. Berlin, Offenbach: vde-Verlag 1986.

[6.1.8] *Seraphim, D. P.; u. a.:* Principles of Electronic Packaging. New York: Mc Graw Hill Book Comp. 1989.

[6.1.9] *Reichl, H.:* Hybridintegration: Heidelberg: Dr. Alfred Hüthig Verlag 1988.

[6.1.10] *Krause, W.:* Fertigung in der Feinwerk- und Mikrotechnik. Verfahren, Werkstoffe, Gestaltung. München, Wien: Carl Hanser Verlag 1996

[6.1.11] *Schade, K.:* Mikroelektroniktechnologie. Berlin: Verlag Technik 1991.

[6.1.12] *Beckmann, J.:* Getaktete Stromversorgung – Grundlagen und Applikationen. München: Franzis Verlag 1990.

[6.1.13] *Lappe, R.:* Handbuch Leistungselektronik – Grundlagen, Stromversorgung, Antriebe. 5. Aufl. Berlin [u. a.]: Verlag Technik 1994.

[6.1.14] *Felderhoff, R.; Busch, U.:* Leistungselektronik. 2. Aufl. München; Wien: Carl Hanser Verlag 1997.

[6.1.15] *Marston, R. M.:* Power control circuits manual. 2. ed. Oxford: Newnes 1997.

[6.1.16] *Tietze, U.:* Halbleiter-Schaltungstechnik. 10. Aufl. Berlin [u. a.]: Springer Verlag 1993.

[6.1.17] *Müller, H.:* Konstruktive Gestaltung und Fertigung in der Elektronik. Bd. 1: Elementare integrierte Strukturen, Bd. 2: Prinzipien konstruktiver Gestaltung. Braunschweig: Verlag Friedrich Vieweg & Sohn 1983.

[6.1.18] *Krause, W.:* Konstruktionselemente der Feinmechanik. 2. Aufl. München, Wien: Carl Hanser Verlag 1993.

[6.1.19] *Krause, W.:* Grundlagen der Konstruktion. 7. Aufl. München, Wien: Carl Hanser Verlag 1994.

[6.1.20] *Scheel, W.:* Baugruppentechnologie der Elektronik, Montage. Berlin: Verlag Technik 1997 und Saulgau: Eugen G. Leuze Verlag 1997.

[6.1.21] *Müller, H.:* OMB/SMD-Oberflächenmontierte Bauelemente in der Leiterplattentechnik. 2. Aufl. Saulgau: Eugen G. Leuze Verlag 1988.

[6.1.22] *Hummel, M.:* Einführung in die Leiterplattentechnologie. 3. Aufl. Saulgau: Eugen G. Leuze Verlag 1991.

[6.1.23] *Müller, H.:* Hochtechnologie-Multilayer: Saulgau: Eugen G. Leuze Verlag 1988.

[6.1.24] *Herrmann, G.; u. a.:* Handbuch der Leiterplattentechnik. Bd. 1: Laminate, Manufactoring, Assembly, Test. 2. Aufl. Bd. 2: Neue Verfahren, neue Technologien. Saulgau: Eugen G. Leuze Verlag 1982, 1991.

[6.1.25] *Hanke, H.-J.:* Baugruppentechnologie der Elektronik, Leiterplatten. Berlin: Verlag Technik 1994.

[6.1.26] *Hanke, H.-J.:* Baugruppentechnologie der Elektronik, Hybridträger. Berlin: Verlag Technik 1994.

[6.1.27] *Schraft, R. D.; Wolf, E.; Leicht, T.:* Bestückautomaten. Heidelberg: Dr. Alfred Hüthig Verlag 1989.

[6.1.28] *Nolde, R.:* SMD-Technik/Einstieg in die Miniaturelektronik. München: Franzis Verlag 1989.

[6.1.29] *Reichl, H.; Bleicher, M.:* SMT/ASIC Systemintegration. Heidelberg: Dr. Alfred Hüthig Verlag 1988.

[6.1.30] *Goser, K.:* Großintegrationstechnik, Teil 1: Vom Transistor zur Grundschaltung; Teil 2: Von der Grundschaltung zum VLSI-System. Heidelberg: Dr. Alfred Hüthig Verlag 1990, 1991.

[6.1.31] *Widmann, D.; Mader, H.; Friedrich, H.:* Technologie hochintegrierter Schaltungen. Berlin, Heidelberg: Springer Verlag 1988.

[6.1.32] *Müseler, H.; Schneider, Th.:* Elektronik – Bauelemente und Schaltungen. München, Wien: Carl Hanser Verlag 1989.

[6.1.33] *Nührmann, D.:* Elektronische Bauelemente-Praxis: Grundlagen und Applikationen. München: Franzis Verlag 1989.

Aufsätze

[6.1.40] *Schuch, B.:* Multichipmodule – die Lösung für moderne Aufbautechniken. Galvanotechnik 87 (1996) 9, S. 3075 und 10, S. 3444.

[6.1.41] *Schmidt, W.; Röhrs, G.; Kostelnik, J.:* Neue Dimensionen in der Leiterplattentechnik. Feinwerktechnik · Mikrotechnik · Mikroelektronik 102 (1994) 5/6, S. 219.

[6.1.42] *Kostelnik, J.; Röhrs, G.:* Entwicklung einer neuen recyclingfähigen Leiterplatte. Wiss. Zeitschrift der TU Dresden 44 (1995) 4, S. 22.

[6.1.43] *Puymbroeck, J. v.; Bleiweiß, H.:* MOV-Technologischer Durchbruch in der Leiterplattentechnik. Productronic 16 (1996) 12, S. 12.

[6.1.44] *Schmidt, W.:* Interconnect 2000. Galvanotechnik 86 (1995) 10, S. 3398 und 11, S. 3768.

[6.1.45] *Fillion, R.; Wojnarowski, R.; Gorcyzca, T.; Wildi, E.; Cole, H.:* PLASTIC Encapsulated MCM Technology for High Volume, Low Cost Electronics. Circuit World 21 (1995) 2, S. 28.

[6.1.46] *Schmidt, W.:* A Revolutionary Answer to Today's and Future Interconnect Challenges. VI. Printed Circuit World Convention, San Francisco, USA, Mai 1993.

[6.1.47] *Kostelnik, J.; Röhrs, G.:* Die „Neue Leiterplatte – TWINflex" – ein umweltgerechtes Leiterplattenkonzept. Galvanotechnik 86 (1995) 7, S. 2290.

[6.1.48] *Lindner, H.:* Schwingungs- und Stoßverhalten von bestückten Leiterplatten. Tagungsbericht zum 23. Internationalen Wissenschaftlichen Kolloquium der TH Ilmenau 1978, S. 171.

6.2 Elektromechanische Funktionsgruppen und Aktoren

Zeichen, Benennungen und Einheiten

A	Fläche in mm^2
B	Induktion in T
C	Kapazität (allgemein)
D	dielektrische Verschiebung in $C \cdot m^{-2}$
$\boldsymbol{D}$	dielektrischer Verschiebungsvektor in $C \cdot m^{-2}$
E	elektrische Feldstärke in $V \cdot m^{-1}$
$\boldsymbol{E}$	elektrischer Feldstärkevektor in $V \cdot m^{-1}$
ED	Einschaltdauer in %
F	Kraft in N
G	Leitwert (elektrisch oder magnetisch)
H	magnetische Feldstärke in $A \cdot m^{-1}$
I	Strom in A
J	Massenträgheitsmoment in $kg \cdot cm^2$
L	Induktivität in H
M	Moment in $N \cdot m$
M_{Mv}	Teilmoment in $N \cdot m$
P	Leistung in W
R	ohmscher Widerstand in Ω, Widerstand allgemein
S	mechanische Dehnung in % (bei Piezoaktoren)
$\boldsymbol{S}$	mechanischer Dehnungstensor in % (bei Piezoaktoren)
T	mechanische Spannung in $N \cdot mm^{-2}$ (bei Piezoaktoren)
$\boldsymbol{T}$	mechanischer Spannungstensor in $N \cdot mm^{-2}$ (bei Piezoaktoren)
U, U^*	Spannung, erhohte Spannung in V
W	Energie in $W \cdot s$, $N \cdot m$
c	Federsteife in $N \cdot m^{-1}$; Konstante in $N \cdot m \cdot Wb^{-1} \cdot A^{-1}$
c_M	Magnetfedersteife in $N \cdot m \cdot rad^{-1}$
d	piezoelektrische Ladungskonstante; magnetostriktive Konstante
$\boldsymbol{d}$	Matrix piezoelektrischer Ladungskonstanten in $C \cdot N^{-1}$
e	induzierte Teilspannung in V
f, f_1	Frequenz, Netzfrequenz in s^{-1}
i	Momentanwert des Stroms in A
i_ν	Strom des Spulensystems ν in A
k	Konstante, allgemein
l, l_ν	Leiterlänge in m; Länge des aktiven Piezomaterials
m	Ständer- oder Strangzahl; Masse in kg
n	Anzahl; Drehzahl in s^{-1} bzw. $U \cdot min^{-1}$
p	Polpaaranzahl
r, r_ν	Radius, wirksamer Radius in mm
s	Schlupf; Schrittanzahl; Elastizitätskonstante (bei Piezoaktoren)
$\boldsymbol{s}$	Matrix von Elastizitätskonstanten in $m^2 \cdot N^{-1}$ (bei Piezoaktoren)
t	Zeit in s; Dicke in mm
u	Momentanwert der Spannung in V
w	Windungszahl; Führungsgröße
x	Weg in mm
$\dot{x}$	Geschwindigkeit in $m \cdot s^{-1}$
$\ddot{x}$	Beschleunigung in $m \cdot s^{-2}$
z	Anzahl der Pole
Δ	Differenz
Θ	magnetische Urspannung in A
Φ	magnetischer Fluß in Wb
Ψ	verketteter Fluß in Wb
Ω, Ω_0	Winkelgeschwindigkeit, Leerlaufgeschwindigkeit in s^{-1}
β	Anstiegswinkel in rad
δ	Luftspaltlänge in mm
ε	Dielektrizitätskonstante in $F \cdot m^{-1}$; mechanische Dehnung in %
$\boldsymbol{\varepsilon}$	Matrix von Dielektrizitätskonstanten in $F \cdot m^{-1}$ (bei Piezoaktoren)
η	Wirkungsgrad
μ	magnetische Permeabilität in $H \cdot m^{-1}$
μ_0	magnetische Feldkonstante $1{,}2566 \cdot 10^{-6}\ H \cdot m^{-1}$
μ_r	relative magnetische Permeabilität
ν	Anzahl der Leiterzüge, Leiter, Spulen
τ	Zeitkonstante in s
ϑ	Temperatur in °C
φ	Winkel in rad
φ_0	konstruktiver Stellwinkel in rad
$\dot{\varphi}$	Winkelgeschwindigkeit in $rad \cdot s^{-1}$
ω, ω_0	Kreisfrequenz; Eigenkreisfrequenz in s^{-1}

Indizes

A	Arbeitsmechanismus; Anker-
AZ	Ankerzusatz-
B	Bedienebene
E	Erreger-; Eisen-
H	Halte-
K	Kipp-
Kriech	Kriech-
L	Last-; Luftspalt-
M	Motor-
ME	Meßeinrichtung
Nenn	Nenn-

R	Reib-; Regler	max	maximal
Rel	Reluktanz-	mech	mechanisch
S	Synchron-; Schritt-; Streu-	p	Ankerparallel-
St	Steuer	r	Resonanz-, relativ
Ü	Übertemperatur; Übertragungseinrichtung	red	reduziert
		res	resultierend
V	Verlust-	th	thermisch
el	elektrisch	v	Ankervor-
ges	gesamt	ν	Leiter, Spule
j	Teil-	0	Anfangs-; Ausgangs-; Leerlauf-
m, mag	magnetisch, Magnet-	$\perp$	senkrecht

Feinwerktechnische und elektronische Geräte enthalten im allgemeinen eine Vielzahl elektromechanischer Funktionsgruppen unterschiedlichster Art. Insbesondere Funktionsgruppen der Antriebs- und Stelltechnik bestimmen dabei meist ganz entscheidend die Leistungsparameter des Gerätes. Sie sollen deshalb nachfolgend den Schwerpunkt bilden. In der Feinwerktechnik kommen vorwiegend Antriebe mit kleiner Leistung von 0,001 bis 500 W zum Einsatz, die vorzugsweise elektronisch gesteuert oder geregelt werden [6.2.1] [6.2.3]. Der Maschinenbau realisiert solche Antriebssysteme oft durch Zusammenstellung verfügbarer Standardkomponenten (Motoren, Bewegungsumformer, Getriebe, Steuerungen, Meßsysteme). Diese Einzelkomponenten betrachtet man deshalb dort häufig separat und voneinander gelöst. In der Feinwerktechnik sind viele Anforderungen mit Standardkomponenten jedoch nicht zu erfüllen und erfordern speziell angepaßte, in den Gesamtaufbau integrierte Antriebssysteme.

Im folgenden Abschnitt wird das Ziel verfolgt, Grundkenntnisse zu vermitteln, einen Überblick über das Gesamtgebiet elektromechanischer Funktionsgruppen mit dem Schwerpunkt der Antriebs- und Stelltechnik zu geben und anwendungsspezifische Einzelheiten darzustellen. Dabei ist der Begriff der elektromechanischen Funktionsgruppe bewußt sehr breit gefaßt, um auch unkonventionelle Antriebslösungen mit einzubeziehen.

6.2.1 Elektromechanische Antriebssysteme

Elektromechanische Antriebssysteme bilden die Schnittstellen im Gerät, in denen die elektrische Energie in mechanische Bewegung umgewandelt wird, um dem jeweiligen Arbeitsmechanismus den erforderlichen Bewegungsablauf aufzuprägen. Das elektromechanische System muß entsprechende Informationen oder Signale in definierte Bewegungsabläufe umsetzen. Bei der Analyse und Synthese derartiger Systeme gibt es deshalb immer zwei Aspekte, einen *energetischen Aspekt* (Realisierung der Bewegungsvorgänge durch Bereitstellung der erforderlichen mechanischen Energie) und einen *informationstechnischen* bzw. *steuerungstechnischen Aspekt* (Steuerung der Bewegungsabläufe durch Eingriff in den Energiefluß). Es ist eine Besonderheit feinwerktechnischer Antriebe, daß die Informationsverarbeitung die Hauptverarbeitungsfunktion darstellt (s. auch Abschn. 3).

6.2.1.1 Typische Strukturen

Ein Antriebssystem besteht prinzipiell aus den folgenden *Systemelementen* [6.2.3]

- *Antriebselement/Motor*: Anordnung zur Wandlung elektrischer in mechanische Energie (hier werden speziell die elektromechanischen Energiewandler betrachtet).
- *Übertragungselement/Übertragungseinrichtung*: Anordnung zum Übertragen der mechanischen Energie vom Motor zum Arbeitsmechanismus und zum Umformen der Bewegung in die geforderte Form.
- *Wirkelement/Arbeitsmechanismus*: Anordnung zum Realisieren eines technologischen Vorgangs.
- *Steuerelement/Steuerung oder Regelung*: Anordnung zum Beeinflussen des Leistungsflusses.

Strukturell lassen sich komplexe Antriebssysteme dabei in zentrale oder dezentrale einteilen. **Bild 6.2.1** zeigt die Struktur eines zentralen Antriebssystems am Beispiel einer x-*y*-Positioniereinrichtung. Getriebe (allgemein Übertragungseinrichtungen) verzweigen hier die mechanische Energie, so daß ein „zentraler“ Motor mehrere Arbeitsmechanismen versorgt.

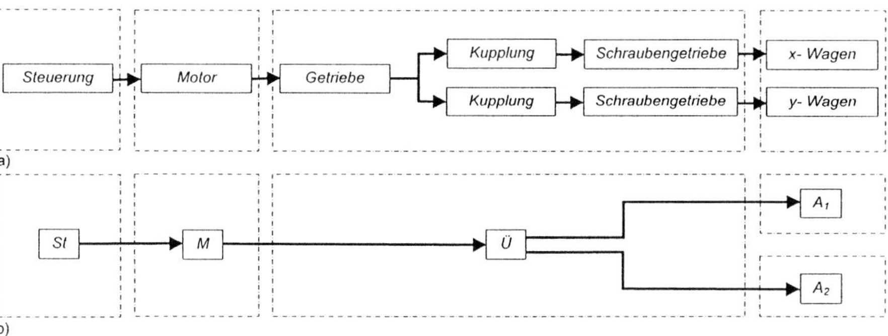

Bild 6.2.1 Zentrales Antriebssystem
a) Struktur einer *x*-*y*-Positioniereinrichtung; b) Systemelemente - Symboldarstellung
St Steuerung; *M* Motor; *Ü* Übertragungseinrichtung; *A* Arbeitsmechanismus

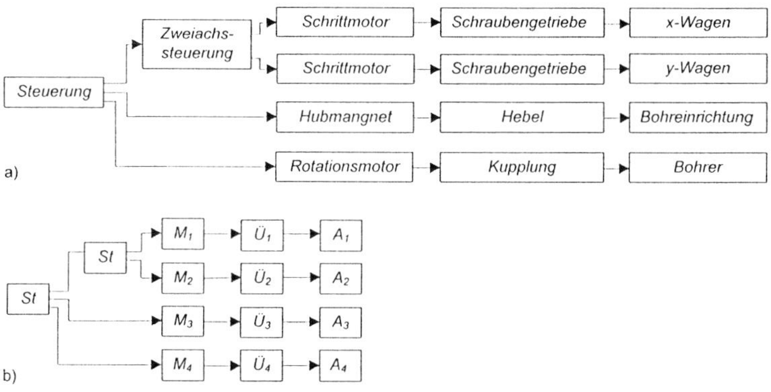

Bild 6.2.2 Dezentrales Antriebssystem
a) Struktur einer numerisch gesteuerten Leiterplattenbohrmaschine; b) Systemelemente - Symboldarstellung
St Steuerung; *M* Motor; *Ü* Übertragungseinrichtung; *A* Arbeitsmechanismus

In der Feinwerktechnik überwiegen heute jedoch dezentrale Antriebssysteme (**Bild 6.2.2**). Einerseits lassen sich Energie und Informationen elektrisch wesentlich einfacher übertragen als mechanisch, andererseits ermöglicht dies eine optimale Anpassung der Systemelemente an die jeweilige technologische Arbeitsaufgabe. Die gegebenenfalls erforderliche Koordinierung unterschiedlicher Bewegungen der einzelnen Achsen erfolgt dabei nicht mehr durch mechanischen Zwanglauf, sondern durch eine elektronische Steuerung.

Ebenso prinzipiell unterscheiden sich die verschiedenen Konzepte zur Steuerung und Regelung der Antriebssysteme. **Bild 6.2.3** verdeutlicht Unterschiede zwischen globalen Programmen, Folgesteuerungen und Regelungen. Bezogen auf jede einzelne Achse beispielsweise eines dezentralen Antriebssystems ist wiederum zwischen dem Betrieb in offener Steuerkette (Bild 6.2.3a und b) und dem geschlossenen Regelkreis (Bild 6.2.3c) zu unterscheiden. Offene Steuerketten können wegen fehlender Rückmeldungen vom Arbeitsmechanismus störende Einflüsse nicht ausgleichen. Sie zeigen dann Abweichungen von der Sollgröße, die bei angepaßter Dimensionierung trotzdem klein bleiben können. Regelkreise erlauben je nach konkreter Ausführung eine mehr oder weniger vollständige Kompensation solcher Störungen.

Neben diesen Komponenten sind Stromversorgungen, Leistungswandler, Stellglieder und gegebenenfalls Schutzeinrichtungen zum Realisieren eines Antriebssystems nötig (**Bild 6.2.4**).

Das Antriebssystem hat damit drei Schnittstellen, Bedienebene – Antriebssystem, Stromversorgung (Netz) – Antriebssystem, Antriebssystem – Wirkebene (Arbeitsmechanismus / Abtrieb).

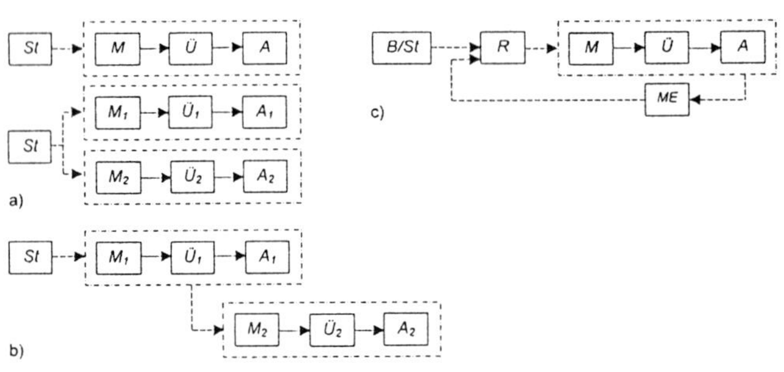

Bild 6.2.3 Steuerung und Regelung von Antriebssystemen - prinzipielle Strukturen
a) Programmsteuerung
b) Folgesteuerung
c) Regelung
St Steuerung (Befehlsgeber)
B Bedienebene
M Motor
Ü Übertragungseinrichtung
A Arbeitsmechanismus
ME Meßeinrichtung
R Regler

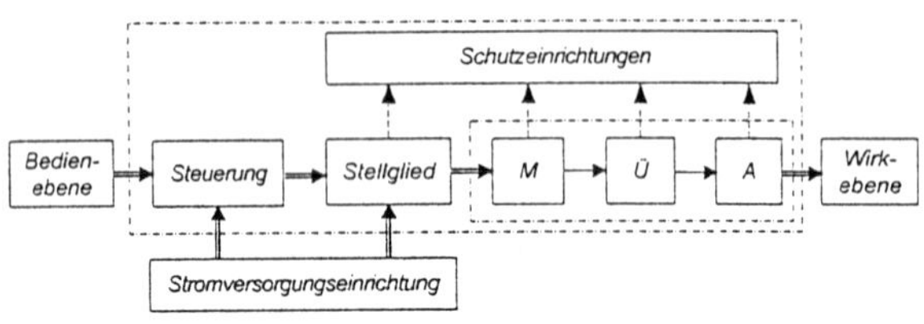

Bild 6.2.4 Vollständige Struktur eines Antriebssystems

Diverse Störgrößen können die Arbeitsweise beeinflussen, z. B. äußere Kräfte und Drehmomente am anzutreibenden Mechanismus, Spannungs- und Frequenzschwankungen der Stromversorgungseinrichtung bzw. des Netzes, äußere elektrische und magnetische Felder sowie Umwelteinflüsse (Temperatur, Luftfeuchte usw.). Auch unerwünschte Rückwirkungen des Antriebssystems auf die Umgebung sind möglich, durch mechanische Schwingungen, Geräusche, Wärmeentwicklung und Abstrahlung magnetischer oder elektrischer Felder.

6.2.1.2 Systemelemente

Antriebselemente / Motoren. Feinwerktechnische Antriebselemente lassen sich mit verschiedensten physikalischen Wirkprinzipen realisieren. Konventionell genutzt werden:

- Kraftwirkungen auf Grenzflächen im magnetischen Kreis (elektromagnetomechanische Krafterzeugung), ausgenutzt in Elektromagneten und Schrittmotoren,
- Kraftwirkungen auf bewegte Ladungen im Magnetfeld (*Lorentz*kraft oder elektrodynamische Krafterzeugung), bekannt beispielsweise von elektrodynamischen Lautsprechern und Gleichstromhohlläufermotoren. Dazu werden jedoch allgemein auch konventionelle Gleichstrom-, Wechselstrom- und Drehfeldmotoren gezählt.

Aber auch unkonventionelle Wirkprinzipe [6.2.25] kommen zum Einsatz, wie

- Festkörpereffekte, speziell als
  inverser piezoelektrischer Effekt ($\Delta l/l \approx 10^{-3}$),
  Magnetostriktion ($\Delta l/l \approx 2 \cdot 10^{-3}$),
  Wärmedehnung ($\Delta l/l \approx 10^{-5}$ pro Kelvin),
  Formgedächtnislegierung ($\Delta l/l \approx 1 \ldots 5 \cdot 10^{-2}$).

Das Antriebselement wandelt die elektrische Energie W_{el} direkt oder in Zwischenstufen in mechanische Energie W_{mech}. Der Wirkungsgrad als Verhältnis der Energien bzw. der Leistungen

$$\eta = W_{mech} / W_{el} \qquad \text{bzw.} \qquad \eta = P_{mech} / P_{el} \qquad (6.2.1)\ (6.2.2)$$

ist ein Maß der nutzbaren mechanischen Energie bzw. Leistung mit

$$0 \le \eta \le 1 . \tag{6.2.3}$$

Für die vom Motor abgegebene Energie gilt

$$W_{\text{mech}} = x_{\text{M}} F_{\text{M}} \qquad \text{bzw.} \qquad W_{\text{mech}} = \varphi_{\text{M}} M_{\text{M}} . \qquad (6.2.4)\ (6.2.5)$$

Die Leistung ergibt sich aus

$$P_{\text{mech}} = \dot{x}_{\text{M}} F_{\text{M}} \qquad \text{bzw.} \qquad P_{\text{mech}} = \dot{\varphi}_{\text{M}} M_{\text{M}} . \qquad (6.2.6)\ (6.2.7)$$

Man unterscheidet elektromechanische Antriebe grundsätzlich nach der Bewegungsform (rotatorisch oder translatorisch) und der Kontinuität der Bewegung (kontinuierlich oder diskontinuierlich). Bei konventionellen Motoren mit kontinuierlicher Drehbewegung betrachtet man zusätzlich die Stromart (Gleichstrom-, Universal-, Einphasenwechselstrom-, Drehstrommotoren) und das stationäre Drehzahl-Drehmoment-Verhalten (Nebenschluß-, Reihenschluß-, Asynchron-, Synchronverhalten). Stationäre bzw. statische Kennlinien ausgewählter Motoren zeigt **Tafel 6.2.1**.

Tafel 6.2.1 Motorkennlinien

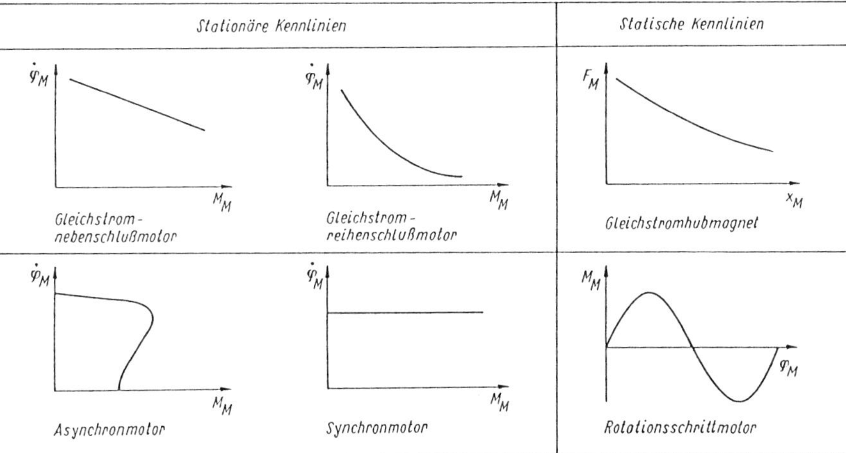

Übertragungselemente / Übertragungseinrichtungen. Mechanische Energie muß weitergeleitet, verzweigt, geschaltet oder in andere Bewegungsformen umgeformt werden. Als Übertragungseinrichtungen [6.2.5] kommen dafür in erster Linie mechanische Getriebe, zu denen auch Rotations-Translations-Umformer gehören, sowie Kupplungen zum Einsatz (s. Abschn. 6.3). Prinzipiell besteht auch die Möglichkeit, eine nichtmechanische Übertragung vorzunehmen durch zwei Energiewandler und eine nichtmechanische Energieleitung. Übertragungseinrichtungen sind gekennzeichnet durch Laufverhalten, Schlußart bzw. Paarung, Übersetzung und die Art der Bewegungsumformung. In **Tafel 6.2.2** sind für wichtige technische Ausführungen Beispiele angegeben.

Tafel 6.2.2 Übertragungseinrichtungen (Auswahl)

Paarungen, Schlußarten	Formpaarung	Kraftpaarung	Reibpaarung	Phasenschluß	Kennlinienschluß	Volumenschluß
Übertragung von Bewegungen (Laufverhalten)	Zwanglauf	Zwanglauf	Schlupflauf	Zwanglauf	Schlupflauf	Schlupflauf
Beispiel	Rädergetriebe	Kurvengetriebe	Reibkupplung	elektrische Welle	Hydraulikgetriebe	pneumatisches Kolben-Zylinder-System

Wirkelemente / Arbeitsmechanismen. In der Feinwerktechnik sind sehr unterschiedliche Funktionen zu realisieren. Bewegungsvorgänge dominieren dabei. **Tafel 6.2.3** zeigt einige typische Grundbewegungen. Die Arbeitsmechanismen sind gegenüber dem Motor als Last wirksam, d. h. sie stellen Widerstände gegen die Bewegung dar. **Tafel 6.2.4** gibt einige Kennlinien an. Der Motor wird durch den Arbeitsmechanismus mit seinen massebehafteten Bauteilen zusätzlich zu den technologischen Kräften bzw. Momenten belastet. Bei rotatorischen Antriebssystemen muß man zur Umrechnung ein auf den Motorausgang bezogenes, belastendes reduziertes Moment M_{red} ermitteln. Dabei ist unter Umständen die durch die Winkeländerung verursachte Massenträgheitsmomentänderung dJ_{red} zu berücksichtigen [6.2.2]:

$$M_{red} = J_{red} d\dot{\varphi}_M / dt + (\dot{\varphi}_M^2/2)(dJ_{red}/d\varphi_M). \tag{6.2.8}$$

Bei linearen Bewegungen können Trägheitskräfte dagegen direkt einbezogen werden über

$$F = m\ddot{x}. \tag{6.2.9}$$

Tafel 6.2.3 Grundbewegungen

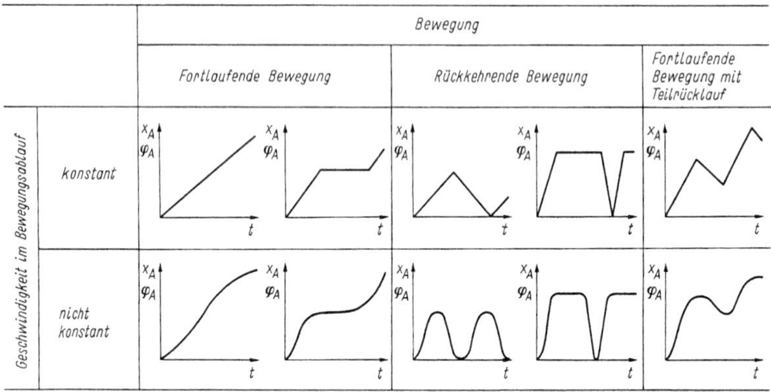

Steuerelemente / Steuerungen oder Regelungen. Steuer- und Regeleinrichtungen werden zunehmend mikrorechnergestützt und damit über weite Strecken digital realisiert, zeitlich kritische Teilaufgaben oder auch einfache Anwendungsfälle dagegen meist noch hardwaremäßig analog. Hard- und Softwarekomponenten spielen hier zusammen. Übergeordnet sind dabei Führungsgrößen zu generieren und Abläufe zu steuern, dem untergeordnet im Sinne einer „inneren Steuerung oder Regelung" die konkreten Bewegungsaufgaben durch eine offene Steuerkette oder einen geschlossenen Regelkreis zu realisieren. Steuerelemente können dabei jedes andere Element beeinflussen bzw. Rückführungen (Regelkreise) bilden. Steuerelemente wirken jedoch meist nicht direkt auf andere Systemelemente ein. Über Meßsysteme und Sensorik erhalten sie Informationen von anderen Systemelementen. Über Leistungsstellglieder wirken sie auf die Antriebselemente. Beispiele sind bei der Behandlung der konkreten Antriebselemente dargestellt [6.2.13] bis [6.2.16].

6.2.2 Elektromagnete

Elektromagnete sind Antriebe für begrenzte lineare (Hubmagnete) oder auch rotatorische Bewegungen (Drehmagnete) [6.2.6]. Sie nutzen die Kraftwirkung auf Grenzflächen im magnetischen Feld, insbesondere auf Grenzflächen zwischen ferromagnetischen Bauteilen und Luft. Von der Systematik sind sie den elektromagnetischen Energiewandlern oder auch der elektromagnetischen Stelltechnik zuzuordnen. Praktisch werden sie jedoch meist losgelöst von anderen Antrieben betrachtet, so auch hier.

Tafel 6.2.4 Kennlinien von Arbeitsmechanismen (C, D Konstanten)

Abhängigkeit	$F_L = C_1$ $M_L = D_1$	$F_L = C_2 \,\mathrm{sign}\, \dot{x}_L$ $M_L = D_2 \,\mathrm{sign}\, \dot{\varphi}_L$	$F_L = C_3\, \dot{x}_L$ $M_L = D_3\, \dot{\varphi}_L$	$F_L = C_4\, \dot{x}_L^2 \,\mathrm{sign}\, \dot{x}_L$ $M_L = D_4\, \dot{\varphi}_L^2 \,\mathrm{sign}\, \dot{\varphi}_L$	$F = C_5 \lvert \dot{x} \rvert^{-1}$ $M = D_5 \lvert \dot{\varphi} \rvert^{-1}$
Beispiel	Hubeinrichtung	Stellglied	Dämpfer	Ventilator	Bandaufwickeleinrichtung ($F\,\dot{x}$ bzw. $M\,\dot{\varphi}$ konst. gefordert)
Grafische Darstellung	F_L, M_L; $\dot{x}_L, \dot{\varphi}_L$	F_L, M_L; $\dot{x}_L, \dot{\varphi}_L$	F_L, M_L; $\dot{x}_L, \dot{\varphi}_L$	F_L, M_L; $\dot{x}_L, \dot{\varphi}_L$	F, M; $\dot{x}, \dot{\varphi}$
Abhängigkeit	$F_L = f(x_L)$ $M_L = f(\varphi_L)$	$F_L = f(x_L)$ $M_L = f(\varphi_L)$	$F_L = f(t)$ $M_L = f(t)$	$F_L = f(t)$ $M_L = f(t)$	$F_L = f(t)$ $M_L = f(t)$
Beispiel	Schwingförderer	Stanzeinrichtung	Drucker	Transporteinrichtung	allgemeiner Fall
Grafische Darstellung	F_L, M_L; x_L, φ_L	F_L, M_L; x_L, φ_L	F_L, M_L; T; t	F_L, M_L; t	F_L, M_L; t

6.2.2.1 Grundlagen

Das Arbeitsprinzip eines Elektromagneten sei beispielhaft an einem Gleichstrommagneten dargestellt. **Bild 6.2.5** zeigt einen Aufbau mit U-förmigem Joch (Eisenrückschluß), dem Arbeitsluftspalt δ und der Wicklung mit einer Durchflutung Iw, die vom magnetischen Kreis bzw. dem Eisenrückschluß umfaßt wird. Das entstehende magnetische Feld ist stark vereinfacht angedeutet. Mit Hilfe von Ersatzschaltungen und unter Nutzung von Integralparametern läßt sich der reale magnetische Kreis in ein vereinfachtes, überschläglich auch von Hand berechenbares Netzwerk überführen. Genauere Untersuchungen erfordern jedoch numerische Feldberechnungen (FEM), insbesondere beim Auftreten von Sättigungserscheinungen.

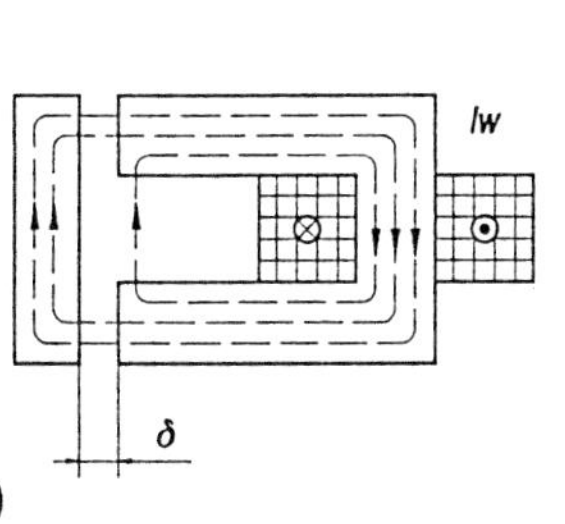

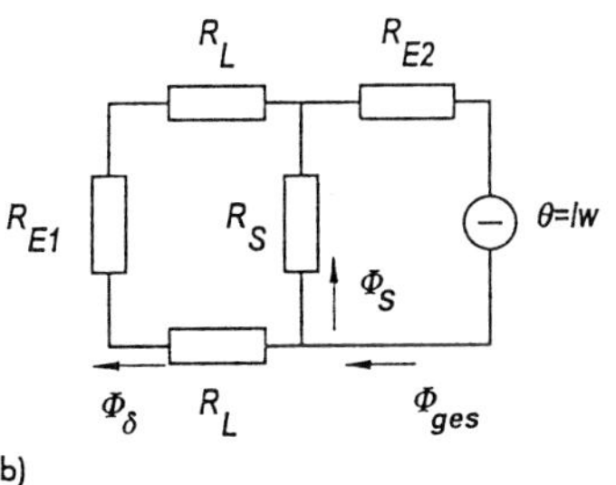

Bild 6.2.5 Magnetischer Kreis eines Elektromagneten
a) Magnetkreis mit Arbeitsluftspalt δ und Durchflutung (Erregung) Iw
b) Ersatzschaltung
R_E magnetischer Widerstand des Eisens; R_L magnetischer Widerstand des Luftspaltes; R_S magnetischer Widerstand für den Streufluß (Luftwiderstand); Φ_{ges} Gesamtfluß; Φ_L Luftspaltfluß; Φ_S Streufluß

Ausgehend von der Berechnung des magnetischen Feldes und speziell der senkrecht aus dem Eisen austretenden Induktion $B_\perp$ über eine numerische Netzwerkberechnung, über Finite-Elemente-Methoden oder konventionell über das Durchflutungsgesetz läßt sich dann die Schubkraft ermitteln [6.2.6].

Bekannt hierfür ist die Maxwellsche Zugkraftformel

$$F_{\mathrm{m}} = \frac{A_{\mathrm{E}}}{2\mu_0} B_{\perp}^2 \tag{6.2.10}$$

für einen senkrechten Feldaustritt aus hochpermeablem Eisen. Angewandt auf Bild 6.2.5 wäre dabei für die Grenzfläche A_{E} die Summe der Querschnittsflächen der beiden Schenkel des U-förmigen Joches einzusetzen.

Gl. (6.2.10) ist ein Spezialfall für senkrechten Feldaustritt und sehr große relative Permeabilität μ_{rE} des Eisens, abgeleitet aus dem Maxwellschen Spannungstensor. Allgemeingültig ist die Berechnung über den Energiesatz [6.2.6]

$$F_{\mathrm{m}} = \frac{\partial}{\partial \delta} \int i L(\delta) \mathrm{d}i , \tag{6.2.11}$$

wobei die Induktivität L über

$$L(\delta) = \frac{w^2}{R_{\mathrm{m}}(\delta)} = w^2 G_{\mathrm{m}}(\delta) \tag{6.2.12}$$

aus dem magnetischen Widerstand bzw. Leitwert im Kreis zu ermitteln ist. Bei linearem Zusammenhang zwischen verkettetem Fluß ψ und dem Strom i ergibt sich die Schubkraft dann aus der Leitwert- oder Induktivitätsänderung bei einer Verschiebung des Ankers, d. h. in Abhängigkeit des Luftspaltes:

$$F_{\mathrm{m}} = \frac{i^2}{2} \frac{\mathrm{d}L(\delta)}{\mathrm{d}\delta} = \frac{i^2 w^2}{2} \frac{\mathrm{d}G_{\mathrm{m}}(\delta)}{\mathrm{d}\delta} . \tag{6.2.13}$$

Die Beziehung für die Schubkraft kennzeichnet zunächst nur die elektromagnetische Wechselwirkung zwischen elektrischen und magnetischen Systembestandteilen. Insgesamt lassen sich für elektromagnetische und andere Antriebe vier Teilsysteme in ihren Wechselwirkungen erkennen [6.2.3]:

- ein *elektrisches Teilsystem*, bestehend aus der Wicklung und der zugehörigen Stromversorgung sowie der Ansteuer- bzw. Regeleinrichtung,
- ein *magnetisches Teilsystem*, bestehend aus der elektrischen oder/und permanentmagnetischen Erregung, den Flußführungsteilen sowie den Arbeitsluftspalten,
- ein *mechanisches Teilsystem*, bestehend aus den Stütz- und Führungssystemen sowie den bewegten Massen, Gegenkräften, Reibkräften und anderen mechanischen Einflüssen,
- ein *thermisches Teilsystem*, bestehend aus den elektrischen, magnetischen und mechanischen Komponenten und ihren Wärmeleit-, Wärmestrahlungs- und Konvektionscharakteristika in Verbindung mit den umgebenden Umweltbedingungen.

Die Beziehungen zwischen den einzelnen Teilsystemen zeigt **Bild 6.2.6.**

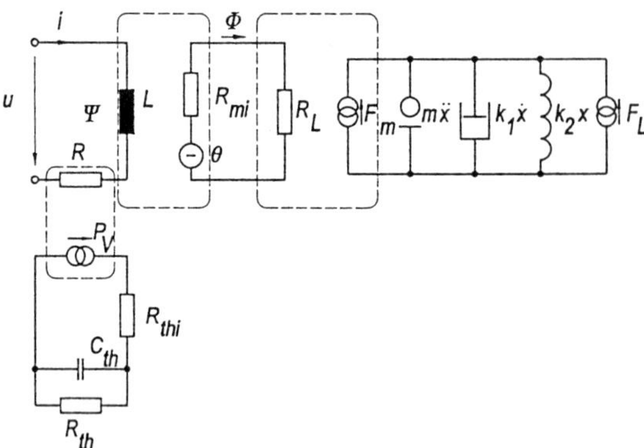

Bild 6.2.6 Grundstruktur eines Gleichstrommagneten [6.2.6]

Die zugeführte elektrische Leistung P_{el} wird einerseits zum Aufbau des verketteten Flusses Ψ und damit des magnetischen Flusses Φ genutzt. Bedingt durch den ohmschen Widerstand der Spule entsteht andererseits jedoch eine unerwünschte Wärmeverlustleistung P_V, die durch Wärmeleitung, -strahlung und -konvektion nach außen abzuführen ist. Der erzeugbare Magnetfluß Φ hängt von der Erregung Iw und damit dem zugeführten Strom ab. Dieser wird begrenzt einerseits durch die Stromversorgung, andererseits jedoch durch die Möglichkeiten der Wärmeabführung im thermischen Kreis. Eine thermische Schädigung beispielsweise der Wicklung darf nicht auftreten. Die Umsetzung des Stromes in ein Magnetfeld wird von den Werkstoffparametern und der Geometrie bestimmt. Sättigungserscheinungen begrenzen letztlich die Feldgrößen. Die Höhe der Kraftwirkung hängt schließlich von der erzielbaren Induktion an den Grenzflächen ab. Die durch diese Kraft realisierbaren Bewegungsvorgänge werden wiederum durch die mechanischen Größen in der Bewegungsgleichung bestimmt, wie die zu bewegende Masse, Gegenkräfte, Reibung u. a. Diese Teilsysteme wirken sowohl im stationären Betrieb miteinander, als auch dynamisch, beispielsweise bei Schaltvorgängen, wechselseitig aufeinander.

6.2.2.2 Betriebsverhalten

Statisches und quasistatisches Verhalten. Hier interessiert zunächst die Schubkraft und damit Gl. (6.2.13). Für den Anwender von Interesse ist einerseits die Abhängigkeit der Schubkraft vom Quadrat des Spulenstromes ($F_m \sim i^2$) und andererseits die qualitative Abhängigkeit vom Kehrwert des Quadrates der Luftspaltlänge ($F_m \sim 1/\delta^2$), was Gl. (6.2.13) nicht unmittelbar zeigt. Für einen homogenen Luftspalt gilt für den magnetischen Leitwert jedoch

$$G_m = \mu A/\delta, \qquad \text{d.h.} \qquad dG_m/d\delta = -\mu A/\delta^2 . \qquad (6.2.14)\ (6.2.15)$$

Bild 6.2.7 verdeutlicht ganz prinzipiell diese beiden Nichtlinearitäten in der Kraftwirkung.

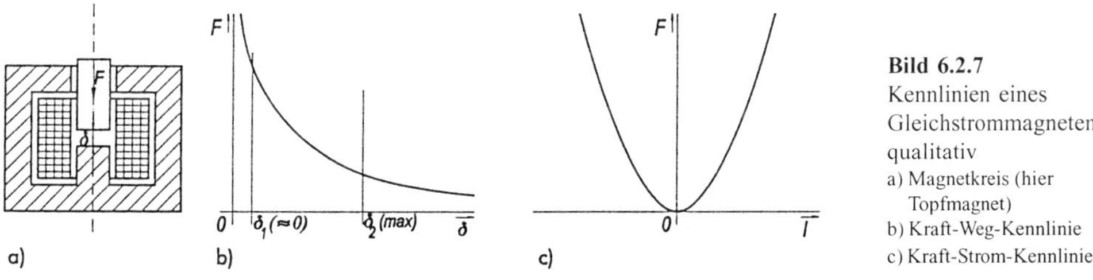

Bild 6.2.7
Kennlinien eines Gleichstrommagneten, qualitativ
a) Magnetkreis (hier Topfmagnet)
b) Kraft-Weg-Kennlinie
c) Kraft-Strom-Kennlinie

Eine Bewegungsumkehr ist zunächst wegen $F_m \sim i^2$ nicht über eine Stromrichtungsumkehr, sondern nur beispielsweise durch eine innere oder äußere Gegenfeder möglich (vgl. jedoch Abschn. 6.2.2.3 zu polarisierten Magnetsystemen). Die Kraft-Weg-Kennlinie weist zu Bewegungsbeginn $\delta = \delta_{max}$ die niedrigste, zu Bewegungsende bei $\delta \approx 0$ die höchste Kraft auf. Aus dynamischer Sicht wäre es umgekehrt wünschenswert, um Prellen zu vermeiden. Neben diesen Nichtlinearitäten treten weitere auf, beispielsweise Stättigungserscheinungen im Eisen.
Der Zusammenhang $B = B(H) = \mu_0 \mu_r(H) H$ ist für Flußführungswerkstoffe (Eisen) als nichtlineare Magnetisierungskurve bzw. komplette Hysterese vorgegeben. Häufig nutzt man nicht nur den anfänglich linearen Bereich, sondern auch Flußdichten bis 1,8 T und mehr, wo dann erhebliche Nichtlinearitäten auftreten.

Dynamisches Verhalten. Im **Bild 6.2.8** ist dies am Ein- und Ausschalten eines Gleichstrommagneten verdeutlicht, bei dem der elektrische Kreis, bedingt durch die von der Wicklung umfaßten Eisenrückschlüsse, eine relativ hohe Induktivität aufweist und somit Schaltverzögerungen auftreten [6.2.30]. Die Spannungsgleichung [6.2.6] lautet dann

$$U = iR + d\psi(x, i)/dt . \qquad (6.2.16)$$

Für einen linearen Zusammenhang zwischen ψ und i folgt

$$U = iR + L(x)\, di/dt + i\left[dL(x)/dx\right]\dot{x} . \qquad (6.2.17)$$

Für das Kräftegleichgewicht gilt entsprechend Bild 6.2.6

$$F_m = m\ddot{x} + k_1\dot{x} + k_2 x + F_L . \qquad (6.2.18)$$

F_L ist dabei eine konstante belastende Kraft (s. auch Tafel 6.2.4).

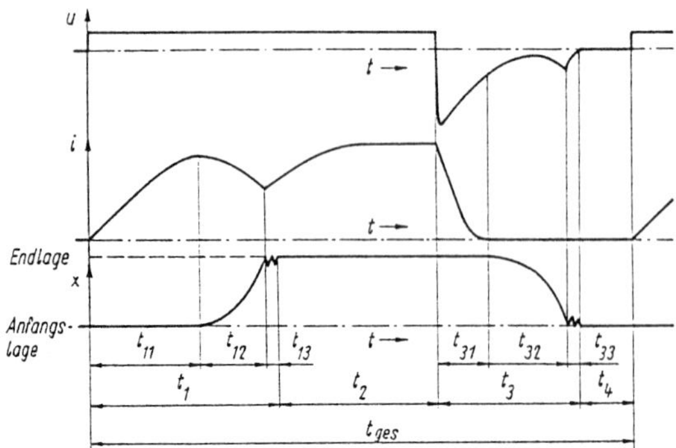

Bild 6.2.8 Ein- und Ausschaltvorgang eines Gleichstrommagneten (in Anlehnung an DIN VDE 0580)

Zunächst zeigt Bild 6.2.8 eine *Ansprechverzugszeit* t_{11}, die Zeit vom Anlegen der Betätigungsspannung U an den Magneten bis zum Beginn der Ankerbewegung in Richtung Endlage. Unter Berücksichtigung von Gl. (6.2.17) und der Anfangswerte der Bewegung (Start aus der Ruhelage) ergibt sich

$$I = (U/R)(1 - e^{-t/\tau}) \quad \text{mit} \quad \tau = L/R \qquad (6.2.19)\ (6.2.20)$$

als Zeitkonstante. Der Zeitabschnitt t_{11} endet, wenn das Kräftegleichgewicht

$$F_{\mathrm{m}} = F_{\mathrm{L}} \qquad (6.2.21)$$

erreicht ist. Die sich anschließende *Hubzeit* t_{12} stellt das Intervall vom Beginn der Bewegung bis zum erstmaligen Erreichen der Endlage dar. Die *Anzugsprellzeit* t_{13} entspricht dem Zeitintervall der zeitweisen kraftgepaarten Kopplung der Anschläge der entsprechenden Baugruppen, d. h. vom Anfang bis zum Ende des Prellens.

Die elektrische Ansteuerschaltung beeinflußt durch die Gestaltung des Spulenstroms entscheidend diesen Hubvorgang. In **Tafel 6.2.5** sind im Vergleich zur Grundschaltung einige Möglichkeiten zur Beschleunigung des Einschaltvorgangs angegeben. Aus wärmetechnischen Gründen (s. auch Abschn. 5.4) ist dabei die relative Einschaltdauer zu beachten, mit

$$ED = (\text{Einschaltdauer/Spieldauer}) \cdot 100\ \%. \qquad (6.2.22)$$

Für die Rückstellzeit ergeben sich ausgehend von der induzierten Gegenspannung durch den Energiespeicher Induktivität entsprechende Verhältnisse. Der Ausschaltvorgang wird i. allg. jedoch elektrisch bedämpft, um große Spannungsspitzen beim Abschalten zu vermeiden. Üblich sind parallel zur Wicklung geschaltete Freilauf- oder Zenerdioden.

6.2.2.3 Bauformen

In **Tafel 6.2.6** sind einige grundsätzliche E- und U-Magnet-Typen angegeben, die bei angezogenem Anker jeweils ähnliche Grundkreise aufweisen. Variationen von Arbeitsluftspalt und Ankerform führen zu Flachanker-, Tauchanker-, Klappanker- oder Drehankermagneten. Am Tauchankermagneten wird gezeigt, daß die konkrete Konstruktion des magnetischen Kreises wiederum sehr mannigfaltig sein kann.

Elektromagnete können nach ihrem konstruktiven Aufbau eingeteilt werden in Steuermagnete (Betätigen von Ventilen, Bremsen usw.), Schaltmagnete (Bestandteile von Schaltgeräten, z. B. von Relais und Schützen), Antriebsmagnete (Antriebe mit großen Kräften, z. B. im Leistungsschalter). Nach der angelegten Spannung sind Gleichstrommagnete und Wechselstrommagnete zu unterscheiden. Bei letzteren schwankt im stationären Betriebsfall die Magnetkraft wegen $F_{\mathrm{m}} \sim i^2$ mit der doppelten Erregerfrequenz zwischen den Werten 0 und $F_{\max}$. Dieses ungünstige Verhalten kann durch Spaltpole beseitigt werden (Spaltpolmagnet). Nach **Bild 6.2.9** wird durch einen zusätzlichen Kurzschlußring bewirkt, daß zwei phasenverschobene Flüsse Φ_1 und Φ_2 die Magnetkraft $F_{\mathrm{m\,res}}$ bestimmen; sie ist dann immer größer als Null.

Nach der Erregung des Magnetfeldes ergeben sich neutrale Elektromagnete mit rein elektrischer Erregung und polarisierte Elektromagnete mit zusätzlichem Permanentmagneten im Kreis. In polari-

Tafel 6.2.5 Maßnahmen zur Beschleunigung des Einschaltvorganges bei Gleichstrommagneten
$U^* = [(R+R_V)/R]U$; nU erhöhte Spannung

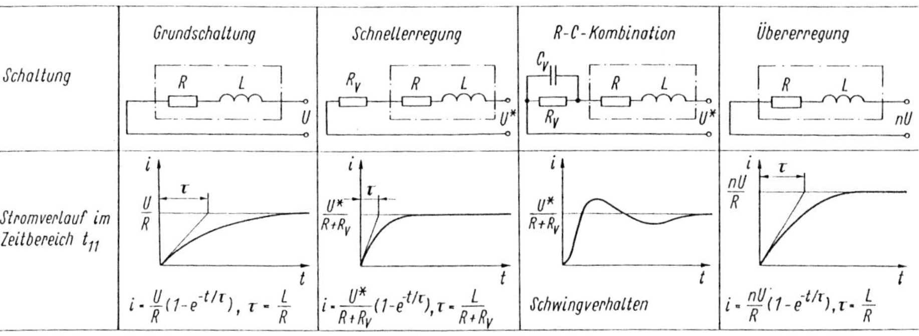

Tafel 6.2.6 Grundlegende Bauformen von Elektromagneten

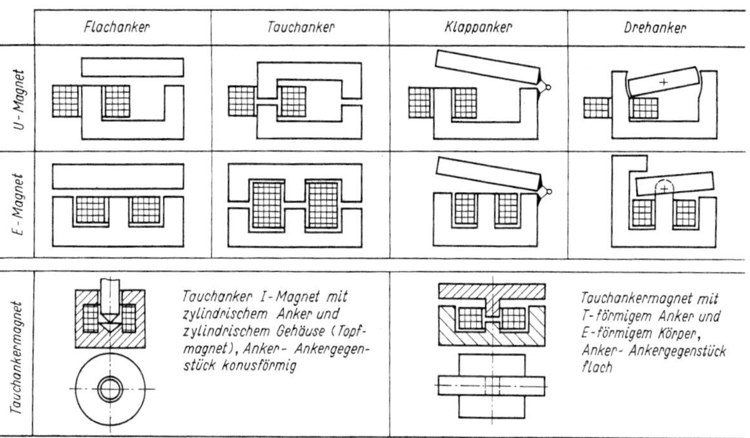

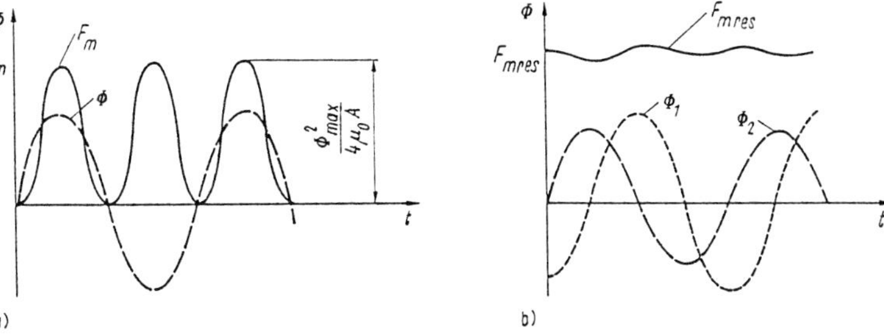

Bild 6.2.9 Krafterzeugung im Wechselstrommagneten
a) Anzugskraft und Flußverlauf ohne Kurzschlußring
b) Flußverschiebung durch Kurzschlußring

sierten Elektromagneten überlagert sich dabei eine permanentmagnetische Erregung mit einer elektrischen Erregung. Je nach konkreter Magnetkreisgestaltung lassen sich dadurch verschiedene Effekte erzielen, z. B. ein leistungsloses Halten des Ankers in einer Endposition wie bei Magnetventilen genutzt (meist auch verbunden mit höherer Energiedichte als bei neutralen Elektromagneten) oder das Realisieren von zwei Bewegungsrichtungen und zwei stabilen stromlosen Endlagen, wie bei polarisierten Relais (Impulsbetrieb) [6.2.6]. **Bild 6.2.10** zeigt ein Beispiel.

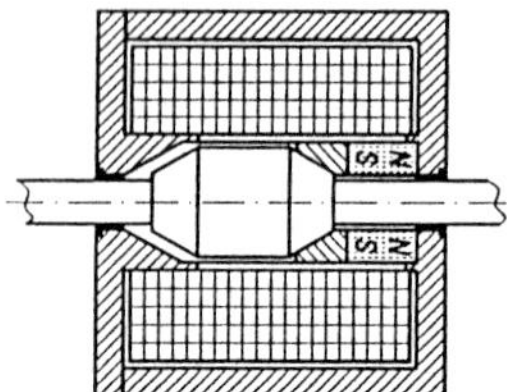

Bild 6.2.10 Polarisiertes Magnetsystem

Nach der Bewegungsform am Abtrieb ergeben sich Hubmagnete und Drehmagnete. Nach der Gestaltung des Ankers sowie des Ankergegenstückes ist schließlich zwischen Elektromagneten ohne und mit Kennlinienbeeinflussung zu unterscheiden. Durch Kennlinienbeeinflussung versucht man, wenigstens über Teilbereiche der Kennlinie eine Verbesserung oder gar Linearisierung der zunächst ungünstigen Kraft-Weg-Kennlinie zu erzielen (**Bild 6.2.11**). Der Grundgedanke besteht darin, bei Bewegung eine wesentlich geringere Leitwertänderung zu erzeugen, als dies beispielsweise bei dem Tauchankersystem ohne Kennlinienbeeinflussung nach Bild 6.2.7 der Fall ist.

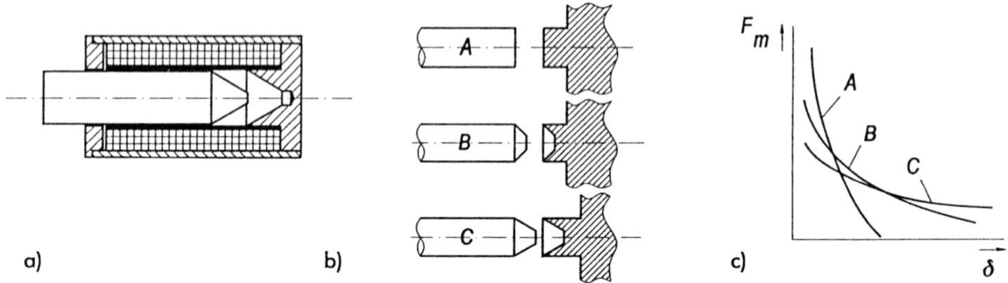

Bild 6.2.11 Kennlinienbeeinflussung am Gleichstrommagneten
a) Magnetaufbau (Topfmagnet); b) Gestaltung von Anker und Ankergegenstück zur Kennlinienbeeinflussung;
c) qualitative Kraft-Weg-Kennlinien
A Ausgangszustand; *B* 90°-Kegel; *C* 60°-Kegel

6.2.3 Kontinuierliche Rotationsmotoren

Für die Betrachtung rotatorischer Motoren soll zwischen kontinuierlichen und diskontinuierlichen (sog. Rotationsschrittmotoren) unterschieden werden. Dies ist nur ein mögliches Systematisierungskriterium, jedoch ein für die Anwendung wesentliches.

6.2.3.1 Grundlagen

Die Palette der in Geräten eingesetzten Motoren mit kontinuierlicher Drehbewegung am Abtrieb ist sehr breit. **Tafel 6.2.7** zeigt eine Übersicht. Die Besonderheiten im stationären Verhalten (Ω = f(M)-Kennlinie) werden wesentlich durch die Konstruktion von Stator (Ständer) und Rotor (Läufer) sowie durch die Stromart bestimmt [6.2.7][6.2.8][6.2.9]; s. auch DIN 42016, 42025, 42027 und DIN EN 60034-1.

Ein von einem Strom I durchflossener Leiter der kraftwirksamen Länge l wird in einem Magnetfeld, charakterisiert durch die Induktion B, mit einer Kraft ausgelenkt:

$$\vec{F} = I\left(\vec{l} x \vec{B}\right) \qquad \text{bzw.} \qquad F = BIl \qquad (6.2.23)\ (6.2.24)$$

(bei Motoren sind die Voraussetzungen für die skalare Gleichung im allgemeinen erfüllt). Man spricht auch vom elektrodynamischen Kraftgesetz oder von *Lorentz*kräften. Diese Gleichung gilt zunächst nur für eisenlose Leiter bzw. Leiterschleifen im Magnetfeld (**Bild 6.2.12**).

Tafel 6.2.7 Motoren mit kontinuierlicher Drehbewegung
a) Kommutatormotoren; b) Drehfeldmotoren

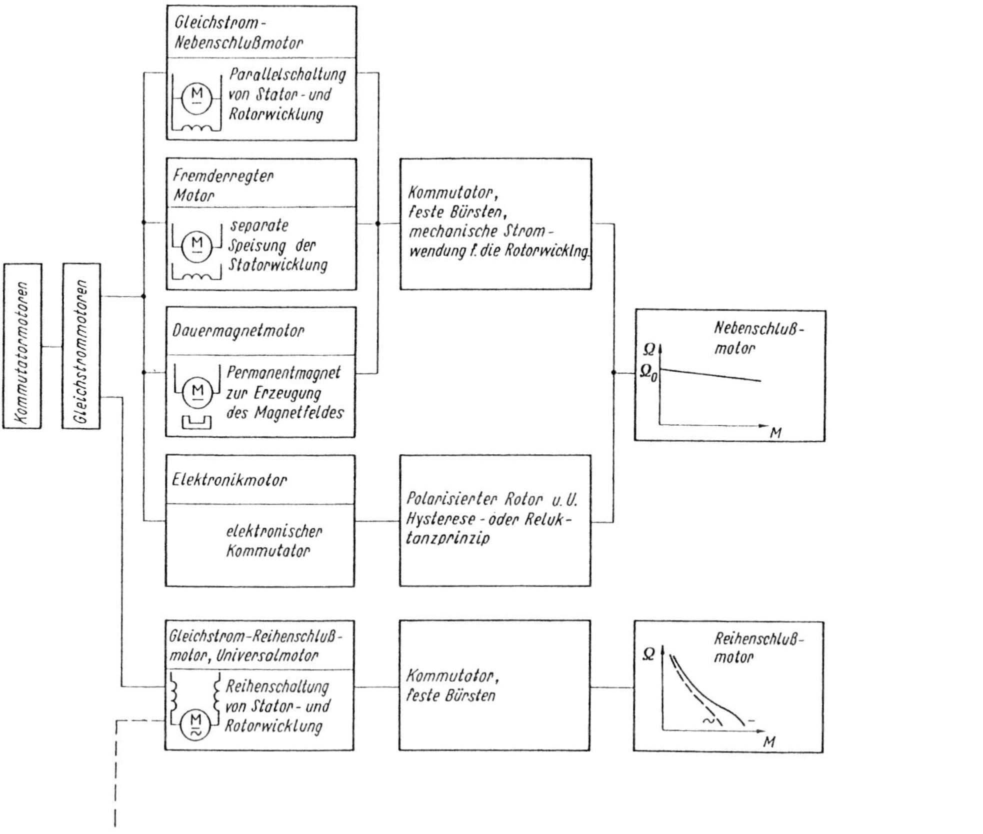

Kommutatormotoren

Gleichstrommotoren

Gleichstrom-Nebenschlußmotor
Parallelschaltung von Stator- und Rotorwicklung

Fremderregter Motor
separate Speisung der Statorwicklung

Dauermagnetmotor
Permanentmagnet zur Erzeugung des Magnetfeldes

Elektronikmotor
elektronischer Kommutator

Kommutator, feste Bürsten, mechanische Stromwendung f. die Rotorwicklng.

Polarisierter Rotor u. U. Hysterese- oder Reluktanzprinzip

Nebenschlußmotor
Ω, Ω_0, M

Gleichstrom-Reihenschlußmotor, Universalmotor
Reihenschaltung von Stator- und Rotorwicklung

Kommutator, feste Bürsten

Reihenschlußmotor
Ω, M

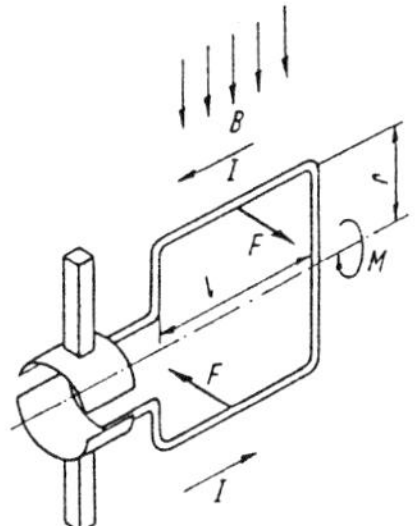

Bild 6.2.12
Kraftwirkung auf eine Leiterschleife im Magnetfeld (Kommutator angedeutet)

Betrachtet man die Drehmomenterzeugung in eisenbehafteten, genuteten Läufern, muß man feststellen, daß die stromdurchflossenen Leiter in den Nuten sich in einem Raum mit relativ geringem Feld befinden, während die größte Feldkonzentration wegen der sehr hohen Eisenpermeabilität in den Nuten vorhanden ist. Die Kraftwirkung tritt dann vorwiegend an den Nutinnenseiten am Nutkopf auf und läßt sich über den *Maxwellschen Spannungstensor* berechnen [6.2.10]. Praktisch sind jedoch zum Berechnen Modellvorstellungen unter Einführung eines Strombelages im konstanten Luftspalt üblich, die die Berechnungsgleichungen für Kräfte auf stromdurchflossene Leiter nutzen. Die Gleichwertigkeit beider Berechnungsverfahren läßt sich zeigen [6.2.10].

Tafel 6.2.7 Fortsetzung

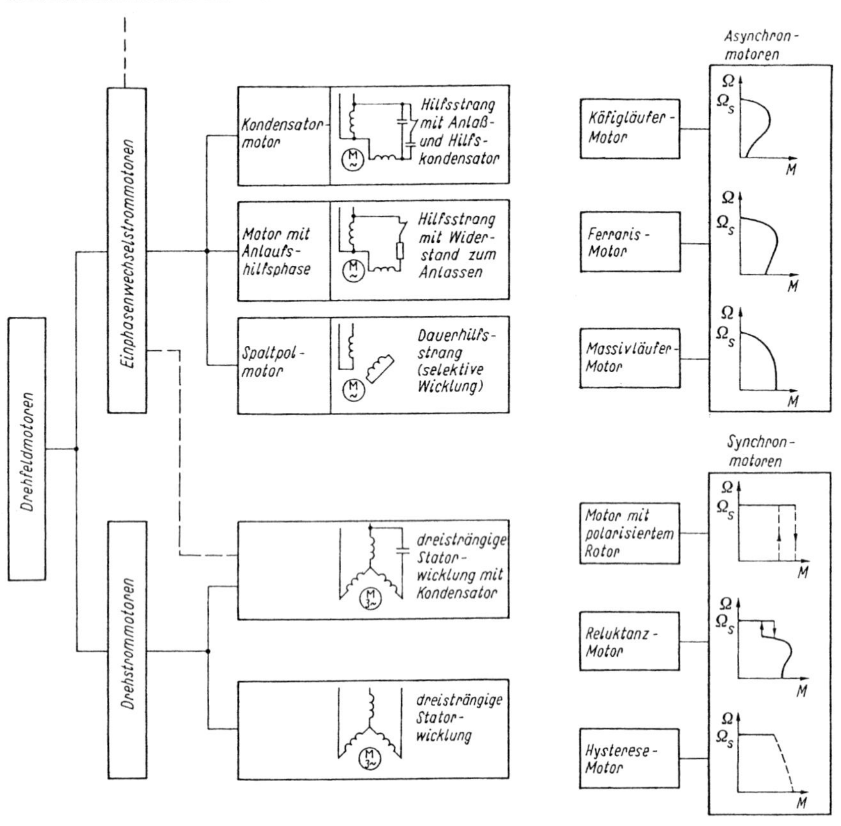

Wirkt diese Kraft an einem Hebel der Länge r, so ergibt sich ein Moment

$$M = Fr\,. \tag{6.2.25}$$

Das Gesamtmoment bei ν Leiterzügen erhält man aus

$$M = \sum_{\nu} F_\nu r = \sum_{\nu} B_\nu I_\nu l_\nu r\,. \tag{6.2.26}$$

Für das Moment (inneres Moment) des Motors kann mit einer Motorkonstanten c und dem resultierenden magnetischen Fluß Φ sowie dem Ankerstrom I nach Gl. (6.2.26) angegeben werden

$$M = c\Phi I. \tag{6.2.27}$$

Während der Rotation des Läufers werden in den ν Leitern zusätzlich die Spannungen e_ν induziert. Ihre Summe ergibt die Gegenspannung, die proportional dem magnetischen Fluß und der Winkelgeschwindigkeit ist:

$$e = \sum_{\nu} e_\nu = c\Phi\Omega\,. \tag{6.2.28}$$

Die mechanische Leistung des Motors ist über

$$P_{mech} = M\Omega \quad \text{mit} \quad \Omega = 2\pi n \qquad (6.2.29)\ (6.2.30)$$

als Zusammenhang zur Drehzahl bestimmbar.

Zum statischen und dynamischen Verhalten gelten die in Bild 6.2.6 in Abschn. 6.2.2.1 dargestellten Wechselwirkungen und Beziehungen sinngemäß, wenn zur Krafterzeugung statt der Beziehungen für die Grenzflächenkräfte die Gleichungen für die *Lorentz*kräfte eingeführt werden. In der Feinwerktechnik sind zwar alle in Tafel 6.2.7 aufgeführten Motoren anzutreffen, es überwiegen jedoch permanenterregte Gleichstrommotoren für Positionieraufgaben sowie Universal- oder Einphasenwechselstrommotoren zur kontinuierlichen Bewegungserzeugung, z. B. in Haushaltgeräten.

6.2.3.2 Gleichstromnebenschlußmotoren

Betriebsverhalten. Gleichstromnebenschluß- und permanenterregte Gleichstrommotoren besitzen ein konstantes Erregerfeld. Im **Bild 6.2.13** sind Schaltbilder fremderregter Gleichstrommotoren angegeben. Für das stationäre Betriebsverhalten gilt das folgende Gleichungssystem für den allgemeinen Fall der elektrischen Erregung:

$$\text{Ankerkreis} \quad U = R_A I_A + e = R_A I_A + c\Phi\Omega \tag{6.2.31}$$

$$\text{Erregerkreis} \quad U_E = R_E I_E \,. \tag{6.2.32}$$

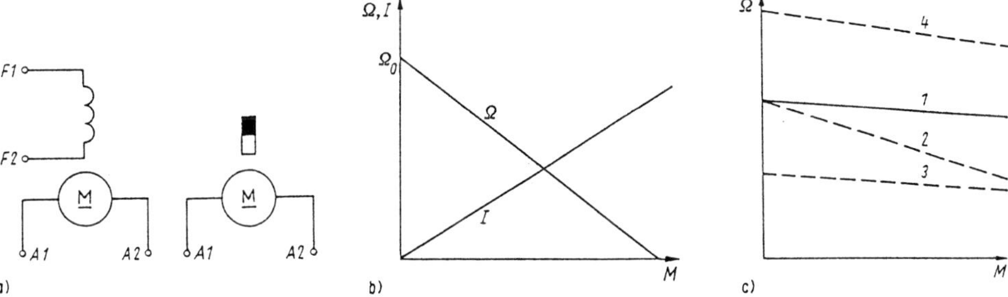

Bild 6.2.13 Kennlinien fremderregter Gleichstrommotoren, qualitativ
a) Schaltung (elektrisch und permanentmagnetisch erregt)
b) stationäre Kennlinien (M-Achse gestaucht)
c) Drehzahlstellung, stationäre Kennlinien (im üblichen stationären Arbeitsbereich)
1 U_{Nenn}, $R_{AZ} = 0$, Φ_{Nenn}; *2* $R_{AZ} > 0$; *3* $U < U_{Nenn}$; *4* $\Phi < \Phi_{Nenn}$ (nur für elektrische Erregung)
A1, A2 Anschlüsse Ankerwicklung; *F1, F2* Anschlüsse Erregerwicklung

Bei den im Leistungsbereich bis 500 W überwiegend genutzten permanenterregten Motoren entfällt Gl. (6.2.32), die Erregung erfolgt dann leistungslos durch einen permanentmagneterregten Fluß Φ [6.2.11] [6.2.12].

Die Winkelgeschwindigkeit im stationären Betrieb ist aus den Gln. (6.2.27), (6.2.28) und (6.2.31) bestimmbar:

$$\Omega = \frac{U - R_A I_A}{c\Phi} = \frac{U}{c\Phi} - \frac{R_A}{(c\Phi)^2} M \qquad bzw. \qquad \Omega = \Omega_0 - kM \,. \tag{6.2.33) (6.2.34}$$

Das Verringern der Winkelgeschwindigkeit infolge Belastung wird näherungsweise durch die Konstante k erfaßt. Die stationäre Drehzahl-Drehmoment-Kennlinie ist linear fallend und schneidet im festgebremsten Zustand sogar die M-Achse. Beim Drehmoment $M = 0$ (kein Leerlaufdrehmoment) ist die ideale Leerlaufdrehzahl Ω_0 vorhanden. Bild 6.2.13 zeigt die Abhängigkeit $\Omega = f(M)$ und $I = f(M)$ qualitativ.

Ansteuerung. Die *stationäre Drehzahlstellung* erfolgt vorwiegend über die Ankerspannung. Prinzipiell sind für stationäre Anwendungen jedoch auch andere Möglichkeiten zur Drehzahlstellung gegeben (Bild 6.2.13c). Es überwiegt jedoch der Positionierbetrieb.

Für *Positionieranwendungen* ist eine kontinuierliche Stellung der Motorspannung bzw. des Stroms nötig. Zunächst genügt dafür ein *Leistungsverstärker*. Wegen der hohen Verlustleistung an dessen Endstufen wird jedoch bei größeren Leistungen eine getaktete Leistungsstellung in Form eines *Pulsstellers* genutzt. Da die Endstufen hier nur im Schaltbetrieb arbeiten, bleiben die Leistungsverluste klein. Durch die Induktivität der Motorspule stellt sich ein Strommittelwert bzw. ein Mittelwert einer Bewegungsgröße im Ergebnis einer gepulsten Spannungsbeaufschlagung ein (**Bild 6.2.14**). Die Änderung des Strommittelwertes erfolgt dabei häufig nicht über die Spannungsamplitude, sondern über das Tastverhältnis zwischen einer konstanten positiven und negativen Spannung bei fester Taktfrequenz von 20 bis 25 kHz. Man spricht dann von Pulsweitenmodulation [6.2.17].

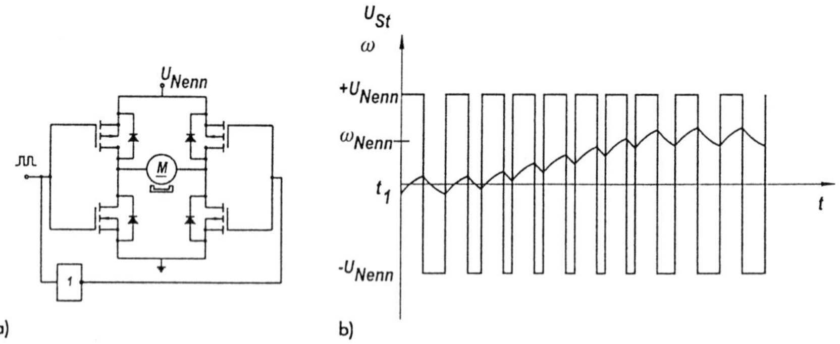

Bild 6.2.14 Prinzip eines Vierquadranten-Pulsstellers
a) Endstufe eines Vierquadranten-Pulsstellers; b) Arbeitsprinzip am Beispiel des Hochlaufens auf Nenndrehzahl, (qualitativ)
U_{St} Stellspannung am Motor; ω Drehzahl des Motors

Da elektrodynamische Antriebe keine interne Meßverkörperung besitzen, müssen sie bei Anwendungen für Stell- bzw. Positionieraufgaben durch zusätzliche Weg- und gegebenenfalls Geschwindigkeitsmeßsysteme zur Rückführung der Bewegungsgrößen sowie durch angepaßte Regelkreis- und Reglerstrukturen zu einem geschlossenen Regelkreis komplettiert werden. *Meßsysteme* zum Erfassen der Position oder Geschwindigkeit sind dabei möglichst direkt am Abtrieb anzubringen (Weg- und Winkelmeßsysteme siehe **Tafel 6.2.8**) [6.2.50][6.2.51].

Als Weg- bzw. Winkelmeßsysteme eignen sich vorzugsweise digital arbeitende relative oder absolute Inkrementalmaßstäbe und zunehmend interferometrische Wegaufnehmer, wobei aus deren Zählfrequenz auch Geschwindigkeitsinformationen zu gewinnen sind. Die erzielbaren Auflösungen gehen bis in den nm-Bereich bei hoher Absolutgenauigkeit, die Kosten sind jedoch hoch. Analoge Weg- bzw. Winkelaufnehmer mit den aus dem analogen Arbeitsprinzip resultierenden Nachteilen sind kostengünstiger, aber nur für kleine Bewegungsbereiche sinnvoll, beispielsweise induktive Wegaufnehmer nach dem Differentialtransformator- oder Differentialdrosselprinzip. Es lassen sich dabei beispielsweise lineare Auflösungen von 1 µm (bei kleinen Meßlängen auch noch wesentlich darunter) mit allerdings nicht so guten Absolutgenauigkeiten über den gesamten Meßbereich erzielen. Die Ableitung von Geschwindigkeitssignalen durch Differenzieren ist möglich, günstiger sind jedoch separate Geschwindigkeitsmeßsysteme bzw. Tachogeneratoren.

Als *Regelkreisstrukturen* werden häufig mehrfach kaskadierte Regelkreise eingesetzt (**Bild 6.2.15**) [6.2.13] bis [6.2.17]. Eine *unterlagerte Stromregelung* dient dem Verbessern der Reaktionszeiten durch Kompensation der bewegungsinduzierten Gegenspannung entsprechend Gl. (6.2.28) und eventuell der elektrischen Zeitkonstante sowie gegebenenfalls auch dem Unterdrücken von Nichtlinearitäten der Motormomente infolge temperaturabhängiger Änderungen des Wicklungswiderstandes. Eine *Geschwindigkeits- bzw. Drehzahlregelung* wird bei hochdynamischen Systemen dazu überlagert angeordnet, sofern ein Geschwindigkeits- bzw. Drehzahlsignal mit vertretbarem Aufwand ableitbar ist. Die äußere Regelschleife stellt schließlich beispielweise einen *Lageregelkreis* dar. Erst hier kommen meist PI- oder PID-Regler zum Einsatz, während für die unterlagerten Schleifen oft P-Regler ausreichen. Prinzipiell lassen sich *Regler* dabei sowohl analog als auch, wie im Bild 6.2.15 angedeutet, digital realisieren. Aus Gründen der erforderlichen Rechengeschwindigkeit werden die Stromregelungen derzeit meist analog und die Lageregelungen digital ausgeführt, während für eine zusätzliche Geschwindigkeits- bzw. Drehzahlregelung je nach Rechnerleistung beides üblich ist. Überge-

Tafel 6.2.8 Weg- und Winkelmeßsysteme für Positionierantriebe [6.2.50][6.2.51]
(Angaben zu Meßbereichen, Auflösungen, Genauigkeiten sind Orientierungswerte)

Weg- und Winkelaufnehmer	Eigenschaften
1. Analoge Weg- und Winkelaufnehmer	
1.1 Aufnehmer mit Potentiometer 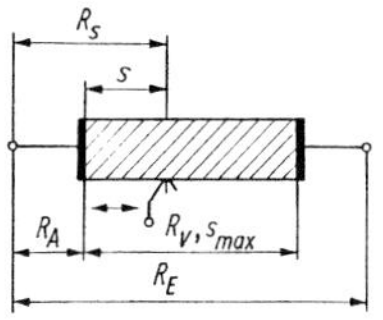 $R_S = \frac{R_V}{s_{max}} s + R_A$	• linearer Wegmeßbereich bis 2000 mm • Feinmessung bis 360° mit Ringpotentiometer, über 360° mit Wendelpotentiometer • Auflösung bis 1 µm • Linearitätsfehler ≥ 0,1 % Vorteile: preiswert, leichte Bauweise Nachteile: berührende Abtastung (Verschleiß), wegen großen Meßfehlers nur für Meßaufgaben mit geringen Ansprüchen
1.2 Induktive Aufnehmer 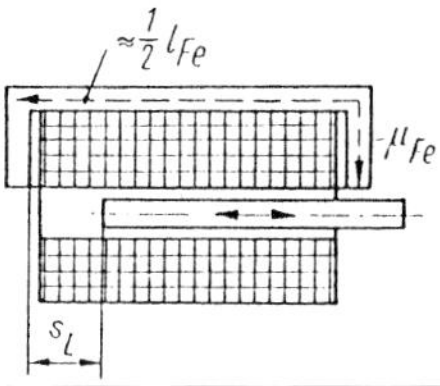 $\frac{L}{L_{max}} = \frac{1}{1 + \frac{s_L/\mu_L}{l_{Fe}/\mu_{Fe}}}$	• Wegmeßbereich bis 200 mm • Auflösung bis 10 nm • Linearitätsfehler ≥ 0,1 bis 2 % Vorteile: relativ preiswert, hohe Auflösung Nachteile: großer Fehler über den gesamten Meßbereich, kurze Meßwege (Anwendung bei genauen Messungen in kleinem Meßbereich)
1.3 Kapazitive Aufnehmer 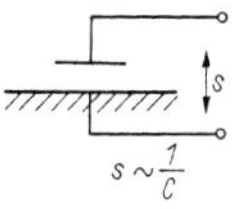 $s \sim \frac{1}{C}$	• Wegmeßbereich bis 200 mm • Auflösung bis 0,5 µm (bei kleinen Meßbereichen noch darunter) • Linearitätsfehler ≥ 2 % Vorteile: preiswert, berührungslose Messung Nachteile: hohe Störempfindlichkeit (hochohmig), große Abmessungen, Meßfehler durch Verschmutzung
1.4 Fotoelektrische Aufnehmer 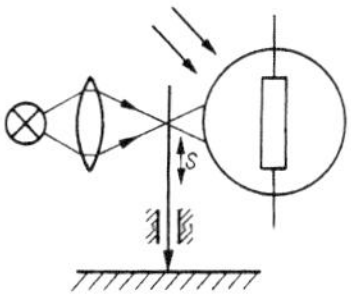	• Wegmeßbereich bis 10 mm • Auflösung bis 1µm • Linearitätsfehler ≥ 0,5 % Vorteile: berührungslose Messung Nachteile: Meßunsicherheit durch unterschiedliche Reflexion verschiedener Prüflinge, Erwärmung durch Lichtquelle
1.5 Triangulationslaser 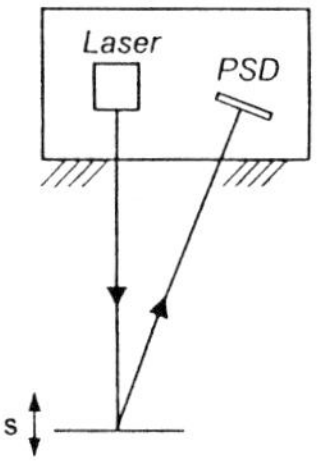 Laser PSD s	translatorisch • Wegmeßbereich bis 250 mm • Auflösung ab ca. 0,1 % des Meßbereiches (bei großen Meßbereichen jedoch deutlich größer) • Meßfehler 0,2 bis 1,0 % Vorteile: berührungslose Messung Nachteile: Meßunsicherheit durch unterschiedliche Reflexion der Prüflinge, schlechte Auflösung und Genauigkeit bei größeren Meßbereichen PSD Position Sensitiv Device

Tafel 6.2.8 Fortsetzung 1

Weg- und Winkelaufnehmer	Eigenschaften
2. Digitale Weg- und Winkelaufnehmer	
2.1 Inkrementale Aufnehmer 2.1.1 Inkrementale Aufnehmer mit Strichrasterplatte bzw. Scheibe (bei Stahlmaßstäben Auflichtverfahren) 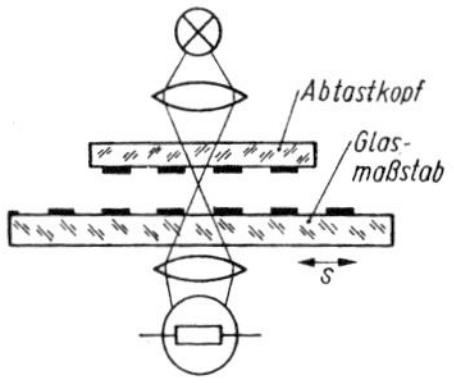 Abtastkopf Glas-maßstab s Lagebestimmung durch Zählen gleicher Weg- bzw. Winkelelemente	translatorisch: • Wegmeßbereich bis 5000 mm (und darüber) • Auflösung bis 10 nm • Meßfehler ≥ 0,2 μm rotatorisch: • Winkelmeßbereich 360° • Auflösung bis 60 000 Impulse/Umdrehung Vorteile: geringe Masse, hohe Auflösung, großer Meßweg Nachteile: Fehlmessungen bei Störimpulsen und Verschmutzung des Maßstabes, Richtungserkennung erforderlich
2.1.2 Inkrementale Wegaufnehmer auf der Grundlage ladungsgekoppelter Sensorzeilen 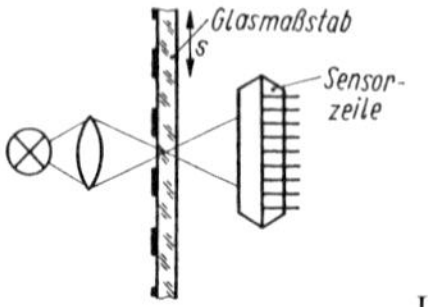 Glasmaßstab s Sensor-zeile Lagebestimmung durch Zählen der Maßstabelemente (grob) so wie der überstrichenen Pixel (fein)	• Wegmeßbereich entsprechend Rasterplatte • Auflösung bei Abbildungsmaßstab 1 : 1 = 13μm, bei Auswertung der Graustufen 64fach höhere Auflösung möglich • Meßfehler ≥ 1μm Vorteile: hohe Meßgenauigkeit, Ausnutzung der Präzision der Halbleitertechnologie Nachteile: komplizierte Auswerteelektronik
2.2 Codeaufnehmer  Spur Nr. 1 2 3 4 5 6 7 8 Lagebestimmung durch Auswertung des jeder Ortsposition zugeordneten Binärcodes	• Auflösung bis 20 000 Positionen/Umdrehung (rotatorisch) bzw. 1 μm (translatorisch) • Grenzfrequenz 100 kHz Vorteile: kein Informationsverlust bei Stromausfall, Störimpulse verursachen keine Meßfehler, keine Richtungserkennung notwendig Nachteile: Einschränkung der Auflösung wegen komplizierter Struktur von Maßstab bzw. Codescheibe, hoher Aufwand für Abtasteinrichtung (Inkrementale und Codeaufnehmer werden auch kombiniert)
2.3 Zyklisch-absolute Wegmeßsysteme (Inductosyn - translatorisch, Resolver, Rundinductosyn - rotatorisch) 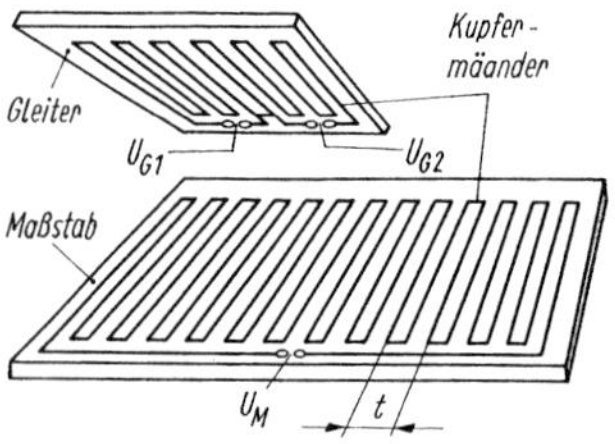 Kupfer-mäander Gleiter U_{G1} U_{G2} Maßstab U_M t Lagebestimmung durch Zählen der überstrichenen Teilungen des Leitungsmäanders (grob) und Auswertung der Phasenverschiebung des induzierten Signals (fein)	translatorisch: • Maßstablänge bis 250 mm (und darüber) • Auflösung bis 1 μm • Meßfehler ≥ 2 μm • Meßgeschwindigkeit bis 50 m/min • Maßstäbe koppelbar rotatorisch: • Auflösung bis 1' Vorteile: leichtes Auffinden der Ist-Position bei Stromausfall Unempfindlichkeit gegenüber Störimpulsen und Verschmutzung des Maßstabes Nachteile: hohe Masse des Wegaufnehmers, großer schaltungstechnischer Aufwand für Auswerteelektronik

Tafel 6.2.8 Fortsetzung 2

Weg- und Winkelaufnehmer	Eigenschaften
2.4 Laserinterferometer (Dioden- oder Gaslaser) 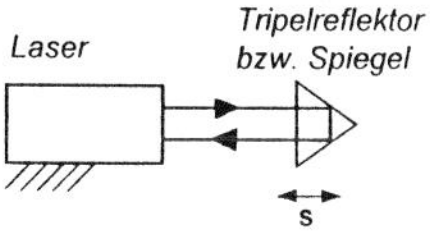 Laser — Tripelreflektor bzw. Spiegel — s	translatorisch: • Wegmeßbereich bis 40 m • Auflösung bis 1nm • relativer Meßfehler ca. 10^{-6} (bei Gaslasern) Vorteile: berührungslose, hochgenaue Messung Nachteile: Spiegel oder Tripelreflektor am Meßobjekt nötig, Strahlunterbrechung führt zu Meßabbruch, großes Bauvolumen bei Gaslasern, wesentlich geringere Meßbereiche und Genauigkeiten bei Diodenlasern

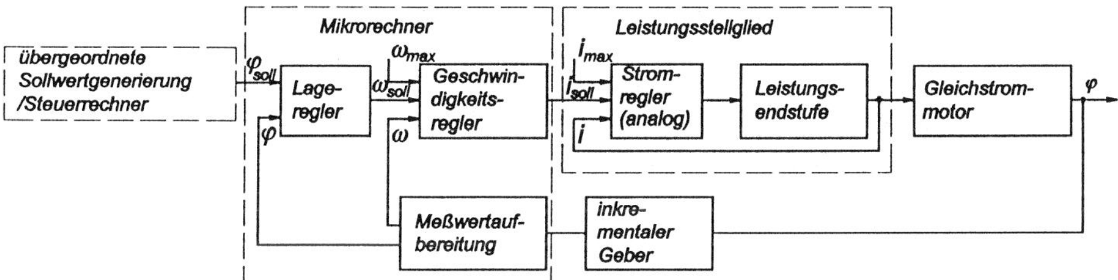

Bild 6.2.15 Typische Struktur eines Positioniersystems mit Gleichstrommotor (kaskadierter Regelkreis mit Mikrorechnerregler)

ordnet dazu erfolgt eine aus der Anwendung resultierende Sollwertvorgabe und -berechnung meist durch einen Hostrechner.

Die *Auflösung* und *Positioniergenauigkeit* wird vom Meßsystem bestimmt. Durch eine optimale Reglerstruktur mit angepaßten Reglerparametern kann diese meist sehr hohe Genauigkeit des Meßsystems auch am Abtrieb des Gesamtsystems gesichert werden, wenn nicht Spiel in der Bewegungsübertragung dies verhindert. Gegenkräfte und Reibung lassen sich durch Regler mit integralen Anteilen meist ohne Positionsabweichung ausregeln.

Bauformen. In **Bild 6.2.16** sind typische konventionelle Motorquerschnitte von Gleichstromnebenschlußmotoren [6.2.7][6.2.8][6.2.9] dargestellt. Darüber hinaus gibt es vielfältige Sonderbauformen. Für hochdynamische Positionieranwendungen werden beispielsweise vorwiegend Motoren mit trägheitsarmen eisenlosen Hohlläufern bevorzugt (**Bild 6.2.17**). Auch Außen- oder Scheibenläuferkonstruktionen sind möglich. Durch den sogenannten Schlankankermotor (langer Läufer mit geringem Durchmesser) wird ebenfalls ein kleines Massenträgheitsmoment erzielt, da allgemein für ein im Abstand r (Trägheitsradius) um einen Drehpunkt rotierendes Masseteilchen dm gilt

$$J = \int r^2 \mathrm{d}m\,. \qquad (6.2.35)$$

Elektronikmotoren als weitere interessante Bauform benötigen keine mechanischen Kommutatoren. Kommutatorverschleiß, -geräusche, -funkstörungen und -reibung entfallen dann. Durch einen als Läufer

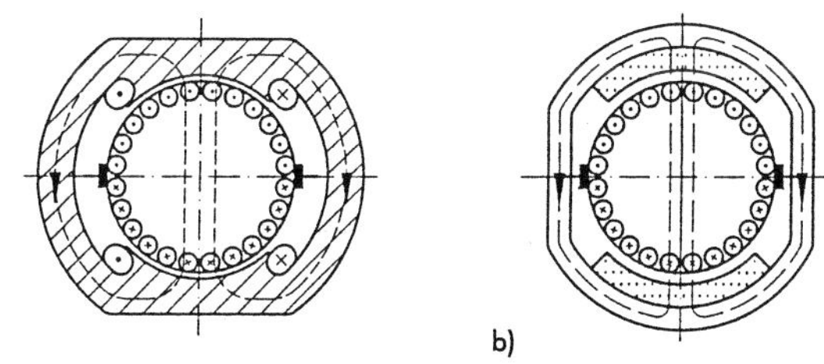

Bild 6.2.16 Motorquerschnitte von Gleichstrommotoren
a) elektrisch erregt; b) permanentmagnetisch erregt

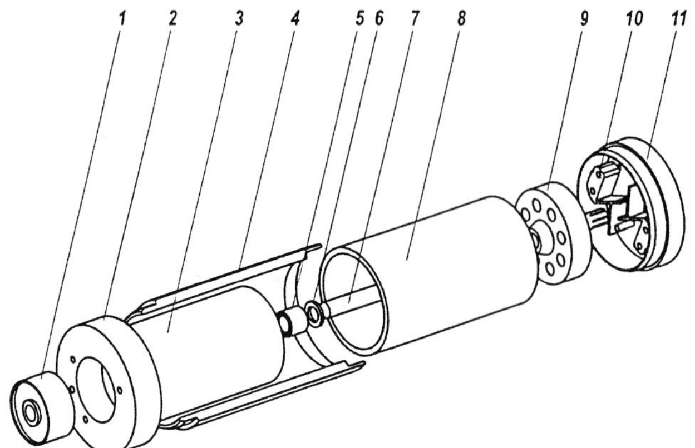

Bild 6.2.17 Gleichstrommotor mit eisenlosem Hohlläufer
1 Sinterlager; *2* Befestigungsflansch; *3* Permanentmagnet; *4* Gehäuse (Rückschluß); *5* Sinterlager; *6* Scheibe; *7* Welle; *8* Wicklung; *9* Kollektorplatte; *10* Bürsten; *11* Bürstendeckel

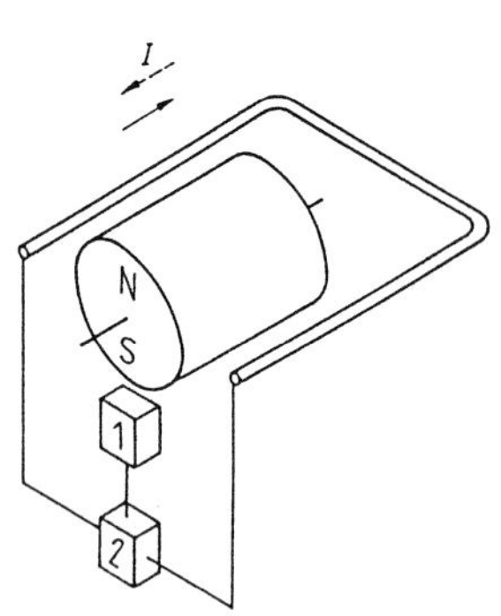

Bild 6.2.18 Schema eines Elektronikmotors (vereinfacht)
1 Lagemelder; *2* Schalter

ausgebildeten Permanentmagneten und mindestens drei feststehende Wicklungen (Ständerwicklungen) wird das Motormoment erzeugt.

Die sogenannte elektronische Kommutierung kann nach dem Grundprinzip in **Bild 6.2.18** erfolgen. Aus Gründen der Übersichtlichkeit ist hier nur eine einsträngige Statorwicklung dargestellt. Das Umschalten der Wicklung mit Hilfe des Schalters *2* wird durch den Lagemelder *1* entsprechend der Läuferposition aktiviert. Unter Umständen erfolgt keine Stromrichtungsumkehr, sondern nur ein Ein- und Ausschalten. Es werden bis 100 000 U/min erreicht. Durch Anwendung spezieller Lagerarten und Getriebe sind hohe Forderungen erfüllbar [6.2.5].

Gleichstromnebenschlußmotoren, insbesondere permanenterregte, finden in der Feinwerktechnik wegen ihrer einfachen Steuerbarkeit überall dort Anwendung, wo Stell- und Positionieraufgaben zu erfüllen sind. Hinzu kommen alle Antriebe in batteriebetriebenen Geräten und insbesondere viele kontinuierliche Kleinstmotoren. Büromaschinen, periphere Geräte der Datenverarbeitung, medizinische Technik, Phono- und Videotechnik, Spielzeuge, schreibende Meßgeräte und vieles andere mehr sind typische Anwendungsfelder. Ein direkter Einsatz am 230 Volt-Netz (nach Gleichrichtung) ist dabei jedoch eher selten.

6.2.3.3 Gleichstromreihenschluß- und Universalmotoren

Betriebsverhalten. Anker- und Erregerwicklung sind hier nach **Bild 6.2.19a** elektrisch in Reihe geschaltet. Ausgehend von den Gln. (6.2.31) und 6.2.32) ergibt sich für den *Gleichstromreihenschlußmotor* dann

$$U = c\Phi\Omega + (R_A + R_E)\, I. \qquad (6.2.36)$$

Der Erregerfluß Φ ist nicht konstant, sondern eine Funktion des Stroms, d. h. lastabhängig. Für die Winkelgeschwindigkeit folgt damit

$$\Omega = \frac{U}{c\Phi} - \frac{(R_A + R_E)}{(c\Phi)^2} M\,. \qquad (6.2.37)$$

Im linearen Teil der Magnetisierungskennlinie gilt die Näherung $\Phi \sim I$ und damit $M \sim I^2$ *bzw.* $M \sim \Phi^2$. Prinzipiell kann eine $\Phi = \mathrm{f}(I)$-Approximation bereichsweise erfolgen, so daß für jeden Bereich eine $\Omega = \mathrm{f}(M)$-Berechnung möglich ist. Damit ergibt sich eine Funktion

$$\Omega = k_1 / \sqrt{M} - k_2\,. \qquad (6.2.38)$$

Hierbei können k_1 und k_2 konstante Werte annehmen. Die prinzipiellen Abhängigkeiten $\Omega = f(M)$ und $I = f(M)$ sind im Bild 6.2.19b angegeben.

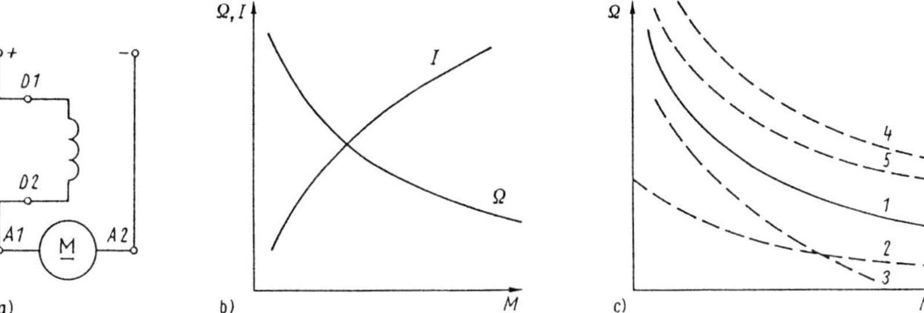

Bild 6.2.19 Kennlinien von Gleichstromreihenschlußmotoren, qualitativ
a) Schaltung; b) stationäre Kennlinien; c) Drehzahlstellung, stationäre Kennlinien
1 U_{Nenn}, $R_p = \infty$, $R_v = 0$, Φ_{Nenn} ; *2* R_p ; *3* R_v ; *4* $U > U_{Nenn}$; 5 $\Phi < \Phi_{Nenn}$
A1, *A2* Anschlüsse Ankerwicklung; *D1*, *D2* Anschlüsse Erregerwicklung

Ansteuerung. Zum Drehzahlstellen lassen sich ausgehend von $\Omega = f(M)$ (Kurve *1* im Bild 6.2.19c; Ankervorwiderstand R_v und Ankerparallelwiderstand R_p sind nicht vorhanden) folgende Möglichkeiten angeben:

- Ankerparallelwiderstand $R_p < \infty$ (Kurve *2* – Schnittpunkt mit der Ω-Achse)
- Ankervorwiderstand $R_v > 0$ (Kurve *3*)
- Variation der Betriebsspannung $U > U_{Nenn}$ (Kurve *4*)
- Feldschwächung, z. B. durch einen Parallelwiderstand zur Erregerwicklung, $\Phi < \Phi_{Nenn}$ (Kurve *5*).

Gemäß Tafel 6.2.7 kann ein Reihenschlußmotor auch mit Wechselspannung gespeist werden (*Universalmotor*). Im Leistungsbereich bis 500 W finden diese Motoren in Haushaltgeräten und Elektrowerkzeugen Anwendung, insbesondere wegen ihres relativ großen Anzugsmomentes.

6.2.3.4 Einphasenasynchron- und Synchronmotoren

Betriebsverhalten. Bei Ansynchron- und Synchronmotoren ist die synchrone Winkelgeschwindigkeit Ω_s des umlaufenden Magnetfelds bei entsprechender Speisung der Statorwicklungen zunächst durch die Netzfrequenz f_1 und die Polpaaranzahl p festgelegt:

$$\Omega_s = 2\pi\,(f_1/p). \tag{6.2.39}$$

In der kurzgeschlossenen Käfigwicklung des Rotors des *Asynchronmotors* wird eine Spannung induziert. Die dadurch bedingten Ströme erzeugen im Zusammenwirken mit dem Luftspaltfeld ein Drehmoment. Die Läufergeschwindigkeit des Asynchronmotors ist im allgemeinen kleiner als die Synchrongeschwindigkeit. Der Schlupf s des Motors ist ein Maß dieser Geschwindigkeitsdifferenz

$$s = (\Omega_s - \Omega)/\Omega_s = 1 - \Omega/\Omega_s. \tag{6.2.40}$$

Asynchronmotoren sind gekennzeichnet durch

$$0 < \Omega < \Omega_s \quad \text{bzw.} \quad 1 > s > 0.$$

Näherungsweise dient die *Kloß*sche Formel zur Ermittlung von Drehmoment bzw. Winkelgeschwindigkeit bei Asynchronmotoren. Ausgehend vom Kippschluß s_K und Kippmoment M_K nach **Bild 6.2.20** [6.2.1] folgt

$$M/M_K \approx 2/(s/s_K + s_K/s). \tag{6.2.41}$$

Drehzahlstellen erfolgt durch Änderung der Frequenz f_1, Polumschaltung (Variation von p) und Spannungsänderung.

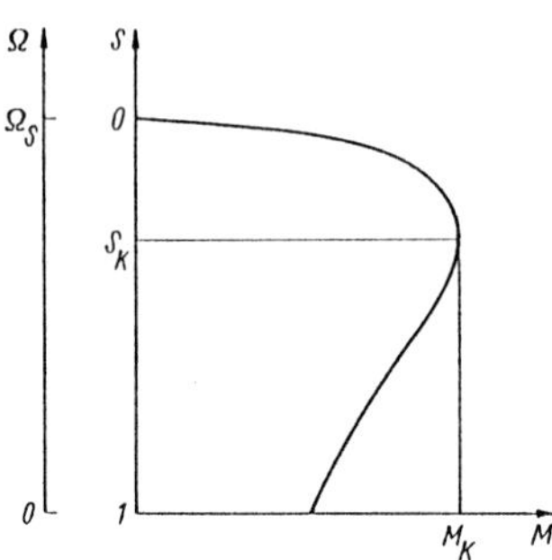

Bild 6.2.20 Stationäre Drehzahl-Drehmoment-Kennlinie des Asynchronmotors

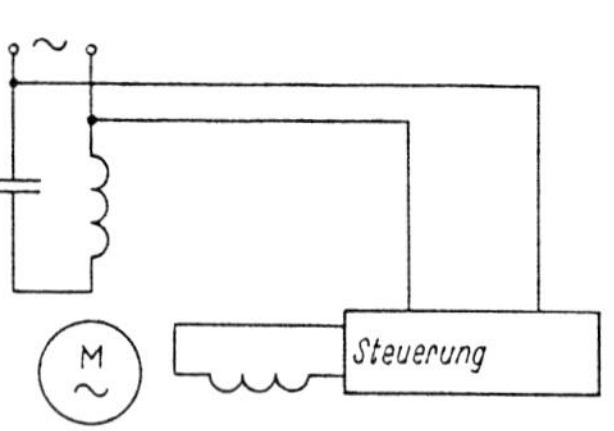

Bild 6.2.21 Steuer- bzw. Regelschaltung eines Ferrarismotors

Synchronmotoren zeichnen sich dagegen durch eine prinzipiell vom Belastungsmoment unabhängige Winkelgeschwindigkeit aus. Für Synchronmotoren gilt $\Omega = \Omega_s$ *bzw.* $s = 0$.

Ansteuerung und Bauformen. *Einphasenwechselstrom-Ansynchronmotoren* benötigen spezielle Anlaufhilfen, die auch zeitweise zugeschaltet werden können. Bei Motoren bis 500 W nutzt man insbesondere Anlaufkondensatoren und Spaltpolanordnungen. Beim Spaltpolmotor sind die Statorpole mit Nuten (Spaltpole) oder mit Kurzschlußringen versehen. Durch die Herausbildung magnetischer Teilflüsse ist das Anlaufen des Einphasenkurzschlußläufers möglich.

Die Läuferkonstruktion bestimmt wesentlich den Verlauf der $\Omega = f(M)$-Kennlinie. Beim Ferrarismotor beispielsweise wird ein Aluminiumhohlzylinder als Läufer verwendet. Gemäß **Bild 6.2.21** ist die Erregerwicklung über einen Kondensator mit dem Netz verbunden. Die an der Wicklung liegende Spannung ist steuerbar. Im Arbeitsbereich besteht dann ein linearer Zusammenhang zwischen der Steuerspannung U_{St} und der Winkelgeschwindigkeit Ω. Neben der Amplitudensteuerung ist bei diesen Asynchronstellmotoren eine Phasensteuerung möglich. Bedingt durch das kleine Massenträgheitsmoment des Rotors kann der Ferrarismotor für Antriebssysteme mit hohen dynamischen Forderungen eingesetzt werden. Der Motor ist für Steuer- und Regelzwecke geeignet (Servomotor). Die Drehrichtung ist umkehrbar.

Asynchronmotoren finden in der Feinwerktechnik vorwiegend in Elektrowerkzeugen, Hausgeräten und Geräten der Klimatechnik Anwendung. Sie sind robust, wartungsfrei, geräusch- und schwingungsarm sowie kostengünstig. Gegenüber Gleichstrommotoren sind sie jedoch aufwendiger zu steuern bzw. zu regeln und schwerer.

Synchronmotoren besitzen einen Reluktanz-, Hysterese- oder Permanentmagnetläufer. Bei Überlastung können die Motoren „außer Tritt" fallen. Motoren mit Hystereseläufern sind in der Lage, auch große Trägheitsbelastungen in den Synchronismus zu ziehen. Bedingt durch das starre Drehzahlverhalten werden Synchronmotoren in Zeitmeß- und Phonogeräten eingesetzt; s. auch DIN 42016. Das Synchronmotorprinzip findet jedoch insbesondere in Schrittmotoren bei variablen Frequenzen eine breite Anwendung, wie nachfolgend erläutert.

6.2.4 Rotationsschrittmotoren

Rotationsschrittmotoren arbeiten wie Synchronmotoren, wobei sich das Drehfeld im allgemeinen diskontinuierlich bewegt. Sie wandeln elektrische Impulsfolgen (digitale Signale) in entsprechende definierte Winkelschritte [6.2.18][6.2.19][6.2.20], s. auch DIN 42021. Rotationsschrittmotoren sind vom Wirkprinzip her diskontinuierliche Antriebe, werden jedoch häufig mit hohen Frequenzen quasikontinuierlich betrieben.

6.2.4.1 Aufbau und Wirkungsweise

Den Aufbau eines Schrittantriebs zeigt **Bild 6.2.22**. Neben dem Motor ist die elektronische Ansteuerung fester Bestandteil des Antriebes [6.2.21]. Der elektromagnetomechanische Wandler selbst kann nach **Bild 6.2.23** unterschiedlich aufgebaut sein. Der Rotor ist reaktiv (Reluktanzprinzip) oder aktiv

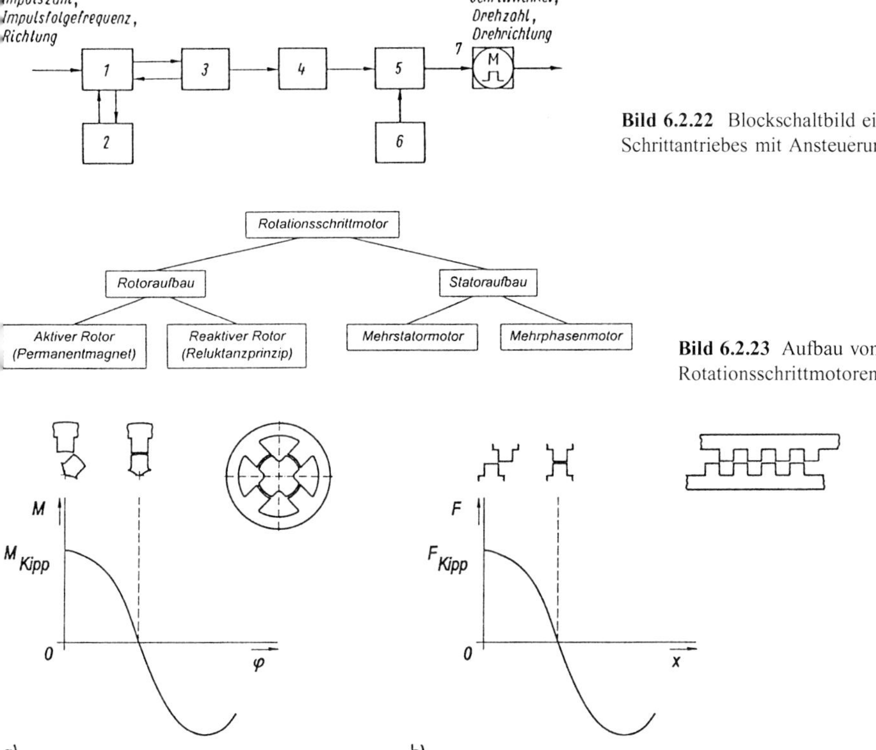

Bild 6.2.22 Blockschaltbild eines Schrittantriebes mit Ansteuerung

Bild 6.2.23 Aufbau von Rotationsschrittmotoren

Bild 6.2.24 Drehmoment-Drehwinkel- bzw. Kraft-Weg-Kennlinie des rotatorischen (a) und linearen Schrittmotors (b)

(Permanentmagnet), ähnlich dem Synchronmotor. Die prinzipielle Kraft- oder Drehmomentenerzeugung verdeutlicht **Bild 6.2.24**. Von einem maximalen Kippmoment bzw. einer Kippkraft zu Bewegungsbeginn verringert sich der Betrag in der Endstellung bis auf Null. Um weitere Positionen anfahren zu können, sind entweder über dem Umfang verteilt, winkelversetzt weitere Stränge (oft auch etwas unkorrekt als Phasen bezeichnet, deshalb Mehrphasenmotor) oder hintereinander, ebenfalls winkelversetzt mehrere Statoren (Mehrstatormotor) anzuordnen (**Bild 6.2.25**). Eine Richtungsänderung erfordert dabei mindestens drei Systeme bei reaktivem Rotor (Reluktanzschrittmotor), für polarisierte Rotoren (Wechselpolschrittmotoren) reichen zwei. An einem zweisträngigen Motor mit polarisiertem Läufer ist die Wirkungsweise erkennbar (**Bild 6.2.26**). Die Richtungsänderung des resultierenden Magnetfeldes infolge der Aktivierung der Wicklungen *I* und *II* bewirkt die Rotation des Läufers.

Die genannten Motoren ermöglichen zunächst wegen der fertigungsbedingt geringen Stator- oder Strangzahl nur relativ grobe Schritteilungen. Jeder Pol, insbesondere bei reaktiven Motoren, kann jedoch verzahnt sein (Bild 6.2.25a), so daß sich nicht ganze Pole, sondern wesentlich engere Zahnteilungen gegenüberstehen. Die Schrittanzahl s pro Umdrehung bzw. der konstruktive Schrittwinkel φ_0 im Vollschrittbetrieb ergeben sich dann zu

$$s = mz \qquad \text{bzw.} \qquad \varphi_0 = 2\pi/s \;, \tag{6.2.42) (6.2.43}$$

mit m als Stator- oder Strangzahl und z als Zähne- oder Polzahl des Läufers. Das wechselweise Schalten von einem und zwei Systemen, also eine überlappende Schaltfolge, ermöglicht eine zusätzliche elektronische Schritthalbierung (Halbschrittbetrieb, **Bild 6.2.27**). Zur weiteren Unterteilung werden im Mikroschrittbetrieb zusätzlich verschiedene Amplituden in den einzelnen Strängen und Statoren

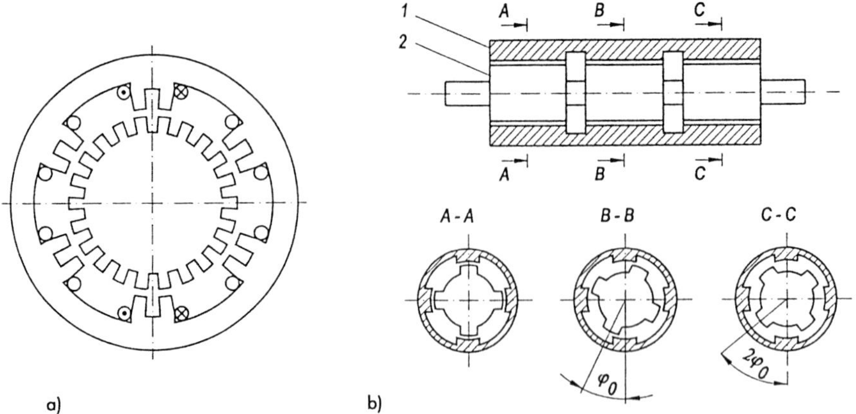

Bild 6.2.25 Prinzipieller Aufbau eines reaktiven Rotationsschrittmotors
a) Dreisträngiger Motor bzw. Dreiphasenmotor (hier mit Zahnteilung an den Polen zum Verkleinern der Schrittwinkel)
b) Dreistatormotor (hier ohne Zahnteilung auf den Polen)
1 Ständer; *2* Läufer

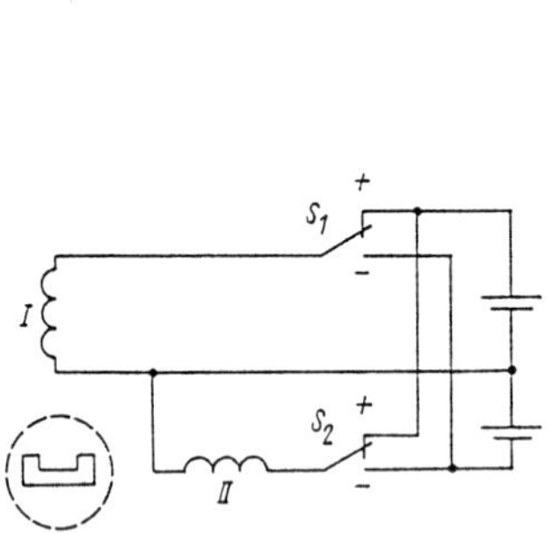

Schritt	S_1	S_2	Magnetfeld
1	+	+	II, I
2	+	–	II, I
3	–	–	I, II
4	–	+	I, II
5	+	+	II, I

b)

Bild 6.2.26
Zweisträngiger Schrittmotor mit polarisiertem Läufer
a) Steuerschaltung
b) Schalterstellung und resultierendes Magnetfeld
S_1, S_2 Schalter; *I*, *II* Wicklungen

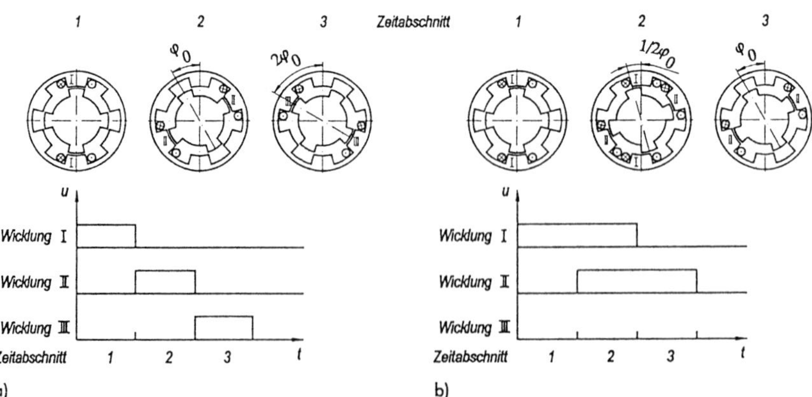

Bild 6.2.27 Impulsdiagramm und Rotorstellung eines Rotationsschrittmotors
a) konstruktiver Schrittwinkel
b) elektrischer Schrittwinkel
(Rotorstellung nach Schrittausführung)

genutzt [6.2.52]. Dies ermöglicht bei entsprechend feiner Stufung eine wesentliche Verringerung des Schrittwinkels, stellt aber auch höhere Fertigungsansprüche bezüglich gleicher Parameter aller Stränge/Statoren.

Die Drehzahl ergibt sich bei quasikontinuierlichem Betrieb dann aus der Impulsfrequenz der Ansteuerung und der Schrittanzahl pro Umdrehung zu

$$n = 60\, f_S/s\,, \qquad n \text{ in U} \cdot \text{min}^{-1}, \quad f_S \text{ in Hz.} \tag{6.2.44}$$

Eine andere, sehr effektive Möglichkeit zur feineren Schritteilung nutzen hybride Konstruktionen. Hybridschrittmotoren vereinigen die Vorzüge der kleinen Schrittwinkel durch eine feine Zahnteilung mit einem polarisierten Aufbau (**Bild 6.2.28**). Die Magnetisierung durch Dauermagnete erfolgt hier zweipolig axial, so daß die stirnseitigen Zahnteilungen jeweils gleichpolig sind. Dadurch ermöglichen bereits zweisträngige Motoren extrem kleine Schrittwinkel (bis 0,36°). Die hier zunächst als rotatorische Motoren gezeigten Bauformen sind auch als lineare Antriebe nach gleichen Prinzipien umsetzbar.

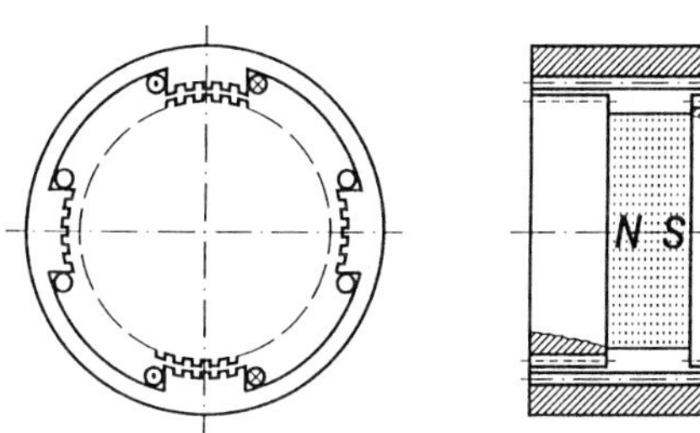

Bild 6.2.28
Zweisträngiger Hybridschrittmotor mit verzahnten Polen

6.2.4.2 Betriebsverhalten

Einsatzbedingungen. Die Abhängigkeit des Drehmomentes von der relativen Lage der Rotor- und Statorpole wird aus der im **Bild 6.2.29** dargestellten statischen Drehmoment-Drehwinkel-Kennlinie deutlich. Der Schrittmotor wirkt in bestimmten Winkelbereichen wie eine Magnetdrehfeder. Die „Federsteife“ c_M ist näherungsweise aus dem Anstieg $M = f(\varphi)$ bestimmbar:

$$\tan \beta = c_M = \Delta M/\Delta\varphi\,. \tag{6.2.45}$$

Die Eigenkreisfrequenz dieses Systems (Schrittmotor) ist somit berechenbar mit

$$\omega_0 = \sqrt{c_M/J_M}\,. \tag{6.2.46}$$

Die Resonanzfrequenz, bei der im allgemeinen ungünstige Schwingungserscheinungen auftreten, ergibt sich zu

$$f_r = \omega_0/2\pi \tag{6.2.47}$$

bzw.

$$f_r = (1/2\pi)\sqrt{c_M/J_M}\,. \tag{6.2.48}$$

Im realen Betrieb sind die dynamischen Wirkungen zu berücksichtigen [6.2.53]. Wird eine Last, charakterisiert durch

$$M_L = J_L \ddot{\varphi}\,, \tag{6.2.49}$$

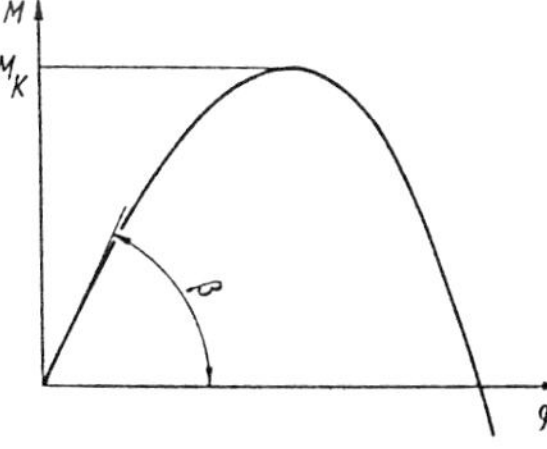

Bild 6.2.29
Statische Drehmoment-Drehwinkel-Kennlinie des Rotationsschrittmotors

starr an den Schrittmotor gekoppelt, ergibt sich

$$\left(J_{\mathrm{M}}+J_{\mathrm{L}}\right)\ddot{\varphi}_{\mathrm{M}}+k\dot{\varphi}_{\mathrm{M}}+M_{\mathrm{R}}=M_{\mathrm{M}}\,. \tag{6.2.50}$$

Das Motormoment wird wesentlich durch den konstruktiven Aufbau des Schrittmotors bestimmt. Der zeitliche Verlauf der Spulenströme beeinflußt entscheidend die Gesamtdynamik. Sind v Systeme vorhanden, so gilt für das Motormoment

$$M_{\mathrm{M}}=\sum_{v} M_{\mathrm{M}v}\,. \tag{6.2.51}$$

Das Einzelmoment ist näherungsweise bestimmbar über

$$M_{\mathrm{M}v}=(1/2)i_v^2\,\mathrm{d}L_v(\varphi)/\mathrm{d}\varphi\,. \tag{6.2.52}$$

Wenn keine spezielle elektrische Beschleunigungsschaltung vorhanden ist, kann das elektromagnetische Teilsystem mit

$$U_v=i_vR_v+L_v(\varphi)\,\mathrm{d}i_v/\mathrm{d}t+i_v\left[\mathrm{d}L_v(\varphi)/\mathrm{d}\varphi\right]\mathrm{d}\varphi/\mathrm{d}t \tag{6.2.53}$$

beschrieben werden.

Ansteuerung. Das Antriebssystem (elektrische Ansteuerung, Schrittmotor, mechanische Belastung) zeigt Schwingverhalten. **Bild 6.2.30a** vergleicht die Sollbewegung in Abhängigkeit von der Zeit und das reale, durch Schwingungserscheinungen gekennzeichnete Verhalten. Wird die Ansteuerfrequenz weiter erhöht, entsteht ein quasikontinuierlicher Bewegungsablauf (Bild 6.2.30b). Ab einer lastabhängigen Grenzfrequenz kann der Motor der Vorgabe nicht mehr folgen, er fällt außer Tritt. In Abhängigkeit der zu bewegenden Masse bzw. des zu drehenden Trägheitsmomentes sowie des äußeren Lastdrehmomentes ergibt sich dabei eine erste Frequenzgrenze für den Start-Stopp-Bereich. Der Motor kann bis zu dieser Frequenzgrenze noch innerhalb eines Schrittes mit voller Frequenz ohne Schrittverlust anlaufen oder bis zum Stillstand abbremsen (**Bild 6.2.31**). Über diese Grenze hinweg ist eine weitere Beschleunigung des Motors möglich, wenn die Frequenz langsam weiter erhöht und vor dem Anhalten zunächst langsam wieder abgesenkt wird [6.2.21]. Dies gilt bis zur Betriebsfrequenzgrenze. Je größer die Lastträgheitsmomente sind, um so niedriger fallen diese Grenzfrequenzen aus. Beide Grenzfrequenzen nach Bild 6.2.31 stellt man häufig auch als lastträgheitsmomentabhängige Kurvenschar dar. Um zeitoptimale Positionierungen vorzunehmen, wird nach bestimmten Frequenz-Zeit-Regimes gearbeitet. Im **Bild 6.2.32** ist zu erkennen, daß u. U. zur Einnahme bestimmter Positionen bereits vor dem Erreichen des Maximums die Betriebsfrequenz verringert wird. Der Kriechgang mit f_{KRIECH} garantiert einen Stop ohne Schrittfehler.

Ein Betreiben mit noch höherer Frequenz erfordert schließlich den Aufbau eines geschlossenen Regelkreises, um die dann nicht mehr sicher auszuschließenden möglichen Schrittfehler zu erkennen. Dazu ist jedoch ein separates, zusätzliches Meßsystem erforderlich. Der Vorteil des Schrittmotors geht bei diesem hohen Aufwand verloren.

Es werden Start-Stopp-Frequenzen von einigen Kilohertz erreicht. Eine Größenordnung höher liegen die Betriebsfrequenzen. Die minimalen Grundschrittwinkel betragen etwa 0,006 rad (0,36°). Die

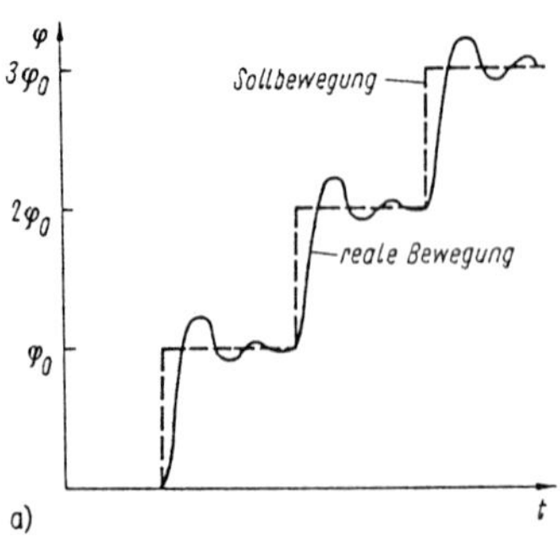

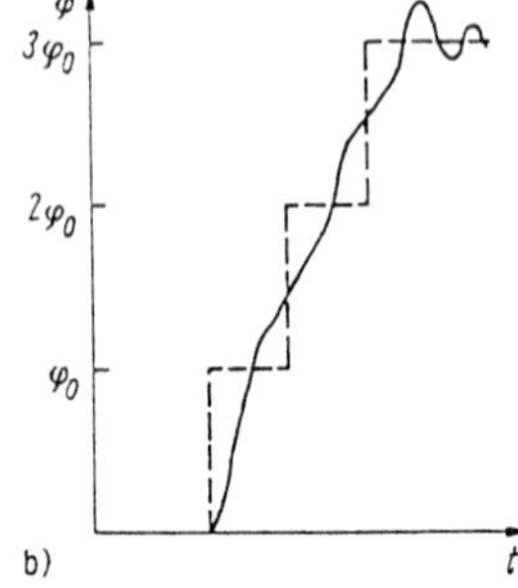

Bild 6.2.30
Bewegungsverhalten eines Rotationsschrittmotors
a) Einzelschrittbetrieb
b) quasikontinuierlicher Betrieb

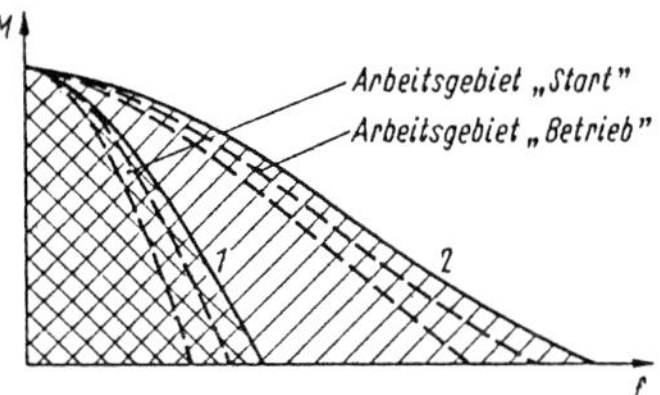

Bild 6.2.31
Arbeitsgebiete des Rotationsschrittmotors im Drehmoment-Frequenz-Diagramm
1 Start-Stopp-Grenzkurve
2 Betriebsfrequenz-Grenzkurve
- - - Kurvenschar in Abhängigkeit vom Lastträgheitsmoment

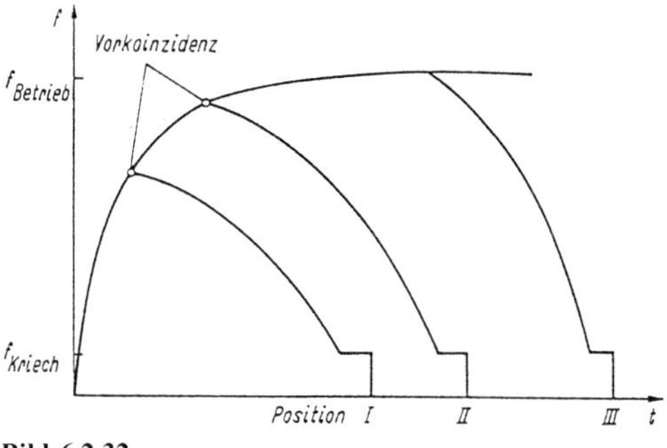

Bild 6.2.32
Frequenz-Zeit-Regime beim zeitoptimalen Positionieren

Haltemomente liegen bei 30 N · cm. Schrittmotoren mit reaktivem Rotor erfordern eine Wicklungsbestromung, um bei $f = 0$ ein Haltemoment zu erzeugen. Bei Schrittmotoren mit aktivem Rotor ist ein Haltemoment bereits ohne Erregung vorhanden.

Genauigkeit. Der Schrittmotor weist durch seine Zahnstruktur eine interne Maßverkörperung auf. Ein zusätzliches äußeres Meßsystem ist also nicht erforderlich. Im allgemeinen erfolgt die Anwendung in der offenen Steuerkette, was sehr kostengünstige Antriebslösungen ermöglicht. Die Genauigkeit der Einnahme bestimmter Positionen hängt zunächst von der Fertigungsgenauigkeit der Zahnteilung ab. Bei Halb- und Mikroschrittbetrieb müssen die unterschiedlichen Erregerkreise außerdem identisch sein, jede Abweichung voneinander führt zu Fehlern in der Position. Reibungsbedingte Fehlstellungen und Gegenkräfte führen zur Auslenkung aus der Sollstellung. Da die Endpositionen sich letztlich als Kräftegleichgewicht ergeben, bleiben Positionierfehler dann bestehen. Schrittmotoren finden als kostengünstige Positionierantriebe für mittlere bis hohe Auflösungen und Genauigkeiten breite Anwendung in der Feinwerktechnik.

6.2.5 Linearmotoren

Häufig werden lineare Bewegungen in einer oder mehreren Achsen benötigt. Sind diese Bewegungen in Größenordnungen von Zentimetern, Dezimetern oder mehr, spricht man von Linearantrieben bzw. linearen Antriebssystemen. Diese sollen zunächst betrachtet werden. Antriebe für wesentlich kleinere Bewegungen im Millimeterbereich und darunter bezeichnet man dagegen allgemein als Aktoren (s. Abschn. 6.2.6) [6.2.56].

6.2.5.1 Erzeugung linearer Bewegungen

Aus den kontinuierlich und diskontinuierlich arbeitenden Rotationsmotoren lassen sich durch lineare Abwicklung von Stator und Rotor Linearmotoren ableiten. Es gelten dann analoge Beziehungen und Zusammenhänge wie bei rotatorischen Motoren. Linearmotoren stellen wegen der notwendigen Anpassung an den Bewegungsbereich jedoch problemspezifische Antriebe dar, die häufig auch konstruktiv stark in den Gesamtaufbau eines Gerätes, insbesondere an der Wirkstelle, integriert sind (**Bild 6.2.33a**). Dadurch können einerseits hochdynamische Antriebe mit sehr hoher Positioniergenauigkeit realisiert werden. Problemneutrale Baureihen und damit eine effektive Fertigung in großen Stückzahlen sind jedoch andererseits noch selten.

Gegenwärtig ist eine rasche Zunahme des Einsatzes von Linearmotoren zu verzeichnen. Zum Erzeugen linearer Bewegungen überwiegen jedoch immer noch problemneutrale, in hohen Stückzahlen produzierte, kostengünstige rotatorische Motoren mit nachgeschalteten Getrieben (Rotations-Rotations-Umformern) zum Anpassen von Drehmoment und Drehzahl und anschließendem Rotations-

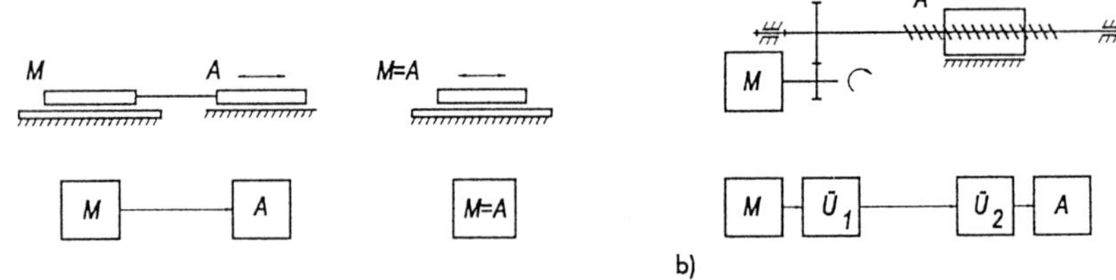

Bild 6.2.33 Lineare Antriebssysteme
a) mit Linearmotor; b) mit rotatorischem Motor
M Motor; $Ü_1$, $Ü_2$ Übertragungseinrichtung (Getriebe, Bewegungsumformer); *A* Arbeitsmechanismus (Abtrieb)

Translations-Umformer zum Umformen der rotatorischen in eine lineare Bewegung (Bild 6.2.33b) [6.2.5]. Allerdings bringen gerade diese Bewegungsumformer (**Tafel 6.2.9**) auch erhebliche Nachteile für das Gesamtsystem. Große zu bewegende Massen, Reibung, Spiel sowie Elastizitäten begrenzen dann die erzielbare Positioniergenauigkeit und Dynamik.

Bei Lineardirektantrieben fehlen dagegen mechanische Bewegungsumformer. Daraus ergeben sich mechanische Vorteile hinsichtlich eines geräuscharmen Betriebes, geringen Verschleißes sowie einer hohen Lebensdauer [6.2.57]. Unter regelungstechnischem Aspekt weisen diese Antriebe geringe Elastizitäten und Reibung auf; Spiel in der Bewegungsübertragung tritt nicht auf. Lineardirektantriebe besitzen somit die Voraussetzung für höchste Dynamik und Positioniergenauigkeit. Nachteilig wirkt sich hingegen das schlechte Masse-Leistungs-Verhältnis aus, da derartige Motoren i.allg. so lang wie der Bewegungsbereich bauen. Eine Integration des Direktantriebes in den Gesamtaufbau kann dies in bestimmtem Maße kompensieren.

6.2.5.2 Kontinuierliche Linearmotoren

In der Feinwerktechnik kommen als kontinuierlich arbeitende Linearmotoren vorwiegend permanenterregte Gleichstromlinearmotoren und elektrodynamische Stelltechnik zur Anwendung, nur diese seien nachfolgend ausführlich behandelt, da nur wenige zusammenfassende Veröffentlichungen dazu existieren [6.2.3][6.2.4][6.2.60]. Lineare Asynchron- bzw. Synchronmotoren sind entgegen dem Trend im Maschinenbau in der Feinwerktechnik noch selten anzutreffen [6.2.22][6.2.23].

Grundlagen. Gleichstromlinearmotoren und elektrodynamische Stelltechnik nutzen die Kraftwirkung auf bewegte Ladungen im magnetischen Feld, s. Abschn. 6.2.3 sowie Gln. (6.2.23) und (6.2.24). Neben der elektrodynamischen Kraftwirkung entstehen in einigen Bauformen zusätzlich Reluktanz- bzw. Grenzflächenkräfte [6.2.38].

Betriebsverhalten. Dabei ist zwischen statischem und dynamischem Betrieb zu unterscheiden. Im *statischen und quasistatischen Betrieb* permanenterregter Motoren interessiert besonders der *Induktionsverlauf* im Arbeitsluftspalt, der nur im mittleren Bereich annähernd linear ist. Zu den Luftspalträndern sind meistens deutliche Absenkungen zu erwarten (**Bild 6.2.34**). Die *Kraft-Weg- und Kraft-Strom-Kennlinien* weisen folglich entsprechende Nichtlinearitäten auf (**Bild 6.2.35**).

Die Kraft-Weg-Kennlinien fallen im allgemeinen wegen der Induktionsabsenkung an den Luftspalträndern ab, wegen der integrierenden Wirkung der Spule jedoch nicht in gleichem Maße wie der Induktionsverlauf. Die Kraft-Strom-Kennlinien zeigen unabhängig davon zusätzlich in beiden Bewegungsrichtungen eine jeweils entgegengesetzte Beeinflussung (Gleichfeld- und Gegenfeldeinfluß je nach Stromrichtung) [6.2.31]. Dies resultiert aus einer

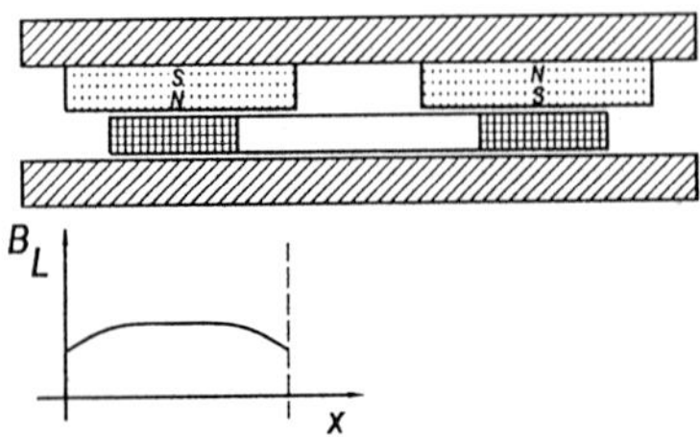

Bild 6.2.34
Induktion im Arbeitsluftspalt eines Flachspulmotors, qualitativ

Tafel 6.2.9 Rotations-Translations-Umformer für Positionierantriebe [6.2.5]

Umformer	Eigenschaften, Anwendung
1. *Zahnstangengetriebe* 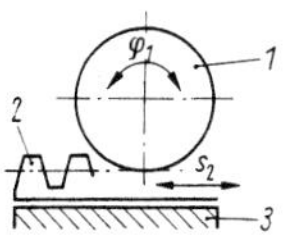 *1* Ritzel (Antrieb), *2* Zahnstange (Abtrieb), *3* Gestell, *4* Feder Sonderform: Paarung Zylinderschnecke - Zahnstange (wenn Antriebsachse in Richtung der Antriebsbewegung liegen muß)	*Ritzel*: Zahnprofil nach DIN 867 oder DIN 58400, kinematische Genauigkeit nach DIN 58 405, 3961 bis 3964 *Zahnstange*: Zahnprofil (wie Ritzel), kinematische Genauigkeit nach DIN 58405, 3961 bis 3964 *Konstruktive Gestaltung*: Spielfreiheit durch a) gefederte Anordnung der Zahnstange 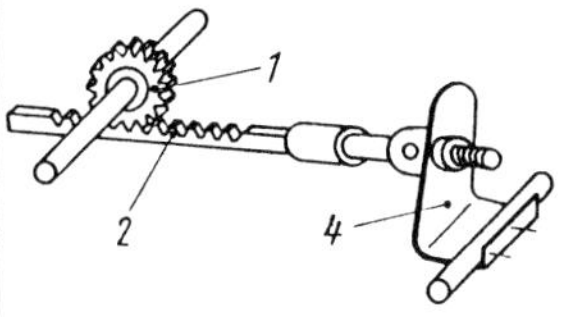 b) verspanntes Ritzel (s. Tafel 6.3.11) c) hochelastische Kunststoffe für Ritzel Zahnstangen bei sehr großen Verfahrwegen aus Teilstücken zusammensetzen *Anwendung*: Meßgeräte, Büromaschinen, Waagen, Positioniersysteme
2. *Gleitschraubengetriebe* 2.1. Einfach-Schraubengetriebe 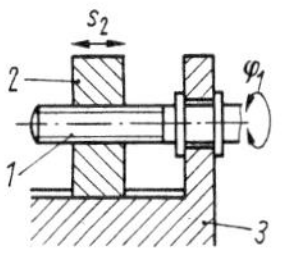 *1* Spindel (Antrieb) *2* Mutter (Abtrieb) *3* Gestell	für hohe Positioniergenauigkeit, große Übersetzung $i = \varphi_1/s_2 = 360°/P$ mit $P = 2\pi r \tan\psi$, genormtes metrisches oder Trapezgewinde; Wirkungsgrad $\eta \approx 10...30$ % (Verbesserung durch Gewinde mit großem Steigungswinkel ψ und kleinem Profilwinkel α)
2.2. Zweifach-Schraubengetriebe 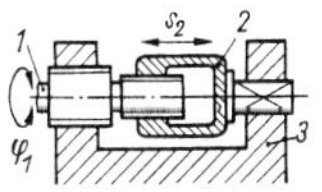 *1* Spindel (Antrieb) *2* Mutter (Abtrieb) *3* Gestell (s. auch Tafel 6.3.8)	Konstruktive Gestaltung von Schraubengetrieben: • Spielfreiheit Mutter - Spindel durch a) Verspannen 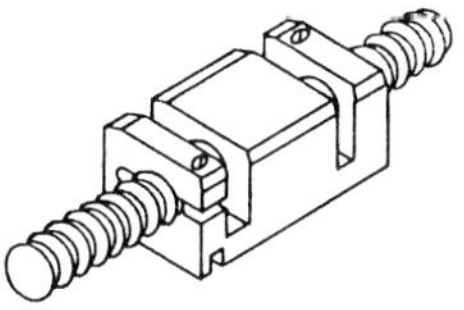 (s. auch Tafel 6.3.11) b) Einläppen • zwangfreie Ankopplung durch a) kraftgepaarte Anlage 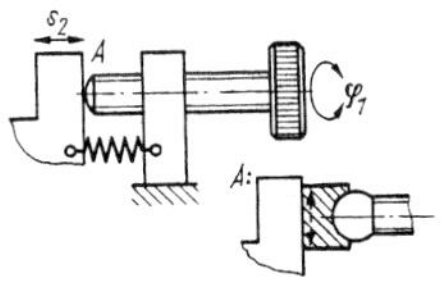 (s. auch Abschn. 4.2.3.3)

Tafel 6.2.9 Fortsetzung

Umformer	Eigenschaften, Anwendung
2.2. Zweifach-Schraubengetriebe	b) kardanische Aufhängung 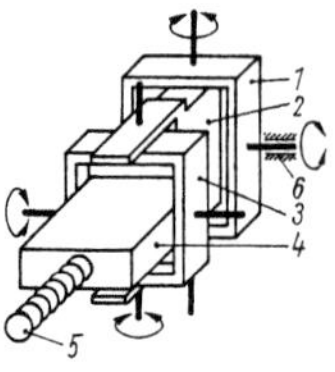 *1* großer Rahmen, *2* Verbindungsstück, *3* kleiner Rahmen, *4* Mutter, *5* Spindel, *6* Gestell • Werkstoffe: Spindel (Maschinenbau- und Vergütungsstähle) Mutter (Cu-Legierungen, Gußeisen) *Anwendung*: Instrumenten- und Apparatebau, Positioniersysteme, Büromaschinen, Meßgeräte
3. *Wälzschraubengetriebe* 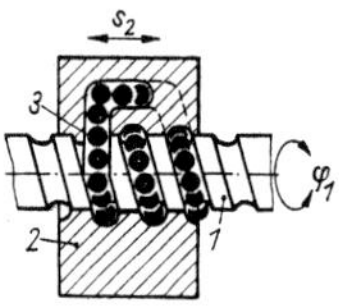 *1* Spindel (Antrieb) *2* Mutter (Abtrieb) *3* Wälzkörper mit Rückführkanal	einbaufertige Baugruppen, Wirkungsgrad $\eta \approx 90...95$ % für hohe Präzision geeignet, spielfreie Ausführung durch Doppelmutter *Unterscheidung*: - Kugelgewindegetriebe (für feinwerktechnische Anwendungen s. Bild) - Rollengewindegetriebe (für sehr hohe Belastungen, aber kleine Drehzahlen) - Planetenrollengewindegetriebe (bis n = 5000 U/min bei sehr hohen Belastungen) *Anwendung*: Positioniersysteme, Meßgeräte, wissenschaftlicher Gerätebau, Werkzeugmaschinen
4. *Stahlbandgetriebe* 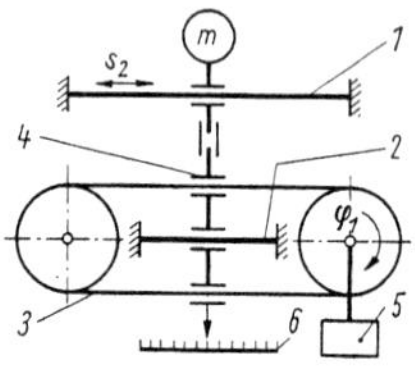 *1* Führung, *2* Bremsband, *3* Transportband, *4* Kopplungselemente, *5* Motor, *6* Maßstab	Bänder durch Auswalzen verfestigter Bandwerkstoffe aus Cr-Ni-Stahl und Fügen durch Elektronenstrahl-, Mikroplasma- oder Laserimpulsschweißen, schnelle Präzisionspositionierung durch wechselweises Ankoppeln von (*4*) an (*3*) und (*2*), für schlupffreie Übertragung größere Vorspannung erforderlich *Anwendung*: serielle Drucktechnik, Zuführsysteme für automatisierte Fertigungseinrichtungen
5. *Zahnriemengetriebe* 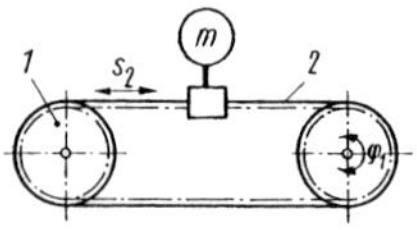 *1* Zahnscheiben *2* Zahnriemen	Zahnscheiben: aus Stahl, Gußeisen, Kunststoff durch Eigenfertigung, seitliche Bordscheiben erforderlich Zahnriemen: bei kleinen Trumlängen Neopreneriemen mit Glasfaserzugsträngen, bei großen Trumlängen PUR-Riemen mit Zugsträngen aus Stahllitze (beide Riemenarten handelsüblich) für große Präzision möglichst hohe Vorspannung sowie kleine Rundlaufabweichung, bezogen auf Kopfkreis der Zahnscheibe *Anwendung*: Büromaschinen, Datenverarbeitungsanlagen, Textilmaschinen, Haushaltgeräte, Feinwerktechnik allgemein

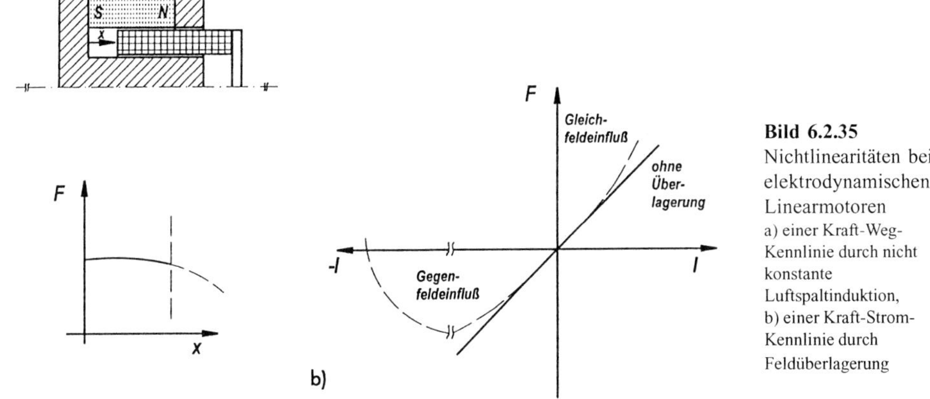

Bild 6.2.35 Nichtlinearitäten bei elektrodynamischen Linearmotoren
a) einer Kraft-Weg-Kennlinie durch nicht konstante Luftspaltinduktion,
b) einer Kraft-Strom-Kennlinie durch Feldüberlagerung

Überlagerung des permanentmagnetischen Erregerfeldes mit einer elektrischen Erregung durch die Arbeitsspule selbst (Eigenerregung), die bei Bauformen auftritt, in denen die Wicklung im Arbeitsluftspalt gleichzeitig den Eisenkreis umfaßt. Bei sehr großen Strömen (Impulsbetrieb) könnte sogar eine Kraftumkehr die Folge sein, was praktisch jedoch kaum zu befürchten ist. *Reluktanz-* oder *Grenzflächenkräfte* in magnetischen Feldern kommen bei Systemen mit veränderlichen Luftspalten oder bewegten Magneten noch hinzu.

Im *dynamischen Betrieb* gelten für permanenterregte Linearmotoren analog zu rotatorischen permanenterregten Gleichstrommotoren folgende charakteristische Motor- und Bewegungsgleichungen, welche die vier Teilsysteme (analog Bild 6.2.6) miteinander verknüpfen:

$$u = i_A R_A + \mathrm{d}\psi/\mathrm{d}t, \qquad \mathrm{d}\psi/\mathrm{d}t = Bl\dot{x} + L_A\,\mathrm{d}i_A/\mathrm{d}t \qquad (6.2.54)\ (6.2.55)$$

$$F = m\ddot{x} + k_1\dot{x} + k_2 x + F_L + F_R + F_{Rel} \qquad (6.2.56)$$

$$F = B\,l\,i_A, \qquad P_V = i_A^2 R \qquad (6.2.57)(6.2.58)$$

$$P_V = C_{th}\,\mathrm{d}\vartheta_Ü/\mathrm{d}t + \vartheta_Ü/R_{th}\,. \qquad (6.2.59)$$

Als Kräfte sind neben Trägheits-, Reib-, Last- und Reluktanzkräften auch Federkräfte zu beachten, beispielsweise zur Kompensation von Gewichtskräften in vertikalen Anordnungen. Stationärer Betrieb tritt dabei jedoch selten auf.

Ansteuerung. Nach ihrem Bewegungsverhalten gehören elektrodynamische Linearmotoren zu den kontinuierlichen Antrieben und entsprechen rotatorischen permanenterregten Gleichstrommotoren. Positionieraufgaben erfordern einen geschlossenen Regelkreis, da elektrodynamische Antriebe keine interne Meßverkörperung besitzen [6.2.36]. Hier kann also weitgehend auf Abschn. 6.2.3.2 verwiesen werden. Die *Positioniergenauigkeiten*, welche Lineardirektantriebe erreichen, hängen vorwiegend vom Meßsystem und den Reibverhältnissen ab und gehen beispielsweise bei interferometrischer Wegmessung und aerostatischer Führung [6.2.5] bis in den nm-Bereich.

Bauformen kontinuierlicher Linearmotoren. Wesentliche Unterscheidungskriterien sind:

- die Art der Erregung (permanentmagnetisch oder elektrisch) und
- die Polarität der genutzten Felder (Gleichpol- bzw. Homopolarausführung oder Wechselpol- bzw. Heteropolarausführung).

Die elektrische Erregung ist jedoch im Bereich kleiner Leistungen bedeutungslos. Für das elektrische Teilsystem stellt die Kommutierung dagegen ein Hauptkriterium dar:

- ohne und mit Kommutierung
- Art der Kommutierung (elektronische oder mechanische Strangkommutierung, mechanische Kommutierung über Schleifkontakte bei Gleichpolausführungen).

Etwas gelöst von diesen beiden Teilsystemen sollen als weitere Kriterien genannt werden:

- die Art der bewegten Komponente (bewegte Spule, bewegter Magnet, bewegter Dauermagnetkreis) und
- die Geometrie des Aufbaus (rotationssymmetrisch, prismatisch usw.).

Auf das mechanische Teilsystem, insbesondere auf die Führung des Läufers, die auftretenden Reibkräfte, die Realisierung des Kraftangriffes, die wirkenden Lastkräfte und ähnliche Fragen wird hier nicht näher eingegangen.

Bauformen mit bewegten Spulen. Die Anordnung der felderzeugenden Permanentmagnete und zugehörigen Flußführungen im feststehenden Stator sowie der stromdurchflossenen Wicklungen im Läufer stellt zunächst die Standardlösung dar [6.2.31][6.2.63]. Die bewegten Spulen sind im allgemeinen eisenlos und damit sehr massearm ausgeführt, was hochdynamische Antriebe ermöglicht [6.2.55]. Sie erfordern jedoch eine Stromzuführung zu beweglichen Teilen (Schleppkabel, Schleifer) mit den entsprechenden Nachteilen. Die geometrisch am einfachsten aufgebauten und deshalb auch am weitesten verbreiteten Bauformen mit bewegten Spulen stellen *Gleichpol- bzw. Homopolarausführungen* ohne Kommutierung für vergleichsweise kleine Bewegungen dar (**Bild 6.2.36**).

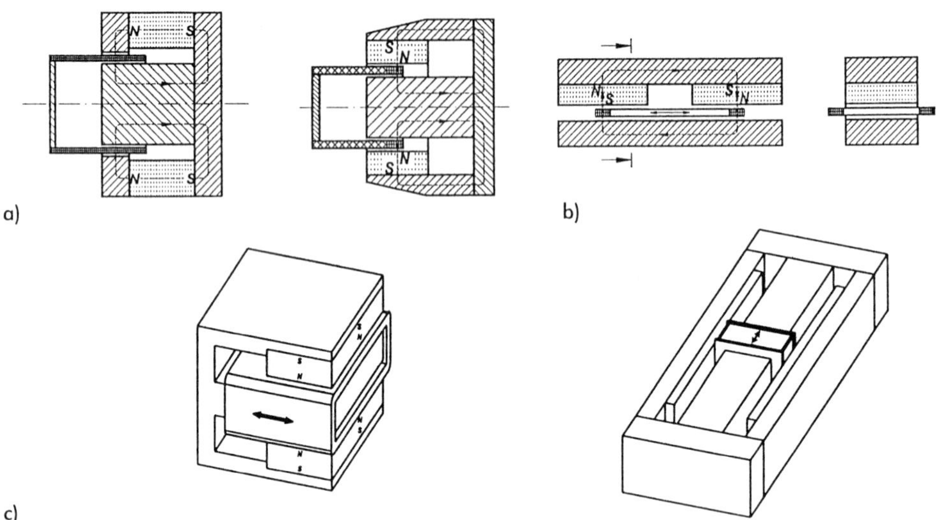

Bild 6.2.36 Elektrodynamische Linearmotoren für kurze Hübe in Gleichpol- bzw. Homopolarausführung
a) Zylinder- oder Tauchspulsysteme; b) Flachspulsystem; c) Kastenspulensysteme

Ähnliche Bauformen für Schwenkantriebe zeigt **Bild 6.2.37**. Diese bilden derzeit die Standard-Antriebslösung für die Kopfpositionierung bei Festplatten. Bei solchen hochdynamischen Antrieben ist auch die Spuleninduktivität von besonderem Interesse. Umfaßt die bewegte Spule keine Eisenrückschlüsse, bleibt die Induktivität gering, die elektrische Zeitkonstante folglich klein. Im anderen Falle kommen zusätzliche, meist aus einer Folienlage bestehende, gestellfeste Kurzschlußringe bzw. -wicklungen zum Einsatz, um kurze Reaktionszeiten zu sichern. **Bild 6.2.38** zeigt einige Anwendungsbeispiele elektrodynamischer Stelltechnik.

Die Realisierung größerer Bewegungsbereiche erfordert den Übergang zur *Wechselpol-* bzw. *Heteropolarausführung* und damit auch den Einsatz einer *Strangkommutierung*, d.h. eine lageabhängige mechanische (Bürsten) oder vorzugsweise elektronische (bürstenlose) Kommutierung [6.2.54]. *Zwei-* oder *dreisträngige* Wicklungen sind üblich. **Bild 6.2.39** verdeutlicht das Prinzip eines solchen Motors. **Bild 6.2.40** zeigt typische Ausführungsformen.

Die Kommutierung wird vom Wegmeßsignal oder durch Hallsensoren gesteuert. Der feststehende Stator kann dem geforderten Bewegungsbereich in der Länge angepaßt werden, während das bewegte Spulensystem gegenüber dem Bewegungsbereich vergleichsweise klein und massearm bleibt. Wegen des größeren Bewegungsbereiches gestaltet sich die Stromzuführung zur Spule über flexible Leitungen oder auch Schleifkontakte aufwendig. Bei größeren Kräften sind neben den eisenlosen auch eisenbehaftete Läufer in meist asymmetrischer Anordnung üblich. Dadurch entstehen jedoch auch erhebliche Grenzflächenkräfte als Anziehungs- bzw. Normalkräfte zwischen Läufer und Stator, die einerseits von der Führung abzufangen sind, andererseits bei Gleit- oder Wälzführungen starke Reibkräfte bewirken. Diese erreichen durchaus den zehnfachen Wert der Schubkräfte. Elektronisch kommutierte Gleichstromlinearmotoren nach Bild 6.2.40 entsprechen in ihrem Aufbau und Betriebsverhalten wechselrichtergeführten Synchron-Linearmotoren.

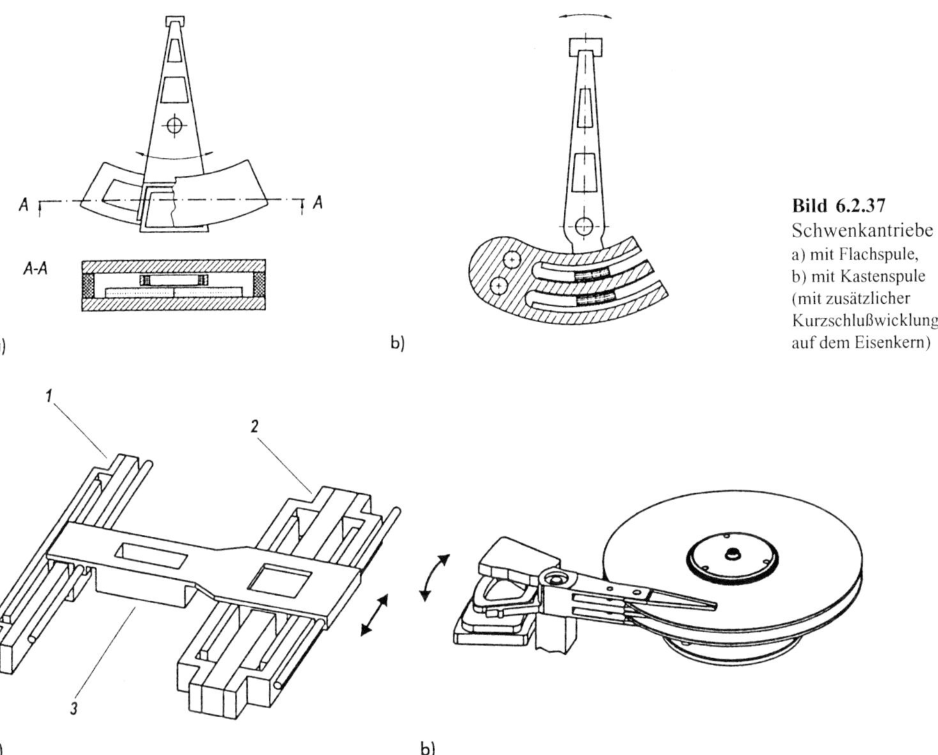

Bild 6.2.37
Schwenkantriebe
a) mit Flachspule,
b) mit Kastenspule (mit zusätzlicher Kurzschlußwicklung auf dem Eisenkern)

Bild 6.2.38 Anwendungen elektrodynamischer Linearmotoren
a) Linearmotor und als Tachogenerator genutzter Linearmotor in einem CD-Player; b) Schwenkantrieb in einem Festplattenlaufwerk
1 Tachogenerator; *2* Linearmotor; *3* Lesekopfschacht

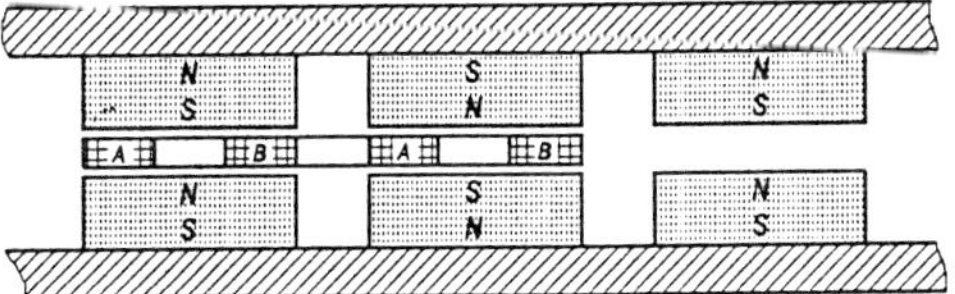

Bild 6.2.39 Prinzip eines Gleichstromlinearmotors in Wechselpol- bzw. Heteropolarausführung (hier mit Flachspulen)

Bauformen mit bewegten Magneten. Die elektrodynamische Kraftwirkung tritt zwischen elektrischem und magnetischem Teilsystem auf, demzufolge können auch Teile des magnetischen Kreises beweglich und das Spulensystem gestellfest angeordnet werden [6.2.61][6.2.62]. Allerdings ist der magnetische Kreis dann nicht mehr in sich starr [6.2.59]. Durch Relativbewegungen innerhalb des magnetischen Kreises treten Reluktanzkräfte oder Kräfte auf Grenzflächen und auch Ummagnetisierungen im Eisenrückschluß und damit u. U. erhebliche Dämpfungen auf. Von Vorteil ist, daß keine Stromzuführung zu beweglichen Teilen benötigt wird. Durch Tausch der bewegten und gestellfesten Teile lassen sich aus den bisher gezeigten Motoren Lösungen mit bewegten Magneten entwickeln (**Bild 6.2.41**). Es gelten sinngemäß die gleichen Ausführungen wie zu den Bauformen mit bewegten Spulen.

Die Realisierung größerer Bewegungsbereiche erfordert auch hier den Übergang zu Wechselpolausführungen und damit den Einsatz einer vorzugsweise elektronischen Strangkommutierung [6.2.32]. Bauformen zeigt **Bild 6.2.42**. Im Vergleich zu Motoren mit bewegten Spulen ist der konstruktive und fertigungstechnische Aufwand sowie der Kupfereinsatz für die Realisierung einer mehrsträngigen linearen Statorwicklung entlang des gesamten Bewegungsbereiches jedoch erheblich höher als der Aufwand für eine alternierende Magnetanordnung im Stator. Auch Direktantriebe für mehrere Koordinaten sind realisierbar [6.2.37] bis [6.2.41][6.2.58][6.2.64][6.2.65].

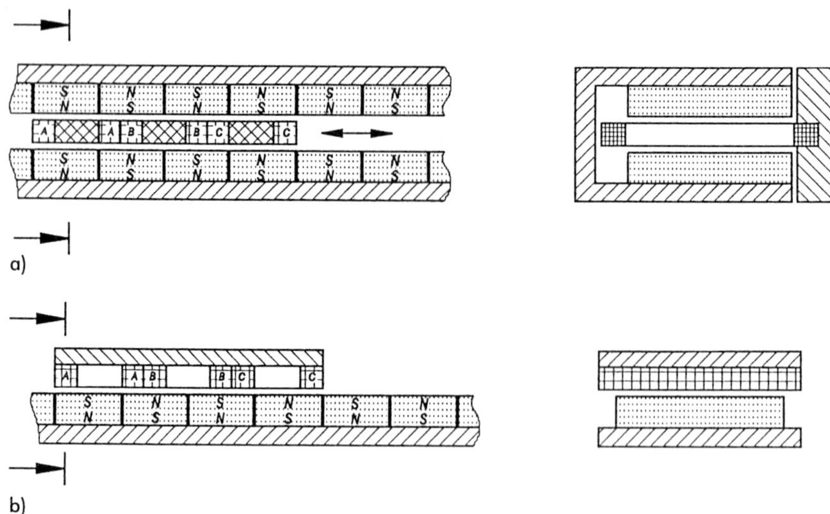

Bild 6.2.40 Kommutierte Gleichstromlinearmotoren mit eisenloser Wicklung
a) eisenlose dreisträngige Wicklung ohne ausgeprägte Wickelköpfe; b) dreisträngige eisenbehafte Wicklung

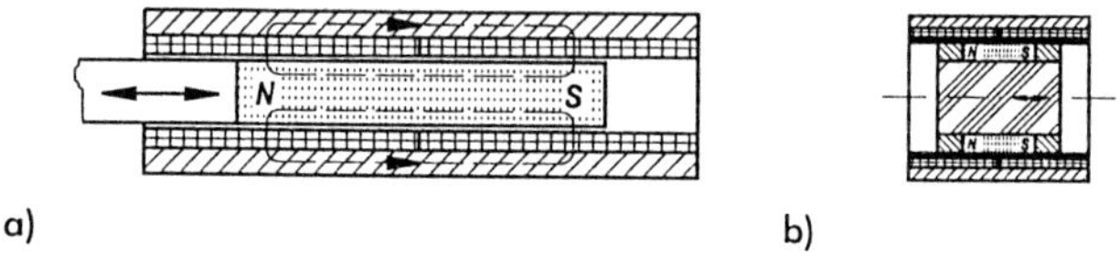

Bild 6.2.41 Gleichstromlinearmotoren mit bewegten Magneten
a) Prinzip
b) Bauform mit freiem Mitteldurchgang

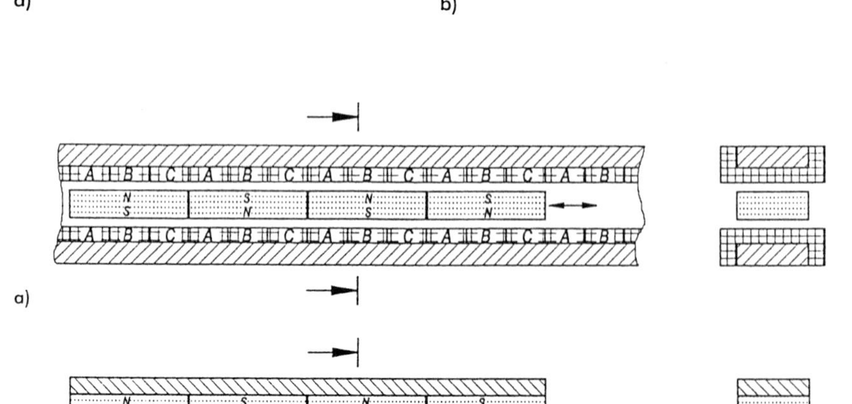

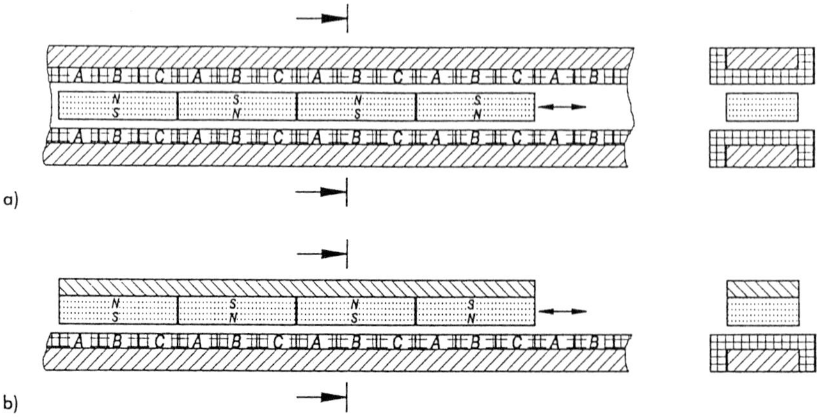

Bild 6.2.42 Gleichstromlinearmotoren mit bewegten Magneten in Wechselpolausführungen mit Kommutierung
a) dreisträngiger Motor mit bewegten Magneten; b) dreisträngiger Motor mit bewegten Magneten und mitbewegten Rückschlußteilen

6.2.5.3 Linearschrittmotoren

Die in Abschn. 6.2.4 erläuterten Bauformen von Rotationsschrittmotoren sind auch in lineare Bauformen umsetzbar [6.2.3]. **Bild 6.2.43** verdeutlicht einen linearen Hybridschrittmotor als Beispiel für eine mögliche Ausführungsform mit den typischen Zahnstrukturen in Läufer und Stator (senkrecht zur Bildebene verlaufend). Durch den einseitigen Aufbau entstehen anziehende Kräfte zwischen Läufer und Stator, die beispielsweise von einer aerostatischen Führung [6.2.5] aufzunehmen sind.

Spezielle Bauformen, sogenannte integrierte Mehrkoordinatenschrittmotoren, ermöglichen auch Bewegungen in mehreren Koordinaten [6.2.3]. **Bild 6.2.44** zeigt einen *x-y*-Kreuztischantrieb mit hier aus Symmetriegründen insgesamt vier, jeweils paarweise um 90° gedreht angeordneten Läuferstrukturen, die auf einen gemeinsamen passiven Stator mit ebenfalls zwei um 90° gedrehten Zahnteilungen arbeiten. Dadurch trägt der Stator eine waffelförmige Eisenstruktur. Der Motor bildet bereits einen kompletten Kreuztischantrieb. Meßsysteme entfallen bei Betrieb in offener Steuerkette. Der Fertigungsaufwand insbesondere für die Zahnteilung ist jedoch hoch. Zum Betriebsverhalten sowie zu weiteren möglichen Bauformen gelten die Ausführungen in Abschn. 6.2.4 zu Rotationsschrittmotoren sinngemäß [6.2.33][6.2.34][6.2.35].

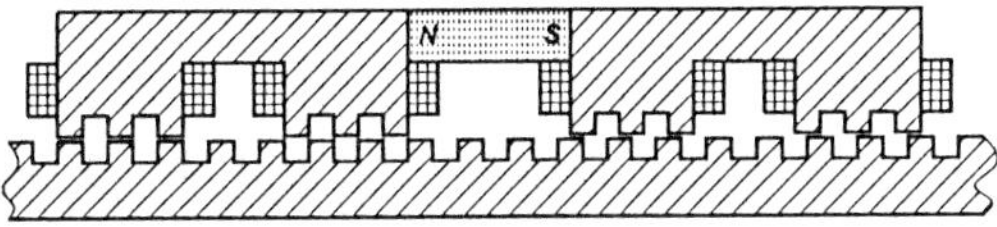

Bild 6.2.43 Linearer Hybridschrittmotor [6.2.3]

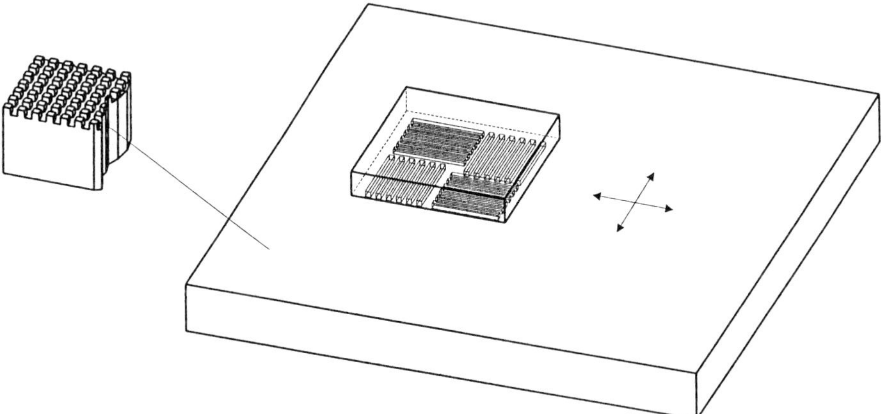

Bild 6.2.44 Konstruktiver Aufbau eines Zweikoordinaten-Schrittmotors [6.2.3]

6.2.6 Aktoren auf Basis von Festkörpereffekten

Neben den klassischen Motorbauformen nutzt man in der Feinwerktechnik auch andere physikalische Wirkprinzipe zur Bewegungserzeugung [6.2.25][6.2.27]. Bekannt sind beispielsweise Bimetallkonstruktionen für Überlastschalter bzw. in Anzeigeinstrumenten oder auch Dehnstoffaktoren in Thermostaten. Sie nutzen die Wärmedehnung für Stellzwecke [6.2.69]. Neuerdings werden auch Formgedächtnislegierungen (Shape-Memory-Effekt) eingesetzt, die in technisch üblichen Temperaturbereichen reversible thermoelastische Umwandlungen mit sprunghaftem Verhalten, aber sehr hoher relativer Energiedichte und damit hohem Arbeitsvermögen zeigen [6.2.28][6.2.29][6.2.69]. Neben Verbindungsaufgaben (also einmaligen Bewegungen) realisiert man damit zunehmend auch Stellaufgaben [6.2.44][6.2.46][6.2.74]. Bei elektrischer Erwärmung handelt es sich auch hier um elektromechanische Funktionsgruppen im weitesten Sinne [6.2.45]. Allerdings soll dies nicht vertieft werden, da eine breite Anwendung beispielsweise auch für Positioniersysteme noch nicht absehbar ist. Lediglich das Potential sei an Hand der typischen Energiedichten herausgestellt. Diese betragen für die nachfolgend beschriebenen piezoelektrischen Materialien 1...1,3 $kJ \cdot m^{-3}$, für magnetostriktive Materialien 14...25 $kJ \cdot m^{-3}$, für die Formgedächtnislegierungen dagegen ca. 4500 $kJ \cdot m^{-3}$ [6.2.25].

6.2.6.1 Piezoelektrische Aktoren

Der für Bewegungsaufgaben am häufigsten genutzte Festkörpereffekt ist der inverse piezoelektrische Effekt. Insbesondere Forderungen nach extremen Positioniergenauigkeiten bis in den nm-Bereich (Ausrüstungen für die Mikroelektronik- und Mikrosystemtechnikfertigung) sind durch piezoelektrische Aktoren effizient zu realisieren, sofern nur sehr kleine Bewegungsbereiche von weniger als einem Millimeter gefordert werden [6.2.25].

Grundlagen. Piezoelektrische Materialien zeigen im elektrischen Feld Dehnungen bzw. Stauchungen in allen drei Koordinatenrichtungen und Scherungen um diese Achsen [6.2.24][6.2.26]. Technisch nutzt man jeweils eine dieser Verformungen. Für Aktoren sind der *Längseffekt (Longitudinaleffekt)* und der wegen der Volumenkonstanz gleichzeitig auftretende *Quereffekt (Transversaleffekt)* von besonderem Interesse (**Bild 6.2.45**).

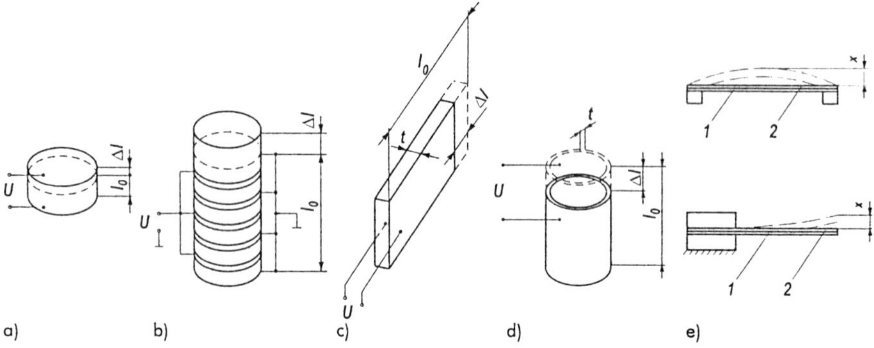

Bild 6.2.45 Piezoelektrische Aktoren - Grundbauformen
a) Piezoscheibe (Längseffekt); b) Stapelbauweise (Längseffekt); c) Streifenbauweise (Quereffekt); d) Röhrchenbauweise (Quereffekt); e) Bimorphbauweise bei Scheiben- und Biegewandlern (Quereffekt)
1 Stahl; *2* Piezokeramik

Für den Längseffekt ergibt sich bei in Polarisationsrichtung des Materials angelegtem elektrischen Feld E_3 eine Dehnung

$$S_3 = \Delta l / l_0 = d_{33} E_3 = d_{33}\, U / l_0 \qquad \text{bzw.} \qquad \Delta l = d_{33} U \,. \qquad (6.2.60)\ (6.2.61)$$

Für den Quereffekt folgt

$$S_1 = \Delta l / l_0 = d_{31} E_3 = d_{31} U / t \qquad \text{bzw.} \qquad \Delta l = d_{31} (l_0 / t) U \,, \qquad (6.2.62)\ (6.2.63)$$

wobei die Ladungskonstanten d_{33} und d_{31} über $d_{31} = -\,0{,}5 d_{33}$ und $d_{32} = d_{31}$ verknüpft sind. Deren Indizes geben an erster Stelle die Richtung des angelegten Feldes E und an zweiter Stelle die Richtung der Verformung S in einem mit *1,2,3* als Achsen bezeichneten Koordinatensystem an, wobei die Achse *3* mit der Polarisationsrichtung zusammenfällt. Das vollständige Gleichungssystem, aus dem in den Gln. (6.2.60) und (6.2.62) nur zwei Verformungen ohne zusätzliche mechanische Beanspruchungen ($\sigma = T = 0$) herausgegriffen wurden, lautet in Matrizenschreibweise

$$\boldsymbol{S} = \boldsymbol{s}^{\mathrm{E}}\, \boldsymbol{T} + \boldsymbol{d}_{\mathrm{t}}\, \boldsymbol{E} \,, \qquad (6.2.64)$$

$$\boldsymbol{D} = \boldsymbol{d}\, \boldsymbol{T} + \boldsymbol{\varepsilon}^{\mathrm{T}}\, \boldsymbol{E} \,. \qquad (6.2.65)$$

Laut Konvention bezeichnet man hierbei die mechanischen Dehnungen statt mit ε durch S und die mechanischen Spannungen statt mit σ durch T, um Doppelbelegungen mit elektrischen Formelzeichen zu vermeiden. D ist die dielektrische Verschiebung und E die elektrische Feldstärke.

Die aktiven Schichtdicken des Materials liegen zwischen 0,1...1 mm bei zulässigen Feldstärken von ca. 1000 V/mm. Dies ergibt absolute Längenänderungen von 0,1...1 µm, d. h. relative Längenänderungen von $\Delta l / l \approx 10^{-3}$. Der Längseffekt einer einzelnen Scheibe ist also kaum nutzbar, der Quereffekt dünner Streifen (Biegewandler/Biegescheiben) oder von Röhrchen wegen der „mechanischen Übersetzung" mit l_0/t dagegen durchaus.

Ansteuerung. Zur Ansteuerung piezoelektrischer Aktoren sind elektrische Felder zwischen den kontaktierten Flächen aufzubauen, also Ladungen zu steuern. Spannungs- oder Ladungssteuerung erfolgt durch entsprechende Verstärker, wobei die Dynamik von den möglichen Stromstärken für eine Ladungsänderung bestimmt wird [6.2.70].

Bauformen. Das prinzipielle Potential der in Bild 6.2.45 gezeigten Bauformen verdeutlicht **Tafel 6.2.10** [6.2.71][6.2.75]. Scheibenförmige Elemente ordnet man in Reihe an, um nutzbare Größenordnungen für den Hub zu erzielen. Sie ermöglichen extreme Kräfte und dadurch stick-slip-freie Bewegungen bis in den nm-Bereich hinein. Zusätzliche Hebelübersetzungen ergeben Hübe bis zu wenigen Millimetern. Das Ausnutzen des Quereffektes führt demgegenüber zu kleineren Kräften bei deutlich größeren Hüben. Stapelaktoren besitzen oft integrierte Wegmeßsysteme (aufgeklebte Dehnmeßstreifen, integrierte Differentialtransformatoren). Vorteilhaft sind die nahezu unbegrenzten Auflösungen, die extrem schnellen Ausdehnungen (schnellster verfügbarer Aktor), die extrem großen Kräfte und Steifigkeiten sowie das nahezu leistungslose Halten einer Position (nur Leckströme vergleichbar einem Kondensator treten auf). Nachteilig wirken sich die hohen Betriebsspannungen und kleinen Bewegungsbereiche aus.

Tafel 6.2.10 Parameter piezoelektrischer Aktoren [6.2.25][6.2.27][6.2.71] [6.2.75]

Bauform	ausgenutzter Effekt	maximaler Stellweg	maximale Schubkräfte
Scheibe	Längseffekt	ca. 1 μm	ca. 30 000 N
Stapelaktor ohne Hebelübersetzung mit Hebelübersetzung	Längseffekt	ca. 200 μm ca. 2000 μm	ca. 30 000 N ca. 3000 N (meist deutlich weniger)
Streifen- bzw. Röhrchenaktor	Quereffekt	ca. 50 μm	ca. 1 000 N
Bimorph-Biegewandler	Quereffekt	ca. 1000 μm	ca. 5 N
Bimorph-Biegescheibe	Quereffekt	ca. 500 μm	ca. 50 N

Zum Realisieren deutlich größerer Bewegungen mit piezoelektrischen Aktoren bieten sich jedoch noch andere Lösungsansätze. *Piezoelektrische Schrittmotoren* (**Bild 6.2.46**) vollziehen eine Addition der kleinen Einzelschritte durch abgestimmtes Aktivieren von Klemm- und Vorschubstapeln. Die Wiederholung der Zyklen Klemmen, Verschieben, Nachziehen der Klemmeinrichtung bei Frequenzen oberhalb 20 kHz führt zu einer quasikontinuierlichen Bewegung [6.2.68]. *Mikrostoßantriebe* verzichten auf ein definiertes Klemmen und übertragen die Bewegung durch kleine Stöße auf den Abtrieb [6.2.76]. Sie nutzen Trägheitskräfte zum Verharren des Abtriebes in Bewegung. Die antreibenden Stößel arbeiten häufig im Resonanzfall. Ihre Oberflächenpunkte vollführen elliptische Bewegungen mit möglichst großen Komponenten in Bewegungsrichtung. *Piezoelektrische Wanderwellenmotoren* (**Bild 6.2.47**) nutzen dagegen mechanische Schwingungen im Resonanzfall, also bestimmte Schwingungseigenformen, zum Erzeugen einer Wanderwelle.

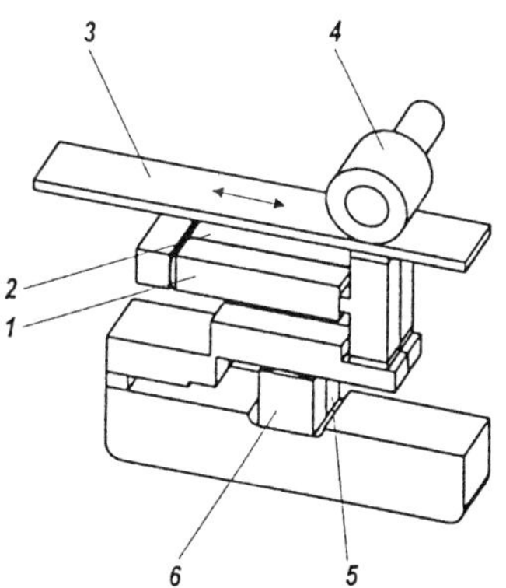

Bild 6.2.46 Piezoelektrischer Schrittmotor, nach [6.2.68]
1, 2 Vorschubstapel; *3* Abtrieb; *4* Andruckrolle; *5, 6* Klemmstapel

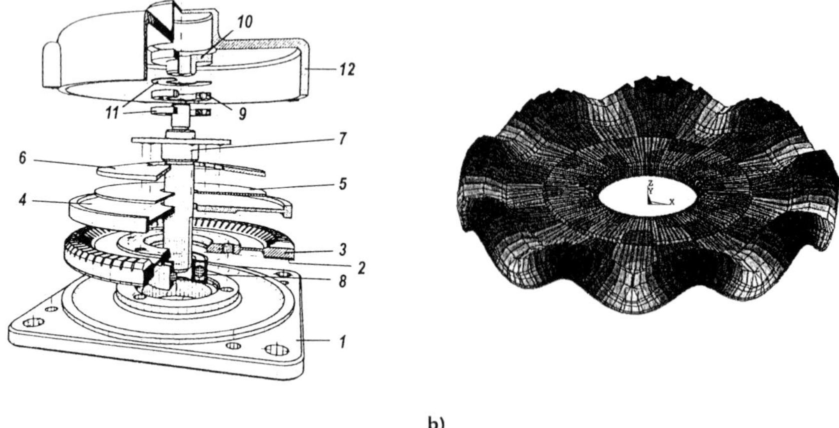

Bild 6.2.47 Piezoelektrischer Wanderwellenmotor [6.2.42]
a) Motoraufbau; b) Momentaufnahme der Wanderwelle des Stators (FEM-Simulation, Verformungen stark überhöht)
1 Motorflansch; *2* Anregungsbereich (Piezokeramik); *3* Stator; *4* Rotor; *5* Gummischeibe; *6* Tellerfeder; *7* Abtriebswelle; *8* bis *11* Lager und Zubehör; *12* Gehäuse

Beispielsweise wird eine feststehende Statorgeometrie, die zwei orthogonale Eigenformen bei gleicher Eigenfrequenz besitzt, durch zwei piezoelektrische Anregungsbereiche zeitlich und räumlich um *T*/4 versetzt angeregt. Der entstehende Schwingungszustand am Stator zeigt eine am Umfang wandernde Welle (Bild 6.2.47b). Hier schwingt nicht nur ein Antriebsstößel, sondern ein wesentlich größeres Volumen. Über Reibkontakt wird die Bewegung auf den Rotor und die Abtriebswelle übertragen. Dabei erfolgt kein Schrittbetrieb sondern eine kontinuierliche, fortlaufende Bewegung im Sinne des Abrollens einer Wanderwelle auf einem nicht verformten Rotor, d.h. die Nachteile des Schrittbetriebes (Verschleiß, Geräusche) entfallen [6.2.42]. Als rotatorische Motoren werden Wanderwellenmotoren kommerziell angeboten [6.2.67]. Sie stellen Langsamläufer mit hohen Drehmomenten dar. Lineare Wanderwellenmotoren sind in der Entwicklung [6.2.43][6.2.66].

6.2.6.2 Magnetostriktive Aktoren

Grundlagen. Ähnlich dem piezoelektrischen Effekt zeigen bestimmte Materialien eine Längenänderung unter Einwirkung eines magnetischen Feldes. Physikalisch handelt es sich dabei um Elektrostriktion (auch *Joulescher Effekt*), formal mathematisch läßt sich jedoch eine zum piezoelektrischen Effekt analoge Schreibweise anwenden. Magnetostriktive Erscheinungen sind von Eisen, Nickel und Kobalt bekannt, werden dort jedoch kaum technisch genutzt, sondern stellen meist eine störende Eigenschaft dar. Erst mit der Entwicklung des Werkstoffes Terfenol D (Tb-Dy-Fe-Verbindung) wurde die Magnetostriktion technisch wieder interessant, da Terfenol D relative Längenänderungen von $\Delta l/l \approx 2 \cdot 10^{-3}$ zeigt [6.2.73]. Terfenol D ist ein sehr sprödes, teures und schlecht bearbeitbares Material, das außerdem sehr zugkraftempfindlich und korrosionsgefährdet ist.

Längs- und Quereffekte sind bei magnetostriktiven Aktoren analog den piezoelektrischen Aktoren zu betrachten:

Längseffekt $$S_3 = \Delta l / l_0 = d_{33} H_3 \tag{6.2.66}$$

Quereffekt $$S_1 = \Delta l / l_0 = d_{31} H_3 \tag{6.2.67}$$

mit $$d_{31} \approx -0{,}5 d_{33}\,. \tag{6.2.68}$$

Allerdings sind die Kennlinien deutlich nichtlinear und die Kennwerte d_{33} bzw. d_{31} auch von der anliegenden mechanischen Spannung abhängig. Außerdem kommt derzeit als Materialgeometrie lediglich die Stabform in Betracht.

Ansteuerung. Das Magnetfeld, das steuerbar sein muß, wird von einer elektrischen Wicklung erzeugt. Der relativ hohe Feldstärkebedarf erfordert hohe Durchflutungen. Dies führt zu vergleichsweise starker Wärmeentwicklung, die letztlich meist eine Kühlung des Aktors erfordert. Das Halten bestimmter Positionen erfolgt nicht leistungslos, sondern ist mit ständigem Stromfluß und damit ständiger Erwärmung verbunden.

Bauformen. Die Bauformen magnetostriktiver Aktoren sind keineswegs so vielfältig, wie die piezoelektrischer Systeme [6.2.72]. Da nur positive Magnetfelder zugelassen werden können, ist zunächst eine magnetische Vorspannung des Arbeitspunktes, beispielsweise durch einen Dauermagneten, nötig. Wegen der Zugkraftempfindlichkeit muß das magnetostriktive Material auch mechanisch vorgespannt werden, wobei wegen dessen Sprödheit die Krafteinleitung sehr gleichmäßig erfolgen sollte. **Bild 6.2.48** zeigt den grundsätzlichen Aufbau eines magnetostriktiven Aktors.

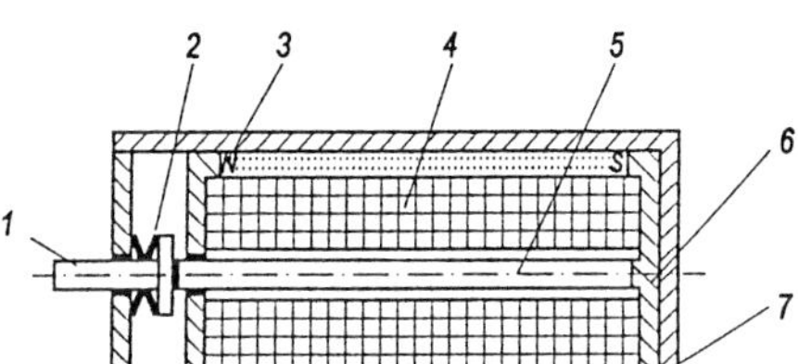

Bild 6.2.48 Grundsätzlicher Aufbau eines magnetostriktiven Aktors
1 Abtrieb; *2* Vorspannfeder; *3* Permanentmagnet; *4* Wicklung; *5* magnetostriktives Material (Terfenol-D-Stab); *6* Magnetkreis (Eisenrückschluß); *7* Gehäuse.

Trotz der generellen Probleme sind magnetostriktive Aktoren interessant, da ihre Energiedichte gegenüber piezoelektrischem Material ein Vielfaches beträgt und damit wenig aktives Material erforderlich wird. Am Markt angeboten werden konfektionierte Steller, die ähnlich wie Piezo-Stapelwandler aussehen. Haupteinsatzgebiete sind jedoch die Sonar-, Schweiß- und Reinigungstechnik sowie die aktive Schwingungsdämpfung. Auch Schrittmotoren, sogenannte Inchworm-Motoren, werden entwickelt [6.2.73]. Nachteile liegen in der Notwendigkeit einer Feldspule für die hohen magnetischen Feldstärken und damit dem hohen Leistungsbedarf (Verlustwärme) sowie einer ständigen Erregung bei statischer Kraftwirkung.

Literatur zum Abschnitt 6.2

Bücher, Dissertationen

[6.2.1] VEM-Handbuch: Die Technik der elektrischen Antriebe. Berlin: Verlag Technik 1974.

[6.2.2] *Volmer, J.:* Getriebetechnik. Braunschweig: Verlag Friedrich Vieweg & Sohn 1978.

[6.2.3] *Kallenbach, E.; Bögelsack, G.:* Gerätetechnische Antriebe. München, Wien: Carl Hanser Verlag 1991.

[6.2.4] *Kallenbach, E.; Stölting. H.-O.:* Handbuch Elektrische Kleinantriebe. Leipzig: Fachbuchverlag im Carl Hanser Verlag 1999.

[6.2.5] *Krause, W.:* Konstruktionselemente der Feinmechanik. 2. Aufl. München,Wien: Carl Hanser Verlag 1993.

[6.2.6] *Kallenbach, E.; Eick, L.; Quendt, P.:* Elektromagnete. Stuttgart: B.G. Teubner Verlag 1994.

[6.2.7] *Lazaroiu, D. F.; Slaiher, S.:* Elektrische Maschinen kleiner Leistung. Berlin: Verlag Technik 1976.

[6.2.8] *Stölting, H.-O; Beisse, A.:*Elektrische Kleinmaschinen. Stuttgart: B. G. Teubner Verlag 1987.

[6.2.9] *Moczala, M.; u.a.:* Elektrische Kleinmotoren. 2. Aufl. Böblingen: expert Verlag 1993.

[6.2.10] *Müller, G.:* Grundlagen elektrischer Maschinen und Theorie elektrischer Maschinen. Weinheim u.a.: VHC Verlagsgesellschaft 1994 und 1995.

[6.2.11] *Gieras, J.; Wing, M.:* Permanent magnet motor technology: desing and applications. New York: Dekker Verlag 1997.

[6.2.12] *Michalewsky, L.:* Magnettechnik - Grundlagen und Anwendungen. Leipzig, Köln: Fachbuchverlag 1993.

[6.2.13] *Pfaff, G.:* Regelung elektrischer Antriebe I und II. München, Wien: Oldenbourg Verlag 1990 und 1992.

[6.2.14] *Föllinger, O.:* Regelungstechnik. Heidelberg: Dr. Alfred Hüthig Verlag 1992.

[6.2.15] *Schaad, H.-J.:* Praxis der digitalen Antriebsregelung. München: Franzis Verlag 1992.

[6.2.16] *Orlowski, P.F.:* Praktische Regelungstechnik. Heidelberg, Berlin: Springer Verlag 1994.

[6.2.17] *Shepherd, W.; Hulley, L.; Liang, D. T. W.:* Power electronics and motor control. Cambridge: Cambridge University Press 1995.

[6.2.18] *Kreuth, H.-P.:* Schrittmotoren. München, Wien: Oldenburg Verlag 1988.

[6.2.19] *Richter, Ch.:* Servoantriebe kleiner Leistung. Weinheim u.a.: VHC Verlagsgesellschaft 1993.

[6.2.20] *Rummich, E.:* Elektrische Schrittmotoren und Schrittantriebe. 2. Aufl. Böblingen: expert Verlag 1995.
[6.2.21] *Schörlin, F.:* Mit Schrittmotoren steuern, regeln, antreiben. Poing: Franzis Verlag 1995.
[6.2.22] *Budig, P.-K.:* Drehstromlinearmotoren. 3.Aufl. Berlin: Verlag Technik 1982.
[6.2.23] *Draeger, J.; Moczala, H.:* Linearkleinmotoren. München: Franzis Verlag 1985.
[6.2.24] *Koch, J.:* Piezooxide (PXE) - Eigenschaften und Anwendungen. Firmenschrift Valvo. Heidelberg: Dr. Alfred Hüthig Verlag 1988.
[6.2.25] *Janocha, H.:* Aktoren - Grundlagen und Anwendungen. Berlin u.a.: Springer Verlag 1992.
[6.2.26] *Ruschmeyer, K.; u.a.:* Piezokeramik; Grundlagen, Werkstoffe, Applikationen. Ehningen: expert Verlag 1995.
[6.2.27] *Jendritza, J.; u. a.:* Technischer Einsatz neuer Aktoren. 2. Aufl. Ehningen: expert Verlag 1998.
[6.2.28] *Fremond, M.; Miyazaki, S.:* Shape Memory Alloys. Wien: Springer Verlag 1996.
[6.2.29] *Stöckel, D.; Hornbogen, E.:* Legierungen mit Formgedächtnis: Industruielle Nutzung des Shape-memory-Effektes. Ehningen: expert Verlag 1988.
[6.2.30] *Rauch, M.:* Mechanische Schaltsysteme der Gerätetechnik und der Ausrüstungstechnik. Diss. B. TH Karl-Marx-Stadt 1978.
[6.2.31] *Schinköthe, W.:* Dimensionierung permanenterregter Tauchspullinearantriebe für gerätetechnische Positioniersysteme. Diss. TU Dresden 1985.
[6.2.32] *Würbel, J.:* Entwicklung kleiner elektronisch kommutierter Lineardirektantriebe in Flachbauweise. Diss. TU Dresden 1984.
[6.2.33] *Boldt, R.:* Untersuchungen zur Dimensionierung und zum Betriebsverhalten vom elektromagnetischen Linearschrittmotoren. Diss. TU Dresden 1977.
[6.2.34] *Kienscherf, R.:* Optimierung der Dynamik linearer Reluktanzschrittmotorantriebe in der Schreib- und Drucktechnik. Diss. TU Karl-Marx-Stadt 1984.
[6.2.35] *Sesselmann, H.:* Konstruktion und experimentelle Untersuchung von linearen inkrementalen Positionsstellern unter Berücksichtigung der Dynamik für spezielle Antriebsaufgaben. Diss. TU Karl-Marx-Stadt 1984.
[6.2.36] *Blank, G.:* Untersuchungen zur Steuerung inkremental geregelter linearer Ein- und Mehrkoordinatengleichstrommotoren für Positioniersysteme. Diss. TH Ilmenau 1982.
[6.2.37] *Chin, D. C.:* Elektromechanische Antriebselemente zur Erzeugung kombinierter Dreh-Schub-Bewegungen für die Gerätetechnik. Diss. TU Dresden 1987.
[6.2.38] *Furchert, H.-J.:* Dimensionierung und Strukturierung von integrierten Gleichstromflächenantrieben kleiner Leistung für minimale Bauräume. Habilitation TH Ilmenau 1990.
[6.2.39] *Löwe, B.:* Untersuchungen zum Einsatz von Wegmeßeinrichtungen in Zweikoordinatenantrieben ohne Bewegungswandler. Diss. TH Ilmenau 1986.
[6.2.40] *Schäffel, Ch.:* Untersuchungen zur Gestaltung integrierter Mehrkoordinatenantriebe. Diss. TH Ilmenau 1996.
[6.2.41] *Wendorff, E.:* Integriertes optoelektronisches Mehrkoordinatenmeßsystem für integrierte Mehrkoordinatenantriebssysteme der Gerätetechnik. Diss. TH Ilmenau 1986.
[6.2.42] *Fröschle, A.:* Analyse eines Piezo-Wanderwellenmotors. Diss. Universität Stuttgart 1992.
[6.2.43] *Hermann, M.:* Entwicklung und Untersuchung piezoelektrisch erregter Wanderwellenmotoren für lineare Bewegungen. Diss. Universität Stuttgart 1998.
[6.2.44] *Fischer, K.:* Die Zweiweg-Formgedächtniseffekte zur Herstellung von Greifelementen. VDI-Fortschrittsberichte 5/298. Düsseldorf: VDI Verlag 1993.
[6.2.45] *Kristen, M.:* Untersuchungen zur elektrischen Ansteuerung von Formgedächtnis-Antrieben in der Handhabungstechnik. Diss. TU Braunschweig 1994.
[6.2.46] *Yuh, B.:* Entwicklung eines Aktors aus einer Formgedächtnislegierung für den Einsatz in einem flexiblen Prüfmanipulator. Diss. TH Darmstadt 1995.

Aufsätze, Normen

[6.2.50] *Freitag, H.-J.:* Neue Wege in der Längen- und Winkelmessung. Feinwerktechnik · Mikrotechnik · Mikroelektronik 104 (1996) 4, S. 257.
[6.2.51] *Teimel, A.:* Winzige Encoder für Elektromotoren. Feinwerktechnik · Mikrotechnik · Mikroelektronik 106 (1998) 4, S. 194.
[6.2.52] *Herzel, T.:* Mikroschritte mit Standard-Stepper. Feinwerktechnik · Mikrotechnik · Messtechnik103 (1995) 3-4, S. 154.
[6.2.53] *Löwe, B.; Schilling, M.; Schüppler, R.; Stegel, H.:* Präzisionspositionierung mit Schrittmotoren. Feinwerktechnik · Mikrotechnik · Mikroelektronik 106 (1998) 4, S. 201.
[6.2.54] *Draeger, J.: Moczala, H.:* Gleichstrom-Linearantriebe kleiner Leistung. Technische Rundschau Bern 25 (1985), S. 80.
[6.2.55] *Glöß, R.:* Schnelle Präzisionspositioniersysteme für magnetomotorische Speicher. Feingerätetechnik 39 (1990) 2, S. 61.

[6.2.56] *Krause, W.; Schinköthe, W.*: Linearantriebe für die Feinwerktechnik. Feinwerktechnik & Messtechnik 98 (1990) 7-8, S. 303.

[6.2.57] *Krause, W.; Schinköthe, W.*: Gleichstromlinearmotoren in der Feinwerktechnik - Robust, schnell und genau. Technische Rundschau Bern 83 (1991) 28, S. 42.

[6.2.58] *Krause, W.; Schinköthe, W.*: Antriebssysteme für Automaten der Kleinteilmontage. Technische Rundschau Bern 89 (1997) 14, S. 26.

[6.2.59] *Moczala, H.*: Ein Beitrag zur Gestaltung bürstenloser Gleichstrom-Linearmotoren für kurze Wegstrecken. VDI-Berichte Nr. 482 (1983), S.43.

[6.2.60] *Schinköthe, W.*: Gleichstromlinearmotoren für die Gerätetechnik. Feingerätetechnik 35 (1986) 5, S. 207.

[6.2.61] *Hartramph, R.; Schinköthe, W.*: Miniaturlinearantriebe mit integriertem Wegmeßsystem. Feinwerktechnik · Mikrotechnik · Mikroelektronik 104 (1997) 9, S. 634.

[6.2.62] *Schinköthe, W.; Voss, M.*: Miniaturisierte Linearmotoren erschließen neue Anwendungen. Tagung Innovative Kleinantriebe, Mainz, 1996. VDI-Berichte 1269, S. 105.

[6.2.63] *Rauch, M.; Kühnel, A.*: Kleinlinearmotor zur Erzeugung von Linearschrittbewegungen. Feingerätetechnik 34 (1985) 2, S. 79.

[6.2.64] *Furchert, H.-J.*: Stand und Perspektiven der Mehrkoordinatenantriebe. VDI Berichte Nr. 1269, S. 175.

[6.2.65] *Sorber, J.*: Der Drehschubmotor - ein Antriebselement für kombinierte Dreh-Hub-Bewegungen. VDI Berichte Nr. 1269, S. 191.

[6.2.66] *Hermann, M.; Schinköthe, W.*: Piezoelektrische Wanderwellenmotoren für lineare Bewegungen. Tagung Innovative Kleinantriebe, Mainz, 1996, VDI-Berichte 1269, S. 301.

[6.2.67] *Hermann, M.; Schinköthe, W.*: Wanderwellenmotoren - eine Alternative in der Feinwerktechnik. Feinwerktechnik · Mikrotechnik · Mikroelektronik 105(1997) 11-12, S. 854.

[6.2.68] *Glöß, R.*: A High Resolution Piezo Walk Drive. Actuator 1994, Bremen, Tagungsband S. 190.

[6.2.69] *Nußbaum, H.*: Thermische Stellelemente in der Gerätetechnik. Feinwerktechnik · Mikrotechnik · Messtechnik 103 (1995) 9, S. 512.

[6.2.70] *Jendritza, D.; Janocha, H.*: Smarte Aktoren mit piezoelektrischen und magnetostriktiven Festkörperenergiewandlern. Feinwerktechnik · Mikrotechnik · Messtechnik 102 (1994) 11-12, S. 592.

[6.2.71] *Jendritza, D.; Karthe, W.; Wehrsdorfer, E.*: Aktoren in Bewegung. Feinwerktechnik · Mikrotechnik · Mikroelektronik 105 (1997) 9, S. 623.

[6.2.72] *Kiesewetter, L.*: Konstruktionsregeln und Dimensionierung magnetostriktiver Aktoren. Vortrag 38. IWK TU Ilmenau 1993, Tagungsband S. 84.

[6.2.73] *Kiesewetter, L.; Huang, K.-Y.; Zillessen, H.*: Terfenol D im Wanderwellenmotor. Feinwerktechnik · Mikrotechnik · Messtechnik 102 (1994) 4, S. 160.

[6.2.74] *Pritschow, G.*; *u.a.*: Inspektionsroboter mit Formgedächtnisantrieben. Tagung Innovative Kleinantriebe, Mainz, 1996, VDI-Berichte 1269, S. 327.

[6.2.75] *Voigt, K.*: Piezoaktuatorische Antriebe für den industriellen Einsatz. Feinwerktechnik · Mikrotechnik · Mikroelektronik 104 (1996) 1-2, S. 68.

[6.2.76] *Wehrsdorfer; E.; Borchardt, G.; Pertsch, P.; Karthe, W.*: Piezoelektrischer Mikrostoßantrieb. Feinwerktechnik · Mikrotechnik · Mikroelektronik 106 (1998) 4, S. 212.

[6.2.77] DIN 42016: Einbaumotoren für Geräte; Anbaumaße.

[6.2.78] DIN 42021-1: Schrittmotoren; Anbaumaße, Typschild, elektrische Anschlüsse.

[6.2.79] DIN 42021-2: Schrittmotoren; Begriffe, Formelzeichen, Einheiten und Kennlinien.

[6.2.80] DIN 42025: Stellmotoren; Gleichstrom-Klein- und -Kleinstmotoren mit dauermagnetischer Erregung, Anbaumaße, Drehrichtung, Typschild.

[6.2.81] DIN 42027: Stellmotoren; Einteilung, Übersicht.

[6.2.82] DIN EN 60034-1: Drehende elektrische Maschinen; T 1: Bemessung und Betriebsverhalten.

[6.2.83] DIN VDE 0580: Elektromagnetische Geräte; Allgemeine Bestimmungen.

6.3 Mechanische Funktionsgruppen

Zeichen, Benennungen und Einheiten

Zeichen	Benennung
A	Zeitpunkt vor der Abschnittsgrenze
B	Bedingungen
D	Wickeldurchmesser der Feder in mm
D_H	Federhausdurchmesser in mm
D_K	Federkerndurchmesser in mm
E	Elastizitätsmodul in N/mm^2
EP	einseitiges Prellen
F	Kraft, Transportkraft in N
F_M	Magnetkraft in N
F_S	Spannkraft in N
F_n	Normalkraft in N
F_1	Gegenkraft am Bauteil 1 in N
G	Schubmodul in N/mm^2, Getriebe
HP	Hauptprellen
I	Maximalstrom in A
J_1, J_2	Massenträgheitsmomente (Bauteil 1, 2) in kg·cm^2
K	Stoßfaktor, Kupplung
K_i	verallgemeinerte, nicht von einem Potential abhängende Kräfte, z. B. in N
L	Induktivität in H
M_R	Reibmoment in N · mm
M_d	Drehmoment in N· mm
M_1, M_2	Antriebs-, Belastungsmoment in N· mm
NP	Nebenprellen
O	Zeitpunkt nach der Abschnittsgrenze
P	Steigungshöhe in mm
PS	Prellsystem
R	ohmscher Widerstand in Ω
R_Z	gemittelte Rauhtiefe in μm
T	Gesamtzeit in s; kinetische Energie in N · mm
U	Spannung in V; potentielle Energie in N· mm
$Ü$	Übertragungseinrichtung
V_τ	Schubspannungserhöhung
W	Federenergie in N· mm
ZP	zweiseitiges Prellen
a	Länge in mm; Konstante
b	Breite in mm; Konstante in m^{-1}· s
c	Federsteife in N· mm
d	Durchmesser in mm
f	Freiheitsgrad, Füllfaktor
i	aktueller Strom in A; Übersetzung
k	Beanspruchungs-, Korrekturfaktor; Dämpfungskonstante in N· m^{-1}· s
l	Länge in mm
m	Masse in kg, g
n	Drehzahl in U/min; Windungszahl; Abschnittszahl; Federhausumdrehungen
q_i	verallgemeinerte Koordinate, z. B. in m
$\dot{q}_i$	Ableitung von q_i, z. B in m· s^{-1}
r, r_e	Radius, Ersatzradius in mm
s	Weg, Schrittlänge, Federweg (statisch) in mm
t	Zeit in s; Bauteildicke in mm
t_R, t_S	Rastzeit, Schrittzeit in s
u, v	Bauteilnummer
v	Geschwindigkeit in m· s^{-1}
x	Weg in mm
$\dot{x}_v$	Einzelgeschwindigkeit in m· s^{-1}
y_F	Federweg (dynamisch) in mm
z	Schlitzzahl, Zähnezahl
α	Drehmomentabfall in %; Keil-, Steigungs-, Umschlingungswinkel in rad
β	Drehmomentanstieg in %
κ	Massenverhältnis
λ_o	Eigenwert
μ	Reibwert
ν	Schritt-Zeit-Verhältnis
σ_b	Biegespannung in N/mm^2
τ, τ_t	Schub-, Torsionsspannung in N/mm^2
φ	Drehwinkel, Federwinkel in rad
$\dot{\varphi}$	Relativwinkelgeschwindigkeit in rad · s^{-1}
$\ddot{\varphi}$	Winkelbeschleunigung in rad · s^{-2}
ω_o	Eigenfrequenz in s^{-1}

Indizes

A	anzutreibend
F	Feder
S	Gesamtsystem
erf	erforderlich
max	maximal
nutz	nutzbar
opt	optimal
1	Antrieb bzw. Bauteil 1
2	Abtrieb bzw. Bauteil 2

Aufbauend auf den feinmechanischen Bauelementen, also den Verbindungselementen, Federn, Achsen und Wellen, Lagern, Führungen, Kupplungen, Zahnradgetrieben usw. [6.3.1] [6.3.2], werden nachfolgend ausgewählte und häufig angewendete Funktionsgruppen, wie mechanische Antriebe und Schaltsysteme, Baugruppen für den Transport von Datenträgern, Feinstellgetriebe sowie mechanische Betätigungseinrichtungen, dargestellt.

6.3.1 Mechanische Antriebe [6.3.1][6.3.2][6.3.21][6.3.40] bis [6.3.43]

Jede Bewegung von mechanischen Bauteilen oder Baugruppen in Geräten und Maschinen setzt das Wirken von Antriebselementen voraus, die Energie irgendeiner Erscheinungsform in mechanische Arbeit umwandeln. Die physikalischen Wirkprinzipe derartiger Elemente sind außerordentlich vielfältig; man denke an mechanische, hydraulische, pneumatische, elektromagnetische, magnetostriktive, piezoelektrische und biomechanische Antriebe. Die mechanischen Antriebe werden von mechanischen Energiespeichern gespeist, die im Energiefluß eigentlich die Rolle eines Zwischenspeichers einnehmen, der von einer Energiequelle mit einem anderen Wirkprinzip geladen werden muß. Die Einteilung der mechanischen Energiespeicher kann nach **Bild 6.3.1** vorgenommen werden. Hinsichtlich der Anwendungshäufigkeit nehmen dabei die Federn in der Feinwerktechnik eine deutliche Vorrangstellung ein. Kinetische Energiespeicher haben gegenüber potentiellen den Nachteil, daß sie nur über eine verhältnismäßig kurze Zeit wirksam sind. Die Vorteile der Federn im Vergleich zur Ausnutzung von Gewichtskräften liegen in der Lageunabhängigkeit, dem geringen Platzbedarf bei gleichem Energiegehalt und der kleinen Masse. Die in der Feder gespeicherte Energie steht ständig zur Verfügung und läßt sich sowohl für kontinuierliche als auch diskontinuierliche Antriebe verwenden. Die kontinuierlich arbeitenden rotatorischen Federantriebe, auch Federmotoren genannt, finden in Laufwerken u. a. für Registriergeräte, Uhren und Spielzeuge Verwendung. Federn werden aber auch als Energiespeicher in Schritt-, Spann- und Sprungwerken benötigt. In der Getriebetechnik bezeichnet man allgemein mit Werk einen Mechanismus, der potentielle Energie freigibt, die durch ein Schaltglied willkürlich oder gesteuert ausgelöst und so für die Bewegung eines Arbeitselements nutzbar wird. Das Speichern von potentieller Energie für die Erzeugung der Antriebsbewegung ist ein Wesensmerkmal der Werke. Sie werden nach der Art der Freigabe der gespeicherten Energie unterschieden **(Tafel 6.3.1)**.

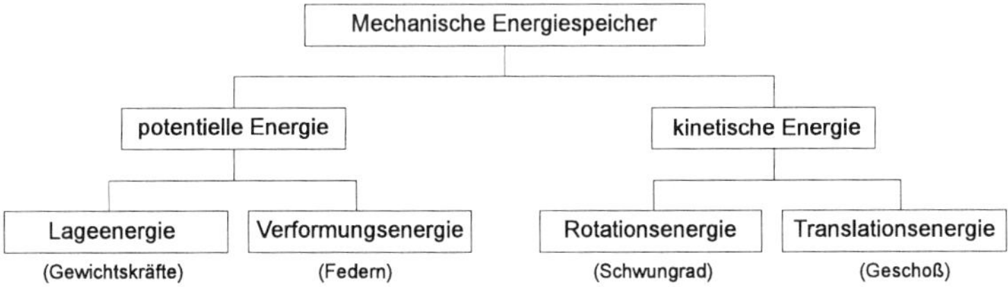

Bild 6.3.1 Mechanische Energiespeicher

Welche Feder für den Antrieb ausgewählt wird, hängt u. a. davon ab, ob die verlangten Parameter für Bewegungsform und Bewegungsmaß direkt an der Feder auftreten sollen oder ob zwischen Antriebsfeder und Abtrieb ein Getriebe anzuordnen ist.

So läßt sich z. B. beim Antrieb des Schreibmaschinenwagens die Rotationsbewegung der Spiraltriebfeder durch ein Zugmittelgetriebe in eine Translationsbewegung umformen oder ein drehbar gelagerter Hebel für kleine Drehwinkel durch eine translatorisch arbeitende einfache Zugfeder antreiben. Im folgenden werden nur reine Antriebsfedern betrachtet.

6.3.1.1 Antriebsenergie

Hauptkenngröße eines Federantriebs ist die zur Verfügung stehende Energie. Sie erhält man aus der Federkennlinie nach **Bild 6.3.2**

$$W = \int F \mathrm{d}s \quad \text{bzw.} \quad W = \int M_\mathrm{d} \mathrm{d}\varphi \,. \tag{6.3.1}$$

Weil aber für den Antrieb einer Baugruppe eine Mindestkraft $F_{\min}$ bzw. ein Mindestdrehmoment $M_{\mathrm{d\,min}}$ erforderlich ist, kann nicht die ganze in der Feder gespeicherte Energie W, sondern nur die im **Bild 6.3.3** dargestellte Nutzenergie W_{nutz} ausgenutzt werden:

$$W_{\mathrm{nutz}} = \int_{s_{\min}}^{s_{\max}} F \mathrm{d}s \quad \text{bzw.} \quad W_{\mathrm{nutz}} = \int_{\varphi_{\min}}^{\varphi_{\max}} M_\mathrm{d} \mathrm{d}\varphi \,. \tag{6.3.2}$$

Tafel 6.3.1 Systematik der Werke [6.3.1]

Bezeichnung	Spannen	Auslösung	Beispiele
Schrittwerk	nach einmaligem Spannen mehrmaliges Auslösen	durch gesteuertes Schaltglied periodisch oder unperiodisch	Ankerhemmung in der Uhr Antrieb des Schreibmaschinenwagens
Spannwerk	für jedes Auslösen ein Spannen erforderlich	willkürlich und getrennt vom Spannvorgang	Kippspannwerk *Sp* Spannen; *Lö* Lösen
Sprungwerk	Auslöse- und Spannvorgang sind miteinander verbunden	selbsttätig, nach Zurücklegen eines bestimmten Spannwegs	Kippschalter

1 Gestell; *2.1* Schrittrad; *2.2* Spannglied; *3.1* Schaltglied (Anker); *3.2* Sprungglied; *4* Antriebsfeder

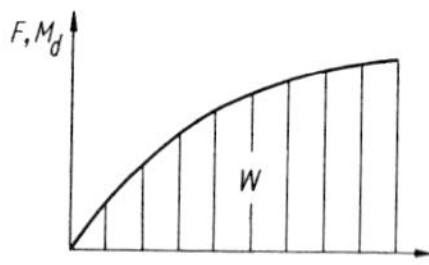

Bild 6.3.2 Federkennlinie (allgemein)

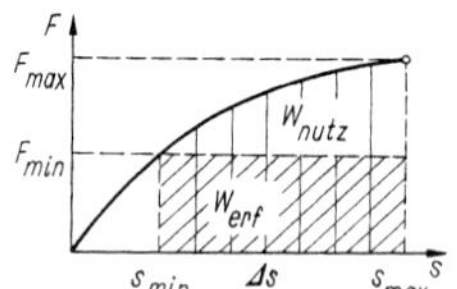

Bild 6.3.3 Federenergie

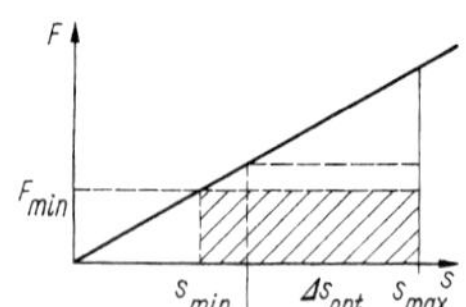

Bild 6.3.4 Optimierung bei linearer Federkennlinie

Diese zur Verfügung stehende Energie ist nicht identisch mit der erforderlichen, denn zum Antrieb der vorgesehenen Baugruppe reicht die Kraft F_{min}, so daß für den Antriebsweg $\Delta s = s_{max} - s_{min}$ nur

$$W_{erf} = F_{min}\,\Delta s = F_{min}(s_{max} - s_{min}) \tag{6.3.3}$$

benötigt wird. Die erforderliche Energie W_{erf} ist der Flächeninhalt des unter der Federkennlinie eingeschriebenen Rechtecks mit den Seitenlängen F_{min} und Δs. Die in der Feder gespeicherte Energie wird dann am besten ausgenutzt, wenn das Rechteck am größten ist. Bei einer solchen Optimierung des Federantriebs wird von der durch Festigkeitsrechnung bestimmten maximalen Federauslenkung s_{max} ausgegangen. Die meisten Metallfedern haben eine lineare Kennlinie

$$F = cs \tag{6.3.4}$$

mit c als Federsteife. Die Optimierung veranschaulicht Bild **6.3.4**, wobei gilt:

$$W_{erf} = (s_{max} - s_{min})F_{min}, \quad F_{min} = cs_{min}, \quad W_{erf} = c\left(s_{max}s_{min} - s_{min}^2\right).$$

W_{erf} wird ein Maximum bei $\mathrm{d}W_{erf}/\mathrm{d}s_{min} = 0$. Diese Bedingung führt zu $s_{min} = \left(\frac{1}{2}\right)s_{max}$ bzw. $\Delta s_{opt} = \left(\frac{1}{2}\right)s_{max}$.

6.3.1.2 Statik der Antriebsfedern

Tafel 6.3.2a, b faßt die für Rotationsantriebe gebräuchlichen Federn zusammen, deren nähere Berechnung [6.3.1] [6.3.2] [6.3.41] zu entnehmen ist.

Tafel 6.3.2 Rotationsfederantriebe [6.3.1]

a) Übersicht

Federart	Kennlinie	Parameter	Berechnung
1. Drehfeder (Schenkelfeder) 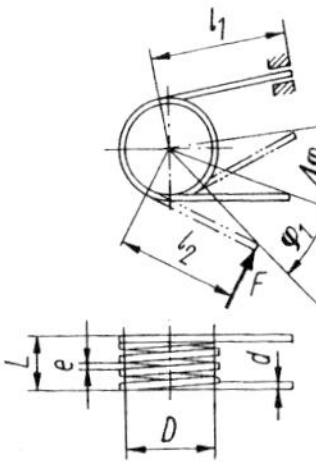	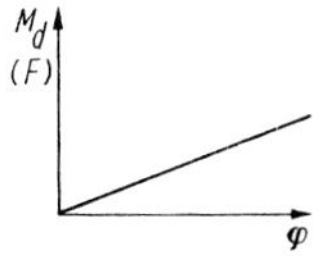	d Drahtdurchmesser D Wickeldurchmesser l_1, l_2 Schenkellänge n Windungszahl l Drahtlänge	$M_d = Fl_2 = c_\varphi \hat{\varphi}$ $c_\varphi = \frac{\pi d^4 E}{64 l}$ $l = n\pi D + \frac{1}{3}(l_1 + l_2)$
2. Freie Spiralfeder 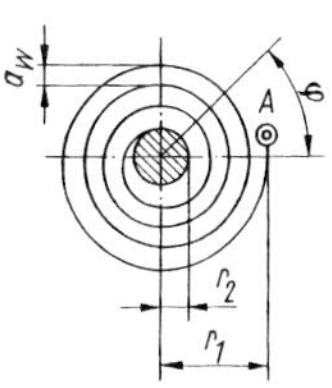	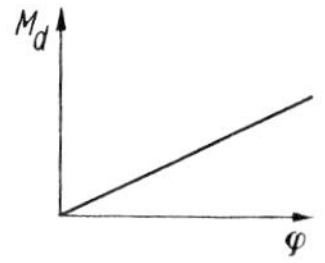	b, t Querschnittsmaße l Federlänge a_w Windungsabstand n Windungszahl r_1, r_2 äußerer und innerer Radius	$M_d = c_\varphi \hat{\varphi}$ $c_\varphi = \frac{bt^3 E}{15 l}$ $l = n\pi(r_1 + r_2)$ $= \frac{\pi}{a}(r_1^2 - r_2^2)$
3. Federhausmotor 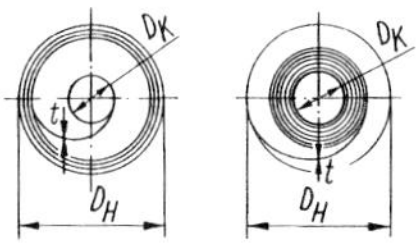	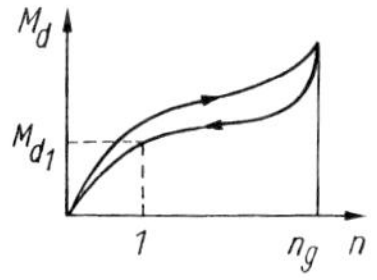	D_K, D_H Federkern-, Federhausdurchmesser b, t Querschnittsmaße n Umdrehungszahl $k = \frac{D_H}{t}$ relativer Federhausdurchmesser	Ablauf: $M_d = M_{d1}\sqrt[3]{n}$ $M_{d1} = 1{,}13\frac{E}{k}$ $\times\, bt^2\left(0{,}059 + \frac{1}{k}\right)$ $n_g = 0{,}08k\ \ 1$
4. Rollfederantrieb 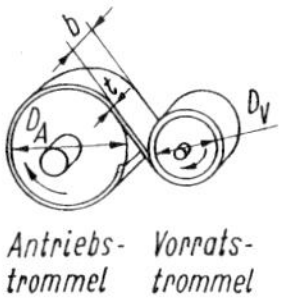 Antriebstrommel, Vorratstrommel	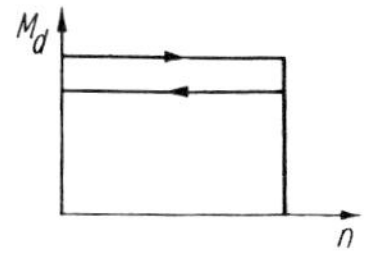	D_V, D_A Trommeldurchmesser b, t Querschnittsmaße n Umdrehungszahl K_L, Q Berechnungsfaktor	$M_d = \frac{5}{6} Q K_L b t^2$ $D_V = K_L t$ $D_A = \frac{5}{3} D_V$

b) Eigenschaften und Bemessung

1. Drehfeder (Schenkelfeder)

Sie ist eine zylindrisch gewickelte Schraubenfeder mit axial, radial oder tangential angeordneten Schenkeln l_1, l_2. Gewöhnlich wird der eine Schenkel am Gestell festgelegt und der andere mit dem beweglichen Bauteil gegen diesen verdreht. Sie erfordert als Energiespeicher wenig Platz und wird zur eigenen Führung i. allg. auf die Achse oder Welle (Führungsdorn) gesteckt. Beim Energieeinspeisen (Aufziehen) soll das Moment im Wicklungssinn wirken, so daß sich der Wicklungsdurchmesser verkleinert. Es ist deshalb auf ausreichendes Spiel zwischen Feder und Führungsdorn zu achten.

2. Freie Spiralfeder

Sie wird meist als archimedische Spirale mit konstantem Windungsabstand a_n gewickelt und arbeitet reibungsfrei, solange sich die Windungen nicht gegenseitig berühren. Diese Bedingung setzt dem ausnutzbaren Drehwinkel eine Grenze bei etwa $\varphi = 360°$. Bei Inkaufnahme der Reibungsverluste kann man die Spiralfeder bis zum völligen Aufeinan-

Tafel 6.3.2 Fortsetzung

derliegen der Windungen am Federkern aufziehen. Beim Ablauf der Feder ist zu berücksichtigen, daß für deren Entfalten genügend freier Raum zur Verfügung steht oder daß benachbarte Funktionselemente durch Begrenzungsstifte *4* (**Bild 6.3.5**) geschützt werden. Das äußere Federende ist gelenkig an einem Gestellbolzen *3*, das innere Ende an der Welle *1* befestigt, über die die Feder gespannt wird. Durch dieselbe Welle erfolgt das Weiterleiten des Abtriebsdrehmoments an das Zahnrad *2*. Ein Zahnrichtgesperre zwischen Welle und Zahnrad verhindert die Übertragung der Aufzugsbewegung direkt auf das Zahnrad.

3. Federhausmotor

Das Federhaus begrenzt mit dem Durchmesser D_H das Entfalten der ablaufenden Spiralfeder, so daß sich das Einbauvolumen des kompletten Federantriebs klein halten läßt. Wie beim Antrieb mit freier Spiralfeder wird die Feder über die Welle *1* (**Bild 6.3.6**) gespannt (aufgezogen). Ein Zahnrichtgesperre sorgt dafür, daß sich die Welle nicht zurückdreht. Das äußere Federende ist nicht im Gestell, sondern im Federhaus *2* befestigt, über das auch der Abtrieb erfolgt. Zu diesem Zweck ist das Federhaus unmittelbar mit einer Verzahnung *3* versehen. Die optimale Dimensionierung des an sich einfachen und in der Praxis erprobten Federhausmotors ist mit einigen Problemen verbunden: Man muß den Zusammenhang zwischen Konstruktions-, Werkstoff- und Funktionsparametern exakt fassen, um die optimale Triebfeder ausrechnen zu können. Zu den Konstruktionsparametern zählen die Federdaten (Länge l, Breite b, Banddicke t) und die Federhausdaten (innerer Federhausdurchmesser D_H, Federkerndurchmesser D_K). Als Werkstoffparameter genügen i. allg. der Elastizitätsmodul E und die zulässige Biegespannung $\sigma_{b\,zul}$ des Federwerkstoffs. Für die tatsächliche Beanspruchung des Federwerkstoffs ist der Faktor $k = D_H/t$ maßgebend; in ihm ist die Krümmung des Federbands enthalten.
Die zur Erfüllung der beabsichtigten Funktion der Triebfeder einzuhaltenden Werte sind das zum Antrieb des nachgeschalteten Laufwerks erforderliche Mindestdrehmoment $M_{d\,min}$, das maximal verträgliche Drehmoment $M_{d\,max}$, um z. B. die nachfolgende Funktionsgruppe nicht zu überlasten, und die verlangte Anzahl der Umdrehungen des Federhauses Δn.
Das Nomogramm im **Bild 6.3.7** ist eine rationelle Hilfe zum Dimensionieren des Federhausmotors. Ihm liegen die in Tafel 6.3.2a angegebenen Formeln zugrunde.

Es bedeuten:

σ_b	in N/mm²	maximale Spannung im Federband
$M_{d\,min}$	in N·mm	vom Federantrieb gefordertes Mindestdrehmoment
Δn		Anzahl der Federhausumdrehungen zwischen $M_{d\,max}$ und $M_{d\,min}$
D_H	in mm	innerer Federhausdurchmesser
t	in mm	Federbanddicke
$k = D_H/t$		relativer Federhausdurchmesser
b	in mm	Federbandbreite
l	in mm	Federlänge
α	in %	Drehmomentabfall, $\alpha = (M_{d\,max} - M_{d\,min}/M_{d\,max}) \cdot 100\%$
β	in %	Drehmomentanstieg, $\beta = (M_{d\,max} - M_{d\,min}/M_{d\,min}) \cdot 100\%$

Vorausgesetzt sind: $E = 2{,}2 \cdot 10^5$ N/mm² (für Stahl) sowie $D_K = D_H/3$.

Wird die Berechnung nach dem Nomogramm durchgeführt, ergibt sich von selbst der optimale Füllfaktor $f = 0{,}5$, d. h., die Feder nimmt 50 % des freien Federhausvolumens ein. Die Federenergie wird optimal ausgenutzt bei $\Delta n = 0{,}75\ \Delta n_g$, das ist für $\beta = 60$ % der Fall.
Zur Handhabung des Nomogramms ist in **Tafel 6.3.3** die Schrittfolge dargestellt.

4. Rollfederantrieb

Rollfedern sind ohne Abstand gewickelte Federbandspiralen, deren Enden auf zwei Wellen befestigt sind: der Arbeitsrolle mit dem Durchmesser D_A und der Vorratsrolle mit D_V. Wird das Federband von der Vorrats- auf die Arbeitsrolle gewickelt, so ist die Feder durch ihr Formbeharrungsvermögen bestrebt, in die Ausgangslage zurückzukehren. Das dabei frei werdende Drehmoment ist nahezu über die gesamte Wickellänge konstant. Die zur Berechnung des Drehmoments erforderlichen Faktoren Q und K hängen vom Werkstoff und von der Lebensdauer (Lastwechselzahl L) ab. Dem Diagramm im **Bild 6.3.8** sind sowohl K_L als auch das bezogene Drehmoment $M_d/(b\,t^2)$ zu entnehmen.

- Neben den in Tafel 6.3.2a/4. dargestellten und hier behandelten Antrieben mit umgekehrtem Wickelsinn der Federn, auch als sog. *B-Motor* bezeichnet, sind Antriebe mit gleichem Wickelsinn (*A-Motor*) üblich, deren Berechnung und Gestaltung [6.3.98] enthält.

Durch ein Übertragungsgetriebe läßt sich dieser optimale Federhub auf den in der Aufgabenstellung geforderten Arbeitshub bringen.

Eine Feder bietet aufgrund ihrer steigenden Kennlinie einen Energieüberschuß an, der entweder ertragen oder beseitigt werden muß. Bei der Ausnutzung von Gewichtskräften besteht dieser Nachteil nicht, da während der ganzen Wirkungsdauer eine konstante Antriebskraft bzw. ein konstantes Antriebsmoment wirkt, so daß $W_{erf} = W_{nutz}$ vorliegt. Von den Federantrieben hat nur die Rollfeder eine solche Charakteristik.

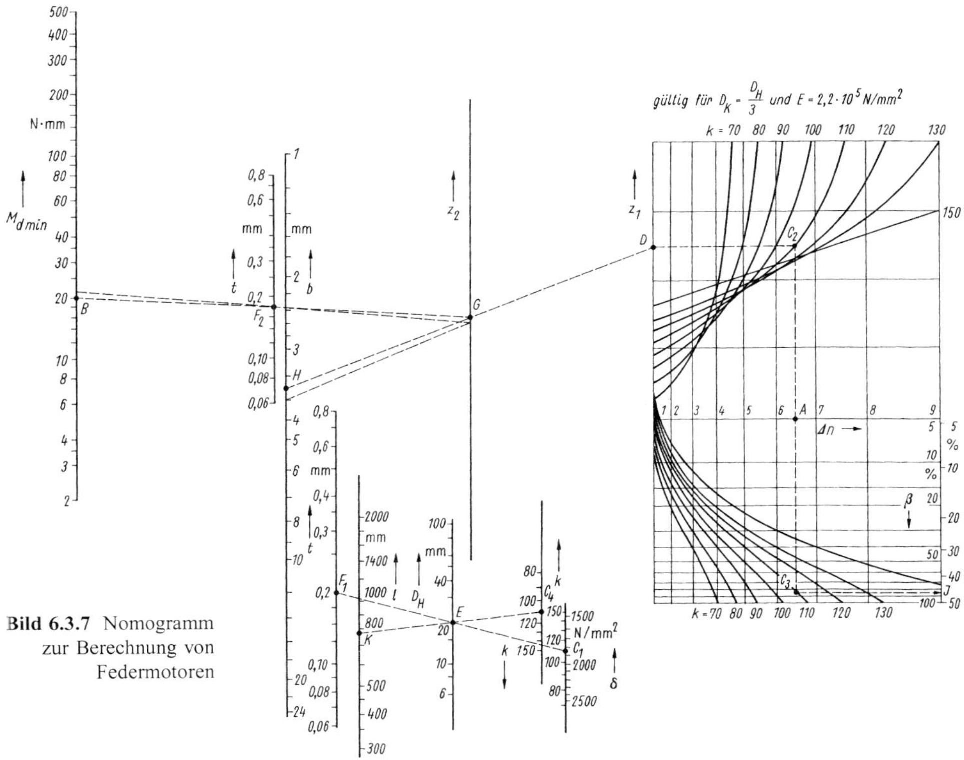

Bild 6.3.7 Nomogramm zur Berechnung von Federmotoren

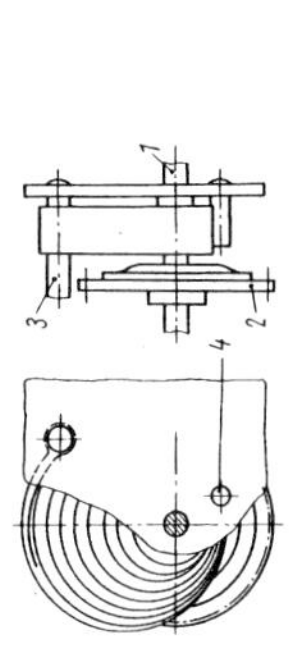

Bild 6.3.5 Freie Spiralfeder

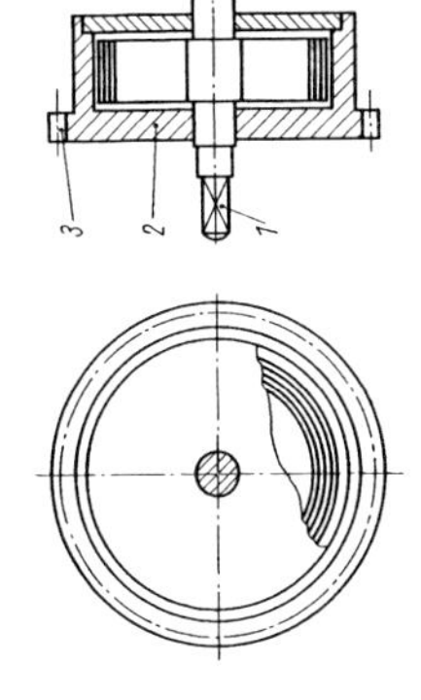

Bild 6.3.6 Federhausmotor

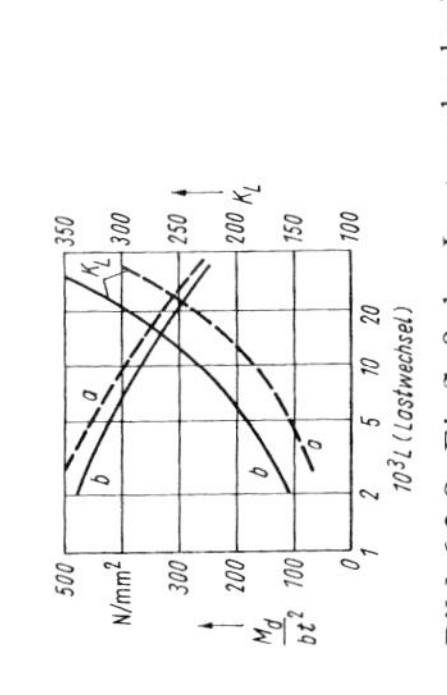

Bild 6.3.8 Einfluß der Lastwechselspiele auf die Dimensionierung von Rollfederantrieben
a) nichtrostender Federstahl
b) Kohlenstoffederstahl

Tafel 6.3.3 Schrittfolge zur Handhabung des Nomogramms für die Berechnung von Federmotoren (gemäß Bild 6.3.7)

Beispiel einer Aufgabenstellung

Zu einem vorhandenen Laufwerk ist ein geeigneter Federhausmotor zu ermitteln. Gegeben sind:

$M_{\mathrm{d\,min}} = 20\mathrm{N \cdot mm}$ und $\Delta n = 6{,}5$

1. Schritt: Die Punkte A und B sind im Nomogramm einzutragen.

2. Schritt: Vom Bearbeiter sind festzulegen: entweder die zulässige Spannung des Federbandstahls $\sigma_{\mathrm{b\,zul}}$, die Abmessungen des Federquerschnitts b und t oder der Drehmomentanstieg β.

Ist z. B. ein Federbandstahl mit $\sigma_{\mathrm{b\,zul}}$ = 1850 N/mm² vorhanden, so liegt der Punkt C_1 fest und damit auch der Wert für k. Nunmehr können die Punkte C_2, C_3 und C_4 eingetragen werden. α und β sind bei J abzulesen. Es sind α = 45 % und β = 85 %, d. h., es ist mit einem maximalen Drehmoment von 37 N · mm zu rechnen. Die Federenergie wird nicht optimal ausgenutzt; dies wäre für k = 120 der Fall. Von C_2 aus erhält man durch eine waagerechte Gerade den Punkt D.

3. Schritt: Eine der übriggebliebenen Größen t, b, l oder D_{H} darf nun noch frei gewählt werden. Legt man z. B. t mit 0,18 mm fest (Punkte F_1 und F_2), so ergeben sich alle anderen Werte zwangsläufig.

4. Schritt: Die Verbindung von F_1 und C_1 ergibt beim Punkt E die Federhausgröße D_{H} = 20 mm, die Verbindung von C_4 über E zeigt in K die Federlänge l = 780 mm an. Die Gerade von B nach F_2 schneidet die Hilfsleiter z_2 im Punkt G. Die Federbandbreite b im Punkt H gewinnt man durch die Verbindung der Punkte D und G. Im Beispiel ist b = 3,75 mm.

Der Vorteil des Nomogramms ist u. a., daß die Auswirkung des Änderns eines Werts auf die übrigen schnell überblickt werden kann. So könnte es im vorliegenden Beispiel der Fall sein, daß anstelle des ermittelten Querschnitts von 0,18 mm × 3,75 mm nur ein Federbandstahl von 0,18 mm × 4,0 mm lieferbar ist. Im Nomogramm ist dazu nur der Punkt H auf b = 4,0 mm zu verschieben, mit D zu verbinden und der neue Punkt G zu markieren; F_2 bleibt unverändert. Die Verbindung von G mit F_2 zeigt dann den neuen Wert für $M_{\mathrm{d\,min}}$ an. Im vorliegenden Fall würde sich $M_{\mathrm{d\,min}}$ auf 22 N · mm erhöhen.

Es sei darauf hingewiesen, daß die berechneten Drehmomente für den Ablauf des Federhausmotors gelten. Zum Aufziehen ist ein um etwa 20 % größeres Moment erforderlich.

6.3.1.3 Dynamik der Antriebsfedern [6.3.1] [6.3.41]

Bei den obigen Betrachtungen blieb das Zeitverhalten des Antriebs unberücksichtigt; für kontinuierlich ablaufende Vorgänge ist dies auch nicht erforderlich. Die Mehrzahl der Federn wird zum Erzeugen diskontinuierlicher Bewegungen eingesetzt, z. B. in den Schritt-, Sprung- und Spannwerken. Hier ist der Vorteil der Feder, daß sie eine mechanische Energie beliebig lange speichern und zu einem bestimmten Zeitpunkt „bedarfsgesteuert" abgeben kann, voll ausnutzbar. Gütekriterium eines solchen Antriebs ist u. a. die Realisierbarkeit kurzer Bewegungszeiten der anzutreibenden Massen.

Die mathematische Untersuchung des Bewegungsverhaltens und die Vielfalt der funktionellen und strukturellen Möglichkeiten lassen die Bildung einiger typischer Modelle mit Beschränkung auf das Wesentliche zweckmäßig erscheinen. Eine ausführliche Darstellung ist in [6.3.26] bis [6.3.28] zu finden.

Für den im **Bild 6.3.9** dargestellten Schraubenfederantrieb sei vorausgesetzt: Nur Trägheitskräfte sind wirksam, die anzutreibende Masse m_{A} bleibt während des Antriebsvorgangs konstant; die Federachse verändert während des Bewegungsvorgangs ihre Lage nicht; ein Federende ist mit dem ruhenden Bewegungssystem (Gestell) gekoppelt.

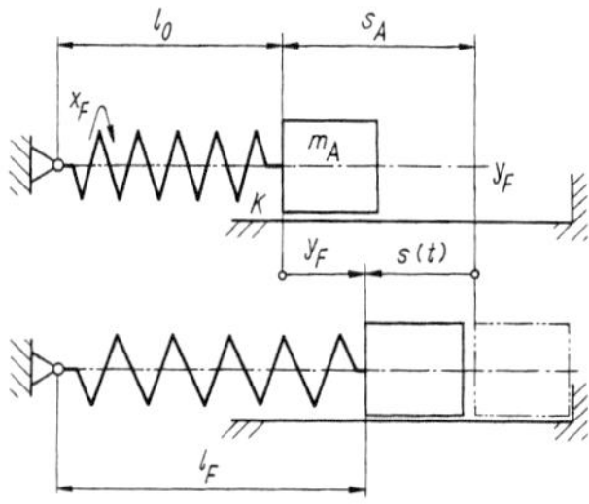

Bild 6.3.9 Schraubenfederantrieb

Der einfachste Modellfall ist das bei Vernachlässigen der Federeigenmasse m_{F} entstehende Feder-Masse-Schwingungssystem mit einem Freiheitsgrad. Die Bewegungsgleichung lautet

$$m_A \ddot{y}_F + c_s y_F = 0 \tag{6.3.5}$$

mit der Eigenkreisfrequenz und dem Bewegungsgesetz

$$\omega_o = \sqrt{c_s / m_A} \quad \text{und} \quad s(t) = s_A\left(1 - \cos\omega_o t\right) \ . \qquad (6.3.6)\ (6.3.7)$$

Wird die Federmasse einbezogen, gilt mit $m_A / m_F = \kappa$: $\omega_o' = \lambda_o \sqrt{c_s / m_F}$,wobei der Eigenwert näherungsweise

$$\lambda_o = \sqrt{3/(3\kappa + 1)} \tag{6.3.8}$$

ist. Damit wird die Eigenkreisfrequenz

$$\omega_o' = \sqrt{3c_s/(3\kappa + 1)m_F} \ . \tag{6.3.9}$$

Für den Grenzfall $m_F = 0$ folgt wieder Gl. (6.3.6), und für $m_A = 0$ ergibt sich $\omega_o' = \pi/2\sqrt{c_s / m_F}$.

Bei jeder Federberechnung ist der Festigkeitsnachweis zu erbringen. Für die dynamisch beanspruchte Feder (s. Bild 6.3.9) gilt

$$\tau_t = V_\tau k \frac{Gd}{\pi D^2 n} s_A \leq \tau_{t\,\text{zul}} \ . \tag{6.3.10}$$

k ist der Korrekturfaktor nach *Göhner*; $k = f(D/d)$, s. **Bild 6.3.10**, und $V_\tau = \lambda_o / \sin\lambda_o$ ist die Schubspannungserhöhung durch die dynamische Belastung (s **Bild 6.3.11**). Sollte $\tau_{t\,\text{zul}}$ überschritten werden, ist neu zu dimensionieren.

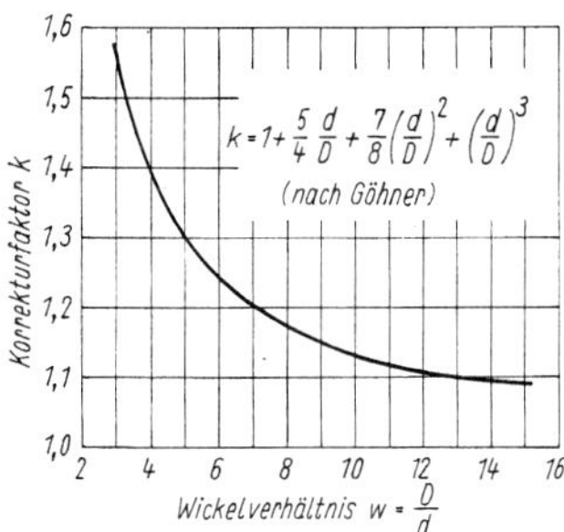

Bild 6.3.10 Korrekturfaktor für Federn (nach *Göhner*)

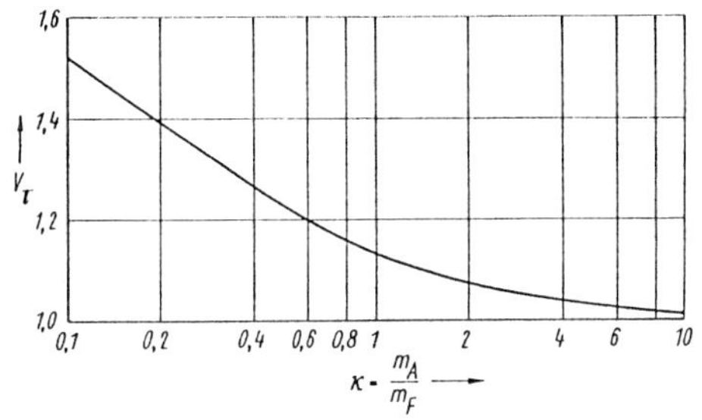

Bild 6.3.11 Korrekturfaktor für Federn bei dynamischer Belastung

Ausgewählte Normen und Richtlinien zu Abschn. 6.3.1 s. Tafel 6.3.15.

6.3.2 Mechanische Schaltsysteme [6.3.1] [6.3.17] [6.3.25] [6.3.44] bis [6.3.52]

In der Feinwerktechnik dienen bestimmte Baugruppen zum Schalten des Energieflusses. Dieser Vorgang wird auch als Koppeln bezeichnet.

Mechanische Schalter bzw. Schaltsysteme sind dadurch gekennzeichnet, daß eine zeitweise reib- bzw. kraftgepaarte oder eine zeitweise formgepaarte Kraft- bzw. Momentenübertragung (Kopplung) auftritt. Diese Merkmale weisen viele Schaltelemente, Schrittgetriebe usw. auf [6.3.1] [6.3.13] [6.3.20]. Zum Abgrenzen von den schaltbaren Baugruppen gilt der Begriff Schrittgetriebe dann, wenn eine Schrittbewegung charakteristisch für den Bewegungsverlauf ist.

Durch das Koppeln bzw. Entkoppeln wird, ausgehend von der Betrachtungsweise der kinematischen Kette, die Struktur dieser Kette verändert [6.3.13] [6.3.20]. Baugruppen, die aufgrund von Montage- und Fertigungsabweichungen sowie infolge Verschleißes ein Spiel (Lose, Anlagenwechsel, Totgang) haben, lassen sich wie Schaltsysteme behandeln.

6.3.2.1 Übersicht

Tafel 6.3.4 zeigt eine Systematik der Baugruppen, die durch zeitweise reib- bzw. kraftgepaarte oder formgepaarte Kopplung charakterisiert sind.

Tafel 6.3.4 Übersicht über Prinzipe und Anwendungsbeispiele mechanischer Schaltsysteme [6.3.1][6.3.17]

1 ... 3 zeitweise reibgepaarte Kopplung, Eingabe und Ausgabe rotatorisch; *4 ... 6* zeitweise reibgepaarte Kopplung, Eingabe rotatorisch, Ausgabe translatorisch; *7 ... 10* zeitweise reibgepaarte Kopplung, Eingabe rotatorisch/translatorisch, Ausgabe translatorisch/rotatorisch; *11 ... 14* zeitweise formgepaarte Kopplung, Eingabe rotatorisch, Ausgabe rotatorisch/translatorisch; *15 ... 18* zeitweise formgepaarte Kopplung, Eingabe und Ausgabe translatorisch/rotatorisch

Nr.	Prinzip	Konstruktive Ausführung	Anwendung
1	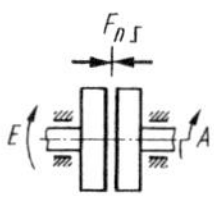 F_{nS}, E, A	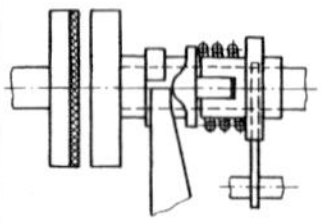	Eintourenkupplung für jeweils nur eine Umdrehung nach Auslösen der Schaltklinke
2		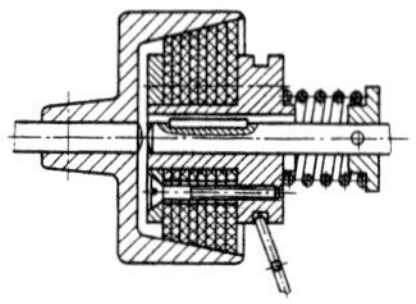	Kegelkupplungen zum Vergrößern der Normalkraft, Kegelwinkel wird größer als der Reibwinkel gewählt
3		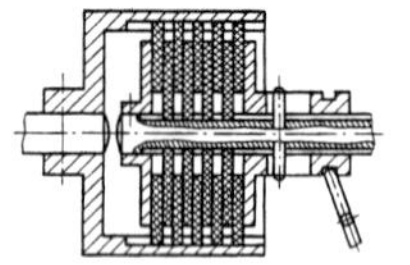	Scheiben- oder Lamellenkupplungen übertragen ein Drehmoment entsprechend der Reibflächenanzahl, Anpreßkraft ist für alle Reibpaarungen gleich
4	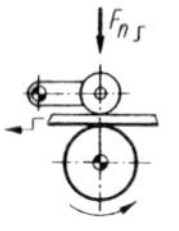 F_{nS}	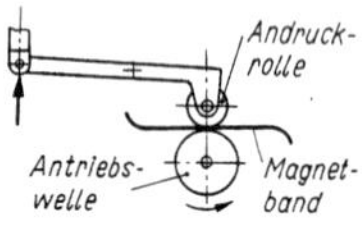 Andruckrolle, Antriebswelle, Magnetband	Andruckrollen für Magnetbandantrieb, elektromechanische Steuerung der beweglichen (abhebbaren) Rolle
5		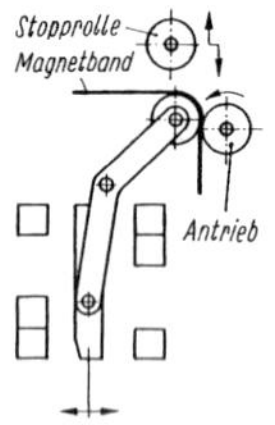 Stopprolle, Magnetband, Antrieb	Magnetbandantrieb für Start-Stopp-Bewegung (Antriebsrolle, Stopprolle), magnetische Steuerung des Schalthebels (s. auch Abschn. 6.3.3, Tafel 6.3.7)
6	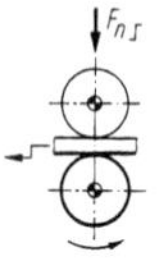 F_{nS}	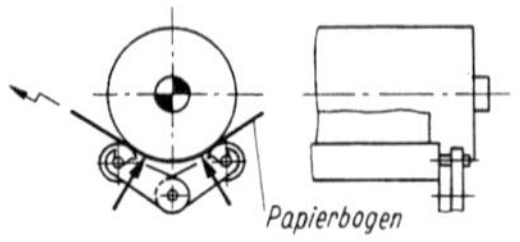 Papierbogen	Papiervorschubgetriebe eines Ausgabedruckers, Papierhalteeinrichtung, Bandtransporteinrichtungen (s. auch Abschn. 6.3.3, Tafel 6.3.7)
7	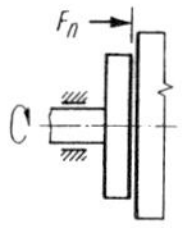 F_n	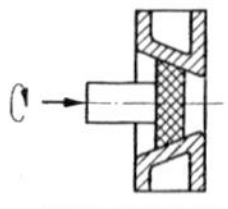	als Bremse zum Behindern oder Beenden von Drehbewegungen
8		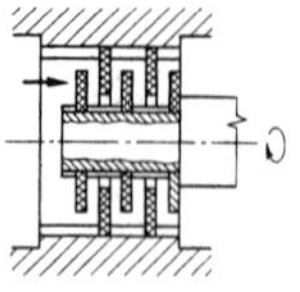	Scheiben- oder Lamellenbremse für kurzzeitiges Beenden von Drehbewegungen
9	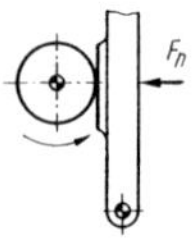 F_n	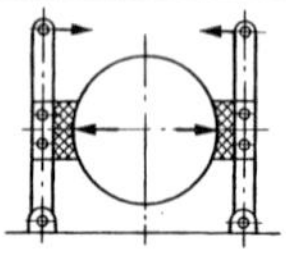	als Backenbremse oder Dämpfung für Begrenzen oder Beenden von Drehbewegungen

Tafel 6.3.4 Fortsetzung

Nr.	Prinzip	Konstruktive Ausführung	Anwendung
10	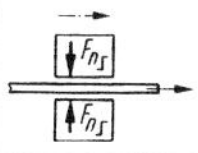	s. Abschn. 6.3.3, Bild 6.3.28	Transporteinrichtung oder Bremse für bandförmige Informationsträger
11		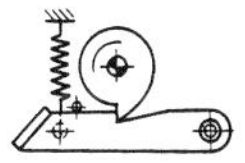	gesteuerte Anschläge mit begrenztem Aufheben der Anschlagwirkung
12		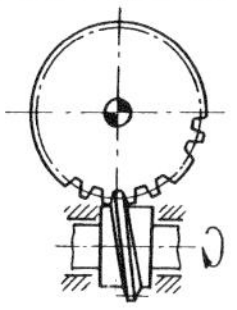	einfacher Schneckenanschlag mit fehlender Zahnlücke begrenzt Drehung der Schneckenradwelle
13	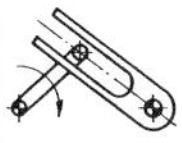	s. Abschn. 6.3.3, Tafel 6.3.6/2	Malteserkreuzgetriebe als Schrittgetriebe, beispielsweise für Filmtransport
14	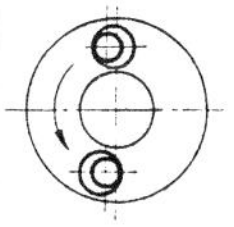	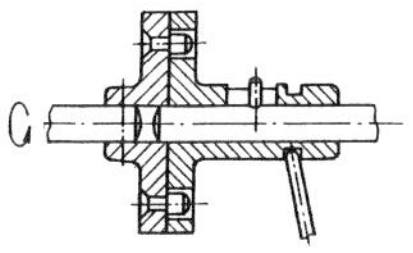	Stiftkupplungen zum Schalten (Einkuppeln) von Drehbewegungen bei Wellen; sie gewährleisten schlupffreies Übertragen der Drehzahl
15	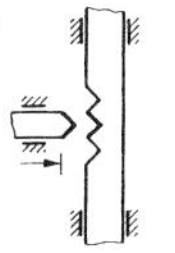	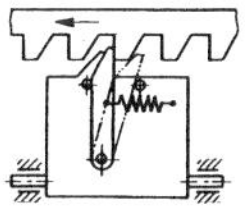	Schaltschloß zum Begrenzen der Schrittweite des Papierhaltewagens einer Schreibmaschine
16		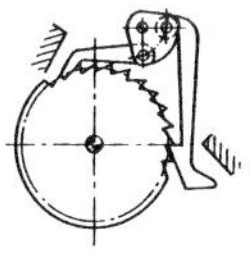	Klinkenschrittgetriebe zum Umformen einer translatorischen Bewegung in eine Schrittbewegung mittels Zahnklinken (s. auch Abschn. 6.3.3, Tafel 6.3.6)
17	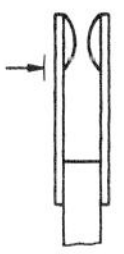	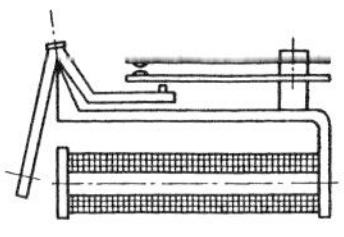	Kontaktfedersatz für Relais
18	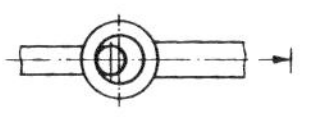	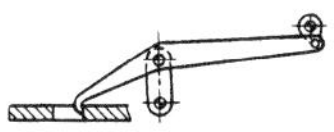	Greiferschrittgetriebe zum Transport des Films in Kameras (s. auch Abschn. 6.3.3, Tafel 6.3.7)

Zeitweise reibgepaarte Kopplung. Reibsysteme (RS) dienen zum Antreiben oder Bremsen, wobei die Erscheinungen Gleiten/Haften sowie Ruck (Sprung im Beschleunigungsverlauf des angetriebenen Bauteils) auftreten. **Bild 6.3.12** zeigt einige rotatorische und translatorische Anordnungen. Die im Gestell *0* gelagerten Bauteile *1, 2* können Reibstellen haben (besondere Kennzeichnung). Bauteil *1* geht jeweils mit einem weiteren Bauteil (*0* bzw. *2*) eine Reibpaarung ein.

Die schaltbaren Reibkupplungen (Lamellen- und Reibscheibenkupplungen) sind Anwendungen, die in vielen Geräten zum Einsatz gelangen.

Die Betriebsarten Antreiben und Bremsen treiben das getriebene Bauteil (*2*) an bzw. bremsen das treibende Bauteil (*1*) (s. Tafel 6.3.4, Nr. 1, 4, 6, 10). In der Feinwerktechnik ist zu berücksichtigen, daß meist Rückwirkungen auf den Antrieb (Motor) auftreten (**Bild 6.3.13a**). Die Schaltzeit ist gleich der Einschaltrutschzeit t_{RE}.

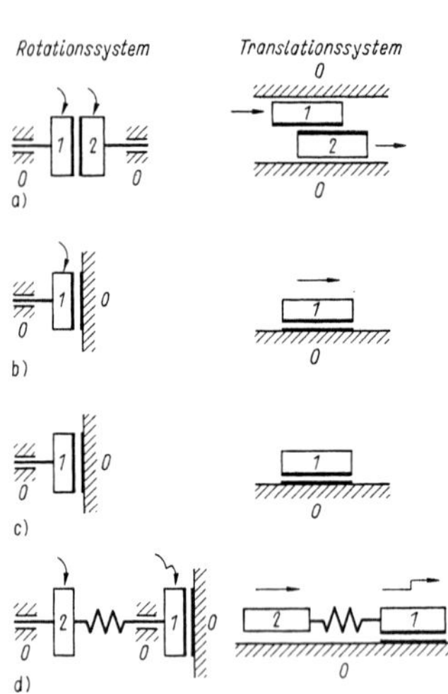

Bild 6.3.12 Reibgepaarte Kopplung, einfache rotatorische und translatorische Anordnungen mit einem Antrieb
a) Reibsystem RS 012 Gleiten (Antreiben, Bremsen), Haften
b) RS 01 Gleiten (Bremsen)
c) RS 01 Haften
d) RS 012 Schwingen
unterstrichene Ziffern: Bauteile, bei denen keine Reibkopplung auftritt

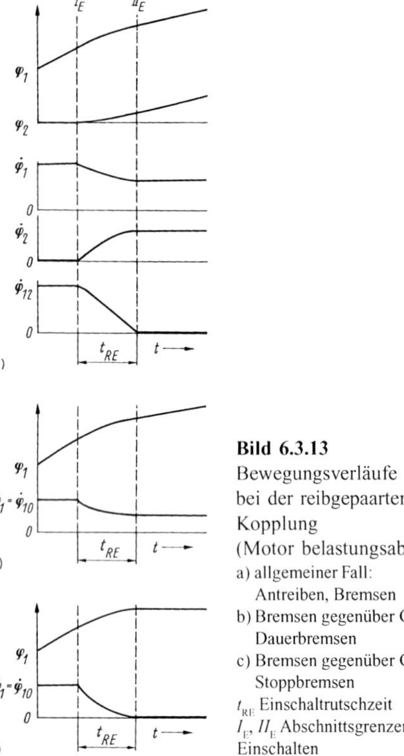

Bild 6.3.13 Bewegungsverläufe bei der reibgepaarten Kopplung (Motor belastungsabhängig)
a) allgemeiner Fall: Antreiben, Bremsen
b) Bremsen gegenüber Gestell: Dauerbremsen
c) Bremsen gegenüber Gestell: Stoppbremsen
t_{RE} Einschaltrutschzeit
I_E, II_E Abschnittsgrenzen beim Einschalten

Beim Dauerbremsen ist immer eine Relativgeschwindigkeit zwischen treibendem und getriebenem Bauteil zu verzeichnen (s. Tafel 6.3.4, Nr. 7, 9). Im Bild 6.3.13b ist der Sonderfall des Bremsens gegenüber dem Gestell angegeben. Beim Stoppbremsen gegenüber dem Gestell nach Bild 6.3.13c wird die Geschwindigkeit des treibenden Bauteils Null. Haftsysteme, die nicht schaltbar sind, z. B. Preßverbindungen, stellen den Grenzfall der Schaltsysteme dar. Bei Schwingsystemen ist der Schaltvorgang durch sog. Stick-slip-Erscheinungen gekennzeichnet.

Zeitweise formgepaarte Kopplung. Der Schaltvorgang bei Formpaarung ist i. allg. durch Stöße bzw. Prellen gekennzeichnet. Stöße sind Sprünge im Geschwindigkeitsverlauf, während man unter Prellen eine Vielzahl von Stößen versteht. Prell- bzw. Stoßsysteme (PS) können Schaltfunktionen erfüllen, wie die schaltbaren Klauen- oder Zahnkupplungen.

Das Begrenzen ist eine weitere Funktion der Baugruppen mit formgepaarter Kopplung [6.3.1]. Bezüglich der konstruktiven Ausführung des begrenzenden getriebenen Bauteils sind feste Anschläge (Tafel 6.3.4, Nr. 11) und bewegliche Anschläge (Nr. 17) [6.3.17] zu unterscheiden. Der feste Anschlag ist dabei eine große Masse (Gestell).

Bild 6.3.14 zeigt einige translatorische Prell- bzw. Stoßsysteme. Die Stoßstellen sind besonders gekennzeichnet. Nach den Bewegungsverläufen der Bauteile, die wesentlich durch die Struktur der Prell- und Stoßsysteme bestimmt werden, können gemäß Bild 6.3.14 die Prellkategorien einseitiges Prellen EP und zweiseitiges Prellen ZP unterschieden werden [6.3.17]. Das einseitige Prellen tritt bei den Baugruppen gemäß Tafel 6.3.4, Nr. 11, 17 auf, während 13, 14, 15 und 18 Bauteilanordnungen zeigen, die zweiseitiges Prellen zur Folge haben können (zweiseitiges Prellen kann zu einseitigem entarten.)

Bei festen Anschlägen ist das Hauptprellen HP, bei beweglichen Anschlägen das sog. Nebenprellen NP anzutreffen. Bei Hauptprellen tritt durch die Stöße jeweils ein Vorzeichenwechsel im Geschwindigkeitsverlauf auf.

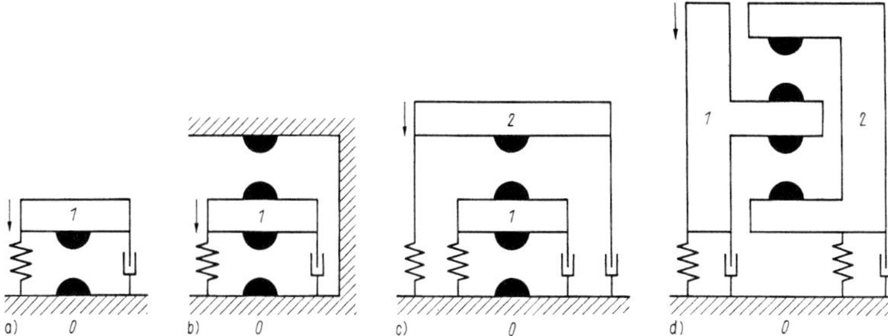

Bild 6.3.14 Mechanische Modelle von Prellsystemen PS mit Anfangsauslenkung
a) PS 01 EP; b) PS 01 ZP; c) PS 012 EP/ZP; d) PS 012 ZP
EP einseitiges Prellen; ZP zweiseitiges Prellen; unterstrichene Ziffer: Bauteil, bei dem keine Formpaarung auftritt.

6.3.2.2 Modellierung

In Bild 6.3.13 und **Bild 6.3.15** sind Einzelabschnitte im Bewegungsverlauf bei reib- und formgepaarter Kopplung dargestellt. Die Stoßzeiten bei Formpaarung sind in der Praxis klein. Sie können vielfach gegenüber der Gesamtbewegungszeit vernachlässigt werden.

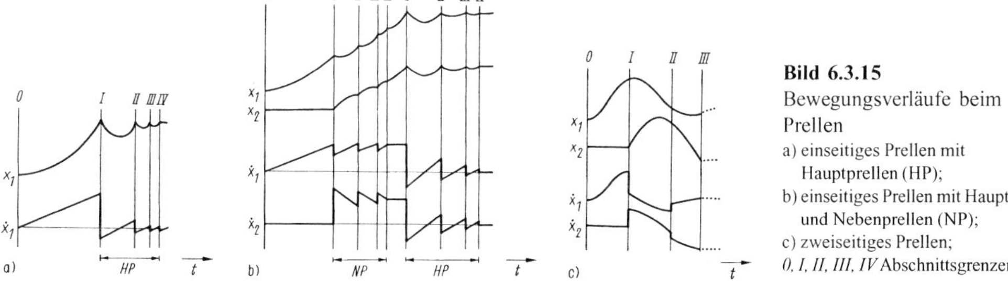

Bild 6.3.15 Bewegungsverläufe beim Prellen
a) einseitiges Prellen mit Hauptprellen (HP);
b) einseitiges Prellen mit Haupt- und Nebenprellen (NP);
c) zweiseitiges Prellen;
0, I, II, III, IV Abschnittsgrenzen

Die Schaltvorgänge sind in *n* Abschnitte zerlegbar. **Bild 6.3.16** zeigt für den allgemeinen Fall, welche Bedingungen an den Abschnittsgrenzen zwischen den Bauteilen *u* und *v* vorliegen. Durch Kenntnis der Endbedingungen eines Abschnitts $B_{uv\,nA}$ sollen die Anfangsbedingungen $B_{uv\,n+10}$ des folgenden Abschnitts bestimmt werden.

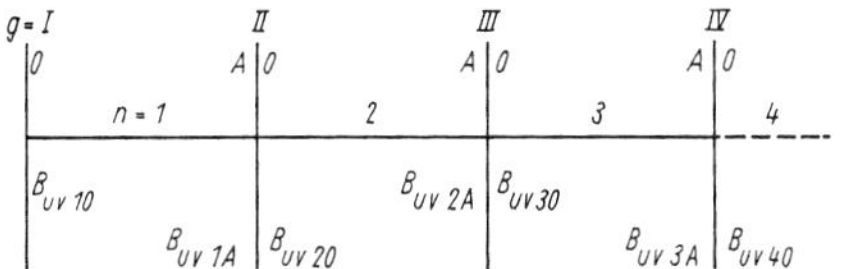

Bild 6.3.16 Bedingungen *B* bei Schaltvorgängen
n Abschnitte
g Grenzen

Die Kenntnis der Anfangsbedingungen gestattet das Ermitteln des Bewegungsverhaltens in den einzelnen Abschnitten sowie deren Aneinanderfügen (Anstückelverfahren). Das Bewegungsverhalten der Systeme kann in den Abschnitten durch Differentialgleichungen beschrieben werden.

Unter Verwendung des auf Schnittreaktionen beruhenden Prinzips von *D'Alambert* gilt für vorzeichenbehaftete Kräfte

$$\sum_{\nu} F_{\nu} = 0. \tag{6.3.11}$$

Die vorzeichenbehafteten Geschwindigkeiten einer beliebigen geschlossenen Masche ergeben sich zu

$$\sum_{\nu} \dot{x}_{\nu} = 0. \tag{6.3.12}$$

Die Bewegungsgleichungen können aber auch, ausgehend von Energiebetrachtungen (z. B. Lagrangesche Gleichungen zweiter Art für holonome skleronome Systeme [6.3.4]) für die f Freiheitsgrade ermittelt werden:

$$\mathrm{d}/\mathrm{d}t \cdot \partial T/\partial \dot{q}_i - \partial T/\partial q_i + \partial U/\partial q_i = K_i \qquad (i = 1, 2, \ldots, f); \tag{6.3.13}$$

T kinetische Energie, U potentielle Energie, K_i verallgemeinerte Kräfte, die nicht von einem Potential abhängen, q_i verallgemeinerte Koordinate.

Voraussetzung für das Beschreiben der Schaltsysteme durch Differentialgleichungen ist die Kenntnis der Systemelemente, d. h. der Verbindungselemente (masselose konzentrierte Elemente) und Masseelemente (konzentrierte Massen).

Für Schaltsysteme sind besonders das zeitweise wirkende Reibungselement und das zeitweise wirkende Stoßelement von Bedeutung. Diese Elemente stellen Nichtlinearitäten dar, für deren Berechnung ihre möglichst genaue Kenntnis erforderlich ist. Das Reibelement läßt sich durch den Reibfaktor μ und das Stoßelement durch den Stoßfaktor K charakterisieren. Beide Faktoren sind nicht konstant; sie sind von Nebenbedingungen abhängig. Nachfolgend wird eine ingenieurmäßige Vorgehensweise mit der Zielstellung angewendet, mit einem vertretbaren Aufwand das Gesamtbewegungsverhalten möglichst genau zu bestimmen [6.3.17]. Durch sog. Stoßfaktor- bzw. Reibfaktorkataloge (**Bilder 6.3.17** und **6.3.18**) werden die Einflüsse der wichtigsten Nebenbedingungen berücksichtigt. Die Abhängigkeiten lassen sich als Approximationsformeln in das Gleichungssystem für das Beschreiben des Schaltsystems einbeziehen.

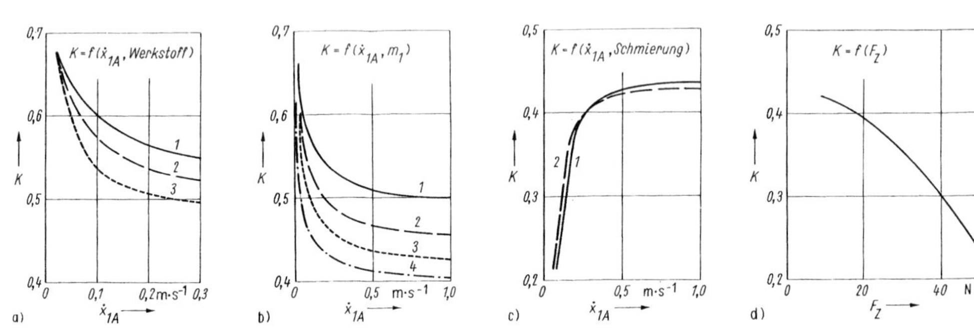

Bild 6.3.17 Teil eines Stoßfaktorkatalogs
a) m_1 = 0,157 kg; Ebene/Ebene; A = 5,3 mm²; *1* 15Cr3 geh./15Cr3 geh.; *2* E-Cu/E-Cu; *3* Ms60/Ms60
b) 15Cr3 geh./15Cr3 geh.; Ebene/Ebene; A = 7 mm²; *1* m_1 = 0,157 kg; *2* m_1 = 0,22 kg; *3* m_1 = 0,273 kg; *4* m_1 = 0,327 kg
c) m_1 = 0,157 kg; Ebene/Ebene; A = 50 mm²; 15Cr3 geh./15 Cr3 geh. *1* M 200; *2* M 95
d) m_1 = 0,35 kg; $\dot{x}_{1A}$ = 0,4 m · s⁻¹; Kugelkalotte/Kugelkalotte; C 15/C 15

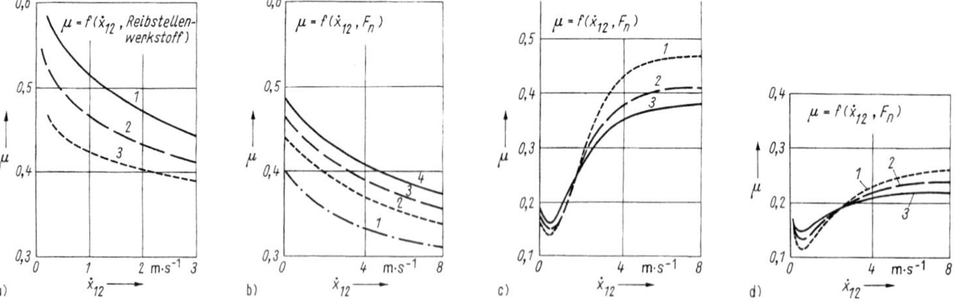

Bild 6.3.18 Teil eines Reibfaktorkatalogs
a) Stahl, R_z = 4 µm; T = 303 K; F_n = 18,7 N; A = 43 mm²; *1* COSID 19/50, R_z = 37 µm; *2* COSID 18/04, R_z = 34 µm; *3* COSID 501, R_z = 21 µm
b) Stahl, R_z = 4 µm/COSID 501, R_z = 21 µm; A = 43 mm²; T = 303 K; *1* F_n = 10,4 N; *2* F_n = 14,5 N; *3* F_n = 18,7 N; *4* F_n = 22,9 N
c) Stahl, R_z = 4 µm/COSID 501, R_z = 33,5 µm; M 200; T = 303 K; A = 43 mm²; *1* F_n = 10,4 N; *2* F_n = 18,7 N; *3* F_n = 27 N
d) Stahl, R_z = 4 µm/COSID 501, R_z = 33,5 µm; SRL 36; T = 303 K; A = 43 mm²; *1* F_n = 10,4 N; *2* F_n = 18,7 N; *3* F_n = 27 N; R_z gemittelte Rauhtiefe

Ausgehend von einer Baugruppenzeichnung oder vom Antriebssystem (s. Abschn. 6.2) erfolgt eine Darstellung in den Abstraktionsstufen:

- mechanisches Modell oder System
- Symboldarstellung bzw. Schaltnetzwerk.

Das Modell sollte einfach sein, aber die wesentlichen Eigenschaften der jeweiligen Baugruppe erfassen. Die folgenden Beispiele verdeutlichen diese Vorgehensweise.

▶ **Beispiele**

Arretiereinrichtung. Bild 6.3.19 zeigt eine Baugruppe, die beim Schalten typische Erscheinungen einer zeitweisen formgepaarten Kopplung aufweist. Der Antrieb des Bauteils *1* erfolgt durch einen Gleichstromhubmagneten. Da in der Feinwerktechnik Rückwirkungen des mechanischen Teilsystems auf das elektromagnetische zu berücksichtigen sind, muß eine abhängige Magnetkraft bzw. Motorkraft F_M zugrunde gelegt werden. Über einen Stoßfaktor *K* kann man an den Abschnittsgrenzen, ausgehend von der Geschwindigkeit vor dem Stoß $\dot{x}_{1n\Lambda}$, die Geschwindigkeit nach dem Stoß $\dot{x}_{1n+10}$ berechnen [6.3.17].

Die Modellbildung sowie die Symboldarstellung bzw. das Schaltnetzwerk sind Grundlagen für die Berechnung.

Es wird das folgende Differentialgleichungssystem verwendet:

$$F_M = m_1\ddot{x}_1 + k_1\dot{x}_1 + c_1x_1 + F_1, \qquad F_M = \left(i^2/2\right)\mathrm{d}L(x)/\mathrm{d}x \tag{6.3.14), (6.3.15}$$

$$U = iR + L(x)\,\mathrm{d}i/\mathrm{d}t + i\left[\mathrm{d}L(x)/\mathrm{d}x\right]\mathrm{d}x/\mathrm{d}t \tag{6.3.16}$$

$$K = -\dot{x}_{1n+10}/\dot{x}_{1n\Lambda}\,. \tag{6.3.17}$$

Der Einschaltvorgang (Koppeln) wird bei bekannten Systemparametern zweckmäßigerweise maschinell berechnet. Im **Bild 6.3.20** ist ein Analogrechnerergebnis dargestellt. Typisch sind die Strom-, Kraft-, Weg- und Geschwindigkeits-Zeit-Abhängigkeiten. Man erkennt die prinzipiellen Zusammenhänge, insbesondere das Prellen als Zeitabschnitt der zeitweise formgepaarten Kopplung.

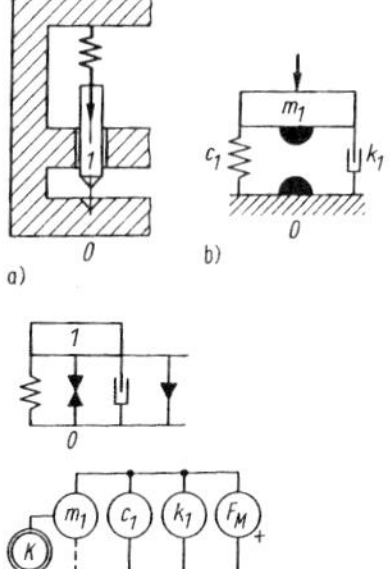

Bild 6.3.19
Darstellung einer Arretiereinrichtung
a) Baugruppe
b) Modell
c) Symboldarstellung und Schaltnetzwerk

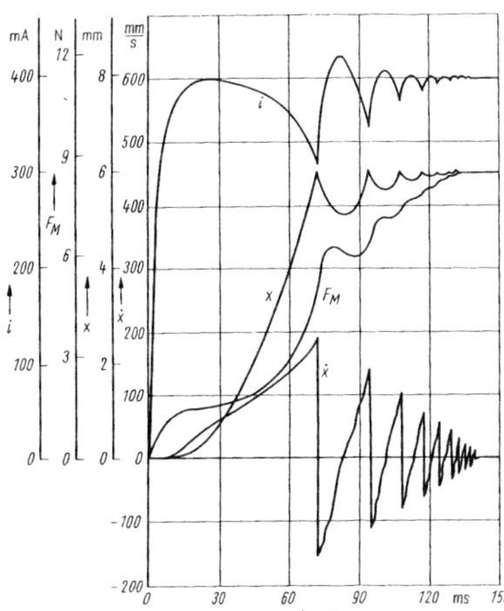

Bild 6.3.20 Analogrechnerergebnis für Arretiereinrichtung

Elektromagnetisch gesteuerte Rotationsreibkupplung. Diese Kupplung hat die Aufgabe, den Energiefluß bei Antriebssystemen zu schalten [6.3.1]. Wie im **Bild 6.3.21** dargestellt, besteht die Übertragungseinrichtung *Ü* aus einem Getriebe *G* und der Kupplung *K*. Das abgeleitete Modell, die Symboldarstellung bzw. das Schaltnetzwerk werden zur mathematischen Beschreibung genutzt. Die folgenden Gleichungen sind Grundlage für die Berechnung des Schaltvorgangs

$$M_1 = M_R + J_1\ddot{\varphi}_1 , \; M_R = M_2 + J_2\ddot{\varphi}_2 \qquad (6.3.18), (6.3.19)$$

$$M_R = \mu F_n r_e \text{ (Grenzbedingung)} \qquad (6.3.20)$$

$$\mu = a - b\dot{\varphi}_{12} \qquad (6.3.21)$$

$$F_n = F[1 + \sin(i\pi/I + 3\pi/2)] , \; U = iR + L(x)\,(di/dt) ; \qquad (6.3.22)$$

M_1 Antriebsmoment, M_2 Belastungsmoment, *U* Spannung, *i* momentaner Strom, *I* Maximalstrom der Spule, *R* Widerstand, *a, b,* r_e und *F* konstante Größen.

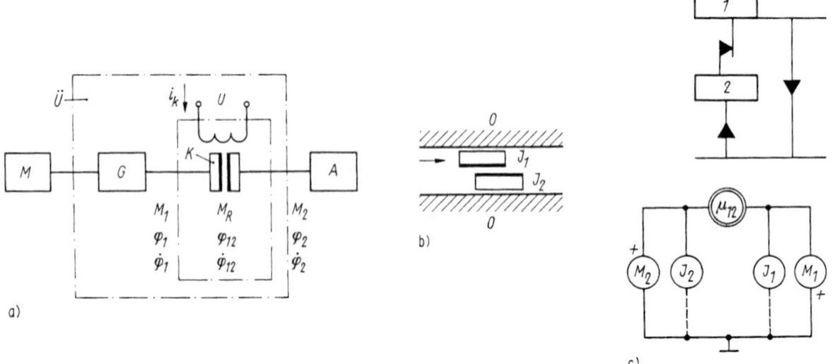

Bild 6.3.21 Darstellung einer elektromagnetisch gesteuerten Rotationsreibkupplung
a) Schema; b) Modell; c) Symboldarstellung und Schaltnetzwerk
φ_1, φ_2, φ_{12} Winkel, Relativwinkel; $\dot{\varphi}_1$, $\dot{\varphi}_2$, $\dot{\varphi}_{12}$ Winkel-, Relativwinkelgeschwindigkeit; M_1, M_2 Moment; i_K Kupplungsstrom; J_1, J_2 Massenträgheitsmoment

Mit einem Digitalrechner ist bei bekannten Systemparametern der Koppelvorgang bestimmbar. Im **Bild 6.3.22** ist ein Einschaltvorgang dargestellt. Die Zeitdauer des Einschaltens und andere wichtige Kenngrößen können vorausberechnet werden.

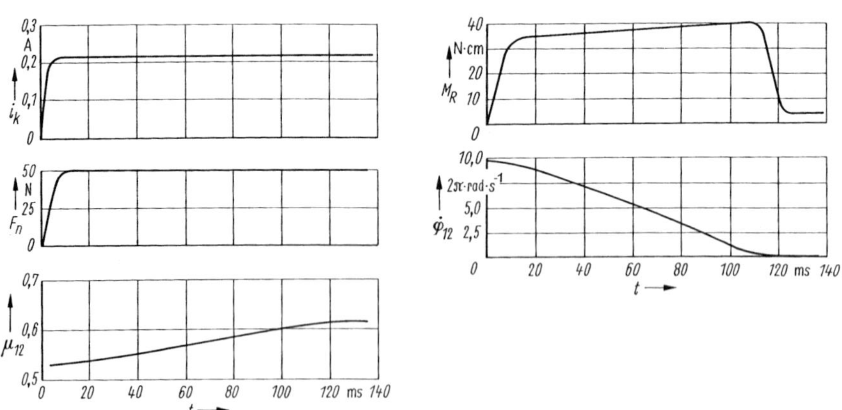

Bild 6.3.22 Digitalrechnerergebnis für Antriebssystem mit Reibkupplung
μ_{12} Reibfaktor

Ausgewählte Normen und Richtlinien zu Abschn. 6.3.2 s. Tafel 6.3.15.

6.3.3 Mechanische Transportsysteme [6.3.1][6.3.6][6.3.8][6.3.25][6.3.37][6.3.53] bis [6.3.75]

In der Feinwerktechnik sind vielfach flache Körper zu transportieren. Sie haben eine in bezug auf Breite und Länge sehr geringe Dicke, lassen sich nach dem Verhältnis ihrer Hauptabmessungen einteilen in Bänder, Karten und Scheiben und werden bevorzugt translatorisch oder rotatorisch in der Ebene bewegt, in der ihre Hauptabmessungen liegen, nur selten quer dazu.

Abhängig vom Zweck des Transports werden an diesen bestimmte Anforderungen gestellt bezüglich des zeitlichen Ablaufs der Transportbewegung.

6.3.3.1 Transportsysteme für Bänder

Bänder sind flache Körper, deren Länge sehr viel größer ist als ihre Breite. Zur Platzersparnis und besseren Handhabung werden sie auf Spulen gewickelt. Für diese muß die Transporteinrichtung über geeignete Aufnahmen verfügen. Abhängig vom geforderten zeitlichen Ablauf der Transportbewegung sind zu unterscheiden Transportsysteme für Bewegungen mit Mindestgeschwindigkeit, mit konstanter Geschwindigkeit und mit periodisch veränderlicher Geschwindigkeit sowie für stochastischen Start-Stop-Betrieb (unregelmäßige Schrittbewegung, unregelmäßige Schrittlängen).

Bewegungen mit Mindestgeschwindigkeit

Für viele Anwendungen genügt es, daß die Bewegung des Bandes mit einer beliebigen Geschwindigkeit abläuft, sofern eine bestimmte Mindestgeschwindigkeit nicht unterschritten wird. In diesem Fall reduziert sich das Transportsystem auf eine gebremste Vorratsrolle *1* und eine angetriebene Aufwickelrolle *2* (**Tafel 6.3.5**, Nr. 1). Die Geschwindigkeit des Transports beträgt dann $v = 2r\pi n$, wobei r der Radius des Wickels auf der Aufwickelrolle ist. Die Minimalgeschwindigkeit wird also vom Spulenkerndurchmesser bestimmt, die Maximalgeschwindigkeit vom größtmöglichen Wickeldurchmesser. Diese Art von Transportsystem findet man häufig bei Filmprojektoren und Bandgeräten (Rücklauf).

Bewegungen mit konstanter Geschwindigkeit

Zwischen Vorratsrolle und Aufwickelrolle ist ein Mechanismus zu schalten, der das Band mit konstanter Geschwindigkeit bewegt. Die Aufwickelrolle muß dann über eine Reibkupplung mit dem Antrieb verbunden sein [6.3.1].

Als Transportmechanismen sind folgende Konstruktionen verwendbar:

Zugwalze. In Tafel 6.3.5, Nr. 2 besteht der Transportmechanismus *3* aus nur einer gleichmäßig angetriebenen Walze, die vom zu transportierenden Band umschlungen wird. Hier ist nur die Umschlingungsreibung wirksam, die den maximalen Betrag der Transportkraft bestimmt. Sie ist abhängig von der Spannkraft F_S, dem Umschlingungswinkel α und dem Reibwert μ und berechnet sich aus

$$F \leq F_{S1} - F_{S2} \leq F_{S2}\left(e^{\mu\alpha} - 1\right) = F_{S1}\left(e^{\mu\alpha} - 1\right)/e^{\mu\alpha} . \qquad (6.3.23)$$

Da Reibwert und Umschlingungswinkel nicht unbegrenzt groß sein können, die Spannkraft ebenfalls nicht beliebig gesteigert werden kann (Festigkeit des Bandes, Festigkeit der Lagerung der Zugwalze), lassen sich mit der Zugwalze allein nur relativ geringe Bandtransportkräfte erzielen.

Zugwalze mit Gegendruckrolle. Der Zugwalze wird eine zweite Rolle zugeordnet (Tafel 6.3.5, Nr. 3), die das Band mit Federkraft auf die Zugwalze drückt. Damit kann die Druckkraft F_n bei entsprechender Gestaltung der Lager sehr groß gewählt werden, wodurch die Reibkraft bzw. Transportkraft F ebenfalls relativ große Werte annehmen: $F \leq F_n\mu$.

Nachteilig ist, wie bei allen Reibpaarungen, der mehr oder weniger große Schlupf zwischen den Reibkörpern. Er läßt sich zwar weitgehend vermindern durch Werkstoffe mit geringer Verformbarkeit (z. B. Stahl) für die Walzen, aber es ist dabei Rücksicht zu nehmen auf den Bandwerkstoff und den erzielbaren Reibwert.

Der Schlupf läßt sich nur durch Formpaarung völlig unterdrücken. Im folgenden werden entsprechende Transporteinrichtungen dargestellt.

Tafel 6.3.5 Transportsysteme für Bänder mit kontinuierlicher Bewegung

	Nr.	Benennung	Schema	Anwendung	Bemerkungen
Mit Mindestgeschwindigkeit	1	Wickelantrieb	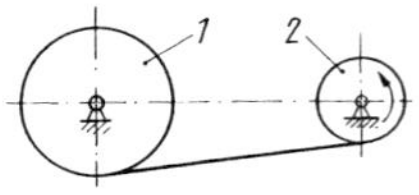	Rückspuleinrichtungen für Videoband, Tonband und Film	*1* Vorratswickel, *2* Aufwickelspule
Mit konstanter Geschwindigkeit	2	Zugwalze	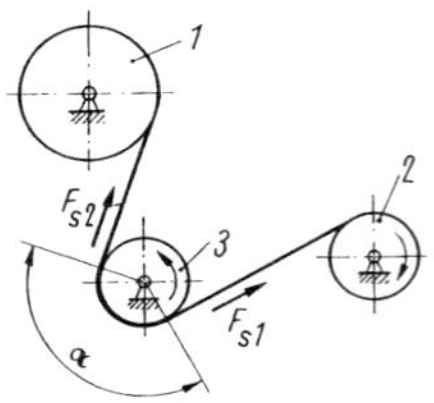	Transportsysteme, bei denen Antrieb nicht auf einer der Wickelachsen sitzen kann oder bei denen Drehrichtung des Antriebs entgegengesetzt der Wickelrichtung sein soll	nur geringe Kräfte übertragbar, Antriebsrolle muß zylindrisch sein mit nur geringen Formabweichungen *1* Vorratswickel *2* Aufwickelspule *3* Antriebsrolle
	3	Zugwalze mit Gegendruckrolle	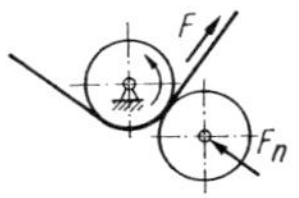	Video- und Tonbandgeräte, Schreibmaschinen, Drucker, Fernschreibgeräte	große Kräfte übertragbar; beide Rollen dürfen nur geringe Formabweichungen haben, ihre Drehachsen müssen parallel zueinander stehen
	4	Rolle mit Nadelkranz	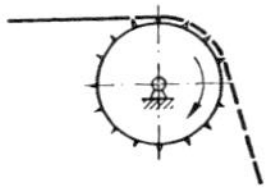	registrierende Meßgeräte	Band nur einmal transportierbar
	5	Rolle mit Verzahnung	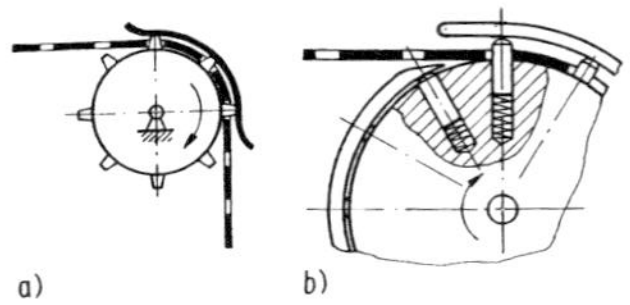 a) b)	Aufnahmekameras und Projektionsgeräte für Film, z. T. für Tonbandgeräte, Drucker, Fotoapparate (Kleinbild)	z. T. auch versenkbare Verzahnung (b), statt Sicherungsblech auch Rollen zur Sicherung
	6	Zugmittel mit Verzahnung	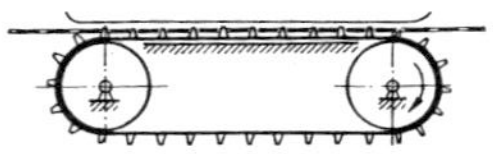	Schnelldrucker	z. T. auch versenkbare Verzahnung (s. Nr. 5)

Rolle mit Nadelkranz. Die gleichmäßig angetriebene Rolle ist am Umfang mit spitzen Nadeln besetzt, die sich in das darüberlaufende Band eindrücken (Tafel 6.3.5, Nr. 4). Dieses Prinzip ist nur bei Bändern aus weichen Werkstoffen zu einmaligem Transport anwendbar, z. B. bei Registrierpapier in schreibenden Meßgeräten. Die übertragbare Kraft ist durch Versuche zu bestimmen.

Rolle mit Verzahnung. Die gleichmäßig angetriebene Rolle trägt am Umfang eine Verzahnung, die in die Perforation des darüberlaufenden Bandes eingreift (Tafel 6.3.5, Nr. 5). Die Verzahnung kann starr (a) oder in der Rolle versenkbar sein (b). Die übertragbare Kraft ist von der Anzahl der in Eingriff befindlichen Perforationslöcher und der je Perforationsloch übertragbaren Kraft abhängig. Es ist aber zweckmäßig, nur mit einem tragenden Perforationsloch zu rechnen, wenn nicht durch entsprechende präzise Fertigung der Rollenverzahnung und der Perforation des Bandes die Lastverteilung auf mehrere Lochkanten gewährleistet ist. Dies gilt sinngemäß auch für das in Tafel 6.3.5, Nr. 6, dargestellte Transportsystem mit *verzahntem Zugmittel*, das z. B. zum Papiertransport in Schnelldruckern Verwendung findet. Hier sorgt die Nachgiebigkeit des Papiers für die Lastverteilung.

Bewegungen mit periodisch veränderlicher Geschwindigkeit (Schrittbetrieb)

Hierzu zählen Transportmechanismen, die das Band schrittweise bewegen. Diese Mechanismen gliedern sich in zwei Gruppen, in solche, die ständig mit dem Band in Eingriff stehen (Schrittgetriebe) und solche, die nur beim Transportschritt mit dem Band in Eingriff stehen (Greifergetriebe) [6.3.8] [6.3.10] [6.3.13] [6.3.20] [6.3.24].

Tafel 6.3.6 Transportsysteme für Bänder mit diskontinuierlicher Bewegung (Schrittbewegung); Kopplung im Getriebe (Schrittgetriebe), vgl. auch Tafel 6.3.4

Nr.	Benennung	Schema	Anwendung	Bemerkungen
1	Klinkenschrittgetriebe	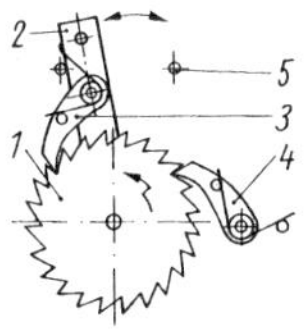 1, 2, 3, 4, 5	Farbbandantrieb bei Schreibmaschinen und Fernschreibgeräten, Zeilenvorschub bei Schreibmaschinen	Klinken härten, Sperrverzahnung nach Möglichkeit ebenfalls *1* Sperrad; *2* Antriebshebel; *3* Transportklinke; *4* lagesichernde Klinke; *5* Anschlag
2	Malteserkreuzgetriebe	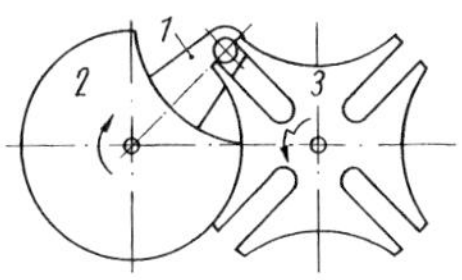 1, 2, 3	Filmprojektoren (35-mm- und 70-mm-Film) Stiftwechselmagazin in Plottern, Bondautomaten (Filmträgerbonden in Mikroelektronik)	große Geschwindigkeit in der Mitte des Schritts, Treibereingriff nicht ruckfrei; präzise Fertigung erforderlich; zusammenwirkende Flächen härten und schleifen; gute Schmierung wird empfohlen; Schritt-Zeit-Verhältnis an Schlitzzahl gebunden *1* Treiber; *2* Zylindersicherung; *3* Malteserkreuz
3	Sternradgetriebe	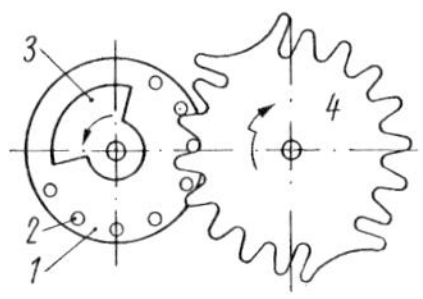 3, 4, 2, 1	Verpackungs-, Druck-, Spulenwickelmaschinen und überall dort, wo periodisch Stillstand mit Bewegungsphase bei konstanter Geschwindigkeit im Wechsel erforderlich ist	Verzahnung kann auch als Evolventenverzahnung ausgeführt werden; Schritt-Zeit-Verhältnis in weiten Grenzen wählbar, konstante Geschwindigkeit im mittleren Teil des Schritts *1* Antriebsscheibe mit *2* Triebstockverzahnung; *3* Zylindersicherung; *4* Sternrad
4	Kurvenschrittgetriebe	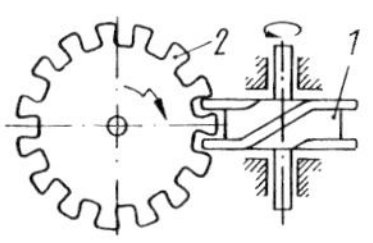 2, 1	für Spielzeuge und ähnliche untergeordnete Zwecke	je kleiner Schritt-Zeit-Verhältnis, desto größer Kräfte, Verschleiß und Klemmgefahr (Selbstsperrung) *1* Zylinderkurve; *2* verzahntes Rad

Schrittgetriebe

Für die Elemente, die mit dem Band unmittelbar zusammenwirken, kommen die in Tafel 6.3.5, Nr. 2 bis 6 dargestellten Möglichkeiten in Frage. Der Antrieb muß schrittweise erfolgen. Die dazu nötigen Mechanismen werden im folgenden dargestellt.

Klinkenschrittgetriebe. Die Grundform zeigt **Tafel 6.3.6**, Nr. 1. Das Rad mit der Sperrverzahnung wird beim Hingang des Klinkenhebels *2* durch Klinke *3* mitgenommen. Beim Rückgang des Klinkenhebels verhindert Klinke *4* das Zurückdrehen des Rades. Die Anschläge *5* begrenzen den Schrittwinkel. Diese Grundform ist für verschiedene Zwecke abgewandelt worden. So ist die Veränderung des Schrittwinkels möglich, indem der Hebel *3* je nach Stellung einen mehr oder minder großen Bereich der Sperrverzahnung abdeckt (**Bild 6.3.23**). Geräusche beim Abgleiten der Klinken auf der Verzahnung lassen sich vermeiden, indem die Klinken bei Relativbewegungen entgegen der Transportrichtung durch die Schleiffedern *3* aus der Sperrverzahnung *2* gehoben werden (**Bild 6.3.24**). Das Klinkenschrittgetriebe ist aufgrund der oszillierenden Antriebsbewegung nicht für sehr große Frequenzen geeignet. Die Anwendung erfolgt z. B. bei Farbbandantrieben in Schreibmaschinen (**Bild 6.3.25**). Hier sind die Klinken *3* im Gestell gelagert, und das Rad *2* mit der Sperrverzahnung wird relativ zu ihnen bewegt. Diese Bewegung wird durch die Kippung des Spulengehäuses mitsamt dem Sperrad *2* um die Achse *1* erzielt. Je nach Kippung wirkt eine der Klinken *3* auf das Sperrad *2* antreibend, die andere gleitet an der Verzahnung ab. Eine zusätzliche, nicht dargestellte Einrichtung vermag nach Ablauf des Farbbands von der Vorratsrolle die Klinken *3* vom Rad *2* wegzuschwenken und dafür die an der bisherigen Vorratsrolle einzuschwenken, so daß die Bandbewegung umgekehrt wird.

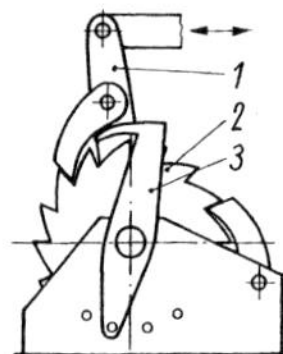

Bild 6.3.23 Klinkenschrittgetriebe mit einstellbarer Schrittweite [6.3.1]
1 Antrieb; *2* Sperrad; *3* Schritteinstellhebel

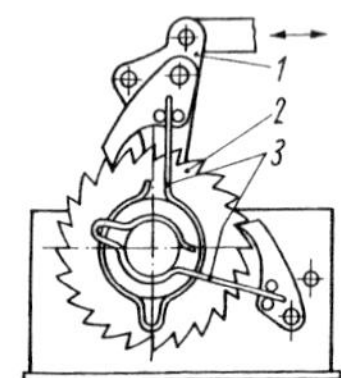

Bild 6.3.24 Klinkenschrittgetriebe, geräuscharm [6.3.1]
1 Antrieb, *2* Sperrad; *3* Schleiffeder

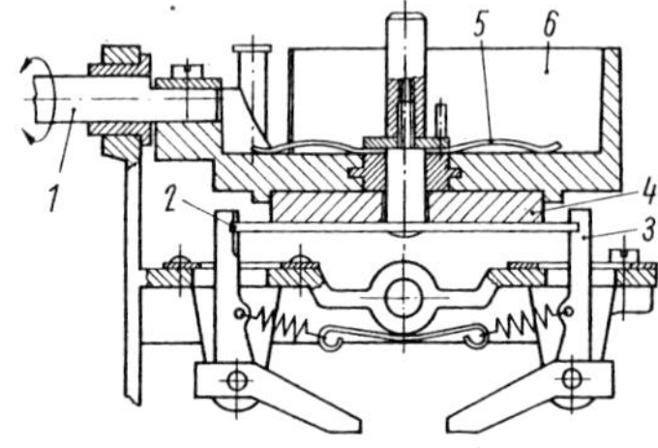

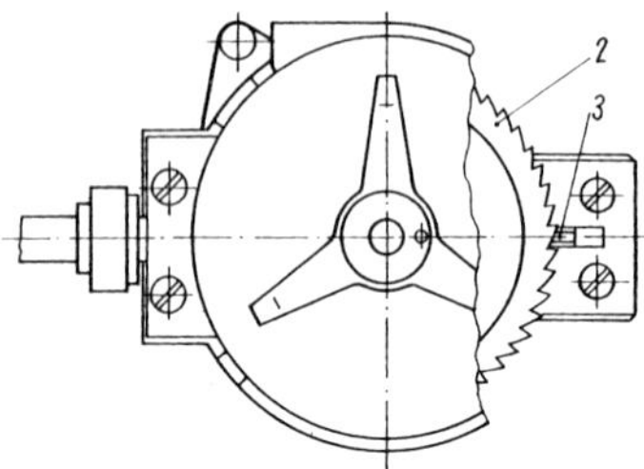

Bild 6.3.25 Klinkenschrittgetriebe am Farbbandantrieb einer Schreibmaschine
1 oszillierende Antriebswelle; *2* Sperrad; *3* Klinke; *4* Filzbremse; *5* Bremsfeder; *6* Spulengehäuse

Malteserkreuzgetriebe. Es besteht nach Tafel 6.3.6, Nr. 2, aus dem Treiber *1*, auf dessen Achse der Sperrzylinder *2* befestigt ist, und dem Malteserkreuz *3*. Dieser Mechanismus ist eine Anwendung der Kurbelschleife. Die Bewegung des Malteserkreuzes erfolgt bei radial eingreifendem Treiber stoßfrei, aber nicht ruckfrei. Die daraus resultierenden Massenkräfte müssen, speziell bei großen Drehzahlen, durch präzise Fertigung, saubere Oberflächen und geeignete Schmierung beherrscht werden. Durch Vorschaltgetriebe (Doppelkurbel oder Getriebe mit elliptischen Zahnrädern) läßt sich der Ruck vermindern [6.3.10] [6.3.12] [6.3.20].

Das Malteserkreuzgetriebe wird u. a. in Filmaufnahme- und Filmprojektionsgeräten, in Automaten für das Filmträgerbonden in der Mikroelektronik sowie zum Antrieb des Stiftwechselmagazins in Plottern verwendet. In diesen und weiteren Einsatzbereichen interessiert das Schritt-Zeit-Verhältnis v, das gleich dem Verhältnis der Schrittzeit t_S zur Gesamtzeit T (Dauer der Schrittbewegung, Periode) ist. Beim Malteserkreuzgetriebe ohne Vorschaltgetriebe, also ω_{an} = konst., errechnet sich das Schritt-Zeit-Verhältnis auch aus dem Winkel, den der Treiber zum Weiterdrehen des Malteserkreuzes durchläuft, und dem Vollwinkel, also einer Umdrehung des Treibers. Da die Schlitzzahl z des Malteserkreuzes den Schrittwinkel beeinflußt, kann v für Außenmalteserkreuzgetriebe aus der Beziehung errechnet werden (t_R Rastzeit):

$$v = t_S/T = t_S/(t_R + t_S) = (z-2)/(2z). \qquad (6.3.24)$$

Sternradgetriebe. Die Variante in Tafel 6.3.6, Nr. 3 besteht aus dem Antriebsrad *1* mit Triebstöcken *2* und Sperrstück *3* sowie dem Sternrad *4*, das eine durch zwei Sperrschuhe unterbrochene Verzahnung trägt. Das Schritt-Zeit-Verhältnis dieser Anordnung ist größer als Eins (andere Formen s. [6.3.1] [6.3.24, AWF 6062].

Kurvenschrittgetriebe (Tafel 6.3.6, Nr. 4). Antriebselement ist eine Zylinderkurve *1*, deren Schrittabschnitt auf einem relativ kleinen Winkel des Zylinders verläuft. Da die Eingriffsverhältnisse zwischen dem Rad *2* und der Zylinderkurve hauptsächlich durch Gleitreibung und ungünstige Berührungsflächen gekennzeichnet sind, weshalb auch der Verschleiß größere Ausmaße annimmt, wird dieses Getriebe nur für untergeordnete Zwecke verwendet.

Schritttransport durch periodisches Bremsen. Das Band wird durch ein Zugwalzenpaar (**Bild 6.3.26**) gezogen, dessen Antrieb über eine Rutschkupplung *1* erfolgt.

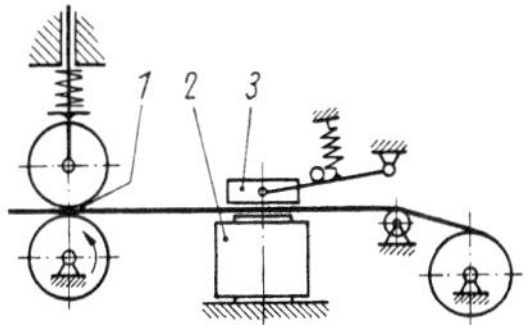

Bild 6.3.26 Schrittbetrieb durch periodisches Bremsen
1 Antrieb mit definierter Rutschkraft; *2* Bremsmagnet; *3* Bremsanker

Durch periodisches Abbremsen des Bandes, beispielsweise über eine mittels eines Elektromagneten *2* betätigte Bremse *3*, läßt sich dann ein schrittweiser Transport erreichen. Die Rutschkupplung ist so zu bemessen, daß die für das Band zulässige Zugkraft nicht überschritten wird. Außerdem sind Reibungen des Bandes in den Führungen und der Vorratsrolle in ihren Lagern so weit zu mindern, daß die Rutschkupplung das Band bei nicht wirkender Bremse sicher zieht.

Greifergetriebe

Greifergetriebe, die nur in der Transportphase des Schrittzyklus mit dem Band in Eingriff stehen, können auf Kraftpaarung oder Formpaarung beruhen.

Zugwalze mit unterbrochener Reibfläche. Die antreibende Rolle *1* ist am Umfang entsprechend dem angestrebten Schritt-Zeit-Verhältnis unterbrochen, so daß in diesem Bereich keine Normalkraft und folglich auch keine Transportkraft wirkt (**Tafel 6.3.7**, Nr. 1a).

Ein ähnlicher Effekt ist erzielbar, wenn eine Zugwalze normaler Bauart mit abhebbarer Gegendruckrolle verwendet wird (b). In beiden Fällen ist aber ein stoßfreier Transport nicht möglich. Deshalb und auch wegen des Schlupfes wird diese Variante nur dann angewendet, wenn dadurch bedingte Beanspruchungen des Bandes vertretbar sind und eine Präzision der Schrittlänge nicht gefordert wird (z. B. in Registrierkassen).

Klemmgreifer. Diese Einrichtung besteht aus zwei Klemmstückpaaren (Tafel 6.3.7, Nr. 2). Das Klemmstückpaar *1* faßt das Band und zieht es um den Schritt voran. Danach wird das Paar gelöst und um den Schritt zurückgeführt. Während des Rückführens wird das Band durch das Klemmstückpaar *2* festgehalten. Die Klemmstückpaare können nach verschiedenen Prinzipen wirken, z. B. nach **Bild 6.3.27** mit Klemmrichtgesperre oder nach **Bild 6.3.28** mit kurvengesteuerten Klemmstücken, die abwechselnd für den Transportschritt sorgen. Durch Abschalten eines Magneten *3* bzw. beider Magneten läßt sich die Schrittfrequenz halbieren bzw. der Transport unterbinden.

Reibgreifer. Der Greiferhebel ist ein Teil einer Kurbelschleife. Seine Reibfläche bewegt auf einem Teil ihrer Bahn das Band um einen Schritt voran. Zum Verbessern der Reibung kann die Reibfläche verzahnt werden (Tafel 6.3.7, Nr. 3). Der Reibgreifer findet z. B. in Nähmaschinen zum schrittweisen Transport der Stoffbahn Anwendung.

D-Greifer. Diese Greifer sind mit dem zu transportierenden Band während der Transportphase formgepaart.

Tafel 6.3.7 Transportsysteme für Bänder mit diskontinuierlicher Bewegung (Schrittbewegung); Kopplung am Band (form- bzw. kraftgepaart), vgl. auch Tafel 6.3.4

Nr.	Benennung	Schema	Anwendung	Bemerkungen
1	Zugwalze mit ausgespartem Sektor oder zeitweise abgehoben	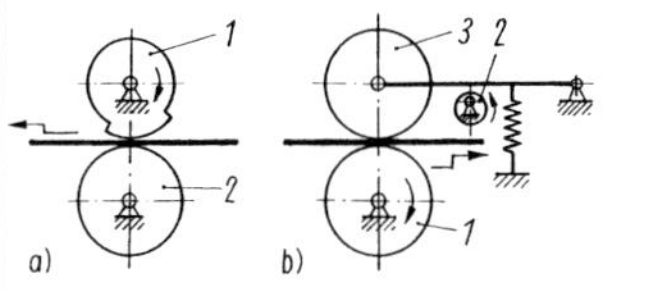 a) b)	Registrierkassen (Belegdrucker)	Präzision des Schritts gering a) *1* Antrieb; *2* Gegendruckrolle b) *1* Antrieb; *2* Getriebe zum Abheben; *3* Gegendruckrolle
2	Klemmgreifergetriebe	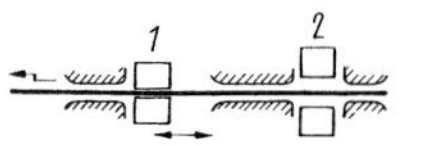	Geräte für schrittweisen Bandtransport (bisher z. B. Lochbandgeräte)	*1* Transportklemmpaar; *2* lagesicherndes Klemmpaar (s. auch Bild 6.3.28)
3	Reibgreifergetriebe	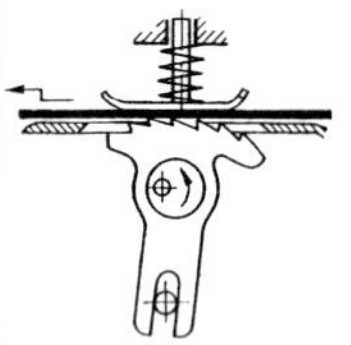	Nähmaschinen	Verzahnung zur Erhöhung der Reibung, muß gehärtet sein
4	Klinkengreifergetriebe	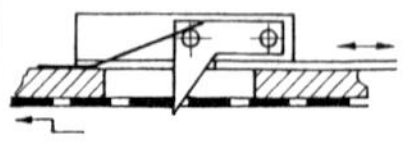	Filmaufnahmekameras (8-mm- und 16-mm-Film)	Klinke mit Filmsteuerung bewirkt Verschleiß der Perforation, deshalb Anwendung nur für Aufnahmekameras, Klinke muß gehärtet sein
5	D-Greifergetriebe (Kurbelschwinge)	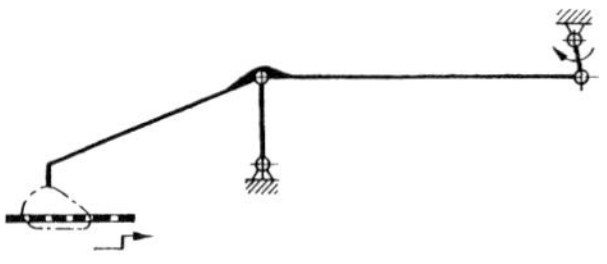	Filmaufnahmekameras (bis 35-mm-Film) Filmprojektoren (bis 16-mm-Film)	auch mehrere Greiferspitzen parallel an einem Hebel
6	D-Greifergetriebe (Kurbelschleife)	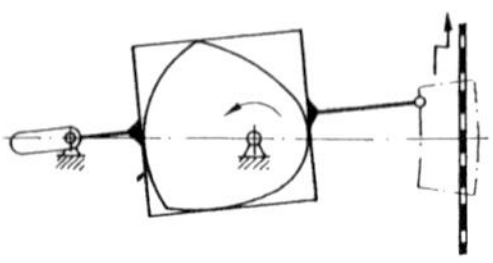	Filmaufnahmekameras (bis 35-mm-Film) Filmprojektoren (bis 16-mm-Film)	Ausführung auch mit kurbelgesteuertem Koppelglied, Greiferbahn dann abgerundet
7	Schlägerschaltgetriebe	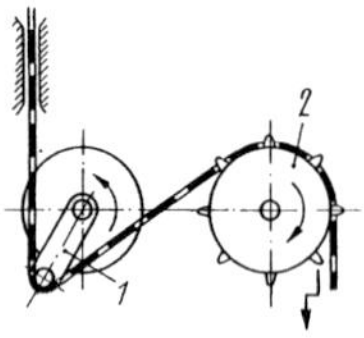	Filmprojektoren (8-mm-Film)	Präzision des Schritts gering, Justierelemente erforderlich *1* Schlägerhebel; *2* verzahnte Rolle

Die Führung der Greiferspitze muß folgenden Forderungen genügen:

- Während der Transportphase darf der Greifer keine quer zur Transportrichtung liegende Bewegung ausführen.
- Der Greifer soll beim Einfahren in die Perforation diese nicht berühren. Zu diesem Zweck muß er einen Schritt s ausführen, der den eigentlich erforderlichen Schritt s_s um einen kleinen Betrag Δs übersteigt.
- Der Greifer muß beim Ausfahren aus der Perforation von deren Kante abheben.

Die Greiferspitze kann durch verschiedene Getriebe geführt werden, z. B. auf einer Koppelkurve durch Koppelgetriebe oder auch kurvengesteuert (Exzentergetriebe). Allerdings lassen sich die oben genannten Forderungen nur z. T. erfüllen. Das ist besonders dann, wenn das Band mehrmals mit solchen Getrieben transportiert wird, wegen des Verschleißes an der Perforation ungünstig. Darüber hinaus muß das Getriebe nach dem erreichbaren Schritt-Zeit-Verhältnis gewählt werden. In Tafel 6.3.7, Nr. 4 ist ein Klinkengreifergetriebe dargestellt. Die Steuerung der Klinke erfolgt hier durch die Perforation des Bandes. Beim Zurückgleiten wird die Klinke aus der Perforation gehoben. Da

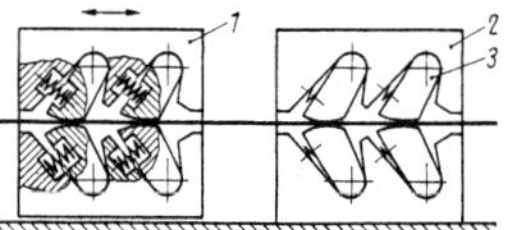

Bild 6.3.27 Klemmgreifergetriebe mit Richtgesperre
1 Schaltgreifer
2 Rücklaufsicherung
3 Klemmstück

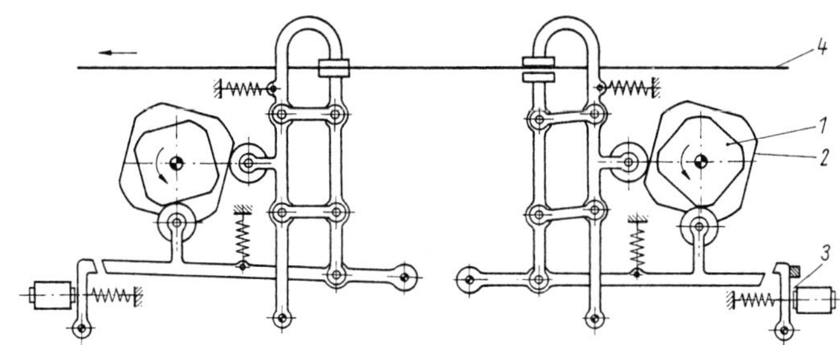

Bild 6.3.28 Kurvengesteuertes Klemmgreifergetriebe
1 transportsteuernde Kurve; *2* greifersteuernde Kurve; *3* Transportblockierung; *4* zu transportierendes Band

die Perforation damit sehr belastet wird, sollte dieser Mechanismus nur für einmaligen Transport des Bandes Verwendung finden, z. B. bei Filmaufnahmekameras. Durch geeignete Gestaltung kann jedoch auch ein solches Klinkengreifergetriebe von der Steuerung durch die Perforation befreit werden.

Bei dem Getriebe im **Bild 6.3.29** ist die Klinke *3* auf dem Vorschubhebel *1* gelagert. Der Steuerhebel *2* sitzt auf der Achse *6* des Vorschubhebels mit einer bestimmten Reibung und faßt mit seinem Ende die Klinke *3* am Bolzen *4*. Bei der Bewegung des Vorschubhebels bleibt der Steuerhebel infolge der Reibung auf seiner Drehachse um das durch das Spiel der Achse *7* in der Aussparung *5* bestimmte Maß zurück. Diese Relativbewegung wird zum Steuern der Klinke *3* benutzt. Ein Vertreter der Koppelgetriebe ist in Tafel 6.3.7, Nr. 5 das Greifergetriebe nach dem Prinzip der Kurbelschwinge. Der auf der Koppel gewählte Punkt erzeugt eine Bahn mit einem langen geraden Stück. Nach der Form der Koppelkurve werden die Greifergetriebe benannt. Das Schritt-Zeit-Verhältnis des in der Tafel dargestellten Getriebes beträgt $v = 1{:}2$.

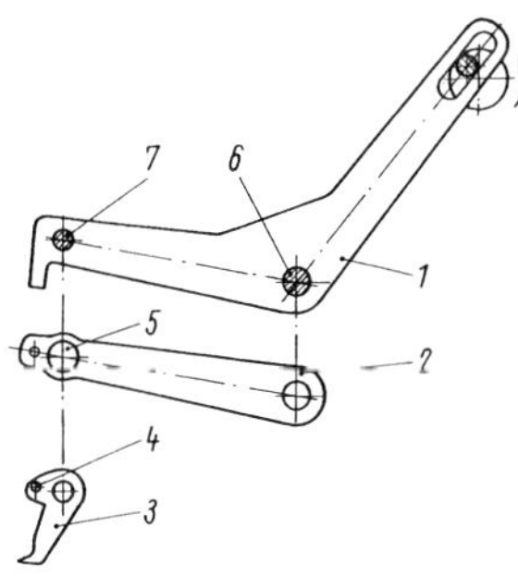

Bild 6.3.29 Klinkengreifergetriebe [6.3.8]
1 Schwinghebel; *2* Steuerhebel; *3* Klinke;
4 Steuerbolzen; *5* Aussparung im Steuerhebel;
6 Achse des Schwinghebels; *7* Drehachse der Klinke

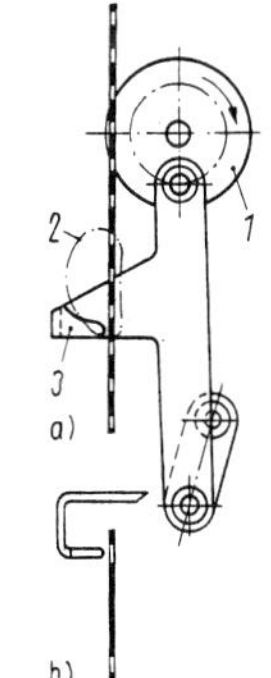

Bild 6.3.30
Greifergetriebe in einer Schmalfilmkamera (Prinzip Kurbelschwinge) [6.3.8]
a) Getriebedarstellung
b) Greiferspitze, in Filmlaufrichtung gesehen
1 Antriebskurbel; *2* Bahn der Greiferspitze; *3* Greiferspitze

Bild 6.3.30 verdeutlicht die konstruktive Ausführung einer Kurbelschwinge als Greifergetriebe. Die Kurvensteuerung der Greiferspitze wird in Tafel 6.3.7, Nr. 6 gezeigt. Der hier verwendete Exzenter, ein sog. Gleichdick, ersetzt die Kurbel in dem zugrunde liegenden Kurbelschleifengetriebe. Abweichend vom exakten Getriebe erzeugt der gewählte Koppelpunkt eine Bahn, die sich aus Kreisbögen und Geradenstücken zusammensetzt. Das Schritt-Zeit-Verhältnis ist abhängig von dem Verhältnis des Hubes zum mittleren Radius des Exzenters. Es sind Werte zwischen $v = 1{:}3$ und $v = 1{:}8$ möglich. **Bild 6.3.31** zeigt die konstruktive Ausführung eines kurvengesteuerten Greifers, wie er in einer 16-mm-Filmaufnahmekamera verwendet wird. Das Gleichdick wurde durch äquidistante Vergrößerung an den Ecken abgerundet, so daß sich dem Verschleiß keine Angriffspunkte bieten (**Bild 6.3.32**). Die Aufteilung der Kurvenkulisse in die Teile *3* und *4* erlaubt es, Teil *3* gegen die Federkräfte *5* gegenüber *4* zu bewegen, wodurch die Greiferspitze aus dem Filmkanal gezogen wird (Erleichterung beim Filmeinlegen). Der Führungsbolzen *6* sitzt auf dem Justierhebel *2*, der mittels Schraube so geklemmt ist, daß sich die Greiferbahn in der richtigen Lage bezüglich des Bildfensters befindet.

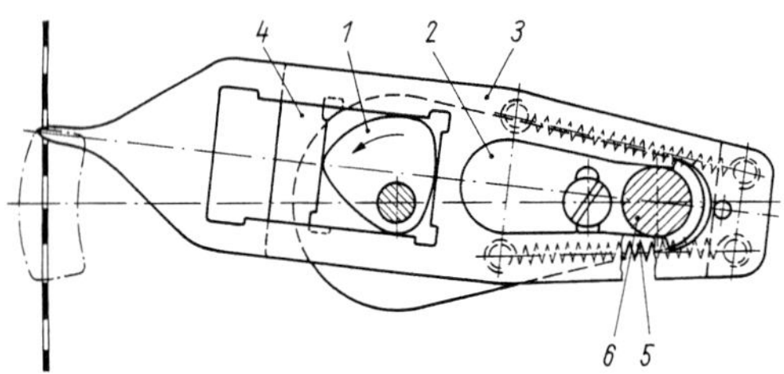

Bild 6.3.31 Greifergetriebe mit Kurvensteuerung [6.3.8]
1 Antriebsexzenter; *2* Justierhebel; *3* Greiferkoppel;
4 relativ zu *3* verschiebbares Kulissenteil; *5* Zugfeder; *6* Führungsbolzen

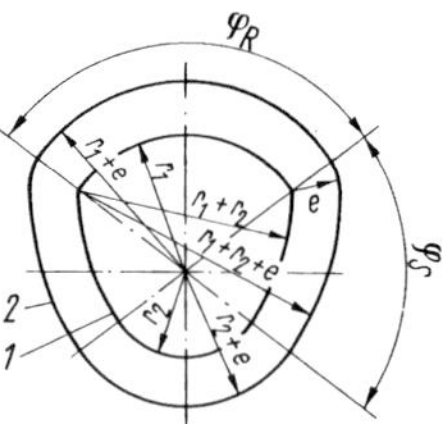

Bild 6.3.32 Konstruktion des Gleichdicks
1 Grundstruktur; *2* Äquidistante;
r_1, r_2, $r_1 + r_2$ Exzenterradien; e Abstand der Äquidistante; φ_S Antriebswinkel für Schritt; φ_R Antriebswinkel für Rast (Rastwinkel)

Schlägerschrittgetriebe. Diese Getriebe bewegen das Band schrittweise durch periodische Schleifenbildung durch den Schläger *1* im Gegenspiel zur gleichmäßig angetriebenen Walze *2*, die die Schleife verkürzt (Tafel 6.3.7, Nr. 7). Das Band muß in den Führungen oberhalb des Schlägers Reibung haben. Die dargestellte einfache Konstruktion erreicht keine besonders gute Präzision bezüglich der Schrittlänge, da der Schläger nicht mit der Perforation des Bandes zusammenwirkt. Wird höhere Präzision gefordert, so muß die Bandlage zusätzlich durch Perforation justiert werden. **Bild 6.3.33** zeigt ein etwas komplizierter gestaltetes Getriebe aus einem Filmprojektor. In der letzten Phase der Bewegung legt sich der Stift *2* der Schlägerwanne *1* an die Lochkante des perforierten Filmbands und korrigiert die Schrittlänge. Die Antriebsdrehzahlen n_1, n_2 und n_3 stehen zueinander im Verhältnis $1:4:1/z$ (z Zähnezahl der verzahnten Rolle *3*).

Stochastischer Start-Stop-Betrieb

Stochastischer Start-Stop-Betrieb wird mit Mechanismen ähnlich dem in Tafel 6.3.7, Nr. 1b möglich. Ein Elektromagnet bewirkt je nach Schaltzustand das Andrücken oder Abziehen der Gegendruckrolle an die oder von der Zugrolle. Hauptanwendungsgebiet sind Magnetbandspeicher.

Gegenüber periodischem Start-Stop-Betrieb sind Transportpausen und Transportzeiten willkürlich lang, und während der Transportphase lassen sich wesentlich größere Bandgeschwindigkeiten erreichen. Wenn aus dieser großen in kurzer Zeit auf Geschwindigkeit Null zu bremsen ist, entstehen Massenkräfte, die zum Bandriß führen können. Das gleiche gilt für die kurzzeitige Beschleunigung beim Anfahren.

Den Hauptanteil der Massenträgheit bilden die Aufwickel- und die Vorratsrolle. Durch Schleifen (ohne oder mit nur geringer Bandspannung) läßt sich erreichen, daß die Spulen nicht so großen Beschleunigungen ausgesetzt werden müssen, das Band also nicht übermäßige Kräfte zu übertragen hat. Allgemein gilt aber, daß der Aufwand für die Bildung der Schleifen mit größeren Geschwindigkeiten und größeren Beschleunigungen wächst (Schleifenbildungshebelsysteme mit Dämpfungen u. a.; **Bild 6.3.34**). Für hohe Ansprüche wird zusätzlich die Abwickelspule über eine Rutschkupplung angetrieben.

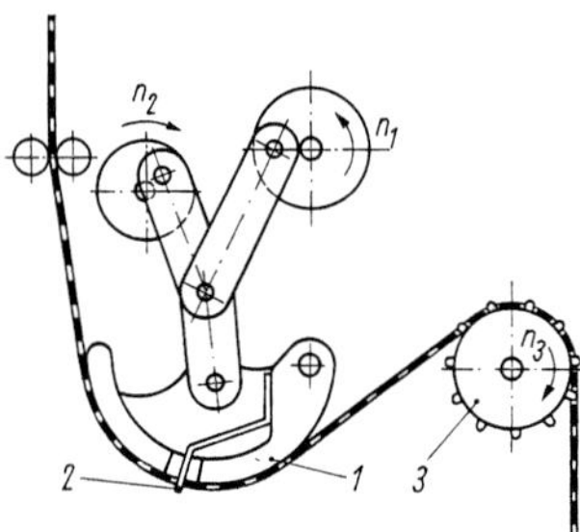

Bild 6.3.33 Schlägerschrittgetriebe mit Justierstift
1 Schlägerwanne; *2* Justierstift;
3 verzahnte Rolle

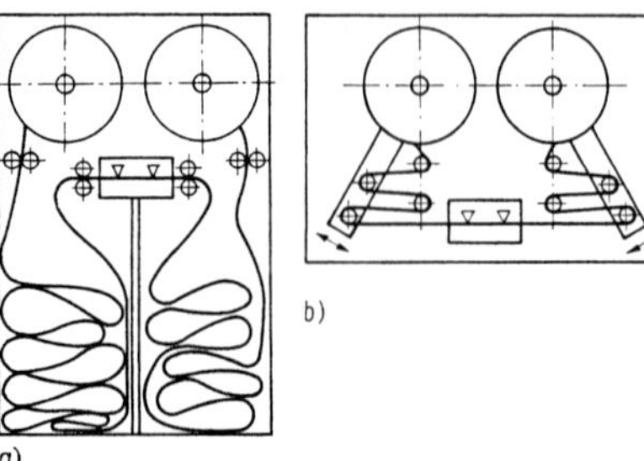

Bild 6.3.34 Möglichkeiten der Schleifenbildung bei Magnetbandspeichern [6.3.19]
a) Bandschächte; b) Schleifenbildungshebel; c) Schleifenbildung durch Unterdruck

6.3.3.2 Transportsysteme für Karten

Karten sind flache Körper, deren Breite und Länge sich zueinander wie etwa 1:(2,5 ... 1) verhalten. Grundsätzlich sind für die Karten die gleichen Transporteinrichtungen verwendbar wie für Bänder, ausgenommen solche mit nur zeitweisem Eingriff mit dem Transportgut. Es ist aber erforderlich, eine seitliche Führung längs des gesamten Transportwegs vorzusehen und bei längeren Wegen (größer als die Kartenabmessung in Transportrichtung) das Transportsystem mehrfach entlang dem Weg zu wiederholen.

Lediglich an den Enden der Transportbahn ergeben sich Unterschiede zu Bändern, da Karten gestapelt vorliegen. Sie sind also vom Stapel abzuziehen und wieder im Stapel abzulegen.

Bewegung mit konstanter Geschwindigkeit. Bevorzugt finden Zugrollen mit Gegendruckrollen Anwendung, die in zweckmäßigen Abständen längs der Transportbahn angeordnet sind. Für spezielle Zwecke werden Karten auch perforiert und dann mit verzahnten Rollen und Gegendruckrollen transportiert (**Bild 6.3.35**).

Eine weitere Möglichkeit besteht darin, Karten mit strömender Luft zu bewegen (**Bild 6.3.36**). Durch seitliche Düsen *1* strömt Druckluft in den Transportkanal *2* und an bestimmten Abzweigungen *3* wieder ab, so daß die Karte auf Luftpolstern getragen und transportiert wird.

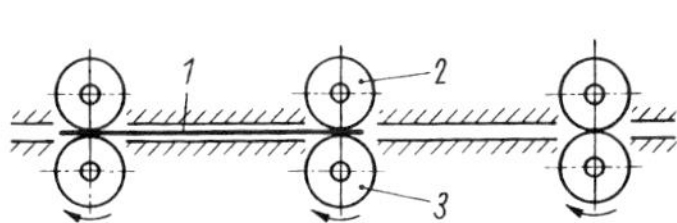

Bild 6.3.35 Transport von Karten mittels Zugwalzen
1 Karte; *2* Gegendruckrolle, *3* Antriebsrolle

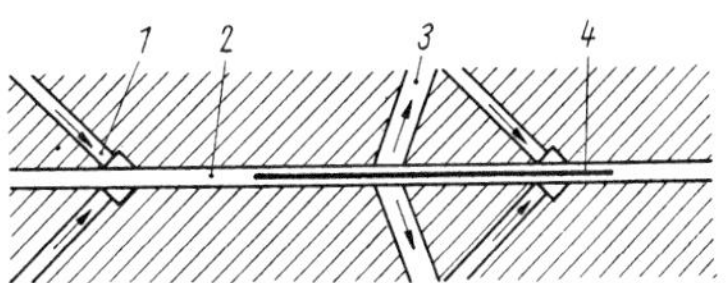

Bild 6.3.36 Transport von Karten mittels Druckluft
1 Düse; *2* Transportkanal; *3* Absaugung; *4* Karte

Bewegung mit periodisch veränderlicher Geschwindigkeit (Schrittgetriebe). Zu diesem Zwecke werden Zugwalzen mit Gegendruckrolle bevorzugt. Es gibt Fälle, bei denen die Karte längs der Transportbahn teils mit konstanter Geschwindigkeit bewegt wird und teils im Schrittbetrieb. Für die Schrittbewegung müssen also Schrittgetriebe (s. Abschn. 6.3.3.1) vorgeschaltet werden.

Kartenvereinzelung und Kartenablage. Die allgemein angewendete Kartenvereinzelung besteht darin, daß jeweils die unterste Karte des Stapels durch das Kartenmesser *1* unter dem Kartenmesser *2* hindurchgeschoben wird, bis das erste Zugwalzenpaar die Karte erfaßt (**Bild 6.3.37**). Zur Sicherung der Funktion müssen $h_1 < h < h_2$ sein, wobei die Unterschiede nur Bruchteile von h groß sein dürfen. Außerdem muß der Stapel plan und dicht liegen, was u. a. durch das Massestück *3* erreicht wird. Weiterhin sind die Qualität der Schnittkanten der Karten und die Güte der Kanten der Kartenmesser von Bedeutung.

Das Ablegen der Karten aus der Transportbahn erfolgt relativ unkompliziert durch Abwerfen vom letzten Zugwalzenpaar in ein Ablagefach (**Bild 6.3.38**).

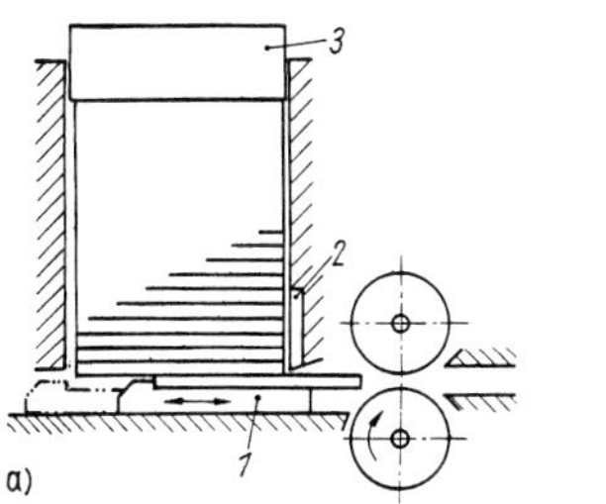

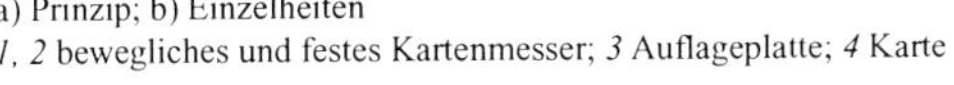

Bild 6.3.37 Kartenvereinzelung
a) Prinzip; b) Einzelheiten
1, *2* bewegliches und festes Kartenmesser; *3* Auflageplatte; *4* Karte

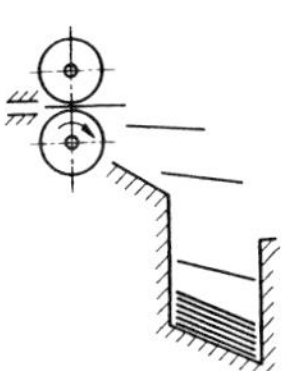

Bild 6.3.38 Kartenablage

6.3.3.3 Antriebssysteme für Scheiben

Unter Scheiben seien hier flache Körper mit kreisförmiger Begrenzung verstanden, wie sie als Schallplatten, Magnetplatten, Lochplatten u. a. technische Anwendung finden. Sie drehen sich zweckgerichtet um eine im Mittelpunkt der kreisförmigen Begrenzung senkrecht auf der Scheibenfläche stehende Achse. Das kann in vielfältiger Weise geschehen. Meist wird aber große Drehzahlkonstanz benötigt, wodurch die Möglichkeiten eingeschränkt sind. Mechanische Präzision ist dann Grundvoraussetzung.

Für den Antrieb werden Synchronmotoren oder Spaltpolmotoren bevorzugt. Schwankungen der Drehzahl entstehen außer durch Fertigungsabweichungen infolge der endlichen Polpaaranzahl des Motors und hochfrequenter Reibmomentänderungen in den Lagern.

Soll die Scheibendrehzahl gleich der Drehzahl des verfügbaren Motors sein, so kann die Scheibenaufnahme direkt auf dessen Welle gesetzt werden. Die bei optimal ausgelegtem Motor verbleibenden Drehzahlstörungen sind nur durch die Massenträgheit einer geeignet zu bemessenden Schwungscheibe auszugleichen.

Falls die Drehzahl der Scheibe nicht der Drehzahl des Motors entspricht, muß ein Zwischengetriebe verwendet werden. Es kommen Reibradgetriebe (**Bild 6.3.39**) und Zugmittelgetriebe (**Bild 6.3.40**) zur Anwendung, da bei diesen die drehzahlstörenden Einflüsse noch am besten zu beherrschen sind. Beiden Getrieben gemeinsam ist der Schlupf, der sich aber in Grenzen halten läßt. Das Zugmittelgetriebe bietet neben diesem Nachteil auch eine Möglichkeit, Störungen der Drehzahl, die ihre Ursache in Baugruppen vor dem Zugmittelgetriebe haben (z. B. Motor, Lager, erstes Rad des Zugmittelgetriebes), auszugleichen. Dazu müssen die Elastizität und innere Dämpfung eines geeigneten Werkstoffs und die Länge des Zugmittels auf das Trägheitsmoment der Schwungscheibe optimal abgestimmt sein. So lassen sich hohe Ansprüche an die Drehzahlkonstanz erfüllen.

Für spezielle Anwendungen sind Scheiben mitunter auch in bestimmte Winkelstellungen zu bewegen, wie z. B. Typenscheiben in Schreibmaschinen. Um eine schnelle Abfolge der einzustellenden Winkellagen zu erreichen, werden dafür rotatorische Schrittmotoren eingesetzt (s. Abschn. 6.2).

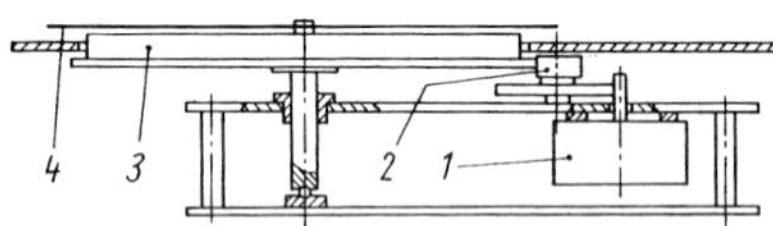

Bild 6.3.39 Reibradantrieb für Scheiben [6.3.1]
1 Motor; *2* Reibradgetriebe; *3* Schwungscheibe; *4* zu transportierende Scheibe

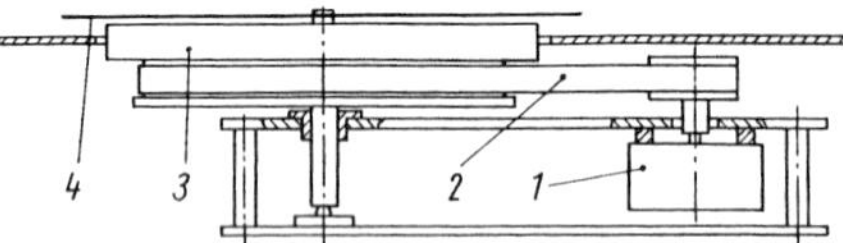

Bild 6.3.40 Zugmittelantrieb für Scheiben [6.3.1]
1 Motor; *2* Zugmittel; *3* Schwungscheibe; *4* zu transportierende Scheibe

Ausgewählte Normen und Richtlinien zu Abschn. 6.3.3 s. Tafel 6.3.15.

6.3.4 Feinstellgetriebe
[6.3.1] [6.3.7] [6.3.16] [6.3.62] [6.3.76] bis [6.3.97]

Feinstellgetriebe gestatten es, bestimmte Teile eines Geräts um definierte Wege oder Winkel zu bewegen, und zwar mit größerer Genauigkeit, als es von Hand möglich wäre. Aus diesem Grund haben die Getriebe eine Übersetzung $i > 1$; sie verlangsamen also z. B. die Bewegung der Hand. Je größer die Übersetzung ist, desto größer ist die Positioniergenauigkeit und damit die *Feinfühligkeit.* Dieser Terminus hat sich im Bereich der Feinstellgetriebe eingebürgert und entspricht zahlenmäßig der Übersetzung i [6.3.9].

Die Feinfühligkeit und damit die Übersetzung eines Feinstellgetriebes ist so groß zu wählen, daß der Positioniergenauigkeit genügt wird. Spiel, Deformation, Stick-slip und die Feinfühligkeit der Hand haben dabei aber wesentlichen Einfluß. Sind große Wege oder Winkel zu durchfahren, so empfiehlt es sich, außer dem Feintrieb noch eine Grobverstellung vorzusehen. Prinzipiell sind alle Arten von Getrieben für Feinstellzwecke einsetzbar. Ihre Vielfalt erlaubt es, ein zu konstruierendes Feinstellgetriebe durch zweckmäßige Auswahl dem Verwendungszweck optimal anzupassen. Im weiteren sollen die wichtigsten Getriebearten dargestellt werden.

6.3.4.1 Getriebe mit konstanter Übersetzung

Keilschubgetriebe (**Tafel 6.3.8**, Nr. 1) sind geeignet, wenn die An- und Abtriebsbewegung i. allg. rechtwinklig zueinander verlaufen.

Tafel 6.3.8 Feinstellgetriebe mit konstanter Übersetzung [6.3.1] [6.3.62]

Getriebeart	Prinzip	Anwendungsbeispiele
1. **Keilschubgetriebe**	s_2, s_1, α	Meßgeräte, Justierungen
2. **Schraubengetriebe** Einfachschraubengetriebe	s_2, φ_1	Meßgeräte, Objektivfokussierung, Meißelverstellung in Ausdrehapparaten u. a.
3. **Schraubengetriebe** Zweifachschraubengetriebe	s_2, φ_1	Objektivfokussierung
4. **Rädergetriebe** Reibradgetriebe	φ_1, φ_2	Meßgeräte, Abstimmung von Generatoren, Rundfunkempfängern u. a.
5. **Rädergetriebe** Zahnradgetriebe (hier Stirnrad-Standgetriebe)	φ_1, φ_2	Meßgeräte, Abstimmung von Generatoren, Rundfunkempfängern u. a.
6. **Rädergetriebe** Zahnradgetriebe, Reibradgetriebe (hier Stirnrad-Umlaufgetriebe)	φ_1, φ_2	Nachführung astronomischer Fernrohre und Radioteleskope
7. **Rädergetriebe** Schneckengetriebe	φ_2, φ_1	Feinteilmaschinen, Feintrieb an Fernrohren
8. **Koppelgetriebe** Einfacher Hebel	s_1, s_2	Stufenknopf u. a.
9. **Koppelgetriebe** Storchschnabelgetriebe	s_1, $b-a$, s_2, a	Zeichengeräte, Kopiermaschinen, Manipulatoren
10. **Sonderformen** Federkombination nach Michelson	c_2, c_1, $c_1 < c_2$, s_2, s_1	optische Geräte (Strichplattenverstellung)

Die Übersetzung des Keilschubgetriebes ergibt sich aus

$$i = s_1/s_2 = \cot\alpha \ . \qquad (6.3.25)$$

Für große Übersetzungen muß der Keilwinkel α sehr klein sein. **Bild 6.3.41** zeigt die Ausführung eines Keilschubgetriebes als Justierelement in Meßgeräten. Das Übertragungsglied ist aus fertigungstechnischen Gründen kugelförmig gestaltet.

Schraubengetriebe setzen Drehbewegungen in Bewegungen längs der Drehachse um (Tafel 6.3.8, Nr. 2). Das Schraubengetriebe ist ein räumliches Getriebe, das aber auf eine ebene Form, nämlich das Keilschubgetriebe, zurückgeführt werden kann. Die Übersetzung beim Schraubengetriebe beträgt

$$i = \varphi_1/s_2 = 360°/P, \quad \text{bzw.} \quad i = \pi d/P \ ; \qquad (6.3.26)$$

d Außendurchmesser des Antriebsknopfes.

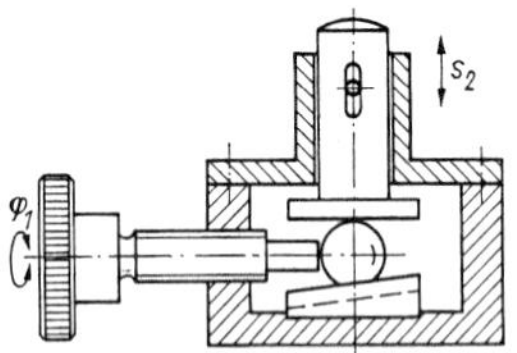

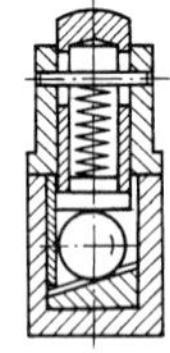

Bild 6.3.41 Konstruktive Ausführung eines Keilschubgetriebes [6.3.1]

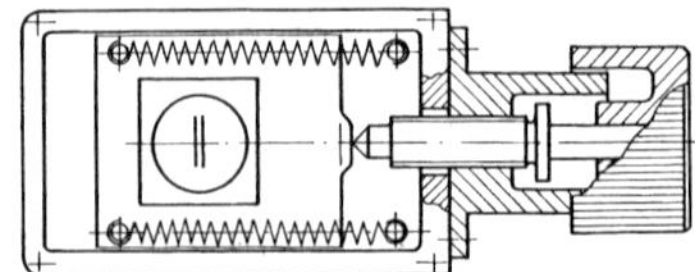

Bild 6.3.42 Okularschraubenmikrometer [6.3.1]

Die Steigungshöhe *P* einer Schraubenlinie ergibt sich aus dem Steigungswinkel ψ und dem Radius *r* des Schraubenzylinders:

$$P = 2r\pi \tan\psi \ . \qquad (6.3.27)$$

Daraus ist abzuleiten, daß Schraubengetriebe für Feinstellzwecke einen kleinen Steigungswinkel ψ aufweisen müssen. Bild 6.3.41 zeigt im linken Bildteil ein Getriebe, das dem Keilschubgetriebe vorgeschaltet ist, nicht allein zur Vergrößerung der Feinfühligkeit, sondern auch wegen des bequemeren Antriebs (rotatorische Bewegungen sind von Hand besser ausführbar).

Im **Bild 6.3.42** dient das Schraubengetriebe zur feinfühligen Verstellung der Strichplatte eines Okularschraubenmikrometers. **Bild 6.3.43** zeigt ein Schraubengetriebe am beweglichen Schnabel eines Meßschiebers. Der Antrieb erfolgt hier an der Mutter.

Das Schraubengetriebe wird oft auch zur feinfühligen Einstellung von Objektiven verwendet. Sind auf dem Objektivgehäuse (Schraube) Teilungen eingraviert, die sich wegen des bequemen Ablesens nicht drehen sollen, so ist auch hier das Prinzip nach Bild 6.3.43 zweckmäßig, also Antrieb an der Schraubenmutter (**Bild 6.3.44**).

Die Übersetzung eines Schraubengetriebes läßt sich nicht beliebig vergrößern; der Verkleinerung der Steigungshöhe *P* sind technologische Grenzen gesetzt. Einen Ausweg bietet das Zweifachschraubengetriebe (Tafel 6.3.8, Nr. 3). Für dieses Getriebe gilt

$$i = 360°/(P_1 - P_2), \quad \text{bzw.} \quad i = \pi d/(P_1 - P_2); \qquad (6.3.28)$$

Differenz der Steigungshöhen sehr klein ausführbar; *d* Durchmesser des Antriebsknopfes.

Rädergetriebe formen Drehbewegungen in Drehbewegungen oder in Längsbewegungen um. Die Radachsen von Antrieb und Abtrieb können parallel oder in beliebigem Winkel zueinander angeordnet sein. Nach Art der Kraftübertragung kann zwischen Zahnrad- und Reibradgetrieben unterschieden werden. Die Übersetzung ergibt sich bei Standgetrieben aus

$$i = d_2/d_1 = z_2/z_1 = n_1/n_2 = \varphi_1/\varphi_2 \ . \qquad (6.3.29)$$

Während Zahnradgetriebe, abgesehen von der Wirkung der Verzahnungsabweichungen, durch die Formpaarung eine im Mittel konstante, dem Zähnezahlverhältnis entsprechende Übersetzung haben, ist bei Reibradgetrieben abhängig von der Werkstoffpaarung immer ein mehr oder minder großer Schlupf vorhanden, so daß $i = d_2/d_1$ nicht ganz erreicht wird und nur eine gute Näherung darstellt.

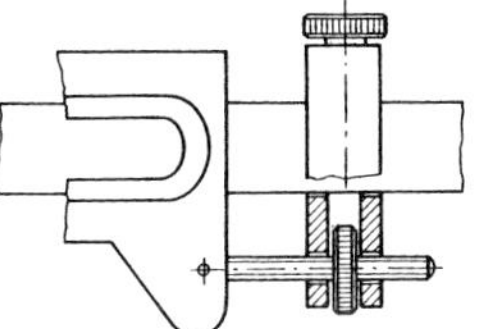

Bild 6.3.43 Schraubengetriebe an einem Meßschieber [6.3.1]

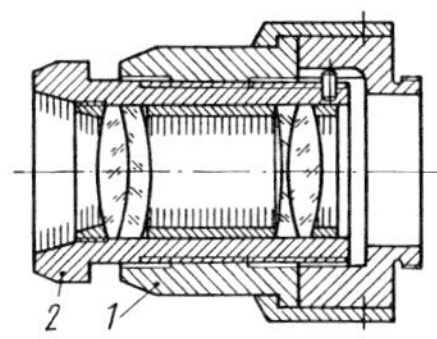

Bild 6.3.44 Objektivschraubengetriebe

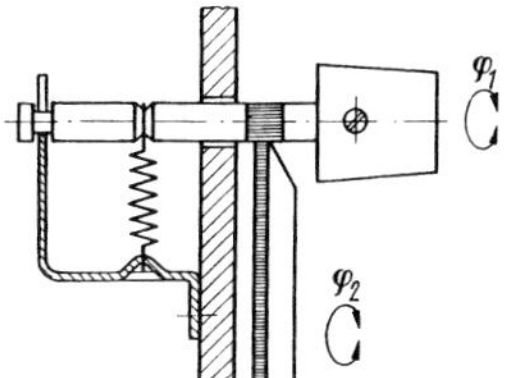

Bild 6.3.45 Einfaches Reibradgetriebe [6.3.1]

Feinstellungen mit Reibradgetrieben sind oft zweckmäßig, z. B. zum Antrieb von Drehkondensatoren für die Abstimmung von Rundfunkempfängern oder Meßgeräten. **Bild 6.3.45** zeigt ein solches Feinstellgetriebe. Zur Erhöhung des Reibwerts ist die Antriebswelle gerändelt. Die Frequenzskala ist auf dem Abtriebsrad angebracht, so daß der Schlupf die Anzeigegenauigkeit nicht beeinflussen kann. Bei geeigneter Gestaltung und präziser Fertigung lassen sich mit Reibrädern auch recht anspruchsvolle Feinstellmechanismen aufbauen (Tafel 6.3.8, Nr. 4). **Bild 6.3.46** zeigt das Feinstellgetriebe einer Längenmeßmaschine, bei der am Meßschlitten *1* Positionsgenauigkeiten von ± 0,5 µm gefordert werden.

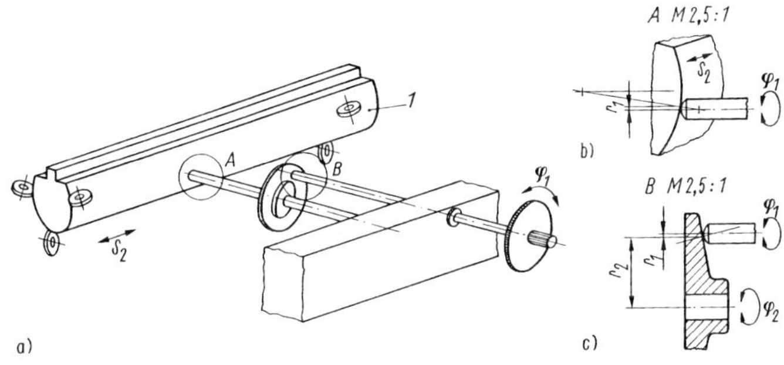

Bild 6.3.46 Zweistufiges Reibradgetriebe in einer Längenmeßmaschine [6.3.1]
a) Gesamtansicht; b) Paarung Reibrad-Meßschlitten, c) Paarung Reibrad-Reibrad

Der extrem kleine Radius r_1 des Antriebsrads wird erreicht, indem dieses als Kalotte ausgebildet ist, die gegen die Kegelfläche des Abtriebsrads gedrückt wird (Bild 6.3.46c). Der Berührungspunkt zwischen den beiden Rädern hat von der Drehachse des Antriebsrads den Abstand r_1 (wirksamer Radius). Ähnlich ist die Paarung in der zweiten Getriebestufe gestaltet, nur mit dem Unterschied, daß das Abtriebsglied hier einen unendlich großen Radius hat (Bild 6.3.46b).

Das gesamte, im Bild 6.3.46a dargestellte Getriebe erreicht eine Übersetzung von i = 2200°/mm. Eine große Übersetzung ist auch möglich, wenn Feinstellgetriebe als Umlaufrädergetriebe gestaltet werden. Dabei gelingt es auch, Antriebs- und Abtriebsachse in einer Flucht anzuordnen (s. auch Tafel 6.3.8, Nr. 6).

Bild 6.3.47a zeigt ein einstufiges Reibradgetriebe nach dem Umlaufräderprinzip. Die Eingangswelle *1* mit dem kleinen Antriebsknopf entspricht einem Zentralrad, während die Kugeln *3* die Planetenräder repräsentieren. Das zweite Zentralrad *4* ist gestellfest und als Hohlrad ausgebildet. Die Übersetzung des Getriebes ergibt sich unter Beachtung der wirksamen Radien (Bild 6.3.47b) zu

$$i = (r_1 + r_4)/r_1 . \qquad (6.3.30)$$

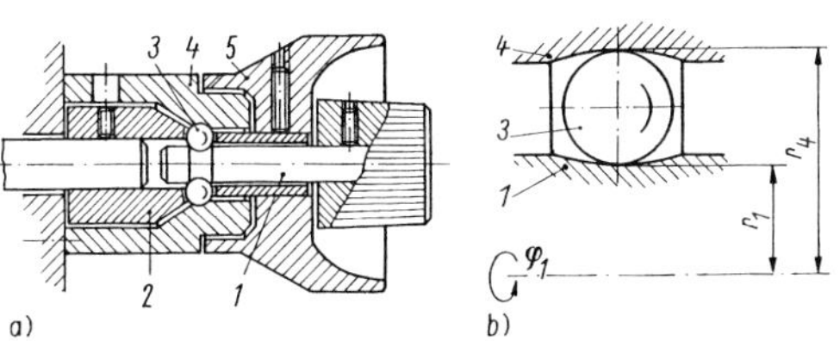

Bild 6.3.47 Umlaufrädergetriebe mit Reibrädern [6.3.1]
a) konstruktive Ausführung b) wirksame Radien
1 Eingangswelle für Feinverstellung; *2* Steg; *3* umlaufende Kugeln; *4* gestellfestes Hohlrad; *5* Grobverstellung

Der große Antriebsknopf *5* ist mit dem Steg *2* verbunden und dient zur Grobverstellung, denn er ist mit der Abtriebswelle gekoppelt.

Für Zahnradgetriebe gelten sinngemäß die gleichen Gesetze wie für Reibradgetriebe bezüglich der Übersetzung. Allerdings sind, bedingt durch die Verzahnung und die technologischen Möglichkeiten ihrer Herstellung, andere Konstruktionen entstanden. Gegenüber Reibradgetrieben, die trotz kleiner wirksamer Abmessungen relativ billig hergestellt werden können, sind Zahnradgetriebe durch das aufwendige Verzahnen der Radkörper i. allg. teurer. Stirnrad-Standgetriebe (Tafel 6.3.8, Nr. 5) erbringen unter Beachtung der unteren Begrenzung für Ritzelzähnezahlen durch Unterschnitt und auch mit Rücksicht auf die Baugröße des Getriebes (Raddurchmesser nicht beliebig groß) je Stufe einen Wert $i_{max} \approx 8$. Umlaufrädergetriebe erreichen auch mit Stirnrädern erheblich größere Werte (Tafel 6.3.8, Nr. 6).

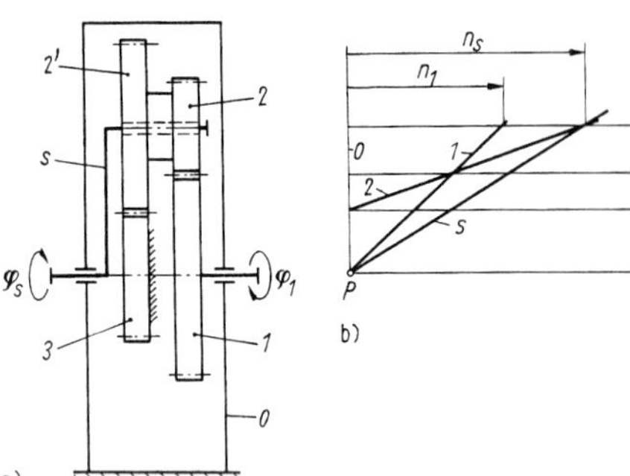

Bild 6.3.48 Zweistufiges Umlaufrädergetriebe mit Zahnrädern [6.3.1] [6.3.11]
a) Getriebeplan; b) Kutzbach-Plan
1, 3 Zentralräder; *2, 2'* Planetenräder; *s* Steg

Bild 6.3.48 zeigt das Prinzip eines zweistufigen Umlaufrädergetriebes mit dem zugehörigen Geschwindigkeitsplan nach *Kutzbach* [6.3.1] [6.3.2]. Aus diesem Plan wird ersichtlich, daß $i = n_s/n_1 = \varphi_s/\varphi_1$ ein Maximum erreicht, wenn (bei gleichem Modul in beiden Stufen) die Zähnezahldifferenz der Räder *1* und *3* und damit deren Durchmesserunterschied ein Minimum hat. Die Senkrechte und die Gerade *2* im Bild 6.3.48b schließen dann einen Winkel ein, der nur wenig kleiner als 90° ist, wodurch n_s sehr groß wird. Für einen großen Wert *i* ist außerdem eine große Zähnezahlsumme z_1 bzw. z_2 bzw. $z_2' + z_3$ anzustreben. Die Zähnezahldifferenz kann im Minimum 1 betragen. **Bild 6.3.49** zeigt ein in diesem Sinne gestaltetes Getriebe. Innenverzahnungen bei Zentralrädern erbringen eine große Zähnezahlsumme $z_1 + z_2$ bei kleinen äußeren Abmessungen. Darüber hinaus läßt sich der der Zähnezahldifferenz $z_1 - z_3 = 1$ entsprechende geringe Durchmesserunterschied durch Korrektur der Verzahnung mittels Profilverschiebung der Zentralräder ausgleichen, wodurch auch die Planetenräder gleich groß werden ($z_2 = z_2'$). Die Übersetzung läßt sich dann aus

$$i = n_s/n_1 = \varphi_s/\varphi_1 = z_2/(z_1 - z_3) \qquad (6.3.31)$$

berechnen. Das Getriebe nach Bild 6.3.49 mit den angegebenen Abmessungen hat demnach eine Übersetzung $i = n_s/n_1 = \varphi_s/\varphi_1 = 80$.

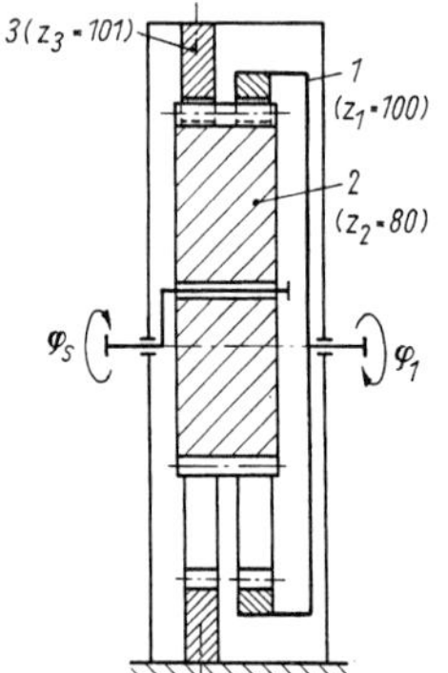

Bild 6.3.49 Umlaufrädergetriebe mit zweistufigem Planetenrad und innenverzahnten Rädern
1 Hohlrad (Abtrieb); *2* Planetenrad; *3* gestellfestes Hohlrad

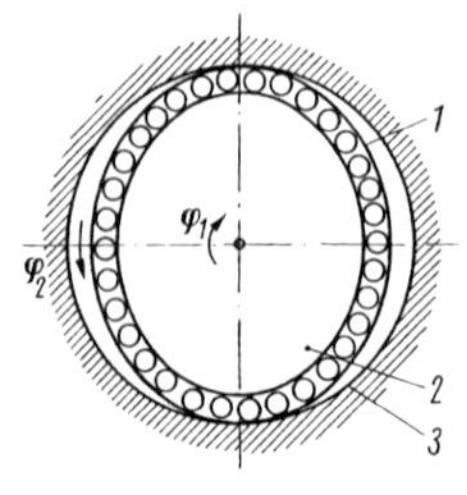

Bild 6.3.50 Harmonic drive (Wellgetriebe)
1 flexibles Zahnrad
2 elliptischer Antriebskörper
3 gestellfestes Hohlrad

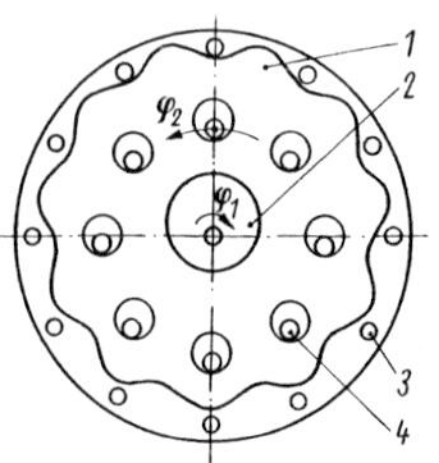

Bild 6.3.51 Cyclo-Getriebe
1 Planetenrad
2 Exzenter
3 äußerer Bolzenkranz
4 Abtrieb

Bild 6.3.50 zeigt ein einstufiges Umlaufrädergetriebe, bei dem die Zentralräder ohne Zwischenschalten des Planetenrades direkt miteinander in Eingriff stehen. Das ist möglich, weil das kleinere außenverzahnte Rad *1* elastisch gestaltet wurde. Der Steg und das Planetenrad werden durch den elliptischen Zentralkörper *2* repräsentiert, der das elastische Rad *1* an zwei einander gegenüberliegenden Stellen des Umfangs in das gestellfeste Rad *3* drückt. Die Wälzkörper zwischen *1* und *2* vermindern die Reibung. Diese Konstruktionen wurden unter dem Namen Harmonic drive bekannt. Die Übersetzung $i = n_2/n_1 = \varphi_2/\varphi_1 = z_3/(z_3 - z_1)$ erreicht Werte bis $i = 320$, kann in Sonderfällen aber noch wesentlich höher liegen. Die Zähnezahldifferenz muß $z_3 - z_1 = 2$ oder ein Vielfaches von 2 sein.

Bei Innenverzahnung, wie in den vorstehenden Beispielen verwendet, ist folgendes zu beachten: Getriebe mit innenverzahnten Rädern, bei denen sich die Zähnezahlen von Hohlrad und Planetenrad um weniger als zehn Zähne unterscheiden, sind wegen Eingriffsstörungen nicht funktionstüchtig. Diese Störungen sind vermeidbar, wenn die Zahnkopfhöhe $h_a < 1{,}0\,m$ und der Betriebseingriffswinkel $\alpha > 20°$ gewählt werden. Das ist durch Profilverschiebung in Verbindung mit dem Kopfüberschneidverfahren zu realisieren [6.3.1].

Eine weitere Konstruktion eines einstufigen Umlaufrädergetriebes ist das Cyclo-Getriebe (**Bild 6.3.51**). Der Antrieb befindet sich am Exzenter *2*, der Abtrieb am Bolzenkranz *4*, der in Bohrungen des Rads *1* eingreift. Das Planetenrad wälzt am äußeren Bolzenkranz *3* ab. Die Übersetzung errechnet sich wie beim Harmonic drive. Je Stufe ist ein Wert $i_{max} = 85$ erreichbar.

Schneckengetriebe haben gekreuzte Achsen (Tafel 6.3.8, Nr. 7). Der Antrieb erfolgt an der Schnecke, deren Zähnezahl (Gangzahl) den Wert 1 haben kann. Die Übersetzung ist dann gleich der Zähnezahl des Schneckenrads. Die Übersetzung kann demnach bis $i_{max} = 1000$ je Stufe betragen (vgl. dazu auch das im Bild 6.3.55 dargestellte Schneckengetriebe in der Feinfokussierungseinrichtung eines Mikroskops).

▶ Ausführliche Darstellung zur Berechnung und Gestaltung hochübersetzender Zahnradgetriebe s. [6.3.1].

Koppelgetriebe. Einige Formen der Koppelgetriebe haben eine konstante Übersetzung. Dazu zählt neben dem einfachen Hebel (Tafel 6.3.8, Nr. 8) das Storchschnabelgetriebe (Tafel 6.3.8, Nr. 9).

Während beim einfachen Hebel Kreis- in Kreisbewegungen bzw. Längs- in Längsbewegungen umgesetzt werden, kann das Storchschnabelgetriebe beliebige Bewegungen in einer Ebene in geometrisch ähnliche Bewegungen umsetzen. Die Übersetzung ergibt sich beim Hebel aus dem Radienverhältnis $i = r_1/r_2$, beim Storchschnabelgetriebe aus dem Verhältnis der Abmessungen $i = b/a$.

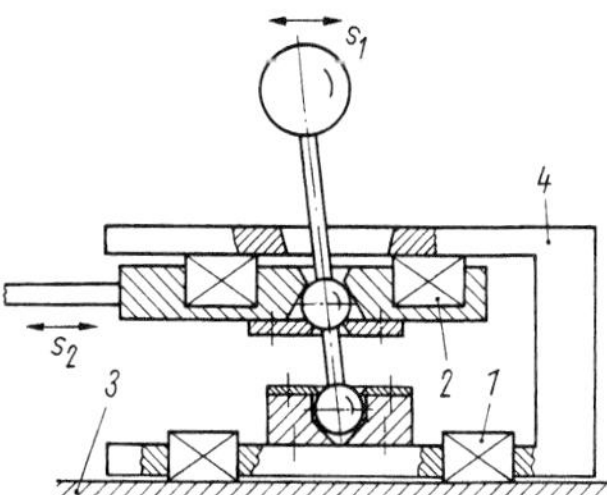

Bild 6.3.52 Mikromanipulator (nach *Rudolf*)
1, 2 Magnete (getrennt schaltbar)
3 ferromagnetische Unterlage (Gestell)
4 Rahmen

Im **Bild 6.3.52** wird eine an einem Mikromanipulator gebräuchliche Feinstelleinheit gezeigt, in der ein einfacher Hebel das wirksame Element darstellt. Bei Feinstellung sind die Magnete *1* eingeschaltet; der Rahmen *4* ist somit am Gestell *3* fixiert. Sind hingegen nur die Magnete *2* eingeschaltet, so bewegt sich bei Betätigung des Hebels der gesamte Rahmen *4*, was der Grobeinstellung entspricht. In dem erwähnten Mikromanipulator ist die Hebelfeinstellung mit einem Storchschnabelgetriebe gekoppelt. Eine weitere Anwendung des einfachen Hebels ist der Stufenknopf bei vielen Feinstelleinrichtungen (z. B. bei der Längenmeßmaschine nach Bild 6.3.46). Je nachdem, wo und wie die bedienende Hand zufaßt, ergibt sich eine dem Radius entsprechende unterschiedliche Übersetzung.

Sonderformen. Außer Getrieben eignen sich bestimmte Federanordnungen zu Feinstellzwecken. So ist die Michelson-Feder in Tafel 6.3.8, Nr. 10 für alle Feinstellprobleme brauchbar, bei denen außer der Antriebs- und Reaktionskraft keine anderen Kräfte auf das System wirken. Das ist z. B. in bestimmten optischen Geräten der Fall. Grundgedanke ist, daß eine steife Feder über eine angekoppelte weiche Feder bewegt wird. Die längs der Kombination wirksame Kraft bewirkt an der steifen Feder eine kleine, an der weichen Feder eine große Längenänderung (bzw. Winkelauslenkung, Durchbiegung usw.). Die Übersetzung wächst mit dem Unterschied der Federsteifen c der beiden Federn und beträgt

$$i = s_1/s_2 = (c_1 + c_2)/c_1 \; . \tag{6.3.32}$$

Hingewiesen wird darauf, daß die Ausnutzung bestimmter physikalischer Effekte, wie Wärmedehnung oder die Magnetostriktion u. a., ebenfalls geeignet ist, Feinstellprobleme zu lösen (s. Abschn. 6.2). Anwendung findet z. B. die Wärmedehnung in Mikrotomen, mit Hilfe derer mikroskopische Schnittpräparate mit bestimmter minimaler Dicke hergestellt werden. Die Übersetzung ist dann abhängig vom Material des Dehnungskörpers sowie von der Feinfühligkeit der Heizungsregelung.

6.3.4.2 Getriebe mit nichtkonstanter Übersetzung

Diese Getriebe sind dadurch gekennzeichnet, daß zwischen Antrieb und Abtrieb kein linearer Zusammenhang besteht, die Übersetzung innerhalb des Arbeitsbereichs also unterschiedliche Werte annimmt. Das muß aber nicht unbedingt ein Nachteil sein.

Koppelgetriebe. Die Vierdrehgelenkkette ist die Grundform der Getriebearten Kurbelschwinge, Doppelkurbel und Doppelschwinge sowie die Schubkurbelkette die der Schubkurbel und Kurbelschleife. Einige dieser Getriebe sind bezüglich besonderer Lagen, die ihre Glieder zueinander einnehmen können, für Feinstellzwecke geeignet. Es sind dies Totlagenstellungen, bei denen sich zwei unmittelbar gelenkig verbundene Glieder in Streck- bzw. Decklage befinden. Das dritte bewegliche Glied der Kette ist dann in Ruhe.

In **Tafel 6.3.9**, Nr. 1 ist eine Kurbelschwinge nahe einer solchen Totlagenstellung dargestellt. Es ist ersichtlich, daß im Bereich um diese Lage der Getriebeglieder eine große Übersetzung vorhanden ist. Das gilt sinngemäß auch für die Schubkurbel (Tafel 6.3.9, Nr. 2). Bei der Kurbelschleife ist die größte Übersetzung gegeben, wenn die Kurbel nahezu senkrecht auf der Schleife steht (Tafel 6.3.9, Nr. 3).

Tafel 6.3.9 Feinstellgetriebe mit nichtkonstanter Übersetzung

Getriebeart	Prinzip	Anwendungsbeispiele
1. **Koppelgetriebe** Kurbelschwinge	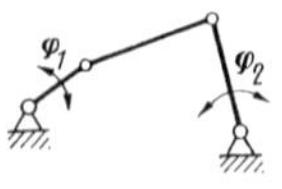 φ_1, φ_2	Justiervorrichtungen
2. **Koppelgetriebe** Schubkurbel	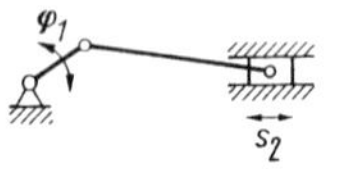 φ_1, s_2	
3. **Koppelgetriebe** Kurbelschleife	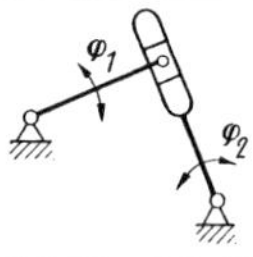 φ_1, φ_2	Nullpunkteinstellung an Drehspulmeßwerken
4. **Koppelgetriebe mit elastischen Gliedern** Bogenfederpaar	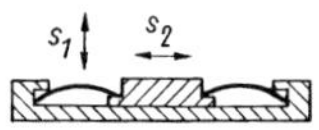 s_1, s_2	Justiervorrichtungen
5. Kurvengetriebe	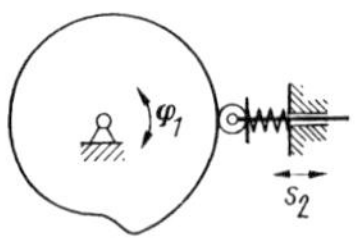 φ_1, s_2	Justierung, Linearisierung von Skalen in Verbindung mit Nachführzeiger an Meßgeräten, Feintrieb an Mikroskopfokussierungen

Bild 6.3.53 zeigt das Kniehebelgetriebe, dessen Grundform die Schubkurbel ist. Für das Kniehebelgetriebe (Kurbellänge = Koppellänge) gilt $i = s_1/s_2 = 0{,}5 \cot \alpha$.

In Tafel 6.3.9, Nr. 4 ist ein Bogenfederpaar dargestellt. Es kann als die Gegeneinanderschaltung zweier Kniehebelgetriebe mit elastischen Gliedern und Federgelenken aufgefaßt werden. Die Übersetzung erreicht in erster Näherung ähnliche Werte wie beim Kniehebelgetriebe.

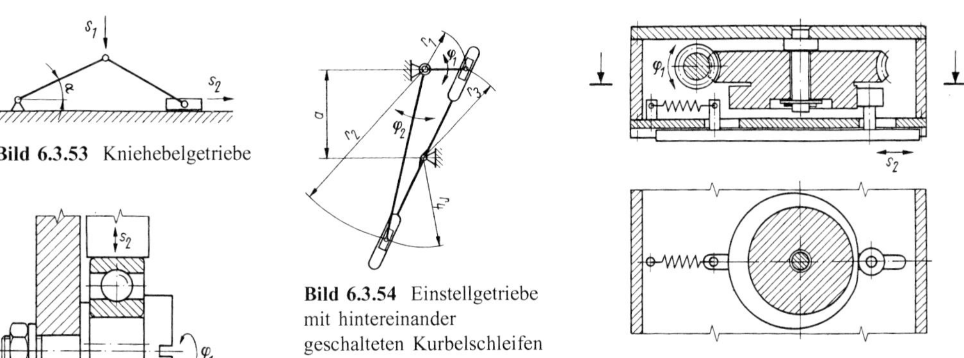

Bild 6.3.53 Kniehebelgetriebe

Bild 6.3.54 Einstellgetriebe mit hintereinander geschalteten Kurbelschleifen

Bild 6.3.55 Kurvengetriebe in einer Mikroskopfokussierung (Feinstellgetriebe)

Bild 6.3.56 Exzenterschraube für Justierzwecke

Beide Anordnungen sind als Justierelemente bekannt. **Bild 6.3.54** verdeutlicht die Anwendung der Kurbelschleife zum Umfokussieren von Nivellierinstrumenten. Zwei schwingende Kurbelschleifen sind mit ihren Schleifen gekoppelt, so daß die Kurbel der einen das Antriebsglied, die der anderen das Abtriebsglied darstellt.

Die Übersetzung der Kombination ist in Symmetrielage $i = r_2 r_3/(r_1 r_4) = (r_1 + a) \cdot r_2/[(r_2 - a) r_1]$. Wird sie aus der Symmetrielage herausbewegt, so wächst i bis zum Wert ∞, d. h., die Antriebskurbel steht dann rechtwinklig zur Schleife.

Dieses Getriebe eignet sich für alle die Einsatzfälle, bei denen eine im Winkel begrenzte koaxiale Drehung von Antriebs- und Abtriebsglied erwünscht ist und wo die variable Übersetzung nicht stört.

Kurvengetriebe. Sie können Kurvenscheiben mit beliebigem Bewegungsgesetz und beliebigem Hub enthalten (Tafel 6.3.9, Nr. 5) [6.3.1] [6.3.11]. Feinstellung erfordert geringen Hub. Auch hier existiert ein begrenzter Arbeitsbereich: maximal 360° bei geschlossenem Kurvenzug. Kurvengetriebe formen eine Drehbewegung in eine Dreh- oder eine Längsbewegung um. Ein Vertreter der letzteren Art ist im **Bild 6.3.55** dargestellt. Es handelt sich um ein Kurvengetriebe mit symmetrischem Bewegungsverhalten, so daß beim fortlaufenden Drehen der Kurvenscheibe sich der Mikroskoptubus um den Hub hebt und senkt. Zum Vergrößern der Übersetzung und zwecks Selbstsperrung ist dem Kurvengetriebe ein Schneckengetriebe vorgeschaltet. Die Exzenterschraube im **Bild 6.3.56** wird z. B. zur feinfühligen Einstellung eines Stützlagers angewendet.

6.3.4.3 Kombination einfacher Getriebe

Durch Kombination einfacher Feinstellgetriebe lassen sich Mechanismen aufbauen, mit deren Hilfe Bauteile in mehreren Richtungen translatorisch und um mehrere Achsen rotatorisch bewegt werden können. **Tafel 6.3.10** zeigt eine Auswahl, vorwiegend unter Verwendung von Schraubengetrieben, geordnet nach der Anzahl der translatorischen und rotatorischen Freiheitsgrade.

6.3.4.4 Konstruktive Probleme, Spielausgleich

Je größer die Übersetzung ist, desto störender wirkt Spiel in den Gelenken der Getriebe. Das Spiel kann durch präzisere Fertigung verkleinert werden. Das würde aber die Fertigungskosten erheblich vergrößern. Nachfolgend werden deshalb Grundsätze der konstruktiven Gestaltung spielarmer Gelenke behandelt, die nur unerheblichen Mehraufwand erfordern.

Tafel 6.3.10 Feineinstellungen für mehrere translatorische und rotatorische Freiheitsgrade (nach [6.3.7])*)

Rotatorische Freiheitsgrade φ	Translatorische Freiheitsgrade s: 0	1	2	3
0		Optischer Tubus. Inneres Rohr (*A*) durch Schraubengetriebe gegen Federkraft im äußeren Rohr koaxial translatorisch stellbar	Kreuztisch. Zwei Längsführungen übereinander, deren Führungsrichtungen einen Winkel von 90° bilden	Raumzentrierung. Kreuztisch, durch Zahnstangengetriebe höhenverstellbar
1	Torsionskopf. Drehung des Teils *A* um die Hochachse durch tangential wirkendes Schraubengetriebe	(allein nicht, aber in Kombination mit anderen Mechanismen gebräuchlich, z. B. das Unterteil der Universaleinstellung im Bild für 3 s, 3 φ)	Feinstellung in der Ebene. Teil *A* durch drei Schraubengetriebe *1, 2, 3* in beliebige Lage in der Ebene stellbar, Mutterbolzen geschlitzt (spielfrei)*)	Höhenverstellbarer Kreuztisch mit um Hochachse drehbarem Oberteil, z. B. in Mikroskopen mit Tischfokussierung

Tafel 6.3.10 Fortsetzung

Rotatorische Freiheitsgrade φ	2	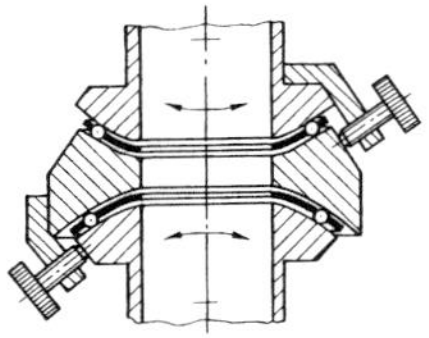 Achsenzentrierung von Strahlsystemen. Jedes der beiden Teilsysteme hat zwei Freiheitsgrade rotatorisch gegenüber dem Mittelstück; von den zur Verstellung nötigen Schrauben ist jeweils nur eine gezeichnet	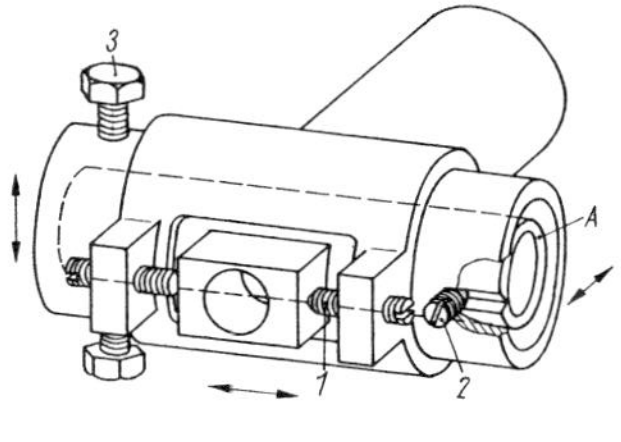 Raumzentrierung in Rohrform. Innerstes Rohr A mit Fortsatz translatorisch durch Schrauben 1, rotatorisch durch Schrauben 2 um Hochachse, durch Schrauben 3 um horizontale Achse verstellbar	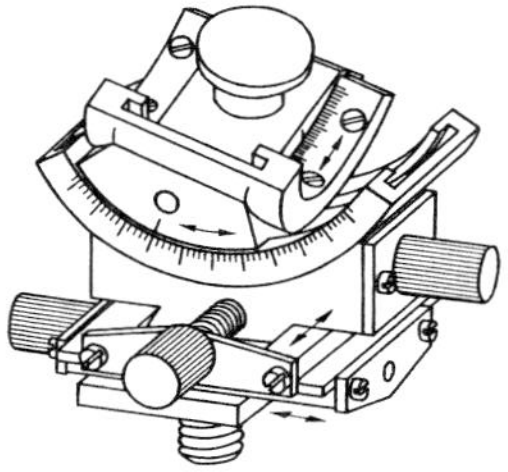 Goniometerkopf. Kombination gekreuzter Bogenschlitten (nicht feinstellbar) mit Kreuztisch, durch Schraubengetriebe feinstellbar	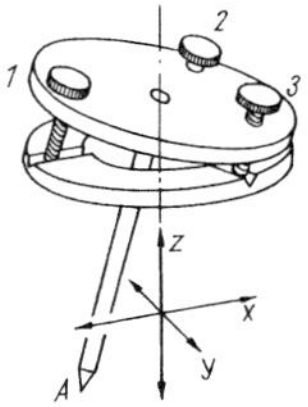 Raumzentrierung. Bei großem Verstellweg der Schrauben ist Schwankung der Spitze A nicht vernachlässigbar
	3	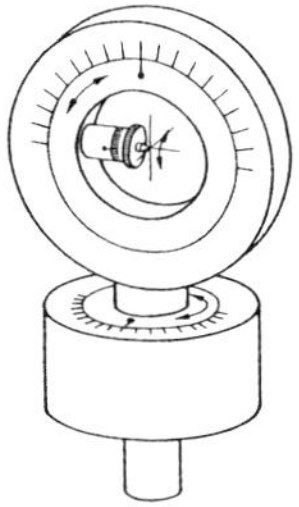 Fedorow-Drehtisch für mikroskopische Untersuchungen, z. B. an Kristallen	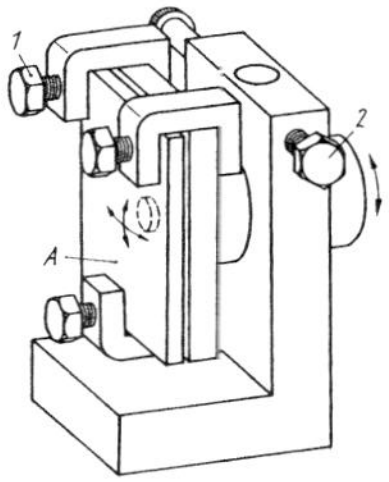 Gitterjustierung. Gitterplatte A durch Schrauben 1 gegen Federbolzen translatorisch und rotatorisch um zwei Achsen stellbar; Rotation um dritte Achse durch tangential wirkendes Schraubengetriebe 2 stellbar	Kombination aus Fedorow-Drehtisch und Kreuztisch	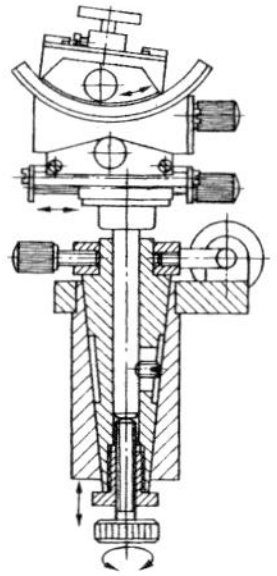 Universaleinstellung. Mechanismus aus Bild für $2s$, 2φ auf Konuslager, darin höhenverstellbar und um die Hochachse rotatorisch stellbar

*) Ausführliche Darstellung von Mehrkoordinaten-Positioniersystemen im Einebenenprinzip s. [6.3.34] [6.3.90]

Tafel 6.3.11 Möglichkeiten zur Spielbeseitigung bzw. Spieleinschränkung [6.3.1] [6.3.62]

Gelenke	Konstruktive Ausführung	Prinzip	Bemerkungen
Drehgelenke	1. Offenes Gleitlager	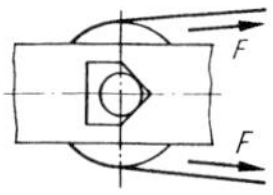	Sicherung der Lage durch Schwerkraft oder Betriebskräfte
	2. Kegelgleitlager	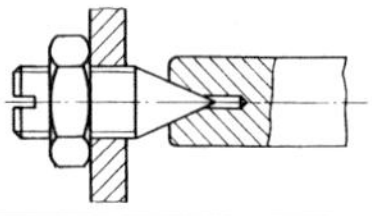	starres oder gefedertes Anstellen, bei senkrechter Lage der Achse Anstellen durch Schwerkraft möglich
	3. Wälzlagerung axial angestellt	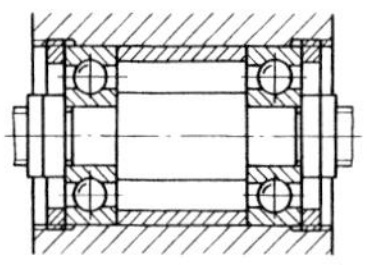	starres Anstellen: für Lagerabstände < 100 mm bei Temperaturen bis 35 °C gefedertes Anstellen: Anstellkraft gemäß zulässiger Axialkraft der Lager
Schubgelenke	4. Offene Führung	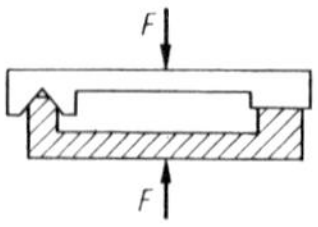	Anstellen durch Federkraft; je nach Konstruktion Einschränkung des möglichen Verschiebewegs. Anstellen durch Schwerkraft: keine Einschränkung des Verschiebewegs
	5. Geschlossene Führung	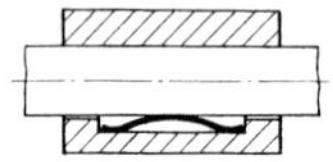	gefedertes Anstellen oder Anstellen durch Betriebs- oder Schwerkraft (Reduktion auf offene Führung)
	6. Geschlossene Führung	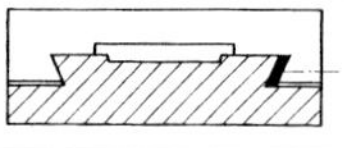	starres Anstellen durch längs der Führung schwach keilförmige Beilage, die längs in ihrer Lage einstellbar ist
Schraubgelenke	7. Schraubenmuttern axial angestellt	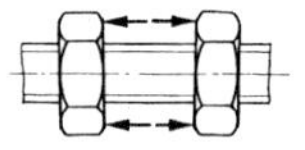	starres Anstellen: Spieleinschränkung gefedertes Anstellen: Spielausgleich
	8. Schraubenmuttern radial angestellt	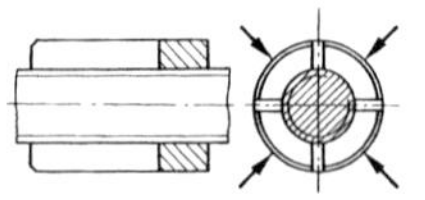	starres Anstellen z. B. durch kegelförmige Überwurfmutter oder gefedertes Anstellen durch geschlitzte Kegelhülse o. ä.
Gleitwälzgelenke	9. Zahnräder radial angestellt	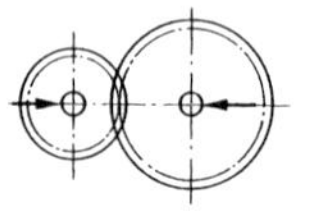	Zweiflankenanlage durch vorzugsweise gefedertes Anstellen
	10. Zahnräder tangential angestellt	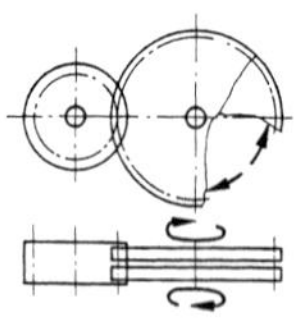	gegenläufiges Anstellen zweier koaxial gelagerter Gegenräder (Zweiflankenanlage)

Pfeile kennzeichnen Richtung der Verspannkräfte.

Drehgelenke. Um Lagerzapfen vom Spiel in der Bohrung zu befreien, können folgende Möglichkeiten angewendet werden [6.3.1] [6.3.2]:

- Welle durch Betriebskräfte, Federkraft oder Schwerkraft an eine Wandung der Bohrung drücken und diese so gestalten, daß die Welle nicht wegrollen kann (**Tafel 6.3.11**, Nr. 1);
- Welle mit einem oder zwei Kegelzapfen (Kegelbohrung) versehen, die in einer Kegelbuchse (Kegelzapfen) gelagert wird (erhöhte Reibung beachten); Anstellen der Lagerelemente kann starr erfolgen (Tafel 6.3.11, Nr. 2) sowie durch Federkraft oder Schwerkraft;

- Wälzlagerspiel kann bei kleinen Lagerabständen und niedrigen Betriebstemperaturen durch starre Anstellung der Wälzlagerringe, passend bemessene Distanzhülsen und Vorsatzringe verringert werden; empfehlenswert sind dann aber Lager mit geringer Lagerluft, z. B. der Gruppe C2 nach DIN 620. Bei großen Lagerabständen bzw. hohen Betriebstemperaturen wählt man zweckmäßiger eine Anstellung der Wälzlagerringe durch Federkraft. Die Federn sind so zu dimensionieren, daß die zulässigen Axialkräfte der Wälzlager auch bei Betriebstemperatur nicht überschritten werden. Bei Bedarf sind Lager zu verwenden, die besser zur Übertragung von Axialkräften geeignet sind als Rillenkugellager (Tafel 6.3.11, Nr. 3).

Schubgelenke. Für die konstruktive Gestaltung gelten im Prinzip die gleichen Gesichtspunkte wie für Lager. Offene Führungen sind durch Schwerkraft oder Federkraft anzustellen (Tafel 6.3.11, Nr. 4). Zu beachten ist, daß Federn hier bewegungseinschränkend wirken [6.3.1].

Bei geschlossenen Führungen ist die Federanstellung nicht unbedingt bewegungseinschränkend (Tafel 6.3.11, Nr. 5). Alle Maßnahmen laufen jedoch darauf hinaus, daß praktisch eine offene Führung entsteht, außer bei starrem Anstellen der Führungspartner (Schwalbenschwanzführung mit Beilage; Tafel 6.3.11, Nr. 6). Schubgelenke können, ähnlich wie Drehgelenke, mit Wälzkörpern ausgestattet werden. Bezüglich der Spieleinschränkung ergeben sich dabei keine Unterschiede zu Gleitschubgelenken.

Schraubgelenke. Das Spiel im Gewinde läßt sich einschränken bzw. beseitigen durch axiales Anstellen der Mutter. Das kann durch starre Mittel, durch Federkraft, Betriebskräfte oder durch Schwerkraft geschehen (Tafel 6.3.11, Nr. 7) [6.3.1].

Das Spiel kann durch radiales Anstellen der Mutter eingeschränkt oder beseitigt werden. Hier sind starre Mittel oder die Federkraftwirkung geeignet (Tafel 6.3.11, Nr. 8).

Schraubgelenke lassen sich auch mit Wälzkörpern aufbauen (s. Hinweise zu Rotations-Translations-Umformern in Abschn. 6.2 und [6.3.1] [6.3.62]). Solche Wälzschraubgelenke werden an sich mit hoher Präzision gefertigt, so daß das Spiel sehr gering ist. Soll auch dieses beseitigt werden, wird prinzipiell nach Tafel 6.3.11, Nr. 7 verfahren.

Gleitwälzgelenke. Zum Beseitigen des Verdrehflankenspiels bei Zahnradgetrieben sind folgende Möglichkeiten gegeben [6.3.1]:

- Durch radiales Anstellen der Zahnräder wird Zweiflankenanlage erzielt; das ist nur mit Federkraft möglich (Tafel 6.3.11, Nr. 9).
- Bei tangentialem Anstellen
  - durch eine Vorlast (Betriebskraft oder Federkraft) wird Einflankenanlage erzielt; Vorlast durch Federwirkung begrenzt den Drehwinkel und legt der Drehrichtung Beschränkungen auf;
  - durch gegenläufiges Anstellen zweier koaxialer Räder wird Zweiflankenanlage erzeugt; das ist nur mit Federkraft möglich, wobei diese so groß sein muß, daß sie nicht durch die Betriebskraft überwunden werden kann (Tafel 6.3.11, Nr. 10).

Ausgewählte Normen und Richtlinien zu Abschn. 6.3.4 s. Tafel 6.3.15.

6.3.5 Betätigungselemente

In der Feinwerktechnik und Elektronik finden ausschließlich Betätigungselemente Anwendung, die als *Stellelemente* mit geringem Kraftaufwand ($\leq$ 10 N) bewegt bzw. als *Berührungselemente* ohne Kraftaufwand und Bewegung nur noch berührt werden.

Tafel 6.3.12 gibt eine systematische Übersicht der Stellelemente und gestattet eine Auswahl nach den wichtigsten Anwendungskriterien. Aus ergonomischen Gründen kommt der Gestaltung der *Kopplungselemente* zwischen Mensch und Betätigungselement besondere Bedeutung zu, so daß in Ergänzung zur Systematik der Tafel 6.3.12 in **Tafel 6.3.13** spezielle Hinweise zur Kopplung von Finger und Hand mit dem Betätigungselement gegeben werden. Die sichere Kommunikation zwischen Mensch und Gerät bedingt eine unmitttelbare Rückmeldung über die erfolgte Informationseingabe mit dem Betätigungselement. Diese Rückmeldung vollzieht sich bei Stellelementen auf taktilem Weg durch die ausgeführte Bewegung und/oder die aufgewendete Kraft. Bei allen anderen Betätigungselementen, deren Funktion nur noch auf Berührung beruht, muß die Rückmeldung auf akustischem oder visuellem Weg erfolgen. Akustische Rückmeldungen werden wegen der Überhörbarkeit und der auch als störend empfundenen Wirkung mehr und mehr durch visuelle Rückmeldungen abgelöst, für die es in Verbindung mit modernen elektronischen Anzeigeelementen und Displays zahlreiche Lösungsmöglichkeiten gibt (z. B. Leuchtdiode neben oder im Betätigungselement, Betätigungsanzeige auf zugeordnetem Bereich eines Bildschirms).

Tafel 6.3.12 Stellelemente (Auswahl nach *Neudorf* und DIN 33401)*)

Gliederung: Bewegungsart	physikalisches Prinzip	Kopplungselement	Stellorgan	Kraftwirkung	Kopplungsart	Lösungen: B Betätigungselement (BA Achse B, BM Mitte B); K Kopplungselement (KA Achse K, KM Mitte K)	Name	charakter. Maß	Geometrie: Abmessungen mm	Betätigungsparameter: lichter Raum zwischen den Kopplungselementen mm	Betätigungsparameter: Bewegungsbereich mm bzw. Grad	Betätigungsparameter: Kraft- bzw. Drehmomentwirkungsbereich N bzw. N·m	Einsatzmöglichkeiten*): diskrete Lagen – zwei	diskrete Lagen – drei u. mehrere	kontinuierliches Stellen	Nachfahren bewegl. Marke	Stellgeschwindigkeit	Stellgenauigkeit	Vermeiden ungewollter Betätig.	Kontrolle – visuelle	Kontrolle – taktile
Schubbewegung begrenzt	Feder	Scheibe	ein Finger	Kraft	Formpaarung	B, BA, BM, K, KM, KA, d, e	Membranknopf	d	d: 16 32; e: 10 20 (1 – 10 – 100)	einmalige Betätigung 12,5 50; sequentielle 6,3 25; simultane 6,3 12,5 (1 – 100)	s: 1,25 (1 – 10 – 100)	F: 0,4 (0,1 – 1 – 10 – 100)	1	5	5	5	1	5	2	5	5
Schubbewegung begrenzt	Stab	Stange längs	ein Finger	Kraft	Kraftpaarung	B, BM, BA, K, KM, KA, s, l, b	Schubknopf	l	l: 10 40; b: 6,3 20 (1 – 100)	—	s: 5 25 (1 – 100)	F: 1,25 8 (0,1 – 1 – 100)	1	2	2	3	2	2	4	2	3
Schubbewegung begrenzt	Stab	Ring	ein Finger	Kraft	Formpaarung	B, BA, BM, K, KA, KM, e, d, s	Zug- und Druckring	d	d: 32 40; e: 4 8 (1 – 10 – 100)	—	s: 10 (1 – 10 – 100)	F: 1 32 (0,1 – 1 – 100)	1	2	1	2	3	2	3	1	1
Schubbewegung begrenzt	Stab	Scheibe	ein Finger	Kraft	Formpaarung	B, BA, BM, K, KA, KM, s, d	Druckscheibe	d	d: 10 20 (1 – 10 – 100)	—	s: 10 20 (1 – 10 – 100)	F: 1,6 3,2 (0,1 – 1 – 100)	1	3	3	3	2	2	4	1	1
Schubbewegung begrenzt	Stab	Stange längs	ein Finger	Kraft	Formpaarung	B, BA, BM, K, KA, KM, d, s	Druckknopf	d	d: 8 32 (1 – 100)	einmalige Betätigung 12,5 50; sequentielle 6,3 25; simultane 6,3 12,5 (1 – 100)	s: 3,2 40 (1 – 100)	F: 1,6 16 (0,1 – 1 – 100)	1	4	5	5	1	1	4	4	4
Schubbewegung begrenzt	Stab	Stange längs	ein Finger	Kraft	Kraftpaarung	B, BA, BM, K, KA, KM, s, d, l	Zugknopf	l	l: 20 40; d: 10 16 (1 – 10 – 100)	—	s: 6,3 (1 – 100)	F: 4 20 (0,1 – 1 – 100)	1	3	4	4	2	3	3	2	3

*) Einsatzmöglichkeiten: *1* sehr gut geeignet, *2* gut geeignet, *3* geeignet, *4* eingeschränkt geeignet, *5* nicht geeignet

Tafel 6.3.12 Fortsetzung 1

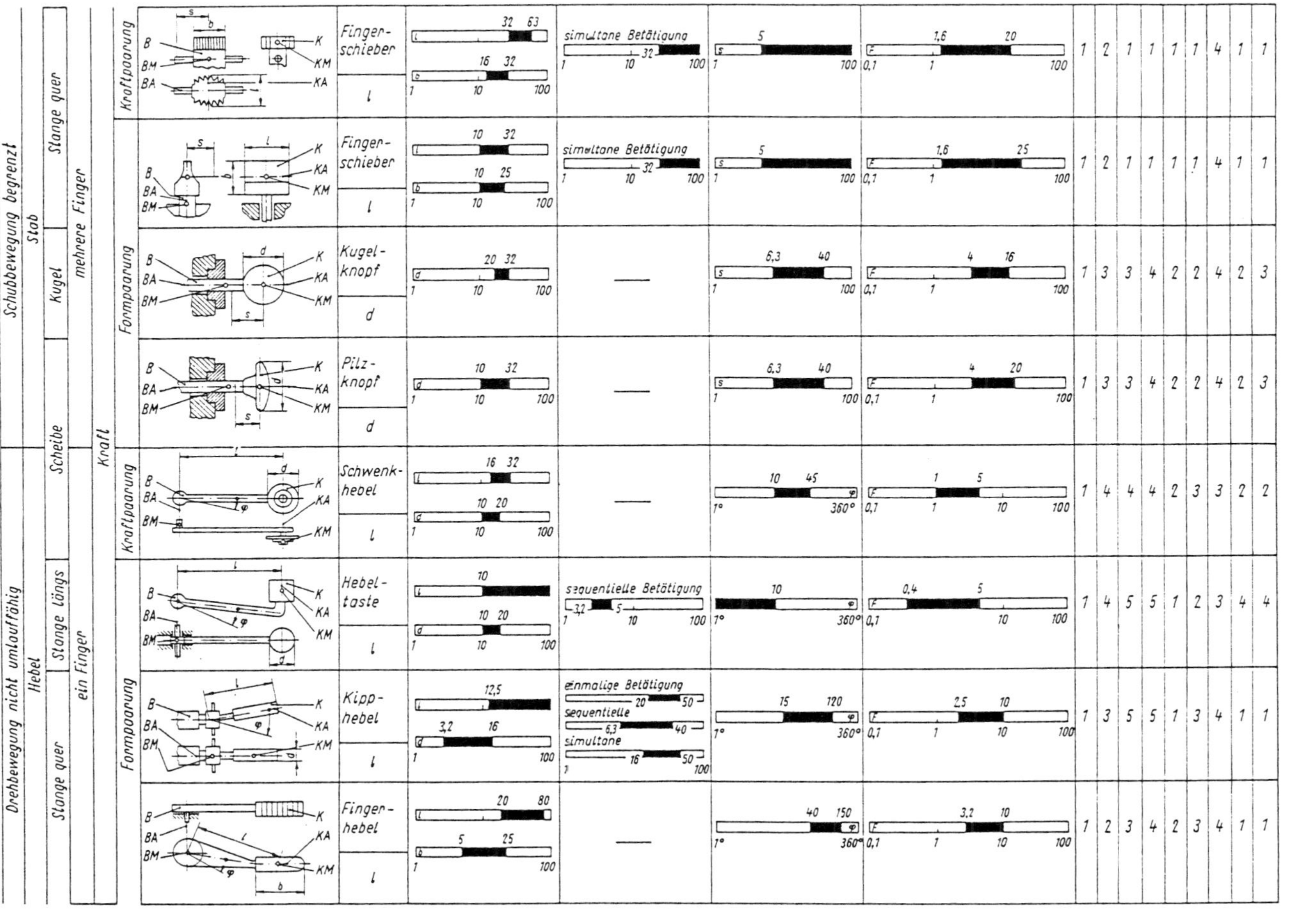

Schubbewegung begrenzt	Stab	Stange quer	mehrere Finger	Kraft	Kraftpaarung	B, BM, BA, K, KM, KA, s, b	Finger-schieber; l	l: 32 63; b: 16 32	simultane Betätigung 32	s: 5	F: 1,6 20	1	2	1	1	1	1	4	1	1
					Formpaarung	B, BA, BM, K, KA, KM, s, l, b	Finger-schieber; l	l: 10 32; b: 10 25	simultane Betätigung 32	s: 5	F: 1,6 25	1	2	1	1	1	1	4	1	1
		Kugel				B, BA, BM, K, KA, KM, d, s	Kugel-knopf; d	d: 20 32	—	s: 6,3 40	F: 4 16	1	3	3	4	2	2	4	2	3
		Scheibe				B, BA, BM, K, KA, KM, d, s	Pilz-knopf; d	d: 10 32	—	s: 6,3 40	F: 4 20	1	3	3	4	2	2	4	2	3
Drehbewegung nicht umlauffähig	Hebel		ein Finger		Kraftpaarung	B, BA, BM, K, KA, KM, l, d, φ	Schwenk-hebel; l	l: 16 32; d: 10 20	—	φ: 10 45	F: 1 5	1	4	4	4	2	3	3	2	2
		Stange längs			Formpaarung	B, BA, BM, K, KA, KM, l, d, φ	Hebel-taste; l	l: 10; d: 10 20	sequentielle Betätigung 3,2 5	φ: 10	F: 0,4 5	1	4	5	5	1	2	3	4	4
		Stange quer				B, BA, BM, K, KA, KM, l, d, φ	Kipp-hebel; l	l: 12,5; d: 3,2 16	einmalige Betätigung 20 50; sequentielle 6,3 40; simultane 16 50	φ: 15 120	F: 2,5 10	1	3	5	5	1	3	4	1	1
						B, BA, BM, K, KA, KM, l, b, φ	Finger-hebel; l	l: 20 80; b: 5 25	—	φ: 40 150	F: 3,2 10	1	2	3	4	2	3	4	1	1

Scales: l, b, d: 1 – 10 – 100; Betätigung: 1 – 10 – 100; s: 1 – 100; φ: 1° – 360°; F: 0,1 – 1 – 10 – 100

Tafel 6.3.12 Fortsetzung 2

Gliederung: Bewegungsart	physikalisches Prinzip	Kopplungselement	Stellorgan	Kraftwirkung	Kopplungsart	Lösungen: B Betätigungselement (BA Achse B, BM Mitte B); K Kopplungselement (KA Achse K, KM Mitte K)	Name	charakter. Maß	Geometrie: Abmessungen mm	Betätigungsparameter: lichter Raum zwischen den Kopplungselementen mm	Bewegungsbereich mm bzw. Grad	Kraft- bzw. Drehmomentwirkungsbereich N bzw. N·m	Einsatzmöglichkeiten *): diskrete Lagen: zwei	drei u. mehrere	kontinuierliches Stellen	Nachfahren bewegl. Marke	Stellgeschwindigkeit	Stellgenauigkeit	Vermeiden ungewollter Betätig.	Kontrolle: visuelle	taktile
Drehbewegung nicht umlauffähig	Hebel	Stange quer	mehrere Finger	Drehmoment	Formpaarung	B, BA, BM, K, KA, KM, d, φ	Drehhebel	l	l: 32 80; b: 5 10 (1 10 100)	—	10 90 (1° φ 360°)	M: 0,8 3,2 (0,1 10 100)	1	2	3	4	2	3	4	1	1
Drehbewegung nicht umlauffähig	Hebel	Kugel	mehrere Finger	Kraft	Formpaarung	B, BM, BA, K, KM, KA, d	Kugelgelenkhebel	l	l: 40; d: 12,5 32 (1 10 100)	—	90 (1° φ 360°)	F: 5 16 (0,1 1 100)	2	1	1	1	1	2	4	3	3
Drehbewegung nicht umlauffähig	Doppelhebel	Stange quer	ein Finger	Kraft	Formpaarung	B, BA, BM, K, KA, KM, b, l, φ	Wipphebel	l	l: 20 50; b: 5 20 (1 100)	sequentielle Betätigung 2,5 6,3 (1 100)	20 30 (1° φ 360°)	F: 2 8 (0,1 1 10 100)	1	4	5	5	1	2	4	2	2
Drehbewegung umlauffähig mit Nachgreifen	Hebel	Stange quer	ein Finger	Kraft	Formpaarung	B, BA, BM, K, KA, KM, b, d, φ	Sternrad	d	d: 10 50; b: 2 6,3 (1 10 100)	sequentielle Betätigung 5 10 (1 100)	30 40 (1° φ 360°)	F: 0,4 5 (0,1 10 100)	2	1	5	5	1	2	4	2	2
Drehbewegung umlauffähig mit Nachgreifen	Hebel	Scheibe	ein Finger	Kraft	Kraftpaarung	B, BA, BM, K, KA, KM, b, d, φ	Reibrad	d	d: 10 50; b: 5 12,5 (1 100)	sequentielle Betätigung 12,5 50 (1 100)	15 90 (1° φ 360°)	F: 0,4 5 (0,1 10 100)	3	3	1	3	3	1	4	4	4

Tafel 6.3.12 Fortsetzung 3

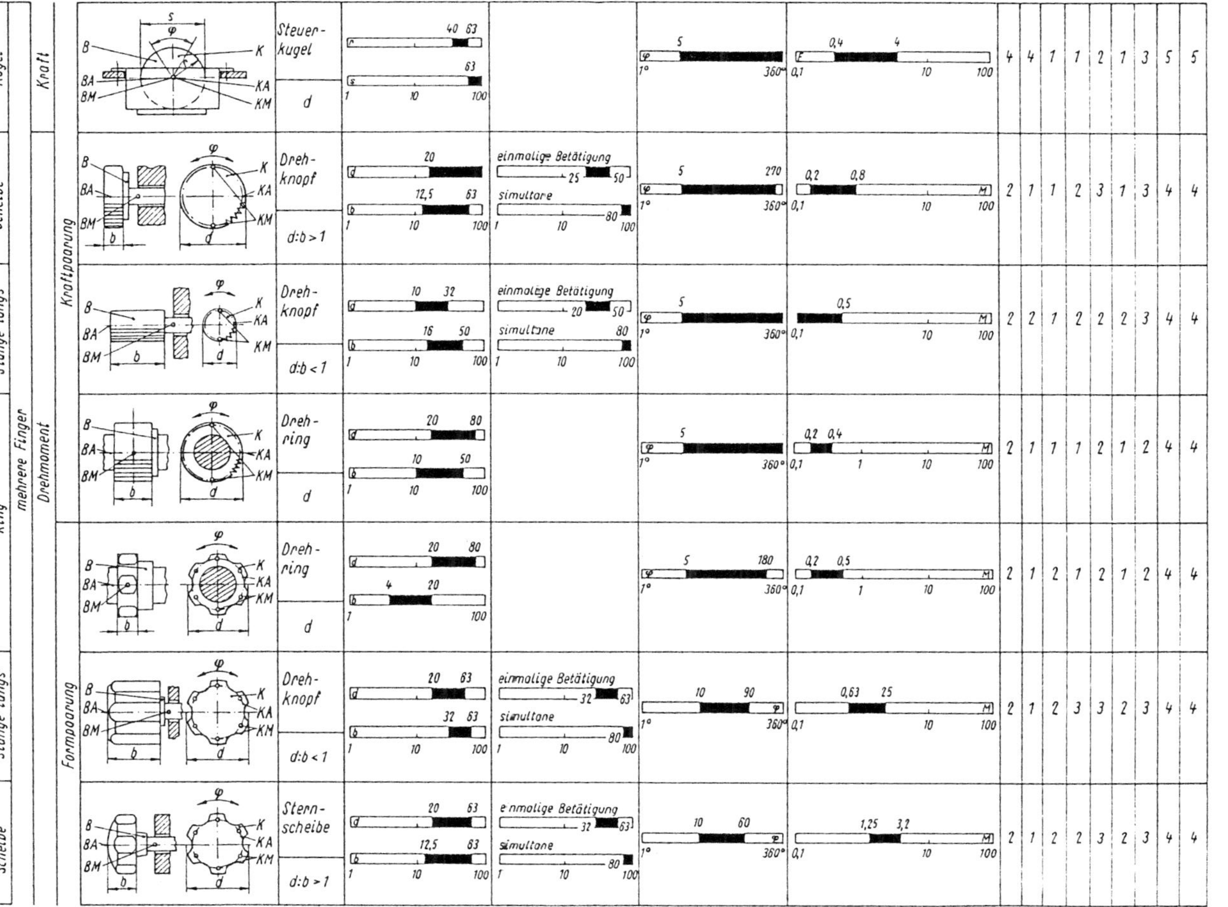

Bewegung	Hebel	Element	Kraft / Moment	Paarung	Bedienteil	Abmessungen	Kraft	Winkel φ	Moment / Kraft									
Hebel	Kugel		Kraft		Steuerkugel; d	r: 40 63; s: 63 (1 10 100)		φ: 5 (1° … 360°)	F: 0,4 4 (0,1 10 100)	4	4	1	1	2	1	3	5	5
Drehbewegung umlauffähig mit Nachgreifen	Doppelhebel	Scheibe	mehrere Finger; Drehmoment	Kraftpaarung	Dreh-knopf; d:b > 1	d: 20; b: 12,5 63 (1 10 100)	einmalige Betätigung: 25 50; simultane: 80 (1 10 100)	φ: 5 270 (1° … 360°)	M: 0,2 0,8 (0,1 10 100)	2	1	1	2	3	1	3	4	4
		Stange längs		Kraftpaarung	Dreh-knopf; d:b < 1	d: 10 32; b: 16 50 (1 10 100)	einmalige Betätigung: 20 50; simultane: 80 (1 10 100)	φ: 5 (1° … 360°)	M: 0,5 (0,1 10 100)	2	2	1	2	2	2	3	4	4
		Ring		Kraftpaarung	Dreh-ring; d	d: 20 80; b: 10 50 (1 10 100)		φ: 5 (1° … 360°)	M: 0,2 0,4 (0,1 1 10 100)	2	1	1	1	2	1	2	4	4
		Ring		Formpaarung	Dreh-ring; d	d: 20 80; b: 4 20 (1 100)		φ: 5 180 (1° … 360°)	M: 0,2 0,5 (0,1 1 10 100)	2	1	2	1	2	1	2	4	4
		Stange längs		Formpaarung	Dreh-knopf; d:b < 1	d: 20 63; b: 32 63 (1 10 100)	einmalige Betätigung: 32 63; simultane: 80 (1 10 100)	φ: 10 90 (1° … 360°)	M: 0,63 25 (0,1 10 100)	2	1	2	3	3	2	3	4	4
		Scheibe		Formpaarung	Stern-scheibe; d:b > 1	d: 20 63; b: 12,5 63 (1 10 100)	einmalige Betätigung: 32 63; simultane: 80 (1 10 100)	φ: 10 60 (1° … 360°)	M: 1,25 3,2 (0,1 10 100)	2	1	2	2	3	2	3	4	4

Tafel 6.3.12 Fortsetzung 4

Gliederung: Bewegungsart	Gliederung: physikalisches Prinzip	Gliederung: Kopplungselement	Gliederung: Stellorgan	Gliederung: Kraftwirkung	Gliederung: Kopplungsart	Lösungen: B Betätigungselement (BA Achse B, BM Mitte B); K Kopplungselement (KA Achse K, KM Mitte K)	Lösungen: Name	Lösungen: charakter. Maß	Auswahlmerkmale – Geometrie: Abmessungen mm	Auswahlmerkmale – Betätigungsparameter: lichter Raum zwischen den Kopplungselementen mm	Betätigungsparameter: Bewegungsbereich mm bzw. Grad	Betätigungsparameter: Kraft- bzw. Drehmoment-wirkungsbereich N bzw. N·m	Einsatzmöglichkeiten *): diskrete Lagen – zwei	diskrete Lagen – drei u. mehrere	kontinuierliches Stellen	Nachfahren bewegl. Marke	Stellgeschwindigkeit	Stellgenauigkeit	Vermeiden ungewollter Betätig.	Kontrolle – visuelle	Kontrolle – taktile
Drehbewegung umlauffähig mit Nachgreifen	Doppelhebel	Stange quer	mehrere Finger	Drehmoment	Formpaarung	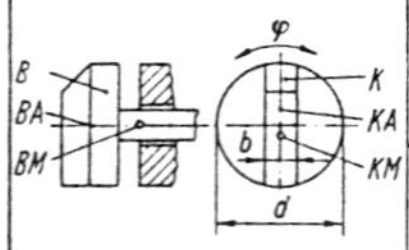 B, BA, BM, K, KA, KM, φ, b, d	Dreh-knebel	l	l: 25; b: 5 20; 1 … 100	—	φ: 10 90; 1° … 360°	M: 1 4; 0,1 1 10 100	1	1	1	2	1	1	2	5	2
						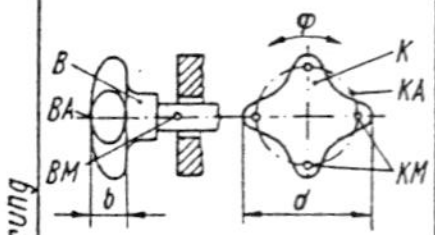 B, BA, BM, K, KA, KM, φ, b, d	Kreuz-knebel	d	d: 20 80; b: 8 20; 1 … 100	—	φ: 10 90; 1° … 360°	M: 1,25 10; 0,7 10 100	3	2	2	3	2	1	2	3	3
Drehbewegung umlauffähig	Hebel			Kraft		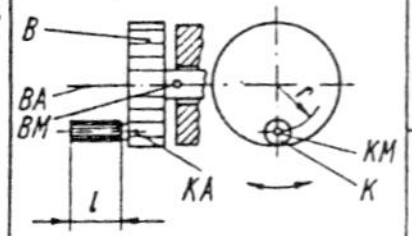 B, BA, BM, K, KA, KM, r, l	Finger-kurbel	r	r: 16 80; l: 5 12,5; 1 … 100	—	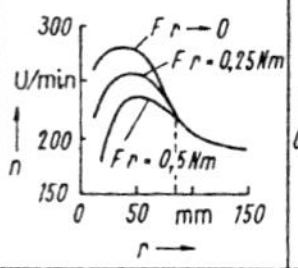 n U/min: 150, 200, 300; r mm: 0, 50, 150; F r → 0; F r = 0,25 Nm; F r = 0,5 Nm	F: 0,63 32; 0,1 … 100	2	2	1	1	1	1	4	5	5
		Ring	ein Finger			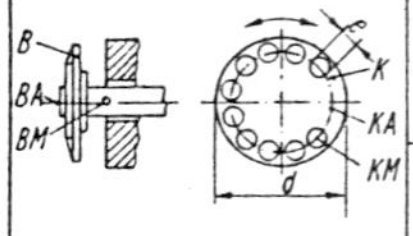 B, BA, BM, K, KA, KM, φ, d	Dreh-scheibe	d	d: 50 80; e: 10 12,5; 1 10 100	—	—	F: 1 10; 0,1 1 10 100	3	1	3	3	2	2	2	4	4

Tafel 6.3.13 Gestaltungsrichtlinien für die Kopplung obere Gliedmaßen-Betätigungselement (Auswahl nach *Timpe*, *Wunsch* und DIN 33401, Beiblatt 1)

Kopplungs-element	Richtlinien (Maße in mm)
Allgemein	- die Kopplungsfläche ist um so größer zu wählen, je größer die einzuleitende Kraft ist - die Kopplungsfläche soll möglichst eine formgepaarte Kraftübertragung gestatten, um vor allem die statische Belastung kleiner Muskelgruppen auszuschalten - kraftgepaarte Übertragung ist nur bei kleinen einzuleitenden Kräften zulässig - die Kopplungsfläche soll so gestaltet sein, daß der Druck beim Betätigen auf die größtmögliche Berührungsfläche der Hand verteilt wird - der Werkstoff der Kopplungsfläche muß korrosionsbeständig, hygienisch einwandfrei sein und schlechte Wärmeleitungseigenschaften aufweisen
Kugel	- nur dort zweckmäßig, wo kleine Betätigungskräfte auftreten - nur dort einzusetzen, wo sich wegen einer stark gekrümmten Bewegungsbahn ein handpaßlicher, formpaariger Griff nicht eignet und die Bewegungsmöglichkeit einschränkt
Stange quer	Handhebel: - die Kopplungsfläche ist so groß zu wählen, daß sie mit der ganzen Hand umschlossen werden kann - die Form ist handpaßlich zu gestalten, Kanten sind zu vermeiden - die von der Hand unberührte Kopplungsfläche soll etwa so groß sein wie die berührte Fläche Fingerhebel: - Gestaltung der Kopplungsfläche von untergeordneter Bedeutung, da Betätigungszeit gering 
	Drehknebel: geeignet für gestufte Betätigungen in Verbindung mit visueller und taktiler Kontrolle der Stellung des Betätigungselements 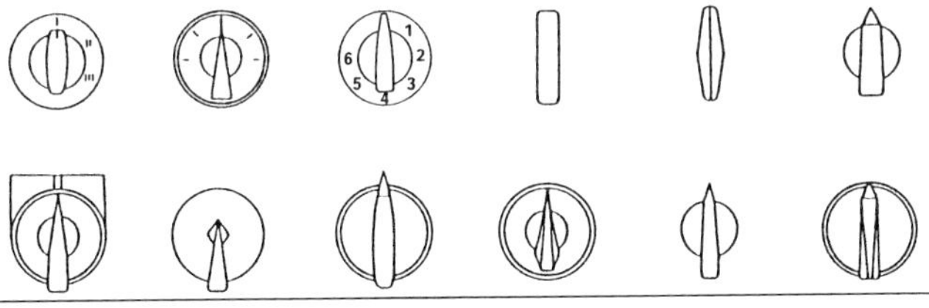
Stange längs	Druckschalter, Drucktaster: Kopplungsfläche bei Fingerbetätigung konkav, bei Handbetätigung konvex 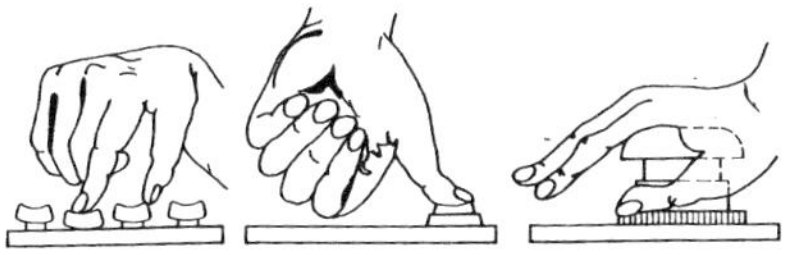
Scheibe	Drehknöpfe: Kopplungsfläche nicht glatt, sondern zur Unterstützung der formgepaarten Kopplung unterteilt in - Feinriffelung (Rändelung) für stufenlose Feineinstellung - tiefere Einschnitte und Kerben für gestufte Grobeinstellung
	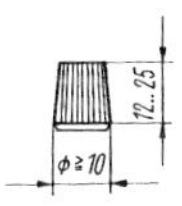 stufenlos schnelle Einstellung, geringer Drehwiderstand (< 1 N·cm), zwei Finger und Daumen
	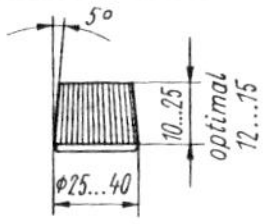 stufenlos genaue Einstellung, geringer bis mittlerer Drehwiderstand (1 ... 2 N·cm), mehrere Finger und Daumen
	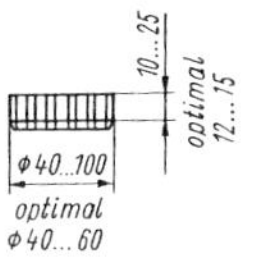 stufenlose und gestufte Einstellung, mittlerer bis großer Drehwiderstand (2 ... 5 N·cm), ganze Hand
	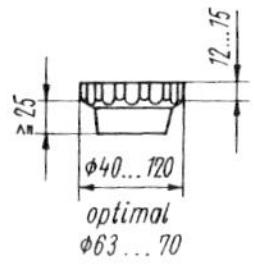 gestufte Einstellung, großer Drehwiderstand (5 N·cm), ganze Hand

Tafel 6.3.13 Fortsetzung

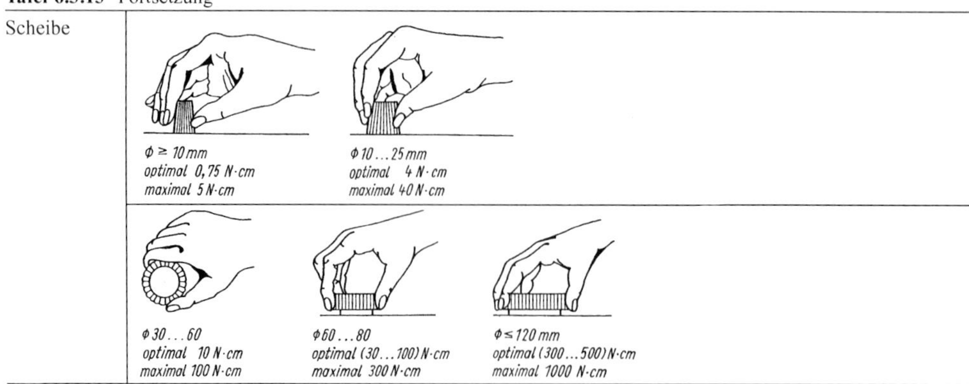

Der Übergang zu informationsverarbeitenden Systemen mit fast ausschließlich digitalen Verarbeitungsprinzipen führt zur Veränderung der Betätigungsaufgaben dahingehend, daß einerseits alphanumerische Daten einzeln oder in bestimmter Reihenfolge in Geräte einzugeben und andererseits Funktionsparameter von Geräten nicht mehr kontinuierlich einzustellen, sondern diskret aus einem Parameterangebot durch Betätigung auszuwählen sind. Damit haben die Taste und ihre Anordnung zu Tastaturen in der Feinwerktechnik und Elektronik eine zentrale Bedeutung erlangt. **Tafel 6.3.14** verdeutlicht, welche Fülle physikalischer Wirkprinzipe für den Aufbau von Tasten genutzt wird. Die klassische *Bewegungstaste* mit Betätigungswegen von mehreren Millimetern ist zunehmend durch Tasten verdrängt worden, deren Hub i. allg. wesentlich unter einem Millimeter liegt (*Folientaste*) bzw. sogar Null ist (*Berührungstaste*). Neben den Vorteilen der Minimierung bzw. des Wegfalls von Bewegung und Kraftaufwendung, die sich sehr günstig auf die Erhöhung der Betätigungsgeschwindigkeit auswirken, ist es insbesondere der damit mögliche Übergang zu kontaktlosen Schaltprinzipen, die absolute Prellfreiheit sowie eine enorme Erhöhung der Zuverlässigkeit und Lebensdauer mit sich bringen.

Durch den Einsatz der Bildschirmtechnik hat sich eine neue Form von Betätigungselementen herausgebildet, die nicht mehr physisch existieren, sondern vom Rechner erzeugt und als *virtuelle Betätigungselemente* nur noch auf dem Bildschirm dargestellt werden (**Bild 6.3.57**). Die „Betätigung" erfolgt durch Auswahl und Anklicken mit Hilfe eines Cursors. Große Vorteile bringt dabei die sog. Auswahl- oder Menütechnik. In der Form des Operationsmenüs gestattet sie eine mehrstufige Handlungsführung für den Bediener; als graphisches Menü ermöglicht sie eine Auswahl und Zusammensetzung graphischer Elemente zu komplexen Strukturen bzw. die schrittweise Auswahl und die Detaillierung graphischer Strukturen oder Elemente aus einem entsprechenden Angebot (s. auch Abschn. 2.3).

Die Reihen- und Flächenanordnung mehrerer Einzeltasten ist die *Tastatur*. Sie dient zur seriellen Eingabe unterschiedlicher diskreter Informationen in das Gerät, d. h. von Zeichen eines Alphabets mit einer sog. α-Tastatur, von Ziffern mit einer Ziffern- oder numerischen Tastatur sowie von Funktionen, die durch das Gerät auszuführen sind, mit einer entsprechenden Funktionstastatur. Der durch die Entwicklung der Feinwerktechnik und Elektronik hinsichtlich Funktion und Kommunikation mit dem Menschen entstandene Bedarf an Tastaturen mit hohen Eingabegeschwindigkeiten, wesentlich besseren Zuverlässigkeits- und Lebensdauerwerten sowie großer Variabilität in der Tastenanzahl, -anordnung und -funktion hat für den Aufbau moderner Tastaturen zu wesentlichen konstruktiven Konsequenzen geführt. Während in der Vergangenheit ausschließlich durch mechanische Anreihung von Einzeltasten zu Reihen oder Feldern sog *modulare Tastaturen* aufgebaut werden konnten (**Bild 6.3.58**), bieten die Folien- und Elastomertasten heute die Möglichkeit, anwenderspezifische Tastaturen „in einem Stück" als sog. *Komplettastaturen* (**Bild 6.3.59**) zu realisieren. Diese Tastaturen haben ein günstiges Preis-Leistungs-Verhältnis, sind für Geräte mit großen Umweltbelastungen sowie hohen hygienischen Anforderungen bestens geeignet und bieten vor allen Dingen durch die Gestaltung der Frontfolien freie designerische Lösungsmöglichkeiten für das Layout der Tastatur.

Eine Zusammenstellung ausgewählter Normen und Richtlinien zu Abschn. 6.3 enthält **Tafel 6.3.15**.

Tafel 6.3.14 Tasten
(s Betätigungsweg, F_K Kontaktkraft, R_K Kontaktwiderstand)

Betätigungsweg	Schaltprinzip	Lösungen	Beschreibung	Eigenschaften, Anwendungen
Hub > 0	mechanisch beeinflußter kontaktbehafteter Schalter	a) b) c) d) e)	Kontaktbetätigung durch Tastenstößel mit Kurzhub (2 mm ≤ s ≤ 4 mm) bei Abhebekontakten (a. bis c.) und Langhub (s > 4 mm) bei Gleitkontakten (d. bis e.); Schaltgeschwindigkeit von Abhebekontakten beeinflußt Kontaktverhalten (Kontaktabbrand, geringe Fremdschichtzerstörung), günstiger daher vom Bedienenden unabhängige Schaltgeschwindigkeit durch Sprungkontaktsystem (c.) oder Schutzrohrkontaktsystem (b.) Kontaktbetätigung unter Schutzgas (*1*) durch äußeres Magnetfeld (*2*)); bei Gleitkontaktsystem Selbstreinigung durch auftretenden Reibverschleiß, Verschleißverringerung durch leitfähige Schmierstoffe	• Kontaktwerkstoffe: Au, AuNi, AuCo, Pd, Ag, AgPd, AgCu 10, Ni/Pd/Au als galvanisch abgeschiedene Schichtfolge • Einzeltasten mit mehreren Kontaktsätzen möglich (Öffner, Schließer, Umschalter) • gedrückte Taste i. allg. optisch gut erkennbar • Lebensdauer > 10^7 Betätigungen • R_K ≤ 100 m Ohm • grundsätzlicher Nachteil: Kontaktprellen • Gleitkontakttasten vorrangig in Meßgeräten und Geräten der Heimelektronik
	magnetisch beeinflußter kontaktloser Schalter		Nutzung der Wechselwirkung von Magnetfeld und Stromfluß, die bei bewegtem Leiterstreifen im Magnetfeld durch die Lorentz-Kraft auf die Ladungsträger zu einem Potentialunterschied im Leiterstreifen senkrecht zu Stromfluß und Magnetfeld führt.	• Aufbau von Tasten sehr vereinfacht durch Anwendung eines integrierten Hall-Schaltkreises, der alle Schaltungsteile enthält; Bewegung eines Permanentmagneten durch Tastenstößel • Lebensdauer > 10^8 Betätigungen • absolute Prellfreiheit
		Wiegand-Effekt	Nutzung der Richtungsumkehr der Magnetisierung in einem Draht, der in einem äußeren Magnetfeld bewegt wird; Auswertung des dadurch in einer den Draht umgebenden Spule erzeugten Spannungsimpulses.	
		magnetoresistiver Effekt (Thomson-Effekt)	Nutzung der Beeinflußbarkeit des elektrischen Wiederstandes von Ferromagnetika durch ein äußeres Magnetfeld; praktische Nutzung durch Annäherung eines Permanentmagneten an eine ferromagnetische Metallschicht (NiFe-Legierung).	

Tafel 6.3.14 Fortsetzung 1

Betätigungsweg	Schaltprinzip	Lösungen	Beschreibung	Eigenschaften, Anwendungen
	elektrisch beeinflußter kontaktloser Schalter	Elektret	Nutzung der aus der Abstandsänderung zweier Elektroden resultierenden Feldstärkeänderung, die in einer zwischen den Elektroden befindlichen Elektretfolie zu einem auswertbaren Potentialunterschied führt.	
		F_1, F_2, U; s, F_K	Nutzung der durch Zug- oder Druckspannungen auf Piezo-Materialien entstehenden elektrischen Potentialdifferenz zwischen gegenüberliegenden Flächen des Piezoelements. Nutzung des Longitudinaleffektes bei Zugspannung und des Quereffektes bei Druckspannung.	
Hub ≈ 0 (s < 1 mm)	mechanisch beeinflußter kontaktbehafteter Schalter	s, F_K; 1; 2; 3	Folien im Kontaktbereich leitfähig mit Silber bedruckt (*2*) oder Kupfer beschichtet oder vergoldet; abstandsgebende Zwischenschicht (*3*) gewährleistet genau definierten Ruheabstand (s ≈ 0,1 mm) und elektrische Isolation beider Folienkontakte (*1*)	• staub- und wassergeschützt zu Funktionseinheit verklebt • extrem flache Bauweise (Dicke ≤ 2 mm) • Lebensdauer > 10^7 Betätigungen • R_K ≤ 5 Ohm • keine taktile Rückmeldung • für hohe hygienische Anforderungen
		s, F_K	zusätzlich zum Folienschalter ohne Schnappunkt wird eine Folie domartig angeprägt, so daß ein Schnappeffekt entsteht	• deutliche Betätigung und taktile Rückmeldung durch Schnappeffekt
		s, F_K; 1	Nutzung des „Knackfroschprinzips", wobei eine kalottenförmige Tellerfeder (*1*) nach Überwindung einer bestimmten Betätigungskraft selbständig umschnappt	• fühlbarer Druckpunkt beim Schaltvorgang, taktile Rückmeldung • nur ein Arbeitskontakt (Schließer) • Kontaktprellen • R_K ≤ 10 Ohm • Lebensdauer ≤ 10^6 Betätigungen
		s, F_K; 1; 2; 3	Überbrückung zweier Kontakte durch leitfähigen Gummi (Kautschuk-Ruß-Verbindung (*1*)), der in Form von Schaltmatten oder Formkörpern (*2*) verwendet wird.	• relative billig • Lebensdauer ≈ 10^7 Betätigungen • R_K = 20 ... 200 Ohm (in Abhängigkeit vom Rußanteil) • vorteilhaft als Schaltmatten für Tastaturen

Tafel 6.3.14 Fortsetzung 2

Betätigungsweg	Schaltprinzip	Lösungen	Beschreibung	Eigenschaften, Anwendungen
Hub = 0	elektrisch beeinflußter kontaktloser Schalter	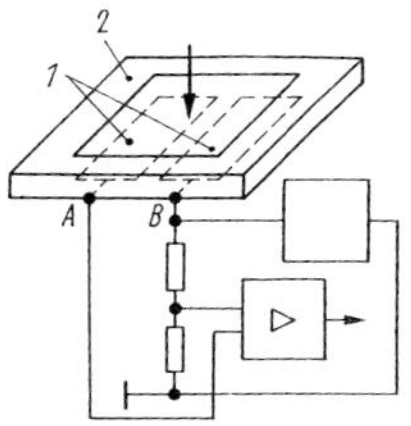	Nutzung der durch die Fingerkapazität des Nutzers entstehenden Verstimmung einer kapazitiven Brückenschaltung	• Aufbau i. allg. mittels Glassubstraten (*2*), die beiderseitig mit entsprechend strukturierten transparenten Elektroden (*1*) versehen sind
	optoelektronisch beeinflußter kontaktloser Schalter	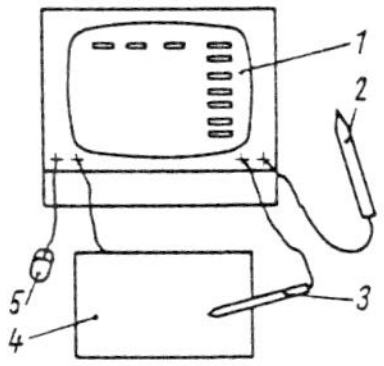	Nutzung eines mit Fotoempfänger ausgerüsteten Lichtstiftes (*2*); bei Eintritt des Lichtpunktes des Katodenstrahls in das Bildfenster des Lichtstiftes erfolgt Auslösung eines Impulses, über den der Zugang zu den graphischen Bestimmungsdaten des Punktes bzw. Vektors ermöglicht wird. Die Identifizierung einer Lichttaste kann auch durch die Verschiebung des Lichtkreuzes über eine sog. Maus (*5*) oder den Abtaststift (*3*) eines Digitalisiertabletts (*4*) erfolgen.	• Tasten sind eindeutig voneinander getrennte Flächenelemente des Bildschirms (*1*); als Ziffern-, Symbol-, Wort- oder Satzangabe in der Regel in Balkenform in horizontaler oder vertikaler Reihe auf dem Bildschirm angeordnet.
	optisch beeinflußter kontaktloser Schalter (Touchscreen)	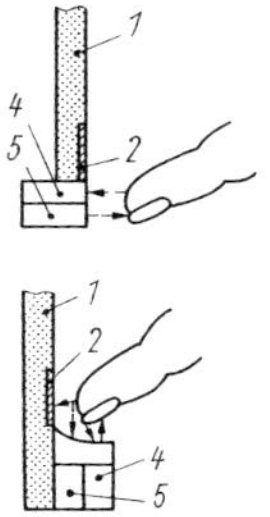	Nutzung der Reflexion von Infrarotlichtstrahlen durch einen in den Strahlengang einer Lichtemitterdiode (*4*) eingebrachten Finger; Aufnahme der reflektierten Strahlen durch einen Fototransistor (*5*)	• Anwendung i. allg. in Verbindung mit Bildschirmen (*1*) durch Anbringen am Bildschirmrand (*2*) • Anbringen zusätzlicher haptischer Hilfen, z. B. in Form fingergerechter Mulden

Tafel 6.3.14 Fortsetzung 3

Betätigungsweg	Schaltprinzip	Lösungen	Beschreibung	Eigenschaften, Anwendungen
		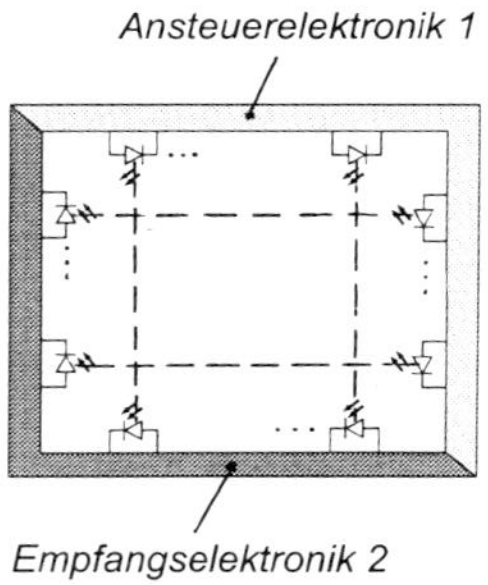 Ansteuerelektronik 1 Empfangselektronik 2	Bildschirm mit feinem Gitternetz von Infrarotstrahlen überzogen, die auf zwei Seiten von Emitterdioden gesendet (*1*) und auf den gegenüberliegenden Seiten von Fototransistoren (*2*) empfangen werden; Unterbrechung mindestens eines horizontalen und vertikalen Lichtstrahls durch Fingerberührung des Bildschirms ist Kriterium zur Lokalisierung und Auswertung	• Bildschirminformation ist exakt zum Infrarotgitternetz zu plazieren, um Mehrdeutigkeiten zu vermeiden • Beachtung der Parallaxe durch Abstand des IR-Gitternetzes von der Bildschirmoberfläche

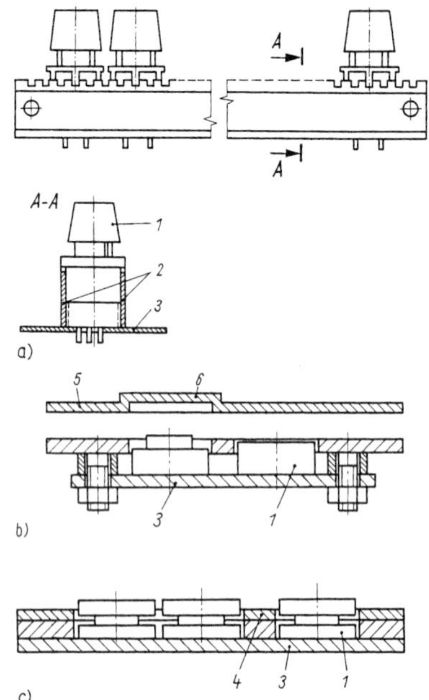

Bild 6.3.58 Modulare Tastatur
a) Aufreihung mechanischer Bewegungstasten
b) Folientastatur aus Einzeltasten mit Frontfolie
c) Folientastatur aus Kurzhubeinzeltasten ohne Frontfolie
1 Einzeltaste; *2* Befestigungsschienen; *3* Montage-/Leiterplatte; *4* Deckplatte; *5* Frontfolie; *6* Frontfolienanprägung

	mechanisch	virtuell
Taste, *monostabil*	A	A
Druckknopf, *bistabil*	B B	B B
Tastenreihe, *alternierende Tasten*	A B C D	A B C D
Schiebeschalter, *kontinuierlich*		
Drehknopf, *stabile Schaltstellungen*	0 1 2 3	1 2 3 4
Spracheingabe		A

Bild 6.3.57 Virtuelle Betätigungselemente (Auswahl nach [6.3.39])

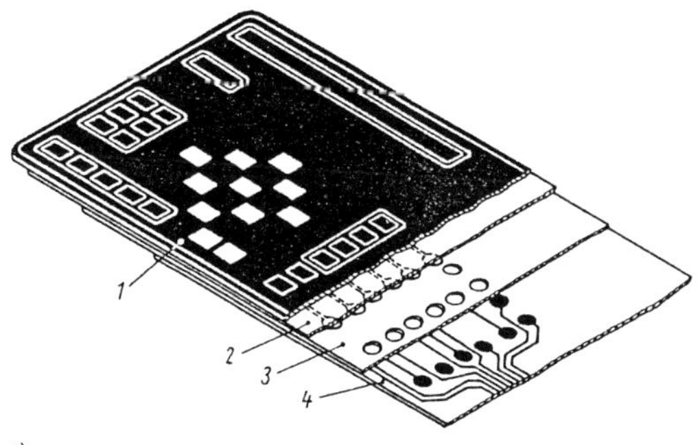

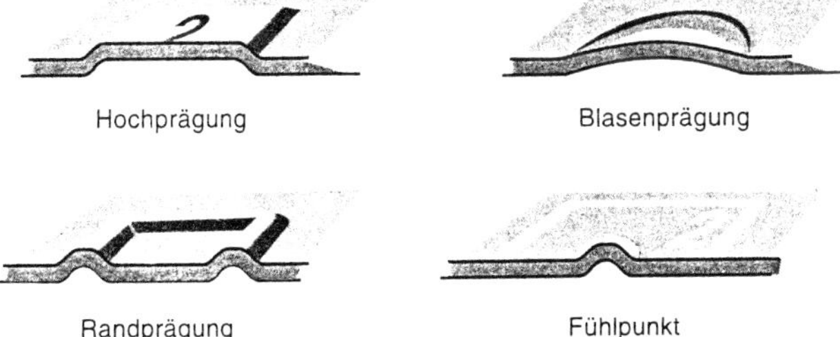

Bild 6.3.59 Komplettastatur
a) Aufbau einer Folientastatur
b) Tastenformen einer Folientastatur (Hoch-, Blasen-, Randprägung, Fühlpunkt)
1 Frontfolie; *2, 4* Kontaktfolien; *3* Abstandsfolie

Tafel 6.3.15 Normen und Richtlinien zum Abschnitt 6.3

DIN- und ISO-Normen

DIN 13, 14	Metrisches ISO-Gewinde
DIN 103 T 1 bis T 9	Metrisches ISO-Trapezgewinde
DIN 380 T 1, T 2	Flaches Metrisches Trapezgewinde; Gewindeprofile; Gewindereihen
DIN 513 T 1, T 2, T 3	Metrisches Sägengewinde; Gewindeprofile; Gewindereihen; Abmaße und Toleranzen
DIN 740 T 1, T 2	Antriebstechnik; Nachgiebige Wellenkupplungen; Anforderungen, Technische Lieferbedingungen; Begriffe und Berechnungsgrundlagen
DIN 868	Allgemeine Begriffe und Bestimmungsgrößen für Zahnräder, Zahnradpaare und Zahnradgetriebe
DIN 2088	Zylindrische Schraubenfedern aus runden Drähten und Stäben; Berechnung und Konstruktion von Drehfedern (Schenkelfedern)
DIN 2089 T 1	Zylindrische Schraubendruckfedern aus runden Drähten und Stäben; Berechnung und Konstruktion
T 2	- ; Berechnung und Konstruktion von Zugfedern
DIN 2137	Büro- und Datentechnik; Alphanumerische Tastaturen
DIN 2139	Büro- und Datentechnik; Alphanumerische Tastaturen, Tastenanordnung für Dateneingabe
DIN 2148	Büro- und Datentechnik; Tastaturen, Begriffe und Einteilung
DIN 3975	Begriffe und Bestimmungsgrößen für Zylinderschneckengetriebe mit Achsenwinkel 90°
DIN 3976	Zylinderschnecken; Maße, Zuordnung von Achsabständen und Übersetzungen in Schneckenradsätzen
DIN 7721, ISO 5288, 5294, 5295, 5296	Synchronriemengetriebe (Zahnriemengetriebe), Synchronriemen, Zahnlückenprofile für Synchronscheiben
DIN 9753	Büro- und Datentechnik; numerische Tastaturen, Zehner-Blocktastatur
DIN 33401	Stellteile; Begriffe, Eignung, Gestaltungshinweise
DIN 33402 T 1	Körpermaße des Menschen; Begriffe, Meßverfahren
DIN 42115 T 1	Folienschalter; Allgemeines; Begriffe, Kennwerte, Anforderungen, Prüfungen
T 2	- ; Folientastaturen ohne Druckpunkt; Kennwerte
DIN 43602	Betätigungssinn und Anordnung von Bedienteilen
DIN 43801 T 1	Elektrische Meßgeräte; Spiralfedern, Maße
DIN 49570 bis 49573	Elektrische Nachrichtentechnik; Tasten; Tastenstreifen, 10teilig; Tastenstreifen, 20teilig; Tasten und Tastenstreifen, Anforderungen, Prüfungen
DIN 58405	Stirnradgetriebe der Feinwerktechnik

Richtlinien

VDI 2125, 2126	Ebene Gelenkgetriebe; Übertragungsgünstigste Umwandlung von Bewegungen
VDI 2127	Getriebetechnische Grundlagen; Begriffsbestimmungen der Getriebe
VDI 2130	Getriebe für Hub- und Schwingbewegungen; Konstruktion und Berechnung ebener Gelenkgetriebe für gegebene Totlagen
VDI 2142	Auslegung ebener Kurvengetriebe; Grundlagen, Profilberechnung und Konstruktion
VDI 2143	Bewegungsgesetze für Kurvengetriebe; Grundlagen und Anwendung
VDI 2146	Schaltwerkgetriebe; Grundlagen und Beispiele
VDI 2147	Ebene Kurvengetriebe; Begriffserklärungen
VDI 2149	Getriebedynamik; starre Mechanismen
VDI 2155	Gleichförmig übersetzende Reibschlußgetriebe; Bauarten und Kennzeichen
VDI 2157	Planetengetriebe; Begriffe, Symbole, Berechnungsgrundlagen
VDI 2240	Wellenkupplungen; systematische Einteilung nach ihren Eigenschaften
VDI 2241	Schaltbare fremdbetätigte Reibkupplungen und -bremsen; Begriffe, Bauarten, Kennwerte, Berechnungen
VDI 2251	Feinwerkelemente; Spannverbindungen
VDI/VDE 2252	Feinwerkelemente; Führungen; Lager, Gelenke, Führungen
VDI/VDE 2253	Feinwerkelemente; Sperrungen; Gesperre, Setz- und Festanschläge
VDI/VDE 2254	Feinwerkelemente; Drehkupplungen
VDI/VDE 2255	Feinwerkelemente, Energiespeicherelemente
VDI/VDE 2256	Feinwerkelemente; Dämpfungen; Schwingungs- und Stoßdämpfungen
VDI/VDE 2258	Feinwerkelemente; Bedienelemente, mechanisch
VDI/VDE 2259	Feinwerkelemente; Anzeigeelemente; Skalen, Symbole, Zeiger
VDI 2721	Schrittgetriebe; Begriffsbestimmungen, Systematik, Bauarten
VDI 2727	Konstruktionskataloge; Lösung von Bewegungsaufgaben mit Getrieben
VDI 2758	Riemengetriebe

(s. auch VDI-Handbücher Getriebetechnik I: Ungleichförmig übersetzende Getriebe und II: Gleichförmig übersetzende Getriebe, mit 51 VDI-Richtlinien)

Literatur zum Abschnitt 6.3

Bücher, Dissertationen

[6.3.1] *Krause, W.:* Konstruktionselemente der Feinmechanik. 2. Aufl. München, Wien: Carl Hanser Verlag 1993.

[6.3.2] *Krause, W.:* Grundlagen der Konstruktion - Elektronik, Elektrotechnik, Feinwerktechnik. 7. Aufl. München, Wien: Carl Hanser Verlag 1994.

[6.3.3] *Krause, W.:* Lärmminderung in der Feinwerktechnik. Düsseldorf: VDI-Verlag 1996.

[6.3.4] *Krause, W.:* Fertigung in der Feinwerk- und Mikrotechnik - Verfahren, Werkstoffe, Gestaltung. München, Wien: Carl Hanser Verlag 1996.

[6.3.5] *Krause, W.:* Plastzahnräder: Berlin: Verlag Technik 1985.

[6.3.6] *Krause, W.; Metzner, D.:* Zahnriemengetriebe: Berlin: Verlag Technik 1988 und Heidelberg: Dr. Alfred Hüthig Verlag 1988.

[6.3.7] *Pollermann, M.:* Bauelemente der physikalischen Technik. Berlin, Göttingen, Heidelberg: Springer-Verlag 1955.

[6.3.8] *Enz, K.:* Filmprojektoren, Filmprojektion. Jena: Foto-Kino-Verlag 1965.

[6.3.9] *Hansen, F.:* Justierung. 2. Aufl. Berlin: Verlag Technik 1967 und London: Iliffe books 1969.

[6.3.10] *Hain, K.:* Atlas für Getriebekonstruktionen. Braunschweig: Verlag Friedrich Vieweg & Sohn 1972.

[6.3.11] *Volmer, J.:* Getriebetechnik, Kurvengetriebe. Berlin: Verlag Technik 1976.

[6.3.12] *Volmer, J.:* Getriebetechnik, Umlaufrädergetriebe. 2. Aufl. Berlin: Verlag Technik 1978.

[6.3.13] *Volmer, J.:* Getriebetechnik, Lehrbuch. 4. Aufl. Berlin: Verlag Technik 1980

[6.3.14] *Klotter, K.:* Technische Schwingungslehre, Bd. 1, Berlin, Göttingen, Heidelberg: Springer-Verlag 1981.

[6.3.15] *Weinhold, H.; Krause, W.:* Das neue Toleranzsystem für Stirnradverzahnungen. Berlin: Verlag Technik 1981.

[6.3.16] *Kiper, G.:* Katalog einfacher Getriebeformen. Berlin, Heidelberg: Springer-Verlag 1982.

[6.3.17] *Rauch, M.; Bürger, E.:* Mechanische Schaltsysteme. Berlin: Verlag Technik 1983.

[6.3.18] *Winkelmann, S.;, Harmuth, H.:* Schaltbare Reibkupplungen - Grundlagen, Eigenschaften, Konstruktion. Berlin, Heidelberg, New York, Tokyo: Springer-Verlag 1985.

[6.3.19] *Siakkou, M.:* Magnetband- und Plattenspeicher. Berlin: Verlag Technik 1989.

[6.3.20] *Luck, K.; Modler, K.-H.:* Getriebetechnik - Analyse, Synthese, Optimierung. Berlin: Akademie-Verlag 1990.

[6.3.21] *Kallenbach, E.; Bögelsack, G.:* Gerätetechnische Antriebe. München, Wien: Carl Hanser Verlag 1991.

[6.3.22] *Meissner, M.; Hanke, K.:* Handbuch Federn. Berechnung und Gestaltung im Maschinen- und Gerätebau. 2. Aufl. Berlin: Verlag Technik 1993.

[6.3.23] *Meissner, M.; Schorcht, H.-J.:* Metallfedern. Grundlagen, Werkstoffe, Berechnung und Gestaltung. Konstruktionsbücher, Bd. 41. Berlin, Heidelberg: Springer-Verlag 1997.

[6.3.24] AWF-Getriebehefte. AWF 603, 606, 612, 613, 615, 623 bis 668, 673, 692, 6004, 6011, 6012, 6062. Berlin, Köln: Beuth-Verlag.

[6.3.25] *Boden, R.:* Ein Positionierantrieb auf Linearkupplungsbasis. Diss. TU Dresden 1976.

[6.3.26] *Ifrim, V.:* Beiträge zur dynamischen Analyse von Federantrieben und Mechanismen mit Hilfe von Übertragungsmatrizen. Diss. TH Ilmenau 1975.

[6.3.27] *Lehmann, W.:* Ein Beitrag zur Optimierung von Spiralfedern ohne Windungsabstand. Diss. TH Ilmenau 1978.

[6.3.28] *Schorcht, H.-J.:* Beiträge zum Entwurf von Schraubenfederantrieben. Diss. TH Ilmenau 1979.

[6.3.29] *Le Van Sang:* Drehwinkeltreue mehrstufiger Stirnradgetriebe der Feingerätetechnik. Diss. TU Dresden 1980.

[6.3.30] *Kunze, R.:* Dimensionierung feinmechanischer Schlingfederkupplungen mit mechanischer Ansteuerung. Diss. TU Dresden 1980.

[6.3.31] *Sorber, J.:* Untersuchung von Bildebenenverschlüssen nach dem Parallelkurbelprinzip. Diss. TU Dresden 1983.

[6.3.32] *Buhrandt, U.:* Untersuchungen zum Wirkungsgrad gerätetechnischer Gleitschraubengetriebe. Diss. TU Dresden 1985.

[6.3.33] *Legler, J.:*Leistungsverlustverhalten von hochübersetzenden Stirnradgetrieben und Räderketten der Gerätetechnik. Diss. TU Dresden 1989.

[6.3.34] *Pollack, S.:* Präzisionsmechanische Mehrkoordinaten-Positioniersysteme im Einebenenprinzip. Diss. TU Dresden 1989.

[6.3.35] *Krille, J.:* Untersuchungen zum dynamischen Betriebsverhalten gerätetechnischer Gleitschraubengetriebe. Diss. TU Dresden 1989.

[6.3.36] *Soblik, W.:* Antriebssysteme für Miniaturgreifer der Feinwerktechnik. Diss. TU Dresden 1995.,

[6.3.37] *Vollbarth, J.:* Übertragungsgenauigkeit von Zahnriemengetrieben in der Lineartechnik. Diss. TU Dresden 1998.

[6.3.38] *Pham, The-Quan:* Modellierung, Simulation und Optimierung toleranzbehafteter Mechanismen der Feinwerktechnik. Diss. TU Dresden 1998.

[6.3.39] *Baumann, K.; Lanz, H.:* Mensch - Maschine - Schnittstellen elektronischer Geräte. Berlin: Springer-Verlag 1998.

Aufsätze, Firmenschriften

zu 6.3.1 Mechanische Antriebe

[6.3.40] *Daber, E.; Wehrmann, W.:* Qualitätskontrolle von Antriebswerken für Registriergeräte und Uhren sowie von Getrieben mit Lagerstellen. Feinwerktechnik und Meßtechnik 84(1976)4, S. 210.

[6.3.41] *Schorcht, H.-J.:* Einfluß der Fertigungstoleranzen auf die Dynamik von Schraubenfederantrieben. Feingerätetechnik 27(1978)1, S. 15.

[6.3.42] *Gruber, A.:* Anwendung pneumatischer Drehantriebe in Miniaturbauweise. Feinwerktechnik und Meßtechnik 94(1986)2, S. 94.

[6.3.43] *Kamusella, A.; Ließke, F.:* Rechnerunterstützte Antriebskonstruktion - Von der Funktion zum optimalen Prinzip. Feinwerktechnik · Mikrotechnik · Meßtechnik 103(1995)10, S. 606.

zu 6.3.2 Mechanische Schaltsysteme

[6.3.44] *Krause, W.; Boden, R.:* Positionierantrieb auf Linearkupplungsbasis. Feingerätetechnik 26(1977)11, S, 501.

[6.3.45] *Bock, D.:* Berechnungsgrundlagen für Eintourenkupplungen. Feingerätetechnik 27(1978)7, S. 305.

[6.3.46] *Kunze, R.:* Einsatz und Berechnung von Schlingfederkupplungen. Feingerätetechnik 27(1978)11, S. 492.

[6.3.47] *Köhler, A.:* Stoppbremse für Wagen von Druckwerken. Feingerätetechnik 27(1978)7, S. 303.

[6.3.48] *Knapp, A.; Schmitz, U.:* Standardgreifer für die automatisierte Montage. Feinwerktechnik und Meßtechnik 99(1991)9, S. 391.

[6.3.49] *Guyenot, V.; u. a.:* Schlagwerkantrieb für die Feinwerktechnik. Feinwerktechnik · Mikrotechnik · Meßtechnik 102(1994)11-12, S. 597.

[6.3.50] *Krause, W.:* Antriebe und Greifer für Automaten der Kleinteilmontage. VDI-Berichte 1171, S. 279. Düsseldorf: VDI-Verlag 1994.

[6.3.51] *Steinbach, M.:* Systematik der Wellenkupplungen. Feinwerktechnik· Mikrotechnik· Mikroelektronik 105(1997) 4, S. 228.

[6.3.52] *Fischer, R.; u. a.:* Greifer für die automatisierte Mikromontage. Feinwerktechnik · Mikrotechnik · Mikroelektronik 105(1997)11-12, S. 814.

zu 6.3.3 Mechanische Transportsysteme

[6.3.53] *Diakov, D.; u. a.:* Untersuchungen über das Wickelservosystem eines Magnetbandspeichers. Feinwerktechnik und Meßtechnik 86(1978)3, S. 141.

[6.3.54] *Roscher, D.; Baudisch, R.:* Einhaltung der Spurlage bei Speichern mit flexibler Magnetplatte. Feingerätetechnik 28(1979)6, S. 262.

[6.3.55] *Cap, H.; Müller, R.:* Tonantriebsysteme in HiFi-Casettenrekordern. Feinwerktechnik und Meßtechnik 87(1979)4, S. 141.

[6.3.56] *Vietinghoff, v. J.:* Aufbau und Arbeitsweise mechanischer Gleichlauffilter an Studio-Tonbandmaschinen. Feinwerktechnik und Meßtechnik 87(1979)4, S. 187.

[6.3.57] *Boden, H.:* Berücksichtigung dynamischer Einflüsse bei der Konstruktion von Magnetbandantrieben. Feingerätetechnik 30(1981)11, S. 488.

[6.3.58] *Wolf, M.; u. a.:* Spurlagentoleranz bei Speichern mit flexibler Magnetplatte. Feingerätetechnik 30(1981)9, S. 387.

[6.3.59] *Pieper, R.:* Bestimmung und Verbesserung des dynamischen Laufverhaltens von Filmgreifergetrieben. Feingerätetechnik 31(1982)4, S. 156.

[6.3.60] *Neumann, W.:* Konstruktive Varianten des Magnetbandgerätes mit Endloswickel. Feingerätetechnik 32(1983)6, S. 258.

[6.3.61] *Dittrich, P.; u. a.:* Schrittantriebe in Positioniersystemen der Gerätetechnik. Feingerätetechnik 32(1983)1, S. 6; 2, S. 51.

[6.3.62] *Krause, W.; Buhrandt, U.:* Bewegungswandler für Positionierantriebe. Feingerätetechnik 33(1984)4, S. 147.

[6.3.63] *Wilhelm, W.; Sittig, U.:* Einfluß von Fertigungstoleranzen auf das Gleichlaufverhalten von Magnetbandantrieben. Feingerätetechnik 35(1986)3, S. 170.

[6.3.64] *Seidel, H.-J.:* Elektropneumatischer Schrittantrieb. Feingerätetechnik 37(1988)8, S. 356.

[6.3.65] *Krause, W.; Phan Ba:* Schadensfälle bei wartungsfreien Gleitlagern. Feingerätetechnik 37(1988)10, S. 470.

[6.3.66] *Krause, W.:* Antriebssysteme für automatisierte Präzisionsgeräte. Feingerätetechnik 37(1988)11, S. 486.

[6.3.67] *Krause, W.:* Bauformen und Betriebsverhalten von Zahnradgetrieben für Kleinst- und Mikromotoren. Maschinenbautechnik 39(1990)7, S. 309.

[6.3.68] *Krause, W.:* Antriebe für Präzisionsgeräte. Konstruktionspraxis 22(1992)1, S. 28.

[6.3.69] *Mitschung, P.; u. a.:* Getriebeuntersuchungen an einem Nähautomaten. Feinwerktechnik · Mikrotechnik · Meßtechnik 100(1992)3, S. 63.

[6.3.70] *Krause, W.:* Folgemechanik für Präzisionsantriebe. Jahrbuch für Optik und Feinmechanik 42(1995), S. 153.

[6.3.71] *Krause, W.:* Zahnradgetriebe für Kleinst- und Mikromotoren. VDI-Berichte 1269, S. 225. Düsseldorf: VDI-Verlag 1996.

[6.3.72] *Krause, W.; u. a.:* Synchronriemengetriebe - Neue Entwicklungen und Erkenntnisse aus Wissenschaft und Praxis. antriebstechnik 35(1996)12, S. 61.

[6.3.73] *Krause, W.; Schinköthe, W.:* Antriebssysteme für Automaten der Kleinteilmontage. Technische Rundschau Bern 89(1997)14, S. 26.

[6.3.74] *Krause, W.:* Betriebsverhalten feinwerktechnischer Stirnradgetriebe. Teil I: Genauigkeit der Bewegungsübertragung; Teil II: Verlustleistung und Wirkungsgrad; Teil III: Lärmminderung, Feinwerktechnik · Mikrotechnik · Mikroelektronik 104(1996)10, S. 858; 105(1997)1-2, S. 50; 105(1997)4, S. 212.

[6.3.75] *Krause, W.; Nagel, T.:* Fachtagung Synchronriemengetriebe - spezielle Komponenten und innovative Antriebslösungen. antriebstechnik 37(1998)3, S. 58.

zu 6.3.4 Feinstellgetriebe

[6.3.76] *Demian, T.; Krause, W.:* Einsatz von Schneckengetrieben in der Feingerätetechnik. Feingerätetechnik 27(1978)5, S. 222.

[6.3.77] *Uhlig, J.:* Längsbewegung mit Hilfe der Wälzmutter. VDI-Berichte Nr. 374, 1980.

[6.3.78] *Dietrich, L.; Spanner, K.:* Feinpositionierung mit Feinstellschraube und Schrittmotor. Feinwerktechnik und Meßtechnik 90(1982)4, S. 165.

[6.3.79] *Klein, B.:* Das Wolfromgetriebe - eine Planetengetriebebauform für hohe Übersetzungen. Feinwerktechnik und Meßtechnik 90(1982)4, S. 177.

[6.3.80] *Siemon, B.:* Kinematik und Auslegung des exzentrisch gelagerten Zahnradpaares. Konstruktion 34(1982)3, S. 105.

[6.3.81] *Erhard, G.:* Präzisionskleinstantriebsschnecken aus Kunststoff. Feinwerktechnik und Meßtechnik 90(1982)7, ZM 18.

[6.3.82] *Kuhl, H.-D.:* Feinjustierung von Lichtleitern. Feingerätetechnik 33(1984)7, S. 310.

[6.3.83] *Lammer, R.; Bittner, H.-J.:* Meßstrecke zur Überprüfung und Neujustierung der Parallelität bei Nivelliergeräten und Theodoliten. Feingerätetechnik 34(1985)7, S. 293.

[6.3.84] *Dobroljubow, A.I.; Kusmin, A.W.:* Neue Wellenschrittmechanismen. Feingerätetechnik 35(1986)1, S. 19.

[6.3.85] *Walther, V.; Neukirchner, W.:* Luftgelagerter, druckgesteuerter Mikromanipulator zur dreidimensionalen Feinstpositionierung. Feingerätetechnik 35(1986)11, S. 485.

[6.3.86] *Lehmann, M.:* Justieren im Feingerätebau am Beispiel eines Koordinatenmeßgerätes. Feinwerktechnik und Meßtechnik 94(1987)1, S. 23.

[6.3.87] *Walther, R.; Neukirchner, W.:* Statische Eigenschaften eines dreidimensional verstellbaren, luftgelagerten Mikromanipulators. Feingerätetechnik 36(1987)3, S. 116.

[6.3.88] *Nawothrig, P.:* Feinverstellbare Koppelbaugruppen für die Lichtwellenleitertechnik. Feingerätetechnik 37(1988)5, S. 202.

[6.3.89] *Krause, W.:* Eigenschaften und Leistungsmerkmale von Breco-, Brecoflex- und Synchroflex-PUR-Zahnriemen. Technische Rundschau Bern 82(1990)19, S. 68.

[6.3.90] *Krause, W.; u. a:* Positionieren im Einebenenprinzip. Feinwerktechnik und Meßtechnik 99(1991)7-8, S. 306.

[6.3.91] *Mytoka, S.; Hahn, W.:* Positionieren in der Meßtechnik. Feinwerktechnik · Mikrotechnik · Meßtechnik 100(1992)3, S. 69.

[6.3.92] *Willmann, N.:* Optimierte Feinmechanik aus dem Schwarzwald. Feinwerktechnik · Mikrotechnik · Meßtechnik 100(1992)7, S. 312.

[6.3.93] *Noll, T.:* Baugruppen justierbar befestigen. Feinwerktechnik · Mikrotechnik · Meßtechnik 100(1992)8, S. 357.

[6.3.94] *Stocker, T.:* Planetengetriebe mit großer Übersetzung. Feinwerktechnik · Mikrotechnik · Meßtechnik 100(1992)11, S. 481.

[6.3.95] *Homburg, D.; Paroth, V.:* Halbautomatisierte Handradverstellungen. Feinwerktechnik · Mikrotechnik · Meßtechnik 103(1995)10, S. 637.

[6.3.96] *Santa, K.; u. a.:* Minirobotor für Präzisionsarbeit. Feinwerktechnik · Mikrotechnik · Meßtechnik 104(1996)9, S. 632.

[6.3.97] *Fandrey, U.; u. a.:* Gutes Fingerspitzengefühl - Erste multisensorielle Hand nach menschlichem Vorbild. Feinwerktechnik · Mikrotechnik · Meßtechnik 105(1997)9, S. 590.

[6.3.98] Firmenschriften Platinen- und Federnfabrik Hugo Kern und Liebers GmbH & Co., Schramberg

[6.3.99] Firmenschriften: Tobias Baeuerle & Söhne GmbH St. Georgen; Jakob Maschinenteile GmbH Kleinwallstadt; Kupplungstechnik GmbH Rheine; Flender GmbH Bocholt; Ortlinghaus Werke GmbH Werkirchen; Reliance Gear Company Limited; Tschan GmbH Neunkirchen; Stieber-Präzision München.

zu 6.3.5 Betätigungselemente

[6.3.100] *Ulbricht, H.:* Eingabetasten für elektronische Geräte hoher Zuverlässigkeit. Feinwerktechnik und Meßtechnik 92(1984)3, S. 97; 5, S. 241.

[6.3.101] *Oesterle, H.:* Tasten und Tastenfelder - anwendungsbezogene Übersicht und rechnergesteuerte Zuverlässigkeitsprüfungen. Feinwerktechnik und Meßtechnik 92(1984)8, S. 397.

[6.3.102] *Rathmann, H.:* Qualifikation einer Folientastatur für nachrichtentechnische Geräte mit hohen Anforderungen. Feinwerktechnik und Meßtechnik 93(1985)3, S. 105.

[6.3.103] *Roth, K.:* Anzeigen, Bedienelemente, Aufnehmer und Getriebe in zeitgemäßen Feingeräten. Feinwerktechnik und Meßtechnik 93(1985)6, S. 301.

[6.3.104] *Koch, M.:* Einfingertastaturen. Feinwerktechnik und Meßtechnik 94(1986)3, S. 143; 8, S. 497.

[6.3.105] *Lang, F.:* Tastatursysteme für anwendungsgerechte Gestaltung und Eingabetechnik. Feinwerktechnik und Meßtechnik 96(1988)4, S. 131.

[6.3.106] *Knoll, P.M.; König, W.; Rapps, P.:* Bildschirmeingabe mittels berührungsempfindlicher Tastaturen. Feinwerktechnik und Meßtechnik 96(1988)4, S. 137.

[6.3.107] *Kugler, Th.:* Schnappschalter behaupten sich. Feinwerktechnik · Mikrotechnik · Meßtechnik 102(1994)4, S. 145.

[6.3.108] *Möckel, T.:* Lösen Folientastaturen die Schalter ab? Feinwerktechnik · Mikrotechnik · Mikroelektronik 104(1996)3, S. 134.

[6.3.109] Firmenschriften: Cherry-Tastaturen GmbH Auerbach/Opf.; Resotec GmbH Baunatal; Hoffmann + Krippner Buchen.

6.4 Optische Funktionsgruppen

Die Funktion optischer Bauelemente besteht darin,

- das Licht durch Brechung oder Spiegelung abzulenken, z. B. durch Einzellinsen, verkittete Linsengruppen, Planspiegel, sphärische und asphärische Spiegel, Spiegelprismen und Ablenkprismen;
- das Licht durch Absorption, Polarisation, Streuung und Beugung hinsichtlich Intensität, Phase und Richtung zu verändern, z. B. durch Mattscheiben, Trübgläser, Filter, Polarisatoren, Dispersions- und Polarisationsprismen, Reflexions- und Transmissionsgitter;
- Träger von Zeichen und Marken zu sein, z. B. Fadenkreuze, Skalen, Maßstäbe, Nonien, Strichplatten und Teilkreise;
- Hüll- und Schutzfunktionen zu übernehmen, z. B. Küvetten und Abdeckgläser;
- den Lichtquerschnitt zu begrenzen und zu verändern, z. B. Blenden mit rundem, eckigem, sektor- und spaltförmigem Querschnitt.

Die Form der Optikbauteile wird durch die optische Wirkungsweise, Forderungen hinsichtlich ausreichender Eigenstabilität und die optischen Fertigungsverfahren bestimmt. Für die Art der Fassung ist neben den funktionellen Forderungen die Form der Bauelemente wesentlich. Bezüglich der Struktur lassen sich diese zurückführen auf

- runde Optikteile, bei denen das Fassen vorzugsweise an den zylindrischen Flächen erfolgt, und
- prismatische Optikteile, bei denen man das Fassen vorzugsweise an den ebenen Flächen vornimmt.

Grundlage für die dem Konstrukteur gestellte Aufgabe, optische Bauelemente zu fassen, ist das sog. *Optikschema.*

Es enthält

- alle optisch wirksamen Bauelemente, d. h. im wesentlichen die Glas- oder auch Kunststoffteile und Blenden;
- die Abmessungen der optisch wirksamen Bauelemente, z. B. Durchmesser, Dicke und Krümmungsradien einer Linse;
- Angaben funktionswichtiger Größen an den optisch wirksamen Bauelementen, z. B. freier Durchmesser einer Linse, Glasart, Brechzahl, Kennzeichnung der an einem Teil ver- oder entspiegelten Fläche, Bildfeldgröße und Skalenteilung eines Teilkreises;
- die gegenseitige Zuordnung der optisch wirksamen Bauelemente, also ihre Relativlagen einschließlich der zulässigen Toleranzen, z. B. Schnittweiten, Luftabstände zwischen den Optikteilen, Objektschnittweite, zulässige Verkippung, Abweichung von der Parallelität und Zentrierfehler;
- evtl. den Verlauf des Abbildungs- und des Beleuchtungsstrahlenganges.

Das Optikschema wird auch für räumliche Strahlengänge zweckmäßig in einer Ebene dargestellt und entsteht durch Abwicklung. Das Optikschema wird vom Spezialisten, dem Optikkonstrukteur oder Optikrechner, erarbeitet und dem Konstrukteur übergeben. Es darf durch diesen nicht verändert werden, ohne hierfür die Zustimmung des Spezialisten einzuholen. Selbst das Einfügen eines einfachen rechtwinkligen Prismas zum Zweck einer 90°-Ablenkung zieht Veränderungen der Schnittweiten und des Korrektionszustands nach sich. Optische Systeme haben Abbildungsfehler, die je nach Aufgabenstellung korrigiert werden. Dabei werden bestimmte Abbildungsfehler minimiert, und zwar für vorgegebene Schnittweiten. Da die Korrektion eines Gesamtsystems über das Zusammenwirken fehlerbehafteter Teilsysteme erfolgt, dürfen Teilsysteme nicht ohne weiteres zu einem Gesamtsystem kombiniert bzw. in diesem ausgetauscht werden.

Vom Optikschema ausgehend, bestehen für den Konstrukteur folgende Aufgaben:

- Festlegen der endgültigen Ausführung der Optikbauteile, z. B. Fassungsdurchmesser, Randdicken, Anbringen von Schutz- und Maßfasen, Kennzeichnen der Oberflächen (Bearbeitungszeichen, Prüfbereiche, Ver- und Entspiegelungen, Mattierungen, Anstriche) unter Beachtung gültiger Normen und Vorschriften (s. Tafel 6.4.19).
- Auswahl geeigneter Fassungsarten einschließlich der Gesamtanordnung und deren Bemessung und Gestaltung mit Rücksicht auf die optische Funktion unter den Bedingungen des Herstellens und Gebrauchs.

6.4.1 Übersicht über optische Systeme [6.4.2] [6.4.5] [6.4.7] [6.4.9] [6.4.10]

Um einen Einblick in die Vielfalt optischer Bauelemente und Systeme zu gewähren und dem mit diesem Teilgebiet wenig Vertrauten Hinweise über Arten und Begriffe zum weiteren Eindringen in einschlägige Literatur zu vermitteln, geben die Tafeln 6.4.1 bis 6.4.9 eine Übersicht.

Tafel 6.4.1 enthält eine Auswahl wichtiger *Reflexionsprismen*. Sie dienen in erster Linie dazu, den Strahlengang den räumlichen Bedingungen innerhalb eines Geräts unter Beachtung der Bildlage anzupassen. Jede Spiegelung vertauscht Höhen oder Seiten eines Bildes, d. h. erzeugt aus einem höhen- und seitenrichtigen Bild ein umgekehrtes oder seitenvertauschtes Bild. Je nach Anordnung können dabei auch Bilddrehungen entstehen. Grundsätzlich lassen sich Spiegelprismen auch durch einzelne Spiegel oder Spiegelkombinationen ersetzen. Dies ist jedoch nur zweckmäßig bei großen Bündeldurchmessern, da die hierfür notwendigen großen Spiegelprismen eine erhebliche Masse aufweisen würden.

Im allgemeinen bevorzugt man *Spiegelprismen*, da sie folgende Vorteile aufweisen:

- Die Spiegelwinkel untereinander bleiben unverändert.
- Die Ablenkung vieler Spiegelprismen bleibt konstant, auch bei fehlerhafter Einbaulage oder Lageveränderungen während des Gebrauchs. Derartige Prismen sind also invariant oder innozent gegenüber Verkippungen um bestimmte Achsen (s. auch Abschn. 4.2.3.2).
- Man strebt Totalreflexion an, damit bleiben die Reflexionsverluste geringer als bei verspiegelten Flächen.
- Prismen lassen sich häufig einfacher fassen.

Demgegenüber sind folgende Nachteile beachtenswert:

- Die Masse ist i. allg. größer.
- Es treten Absorptionsverluste auf.
- Den Reflexionsverlusten an den Eintritts- und Austrittsflächen begegnet man durch Entspiegelung, was zusätzlichen Aufwand bedeutet.
- Die optische Weglänge wird verändert, damit ändert sich der Ort des Bildes.
- Es besteht die Gefahr der Dispersion, und es treten Öffnungsfehler und Astigmatismus auf, die bei der Korrektur des Gesamtsystems berücksichtigt werden müssen.
- Mögliche Staubablagerungen auf den Ein- und Austrittsflächen erfordern, daß diese nicht in einer Zwischenbildebene angeordnet werden sollen. Analoges gilt für Blasen, Einschlüsse und Schlieren im Glas.

Diese Nachteile bleiben weitgehend ohne Auswirkung, wenn Spiegelprismen im telezentrischen Strahlengang angeordnet werden.

Die in den **Tafeln 6.4.2** und **6.4.3** angeführten *Umkehrprismen* haben die Aufgabe, das Bild um 180° zu drehen, d. h., aus dem höhen- und seitenverkehrten Bild durch ein System mit positiver Brennweite ein aufrechtes und seitenrichtiges Bild zu erzeugen. Sie werden deshalb in Erdfernrohren angewendet und in vielen anderen Geräten mit subjektiver Bildbetrachtung.

Gerätetyp und Aufbau erfordern zahlreiche weitere *Prismenkombinationen*. Einige Grundtypen für bestimmte Aufgaben sind stellvertretend für andere Ausführungsformen in **Tafel 6.4.4** zusammengestellt.

Okulare dienen dazu, das von einem Objekt erzeugte Zwischenbild weiter zu vergrößern und dem visuellen Betrachten zugänglich zu machen. Sie enthalten eine kreisförmige Blende, die sog. Sehfeld- oder Gesichtsfeldblende, die das abgebildete Feld scharf begrenzt. Bei Okularen mit Vorderblende vom Ramsdenschen Typ (**Tafel 6.4.5**) kann die Blende fest im Tubus angeordnet sein und beim Wechsel der Okulare im Gerät verbleiben, was Vorteile hat, wenn die Blende gleichzeitig Marken oder Strichteilungen trägt. Abgeleitet von den in Tafel 6.4.5 vorgestellten Okulargrundtypen, wurden je nach Anforderung an Korrektionszustand, Größe des abzubildenden Zwischenbilds und Vergrößerung zahlreiche Okulare entwickelt, die sich hinsichtlich Anzahl der Linsen und damit verbundenen Aufwands unterscheiden. Eine Auswahl von Mikroskopokularen zeigt **Tafel 6.4.6**. Viele Okulare, die sog. Kompensationsokulare, sind hinsichtlich ihrer Abbildungsfehler nicht in sich korrigiert, sondern dienen dazu, die Fehler der Objektive mit zu korrigieren.

Mikroskopokulare sind als Steckokulare (s. Bild 6.4.18b) ausgebildet; das Anpassen an die Fehlsichtigkeit des Beobachters erfolgt durch Fokussieren des Gesamtsystems. Soll das Anpassen an die Fehlsichtigkeit durch Fokussieren des Okulars allein vorgenommen werden, so versieht man die Okularfassung mit einem speziellen Okulargewinde, dem steilgängigen Trapezgewinde (s. Bild 6.4.18a).

Tafel 6.4.1 Häufig angewendete einfache Reflexionsprismen

Nr.	Prisma/Bezeichnung	Anzahl der Reflexionen Ablenkwinkel α	Glasweg L wichtige Abmessungen	Bemerkungen
1	Halbwürfelprisma 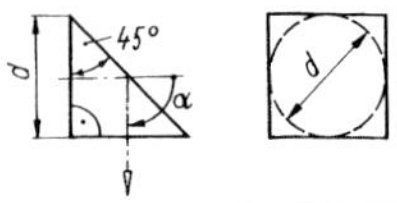	1 90°	d	meist unverspiegelt wegen Totalreflexion, Ablenkwinkel ist abhängig von Einbaulage
2	Halbwürfelprisma 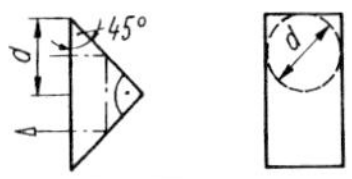	2 180°	$2d$	meist unverspiegelt wegen Totalreflexion, Ablenkwinkel ist unempfindlich gegenüber Drehungen um Achsen senkrecht zum Hauptschnitt
3	Rhomboidprisma (Spiegeltreppe) 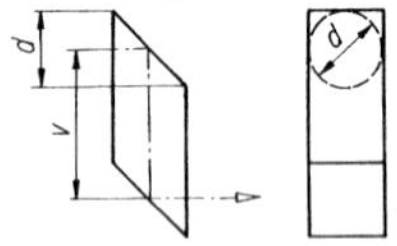	2 0°	$d + v$	meist unverspiegelt wegen Totalreflexion, Ablenkwinkel ist unempfindlich gegenüber Einbaulage, zum parallelen Versetzen von Strahlengängen um den Betrag v
4	Gleichseitiges Prisma 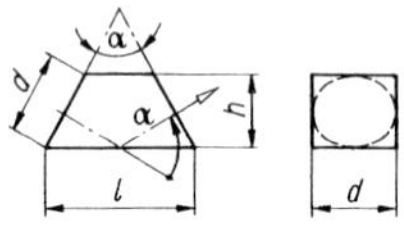	1 α (vorzugsweise α = 30°, 45°, 60°)	$L = d\cot\frac{\alpha}{2}$ $l = \frac{d}{\sin\frac{\alpha}{2}}$ $h = d\cos\frac{\alpha}{2}$	siehe Nr. 1 für α = 90° entsteht Prisma Nr. 1
5	Pentaprisma 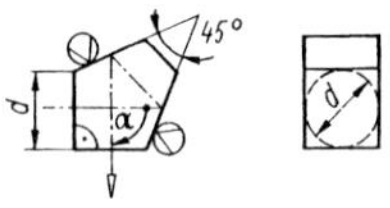	2 90°	$L = d\left(2+\sqrt{2}\right)$ $\approx 3{,}41d$	keine Totalreflexion, deshalb Verspiegelung notwendig, Ablenkwinkel ist unempfindlich gegenüber Drehungen um zum Hauptschnitt senkrecht stehende Achsen, deshalb bevorzugtes Prisma für 90°-Ablenkungen ⊘ verspiegelt
6	Bauernfeind-Prisma 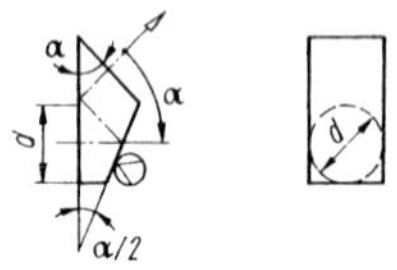	2 45° auch für 60°	$L = d + \frac{d}{2}\sqrt{2}$ $\approx 1{,}71d$ $L = d\sqrt{3} \approx 1{,}73d$	Unempfindlichkeit des Ablenkwinkels wie bei Prismen Nr. 2 und Nr. 5, häufig angewendet zur bequemen subjektiven Bildbetrachtung im abgeknickten Okulareinblick an Mikroskopen
7	Dove-Prisma 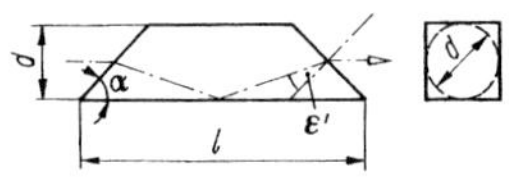	1 0° für übliche Werte	$L = \frac{d}{\cos(\alpha+\varepsilon')}$ $l = d\left[\cot\alpha + \tan(\alpha+\varepsilon')\right]$ mit $\sin\varepsilon' = \frac{\cos\alpha}{n}$ $\alpha = 45°; n = 1{,}5$ $L \approx 3{,}44d$ $l \approx 4{,}29d$	andere Bezeichnungen sind Wendeprisma, Reversionsprisma, Amici-Prisma; bei Drehung des Prismas um die optische Achse um den Winkel φ wird das Bild um 2φ gedreht; wegen schräg zur optischen Achse stehender Ein- und Austrittsfläche nur im telezentrischen Strahlengang verwendbar; angewendet zur Bilddrehung bei fluchtendem Ein- und Austrittsstrahl
8	Tripelprisma, Tripelstreifen 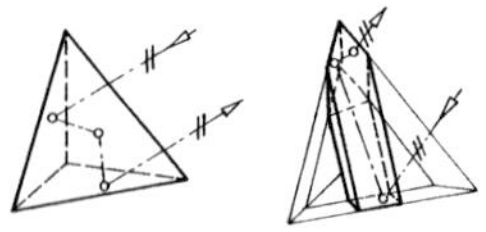	3 180°	je nach Abmessungen	jede der drei spiegelnden Flächen steht auf den beiden benachbarten senkrecht (Abtrennen einer Würfelecke); der Ablenkwinkel von 180° ist unabhängig von der Einbaulage, jeder aus beliebiger Richtung einfallende Strahl kehrt parallel hierzu zurück

Tafel 6.4.2 Ausgewählte Umkehrprismen mit Dachkante

Dieser Aufbau ist üblich bei Fernrohren, Meßmikroskopen, Autokollimationsfernrohren und ähnlichen Geräten.

Optische Systeme, die nicht der visuellen Beobachtung dienen, sondern der Mikrofotografie oder Mikroprojektion, werden *Projektive* genannt. Sie ähneln in Aufbau und Eigenschaften den Okularen, sind jedoch für eine bestimmte Objekt-Bild-Entfernung korrigiert.

Objektive sind optische Elemente, die von einem Gegenstand ein höhen- und seitenverkehrtes Bild erzeugen.

Die Anforderungen an die Abbildungseigenschaften sind je nach Verwendungszweck eines Objektivs grundsätzlich verschieden. So müssen Größe und Entfernung des abzubildenden Gegenstands, Ab-

Tafel 6.4.3 Ausgewählte Umkehrprismensysteme

Strahlengang parallel versetzt:

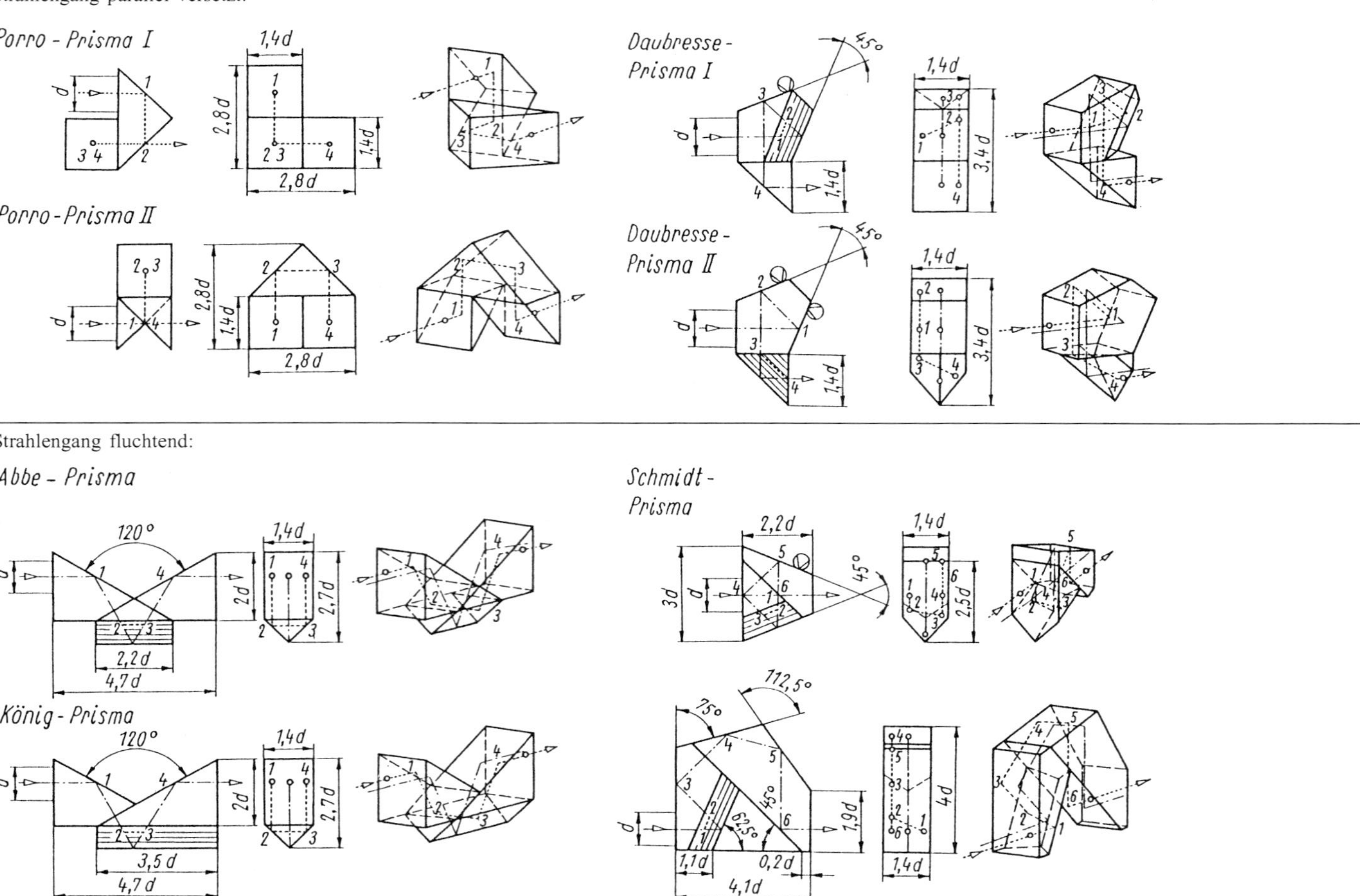

Tafel 6.4.4 Einige wichtige Prismensysteme

Doppelbildprisma 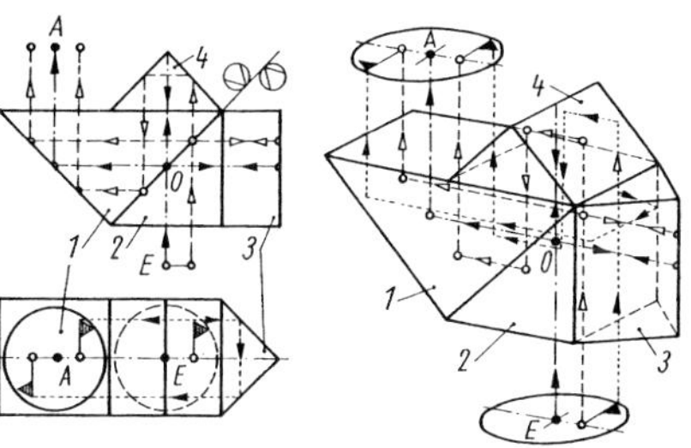	erzeugt von einem Bild in der Eintrittsebene *E* in der Austrittsebene *A* zwei zentralsymmetrische, um 180° zueinander gedrehte Bilder Anwendung in Meßokularen ohne Fadenkreuz mit Einstellkriterium: zentralsymmetrische Decklage beider Bilder  teilverspiegelt (50 %)
Prismensynopter 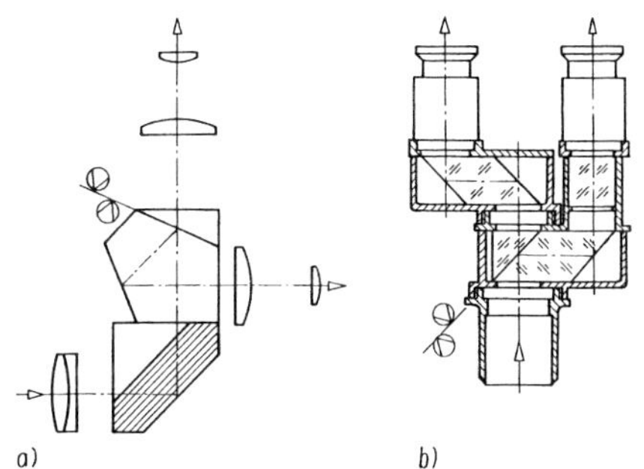	zum Aufteilen eines Strahlengangs in zwei Strahlengänge für a) zwei Beobachter b) beidäugige Betrachtung mit veränderbarem Okularabstand Strahlenteilung erfolgt durch teildurchlässig verspiegelte Flächen; in umgekehrter Benutzung können zwei Strahlengänge zu einem vereinigt werden (Mischbild)
Scheideprismensysteme 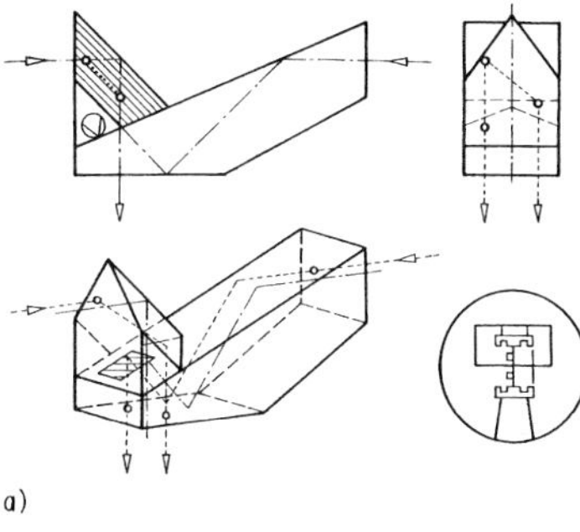 a) 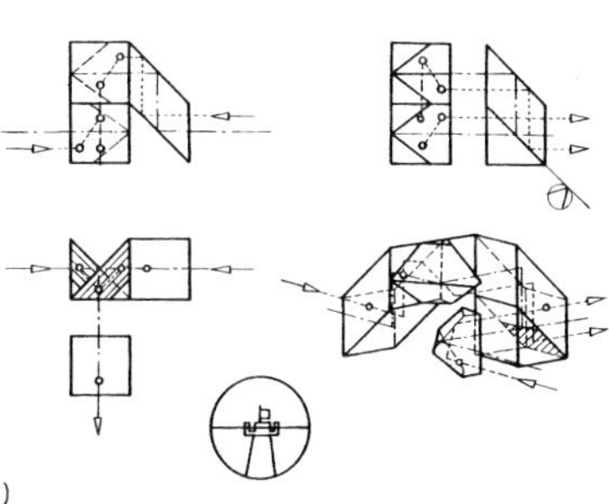 b)	vereinigen zwei Strahlengänge zu zwei abgegrenzten Teilbildern a) Teilbilder zueinander höhenverkehrt b) Halbbilder höhenrichtig Anwendung in Entfernungsmessern

Tafel 6.4.5 Okulargrundtypen [6.4.5][6.4.9]

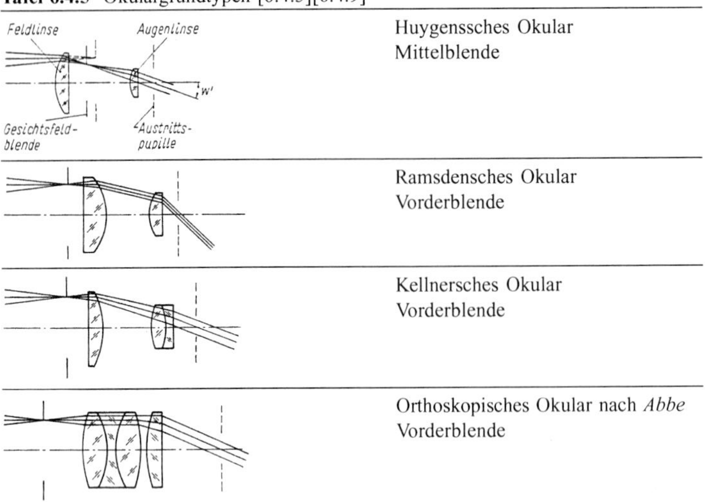

Huygenssches Okular
Mittelblende

Ramsdensches Okular
Vorderblende

Kellnersches Okular
Vorderblende

Orthoskopisches Okular nach *Abbe*
Vorderblende

Tafel 6.4.6 Mikroskopokulare [nach 6.4.5]

A-Okulare: Allgemeinokulare ohne chromatische Vergrößerungsdifferenz; *AK*-Okulare: Allgemeinokulare mit chromatischer Vergrößerungsdifferenz zur Kompensation von Objektiven; *PK*-Okulare: Planokulare mit Kompensationswirkung, besonders für Planobjektive, die eine chromatische Vergrößerungsdifferenz haben; *SM XX*-Okulare für Stereomikroskop SM XX, ohne chromatische Vergrößerungsdifferenz

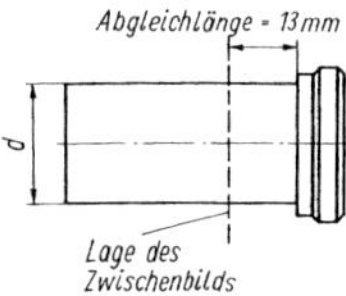

Okularbezeichnung, Kennzeichnung für den Korrektionstyp (s. a. [6.4.9] [6.4.39])	Vergrößerung	Feldzahl	Bildfelddurchmesser im Abstand von 250 mm von Austrittspupille (= Feldzahl x Vergrößerung) mm	Bildfeldwinkel w' Grad	d mm
A	5 x	23	115	25,9	23,2
	6,3 x	19	120	27,0	
	8 x	12	96	21,7	
	10 x	14	140	31,3	
	10 x	20	200	43,6	
	12,5 x	16	200	43,6	
	16 x	12,5	200	43,6	
	20 x	10	200	43,6	
AK	8 x	16	128	28,7	
	12,5 x	12	150	33,4	
PK	6,3 x	19	120	27,0	
	8 x	18,4	147	32,8	
	10 x	15,5	155	34,4	
	12,5 x	16	200	43,6	
	16 x	12	192	42,0	
	20 x	8	160	35,5	
	25 x	7	175	38,6	
	32 x	6,3	200	43,6	
Okulare für SMXX	6,3 x	28	176	38,8	30
	12,5 x	15	187	41,0	
	25 x	8	200	43,6	

bildungsmaßstab, die Entfernung des entstehenden Bildes und schließlich die Leistung des Objektivs hinsichtlich Art und Größe der zu korrigierenden Abbildungsfehler Berücksichtigung finden, was zu einer Vielzahl von Objektivarten und Ausführungsformen geführt hat. Als typische Bauformen unterscheidet man Mikroskopobjektive, Fernrohrobjektive und Fotoobjektive. Letztere werden häufig als Hochleistungsobjektive bezeichnet, wenn sie den an sie gestellten speziellen Forderungen aus der Fotogrammetrie oder Luftbildmessung besonders gut angepaßt sind (hohes Auflösungsvermögen, großes Öffnungsverhältnis, großer Bildwinkel, frei von Verzeichnung).

Tafel 6.4.7 enthält eine kleine Auswahl üblicher *Mikroskopobjektive.*

Man unterscheidet

- Achromate mit einer für zwei Wellenlängen gleichen Schnittweite;
- Apochromate, bei denen gleiche Schnittweite für drei Spektralfarben erreicht ist;
- Planobjektive, d. h. Planachromate und Planapochromate, bei denen zusätzlich die Bildfeldwölbung nahezu vollständig beseitigt wurde;
- Halbapochromate (sog. Fluoritsysteme) mit einer gegenüber dem einfachen Achromat besseren Farbkorrektion;
- Monochromate, die nur für eine Wellenlänge korrigiert und in der Ultraviolettmikroskopie von besonderer Bedeutung sind.

Achromate und Apochromate sind gewöhnlich für eine Tubuslänge von 160 mm korrigiert, Planachromate und Planapochromate auch für eine Tubuslänge unendlich. Häufig, insbesondere bei den Objektiven zur Durchlichtmikroskopie, ist die Objektdeckglasdicke (üblich 0,17 mm) in die Korrektur einbezogen worden. Über die bereits genannten Mikroskopobjektive hinaus gibt es Sonderobjektive, die z. B. einen besonders großen Objektabstand haben, was notwendig ist, wenn am Objekt manipuliert werden soll oder wenn es sich innerhalb einer Kammer (Vakuum-, Heiz- oder Kühlkammer) befindet, oder solche Objektive, die für spezielle Mikroskopierverfahren vorgesehen sind (Polarisations-, Phasenkontrast-, Dunkelfeld-, Auflichtmikroskopie). Es sei noch darauf hingewiesen, daß auch Spiegelobjektive für die Mikroskopie entwickelt wurden, die vollständig frei von Farbfehlern sind.

Tafel 6.4.7 Gebräuchliche Mikroskopobjektive [6.4.5] [6.4.39]

Bezeichnung Ausführungsbeispiel	Abbildungsmaßstab	Numerische Apertur etwa	Freier Objektabstand in mm etwa
Achromat	3,2	0,10	9,6
	6,3	0,16	8,5
	10	0,25	7,2
	16	0,32	2,8
	40	0,65	0,5
	100[1)]	1,25	0,06
Apochromat	4,0	0,16	9,3
	6,3	0,20	6,7
	16	0,40	2,3
	40	0,95	0,10
	63	0,95	0,06
	100[1)]	1,32	0,05
	100[1)]	1,40	0,05

[1)] homogene Ölimmersion

Tafel 6.4.8 enthält eine Auswahl von *Fernrohrobjektiven.* In der Astronomie bevorzugt man, besonders für große Öffnungen, Spiegelsysteme anstelle von Refraktoren, die wegen ihres speziellen Charakters hier nicht dargestellt sind.

Schließlich veranschaulicht **Tafel 6.4.9** den Aufbau einiger häufiger *Fotoobjektive* für Kleinbildformat. Darüber hinaus gibt es zahlreiche weitere Fotoobjektive für Aufnahme und Projektion der verschiedenen Filmformate und besondere Anwendungsfälle.

Die in den Tafeln zusammengestellten optischen Bauelemente und Systeme gewähren einen Einblick in deren Vielfalt und Möglichkeiten: Beim Einsatz derartiger Elemente und Systeme in Geräten ist eine exakte Information über ihre Eigenschaften und Grenzen und die zu berücksichtigenden Bedingungen beim Zusammenwirken mit anderen optischen Elementen des Gesamtaufbaus unerläßlich. Angaben darüber sind der speziellen Literatur und Firmenschriften zu entnehmen oder direkt beim Hersteller einzuholen.

Ausgewählte Normen zu Abschn. 6.4.1 s. Tafel 6.4.19.

Tafel 6.4.8 Beispiele typischer Fernrohrobjektive [6.4.39]

Öffnungsverhältnis für astronomische Fernrohre kleiner etwa 1 : 15; Öffnungsverhältnis für Präzisionsfernrohre (Kollimatoren), Meßtechnikfernrohre und hochwertige Erdfernrohre kleiner etwa 1 : 10; Öffnungsverhältnis für Handfernrohre, Prismenfeldstecher kleiner etwa 1 :3,5
S sphärische Abweichung ist korrigiert; *SB* Sinusbedingung ist eingehalten; *Ch2* Farblängsfehler ist für zwei Wellenlängen korrigiert; *Z* Zonenfehler ist korrigiert; *ChS* chromatische Differenz der sphärischen Abweichung (Gauß-Fehler) ist korrigiert; *Ch3* Farblängsfehler ist für drei Wellenlängen korrigiert

Bezeichnung	Schema	Öffnungsverhältnis	Korrektion
Achromat	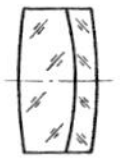	< 1:3,5	S SB Ch2
Fraunhofer-Objektiv sog. E-Objektiv		< 1:11	S SB Z Ch2
Halbapochromat sog. AS-Objektiv	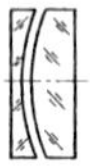	< 1:11	S SB Ch3
Apochromat sog. B-Objektiv	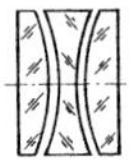	< 1:15	S SB Z Ch3 ChS
Apochromat	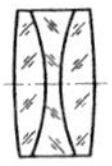	< 1:3	S SB Ch3 Z ChS

6.4.2 Fassen optischer Bauelemente [6.4.9] bis [6.4.14] [6.4.20] bis [6.4.33]

Das Fassen optischer Bauelemente ist eine spezielle Verbindungsaufgabe. Die optisch wirksamen Bauteile, meist aus Glas, werden mit den als Halterung bzw. Gestell dienenden mechanischen Fassungsteilen, bestehend aus metallischen Werk- oder Kunststoffen, verbunden. Prinzipiell können für diese Aufgabe die meisten bekannten Verbindungselemente herangezogen werden, wie sie auch für mechanische Bauteile Verwendung finden, wobei lösbare oder unlösbare, mittelbare oder unmittelbare, kraft-, form- oder stoffschlüssige, feste oder bewegliche Verbindungen möglich sind.

Die Besonderheiten dieser speziellen Verbindungsaufgabe ergeben sich aus drei Einflußbereichen, die man bei der Strukturierung und deren konstruktiver Gestaltung berücksichtigen muß:

- *Funktionelle Faktoren.* Die optische Funktion der Elemente – in den meisten Fällen handelt es sich um eine optische Abbildung – muß durch die Fassung gewährleistet werden. Häufig bestehen höchste Anforderungen an die feste oder funktionell veränderbare Einbaulage und deren Stabilität. Toleranzen in der Größenordnung von wenigen Mikrometern bzw. Winkelsekunden für Abstand bzw. Relativlage einer optisch wirksamen Fläche sind keine Seltenheit.
- *Geometrisch-stoffliche Faktoren.* Form und Abmessungen der optischen Bauelemente sind vielfältig. Im wesentlichen auf eine zylindrische oder prismatische Grundform zurückführbar, variieren ihre Abmessungen in weiten Grenzen (z. B. beträgt der Durchmesser der Frontlinse eines Mikroskopobjektivs 1 mm, der vom Spiegel eines Teleskops 2 m). Besondere Aufmerksamkeit gilt den speziellen Eigenschaften des Werkstoffs Glas hinsichtlich Sprödigkeit, Bruchgefahr, innerer Spannungen und Längen-Temperaturkoeffizient.

• *Umgebungsfaktoren.* Optische Geräte finden sowohl im Labor, in Fertigungsstätten, im Haushalt als auch im Freien Verwendung, wobei unterschiedlichste klimatische (im wesentlichen durch Temperatur, Feuchte und Staub) und mechanische Beanspruchungen (durch statische Kräfte, Stöße und Schwingungen) auftreten (s. Abschn. 5 und 8).

Tafel 6.4.9 Typische Fotoobjektive für Kleinbildformat 24 mm x 36 mm [6.4.9][6.4.39]

Bezeichnung Beispiele Linsenanordnung (schematisch)	Öffnungsverhältnis/ Brennweite mm	Ausgenutzter Bildwinkel Grad	Baulänge mm	Kürzeste Einstellentfernung m
Normalobjektive				
Tessar 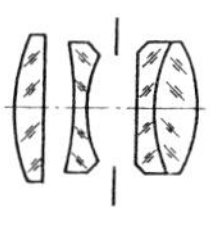	2,8/50	45	45	0,35
Pancolar 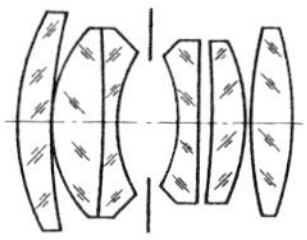	1,8/50	46	52	0,35
Weitwinkelobjektive				
Flektogon 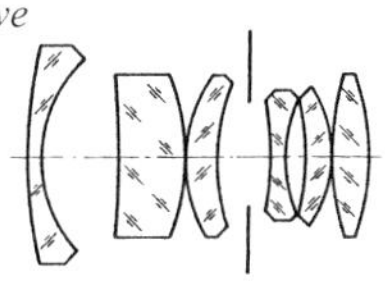	2,4/35	62	61	0,19
Flektogon 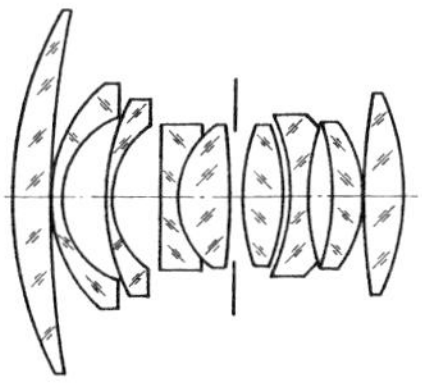	2,8/20	93	54,5	0,19
Teleobjektive				
Biometar 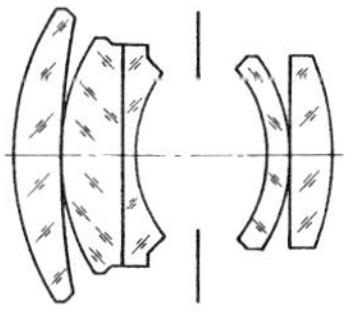	2,8/120	41	87	1,30
Sonnar 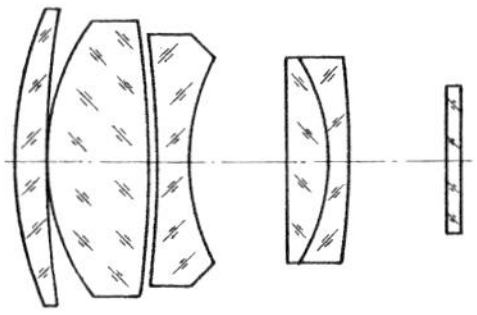	4/300	8	248	4,00
Spiegelobjektiv 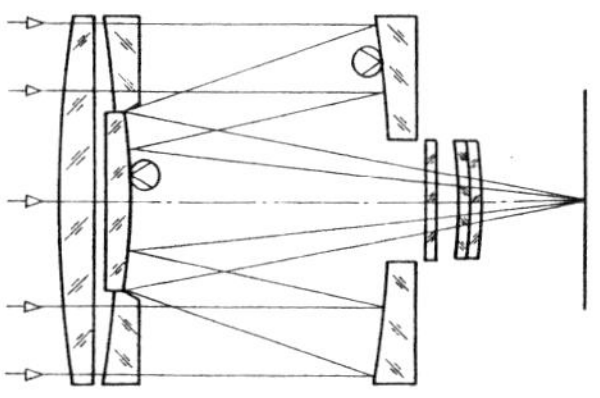	5,6/1000	2,5	512	16,00

6.4.2.1 Konstruktionsgrundsätze

Die Fassung hat die Aufgabe, die optische Funktion auch mechanisch zu gewährleisten, indem sowohl die geforderten Raumlagen des Optikteils einwandfrei gesichert als auch unzulässige Spannungen oder Deformationen in oder an ihm vermieden werden. Letztere führen fast immer zu Qualitätseinbußen der optischen Leistung, z. B. zu einer Minderung der Abbildungsleistung eines Objektivs ähnlich dem Astigmatismus, und stets zum Herabsetzen der mechanischen Festigkeit.

Aus diesen Gründen sind die in **Tafel 6.4.10** dargestellten allgemeinen Regeln zu beachten.

Tafel 6.4.10 Konstruktionsgrundsätze für das Fassen optischer Bauelemente

Lfd. Nr.	Konstruktionsgrundsatz
1	Das optische Bauteil soll eindeutig und fest in seiner Fassung gehalten sein. Erfordert die Funktion die Veränderung der Raumlage, so wird i. allg. die Fassung mit dem darin befestigten Optikteil bewegt.
2	Die Befestigungskraft muß etwa gleich groß der durch die Eigenmasse des Optikteils hervorgerufenen Trägheitskraft sein (Richtwert, unabhängig von räumlicher Anordnung). Bei statischer Beanspruchung erfordert dies Kräfte, die der Eigenmasse, bei stoßartiger Beanspruchung, die dem Mehrfachen der auftretenden Fallbeschleunigung entsprechen (bei Theodoliten z. B. rechnet man meist mit 10 *g*).
3	Die Befestigungsmittel der Fassung dürfen das Optikteil lediglich auf Druck, möglichst nicht auf Zug und keinesfalls auf Biegung oder Torsion beanspruchen. Das erfordert neben einwandfreier Berührung das Anordnen der Auflageflächenelemente an genau gegenüberliegenden Stellen.
4	Die Formstabilität ist durch die Glasteile selbst gegeben und darf von der Fassung nicht beeinträchtigt werden. Ausnahmen bilden Optikbauelemente großer Abmessungen, z. B. Astrospiegel, bei denen die Formstabilität der optisch wirksamen Fläche im Zusammenspiel mit der Fassung entsteht.
5	Zu bevorzugen sind mittelbare Fassungen, d. h., die Optikbauteile bilden mit ihrer Fassung eine konstruktive Einheit, die Aufnahme im eigentlichen Gestellteil findet. Sie kann ggf. noch bearbeitet werden (z. B. zentriert), gegenüber dem Gestellteil justierbar sein und erleichtert während der Herstellung Transport und Montage.
6	In der Fassung ist diejenige Funktionsfläche des Optikteils zur definierten Anlage zu bestimmen, an die die höchsten Genauigkeitsforderungen gestellt werden, z. B. die Randzone der verspiegelten Fläche eines Spiegels.
7	Zum Vermeiden von lokalen Spannungsspitzen an den Befestigungsstellen durch Form- und Lageabweichungen infolge Herstellungstoleranzen und Veränderungen durch Temperaturunterschiede werden elastische Zwischenlagen aus Kork, Gummi, Kunststoff, Gewebe o. ä. eingesetzt. Wegen der Eindeutigkeit der Anlage sind diese nur an einer Seite anzuwenden.
8	Bei größeren Bauelementen, etwa ab Durchmesser 100 mm, ist eine statisch bestimmte Dreipunktauflage anzustreben.
9	Optische Bauteile, die größeren Temperaturdifferenzen ausgesetzt sind (Beleuchtungseinrichtungen, Kondensoren, Geräte im Feldgebrauch usw.), erfordern den Ausgleich entstehender Längendifferenzen durch - entsprechend reichliches Spiel - geeignete Materialauswahl - Anordnung elastischer Zwischenlagen - spezielle Kompensationseinrichtungen, das Vermeiden von Temperaturunterschieden innerhalb des Glasteils durch - gleichmäßige Wärmeaufnahme, d. h. gänzliche Be- oder Durchstrahlung ohne Abschattung - gleichmäßige Wärmeabgabe, d. h. beiderseitige Konvektion und wärmeisolierende Zwischenlagen an den Befestigungsstellen, das Vermeiden von Eigenspannungen, insbesondere von Kerbspannungen, im Glasteil infolge Herstellung und Art der Befestigung durch - Polieren auch der optisch nicht wirksamen Flächen - Anwendung spannungsarmer Fassungen (s. Nr. 7).
10	Die Fassung selbst muß so stabil sein, daß ihre Befestigung im Gestell justierhaltig ist und keine Deformationen entstehen. Erforderliche Justierbewegungen sind durch spielfreie Gelenke oder spielarme Anordnungen und anschließendes Klemmen zu verwirklichen (s. Abschn. 4 und 6.3.4.4).

6.4.2.2 Fassungen für runde Optikteile

Linsen aller Art, verkittete Linsensysteme, Planparallel- und Keilplatten, Strichplatten, Fadenkreuze, Filter und Spiegel werden vorzugsweise als Rundteil gefertigt, können jedoch auch in beliebig anderer äußerer Gestalt vorkommen. Das Fassen erfolgt bei runden Teilen an der äußeren Zylinderfläche durch Aufnahme in geeignete Passungen in den meist rohrförmigen Fassungsteilen und durch beiderseitige Auflage schmaler Randzonen der ebenen oder gekrümmten optisch wirksamen Flächen. Teilkreise haben eine koaxiale große Bohrung und werden in analoger Weise am inneren Zylindermantel gefaßt. Die folgenden Ausführungen beziehen sich, stellvertretend für alle runden Optikteile, vorwiegend auf Linsen.

Anforderungen

Es werden sechs typische *Linsenformen* (**Bild 6.4.1**) unterschieden. Sammellinsen, auch Positiv- oder Konvexlinsen genannt, sind in der Mitte dicker als am Rand. Zerstreuungslinsen (Negativ- oder Konkavlinsen) sind am Rande dicker als in der Mitte.

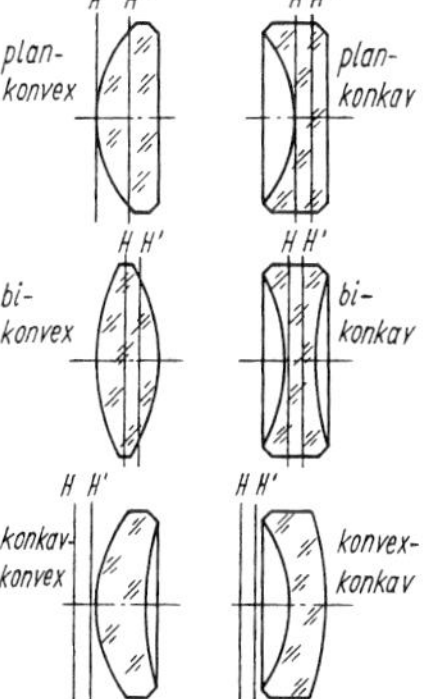

Bild 6.4.1 Linsenformen
links: Sammellinsen
rechts: Zerstreuungslinsen
H, H' Hauptebenen

Jede Linse hat eine *optische Achse*, definiert durch die Verbindungslinie der beiden Mittelpunkte der die Linse begrenzenden Kugelflächen, und eine *mechanische Achse*, auch Formachse genannt, die durch die Mittellinie des äußeren Zylindermantels gegeben ist.

Die Durchstoßpunkte der optischen Achse durch die Kugelflächen heißen Linsenscheitel.

Die Linsen müssen zentriert werden.

Das **Zentrieren** ist der Bearbeitungsvorgang, der bewirkt, daß optische und mechanische Achse zusammenfallen. Dies erfolgt in Zentriermaschinen, in denen die Linse i. allg. durch Kitten in ein Futter aufgenommen und so lange ausgerichtet wird, bis die optische Achse in die Rotationsachse fällt. Danach erfolgt das Schleifen des äußeren Zylindermantels. Man unterscheidet verschiedene Zentrierverfahren, von denen die drei wichtigsten **Tafel 6.4.11** enthält. Bevorzugt wird das Reflexbildverfahren (b) wegen der großen Empfindlichkeit, die noch gesteigert werden kann durch Beobachtung des Reflexbildes mit einem Mikroskop. Der wichtigste Vorteil besteht jedoch darin, daß an jeder optisch wirksamen Fläche des Systems je ein Reflexbild entsteht, eine einfache Linse also stets zwei Bilder erzeugt, die getrennt beobachtet werden und Auskunft über die zentrische Lage der Einzelfläche geben. Nur dadurch ist eine systematische Justierung der einzelnen Flächen und damit des Gesamtsystems möglich. Häufig, besonderes bei höheren Genauigkeitsforderungen an die zentrische Lage der Linse, werden in analoger Weise die bereits in einer Fassung aufgenommenen Linsen durch Bearbeiten des Außendurchmessers und der Stirnflächen des Fassungsteils abzentriert. Das Fassungsteil erhält zu diesem Zweck ein Innenfeingewinde zum Befestigen am Zentrierfutter. Durch diese Methode bleiben Zentrierfehler zwischen Linse und Fassungsteil ohne Auswirkung (s. Bild 6.4.13 und Abschn. Füllfassungen).

Neben dem Herstellen einer zentrischen zylindrischen Mantelfläche müssen Linsen facettiert werden. Diese Fasen oder *Facetten* werden angebracht (**Bild 6.4.2**).

Tafel 6.4.11 Zentrierverfahren für Rundoptik [6.4.11] [6.4.13] [6.4.14] [6.4.20] [6.4.23] [6.4.26] bis [6.4.33]

L Lichtquelle; *L'* Bild der Lichtquelle; *O* Krümmungsmittelpunkt; *H, H'* Hauptebenen; *F'* Brennpunkt; $\overline{L'}, \overline{O}, \overline{H}, \overline{H'}, \overline{F'}$ die gleichen Punkte, jedoch jeweils nach Drehung der Linse um 180° um die eingezeichnete Rotationsachse

a) Mechanisches Zentrieren mittels Spannen

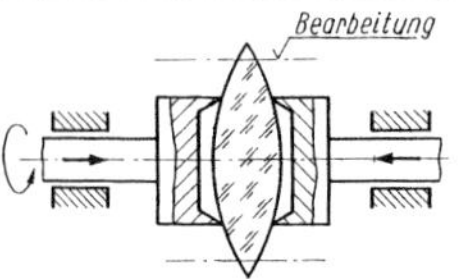

Linse legt sich zwangsläufig zwischen die axial gefederten und zueinander fluchtenden Ringschneiden, so daß die Kugelflächenmittelpunkte in die rotierende Drehachse gelangen
mäßige Genauigkeit (Reibung beim Ausrichten)
nur anwendbar bei kleinen Krümmungsradien

b) Optisches Zentrieren mittels Reflexbild

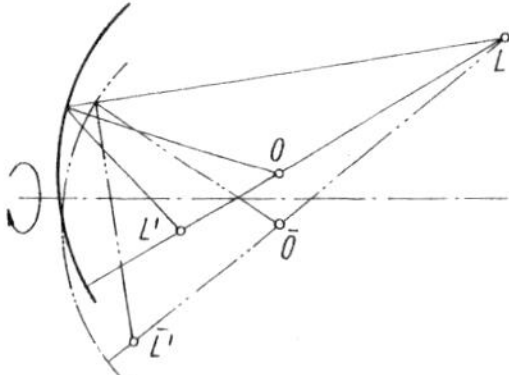

die angekittete Linse wird mittels eines speziellen Futters oder beim Aushärten des Kittes so lange bewegt, bis das Bild *L'* einer kleinen Lichtquelle *L* bei Rotation um die Bearbeitungsachse stillsteht (nicht mehr „tanzt"); dann liegt der Kugelflächenmittelpunkt *O* auf der Drehachse
hohe Genauigkeit; erfordert viel Geschicklichkeit;
geringe Intensität des Reflexbildes *L'*

c) Optisches Zentrieren mittels Durchlicht

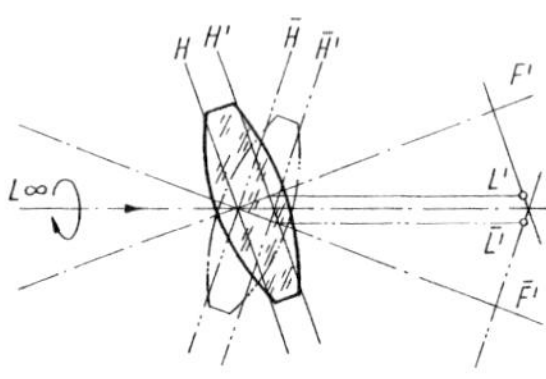

Linse wird wie bei b) so lange bewegt, bis das Bild *L'* bei Rotation stillsteht
geringe Empfindlichkeit erfordert vergrößerte Betrachtung des Bildes *L'*; hohe Intensität des Bildes *L'*
Wirkung beider Kugelflächen der Linse wird gleichzeitig erfaßt
Verfahren gut für Automatisierung geeignet, da Lage des Bildes *L'* durch CCD-Matrix auswertbar

- zum Schutz gegen Absplittern von scharfen Kanten (Bild 6.4.2a) (Breite der Schutzfasen gewöhnlich 0,1 bis 0,3 mm),
- zum Befestigen der Linsen in ihrer Fassung, insbesondere bei Gratfassungen (Breite der Fase je nach Linsendurchmesser 0,2 bis 2 mm),
- zum Entfernen von optisch unwirksamem überflüssigen Material (Bild 6.4.2d).

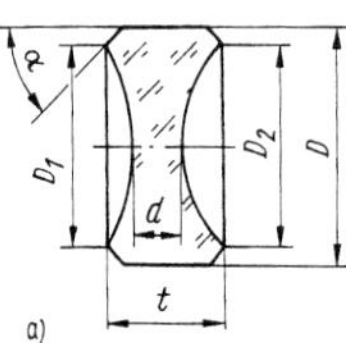

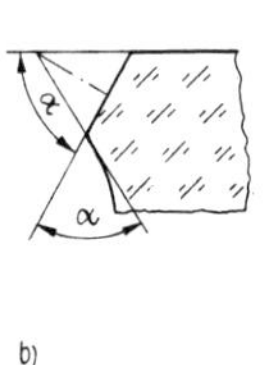

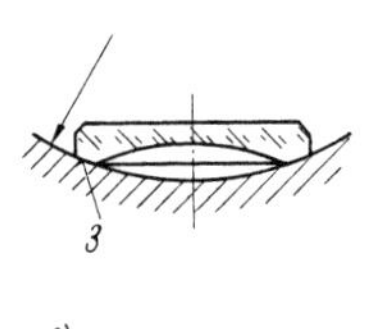

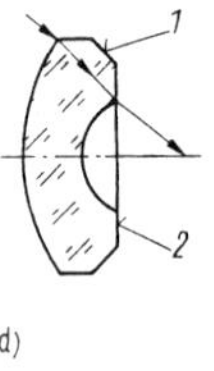

Bild 6.4.2 Facettieren von Linsen
1 Kegelfacette; *2* Planfacette; *3* Kugelfacette

Die Facetten werden möglichst so angeordnet, daß sie mit den benachbarten Flächen etwa gleiche Winkel einschließen (Bild 6.4.2b). Die sphärische Facettenform *3* wird wegen ihrer einfachen Herstellung bevorzugt (Bild 6.4.2c).

Um Abbildungsfehler herabzusetzen, werden Einzellinsen zu Linsensystemen kombiniert. Dies kann bei entsprechenden Luftabständen durch die Fassung geschehen, evtl. sogar justierbar, jedoch auch durch festes Verkleben miteinander (**Bild 6.4.3**). Spezielle Optikkleber, deren Brechzahl der der Gläser nahekommt, die glasklar sein und keine Entgasungserscheinungen zeigen sollen, finden hierfür Verwendung. Das Zentrieren erfolgt beim Aushärten des Klebstoffes unter gleichzeitigem Beobachten nach einem der in Tafel 6.4.11 unter b) oder c) aufgeführten Verfahren. Beim Verkleben von drei Linsen werden deshalb Kleber mit unterschiedlichen Schmelzpunkten angewendet. Bei miteinander verklebten Linsensystemen wird eine Linse geringfügig größer im Durchmesser ausgeführt, die dann in der Passung des Fassungsteils Aufnahme findet, so daß sich Überbestimmtheiten vermeiden lassen.

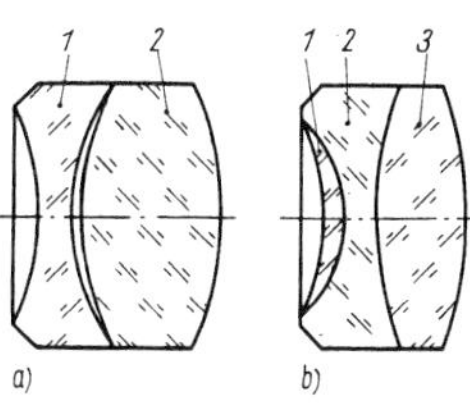

Bild 6.4.3 Kleben von Linsen
a) zweigliedriges (*1, 2*),
b) dreigliedriges optisches System (*1, 2, 3*)

Die Aufnahme ungefaßter oder gefaßter Rundoptikteile erfolgt vielfach in rohrförmigen Teilen. Dabei muß verhindert werden, daß die Innenwände dieser Röhren das hindurchtretende Licht derart reflektieren, daß unerwünschte Reflexe entstehen, die den Kontrast des Bildes herabsetzen.

Dies läßt sich durch folgende konstruktive Maßnahmen vermeiden:

- Die Abmessungen des Gehäuseinneren (Durchmesser usw.) müssen wesentlich größer als die äußeren Begrenzungen des Strahlengangs sein.
- Besonders bei langen Rohren sind Blenden gemäß **Bild 6.4.4** anzuordnen. Diese werden, um nicht selbst Reflexe zu erzeugen, am Lichtdurchtritt scharfkantig ausgeführt.
- Verringern des Reflexionsvermögens der Oberflächen durch Schwarzbeizen, Schwarzeloxieren, Aufbringen mattschwarzer Tuschen oder Lacke, Auskleiden mit Samt oder Tuchpapier.
- Aufrauhen oder Riefeln der Flächen durch Sandstrahlen und vor allem durch Eindrehen von scharfkantigen Rillen mit Gewindewerkzeugen (Strehlern) in Form von Gewinde oder parallelen Rillen mit Steigungen bzw. Abständen von 0,25 bis 1 mm und durch Anwenden der oben genannten Schwärzungsverfahren.

Die angeführten Methoden gelangen häufig kombiniert zur Anwendung.

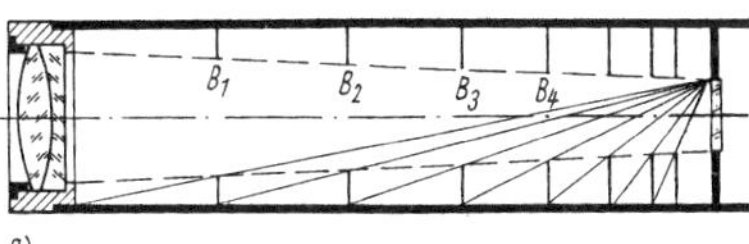

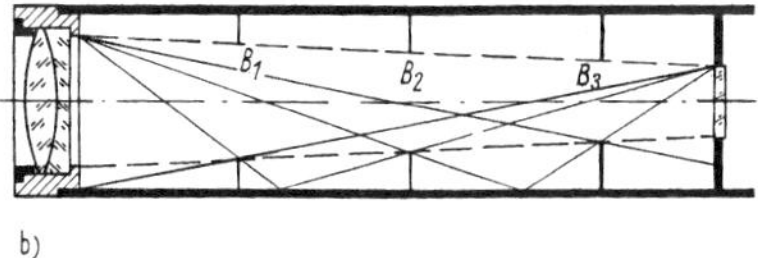

Bild 6.4.4 Reflexverminderung durch Blenden
Blendenanordnung verhindert, daß bei
a) von der Rohrinnenwand direkt reflektiertes und bei b) durch die Objektivöffnung eintretendes und an der Innenwand direkt reflektiertes Licht in die Zwischenbildebene gelangt.
Lage und Durchmesser der Blenden ergeben sich als Schnittpunkte der maximal möglichen Randstrahlen mit dem Kegelmantel des Abbildungsstrahlengangs. Ausgehend von der Objektivöffnung werden nacheinander B_1 bis B_n grafisch ermittelt.

Fassungsarten

Die Anforderungen hinsichtlich festen und zentrischen Sitzes der Linsen einerseits und radialen Spielausgleichs bei auftretenden Temperaturdifferenzen andererseits sind recht unterschiedlich. Richtwerte für das radiale Spiel sind:

Okularlinsen	0,1 mm
verkittete Achromate	0,05 mm
anspruchsvolle Optikteile	0,01 mm (Mikro-, Foto-, Fernrohrobjektive)
Beleuchtungsoptik	2 bis 5 mm (Kondensorlinsen und -spiegel).

Wenn durch Temperaturänderungen keine unzulässig großen Spannungen auftreten, gelangt folgende Passungsauswahl des in der Feinwerktechnik allgemein üblichen Systems Einheitswelle zur Anwendung:

$(G7/h8) \qquad F8/h8 \qquad D10/h9 \qquad (D10/h/11),$

wobei den nicht eingeklammerten Optikpassungen der Vorzug zu geben ist. Auch werden Linsen einzeln eingepaßt oder mit speziellen Toleranzen versehen.

Man unterscheidet im einzelnen folgende Fassungsarten:

Gratfassung. Das Optikbauteil wird mit einer Bördelverbindung formschlüssig im Fassungsteil befestigt. Hinweise für das Gestalten einer Gratfassung sind im **Bild 6.4.5** zusammengestellt.

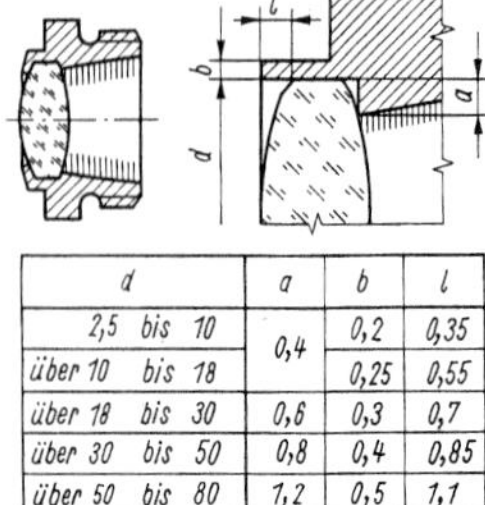

d	a	b	l
2,5 bis 10	0,4	0,2	0,35
über 10 bis 18		0,25	0,55
über 18 bis 30	0,6	0,3	0,7
über 30 bis 50	0,8	0,4	0,85
über 50 bis 80	1,2	0,5	1,1

Bild 6.4.5 Gratfassung, Richtwerte für Abmessungen (Werte in mm)
a Randauflage; *b* Dicke des Bördelrands; *d* Linsendurchmesser; *l* Länge des Bördelrands

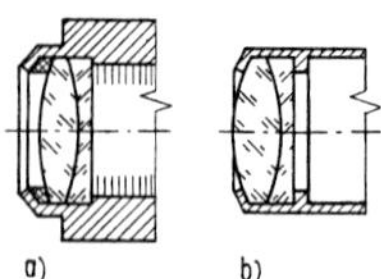

Bild 6.4.6 Spannungsarme Gratfassungen
a) vorgelagerter Druckring vermeidet den direkten Druck auf das Optikteil beim Bördeln
b) langer dünner Rohrfortsatz gibt bei Temperaturdehnungen der Linse nach

Bördelrand und Passung werden in einer Aufspannung hergestellt, damit der dünne Bördelrand gleichmäßig dick ausfällt. Nach dem Einsetzen des Optikteils wird der Grat mit einer Rolle oder einem Drückstahl umgebördelt. Als Fassungswerkstoffe eignen sich nur solche, die sich leicht plastisch verformen lassen, also Messing und Aluminiumlegierungen, aber auch Kunststoffe. Beim Gestalten ist zu beachten,

- daß der Bördelrand etwas länger ausgeführt wird als die Länge des umgebördelten Teils; es genügt, insbesondere bei größeren Durchmessern, wenn der Bördelrand lediglich die Fase erfaßt;
- daß die innere Randauflage sauber ausgeführt ist, ohne daß diese unbedingt der Linsenform angepaßt sein muß, und daß die evtl. notwendige Riefelung nicht bis zur Randauflage ausgeführt wird (s. Bild 6.4.5).

• **Vorteile**: einfache Herstellung, platzsparend, deshalb besonders geeignet für Frontlinsen mit kleinem Objektabstand.
• **Nachteile**: Demontage nur möglich durch Zerstören des Grats, Entstehen von Spannungen beim Bördelvorgang und durch Temperaturgang; die Spannungen können durch konstruktive Maßnahmen nach **Bild 6.4.6** herabgesetzt werden.
• **Anwendung**: zum mittelbaren oder unmittelbaren Fassen von Linsen, Linsensystemen, Skalenträgern, Spiegeln, Blenden und Abdeckplatten i. allg. bis zu Durchmessern von 30 mm, in Fällen geringer Temperaturdifferenzen, bei spannungsarmen Anordnungen durch elastische Zwischenlagen, elastisch nachgiebigen Fassungsteilen oder Fassungswerkstoffen mit Längen-Temperaturkoeffizienten ähnlich denen des Glases auch bis zu etwa 80 mm Durchmesser.

Weitere Beispiele für Gratfassungen zeigt **Bild 6.4.7**.

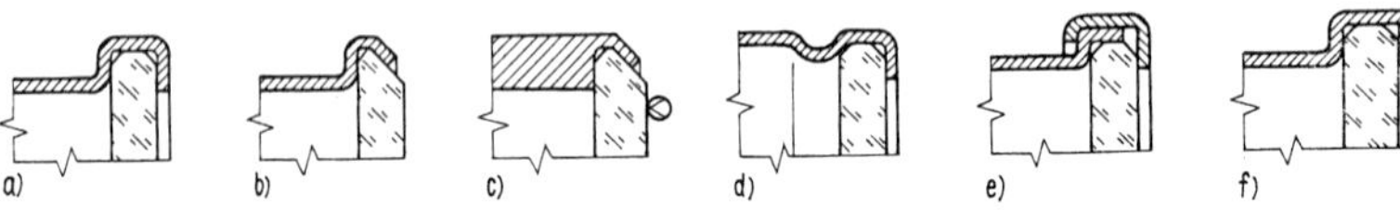

Bild 6.4.7 Beispiele für Gratfassungen
a) Fassung einer Strichplatte; b) Fassung eines Abdeckglases; c) Spiegelfassung; d) Fassung durch Sicken und Bördeln; e) Fassung durch gebördelte Kappe; f) Einlegen eines elastischen Rings; ⊘ verspiegelt

Fassung mit Vorschraubring, Vorschraubkappe. Optikteile werden in ihrer Fassung durch die Aufnahme in eine Passung und durch beiderseitige Randauflage gehalten. Eine der Randauflagen ist als Gewindering, der sog. Vorschraubring, oder als Vorschraubkappe ausgebildet (**Bild 6.4.8**). Die Passung ist so zu wählen, daß durch Temperaturänderungen keine unzulässig großen Spannungen einerseits bzw. kein unnötig großes Fassungsspiel andererseits entstehen. Die Fassung erhält neben der Paßbohrung ein Feingewinde zur Aufnahme des Gewinderings. Die geschlitzte Ausführung wird mit einem speziellen Vorschraubringschlüssel angezogen. Der ungeschlitzte Ring erschwert die unbefugte Demontage besonders an Frontlinsen von Geräten und kann nur reibschlüssig durch z. B. lederbezogene Spezialwerkzeuge eingeschraubt werden. Das Gewinde ist mit reichlichem Spiel zu versehen, damit sich der Vorschraubring an das Optikteil anlegen kann. Die Fassung durch geschlitzte Vorschraubringe ist die häufigste Befestigungsart von runden Optikteilen.

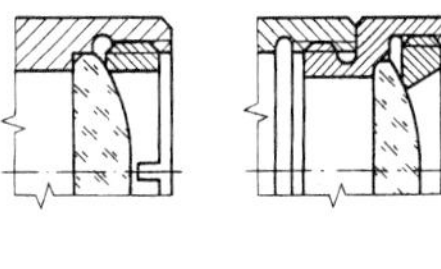
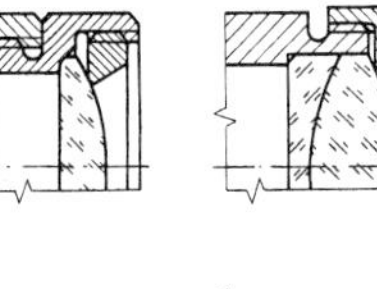
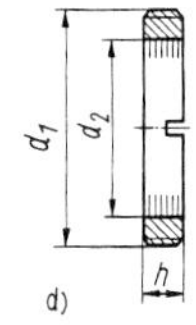

d	d_1	d_2	h
6 bis 50	M(d+1) × 0,5	d-1	2 bis 3,5
über 50 bis 100	M (d+2) × 0,75	d-2	4,5 bis 6

Bild 6.4.8 Fassung durch Vorschraubring oder Vorschraubkappe und Richtwerte für die Gestaltung von Vorschraubringen
a) Fassung mittels geschlitzten Vorschraubrings; b) mittelbare Fassung mittels ungeschlitzten Vorschraubrings; c) Vorschraubkappe; d) Gestaltung von Vorschraubringen
d Linsendurchmesser; d_1 Gewindedurchmesser; d_2 freier Durchmesser; *h* Ringhöhe

- **Vorteile**: einfache Montage und Demontage bei geschlitzter oder kappenartiger Ausführung und im Gegensatz zur Gratfassung ohne besondere Qualifikation durchführbar.
- **Nachteile**: sicherer Sitz ist wegen Spielpassung in radialer Richtung und wegen des begrenzten Anzugsmoments in axialer Richtung nicht immer gewährleistet; zusätzliches Sichern durch Lack, Kleber oder Kitt manchmal erforderlich; Herstellungsaufwand größer als bei Gratfassung.
- **Anwendung**: für alle Rundoptikteile bis zu etwa 100 mm Durchmesser (spannungsarme Anordnungen wie bei Gratfassungen).

Fassung mit Sprengring. Diese Fassungsart (**Bild 6.4.9**) ist eine formschlüssige Einspreizverbindung. Sie eignet sich zum unmittelbaren Fassen (a, b) oder Befestigen bereits gefaßter optischer Teile c). Die elastische Verformung des einzuspreizenden Teils vor dem Fügen gestattet das Einbringen in entsprechende Ausdrehungen der vorwiegend rohrförmigen Teile. Verwendet werden einfache Sprengringe in Form von geschlitzten federnden Drahtringen, ungeschlitzte Ringe aus Gummi oder Kunststoff, die gleichzeitig das Abdichten übernehmen können, und genormte Sicherungsringe, z. B. Seegerringe.

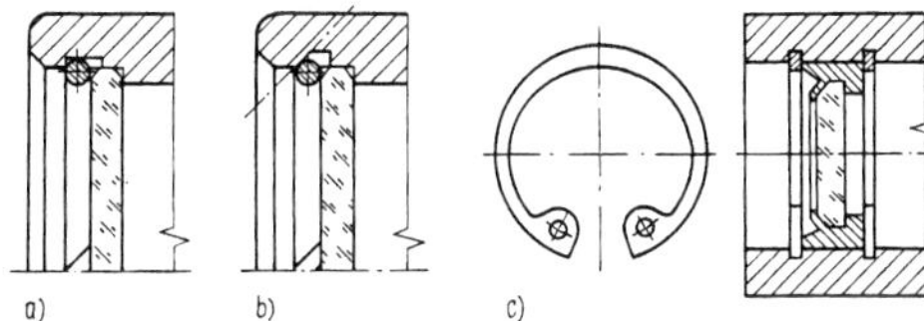

Bild 6.4.9 Fassung mit Sicherungsring
a) einfacher Sicherungsring mit rundem Querschnitt (DIN 9045)
b) wie a), jedoch auch axial federnd
c) mittelbare Fassung mittels Sicherungsringen (DIN 472)

Das i. allg. nicht unerhebliche Axialspiel (a, c) läßt sich durch kegelförmige Nuten (b) vermeiden, so daß axiale Toleranzen oder Längenänderungen durch Temperaturdifferenzen ausgeglichen werden.

- **Vorteile**: einfache, schnell montier- und demontierbare Fassung, geringer Kostenaufwand.
- **Nachteile**: wenn nicht wie bei b) ausgeführt, relativ großes Spiel und damit auch Gefahr des Verkippens des Optikteils.
- **Anwendung**: für alle Rundoptikteile mit Durchmessern von etwa 20 bis 100 mm mit geringen Genauigkeitsforderungen, vorzugsweise für Kondensorlinsen und -spiegel mit reichlichem Radial- und Axialspiel.

Fassung durch Kitten und Kleben. Kitt- und Klebeverbindungen sichern durch den entstehenden Stoffschluß einen festen Sitz der Optikbauteile und können so ausgeführt werden, daß gleichzeitig ein Abdichten erfolgt.

Als Kitte und Kleber gelangen solche *Bindemittel* zur Anwendung, die

- bei Temperaturerhöhung erweichen und bei normaler Temperatur erstarren (Wachse, Glaserkitt, Siegellack, Kolophonium)
- mit einem verdampfenden Lösungsmittel versetzt sind (Verdunstungskleber)
- durch chemisches Umwandeln aushärten (Epoxidharze, Zweikomponentenkleber, Silikonkautschuk).

Von verschiedenen Firmen wurden spezielle Optikkleber entwickelt, die sowohl auf Glas als auch auf Metall gut haften, sich leicht verarbeiten und dosieren lassen und durch bestimmte Lösungsmittel auch eine Demontage ermöglichen.

Geklebte Optikfassungen haben sich besonders in der Serienfertigung noch nicht allgemein durchgesetzt. Das Problem besteht neben dem wirtschaftlichen Eingliedern in den Fertigungsablauf vor allem in den entstehenden Spannungen durch das Treiben oder Schwinden beim Aushärten (je nach verwendetem Kleber oder Kitt) und durch die Art des spielfreien Befestigens, die die unterschiedlichen Ausdehnungen bei Temperaturveränderungen nur ungenügend berücksichtigen kann. Das Verwenden elastisch bleibender Bindemittel verhindert zwar das Auftreten von Spannungen weitgehend, stellt jedoch die Zentrierung in Frage. Vorteilhaft ist die Möglichkeit, während des Klebens eine Zentrierung nach Tafel 6.4.11a und b vornehmen zu können. Man spricht dann vom sog. *Richtkitten*. Die erreichbare Endgenauigkeit wird jedoch durch Verlagerung während des Aushärtens herabgesetzt.

Bild 6.4.10 zeigt eingekittete Bauelemente, an die entweder keine Genauigkeitsforderung gestellt oder deren Fassung justiert wird. Im allgemeinen sind alle Kittverbindungen durch einen zusätzlichen Formschluß zu unterstützen.

Das spannungsarme Kleben von Linsen (**Bild 6.4.11**) läßt sich durch entsprechende elastische Bauweise des Fassungsteils bei erhöhtem Fertigungsaufwand erreichen. Auch hier sichert ein zusätzlicher Formschluß die Haltbarkeit der Klebverbindung.

- **Vorteile**: Einsparen von Masse und Raum gegenüber anderen Fassungsarten, meist geringer mechanischer Aufwand, Abdichtung.
- **Nachteile**: Entstehen von Spannungen, häufig sind Klebvorrichtungen notwendig, lange Aushärtezeiten des Klebers.
- **Anwendung**: wenn aus funktionellen Gründen keine andere Fassungsart möglich ist (z. B. Vorstehen des Optikteils aus der Fassung), vorzugsweise für Einzellinsen und bei kleinen Abmessungen.

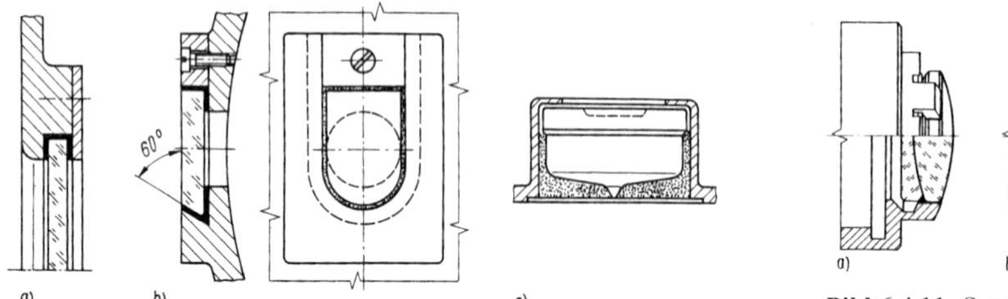

Bild 6.4.10 Kitten von Optikteilen
a), b) Einkitten von Abschlußgläsern
c) Einkitten einer Dosenlibelle

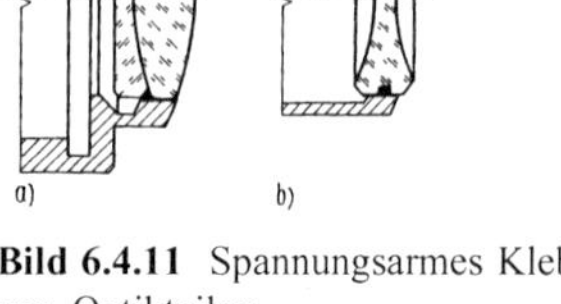

Bild 6.4.11 Spannungsarmes Kleben von Optikteilen
a) Einkleben eines Achromaten
b) Einkleben einer Einzellinse

Bei runden Optikteilen ist die Wirtschaftlichkeit des Klebens wegen der einfachen anderen Fassungsmöglichkeiten selten gegeben. Bei den mechanisch aufwendigeren Fassungen für andere Optikteile, insbesondere für Prismen, sind Kleb- und Kittverbindungen häufig wirtschaftlicher.

Füllfassung. Das Prinzip der Füllfassung wird für mehrgliedrige Systeme angewendet und stellt eine Schachtelverbindung dar. Die einzelnen Linsen oder bereits gefaßte Linsen werden in ein rohrförmiges Teil nacheinander eingefüllt, wobei die Luftabstände durch Zwischenringe bzw. durch die Ausführung der Einzelfassungen festgelegt sind und die Linse am Rohrende durch eine der bereits genannten Fassungsarten, meist durch einen Vorschraubring, axial zu sichern ist (**Bilder 6.4.12** und **6.4.13**). Am einfachsten gestaltet sich die unmittelbare Füllfassung, wenn nur Linsen gleichen Durchmessers zu fassen sind (Bild 6.4.12a). Linsen verschiedener Durchmesser erfordern stufenförmige Ausdrehungen und meist kegelförmige Zwischenringe (Bild 6.4.12b).

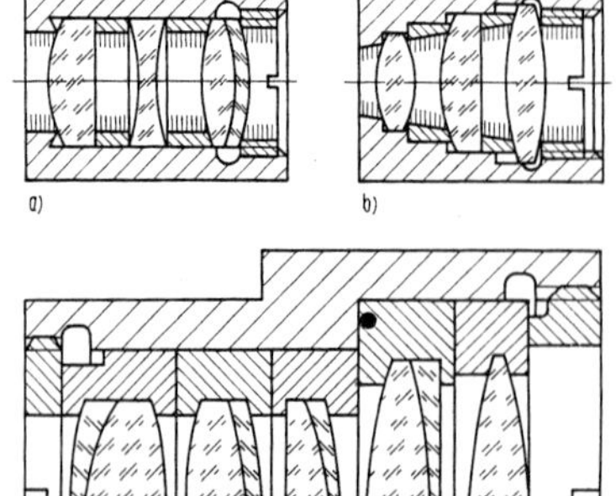

Bild 6.4.12 Füllfassungen
a) für Linsen gleichen Durchmessers
b) für Linsen verschiedener Durchmesser

Bild 6.4.13 Fassungsprinzip für Hochleistungsobjektive
• Stelle des kleinsten zulässigen Kippfehlers, Einzelfassungen vereinfacht dargestellt

Das Prinzip der Füllfassung genügt hinsichtlich der Zentrierung, d. h. des Zusammenfallens der optischen Achsen aller Linsen mit der mechanischen Formachse, hohen Ansprüchen, wenn ein gemeinsamer Innendurchmesser möglich ist oder wenn die gestuften Durchmesser in gemeinsamer Aufspannung bearbeitet werden. Da Füllfassungen außerdem wegen der nur einmal vorzunehmenden axialen Befestigung besonders wirtschaftlich sind, wendet man sie nahezu ausnahmslos bei mehrgliedrigen Systemen an.

Besonders hohe Zentriergenauigkeiten, wie sie bei Hochleistungssystemen für Meß- und Dokumentationsobjektive oder in der Fotolithografie gefordert werden, sind durch Füllfassungen realisierbar, wenn man das *Justierdrehen* anwendet. Hierzu werden die Linsen einzeln gefaßt (meist durch Vorschraubringe), mit ihrer Fassung in das spezielle justierbare Futter einer Bearbeitungsmaschine aufgenommen und optisch zentriert. Dann wird die mit entsprechenden Übermaßen versehene Fassung an den Stirnflächen und am Außenzylinder unter Beachtung der geforderten Luftabstände und Paßtoleranzen für den Rohrstutzen bearbeitet. Die so hergestellten Einzelfassungen lassen sich anschließend in einem präzis geschliffenen Fassungszylinder nach Art der Füllfassung montieren. Dabei legen sie sich vorzugsweise an ihren Stirnflächen an und gewährleisten eine gute Zentrierung, weil der fertigungstechnisch erzielbare Planschlag i. allg. kleiner ist als mögliche Rundlaufgenauigkeiten. Bei Systemen mit vielen Einzelgliedern addieren sich die Planschlagfehler und führen so zu unvertretbar großen Kippfehlern. Deshalb ist es zweckmäßig, an der Stelle des kleinsten zulässigen Kippfehlers einen Absatz vorzusehen (s. Bild 6.4.13) und damit auch die sich vom Absatz aus nach beiden Seiten ergebenden Summentoleranzen der Kippfehler zu verkleinern. Durch Drehen der einzelnen Linsenglieder bei gleichzeitigem Beobachten werden die Kippfehler weiter reduziert. Fast alle Fassungen für Hochleistungsobjektive lassen sich auf dieses Prinzip zurückführen. Sie unterscheiden sich durch die verkürzte Ausführung der Zylinderflächen, um den Grad der Überbestimmtheiten zu reduzieren, und durch verschiedene konstruktive Details, die im Zusammenhang mit den Möglichkeiten der Fertigung stehen. Zu beachten ist, daß auf vielen derartigen Fassungen Schutzrechte ruhen.

Spannungsarme Fassung. Entsprechend den in Tafel 6.4.10 aufgeführten Konstruktionsgrundsätzen 3, 4, 7 und 9 haben spannungsarme Fassungen zwei wesentliche Aufgaben zu erfüllen. Sie sollen einerseits die Eigenformstabilität des Optikteils durch das Fassen nicht beeinträchtigen und andererseits die durch Temperaturänderung entstehenden Abmessungsdifferenzen ausgleichen, und zwar sowohl in axialer als auch in radialer Richtung.

Die einfachste Methode, entsprechend reichliches Fassungsspiel vorzusehen, genügt in den meisten Fällen nicht, um die funktionellen Forderungen an die Lagegenauigkeit der Optikteile zu erfüllen. Sie wird deshalb lediglich bei einfachen Kondensoroptiken angewendet. Die zweite Methode sieht die feste Anlage des Optikteils an der einen Seite der auszugleichenden Ausdehnungsrichtung und den Einbau elastischer Bauteile oder Zwischenlagen auf der anderen Seite vor. Beispiele wurden schon in den Bildern 6.4.6a (elastischer Vorlagering), 6.4.9b (axial ausweichender Sprengring) und 6.4.11 (elastische Bauweise des Fassungsteils) gezeigt. Weitere Beispiele sind in den **Bildern 6.4.14** und **6.4.15** zusammengestellt, wobei gleichzeitig, insbesondere bei Abmessungen größer als 100 mm, eine statisch bestimmte Dreipunktanlage anzustreben ist.

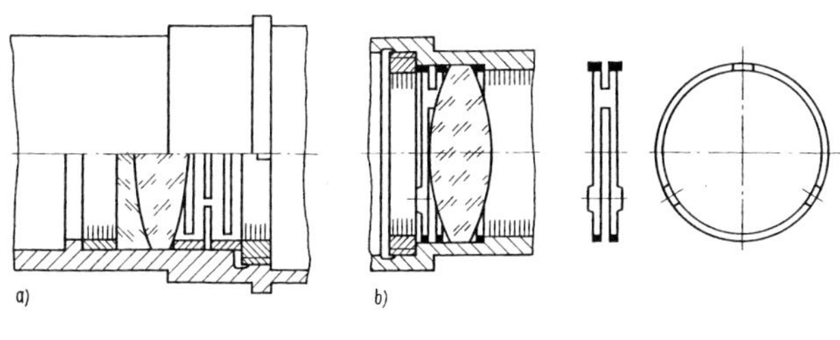

Bild 6.4.14 Spannungsarme Fassungen mit axialem Ausgleich
a) Fassung eines Achromaten zwischen Abstimmring und geschlitztem, federnden Ring
b) Linsenfassung mit beiderseitiger Dreipunktanlage und geschlitztem Vorlagering

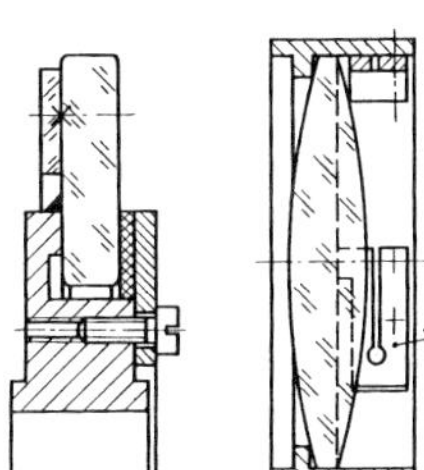

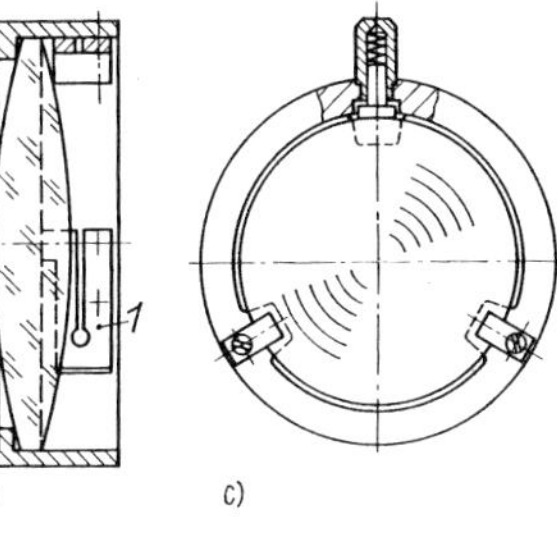

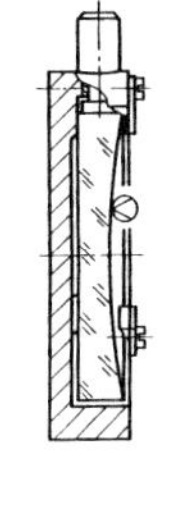

Bild 6.4.15 Spannungsarme Fassungen
a) Fassung eines Teilkreises mit einseitig angebrachter elastischer Beilage
b) Fassung einer großen Linse mittels federnder Befestigungsteile
c) Fassung eines Spiegels in radialer und axialer Dreipunktanlage mit elastischen Beilagen (axial) und gefedertem Element (radial)

verspiegelt

Eine dritte, zweifellos sehr naheliegende Methode für den Ausgleich thermisch hervorgerufener Spannungen beruht auf dem Anwenden eines Fassungswerkstoffs, dessen Längen-Temperaturkoeffizient dem des Glases nahezu entspricht. **Tafel 6.4.12** gibt hierfür einige Hinweise. Diese Methode wird jedoch durch Preis, Bearbeitbarkeit und Masse der möglichen Fassungswerkstoffe begrenzt.

Tafel 6.4.12 Längen-Temperaturkoeffizienten α ausgewählter optischer Gläser und Fassungswerkstoffe bei 20 °C

[1] Die Bezeichnungen optischer Gläser sind firmenspezifisch: hier entsprechen sie dem Glaskatalog der Firma Carl Zeiss Jena (s. auch Optisches Glas, Katalog Schott Glaswerke, Mainz)

[2] Die ersten drei Ziffern kennzeichnen die Glasart, die drei weiteren die Brechzahl, die letzten drei die Dispersion (Abbesche Zahl), z. B. D 124 510/608: $n = 1{,}510$, $\nu = 60{,}8$.

Bezeichnung[1] alt	neu[2]	$\alpha_{20} \cdot 10^{-6}$ m/(m·K)	Bezeichnung	$\alpha_{20} \cdot 10^{-6}$ m/(m·K)
ZK 7	D 124510/608	4,8	Aluminiumlegierungen	22 ... 24
KzFS 2	D 384560/537	5,1	Blei	29
SK 14	D 175605/607	5,3	Kupfer	17
SK 6	D 183616/560	5,5	Messing	18 ... 19
SF 11	D 535791/255	6,2	Neusilber	18
BK 7	D 064518/639	6,6	Nickel	13
SSK 2	D 266625/528	6,8	Stahl	12 ... 15
BaF 8	D 364626/467	7,3	Stahl mit 20 % Nickel	11,5
BaF 7	D 360611/459	8,0	Stahl mit 30 % Nickel	6,9
ZK 5	D 129536/551	8,5	Stahl mit 36 % Nickel (Invar)	0,5
FK 3	D 013466/655	9,0		
F 7	D 485629/353	9,5	Titan	8,5
K 3	D 107520/587	9,8	Gußeisen	9
			Duroplaste	10 ... 100
Q 1	D 871	0,5	Thermoplaste	60 ... 240

Ein vollständiger Ausgleich der durch Temperaturänderungen erzeugten Abmessungsdifferenzen ohne verbleibende Restspannungen wird in idealer Weise nur durch Kompensation bewirkt (s. Abschn. 4.3). Sie ist jedoch mit erheblichem Aufwand verbunden und wird nur beim Einsatz in Umgebungen mit sehr großen Temperaturschwankungen oder bei großen Abmessungen der Glasteile, etwa ab 500 mm, angewendet, z. B. bei Spiegeln astronomischer Großgeräte. **Bild 6.4.16a** zeigt das Prinzip der Temperaturkompensation. Da i. allg. der Längen-Temperaturkoeffizient des Glases kleiner als der üblicher Fassungswerkstoffe ist, wird zwischen Glasteil und Fassung ein dritter Werkstoff großer Ausdehnung angeordnet, so daß gilt

$$\alpha_g < \alpha_f < \alpha_k . \tag{6.4.1}$$

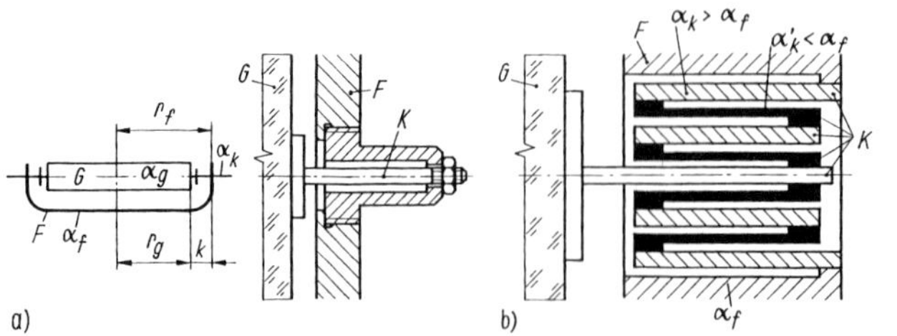

Bild 6.4.16 Kompensationsfassung
a) prinzipieller Aufbau
b) raumsparende Anordnung durch geschachteltes Hintereinanderschalten zweier Kompensationswerkstoffe
G Glasteil; *F* Fassung; *K* Kompensationsteil; r_g Radius des Glasteils; r_f Radius der Fassung; *k* Kompensationslänge; Längen-Temperaturkoeffizienten: α_g Glas; α_f Fassungswerkstoff; α_k bzw. α'_k Kompensationswerkstoff

Die Länge *k* des Kompensationsteils errechnet sich aus der Beziehung

$$k = r_g (\alpha_f - \alpha_g)/(\alpha_k - \alpha_f) \tag{6.4.2}$$

und wird dann klein, wenn man für das Kompensationsteil Werkstoffe mit sehr großen Längen-Temperaturkoeffizienten auswählt, z. B. Kunststoffe. Ein weiteres Verkürzen der erforderlichen Baulänge läßt sich durch Ineinanderschachteln zweier Kompensationswerkstoffe erzielen (Bild 6.4.16b).

Für n Elemente gilt

$$r_{\mathrm{f}}\alpha_{\mathrm{f}} - r_{\mathrm{g}}\alpha_{\mathrm{g}} = \sum_{i=1}^{n} k\alpha_{\mathrm{k}} - \sum_{i=1}^{n-1} k'\alpha'_{\mathrm{k}}\,, \tag{6.4.3}$$

woraus aus Gründen der konstruktiven Vereinfachung mit $k = k'$ folgt

$$k = \frac{r_{\mathrm{g}}}{n} \frac{\alpha_{\mathrm{f}} - \alpha_{\mathrm{g}}}{\alpha_{\mathrm{k}} - (1 - 1/n)\alpha'_{\mathrm{k}} - (1/n)\alpha_{\mathrm{f}}}\,. \tag{6.4.4}$$

Da häufig $\alpha'_{\mathrm{k}} = \alpha_{\mathrm{f}}$ gewählt wird (gleiche Werkstoffe), entspricht der Verkürzungsfaktor der Anzahl n der hintereinandergeschalteten Elemente.

Neben dem spannungsarmen Fassen der Glasteile mit Rücksicht auf Temperaturunterschiede (in einschlägigen Prüfvorschriften von -40 bis +55 °C), sind beim Auftreten von Stößen während des Transports oder im Feldgebrauch zusätzliche konstruktive Maßnahmen erforderlich. Diese sind besonders dann notwendig, wenn wegen des Temperaturausgleichs Fassungsspiel vorgesehen wurde, die Glasteile bzw. bei mittelbarem Befestigen die Fassungen gefedert ausgeführt sind oder die Fassungen gegen federnde Anlagen zum Zweck der Justierung (s. Abschn. 6.4.2.4) verstellt werden können.

Bei Stößen weicht das Glasteil innerhalb bzw. mit seiner Fassung aus und kann beim Auftreffen auf gegenüberliegende Begrenzungen zerstört werden. Häufig tritt diese Zerstörung erst beim Zurückprellen in die Ausgangslage infolge der Federkräfte auf.

Deshalb sind das Fassungsspiel oder der gefederte Verstellweg (s. auch Bild 6.4.24) so klein wie funktionell notwendig auszuführen und, wenn erforderlich, zusätzliche stoßenergieverzehrende Reibungssysteme anzuordnen.

Soll das Bauelement justierhaltig in seine Ausgangslage zurückkehren, was z. B. bei Präzisionsteilkreisen erforderlich ist, so empfiehlt sich das Befestigen durch Kleben an elastisch und damit spielfrei ausgeführte Fassungsteile, die ggf. durch zusätzliche Maßnahmen gedämpft sind, z. B. durch weiche Kitte.

Beispiele typischer Fassungen in optischen Systemen. Die dargestellten Fassungsarten werden je nach funktionellen Forderungen, Anzahl der gemeinsam anzuordnenden optischen Glieder und räumlichen Verhältnissen meist in kombinierter Form angewendet. Häufig müssen einzelne optische Elemente oder das Gesamtsystem zum Zweck einer einmalig vorzunehmenden Justierung oder einer beim Gebrauch notwendigen Verstellung axial oder radial beweglich angeordnet sein. Letzteres trifft besonders auf fokussierbare Objektive, auf Okulare mit Dioptrienausgleich zum Anpassen an fehlsichtige Augen und auf einstellbare Marken- und Skalenträger zu. Die Fassungen enthalten deshalb vielfach Gelenke in Form von Geradführungen, Lagerungen oder Gewinden, die spielarm auszuführen sind. Auf spezielle Fragen der Justierung optischer Bauelemente wird im Abschnitt 6.4.2.4 eingegangen.

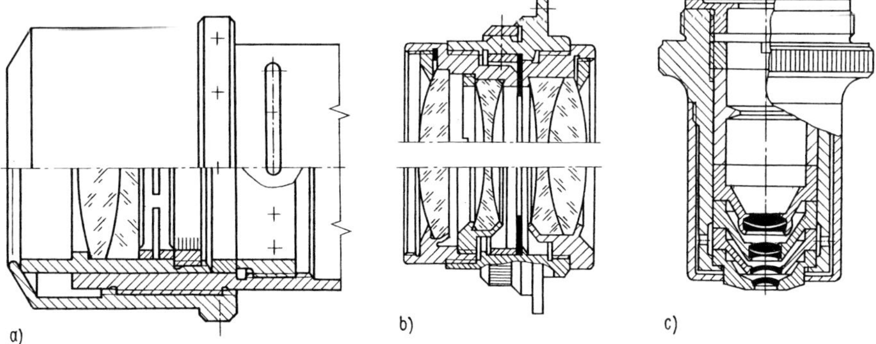

Bild 6.4.17 Ausführungsbeispiele von Objektivfassungen
a) Fernrohr- oder Kollimatorobjektiv; b) Fotoobjektiv vom Tessartyp (oberer Halbschnitt: Vorschraubring; unterer Halbschnitt: Gratfassung); c) Mikroskopobjektiv

Bild 6.4.17 zeigt drei typische Objektivfassungen. Das Fernrohrobjektiv (a) ist durch einen geschlitzten Ring in Dreipunktausführung spannungsarm mittels eines Vorschraubrings gehalten. Die gefaßte Linse kann feinfühlig und ohne Verdrehung axial justiert werden, wobei der innere Gewindering durch den Schlitz des Rohres zugänglich ist. Die Fassung des Fotoobjektivs vom Tessartyp (b) ist im oberen Halbschnitt mit Vorschraubringen, im unteren mit Grat ausgeführt. Das bei der Gratfassung aus Gründen der Herstellung notwendige Trennen des linken Fassungsteils in zwei miteinander verschraubte Teile verschlechtert die Zentrierung. Das Mikroskopobjektiv (c) zeigt den für eine Füllfassung typischen Aufbau, wobei die besondere zentrierempfindliche Linse (zweite von unten) während der Montage radial ausgerichtet wird.

Bild 6.4.18 veranschaulicht drei typische Vertreter von Okularfassungen. Das als Füllfassung ausgeführte Feldstecherokular (a) ist durch ein mehrgängiges, trapezförmiges Steilgewinde (Okulargewinde) axial verschieblich und hat einen justierbaren Ring mit Dioptrienteilung, der gleichzeitig gegen Herausschrauben sichert. Das Mikroskopokular (b) ist als Steckokular für schnellen Wechsel ausgebildet. Das mehrgliedrige Fernrohrokular (c) ist an der Stelle *A* über eine Rollmembran mit dem feststehenden Gehäuse verbunden. Die Membran verhindert, daß durch Pumpwirkung bei der Dioptrienverstellung Feuchte eindringt, die innen zu Kondensation (Taubeschlag) führen kann.

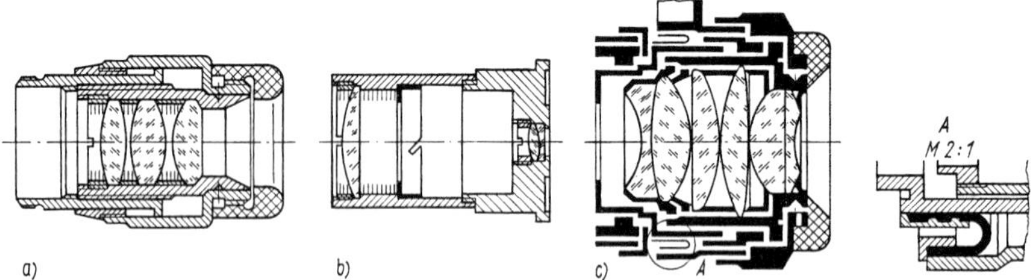

Bild 6.4.18 Ausführungsbeispiele von Okularfassungen
a) Feldstecherokular mit Dioptrienausgleich; b) Steckokular für Mikroskope; c) abgedichtetes Fernrohrokular mit Dioptrienausgleich

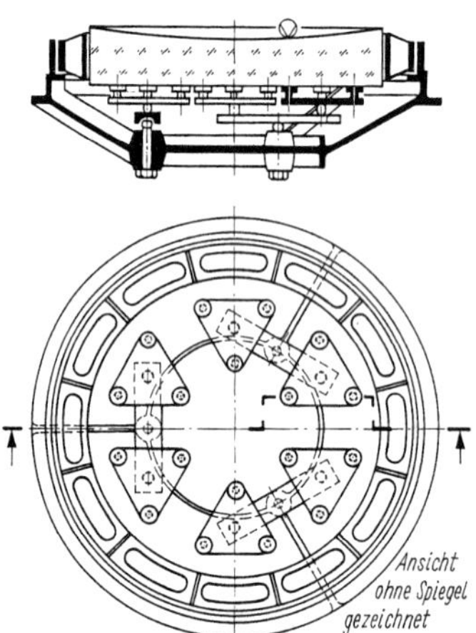

Bild 6.4.19 Fassung eines großen Spiegels

Bild 6.4.19 zeigt in vereinfachter Darstellung die Fassung eines großen Spiegels, wobei die Temperaturkompensation in radialer Richtung weggelassen wurde. Eine einfache statisch bestimmte Dreipunktauflage ergäbe unzulässig große Durchbiegungen des Spiegels. Deshalb wird das Prinzip einer erweiterten Dreipunktauflage angewendet. Der Spiegel ruht auf 18 kleinen Tellern. Jeder Teller ist auf einer Kugel beweglich angeordnet. Je drei Teller sind auf einem dreieckförmigen Zwischenteil zusammengefaßt, wobei je zwei Zwischenteile wiederum beweglich über Kugeln durch eine Wippe erfaßt werden. Die Wippen sind, ebenfalls auf Kugeln ruhend, gegenüber dem eigentlichen Gestellteil abgestützt. Die Anordnung gewährleistet, daß sich die 18 Telleroberflächen selbständig in einer Ebene ausrichten, Fertigungsungenauigkeiten und Deformationen der Fassungselemente ohne schädlichen Einfluß auf den Spiegel bleiben und auf jeden Auflageteller der gleiche Anteil der Spiegelmasse entfällt (s. auch Abschn. 4.2, Bild 4.17).

6.4.2.3 Fassungen für prismatische Optikteile

Hauptvertreter dieser optischen Bauelemente ist die große Gruppe der Reflexionsprismen, von denen es eine Vielzahl geometrischer Formen gibt. Am häufigsten dienen Prismen zur 90°-Ablenkung, ausgeführt als Halbwürfel- oder Pentaprismen. Zur Anwendung gelangen jedoch auch zahlreiche Prismen mit komplizierterer Form, bei denen mehrere reflektierende Flächen an einem Glasblock vereint sind. Ferner zählen plattenförmige Glasteile in rechteckiger, quadratischer oder beliebig anderer Form zu den prismatischen Optikteilen, wie sie für Spiegel und Teilungsträger benötigt werden. Die Gruppe wird vervollständigt durch Dispersionsprismen, Keilplatten, Gitter und diverse andere Sonderbauelemente. Allen Bauelementen ist gemeinsam, daß das Fassen vorzugsweise an ebenen Flächen erfolgt.

Im Gegensatz zu runden Optikteilen lassen sich keine speziellen Fassungsarten angeben, die eine analoge Einteilung ermöglichen. Das Gemeinsame aller Fassungen prismatischer Optikteile besteht darin, daß das Glasteil auf oder in einem Gestellteil mit Hilfe von Leisten, Winkeln, Klemmstücken, Bügeln, Federn und ähnlichen mechanischen Befestigungsteilen form- und kraftschlüssig oder durch Stoffschluß mittels Kittens oder Klebens gehalten wird. Das Gestellteil für Prismen bezeichnet man häufig als *Prismenstuhl*.

Anforderungen. Zunächst gibt es hinsichtlich des spannungsarmen Haltens und dem Berücksichtigen der unterschiedlichen Wärmeausdehnung analoge konstruktive Gesichtspunkte wie bei runden Optikteilen.

Bei Bauteilen mit reflektierenden Flächen, also Spiegeln und Spiegelprismen, werden i. allg. höhere Forderungen an die Lagegenauigkeit gestellt. Das resultiert aus der Tatsache, daß reflektierende Flächen gegenüber brechenden Flächen bei gleicher Kippung je nach Brechzahl des Glases einen fünf- bis sechsmal größeren Winkelfehler der Lichtstrahlen hervorrufen. Demgegenüber gibt es viele Reflexionsprismen mit sog. Invarianzeigenschaften (s. Abschn. 4), die trotz Verlagerung um bestimmte Achsen keine Richtungsänderung des Lichts bewirken. Derartige Bauelemente, z. B. Winkelspiegel, Pentaprisma, Rhomboidprisma und andere Prismen, werden bevorzugt angewendet, da ihre evtl. fehlerbehaftete Einbaulage keine oder nur geringe Ablenkfehler zur Folge hat und sich eine Justierung erübrigt.

Ferner ist beim Fassen von Spiegelprismen zu beachten, daß an reflektierenden Flächen kein Kontakt mit Fassungsbauteilen entstehen darf, damit die Totalreflexion nicht gestört bzw. der Schutzlack verspiegelter Flächen nicht zerstört wird. Grundsätzlich sind deshalb zum Fassen jene Flächen zu bevorzugen, die keine optische Funktion ausüben. Reicht dies zum sicheren Halt nicht aus, werden die an der Funktion nicht beteiligten Randzonen der Ein- und Austrittsflächen und schließlich die spiegelnden Flächen mit herangezogen.

Gegenüber Linsen haben Spiegelprismen für den gleichen Lichtbündeldurchmesser je nach Bauart i. allg. eine größere Masse, die bei Stoßbeanspruchung erhebliche Trägheitskräfte zur Folge hat, welche in der Fassung sicher aufgenommen werden müssen. Häufig gestaltet man die Fassung größerer Prismen deshalb so, daß das Optikteil bei Stößen elastisch ausweichen kann, jedoch anschließend sicher in seine Ausgangslage zurückfindet.

Beispiele für häufige prismatische Optikteile. Das an seiner Hypotenusenfläche totalreflektierende Halbwürfelprisma gelangt für die wohl am häufigsten gestellte Aufgabe einer 90°-Ablenkung zur Anwendung. **Bild 6.4.20** zeigt zwei Fassungsbeispiele, bei denen das Prisma durch rückbare Richtleisten und Klammerteile mit elastischer Beilage befestigt wird. Die kurzen Flächen der Leisten sind so gestaltet, daß eine definierte Anlage entsteht. Ausführung (b) ist zur Justierung in Langlöchern drehbar. Eine Befestigung des Prismas unmittelbar am Gestell (**Bild 6.4.21a**) ist möglich, wenn an diesem geeignete Flächen angearbeitet werden. Die innerhalb des Strahlengangs liegende totalreflektierende

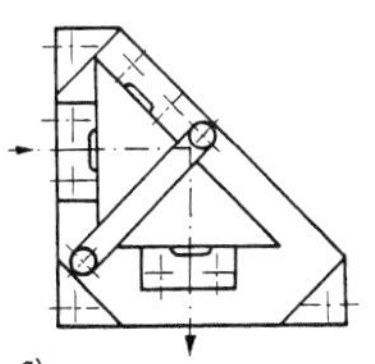

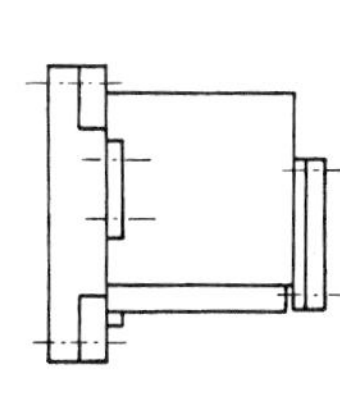

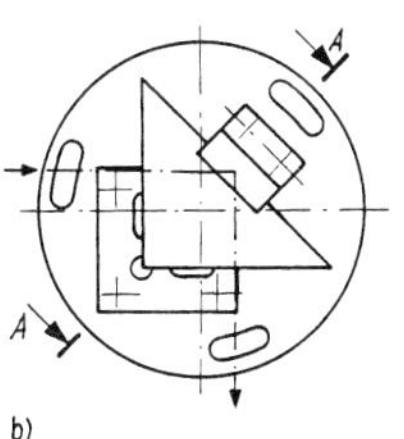

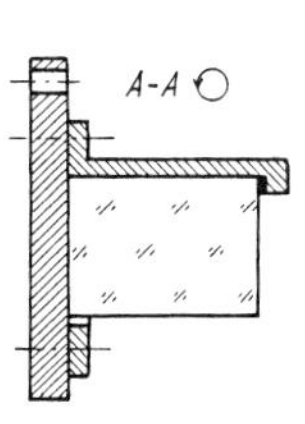

Bild 6.4.20
Fassungen für ein Halbwürfelprisma

Hypotenusenfläche muß am Gestell freigearbeitet sein. Konstruktiv am einfachsten ist eine geklebte Fassung (Bild 6.4.21b). Bei Prismen mit Kathetenlängen größer als etwa 15 mm wird nur noch ein Teil der Seitenfläche als Klebefläche benutzt, um Spannungen beim Aushärten zu vermeiden. Aus dem gleichen Grund werden Prismen grundsätzlich auch nur an *einer* Seite mit *einer* definiert klein gehaltenen Klebefläche angeklebt (s. auch Bild 6.4.33).

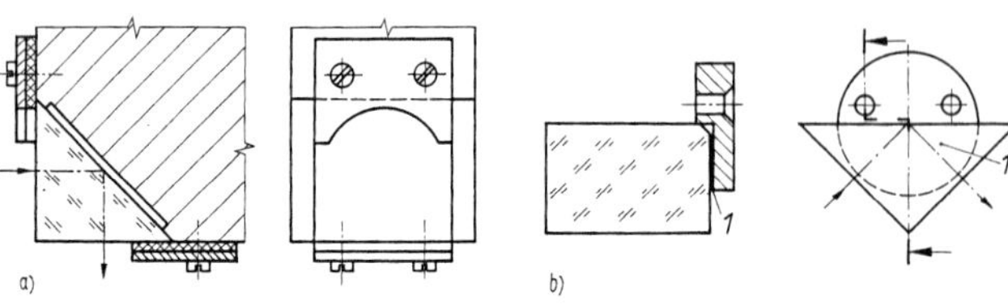

Bild 6.4.21
Fassungen für ein Halbwürfelprisma
1 Klebefläche

Ebenfalls der 90°-Ablenkung dienen Pentaprismen, deren großer Vorteil darin besteht, daß die Ablenkung invariant gegenüber Drehungen um Achsen senkrecht zum Hauptschnitt ist. Pentaprismen werden deshalb nicht justiert. Befestigungsbeispiele zeigt **Bild 6.4.22a, b** durch einfache Klammerteile aus Blech, mit elastischen Beilagen und Bild 6.4.22c in ähnlicher Weise wie für das Halbwürfelprisma. Zwischen der Befestigungsart bei a) und b) einerseits sowie bei c) und Bild 6.4.20 andererseits besteht ein grundsätzlicher Unterschied. Im Bild 6.4.22a, b werden die Klammerteile angerückt, evtl. mit einer definierten Kraft angedrückt und dann so befestigt, daß das Anziehen der Schrauben ohne Einfluß auf die am Prisma wirkenden Kräfte bleibt. In den Bildern 6.4.22c und 6.4.20 sind die Klammerteile und deren Befestigungsschrauben so ausgebildet und angeordnet, daß das Anziehen der Schrauben zu unterschiedlich großen Kräften auf das Prisma führt, und zwar abhängig von dem jeweiligen Toleranzzustand. Die beiden reflektierenden Flächen des Pentaprismas müssen verspiegelt und mit Schutzlack versehen sein.

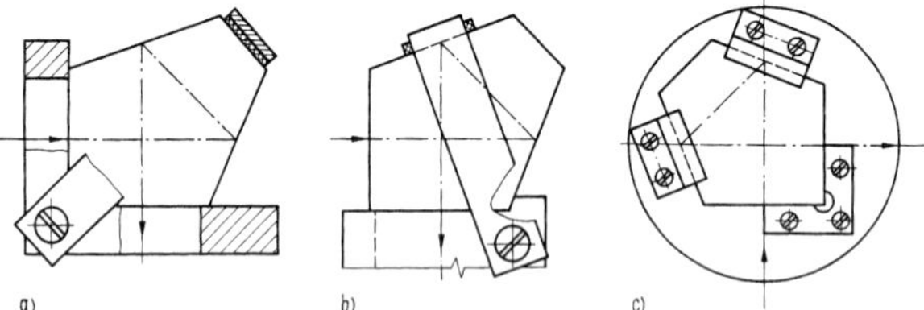

Bild 6.4.22 Fassungen für ein Pentaprisma

Schwierig und relativ aufwendig ist das Fassen von Dachkantprismen (**Bild 6.4.23**), da nur wenige nicht optisch wirksame Flächen vorhanden sind. Die seitliche Halterung (a) erfolgt durch eine am Deckel eingelegte Feder. Die außen an der totalreflektierenden Dachkante anliegende Bogenfeder gestattet über zwei Schrauben eine Justierung der 90°-Ablenkung. Das dazu notwendige Drehgelenk ist am Prisma angekittet und bildet mit dem Gehäuse ein spielfreies Gleitschneidenlager. Bei der nicht justierbaren Fassung (b) liegt das Prisma an vorschraubringähnlichen Teilen gefedert an.

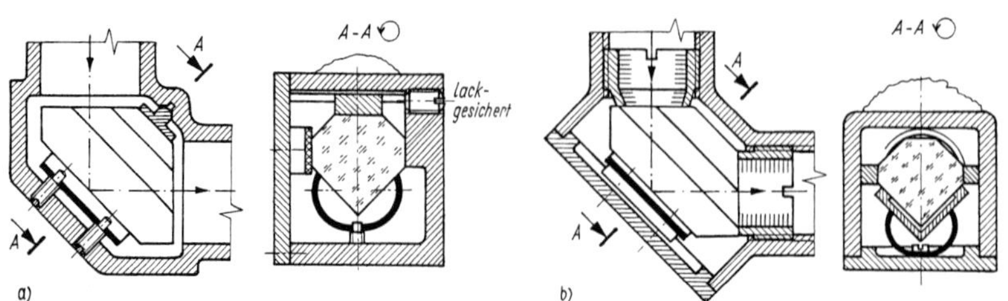

Bild 6.4.23
Fassungen für Dachkantprismen

Die kraft- und formschlüssige Befestigung eines Doveschen Wendeprismas (**Bild 6.4.24a**) erfolgt durch anstellbare federnde Lappen des Gestellteils und einen gegenüber der totalreflektierenden Fläche eingelegten Keil. Die Halterung der Porro-Prismen in Feldstechern (Bild 6.4.24b) wird häufig durch paßgerechte Auflage der zu diesem Zweck besonders gestalteten Hypotenusenfläche unter Zuhilfenahme einer eingerenkten federnden Brücke vorgenommen und durch Lack oder Kerben gesichert.

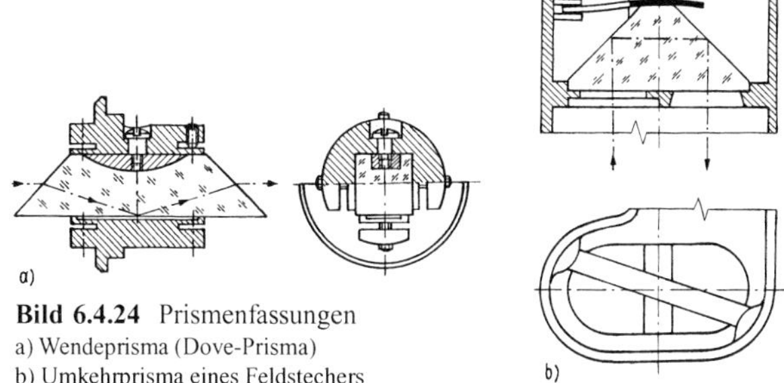

Bild 6.4.24 Prismenfassungen
a) Wendeprisma (Dove-Prisma)
b) Umkehrprisma eines Feldstechers

Mit Kleb- und Kittverbindungen wird i. allg. keine hohe Maßhaltigkeit erreicht. Durch geeignete Gestaltung von Fassung und Klebstellen können jedoch beim sog. *Maßkitten* extrem hohe Genauigkeitsansprüche erfüllt werden. Die Genauigkeit erzielt man durch den festen Kontakt vom Glas- am maßbestimmenden Formteil, während der Kitt oder Klebstoff lediglich den Zusammenhalt herstellt.
Bild 6.4.25a zeigt ein Flüssigkeitsprisma mit hohen Genauigkeitsforderungen an die Winkel und mit entsprechender Forderung an die Parallelität der Abschlußgläser (b). Bei a) werden die Winkel durch Fräsen der Fassungsgrundplatte, bei b) die Parallelität durch gemeinsame Bearbeitung des Maßes l der vorübergehend am Gestellteil angeklebten unteren Platte garantiert. Bild 6.4.25c veranschaulicht die Fassung einer Prismenkombination durch Zwischenschalten eines elastischen Bettungsmaterials (z. B. Kork) zentrisch in einem Rohr. Der Kitt an den vier Ecken sichert lediglich die axiale Lage. Die Fassungsart hält Deformationen des Rohres weitgehend vom Prisma fern.

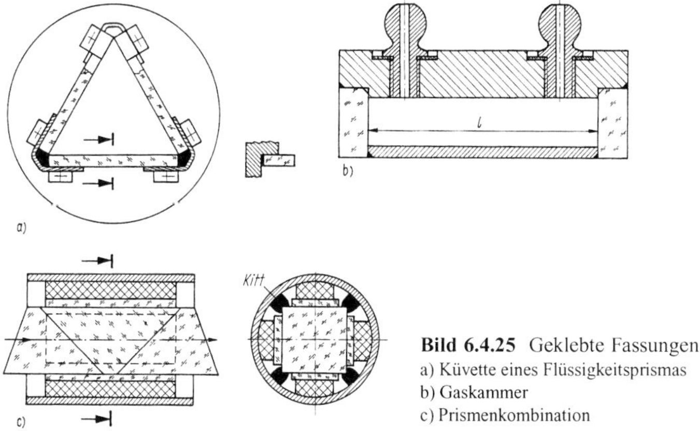

Bild 6.4.25 Geklebte Fassungen
a) Küvette eines Flüssigkeitsprismas
b) Gaskammer
c) Prismenkombination

Spannungsarme Fassungen sind wegen der Bruchgefahr besonders notwendig für größere Prismen bei stoßartiger Belastung und aus Gründen der optischen Abbildung, wenn Polarisations- oder Doppelbrechungserscheinungen vermieden werden müssen. Durch Absätze (**Bild 6.4.26a**) oder Nuten (Bild 6.4.26b) am Prisma lassen sich die durch das Befestigen im Glas hervorgerufenen Spannungen vom eigentlich wirksamen Teil des Prismas im wesentlichen fernhalten (s. auch Abschn. 4.2.3.4; Prinzip der kurzen direkten Kraftleitung).

Eine definiert spannungsarme Befestigung zeigt **Bild 6.4.27**. Das Prisma wird wie üblich in Formteilen gehalten, in einer Richtung jedoch durch eine evtl. sogar einstellbare definierte Kraft angedrückt. Bei Stößen weicht das Prisma gegen die Kraft der Feder um die justierbare Strecke Δl aus, ehe es zum harten Anschlag kommt, und findet danach in die Ausgangslage zurück.

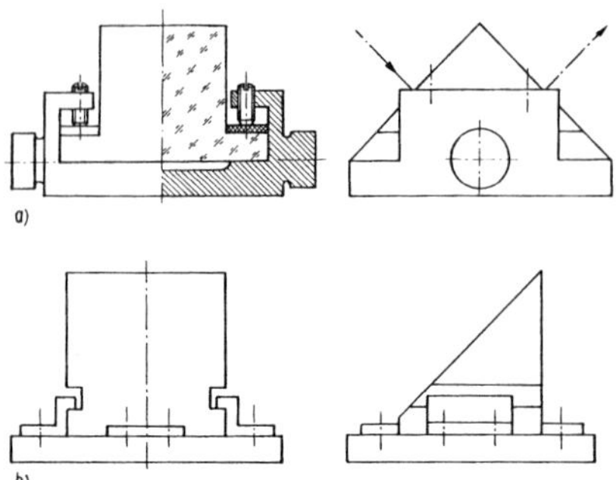

Bild 6.4.26 Spannungsarme Prismenfassungen

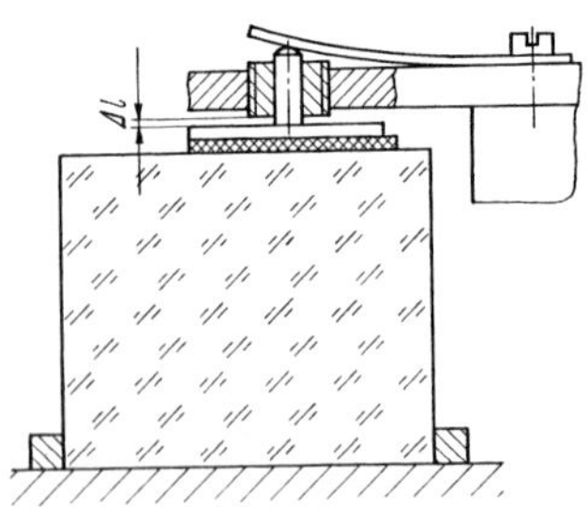

Bild 6.4.27 Spannungsarme Prismenfassung mit definierter Andruckkraft

6.4.2.4 Justieren von Fassungen

Optische Einrichtungen sind in der Regel aus mehreren optischen Einzelelementen und Teilsystemen zusammengesetzt, an deren gegenseitige Relativlage hohe Genauigkeitsforderungen gestellt werden, die fertigungstechnisch allein selten zu verwirklichen sind. Deshalb und auch aus Überlegungen zur Wirtschaftlichkeit muß man sowohl Einzelglieder als auch Teilsysteme häufig justieren. Die Justierung erfolgt einmalig während der Montage beim Hersteller, in einigen Fällen auch beim Gebrauch durch den Anwender. Sie muß unterschieden werden von den zum Arbeitsprinzip gehörenden Funktionsbewegungen in Form von Verschieben, Drehen oder Kippen, z. B. zur Scharfeinstellung, zum Anpassen an den Augenabstand oder zum Ändern eines Funktionsparameters.

Anforderungen. Eine Übersicht über häufig notwendige Justierbewegungen gibt **Tafel 6.4.13**. Selbstverständlich können in speziellen Fällen auch Justierungen erforderlich sein, die in der Tafel nicht markiert wurden.

Tafel 6.4.13 Übersicht über häufig notwendige Justierbewegungen

Bauelement	↕	↗	↔			
Einzellinsen			o			
Linsensysteme			x	o	o	
Planspiegel Spiegelprismen Planplatten			o	x	x	
Sphärische Spiegel	o	o		x	x	
Skalenträger	x	x				o

x meist unumgänglich
o je nach Genauigkeitsanforderung notwendig
—▷ Lichtrichtung

Als Zentrierung bezeichnet man Justierbewegungen in der x-y-Ebene.

Linsen und Linsensysteme werden zum überwiegenden Teil mit den in Tafel 6.4.11 aufgeführten Zentrierverfahren und durch Aufnahme in rohrförmige Teile hinreichend genau zentriert. Es verbleibt daher lediglich die Aufgabe, ihre gegenseitigen Luftabstände einzustellen bzw. die Scharfstellung auf eine abzubildende Objekt- oder Zwischenbildebene vorzunehmen. Zentrierungen in der x-y-Ebene sind erforderlich bei Skalenträgern, Strichmarken und Fadenkreuzen in optischen Systemen, die eine Richtung definieren, wie z. B. bei Kollimatoren, Zielfernrohren und Meßmikroskopen.

Bauelemente mit reflektierenden Flächen müssen wegen der bereits erwähnten Empfindlichkeit gegenüber Verkippen fast immer um zwei Achsen justiert werden.

An justierbare Fassungen werden folgende Forderungen gestellt:

- Zu bevorzugen sind solche Anordnungen, bei denen jeweils nur in einer Koordinate bzw. um eine Achse verstellt wird und das dabei erzielte Justierergebnis gleichzeitig beobachtet werden kann.

- Die Justierung muß genügend feinfühlig erfolgen, d. h., die von Hand etwa noch beherrschbare Größe von 1 mm Verstellweg ist so zu übersetzen, daß die je nach Genauigkeit geforderten Justierwege bzw. -winkel in der Größenordnung von Mikrometern oder Winkelsekunden sicher beherrscht werden.
- Die Justierbewegung soll frei von Spiel, Umkehrspanne und Stick-slip-Effekt sein. Für kleine Wege und Winkel sind deshalb Federgelenke zu bevorzugen.
- Die justierte Lage muß anschließend gesichert werden. Als Sicherung gelangen zur Anwendung:

- Stoffpaarungen durch Lack, Kitt oder Klebstoff;
- Kraftpaarungen durch Gewindestifte, Kontermuttern oder Sicherungsscheiben;
- Formpaarungen durch Verstiften.

Beispiele für justierbare Fassungen. Die Justierung von Linsen in *z*-Richtung wurde schon in den Bildern 6.4.14a und 6.4.17a erwähnt. Sie erfolgt durch Abstimmen, Schiebung oder Schraubung im Führungszylinder. **Bild 6.4.28** zeigt ein Ausführungsbeispiel für eine zentrierbare Teilkreisfassung durch Rücken, also ohne Verstellelemente, und anschließende Lacksicherung.

Die definierte Zentrierung eines Fadenkreuzes in den beiden radialen Richtungen *x* und *y* durch vier Gewindestifte nach **Bild 6.4.29** gewährleistet gleichzeitig die festen Anlagen in axialer Richtung. Zur bequemeren Justierung können zwei Gewindestifte durch federnde oder gefederte Elemente ersetzt werden. Die Sicherung gegen unbefugten Zugriff erfolgt durch die äußere Schutzhülse.

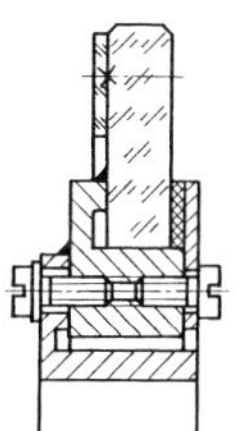

Bild 6.4.28 Fassung eines Teilkreises mit Zentrierungsmöglichkeit

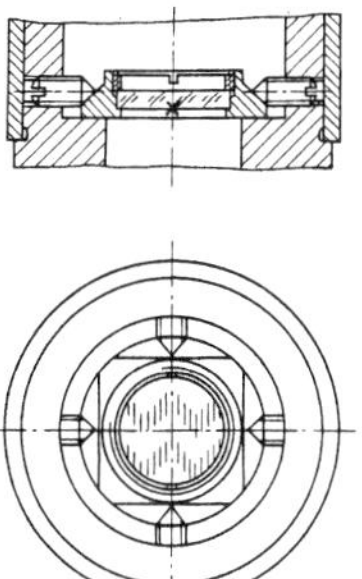

Bild 6.4.29 Fadenkreuzjustierung

Besonders raumsparend und gleichzeitig feinfühlig ist die Zentrierung mittels Doppelexzenters nach **Bild 6.4.30**. Dazu dient ein zwischen Linsenfassung und Aufnahmebohrung befindlicher exzentrischer Ring (schwarz gezeichnet). Ferner muß die Linse in der Fassung um den gleichen Betrag *e* exzentrisch liegen. Durch Verdrehen der Fassung in diesem Ring (O_2, z. B. um β) und gemeinsames Verdrehen beider in der Aufnahme (O_1, z. B. um α) kann die optische Achse O_3 in jeden Punkt der Kreisfläche mit dem Durchmesser 4*e* gebracht werden. Die Justierung erfordert einige Übung, da kein unmittelbarer Zusammenhang zwischen Justierbewegung (Drehung) und Justierziel (radialer Verschiebung) besteht.

Besonders einfache Anordnungen für Kippungen um eine bzw. zwei Achsen zeigt **Bild 6.4.31**. Dabei wird jedoch das Fassungsteil auf Biegung beansprucht, was zu Spannungen im darauf befestigten Optikteil führen kann. Auch die Schrauben werden deformiert; das kann man auch durch Beilegen

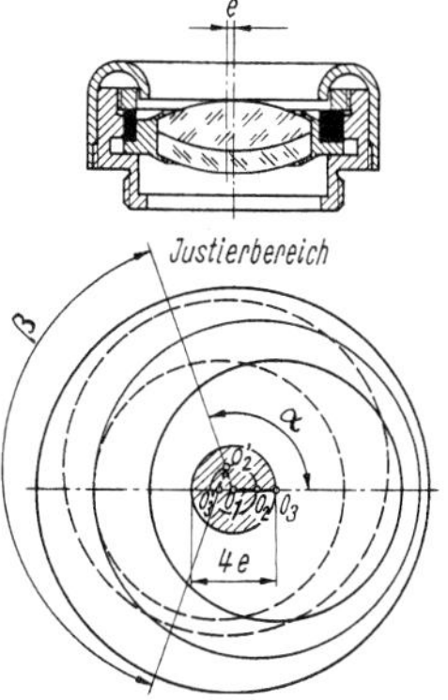

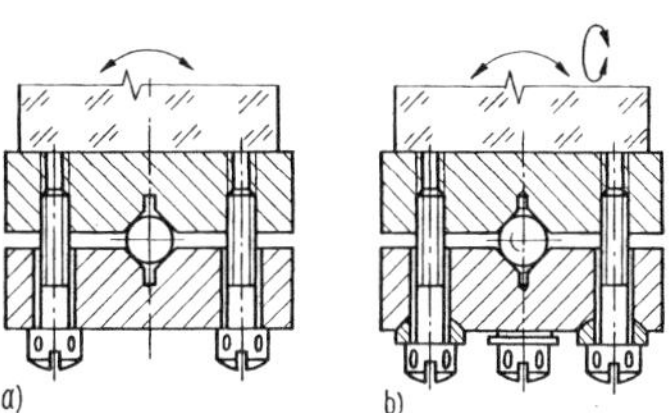

Bild 6.4.31 Justierbare Prismenstühle
a) um eine Achse durch eingelegten Zylinderstift
b) um zwei Achsen durch eingelegte Kugel

Bild 6.4.30 Objektivzentrierung durch Doppelexzenter

balliger Unterlegscheiben nicht völlig beseitigen. Bei größeren Abmessungen oder gefordertem Lichtdurchtritt durch die Fassung wird die geschilderte Anordnung flanschähnlich ausgebildet (**Bild 6.4.32**). Jeweils drei um 120° versetzte Zug-Druck-Systeme, bestehend aus nebeneinanderliegenden (a) oder koaxialen (b) Schrauben, gestatten die Kippung um zwei Achsen, wobei aber in beiden Fällen, besonders jedoch bei a), die entstehenden Biegespannungen im Rohrteil eine stabile Ausführung erfordern. Eine analoge Bauweise zur Justierung eines Prismas zeigt **Bild 6.4.33**.

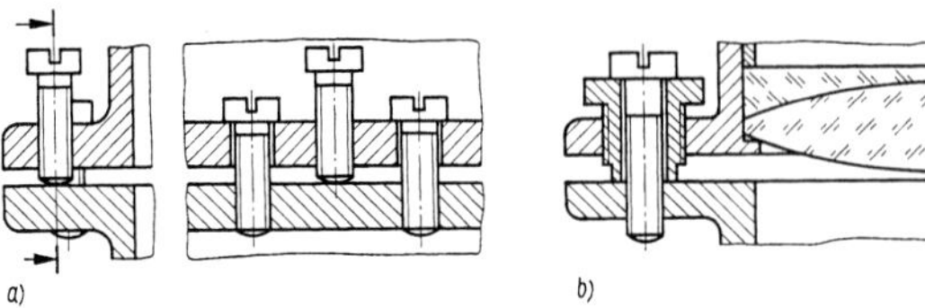

Bild 6.4.32 Flanschjustierung
a) durch drei um 120° versetzte Zug-Druck-Systeme aus je drei Schrauben
b) durch drei um 120° versetzte koaxiale Zug-Druck-Systeme

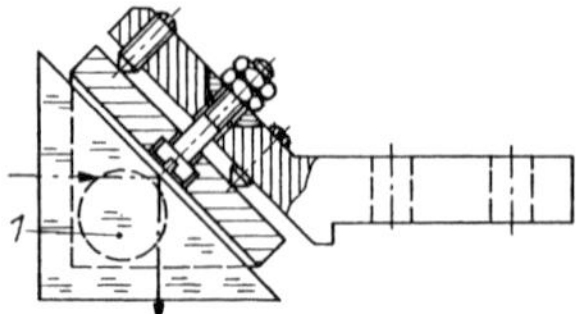

Bild 6.4.33 Allseitig kippbarer Prismenstuhl
1 Klebfläche

Die geschilderten Nachteile lassen sich gemäß **Bild 6.4.34** vermeiden, wenn ein koaxiales Zug-Druck-System mit zwei kugelförmigen Unterlegscheiben kombiniert wird, deren Mittelpunkte M zusammenfallen. Mit dieser Anordnung können Abstand und Kipplage beider Teile zueinander eingestellt werden, ohne Biegespannungen entstehen zu lassen. Die äußere Druckschraube ist geschlitzt ausgeführt, um das Gewindespiel zu beseitigen. Die Sicherung erfolgt zweckmäßig durch Lack.

Die gleiche Aufgabe – Kippung um zwei Achsen – erfüllt die raumsparende Justiereinrichtung nach **Bild 6.4.35**. Die jeweils um den Winkel α geschrägten Ringe gestatten durch gegenseitiges Verdrehen eine besonders feinfühlige Kippung des Trägerteils um Winkel von 0 bis 2α. Durch gemeinsames Drehen beider Ringe kann der Winkel jede azimutale Lage im Bereich bis 360° einnehmen. Die drei Befestigungsschrauben übernehmen die Sicherung, wobei wegen der großen freien Gewindelänge und des nachgiebigen unteren Deckelteils die Biegebeanspruchung der Schrauben klein bleibt.

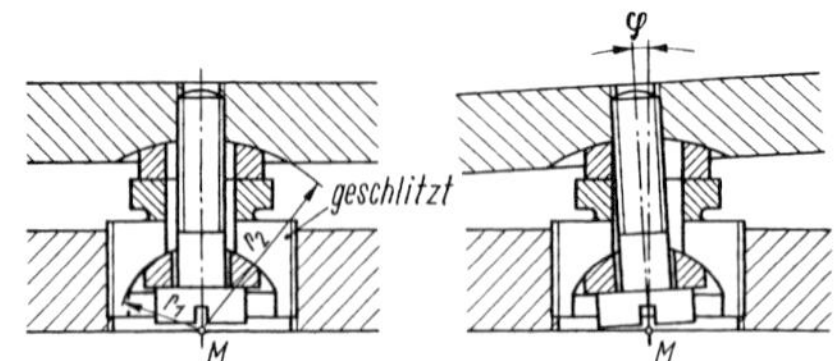

Bild 6.4.34 Spannungsfreies koaxiales Zug-Druck-System
r_1, r_2 Kugelradien der Unterlegscheiben
M Kugelmittelpunkt; φ Kippwinkel

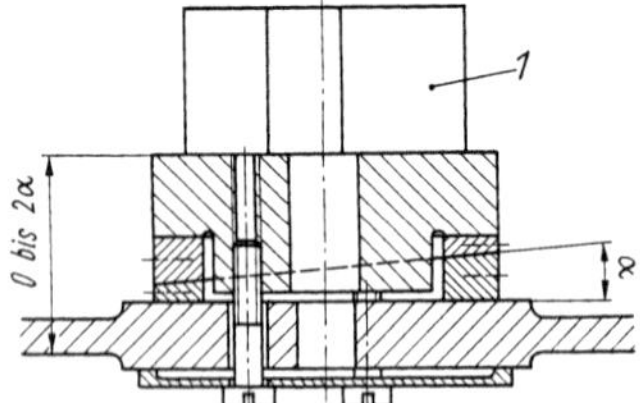

Bild 6.4.35 Justierung durch Keilringe
1 Prisma

Spiegelkippungen sollten so ausgebildet sein, daß für die beiden fast immer notwendigen Kippbewegungen voneinander konstruktiv getrennte Drehachsen zur Verfügung stehen (**Bild 6.4.36**). Bevorzugt werden spiel- und reibungsfreie Blattfedergelenke. Eine häufige Forderung besteht darin, daß beide Drehachsen in oder in der Nähe der spiegelnden Flächen liegen sollen, um die optische Weglänge beim Justieren nicht zu verändern (b).

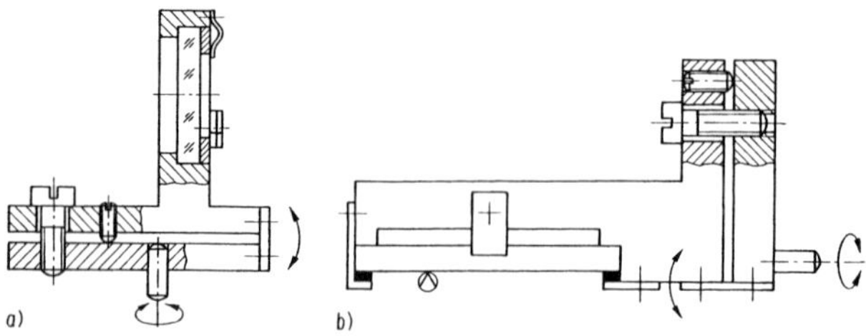

Bild 6.4.36 Justierung um zwei Achsen
a) Fassung einer Planparallelplatte
b) Spiegelfassung

Abschließend zeigt **Bild 6.4.37** eine allseitig justierbare Fassung für einen Glasmaßstab. Die gegen Federn arbeitenden Stellschrauben gestatten das Einstellen in allen sechs Freiheitsgraden.

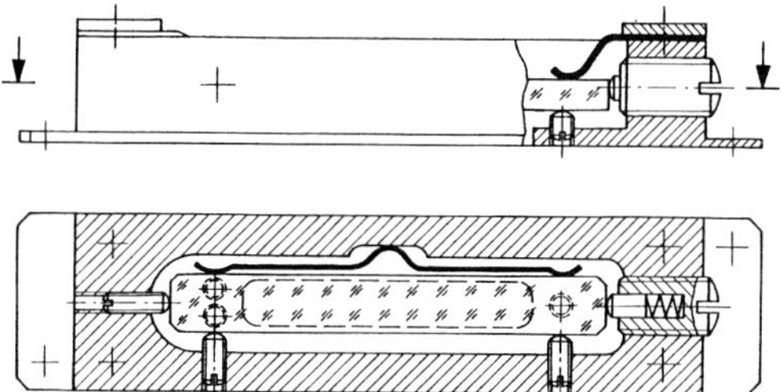

Bild 6.4.37 Justierung eines Maßstabs

Ausgewählte Normen zu Abschn. 6.4.2 s. Tafel 6.4.19.

6.4.3 Lichtquellen und Beleuchtungseinrichtungen

[6.4.1] [6.4.5] [6.4.8] [6.4.34] bis [6.4.38] (6.4.40]

Zeichen, Benennungen und Einheiten

A	Fläche in mm², cm², m²
AP	Austrittspupille
BF	Bildfeld
DF	Dingfeld
EP	Eintrittspupille
E_e	Bestrahlungsstärke in $W \cdot m^{-2}$
E_v	Beleuchtungsstärke in lx
H_e	Bestrahlung in $W \cdot s \cdot m^{-2}$
H_v	Belichtung in $lx \cdot s$
I_e	Strahlstärke in $W \cdot sr^{-1}$
I_v	Lichtstärke in cd
K_m	Maximalwert des spektralen fotometrischen Strahlungsäquivalents
L_e	Strahldichte in $W \cdot m^{-2} \cdot sr^{-1}$
L_v	Leuchtdichte in $cd \cdot m^{-2}$
M_e	spezifische Ausstrahlung in $W \cdot m^{-2}$
M_v	spezifische Lichtausstrahlung in $lm \cdot m^{-2}$
O	optischer Nutzeffekt
ÖB	Öffnungsblende
P	Leistung in W
Q_e	Strahlungsmenge in $W \cdot s$
Q_v	Lichtmenge in $lm \cdot h$
$V(\lambda)$	spektraler Hellempfindlichkeitsgrad für Tagessehen
$V'(\lambda)$	spektraler Hellempfindlichkeitsgrad für Nachtsehen
W	visueller Nutzeffekt der Gesamtstrahlung
W_s	visueller Nutzeffekt der sichtbaren Strahlung
a	Darstellungsmaßstab der gemessenen Lichtstärke in $cd \cdot cm^{-1}$
l	Abstand der Feldblende von der Pupille in m
r	Radius in mm, cm, m
t	Zeit in s
Λ	Lichtleitwert bzw. geometrischer Strahlenfluß in m²
Φ_e	Strahlungsfluß in W
Φ_v	Lichtstrom in lm
Ω	Raumwinkel in sr
Ω_0	Raumwinkeleinheit (= 1 sr)
ε_1	Ausstrahlungswinkel in Grad
ε_2	Einstrahlungswinkel in Grad
σ	Achswinkel in Grad
λ	Wellenlänge
η_e	Strahlungsausbeute in $W \cdot W^{-1}$
η_v	Lichtausbeute in $lm \cdot W^{-1}$

Indizes

K	Kondensor
N	Nutzen
R	Rest
S	Spiegel
e	strahlungsphysikalische Größe
i	laufender Index
v	lichttechnische Größe

6.4.3.1 Strahlungsübertragung in optischen Systemen

In optischen Geräten wird allgemein Strahlungsenergie von der Strahlungsquelle zum Empfänger übertragen. Damit verbunden werden Informationen, meist in Form von „Bildern", dem Empfänger zugeführt. Bei der Übertragung sind vor allem die geometrischen und physikalischen Gegebenheiten bzw. Eigenschaften der Strahlungsquelle, der Übertragungsglieder und des Empfängers zu beachten.

Als **Strahlungsquelle** können dienen

- Primärstrahler, z. B. Sonne, Sterne, Lampen aller Typen (Glühlampen, Spektrallampen usw.), Laser, Licht emittierende Dioden (LED)
- Sekundärstrahler (alle nicht selbstleuchtenden, durch Sonne oder Lampen beleuchteten Gegenstände).

Als **Übertragungsglieder** (Übertragungsmedium) wirken z. B.

- die atmosphärische Luft
- alle optischen Bauelemente, wie Linsen, Prismen, Spiegel, Filter, Fasern usw.
- optische Geräte als Folge von Bauelementen (Mikroskop, Fernrohr, Projektor, Interferometer usw.).

Als **Empfänger** dienen

- das menschliche Auge [6.4.1] (physiologischer Empfänger)
- lichtelektrische Empfänger, wie Fotoelemente, Fotodioden, Fotowiderstände, Sekundärelektronenvervielfacher (SEV), Bolometer usw.
- chemooptische Empfänger, wie Silberhalogenidschichten (Fotoplatten, Filme), Fotolacke usw.

Von den geometrischen Gegebenheiten bei der Strahlungsübertragung sind besonders zu beachten:

- die Leuchtkörperform (z. B. Wendel), der von der Lichtquelle mit Strahlungsenergie ausgefüllte Raumwinkel und deren Verteilung
- die Wandlung des durch das Gerät aufgenommenen, mit Strahlung erfüllten Raumwinkels
- die Flächengröße und -form sowie der aufnehmbare Raumwinkel der Empfängereinrichtung.

Die wichtigsten physikalischen Eigenschaften einer von der Quelle kommenden Strahlung sind Strahlungsfluß, spektrale Verteilung der Strahlung, Kohärenzgrad, Polarisationsgrad usw.

Durch die Übertragungselemente tritt infolge Absorption eine Minderung des Strahlungsflusses auf. Durch selektive Absorption und Reflexion (der Gläser, Spiegel und Filter) wird die spektrale Zusammensetzung oft stark verändert. Aufgrund der Dispersion entstehen unterschiedliche Phasenänderungen für einzelne spektrale Gebiete in verschiedenen Medien in Abhängigkeit von der Weglänge. Gleichfalls kann sich der Polarisationszustand des Lichts beim Durchlauf durch bestimmte Medien ändern. Die Beugung an den Blendenrändern bewirkt einen veränderten Verlauf von Strahlungsanteilen im Gerät. Wesentlich sind des weiteren die physikalischen Eigenschaften der Empfängerbauteile. Von Interesse ist ihre Empfindlichkeit allgemein und vor allem auch ihre spektrale Empfindlichkeit. Hinzu kommen noch besondere empfängertypische Effekte, z. B. beim Auge physiologisch-optische Effekte bzw. Gesetze, wie das Talbotsche Gesetz, das Weber-Fechnersche Gesetz, die Stiles-Crawford-Effekte und er Purkyně-Effekt [6.4.1].

Die kurze Übersicht zeigt, daß bei der konstruktiven Festlegung einer Beleuchtungseinrichtung für ein Gerät der gesamte Strahlenverlauf in seiner Vielschichtigkeit bis hin zur Empfängereinrichtung beachtet werden muß. Dabei ist immer eine prinzipielle Entscheidung zu treffen:

- Erfolgen die Beobachtungen mit strahlungsphysikalischen Meßeinrichtungen, dann hat die Bewertung leistungsmäßig (in Watt) zu erfolgen.
- Erfolgen die Beobachtungen mit dem Auge, also visuell, dann ist das Bewerten nach den lichttechnischen Größen und Einheiten vorzunehmen. Werden zum Objektivieren der Messungen fotoelektrische Einrichtungen benutzt, dann muß man die Bewertung entsprechend dem spektralen Hellempfindlichkeitsgrad $V(\lambda)$ für Tagessehen vornehmen (**Bild 6.4.38**).

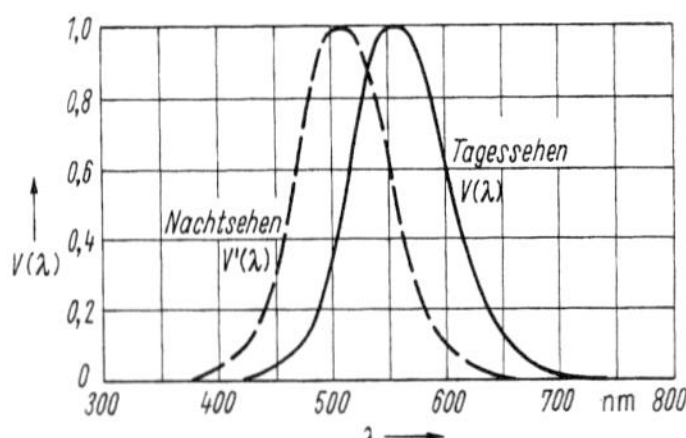

Bild 6.4.38 Kurven des spektralen Hellempfindlichkeitsgrads $V(\lambda)$

6.4.3.2 Strahlungsphysikalische und lichttechnische Begriffe und Einheiten

Bei strahlungsphysikalischen und lichttechnischen Größen wird allgemein die Gesamtstrahlung über den ganzen Spektralbereich – bei lichttechnischen Größen $V(\lambda)$-getreu – bewertet [6.4.1] [6.4.4] [6.4.6].

Die Strahlung breitet sich im Raum aus; die wichtigste geometrische Größe für eine Berechnung ist deshalb der Raumwinkel (Einheit: Steradiant sr bzw. $\Omega_0 = 1$ sr). Nach **Bild 6.4.39** gilt

$$\Omega = (A/r^2)\,\Omega_0 \,. \qquad (6.4.5)$$

Grundlegende Beziehung ist das fotometrische Grundgesetz

$$\mathrm{d}^2\Phi_\mathrm{e} = L_\mathrm{e}\,\frac{\mathrm{d}A_1\cos\varepsilon_1\,\mathrm{d}A_2\cos\varepsilon_2}{r^2}\,\Omega_0 \,. \qquad (6.4.6)$$

Die Flächenelemente $\mathrm{d}A_1$ und $\mathrm{d}A_2$ liegen beliebig im Raum. Die Winkel ε_1 *und* ε_2 werden durch die jeweilige Flächennormale und die Verbindungsgerade der Flächenelemente im Abstand r (**Bild 6.4.40**) dargestellt.

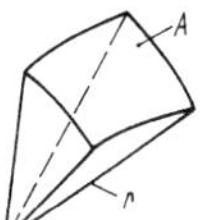

Bild 6.4.39
Zum Begriff des Raumwinkels
A Fläche; *r* Radius

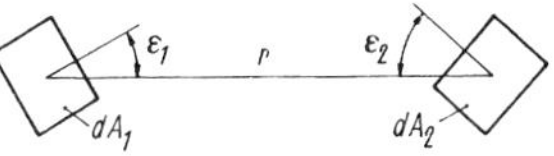

Bild 6.4.40 Zur Strahlungsausbreitung entsprechend fotometrischem Grundgesetz

Ausgewählte Normen zur Strahlungsphysik und Lichttechnik (**Tafeln 6.4.14** und **6.4.15**) s. Tafel 6.4.19.

Tafel 6.4.14 Strahlungsphysikalische Größen (DIN 5031 T 1)

Größe	Zeichen	Beziehung	Vereinfachte Beziehung[1]	Einheit
Strahlungsmenge	Q_e	-	-	W · s
Strahlungsfluß	Φ_e	$\Phi_\mathrm{e} = \frac{\mathrm{d}Q_\mathrm{e}}{\mathrm{d}t}$	$\Phi_\mathrm{e} = \frac{Q_\mathrm{e}}{t}$	W
Strahlstärke	I_e	$I_\mathrm{e} = \frac{\mathrm{d}\Phi_\mathrm{e}}{\mathrm{d}\Omega}$	$I_\mathrm{e} = \frac{\Phi_\mathrm{e}}{\Omega}$	$\mathrm{W \cdot sr^{-1}}$
Spezifische Ausstrahlung	M_e	$M_\mathrm{e} = \frac{\mathrm{d}\Phi_\mathrm{e}}{\mathrm{d}A}$	$M_\mathrm{e} = \frac{\Phi_\mathrm{e}}{A}$	$\mathrm{W \cdot m^{-2}}$
Strahldichte	L_e	$L_\mathrm{e} = \frac{\mathrm{d}^2\Phi_\mathrm{e}}{\cos\varepsilon\,\mathrm{d}A\,\mathrm{d}\Omega}$	$L_\mathrm{e} = \frac{\Phi_\mathrm{e}}{\cos\varepsilon\,A\,\Omega}$	$\mathrm{W \cdot m^{-2} \cdot sr^{-1}}$
Bestrahlungsstärke	E_e	$E_\mathrm{e} = \frac{\mathrm{d}\Phi_\mathrm{e}}{\mathrm{d}A}$	$E_\mathrm{e} = \frac{\Phi_\mathrm{e}}{A}$	$\mathrm{W \cdot m^{-2}}$
Bestrahlung	H_e	$H_\mathrm{e} = \int E_\mathrm{e}\mathrm{d}t$	$H_\mathrm{e} = E_\mathrm{e}t$	$\mathrm{W \cdot s \cdot m^{-2}}$
Strahlungsausbeute	η_e	$\eta_\mathrm{e} = \frac{\Phi_\mathrm{e}^{1)}}{P^{2)}}$	-	$\mathrm{W \cdot W^{-1}}$

[1] Die vereinfachte Beziehung gilt nur dann, wenn der Strahlungsfluß zeitlich konstant und in dem betrachteten Querschnitt bzw. Raumwinkel gleichmäßig verteilt ist, sonst gilt sie für den arithmetischen Mittelwert.
[2] *P* ist Leistung, die zum Erzeugen des Strahlungsflusses benötigt wird.

Für das Bewerten einer Strahlung werden noch folgende Nutzeffekte angewendet (DIN 5031 T 4):

- *Optischer Nutzeffekt O einer Strahlung* (Quotient aus dem sichtbaren Gebiet ausgesandten und dem gesamten Strahlungsfluß);

- *visueller Nutzeffekt der Gesamtstrahlung W* (Quotient aus dem gemäß $V(\lambda)$ gewichteten und dem gesamten Strahlungsfluß);
- *visueller Nutzeffekt der sichtbaren Strahlung* W_s (Quotient aus dem gemäß $V(\lambda)$ gewichteten und dem Strahlungsfluß im sichtbaren Gebiet (380 bis 780 nm).

Tafel 6.4.15 Lichttechnische Größen (DIN 5031 T 3)

Größe	Zeichen	Beziehung	Vereinfachte Beziehung[1]	Einheit
Lichtstrom	Φ_v	$\Phi_v = K_m \int \Phi_{e\lambda} V(\lambda) d\lambda$ [2]	-	Lumen $lm = cd \cdot sr$
Lichtmenge	Q_v	$Q_v = \int \Phi_v dt$	$Q_v = \Phi_v t$	Lumenstunde $lm \cdot h$
Leuchtdichte	L_v	$L_v = \frac{d^2\Phi_v}{\cos\varepsilon \, dA \, d\Omega}$	$L_v = \frac{\Phi_v}{\cos\varepsilon \, A \, \Omega}$	$cd \cdot m^{-2}$
Lichtstärke	I_v	$I_v = \frac{d\Phi_v}{d\Omega}$	$I_v = \frac{\Phi_v}{\Omega}$	Candela cd
Spezifische Lichtausstrahlung	M_v	$M_v = \frac{d\Phi_v}{dA}$	$M_v = \frac{\Phi_v}{A}$	$lm \cdot m^{-2}$
Beleuchtungsstärke	E_v	$E_v = \frac{d\Phi_v}{dA}$	$E_v = \frac{\Phi_v}{A}$	Lux $lx = lm \cdot m^{-2}$
Belichtung	H_v	$H_v = \int E_v dt$	$H_v = E_v t$	$lx \cdot s$
Lichtausbeute	η_v	$\eta_v = \frac{\Phi_v}{P}$	-	$lm \cdot W^{-1}$

[1] s. Fußnote [1] in Tafel 6.4.14.
[2] K_m ist der Maximalwert des spektralen fotometrischen Strahlungsäquivalents. Es gilt $K_m = 683 \, lm \cdot W^{-1}$.

6.4.3.3 Hinweise zur Gestaltung und Bewertung von Beleuchtungseinrichtungen

Für das exakte lichttechnische Berechnen der Beleuchtungseinrichtung eines Geräts müssen gemäß Abschn. 6.4.3.1 eine Anzahl geometrischer und physikalischer Parameter beachtet werden. Wie in [6.4.34] gezeigt, gestaltet sich die lichttechnische Berechnung eines gewöhnlichen Gerätestrahlengangs bei größeren Öffnungen der Systeme und größeren Bildwinkeln außerordentlich kompliziert. Aus diesem Grund werden solche Berechnungen nur bei Spezialgeräten durchgeführt. Für das Bewerten einer Gerätekonstruktion reicht oft eine überschlägliche Berechnung unter vereinfachten Annahmen aus. Nachfolgende Betrachtungen gelten für den paraxialen Raum zentrierter optischer Systeme unter Voraussetzung kleiner Bildwinkel und einer als Lambert-Strahler wirkenden Lichtquelle [6.4.1] [6.4.34] [6.4.35] [6.4.37].

Bild 6.4.41 stellt den Strahlengang bei der optischen Abbildung durch ein Linsensystem (z. B. des Kondensors einer Beleuchtungseinrichtung) mit den dazugehörigen Blenden bzw. Pupillen stark vereinfacht dar.

Bei einer optimalen Lichtführung in einem Gerät muß erreicht werden, daß bei der vorliegenden Folge von Blenden, an denen sich sammelnde Systemglieder befinden, stets die vorhergehende Blen-

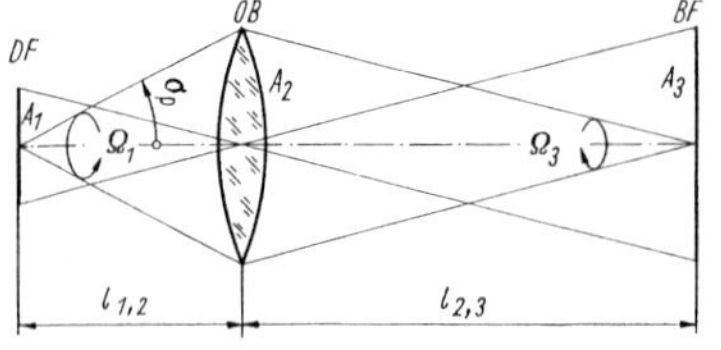

Bild 6.4.41 Strahlengang bei der optischen Abbildung
DF Dingfeld ≙ Lichtquelle; *BF* Bildfeld ≙ Lichtquellenbild; *ÖB* Öffnungsblende (ihre Bilder, bezogen auf das System, sind die Eintrittspupille *EP* und die Austrittspupille *AP*, im Bild zur Vereinfachung mit *ÖB* zusammenfallend gezeichnet, Linsenrand ≙ Blende); $l_{1,2}$ Abstand von *DF* zur *EP*; $l_{2,3}$ Abstand von *AP* zum *BF*; A_1 Dingfeldfläche; A_2 Öffnungsblende bzw. Pupillenfläche; A_3 Bildfeldfläche; σ_p Aperturwinkel; Ω Raumwinkel

de auf die nachfolgende scharf und in gleicher Größe abgebildet wird. Es ist dann ein sog. vollständiges optisches Instrument [6.4.35] verwirklicht. Der durch das Instrument hindurchgehende Lichtstrom ist das Produkt aus der Leuchtdichte der als Dingfeld wirkenden leuchtenden Glühkörperfläche (z. B. Wendel) der Lampe und dem Lichtleitwert Λ (Λ bezeichnet man oft auch als geometrischen Strahlenfluß):

$$\Phi = L\Lambda \,. \tag{6.4.7}$$

Für ein „vollständiges optisches Instrument" ist der Lichtleitwert Λ konstant bis hin zur letzten Blendenfolge, wenn die Reflexions- und Absorptionsverluste an den Bauelementen vernachlässigt werden. Es gilt (Bild 6.4.41):

$$\Lambda = \frac{A_1 A_2}{l_{1,2}^2} = \frac{A_2 A_3}{l_{2,3}^2} = \ldots = \frac{A_{i-1} A_i}{l_{i-1,i}^2} = \text{konst.} \tag{6.4.8}$$

Daraus ergibt sich das Abbesche Theorem [6.4.35], daß die Leuchtdichte im gesamten Strahlengang invariant ist. Bei bekannter Leuchtdichte lassen sich dann für ein vorgegebenes Gerät unter Beachtung der auftretenden Reflexions- und Absorptionsverluste die Beleuchtungsstärke oder andere interessierende Größen am Bildort überschläglich bestimmen.

Die Lichtstärkeverteilungskurve einer Lampe kann verhältnismäßig leicht durch Messungen ermittelt werden. Daraus ergibt sich eine relativ einfache Methode zum Bewerten von Beleuchtungseinrichtungen für optische Geräte. Mit dem Rousseau-Verfahren kann man aus der Lichtstärkeverteilungskurve (**Bild 6.4.42**) den von einer Lichtquelle ausgesandten Gesamtlichtstrom nach der Beziehung

$$\Phi = (2\,\pi/r)\,aA \tag{6.4.9}$$

ermitteln.

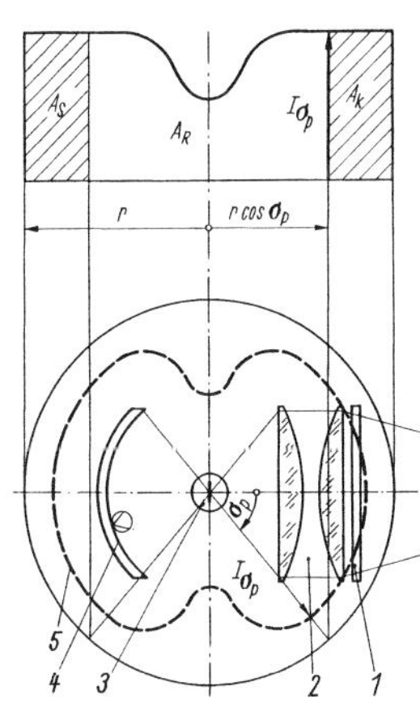

Bild 6.4.42 Beispiel für die Anwendung des Rousseau-Verfahrens: Beleuchtungssystem eines Diaprojektors
1 Dia; *2* Kondensor; *3* Lampe; *4* Spiegel; *5* Lichtstärkeverteilungskurve

Die Lichtstärkeverteilungskurve wird mit dem Polardiagramm in ein rechtwinkliges Koordinatensystem umgewandelt. Die $r \cos \sigma$-Teilung gewinnt man durch Übertragen des Polardiagramms auf die Nullachse des neuen Koordinatensystems. Das Diagramm ist grundsätzlich so anzulegen, daß die $r \cos \sigma$-Achse mit der optischen Achse identisch ist, unter der Voraussetung, daß die Kurve in allen Meridianschnitten zur optischen Achse annähernd gleich verläuft. In Gl. (6.4.9) stellen r den Radius des Polardiagramms in cm, a den Darstellungsmaßstab der gemessenen Lichtstärke in $\text{cd} \cdot \text{cm}^{-1}$ und $A = A_K + A_R + A_S$ die Gesamtfläche unter der neu entstandenen Kurven in cm^2 dar.

Befinden sich, wie im Bild 6.4.42 angedeutet, der Kondensor und der Beleuchtungsspiegel zentriert zur Lampenwendel, dann ist die Fläche

$$A_N = A_K + A_S \tag{6.4.10}$$

proportional dem vom Gerät aufgenommenen Nutzlichtstrom. Die Restfläche A_R ist proportional dem im Gerätegehäuse „verheizten" Lichtstrom. Daraus ist deutlich erkennbar, daß im Interesse eines guten Wirkungsgrads der Beleuchtungseinrichtung der Flächenteil A_N möglichst groß sein soll. Dies ist gleichbedeutend mit dem Ziel, einen möglichst großen Beleuchtungsaperturwinkel σ_p zu nutzen.

Bei Laserlicht sind die besonderen geometrischen Eigenschaften der Strahlung beim Entwurf von Beleuchtungseinrichtungen zu beachten [6.4.6] [6.4.36].

6.4.3.4 Lichtquellen und Lampen

Lichtquellen sind allgemein Sender elektromagnetischer Strahlung im sichtbaren Spektralgebiet. Unter Lampen versteht man die technischen Ausführungsformen von künstlichen Lichtquellen, die in erster Linie zur Lichterzeugung bestimmt sind. Im optischen Gerätebau dienen neben Tageslicht (Sonne) fast ausschließlich elektrische Lampen (Glühlampen, Entladungslampen) sowie neuerdings Leuchtdioden (LED) und Laser zum Beleuchten der Objekte (s. Abschn. 6.5) [6.4.4].

Die wichtigsten Kennwerte für elektrische Lampen sind in Normen festgelegt (s. Tafel 6.4.19).

Nachfolgend ist eine Auswahl der wichtigsten Lampentypen, die im optischen Gerätebau Anwendung finden, aufgeführt:

Zwerglampen O, Kugelform (**Bild 6.4.43, Tafel 6.4.16a**); Anwendung zur Beleuchtung, z. B. Skalenbeleuchtung in Geräten, wenn keine besonderen Ansprüche an die Zentrierung zur optischen Achse gestellt werden, Brennstellung beliebig.

Tafel 6.4.16 Kennwerte elektrischer Lampen [6.4.40]

a) Zwerglampen O, Kugelform

Spannung	Stromstärke	Leistungs-aufnahme	Abmessungen in mm		Lampen-sockel	Lebensdauer
V	A	W	d	l		h
2,5	0,2	-	6,5	15	E 5/8	6
3,5	0,4	-	15,5	28	E 10/13	100
4	0,3	-	15,5	28	E 10/13	100
4	0,4	-	15,5	24	E 10/13	100
4	-	2,7	15,5	28	E 10/13	100
6	-	1,8	15,5	29	E 10/137	100
6	-	2,1	15,5	28	E 10/13	100
6	-	2,7	15,5	29	E 10/137	100
6	-	3	15,5	29	E 10/137	100

b) Halogenlampen

Spannung	V	12	12	24	24
Leistung	W	50	100	150	250
Lichtstrom	lm	1400	2900	4700	8500
Mittlere Lebensdauer	h	50	50	50	50
Leuchtkörperabmessungen $b \times h$	mm	3,3 x 1,9	4,2 x 2,3	5,8 x 3,2	7,0 x 3,6
Durchmesser d_{max}	mm	12	12	14	14
Gesamtlänge l_{max}	mm	44	44	50	55
Lichtschwerpunktabstand e_1	mm	30	30	$e_2 = 32$	33
Sockel		G 6.35-15	GY 6.35-15	G 6.35-15	G 6.35-15
Brennstellung (senkrecht ± Grad)		S 90	S 105	S 105	S 90

Lichtwurflampe mit Zentrierstück (6 V, 5 W, **Bild 6.4.44**); Ausführung mit Kolben farblos klar oder Kolben außen matt, Lebensdauer etwa 100 h, Lichtstrom 50 lm, Leuchtkörperabmessungen 1,6 mm x 0,7 mm, Brennstellung beliebig; Anwendung für Skalenbeleuchtungen und Ablesemikroskope mit Hellfeldbeleuchtung.

Lichtwurflampe T mit Zentriersockel (6 V, 15 W; **Bild 6.4.45**); Ausführungen mit Kolben farblos klar oder Kolben außen matt, Lebensdauer etwa 100 h, Lichtstrom 220 lm. Leuchtkörperabmessungen: Flachwendel 1,8 mm x 2 mm, Brennstellung hängend ± 105°; Anwendung für Objektbeleuchtung bei Mikroskopen, opthalmologischen Geräten usw.

Lichtwurflampe S, Halogenlampe (**Bild 6.4.46,** Tafel 6.4.16b); Anwendung für Diaprojektoren, Schmalfilmprojektoren, Schreibprojektoren und wissenschaftlichen Gerätebau.

Die angegebenen mittleren Lebensdauer- und Lichtstromwerte gelten beim Einhalten des Nennwerts der Spannung. Werden die Lampen mit höherer Spannung betrieben, dann erhöht sich der abgestrahlte Lichtstrom, wobei aber, wie **Bild 6.4.47** zeigt, die Lebensdauer sinkt.

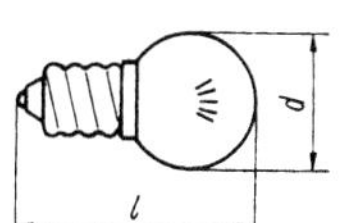

Bild 6.4.43 Zwerglampe, Grundform

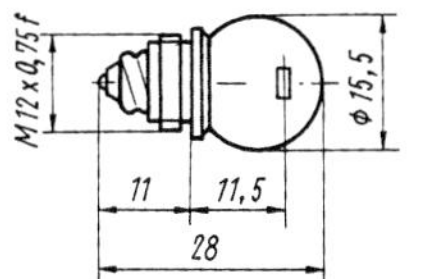

Bild 6.4.44 Lichtwurflampe mit Zentrierstück (Maße in mm)

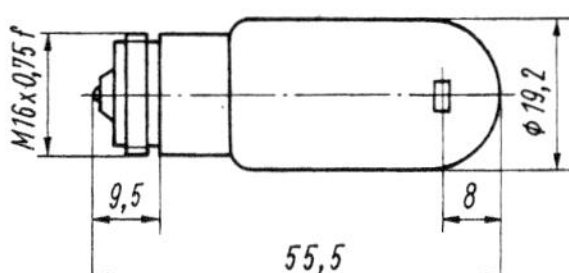

Bild 6.4.45 Lichtwurflampe mit Zentriersockel (Maße in mm)

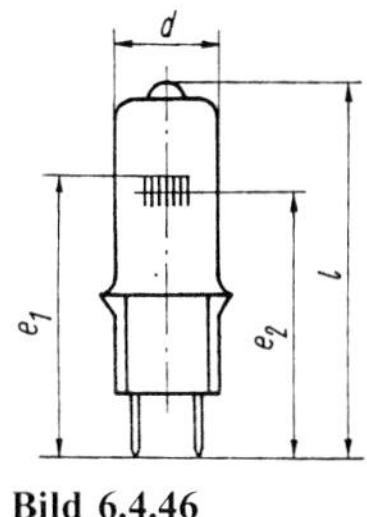

Bild 6.4.46 Halogenlampe

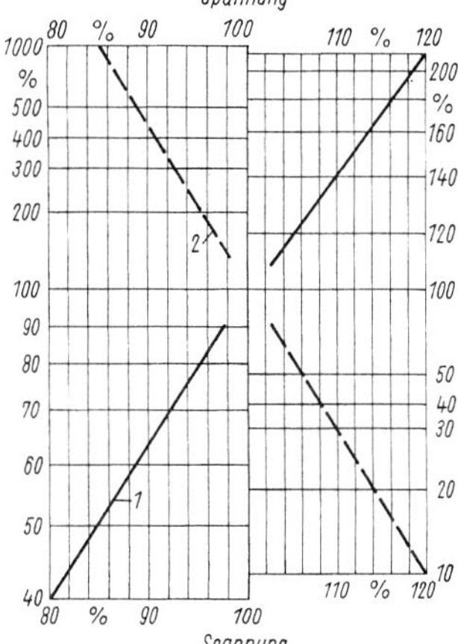

Bild 6.4.47 Lichtstrom (*1*) und Lebensdauer (*2*) einer Glühlampe in Abhängigkeit von der Betriebsspannung

Beispiele:

1. Betriebsspannung 94 %, Lebensdauer etwa 250 %, Lichtstrom etwa 75 %
2. Betriebsspannung 106 %, Lebensdauer etwa 50 %, Lichtstrom etwa 125 %

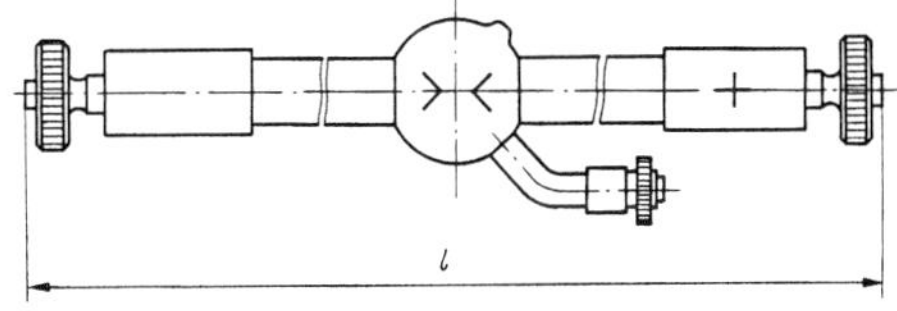

Bild 6.4.48 Xenonlampe

Xenonlampen (**Bild 6.4.48**) sind Gasentladungslampen, deren spektrale Energieverteilung im sichtbaren Gebiet weitgehend der des Tageslichts entspricht. Sie haben durch ein kugelförmiges Entladungsgefäß ein nahezu punktförmiges Leuchtfeld mit sehr hoher Leuchtdichte. Anwendung finden sie als intensive Lichtquellen in der Metallmikrofotografie, bei Projektionsgeräten oder bei medizinischen Geräten usw. Die Brennlage ist stehend, die zulässige Lageabweichung beträgt ± 15°. Die Lampen haben einen relativ hohen Innendruck. Aus diesem Grund dürfen sie nur in einem Schutzgehäuse betrieben werden. Es gelten für die verschiedenen Lampentypen unterschiedliche Einbaubedingungen, die zu beachten sind.

Spektrallampen sind Entladungslampen. Anwendungsgebiete sind die Spektroskopie, die Interferometrie, die Strahlungsphysik und vor allem die analytische Chemie. Die Lampen sind mit passenden Vorschaltgeräten zu betreiben.

6.4.3.5 Beleuchtungseinrichtungen in Geräten

Die Anforderungen an Beleuchtungseinrichtungen in Geräten sind sehr vielschichtig. Neben einer geforderten Beleuchtungsstärke kommt es allgemein auf ihre möglichst gleichmäßige Verteilung im entsprechenden Feld an. Oft muß die Möglichkeit gegeben sein, die Beleuchtungsstärke im Feld kontinuierlich zu verändern. Gefordert wird häufig auch eine entsprechende spektrale Verteilung. Diese kann durch den Einbau von Filtern weitgehend beeinflußt werden (z. B. Grünfilter bei Meßgeräten). Sehr wesentlich ist es, einen möglichst großen Raumwinkel Ω_1 des von der Lampe abgestrahlten Lichts in das optische System des Geräts überzuführen. Daher muß das Beleuchtungssystem entsprechend Gl. (6.4.8) konstruktiv so ausgelegt werden, daß die Eintrittspupillenfläche A_2 (s. Bild 6.4.41) groß gewählt und nahe an die Lampe herangelegt wird ($l_{1,2}$ möglichst klein). Im Gegensatz dazu besteht bei fotometrischen Meßgeräten meist die Forderung, mit möglichst kleinem Raumwinkel Ω_1 im Interesse einer hohen räumlichen Auflösung zu arbeiten.

Lichtwurflampen für Projektionszwecke sind so gebaut, daß auch das nach hinten abgestrahlte Licht i. allg. über einen Kugelspiegel wieder der Abbildung zugeführt wird (s. Bild 6.4.42). Dabei müssen Lampe und Kugelspiegel so zueinander justiert sein, daß das Leuchtkörperbild in den Lücken des Leuchtkörpers oder unmittelbar daneben liegt (**Bild 6.4.49**).

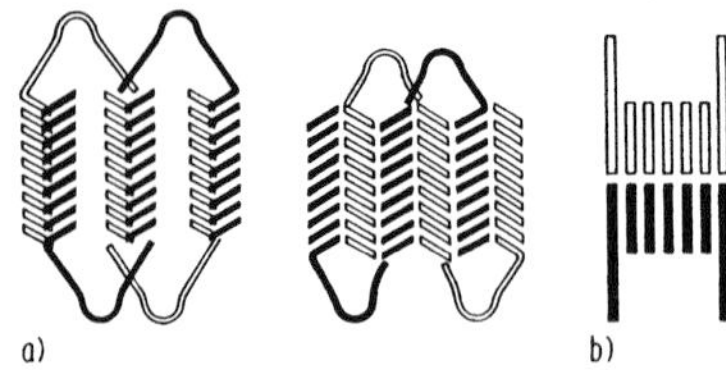

Bild 6.4.49 Leuchtkörperabbildung
a) Projektionslampe nach DIN 49820, DIN EN 60357, links falsche und rechts richtige Justierung zum Spiegel
b) Halogenlampe nach DIN 49820, DIN EN 60357

Zwei prinzipielle Arten der Objektbeleuchtung sind bei optischen Geräten zu unterscheiden, Durchlichtbeleuchtung (transparente Objekte) und Auflichtbeleuchtung (nichttransparente Objekte).

Erfolgt eine unmittelbare Lichtführung über das Objekt zum Empfänger hin, spricht man von einer Durchlicht- bzw. Auflichthellfeldbeleuchtung. Ist hingegen eine meist zentrale Abblendung der Lichtführung vorgesehen, so daß kein Licht regulär zum Empfänger gelangt, sondern nur das am Objekt gestreute oder gebeugte, dann liegt eine Durchlicht- bzw. Auflichtdunkelfeldbeleuchtung vor.

Das Hauptbauelement einer Beleuchtungseinrichtung ist der Kondensor. Dessen Öffnungsfehler muß so weit korrigiert sein, daß eine möglichst gute Abbildung der Lichtquelle am Ort der Eintrittspupille des abbildenden Systems erfolgt. Daher besteht der Kondensor i. allg. aus mehreren Sammellinsen oder aus asphärischen Flächen. Besondere Anforderungen werden an Kondensorsysteme für Mikroskope gestellt [6.4.5]. Der starken Wärmeentwicklung durch die Lampe ist bei der Werkstoffauswahl der Kondensorlinsen Rechnung zu tragen. Vielfach erweist es sich als erforderlich, ein Wärmeschutzfilter zwischen Lampe und Kondensor einzufügen.

Zur Masseeinsparung und zum Erhöhen der Wärmefestigkeit werden Kondensoren auch als Stufenlinsen (*Fresnel*-Linsen) oder als Wabenlinsen hergestellt.

Die Bilder 6.4.50 bis 6.4.55 zeigen Beispiele von Beleuchtungseinrichtungen in verschiedenen optischen Geräten. Die *Köhlersche* Beleuchtungseinrichtung (**Bild 6.4.50**) hat eine große Bedeutung für die Mikroskopie. Die Gesichtsfeld- und die Aperturblende sind im Durchmesser kontinuierlich verstellbar (Irisblende). Mit der Aperturblende kann man die Beleuchtungsapertur der Beobachtungsapertur des Objektivs anpassen. Durch die Gesichtsfeldblende, die durch den Kondensor in die Objektebene abgebildet wird, läßt sich die Größe des ausgeleuchteten Objektausschnitts einstellen.

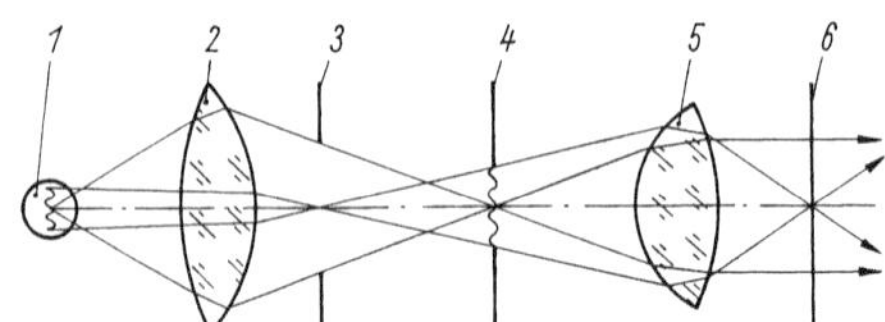

Bild 6.4.50 Köhlersche Beleuchtungseinrichtung für Durchlichthellfeldbeobachtung im Mikroskop
1 Lampe; *2* Kollektor; *3* Gesichtsfeldblende; *4* Aperturblende; *5* Kondensor; *6* Objektebene

Für die Beleuchtung nichttransparenter Objekte werden in der Mikroskopie Auflichtbeleuchtungen angewendet. **Bild 6.4.51** zeigt die Auflichthellfeldbeleuchtung mit teildurchlässigem Spiegel. Dieser ist zum Vermeiden von Astigmatismus zwischen auf „unendlich“ korrigiertem Mikroskopobjektiv und Tubuslinie eingefügt. Durch die Anwendung eines teildurchlässigen Spiegels kann die Objektivpupille voll genutzt werden. Bei Anwendung eines Prismas (**Bild 6.4.52**) wird die Halbpupille zum Beleuchten und nur die freie Halbpupille zum Beobachten genutzt. Diese praktisch „schiefe Beleuchtung“ kann für das Beobachten bestimmter Objekte durchaus von Vorteil sein.

Im **Bild 6.4.53** wird der Beleuchtungsstrahlengang der Diaprojektion gezeigt. Der Spiegel bildet die Lampenwendel in ihren Lücken im Maßstab 1 : 1 ab. Durch den Kondensor werden die Wendel und das Wendelbild in die Pupille des Projektionsobjektivs abgebildet. Das somit nahezu gleichmäßig ausgeleuchtete Dia wird durch das Objektiv auf den Bildschirm projiziert. Zur Wahrung der Übersichtlichkeit ist im Bild nur die Abbildung des Achsenpunktes eingezeichnet.

Die Beleuchtungseinrichtung eines Schreibprojektors (**Bild 6.4.54**) entspricht praktisch der einer Diaprojektion. Die Geräteachse ist senkrecht angeordnet. Die Kondensorfläche dient als Auflagefläche für die Schreibfolie. Zur Masseeinsparung ist der Kondensor aus zwei Fresnel-Linsen in Kunststoff gefertigt.

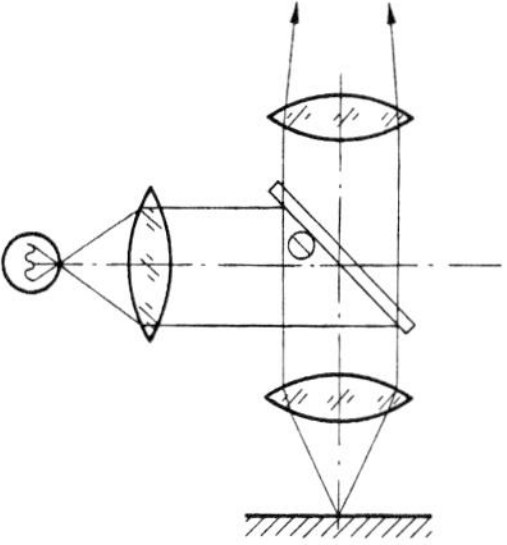

Bild 6.4.51 Auflichthellfeldbeleuchtung eines Mikroskops mit teildurchlässigem Spiegel

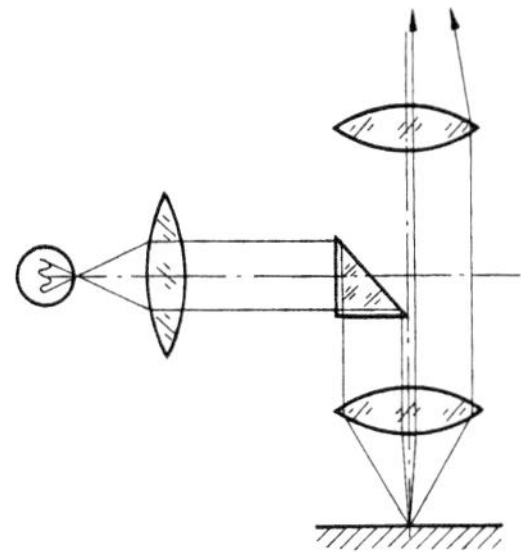

Bild 6.4.52 Auflichthellfeldbeleuchtung eines Mikroskops mit Prisma

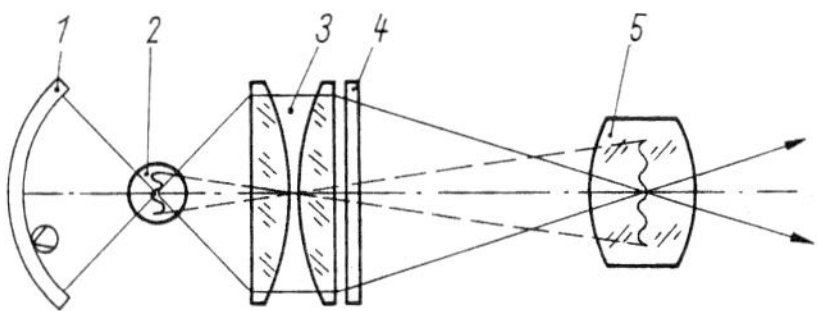

Bild 6.4.53 Beleuchtungsstrahlengang bei der Diaprojektion
1 Hohlspiegel, *2* Lampe; *3* Doppelkondensor; *4* Dia; *5* Objektiv

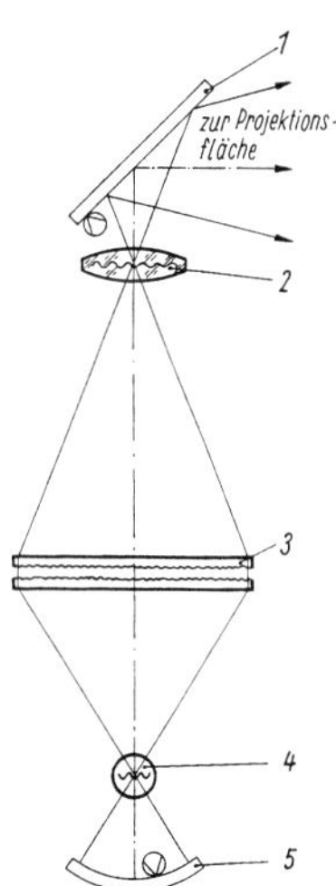

Bild 6.4.54 Beleuchtungsstrahlengang beim Schreibprojektor
1 Umlenkspiegel; *2* Objektiv; *3* Fresnel-Kondensor; *4* Halogenlampe; *5* Hohlspiegel

Ganz andere Anforderungen bestehen bei Beleuchtungseinrichtungen für das Lesen von z. B. gelochten Datenträgern. Wie **Bild 6.4.55** zeigt, läßt sich diese Aufgabe vorteilhaft durch geteilte Lichtleiterbündel lösen. Die Lampe strahlt auf die Eintrittsflächen der zusammengefügten Teilbündel, die zum Beleuchten der einzelnen Lochspuren dienen. Mit dahinter befindlichen Fotodioden können dann die entsprechenden Lichtpulse beim Durchlauf der gelochten Karte bzw. des Bandes zur Informationsaufnahme verwendet werden.

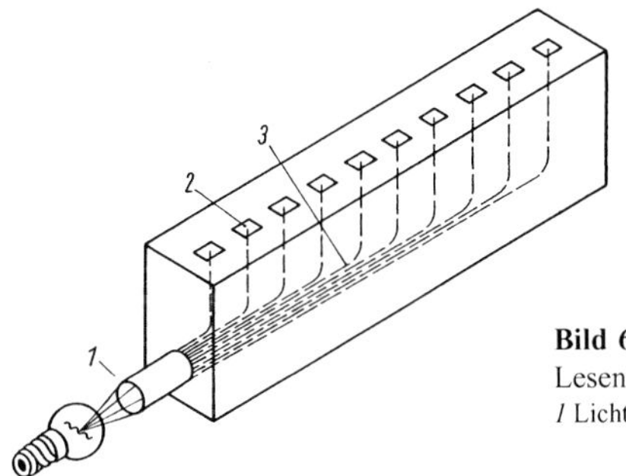

Bild 6.4.55 Beleuchtungseinrichtung für automatisches Lesen gelochter Datenträger
1 Lichteintritt; *2* Lichtaustritt; *3* geteiltes Lichtleiterbündel

Ausgewählte Normen zu Abschn. 6.4.3 s. Tafel 6.4.19.

6.4.4 Optische Anzeigeelemente

[6.4.15] bis [6.4.17][6.4.41] bis [6.4.43]

In der Feinwerktechnik werden zur Ausgabe von Informationen an den Menschen fast ausschließlich optische Anzeigeelemente verwendet (s. auch Abschn. 3.1). **Tafel 6.4.17** zeigt eine Übersicht. Der Informationsparameter des Anzeigesignals und die Informationskapazität haben für die Wirksamkeit einer Anzeige entscheidende Bedeutung. Klassische Erscheinungsform des Informationsparameters ist die Analoganzeige, bei der der Betrag einer anzuzeigenden Größe der Auslenkung eines Zeigers analog ist und durch die Zuordnung zu einer Strichskale ablesbar wird.

Tafel 6.4.17 Merkmale optischer Anzeigeelemente

Merkmale	Informationsart				Informationskapazität N (Anzahl der Anzeigegrundelemente pro Anzeigebauelement)			Erscheinungsform des Informationsparameters des Anzeigesignals		Zuordnung der Informationsart zum ausgegebenen Signal	
	Einzelzeichen	Zahlen	Worte, Text	Graphik	Einzelanzeige ($N = 1$)	Mehrfachanzeige ($1 < N \leq 10^3$)	Komplexanzeige ($N > 10^3$)	Analoganzeige	Digitalanzeige	direkte Anzeige	indirekte Anzeige
Beispiele	Ziffern 0,1,2, 3,... Symbole +,-,·, *,...	1539,37	„Achtung" „Gerät abschalten"		Signallampe o. a.	1980	Bildschirmanzeige	Sonderform: digitalisierte Analoganzeige mit wandernd Lichtpunkt od. Leuchtband; Lampen oder Leuchtdioden.	Uhrzeit 12.15; Binäranzeige ● Ein ○ Aus	Ziffernanzeigebauelemente +3.05V	0 5 10 15; 0 5 10 15 Leuchtdioden

6.4.4.1 Elemente zur Analoganzeige

Das die Teilung tragende Element einer Analoganzeige bezeichnet man als Skale oder Maßstab (eindimensional) oder als Koordinatennetz (zweidimensional). **Bild 6.4.56** zeigt Skalenformen elektrischer Meßinstrumente, die der allgemein üblichen Ausführung mit feststehender Skale und beweglichem Zeiger entsprechen. Bewegliche Skale und feststehender Zeiger sind selbstverständlich auch möglich, z. B. bei Quer-. und Hochskalen mit zylindrischen Bewegungselementen und bei Betätigungselementen (**Bild 6.4.57**).

Für Rechteckskalen gelten sowohl geradlinige als auch kreisförmige Bewegungsmöglichkeiten für Zeiger bzw. Skale. Koordinatennetze werden verwendet, wenn Zeitvorgänge oder andere mehrdimensionale Größen angezeigt werden sollen (Oszillograph, Kennlinienschreiber u. ä.). Entscheidenden Einfluß auf die Ablesegüte einer Zeigeranzeige hat die Skalenteilung, die ihrerseits vom zulässigen maximalen Anzeigefehler abhängt, d. h. von der in Prozent vom Skalenendwert ausgedrückten Genauigkeitsklasse des Meßgeräts. **Tafel 6.4.18** gibt die für elektrische Zeigermeßinstrumente gültige Zuordnung zwischen Genauigkeitsklasse und Grenzwerten der Skalenteile an. Weitere Einzelheiten zu gebräuchlichen Teilungen und Bezifferungen von Skalen sind DIN 43802 zu entnehmen. Ein nicht unwesentlicher Einfluß auf die Ablesegüte kann durch die Parallaxe entstehen (**Bild 6.4.58**). Da zwischen Zeiger und Skale stets ein Abstand vorhanden ist, entsteht ein Ablesefehler immer dann, wenn die Blickrichtung von der Richtung der Flächennormalen der Skale an der Stelle abweicht, an der sich der Zeiger befindet. Durch besondere Skalen- bzw. Zeigeranordnungn kann eine Parallaxe weitgehend vermieden werden (**Bild 6.4.59**). Schließlich hängt die Ablesegüte auch von der Gestal-

Frontrahmen				
Quadratisch			Rechteckig	
Sektorskale	Quadrantskale	Ringskale	Querskale	Hochskale
Zeigerdrehpunkt			Zeiger	
unten Mitte	unten rechts	Mitte	von unten	von rechts

Bild 6.4.56 Skalenformen elektrischer Meßinstrumente

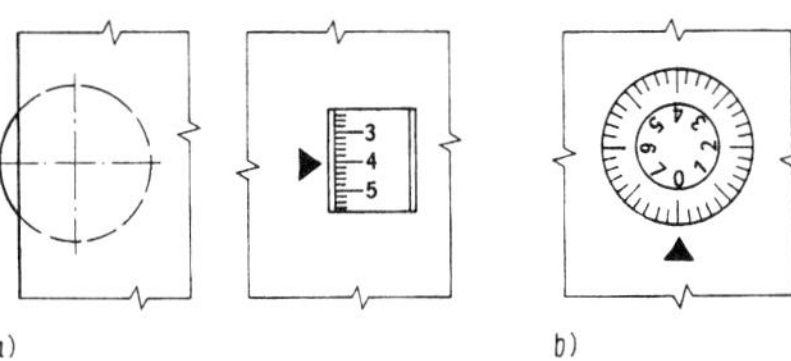

Bild 6.4.57 Skalenformen mit festem Zeiger und beweglicher Skale
a) Zylinderskale; b) Betätigungselement (Drehknopf) mit Skale

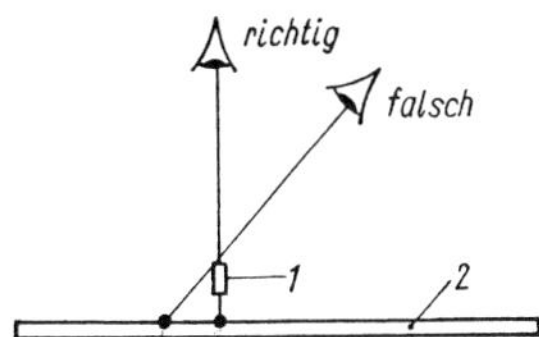

Bild 6.4.58 Entstehung der Parallaxe
1 Zeiger; *2* Skale

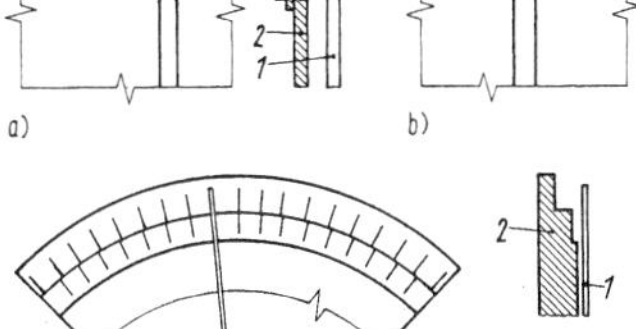

Bild 6.4.59 Anordnungen zum Parallaxenausgleich
a) mit Spiegelskale; b) mit Hakenzeiger; c) mit fluchtendem Zeiger (Zeiger hintere Skale); d) mit fluchtendem Zeiger (Zeiger vor Skale); e) mit Treppenskale
1 Zeiger; *2* Skale; *3* Spiegel

Tafel 6.4.18 Grenzwerte von Skalenteilen

Genauigkeits-klasse	Skalenteil in % der Skalenlänge Kleinstwert	Größtwert linear	nichtlinear
1	1,5	5	7
1,5	2,5	7	10
2,5	4,0	10	14

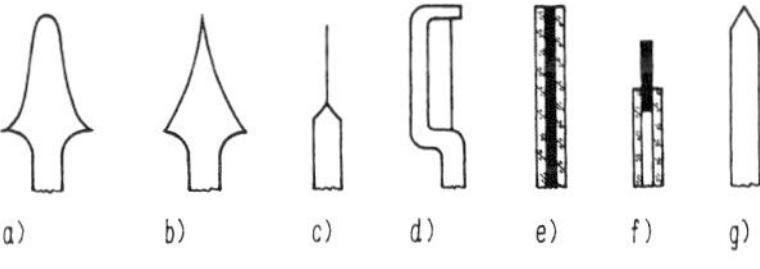

Bild 6.4.60 Formen mechanischer Zeiger
a) Lanzenzeiger für Schalttafelinstrumente
b) Messerlanzenzeiger für Schalttafelinstrumente
c) Messerzeiger für Präzisionsinstrumente
d) Fadenzeiger für Präzisionsinstrumente
e) Glaszeiger mit Einfärbung der Kapillare für Schalttafelinstrumente
f) Glaszeiger mit eingesetzter Spitze
g) Balkenzeiger für Ablesung aus größerer Entfernung

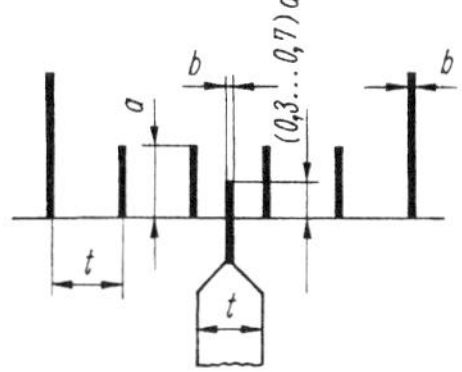

Bild 6.4.61
Günstige Zeigerabmessungen
a Länge der kleinen Teilstriche
b Breite der kleinen Teilstriche und der Zeigerspitze
t Teilungsmaß und Zeigerbreite

tung des Zeigers ab. Die wichtigste Größe dabei ist die Ausführung der Zeigerspitze (**Bilder 6.4.60** und **6.4.61**). Lichtzeiger bei Präzisionsinstrumenten oder als Lichtpunkt auf einem Bildschirm haben erhebliche Vorteile hinsichtlich ihrer geringen Massenträgheit und der Parallaxefreiheit.

6.4.4.2 Elemente zur Digitalanzeige

In der Entwicklung optischer Anzeigeelemente sind zwei Tendenzen festzustellen. Einerseits vollzieht sich aufgrund der enormen Zunahme digitaler Verarbeitungsprinzipe in der Feinwerktechnik, der durch die Mikroelektronik gebotenen technologischen Möglichkeiten der Fertigung kompletter digitaler Anzeigebaueinheiten und der wesentlich höheren Ablesegüte ein Übergang von der analogen zur digitalen Anzeige. Andererseits führen die in Abschn. 3.1.3 formulierten Veränderungen bei der Kommunikation zwischen Mensch und Gerät dazu, daß dem Gerätenutzer ständig komplexere Informationen mit immer größerem Informationsinhalt angeboten werden müssen. Da man diese Informationen in der Regel nicht sequentiell, sondern zur gleichen Zeit in ihrer Gesamtheit anzeigen muß und das mit möglichst wenigen Anzeigeelementen bewerkstelligen möchte, führt der Trend zwangsläufig zu Anzeigesystemen mit höher werdender Anzahl der Anzeigegrundelemente je Anzeigebauelement, d. h. zu Anzeigebauelementen mit höherer Informationskapazität. Zwischen der anzuzeigenden Informationsart und der Informationskapazität dieser Elemente besteht ein kausaler Zusammenhang derart, daß mit Einzelanzeigen der Informationskapazität $N = 1$ auch nur Einzelzeichen angezeigt werden können, während man z. B. für die Informationen einer Textseite A 4, einer technischen Zeichnung oder anderer grafischer Darstellungen Komplexanzeigen mit $N > 10^3$ benötigt, die sich nur noch mit Bildschirmanzeigeeinheiten realisieren lassen (s. Tafel 6.4.17).

Einzelanzeige. Digitale Einzelanzeigen haben Bedeutung bei der Kontrolle der Geräteverarbeitungsfunktion durch die qualitative Anzeige von Zustandswerten, i. allg. von nur zwei Zustandswerten (gut–schlecht, voll–leer, ein–aus usw.). Dazu werden Signallampen (Glühfaden- und Glimmlampen) und Lumineszenzdioden verwendet. Für die Sicherheit der Anzeige sind Größe und Helligkeit der Signallampe von entscheidender Bedeutung. Eine normale Kontrollampe sollte gegenüber der Umgebung mindestens eine dreifache Helligkeit aufweisen, die in besonderen Fällen, z. B. bei Blinksignalen im Störungsfall, auf das Fünfzig- bis Hundertfache zu erhöhen ist. Die Größe der Einzelanzeige sollte in Abhängigkeit von der Gesamtgröße des Geräteanzeigefeldes und der funktionellen Bedeutung der Anzeige zwischen 5 und 20 mm Durchmesser liegen. Zur zweckmäßigen Farbgebung von Signallampen werden in Abschn. 7. Richtlinien angegeben.

Mehrfachanzeige. Die Mehrfachanzeige wird durch die alphanumerischen Anzeigeelemente repräsentiert, die z. B. bei der Zeitanzeige der Uhr, der Ergebnisanzeige bei Taschenrechnern und bei programmierbaren Tischrechnern sowie bei der Meßwertanzeige Verwendung finden. Die Anzahl der dafür einsetzbaren physikalischen Effekte und Lösungsprinzipe ist relativ groß (s. Abschn. 6.5).

Alphanumerische Anzeigeelemente werden als Reihen oder als Matrix angeordnet. Die Reihenanordnung besteht aus einzelnen Segmenten (7 Segmente für numerische Anzeige, 14 bzw. 15 Segmente für alphanumerische Anzeige), die Matrixanordnung aus den für alle alphanumerischen Anzeigefälle ausreichenden und zweckmäßigen 7 x 5 Rasterpunkten. Konstruktive Ausführungsformen alphanumerischer Anzeigebauelemente enthält Abschn. 6.5.

Komplexanzeige. Für Informationskapazitäten $N > 10^3$ kommen nur noch großflächige Anzeigen nach Art eines Bildschirms in Frage. Neben der bekannten Katodenstrahlbildröhre setzen sich immer stärker Bildanzeigesysteme durch, die auf den optoelektronischen Prinzipen der Plasmaentladungs-, Flüssigkristall- und Elektrolumineszenzanzeige beruhen und sehr flache Bauweisen ermöglichen. Den prinzipiellen Aufbau eines solchen Bildanzeigesystems zeigt **Bild 6.4.62**. Mit $(n + m)$ äußeren Anschlüssen kann eine Anzahl von $N = nm$ Anzeigegrundelementen beliebig angesteuert werden. Wie einfach sich das unter Anwendung der Plasmaentladung realisieren läßt, zeigt **Bild 6.4.63** mit den Prinzipien des Gleich- und Wechselstromplasmaanzeigefelds. An den Kreuzungspunkten der Elektroden leuchtet bei entsprechender Ansteuerung ein Bildpunkt auf, der bei Wechselstrombetrieb auch

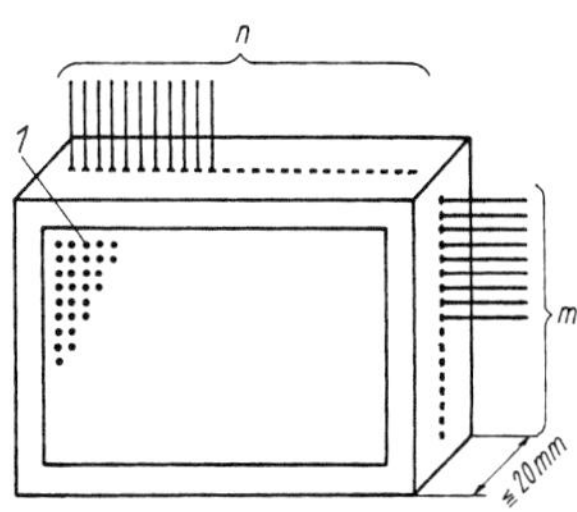

Bild 6.4.62
Prinzipieller Aufbau eines optoelektronischen Bildanzeigesystems
1 Bildanzeigefläche mit $N = nm$ Anzeigegrundelementen
n Anzahl der Spaltenanschlüsse
m Anzahl der Zeilenanschlüsse

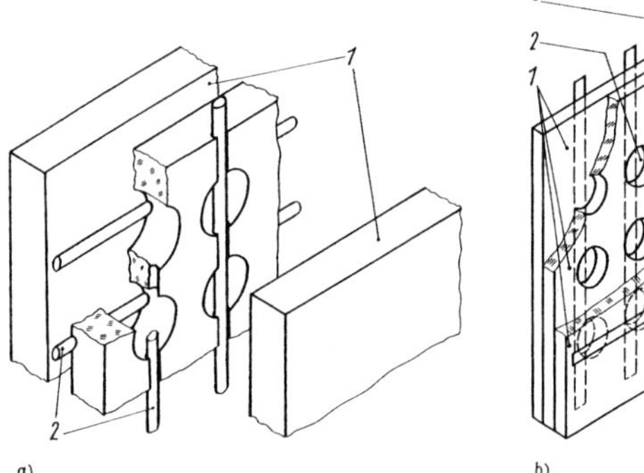

Bild 6.4.63 Prinzipieller Aufbau von Plasmaanzeigefeldern
a) Gleichstromanzeigefeld; *1* Glasplatten; *2* Platindrähte
b) Wechselstromanzeigefeld; *1* Glasplatte; *2* gasgefüllte Löcher; *3* transparente Elektroden

nach Abschalten der Ansteuerung gespeichert bleibt, mit einem Löschimpuls gelöscht, aber auch elektrisch ausgelesen werden kann. Der prinzipiell hohe schaltungstechnische Aufwand für die Ansteuerung läßt sich durch integrierte Halbleitertechnologien ökonomisch beherrschen.

Eine Zusammenstellung ausgewählter Normen zu Abschn. 6.4 enthält **Tafel 6.4.19**.

Tafel 6.4.19 Normen zum Abschnitt 6.4 (s. auch Tafel 6.5.11)

DIN-Normen	
DIN 3140 T 1 bis T 11	Maß- und Toleranzangaben für Optikeinzelteile
DIN 3140 Bbl. 1	Zeichnungsangaben für Optikeinzelteile; Zeichnungsbeispiele, Stichwortverzeichnis
DIN 4521	Aufnahme- und Projektionsobjektive; Brennweite, Relative Öffnung
DIN 4522 T 1 bis T 3	Aufnahmeobjektive; Blenden, Beschriftung, Entfernungsangaben; zulässige Blendengrenzwerte; Transmissionsgerechte Blendenzahlen
DIN 5030 T 1 bis T 5	Spektrale Strahlungsmessung
DIN 5031 T 1 bis T 10 und Bbl. 1	Strahlungsphysik im optischen Bereich und Lichttechnik
DIN 5032 T 1 bis T 8	Lichtmessung
DIN 5033 T 1 bis T 9	Farbmessung
DIN 19002 T 1	Aufnahmeobjektive; Anschlußmaße für steckbares und schraubbares Zubehör
DIN 43802 T 1 bis T 6	Skalen und Zeiger für elektrische Meßinstrumente
DIN 49820	Lichtwurflampen; Halogen-Glühlampen für Kleinbildwerfer (teilweise ersetzt durch DIN EN 60357)
DIN 49860	Halogen-Metalldampflampen für Film- und Fernsehaufnahmen
DIN 49846 T 1 bis T 3	Zwerglampen
DIN 58158 T 1 bis T 3	Optik-Prismen; Einteilung und Kurzzeichen für Einzelprismen; Kurzzeichen für Prismensysteme; Zusammenstellung von Einzelprismen und Prismensystemen
DIN 58160 T 1	Norm-Optikteile; Auswahlreihe für Hauptmaße
T 2	-; Reflexionsprismen
T 3	-; Runde und quadratische Glasplatten
T 4	-; Plankonvexlinsen
T 5	-; Teilkreisträger aus Glas
T 6	-; 60°-Dispersionsprismen
T 7	-; Plankonkavlinsen
T 8	-; Symmetrische Bikonvexlinsen
T 9	-; Sphärische Hohlspiegel
T 12	-; Vorderflächen-Planspiegel
DIN 58165	Zulässige Abweichungen für Optikeinzelteile; Maße ohne Toleranzangabe, Werkstoff- und Bearbeitungsfehler
DIN 58168	Optikteile, Systeme; Einteilung, Begriffe, Abkürzungen
DIN 58170 T 51 bis T 54	Zeichnungsangaben für Optiksysteme
DIN 58385	Fernrohre; Arten, Benennungen
DIN 58386 T 1	Fernrohre; Optische Kenngrößen für Beobachtungs- und Zielfernrohre
T 2	Fernrohre; Optische Kenngrößen für Prüffernrohre
DIN 58878	Farbkennzeichnung von Mikroskopobjektiven
DIN 58879	Bezugssystem der Polarisationsmikroskopie
DIN 58880	Mikroskope; Tubusschieber und Tubusschlitz, Anschlußmaße
DIN 58881	Mikroskope; Okulare, Anschlußmaße
DIN 58882	Mikroskope; Kondensor, Filter, Anschlußmaße
DIN 58883	Beleuchtungsspiegel für Mikroskope; Haupt- und Anschlußmaße
DIN 58884	Objektträger, Deckgläser, Immersionsmittel für Mikroskope
DIN 58885	Mikroskope; Tischfedern, Anschlußmaße
DIN 58886	Mikroskope; Vergrößerungen, Lupenvergrößerung – Maßstab
DIN 58887	Optische Anschlußmaße für Mikroskope
DIN 58888	Gewindeanschluß für Mikroskopobjektive; RMS-Gewinde
DIN 58925 T 1 u. T 2	Optisches Glas; Begriffe, Einteilung; Begriffe der optischen Eigenschaften
DIN 58927	Optisches Glas; Technische Lieferbedingungen
DIN EN 60357	Halogen-Glühlampen (Fahrzeuglampen ausgenommen)
Richtlinien	
VDI/VDE 2259	Feinwerkelemente; Anzeigeelemente; Skalen, Symbole, Zeiger

Literatur zum Abschnitt 6.4

Bücher, Dissertationen

[6.4.1] *Helbig, E.:* Grundlagen der Lichtmeßtechnik. Leipzig: Akadem. Verlagsges. Geest & Portig K.-G. 1972.
[6.4.2] *Kingslake, R.:* Optical System Design. London: Academic Press New York 1983.
[6.4.3] *Knoll, P. M.:* Displays - Einführung in die Technik aktiver und passiver Anzeigen. Heidelberg: Dr. Alfred Hüthig Verlag 1986.
[6.4.4] *Bleicher, M.:* Halbleiter-Optoelektronik. Heidelberg: Dr. Alfred Hüthig Verlag und Berlin: Verlag Technik 1986.
[6.4.5] *Beyer, H.; Riesenberg, H.:* Handbuch der Mikroskopie. 3. Aufl. Berlin: Verlag Technik 1987.
[6.4.6] *Eichler, J.; Eichler, H.-J.:* Laser in Technik und Forschung. Heidelberg: Springer-Verlag 1991.
[6.4.7] *Haferkorn, H.:* Optik, Physikalisch-technische Grundlagen und Anwendungen. 3. Aufl. Leipzig: Barth-Verlag 1994.
[6.4.8] *Hentschel, H.-J.:* Licht und Beleuchtung, Theorie und Praxis der Lichttechnik. 4. Aufl. Heidelberg: Dr. Alfred Hüthig Verlag 1994.
[6.4.9] *Naumann, H.; Schröder, G.:* Bauelemente der Optik, Taschenbuch der technischen Optik. 6. Aufl. München, Wien: Carl Hanser Verlag 1996.
[6.4.10] *Litfin, G. (Hrsg.):* Technische Optik in der Praxis. Berlin, Heidelberg: Springer-Verlag 1997.
[6.4.11] *Guyenot, V.:* Untersuchungen zur Beseitigung von Zentrierfehlern bei Hochleistungsobjektiven. Diss. TU Dresden 1978.
[6.4.12] *Feitscher, R.:* Systematisierung und Einschätzung von Verfahren zur automatischen Scharfeinstellung in fotografischen Aufnahmekameras. Diss. TU Dresden 1983.
[6.4.13] *Guyenot, V.:* Montagetechnologie von Hochleistungsobjektiven. Diss. B. Friedrich-Schiller-Universität Jena 1985.
[6.4.14] *Eberhardt, V.:* Ein Beitrag zur Erhöhung der Qualität des Montageprozesses von optischen Systemen. Diss. Friedrich-Schiller-Universität Jena 1988.
[6.4.15] *Knoll, P. M.:* Displays - Einführung in die Technik aktiver und passiver Anzeigen. Heidelberg: Dr. Alfred Hüthig Verlag 1986.
[6.4.16] *Geiser, G.:* Mensch - Maschine - Kommunikation. München: Oldenbourg Verlag 1990.
[6.4.17] *Baumann, K.; Lanz, H.:* Mensch - Maschine - Schnittstellen elektronischer Geräte. Berlin, Heidelberg, New York: Springer Verlag 1998.

Aufsätze, Firmenschriften

zu 6.4.1 und 6.4.2 Optische Systeme und Fassen optischer Bauelemente

[6.4.20] *Reavell, F. C.; Welford, C.:* Precision construction of optical systems. SPIE Vol. 251 (1980), S. 3.
[6.4.21] *Strobel, H.; Meister, G.:* Mechanische Wirkprinzipien für Präzisions-, Prüf- und Meßtechnik. Feingerätetechnik 32 (1983) 9, S. 387.
[6.4.22] *Hofmann, R.:* Fertigung von spannungsarmen Hochleistungsobjektiven. Feingerätetechnik 32 (1983) 9, S. 410.
[6.4.23] *Yoder, P. R.:* Lens mounting techniques. SPIE Vol. 389 (1983), S. 2.
[6.4.24] *Guyenot, V.:* Technologie und Qualität von Metall/Optik-Klebeverbindungen im Präzisionsgerätebau. Feingerätetechnik 34 (1985) 12, S. 544.
[6.4.25] *Böswetter, G.; Steffens, H.:* Fassen von Mittelklasseoptik hoher Stückzahlen. Feingerätetechnik 34 (1985) 2, S. 56.
[6.4.26] *Schmidbauer, G.:* Zentrieren und Montage optischer Bauteile. Feinwerktechnik und Meßtechnik 95 (1987) 4, S. 239.
[6.4.27] *Klepek, G.:* Kunststofflinsen. Feinwerktechnik und Meßtechnik 96 (1988) 1-2, S. 43.
[6.4.28] *Guyenot, V.:* Rechner unterstützen das Montieren von Hochleistungsobjektiven. Feinwerktechnik und Meßtechnik 98 (1990) 9, S. 361.
[6.4.29] *Hanke, P.:* Linsen- und Spiegelsysteme exakt montieren. Feinwerktechnik und Meßtechnik 99 (1991) 1-2, S. 24.
[6.4.30] *Senf, B.:* Optik-Mechanik-Konstruktion mit CAD. Feinwerktechnik und Meßtechnik 99 (1991) 1-2, S. 21.
[6.4.31] *Hanke, P.:* Linsen- und Spiegelobjektive exakt montieren. Feinwerktechnik und Meßtechnik 99 (1991) 1-2, S. 24.
[6.4.32] *Danuser, R.:* Fassungen für Präzisionsobjektive automatisch zentrieren. Feinwerktechnik und Meßtechnik 100 (1992)6, S. 233.
[6.4.33] *Eberhardt, R.; Gebhardt, A.; Weber, C.; Risse, S.; Guyenot, V.:* Streulicht passé. Feinwerktechnik und Meßtechnik 103 (1995) 10, S. 644

zu 6.4.3 Lichtquellen und Beleuchtungseinrichtungen

[6.4.34] *Schreiber, G.*: Zur Bestimmung des Energiestromes in optischen Instrumenten. Optik 21 (1964) 4, S. 1.
[6.4.35] *Helbig, E.*: Grundsätzliches zur Ausleuchtung von optischen Systemen. Feingerätetechnik 21 (1972) 2, S. 57.
[6.4.36] *Reschke, E.*: Optische Abbildung mit Gaußschen Bündeln. Feingerätetechnik 27 (1978) 6, S. 253.
[6.4.37] *Koch, R.; Müller, W.; Spata, P.*: Beleuchtungseinrichtungen für den Wissenschaftlichen Gerätebau. Feingerätetechnik 34 (1985) 10, S. 450.
[6.4.38] *Dürschmid, M.; Linß, G.*: Lichtquellen in fotoelektrischen inkrementalen Meßsystemen. Feinwerktechnik · Mikrotechnik · Meßtechnik 100 (1992) 11, S. 514.
[6.4.39] Firmenschriften Ernst Leitz Wetzlar GmbH, Wetzlar; Carl Zeiss, Jena und Oberkochen.
[6.4.40] Firmenschriften Osram GmbH, München; Philips GmbH, Hamburg.

zu 6.4.4 Optische Anzeigeelemente

[6.4.41] *Denzler, H.; Wagner, G.*: Analoge und digitale Einbau-Meßgeräte im Gerätebau. Feinwerktechnik und Meßtechnik 92 (1984) 3, S. 109.
[6.4.42] *Dentrich, J.*: Technik hochauflösender Sichtgeräte. Feinwerktechnik und Meßtechnik 93 (1985) 3, S. 113.
[6.4.43] *Yoshikawa, K.*: Durchbruch bei Plasma-Displays. Feinwerktechnik · Mikrotechnik · Meßtechnik 103 (1995) 10, S. 647.

6.5 Optoelektronische Funktionsgruppen

Optoelektronische Bauelemente und Systeme finden in der Feinwerktechnik zunehmend Verwendung. Sie werden in Verbindung mit (mikro-)elektronischen Bauelementen zur Realisierung von Gerätegrundfunktionen eingesetzt (**Tafel 6.5.1**).

Tafel 6.5.1 Einsatz von Klassen optischer und optoelektronischer Bauelemente in Gerätegrundfunktionen

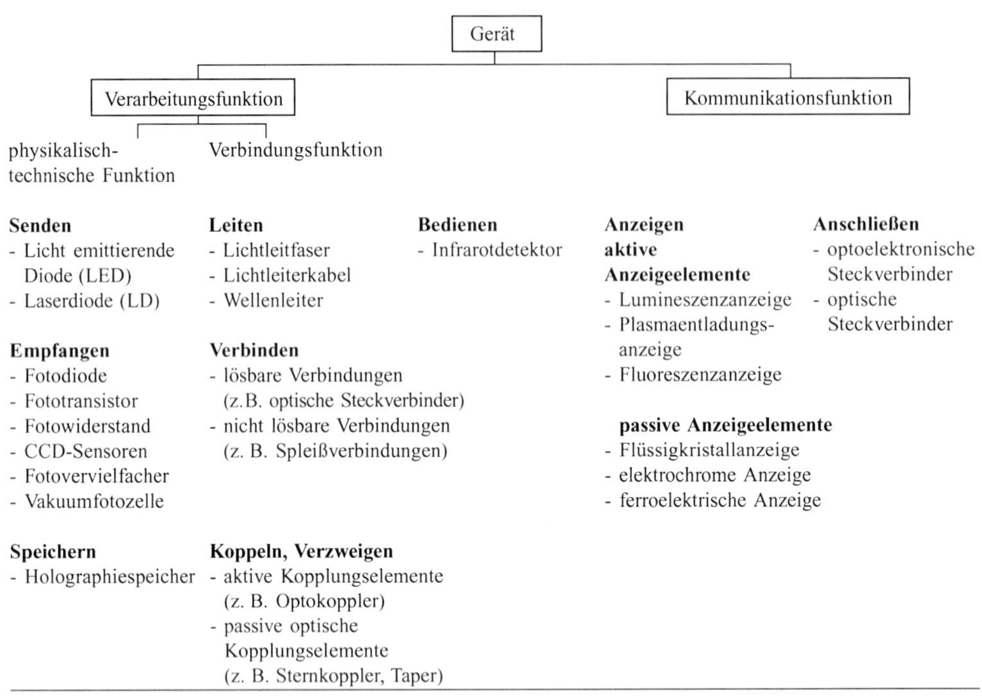

Ihre Anwendung beruht auf den Vorteilen, die die LWL-Übertragungstechnik (LWL-Lichtwellenleiter) und die optische Signalverarbeitung gegenüber der drahtgebundenen Übertragungstechnik und der elektronischen Signalverarbeitung bieten (geringe Dämpfung, hohe Signalbandbreite, Potentialtrennung zwischen Sender und Empfänger, keine Signalbeeinflussung durch elektromagnetische Felder u. a.) [6.5.1] [6.5.6] [6.5.12] [6.5.17].

Optoelektronische Anzeigebauelemente haben sich wegen ihrer mechanischen Stabilität, geringen Masse, Kompatibilität mit modernen Halbleiterbauelementen, hohen Lebensdauer und Lichtemission in verschiedenen Farben im Kommunikationsbereich durchgesetzt.

6.5.1 Grundlagen

Jedem Funktionsbereich (s. Abschn. 3) sind typische Klassen optoelektronischer Bauelemente zuzuordnen (s. Tafel 6.5.1), die in einer großen Vielfalt konstruktiver Ausführungsformen angeboten werden.

Die **Tafeln 6.5.2** und **6.5.3** geben eine prinzipielle Übersicht über wesentliche im Verarbeitungsbereich verwendete optische und optoelektronische Bauelemente.

Lumineszenz- und Laserdioden arbeiten, angepaßt an die Übertragungseigenschaften der Lichtwellenleiter, im Bereich des nahen Infrarots (Wellenlänge $\lambda = 0{,}8$ bis $0{,}92\ \mu m$ – 1. Übertragungsfenster; $\lambda = 1{,}05$ bis $1{,}25\ \mu m$ – 2. Übertragungsfenster; $\lambda = 1{,}5$ bis $1{,}8\ \mu m$ – 3. Übertragungsfenster; Übertragungsfenster sind spektrale Bereiche niedriger Dämpfung im LWL-Werkstoff).

Tafel 6.5.2 Prinzipe und Bauformen von optoelektronischen Sende- und Empfangsbauelementen

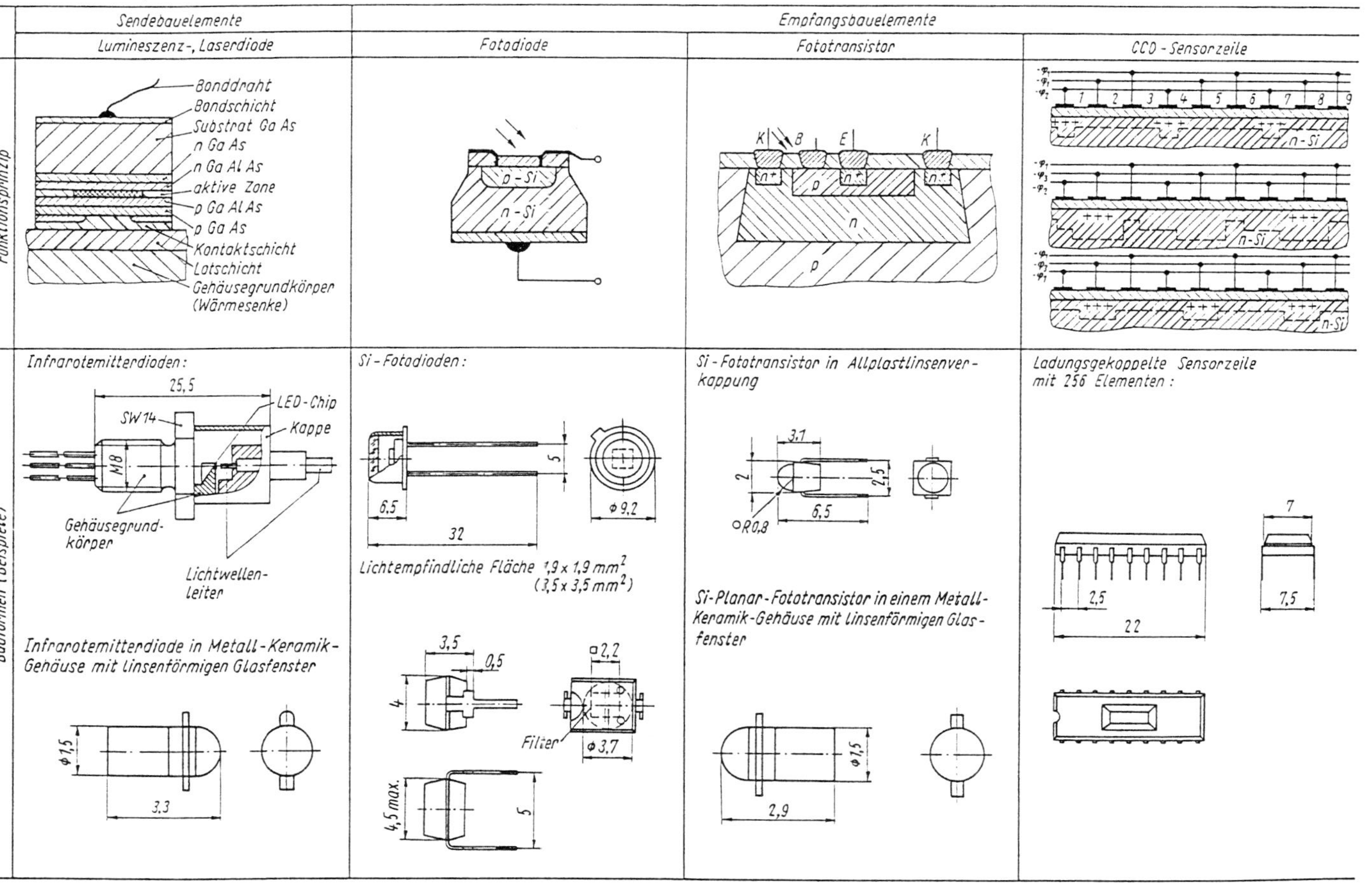

Tafel 6.5.3 Elemente zur Realisierung der Verbindungsfunktion

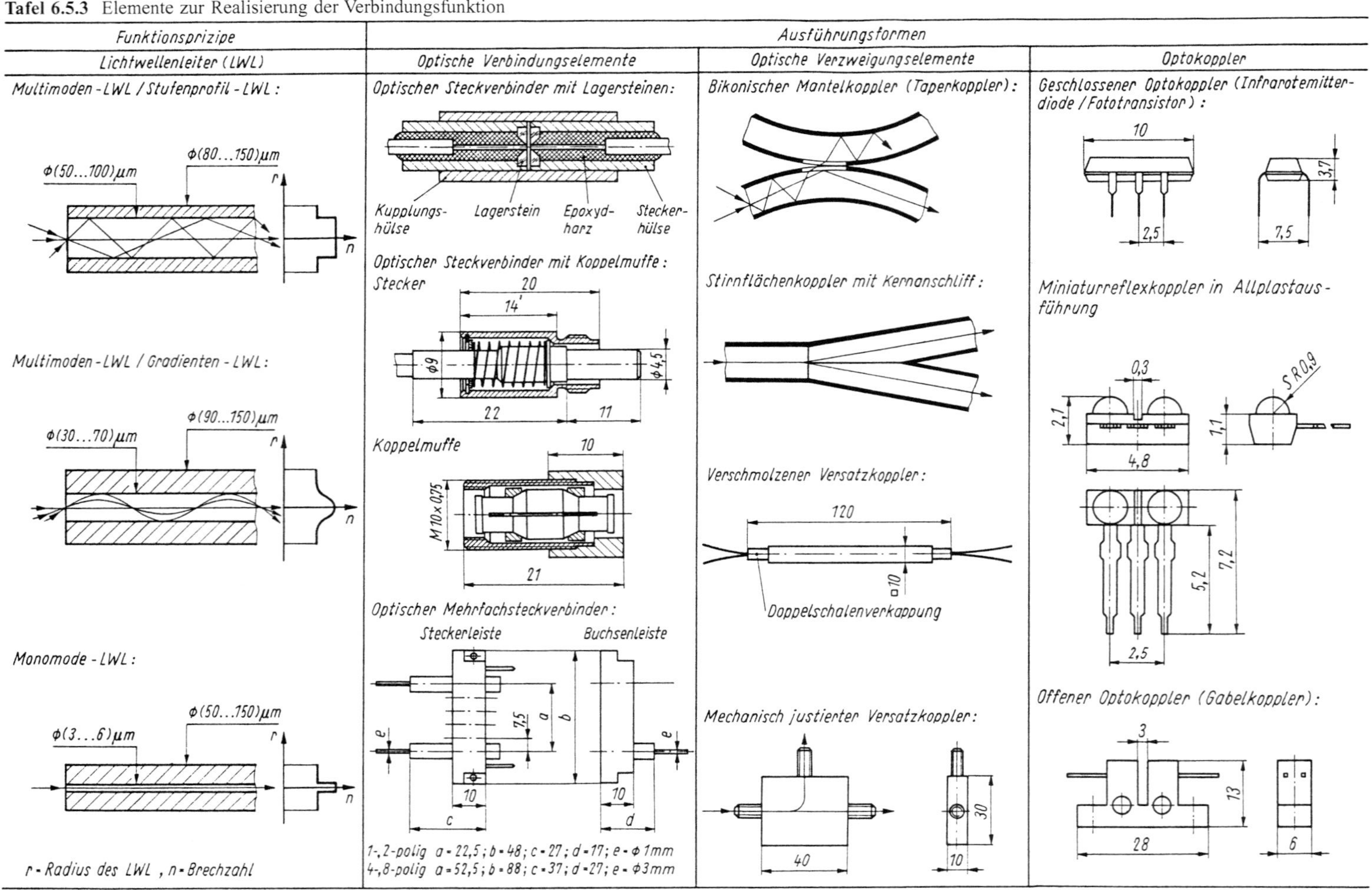

Fotodioden und -transistoren werden sowohl für den gesamten sichtbaren Spektralbereich als auch, angepaßt an die LWL-Nachrichtenübertragungs-Technik, bis in den nahen Infrarotbereich (λ_{grenz} bis 1,1 µm) hergestellt. CCD-Zeilen und -Matrizen (CCD, charge coupled device – ladungsgekoppeltes Bauelement) sind hochintegrierte Empfängerelemente für den Bereich des sichtbaren Lichts und finden als Bildaufnahmeelemente z. B. in gestalterkennenden Sensoren Verwendung.

Gegenwärtig werden Entwicklungsarbeiten zu integrierten optoelektronischen Schaltkreisen, die auf der Basis von GaAs bzw. InP auf demselben Halbleitersubstrat komplexe Funktionsstrukturen mit optoelektronischen und elektronischen Bauelementen enthalten, vorangetrieben [6.5.9] [6.5.16].

Die optische Realisierung der Verbindungsfunktion basiert auf der Ausnutzung der Totalreflexion von Licht an Grenzflächen mit unterschiedlichen Brechzahlen in Lichtwellenleitern (Multimode-LWL) oder auf der Ausnutzung von Wellenübertragungseigenschaften (Monomode-LWL, s. Tafel 6.5.3). Ankopplungen von Lichtwellenleitern an ein Gerät, LWL-Verbindungen oder optische Trennung von Signalen werden durch lösbare oder nicht lösbare Verbindungen bzw. optische Verzweigungselemente realisiert [6.5.2] [6.5.45].

Optokoppler dienen zur galvanischen Trennung von Signalen auf optoelektronischer Grundlage. Sie ermöglichen als Gabelkoppler durch Ausnutzung des Lichtschrankenprinzips die Modulation von Licht. Die Nutzung physikalischer Eigenschaften optischer Medien, z. B. die Abhängigkeit der Dämpfung eines Lichtwellenleiters von seinem Krümmungsradius, ermöglicht den Aufbau optischer Sensoren zum Erfassen verschiedener physikalischer Grundgrößen (Weg, Geschwindigkeit, Druck usw.; s. Abschn. 6.5.4).

Die im Kommunikationsbereich verwendeten Anzeigebauelemente lassen sich in aktive (selbstleuchtende) und passive (reflektierende) Bauelemente unterteilen. **Tafel 6.5.4** zeigt typische Vertreter von Anzeigebauelementen. Die größte Einsatzbreite der aktiven Anzeigeelemente haben z. Z. Bauelemente auf der Grundlage der Injektionslumineszenz. Funktionselement ist eine in Durchlaßrichtung betriebene Halbleiterdiode, bei der durch strahlende Ladungsträgerrekombination in der Sperrschicht im wesentlichen monochromatische Lichtemission im Dauerbetrieb erfolgt. Die Leuchtfarbe (Rot, Orange, Grün oder Gelb) hängt von der Dotierung der Kristallgrundmaterialien GaAsP (Galliumarsenidphosphid) oder GaP (Galliumphosphid) mit Si, Zn, N ab (**Tafel 6.5.5**). Diese Dioden sind die funktionelle Grundlage für Einzelanzeigebauelemente (Lumineszenzdioden, LED) in ein- oder mehrfarbiger Ausführung für Signal- bzw. Zustandsanzeigen und Mehrfachanzeigeelemente, wie z. B. ein- oder mehrstellige Ziffern- und Symbolanzeigen (als Segmentanzeigeelemente in integrierter oder hybrider Bauform oder als Punktrasteranzeigeelement, **Bild 6.5.1**.

Tafel 6.5.5 Leuchtfarben von Lumineszenzdioden

Werkstoff	GaP:N	GaAsP:N	GaAsP:N	GaAsP:N	GaAs:Si	GaAs:Zn
λ in nm	555	590	625	655	930	900
Farbe	grün	gelb	orange	rot	infrarot	infrarot

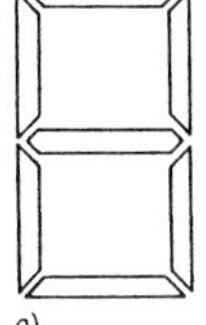
a)

b)

c)

d)

Bild 6.5.1 Struktur alphanumerischer Anzeigeelemente
a) bis c) Segmentanzeigeelemente (7, 14, 15 Segmente);
d) Punktrasteranzeigeelement (5 x 7 = 35 Rasterpunkte)

Die Elektrolumineszenz beruht auf Stoßionisation oder auf der durch Tunneleffekt hervorgerufenen Ladungsträgerinjektion mit nachfolgender strahlender Rekombination der Ladungsträger durch Anlegen eines elektrischen Felds an ein geschichtetes System von Leuchtstoffen (Luminophoren). Bei der Plasmaentladung tritt zwischen Katode und Anode einer gasgefüllten Röhre eine selbständige Entladung durch Stoßionisation der Ladungsträger auf, die zu einer Rekombinationsstrahlung als Glimmhaut um die Katode führt (Glimmentladung, Kaltkatodenröhre). Die Kathodolumineszenz beruht auf Gesetzmäßigkeiten der Hochvakuumröhre. Mit einer geheizten Katode unter Einfluß eines elektrischen Felds wird zwischen Katode und Anode ein Elektronenstrahl erzeugt, der bei seinem Auftreffen auf der mit einem Luminophor beschichteten Anode zu einer Rekombinationsstrahlung führt. Die bekannteste Ausführung ist die

Tafel 6.5.4 Optoelektronische Anzeigebauelemente (Bezeichnungen s. Tafel 6.5.11)

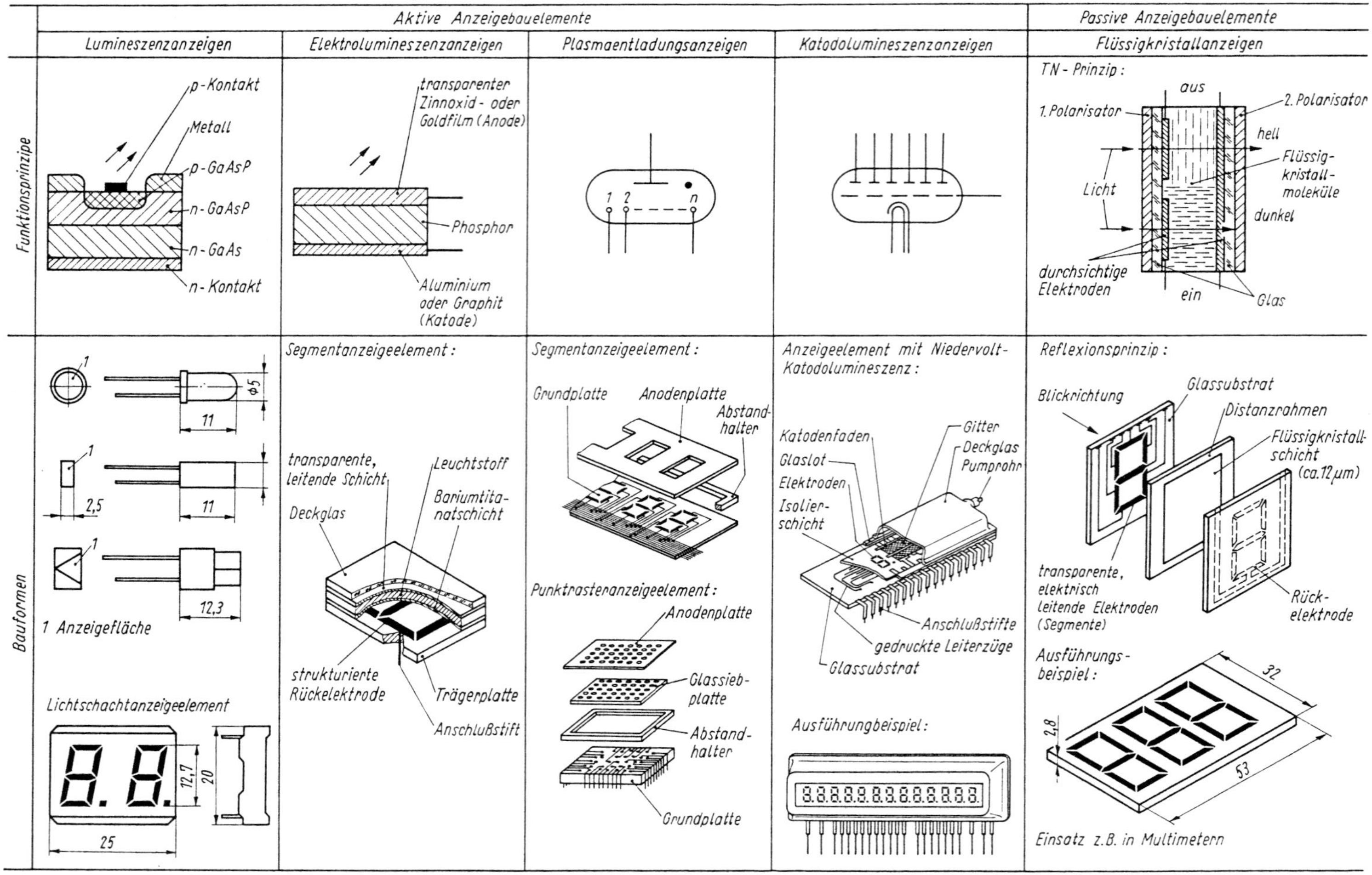

	Aktive Anzeigebauelemente				Passive Anzeigebauelemente
	Lumineszenzanzeigen	Elektrolumineszenzanzeigen	Plasmaentladungsanzeigen	Katodolumineszenzanzeigen	Flüssigkristallanzeigen
Funktionsprinzipe	p-Kontakt Metall p-GaAsP n-GaAsP n-GaAs n-Kontakt	transparenter Zinnoxid- oder Goldfilm (Anode) Phosphor Aluminium oder Graphit (Katode)	1 2 n		TN-Prinzip: aus 1. Polarisator 2. Polarisator hell Licht Flüssigkristallmoleküle dunkel durchsichtige Elektroden ein Glas
Bauformen	1 ϕ5 11 1 2,5 11 1 12,3 1 Anzeigefläche Lichtschachtanzeigeelement 12,7 20 25	Segmentanzeigeelement: transparente, leitende Schicht Leuchtstoff Bariumtitanatschicht Deckglas strukturierte Rückelektrode Trägerplatte Anschlußstift	Segmentanzeigeelement: Grundplatte Anodenplatte Abstandhalter Punktrasteranzeigeelement: Anodenplatte Glassiebplatte Abstandhalter Grundplatte	Anzeigeelement mit Niedervolt-Katodolumineszenz: Katodenfaden Glaslot Elektroden Isolierschicht Gitter Deckglas Pumprohr Anschlußstifte gedruckte Leiterzüge Glassubstrat Ausführungbeispiel:	Reflexionsprinzip: Blickrichtung Glassubstrat Distanzrahmen Flüssigkristallschicht (ca. 12 μm) transparente, elektrisch leitende Elektroden (Segmente) Rückelektrode Ausführungsbeispiel: 32 2,8 53 Einsatz z.B. in Multimetern

Katodenstrahlröhre mit Bildschirm, die wegen ihrer Abmessungen mit relativ hohen Betriebsspannungen arbeiten muß. Moderne Niedervoltausführungen werden speziell als alphanumerische Anzeigebauelemente (Fluoreszenzröhren) verwendet.

Passive Anzeigeelemente benutzen zur Anzeige das Umgebungslicht. LCD- oder Flüssigkristallanzeigen (LCD – liquid crystal devices) haben wegen ihrer Vorteile (extrem niedriger Energieverbrauch, gute Ablesbarkeit auch bei hellem Umgebungslicht, flache Bauform) ein breites Anwendungsgebiet. Flüssigkristalle sind organische Substanzen, deren Moleküle sich zueinander einheitlich anordnen (kristalline Struktur). Unter dem Einfluß lokaler elektrischer Felder (z. B. in Form von Segmenten einer Ziffer) wird entweder die Struktur des Flüssigkristalls an diesen Stellen aufgebrochen (Prinzip der dynamischen Streuzellen mit Reflexion des Umgebungslichts) oder der Polarisationszustand spezieller Flüssigkristalle geändert (Prinzip der Drehzelle, TN – Zelle) [6.5.37] [6.5.43].

Integrierte optische Bauelemente entstanden vor allem aus der Forderung der kohärenten optischen Nachrichtenübertragungstechnik nach Bauelementen, die Systemfunktionen wie z. B. *schalten, modulieren, multiplexen, koppeln* usw. ohne Wandlung des optischen Signals in ein elektrisches Signal realisieren. Auf der Grundlage der Technologie mikroelektronischer Schaltkreise werden auf Substrate ($LiNbO_3$, Si, GaAs oder Glas) Streifenwellenleiter so strukturiert, daß sie in Verbindung mit steuernden physikalischen Einflüssen (z. B. elektrische Felder, Ultraschall o. a.) Grundfunktionen erfüllen. **Tafel 6.5.6** zeigt einige Grundstrukturen und vermittelt Größenvorstellungen von integrierten optischen Bauelementen [6.5.50] [6.5.51] [6.5.52] [6.5.53] [6.5.54]. Ihre konstruktive Gestaltung wird zum einen bestimmt durch die Realisierung der physikalisch determinierten Funktionsstruktur (Abmessungen und Toleranzen der Streifenwellenleiter liegen im Mikrometer- bzw. Submikrometerbereich), zum anderen durch die konstruktiv-technologische Realisierung der Ankopplung der Monomode-LWL an die Streifenstruktur der integrierten optischen Bauelemente [6.5.2]. Materialprobleme sowie die hohen Anforderungen beim Ankoppeln der LWL (s. Abschn. 6.5.3) sind die Ursachen, daß integrierte optische Bauelemente z. Z. noch keine großtechnische Einsatzreife besitzen.

6.5.2 Optoelektronische Bauelemente im Kommunikationsbereich

Auswahl und Anordnung der optoelektronischen Anzeigeelemente erfolgen in erster Linie nach ergonomischen Gesichtspunkten (s. auch Abschn. 7):

- Auswahl des Anzeigeprinzips (LED, LCD)
- Auswahl der Zeichenform (s. Bild 6.5.1) und ihrer Abmessungen
- Auswahl der Bauform
- Auswahl der Farbe.

Auswahlgesichtspunkte dazu zeigt **Bild 6.5.2**.

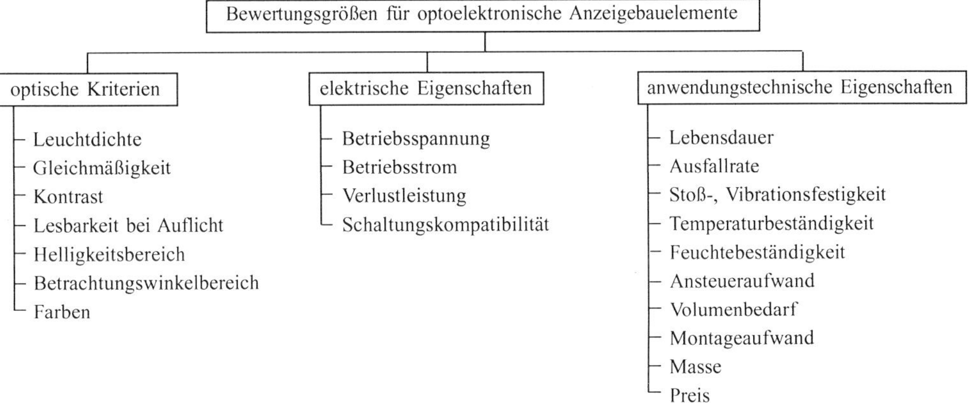

Bild 6.5.2 Bewertungsgesichtspunkte für optoelektronische Anzeigebauelemente

Tafel 6.5.6 Elemente, Verfahren, Strukturen und Bauformen integrierter optischer Bauelemente

Strukturelemente der integrierten Optik (Auswahl)	Materialien: Substrat	Materialien: Strukturelemente	Verfahren
Streifenwellenleiter Parallelstreifenwellenleiterkoppler Wellenleiterkrümmer	Glas	Glas Dielektrische Schichten (Ta_2O_5 ; SiO_x ; Si_3N_4)	Ionenaustausch (Ag, K, Na, Tl) Aufdampfen, Aufstäuben, chemische Dampfphasenabscheidung (CVD)
Verzweiger	$LiNbO_3$	Ti : $LinbO_3$ H : $LinbO_3$	Metalleindiffusion Protonenaustausch
Wellenleiterkreuzung	$A_{III}B_V$ (GaAs, InP)	Modifizierte $A_{III}B_V$ (GaAlAs, GaInAs, GaInAsP)	Molekularstrahlepitaxie (MBE) Metallorganische Dampfphasenepitaxie (MOVPE)

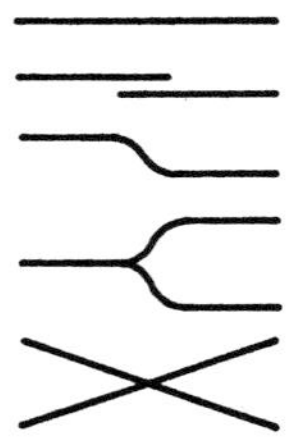

Grundkonfigurationen integrierter optischer Bauelemente	Ausführungsbeispiele der Struktur integrierter optischer Bauelemente	
Elektro-optischer Phasenmodulator Steuerbarer Richtungskoppler X-Koppler-Modulator Mach-Zehnder-Interfero-Modulator Akusto-optischer Bragg-modulator E = Eingangs- A = Ausgangsintensität	Interferometrischer Machzehnder – Modulator Z; Z; 1; 6 mm; 3 µm Au; 2; E; A; λ = 0,83 µm; 10 µm; 15 µm Substrat: $LiNbO_3$; 1 Koaxialleitung; 2 Ti: $LiNbO_3$	Digital gesteuerter elektro-optischer Modulator 16 mm; 20 µm; 10 mm ≙ 16L; 3 µm; 1°; E 1LWL; A 1LWL; Streifenwellenleiter; $LiNbO_3$-Substrat; 8L; 4L; 2L; 1L Anschlüsse f. 5bit Digitalwort
	Bauform	
	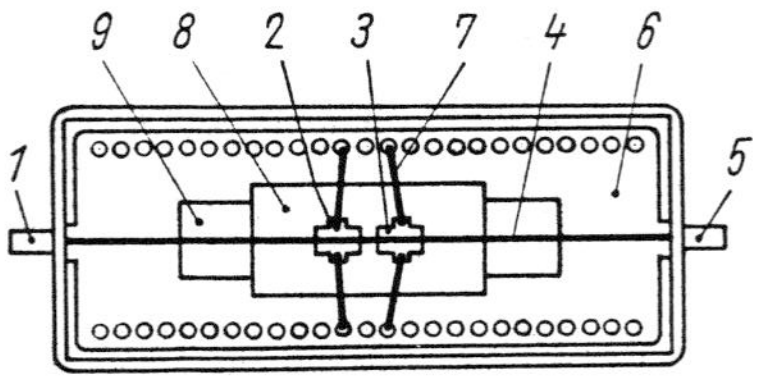 9 8 2 3 7 4 6; 1; 5	Integrierter optischer Schalter 1 Eingang, 2 LWL; 2 Elektrode; 3 Richtkoppler; 4 Titan-dotierter Monomodestreifenwellenleiter; 5 Ausgang, 2 LWL; 6 Dual-in-Line Gehäuse; 7 Bonddraht; 8 $LiNbO_3$-Chip; 9 Si-Chip mit Positioniergräben (s. Tafel 6.5.9)

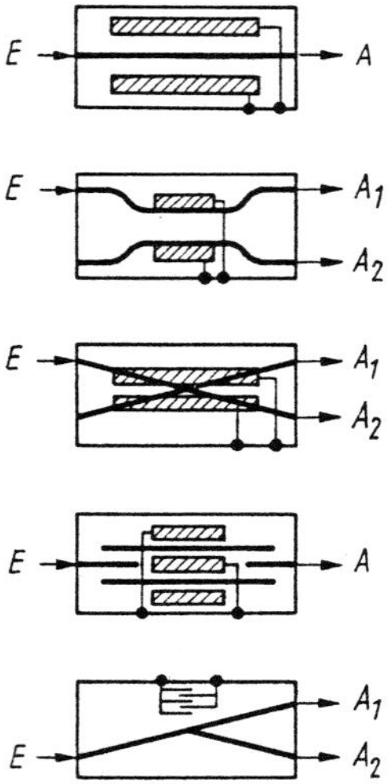

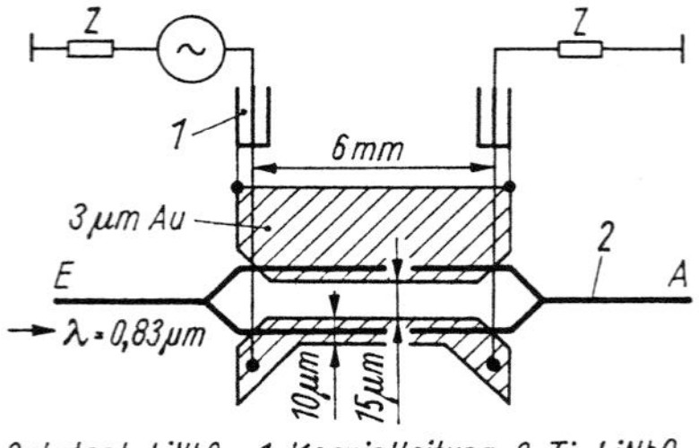

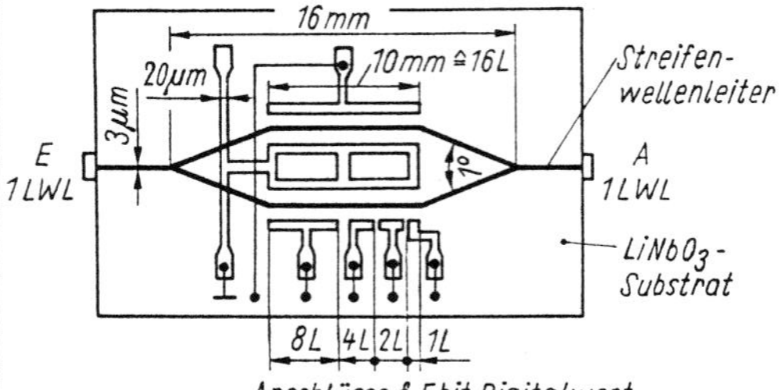

Die Wahl des Anzeigebauelements beeinflußt bei Verwendung von Gefäßsystemen

- die Abmessungen der Frontplatte
- die Abmessung und Anordnung der notwendigen Frontplattendurchbrüche und ihre Toleranzen in Wechselwirkung mit der Anordnung der übrigen Bedien- und Anschlußelemente
- die Gestaltung des Raums hinter der Frontplatte bei Beachtung konstruktiv-technologischer Forderungen der elektrischen Kontaktierung der Bauelemente.

Die konstruktive Lösung zum Befestigen von optoelektronischen Anzeigeelementen hängt ab von der verfügbaren Frontplattenfläche, den konstruktiven Parametern der Bauelemente und den technologischen Möglichkeiten zur elektrischen Kontaktierung.

Bei der Mehrzahl optoelektronischer Anzeigebauelemente ist die Halterung und Kontaktierung auf Leiterplatten vorgesehen. In Abhängigkeit von Form und Lage der elektrischen Anschlüsse des Bauelements in bezug auf die optische Achse ergibt sich eine Reihe von prinzipiellen Lösungsmöglichkeiten im Frontplattenbereich (**Bild 6.5.3**). Lösungen, bei denen Modul- oder Montageplatten verwendet werden (Bild 6.5.3 b, d), erfordern gegenüber dem direkten Befestigen der Anzeigeelemente auf der Frontplatte durch spezifische Halterungselemente einen erhöhten Fertigungsaufwand wegen der auftretenden Toleranzprobleme.

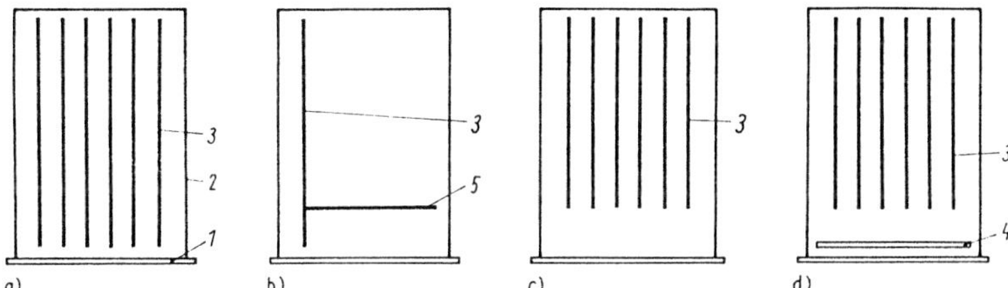

Bild 6.5.3 Gestaltungsmöglichkeiten des Frontplattenbereichs in Baugruppen (s. Abschn. 3)
a) Befestigung und Kontaktierung der Anzeigebauelemente auf Leiterkarte *3*; b) Befestigung und Kontaktierung der Anzeigebauelemente auf Modulleiterplatte *5*; c) Befestigung der Anzeigebauelemente auf Frontplatte *1*, Verdrahtung im Konstruktionsraum hinter Frontplatte; d) Befestigung der Anzeigebauelemente auf Montageplatte *4*, Verdrahtung wie c)
1 Frontplatte; *2* Baugruppenrahmen; *3* Leiterkarte; *4* Montageplatte; *5* Modulleiterplatte

6.5.3 Optoelektronische Baugruppen im Verarbeitungsbereich

Besondere konstruktive Probleme bei der Anwendung optoelektronischer Bauelemente treten überall dort auf, wo die physikalischen Bedingungen der Lichtübertragung, -wandlung und -verarbeitung durch technische Lösungen verändert werden bzw. die Umweltbedingungen auf das physikalische Verhalten entscheidend Einfluß nehmen können. Schwerpunkte sind dabei die Lichtleit- und die Verbindungstechnik sowie das thermische Verhalten optoelektronischer Bauelemente.

Im Gerät erfolgt die Lichtleitung in der Regel über Einzellichtwellenleiter. Die LWL-Faser (s. Tafel 6.5.3) ist dabei mechanisch durch eine Kunststoffummantelung (Durchmesser 1 bis 3 mm) geschützt.

Für die Nachrichtenübertragung (Weitstreckenübertragung) verwendet man Lichtwellenleiter mit Kerndurchmessern von etwa 50 μm mit Stufenindex- oder Gradientenprofil. Es kommt hierbei darauf an, eine möglichst geringe Dämpfung ($\leq$ 2 dB/km) und eine geringe Material- und Modendispersion (Laufzeitdifferenz von Signalen, materialbedingt bzw. durch unterschiedliche Weglänge des Signals z. B. in Abhängigkeit vom Einfallswinkel des Lichts) zu erreichen. Für die kohärente Nachrichtenübertragung kommen Monomode-LWL zum Einsatz [6.5.6] [6.5.12].

In der Kurzstreckenübertragung (Automatisierungstechnik) verwendet man Lichtwellenleiter mit Kerndurchmessern von 200 μm, weil geringere Übertragungsweglängen größere Dämpfungen zulassen und im Zusammenhang mit den im Vergleich zur Nachrichtentechnik geringeren Übertragungsraten auch niedrigere Anforderungen an die Sender, Empfänger und Steckverbinder zu stellen sind. Durch die Notwendigkeit, neben Daten auch Adressen und Steuersignale (über Bus-Systeme) zu übertragen, bzw. bidirektionale Kommunikationen zu realisieren, werden die Strukturen der Koppelmodule komplizierter als in der Nachrichtentechnik (optische Mehrfachsteckverbinder).

Neben den Parametern der aktiven optoelektronischen Bauelemente sind es vor allem die Parameter der Lichtwellenleiter, die konstruktiv-technologische Konsequenzen nach sich ziehen. Das betrifft vor allem die Ankopplung untereinander sowie ihre Verlegung und Befestigung. Reflexionsverluste zwischen dem Kern des Glas-LWL (mit einem Brechungsindex von etwa 1,5) und der Luft ergibt einen Reflexionsfaktor von 4 %. Die mechanische Kopplung zweier Lichtwellenleiter über eine Luftschicht im Mikrometerbereich führt damit bei idealen geometrischen Voraussetzungen (rechtwinklige, ebene und polierte Flächen der LWL-Enden) zu einem Koppelverlust von 8 %, was einer Dämpfung von 0,36 dB entspricht. Der Wert ist nur zu unterschreiten, wenn der Abstand der Koppelflächen kleiner als $\lambda/4$ (etwa 0,2 µm) wird. Reflexionsverluste an derartigen Trennstellen können durch dem Brechungsindex angepaßte Immersionsflüssigkeiten gesenkt werden, über die die Koppelflächen optisch verbunden sind. Die möglichen geometrischen Einflußfaktoren beim Realisieren von lösbaren Verbindungen zeigt **Bild 6.5.4** [6.5.34].

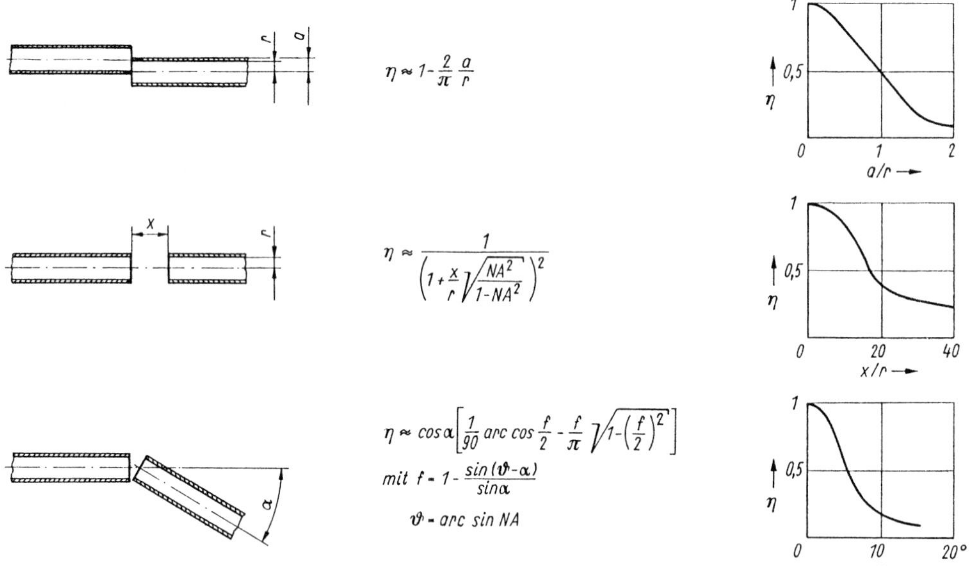

Bild 6.5.4 Geometrische Einflußfaktoren auf die Qualität von lösbaren Lichtwellenleiterverbindungen [6.5.34] (Diagramm gültig für Monomode-LWL $\Delta n/n = 0{,}012$, $r/\lambda = 1{,}6$)
r Radius der Lichtwellenleiter; NA numerische Apertur $= \sqrt{n_K^2 - n_M^2}$; η Koppelwirkungsgrad; n Brechzahl; n_K Brechzahl des Kernmaterials; n_M Brechzahl des Mantelmaterials; Δn Differenz der Brechzahlen von Kern- und Mantelmaterial; λ Wellenlänge

Zu den geometrisch verursachten Koppelverlusten kommen noch LWL-spezifische Fehler in der Kerngeometrie. Die Sicherung einer Dämpfung ≤ 2 dB für eine lösbare Koppelstelle erfordert eine hinreichende Zentriermöglichkeit der Achsen der LWL-Kabel in den Steckerteilen (z. B. durch Verwendung von Uhrensteinen, s. Tafel 6.5.3, oder Doppelexzentern) und hochplane Koppelstellen, wobei die polierten Stirnflächen der Lichtwellenleiter in der Regel durch Federkraft aneinandergedrückt werden. Die Verwendung optischer Steckverbinder als kombinierte elektrisch/optische oder optische Mehrfachsteckverbinder (s. Tafel 6.5.3) erfordert besondere Sorgfalt beim Festlegen der Toleranzen von Gefäßen, um eine Mindestandruckkraft in axialer Richtung zu gewährleisten.

Führung und Halterung von Lichtwellenleitern im Verarbeitungsbereich wirken sich auf die Topologie der Leiterplatte entsprechend aus. **Bild 6.5.5a** zeigt ein mögliches Prinzip zum Verlegen von Lichtwellenleitern auf der Leiterplatte, um das Signal von einem Sendebauelement zum Steckverbinder zu leiten. Die Konfektionierung dieses Elements mit einem Lichtwellenleiterpigtail und optischem Steckverbinder zwingt, auch wegen einer möglichen Reparatur, zum Verlegen des Lichtwellenleiters in Schleifen. Besonders zu beachten sind dabei Krümmungsradius, Zugfestigkeit, Druckbelastbarkeit und Masse des Lichtwellenleiters bei seiner notwendigen Halterung [6.5.47].

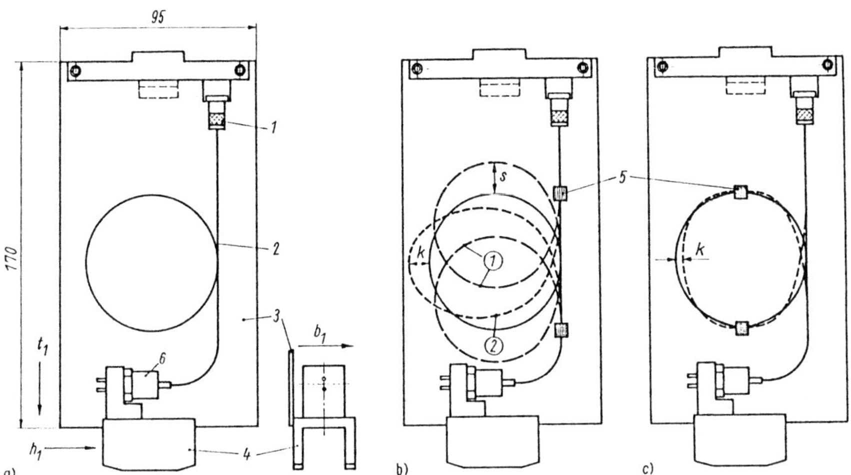

Bild 6.5.5 Führung und Halterung LWL-konfektionierter optoelektronischer Bauelemente auf Leiterplatten
a) Anordnung und LWL-Führung (Beispiel); b) Schwingverhalten des LWL bei willkürlicher Halterung (Erregung: 0,075 mm/2 g)
Anregung in t_1-Richtung:
① $f = 104$ Hz: $s = 23$ mm; $f = 275$ Hz: $s' = 11$ mm (Schwingungsrichtung senkrecht zur Anregungsrichtung)
Anregung in h_1-Richtung:
② $f = 90$ Hz: $k = 10$ mm; $f = 225$ Hz: $k' = 8$ mm (Schwingungsrichtung senkrecht zur Anregungsrichtung)
—— ——Anregungsrichtung t_1; – – – – Anregungsrichtung h_1
c) Schwingungsrichtung bei optimaler Halterung des LWL bei $6g_n$ in h_1-Richtung: $f = 90$ Hz: $k < 1$ mm
1 optischer Steckverbinder; *2* LWL; *3* Leiterkarte; *4* Kühlkörper; *5* Halteelement für LWL; *6* Laserdiode

Bild 6.5.6 zeigt die Abhängigkeit der Dämpfung vom Biegeradius eines Lichtwellenleiters. Bei der konstruktiven Gestaltung der Halteelemente in Verbindung mit der LWL-Führung ist zu beachten, daß die Dämpfung eines Lichtwellenleiters auch druck- und torsionsabhängig ist (**Bild 6.5.7**). Der geführte Lichtwellenleiter muß, was seine dynamische Belastbarkeit betrifft, den Bedingungen der Stoßfolge- und Schwingungsprüfung genügen (s. Abschn. 5.8 und Tafel 5.56). Bild 6.5.5b zeigt mögliche Schwingungsamplituden bei ungünstiger Halterung, die zum Zerstören des Lichtwellenleiters oder von Bauelementen auf der Leiterplatte führen können. Beim Entwurf von Leiterplatten mit LWL-Verbindungen ist es deshalb empfehlenswert, die dynamische Belastung des Lichtwellenleiters unter Beachtung der Gesamtmasseverteilung auf der Leiterplatte im Experiment zu untersuchen und die Halteelemente an den Stellen zu plazieren, wo die Schwingungsmaxima des Lichtwellenleiters auftreten (s. Bild 6.5.5c).

Die Plazierung der Sende- bzw. Empfängerbauelemente hat in Verbindung mit der Führung des Lichtwellenleiters und dem Anordnen der Halteelemente bei der Konstruktion der Leiterplatte das Primat.

Nicht lösbare Verbindungen werden bei der Konstruktion elektronischer Geräte in naher Zukunft kaum eingesetzt werden.

Sie haben Bedeutung für das Herstellen großer LWL-Übertragungslängen und von optischen Verzweigungs- und Informationsverarbeitungselementen. **Bild 6.5.8** zeigt eine Übersicht von möglichen Verbindungstechniken.

Thermisch werden an aktive optoelektronische Bauelemente (insbesondere an Hochleistungs-LED und Laserdioden) hohe Konstanzforderungen gestellt, weil sich unzulässige Temperaturerhöhungen negativ auf die Lebensdauer und die Frequenzstabilität auswirken (s. Abschn. 5.4).

Besondere konstruktiv-technologische Anforderungen werden bei der Kopplung von LWL an Sendeelemente und integriert optische Bauelemente gestellt [6.5.2]. **Tafel 6.5.7** gibt eine Übersicht über prinzipielle konstruktive Möglichkeiten der Ankopplung von LED und Laserdioden an LWL. Ziel ist

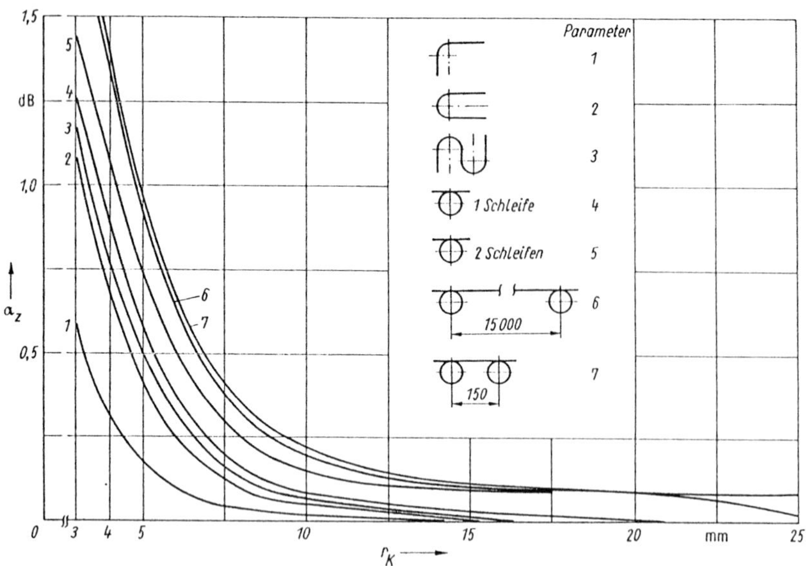

Bild 6.5.6 Optische Dämpfung eines LWL in Abhängigkeit vom Biegeradius
Lichtwellenleiter: α = 7,3 dB/km; d_K = 52 µm; d_M = 120 µm; d_a = 1 mm; Ummantelung Silikon + Polyäthylen 12; Bruchradius 2,9 mm
α Dämpfung des Lichtwellenleiters im „unbelasteten" Zustand, zu diesem Wert ist α_z zu addieren;
d_K Kerndurchmesser; d_M Manteldurchmesser; d_a Außendurchmesser

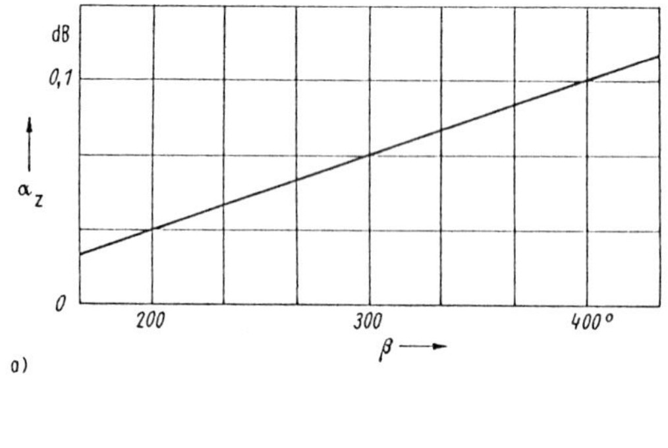

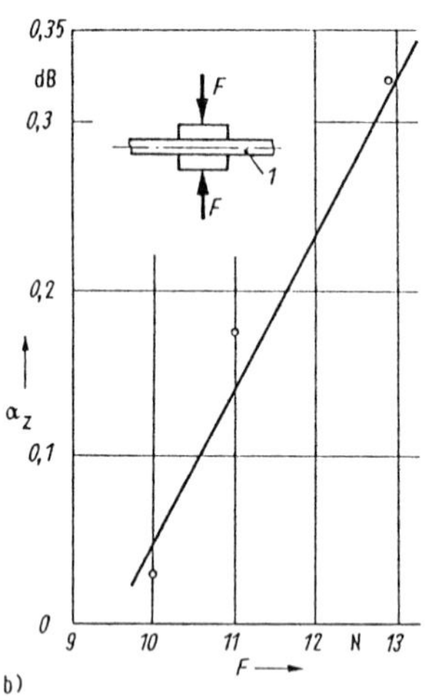

Bild 6.5.7 Optische Dämpfung eines Lichtwellenleiters
a) in Abhängigkeit von der Torsion
Lichtwellenleiter: α = 7,3 dB/km; d_K = 52 µm; d_M = 120 µm; d_a = 1 mm; Ummantelung Polyamid, Bruch bei β_{max} = 1365°, Bezugslänge 1 m
α Dämpfung des Lichtwellenleiters im „unbelasteten" Zustand, zu diesem Wert ist α_z zu addieren;
d_K Kerndurchmesser; d_M Manteldurchmesser; d_a Außendurchmesser
b) in Abhängigkeit von der Druckbeanspruchung
Bruch des Lichtwellenleiters *1* bei $F \geq 15{,}7$ N; Leiterdaten wie bei a); Einspannfläche (1 x 1) mm²; Werkstoff der Einspannung St 37

es, einen möglichst hohen Kopplungswirkungsgrad η_K (Quotient aus der in den LWL eingekoppelten und geführten Leistung und der vom Sendeelement abgegebenen Leistung) bzw. eine möglichst geringe Koppeldämpfung zu erreichen.

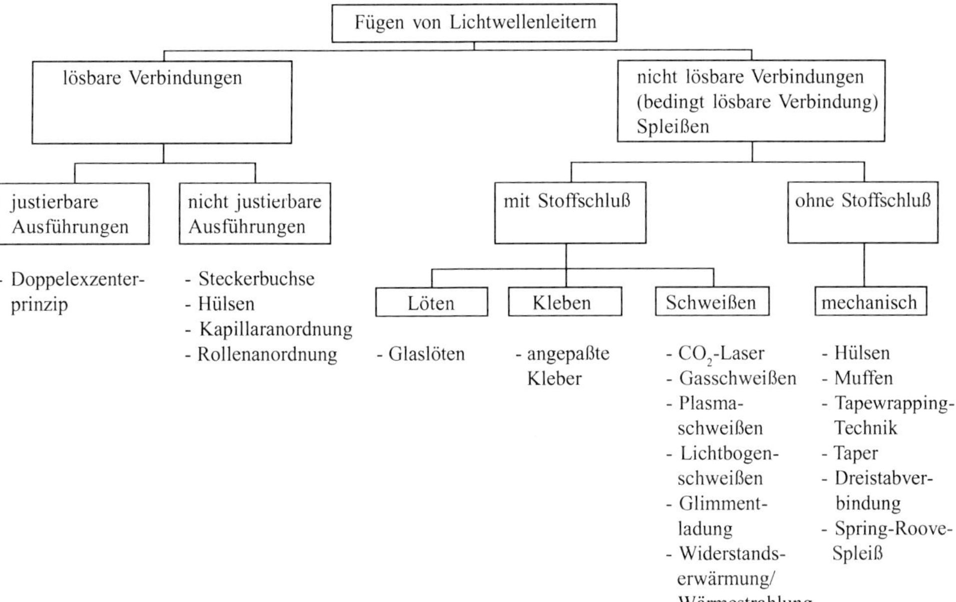

Bild 6.5.8 Fügeverfahren für Glas-LWL [6.5.3]

Bei Ankopplung eines LWL an eine flächenemittierende LED ohne optische Hilfsmittel ist der maximal erreichbare Wert von η etwa proportional dem Quadrat der numerischen Apertur *NA* des LWL, wenn der Durchmesser des LWL-Kerns wesentlich größer als der Durchmesser der strahlenden Fläche des LED ist (z. B. bei $NA = 0{,}24$: $\eta_K \approx 6\ \%$).

Chipversatz zum Kern des LWL, Abweichungen der Kerngeometrie und der Abstand zwischen Chip und der polierten, senkrecht zur optischen Achse auszurichtenden LWL-Stirnfläche beeinträchtigen den Kopplungswirkungsgrad. Lösbare Ankopplungen mit vertretbaren Toleranzen (z. B. realisiert durch snap-in-Verbindungen) ermöglichen nur sehr geringe Kopplungswirkungsgrade ($\ll 10\ \%$, Anwendung in der Kurzstreckenübertragung). Bei hohem Passungs- und Justageaufwand sind bei direkter Kopplung von LWL und flächenemittierenden LED Werte von $\eta_K \leq 10\ \%$ erreichbar.

Alle Maßnahmen zum Verbessern von η_K sind deshalb darauf gerichtet, die stark divergierenden Strahlungsanteile so umzulenken, daß sie möglichst optimal in den LWL eingekoppelt werden (scharfe Abbildung der strahlenden Fläche der LED z. B. durch Linsen auf die Kernfläche des LWL). Konstruktion und Technologie müssen gewährleisten, daß der LWL in drei Koordinaten hochgenau justierbar ist.

In Abhängigkeit von der Art des anzukoppelnden LWL und dem Aufbau des Sendeelements sind die in Tafel 6.5.7 angegebenen Kopplungswirkungsgrade bzw. Kopplungsdämpfungen mit den dargestellten Konstruktionsprinzipen zu erreichen.

Die Kopplung von Laserdioden an LWL erfolgt nach den gleichen Prinzipen wie die Kopplung von kantenstrahlenden LED, fordert aber wegen der physikalischen Randbedingungen der Einkopplung kohärenter Strahlung in Gradienten-Multimode-LWL oder Monomode-LWL wesentlich höhere Präzision (Abstände zur Koppeloptik $\leq 50\ \mu m$, Justagegenauigkeiten bei Kopplung an Monomode-LWL mit Kerndurchmesser zwischen 3 ... 10 $\mu m \leq 1\ \mu m$ in drei Dimensionen). Bei Ankopplung an indexgeführte Laserdioden fordert die mögliche optische Rückkopplung durch die Koppeloptik (was zur Verstimmung und Instabilität der Emission führen kann) besondere Maßnahmen. Dazu gehören z. B. das Beschichten der Faserflächen mit einer Antireflexionsschicht (Al_2O_3, MgO) oder der Einbau eines optischen Isolators (s. Tafel 6.5.7).

Die Kopplung LWL-Sendeelement erfolgt wegen der zu beherrschenden Präzisionstechnologie beim Bauelementehersteller, der die Bauelemente mit LWL-pigtail sowohl mit als auch ohne optischen Steckverbinder zum Einbau in den Verarbeitungsbereich anbietet.

Tafel 6.5.7 Kopplung von Lichtwellenleitern an Sendeelemente

1 Sendeelement; *2* LWL; *3* Linsen [6.5.2] [6.5.33]

a) glatt gebrochene Endfläche; b) Halbkugel (Stirnfläche in Mikroflamme oder Glimmentladung geschmolzen); c) Halbkugel (Glaslot bzw. mit Epoxidharz verbunden); d) Zylinder oder Kugellinse; e) zweiteiliger Schrägschliff; f) Taper (chemisch geätzt); g) Taper (in Glimmentladung gezogen und verschmolzen); h) bis l) Koppelprinzipien wie a) bis g)

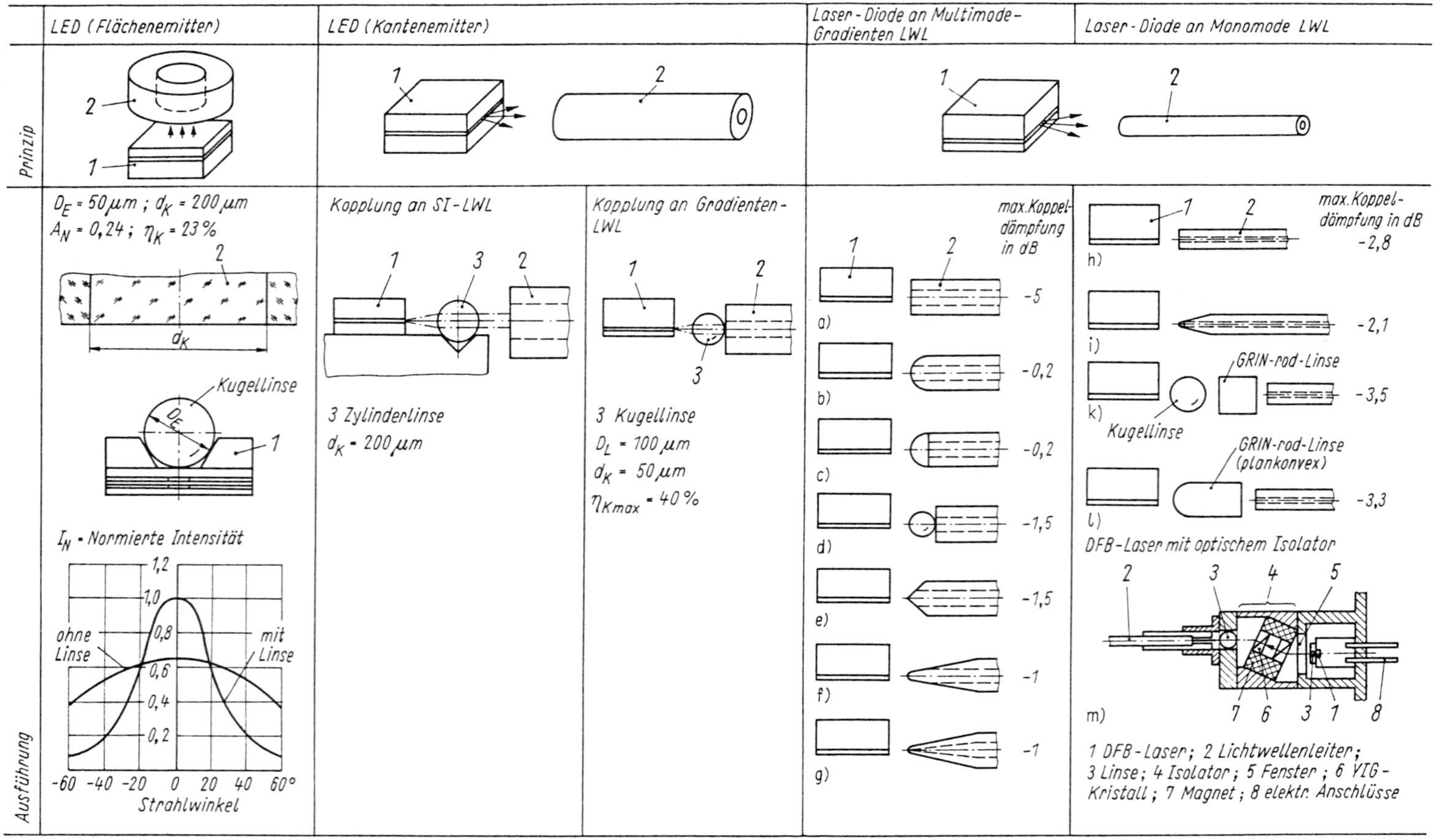

	LED (Flächenemitter)	LED (Kantenemitter)		Laser-Diode an Multimode-Gradienten LWL	Laser-Diode an Monomode LWL
Prinzip					
Ausführung	D_E = 50 µm; d_K = 200 µm A_N = 0,24; η_K = 23 % d_K Kugellinse D_E I_N - Normierte Intensität 1,2 1,0 0,8 0,6 0,4 0,2 ohne Linse mit Linse -60 -40 -20 0 20 40 60° Strahlwinkel	Kopplung an SI-LWL 3 Zylinderlinse d_K = 200 µm	Kopplung an Gradienten-LWL 3 Kugellinse D_L = 100 µm d_K = 50 µm η_{Kmax} = 40 %	max. Koppeldämpfung in dB a) -5 b) -0,2 c) -0,2 d) -1,5 e) -1,5 f) -1 g) -1	max. Koppeldämpfung in dB h) -2,8 i) -2,1 k) Kugellinse, GRIN-rod-Linse -3,5 l) GRIN-rod-Linse (plankonvex) -3,3 DFB-Laser mit optischem Isolator m) 1 DFB-Laser; 2 Lichtwellenleiter; 3 Linse; 4 Isolator; 5 Fenster; 6 YIG-Kristall; 7 Magnet; 8 elektr. Anschlüsse

Noch höher sind die Anforderungen bei der Kopplung von LWL an integrierte optische Bauelemente. Man unterscheidet die Ankopplung über die Oberflächen und die Stirnflächen der Streifenwellenleiter (SWL).

Die Oberflächenkopplung erfolgt durch Nutzung der quergedämpften (engl.: evanescent) Feldanteile des Modenfeldes. Evanescente Feldanteile entstehen, wenn eine in einem optischen Medium geführte Welle auf ein optisch dünneres Medium trifft. Die konstruktive Ausführungsform von Oberflächenkopplern muß folgenden Bedingungen genügen:

- definierter Abstand der wellenleitenden Strukturen zum Sichern der Wechselwirkung der evanescenten Felder;
- Sichern einer definierten Wechselwirkungslänge;
- Abstimmung der Brechzahlen der lichtführenden Schichten und der Umgebungsmaterialien;
- die Polarisationsrichtung der anliegenden Welle muß im angrenzenden Wellenleiter ausbreitungsfähig sein;
- die Phasenkoeffizienten der an der Kopplung beteiligten Wellenleiter müssen angepaßt sein.

Ausführungsprinzipe zeigt **Tafel 6.5.8**.

Tafel 6.5.8 Kopplung von Lichtwellenleitern an integrierte optische Bauelemente über evaneszente Felder [6.5.2]
1 Monomode-LWL; *2* Streifenwellenleiter; *3* Substrat; *4* Prisma

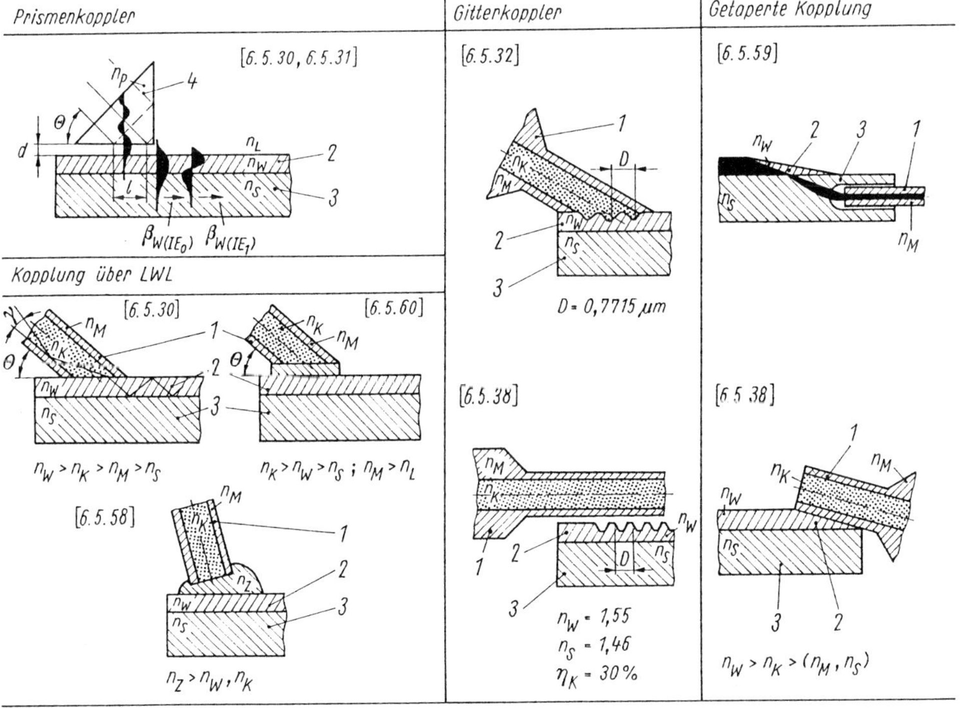

Prinzip, Genauigkeitsanforderungen und Ausführungsformen von Stirnflächenkopplern zeigt **Tafel 6.5.9**. Unterschiedliche Koppelgeometrien von LWL und SWL sowie Unterschiede in den Materialeigenschaften führen zu unerwünschten Beeinflussungen von Schwingungsmodus und -verteilung sowie zu hohen Reflexionsverlusten. Daraus resultieren eine Reihe konstruktiver Grundanforderungen, wie Geometrieanpassung von LWL und SWL, präzise Übereinstimmung der LWL- und SWL-Achse, hohe optische Qualität der Stirnflächen und senkrechte Lage zu den Wellenleiterachsen, Reduktion der Fresnelverluste durch Stirnflächenverspiegelung oder Verwendung von indexangepaßten Immersionsmitteln. Die Modenfeldanpassungen können erfolgen durch:

Tafel 6.5.9 Stirnflächenkopplung von Lichtwellenleitern an integrierte optische Bauelemente
1 Monomode-LWL; *2* Substrat; *3* Streifenwellenleiter

Prinzip: x, y, z; 1; 2; 3; Diffundierter SWL

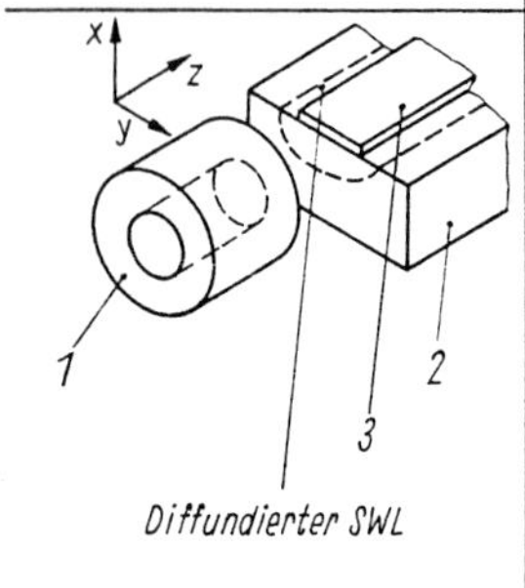

Genauigkeitsanforderungen [6.5.35]

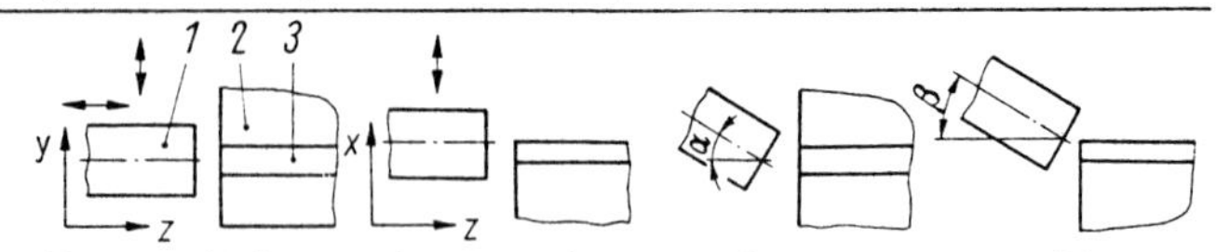

I/I_0	Mode	$y/\mu m$	$z/\mu m$	$x/\mu m$	$\alpha/°$	$\beta/°$
95 %	E^y_{00}	3,9	11,3	1,3	-	-
	E^x_{00}	2,4	6,3	0,9	0,7	1,7
90 %	E^y_{00}	6,1	16,3	1,9	-	-
	E^x_{00}	3,8	11,3	1,3	1,1	2,2

Ausführungsformen

a) [6.5.46] Elektroden; SWL; $LiNbO_3$; Si; Monomode-LWL; geätzte Ausrichtungsgräben; SWL; LWL; $LiNbO_3$; Si

b) [6.5.33] LWL; $LiNbO_3$; Si; Ti:$LiNbO_3$-Streifenleiter (4 µm); Hilfsstreifen (5 µm); Monomode-LWL; Si; Hilfsgraben (6 µm); Ausrichtungsgraben (113 µm); 54,7°

c) [6.5.38] Ti:$LiNbO_3$-BE; Si; Monomode-LWL; getaperter LWL (ca. 0,5-1 µm/mm)

d) [6.5.49] $LiNbO_3$; SWL; Si-Chip; Monomode-LWL

e) [6.5.48] Substrat; SWL; Graben; Monomode-LWL (wird im Graben an SWL gefügt)

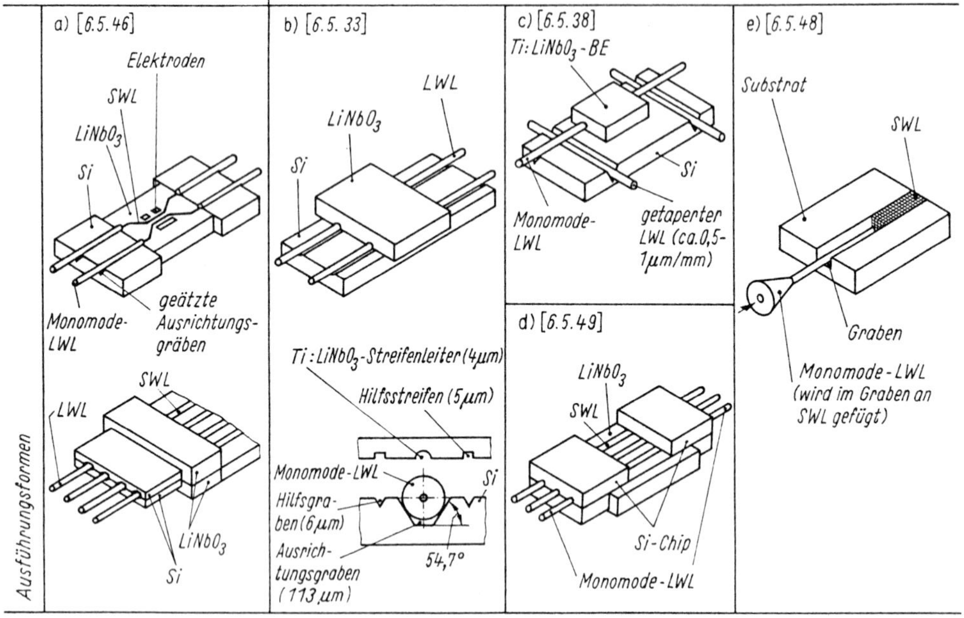

- Anpassung des Modenfeldradius des LWL durch Taperung bzw. Verringern der Brechzahldifferenz zwischen Kern und Mantel durch Diffusion;
- Anpassen des Feldverlaufs im SWL durch Verändern der Diffusionsbedingungen beim Realisieren der Stufenstruktur;
- Feldanpassung durch Verwendung von Linsenkopplern.

Unter Voraussetzung der Anpassung der Modenfelder sind Stoßkoppler unter den gegenwärtigen technologischen Voraussetzungen [6.5.2] die vergleichsweise einfachste Möglichkeit der Realisierung der Stirnkopplung.

Tafel 6.5.9 weist die fünf zu beeinflussenden Freiheitsgrade aus [6.5.35], die durch die konstruktive Lösung soweit zu reduzieren sind, daß automatisierbare, ökonomisch zu vertretende technologische Kopplungsverfahren angewandt werden können. Das Verringern des technologischen Aufwandes und eine Erhöhung der Stabilität gegenüber einzeln angekoppelten LWL erreicht man durch Verwendung von Siliziumchips zur Faserpositionierung [6.5.46]. In <100>Si werden V-förmige Ausrichtungsgräben geätzt [6.5.11]. Das <100>Si bietet sich wegen der vertretbaren Ätzzeiten (im Gegensatz zum $LiNbO_3$) des konstanten Ätzwinkels und der definierten Grabenform bei Ätzzeitüberschreitung an. Das Si-Chip wird an das $LiNbO_3$-Chip angekittet. Nachteilig sind die unterschiedlichen Längen-Temperaturkoeffizienten der beiden Materialien, was bei Temperaturschwankungen zur Änderung des Koppelwirkungsgrades führt. Vorteilhaft ist die erreichbare enge Toleranz der Abstände der LWL und, daß bei Ankopplung von mehr als zwei LWL pro Chipkante nur die beiden äußeren LWL hinsichtlich maximalen Kopplungswirkungsgrades zu justieren sind. Bei diesem Verfahren werden höchste Anforderungen an die Maßhaltigkeit der Kern-Mantel-Geometrie

(Koaxialität, Durchmessertoleranzen) sowie an die Stirnflächenbearbeitung der Si- bzw. $LiNbO_3$-Chips gestellt. Die justierten LWL verklebt man mittels viskoser Epoxidharze. Abschließend wird der Schaltkreis verkappt. Tafel 6.5.9b zeigt eine Variante zum Verringern der Justierfreiheitsgrade [6.5.33]. Das mit Hilfsstreifen versehene durchsichtige $LiNbO_3$-Chip wird face down auf das mit V-Gräben und Hilfsgräben strukturierte Si-Substrat aufgebracht und unter dem Mikroskop auf kleiner 1 µm ausgerichtet (zwei Freiheitsgrade). Anschließend werden die LWL auf optimalen Abstand zum SWL (ein Freiheitsgrad) ausgerichtet und im V-Graben verklebt. Nachteilig bei diesem Verfahren sind die nicht ausgleichbaren Geometriefehler der LWL und die Fertigungstoleranzen der Chipelemente. Bei geringer Koppelstellenanzahl kann über getaperte Justier-LWL in bestimmten Grenzen ein Ausgleich der Abweichung von der Koaxialität erreicht werden (Tafel 6.5.9c [6.5.38]). Ein weiterer Nachteil besteht bei der face-down-Anordnung des $LiNbO_3$-Chips im vollständigen Verdecken der Chipstrukturen, die eine abschließende elektrische Kontaktierung des Chips nicht zuläßt. Tafel 6.5.9d zeigt eine auf dem gleichen Prinzip beruhende Variante, die einen Teil der Oberfläche des $LiNbO_3$-Chips freiläßt [6.5.49]. Gleichzeitig wird das direkte Ausrichten möglich.

Tafel 6.5.9e zeigt das gleiche Prinzip der Hilfsgrabentechnik bei Ätzung der <110> -Fläche des Siliziums. Hier entstehen rechteckige Gräben, in die z. B. getaperte LWL mit nichtkreisförmigem Querschnitt (Polarisationserhalt) angekoppelt werden können [6.5.48].

Um den Nachteil der unterschiedlichen Längen-Temperaturkoeffizienten aufzuheben, werden Versuche durchgeführt, Gräben direkt in $LiNbO_3$ zu ätzen [6.5.2]. Durch Ionenstrahlätzung (Abtragsgeschwindigkeiten 20 bis 40 nm/min) lassen sich Ätzgraben von 10 µm Breite und 6 bis 8 µm Tiefe bei kreisförmigen Querschnitten in vertretbaren Zeiten realisieren. Nachteilig ist die notwendige Reduzierung des LWL-Durchmessers auf etwa 10 µm. Dadurch können Verluste durch evanescente Felder und mode sinking auftreten. Es werden Maßnahmen zur Minderung der Bruchgefahr für den LWL notwendig.

6.5.4 Optoelektronische Baugruppen zur Meßwertgewinnung

Optoelektronische Meßfühler (Sensoren) nutzen den mittelbaren oder unmittelbaren Einfluß physikalischer Größen auf das Licht zur Meßwertgewinnung. Eine Übersicht über optoelektronische Verfahren zur Meßwertgewinnung zeigt **Bild 6.5.9**. Von besonderem Interesse sind die Meßverfahren, die ein optisches Ausgangssignal liefern. Dieses ist direkt über Lichtwellenleiter (explosionssicher) zum Ort der Meßwertverarbeitung weiterleitbar, ohne daß elektrische Zwischensignale gewonnen werden müssen.

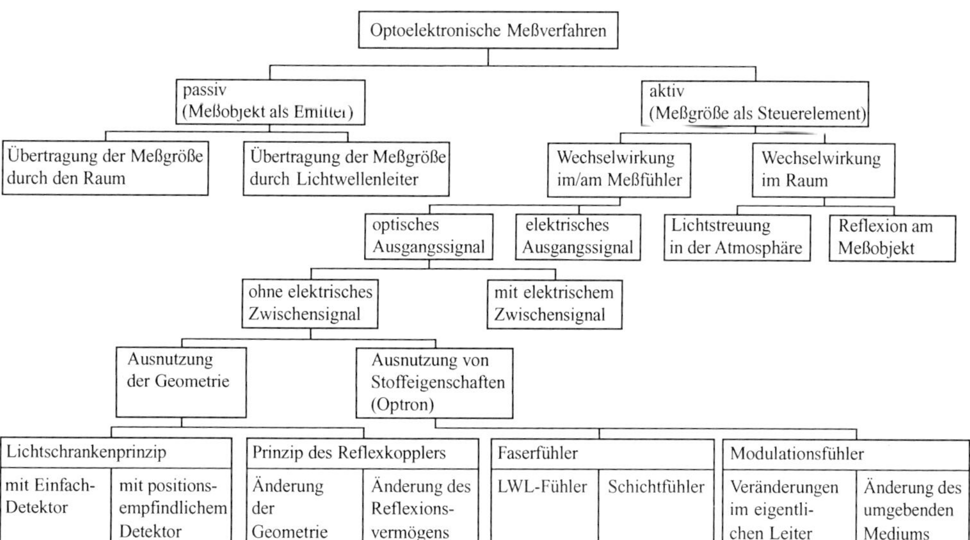

Bild 6.5.9 Optoelektronische Verfahren zur Meßwertgewinnung [6.5.44]

Passive Meßfühler mit optischem Ausgang sind dadurch gekennzeichnet, daß der Zustand des Meßobjekts direkt oder indirekt als optisches Signal erfaßt und durch den Raum oder über Lichtwellenleiter der Meßwertverarbeitung zugeführt wird.

Aktive Meßfühler mit optischem Ausgang sind dadurch gekennzeichnet, daß ein konstanter Lichtstrom durch die Meßgröße unmittelbar beeinflußt wird. Die Änderung des Lichtstroms erfolgt z. B. durch geometrische Parameter (Abstandsvariation zwischen Sender und Empfänger, Veränderung des Reflexionsvermögens, Variation von Materialeigenschaften usw.).

Tafel 6.5.10 zeigt Prinzipe der Gestaltung von Meßfühlern mit optischem Ausgang. Konstruktiv-technologische Grundlage ist die lösbare Kopplung eines Stufenindex-Multimode-LWL mit einer bezüglich dem Linsenradius *r*, der Linsendicke *d* und dem axialen Versatz *a* angepaßten Stablinse [6.5.21]. **Bild 6.5.10** zeigt weitere Prinziplösungen für Meßfühler mit optischem Ausgang.

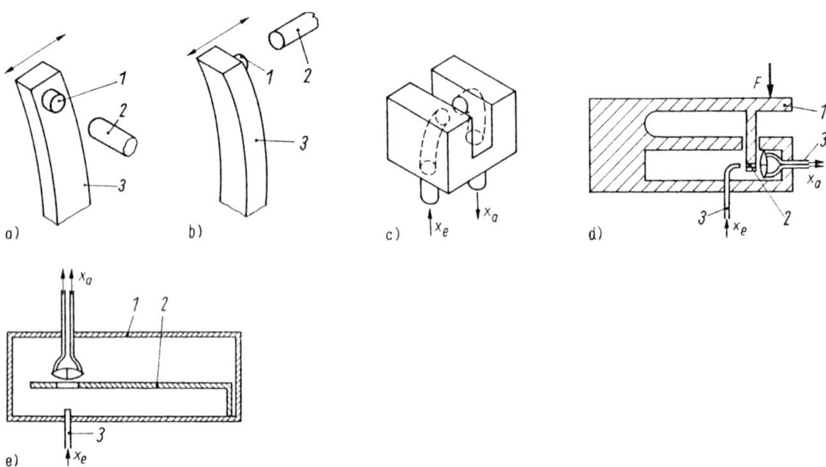

Bild 6.5.10 Optoelektronische Meßwertaufnehmer mit optischem Ausgang [6.5.44]
a) Messung der Schwingfrequenz; b) Messung von Schwingfrequenz und -amplitude (*1* LED; *2* LWL; *3* Meßobjekt);
c) Gabelkoppler mit optischem Ein- und Ausgang; d) Druckmeßanordnung (*1* Biegebalken; *2* Spaltblende; *3* Lichtwellenleiter);
e) Temperaturmeßanordnung (*1* Meßfühler mit Längen-Temperaturkoeffizienten α_1; *2* Ausdehnungsstab mit Spaltblende und Längen-Temperaturkoeffizienten α_2; $\alpha_1 \neq \alpha_2$; *3* Lichtwellenleiter; x_e, x_a Eingangs-, Ausgangsgröße)

Oft wird das Lichtschrankenprinzip zur Meßwertgewinnung ausgenutzt. Es kann in Verbindung mit optoelektronischen oder rein optischen Aufnehmern für die Messung verschiedener physikalischer Größen, wie Drehzahl, Druck, Temperatur, Füllstand usw. verwendet werden. Tafel 6.5.3 zeigt einen Gabelkoppler mit elektrischem Ein- und Ausgang. Bild 6.5.10c verdeutlicht das Prinzip des Gabelkopplers mit rein optischem Ein- und Ausgang. Das Lichtschrankenprinzip bedingt zur Sicherung des Signal-Rausch-Abstandes einen hinreichend großen eingekoppelten Lichtstrom in Verbindung mit geringen Streuverlusten. Das erfordert sehr kleine Abstände zwischen Sender und Empfänger oder das Verwenden optischer Hilfsmittel (s. Tafel 6.5.10). Die Druck- bzw. Temperaturmeßfühler in Bild 6.5.10d, e enthalten Differenzempfänger aus zwei LWL. Die konstruktiv-technologische Realisierung stellt sehr hohe Ansprüche an Materialauswahl, Toleranzen und optische Verbindungstechnik. Eine Alternative sind Lichtschrankensensoren mit elektrischem Ausgang. Die Differenzbildung erfolgt z. B. durch positionsempfindliche Fotozellen (**Bild 6.5.11**) oder zwei bzw. mehrere Dioden oder Diodenmatrizen.

Reflexionsmeßverfahren nutzen das Meßobjekt als Reflektor. Sie sind sowohl in Verbindung mit aktiven optoelektronischen Bauelementen (**Bild 6.5.12a**) als auch durch rein optische Anordnungen vom Prinzip her realisierbar. Das Hauptproblem bei optischen Reflexkopplern ist es, hinreichende Lichtmengen in den Empfänger einkoppeln zu können. Koaxiale Anordnungen von Lichtwellenleitern haben bessere Koppelwirkungsgrade als parallele Anordnungen (Bild 6.5.12b, c). Aus der Theorie herleitbare geometrische Anforderungen, engste Toleranzen und sehr gute Reproduzierbarkeit der optischen Eigenschaften der verwendeten Materialien (z. B. Reflexionsvermögen, Fasergeometrie,

Tafel 6.5.10 Beispiele zur Gestaltung von aktiven und passiven Meßfühlern mit optischem Ausgang auf der Basis von LWL-kompatiblen Sensorelementen [6.5.21]

Konstruktive Ausführung		Anwendungsprinzipe / Beispiele
Lösbare Kopplung v. Stablinse mit Multimode SI-LWL: Prinzip 1 LWL; 2 Stablinse d_K = 0,2 mm		**Analoge Meßwertgewinnung**
Konstrukt. Ausführng. 1 Stablinsenadapter 2 Stablinse	Weg	Veränderung d. Übertragungsbedingungen d. Lichtstrahlen: 1 LWL; 2 Stablinse; x_e Weg I_e Eingangs-; I_a Ausgangsintensität Lichtschrankenprinzip: 4 Prisma; 5 Planspiegel; 6 Blende
Aufbau einer Absorbtionsschranke (Gabelkoppler)	Grenzwert	Beispiel: Füllstandsmeßfühler Wirkungsweise [6.5.21] Lösungsmöglichkeiten mit LWL-kompatiblem Sensorelement
Prinzipschaltung zur Meßwertgewinnung: Sensor mit 2 Stablinsen (Sendeeinrichtung; Empfangs-u. Auswerteeinrichtng.; 1; 2; Sensor)	Winkel	$m = \frac{I_1 - I_2}{I_1 + I_2}$ Sendeeinrichtung; Auswerteeinrichtung Prinzipschaltung zur Messung kleiner Winkel 7 Reflektor Meßbereich 1,2°, Auflösung 0,003° [6.5.13]
		Diskrete Meßwertgewinnung
Sensor mit 1 Stablinse (Sendeeinrichtung; Empfangs-u. Auswerteeinrichtng.) 1 LWL; 2 Stablinse; 3 Y-Koppler	Drehzahl	$x_e = n$ $x_e = k \cdot n$ 8 Rasterscheibe; 9 Reflektierende Rasterscheibe

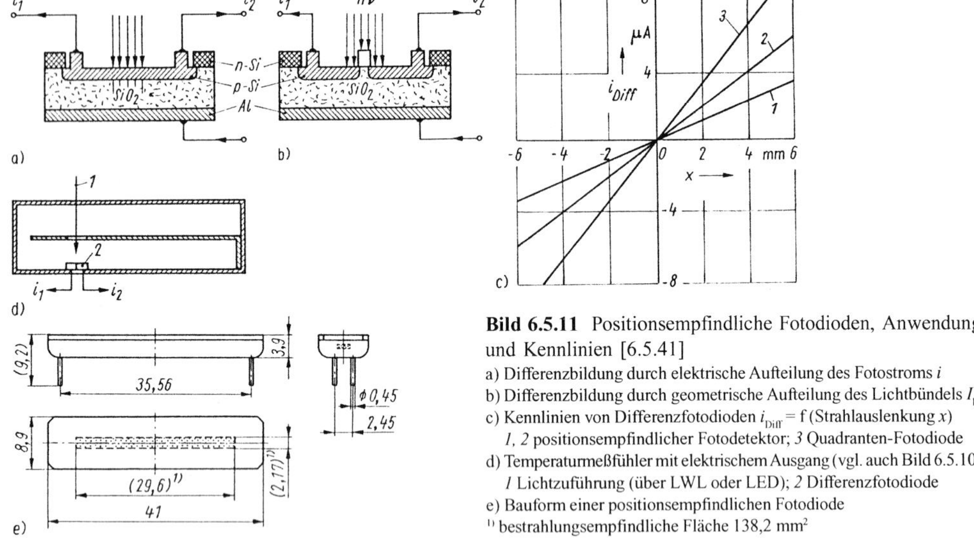

Bild 6.5.11 Positionsempfindliche Fotodioden, Anwendung und Kennlinien [6.5.41]

a) Differenzbildung durch elektrische Aufteilung des Fotostroms *i*

b) Differenzbildung durch geometrische Aufteilung des Lichtbündels I_h

c) Kennlinien von Differenzfotodioden $i_{Diff} = f$ (Strahlauslenkung *x*)
1, 2 positionsempfindlicher Fotodetektor; *3* Quadranten-Fotodiode

d) Temperaturmeßfühler mit elektrischem Ausgang (vgl. auch Bild 6.5.10)
1 Lichtzuführung (über LWL oder LED); *2* Differenzfotodiode

e) Bauform einer positionsempfindlichen Fotodiode
[1] bestrahlungsempfindliche Fläche 138,2 mm²

numerische Apertur) stellen höchste Anforderungen an die Fertigungstechnologien. Reflexkoppler sind sehr vielschichtig anwendbar (Zählvorgänge, Drehzahlmessung, Abstandsmessungen, Oberflächenbestimmungen, Längen-, Winkel-, Dehnungsmessungen usw.), indem sie geometrische Veränderungen registrieren oder dadurch bedingte physikalische Veränderungen (z. B. Phasenänderungen von Lichtimpulsen) ausnutzen.

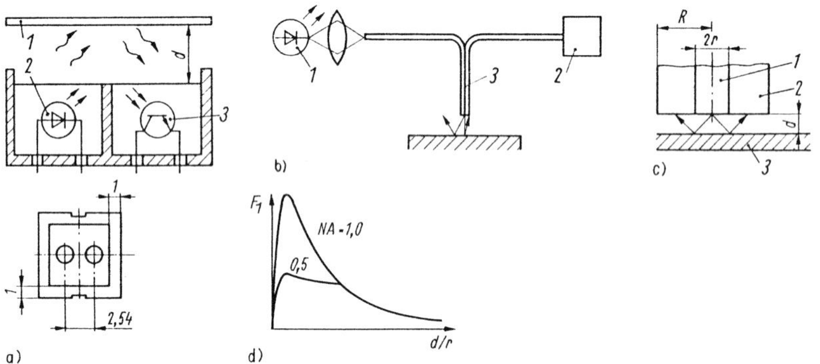

Bild 6.5.12 Reflexionskoppler

a) Wirkprinzip und Abmessungen eines Reflexionskopplers mit elektrischem Ausgangssignal
1 reflektierendes Medium; *2* Sender; *3* Empfänger; Masse des Meßkopfes etwa 0,7 g [6.5.57]

b) LWL-kompatibler Reflexionsmeßkopf [6.5.44]
1 Emitter; *2* Empfänger; *3* LWL

c) Reflexionsmeßkopf mit koaxialer LWL-Anordnung
1 Lichtwellenleiter für ankommendes Licht (Radius *r*); *2* Lichtwellenleiter für abgehendes Licht (Radius *R*); *3* Reflektor

d) Abstandsabhängigkeit des reflektierten Lichtstroms für Anordnung c (Parameter: Numerische Apertur *NA*) [6.5.44]

Optoelektronische Modulationsfühler nutzen Veränderungen von halbleiterphysikalischen Eigenschaften durch die Meßgrößen aus, wodurch ein ursprünglich konstanter Lichtstrom moduliert wird (z. B. Prinzip der Absorptionskantenverschiebung von Halbleitern als Funktion der Temperatur). Außerdem läßt sich Lichtmodulation auch durch Ausnutzen der Veränderung der optischen Bedingungen an Grenzflächen erreichen (s. Tafel 6.5.10). Verändert sich z. B. die Brechzahl des den optischen Meßfühler umgebenden Mediums (durch Eintauchen in eine Flüssigkeit oder durch Konzentrationsänderungen einer Flüssigkeit), werden die Bedingungen für die Reflexion geändert, was sich in einer Modulation des Ausgangssignals äußert. Problematisch ist dabei die Reproduzierbarkeit der Messung, die durch kondensierende Dämpfe, Restflüssigkeiten, Flüssigkeitsfilme auf dem Meßfühler oder auskristallisierte Salze beeinflußt wird.

Mit einem Grenzwertmeßfühler nach Tafel 6.5.10 wurden Füllstandsmessungen mit einer Genauigkeit von 0,1 mm realisiert [6.5.21].

LWL-Fasern lassen sich zur Meßwertgewinnung ausnutzen (faseroptische Sensoren, FOS). Beeinflußt werden können Amplitude, Phasenlage, Polarisationsgrad, Wellenlänge und Frequenz eines Lichtsignals. Ein Lichtstrahl kann in einem Lichtwellenleiter durch Verletzung der Wellenleitbedingungen moduliert werden (zusätzliche Verluste infolge Biegung oder Druck) (**Bild 6.5.13**). Durch Beeinflussung der Brechzahl eines Lichtwellenleiters (durch Temperatureinflüsse oder Ausnutzung fotoelastischer, elektrooptischer oder magnetooptischer Effekte) lassen sich die Veränderungen der optischen Weglänge und damit Phasenverschiebungen der Lichtwelle realisieren. Diese ermöglichen eine interferometrische Auswertung. Die Bilder 6.5.13b, c zeigen zwei Meßprinzipe. Derartige Interferometer erfordern als Signal- und Referenzfasern Monomode-LWL und sehr stabile Referenzstrahlen [6.5.24].

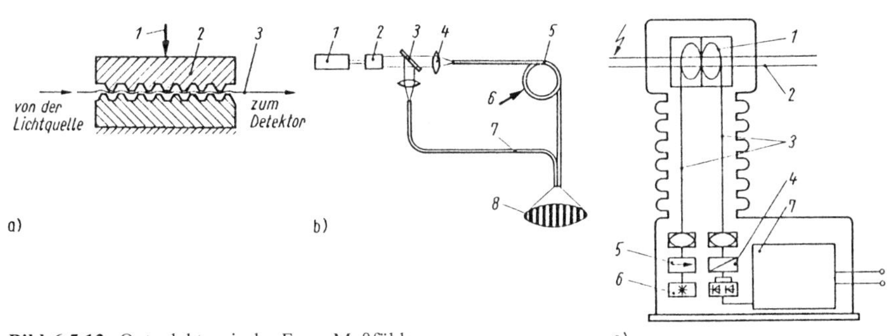

Bild 6.5.13 Optoelektronische Faser-Meßfühler

a) Sensor für Kraft, Druck oder Schall durch Faserbiegungen [6.5.39]

b) Mach-Zehnder-Interferometer mit Monomode-Lichtwellenleiter für Druck- und Temperaturmessung [6.5.36]
1 Laser; *2* Strahlaufweitungssystem; *3* Strahlteiler; *4* Objektiv; *5* Signalfaser; *6* Meßgröße (Kraft, Druck, Schall); *7* Vergleichsfaser; *8* Interferenzstreifen

c) magnetooptisches Strommeßgerät [6.5.40]
1 Faserspule; *2* Stromleiter; *3* Lichtwellenleiter; *4* Analysator; *5* Polarisator; *6* He-Ne-Laser; *7* Signalverarbeitung

Den Vorteilen bezüglich der Breite der Anwendungen und der Empfindlichkeit steht eine Reihe von Nachteilen gegenüber: Als Lichtquellen werden He-Ne-Laser verwendet; es ergibt sich ein großer Platzbedarf für die Menge notwendiger optischer Elemente (Linsen, Strahlteiler, Phasenschieber, Modulatoren); die mechanische Stabilität ist begrenzt; die Meßeinrichtungen liefern überwiegend analoge Signale.

Einsatzbreite, Empfindlichkeit und LWL-Kompatibilität lassen erwarten, daß optoelektronische Meßfühler in den nächsten Jahren in technischen Systemen, insbesondere in der Automatisierungstechnik breite Verwendung finden werden.

Eine Zusammenstellung ausgewählter Normen zum Abschnitt 6.5 enthält **Tafel 6.5.11**.

Tafel 6.5.11 Normen zum Abschnitt 6.5

DIN IEC 60747-5	Halbleiterbauelemente; Einzel-Halbleiterbauelemente und integrierte Schaltungen; Optoelektronische Bauelemente
DIN IEC 47(CO)1090	Halbleiterbauelemente; Rahmenspezifikation für optoelektronische Bauelemente
E DIN 47256-1	LWL-Steckverbinder mit Schraubverbindung; Rahmenspezifikation für BACS - 2,5/10 M 5,5
E DIN 47256-2	-; -; Bauartnorm; Stecker mit Einmodenfaser
E DIN 47256-3	-; -; -; Kupplung
E DIN 47256-4	-; -; -; Durchführungskupplung
E DIN 47256-5	-; -; -; Stecker mit Mehrmodenfaser G 50/125

Tafel 6.5.11 Fortsetzung

E DIN 47256-6	-; -; -; Stecker mit elastischer Führungshülse
E DIN 47256-7	-; -; -; Steckermontagesatz
E DIN 47257-1	LWL-Steckverbinder für Einschubsysteme; Typ LSB; Rahmennorm
E DIN 47257-2	-; -; Bauartnorm; Gehäusestecker mit Einmodenfaser
E DIN 47257-3	-; -; -; Gehäusekupplung
E DIN 47257-4	-; -; -; Gehäusestecker mit Mehrmodenfaser G 50/1125
DIN 47270	LWL-Steckverbinder mit Schraubverriegelung; Bauartnorm Typ F-SMA für Kunststofflichtwellenleiter
DIN 58141-1	Prüfung von faseroptischen Elementen; Bestimmung der Dämpfung von Lichtleitfasern
DIN 58141-2	-; Bestimmung des spektralen Emissionsgrades
DIN 58141-3	-; Bestimmung des effektiven Öffnungswinkels
DIN 58141-4	-; Bestimmung von Durchmesssern und Dicken von Lichtleitern
DIN 58141-5	-; Bestimmung der Faserbruchrate von Licht- und Bildleitern
DIN 58141-6	-; Bestimmung des kleinsten Biegeradius von Lichtleitfasern
DIN 58141-9	-; Bestimmung der Abweichung von Rundheit und Konzentrizität von Lichtleitfasern
DIN VDE 0884	Optoelektronische Koppelelemente für sichere elektrische Trennung; Anforderungen; Prüfungen
DIN V 32897	Optoelektronische Abstandsmessung nach dem Laufzeitverfahren-Teil 1: Inkohärente Laufzeitverfahren
DIN V 32936-1	Optoelektronische Abstands-, Profil- und Formmessung nach dem Triangulationsverfahren; Begriffe, Grundlagen, Kennlinien
DIN V 32936-2	-; Prüfung der Kenngrößen
DIN 37877	Optoelektronische Längenmessung mit berührungsloser Erfassung der Meßgröße; Begriffe, Anforderungen, Prüfung
DIN EN 120000	Fachgrundspezifikation: Optoelektronische Halbleiter- und Flüssigkeitsbauelemente
DIN IEC 47C/123/CD	Optoelektronische Anzeigebauelemente- wesentliche Grenz- und Kennwerte für Flüssigkristall-Anzeigemodule
DIN EN 3735-XXX	Luft- und Raumfahrt - Lichtwellenleiter und Lichtwellenleiterkabel für Luftfahrzeuge; xxx (5 Normen)
DIN 61300-XXX	Lichtwellenleiter; Verbindungselemente und passive Bauteile - Grundlegende Prüf- und Meßverfahren; xxx (61 Normen)

Literatur zum Abschnitt 6.5

Bücher, Dissertationen

[6.5.1] *Hentschel, Ch.*: Fiber optics handboock. 3. Aufl.:Verlag Hewlett Packard 1989.

[6.5.2] *Labs, J.*: Lichtwellenleiterfügetechnik. Berlin: Verlag Technik 1989.

[6.5.3] *Labs, J.*: Verbindungstechnik für Lichtwellenleiter. Düsseldorf: DVS 1989.

[6.5.4] *Corke, M.*: Fibre optic sensors. Oakland u.a.: Mc Graw Hill 1990.

[6.5.5] *Geckeler, S.*: Lichtwellenleiter für die optische Nachrichtenübertragung. 3. Aufl. Berlin: Springer-Verlag 1990.

[6.5.6] *Glaser, W.* : Lichtwellenleiter. 3. Aufl. Berlin: Verlag Technik 1990.

[6.5.7] *Udd, E.*: Fibre optic sensors. New York u.a.: John Wiley Inc. 1991.

[6.5.8] *Ebeling, K.J.*: Integrierte Optoelektronik. 2. Aufl. Berlin u.a.: Springer-Verlag 1992.

[6.5.9] *Karthe, W.*: Integrierte Optik. Leipzig: Akademische Verlagsgesellschaft 1991.

[6.5.10] *Naumann, H.*; Schröder, G.: Bauelemente der Optik. 6. Aufl. München, Wien: Carl Hanser Verlag 1992.

[6.5.11] *Krause, W.*: Konstruktionselemente der Feinmechanik. 2. Aufl. München, Wien: Carl Hanser Verlag 1993.

[6.5.12] *Unger, H.* G.: Optische Nachrichtentechnik, Optische Wellenleiter. 3. Aufl. Heidelberg: Dr. Alfred Hüthig Verlag 1993.

[6.5.13] *Unger, H. G.*: Optische Nachrichtentechnik, Komponenten, Systeme, Meßtechnik. 2. Aufl. Heidelberg: Dr. Alfred Hüthig Verlag 1993.

[6.5.14] *Chen, C.*: Elements of optoelectronics and fibre optics. Chicago, Irwin 1995.

[6.5.15] *Hillerigmann, R. G.*: Mikrosystemtechnik auf Silizium. Stuttgart: Verlag B. G. Teubner 1995.

[6.5.16] *Hunsperger, R. G.*: Integrated Optics: Theory and Technology. 4. Aufl. Berlin u.a.: Springer-Verlag 1995.

[6.5.17] *Bach, H.*: Fibre optics and Glass Integrated Optics. Berlin u.a.: Springer-Verlag 1997.

[6.5.18] *Bludau, W.*: Lichtwellenleiter in Sensorik und optischer Nachrichtentechnik. Berlin u.a.: Springer-Verlag 1998.

[6.5.19] *Wrobel, Ch.P.*: Optische Übertragungstechnik in der Praxis. Heidelberg: Dr. Alfred Hüthig Verlag 1998.

[6.5.20] *Hagen, B.*: Konsequenzen des Einsatzes optoelektronischer Bau- und Systemelemente im wissenschaftlichen Gerätebau. Diss. Humboldt-Universität zu Berlin, Sektion Elektronik 1984.

[6.5.21] *Regenberg, R.*: Multivalent nutzbarer Sensor mit optischem Ausgang. Diss. Humboldt-Universität zu Berlin, Sektion Elektronik 1988.

[6.5.22] *Schift, H.*: Herstellung und Untersuchung photonischer Mikrobauelemente in LIGA-Technik. Diss. Universität Karlsruhe, Fakultät für Maschinenbau 1994.

[6.5.23] *Weber, L.*: Entwicklung der technologischen Grundlagen für die Realisierung eines Mehrfachsteckverbinders für 12 Singlemode-Fasern unter Benutzung mikrotechnischer Verfahren. Diss. Universität Kaiserslautern 1994.

[6.5.24] *Menke, P.*: Optischer Präzisionssensor nach dem Farraday - Effekt. Diss. Christian-Albrechts-Universität zu Kiel 1996.

Aufsätze, Firmenschriften, Patente

[6.5.30] *Harris, J. H.*; u.a.: Beam coupling to films. Journ. Opt. Soc. Am. 60 (1970), S. 1007.

[6.5.31] *Tien, P. K.*: Ligth waves in thin films and integrated optics. Appl. Optics 10 (19712) , 11, S. 2395.

[6.5.32] *Hamar, J. M.*; u. a.: Optical grating coupling between low-index fibres and high-index film waveguides. Appl. Phys. Lett. 28 (1976) 4, S. 192.

[6.5.33] *Hsu, H. P.*; Milton, A.F.: Flip-chip approach to endfire coupling between single-mode optical fibres and chanel waveguides. Electron. Lett. 12 (1976) 16, S. 404.

[6.5.34] *Adler, E.*: Verbindungstechnik von Lichtleitern. Feinwerktechnik und Meßtechnik 86 (1978) 7, S. 309.

[6.5.35] *Noda, J.*; u.a.: Single-mode optical waveguide fibre coupler. Appl. Optics 17 (1978) 13, S. 2092.

[6.5.36] *Hocker, G . B.*: Fibre-optic sensing of pressure and temperaturs. Appl. Optics 18 (1979) 9, S.1445.

[6.5.37] *Anderer, G.*: Flüssigkristall-Anzeigeelemente. Feinwerktechnik und Meßtechnik 88 (1980) , S. 60.

[6.5.38] *Bulmer, C. H.*; u.a.: High-efficiency flip-chip coupling between single-mode fibres and $LiNb0_3$ channel waveguides. Appl. Phys. Lett. 37 (1980), S. 351.

[6.5.39] *Fields, J.N.*; u. a.: Fibreoptic hydrophone. Conf. of Physics of fibre-optics, Am. Ceram. Soc. (1980), S. 125.

[6.4.40] *Papp, A.*; *Harms, H.*: Magnetooptical current transformer, Principles. Appl. Optics. 19 (1980) 22, S. 3729.

[6.5.41] *Dünnebier, G.*; u.a.: Positionsempfindliche Fotoempfänger. Feingerätetechnik 30 (1981) , S.351.

[6.5.42] *Pauls, L.*; *Schwarz, G.*: Flüssigkristallanzeigen - Möglichkeiten und Grenzen. Elektronik 14 (1982) 7, S. 66.

[6.5.43] *Schmidt, B.*; *Hagen, B.*: Einfluß der Optoelektronik auf die Konstruktion elektronischer Geräte. Feingerätetechnik 31 (1982) 2, S. 69.

[6.5.44] *Hart, H.*; *Parthel, R.*: Meßfühler für nichtoptische Größen auf optischen Prinzipien mit optischen Ausgangssignalen. Feingerätetechnik 32 (1983) 7, S. 312; 8, S.357; 9, S. 416.

[6.5.45] *Lochmann, S.*; u.a.: Passive optische Verzweigungselemente. Nachrichtentechnik-Elektronik 33 (1983) 11, S.444

[6.5.46] *Cameron, K. H.*: Simple and practical technique for attaching single-mode fibres to lithium niobate waveguides. Electron. Lett. 20 (1984) 23, S. 974.

[6.5.47] *Schmidt, B.* : Konstruktive Probleme bei der Verwendung optoelektronischer Bau- und Systemelemente im elektronischen Gerätebau. Feingerätetechnik 33 (1984) 8, S. 459.

[6.5.48] *Bristow, J. P. J.*: Locatin and coupling fibres to integrated stripe waveguides. IEE Proc., Part J 132 (1985) 5, S. 291.

[6.5.49] *Murphy, E. J.*; *Rice, T. C.*: Self alignment technique for fibre attachment to guided wave devices. IEEE Journ. of Quant. Electron. 22 (1986) 7, S. 928.

[6.5.50] *Sohler, W.*: Bauelemente der integrierten Optik: Eine Einführung. Laser und Optoelektronik (1986) 4, S. 323.

[6.5.51] *Auracher, F.*; u.a.: Entwicklungstendenzen der integrierten Optik. Telcom report 10 (1987) 2, S. 90.

[6.5.52] *Rasch, A.*; *Karthe, W.*: Integrierte Optik für Monomode-Lichtwellenleiter-Nachrichtentechnik. Nachrichtentechnik-Elektronik 37 (1987) 8, S. 289.

[6.5.53] *Voges, E.*; *Neyer, A.*: Inegrated Optic Devices on $LiNbO_3$ for optical Communication. Journ. of Ligthwave Technology 5 (1987) 6, S. 805.

[6.5.54] *Grant, F. M.*; u.a.: Recent Progress in lithium niobate integrated optics technology under a collaborative Joint Opto-Electronics Scheme (JOERS) Programme. Optical Engineering 27 (1988) 1, S. 2.

[6.5.55] *Nawothing, P.*: Feinverstellbare Koppelbaugruppen für Lichtleitertechnik. Feingerätetechnik 87 (1988) 5, S. 202.

[6.5.56] Aktive Elektronische Bauelemente, Neuheiten, Weiterentwicklungen. Firmenschrift Kombinat Mikroelektronik 1988.

[6.5.57] Optoelektronischer Reflexkoppler. Prospekt AEG-Telefunken, Heilbronn.

[6.5.58] DE-OS 2348901, G 02 b 5/14: Vorrichtung zum trennbaren Ein- und Auskoppeln an beliebigen Stellen eines dielektrischen Wellenleiters von in Lichtfasern geführten Lichtwellen.

[6.5.59] DE-OS 2453524, G 02 b 5/14: Koppeleinrichtung.

[6.5.60] DE-OS 2551305, G 02 b 5/14: Vorrichtung zum Ein- und Auskoppeln von Licht bei dielektrischen optischen Wellenleitern.

6.6 Mikromechanische Funktionsgruppen

6.6.1 Charakterisierung und Systematik

Mikromechanische Funktionsgruppen entsprechen in ihrer Funktion feinmechanischen Konstruktionselementen und Baugruppen, sind ihnen in der Struktur sehr ähnlich, unterscheiden sich aber durch ihre extreme Miniaturisierung. Zu ihrer Herstellung dienen Mikrotechniken. Diese leiten sich zum einen aus der Mikroelektronik her (z.B. Silizium-Surface- und -Bulk-Machining, LIGA-Technik), oder sie stellen Weiterentwicklungen feinwerktechnischer Verfahren in den Mikrobereich dar (Laserbearbeitung, Mikroerodieren, Mikrozerspanen). So stehen auf der einen Seite Halbleiter, auf der anderen traditionelle Werkstoffe wie Stahl sowie für Abformverfahren geeignete Metalle, Kunststoffe und Keramiken zur Verfügung. Es lassen sich Bausteine mit Abmessungen herstellen, wie sie die klassische Feinwerktechnik nicht mehr ermöglicht [6.6.1] [6.6.4]:

Technologische Grenzen	Feinmechanik	aus der Mikroelektronik abgeleitete Verfahren	
		vertikal	lateral
Nennmaße Toleranzen	≥ 30... 50 µm ≥ 0,1... 1µm	≥ 0,04 µm ≥ 0,01 µm	≥ 0,3 µm ≥ 0,1 µm
Technologische Grenzen sind bedingt durch	mechanische Fertigung	Schichtherstellung, Selektivität der Ätzgemische	Lithographie, Ätzmaskenherstellung

Bei der Fertigung von Federn und solchen Lagern, Führungen und anderen Gelenken, die sich aus Federn aufbauen lassen, bedient man sich meist Verfahren aus der Mikroelektronik. Für Getriebe, Anschläge und Dämpfer werden beide Verfahrensgruppen genutzt. Für Funktionsbausteine mit größeren rotatorischen und translatorischen Bewegungen, wie bei Achsen, Wellen, Lagern und Führungen, verwendet man eher aus der Feinwerktechnik abgeleitete Technologien. Derartige Bausteine werden zwar schon mit Opferschichttechniken, wie sie aus dem Silizium-Surface-Machining bekannt sind, monolitisch gefertigt, sie sind aber noch nicht im industriellen Einsatz. Lösungen für Kupplungen, Gehemme, Gesperre, Spann-, Schritt- und Sprungwerke wurden bisher nicht realisiert, sind aber ebenfalls denkbar.

Vom Bedarf in der Praxis lassen sich damit folgende Funktionsgruppen formulieren:

1. Federn
2. Achsen, Wellen, Lager und Führungen
3. Anschläge und Dämpfer
4. Getriebe

Bei übereinstimmender Funktionsweise können in den meisten Fällen für alle Funktionsgruppen die entsprechenden Dimensionierungsmethoden oder bei bestimmten Genauigkeitsforderungen die bekannten numerischen Rechenverfahren der Feinmechanik verwendet werden. Für die geometrisch-stoffliche Realisierung sind zudem geeignete Verbindungs- und Befestigungstechniken erforderlich sowie die mechanischen Schnittstellen zu definieren.

6.2.2 Technologische Basis, Fertigungsverfahren, Werkstoffe

Hauptverfahren der Mikromechanik-Technologien zur Herstellung von dreidimensionalen Strukturen sind die Bulk-Mikromechanik, die Oberflächenmikromechanik und die LIGA-Technik. Aber auch die Laser-Mikrobearbeitung und hochpräzise verfeinerte Bearbeitungsverfahren der Feinwerktechnik gelangen immer mehr zum Einsatz [6.6.1] [6.6.2] [6.6.4] [6.6.6] [6.6.41].

Bulk-Mikromechanik (Volumenmikromechanik) beruht auf Tiefenätztechniken. Dominierend ist das naßchemische anisotrope Ätzen in einkristallines Silizium. Ausgegangen wird dabei, analog zur Mikroelektronik, von fotolithographisch lateral strukturierten Ätzmasken auf der Substratoberfläche. In Abhängigkeit von den einzelnen Kristallrichtungen im Si-Wafer ergeben sich stark unterschiedliche Ätzraten, die gezielt zur Formgebung der Elemente ausgenutzt werden. Durch Anwendung von selektiven Ätzstoppverfahren, Freiätz-Strategien, Zweiseitenlithographie und Ionen-gestütztem Tiefenätzen (Trockenätzen) läßt sich die Vielfalt der Strukturen vergrößern. Starke Bedeutung erhalten in letzter Zeit extrem anisotrope Trockenätzverfahren mit Ätztiefen im Submillimeterbereich und Aspektverhältnissen bis 50.

Grundstrukturen der Bulk-Mikromechanik sind Gräben, Durchbrüche, Stege, dünne Platten, Zungen, Biege- und Torsionsbalken usw. Die Lateralabmessungen liegen im Bereich von etwa 10 µm bis 5 mm. Werkstoff ist an erster Stelle einkristallines Silizium (EK-Si) wegen seiner sehr guten mechanischen Eigenschaften und der Kompatibilität zur Mikroelektronik. Aber auch die III/V-Halbleiter GaAs und InP, einkristalliner Quarz und Glas sind geeignet. Durch Maskier- und Passivierungs- sowie dielektrische, sensitive und weitere Schichten werden auch andere, sogenannte Funktionswerkstoffe eingebracht, die in der mechanischen Teilfunktion Zweischichteffekte ermöglichen.

Oberflächen-Mikromechanik (Surface Micromachining) geht im Standardfall von einem Si-Substrat aus, auf dem eine SiO_2-Schicht und darüber eine Schicht aus polykristallinem Silizium aufgebracht sind. Nach dem Strukturieren derselben wird durch selektives Ätzen die SiO_2-Schicht unter dem Strukturelement herausgelöst, so daß einseitig oder ganz frei bewegliche Elemente aus Poly-Si entstehen.

Grundstrukturen der Oberflächen-Mikromechanik sind Balken, Zungen, Membranen, Brücken, rotatorisch und translatorisch bewegliche Elemente, z.B. auch Zahnräder. Sie sind mehr als 10fach kleiner als bei der Volumenmikromechanik, wobei aber die gewünschten Verhältnisse von Masse zu Federsteifigkeit erhalten bleiben. Das bringt Vorteile bezüglich Miniaturisierung, Verringerung der Toleranzen und Integrierbarkeit mit Mikroelektronik-Komponenten.

Werkstoffe sind neben der Standard-Kombination EK-Si (als Substrat) / SiO_2 (als Opferschicht) / Poly-Si (als Konstruktionswerkstoff) auch andere Varianten, wie z.B. eine rein einkristalline Si-Technik (SCREAM-Verfahren), Si / SiO_2-Schichtsysteme (SIMOX-Verfahren mit aufwendiger O_2-Tiefenimplantation) oder EK-Si als obere Strukturschicht, die durch Waferbonden und Abdünnen (Rückätzen) erzeugt wird.

Als zusätzlich aufzubringende Funktionsschichten sind die gleichen Werkstoffe wie in der Bulk-Mikromechanik geeignet.

LIGA-Technik nutzt die Verfahrensschritte Lithographie, Galvanoformung und Abformung zum Herstellen komplizierter, höchst präziser, dreidimensionaler Mikrostrukturen aus Metall, Kunststoff oder Keramik. Diese Technologie ist daher besonders interessant für die Fertigung mikromechanischer Funktionsbausteine, wie Lager, Führungen und Getriebe.

Die geometrische Form des Endproduktes wird durch den Tiefenlithographieprozeß bestimmt. Auf ein leitfähiges Substrat bringt man eine Fotoresistschicht von etwa 0,1 bis 1 mm Dicke, die anschließend über eine Strukturmaske bestrahlt wird. Für die Belichtung kommt i.allg. Röntgenstrahlung aus einem Synchrotron zum Einsatz. Wegen der großen Strukturdicke wurden bisher bezüglich Aspektverhältnis, Wandrauheit, Strukturtreue usw. die besten Ergebnisse mit Röntgenstrahlung erzielt. Beim Strukturübertrag beträgt die laterale Genauigkeit 0,2 µm bei einer Strukturhöhe im Bereich von 0,5 mm. Bei den sich derzeit in Entwicklung befindlichen „dicken Lacken" können dagegen UV-Licht und damit die lithographischen Verfahren der Mikroelektronik verwendet werden.

Die von der Strahlung getroffenen Bereiche der Resistschicht werden in einem Entwicklungsschritt entfernt, und man erhält in Form freistehender Profilsäulen eine erste Mikrostruktur aus Kunststoff. Diese kann bei kleinen Stückzahlen schon das Endprodukt sein. Anstelle des lithographischen Schrittes wird der Resist auch mittels Laser ablatiert (Laser-LIGA) [6.6.29].

Im anschließenden Galvanikprozeß werden die freien Zwischenräume mit Metall ausgefüllt. Die dabei entstehenden Metall- bzw. Kunststoff-Metall-Strukturen stellen nach Abtrennung vom Substrat in einigen Fällen ebenfalls bereits das Endprodukt dar. Meist wird dabei die entstandene Metallstruktur nach Entfernen des Kunststoffes als Formeinsatz (Matrize) für die Erzeugung von Sekundärstrukturen verwendet. Infolge der äußerst geringen Wandrauheit der Metallformen (< 0,1 µm) und garantiert senkrechten Strukturwänden kommt man auch bei großem Aspektverhältnis ohne Entformungsschrägen aus.

Für die Polymerabformung kommen Präge-, Spritzguß- und Reaktionsgußtechniken zur Anwendung. Typische und bewährte Werkstoffe für den Mikrospritzguß z.B. von Zahnradgetriebeteilen sind die niedrigviskosen Thermoplaste POM und PA 6.6 sowie auch Hochleistungskunststoffe, z.B. PEEK. Die bei der Abformung entstandenen Strukturformen können mit Keramikschlicker gefüllt und gebrannt werden (verlorene Form). Ebenso ist für die Massenfertigung von metallischen Komponenten ein weiterer Galvanikprozeß mit Polymermatrizen möglich [6.6.37].

Laser-Mikrobearbeitung ist eine wertvolle Ergänzung zu den drei Basistechnologien und hat darüber hinaus auch Bedeutung in der Montage- und Verbindungstechnik. Die vielfältigen Möglichkeiten des Laser-Einsatzes beruhen auf dem enorm hohen punktuellen Energieeintrag verbunden mit Kohärenz, Monochromasie, steuerbarer Positionierung und Fokussierung des Laserstrahles usw. Man unterscheidet thermische nicht-reaktive, pyrolytische und fotolytische reaktive Prozesse. Die Haupteinsatzgebiete sind Mikrolithographie, Materialabtrag und -abscheidung, Mikrostereolithographie, Verändern der Werkstoffeigenschaften sowie Mikrolöten und Mikroschweißen.

Feinwerktechnische Bearbeitungsverfahren sind das verfeinerte und gezielt weiterentwickelte Feinzerspanen und die Funkenerosion zum Erzeugen hochpräziser dreidimensionaler Mikrostrukturen. Es lassen sich damit Werkstoffe erschließen, die mit den etablierten Mikrotechnologien nicht zugänglich sind (z.B. Edelstahl, Hartmetall, Titan, leitfähige Keramiken). Oftmals schließen sich Mikroabformverfahren (s. LIGA-Technik) an.

Bei der *Mikrozerspanung* werden auf speziellen CNC-Maschinen mit Hochfrequenzspindeln (bis zu 100 000 U/min) mit hochpräzisen Miniatur-Schneidwerkzeugen Dreh- und Fräsbearbeitungen ausgeführt mit lateralen Maßabweichungen unter 1 µm, Strukturtiefen bis 1 mm und Rauheitswerten bis R_a = 10 nm. Bei Eisenwerkstoffen ist Gratbildung oft nicht zu vermeiden.

Bei der *Mikrofunkenerosion* (Draht- und Senkerodieren) liegen die kleinsten Strukturabmessungen derzeit im Bereich von 10 µm, wobei die Oberflächenrauheit R_a = 0,1 µm und die Strukturgenauigkeit etwa 2 µm beträgt. Es können im Prinzip alle elektrisch leitfähigen Werkstoffe bearbeitet werden, insbesondere harte und spröde Metalle. Vor allem das funkenerosive Bohren, das Fräsen und Formschleifen z. B. von Mikrokanälen sind von Interesse [6.6.36] [6.6.40].

6.6.3 Mikromechanische Federn

Federn zeichnen sich durch ihr elastisches Verhalten aus. Mit besonderer mikromechanischer Formgebung und geeigneten Werkstoffen wird ein gewünschtes Verformungsverhalten erreicht, das diese Elemente befähigt, bei Krafteinwirkungen mit reversiblen Formänderungen zu reagieren sowie mechanische Arbeit als potentielle Energie zu speichern und zu einem gegebenen Zeitpunkt wieder freizugeben. Besonders diese Eigenschaft prädestiniert Federn für den Energie-, Kraft- und Wegausgleich [6.6.4] [6.6.9].

Mikromechanische Federn können nach der Hauptbeanspruchung des Werkstoffes eingeteilt werden:

1. Biegefedern
2. Dehn- und Stauchfedern
3. Torsionsfedern.

Wichtig sind desweiteren:

4. Federsysteme
5. Feder-Masse-Systeme.

Beispiele für Bauformen und deren typische Eigenschaften zeigt **Tafel 6.6.1**.

Tafel 6.6.1 Bauformen und Eigenschaften mikromechanischer Federn
E Elastizitätsmodul, l Federlänge

Bauform / Prinzip	Ausführungsbeispiel	Beschreibung / Eigenschaften
1. Biegestab, einseitig eingespannt 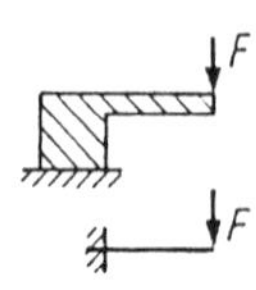	Spiegelzeile für ein Hadamard-Spektrometer, Si-Surface-Machining, Quelle: Institut für Mikrotechnik Mainz (IMM)	• Biegestab / Biegebalken mit rechteckigem, trapezförmigem oder dreieckigem Querschnitt • Federsteife bei rechteckigem Querschnitt $b \times t$ und Ausführung als Rechteckblattfeder: $c = bt^3E/(4l^3)$ • bei Verwendung als Biegefeder mit Vorspannung sind Stützplatten anordenbar [6.6.4] • zum Bild: Spiegelzeilen-Arrey (Ausschnitt); die $500 \times 30\ \mu m^2$ großen Kippspiegel sind an je vier Biegefedern mit Querschnitt $5 \times 0{,}4\ \mu m^2$ aufgehängt
2. Biegestab, zweiseitig eingespannt 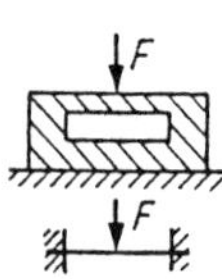	 Zentrierfedern für einen 12fach Single-Mode-Faserstecker, LIGA, Quelle: IMM	• in Si-Techniken als freigeätzte Brücke einer Dotierungsschicht (Ätzstopp), einer SiO_2-Schicht oder einer Schicht aus Poly-Si • bei LIGA-Technik auch Dickenänderung über der Länge l gut möglich (s. Bild) • Grundgleichung für die Federsteife bei rechteckigem Querschnitt $b \times t$ und Länge l: $c = 16bt^3E/l^3$ • zum Bild: 12fach Faserstecker (LIGA-Technik) mit Mikrofedern in PMMA, Höhe 520 µm

Tafel 6.6.1 Fortsetzung 1

Bauform / Prinzip	Ausführungsbeispiel	Beschreibung / Eigenschaften
3. Zug- und Druckfeder 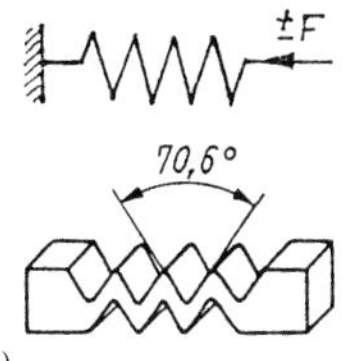 a)	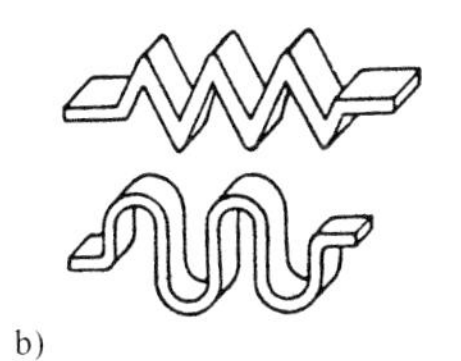 b) Konstruktionsentwürfe zu mikromechanischen Zug- und Druckfedern	• ersetzen in der Mikrotechnik etwa die Schraubenfedern • in Siliziumtechnik z. B. herstellbar durch beiderseitiges anisotropes Ätzen von Grabenstrukturen in EK-Si (Bild a) • in LIGA-Technik herstellbar integriert in das mikromechanische System oder als montierbare Bausteine (Federbreite entspricht Dicke der Resistschicht (Bild b) • Berechnung aus geraden und gekrümmten Blattfederelementen; Kennlinie linear
4. Membranfeder, Druckplatte 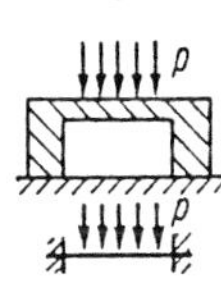	 Transparente Membran auf Kammer und Ventilen einer Mikropumpe, LIGA, Quelle: IMM	• bei ideal biegeweicher Membran treten nur Zugspannungen auf; reale Druckplatten werden bei normaler Krafteinwirkung mit inneren Biege- und Zugspannungen belastet; Durchbiegung i.allg. nichtlinear • vielfältige Herstellungsvarianten in Si-Technik, z. B. für Drucksensoren: dominant Volumen-Mikromechanik (anisotropes Ätzen mit Ätzstopp) sowie Bonden und Rückätzen • aufwendige Modellierung und Simulation
5. Dehn-, Stauchfeder 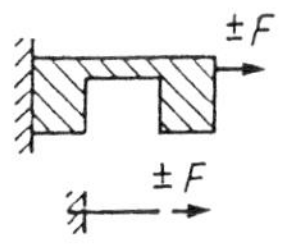	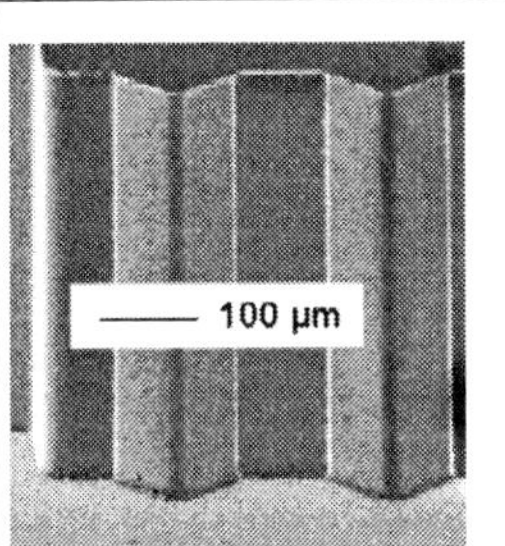 Zentrierende V-Nuten für einen 12fach Single-Mode-Faserstecker, LIGA, Quelle: IMM	• Ausnutzung der Elastizität eines Stabes in Längsrichtung oder der Nachgiebigkeit eines Verformkörpers, unterstützt durch besondere konstruktive Formgebungen • bei Druckbelastung längs des Stabes Gefahr des Knickens (und andere Stabilitätsprobleme der Elastomechanik) • zum Bild: V-Nuten zum elastischen Einklemmen von Glasfasern (Mikrospritzguß, POM)
6. Torsionsfeder, gerader Drehstab 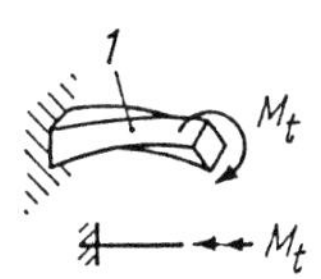	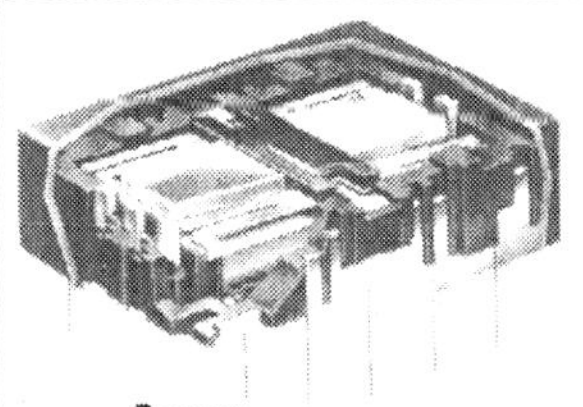 Torsionsfeder zur Ankerlagerung in einem Telekomrelais, Feinschneiden, Quelle: Matsushita	• Verdrillung um die Stab-Längsachse führt zu inneren Schubspannungen mit linearer elastischer Rückfederung • einfache Berechnung des Verdrehwinkels nur bei Kreis- und Rechteckquerschnitt (s. [6.6.4]) • trapezförmiger Stabquerschnitt erfordert aufwendige analytisch-numerische Berechnung • typische Anwendung: Aufhängung eines Mikrospiegels mit Torsionsfederstäben, hergestellt durch anisotrope Si-Strukturierung
7. Bimorph-Feder η: Temperatur ϑ, Feuchte ψ, elektrische Spannung u 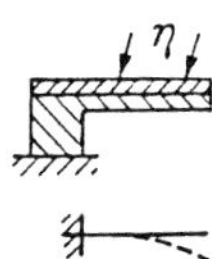	 Bimorpher Piezoaktor in Dünnschichttechnik für eine Mikropumpe, Quelle: IMM	• Krümmung eines Zweischichtbalkens mit gleicher Dikke s und gleichen E-Modulen für beide Schichten ist im wesenlichen von den Konstruktionsparametern l, s und $\Delta\alpha$ abhängig: $y(l) = 3\,l^2\,\Delta\alpha\,\Delta T\,/\,(8\,s)$ [6.6.4] (α Längen-Temperaturkoeffizient, T Temperatur) • in der Mikromechanik Bimorph-Effekte zwischen Si/Metall und Polymer/Metall in Balken und Platten genutzt für aktorische und sensorische Zwecke (thermische Ventile, Feuchte-Sensor, Piezo-Biegewandler), aber auch als Störeffekt wirkend

Tafel 6.6.1 Fortsetzung 2

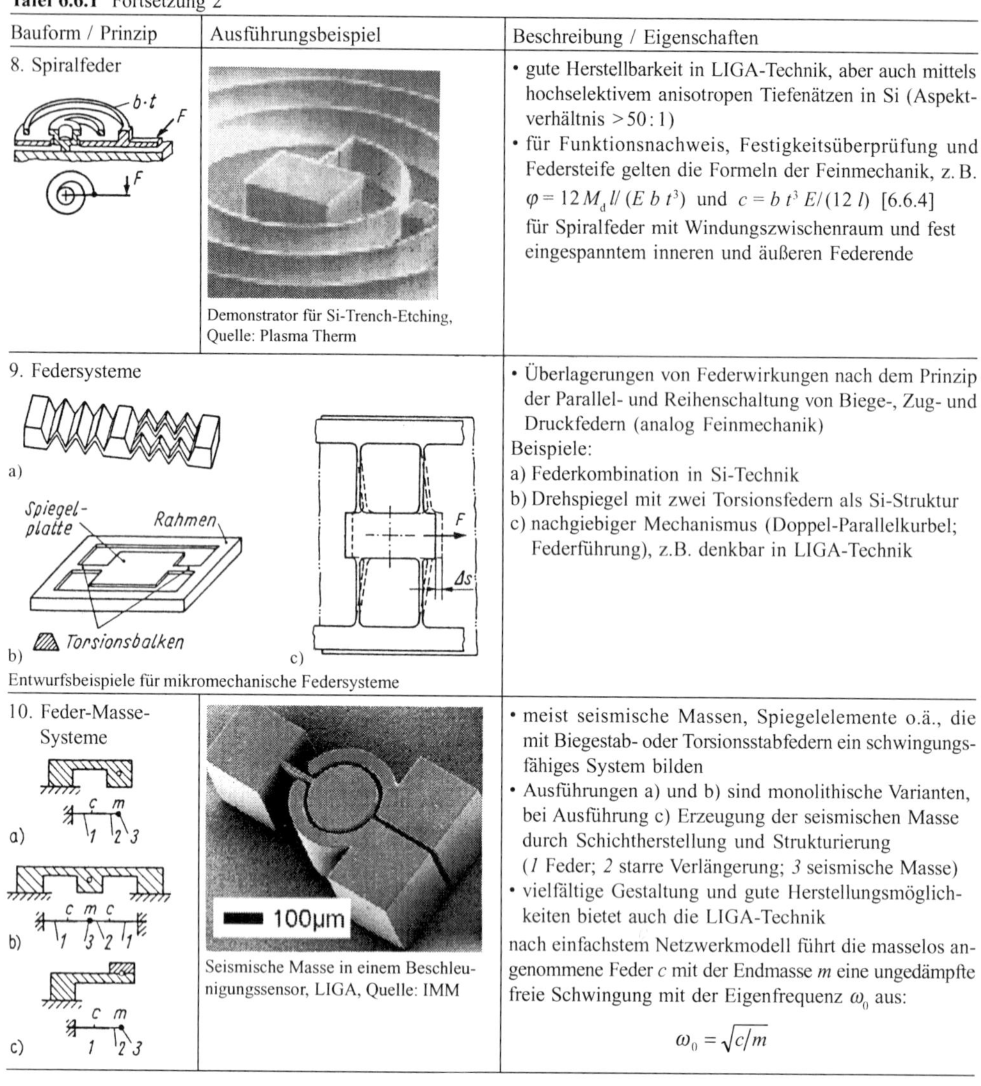

Bauform / Prinzip	Ausführungsbeispiel	Beschreibung / Eigenschaften
8. Spiralfeder	Demonstrator für Si-Trench-Etching, Quelle: Plasma Therm	• gute Herstellbarkeit in LIGA-Technik, aber auch mittels hochselektivem anisotropen Tiefenätzen in Si (Aspektverhältnis >50 : 1) • für Funktionsnachweis, Festigkeitsüberprüfung und Federsteife gelten die Formeln der Feinmechanik, z. B. $\varphi = 12\,M_d\,l/(E\,b\,t^3)$ und $c = b\,t^3\,E/(12\,l)$ [6.6.4] für Spiralfeder mit Windungszwischenraum und fest eingespanntem inneren und äußeren Federende
9. Federsysteme	a) b) c) Entwurfsbeispiele für mikromechanische Federsysteme	• Überlagerungen von Federwirkungen nach dem Prinzip der Parallel- und Reihenschaltung von Biege-, Zug- und Druckfedern (analog Feinmechanik) Beispiele: a) Federkombination in Si-Technik b) Drehspiegel mit zwei Torsionsfedern als Si-Struktur c) nachgiebiger Mechanismus (Doppel-Parallelkurbel; Federführung), z.B. denkbar in LIGA-Technik
10. Feder-Masse-Systeme a) b) c)	Seismische Masse in einem Beschleunigungssensor, LIGA, Quelle: IMM	• meist seismische Massen, Spiegelelemente o.ä., die mit Biegestab- oder Torsionsstabfedern ein schwingungsfähiges System bilden • Ausführungen a) und b) sind monolithische Varianten, bei Ausführung c) Erzeugung der seismischen Masse durch Schichtherstellung und Strukturierung (*1* Feder; *2* starre Verlängerung; *3* seismische Masse) • vielfältige Gestaltung und gute Herstellungsmöglichkeiten bietet auch die LIGA-Technik nach einfachstem Netzwerkmodell führt die masselos angenommene Feder *c* mit der Endmasse *m* eine ungedämpfte freie Schwingung mit der Eigenfrequenz ω_0 aus: $\omega_0 = \sqrt{c/m}$

6.6.4 Mikromechanische Achsen, Wellen, Lager und Führungen

Achsen und Wellen tragen andere Elemente und nehmen deren Gewichts- und Funktionskräfte auf. Sie werden durch Lager abgestützt. Achsen können umlaufend oder stillstehend angeordnet sein, und sie werden auf Biegung, Zug und/oder Druck beansprucht. Wellen laufen immer um und werden zusätzlich auf Torsion beansprucht.

Lager und Führungen stützen bewegliche Elemente ab und sichern deren vorgeschriebene Lage im Raum. Man bezeichnet sie in der Mechanismentechnik auch als *Gelenke*. Die Drehgelenke für Rotation stellen dabei in ihrer konstruktiven Ausführung die Lager und die Schubgelenke für Translation die Führungen dar.

Die Einteilung der Bauformen mikromechanischer Lager und Führungen erfolgt nach der Art der Reibung [6.6.4]:

1. Gleitlager und Gleitführungen
2. Wälzlager und Wälzführungen
3. Federlager und Federführungen
4. Strömungslager und Strömungsführungen

Bei den Elementen 1. und 4. können Mikrotechniken dazu genutzt werden, feinwerktechnische Lager und Führungen signifikant zu verbessern.

Beispiele für Bauformen und deren typische Eigenschaften zeigt **Tafel 6.6.2**.

Tafel 6.6.2 Bauformen und Eigenschaften mikromechanischer Achsen, Wellen, Lager, Führungen und anderer Gelenke

Bauform / Prinzip	Ausführungsbeispiel	Beschreibung / Eigenschaften
1. Achsen und Wellen		
1.1 Achsen		
1.1.1 Feststehende Achse	Monolithisches Gleitlager in einem elektrostatischen Mikromotor, Si-Machining, Quelle: R. Muller, Berkeley, CA	Achse *1* ist ein- oder zweiseitig fest mit gestellfesten Teilen *2* verbunden (monolithische Fertigung z.B. bei Si, Kunststoff im Spritzguß, Kleben, Schweißen; selten Preßsitze) Nachrechnung auf Biegung Bei monolithischer Bauweise: *Vorteil:* sehr einfach, oft keine Montage *Nachteil:* Lebensdauer wegen eher ungeeigneter Werkstoffpalette begrenzt, geringe Festigkeit bei einseitiger Lagerung
1.1.2 Umlaufende Achse		Achse *1* läuft in Lagerstellen *2* Nachrechnung auf Biegung Immer hybride Bauweise: *Vorteil:* hohe Lebensdauer, gute Festigkeit *Nachteil:* Montage erforderlich

1.2 Wellen (Ausführungsbeispiele nicht dargestellt)

Bauform / Prinzip	Beschreibung / Eigenschaften	Bauform / Prinzip	Beschreibung / Eigenschaften
1.2.1 einstellig gelagert	Welle *1* läuft einstellig in gestellfestem Lager *2*, es werden Drehmomente und Kräfte ein- bzw. ausgeleitet Nachrechnung auf Biegung und Torsion *Vor- und Nachteile* s. 1.1.1	1.2.2 zweistellig gelagert	Welle *1* läuft in zwei gestellfesten Lagern *2*, meist zwei Stützlager anstelle von Festlager/Loslager üblich, es werden Drehmomente und Kräfte ein- bzw. ausgeleitet Nachrechnung auf Biegung und Torsion *Vor- und Nachteile* s. 1.1.2

Bauform / Prinzip	Ausführungsbeispiel	Beschreibung / Eigenschaften
1.3 Welle-Nabe-Verbindungen		
1.3.1 Kraft- und stoffschlüssig 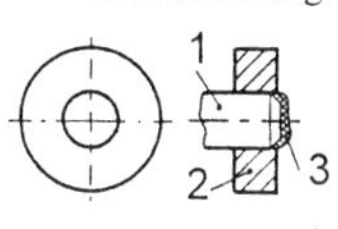	 Preßsitz eines spritzgegossenen Zahnrads (LIGA) auf einer geschliffenen Stahl-Welle, Quelle: IMM	Welle *1* und Nabe *2* sind als Preßpassung ausgeführt, die Verbindung wird oft durch Laserschweißen oder Kleben gesichert (*3*) Dimensionierung nach Erfahrung, feinwerktechnische Formeln sind nur bedingt übertragbar *Vorteil:* einfach *Nachteil:* geringe Drehmomente übertragbar, hohe Beanspruchung der Nabe führt u. U. zu Bruch oder Relaxation; nur bei Kunststoffen mit sehr hoher Zugfestigkeit zu empfehlen

Tafel 6.6.2 Fortsetzung 1

Bauform / Prinzip	Ausführungsbeispiel	Beschreibung / Eigenschaften
1.3.2 Formschlüssig 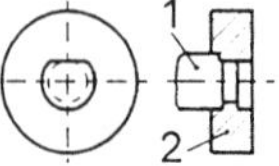	 Stahl-Welle, umspritzt mit einem LIGA-Teil, Quelle: IMM	Welle *1* und Nabe *2* besitzen in axialer und/oder radialer Richtung Absätze; durch Formschluß werden Drehmomente und axiale Kräfte übertragen Gebräuchlich ist das Umspritzen von Metallteilen Dimensionierung nach Erfahrung, feinwerktechnische Formeln sind nur bedingt übertragbar *Vorteil:* Sichere Kraftübertragung *Nachteil:* Komplexere Formgebung ist für feinwerktechnisch gefertigte Teile aufwendig
2 Lager, Führungen und andere Gelenke		
2.1 Gleitlager und Gleitführungen		
2.1.1 Wellen- und Zapfen-Verschleißlager 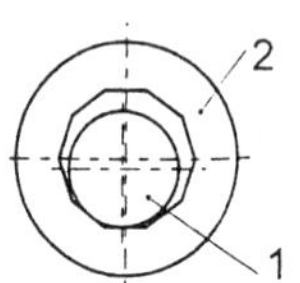	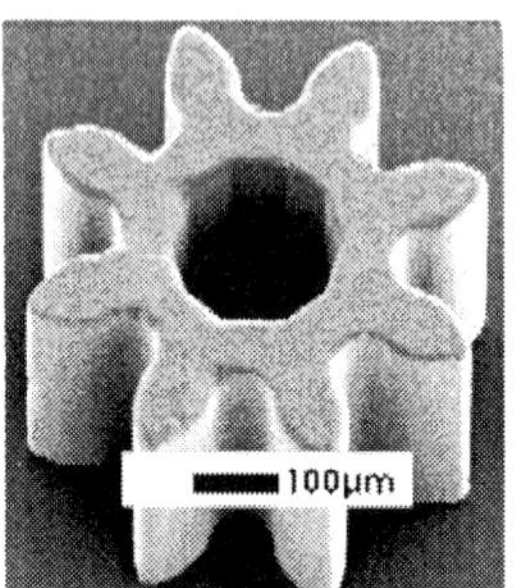 Zehneck-Buchse (nach *Ajaots*) für ein Verschleißlager, LIGA, Quelle: IMM	Welle *1* gleitet in Buchse *2*. Trockene (MoS_2, Pb-, Zn-Legierungen, PTFE), Öl- oder Fett-Schmierung, Kapillarkräfte und ggf. Epilame verhindern Schmierstoffabtransport (Lebensdauerschmierung). Wegen kleiner Abmessungen sind Umfangsgeschwindigkeiten gering und relative Schmierspalte groß; hydrodynamische Schmierung stellt sich i.allg. nicht ein Dimensionierung nach Erfahrung, feinwerktechnische Formeln sind nur bedingt übertragbar *Vorteil:* einfach, platzsparend *Nachteil:* Lebensdauer begrenzt, besonders beim Einsatz „weicher" Werkstoffe wie Si
2.1.2 Porenlager 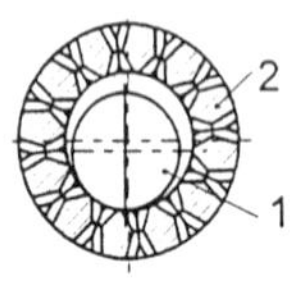	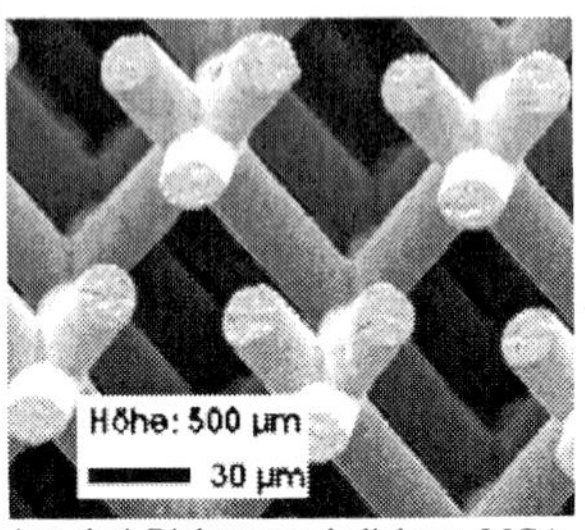 Aus drei Richtungen belichtete LIGA-Struktur als Porenwerkstoff, Quelle: IMM	Porenlager für Mikrosysteme sind noch nicht bekannt; der Einsatz mikrostrukturierter Werkstoffe für feinwerktechnische Porenlager wird derzeit erforscht

Bauform / Prinzip	Beschreibung / Eigenschaften	Bauform / Prinzip	Beschreibung / Eigenschaften
2.1.3 Spitzen- und Schneidenlager 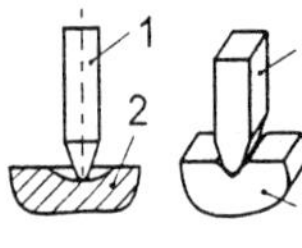	*Spitzenlager:* Welle oder Achse *1* mit balliger Spitze läuft im Kalottenlager *2*; diese Formen lassen sich wegen der benötigten Werkstoffe hoher Härte (Stahl, Saphir, Rubin) nur feinwerktechnisch erzeugen *Schneidenlager:* Prismatische Schneide *3* läuft in prismatischer Pfanne *4*, geringere Pressung, Fertigung mikrotechnisch gut möglich, z. B. monolithisch durch Sollbruchstelle an Kontaktlinie	2.1.4 Axiallager 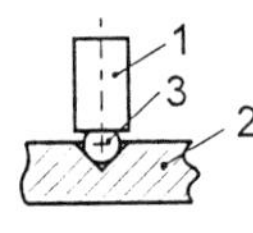	zwischen Welle *1* und Pfanne *2* befindet sich ein Zwischenkörper *3* mit balliger Kontaktzone (meist Kugel, oft fest mit *1* verbunden) nur feinwerktechnische Teilefertigung, entsprechend nur für hybride Mikrosysteme

Tafel 6.6.2 Fortsetzung 2

2.2 Wälzlager und Wälzführungen

Bauform / Prinzip	Ausführungsbeispiel	Beschreibung / Eigenschaften
2.2.1 Rillenkugellager 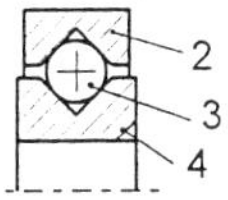 2 3 4 Schulterkugellager 2 3 1 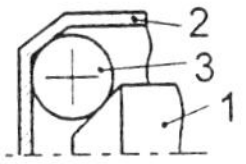	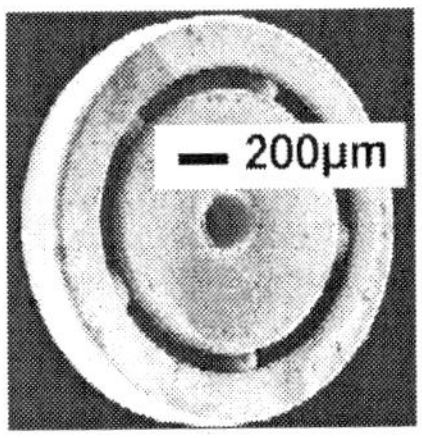 200µm Feinwerktechnisches Miniaturrillenkugellager mit Außen-∅ 1,6 mm, Quelle: RMB, CH	Kugeln *3* i.allg. aus Stahl (∅ ≥0,2 mm) wälzen • im Rillenkugellager zwischen Innenring *4* und Außenring *2* (Außen-∅ ≥1,6 mm) • im Schulterkugellager zwischen Welle *1* und Außenschale *2* (Außen-∅ ≥1,1mm) Kugellagerfertigung feinwerktechnisch; nur für hybride Mikrosysteme

Bauform / Prinzip	Beschreibung / Eigenschaften	Bauform / Prinzip	Beschreibung / Eigenschaften
2.2.2 Kugelführung 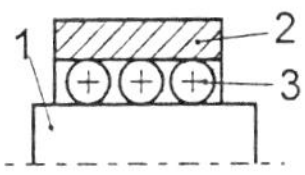 1 2 3	Kugeln *3* i.allg. aus Stahl (∅ ≥ 0,2 mm) wälzen zwischen Welle *1* und Buchse *2* Fertigung feinwerktechnisch, nur für hybride Mikrosysteme	2.2.3 Walzenführung 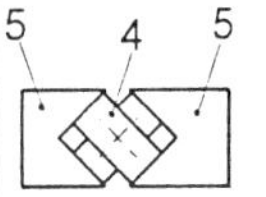 5 4 5	zylindrische oder keglige Rollen *4* wälzen, u.U. gekreuzt (crossed rollers), zwischen prismatischen Führungsteilen *5* Fertigung feinwerktechnisch verbreitet, mikrotechnisch denkbar

Bauform / Prinzip	Ausführungsbeispiel	Beschreibung / Eigenschaften
2.3 Federlager und Federführungen		
2.3.1 Biegefedergelenk („Filmscharnier“) 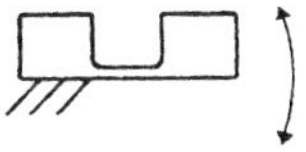	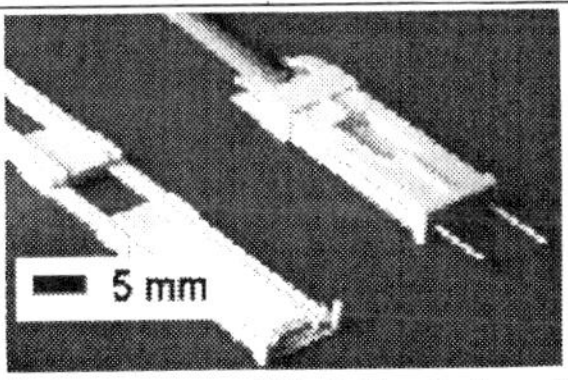 5 mm Spritzgegossener 12fach Faserhalter mit integrierten Filmscharnieren, LIGA, Quelle: IMM	dünne, lange Federn halten Mikroteile vorzugsweise beim Kunststoffspritzguß im Verbund, u.U. Vereinzelung durch Sollbruchstellen bei der Montage Auslegung spritzgußtechnisch und auf Biegung
2.3.2 Kreuzfedergelenk 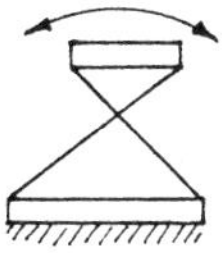	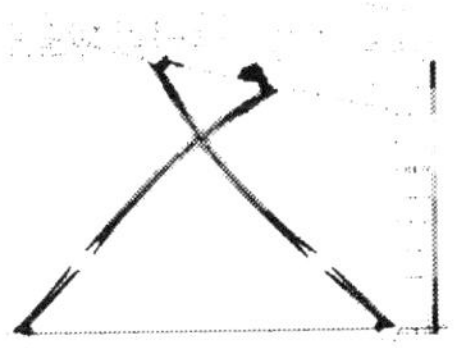 Mikro-Kreuzfedergelenk mit festem Kreuz, FEM, Quelle: IMM	in Mikrotechnik weitverbreitet, schmale Federstrukturen monolithisch gefertigt • horizontal durch Ätzen/Opferschichttechnik • oder vertikal durch Tiefenlithographie, μ-EDM (Micro Elektro Discharge Machining; Mikro-Funkenerosion) Auslegung auf Biegung
2.3.3 Torsionsfedergelenk 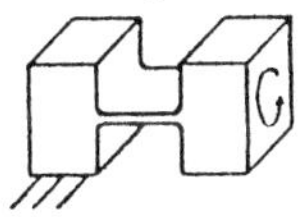		in Mikrotechnik verbreitet, schmale Federstrukturen monolithisch gefertigt • horizontal durch Ätzen, Feinschneiden • oder vertikal durch Tiefenlithographie, μ-EDM Auslegung auf Torsion und ggf. Biegung

Tafel 6.6.2 Fortsetzung 3

Bauform / Prinzip	Ausführungsbeispiel	Beschreibung / Eigenschaften
2.3.4 Parallelfederführung	Parallelfederführung im optischen Schalter, LIGA, Quelle: IMM	in Mikrotechnik weitverbreitet, schmale Federstrukturen monolithisch gefertigt • horizontal durch Ätzen/Opferschichttechnik • oder vertikal durch Tiefenlithographie, μ-EDM Auslegung auf Biegung
2.3.5 Membranführung		in Mikrotechnik verbreitet, meist einstellige Führung mittels lateral strukturierter Membran *1* Auslegung auf Biegung
2.4. Strömungslager und Strömungsführungen		
2.4.1 Statische Lager und Führungen	Mikro-Düsenplatte, UV-LIGA, Quelle: IMM	durch Düsen *3* einer Düsenplatte *2* wird ein Fluid (Luft oder Öl) gedrückt; zur Gegenplatte *1* bildet sich Fluidfilm mit 2 bis 10 µm Dicke mikromechanische statische Strömungslager sind bisher nicht bekannt, wegen des notwendigen hohen Fluiddruckes infolge der kleinen Abmessungen ist ihr Einsatz oft nicht sinnvoll; dagegen wird der Einsatz mikrostrukturierter Düsenplatten für feinwerktechnische Strömungslager derzeit erforscht
2.4.2 Dynamische Lager und Führungen	Mikrorillen für ein aerodynamisches Lager, Mikrodrehen mit Fast-Tool-Server, Quelle: FhG IPT	Platte *2* besitzt flache Lateralstrukturen *4* (meist pfeilartig) so, daß bei Längsbewegung der Gegenplatte *1* ein Fluid (Luft, Öl) eingezogen wird und sich Film von 2 bis 5µm Dicke bildet mikrotechnische dynamische Strömungslager werden vereinzelt, z. B. beim Flug des Schreib-/Lesekopfes über der Harddisk, verwendet Einsatz mikrostrukturierter „Pfeilplatten" für feinwerktechnische Strömungslager wird derzeit erforscht

6.6.5 Mikromechanische Anschläge und Dämpfer

Anschläge begrenzen den Bewegungsbereich von Lagern und Führungen, Dämpfer reduzieren die Geschwindigkeit [6.6.4].

Anschläge begrenzen die Bewegung von Bauteilen an bestimmten Stellen ihrer Bahn durch mechanische Widerstände. In der Endposition werden kräfteaufnehmende Formelemente als eigentliche Anschläge wirksam. Neben der Weg- bzw. Winkelbegrenzung erfüllen Anschläge auch die Funktion der Energiewandlung oder des Energietransports auf andere Bauteile.

Dämpfer entziehen schwingungsfähigen Systemen Energie mit dem Ziel, die Schwingungsamplituden zu reduzieren. Allgemein sollen Dämpfer freie Schwingungen kurzfristig beseitigen, erzwungene Schwingungen amplitudenmäßig reduzieren oder sprungförmige Bewegungsvorgänge verlangsamen.

Translatorische und rotatorische Bauformen von Anschlägen werden nach Veränderbarkeit ihrer Lage und Anschlagcharakteristik, bei Dämpfern nach der Art der Energieumwandlung eingeteilt:

1. Festanschläge, starr
2. Festanschläge, nachgiebig
3. Setzanschläge
4. Dämpfer mit Festkörperreibung
5. Dämpfer mit Luft- und Flüssigkeitsreibung
6. Aktive Dämpfer

Beispiele für Bauformen und deren typische Eigenschaften zeigt **Tafel 6.6.3**.

Tafel 6.6.3 Bauformen und Eigenschaften mikromechanischer Anschläge und Dämpfer

Bauform / Prinzip	Ausführungsbeispiel	Beschreibung / Eigenschaften
1. Festanschlag, starr 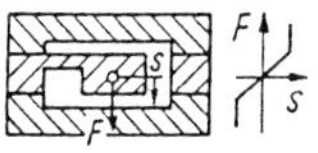	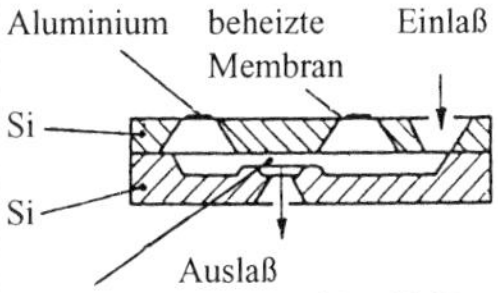 Aluminium, beheizte Membran, Einlaß, Si, Si, Auslaß Ventilsitz als Festanschlag Si-Si Thermomechanisches Mikroventil für Gase	• wegen geringer Massewirkung bezogen auf die Werkstoffparameter nahezu ohne Verschleiß und Prellungen • auf ausreichend große Berührungsflächen achten (Flächenpressung) • analytisch zu behandeln als teilelastischer Stoß • zum Bild: Festanschläge treten in vielfältiger Form und Werkstoffpaarung z. B. in Mikroventilen und -pumpen, Mikrorelais usw. auf
2. Festanschlag, nachgiebig 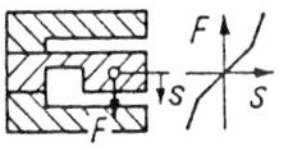	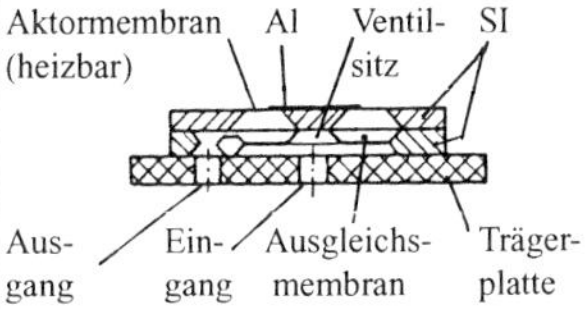 Aktormembran (heizbar), Al, Ventilsitz, SI, Ausgang, Eingang, Ausgleichsmembran, Trägerplatte Thermisch-bimetallisch angetriebenes Mikroventil (Quelle: IMIT)	• zum Bild: durch Einbeziehen einer zweiten Membran ergibt sich ein gefederter Ventilsitz und damit ein nachgiebiger Festanschlag • gleichzeitige Entkopplung der Aktorkraft vom Eingangsdruck
3. Setzanschlag 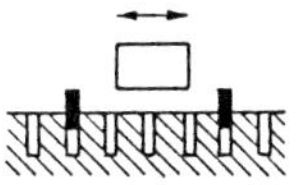	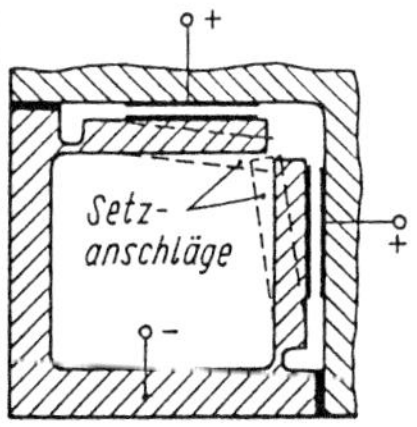 Setzanschläge Konstruktionsentwurf für einen mikromechanischen Setzanschlag	• in Verbindung mit Mikroaktoren und -mechanismen, wenn außer Endlagen weitere diskrete Positionen oder Arretierungen erreicht werden sollen • zum Bild: zwei Balkenelemente mit Federgelenken können wechselseitig die Funktion eines Setzanschlages übernehmen zum definierten Auslenken oder Arretieren des jeweils anderen Balkens (Antrieb z. B. elektrostatisch; Ausführung in LIGA-Technik; Metall oder Kunststoff mit Metallbeschichtung)
4. Dämpfer mit Festkörperreibung 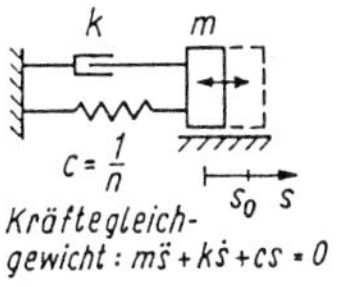 $c = \frac{1}{n}$ Kräftegleichgewicht: $m\ddot{s} + k\dot{s} + cs = 0$	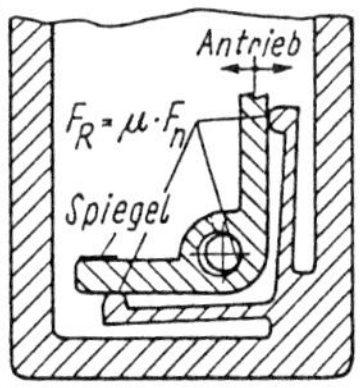 Antrieb, $F_R = \mu \cdot F_n$, Spiegel Reibungsdämpfung eines aktorisch bewegten Winkelhebels in einer Mikrostruktur	• Freie gedämpfte Schwingung: $m\ddot{s} + k\dot{s} + cs = 0$ bzw. $\ddot{s} + D\omega\,\dot{s} + \omega^2 s = 0$ mit $D = k/2\sqrt{m/n}$; $\omega = 1/\sqrt{m/n} = \sqrt{c/m}$ $\omega_D = \sqrt{1 - D^2} < \omega$ $D > 1$ (starke Dämpfung): $s(t) = e^{-D\omega t}(A + Bt)$ $D < 1$ (schwache Dämpfung): $s(t) = Ce^{-D\omega t}\cos(\omega_D t - \alpha)$ [6.6.4] • zum Bild: Reibungsdämpfung eines gefederten Winkelhebels durch gezielt erhöhte Reibung im Drehlager und an den Anlagestellen der vorgespannten Biegefedern (Ausführung vorzugsweise in LIGA-Technik)

Tafel 6.6.3 Fortsetzung 1

Bauform / Prinzip	Ausführungsbeispiel	Beschreibung / Eigenschaften
5. Dämpfer mit Luft- und Flüssigkeitsreibung 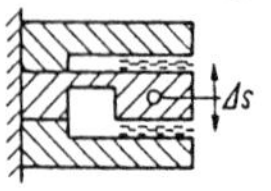 Δs a) Verdrängung zwischen Platten 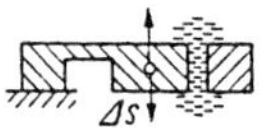 Δs b) Reibung am Spalt	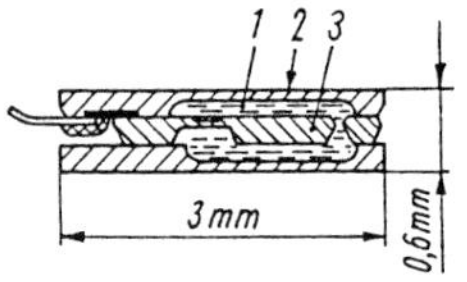 1 2 3 3mm 0,6mm Mikromechanischer Beschleunigungsaufnehmer mit Flüssigkeitsdämpfung	• beruht auf direkter Fluidreibung an den Grenzflächen sowie dem Strömungswiderstand beim Druckausgleich; geschwindigkeitsabhängig • integrierbare Lösungen mit minimalem zusätzlichen Konstruktionsaufwand suchen, z.B. Luftdämpfung an großflächigen Strukturelementen • zum Bild: Beschleunigungsaufnehmer, gefüllt mit Silikonöl *1* als Dämpfungsmedium, *2* Anschlag, *3* seismische Masse
6. Aktiver Dämpfer	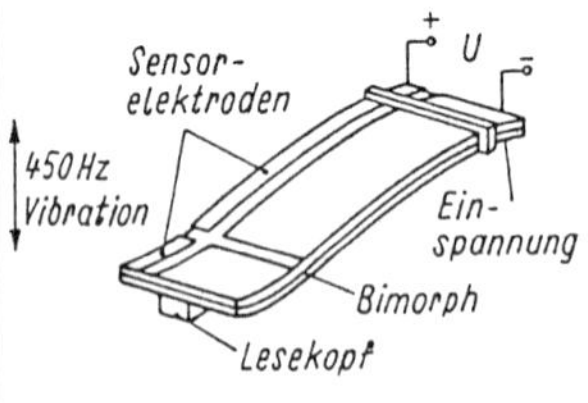 Sensorelektroden U 450 Hz Vibration Einspannung Bimorph Lesekopf Prinzip einer hochdynamischen Videokopf-Positioniereinrichtung mit aktiver Schwingungsdämpfung	• Schwingungen am Aktor oder Mechanismus werden sensorisch erfaßt und durch aktorische Gegenwirkung gedämpft • zum Bild: Beispiel Videokopf-Positioniereinrichtung, das piezomechanische Sensor-Aktor-System gleicht einerseits reaktionsschnell die Abstandsschwankungen zum Videoband aus und läßt andererseits durch die straffe Stellgliedführung keine Überschwingungen und Resonanzen aufkommen

6.6.6 Mikromechanische Getriebe

Getriebe (Mechanismen) bestehen aus mindestens drei gelenkig verbundenen Gliedern zur zwangläufigen Übertragung von Bewegungen und im Zusammenhang damit auch von Kräften. Eines der Glieder ist stets das ortsfeste Gestellglied, auf das die Bewegungen der anderen Glieder bezogen werden und das die gestellfesten Lagerstellen verbindet. Die Art der Gelenke bestimmt die Bewegungsmöglichkeiten zwischen benachbarten Gliedern.

Diese Definition schließt die Aufgabe ein, ein Glied des Getriebes durch bestimmte Lagen bzw. einen Punkt auf bestimmten Bahnen zu führen.

Die derzeit bekannten oder denkbaren Bauformen mikromechanischer Getriebe werden nach deren charakteristischen Gliedern und Gelenken eingeteilt [6.6.4]:

1. Zahnradgetriebe
1.1. Stirnrad-Standgetriebe
1.2. Stirnrad-Umlaufgetriebe
1.3. Kronenradgetriebe
2. Reibkörpergetriebe
3. Hebel- und Koppelgetriebe

Beispiele für Bauformen und deren typische Eigenschaften zeigt **Tafel 6.6.4**.

Andere aus der Feinwerktechnik bekannte Getriebe wie Kegelrad-, Schnecken- und Schraubenradgetriebe, Zugmittelgetriebe, Kurvengetriebe und Druckmittelgetriebe werden hier nicht behandelt, da ihre mikrotechnische Umsetzungen nicht oder erst in weiterer Ferne als möglich erscheinen.

6.6.7 Übertragbarkeit bekannter feinmechanischer Lösungen

Ein großer Teil der feinmechanischen Konstruktionselemente hat prinzipiell auch in der Mikromechanik Bedeutung, obwohl diese in den meisten Fällen nicht einfach räumlich verkleinerte Feinmechanik darstellt. Sie erfordert vielmehr ein Umdenken in Konstruktion und Fertigung, erweiterte Berechnungsverfahren, noch mehr Technologiebezug, die Dominanz anderer physikalischer Gesetze, den Umgang mit neuartigen Werkstoff- und Toleranzproblemen u.a.m.

Tafel 6.6.4 Bauformen und Eigenschaften mikromechanischer Getriebe

(B), (D) mikrotechnische Lösung bekannt, denkbar

Bauform / Prinzip	Ausführungsbeispiel	Beschreibung / Eigenschaften
1 Zahnradgetriebe		
1.1 Stirnrad-Standgetriebe		
1.1.1 Einstufige Stirnrad-Standgetriebe		
1.1.1.1 (B) Paarung Außen-/Außen-Verzahnung 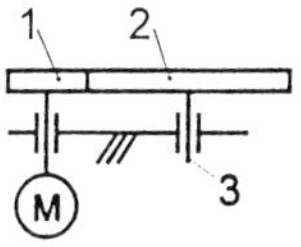	 0,3mm Mikro-Zahnradpumpe, LIGA, Quelle: IMM	Ritzel *1* und Rad *2* • starr auf Wellen *3* angeordnet, diese ein- oder zweiseitig gelagert • oder drehbar auf starren Achszapfen gelagert $i = i_{ges} = z_2/z_1$, Drehrichtungsumkehr *Vorteil:* einfach, geringe Baugröße *Nachteil:* Radialkräfte bei meist einseitiger Lagerung führen zu starkem Verschleiß
1.1.1.2 (B) Paarung Außen-/Innen-Verzahnung 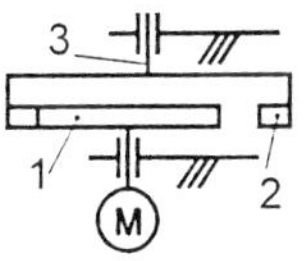	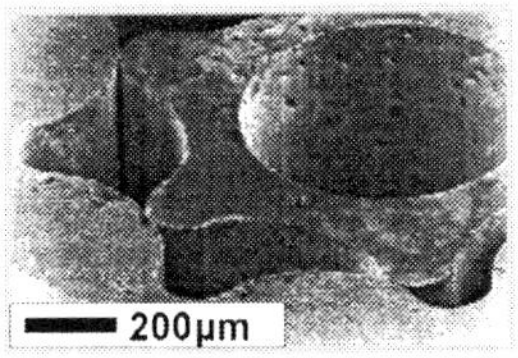 200µm Mikro-Zahnringpumpe, Mikro-Drahterodieren, Quelle: FhG IPA	Ritzel *1* und Hohlrad *2* meist starr auf Wellen *3* angeordnet, diese ein- oder zweiseitig gelagert $i = i_{ges} = z_2/z_1$, keine Drehrichtungsumkehr *Vorteil:* sehr geringe Baugröße *Nachteil:* Radialkräfte, komplizierte Lagerung

Bauform / Prinzip	Beschreibung / Eigenschaften	Bauform / Prinzip	Beschreibung / Eigenschaften
1.1.1.3 (B) Räderkette 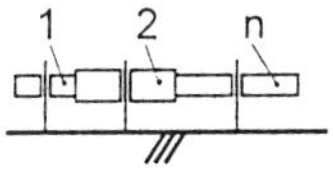	Räder *1*, *2*, ... *n* meist drehbar auf starren Achszapfen gelagert, $i = i_{ges} = z_n/z_1$, *Vorteil:* Drehrichtung einstellbar, Bewegung über längere Strecken übertragbar *Nachteil:* mit zunehmender Räderzahl steigendes Spiel und sinkender Wirkungsgrad	1.1.1.4 (D) Zahnstangen-Getriebe 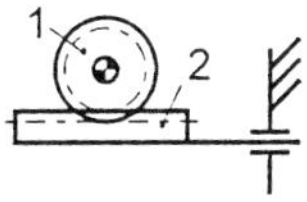	Außenverzahntes Rad *1* gepaart mit Zahnstange *2* Umformung von rotatorischer in translatorische Bewegung *Vorteil:* hoher Wirkungsgrad *Nachteil:* i.allg. Spiel

Bauform / Prinzip	Ausführungsbeispiel	Beschreibung / Eigenschaften
1.1.2 Mehrstufige Stirnrad-Standgetriebe		
1.1.2.1 (D) Platinenbauweise 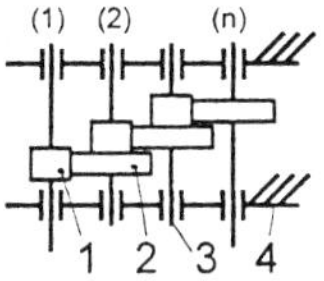	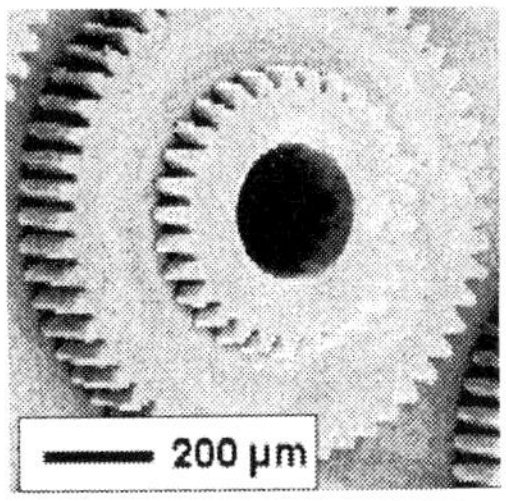 200 µm Starrer Ritzel-Rad-Körper, LIGA, Quelle: IMM	Ritzel *1* und Räder *2* sind starr auf Wellen *3* angeordnet, die drehbar zwischen zwei Platinen *4* gelagert sind $i_{ges} = i^{n-1} = (z_2/z_1)^{n-1}$; (*1*), (*2*), ... (*n*) Stufenzahl *Vorteil:* hohe Übersetzung bei flacher Bauweise *Nachteil:* relativ großer lateraler Bauraum
1.1.2.2 (D) Steckbauweise 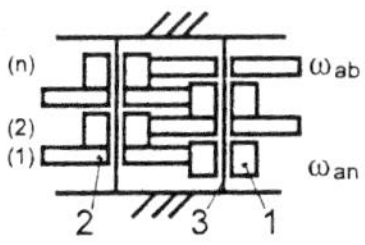		Ritzel-Rad-Kombinationen *1*, *2* sind drehbar auf starren Achsen bzw. Achszapfen *3* gelagert $i_{ges} = i^n = (z_2/z_1)^n$; (*1*), (*2*), ... (*n*) Stufenzahl *Vorteil:* hohe Übersetzung, geringer Bauraum, montagegerecht *Nachteil:* schwierige Bewegungsein- und -ausleitung, dünne Achsen sind instabil

Tafel 6.6.4 Fortsetzung 1

Bauform / Prinzip	Ausführungsbeispiel	Beschreibung / Eigenschaften
1.2 Stirnrad-Umlaufgetriebe		
1.2.1 (B) Einfaches Umlaufrädergetriebe 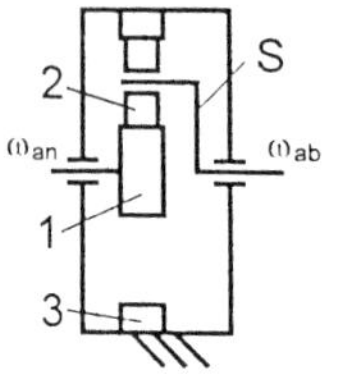	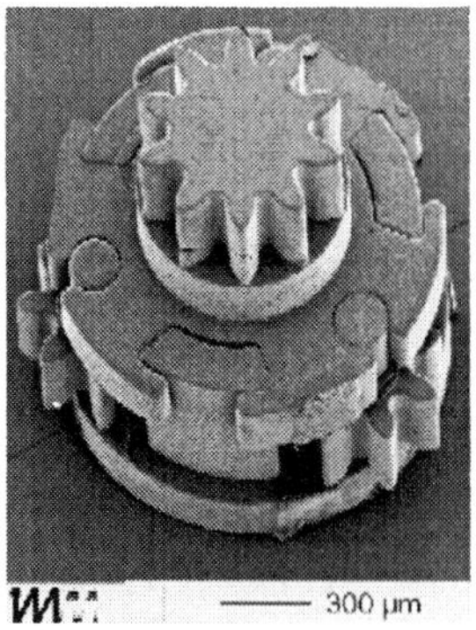 Stufe (außer Hohlrad) eines AAI-Getriebes (Außen-∅ 1,9 mm), LIGA, Quelle: IMM	Angetriebenes Sonnenrad *1*, drei bis fünf Planentenräder *2* drehbar auf Steg *S* angeordnet, der als Abtrieb dient, Hohlrad *3* gestellfest $i = (z_1 + z_3)/z_1$, *Vorteil:* hohe Leistungen bei geringem Bauraum, guter Wirkungsgrad, Übersetzung gut stufbar (Baureihe mit mehreren Stufen), montagegerecht *Nachteil:* filigrane Planetenlagerung bei momentenbelastetem Steg
1.2.2 (B) Wolfromsches Umlaufrädergetriebe 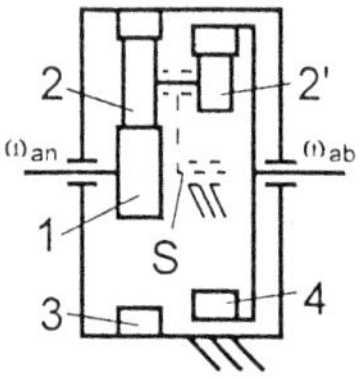	 Wolfromsches Getriebe in Kompaktbauweise (Außen-∅ 1,9 mm), LIGA, Quelle: IMM	Angetriebenes Sonnenrad *1*, je drei bis fünf Planetenräder 2 und *2'* drehbar auf Steg *S* angeordnet, Steg nicht momentenbelastet und kann u.U. entfallen, Hohlrad *3* gestellfest, Hohlrad *4* dient als Abtrieb $i = z_2 z_4 (z_1 + z_3)/z_1 (z_2 z_4 - z_3 z_{2'})$ *Vorteil:* hohe Übersetzung in nur einer Stufe, sehr kompakt *Nachteil:* geringer Wirkungsgrad

Bauform / Prinzip	Beschreibung / Eigenschaften	Bauform / Prinzip	Beschreibung / Eigenschaften
		1.3 Kronenradgetriebe	
1.2.3 (B) Umlaufrädergetriebe mit exzentrischem Abtrieb 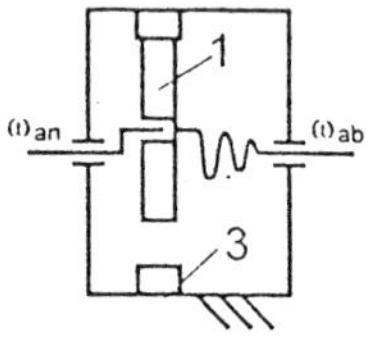	Exzentrisch gelagertes Ritzel *1* gepaart mit gestellfestem Hohlrad *3*, Ritzeldrehung dient als Abtrieb $i = (z_3 - z_1)/z_3$ *Vorteil:* hohe Übersetzung, sehr kompakt *Nachteil:* dem Abtrieb ist eine exzentrische Bewegung überlagert *Anmerkung:* meist integriert in Radialluftspalt-Motor	1.3.1 (B) Kronenradgetriebe (Stirnplanradgetriebe mit Achsenwinkel 90°) 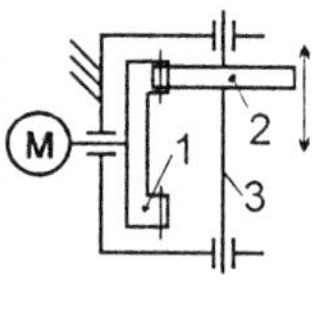	Kronenrad *1* und (geradverzahntes) Stirnrad *2* i.allg. starr auf Wellen *3*, diese ein- oder zweiseitig gelagert $i = i_{ges} = z_2/z_1$, beim Verschieben von *2* Drehrichtungsumkehr *Vorteil:* beliebige Winkel 0 bis 90° zwischen den Wellen möglich (meist 90°), mikrotechnische Fertigung des Kronenrades denkbar, des Stirnrads leicht möglich; in der Uhrenindustrie Fertigung Standard *Nachteil:* Übersetzung gering
2 Reibradgetriebe			
2.1 (B) Axiale Reibpaarung 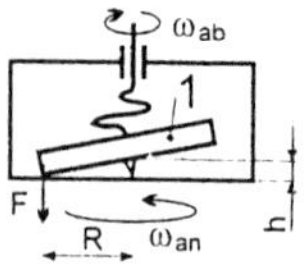	Reibrad *1* wird durch umlaufende Kraft (Antrieb) axial auf eine gestellfeste Unterlage gedrückt, die entstehende Drehung von *1* dient als Abtrieb $i = 2\,R^2/h^2$ *Vorteil:* hohe Übersetzung bei geringem Bauraum, monolithische Bauweise möglich	2.2 (B) Radiale Reibpaarung wie 1.2.3	wie 1.2.3, mit dem Unterschied, daß Paarung durch Kraft- statt durch Formschluß realisiert wird $i = (d_3 - d_1)/d_3$ gegenüber 1.2.3: *Vorteil:* höhere Übersetzung möglich *Nachteil:* geringere Momente übertragbar

Tafel 6.6.4 Fortsetzung 2

Bauform / Prinzip	Beschreibung / Eigenschaften	Bauform / Prinzip	Beschreibung / Eigenschaften
	Nachteil: geringere Momente übertragbar, dem Abtrieb ist eine Taumelbewegung überlagert *Anmerkung:* meist integriert in Axialluftspalt-Motor		
3 Koppelgetriebe			
3.1 (B) Getriebe der Vierdrehgelenkkette φ_{an} φ_{ab}	Meist aus Federgelenken und Bulk-Material aufgebaut Anwendungen bekannt als Mechanismus für zentrierende Zangengreifer *Vorteil:* einfachster Aufbau, monolithische Bauweise möglich *Nachteil:* Federgelenke lassen nur geringe Winkel zu, entsprechend lange Hebel haben dann nur kleine Steifigkeit	3.2 (B) Getriebe der Schubkurbelkette LM s_{an} φ_{ab}	Meist aus Federgelenken und Bulk-Material aufgebaut, angetrieben durch einen Linearmotor (LM) Anwendungen bekannt als Mechanismus für zentrierende Zangengreifer oder zur Spiegelverstellung *Vorteil:* einfachster Aufbau, monolithische Bauweise möglich *Nachteil:* Federgelenke lassen nur geringe Winkel zu

Besonders bei der Silizium-Mikromechanik gibt es deutliche Unterschiede. Während die herkömmliche Feinmechanik auf eine Vielfalt von gut definierten Werkstoffen, Halbzeugen und Fertigungsverfahren zurückgreifen kann, ist der Gestaltungsspielraum für mikromechanische Funktionsbausteine auf wenige Fertigungstechnologien und Werkstoffe, wie EK-Si, Poly-Si und SiO_2 eingeengt. Die Fotolithographie ermöglicht zwar komplizierte und sehr präzise laterale Strukturen, in der Tiefe sind aber die Formen durch die Ätztechniken festgelegt und mit größeren prozentualen Toleranzen behaftet.

Die einfachen Dimensionierungsrichtlinien, die für die Feinmechanik im allgemeinen zur Anwendung kommen, reichen dann zumeist nur für den Grobentwurf einer mikromechanischen Baugruppe aus. Dem muß ein Feinentwurfsprozeß mit Modellierung und Simulation zur funktionellen und technologischen Optimierung folgen. Die Elementarbausteine sind für die Mikromontage ungeeignet, was ohnehin nicht im Sinne einer monolitischen Komponentenstruktur liegt. Damit werden aber auch bei relativ zueinander bewegten Teilen keine optimalen Werkstoffpaarungen möglich.

In vielen konstruktiven Fragen günstiger und der klassischen Feinmechanik näherstehend sind Funktionsgruppen, die man in LIGA-Technik entwickelt und herstellt. Hier gibt es mehr Spielraum für deren Entwicklung und konstruktive Gestaltung, vor allem durch die größere Vielfalt an Werkstoffen einschließlich Kunststoffen.

Mit geringem Anpassungsaufwand können damit die Entwurfsmethoden, Berechnungsgrundlagen und Konstruktionsrichtlinien der Feinmechanik weitgehend übernommen werden. Die Teile sind außerdem besser für eine künftig anzustrebende automatisierte Mikromontage geeignet [6.6.5] [6.6.9] [6.6.10], so daß vor allem bei Bewegungsbaugruppen günstige Werkstoffpaarungen z. B. für Lager bei zugleich engeren Spielpassungen möglich sind, als es das Batch-Verfahren zuläßt.

Bei mikromechanischen Funktionsgruppen ist im Vergleich zur Feinmechanik weiterhin folgendes zu beachten:

1. Wegen der extremen Miniaturisierung der Teile sind in mikromechanischen Bewegungssystemen die Auswirkungen der Schwerkraft sowie der Beschleunigungs- und Stoßkräfte auf Reibung, Wirkungsgrad, Verschleiß und Geräusch neu zu bewerten. Im allgemeinen verbessern sich diese Parameter, da die lokalen Flächenpressungen wesentlich geringer sind.
2. Durch unterschiedliche Wärmeausdehnung kommt es in Schichtstrukturen, einschließlich Dotierungsschichten, zu unerwünschten Krümmungen und inneren Spannungen, die relativ viel größer sind als in der Feinmechanik. Oft helfen dann nur Neuentwicklungen, z. B. mit Gegendotierungen oder Kompensationsschichten, bzw. aufwendige Temperprozesse.
3. In der Feinmechanik arbeitet man weitgehend mit gesicherten Kennwerten des kompakten Werkstoffs. In der Silizium-Mikromechanik dagegen hängt z.B. der Elastizitätsmodul bei EK-Si von der Kristallorientierung und der Dotierung, bei Poly-Si von der Kornorientierung und bei SiO_2 von der Art des Herstellens und dem Temperungszustand ab.

Der im Entwurfsprozeß angenommene Wert weicht dann häufig stark von der Praxis ab. Auch bei LIGA-Teilen wirken sich Oberflächen- und Grenzflächeneffekte (oft vorteilhaft) viel stärker aus als dort, wo der kompakte Werkstoff dominiert.

4. Trotz hoher Präzision der Fertigungstechniken sind die prozentualen Toleranzen sowie das relative Spiel bei Passungen in der elementaren Mikromechanik meist um ein Vielfaches größer als in der Feinmechanik. Wird z. B. der Rotor eines Mikromotors oder ein Zahnrad zusammen mit der eingefügten Achse auf dem gleichen Substrat hergestellt (Batch-Verfahren), so ergibt sich sowohl bei Silizium- als auch bei LIGA-Technik eine minimale Spaltbreite zwischen Achse und Rotor bzw. Zahnrad und damit ein relatives Spiel mit einem deutlich größeren Wert als in der Feinmechanik. Das kann zu stärkerem Verschleiß sowie auch zu Funktionsstörungen führen und erfordert deshalb entsprechend angepaßte Fertigungs- und Gestaltungsrichtlinien [6.6.7] [6.6.10].
5. Für die Montage von mikromechanischen Funktionsgruppen aus Elementbausteinen gelten einerseits die bei der Kleinteilmontage angewendeten Planungsstrategien, Phasenmodelle und Maßnahmenkataloge für das montagegerechte Konstruieren, andererseits gibt es aber durch die Miniaturisierung der Teile im Hinblick auf das Zuführen, Handhaben, Lageerkennen und Fügen neue Aufgabenstellungen [6.6.9] [6.6.20].

6.6.8 Aufbau- und Verbindungstechnik, mechanische Schnittstellen

Die Aufbau- und Verbindungstechnik (AVT), die in der Mikroelektronik im wesentlichen die Chipmontage sowie die elektrische Kontaktierung und Gehäusung umfaßt, erfordert in der Mikromechanik weitere Verfahren. Von Interesse sind insbesondere dreidimensionale Montage-, Füge- und Justagetechniken sowie stoff-, form- und kraftschlüssige Verbindungen, über die verschiedenste physikalische Größen als Nutzsignal übertragen werden. Begünstigt durch die hohe Integrationsdichte kommt es aber auch zur Einkopplung unerwünschter Signale sowie thermischer, elektromagnetischer oder anderer Felder und mechanischer Spannungen, die mit der Aufbau- und Verbindungstechnik beherrscht werden müssen. Damit erhält das Gestalten der Schnittstellen zwischen Elementen, Bausteinen oder Subsystemen sowie zur Außenwelt größere Bedeutung.

Aufbau- und Verbindungstechniken werden von den Integrationstechniken bestimmt. Man unterscheidet die *monolithische* und die *hybride* Integration sowie in jüngerer Zeit zusätzlich die *Mikrofabrikationstechnologie*, bei der auf einem fertig prozessierten Wafer mittels Additivtechniken und hybriden Integrationstechniken das Mikrosystem aufgebaut wird. Für die Mikroproduktionstechnik, die für die Low-Cost-Fertigung auch kleinerer Stückzahlen möglichst auf Standard-Mikrobausteine und flexible Mikromontageautomaten zurückgreift, bildet die AVT die verfahrenstechnische Grundlage.

Mikromechanische Funktionsgruppen finden sich in vielfältiger Form in Mikrosystemen wieder und sind dort meist integrierter Bestandteil von Sensor- oder Aktor-Subsystemen. Nur selten bildet eine komplexere mikromechanische Baugruppe, z. B. ein Mikrogetriebe, ein eigenes autonomes Subsystem mit definierten Parametern und Anschlußwerten.

Hinsichtlich der Aufbau-,Verbindungs- und Integrationstechniken sowie der Schnittstellen sind für mikromechanische Funktionsbausteine folgende Fälle zu unterscheiden:

1. Das abgrenzbare Element, z. B. ein Biegebalken oder eine Torsionsfeder ist monolithisch integrierter Bestandteil eines Sensor- oder Aktorchips, den man im Waferverband nach dem technologischen Verfahren der Volumen- oder Oberflächen-Mikromechanik herstellt. Dabei ist es unerheblich, ob die mikromechanischen Komponenten voll monolithisch hergestellt werden oder die Montage mehrerer Wafer oder Chips übereinander vorgesehen ist.
   In jedem Fall sind die mechanischen Funktionsbausteine beim Entwurf der gesamten Sensor- oder Aktor-Struktur zu dimensionieren und konstruktiv einzubinden, und es ist nicht sinnvoll, für die Einzelelemente Schnittstellen zu definieren und zu beschreiben.
2. Die mikromechanische Funktionsgruppe wird in Halbleitertechnik, vor allem aber in LIGA-Technik oder evtl. durch Mikrozerspanen oder -erodieren als selbständige Baugruppe hergestellt und ist, möglichst in magazinierter Form, für die, zumindest künftige, automatisierte Montage verschiedener Mikrosysteme bereitzustellen (z. B. Zahnräder für Mikrogetriebe, Druck- und Spiralfedern, Parallelführung mit elastischen Gelenken).
   Zur Beschreibung als Baugruppe gehören die konstruktiven und funktionellen Parameter, Werkstoffangaben, Angaben zur Herstellung, vor allem aber zur Handhabung, Fügbarkeit und Verbindungstechnik für die (automatisierte) Montage u.a.m.

3. Die mikromechanische Funktionsgruppe ist eine aus Mikro-Einzelteilen zusammengesetzte mechanische Baugruppe. Als Beispiel sei ein mehrstufiges Umlaufrädergetriebe mit 1,9 mm Durchmesser x 3,5 mm Länge genannt, das aus einem innenverzahnten Getriebegehäuse, einer entsprechenden Vielzahl von Sonnen- und Planetenrädern sowie Steg-Ober- und -Unterteilen besteht. Alle Einzelteile werden durch Mikrospritzguß (z. B aus POM / Hostaform) mit LIGA-Formen hergestellt, wobei als Abtriebswelle eine Stahlwelle mit 0,5 mm Durchmesser als Einbetteil zum Einsatz kommt. Die Einzelteile werden, teilweise mit Hilfsvorrichtungen, manuell unter dem Mikroskop, mit Steck- und Preßverbindungen, Kleben und Laserschweißen montiert.
   Eine solche mechanische Baugruppe kann in wenigen Vorzugsgrößen typisiert bereitgestellt werden.

In der Feinwerktechnik unterscheidet man unter dem Oberbegriff *Fügen* das gegenseitige Anordnen und Verbinden von Bauteilen durch stoff-, form- und kraftschlüssige mechanische und elektrische Verbindungen. In jüngerer Zeit werden auch Verbindungstechniken der Elektronik-Technologie, vor allem zur elektrischen Kontaktierung, hinzugenommen, sowie zum Teil auch die Aufbau- und Verbindungstechniken der Mikrosystemtechnik. Viele Verfahren und Techniken sind dabei von den Waferprozessen und der Chipverarbeitung in der Mikroelektronik abgeleitet und haben somit auch Relevanz für die Mikromechanik, sofern es sich um die Silizium-Mikromechanik handelt.

Wenn zum Herstellen von mikromechanischen Komponenten mehrere Einzelwafer aus Silizium oder Pyrexglas erforderlich sind oder auf den Mikromechanik-Wafer ein Deckwafer für die Integration von Elektronik aufgesetzt werden soll, wendet man vorzugsweise *eutektisches* oder *anodisches Waferbonden* an.

Nach dem Vereinzeln müssen die Chips auf metallischen, keramischen oder organischen Trägerwerkstoffen (meist Substrat aus Al_2O_3-Keramik) elektrisch und thermisch gut leitend sowie mechanisch fest und spannungsarm befestigt und bei der Hybridintegration oft auch räumlich sehr präzise positioniert werden.

Als Verfahren des *Chipbonden*s haben sich durchgesetzt: Eutektisches Anlegieren (beruht auf dem Eutektikum Si-Au bei ca. 370 °C), das Weichlöten mit SnPb-Loten (bildet duktile Kontaktzone) und vor allem das Kleben mit leitfähigen Epoxy-Klebern. Weichlöten und Kleben setzen bei geforderter elektrischer Leitfähigkeit eine zusätzliche Chiprückseitenmetallisierung voraus.

Mit dem *Anschlußbonden* werden die elektrischen Verbindungen der Chips untereinander bzw. der Chip-Anschlüsse mit den Leiterbahnen des Substrats hergestellt. Es dominiert das Drahtbonden, das zu hoher Perfektion gebracht wurde. Mikrodrähte von 20 bis 25 µm Durchmesser z. B. lassen sich mit hoher Geschwindigkeit und Ausbeute als Drahtbrücken verlegen. Beim in der Hybridtechnik zunehmend angewendeten Flip-Chip-Bonden werden die Chip-Anschlüsse mit Kontakthügeln versehen und mit der Systemseite nach unten en block durch Thermokompression / Löten / Kleben kontaktiert. Es ist das Anschluß- und zugleich Chip-Bonden, das mit der geringsten Fläche auskommt.

Ausführliche Darstellung s. [6.6.4] [6.6.7] [6.6.9] [6.6.11].

Es ist denkbar, daß die Verbindungstechniken des Anschlußbondens in angepaßter Form auch für mechanische Elemente, die man in Silizium- oder LIGA Technik herstellt, angewendet werden, z. B. zum Befestigen von Federn, zum Herstellen von Weg- und Kraftbrücken, Welle-Nabe-Verbindungen u.a.

Für das *Fügen von LIGA-Teilen* aus Metall, Kunststoff oder Keramik kommen die Verfahren Einpressen und Verpressen, Einbetten, formschlüssiges Stecken und Einspreizen, vor allem aber Kleben und Laserschweißen zum Einsatz.

Besondere Bedeutung haben desweiteren Snap-in-Verbindungen. Sie können mit fortgeschrittenen Simulationsprogrammen (FEM) berechnet werden und lassen sich hochgenau aus geeigneten Werkstoffen, wie Kunststoffen oder duktilen Metallen, fertigen. Durch die geringe Oberflächenrauheit und die Montage unter Reinraumbedingungen liegt die Fügepräzision von auf Anschlag geschobenen Teilen bei etwa 1 µm. **Bild 6.6.1** zeigt als Beispiel eine mikromechanische Konstruktion, bei der ein Bügel von ca. 2 mm Länge, mit abgeschrägten Ecken und zwei Rastfedern an den Seiten, in einen Schlitz des flachen Teiles gesteckt wird und nur bedingt lösbar einrastet.

Bild 6.6.1
Snap-in Teile mit dreidimensionalen Faser-Führungsstrukturen für einen Fiber-in-Board-Verbinder, LIGA, Quelle: IMM

Literatur zum Abschnitt 6.6

Bücher, Dissertationen

[6.6.1] *Heuberger, A.:* Mikromechanik. Berlin, Heidelberg: Springer-Verlag 1991.

[6.6.2] *Büttgenbach, S.:* Mikromechanik – Einführung in Technologie und Anwendungen. Stuttgart: B.G. Teubner Verlag 1991.

[6.6.3] *Marek, J.; u.a.:* Sensoren und Aktoren in Silizium-Mikromechanik. In: Halbleiter in Forschung und Technik. Ehningen: expert-Verlag 1991.

[6.6.4] *Krause, W.:* Konstruktionselemente der Feinmechanik. 2.Aufl. München, Wien: Carl Hanser Verlag 1993.

[6.6.5] *Henschke, F.:* Miniaturgreifer und montagegerechtes Konstruieren in der Mikromechanik. VDI-Fortschrittsberichte Nr. 242. Düsseldorf: VDI-Verlag 1995.

[6.6.6] *Krause, W.:* Fertigung in der Feinwerk- und Mikrotechnik – Verfahren, Werkstoffe, Gestaltung. München, Wien: Carl Hanser Verlag 1996.

[6.6.7] *Schroth, A.:* Modelle für Balken und Platten in der Mikromechanik. Dresden: Universitätsverlag 1996.

[6.6.8] *Menz, W.; Mohr, J.:* Mikrosystemtechnik für Ingenieure. 2.Aufl. Weinheim: VCH-Verlag 1997.

[6.6.9] *Gerlach, G.; Dötzel, W.:* Grundlagen der Mikrosystemtechnik. München, Wien: Carl Hanser Verlag 1997.

[6.6.10] *Leßmöllmann, C.:* Fertigungsgerechte Gestaltung von Mikrostrukturen für die LIGA-Technik. Diss. Universität Karlsruhe 1992.

[6.6.11] *Hiller, K.:* Ein Beitrag zum direkten Bonden mikromechanischer Bauteile. Diss. TU Chemnitz-Zwickau 1994.

[6.6.12] *Schmidt, K.:* Spezielle Verfahren zur Mikrostrukturierung von Glas. Diss. TU Ilmenau 1994.

[6.6.13] *Mehner, J.:* Mechanische Beanspruchungsanalyse von Siliziumsensoren und -aktoren unter dem Einfluß von elektrostatischen und Temperaturfeldern. Diss. TU Chemnitz-Zwickau 1994.

[6.6.14] *Soblik, W.:* Antriebssysteme für Miniaturgreifer der Feinwerktechnik. Diss. TU Dresden 1995.

[6.6.15] *Gerlach, T.:* Ein neues Mikropumpen-Prinzip mit dynamischen passiven Ventilen. Diss. TU Ilmenau 1996.

Aufsätze

[6.6.20] *Weißmantel, H.:* Gedanken zur Montagegerechtheit am Beispiel von Bauelementen der Mikromechanik. Feingerätetechnik 39 (1990) 2, S. 51.

[6.6.21] *Dufour, M.; Delaye, M. T.; Michel, F.; Danel, J. S.; Diem, B.; Delapierre, G.:* Comparision between Micromachined Pressure Sensors Using Quartz or Silicon Vibrating Beams. Sensors and Actuators A 34 (1992), S. 201.

[6.6.22] *Kanda, Y.:* What Kinds of SOI Wafers are Suitable for What Micromachining Purposes? Feinwerktechnik und Meßtechnik 100 (1992) 6, S. 211.

[6.6.23] *Kiesewetter, L.; Houdeau, D.; Löper, G.; Zhang, J.-M.:* Wie belastbar ist Silizium in mikromechanischen Strukturen? Feinwerktechnik und Meßtechnik 100 (1992) 6, S. 249.

[6.6.24] *Chung, G.-S.:* Thin SOI Structures for Sensing and Integrated Circuit Applications. Sensors and Actuators A 39 (1993), S. 241.

[6.6.25] *Prak, A.; Lammerink, T.S.J.; Fluitman, J.H.J.:* Reviews of Excitation and Detection Mechanisms for Micromechanical Resonators. Sensors and Materials 5 (1993), S. 143.

[6.6.26] *Shoji, S.; Esashi, M.:* Microflow devices and systems. Journal of Micromechanics and Microengineering 4 (1994), S. 157.

[6.6.27] *Fujita, H.:* Recent progress of microactuators and micromotors. Microsystem Technologies 1 (1995), S. 93

[6.6.28] *Ehrfeld, W.; Lehr, H.:* Deep X-Ray Lithographie for the Production of Three-Dimensional Microstructures from Metals, Polymers and Ceramics. Special Edition of Radiation Physics and Chemistry 45 (1995) 3, S. 349.

[6.6.29] *Arnold, J.; Ehrfeld, W.; u.a.:* Kostengünstige Serienfertigung von Mikrobauteilen durch Laser-LIGA. Feinwerktechnik•Mikrotechnik•Meßtechnik 103 (1995) 1-2, S. 48.

[6.6.30] *Dötzel, W.; u.a.:* Entwurf mechanischer Mikrosysteme. Feinwerktechnik•Mikrotechnik•Meßtechnik 103 (1995) 5, S. 277 und 6, S. 326.

[6.6.31] *Czolk, R.:* Bewährungsprobe für Mikrosysteme. Feinwerktechnik•Mikrotechnik•Meßtechnik 103 (1995) 9, S. 492.

[6.6.32] *Zielke, D.; Reuter, S.:* PC-gestützte Ätzsimulation mechanischer Mikrosysteme. Feinwerktechnik•Mikrotechnik•Meßtechnik 103 (1995) 9, S. 503.

[6.6.33] *Carnal, O.; u.a.:* Holografische Mikrolithografie – Revolutionäre Technik für die Mikrostrukturierung. Feinwerktechnik•Mikrotechnik•Meßtechnik 103 (1995) 11-12, S. 682.

[6.6.34] *Schaudel, D.:* Mikrosystemtechnik: Hoffnungsträger oder Totengräber für die Sensorindustrie? VDI-Berichte Nr. 1255. Düsseldorf: VDI-Verlag 1996, S. 1.

[6.6.35] *Wolffenbüttel, R. F.:* On-chip microsystems in silicon. Opportunities and limitations. Journal of Micromechanics and Microengineering 6 (1996), S. 138.

[6.6.36] *Westkämper, E.:* Spanende Mikrofertigung. Feinwerktechnik·Mikrotechnik·Meßtechnik 104 (1996) 7-8, S. 525.

[6.6.37] *Michaeli, W.; Rogalla, A.:* Spritzgießen von Mikrostrukturen. Feinwerktechnik·Mikrotechnik·Meßtechnik 104 (1996) 9, S. 641.

[6.6.38] *Schimkat, J.; Kiesewetter, L.:* Neuer Aktuator für Silizium-Mikrorelais. Feinwerktechnik·Mikrotechnik·Mikroelektronik 105 (1997) 1-2, S. 39.

[6.6.39] *Reinhart, G.; Höhn, M.:* Flexible Montage von Miniaturbauteilen. Feinwerktechnik·Mikrotechnik·Mikroelektronik 105 (1997) 1-2, S. 43.

[6.6.40] *Wolf, A.; u.a.:* Mikroreaktorfertigung mittels Funkenerosion. Feinwerktechnik·Mikrotechnik·Mikroelektronik 105 (1997) 6, S. 436.

[6.6.41] *Kreuzberger, S.; Schönfelder, S.:* Fertigungstechnik für Mikrosysteme. Feinwerktechnik·Mikrotechnik·Mikroelektronik 105 (1997) 6, S. 440.

[6.6.42] *Fischer, R.:* Greifer für die automatisierte Mikromontage. Feinwerktechnik·Mikrotechnik·Mikroelektronik 105 (1997) 11-12, S. 814.

7 Gerätedesign

Design (Industrie-Design, Produkt-Design) ist das Entwerfen, also das Konzipieren, Lösungen entwickeln und Formgestalten von Industrieerzeugnissen für deren umfassenden Gebrauch bei der Herstellung, beim Transportieren, Umschlagen und Lagern, im Vertrieb, während des zweckgebundenen Einsatzes, in der Wartung und Reparatur sowie beim Entsorgen [7.6][7.7][7.10].

Design gestaltet schließlich Beziehungen des Gebrauchers zum Erzeugnis und dem zugehörigen Prozeß, darüber zu anderen Menschen, dafür Zustände und Beziehungen im und am Erzeugnis, zwischen Erzeugnissen sowie zwischen diesen und dem Umfeld und der Umwelt. Damit wird der Gebrauch organisiert und technisch gelöst, die Gebrauchsanforderung der Leistungsfähigkeit des Gebrauchers angepaßt und das Gebrauchen sinnhaft/sinnlich erlebbar, somit ästhetisch gestaltet. Das Ziel besteht in einer sinnfälligen typischen und exemplarischen Identifikation des Gerätes mitsamt seiner Gebrauchsweise und der Konsumenten mit ihm. Es geht beim Design um die Entwicklung von Lebensprozessen mit Hilfe geeigneter Erzeugnisse als Bestandteil unserer Produktkultur im Einklang mit einer sich entwikkelnden Produktions- und Lebensweise.

Der zugehörige Prozeß, oder vollständiger, der Verwendungszusammenhang (Kontext) definiert ein Erzeugnis. Ein Gerät, das nicht zugleich als Bestandteil eines Systems sowohl der Konsumtion als auch der Produktion und Distribution konzipiert, gestaltet und gefertigt wird, eingebunden in verkettete Kreisläufe, z. B. in Stoffkreisläufe, ist zunehmend zum Scheitern verurteilt.

Die Wirkungsfelder des Design beziehen sich dementsprechend auf Erzeugnisse für Ensembles eines Lebensbereiches sowie für Sortimente durch alle Lebensbereiche hindurch, also Arbeits- und Wohnumwelt, Freizeit-, Sozial- sowie Öffentlichkeitsbereiche usw. Die Designtiefe reicht von der Detailgestaltung über das ganze Erzeugnis und das Erzeugnissystem bis zur Gestaltung der Software, der erzeugnisbegleitenden Gegenstände, Verpackungen und Druckschriften, der Servicemittel und Vertriebshilfen bis zur öffentlichen Warenaufklärung.

Anspruch, Kompetenz, Verantwortung, Lösungswege und Arbeitsaufwand des Design bestimmen sich aus der Art und Intensität (Bedeutung x Häufigkeit) der Gebrauchsbeziehungen der vorgesehenen Konsumenten zum geplanten Erzeugnis, d. h. auch aus den menschlich bedingten Umweltbeziehungen (U_2) des Erzeugnisses innerhalb aller seiner Umweltbeziehungen $U = U_1$ & U_2 nach *Hansen*, s. Bild 7.1.

7.1 Gebrauchen und Design

[7.2] [7.9]

Geräte, die niemand gebrauchen kann und will, können demzufolge auch technisch nicht funktionieren (Primat des Gebrauchs). Umständlich zu gebrauchende, vor allem schwer verständliche Geräte ergeben psychologische Hemmschwellen, sie einzusetzen, besonders bei technischen Konsumgütern. Technisches Spitzenniveau ist bei konkurrierenden Geräten selbstverständlich geworden; der umfassend bessere Gebrauch entscheidet, neben Preisvorteilen, Geräte zu kaufen. Zusammen mit einem angenehm verminderten Gebrauchsaufwand (**Tafel 7.1**) bestimmt die angemessene ästhetische Qualität (s. Bild 7.2) in solchen Fällen die Erzeugniswahl besonders. Das Gebrauchen von Erzeugnissen ist dann umfassend, wenn der materielle und ideelle Nutzen im Zusammenhang mit den zugehörigen und übergeordneten Lebens- bzw. Arbeitsprozessen bewertet wird und das Gebrauchen selbst (als Erlebnis) deren Bestandteil ist. Das Gebrauchen entspricht andererseits dem menschbezogenen Anteil der Kommunikationsfunktion eines Erzeugnisses.

Tafel 7.1 Gebrauchsaufwand = ergonomische Belastung

Physischer Aufwand	- Kraft/Bewegung - körperliche Verteilung - Geschicklichkeit - Anpassung
Wahrnehmungsaufwand	- Intensität - Kompliziertheit und Komplexität der Wahrnehmung - Anpassung
Psychischer Aufwand	- Motivationsleistung - Anpassung
Aufmerksamkeit	- Konzentration - Reaktionsschnelle - Anpassung
Intellektueller Aufwand	- Gedächtnisleistung (Fakten) - Entschlüsselungsleistung (Codes, Zeichen) - Programmierleistung (Algorithmen) - Verknüpfungsleistung (Entscheidungen)
Abwehraufwand gegen psychophysische Störbelastungen	- psychophysische Stabilisierungsleistung

jeweils nach Häufigkeit (Menge und zeitliche Verteilung) und Dauer

Gebrauchen im engeren Sinne ist das nutzensorientierte Betätigen und Betrachten über alle Sinneskanäle.

Jeder Gebrauch läßt sich durch ein bestimmtes Verhältnis von beidem zueinander beschreiben, also zwischen einer reinen Reflexhandlung und der Kontemplation sowie einem rein materiellen und einem rein ideellen Nutzen. Kommt der Gebrauchsabstand hinzu, vom Implantat bis zum architektonischen Gegenstand, dann ist damit die designspezifische Charakteristik des Erzeugnisgebrauchs gegeben.

Für den Konsumenten, also den Gebraucher, Nutzer, Käufer, Besitzer, Eigentümer, Betreiber usw., als Einzelner oder als Gruppe, entsteht nur dann ein gutes Erzeugnis (Gerät), wenn

- der Nutzungsprozeß (**Bild 7.1**) selbst, dem ein Erzeugnis zugeordnet werden soll, für seine Ansprüche und Fähigkeiten hinsichtlich Zweck und Gebrauch auf die günstigste Weise gestaltet ist,
- die Funktionen des Erzeugnisses aus den für diesen Nutzungsprozeß notwendigen Umweltbeziehungen abgeleitet werden und
- die Form (bauliche Lösung) diese Funktionen voll trägt sowie den Bedingungen der Nutzung bzw. des Gebrauchs entspricht.

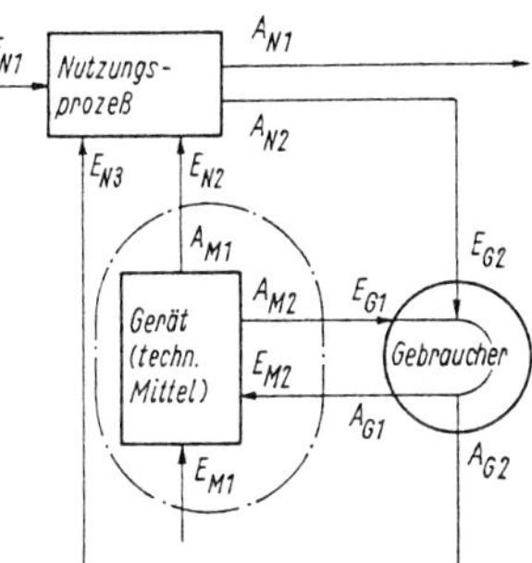

Bild 7.1 Grundbeziehungen zum Nutzungsprozeß
Gebrauchsbeziehungen:
$E_{G1}, A_{G1}, E_{G2}, A_{G2}$
Umweltbeziehungen des Gerätes:
U_1: E_{M1}, A_{M1}; U_2: E_{M2}, A_{M2}; $U = U_1 \& U_2$

Der im Prinzip kontinuierlich verteilte Bedarf läßt sich wirtschaftlich und sozial nur gestuft durch einen begrenzten Vorrat diskreter Produkte abdecken. Für einzelne Leistungsgrößen führt das zu Baureihen, für unterschiedliche Leistungsumfänge zu Baukästen. Dem entsprechen die gruppenspezifischen Konsumentenanforderungen nahezu ideal [7.11]. Adapter und individuelle Anpassungsmöglichkeiten für das Exemplar schließen die verbleibenden Bedarfslücken. Langlebige Erzeugnissysteme benötigen einen fortwährenden Austausch technisch oder sonstwie überholter Bausteine („offenes Prinzip").

Werturteile. Nicht nur das Gebrauchsergebnis, der materielle und ideelle Nutzen, sondern das Gebrauchen selbst löst Bewertungen beim Gebraucher und Nutzer aus, also Werturteile. Diese sind abhängig von der Gebrauchs- und Nutzenserwartung, der Erfahrung beim Gebrauchen, vom Vergleich mit Konkurrenzerzeugnissen und vom tatsächlichen Nutzen. Werturteile sind meist Sammelurteile im Verhalten zu den Erzeugnissen: Ablehnung, Zustimmung oder Unentschiedenheit.

Ästhetische Urteile. Bei Werturteilen spielt deren ästhetische Seite als sog. ästhetisches Urteil eine besondere Rolle. Mit ästhetisch ist jene Qualität der Beziehungen zwischen Mensch (Subjekt) und Erzeugnis (Objekt) bezeichnet, deren Wirkung auf sinnlicher Wahrnehmung beruht, über die Bedeutung des Objekts hinausgeht und eine durch Verstand und Gefühl zugleich geprägte Zuneigung, Abneigung oder Gleichgültigkeit, Lust oder Unlust (Stimmung) auslöst.

Ein ästhetisches Urteil kann methodisch (z. T. nach *Jedermann/Hoffmann*) in Faktoren zerlegt werden, woraus sich konkrete Gestaltungsmaßnahmen ableiten lassen (**Bild 7.2, Tafel 7.2**).

Die *Gediegenheit* ist ein Schlüsselfaktor der ästhetischen Urteile, alle anderen Faktoren übergreifend. Ohne den Eindruck einer gediegenen Ausführung werden alle anderen ästhetischen Teilqualitäten stark gemindert oder sogar unwirksam. Die Gediegenheit drückt sowohl die Geschicklichkeit wie die Feinheit der konstruktiven und formgestalterischen Lösung und die der Ausführung aus. Gediegenheit ist keine absolute Größe. Sie ist abhängig von den Bedingungen der Funktionstüchtigkeit, der zweckmäßigen Herstellung und ggf. von der Größe der Erzeugnisse. Gediegenheit ist mit der Angemessenheit verschwistert. In der Feinwerktechnik spielt sie eine dominierende Rolle.

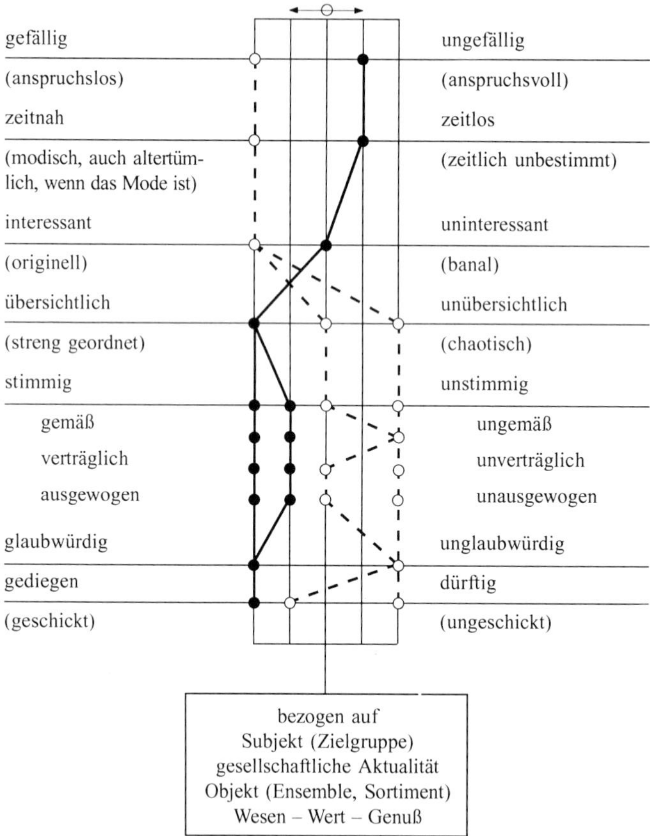

Bild 7.2 Faktorenprofil eines ästhetischen Urteils
(Beispiel: Meßgerät ●—, technischer Kitsch ○– –)

Tafel 7.2 Kriterien der Stimmigkeit

Kriterium	Charakteristik	Zielvorstellung
Inhalt/Form –, Wesen/Erscheinung – Stimmigkeit	aufgabengemäß, Gebrauchserwartung erfüllend	„das Gemäße“
Qualitative Stimmigkeit	niveaugleich, angemessen, verträglich abgestimmt	„das Verträgliche“
Quantitative Stimmigkeit	ausgewogen, gewichtet, empfindsam abgestimmt	„das Ausgewogene“

Die ästhetische Erlebnisfähigkeit und die übrigen Gebrauchsbedingungen bestimmen sich gegenseitig. Ohne ausreichende technisch-ökonomische Leistung, ergonomische Anpassung an den Gebraucher und sonstige gute Gebrauchsbedingungen haben die auch auf die Gefühle zielenden ästhetischen Gestaltungsmaßnahmen nur flüchtige oder gar keine positiven Wirkungen.

7.2 Designprozeß

[7.2]

Die Designlösungen zur Gebrauchsorganisation, zur Gebrauchstechnik, zum ergonomisch optimierten Gebrauch und zur Gebrauchskultur sind stets mit entsprechenden technisch-technologischen Lösungsangeboten durch das Design verbunden.

Der Designprozeß verläuft in drei miteinander verknüpften Ebenen:

• **Konzipieren**

Das Design untersucht und entwirft, verbessert oder erneuert

- die aufgabenbezogenen Nutzungs- und Gebrauchsprozesse/-programme
- die dementsprechenden Zwecke des geplanten Erzeugnisses und die Umstände seines Einsatzes im Hinblick auf die Ansprüche, Fähigkeiten und ggf. zu entwickelnden Verhaltensweisen der vorgesehenen Konsumenten
- die dafür notwendigen, speziell die menschbezogenen Umweltbeziehungen des Erzeugnisses (siehe auch Kommunikationsfunktion).

Das Ergebnis ist eine gebrauchsbezogene Erzeugniskonzeption im Einklang mit allen sonstigen Anforderungen und Bedingungen. Daraus werden, voneinander abhängig, die technischen, ergonomischen und ästhetischen Funktionen abgeleitet, welche die ökonomischen, sozialen, kulturellen und ökologischen Funktionen des Erzeugnisses im übergeordneten Zusammenhang im geplanten Produktions-, Distributions- und Konsumtionszeitraum erfüllen können.

• **Lösungen entwickeln/Repertoires bilden**

Das ist das Finden, Erfinden und Entwickeln der ergonomischen und technischen Wirkprinzipe und ihrer konstruktiv- und sensuell-baulichen Funktionsträger, speziell für die Gebrauchsweise (Gebrauchsorganisation, Gebrauchstechnik; Betätigen, Betrachten).

Aus der gebrauchsbezogenen (ergonomischen) und damit übereinstimmenden technischen Bestlösung entsteht die *Formanlage* als die dafür optimierte Anordnung und Ausdehnung der Bestandteile. Sie bildet das rationale und rationelle (geometrische) Gerüst des Gerätes, das als „genetischer Keim“ invariante Grundlage aller möglichen Formvarianten ist (siehe auch [7.5]). Aus den ergonomisch/ästhetisch-kommunikativen Anforderungen und Bedingungen entwickelt das Design ein aufgabenspezifisches *Gestaltprofil*, welches zu einem speziellen Vorrat an sensuellen Mitteln (s. Abschn. 7.5) führt (Repertoire), bezogen auf die produktsprachliche Gesamtleistung.

• **Formgestalten**

Das Formgestalten besteht im Entwickeln von *Formvarianten* anhand der Formanlage(-n) und des Gestaltprofils, im *Formieren/Integrieren*, d. h. Ein- oder Unterordnen, In-sich-Ordnen sowie „zu einer Ordnung bringen“, und als *sensibles Bemessen*.

Formvarianten werden neu gebildet oder aus, nach Invarianzen/Formanlagetypen geordneten Speichern, z. B. Formenkatalogen wie in den **Bildern 7.3**, **7.4**, **7.5**, gewählt. Beim Integrieren der formwirksamen, oft widersprüchlichen Lösungsbeiträge der beteiligten Disziplinen in eine integrierende Gesamtform, dem *Formprinzip* (Bilden einer „Übergestalt" mittels „Superisation"), mit einer ihr eigenen Gestaltqualität, gegenüber einem Formenkonglomerat der beteiligten Einzelformen, liegt die entscheidende formgestalterische Leistung. Hierbei entsteht in der Regel das „Typische" der Erzeugniserscheinung. Im sensiblen Bemessen (Proportionen, Stufungen, absolute Größen), wird das Formprinzip in die *Feinform* überführt, wodurch die eigentliche Formkultur entsteht, mit formsprachlicher Präzision.

▶ Die Mitarbeit des Design beginnt mit dem Vorbereiten einer Aufgabe und endet beim Auswerten von Einsatzerfahrungen.

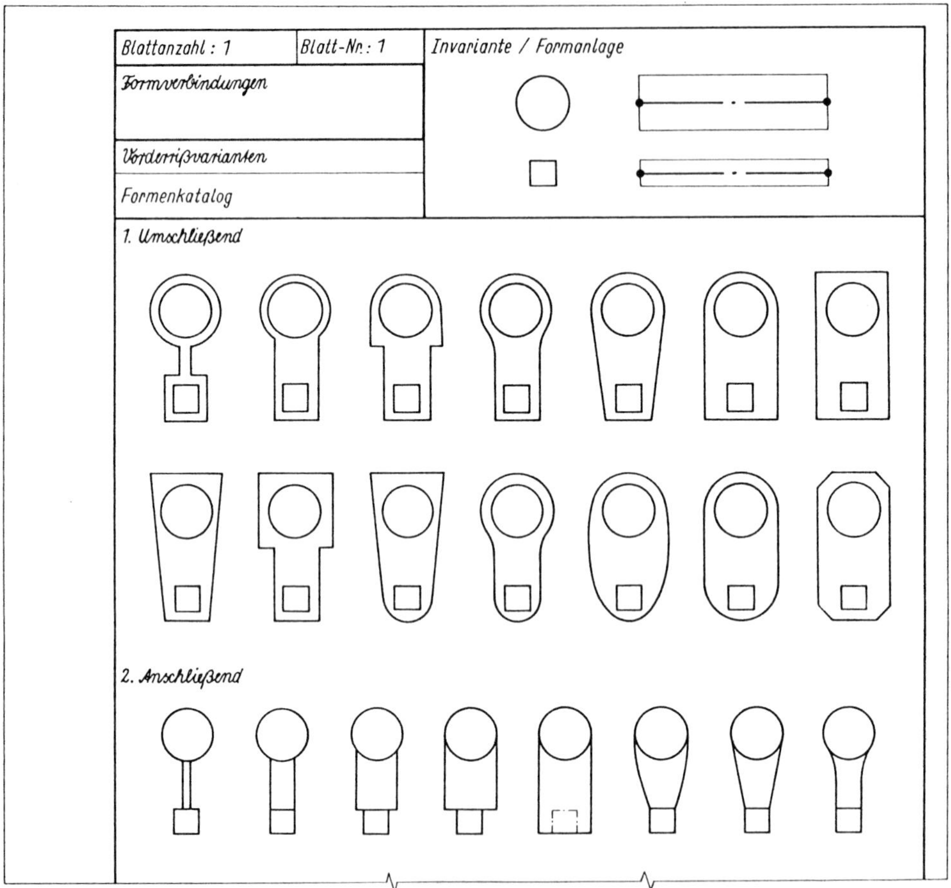

Bild 7.3 Varianten zur Formanlage, Beispiel eines Formenkatalogs für grundsätzliche Formverbindungen
Durch Aufbauen von der Formanlage aus, gezielt auf ein Formprinzip, oder durch Abräumen einer Ausgangsform zur Formanlage hin werden diese Varianten mittels Kombination und Abwandlung entwickelt; ggf. im Bildschirmdialog.

Die **Qualität** der Designleistung wird gemessen in der

- Komplexität und Treffsicherheit der Lösung hinsichtlich Konsumtion, Produktion, Distribution, Ökonomie und Ökologie,
- Integrationsleistung, um die unterschiedlichen konzeptionellen, funktionellen und baulich formwirksamen Lösungsbeiträge der mitwirkenden Disziplinen zu einer stimmigen Gesamtlösung von selbständiger Eigenart zu überführen,

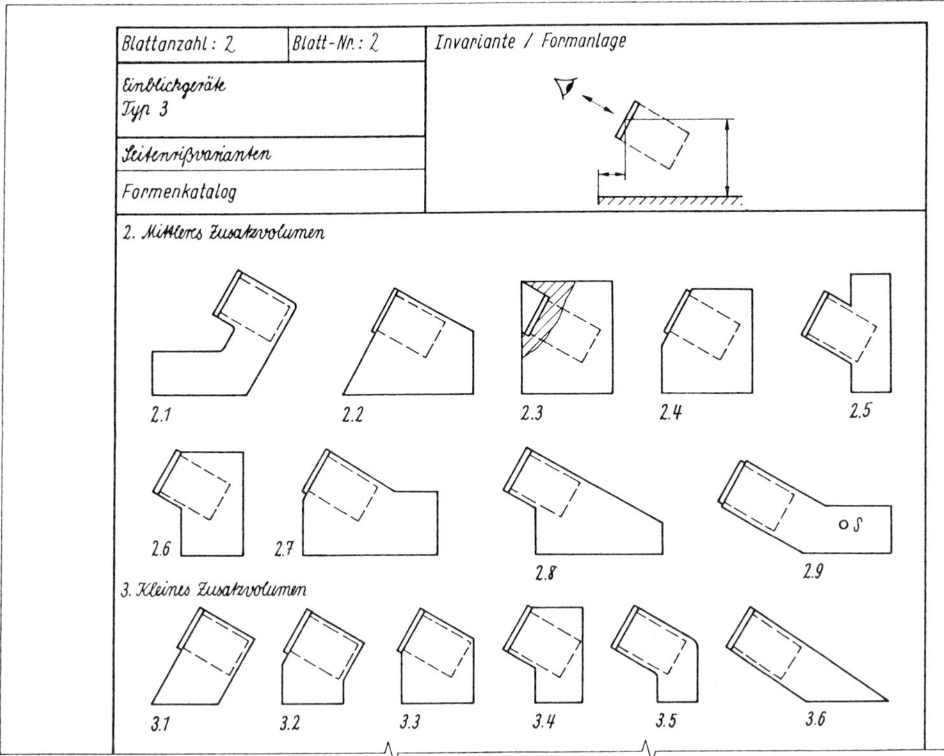

Bild 7.4 Varianten zur Formanlage, Beispiel eines Formenkatalogs für Einblickgeräte, Varianten für verschiedene Zusatzvolumina
Nr. 1 (großes Zusatzvolumen) hier nicht dargestellt (Erläuterung s. Bild 7.3); *S* Schwerpunkt

- Eignung ihrer Lösungen für optimale Beziehungen zwischen Mensch, Umwelt und Erzeugnis, speziell durch eine verständliche Produktsprache,
- objektbezogenen und subjektbezogenen Identifizierbarkeit (Typqualität, Akzeptanz) der Geräte, für sich, in den Teilen ebenso, wie als Bestandteile eines Ensembles oder Sortiments,
- kulturellen Wirksamkeit, die sich in der Höhe des Gebrauchswerts und darin speziell in der Vermittlungsfähigkeit materieller und ideeller Wertigkeiten des Erzeugnisses und seiner angemessenen Formkultur ausdrückt, sowie in einer
- Erzeugniserscheinung, deren Gebrauchswertversprechen auch eingelöst wird, die den Wesensmerkmalen des Erzeugnisses entspricht und diese angemessen sowie glaubwürdig vermittelt (Einheit von Wesen und Erscheinung).

Die Designqualität insgesamt ist das wirtschaftliche, historische Verhältnis von Lebensqualität und Produktqualität, welches den Veredelungsgrad des Produktes mitbestimmt und diesen wiederum vermittelt.

7.3 Formwirksame Funktionen

7.3.1 Ergonomische Funktion

Die ergonomische Funktion eines Gerätes ist seine Eigenschaft, veranlagte oder erworbene menschliche Fähigkeiten in angepaßtes Gebrauchen unter günstigen Bedingungen für den Gebraucher zu überführen. Anpassen läßt sich das Gerät an den Menschen (zunehmende Tendenz) oder es kann sich der Mensch an das Gerät anpassen (abnehmende Tendenz). Das wird möglich, indem man einerseits die Einwirkungen des Gebrauchers auf das Gerät in solche, dem Erzeugnis angepaßte Eingangsgrößen

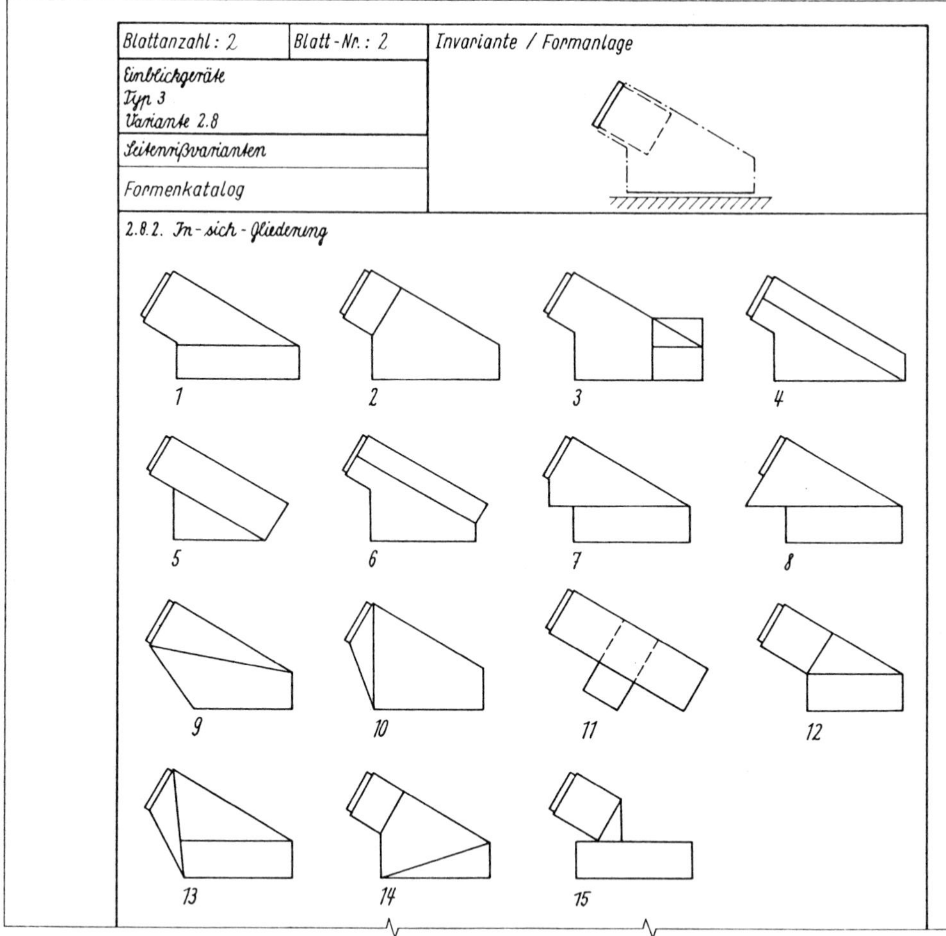

Bild 7.5 Varianten zur Formanlage, Beispiel eines Formenkatalogs für Einblickgeräte, Varianten für In-sich-Gliederungen derselben Ausgangsvariante 2.8 im Bild 7.4
Nr. 2.8.1 (Außengliederung) hier nicht dargestellt (Erläuterung s. Bild 7.3)

überführt, andererseits physikalische Ausgangsgrößen des Gerätes in sinnlich wahrnehmbare Größen überführt, die dem menschlichen Leistungsvermögen angepaßt sind und dem vorgesehenen Gebrauch nach wirken können (Schnittstelle Mensch-Gerät/Interface).

Die ergonomische Funktion besteht aus Teilfunktionen, die den *Gebrauch sicher, effektiv, bequem und hygienisch* gestalten. Sie werden realisierbar über weitere Teilfunktionen, die den *Gebrauchskriterien Erkennbarkeit/Verständlichkeit, Zugänglichkeit, Bewältigbarkeit, Zwangläufigkeit und Zumutbarkeit* entsprechen.

Funktionsträger. Auswahl und Dimensionierung der funktionserfüllenden Mittel erfolgen nach dem Gebrauchsfall, nach der Intensität der Gebrauchsbeziehungen bzw. dem Gebrauchsaufwand und nach den psychophysischen Leistungswerten des Menschen (anthropometrische – die menschlichen Abmessungen betreffende; ergometrische – die biomechanischen Leistungswerte betreffende; sensometrische – die Sinnesleistung betreffende; informetrische – die Informationsverarbeitung betreffende Leistungswerte). Funktionsträger sind technische Funktionen und Bedingungen, Gestalt-, Größen- und Werkstofftypen des Gebrauchens, Zeichen, Ordnungsbeziehungen und Algorithmen.

Ergonomisch bedingte technische Funktionen. Sie werden von der Aufgabenstellung her oft zum eigentlichen Anlaß für Produkterneuerungen. Zunächst zwingt der Arbeitsschutz zu unbedingter Sicherheit durch vollkommenen Zwanglauf, unabhängig von menschlichen Leistungen und Fehlern. Außerdem soll der Gebrauchsaufwand möglichst vermindert werden, bis hin zu technischen Lösungen, die den Gebrauch angenehm gestalten.

Gestalttyp. Die geometrischen Bedingungen, die aus der räumlichen Stellung des Gebrauchers zum Gerät und aus seinem Kontakt mit diesem resultieren, bestimmen die „Geometrie des Gebrauchens". Die geometrischen Bedingungen, die aus der Zu- und Abfuhr eines Arbeitsgegenstands und aus der relativen Arbeitsbewegung zu den Wirkelementen des Geräts (Arbeitsmittel) folgen, ergeben die „Geometrie des Arbeitsprozesses". Beide Geometrien zusammen mit der „Geometrie der Anbindung" des Erzeugnisses an andere und an das Fundament (schließt statische Formen ein) haben zu einer begrenzten, historisch stabilen Typenvielfalt von Gebrauchsformen (Archetypen der Gebrauchsformen) geführt (**Bild 7.6**). In der Regel bestimmen diese die Form eines neuen technischen Erzeugnisses stärker als die eigentlich technisch bedingten Formen. Diese Gestalttypen bilden bereits höhere Grundassoziationen.

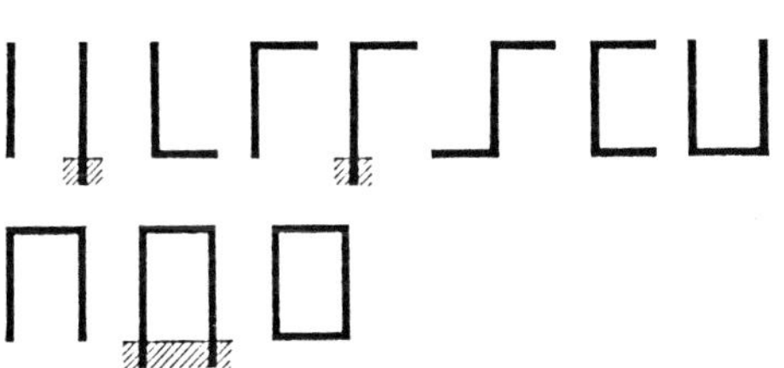

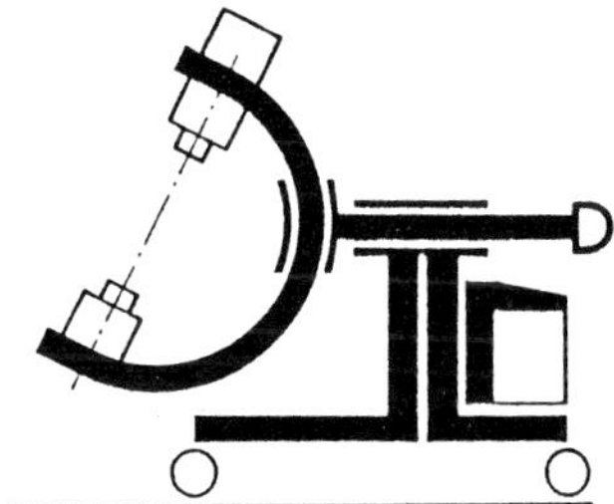

Bild 7.6 Gebrauchsformen-Archetypen und deren Anwendung am Beispiel: Röntgeneinrichtung als „Formensatz"

Zeichen. Als Elemente an Geräten sind sie in Gemeinschaftsarbeit mit Grafikern und mit Ingenieurpsychologen zu entwickeln und auf ihre Wirkungskriterien hin zu testen (**Bild 7.7**), s. auch Tafeln 7.9, 7.11 und Abschn. 7.6.3.

Sie sind anderen Bezeichnungselementen (Linien, Beschriftungen) anzupassen oder umgekehrt und Bestandteil der Gesamtgestaltung.

Ergonomische Ordnungsbeziehungen. Sie entstehen aufgrund der generell anzuwendenden humanwissenschaftlichen Erkenntnisse [7.7][7.9][7.12] und

bestehen aus:	festgelegt als:
• Festmaßordnung	Maßgestaltung von Arbeitsmitteln, z. T. in Normen
• Bewegungsordnung	Arbeitsmethodengestaltung, z. T. in technologischen Normen
• Leistungsstufen und Leistungsgrenzen	Arbeitsschutzordnung, größtenteils mit Gesetzeskraft [7.14]
• Informationsordnung	Verständigungs- und Bezeichnungsordnung, z. T. in Normen und Empfehlungen.

Die ergonomische Informationsordnung ist fast nahtlos mit der ästhetischen verbunden (**Bild 7.8**). Die Wirksamkeit semantischer Informationen wird durch die formalästhetische Information verstärkt oder geschwächt.

Die Unterlagen über Arbeitsbedingungen, Arbeitsplatzmaße, arbeitsmethodische Regeln, Informationsmaße und -bedingungen geben Richtwerte an, die Mindestbedingungen für einen Normalfall darstellen. Eine ergonomisch optimale Gestaltung ist damit nicht gewährleistet. Jede Geräteentwicklung muß daher eine Untersuchung des gesamten Gebrauchs- bzw. Nutzungsprozesses enthalten, die die notwendigen ergonomischen Lösungsmerkmale erbringt. Ergonomen, also Arbeitsmediziner, Arbeitspsychologen, Industrieanthropologen, Arbeitswissenschaftler, Ingenieurpsychologen und andere Fachleute, sind bedarfsweise vom Designer und Konstrukteur heranzuziehen.

Dabei ist die Ergonomie keine direkt gestaltende Disziplin. Sie liefert nur funktionelle und bauliche, d. h. formwirksame Bedingungen. Vergegenständlicht werden diese gemeinsam durch den Designer und den Konstrukteur im Entwurf. Die Ergonomie gilt als eine naturwissenschaftliche Grundlage des Design.

Algorithmen. Das Erzeugnis selbst (als Form) ist informationstheoretisch als Nachricht aufzufassen. In der Geräteform können daher in einer deutlich entschlüsselbaren Informationsordnung Algorithmen enthalten sein. Diese Algorithmen (Informationen) sollen gewährleisten, daß eine zeitlich bestimmte Folge von Gebrauchsschritten zuverlässig ausgeführt wird. Sie können aber auch als zusätzliche Lernunterweisungen, Gebrauchsanweisungen usw. bestehen. Das Ausarbeiten von Algorithmen und ihre Gestaltung erfordert eine geschulte, treffsichere Entwurfsarbeit anhand einer auf die mutmaßlichen Gebraucher bezogenen Handlungsanalyse bzw. -synthese.

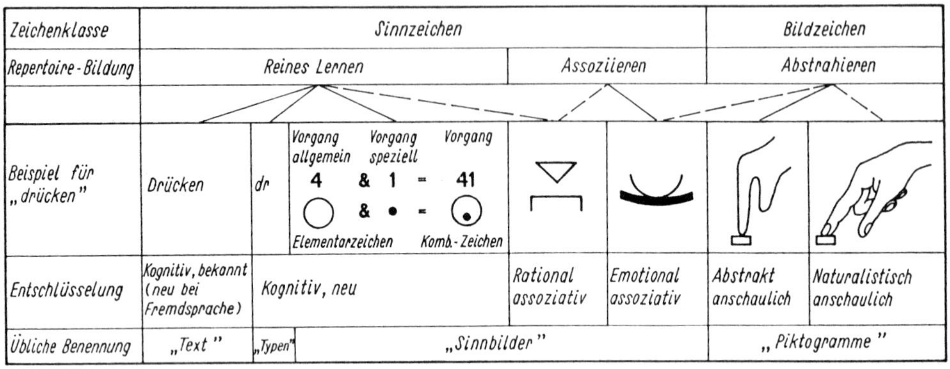

Zeichenklasse	Sinnzeichen					Bildzeichen	
Repertoire-Bildung	Reines Lernen			Assoziieren		Abstrahieren	
Beispiel für „drücken"	Drücken	dr	Vorgang allgemein 4 & Vorgang speziell 1 = Vorgang 41 ○ & • = ⊙ Elementarzeichen Komb.-Zeichen				
Entschlüsselung	Kognitiv, bekannt (neu bei Fremdsprache)	Kognitiv, neu		Rational assoziativ	Emotional assoziativ	Abstrakt anschaulich	Naturalistisch anschaulich
Übliche Benennung	„Text"	„Typen"	„Sinnbilder"			„Piktogramme"	

Bild 7.7 Zeichen (Bezeichnungselemente) an Geräten

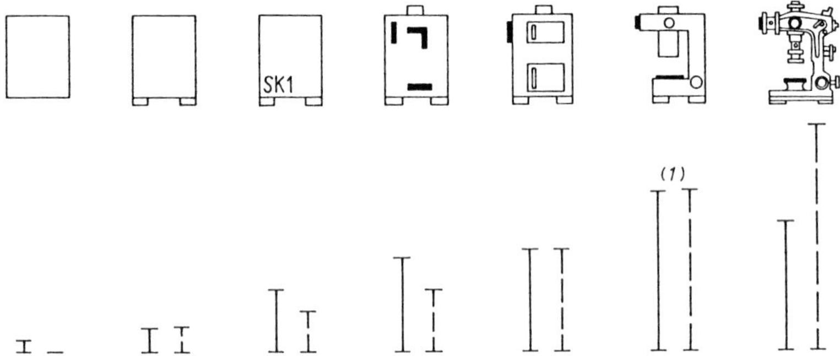

Bild 7.8 Zusammenhang zwischen einzelnen ergonomischen Wirkungen untereinander und der ästhetischen Wirkung
I Erkennbarkeit, ⁞ Zugänglichkeit
(*1*) relativ günstigstes Maß ästhetischer Ordnung

7.3.2 Technische Funktion

Die technische Funktion ist in der Bauweise des Geräts vergegenständlicht. Die ästhetische Wirkung als bauliches Gebilde wird stark geprägt durch die Konstruktionsformen (offene/geschlossene, lockere/kompakte, tragende/selbsttragende, durchlässige/undurchlässige Bauweise u. a.; **Bild 7.9**) und durch die Art und Weise der Herstellung. In der sinnlich wahrnehmbaren „Baulichkeit" liegt eine grundlegende und unerschöpfliche Quelle ästhetischer Wirkungen, technischen Höchststand und Neuzustand vorausgesetzt.

Als beste technisch-konstruktive Lösung für gutes Design ist die mit Minimalformeigenschaften anzusehen. Damit gehört der konsequente Leichtbau zur technischen Lösung fortschrittlichen Designs.

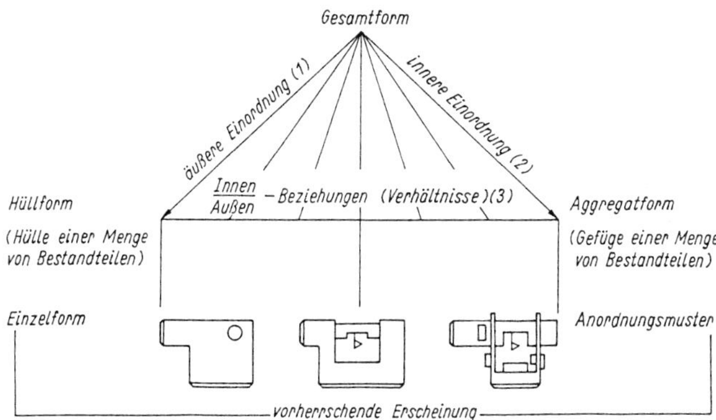

Bild 7.9 Zur Form der Bauweise
1 z. B. äußere Packung, Kopplung auch zum Gebraucher, *2* z. B. innere Packung, Kopplungsbedingungen, Zusammenbau; *3* z. B. Durchgriff von innen nach außen aus physikalischen, konstruktiven, ergonomischen, ästhetischen Gründen

7.3.3 Ästhetische Funktion

Die ästhetische Funktion eines Erzeugnisses ist seine Eigenschaft, unter bestimmten Bedingungen durch den Gebrauch vorgefaßte oder unbestimmte ästhetische Erwartungen und Einstellungen(Vor-Urteil) des Gebrauchers in eine bestimmte und positiv geprägte Stimmung und Einstellung (in ein positives ästhetisches Urteil) dem Erzeugnis und seinem Einsatz gegenüber zu überführen. Dadurch wird das Gebrauchen sinnlich-sinnvoll erlebbar, womit man weitergehend das kulturell-ästhetische Verhalten beeinflußt.

Stets verknüpfte Teilfunktionen vermitteln im einzelnen

- das *Wesen* des Erzeugnisses durch dessen Erscheinung. Erzeugnistypologien als sinnfällige Modelle ihrer Art sind eine Grundlage der Einheit von Wesen und Erscheinung.
- *Werte* in der Erzeugniserscheinung, um wertorientierend zu wirken. Das Vermitteln von Werten zielt auf die Wertvorstellungen der Konsumenten und hängt von ihnen ab.
- *Genuß* durch den Gebrauch; Genuß im weitesten Sinne, von der einfachen Freude über das makellose technische Funktionieren bis hin zum sinnlichen Genuß aller vom Erzeugnis oder Nutzungsprozeß ausgehenden Signale.

Zusammenwirkend wird dieses Vermitteln getragen durch Beschaffenheitsinformationen, Bedeutungsinformationen und formalästhetische Informationen.

Inhaltlich bestimmt wird jede ästhetische Funktion durch den Bezug zum Subjekt, Übersubjekt (Gruppe), zur Gesellschaft, zum Objekt und zum Überobjekt (Ensemble, System). Präzisiert wird die ästhetische Funktion durch das Allgemeine, Typische und Charakteristische der Erzeugniserscheinung.

Ohne die Wirkung formal-ästhetischer Information dienen die Beschaffenheits- und Bedeutungsinformationen, als Träger nur sinnhaltiger Nachrichten, lediglich zum bloßen Verständigen ohne ästhetische Reaktionen.

Beschaffenheitsinformation. Sie kann unvermittelt als offensichtlich physikalisch hinreichend beschreibbarer Tatbestand gewonnen werden.

Bedeutungsinformation. Das Erkennen weitergehender Erzeugniseigenschaften setzt Sachkenntnis beim Gebraucher voraus. Anderenfalls müssen Bedeutungsgestalten (s. Abschn. 7.5.3) zu Hilfe genommen werden, welche mittelbar zum Erkennen beitragen.

Formal-ästhetische Information. Sie ist der Hauptträger des Genußvermittelns und ist im Wirkungspaar Reizung/Ordnung enthalten.

Die Reizung korrespondiert mit den Faktoren des ästhetischen Urteils Interessantheit und Zeitnähe, die Ordnung mit Übersichtlichkeit und Stimmigkeit.

Die Reizung ergibt das Reizvolle, die Ordnung das Kulturvolle. Die Art der Ordnung, ihre Qualität, ist wiederum zugleich Reizmittel.

Funktionsträger. Ästhetische Funktionen werden nur über die sinnliche Wahrnehmung von Gestalteigenschaften der Erzeugnisse realisiert. Dabei spielen die objektiven und subjektiven Wahrnehmungs- und Wirkungsbedingungen eine wesentliche Rolle.

Das ästhetische Funktionieren setzt das ergonomisch-kommunikative Funktionieren voraus.

7.4 Gestaltwahrnehmung

[7.3]

Die Gesetzmäßigkeiten von Wahrnehmung und Gestalt gehören untrennbar zusammen. Reize auslösende Wahrnehmungselemente sind aufgrund der Gestaltgesetze bzw. Gestaltfaktoren so auszuwählen und zu formieren, daß die gewollte sinnliche Wirkung entsteht.

Die Intensität jeder Wahrnehmung ist von den jeweiligen Reizstärken abhängig. Dabei sind deren absolute Größen zwar für Grenzwerte, wie Reizschwellen und Schädigungsgrenzen bedeutsam, für die Gestaltung haben jedoch die relativen Reizstärken grundsätzliche Bedeutung: Kontraste und ihre Beherrschung sind das Fundament sensuell gewichteten (sensiblen) Gestaltens und für die Gestaltwahrnehmung, also untere Wahrnehmungsschwelle bzw. Rauschgrenze, Zuwachsschwelle und obere Sättigungsschwelle, d. h. Überreizungsschwelle.

7.4.1 Reiz-Empfindung

Nach dem psychophysischen Grundgesetz (*Weber-Fechner*) müssen die Reizunterschiede proportional zu den absoluten Größen der Reize wachsen, wenn sie als gleichmäßig zunehmend empfunden werden sollen (geometrisch gestufte Folge der Reize für arithmetisch gestufte Folge der Empfindungen).

7.4.2 Gesetz der guten visuellen Gestalt

Die Gegenwartsdichte und der zeitliche Zufluß von Reizen (Information) überschreiten bei weitem die Fähigkeiten des Gebrauchers, alle zu verwerten. So werden Informationen unterdrückt, ausgelassen oder besonders nach vorhandenen Gestaltkriterien ausgewählt.

Immer ist das Bewußtsein so disponiert, daß bei mehreren Wahrnehmungen vorzugsweise das möglichst Einfache, Nahe, Einheitliche, Weiterführende, Geschlossene, Symmetrische (einschließlich das ausgewogen Unsymmetrische), das sich in die Hauptachse des (Wahrnehmungs-)Raumes Einfügende wahrgenommen wird.

Die Gestalteigenschaften werden unterteilt in Struktureigenschaften (Anordnungseigenschaften, Raumformen und Figuralstruktur, Helligkeits- und Farbprofil, Gliederung, Gewichtsverteilung u. a.), Ganzbeschaffenheiten (strukturabhängige Sinnesqualitäten, wie durchsichtig, leuchtend, dinghaft; rauh, platt u. a.) und Wesenseigenschaften (Eigenschaften des Charakters, der Stimmung usw.).

Eine Gestalt im Sinne eines inneren Zusammenhangs bleibt mehrdeutig (ambivalent), wenn sie sich nicht von einem Hintergrund (Rauschen) abhebt; z. B. Figur-Grund-Verhältnis, Verhältnis von organisierten zu nichtorganisierten Wahrnehmungselementen. Wird die Fähigkeit überfordert, durch zu hohe Gegenwartsdichte auf ganzheitliche Weise wahrzunehmen, dann läßt der Mensch entweder die Wahrnehmung aus oder tastet das Wahrnehmungsfeld ab: Abtasten der Wahrnehmungselemente, eines nach dem anderen. Die Grenzen der Wahrnehmbarkeit werden auch von dem Verhältnis aus Interessantheit (Information) und Verständlichkeit (semantische und syntaktische Redundanz) bestimmt, das bei soziokulturell verschiedenen Menschengruppen unterschiedlich ist.

Die Wahrnehmungswirkung ist abhängig von den objektiven und subjektiven Wahrnehmungsbedingungen und dem Produkt aus Wahrnehmungsbereitschaft und Reizintensität. Präferenz und Stimmung des Wahrnehmenden sind die wesentlichsten Faktoren der Wahrnehmungsbereitschaft.

7.4.3 Simultanität

Alle Wahrnehmungselemente beeinflussen sich wirkungsändernd gleichzeitig und gegenseitig, bei verändertem Umfeld ggf. auf eine andere Weise.

▶ **Beispiele:** Eine Farbe wirkt zu einer anderen „kalt", verglichen mit einer weiteren aber „warm"; bei Veränderungen des Umfelds der Wahrnehmung kann dies wiederum umgekehrt werden. Wahrnehmungsverzerrungen, populär als „optische Täuschungen" bekannt, verändern bei Simultandarbietungen die erwarteten Gestalteigenschaften, unabhängig von intellektuellen Vorgängen (intersubjektiv nahezu gleich).

Diese Erscheinungen müssen visuell-gestalterisch ausgeglichen werden. Andererseits können unbefriedigende Formverhältnisse durch das bewußte Anwenden von Wahrnehmungsverzerrungen scheinbar verbessert werden. Solche Erscheinungen treten beim Einsatz aller Formelemente auf.

7.4.4 Kontraste

Kontraste sind relativierte Reizstärkenunterschiede. Über die Beziehung Reiz/Empfindung (*Weber-Fechner*) entstehen Erregungen bzw. entsprechende psychische Spannungen (vereinfacht).

Unterschiedliche Ordnungsgrade, Formen, Abstände, Abmessungen, Krümmungen, Helligkeiten, Rauhigkeiten, Farbrichtungen, Reinheitsgrade usw., gleich-, unterschiedlich oder entgegengesetzt gerichtet, ergeben die Kontraste unterschiedlicher Stärke, die der Wirkungsabsicht entsprechend sensibel zu bemessen sind.

Zusammengefaßte Reizmittel ermöglichen multiple und dadurch stärkere Kontraste, z. B. Rund/Hell/Hoch gegen Eckig/Dunkel/Niedrig.

7.4.5 Wahrnehmbare Geräteform als Nachricht

Innerhalb der Wahrnehmungs- und Wirkungsbedingungen beim Gebrauchen lösen die Gestalteigenschaften der Geräteform Reize aus, die als sensuelle Signale Träger von Nachrichten mit einem jeweiligen Informationsgehalt sind. Der Gestalter hat bestimmte Nachrichten in den Gestalteigenschaften „verschlüsselt", die im Gebrauch beim Empfänger, dem Gebraucher, bestimmte ergonomische und ästhetische Wirkungen auslösen sollen. Dies hängt davon ab, wieweit der Gebraucher die Nachrichten überhaupt empfängt und sie dann entschlüsseln kann (s. auch Abschnitte 7.3.1 und 7.3.3).

Diese Nachrichten geben richtige oder falsche Auskünfte über das Wesen des Geräts und seine Zugehörigkeit zum Ensemble der Arbeitsmittel im Nutzungsprozeß, wie zur eigenen Produktfamilie, über Gebrauchsweise, Aufbau, Funktion, Gefahrenstellen, über das technisch-technologische Niveau, Gebrauchswertversprechen, Wert und über das gesellschaftlich-kulturelle Anliegen der Erzeuger.

Bei der Gestaltung ist ein hoher Informationswirkungsgrad anzustreben. Er hängt ab von (s. auch Abschn. 7.6.2)

- dem gemeinsamen Code bzw. Zeichenvorrat zwischen Gestalter und Gebraucher; qualitativ von bekannten Objektmerkmalen, Zeichen, Assoziationsmustern und quantitativ von den Intensitätsschwellen (Reizschwelle, Sättigungsschwelle, Zuwachsschwelle),
- dem Verhältnis zwischen der (latenten) Information, die vermittelt werden kann (könnte), und der offensichtlich vom Gebraucher aus der Form entschlüsselbaren (evidenten) Information; Überlastung mit Information verunsichert zum Gebrauchsmißverständnis, zuwenig Information führt zum Nichtgebrauchenkönnen; ein Gerät (als Nachricht) ist um so besser, je weniger Gebrauchsanweisungen erforderlich sind,
- dem sensuellen Rauschen; sobald der Intensitätsunterschied zwischen einem Nutzsignal (-reiz) und einem Störsignal kleiner oder etwa gleich den Reiz- oder Zuwachsschwellenwerten ist, können Gestalten nicht mehr sicher wahrgenommen werden. Zum Stabilisieren der Gestalt gegen Rauschen dienen Mittel der Rauschkompensation, vorrangig zusätzliche Ordnungsmaßnahmen (**Tafel 7.3**) und stärkere Kontraste.

▶ **Beispiel:** Hammerschlaglack, narbig und changierend, macht das Wahrnehmen eines feinen Konturenverlaufs oder die Lesbarkeit von Schrift unmöglich, wenn deren Feinstruktur nicht sehr viel gröber ist als die des Hammerschlaglacks (Auflösungsvermögen ist auch abhängig vom Sehabstand).

Tafel 7.3 Maßnahmen zur Rauschkompensation im Bereich der visuellen Kommunikation

Ungünstige Lösung	Erläuterungen	Günstige Lösung
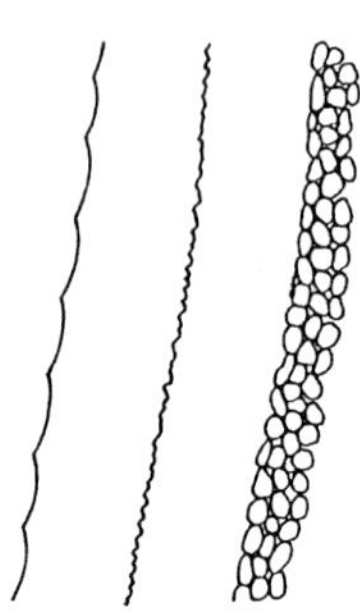	Feine Konturenverläufe werden durch grobe Oberflächenqualitäten unwirksam (verrauscht). Fein empfundene Formen verlangen entsprechende Oberflächenqualitäten (abhängig u. a. vom Niveau der Feinbearbeitung, Beschichtung und der Transport-, Umschlag- und Lagerungsbedingungen). Solche Formqualitäten zeigen aber auch, wie hoch entwickelt die Qualität und die Qualitätsvorstellungen des Herstellers sind: sinnlich wahrnehmbares, ästhetisch wirksames technologisches Niveau. Ein Verfeinern der Formgestaltung gelingt nur über das Verfeinern der Fertigung.	
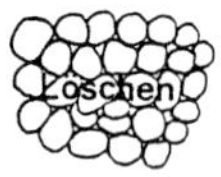	Narbige Oberflächen verrauschen Bezeichnungselemente. Selbst von hoher Intensität werden Gestalten auf solchem Untergrund stark bedämpft. Der Verrauscheffekt durch Narbigkeit wird durch Glanz noch verstärkt.	Löschen
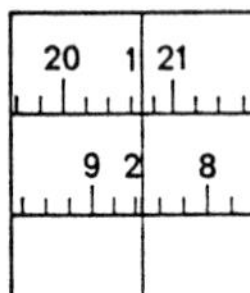 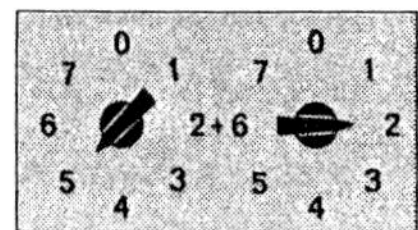	Das Untergehen von Gestalten im gesamten Gestaltgefüge (Vexierbildeffekt) ist unbedingt zu vermeiden. Abhilfe: Intensitätserhöhung; noch besser ist eine völlige Gestaltentflechtung oder Kennzeichnung durch andere Mittel (auswählende Beleuchtung, addierbare Einstellwertanzeige u. a.).	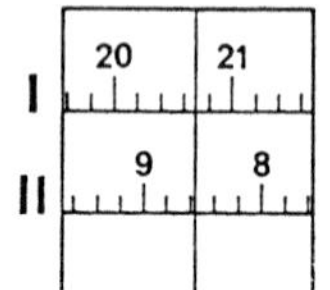 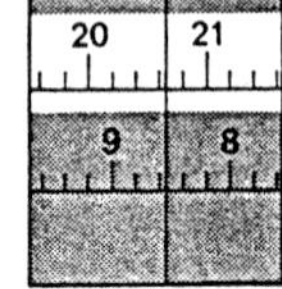 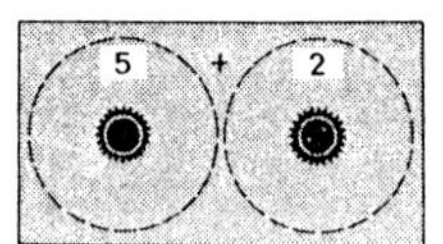
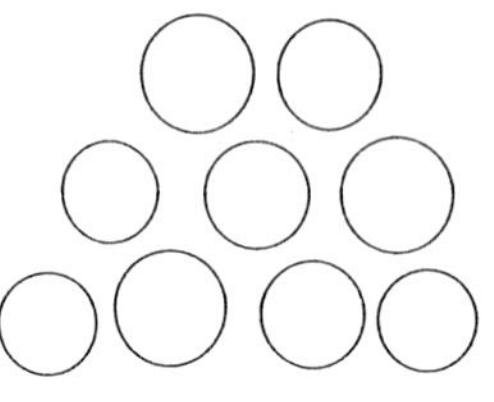	Zu geringe „unterschwellige" Größenunterschiede lassen keine sichere und schnelle Auswahl zu und führen zum Gebrauchsversagen. Größenunterschiede, wie auch Unterschiede anderer Reizgrößen, sollten keinen kleineren Stufensprung als $\varphi = 1{,}25$ besitzen, wenn eine deutliche Unterschiedswahrnehmung erforderlich ist. Besser noch sind Werte $\varphi = 1{,}6$ oder 2,0.	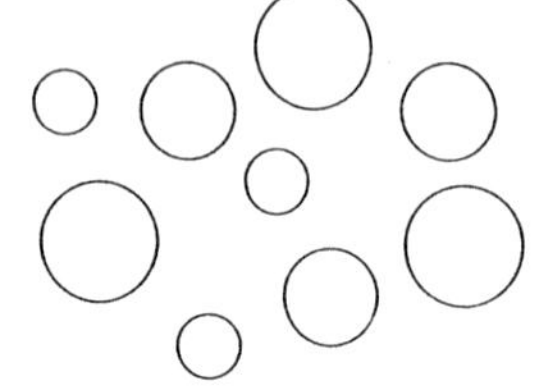
	Unregelmäßige und arithmetische Stufungen von Gestalten sind physiologisch wie psychologisch (auch memotechnisch) ungünstig. Weitaus besser dafür sind geometrisch gestufte Folgen (z. B. dezimal-geometrische Reihen) der Wahrnehmungsgrößen.	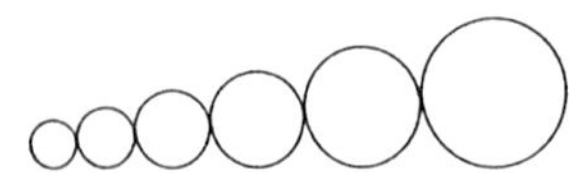
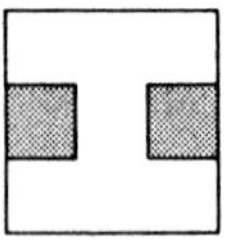	Unentschiedene (ambivalente) Verhältnisse von Figur und Grund irritieren die Wahrnehmung und führen zu psychischen Störbelastungen. Deutlich eindeutige Figur/Grund-Verhältnisse gewährleisten eine schnelle und sichere Gestaltwahrnehmung.	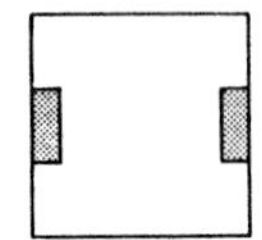 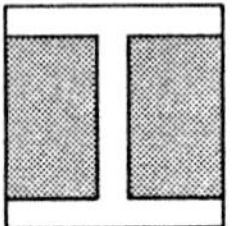

Tafel 7.3 Fortsetzung

Ungünstige Lösung	Erläuterungen	Günstige Lösung
□□□□□□□□	Das (ohne abzuzählen) ganzheitliche Erfassen der Anzahl gleicher Elemente in einer Richtung gelingt bei mehr als fünf Elementen nicht sicher („Mengenrauschen"). Auch die schnelle Auswahl (z. B. der 6. Taste von links) ist unsicher. Verschiedene gestalterische Mittel zum Gruppieren mit jeweils fünf oder weniger Elementen beheben diese Unsicherheit.	□□□□□ □□□ □□□□□■□□□ □□□□□□□□

Das Vorverständnis des Gebrauchers und der Formensinn aus dem Gebrauchszusammenhang sind die prägenden Umstände für die Funktionstüchtigkeit der Produktsprache.

Gestaltfeste, typische und damit mitteilungssichere, ausdrucksstarke und langlebige Geräteformen entstehen, wenn die Gestalt prägnant ausgebildet ist und sich mit der Formanlage deckt. Flüssigkeit, Geschicklichkeit des Ausdrucks und der Wohlklang einer solchen Formensprache repräsentieren auch das technisch-technologische Lösungsniveau eines Gerätes. Die Fülle von Geräten in vielen Bereichen erfordert eine nicht nur ausgefeilte, treffsichere, sondern auch eine zwischen den vielen Formen abgestimmte, leise und international gleich verstehbare Formensprache, um keinen „visuellen Lärm", kein Formenchaos oder Gebrauchsmißverständnisse zu erzeugen.

7.5 Sensuelle Mittel (Gestaltungsmittel)

Das konkrete Design-Repertoire, der Vorrat an Gestaltungsmitteln, ist durch physikalische Effekte und technologisch bestimmte stoffliche Träger (bauliche Mittel) gegeben. Zum Modellieren der produktsprachlichen Eigenschaften können davon die sensuell, also auf die Sinne wirkenden Eigenschaften abgehoben werden. Jedes sensuelle Mittel ist an sich unbestimmt wirksam. Nur zielgerichtet angewendet für sinnlich bedingte ergonomische und ästhetische Funktionen, d. h. im Gestaltzusammenhang, wirken sie bestimmt. Daraus hat sich in der gestalterischen Praxis ein Vorrat an sensuellen Mitteln als das spezielle Design-Repertoire ergeben: diskrete Formelemente/Gestalteigenschaften zur Wahrnehmung als Reize (Reizelemente), Ordnungsbeziehungen (Ordnungsmittel bzw. -verfahren) und Bedeutungsgestalten. Diese Mittel sind untereinander zweckbezogen austauschbar.

Reizelemente können zu Bedeutungsgestalten oder bestimmte Ordnungen der Reizmittel selbst zum eigentümlichen Reizmittel werden. Aber es ist auch möglich, daß eine bestimmte Ordnung Bedeutungsgestalt erhält, und eine Bedeutungsgestalt kann Reizmittel sein. So kann dasselbe Rot als Reizmittel einen Gestaltkomplex interessant machen, als Bedeutungsgestalt Zeichen für Wärme oder Gefahr sein, und dieses Rot kann als Ordnungsmittel einem unausgeglichenen Reizgefüge eine ausgewogene Wirkung verschaffen.

Die statistisch erfaßten Anteile der einzelnen Sinneskanäle des Menschen an der Aufnahme seines Wissens oder von Informationen ist für das Bewerten ihrer Anteile an der ergonomisch-ästhetischen Wirksamkeit unbrauchbar. So herrscht zwar der Augenschein beim Vergleich konkurrierender Kameras in der Warenauslage vor, im vollziehenden Gebrauch ist das Gehör z. B. hinsichtlich Verschluß- und Transportgeräusch kaum weniger bedeutsam beteiligt. Vorherrschend jedoch sind der Tastsinn, die Griffigkeit und Berührungsempfindung, wenn neben der technischen über die gebrauchsbezogene Eignung entschieden wird.

Zudem ist die Wahrnehmung über meist zugleich mehrere Sinneskanäle zu berücksichtigen.

Jeder Gebrauchsfall muß daher auf die anteilige Inanspruchnahme aller Sinne bzw. Effektoren und Rezeptoren hin untersucht und konzipiert werden (s. auch Abschn. 3.1).

Die Gestaltbildung erfolgt im historisch/sozio-kulturellen Bezug und evolutionären Kontext der Aufgabenstellung auf der Grundlage der Gestalt- und Wahrnehmungsgesetze, der Kommunikationsgesetze, der Gesetzmäßigkeiten der Formensprache und der Gesetze des Raumes (Geometrie), konkretisiert in konstruktiv-technologischen Möglichkeiten.

7.5.1 Diskrete Formelemente zur Wahrnehmung (Reizelemente)

Diese Formelemente existieren reell oder virtuell, abgehoben von konkreten Formeigenschaften (**Tafel 7.4**).

Beispielsweise erscheinen Linien reell, abhängig vom Betrachtungsabstand und dem Gestaltzusammenhang, abgehoben von Kanten, Fugen, Fasen, Bändern, Rillen, Graten, aufgebrachten dünnen, linigen Streifen, Flächenbegrenzungen zwischen Hell und Dunkel, Schattengrenzen usw. Virtuell existieren Linien als gedachte oder empfundene linear fortsetzende sensuelle Brücken zwischen entsprechend wirksam korrespondierenden singulären Punkten, nämlich nach dem Gesetz der Nähe [7.3], wonach Näherliegendes als zusammengehörig wahrgenommen wird (wie bei Sternbildern): visuelle bzw. sensuelle Ergänzung. Das gilt für Flächen und Körperformen sinngemäß in entsprechender Verteilung von einzelnen Punkten oder durch Folgen diskreter Linien im Raum. Virtuelle Formen entstehen auch durch Bewegungswahrnehmungen: Linie als Spur eines Punktes, Fläche als Spur der Linie, Volumen als Spur einer Fläche (z. B. als Leuchtspuren, Nachbilder). Virtuell sind auch mathematische Hüllkurven und Hüllflächen als sensuelle Formelemente wirksam.

Diskrete Formelemente zur Wahrnehmung bestehen primär als *geometrische Elemente* (Punkt/Ecke, Linie/Kante, Fläche/Oberfläche) oder, formsprachlich verwendbar, *geometrische Morpheme* (Spitzen, Nabel, Grate, Kehlen, Kuppelflächen, Schüsselflächen, Sattelflächen, offene und volumenumschließende (Körper-) Flächen, Ränder, (Tunnel-) Löcher, alle in verschiedenen Krümmungsverhältnissen); sekundär als *diskrete Gestalteigenschaften* (Farbe, Rauhigkeit, Transparenz u. a.).

Tafel 7.4 Formelemente zur Wahrnehmung

Linien (Punkte) (auch Bänder, Flecken) sind Gebilde, die erstreckend wirken.
Brückenlinien lassen sich zum Gruppieren und zum Konturenglätten verwenden, müssen aber vermieden werden, wenn dadurch sinnwidrige und störende Gestaltbildungen und Gruppierungen entstehen können. Näher beieinanderliegende Linien werden als Figuren gesehen, weiter entfernte als Zwischenräume (Metzger). Linienanordnungen können leicht durch Wahrnehmungsverzerrungen zu geometrisch nicht erwarteten Wirkungen führen.

- Sollen verschiedenförmige Elemente an eine gedachte Begrenzungslinie (Brückenlinie durch visuelle Ergänzung) „anstoßen", so sind gegenüber dem geometrischen Ausrichten visuelle (sensuelle) Korrekturen anzubringen, um den Eindruck einer glatten Begrenzung zu gewährleisten.
- Linien als aufgebrachte materielle Elemente zu Ordnungszwecken sollen sparsam oder gar nicht eingesetzt werden (Unruhe), wenn aber, dann darf beim Vorhandensein von Schrift die Strichdicke keine Gestaltverschmelzung mit ihr ermöglichen.
- Bei mittlerem Beleuchtungsniveau sind dunkle Linien auf hellem Grund schärfer und leichter erkennbar als helle Zeichen auf dunklem Grund; bei geringerer Leuchtdichte kann die umgekehrte Ausführung besser sein.
- Bei Reihungen von linigen Elementen ist auf einen vollkommen gleichmäßigen integrierenden Grauwert zu achten, sofern diese nicht zur Gliederung unterbrochen sind.

Flächen trennen, begrenzen oder verdecken Raumbereiche. Haupterstreckungsverhältnisse und Krümmungsunterschiede sind die Hauptkontrastmittel für die sensuelle Wirkung von Flächen. Grafische Gliederung, Teilungen (Fugen), Farbwechsel und plastisch-räumliche Strukturierung (Relief u. a.) können entscheidenden Einfluß auf die Gestaltung von Flächen ausüben. Hochglanz erzeugt einen starken und betonten Aufmerksamkeitswert gegenüber dem weniger auffälligen Mattglanz und hebt plastische Unregelmäßigkeiten hervor. Hochglanz blendet und begünstigt visuelles Rauschen. Bei Flächengliederungen durch kleinere Formelemente, z. B. Betätigungselemente oder Beschriftungen, entstehen Restflächen, die mit der Gesamtfläche untrennbar in visueller Beziehung stehen und daher sorgfältig mitgestaltet werden müssen (**Bild 7.10**). Auch Flächenformen beeinflussen sich gegenseitig, so daß Wahrnehmungsverzerrungen entstehen.
Die für die Wahrnehmung effektive Flächengröße ist von der Simultanwirkung der Umfeldhelligkeit abhängig (positiv-negativ) sowie von dem Größenkontrast zu den benachbarten Flächen. Bei der Gliederung von Flächen ist die senkrechte visuelle Mitte zu beachten, die bei rechteckigen Flächen etwas oberhalb der geometrischen Mitte liegt. Das visuelle Gleichgewicht um die visuelle Mitte (oben – unten), wie das besonders empfindlich wahrnehmbare Rechts-Links-Verhältnis, ist bei ebenen Flächen sehr ausgeprägt wirksam und entsprechend gestalterisch zu berücksichtigen (s. Bild 7.10):

- Große, ruhige Flächen in klaren, sicheren Verhältnissen fördern die Übersichtlichkeit.

Konkave Flächenelemente wirken räumlich hüllend, konvexe dagegen füllend, verdrängend. Konkave und konvexe Formelemente bilden zueinander die plastischen Grundkontraste.
Volumenumschließende Flächen (Körperoberflächen) sind im Großen notwendig konvex, auch wenn Flächenelemente, zusammengesetzt, wechselnd konkav/konvex oder allesamt nur konkav gekrümmt sein können.
Körper (flächenumschlossene Volumina) wirken raumfüllend (verdrängend) bei außerhalb liegendem Betrachtungsstandpunkt. Bei durchbrochenen Außenflächen nehmen sie mit wachsendem Durchblick eine Übergangsposition zum Raum ein. Die körperliche Wirkung wird durch die Oberflächenbeschaffenheit, die Beleuchtung und durch Wahrnehmungs-

Tafel 7.4 Fortsetzung

verzerrungen beeinflußt. Plastische oder flächige Gliederungen können dynamische oder statische Formtendenzen in einen Körper bringen und werden angewendet, wenn der Formausdruck und die Proportionen nicht eindeutig bzw. nicht „gestaltfest" sind. Solche Gestaltungsmaßnahmen muß man ggf. mit Vergleichsmodellen auf ihre Wirkungen überprüfen.

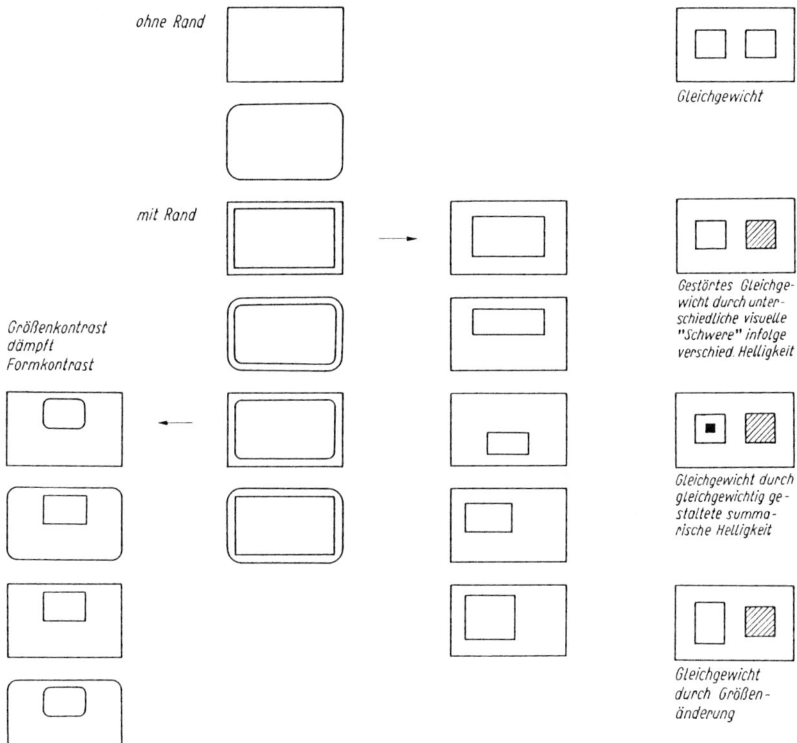

Bild 7.10 Fläche und Restfläche (relative Kontrastphänomene, Ausgewogenheit)

Auch die plastische Gestaltung ist ein Optimierungsprozeß zwischen Kontraststeigern (Gliedern) und Kontrastmindern (Vereinheitlichen und Vereinfachen; **Tafel 7.5**).

Raum wirkt hüllend und bildet die dimensionale Umwelt des Menschen. Bei der Gestaltung technischer Geräte ist auch die räumliche Einordnung in die Umgebung zu beachten:

- Ruhige, harmonisch unterteilte Flächen und Körper erleichtern die ästhetische Raumgestaltung.
- Körper mit funktionsbedingten sperrigen Formen können nicht selten untereinander und zum Raum in räumlich-visuelle Beziehungen treten und zu neuen Gestaltbildern verschmelzen, die Unübersichtlichkeit, visuelles Rauschen und Fehlassoziationen hervorrufen (visuelle Brückenbildung); das Verschmelzen von Gestalteigenschaften trifft für die Farbgestaltung besonders zu.

Farbe wirkt nach Art (Farbrichtung) und Maß (Helligkeit, Trübung) sinnlich intensivierend. Stofflich gebundene Farbe kann als einziges Wahrnehmungselement allein schon physikalische, ergonomische und ästhetische Funktionen tragen. Als gestalterisches Mittel dient sie als Reiz, Ordnungsmittel und Bedeutungsgestalt.

Farben verändern ihre Wirkung simultan zu anderen besonders stark, auch wenn eine der beteiligten Farben unter der Reizschwelle liegt. Schon deshalb gibt es keine allgemeingültigen Gesetze zur Farbgestaltung, was fachmännisch geschultes Sehen unerläßlich macht.

Bei der Farbauswahl [7.1] sind Umwelt und Beleuchtung auch im Hinblick auf Simultanwirkungen besonders zu berücksichtigen. Die Farbe kann die Form und die Ordnung positiv, d. h. klar übersehbar und vereinfachend unterstützen und den Gebraucher psychisch günstig beeinflussen. Falsch angewendet und ausgeführt kann sie aber das Gegenteil bewirken.

Farbwahl und Farbverteilung sollen mit dem Inhalt und der Form des Erzeugnisses in Einklang stehen. Farbe hat einen starken Einfluß auf den moralischen Verschleiß. Farbwirkungen können in verschiedenen Gebrauchergruppen, besonders in anderen Kulturkreisen unterschiedlich ausfallen und müssen jeweils getestet werden, besonders bei Export (z. B. als religiös besetzte Farben, andere Zeichenbedeutung).

Tafel 7.4 Fortsetzung

Oberflächenqualitäten verändern Farben u. U. sowohl in der Richtung wie in der Intensität ihrer Wirkung:
- Bei Geräten für den Produktionsprozeß und für lange Wirkungszeiten kommen Farben in harmonisch abgestuften Trübungen entgegen, bei kurzzeitig eingesetzten Konsumgütern sind abgestimmte reine Farben möglich.
- Mehrfarbigkeit ist nur dann am Platz, wenn sie das Ordnungs- und Funktionsprinzip unterstützt.
- Bei der farbigen Gestaltung eines Geräts für einen Arbeitsplatz sind die farblichen Bezüge zum Arbeitsraum bedeutsam.
- Der Sehzusammenhang von Figur und Grund ist bei Arbeitsflächen farblich besonders sorgfältig zu beachten.
- Farbkontraste (**Tafel 7.6**) sollen auch abhängig von ihrer Wirkungszeit gewählt werden, d. h. für lange Wirkungszeiten (tägliche Umgebung, Arbeitsräume, Arbeitsmittel) mäßige Kontraste. Für kurze Wirkungszeiten sind stärkere Kontraste möglich (z. B. bei hohem Signalwert), aber auch als starker Reiz in einem ausgewogenen Reizgefüge.
- Je größer eine Fläche ist, desto weniger Intensität (Reinheit) wird benötigt, um eine Farbe wahrnehmbar zu machen; Signal- oder Kennfarben, z. B. Rot, Gelb, Grün oder Rot (warm) und Blau (kalt), können als reine Farben relativ kleinflächig verwendet werden.
- Changierende oder ähnliche Effektlacke fördern das visuelle Rauschen und sind demgemäß bewußt einzusetzen oder zu vermeiden; für Arbeitsflächen aller Art sind diese Anstriche grundsätzlich untauglich.

Kontraste als Wahrnehmungselemente können mit wachsender Betrachtungsintensität (zeitlich oder durch Konzentration) in steigender Anzahl wahrgenommen werden. Für die Wahrnehmung schwacher oder stark gehäufter Kontraste benötigt man dementsprechend eine lange Betrachtungszeit. Kontraste müssen in ihren Beziehungen zur Umwelt, im Verhältnis der Feinstruktur zur Gesamterscheinung und zu allen übrigen Einsatzbedingungen, vor allem zum Gebraucher hin, sorgfältig abgestimmt werden:
- Mindern von Spannungen geschieht bevorzugt durch Verringern der Anzahl oder durch Angleichen der Kontraste.
- Ein Zuwenig an Kontrast führt zur Spannungslosigkeit, die die Unterscheidbarkeit mindert und psychisch bedingte Ermüdung hervorrufen kann; Beispiele: verdunkelte Räume, Gleichartigkeit von Geräten unterschiedlicher Bedeutung, zu weit getriebene formale Angleichung überhaupt.
- Ein Zuviel an Kontrasten mindert das Reaktionsvermögen und die Wahrnehmungsfähigkeit; Beispiele: dekorative Belastung von Arbeitsmitteln, vielformige und ungeordnete Betätigungsflächen.
- Lange Wahrnehmungszeiten (Wirkungszeiten) erfordern gemäßigte Kontraste; Beispiele: Arbeitsräume, Erzeugnisse mit langer Gebrauchsdauer.
- Kurze Wahrnehmungszeiten erlauben betonte Kontraste; Beispiele: Nahverkehrsmittel, Signale, Verpackungen.

Tafel 7.5 Gestalten mit Körperformen

a) Charakterisierung der Körperformen
- **Ebenflächig begrenzte Körper (Polyeder)** wirken besonders formbestimmt, ordnend und gliedernd. Durch fluchtende und parallele Außenflächen können bei Gruppen- und räumlichen Anordnungen schlüssige Zusammenfassungen, Gliederungen und ausgeglichene Resträume erzielt werden. Je kleiner die Anzahl der Flächen, desto ausgeprägter ist die visuelle Erscheinung, noch gesteigert durch Regelmäßigkeit (z. B. reguläre Polyeder). Scharfkantige kubische Körper sind und wirken assoziativ abweisend, verletzend und verletzlich sowie unorganisch. Scharfkantige, ebenflächig begrenzte Körper wirken bei gleichem Volumen größer als gewölbte. Je größer die Anzahl der Begrenzungsflächen wird, desto mehr nähert sich die Wirkung der von Wölbkörpern.
- **Wölbkörper** sind die Haupterscheinungsform der gemeinhin als „plastisch" verstandenen Körper. Kantenlose Wölbkörper wirken zusammenfassend, verkleinernd, umschließend, anziehend, organisch, „voluminös". Ihre Erfaßbarkeit sinkt mit zunehmender Konturengliederung, sofern keine Formassoziationen entstehen. Sie sind besonders für einzelne Gebilde geeignet, ergeben aber bei Reihungen und Gruppierungen oft schwierige Resträume.

b) Verbindung von Körperformen

Bei Ummantelungen von technischen Gebilden werden häufig verschiedene oder verschieden große Körper miteinander verschmolzen. Dafür gibt es zwei grundsätzliche Gestaltungsmöglichkeiten:
- **Der einfach zusammengesetzte Körper.** Die Teilkörper bleiben voneinander getrennt wahrnehmbar und sind lediglich baulich verbunden.
  Vorteile: Trennung von Funktions- und Baugruppen mit typischer Gliederung.
  Nachteile: Vielformigkeit, Unruhe, Schmutzecken, Unübersichtlichkeit bei großer Anzahl von Teilkörpern.
- **Der gebundene Körper.** Die Anzahl der Teilkörper wird auf ein unumgängliches Maß vermindert und nötigenfalls durch gewölbte Übergänge noch weiter zusammengefaßt, so daß sich nur noch Hauptfunktionsbereiche voneinander abheben, z. B. nur der für die Betätigung erforderliche Teilkörper vom Gesamtkörper.
  Vorteile: zusammenfassend wirkend, leicht zu säubern, bedingt bessere Übersichtlichkeit.
  Nachteile: „Einebnung" von ggf. notwendigen Unterscheidbarkeiten, bedingt Tendenz zur Spannungslosigkeit.
  Bei allen Gestaltungen, die keinen geschlossenen, einfachen Körper ermöglichen, sondern nur einen stark gegliederten, zusammengesetzten zulassen, muß beachtet werden, daß die Resträume zwischen den Teilkörpern genauso Gegenstand der Gestaltung sind wie die Körper selbst.

Tafel 7.5 Fortsetzung

▶ **Beispiele:**

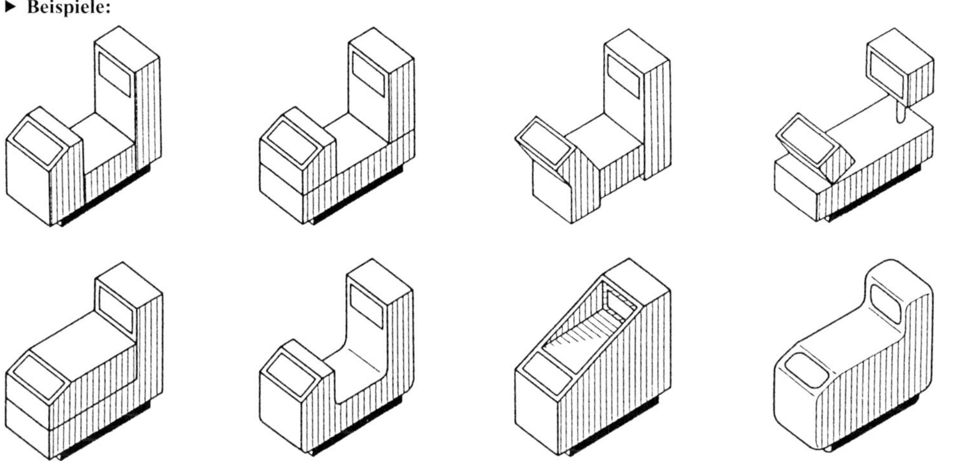

Tafel 7.6 Groborientierung über Spannungen (Reizintensitäten von Farbkombinationen, Farbklängen), angelehnt an *Renner*

Spannung	Kontrast durch		
	Farbrichtung	Helligkeit	Trübung
Unerträglich	unterschiedlich	unterschiedlich	unterschiedlich
Stark	unterschiedlich	unterschiedlich	ähnlich
	unterschiedlich	ähnlich	unterschiedlich
	ähnlich	unterschiedlich	unterschiedlich
Mäßig	unterschiedlich	ähnlich	ähnlich
	ähnlich	unterschiedlich	ähnlich
	ähnlich	ähnlich	unterschiedlich

- **Farbrichtung** entsteht rein oder als Mischung aus den Primärfarben Rot, Gelb, Blau und Weiß, Schwarz (Pigmentmischung),
- **Helligkeit** ist unterschiedlich entsprechend der unterschiedlichen Empfindlichkeit des Auges bei verschiedenen Wellenlängen oder durch den Weißanteil der Mischung.
- **Trübung** entsteht durch den Schwarzanteil oder durch die Mischung der Pigmente.

7.5.2 Ordnungsbeziehungen (Ordnungsmittel, -verfahren)

Ordnungsbeziehungen im sensuellen Bereich dienen dem Formieren eines Geräts innerhalb seines Formprinzips mit dem Ziel, der Form Gestaltqualitäten zu verleihen, die sinnvoll, leicht erfaßbar und leicht verständlich sind und günstig auf Verstand und Gefühl wirken. Ordnungsmaßnahmen erfüllen mehrere Aufgaben zugleich. Dazu gehören Übersichtlichkeit, Verständlichkeit, Gestaltfestigkeit (Redundanz), Dämpfung der Reizung und selbst Reizmittel zu sein. Daher ist das Formieren entscheidend innerhalb der formgestalterischen Aktivitäten. Im wesentlichen bestimmen der Zweck, der Wahrnehmungsverlauf und das Gesetz der guten Gestalt die Ordnungsmittel: Gliedern, Vereinheitlichen, Vereinfachen und Ausgleichen.

Gliedern soll eine dem Erzeugnis und seinem Gebrauch entsprechende Orientierung gewährleisten (semantischer Aspekt der Ordnung).

Vereinheitlichen soll eine klar erkennbare Zusammengehörigkeit aller Teile und die Zugehörigkeit zum Ganzen herstellen (sigmatischer Aspekt der Ordnung).

Vier unterschiedlich stark wirkende Möglichkeiten stehen zur Verfügung:

- *Gleichförmigkeit* oder strenge Regelmäßigkeit durch Teile, die untereinander und zur ganzen Form gleich wirken oder dieselbe Beziehung haben;
- *Formenverwandtschaft* entsteht durch teilweise invariante Gestalteigenschaften, die sich in allen zu vereinheitli-

chenden Elementen wiederfinden (**Bild 7.11**); die Formangleichung darf nicht auf Kosten einer notwendigen klaren Unterscheidbarkeit durchgeführt werden, Formangleichung durch Mischformen zeigt **Bild 7.12**.

- *Proportionalität* liegt vor, wenn Teilformen zwar ungleich wirken, aber zur Grundform durch vereinheitlichende Maßbeziehungen eine Ganzheit besteht.
- *Wesensverwandtschaft* stellt eine Ganzheit bei ungleichen Teilen her, wenn diese gleiche Wesensmerkmale der Gestalt haben, z. B. Transparenz, Präzision, Glätte, Kälte, Organhaftigkeit usw., bewirkt durch gleiche Teilassoziationen.

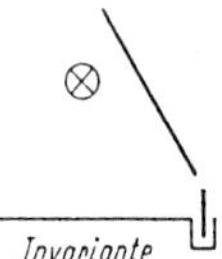

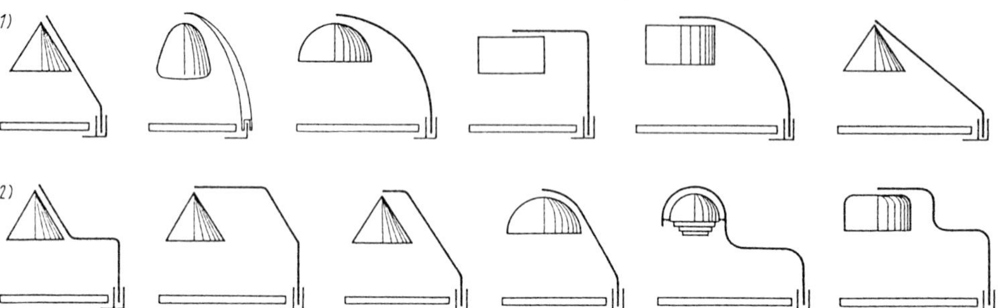

Bild 7.11 Beispiele zum Vereinheitlichen
1 Formverwandtschaft; *2* Formangleich

Einheitlichkeit darf weder die notwendige Gliederung beeinträchtigen noch zur Uniformität führen.

Vereinfachen soll eine einfach wahrnehmbare und erfaßbare Gestalt der Form schaffen (pragmatischer Aspekt der Ordnung).

Beim Streben nach Einfachheit ist zu beachten, daß sowohl eine präzisierende wie auch eine nivellierende Einfachheit möglich sind.

- *Formbindung/Formschluß.* Unruhige Konturen, die die Wahrnehmung behindern, sind durch Formbindung (**Bild 7.13**) zu glätten, wenn man nicht durch Umgliedern oder (visuellen) Formschluß (**Bild 7.14**) bessere Lösungen erreichen kann. Sind die maßlichen Voraussetzungen für eine gute Formbindung nicht gegeben, ist eine Form-gegen-Form-Anordnung bei guter Proportionierung usw. besser. Ergänzbare (additive, offene) Aufbauten erlauben nur selten oder teilweise Formbindungen.
- *Stufen.* Unterschiedwahrnehmungen werden durch sichere Stufensprünge φ der Reize erleichtert. Das gilt vor allem für gleichartige Elemente. Geometrische Stufungen sind harmonischer und physiologisch günstiger als arithmetische. Andererseits müssen häufig additive Stufen gewählt werden. Für beide Forderungen ist die Verdopplungsreihe geeignet ($\varphi = 2$). Als sicherer Stufensprung ist mindestens $\varphi = 1{,}25$ zu wählen.
- *Proportionieren.* Die Erfaßbarkeit der Form wird durch ein sicheres bzw. stabiles Verhältnis der Teile untereinander und zum Ganzen entscheidend gefördert, durch „gute Proportion“, als ein ausgezeichnetes Verhältnis von Wahrnehmungsgrößen. Dabei sind nur visuelle Größen bestimmend; maßlich-geometrische Festlegungen haben lediglich Modellcharakter und werden durch Simultanwirkungen verzerrt. Zum Vorentwurf (Grobform) und zum Prüfen unklarer Verhältnisse lassen sich jedoch erprobte modellhafte Verhältnisse verwenden (**Tafel 7.7**). Verhältnisse über 7:1 werden nicht mehr erfaßt und sind zum Gliedern ungeeignet. Proportionen sind nur durch Augenschein endgültig zu bestimmen.

Ausgleichen. Alle Formelemente und Ordnungsmaßnahmen sind untereinander und zum Formprinzip so auszugleichen, daß Ausgewogenheit, Verträglichkeit und Einheitlichkeit bei der Verschiedenheit der Details gewährleistet ist und keine dem Formprinzip entgegenstehende Wirkung übrigbleibt (syntaktischer Aspekt der Ordnung; s. Bilder 7.10 und 7.14).

Das *visuelle (sensuelle) Gleichgewicht* ist das Hauptmittel des Gesamtausgleichs. Visuelles Gleichgewicht herrscht, wenn kein Gefühl des Ergänzen- oder Verändernmüssens beim Betrachten verbleibt. Das menschliche Sehen ist für

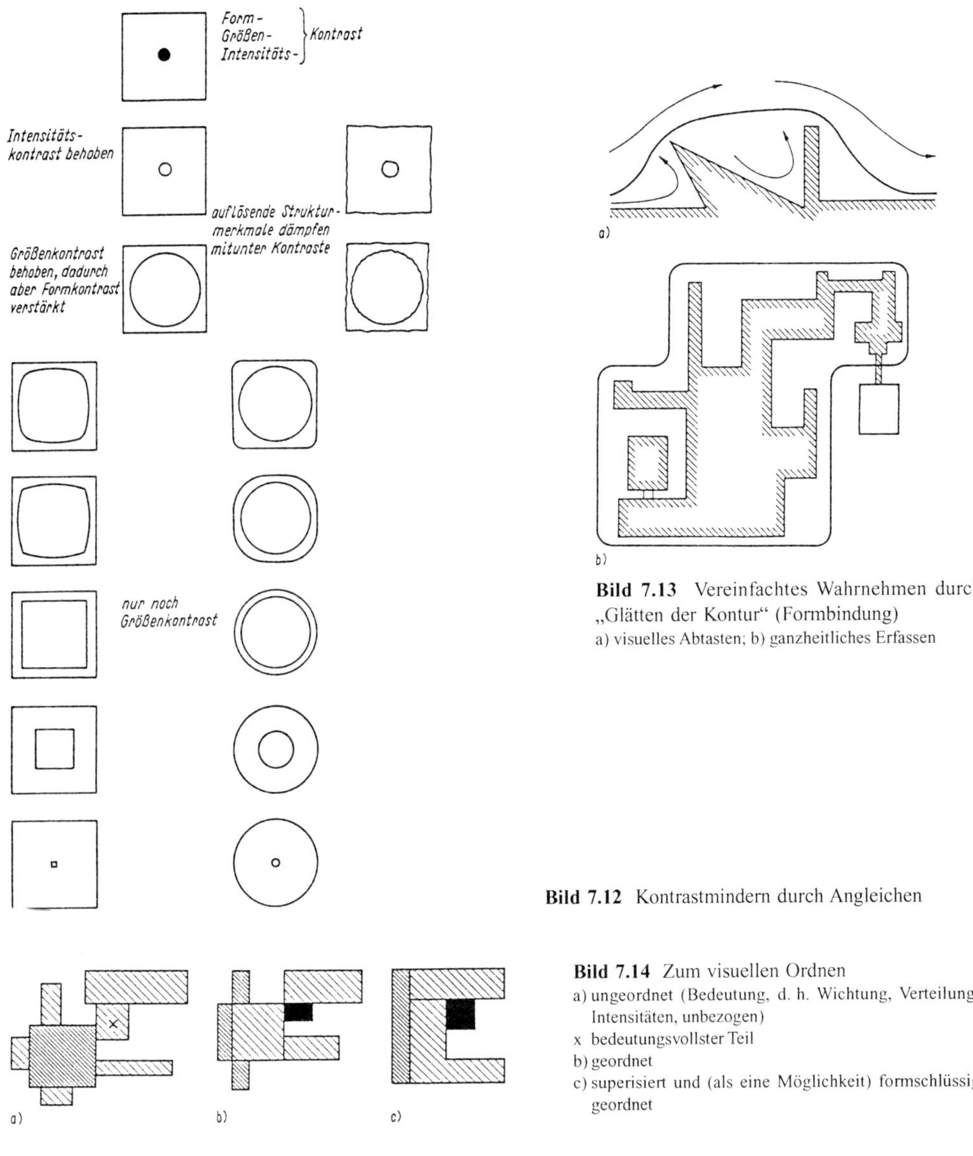

Bild 7.13 Vereinfachtes Wahrnehmen durch „Glätten der Kontur" (Formbindung)
a) visuelles Abtasten; b) ganzheitliches Erfassen

Bild 7.12 Kontrastmindern durch Angleichen

Bild 7.14 Zum visuellen Ordnen
a) ungeordnet (Bedeutung, d. h. Wichtung, Verteilung, Intensitäten, unbezogen)
x bedeutungsvollster Teil
b) geordnet
c) superisiert und (als eine Möglichkeit) formschlüssig geordnet

Tafel 7.7 Proportionen als Modellverhältnisse

a) Für **eindimensionale** Unterteilungen sind seit alters her die Zahlenverhältnisse der Intervalle eines schwingenden eindimensionalen Kontinuums (Monochord) gebräuchlich[1)]. Für das Bilden modularer Ordnungen eignet sich die Fibonacci-Reihe besser: 1 1 2 3 5 8 13 21 ...[2)]. Sie nähert sich mit fortschreitender Gliederzahl im Verhältnis der jeweils aufeinanderfolgenden Glieder dem Wert 1,6180..., der auch, auf 1 bezogen, den „Goldenen Schnitt" darstellt. Für harmonische Stufungen einer Proportionsfolge ist die dezimalgeometrische Reihe gut geeignet. Darin ist wieder die Verdopplungsreihe sehr praktisch.

b) Für **zweidimensionale** Proportionierungen eignen sich alle Schnittpunkte von Kreispackungen über reguläre Netze. Daraus hat sich das einfache wie das Doppelquadrat mit seinen geklappten Diagonalen und Seiten als besonders geeignet erwiesen. Für proportionierte Flächenfolgen entstehen auf diese Weise auch Seitenverhältnisse von $\sqrt{1}:\sqrt{2}:\sqrt{3}:\sqrt{4}:\sqrt{5}$... Die Fläche kann auch zentral ausbreitend in Zahlenverhältnissen der Intervalle des schwingenden zweidimensionalen Kontinuums proportioniert werden.

c) Für **dreidimensionale** Proportionen gibt es noch keine Zahlenmodelle, die gesichert sind. In der gestalterischen Praxis wird in den drei Projektionsebenen flächig gegliedert, um einen brauchbaren Anhalt zu haben.

Tafel 7.7 Fortsetzung

1) $\frac{1}{1}\left(\frac{9}{8}\right)\frac{5}{4}\frac{4}{3}\frac{3}{2}\frac{5}{3}\left(\frac{15}{8}\right)\frac{2}{1}$ 2) $\frac{1}{1}\frac{2}{1}\frac{3}{2}\frac{5}{3}\frac{8}{5}\frac{13}{8}\frac{21}{13}\cdots$

▶ **Beispiele**

zu a) Proportionierungsversuche mit Intervallen des Goldenen Schnittes (oben) und mit $\frac{2}{1}$-Intervallen (unten).

zu b) Proportionierungsversuch eines Geräts (exakt: einer Seitenfläche) aus dem liegenden Doppelquadrat heraus (noch ohne visuelle Korrektur).

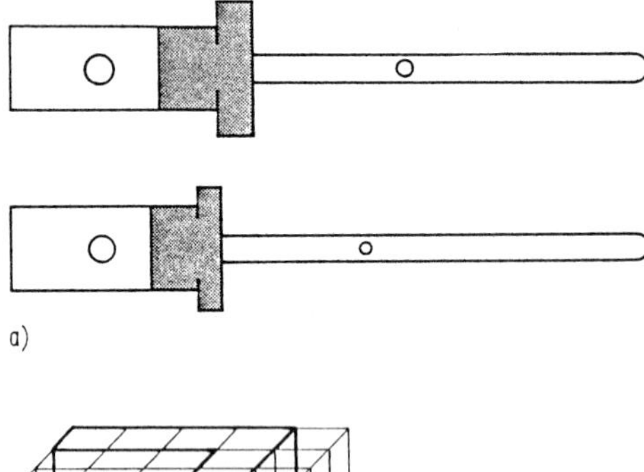

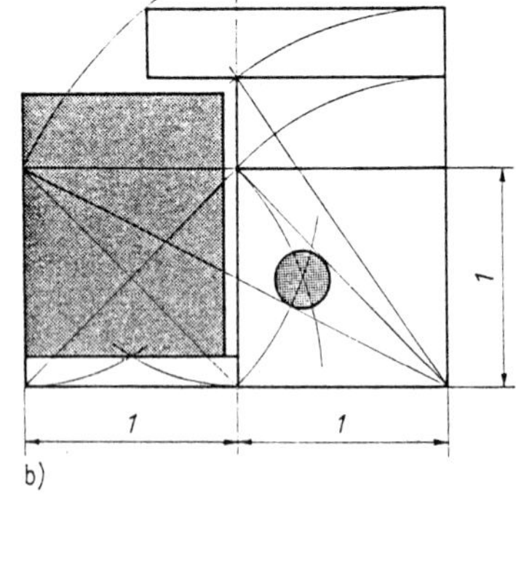

c)

zu c) Proportionierungsversuch bei einem Volumen (noch ohne visuelle Korrektur) in Intervallen der Fibonacci-Zahlen

waagerecht verteilte Reizunterschiede um eine senkrechte Bezugslinie besonders empfindlich (Rechts-Links-Gleichgewicht). Senkrechte werden beim Sehen ungleich geteilt, weshalb das Oben-Unten-Gleichgewicht sich auf die „visuelle Mitte" bezieht.

- Das visuelle Gleichgewicht darf dem mechanischen Gleichgewicht nicht widersprechen.
- Der visuelle Schwerpunkt soll im Hauptteil des Geräts liegen; alle Wahrnehmungselemente müssen dazu in Beziehung stehen.

Die gegenläufigen Wirkungen durch Kontraststeigern (Gliedern) und Kontrastmindern (Vereinheitlichen, Vereinfachen) sind auf die günstigste Weise entsprechend der Aufgabenstellung abzustimmen.

7.5.3 Bedeutungsgestalten

Assoziationsmuster/Synästhesien, Zeichen, Stereotype/Leitbilder besitzen Gestalteigenschaften, welche Bedeutungen vermitteln können, die nicht aus den Beschaffenheiten der materiellen Träger erklärbar sind.

7.5.3.1 Assoziationsmuster/Synästhesien

Assoziationen sind psychisch bedingte Vorstellungsverknüpfungen anhand von Gestalteigenschaften (**Bild 7.15**). Die Assoziationsfähigkeit des Gebrauchers beschränkt das Anwenden in der Gestaltung, ist aber entwickelbar.

Das Bilden von neuen, gewollten Assoziationen ist am sichersten über Gestalteigenschaften möglich, die elementare Assoziationen hervorrufen und zu einem komplexen Assoziationsmuster (Bedeutungsgestalt, Zeichen) verknüpfbar sind.

Fehlassoziationen beim Gebraucher entstehen aus Unkenntnis des Gestalters über dessen Verhaltensweisen, vor allem aber durch unvorhergesehenes Verschmelzen von Wahrnehmungselementen eines Erzeugnisses mit solchen der Umwelt zu neuen Gestalten. Bei einer Fehlassoziation stimmt die Be-

a)

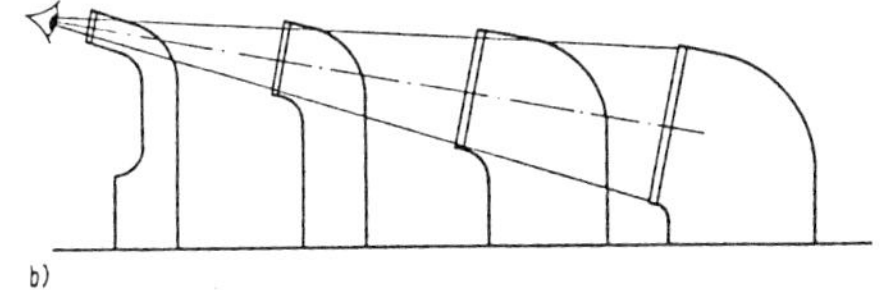

b)

Bild 7.15 Assoziationen
a) Beispiel elementarer Assoziationen (nach *Köhler*); eindeutige Zuordnung von Wort(-klang) und Figur „Maluma“ und „Takete“, sozial und ethnisch unabhängig; b) höhere Assoziationen; ergonomisch bestimmte Gebrauchsformen (Archetypen von Einblickgeräten) wurden zu Assoziationsformen „verinnerlicht“ (Beispiele s. Tafel 7.8)

deutung der Form mit ihrer wirklichen Bedeutung, deren Gestalteigenschaft diese Assoziation auslöst, nicht überein (**Tafel 7.8**).

Tafel 7.8 Beispiele für Assoziationen (vgl. auch Bild 7.15)

Ungünstige Lösung	Erläuterungen	Günstige Lösung
	Die Richtwirkung der Form läßt den Projektionskegel auf der falschen Seite vermuten. Die ausgelöste Assoziation darf der wirklichen Wirkungs- und Gebrauchsweise nicht widersprechen. Die Formlogik ist aus informellen wie aus prinzipiellen Gründen (Einheit von Wesen und Erscheinung) wahrheitsgemäß zu entwickeln.	
	Assoziation der Bewegung und einer ungenügenden Kippsicherheit stimmen nicht mit den Eigenschaften eines Standgeräts überein. Daraus entstehen Fehlinformationen, die Gebrauchsunsicherheit und Unbehagen auslösen. In solchen Fällen sind sich nicht aufhebende Richtwirkungen zu vermeiden. Visuelle Kipplastigkeit kann durch unterschiedliche Intensitäten von Teilen des Baukörpers ausgeglichen werden.	
	Bei topologisch identischen Aufbaumerkmalen der Form können durchaus unterschiedliche Wirkungen der Form auftreten. Selbst geringfügige maßgeometrische Unterschiede führen mitunter zu wesentlich anderen Assoziationen. Deshalb müssen Formtendenzen an körperlichen Modellen mit allen notwendigen Gestalteigenschaften bestimmt werden.	
	Die Form ist (statisch) in zweierlei Weise unsinnig: Der gefährdete Querschnitt ist am kleinsten, und die Scheinbewegung assoziiert die Einspannstelle als Abrißstelle. Die Form eines Trägers gleicher Festigkeit (s. auch [1.1] [1.2] in Abschn. 1) oder eine neutrale Form sichern einen statisch logischen Ausdruck.	
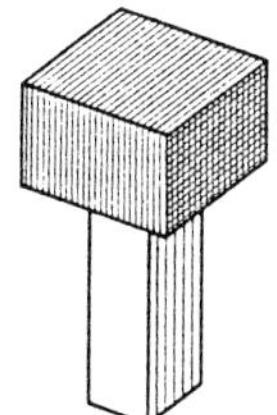	Das Gefühl der Kippunsicherheit kann durch das Verändern der Intensitäten behoben werden. Dabei entstehen allerdings auch andere Wirkungsänderungen, wie z. B. die Assoziation zum leichteren, auf dem Sockel verschieblichen Gerät.	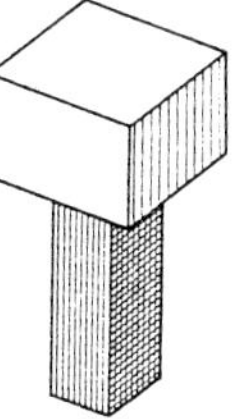

Tafel 7.8 Fortsetzung

Ungünstige Lösung	Erläuterungen	Günstige Lösung
A B C	Eine nur scheinbare Übersichtlichkeit, wegen einer nur formalen Ordnung, ist unbedingt zu vermeiden. Die formalistische Form des Schalthebels bewirkt den unentschiedenen Eindruck, welches Hebelende der Schaltstellungsanzeige gilt, verstärkt durch das doppelsinnige Zuordnen zu den Markierungen. Eindeutige Bedeutungsgestalten und Zuordnungen sind unerläßlich für die sichere Gebrauchstüchtigkeit von Erzeugnissen.	A B C
	Unentschiedene Formcharaktere und Proportionen sind unbedingt zu präzisieren. Eine klare Formkonzeption (Einheitlichkeit der Wirkung zuerst) und sichere Proportionen sind das Gerüst einer übersichtlichen und zugleich charaktervollen, glaubwürdigen Erzeugniserscheinung.	

Da jedes technische Gebilde über eine Vielzahl unterschiedlicher assoziativer Gestalteigenschaften verfügt, hat der Designer gezielt eine dem Charakter des Geräts angemessene Resultierende aus allen Teilassoziationen zu entwickeln. Dabei müssen störende Assoziationen unterdrückt werden. Solche für den Gerätebau wesentlichen Assoziationen sind beispielsweise: das Robuste/Empfindliche, Leichte/Schwere, Statische/Dynamische, Lastende/Strebende, Präzise/Grobe, Aufnehmende/Abweisende (Behälter/Schutzhaube), Hygienische/Schmutzgerechte (Küchenmaschine/Grabeforke) usw.

Die Archetypen der Gebrauchsform (s. Bild 7.6) sind als z. T. berufsbedingte höhere Assoziationen wirksam und müssen auch unter diesem Gesichtspunkt gestalterisch berücksichtigt werden. Die assoziierten Bedeutungen sind außerordentlich empfindlich gegen Veränderungen der Lage, der Abmessungen und Proportionen sowie der Verformungen der tragenden Gestalt bzw. Wahrnehmungselemente. Ständiges Verändern der Lage kann z. B. ein ständiges Ändern der assoziierten Bedeutungen mit sich bringen. Assoziationen sind deshalb keine Gestaltqualitäten.

Synästhesien sind Mitempfindungen, die beim Zusammenwirken unterschiedlicher Sinnesqualitäten entstehen können.

▶ **Beispiele:** Farben und Gerüche, Farben und Geschmäcke, Farben und akustische Töne [7.1], Formen und Bewegungsempfindungen usw.

Synästhesien sind den Assoziationen wesensverwandt, aber entscheidend stabiler als diese. Sie sind dagegen individuell weit unterschiedlicher.

7.5.3.2 Zeichen
[7.4]

Bei Geräten finden sich Zeichen als Sinn-, Bild- und Anzeichen. Sie wirken bezeichnend, symbolisch, bewertend, appellierend, also zu bestimmtem Verhalten auffordernd, und Gemütsbewegungen hervorrufend. Assoziativ entschlüsselbare Zeichen sind zu erlernenden vorzuziehen. Durch gesellschaftliche Praxis herausgebildete und diktierte Zeichen (z. B. Mode) können leicht einem Bedeutungswandel unterliegen, vereinbarte Zeichen schwer, Assoziationen kaum.

Das Gerät selbst fungiert als Zeichen, oder Elemente am Gerät sind Zeichen. Ersteres trifft hier vorwiegend zu. Wie alles, kann man auch die Objekteigenschaften selbst zum Zeichen erklären, z. B. als Zeichen für Wert, oder seine in der gesellschaftlichen Praxis erworbene Bedeutung verändern, z. B. wertvolle Eigenschaften zu wertlosen erklären. So kann ein und dasselbe Gerät verschiedene und – von entsprechenden Bedingungen abhängig – sogar entgegengesetzte Zeichenwirkung haben. Das Bilden eines qualitativ neuen Zeichens aus mindestens zwei anderen Zeichen heißt Überzeichenbildung (Superisation).

▶ **Beispiele:** Die Buchstaben u, a, s bilden das Wort „aus“. C-förmiger Baukörper, Einblickform, Tischform, drehknopfartige Gebilde, Präzision assoziierende Gestaltqualitäten u. a. bilden die Form eines Mikroskops bzw. eine Gestalt für „Mikroskophaftes“, „Präzisionsgerätiges“.

7.5.3.3 Stereotype/Leitbilder

Stereotype sind Gestalteigenschaften, deren Bedeutung lediglich in ihrem wiederholten Auftauchen zur bloßen Wiedererkennung liegt, ohne, daß damit zunächst über Beschaffenheiten hinausweisende Bedeutungen vermittelt werden. Sie sind wichtiger Bestandteil von „Leitbildern".

7.6 Besonderheiten des Design von Geräten

7.6.1 Merkmale

Die Erscheinung von Geräten ist gekennzeichnet durch stark nach Archetypen des Gebrauchs geprägte Formen, durch eine massenhaft verständliche Formensprache, Merkmale der spezifischen Fertigungsverfahren, durch die entscheidende Qualität der Gestaltung der Kopplungselemente Mensch-Gerät, durch eine hohe Gediegenheit von Entwurf und Ausführung und Verkleinerung. Die gelungene Formgestaltung trägt einerseits zur Produktveredelung bei und spiegelt andererseits den auch technisch-intelligenzintensiven, hohen Veredelungsgrad dieser Erzeugnisse durch ein gleichrangiges, intelligentes und hochverfeinerndes, dabei nie vordergründiges Design wider.

Ein geschickter gestalterischer Umgang mit den konstruktiven und technologischen Merkmalen zum Charakterisieren der Geräte verhindert die Gefahr einer Nivellierung zum „black-box-Design", ohne dabei die Notwendigkeit einer verträglichen Formensprache unterschiedlicher Erzeugnisse im Ensemble zu umgehen.

7.6.2 Kopplung Gebraucher-Gerät (Interface)

Das Gestalten der Elemente für die ergonomische Kopplung (Betätigungs-, Melde- und Bezeichnungselemente) und ihre Anordnung an Geräten, vor allem auf besonderen Geräteflächen, erfolgt nach den in den **Tafeln 7.9** und **7.10** dargestellten Gesichtspunkten (s. auch Abschnitte 6.3.5 und 6.4.4).

Hier zeigt sich der stets zunehmende Gerätekomfort (Technik und Gebrauch) für den Gebraucher direkt, ermöglicht durch die Computerisierung und die mikroelektronische Miniaturisierung. Das führt schließlich zu integrierten Ein- und Ausgaben oder zu einer größeren Anzahl, aber geringeren Vielfalt dieser Kopplungselemente, d. h. zu einer formlichen Nivellierung. So ist der Gefahr einer monotonen Unübersichtlichkeit mit dadurch verunsichertem Gebrauch mit angemessener Sorgfalt beim Anwenden der dafür bekannten Gestaltungsmaßnahmen zu begegnen. Das beginnt mit dem Ausarbeiten treffsicherer Gebrauchsprogramme und einem deutlichen Algorithmisieren der Anordnung der Koppelelemente zwischen Gebraucher und Gerät. Dem und der extremen Elementendichte auf der „Benutzeroberfläche" folgend, ergeben sich hohe und strenge Ansprüche an die relief-plastische und Anordnungsqualität dieser Schnittstellenbereiche ebenso, wie an die sensuelle Störarmut durch ein rauschsicheres Gestalten und entsprechend gediegene Ausführung.

Tafel 7.9 Gesichtspunkte für die Gestaltung der Kopplung Gebraucher – Gerät

- Das Gebrauchen hat sich weitgehend vom steuernden, regelnden zum dialogisierenden Vorgang entwickelt. Dementsprechend verlangen die zu bevorzugenden interaktiven, mit Wirkungs- und Rückmeldungen versehenen und durch mehrkanalige Wahrnehmung redundant gestützten komplexen Gebrauchhandlungen kinetisch statt statisch orientierte Anwendungskriterien für die Auswahl bekannter oder dafür neu zu entwickelnder Gestaltungsmaßnahmen oder Mittel.
- Die Zwangläufigkeit sinnfälliger Gebrauchsabläufe mittels dafür günstiger Anordnungen und Elementgestaltung ist durch das Anwenden lernstrategischer, pädagogischer und sozialbezogener Handlungsprinzipien zu stützen.
- Intuitiv/assoziativ entschlüsselbare Formen, Anordnungen, Zeichen sind erlernten oder zu erlernenden Kodierungen grundsätzlich vorzuziehen.
- Die Auswahl zwischen analogen oder/und digitalen Ein- und Ausgabeinformationen ist sorgfältig und experimentell gestützt vorzunehmen. Die Störarmut tastend-intermittierender Eingaben wurde z. B. mit dem Verlust an Sensibilität erkauft.

Tafel 7.9 Fortsetzung

- Jede Gestaltung der Betätigungsbereiche geht von den aus gründlichen Gebrauchsanalysen ermittelten Gebrauchsbedingungen aus, vorrangig hinsichtlich des Wahrnehmungsfelds, der logischen Ordnung (in Gruppeneigenschaften und Wichtungen), des günstigsten Gebrauchsablaufs und der ergonomischen Anpassung.
- Der Aufbau sinnfälliger und flüssiger, d. h. eine leichte Wahrnehmung nicht behindernder „Informationslinien" und sicher erfaßbarer „informeller Gruppen" ist die gestalterische Grundlage sensuell geordneter Betätigungsbereiche.
- Alle Mittel des visuellen Ordnens (s. Abschn. 7.5.2) werden angewendet, um auf dieser Grundlage
  - die Übereinstimmung der Wahrnehmungslogik, d. h. der Wahrnehmungserwartung mit der Logik des Funktions- bzw. Gebrauchsablaufs, d. h. mit der der Informationslinien, herzustellen
  - die Struktur sinnlicher Wirkungen mit der Bedeutungsstruktur gleichzurichten (Isomorphie)
  - visuelle Kompatibilität hinsichtlich der Informationsbeziehungen mit zu koppelnden Geräten von jeweils relativ abgeschlossener oder auch offener Ordnung zu sichern
  - zwischen diesen Kopplungselementen und dem Gerät als Ganzem eine harmonische Einheit durch Elemente- und Anordnungseigenschaften einerseits und durch Gestalteigenschaften der Geräteform andererseits herzustellen.
- Alle visuell bzw. sensuell erfaßbaren Elemente sind in die Gestaltung voll einzubeziehen. Es gibt für die Wahrnehmung keine nebensächlichen Elemente, außer sie haben eine Reizintensität, die im sensuellen Rauschen verschwindet:
  - Die wirkungsvollste erste Maßnahme, um übersichtliche und einfach wahrnehmbare Gebrauchsbereiche zu schaffen, ist das Mindern der Anzahl von Bau- bzw. Wahrnehmungselementen. Die sichtbaren Bauelemente im Gebrauchsbereich sind vorzugsweise auf die zum ständigen Betrieb notwendigen zu beschränken, selten gebrauchte Elemente sind auf Nebenseiten oder verdeckt anzuordnen.
    Integrierende Betätigungen mit entsprechenden Elementen sind bevorzugt zu entwickeln.
    Wahrnehmungselemente sind auf die Anzahl zu verringern, die noch eine förderliche Redundanz zuläßt. Beispielsweise sollen wahrnehmbare Umrandungen nur einmal erscheinen, nicht vielfältig gestaltlich gedoppelt, als Folge umständlicher konstruktiv-technologischer Lösungen (verschiedene Kanten, Fugen, Fasen, Farben, Glanzgrade als Umrandung eines Gebiets).
    Die Anzahl der Kontraste unterschiedlicher Art ist auf den Kleinstwert zu senken, bei dem eine notwendige Gliederung noch sicher erfaßt werden kann (Richtungskontraste, Farb- und Glanzkontraste sind besonders gering zu halten).
  - Das visuelle Gleichgewicht, rechts-links und oben-unten, ist besonders zu beachten.
  - Entstehende Rand- und Restflächen müssen wie selbständige visuelle Elemente sorgfältig in die Gesamtgestaltung einbezogen werden.
  - Die äußere Begrenzung eines Betätigungsbereichs bzw. die des Geräts hat als visuelles Bezugssystem einen wesentlichen Einfluß auf die Anordnungsrichtungen und -muster der Kopplungselemente. Je mehr davon abweichende Richtungen wahrnehmbar sind, desto unübersichtlicher wird die Ordnung.
  - Bevorzugte Abtastrichtungen sind durch jeweilige Lesegewohnheiten gegeben, abhängig von den spezifischen Lagebedingungen des Gebrauchers zum Arbeitsbereich/Wahrnehmungsfeld.
  - Die Figur-Grund-Verhältnisse als Farb-, Helligkeits- und Strukturkontraste sind besonders sorgfältig zu stufen.
  - Ununterbrochene, eng und im gleichen Abstand angeordnete Elemente werden vom Auge wie eine Oberflächenstruktur registriert (verrauscht). Sie können als Ganzes durch eine starke Richtwirkung ablenken. Abhilfe: Gliedern.
  - Die Bezüge von Elementen untereinander in einer Informations- und Wahrnehmungslinie oder informellen und Wahrnehmungsgruppe werden nach den jeweils unterschiedlichen bzw. relativen visuellen und/oder informellen Schwerpunkten der einzelnen Elemente hergestellt, vorzugsweise durch Anordnen auf Achse oder auf Begrenzung (**Bild 7.16**) (obere, untere oder seitliche Begrenzung nach Leseverhalten oder Anschlußbedingungen zu anderen Geräten oder Gerätebereichen).
    Werden Elemente mit ausfüllenden und eingezogenen Umrissen (z. B. Quadrat und Kreis) „auf Begrenzung" angeordnet, so muß die eingezogene Figur (Kreis) die Fluchtlinie der ausfüllenden Figur (Quadrat) um ein weniges überschreiten, d. h. visuell ausgeglichen werden, um wirklich fluchtend zu wirken.
  - Bezeichnungselemente und Meldeelemente sollen möglichst weder durch die Betätigungselemente (verschiedene Blickrichtungen beachten) noch durch die Hand beim Betätigen verdeckt sein. Werden Bezeichnungen für Betätigungselemente während des Gebrauchs verdeckt, sind unbedingt Wirkungskontrollen bzw. Rückmeldungen vorzusehen.
  - Geräteteile, die vom Tastsinn des Menschen erfaßt werden, vor allem Betätigungselemente, sind durch den Werkstoff und die Oberflächenbeschaffenheit berührungsfreundlich zu gestalten. Bei häufigem Kontakt mit dem menschlichen Körper ist dieser Gesichtspunkt kompromißlos anzuwenden.

Effekthascherei, modische Tendenzen und plakative Werbeabsichten haben an Geräten nichts zu suchen, auch weil diese eine relativ lange Lebensdauer haben und in den verschiedensten Kombinationen mit Geräten anderer Hersteller zusammenwirken, diesen vergleichbar gegenüberstehen und mit ihnen harmonisieren müssen. Vor allem beeinträchtigen solche unseriösen Mittel den Gebrauch („visueller Lärm").

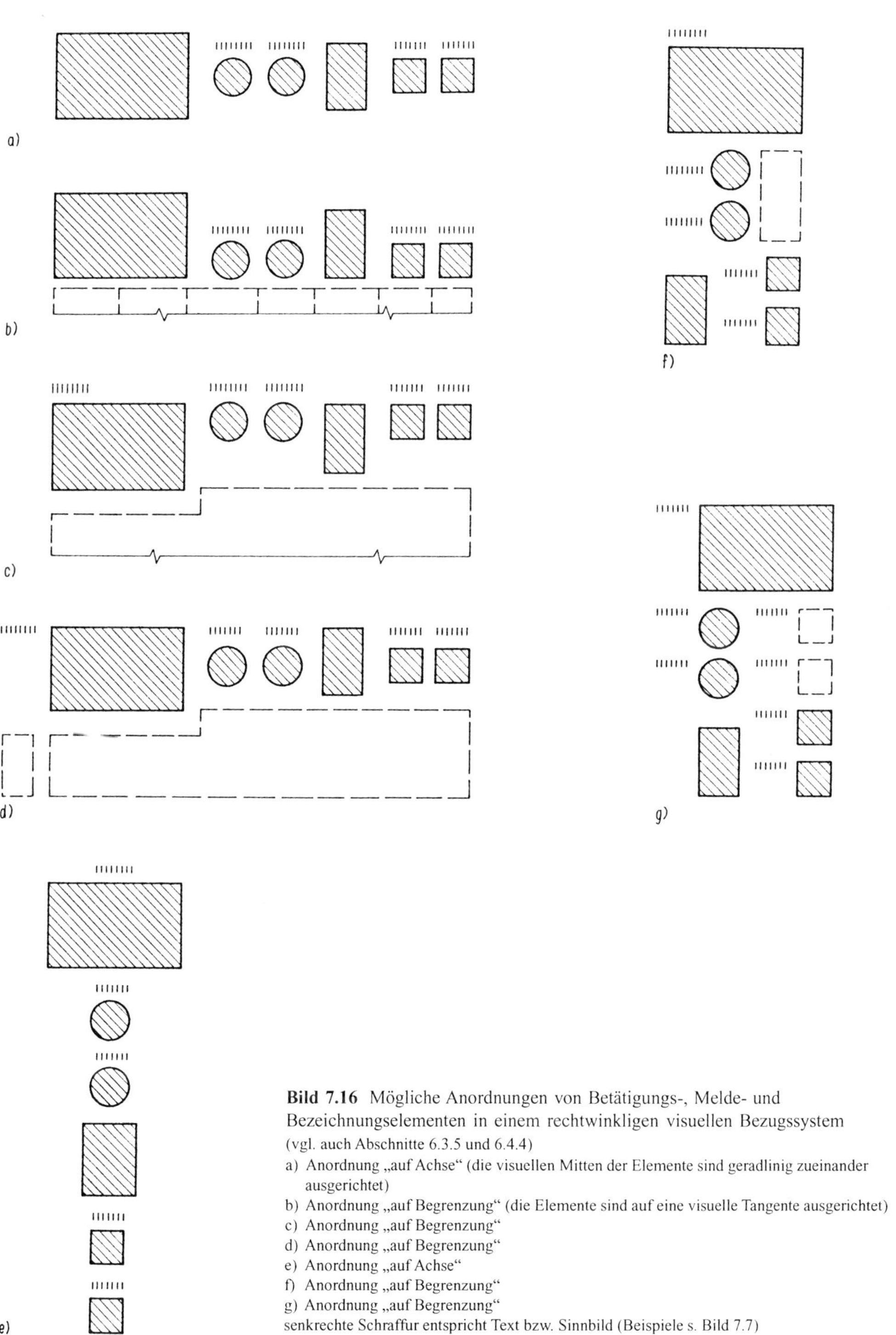

Bild 7.16 Mögliche Anordnungen von Betätigungs-, Melde- und Bezeichnungselementen in einem rechtwinkligen visuellen Bezugssystem
(vgl. auch Abschnitte 6.3.5 und 6.4.4)

a) Anordnung „auf Achse“ (die visuellen Mitten der Elemente sind geradlinig zueinander ausgerichtet)
b) Anordnung „auf Begrenzung“ (die Elemente sind auf eine visuelle Tangente ausgerichtet)
c) Anordnung „auf Begrenzung“
d) Anordnung „auf Begrenzung“
e) Anordnung „auf Achse“
f) Anordnung „auf Begrenzung“
g) Anordnung „auf Begrenzung“

senkrechte Schraffur entspricht Text bzw. Sinnbild (Beispiele s. Bild 7.7)

Tafel 7.10 Beispiele für Anordnungen von Betätigungs-, Melde- und Bezeichnungselementen in einem rechtwinkligen visuellen Bezugssystem (vgl. auch Bild 7.16)

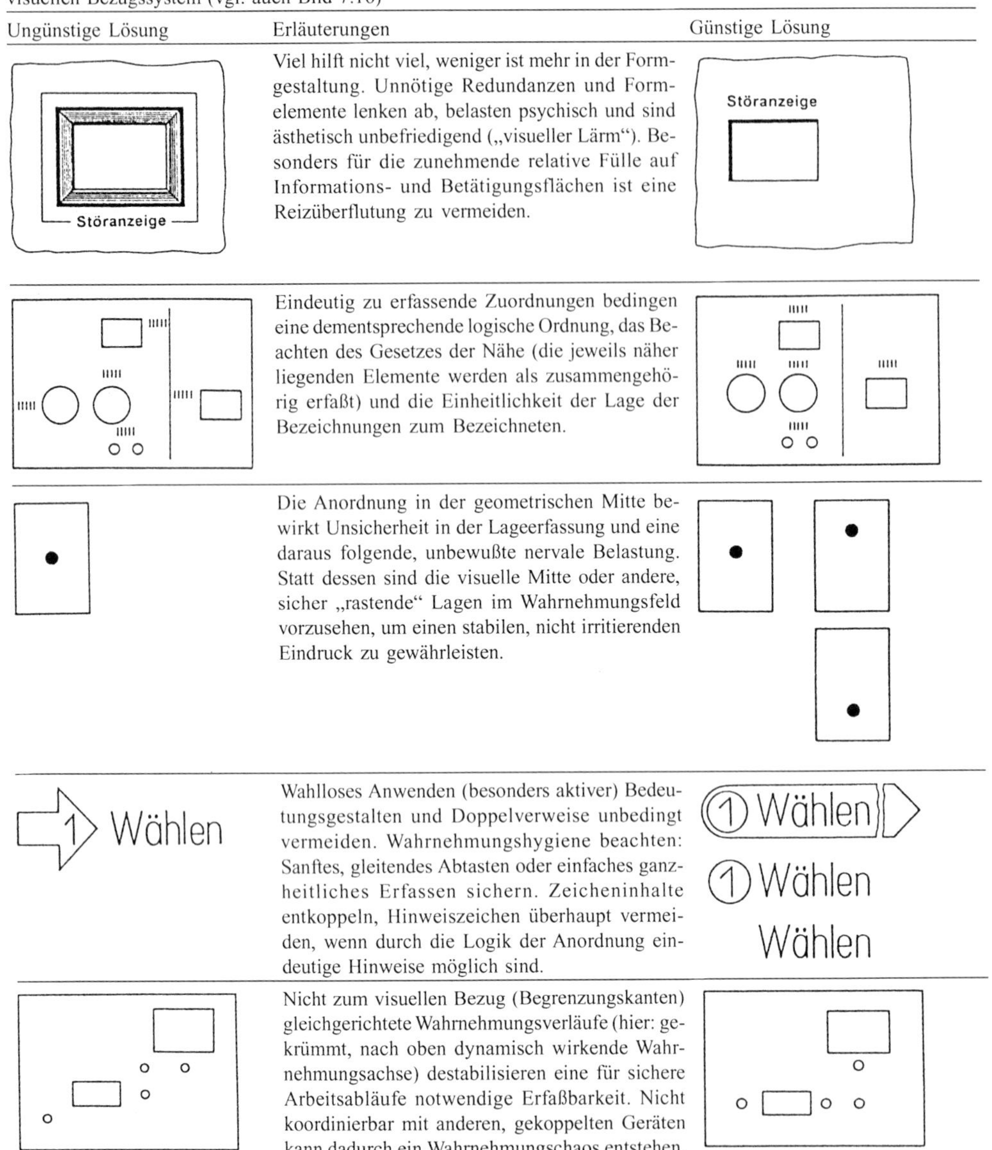

Ungünstige Lösung	Erläuterungen	Günstige Lösung
Störanzeige	Viel hilft nicht viel, weniger ist mehr in der Formgestaltung. Unnötige Redundanzen und Formelemente lenken ab, belasten psychisch und sind ästhetisch unbefriedigend („visueller Lärm"). Besonders für die zunehmende relative Fülle auf Informations- und Betätigungsflächen ist eine Reizüberflutung zu vermeiden.	Störanzeige
	Eindeutig zu erfassende Zuordnungen bedingen eine dementsprechende logische Ordnung, das Beachten des Gesetzes der Nähe (die jeweils näher liegenden Elemente werden als zusammengehörig erfaßt) und die Einheitlichkeit der Lage der Bezeichnungen zum Bezeichneten.	
	Die Anordnung in der geometrischen Mitte bewirkt Unsicherheit in der Lageerfassung und eine daraus folgende, unbewußte nervale Belastung. Statt dessen sind die visuelle Mitte oder andere, sicher „rastende" Lagen im Wahrnehmungsfeld vorzusehen, um einen stabilen, nicht irritierenden Eindruck zu gewährleisten.	
1 Wählen	Wahlloses Anwenden (besonders aktiver) Bedeutungsgestalten und Doppelverweise unbedingt vermeiden. Wahrnehmungshygiene beachten: Sanftes, gleitendes Abtasten oder einfaches ganzheitliches Erfassen sichern. Zeicheninhalte entkoppeln, Hinweiszeichen überhaupt vermeiden, wenn durch die Logik der Anordnung eindeutige Hinweise möglich sind.	1 Wählen 1 Wählen Wählen
	Nicht zum visuellen Bezug (Begrenzungskanten) gleichgerichtete Wahrnehmungsverläufe (hier: gekrümmt, nach oben dynamisch wirkende Wahrnehmungsachse) destabilisieren eine für sichere Arbeitsabläufe notwendige Erfaßbarkeit. Nicht koordinierbar mit anderen, gekoppelten Geräten kann dadurch ein Wahrnehmungschaos entstehen.	

7.6.3 Zeichen an Geräten (Bezeichnungselemente)

Zeichen an Geräten (**Tafel 7.11**; s. auch Bild 7.7) dienen zum Bezeichnen der Gerätefunktion sowie der Betätigungs- und Meldeelemente. Herkömmlich sind es grafische, fest an- bzw. aufgebrachte visuelle Zeichen. Zunehmend werden diese ergänzt oder ersetzt durch taktile (Formkodes), visuell veränderliche (laufende, blinkende, verfärbende, schwellende u. a.) und akustische Zeichen (Töne, Klänge; fest und veränderlich). Gleich geformte Betätigungselemente mit unterschiedlichen, aber grafisch gleichartigen Bezeichnungen sind für den Gebraucher schwerer zu unterscheiden, als unterschiedlich geformte und ggf. gefärbte. Grafische Zeichen bestehen oder sind zusammengesetzt aus Schrifttypen (Schrift) und anderen grafischen Elementen. Bezeichnungselemente können das visuelle Gleichgewicht sowie die Wahrnehmungsabläufe stören und den Gesamteindruck wesentlich beeinflussen, weshalb sie von Anfang an in die Gesamtgestaltung einzubeziehen sind.

Textlose Zeichen werden aus einzelnen Schrifttypen, sonstigen Sinn- oder Bildzeichen grafisch und farbig gestaltet (Typenzeichen, Sinnbilder, Piktogramme). Sie sind dann vorteilhaft, wenn ein Gerät in verschiedene Sprachgebiete zu exportieren ist und wenn wenig Fläche zur Verfügung steht. Nachteilig ist die Lernarbeit, vor allem wegen der national und international so unterschiedlichen Zeichen für dieselben Inhalte. Textlose Zeichen sind standardisierungsfreundlich und können mit wenigen Grundelementen einen nahezu unerschöpflichen Vorrat an Kombinationen bilden. Entscheidend für die Anwendung ist jedoch nicht der Standardisierungsgrad und der ökonomische Vorteil für den Hersteller, sondern die Zumutbarkeit für den Gebraucher.

Tafel 7.11 Richtlinien für Zeichen an Geräten (Bezeichnungselemente)

- Bezeichnungselemente sind so sparsam und übersichtlich wie möglich sowie abgestimmt mit der Gesamtgestaltung einzusetzen.
- Ein Nebeneinander verschiedener Schriftarten, auch verschieden aufgebrachter Ausführungen, ist zu vermeiden.
- Für Kurzbezeichnungen (Fleckwirkung), die man stets bevorzugen soll, sind serifenlose Schriften (z. B. Folio, Univers, Supergrotesk, Fundamental oder Sondergroteskschriften) einzusetzen. Für lange Texte sind Schriften mit Serifen besser erfaßbar (z. B Bodoni).
- Die Schriftart und -größe ist nach der Lesegeschwindigkeit, dem häufigsten Beobachtungsabstand, den Lichtverhältnissen, der Druck- bzw. Aufbringequalität und anderen Bedingungen zu wählen. Die Größe soll $\frac{1}{200}$ des Betrachtungsabstands nicht unterschreiten, aber so klein wie möglich sein, wenn der Gesamteindruck durch die Schrift nicht gestört werden darf oder der Platzbedarf es erfordert.
- Kleinbuchstaben sind bis zu 3 m Entfernung besser lesbar, Großbuchstaben ab 5 m.
- Zugleich fette, schmale und zu enge Schrift ist schwer lesbar.
- Textlose Zeichen müssen in ihrer Größe und formalen Gestaltung an gleichzeitig verwendete Schriften angepaßt sein. Die Größe und das „Gewicht“ unterschiedlicher textloser Zeichen ist visuell zu vereinheitlichen (visuelle Nenngröße).
- Mehrfarbige Bezeichnungselemente sind nur anzuwenden, wenn funktionelle Zuordnungen nicht anders ausgedrückt werden können (durch Verteilung usw.). Dafür ist Mehrfarbigkeit oft Hilfslinien, Umgrenzungslinien oder Bezugslinien vorzuziehen.
- Die Abstände der Zeichen von Betätigungs- und Meldeelementen sind so zu wählen, daß ein ausgeglichenes Gesamtbild entsteht. Der Abstand entspricht meist der Zeichenhöhe. Er ist innerhalb einer zusammengehörenden Gruppe kleiner als zu einer anderen Gruppe festzulegen.
- Typenbezeichnungen, Herstellerangaben usw. sind ebenso zu behandeln wie die sonstigen Bezeichnungselemente. Sie werden bevorzugt in Schriftblöcken zusammengefaßt. Allein ihre Erkennbarkeit aus einem größeren Betrachtungsabstand (Lager, Überwachung u. ä.) kann eine entsprechend größere Ausführung erfordern. Seriöse Hersteller verzichten auf unseriöse Zeichen.

7.6.4 Design von Gerätesystemen

Die Systementwicklung fordert auch vom Designer nicht das sonst spezifische Optimum der Gestaltung eines Geräts oder einer Typenreihe, sondern ein universelles Optimum der Gestaltung komplexer Gerätesysteme. Neue Erzeugnisse sollen durch beliebige Gestalterteams zu beliebigen Zeitpunkten und an beliebigen Orten unabhängig voneinander einheitlich und zwangsläufig gut gestaltet werden können. Dabei müssen gegenwärtige und künftige Bedürfnisse und Produktionsweisen inbegriffen sein.

Als Grundlage dazu sind langfristig wirkende Systemparameter festzulegen, die häufig koppelbar sein müssen und eine dynamische Erweiterung neu zu schaffender Elemente und Geräte im Rahmen des Systems ermöglichen. Speziell formgestalterisch sind *ästhetische Koppelgrößen* die Parameter der Gerätegestaltung, die eine solche Kombination von Systemelementen gewährleisten, daß beim Betrachten eine einheitliche Erscheinung der zeitlich und örtlich verschieden entstandenen konstituierenden Elemente entsteht.

Um modern bleiben zu können, müssen sie modisch neutral sein.

Alle Formelemente der Wahrnehmung sind so einzusetzen, daß durch eine beliebige, aber sinnvolle Kombination in jedem Fall gut proportionierte, harmonisch abgestimmte und technisch effektive Lösungen entstehen (**Tafel 7.12**). Dazu sind systembezogene Gestaltungsrichtlinien zu entwickeln.

Tafel 7.12 Beispiel für das Design von Gerätesystemen

Ungünstige Lösung	Erläuterungen	Günstige Lösung
	Unzumutbare psychophysische Belastungen sind die Folge von irritierenden, die Wahrnehmung erschwerenden ungeordneten und gegenläufigen Formtendenzen. Klare Formbezüge und sprungfreie Zuordnungen der Wahrnehmungsachsen im System entlasten den Gebraucher erheblich.	

Literatur zum Abschnitt 7

Bücher

[7.1] *Gericke, L.; Richter, K.; Schöne, K.*: Farbgestaltung in der Arbeitsumwelt. Berlin: Verlag Tribüne 1981.

[7.2] *Hückler, A.*: Einführung in die industrielle Formgestaltung. Lehrbriefe 1 und 2. Berlin: Kammer der Technik 1983.

[7.3] *Metzger, W.*: Gestalt-Psychologie. Frankfurt/M.: Verlag W. Kramer 1986.

[7.4] HIF Halle (Hrsg.): Gestalt-Ausdruck. Funktionale Gestaltung und Semiotik. Halle: Hochschule für industrielle Formgestaltung – Burg Giebichenstein 1987.

[7.5] *Jung, A.*: Funktionale Gestaltbildung. Berlin, Heidelberg: Springer-Verlag 1989.

[7.6] *Bürdeck, B. E.*: Design. Geschichte, Theorie und Praxis der Produktgestaltung. Köln: Verlag DuMont 1991.

[7.7] *Seeger, H.*: Design technischer Produkte, Programme und Systeme. Berlin, Heidelberg: Springer-Verlag 1992.

[7.8] Rat für Formgebung (Hrsg.): Vernetztes Arbeiten – Design und Umwelt. Frankfurt/M.: Rat für Formgebung 1992.

[7.9] *Buur, J.; Windum, J.*: MMI Design, Man-Machine Interface. Kopenhagen: Dansk Design Center 1994.

Aufsätze, Richtlinien

[7.10] *Hückler, A.*: Formgestaltung in der Feingerätetechnik. Feingerätetechnik 31 (1982) 6, S. 273.

[7.11] *Seeger, H.*: Der Kundentyp als Bestimmungsgröße. Feinwerktechnik und Meßtechnik 92 (1984) 3, S. 105.

[7.12] VDI 2242: Konstruieren ergonomiegerechter Erzeugnisse.

[7.13] VDI 2243: Recyclingorientierte Gestaltung technischer Produkte.

[7.14] VDI 2244: Konstruktion sicherheitsgerechter Produkte.

[7.15] VDI/VDE 2424: Industrial Design.

8 Geräteverpackung

Mehr als 90 % aller industriellen Erzeugnisse erfordern eine Verpackung. Diese ist nicht Selbstzweck, sondern als letzte Stufe des betrieblichen Produktionsprozesses ein objektives Erfordernis. Mit richtigen und zweckmäßigen Verpackungen wird gesichert, daß die produzierten Güter möglichst ohne Wertminderung und auf ökonomische Weise vom Erzeuger zum Verbraucher gelangen. Die Entwicklung zweckmäßiger Verpackungen kann nicht allein von Spezialisten vorgenommen werden, sondern es sind bereits bei der Konstruktion von Geräten Verpackungs- und Transportrichtlinien zu beachten.

Die Verpackung trägt durch ihre Hauptfunktion dazu bei, die Qualität der erzeugten Produkte bis zu deren Gebrauch oder Verbrauch zu sichern. Sie ist dabei ein bedeutender wirtschaftlicher Faktor.

Einerseits verursacht der für die Verpackung notwendige Aufwand einen erheblichen Anteil an den Produktionskosten. Andererseits können durch ausreichende Verpackung Schäden am Packgut vermieden werden. Bekannt ist, daß 70 bis 80 % aller beim Transport auftretenden Schäden insbesondere durch Verpackungsmaßnahmen vermeidbar sind. Hersteller und Vertreiber von Produkten sind für deren Qualität verantwortlich. Das schließt die Verantwortung für die sichere Verpackung auf dem Weg bis zum Verbraucher ein, weil ihnen die Anforderungen eines Produktes an die Verpackung am besten bekannt sind.

Das Verpackungswesen umfaßt die Gesamtheit aller Organisations- und Tätigkeitsbereiche der Herstellung von Packstoffen, Packmitteln, Packhilfsmitteln und Verpackungsmaschinen sowie der Technologien, Verfahren und Methoden beim Verpacken von Gütern in der letzten Stufe des Produktionsprozesses einschließlich der dafür erforderlichen Forschungs- und Entwicklungsleistungen. Die Grundbegriffe des Verpackungswesens sind in **Tafel 8.1** zusammengestellt. Ihre Beziehungen zueinander werden im **Bild 8.1** gezeigt. Abgeleitete Begriffe geben darüber hinaus nähere Informationen zur Anwendung der Verpackung. Ihre Bildung kann beispielsweise erfolgen nach

- der aufzunehmenden Anzahl der Einheiten (Einzel-, Sammelverpackung)
- der Anzahl der Umläufe (Einweg-, Mehrwegverpackung)
- der Art des Wechsels zwischen Eigentümer und Benutzer (Leih-, Rücklaufverpackung)
- der Zweckbestimmung (Transport-, Verbraucherverpackung)
- dem Transportweg (Luftfracht-, Überseeverpackung)
- dem Handelsgebiet (Inland-, Exportverpackung)
- dem Empfänger (Einzelhandels-, Großhandels-, Industrieverpackung)
- der Eigenstabilität (flexibles, starres oder zerbrechliches Packmittel)
- der Formveränderung (faltbares, zerlegbares oder stapelbares Packmittel)
- der Art der Ausstattung (Geschenk-, Sichtverpackung).

In Verbindung mit dem Werkstoff (Papier, Karton, Pappe, Wellpappe, Holz, Glas, Metall, Kunststoff, Gewebe, Verbundwerkstoff) ist nur der Begriff „Packmittel" zulässig, z. B. Packmittel aus Holz.

Weitere Angaben sind der Norm DIN 55 405 T1, T3 und T5 zu entnehmen (s. Tafel 8.9).

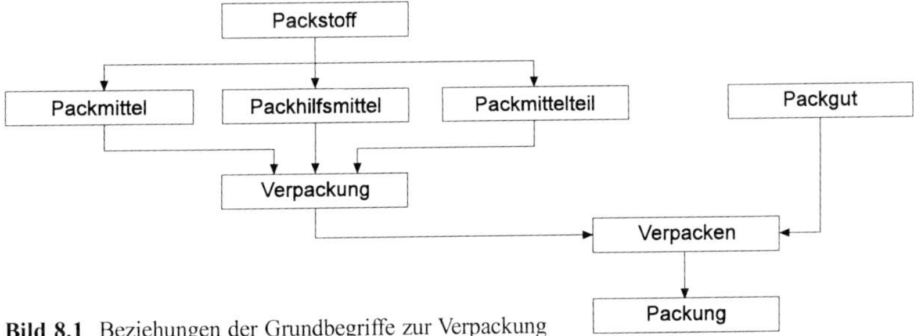

Bild 8.1 Beziehungen der Grundbegriffe zur Verpackung

Tafel 8.1 Grundbegriffe zur Verpackung

Benennung	Kurzzeichen	Begriffsbestimmung
Verpackung	V	Mittel oder Gesamtheit von Mitteln, die zum Schutz des Packgutes vor Gebrauchswertminderung, zur Erleichterung der Handhabung des Packgutes und zum Schutz der Umwelt im Zirkulationsprozeß dienen
Packmittel	PM	Hauptbestandteil der Verpackung (Erzeugnis), ist zur Aufnahme des Packgutes bestimmt
Packmittelteil	PMT	Bestandteil des Packmittels oder Zusatzteil, das eine bestimmte Funktion des Packmittels übernimmt oder gewährleistet und in der Regel mit dem Packgut in Kontakt kommt
Packhilfsmittel	PHM	Bestandteil der Verpackung (Erzeugnis), gewährleistet mit dem Packmittel die volle Funktion der Verpackung
Packstoff	PST	Werkstoffe, aus dem Packmittel und Packhilfsmittel hergestellt werden
Packgut	PG	Erzeugnis, das bis zu seiner Benutzung oder seinem Verbrauch vor Gebrauchswertminderung zu schützen ist und dessen Handhabung bei Transport, Lagerung, Verkauf und Gebrauch erleichtert werden soll
Verpacken	-	Vorgang, bei dem Packgut unter Verwendung von Packmitteln und -hilfsmitteln transport-, lager-, verkaufs- bzw. gebrauchsfähig gemacht wird
Packung	P	Einheit von Packgut und Verpackung

8.1 Funktion der Verpackung

[8.3] [8.10]

Verpackungen müssen den vielfältigen Anforderungen während des Produktionsprozesses, der Distribution (Lagerung und Transport) und der Konsumtion gerecht werden. Der größte Teil dieser Anforderungen läßt sich in drei Gruppen zusammenfassen:

- Schutz des Packgutes und der Umwelt (Schutzfunktion)
- Rationalisieren der Produktion, des Transport, der Lagerung, des Gebrauchs sowie des Recycelns (Rationalisierungsfunktion)
- Vermitteln von Informationen für Lagerung und Transport sowie für das Behandeln und Verwenden des Packgutes sowie der Verpackung (Kommunikationsfunktion).

Diese drei Hauptfunktionen beeinflussen und bedingen sich gegenseitig, wobei sich keine durch eine andere ersetzen läßt.

8.1.1 Schutzfunktion

Die Schutzfunktion, als ursprünglichste und wichtigste Funktion einer Verpackung, erstreckt sich einerseits auf den Schutz des Packgutes während Lagerung, Transport und Konsumtion, mit dem Ziel der Sicherung von Quantität und Qualität der Erzeugnisse (Gebrauchswerterhaltung). Andererseits erfüllt die Verpackung auch die Funktion des Schutzes der Umwelt vor Einflüssen durch das Packgut, wie beispielsweise bei giftigen, feuergefährlichen und explosiven Erzeugnissen.

Beim Beurteilen der Schutzfunktion einer Verpackung müssen die Eigenschaften des Packgutes sowie der Packmittel, Packstoffe und Packhilfsmittel, mögliche Veränderungen des Packgutes , Wechselwirkungen zwischen Verpackung und Packgut, Einflüsse der Umgebung (mechanische und klimatische Beanspruchungen), Versandvorschriften der Verkehrsträger, angewendete Verpackungstechnologien und Anforderungen des Verbrauchers bzw. Endabnehmers berücksichtigt werden.

Das Streben nach hoher Schutzfunktion darf jedoch nicht zu sog. Überverpackungen mit ökonomisch nicht vertretbarem Aufwand führen (s. auch Abschn. 8.5).

8.1.2 Rationalisierungsfunktion

Mit einer Verpackung, die den Anforderungen der Schutzfunktion genügt, müssen gleichzeitig die Rationalisierung des Produktionsprozesses und der Verpackungstechnologie, der ökonomische Einsatz der Packmittel und -werkstoffe sowie rationelle Lagerung und Transport bei gleichzeitiger Verhütung von Schäden und ein zweckmäßiger Verbrauch der Verpackung angestrebt werden.

Das Bilden von Lade- und Transporteinheiten ist dabei ein Schwerpunkt. Der Transport vom Erzeuger zum Kunden soll auf wirtschaftlichste Weise erfolgen, d. h., alle Kosten für die damit zusammenhängenden Ladearbeiten müssen möglichst niedrig sein. Die wichtigsten Ladeeinheiten sind Paletten und Container. Besonders notwendig ist, daß die zu versendenden Güter unter Berücksichtigung des Transportwegs und der zur Anwendung kommenden Fördermittel durch zweckmäßige Verpackung transportierbar gestaltet werden, wobei die Anwendung genormter Abmessungen von Bedeutung ist. Für eine günstige Transportraumausnutzung und möglichst niedrige Frachtkosten spielen Versandmasse und -volumen eine wichtige Rolle. Außerdem sind Stau- und Stapelhöhen der Verkehrsmittel zu beachten.

Auf dem Weg zum Kunden werden die meisten Güter oft mehrmals gelagert (Fertigerzeugnislager beim Hersteller; Umschlagstellen der verschiedenen Transportträger; in den Transportmitteln vor, während und nach dem Transport sowie beim Kunden bis zum Gebrauch). Die Verpackung kann dabei wesentlich zum Rationalisieren im Lagerwesen beitragen.

8.1.3 Kommunikationsfunktion

Die Verpackung soll über den Inhalt, das Packgut, informieren, dem Kunden Hinweise zum Gebrauch oder Verbrauch geben (Gebrauchsanleitungen bei technischen Geräten), handelstechnische (Preis, Hersteller, Qualität usw.) und transporttechnische Angaben in Form von Markierungen und Signierungen enthalten. Empfehlungen zum Entsorgen gebrauchter Verpackung (Verwertungshinweis, Grüner Punkt u. a.) sind anzugeben. Informationen auf den Verpackungen zum Handhaben der Güter sind neben ihrer Bedeutung für die Schadensverhütung durch sachgemäßes Behandeln außerdem ein nicht zu unterschätzendes Mittel zum Rationalisieren. *Markierungen* von Verpackungen für Transport und Lagerung sind in der Norm DIN 55 402 festgelegt (s. Tafel 8.9).

Bei Verkaufsverpackungen gewinnen des weiteren absatzfördernde Aspekte an Bedeutung. Dabei muß aus wirtschaftlichem Interesse zwischen Art und Aufmachung der Verpackung und dem Wert des Gutes ein angemessenes Verhältnis gesichert werden.

8.2 Verpackungsgrundsätze

Verpackungen erfüllen die in Abschn. 8.1 genannten Funktionen, wenn bei ihrer Konzeption und Festlegung die in **Tafel 8.2** dargestellten Verpackungsgrundsätze berücksichtigt und durchgesetzt sind. Dabei dürfen Verpackungsprobleme nicht als Nebensache oder notwendiges Übel betrachtet werden. Empirische Erkenntnisse reichen heute nicht mehr aus. Deshalb ist immer vom Grundsatz der *konstruierten Verpackung* und des Einbeziehens der Verpackungsentwicklung in die Produktentwicklung auszugehen.

Tafel 8.2 Verpackungsgrundsätze

Nr.	Grundsatz
1	Die Verpackung hat das Packgut vor Einflüssen der Umgebung sowie diese vor dem Packgut zu schützen.
2	Die Verpackung muß unnötigen Aufwand vermeiden.
3	Packstoffe und Packmittel sind rationell und den wirtschaftlichen Möglichkeiten entsprechend einzusetzen.
4	Mit der Verpackung ist die Anwendbarkeit rationeller Fertigungs-, Verpackungs-, Lagerungs- und Versandmethoden zu erreichen.
5	Durch die Verpackung müssen der Gebrauch erleichtert, der Transportträger über sachgemäße Behandlung und der Kunde über das verpackte Gut ausreichend informiert sowie ggf. der Verkauf gefördert werden.

8.3 Beanspruchungen bei Transport und Lagerung

Eine ausführliche Darstellung des Schutzes von Geräten gegenüber mechanischen und klimatischen Beanspruchungen enthält Abschn. 5. Nachfolgend werden deshalb nur die Besonderheiten im Zusammenhang mit der Geräteverpackung hervorgehoben.

8.3.1 Mechanische Beanspruchungen

Während Transport und Lagerung treten statische und dynamische Beanspruchungen auf (s. auch Abschn. 5.8).

Statische Beanspruchungen (im wesentlichen Druck- und Stauchbeanspruchungen) entstehen beim Stapeln von Packungen bzw. Ladeeinheiten im Lager, auf Umschlagplätzen, in Transportmitteln usw. Der Stapeldruck wirkt hauptsächlich in vertikaler Richtung, d. h. senkrecht auf Boden und Deckel sowie von oben stauchend auf die Seitenteile der Packung.

Es wird mit folgenden Stapelhöhen gerechnet:

Güterwagen, LKW, Container 2 bis 2,5 m; Schiffsladeräume 4,5 bis 8 m; Lager, Umschlagplätze bis maximal 6 m.

Das Berechnen der Belastung für Stapel mit gleichartigen Packungen ist relativ einfach. In der Praxis liegen diese Bedingungen jedoch im wesentlichen nur im Fertiglager des Erzeugnisproduzenten vor. In Transportmitteln und auf Umschlagplätzen ist die Ordnung gleichartiger Packungen praktisch sehr selten. Hier wird der Stapeldruck aus der maximalen Stapelhöhe und einem Wert für die spezifische Masse der Packungen von etwa 6800 N/m^3 ermittelt.

In einem aus verschieden großen Packungen bestehenden Stapel kann es zu punktartigen Belastungen kommen, d. h., der spezifische Flächendruck vergrößert sich, und die gesamte Last wirkt auf eine kleinere Fläche. Außerdem ist zu beachten, daß sich der Stapeldruck noch durch dynamische Beanspruchungen (s. unten) während des Transports erhöht. Über das Verhalten gestapelter Packungen bei zusätzlichen Stoßbeanspruchungen, Erschütterungen und Schwingungen liegen keine exakten Angaben vor. Es kann aber davon ausgegangen werden, daß sich der Stapeldruck dadurch annähernd um 30 %, bei Schiffstransport in ungünstigen Fällen sogar um 50 % erhöht.

Statische Belastungen entstehen nicht nur beim Stapeln, sondern auch bei Belade- und Entladevorgängen. Zu beachten sind bei größeren Erzeugnissen besonders Querdruckkräfte durch Seilzug beim Anheben mittels Krans. Wie **Bild 8.2** zeigt, treten diese Kräfte an den Seilanlegestellen der oberen Kante der Packung auf. Die Druckstellen müssen symmetrisch zu l_D liegen. Bei Kisten ohne Distanzleisten ist l_D gleich der Kufenlänge zu wählen.

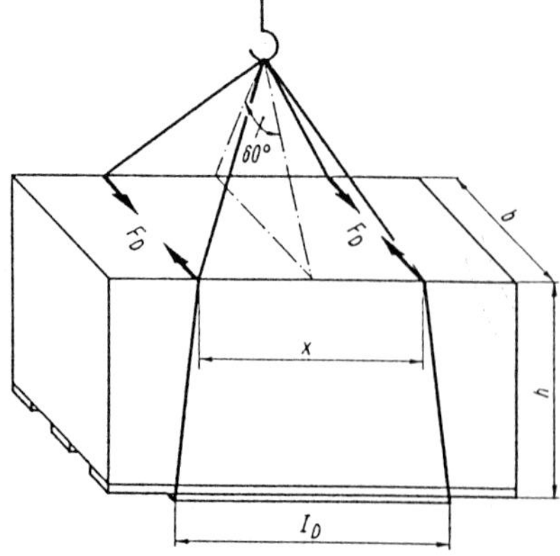

Bild 8.2 Querdruckkräfte an den Seilanlegestellen [8.1]

Beim Festlegen der Verpackungsausführung ist entscheidend, ob das Packgut durch entsprechende Eigenstabilität in der Lage ist, derartige Druckkräfte mit aufzunehmen, oder ob das Packmittel diese Belastungen allein zu tragen hat. Bei Versandkisten sind bei der Dimensionierung der Kufen und

Bodenbretter außerdem die Masse des Gutes und die entstehenden Biegemomente zu beachten.

Bei Verpackungen aus Wellpappe u. dgl. sind außer Druckbeanspruchungen darüber hinaus auch Klimabedingungen zu berücksichtigen, da durch Einwirken von Feuchte die Stabilität beträchtlich beeinträchtigt wird. Bei entsprechender Wellpappenqualität (wasserabweisendes Beschichten, wetterfestes Verleimen) in Kombination mit Versteifungselementen aus Holz oder Kunststoff sind auch damit z. B. Überseeverpackungen möglich.

Dynamische Beanspruchungen durch Fall oder Stoß kommen in der Praxis am häufigsten vor und werden verursacht durch freien Fall auf eine Fläche, Kante oder Ecke (z. B. Fallenlassen beim Verladen, Werfen, hartes Aufsetzen, Herunterfallen vom Stapel oder vom Transport- bzw. Fördermittel), beim Kippen der Packung über eine Kante (z. B. Umfallen) sowie durch seitlichen Aufprall an andere Packungen, Seitenwände der Transportmittel oder Auffahren des Fördermittels auf ein Hindernis.

In einer auf eine Höhe h angehoben Packung der Masse m, die eine Gewichtskraft G bedingt, ist eine potentielle Energie gespeichert von

$$W_{pot} = Gh = mgh \,, \tag{8.1}$$

die beim Fallen bzw. beim Aufprallen als kinetische Energie frei wird:

$$W_{kin} = mv^2/2 \,. \tag{8.2}$$

Während des Aufpralls legt die Packung den sog. Bremsweg s zurück. Setzt man dabei eine konstante Kraft F an, beträgt die Bremsarbeit

$$W_{brems} = Fs \,, \tag{8.3}$$

die in ihrer Größe der potentiellen Energie entspricht, so daß sich ergibt

$$F = (h/s)mg \quad \text{bzw.} \quad F = (h/s)G \,. \tag{8.4}$$

Das Verhältnis Fallhöhe zu Bremsweg (h/s) sagt aus, um wievielmal die Gewichtskraft der Packung durch die Kraft des Stoßes beim Aufprall übertroffen wird.

Anders betrachtet, gibt der Ausdruck $(h/s)g$ die Beschleunigung der Masse m an. Wird zum besseren Vergleich als Einheit der Beschleunigung die Fallbeschleunigung $g = 9{,}81$ m/s² gewählt, stellt das Verhältnis h/s die Maßzahl der Beschleunigung dar (g-Wert). Die Auswirkung eines Stoßes ist demzufolge, da Fallhöhe und Masse festliegen, nur durch einen entsprechenden Bremsweg beeinflußbar. Durch verpackungstechnische Maßnahmen zur Stoßisolation sind mit dem Vergrößern dieses Wegs die auf die Packgüter einwirkenden Stoßkräfte auf eine zulässige Größe zu reduzieren, d. h., die Beanspruchung muß unter dem Wert liegen, den das Packgut selbst vertragen kann. Reicht die Elastizität des Packmittels nicht aus, werden zu diesem Zweck zusätzliche Polsterelemente in der Verpackung vorgesehen. Dabei müssen unter Beachten der tatsächlichen Beanspruchungen bei den verschiedenen Transportarten für einen wirkungsvollen Schutz die Stoßempfindlichkeit des Packgutes (verpackungs- und transportgerechte Konstruktionen), die Elastizität des Packmittels, das stoßisolierende Verhalten des eingesetzten Polsterwerkstoffs unter verschiedenen klimatischen Bedingungen sowie die Dimensionierung, konstruktive Gestaltung und Anordnung der Polsterelemente Berücksichtigung finden (s. Abschn. 8.6). Die Fülle der Einflußfaktoren läßt erkennen, daß eine theoretische Bestimmung der notwendigen Stoßisolation durch Berechnen nicht bzw. nur sehr ungenau möglich ist. Mit Prüfeinrichtungen ausgestattete Betriebe bevorzugen deshalb das empirische Herangehen zum Ermitteln der günstigsten und wirtschaftlichsten Stoßisolation durch Simulieren der Beanspruchungen (s. Abschn. 5.8).

Die bisher beschriebenen Stöße wirken auf die ganze Fläche, eine Kante oder Ecke der Packung. Während des Transports und Umschlags treten aber auch Stoßbeanspruchungen gegen eine begrenzte Fläche auf, z. B. durch Fördergeräte oder Anstoßen an andere Packungen. Dabei wird einerseits das Packmittel örtlich beansprucht und andererseits ein Stoß auf das verpackte Erzeugnis eingeleitet. Liegt dasselbe unmittelbar an der Innenseite des Packmittels an (z. B. durch Verpackung verkleidete elektronische Geräte), kann es zum Beschädigen (Verformung) von lackierten Flächen, der Gehäuse u. ä. kommen. Beim schnellen Anfahren oder plötzlichen Bremsen des Transportmittels treten Horizontalbeschleunigungen auf, die sich gegenüber den Beanspruchungen beim Fall durch die Stoßrichtung unterscheiden (s. Abschn. 8.3.3, Tafel 8.3).

Beanspruchungen durch Erschütterungen und Schwingungen. Alle Transport- bzw. Fördermittel (s. Abschn. 8.3.3) unterliegen bei ihrer Bewegung Erschütterungen und Schwingungen, die sich über die jeweilige Ladefläche auf die Verpackung und damit auf das Packgut übertragen.

Erschütterungen wirken sich besonders aus, wenn die Packungen nicht ordnungsgemäß auf dem Transportmittel festgelegt sind, so daß sie sich von der Ladefläche abheben können. Dadurch entstehen Stöße meist hoher Frequenz. Die Gefahr für Schäden am Packgut ergibt sich hier nicht durch die Intensität der Stöße, die weit unter den Beschleunigungswerten beim freien Fall liegen, sondern vor allem durch die Häufigkeit der aufeinanderfolgenden Stöße, indem es bei den Verpackungen zu Ermüdungserscheinungen kommt.

Bei Beanspruchung durch Schwingungen besteht die Gefahr darin, daß die auf die Packung einwirkende Schwingungsfrequenz in Resonanz zur Eigenschwingung des Gutes bzw. schwingungsempfindlicher Baugruppen oder Teile des Erzeugnisses kommt. So entstehende Schwingungsüberhöhungen können erhebliche Kräfte verursachen, die bis zum Bruch empfindlicher Teile des Packgutes führen.

8.3.2 Klimatische Beanspruchungen

Art und Weise der im Zusammenhang mit der Geräteverpackung interessierenden klimatischen Beanspruchungen (s. auch Abschn. 5.1) sind von Transportweg und -art sowie der zeitlichen Dauer des Transports (einschließlich Jahres- und Tageszeit) abhängig. Sie werden verursacht durch Übergang von kalten in warme Klimazonen und umgekehrt, durch Kaltlufteinbrüche, Temperaturunterschiede auf Schiffen, Durchqueren von Kaltwasserströmungen, anhaltende einseitige Winde, Einbruch feuchtwarmer Luft in kühle Lager und Laderäume sowie Ausladen kühler Ladungen in feuchtwarmer Luft.

Diese klimatischen Einwirkungen sind zwar bei Überseeversand am stärksten, können aber auch beim Versand mit LKW, Bahn, Container, Flugzeug und beim Lagern in nichtklimatisierten Räumen auftreten.

Prinzipiell sind zu unterscheiden:

- Beanspruchungen, die von außen auf die Verpackung einwirken und erst Schäden am Packgut verursachen, wenn das Packmittel durchdrungen bzw. zerstört ist; hierzu gehören im wesentlichen Einwirkungen von Niederschlag (Regen, Schnee, Hagel, Tau), Wasser (Spritz-, Schmelzwasser, Gischt), Luftfeuchte, Lufttemperatur, Strahlungswärme, Luftbeimengungen, Mikroorganismen.
- Beanspruchungen, die sich primär auf das Packgut auswirken durch das Zusammenwirken von Umgebungstemperatur und relativer Luftfeuchte (Kondens- bzw. Schwitzwasserbildung; s. auch Abschnitte 5.1, 5.2 und 5.7).

Beim *Freiluftklima* wirken alle gebietsüblichen Klimakomponenten auf die Packung ein. Bei *Außenraumklima* (unter Dächern, Wetterschutzräumen u. ä.) erfolgt ein Schutz gegen Niederschläge und Sonneneinstrahlung; ansonsten treten die gleichen Beanspruchungen wie beim Freiluftklima auf. In geschlossenen Räumen wirkt das sog. *Innenraumklima*, das besonders bei Schiffstransport von Interesse ist, da in den einzelnen Laderäumen die unterschiedlichsten Temperatur- und Feuchtebedingungen festzustellen sind. Das Zusammentreffen dieser Komponenten verursacht örtlich verschiedene Klimaverhältnisse. Die Temperaturschwankungen an Deck und im oberen Laderaum z. B. sind sehr groß. Die Temperaturen in den Laderäumen unter Deck liegen in der Nähe der Wassertemperatur und verändern sich vorwiegend bei Änderungen derselben. Die Auswirkungen können durch die Ladung selbst beeinflußt werden (s. Abschn. 8.6.5).

Generell erhöht ein Temperaturrückgang, d. h. das Abkühlen der eine Packung umgebenden Luft, die relative Luftfeuchte, so daß sich bei Unterschreiten des Taupunkts Kondenswasser bildet. Wenn die Temperatur an der Wandung des Packmittels schneller als die des Packgutes fällt und der Taupunkt erreicht wird, bildet sich an der Innenwand der Verpackung Kondenswasser. Auch bei Temperaturerhöhung kann ein solcher Effekt eintreten. Steigt die Temperatur an der Wandung des Packmittels schneller als die des Packgutes, dann kühlt sich die Luft an dessen Oberfläche bis unter den Taupunkt ab, und es bildet sich ebenfalls Kondenswasser. Es kommt zur Korrosion von metallischen Teilen. Dies ist bei fehlenden Korrosionsschutzmitteln auch bereits möglich durch das Zusammenwirken hoher relativer Luftfeuchte mit hohen Temperaturen der Luft, ohne daß es zur Schwitzwasserbildung durch Unterschreiten des Taupunktes kommen muß.

Richtlinien zum Schutz vor klimatischen Beanspruchungen sind in den Abschnitten 5 und 8.6.5 dargestellt.

8.3.3 Transportarten
[8.1]

Besondere Merkmale, Beanspruchungen und spezielle verpackungstechnische Forderungen bei gebräuchlichen Transportarten enthält **Tafel 8.3**.

Tafel 8.3 Transportarten und -beanspruchungen

Transportart	Einsatz, Beanspruchungen
Straßentransport	Einsatz von Lastkraftwagen, einerseits für Transport der Güter im Haus-Haus-Verkehr direkt zum Empfänger, andererseits für Transport zu anderen Verkehrsträgern (Bahn, Schiff, Flugzeug); fast ausschließliche Transportart im regionalen Verkehr; entspricht dem „Just-in-time"-Gedanken; im Vergleich zum Überseetransport nur mittlere mechanische und klimatische Beanspruchungen; Dauer des Transports in vielen Fällen kürzer als bei Seetransport; für Auswahl der Verpackung vor allem von Bedeutung, ob Transporte mit Manipulationen (Beladen, Umladen und Entladen) verbunden sind, wie z. B. beim Stückguttransport; beim Haus-Haus-Verkehr entfällt jeglicher Zwischenumschlag, dadurch besondere Möglichkeiten zur Reduzierung des Verpackungsaufwands; oftmals ist ausreichend, Geräte oder Maschinen lediglich auf Kistenboden zu verschrauben und durch Folienhüllen abzudecken (evtl. einzuschweißen). *Beanspruchungen*: - Eigenschwingungen des Fahrzeugs und Stoßkräfte infolge Fahrbahnunebenheiten, Anfahren, Bremsen usw.; Maximalwerte bei dynamischen Beanspruchungen (bei 60 km/h): vertikal 4 ... $5 \cdot g$, horizontal 5 ... $6 \cdot g$, Schwingungsfrequenzen von 5 ... 15 Hz; Mittelwerte für Vertikal- und Horizontalbeschleunigungen liegen unter $1 \cdot g$ - auf Fahrzeuge wirkende Beanspruchungen bereits durch betriebsbedingte Einflußgrößen (Reifen, Achsfedern, Radstand) gemindert; von Bedeutung ist auch Beladung, da z. B. bei zunehmender Beladung Vertikalbeschleunigungen abnehmen - Art und Weise der Verladung ist ebenfalls für sicheren Transport entscheidend; sichern, daß beim Anfahren, Bremsen, Befahren von Kurven usw. verpackte Güter nicht durcheinanderfallen; in speziellen Fällen zum Zwecke zusätzlicher Stoßisolation gleitende Verladung vornehmen (Stoßminderung durch Reibung zwischen Ladefläche und Ladegut); auftretende Kräfte sollten vom Boden und nicht von Stirn- und Seitenwänden der Fahrzeuge aufgenommen werden, bei Anwendung des Güterkraftwagentransports bestehende Transportvorschriften (z. B. Stückgut-Transport-Ordnung) beachten.
Eisenbahn- oder Schienentransport	Eisenbahn ist dominierendes Beförderungsmittel für Kontinentaltransport; für Festlegung der Verpackung ist wichtig, ob Güter im Container, auf offenen, mit Planen abgedeckten oder in geschlossenen Waggons und im Stückgut- oder Wagenladungsverkehr zu befördern sind. Verkehrsträger können Annahme des Gutes verweigern, wenn verpackungspflichtige Güter in unzureichender oder unzweckmäßiger Verpackung angeliefert werden. *Beanspruchungen*: - in vertikaler und horizontaler Richtung Mittelwerte von $0{,}3 \cdot g$ sowie Maximalwerte vertikal von 0,5 ... $2 \cdot g$ und horizontal von 1,5 ... $2{,}5 \cdot g$, beim Rangieren Mittelwerte von 1 ... $2 \cdot g$ und Maximalwerte von 5 ... $6 \cdot g$; von besonderer Bedeutung sind Rangierstöße beim Auflaufen der Waggons, bei Auflaufgeschwindigkeit von 1 m/s (= 3,6 km/h) z. B. Stöße von 0,75 ... $2{,}0 \cdot g$, bei 10 ... 12 km/h von 3 ... $6 \cdot g$; bei wenig beladenen Waggons höhere Beanspruchungen; obwohl zulässige Auflaufgeschwindigkeit etwa 3,5 km/h beträgt, ist beim Festlegen von Verpackungen für Bahntransport von höheren Geschwindigkeiten auszugehen, und es sind Rangierstöße von 5 ... $6 \cdot g$ zugrunde zu legen - durch schnelles Anfahren, plötzliches Bremsen sowie durch Stöße beim Rangieren können Pakkungen um- oder herabfallen, daraus resultierende Beanspruchungen betragen ein Vielfaches der Rangierbeanspruchungen (beim Anstoß an Prellbock bei Auflaufgeschwindigkeit von 12 km/h Werte von 20 ... $25 \cdot g$) - über auftretende Schwingungen abweichende Angaben; folgende Hauptfrequenzbereiche können angenommen werden: vertikal 2 ... 8 Hz (bei starken Schienenstößen bis 30 Hz), horizontal (längs) 4 ... 15 Hz (selten bis 30 Hz), horizontal (quer) 0 ... 2 Hz (selten bis 4 Hz) - während Fahrt und Rangierens treten außer den auf die gesamte Wagenmasse wirkenden Beschleunigungen noch überlagerte hochfrequente Schwingungen auf (Eigenschwingungen einzelner Teile des Waggons, oft mit mehr als 400 Hz, jedoch kleinste Schwingungsausschläge, bereits vom Packmittel aufgenommen); Einfluß auf in Praxis auftretende Beanspruchungen ha-

Tafel 8.3 Fortsetzung

Transportart	Einsatz, Beanspruchungen
	ben auch Fahrzeugbauart (Dämpfungsverhalten, Anzahl der Achsen), Fahrgeschwindigkeit, Beschaffenheit der Fahrstrecke und Beladungszustand, außerdem zusätzliche Beanspruchungen durch Rutschen, Aneinanderreiben und Anstoßen einzelner Packungen; deshalb ausreichendes Festlegen der einzelnen Packungen im Waggon notwendig; wenn durch lückenlose Nutzung des Transportraums nicht möglich, zusätzliche Bauelemente verwenden. Ladeeinheiten, wie z. B. gestapelte Packungen auf Paletten, diesbezüglich besonders gefährdet und unbedingt sichern (rauhe Zwischenlagen, Umreifen, Einschrumpfen mittels Folie) - bei speziellen stoßempfindlichen Gütern (mit niedrig liegendem Schwerpunkt) gleitende Verladung bevorzugen und durch begrenzte Bewegungsfreiheit Bremsweg schaffen, der Stoßisolation bewirkt - bei kompletten Waggonladungen ist Absender für betriebssichere Beladung und Befestigung der Packungen am Waggon und gegeneinander voll verantwortlich; Vorschriften der Eisenbahn einschließlich des internationalen Lademaßes (Ladeprofil) bzw. das Lademaß der betreffenden Länder beachten; s. auch [8.11].
Übersee- oder Schiffstransport	Beim Übersee- und Schiffsversand sind Packungen im Vergleich zu anderen Transportarten gleichzeitig mechanisch und klimatisch am härtesten beansprucht, sowohl bezüglich Intensität als auch Dauer. *Beanspruchungen*: - statische Beanspruchung durch Druck, verursacht durch Stapelhöhe bis 8 m in unteren Laderäumen; durchschnittliche spezifische Werte der Ladung zwischen 4000 N/m³ und 6800 N/m³ - Querdruckkräfte durch Seilzug beim Verladen mit Kran (vgl. auch Bild 8.2) - dynamische Beanspruchungen sind Tauchen (Auf- und Abbewegungen), Stampfen (Bewegungen um Querachse), Rollen (Bewegungen um Längsachse) und Aufschlagen des Schiffsbodens auf Wasseroberfläche; beim Rollen Neigungswinkel bis maximal 30° und beim Stampfen bis maximal 10°; Beschleunigungen erreichen Mittelwerte von 0,3 ... $1 \cdot g$ und Maximalwerte von etwa $2 \cdot g$ - durch Stampfbeschleunigungen kann sich Stapeldruck periodisch um 40 ... 50 % verändern und beim Rollen infolge Neigung des Schiffes die Ladung zusätzlich kippen oder verrutschen - von Antriebsmaschine und vor allem Schiffsschraube werden Schwingungen mit Frequenzen bis 10 Hz erzeugt; Beschleunigungen bei diesen Frequenzen bis $2 \cdot g$ - höchste klimatische Beanspruchungen, besonders für Decksladungen (Sonneneinstrahlung, Niederschläge, Salzwassereinwirkung); Oberflächentemperaturen bis 70 °C - hohe Temperaturschwankungen auch in Laderäumen durch Kalt- und Warmwasserstromgebiete, Durchfahrt verschiedener Klimazonen, täglichen Temperaturwechsel usw., verändern relative Luftfeuchte in Packungen und führen zur Bildung von Schwitzwasser - durch lange Lager- und Transportzeiten sind Packungen den Beanspruchungen länger ausgesetzt als bei anderen Transportarten - örtliche Lager- (z. B. Freilagerung) und Umschlagbedingungen sowie Anschlußtransporte können sehr differenziert sein Aus den hohen Beanspruchungen ergeben sich auch erhöhte Anforderungen an Packmittel: - hohe Steifigkeit aller Packmittel und -teile, stabiler Unterbau, Queraussteifungen, Diagonal- und Schrägverstrebungen, geeignete Anlegestellen für Zugseile und Haken, sichere Verbindung der einzelnen Teile der Verpackung - beim Schachteln wasserfeste, zumindest aber wasserabweisende Wellpappe einsetzen; zweckmäßig sind Wellpappe-Holz-Kombinationsverpackungen (mit eingebauten Versteifungen) - Zusammenfassen kleiner Stückgutsendungen zu Ladeeinheiten - richtig dimensionierte und angeordnete Umreifungen - Einsatz von wasserdichten Sperrschichtmaterialien, richtige Konservierung, Evakuieren der Luft, Vermeiden von Schwitzwasserbildung durch Reduzierung von hygroskopischen Werkstoffen in den Verpackungen, Beigabe von Luftentfeuchtungsmitteln und Dampfphaseninhibitoren. Beanspruchungen im Binnenschiffsverkehr sind wesentlich geringer als bei Überseetransport.
Lufttransport	Gegenüber vorher beschriebenen Transportarten sind mechanische und klimatische Beanspruchungen bei Luftfracht geringer, dadurch folgende wesentlichen Vorteile: - Reduzieren des Verpackungsaufwands durch leichtere Verpackungen, da Beanspruchungen, wie Fahrerschütterungen, Rangierstöße usw. nicht vorhanden - hoher Mechanisierungsgrad beim Umschlag auf Flughäfen, damit auch geringere Beanspruchungen - kurze Transportzeiten

Tafel 8.3 Fortsetzung

Transportart	Einsatz, Beanspruchungen
	Zu beachten sind möglicher Druckabfall im Flugzeug, schnelle Umschlagprozesse und die Forderung nach leichter Verpackung sowie mögliche Anschlußtransporte. *Beanspruchungen*: - Beschleunigung durchschnittlich 0,2 ... 2·g, selten bis 5·g, bei harten Landungen bis 10·g mit Stoßdauer von etwa 10 ms; Triebwerke können Vibrationen zwischen 5 und 500 Hz verursachen; Innentemperaturen in unbeheizten Frachträumen selten unter 0 °C - durch schnelle Klimawechsel und Temperaturschwankungen mit Bildung von Kondenswasser rechnen - bei Versand von Flüssigkeiten oder auch Maschinen und Aggregaten, die z. B. Öl, Säure oder Quecksilber enthalten, ist mit zunehmender Flughöhe abnehmender Luftdruck zu berücksichtigen, da Dichte flüssiger und gasförmiger Güter vom Luftdruck abhängt - wichtig für Verpackungen für Luftfracht ist auch Transportart zum Flughafen und vom Flughafen zum Empfänger, da dabei zusätzlich Beanspruchungen auftreten können.
Containertransport	Einsatz von Containern international in vergangenen Jahrzehnten beträchtlich ausgeweitet; Container werden mit LKW, Bahn und Schiff transportiert und sind universelle Hilfsmittel zur Transportrationalisierung; da mechanische Beanspruchungen gering (Stapelhöhe nur maximal 2,20 m; geringe Beschleunigungen), auch Verringerung des Verpackungsaufwands erreichbar; Voraussetzung ist Einsatz der Container im direkten Haus-Haus-Verkehr; obwohl feinmechanisch-optische Geräte, Datenverarbeitungs-Anlagen, Erzeugnisse des Maschinenbaus u. ä. zu 50 bis 70 % für Containertransport geeignet sind, ist praktische Anwendbarkeit nur möglich, wenn Empfänger direkt beliefert wird; folgen nach Containertransport weitere Transporte mit LKW oder Bahn, kann keine wesentliche Vereinfachung der Verpackung erfolgen. *Hinweise*: - sind Voraussetzungen für Containereinsatz gegeben, können Kisten durch Wellpappeverpackungen ersetzt werden; teilweise reicht für Maschinen und Anlagen Befestigung auf stabilem Kistenboden aus, mit Umhüllung durch Kunststoffolien; für Container im Pendelverkehr (d. h. Anwendung für die gleiche Erzeugnisart) wiederverwendbare leicht handhabbare Inneneinrichtungen und Befestigungselemente zweckmäßig; sind am Erzeugnis bereits bei Konstruktion entsprechende Befestigungsmöglichkeiten vorgesehen, kann Verpackung auf Minimum reduziert, teilweise sogar darauf verzichtet werden - spezielle Container sind am Boden mit T-Nuten versehen, die Verankerung von Maschinen mittels Hammerschrauben ermöglichen, auch Einbau von Zwischenböden möglich - Container sind stark wechselndem Einfluß direkter Sonneneinstrahlung, Regen und schnellem Temperaturwechsel ausgesetzt, dadurch erhöhte Gefahr zur Kondenswasserbildung, erfordert entsprechende Maßnahmen zum Korrosionsschutz.

8.4 Verpackungsschäden

Eine Hauptaufgabe der Verpackung, insbesondere der Transportverpackung, ist das Vermeiden von Schäden bei Transport und Lagerung, die infolge der Transport- und Ladebeanspruchungen in der Praxis bei Nichterfüllung der Schutzfunktion in unterschiedlichster Form auftreten. Die exakte und systematische Schadenserfassung ist jedoch noch nicht einheitlich organisiert. Die Schwierigkeit liegt vor allem im Ermitteln der tatsächlichen Schadensursache. **Tafel 8.4** verdeutlicht beispielhaft Schäden bei Überseeversand.

Tafel 8.4 Ursachen und Anteile für Schäden bei Überseeversand (nach [8.15])

Ursachen des Schadens	Anteil in %
Schäden durch Brände, Kollisionen, Katastrophen, Schiffsuntergänge	20
Mittels Verpackung vermeidbare Schäden	80
davon durch Seewasser	5
Regenwasser, Schwitzwasser	13
mangelhafte Markierung	7
Bruch	19
sonstige mechanische Beanspruchungen	5
Diebstahl, Raub	14
Verderb, Mengenverluste	17

Die wesentlichen Ursachen für vermeidbare Schäden sind mangelhafte Packmittel, ungenügende Markierungen, falscher Werkstoffeinsatz, unzureichende Befestigung des Packgutes am Packmittel, unzureichende Polsterung, nicht zweckmäßige Ausnutzung des Packmittels (z. B. Hohlräume bei Schachteln) bzw. mangelhaftes Verschließen, unzureichender Klimaschutz, unsachgemäßes Befestigen und Stapeln während Transport und Lagerung, ungeeignetes Förder- und Transportmittel, Nichtbeachten bestehender Bestimmungen und Vereinbarungen, ungewöhnliche Transport- und Umschlagbedingungen (z. B. in Entwicklungsländern).

Die Verteilung der Beanstandungen und Reklamationen wird in **Tafel 8.5** gezeigt. Diese Darstellung der Verpackungsschäden läßt erkennen, daß durch sachgemäße Verpackung in richtiger Kostenrelation zum Packgut hohe Verluste vermieden werden können.

Verpackungsmittel aus	B, R in %
Holz (Kisten, Verschläge, Fässer)	60
Papier, Pappe (Schachteln, Säcke)	15
Metall (Fässer, Trommeln)	5
Gewebe (Säcke)	1,5
Kunststoff	0,5
Sonstige	18

Tafel 8.5 Verteilung der Beanstandungen B und Reklamationen R auf Gruppen der Packstoffe und Packmittel

8.5 Optimale Verpackung

Der ökonomische Nutzen einer Verpackung, bezogen auf ihre Transport- und Lagerungsfunktion, liegt darin, Schäden am Packgut und damit Kosten für die Schadensregulierung zu vermeiden. Man könnte theoretisch mit derartigem Aufwand verpacken, daß keine Schäden entstehen, ausgenommen Unglücksfälle, Brände usw. Das wäre wesentlich kostenaufwendiger als eine Verpackung, die für die normalen, nach Art und Intensität bestimmbaren Transportbeanspruchungen ausgelegt ist.

Von einer optimalen Verpackung (**Bild 8.3a**) kann gesprochen werden, wenn die Aufwendungen für Verpackungen und Schadensbeseitigung ein Minimum darstellen. Bleibt man unter diesem Optimum durch übertriebene Verpackungskosteneinsparungen, dann entstehen Schäden, die ein Mehrfaches der Einsparung an der Verpackung betragen können. Wird das Optimum überschritten, ist keine wesentliche Schadensverhütung mehr möglich, und die Gesamtaufwendungen nehmen ungerechtfertigterweise zu. Zu beachten ist dabei auch der Zusammenhang zwischen Verpackungskosten und Warenverlusten (Bild 8.3b).

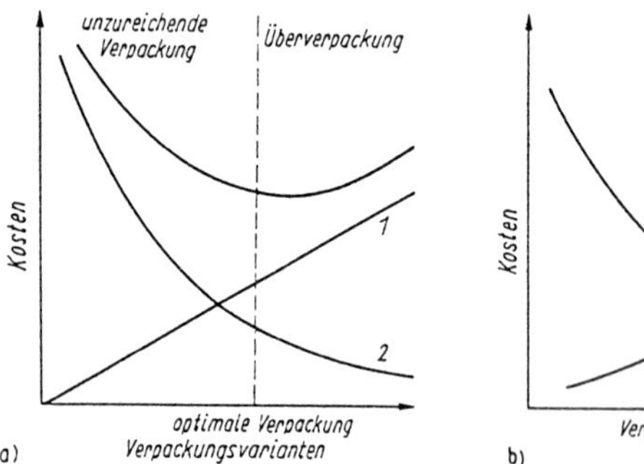

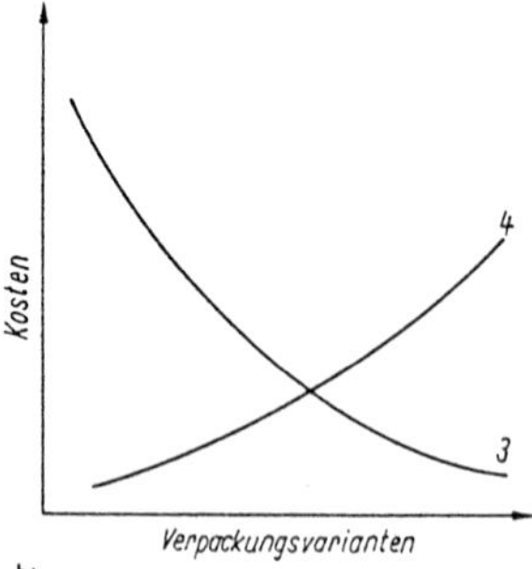

Bild 8.3 Optimale Verpackung (aus [8.13])
a) Wechselbeziehungen zwischen Verpackungsaufwand *1* und Schadenshöhe *2*; b) Zusammenhang zwischen Verpackungskosten *3* und Warenverlusten *4* bei gleichbleibendem TUL-Niveau

Das Finden der optimalen Verpackungslösung erfordert nicht nur umfassende Kenntnisse über die auftretenden Beanspruchungen und über die Einsatzmöglichkeit der Packstoffe und Packmittel, sondern auch über die Beanspruchbarkeit des zu verpackenden Erzeugnisses bzw. bestimmter empfindlicher Bauteile. Es ist zu berücksichtigen, daß die Güter selbst ohne Verpackung einen Teil der Beanspruchungen ohne Schaden aufnehmen können. Die

Verpackung ist so auszulegen, daß ein genügender Schutz gegen die über die Beanspruchungsgrenze des Packgutes hinausgehenden maximalen Transportbeanspruchungen erfolgt. Da keine absoluten Werte vorliegen, sind diese nur durch Simulieren der Beanspruchungen mit Prüfeinrichtungen empirisch zu ermitteln (s. Abschn. 8.3). Es ergibt sich die Aufgabe, das Aufnahmevermögen der Erzeugnisse und spezieller empfindlicher Bauteile zu erhöhen, wenn der dadurch entstehende Aufwand geringer ist als der zusätzlich für die Verpackung erforderliche.

8.6 Verpackungsarten, Verpackungsauswahl

Nachfolgend werden typische Verpackungsarten für Erzeugnisse der Feinmechanik/Optik und Elektronik sowie des Maschinenbaus insbesondere unter Berücksichtigung der hauptsächlich zu realisierenden Transportverpackung behandelt (s. auch Abschn. 5). Packmittel aus Metall, Gewebe und Glas sind dabei ausgenommen.

8.6.1 Packmittel aus Holz

Besonders für Exportgüter haben Verpackungen aus Holz eine große Bedeutung, die sich ergibt aus guter Festigkeit des Werkstoffs, hoher Schutzfunktion bei richtiger Dimensionierung und Konstruktion besonders gegenüber mechanischen Beanspruchungen, vielfältigen Einsatzmöglichkeiten sowie guten Verarbeitungsmöglichkeiten des Werkstoffs bei geringem Werkzeugaufwand.

Nachteile beim Einsatz von Holz für Verpackungszwecke sind: Quellen und Schwinden in Abhängigkeit von Feuchtegehalt des Holzes und Temperatur der Umgebung (ein Brett kann ja nach seinem Ausgangsfeuchtegehalt in der Länge 0,1 bis 1 %, in der Dicke 2 bis 11 % und der Breite 4 bis 15 % schwinden, und Nagelverbindungen verlieren bei Schwund ihre Festigkeit); Wetter und Klima beeinflussen die Holzeigenschaften (beim Freiwerden von in Holz gebundenem Wasser durch Temperaturveränderungen kommt es im Packmittel zur Schwitzwasserbildung, lufttrockenes Holz für Kisten hat eine Holzfeuchte zwischen 15 und 20 %); keine gleichmäßige Qualität (Äste usw.); relativ hohe Eigenmasse der Verpackung (erhöhte Frachtkosten).

Als Werkstoffe kommen Vollholz und Holzwerkstoffe zum Einsatz. Aus Vollholz fertigt man Kufen, Bretter, Leisten usw.; Holzwerkstoffe kommen als Lagenholz, Faser- und Spanplatten zum Einsatz.

Für Seitenwände von Vollholzkisten werden die Bretter durch stumpfe Fuge, Falz oder gespundete Fuge (Nut mit Feder) miteinander verbunden (**Bild 8.4**).

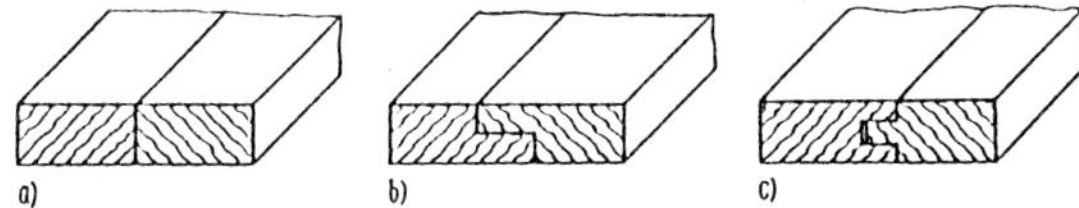

Bild 8.4 Brettverbindungen
a) stumpfe Fuge; b) Falz; c) gespundete Fuge (Nut mit Feder)

Konstruktive Ausführungen. Es wird prinzipiell zwischen Kisten und Verschlägen unterschieden. Kisten unterteilt man in Vollholz- und Rahmenkisten (**Bilder 8.5** und **8.6**). Je nach Masse der Packgüter und der zu erwartenden Transportart werden diese Kistentypen mit oder ohne Verstärkungsleisten bzw. Kufen versehen. Aus materialökonomischen Gründen ist auf Rahmenkisten zu orientieren. Durch Anwenden z. B. von Furnierplatten mit 6 mm Dicke, auf Rahmen gearbeitet, kann eine Massereduzierung gegenüber Vollholzkisten bis zu 50 % erzielt werden. Neben dem Verringern des spezifischen Holzeinsatzes ist damit auch eine Frachtkosteneinsparung erreichbar. Auch bei Großgeräten, schweren Maschinen usw., die durch konstruktive Maßnahmen am tragenden Kistenboden verankert werden können, ist das Leichtbauprinzip mit Anwendung von Furnierplatten, ggf. auch von Wellpappe, ausreichend. Beim Versand im Inland bzw. Haus-Haus-Verkehr kann man bei diesem Prinzip operativ völlig auf das Beplanken verzichten; die Erzeugnisse sind lediglich durch Folien zu schützen. Die Gestaltung des Kistenbodens ähnlich den Vierwegpaletten (**Bild 8.7**) hat sich in der Praxis gut bewährt, ist jedoch nicht für jede Kistengröße und Gerätmasse möglich.

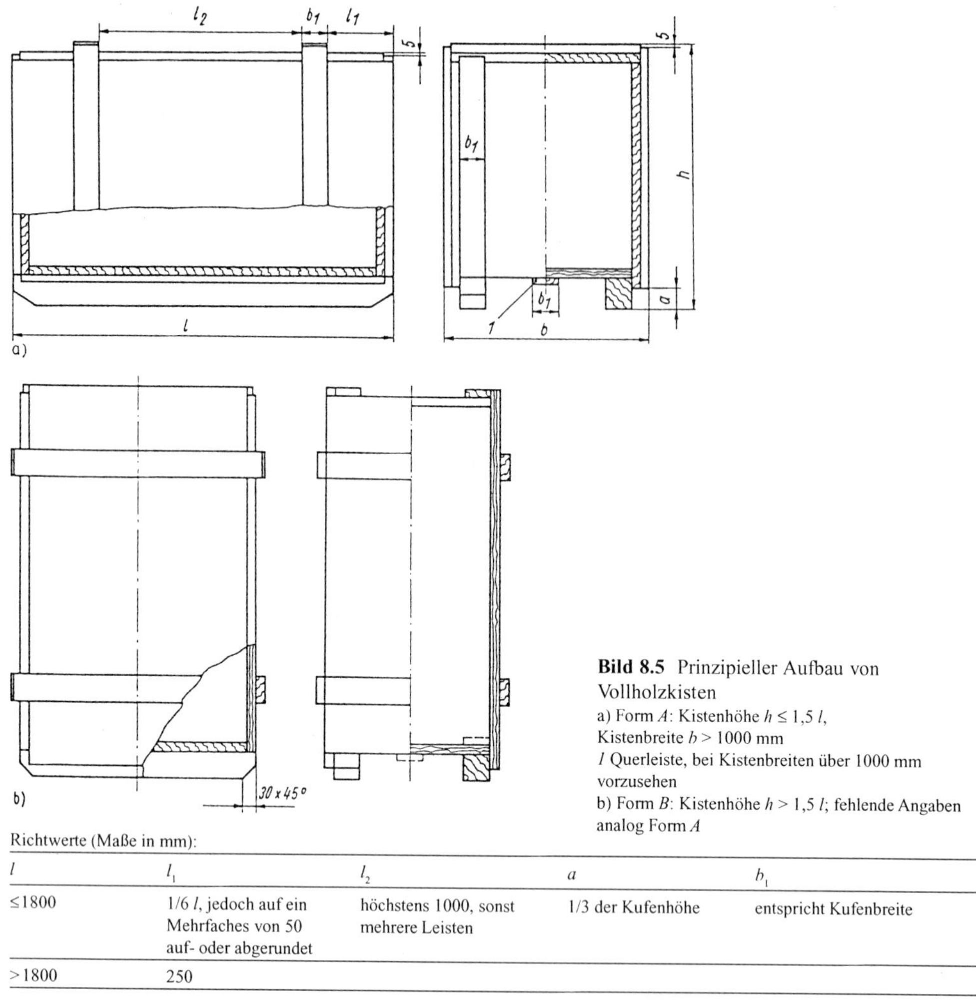

Bild 8.5 Prinzipieller Aufbau von Vollholzkisten
a) Form *A*: Kistenhöhe $h \leq 1{,}5\ l$, Kistenbreite $b > 1000$ mm
1 Querleiste, bei Kistenbreiten über 1000 mm vorzusehen
b) Form *B*: Kistenhöhe $h > 1{,}5\ l$; fehlende Angaben analog Form *A*

Richtwerte (Maße in mm):

l	l_1	l_2	a	b_1
≤1800	1/6 l, jedoch auf ein Mehrfaches von 50 auf- oder abgerundet	höchstens 1000, sonst mehrere Leisten	1/3 der Kufenhöhe	entspricht Kufenbreite
>1800	250			

Der Einsatz von Verschlägen hängt im wesentlichen von der Empfindlichkeit des Erzeugnisses, der vorgesehenen Transportart und den zu erwartenden Beanspruchungen ab. Bei Verschlägen ist der Holzverbrauch oft über die Hälfte geringer als bei Kisten gleicher Größe. Die wichtigsten Konstruktionselemente eines Verschlags sind als Rahmen gefertigte Seitenteile einschließlich Boden und Deckel (**Bild 8.8**) sowie die Eckenverbindungen. Die Seitenteile werden ja nach Größe und Masse des Packgutes durch Vertikal- und Diagonalleisten (-bretter) verstrebt, so daß man erhebliches Erhöhen der Winkelfestigkeit und Biegesteifigkeit erreicht. Bei Diagonalverstrebungen sollte der Winkel zwischen der Senkrechten und der Diagonalen 45° nicht übersteigen, und die Verstrebungen von zwei sich gegenüberliegenden Seiten müssen sich kreuzen.

Übersteigt das Verhältnis Höhe zu Länge den Wert 1:1,75, dann ist die Gesamtfläche des Seitenteils durch entsprechende Vertikalverstrebungen zu teilen, und die entstehenden Teilflächen erhalten Diagonalleisten.

Entscheidend für die Stabilität eines Verschlags sind die Eckverbindungen (**Bild 8.9**).

Bei Gütern mit einer Masse über 100 kg wird zweckmäßigerweise der Verschlagboden mit Kufen ausgerüstet. Bei Verschlägen für Großgeräte und Maschinen sollte der Boden wie bei Vollholzkisten geschlossen sein. Auf dem Boden werden die Packgüter verschraubt. Der Boden läßt sich auch wie

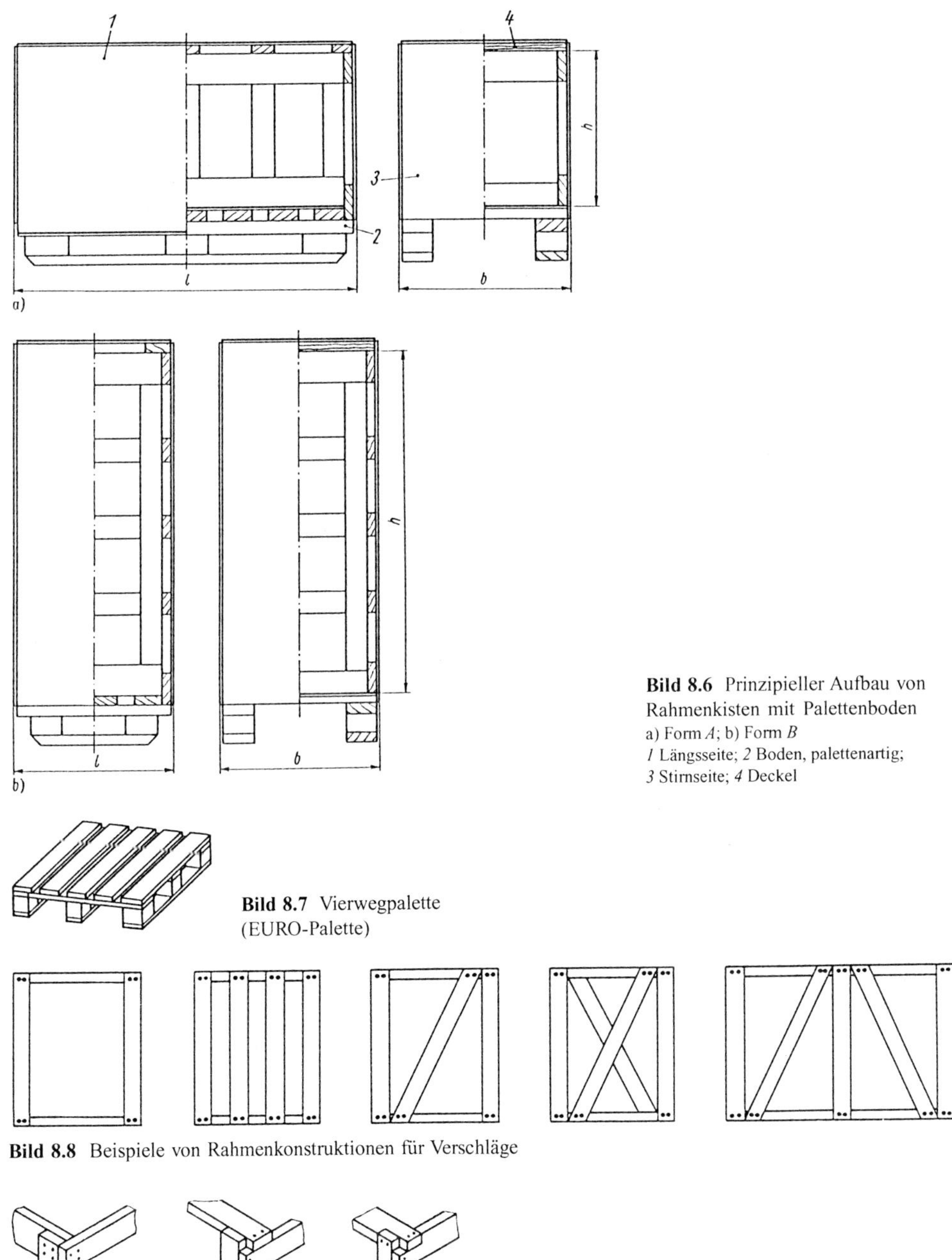

Bild 8.6 Prinzipieller Aufbau von Rahmenkisten mit Palettenboden
a) Form *A*; b) Form *B*
1 Längsseite; *2* Boden, palettenartig; *3* Stirnseite; *4* Deckel

Bild 8.7 Vierwegpalette (EURO-Palette)

Bild 8.8 Beispiele von Rahmenkonstruktionen für Verschläge

Bild 8.9 Gestaltung von Eckverbindungen

bei Kisten ähnlich einer Vierwegpalette konstruieren (s. auch Bild 8.7). Verschläge können je nach Transportart und -weg mit Furnierplatten, Well- oder Vollpappe oder Holzfaserhartpappe ausgekleidet werden. Detaillierte Berechnungsgrundlagen und Hinweise für die Konstruktion von Kisten und Verschlägen enthalten die Normen in Tafel 8.9.

Bei der Konstruktion von feinmechanisch-optischen Geräten, Elektroanlagen, Maschinen usw. kann durch die in **Tafel 8.6** dargestellten Maßnahmen zum Reduzieren des Aufwandes für die Verpackung und das Erhöhen ihrer Schutzfunktion beigetragen werden.

Tafel 8.6 Regeln und Maßnahmen zum Reduzieren des Aufwands und zum Erhöhen der Schutzfunktion der Verpackung

Nr.	Regel, Maßnahmen
1	Anordnung von Durchgangs- oder Gewindelöchern am Unterteil bzw. an der tragenden Baugruppe des Geräts zum Befestigen am Kistenboden; dabei ist u. a. aus arbeitsschutztechnischen Gründen die Zugänglichkeit zu den Befestigungsschrauben bzw. Muttern von oben bzw. von der Seite anzustreben (keine Grundbohrungen!); zweckmäßige Befestigungen für mittlere und große Geräte zeigt **Bild 8.10**
2	Sperrige Teile sollen leicht demontierbar sein, um das Volumen der Verpackung so klein wie möglich zu gestalten
3	Möglichkeiten zum Anbringen von Ringschrauben und -muttern vorsehen als Erleichterung für das Ver- und Auspacken
4	Entlastung von Führungsbahnen, Wälzlagern, Spindeln usw. durch zusätzliche Transportsicherungen, da mit den vorhandenen Verpackungsmöglichkeiten kein sicherer Schutz gewährleistet werden kann
5	Leichte Demontierbarkeit von sehr stoßempfindlichen Baugruppen, damit nur diese Teile eine aufwendige Polsterung erhalten müssen; solche Baugruppen, gut stoßisoliert verpackt, sind mit in der Gesamtverpackung unterzubringen, da geringere Beanspruchungen und kleinere Fallhöhen
6	Geräte, die nicht anschraubbar sind, müssen genügend Anlagefläche mit entsprechender Stabilität haben (z. B. sind allseitig mit leichten Blechteilen verkleidete Erzeugnisse nur bedingt verpackungs- und transportfähig)
7	Vermeidung von Kopflastigkeit durch niedrige Schwerpunktlage
8	Kompakte Baugruppen in nach dem Leichtbauprinzip konstruierten Geräten sind zusätzlich zu sichern (z. B. Trafos großer Masse in Elektroeinschüben)

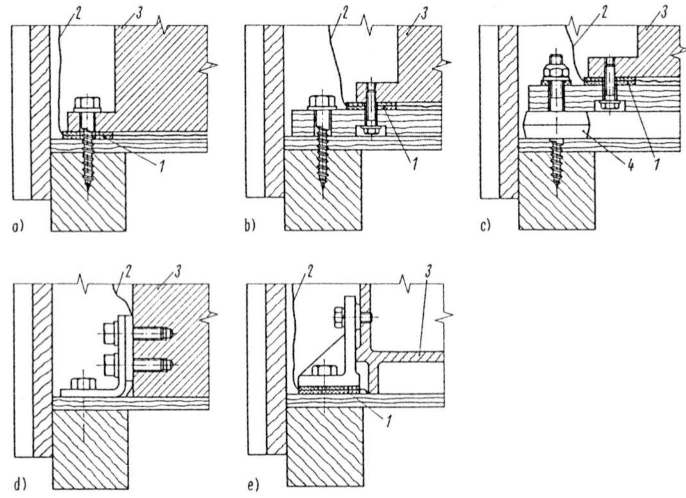

Bild 8.10 Zweckmäßige Befestigung von Geräten in Kisten

a) direkte Befestigung (Richtwerte für Durchgangsbohrung: ∅ 9 mm für Gerätemasse *m* bis 150 kg, ∅ 14 mm für *m* bis 600 kg, ∅ 18 mm für *m* über 600 kg); b) direkte Befestigung (Richtwerte für Gewindebohrung: M8 für Gerätemasse *m* bis 150 kg, M12 für *m* bis 600 kg, M16 für *m* über 600 kg); c) Befestigung wie bei b), jedoch mit speziell hergestellten Bolzen (oben mit metrischem Gewinde, unten mit Grobgewinde nach DIN 571) und mit stoßisolierenden Polsterelementen *4*

Reihenfolge des Einpackens bei c:

- Einschrauben des Bolzens mit Spezialschlüssel in Kistenboden
- Auffädeln der jeweils zwei Polsterelemente *4*
- Aufsetzen des Holzrahmens (mit Gerät verschraubt) oder bei entsprechender Gestaltung direktes Aufsetzen des Geräts, ohne daß zusätzlicher Holzrahmen erforderlich ist
- Auffädeln von Filzscheibe und Scheibe
- Verschrauben mit selbstsichernder Mutter nach DIN 985

d) Befestigung mit Verbindungswinkel für Gerätemassen *m* bis etwa 300 kg (bei vier Winkeln); e) Befestigung mit speziellen Verbindungselementen für Gerätemassen *m* über 300 kg (bei vier Verbindungselementen)

1 Abdichtung; *2* Verpackungshülle; *3* Gerät; bei a) bis c) i. allg. vier, im Ausnahmefall drei Schrauben

8.6.2 Packmittel aus Wellpappe

Bei Packmitteln aus Papier, Karton und Pappe spielen für Erzeugnisse der Feinmechanik/Optik und Elektronik sowie des Maschinenbaus die Verpackungen aus Wellpappe eine dominierende Rolle.

Wellpappe besteht aus einer oder mehreren Lagen eines gewellten Papiers (bezeichnet als Welle), die zwischen mehrere ebene Lagen eines Papiers (bezeichnet als Decke und Zwischenlage) geklebt sind. Nach der Anzahl der Wellen wird ein-, zwei- und dreiwellige Wellpappe unterschieden. Wellpappe zweiwellig besteht demnach aus zwei Wellen, zwei Decken und einer Zwischenlage. Daneben wird noch einseitige Wellpappe verwendet, die eine Welle und nur eine Decke aufweist. Nach der Teilung und Höhe der Welle wird Wellpappe nach DIN 55468 in Grobwelle (Klasse A), Mittelwelle (C), Feinwelle (B), Midiwelle (D), Mikrowelle (E) und Miniwelle (F) unterschieden. Für Geräteverpackungen haben die ersten drei Arten besondere Bedeutung, wobei die A-Welle als ursprüngliche Entwicklung gute Federwirkung aufweist, die C-Welle mit guten Festigkeitseigenschaften heute verbreitet eingesetzt wird und die B-Welle für wenig empfindliches oder selbsttragendes Packgut Anwendung findet.

Die Schachtel ist das am häufigsten verwendete Packmittel aus Wellpappe. Die wesentlichen Grundausführungen sind die Falt-, Stülp-, Durchzug- und Schiebeschachtel (**Bild 8.11**) mit jeweils einer Vielzahl spezieller Varianten. Den größten Anteil stellt die Faltschachtel. Ihr wesentlicher Vorteil ist der flach liegende Zustand vor dem Füllen und die einfache Möglichkeit des Aufrichtens zu einem füllfertigen Packmittel.

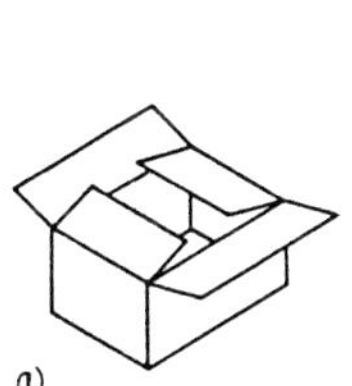

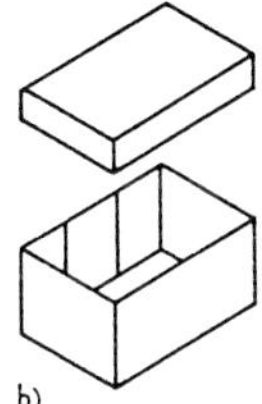

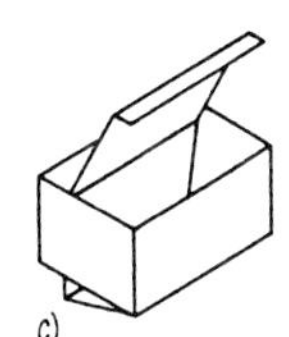

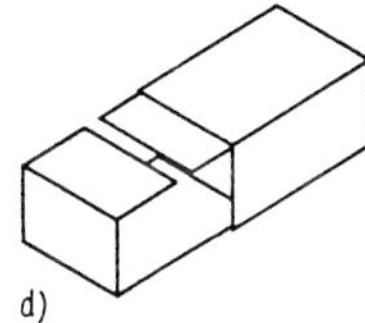

Bild 8.11 Grundausführungen von Schachteln aus Wellpappe
a) Faltschachtel; b) Stülpschachtel; c) Durchzugschachtel; d) Schiebeschachtel

Die Qualität der Schachtel aus Wellpappe ist im wesentlichen durch den Berst-, Flachstauch-, Kantenstauch- und Durchstoßwiderstand zu kennzeichnen. Die Schutzfunktion des Packmittels Schachtel wird wesentlich durch Art und Qualität des Verschlusses bestimmt. Das Verschließen erfolgt mittels Klebstoff (Dispersions-, Haft- und Schmelzklebstoff) oder Klebeband (Naßklebestreifen, Heißklebestreifen oder Selbstklebeband), Heften (Heftklammer) und durch Umreifen (Umreifungsband aus Kunststoff oder Metall) oder Umschnüren (Schnur, Draht, Folienband usw.).

Bei der Konstruktion sind die Normen in Tafel 8.9 zu beachten.

International haben sich des weiteren Verpackungen aus Kombinationen von Wellpappe mit anderen Werkstoffen (Holz, Kunststoff) als Substitutionsvariante für Holzkisten durchgesetzt. **Tafel 8.7** enthält dazu einige Beispiele.

Tafel 8.7 Substitutionsvarianten für Holzkisten (Beispiele)

- Verwendung je eines Holzrostes für Boden und Deckel; Zusammenhalt durch Umreifung (**Bild 8.12**)
- Kombination von Schachteln mit Vierwegpaletten; Zusammenhalt durch Umreifung (**Bild 8.13**)
- Kombination mit Verpackungselementen aus geschäumtem Polystyrol oder Polyethylen (Ecken- und Kantenpolster, spezielle Formteile), z. B. für Meßgeräte in Tischgehäusen
- Stabilisierung der Schachtel durch eingebaute Holzrahmen, die einerseits die Arretierung des Packgutes gewährleisten und andererseits die Stapelfähigkeit erhöhen
- Wellpappe als Beplankungsmaterial, d. h. stabiler Boden wie bei einer Holzkiste und Wellpappeverkleidung als Zuschnitt auf Rahmen gefertigt; hier sind bei Anwendung wasserfester Wellpappe Spezialverpackungen für Erzeugnisse bis zu einer Masse von 1000 kg möglich

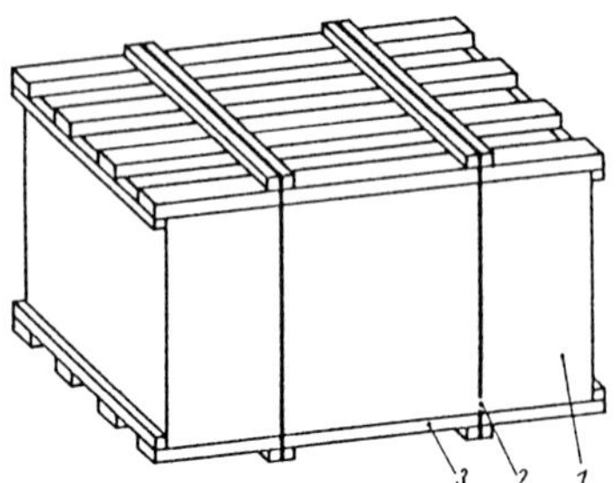

Bild 8.12 Stabilisierung durch Holzroste
1 Schachtel aus Wellpappe; *2* Umreifung; *3* Lattenrost

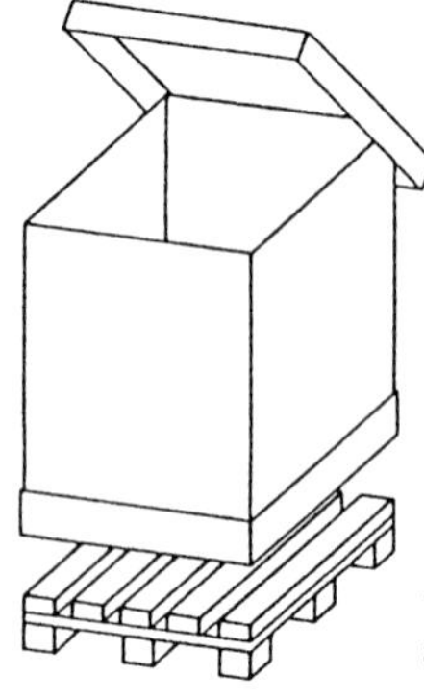

Bild 8.13 Kombination von Palette und Schachtel aus Wellpappe

Beim Einsatz hochwertiger Wellpappe (wasserabweisendes Beschichten, wasserfestes Verleimen) sind entsprechend stabilisierte Verpackungen auch für den Überseeversand geeignet.

Wellpappe bietet darüber hinaus die Möglichkeit zum Fertigen entsprechender Inneneinrichtungen (Zwischenlagen, Abstützungen, Polsterelemente) zum Lagesichern des Packgutes und zur Stabilitätserhöhung der Schachtel selbst.

Werden Schachteln oder Inneneinrichtungen in Verpackungshüllen aus Folie eingeschweißt, ist zu beachten, daß Wellpappe einen Feuchtegehalt von 8 bis 14 % hat.

8.6.3 Packmittel aus Kunststoff

Für technische Erzeugnisse finden vorrangig Packmittel und Packmittelteile aus geschäumtem Polystyrol, Polyurethan und Polyethylen Anwendung. Sie zeichnen sich durch gute Lagesicherung des Packgutes, ausreichende Festigkeit bei geringer Masse (Frachtkosteneinsparung), hohe Energieabsorption, Beständigkeit gegen Wasser, Seewasser und z. T. gegen Chemikalien, thermische Isolierung, geringe Dampfdiffusion, hohe Maßgenauigkeit sowie rationelle Gestaltung des Verpackungsprozesses aus. Das Herstellen der Formteile aus geschäumtem Polystyrol (EPS), eingesetzt als Packmittel oder Polsterelemente, erfolgt in zwei Arbeitsgängen:

Das in einem besonderen Polymerisationsverfahren durch Treibmittelbeigabe gewonnene schäumbare Polystyrol wird zunächst stufenweise mittels Wasserdampf erhitzt und dabei durch das Treibmittel aufgebläht. Danach werden die vorgeschäumten Schaumstoffteilchen in einem Werkzeug zu den jeweiligen Formteilen geschäumt. Nach Ausdiffundieren der enthaltenen Feuchte sind die Formteile einsatzfähig.

Formteile für Verpackungszwecke lassen sich mit Dichten von 20 bis 80 kg/m^3 herstellen. EPS-Schaumstoff eignet sich für Flächenbelastungen ab etwa 0,5 N/cm^2.

Bei tragenden Verpackungsteilen aus EPS ist durch entsprechende Flächenbelastung ein Zusammendrücken von 5 % nicht zu überschreiten. Treten während des Transports Stoßbeanspruchungen auf, verformt sich das Schaumstoffgerüst und wirkt infolge der Energieabsorption als Polster. Bei Temperaturänderung wird die Formbeständigkeit unbedeutend beeinflußt.

Geschäumtes Polystyrol hat eine geringe Wärmeleitfähigkeit, so daß man hochwertige temperaturempfindliche Erzeugnisse in geschlossenen Verpackungen bestimmte Zeit extremen Temperaturen (von etwa –40 bis +55 °C) aussetzen (z. B. während des Umladens auf Flughäfen) oder das Gut vor schnellem Temperaturwechsel schützen kann. EPS-Schaumstoffe sind nicht hygroskopisch. Bei Einwirken von Wasser oder hoher Luftfeuchte tritt kein Verringern der mechanischen Festigkeit ein.

Formteile aus EPS finden in der Verpackungstechnik Anwendung als geschlossene Verpackung (zwei Halbschalen) für Erzeugnisse bis zu einer Masse von maximal 40 kg (**Bild 8.14**), als Packmittelteile und Packhilfsmittel (Schutz- und Polsterecken, Winkelprofile als Kantenschutz, Polsterrahmen; **Bild 8.15**) sowie als innerbetriebliches Transporthilfsmittel in Form von stapelbaren einzelnen Paletten bzw. einzelnen Halbschalen (**Bild 8.16**).

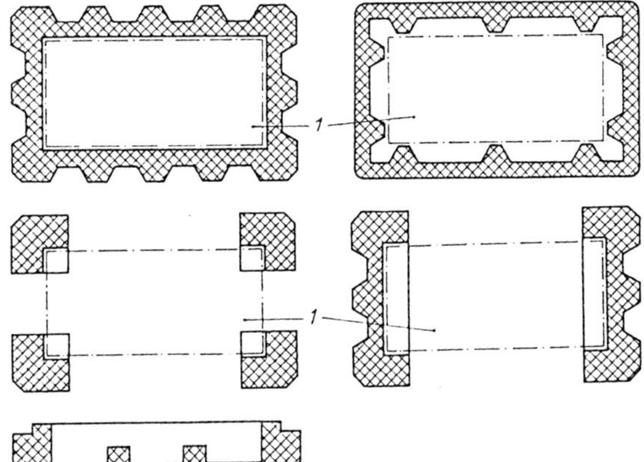

Bild 8.14 Anwendungsbeispiele für geschlossene Verpackungen aus EPS
1 Erzeugnis oder Baugruppe

Bild 8.15 Anwendungsbeispiele für Verpackungselemente aus EPS oder PE-Schaumstoff
1 Erzeugnis oder Baugruppe

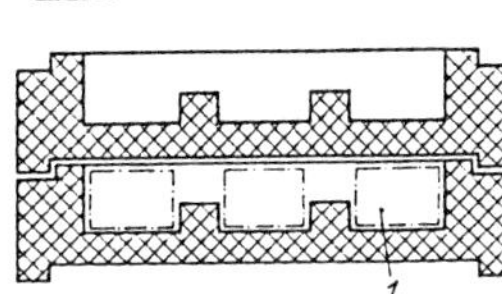

Bild 8.16 Palette aus EPS oder PE-Schaumstoff für innerbetrieblichen Transport
1 Erzeugnisse oder Baugruppen

Bei der Konstruktion von Verpackungen sind Entformungsneigungen von mindestens 1°30', gleichmäßiges Dimensionieren der Wanddicken und zweckmäßiges Anordnen entsprechender Rippen zu berücksichtigen [8.4].

Entscheidend für den ökonomischen Einsatz derartiger Verpackungen ist aufgrund der notwendigen Schäumwerkzeuge die jährliche Stückzahl. Bei einem annähernd gleichen Erzeugnissortiment (hinsichtlich Art und Abmessungen) sind die Außenabmessungen zu vereinheitlichen; um unter Verwenden des gleichen Außenwerkzeugs und durch jeweiligen Austausch des Werkzeugteils für die Innenform Werkzeugkosten einzusparen.

Der Einsatz von *Polyurethanschaumstoff* (PUR) erfolgt sowohl als Packmittel oder Packhilfsmittel für Polsterzwecke (formgeschäumt im Werkzeug, Formschneiden oder Stanzen von Formteilen aus Plattenmaterial) als auch durch direktes Einschäumen von Erzeugnissen (hierbei wird PUR-Füllschaum in den Zwischenraum zwischen Packgut und Packmittel, z. B. Faltschachtel oder Kiste eingebracht; **Bild 8.17**). Das Verfahren des Direkteinschäumens ist auch anwendbar, indem man in einfachen Holzformen unter Verwendung von speziellen Trennfolien entsprechende Packmittelteile vorfertigt.

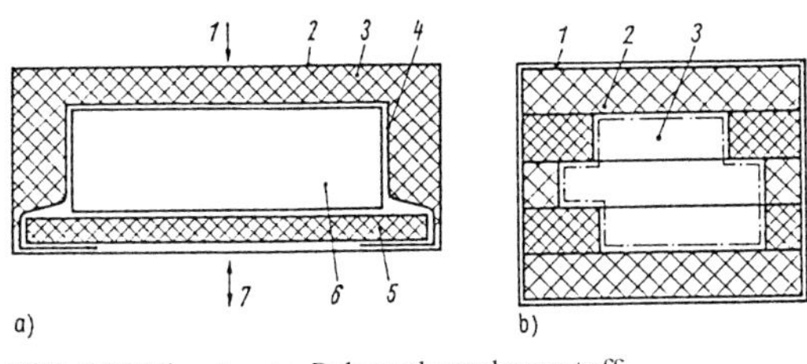

a) Beispiel für Direkteinschäumen
1 Einfüllrichtung; *2* Packmittel; *3* PUR-Schaumstoff; *4* Trennfolie; *5* elastische Auflage; *6* Packgut; *7* Entnahme des Packgutes
b) Anwendungsbeispiel für PUR-Plattenmaterial
1 Packmittel; *2* PUR-Plattenmaterial (geschnitten, gestanzt, geklebt); *3* Packgut

Bild 8.17 Einsatz von Polyurethanschaumstoff

Durch unterschiedlichen Vernetzungsgrad bzw. Anwendung entsprechender Schaumstofftypen können weiche, halbharte und harte Schaumstoffteile gefertigt und durch die Dichte die Federsteife beeinflußt werden. Beim Direkteinschäumen wird nach [8.15] auf eine Rohdichte des frei verschäumten Materials von 7 bis 121 kg/m^3 orientiert; dabei ist für die Festigkeit bei einer 10%igen Stauchung ein Wert von 1,0 bis 1,2 N/cm^2 erreichbar [8.16].

Das Anwenden von Polyethylenschaumstoff (PE) hat besonders für hochwertige Erzeugnisse auf Grund seiner vielfältigen Verarbeitungsmöglichkeiten (Formschäumen, Stanzen, Warmschneiden, Heißluftschweißen, Warmverformen), seiner guten und variierbaren Stoßisolationseigenschaften und Umweltverträglichkeit zunehmend an Bedeutung gewonnen. Bei hohen Stückzahlen werden formgeschäumte Packmittelteile (s. Bilder 8.15 und 8.16) eingesetzt. Bei Einzel- und Kleinserien kommen konfektionierte Polstermittel zur Anwendung.

8.6.4 Verpackungspolster

Die Wirkung eines Polsters kann mit der einer Druckfeder verglichen werden. Die durch einen Stoß ausgelöste Kraft bewirkt das Zusammendrücken der Feder um einen bestimmten Weg, den Feder- bzw. Bremsweg. Dieser Weg, entscheidend für die Wirkung des Polsters, ist abhängig von der Widerstandskraft des Polsterwerkstoffs und diese wiederum von den Materialkonstanten und der Dimensionierung. Der günstigste Federweg liegt vor, wenn die einwirkende Kraft und die Widerstandskraft des Polsters im Gleichgewicht sind. Dabei ist zu berücksichtigen, daß bereits durch die Eigenmasse (statische Beanspruchung) des Packgutes ein Teil des zur Verfügung stehenden Federwegs in Anspruch genommen wird. Eine ausreichende Stoßisolation erreicht man also nur, wenn für die zusätzlichen dynamischen Beanspruchungen noch ein entsprechender Bremsweg vorhanden ist. Der Polsterwerkstoff muß eine gute Reversibilität (Rückstellvermögen in den Ausgangszustand) aufweisen, da während des Transports sich ständig wiederholende Stoßbeanspruchungen auftreten können. Die bleibende Verformung soll gering sein [8.4].

Die Federkennlinie eines Polsters sagt aus, wie weit sich dieses bei Belastung zusammendrückt. **Bild 8.18** zeigt typische Federkennlinien, aus denen das Rückstellvermögen und die bleibende Verformung zu erkennen sind. Die absolute Zusammendrückung bei einer bestimmten Polsterdicke und Flächenbelastung hängt von der Dichte des jeweiligen Polsterwerkstoffes ab. Die Schwingungsdämpfung von Polsterwerkstoff ermittelt man zweckmäßig experimentell (**Bild 8.19**; s. auch [8.18] sowie Normen in Tafel 8.9).

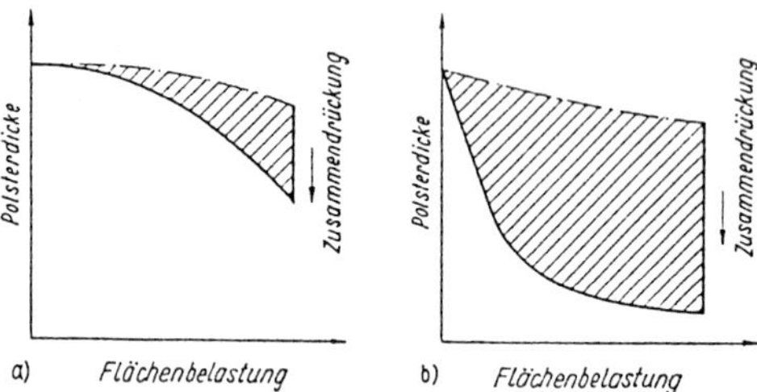

Bild 8.18 Typische Federkennlinien für Schaumstoffe
a) Polystyrol; b) Polyurethan

Eine Übersicht über gebräuchliche Polsterwerkstoffe und Polsterarten enthält **Tafel 8.8**.

Tafel 8.8 Gebräuchliche Polsterwerkstoffe und Polsterarten

Werkstoff, Polsterart	Eigenschaften, Anwendung
Holzwolle	gute Polstereigenschaften, geeignet für individuelles Verpacken, niedrige Materialkosten, hoher manueller Aufwand beim Verpacken, abnehmende Polsterwirkung bei Feuchteeinwirkung, beim Einschweißen in Kunststoffolien schwitzwasserbildend, Staubentwicklung beim Ein- und Auspacken, zunehmender Ersatz durch neuartige Polsterwerkstoffe.
Wellpappe	Einsatz als Plattenmaterial und für vielfältige Formpolster, aber aufwendige Herstellung der Polster (Kleben, Heften, Kanten usw.), beschränkt reversibel (geringer Federweg); Polster werden konstruktiv gestaltet und lassen sich genau auf Packgut abstimmen, Voll-, Hohl- und Wickelpolster vorwiegend in der Massen- und Serienfertigung (Fließfertigung) eingesetzt (z. B. für elektrische Haushaltgeräte u. ä.), Stabilitätsverlust bei Feuchteeinwirkung, hygroskopisch (schwitzwasserbildend).
Polystyrol-schaumstoff (EPS)	Einsatz als komplettes Packmittel sowie als Polsterelement in Verbindung mit Schachteln und Kisten. Fertigung mittels Schäumwerkzeugen, dadurch Anwendung erst bei ökonomisch vertretbaren Stückzahlen; bei einer Dichte von 20 ... 30 kg/m^3 und einer Flächenbelastung von 0,5 ... 1,0 N/cm^2 günstigste Stoßisolationseigenschaften, Schaumstoffstruktur ist geschlossenzellig. Richtige Flächenbelastung durch zweckmäßige Anordnung von Polsterrippen (s. Bilder 8.14, 8.15 und 8.16).
Polyurethan-schaumstoff (PUR)	Schaumstoffstruktur ist offenzellig, dadurch bessere Polstereigenschaften, gute Reversibilität. PUR-Weichschaumstoff als Plattenmaterial (geschnitten, gestanzt, geklebt) für leichte stoßempfindliche Erzeugnisse eingesetzt; günstigste Flächenbelastung zwischen 0,5 und 0,8 N/cm^2; für geschäumte Formteile werden halbharte PUR-Schaumstoffsysteme eingesetzt; statische Federkennlinien gestatten hier keine sicheren Aussagen für dynamische Beanspruchungen, da vom jeweiligen Schaumsystem abhängig.

Tafel 8.8 Fortsetzung

Werkstoff, Polsterart	Eigenschaften, Anwendung
Polyethylen-schaumstoff (PE)	Schaumstoffstruktur ist geschlossenzellig; als unvernetzte sowie vernetzte Typen möglich; Raumgewicht zwischen 20 und 150 kg/m³; ausgezeichnete Energieabsorption beim Aufprall; geringer Druckverformungsrest; chemisch neutral und gute chemische Beständigkeit; Temperaturbeständigkeit zwischen –40 °C und +70 °C; nicht kratzende Oberfläche; einfache Bearbeitung; 100 % wiederverwendbar.
Gummi	Schwamm- und Schaumgummi wird als Plattenmaterial (geschnitten, gestanzt, geklebt) eingesetzt, bei Kälteeinwirkung nachlassende Polsterwirkung; für schwere, aber stoßempfindliche Meßgeräte und Maschinen finden spezielle vulkanisierte Gummiformteile Anwendung (s. Bild 8.10 c). Auch Einsatz sog. Gummi-Metall-Federn.
Filz	Filz, aus Plattenmaterial geschnitten bzw. gestanzt, wird einerseits als Polsterwerkstoff und andererseits als Schutz für lackierte Flächen verwendet; bei Kälteeinwirkung keine Beeinträchtigung der Polsterwirkung, jedoch feuchteaufsaugend und anfällig gegen Schimmelpilzbefall.
Faserpolster	Polster aus gummierten Fasern werden aus Kokosfasern oder Tierhaaren, gebunden mit Latex, hergestellt und als Platten, Zuschnitte oder Formteile (Ecken- und Kantenpolster) eingesetzt; Anwendung für das Verpacken von hochwertigen, stoßempfindlichen Gütern.
Luftkissenpolster	Luftkissen werden zumeist unter Verwendung von extrudiertem Folienschlauch hergestellt, indem nach Aufpumpen mit Luft durch entsprechende Querschweißung (HF-Schweißung) einzelne Kissen entstehen. Es lassen sich sog. schwimmende Verpackungen erzielen für stoßempfindliche Güter; Luftkissen sind als Polstermaterial zwischen Innen- und Außenverpackungen und zum Ausfüllen von Hohlräumen in Verpackungen geeignet; bei Stoßeinwirkung wird Luft im Kissen komprimiert, bei Entlastung schnelle Rückstellung; geringe Luftdurchlässigkeit, bei Transport- und Lagerzeiten bis 200 Tage vernachlässigbar (**Bild 8.20**).

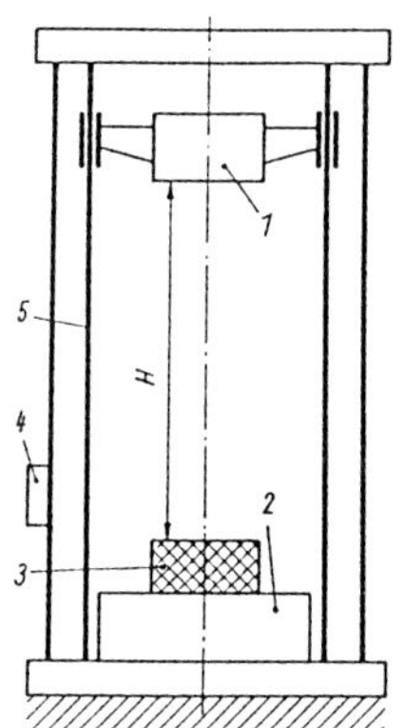

Bild 8.19 Schema eines Fallwerkes zum Prüfen von Polstern
1 Hammer;
2 Amboß;
3 Probe (Polster);
4 Geschwindigkeitsmeßeinrichtung;
5 parallele Führungsschienen;
H Fallhöhe

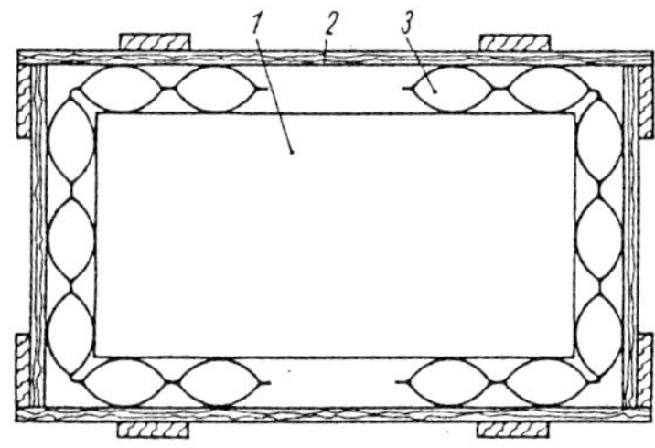

Bild 8.20 Beispiel für die Anwendung von Luftkissenpolstern
1 Innenverpackung; *2* Außenverpackung; *3* Luftkissen

8.6.5 Schutz vor klimatischen Beanspruchungen

Bei Gütern der metallverarbeitenden Industrie werden über die Hälfte der Schäden durch Korrosion verursacht. Die Wahl des geeignetsten Klimaschutzmittels hängt ab von der Empfindlichkeit des Packgutes gegen die während Lagerung und Transport zu erwartenden klimatischen Beanspruchungen, den Eigenschaften des Schutzmittels und der erforderlichen Dauer der Schutzwirkung sowie der Anwendbarkeit des Schutzverfahrens (s. auch Abschnitte 5.1, 5.2 und 5.7). Der Schutz vor schädigenden Einflüssen erfolgt mittels zweier prinzipieller Methoden, der Vorbehandlung des Packgutes und dem Verhindern des Eindringens von Feuchte durch verpackungstechnische Maßnahmen, wobei zwischen atmender und luftdichter Verpackung zu unterscheiden ist.

Bei der *atmenden* Verpackung wird die Möglichkeit eines raschen Ausgleichs von Feuchte und Temperatur zwischen Innenraum der Verpackung und Umgebung genutzt, damit die Bildung von Kondenswasser verhindert bzw. eingeschränkt wird oder trotzdem entstandenes Kondenswasser schnell verdunstet. Trotz Anordnung von Lüftungsschlitzen ist das Eindringen von Wasser zu verhindern. Die atmende Verpackung ist jedoch nur anwendbar bei Landversand und bei kurzer Transport- und Lagerzeit. Besteht klimatisch keine Möglichkeit der Luftzirkulation und des raschen Austrocknens evtl. gebildeten Kondenswassers, z. B. beim Versand in tropische Gebiete, ist luftdichte Verpackung zu verwenden.

Bei der *luftdichten* (hermetischen) Verpackung wird der Austausch der Luft zwischen Innenraum der Verpackung und Umgebung verhindert bzw. stark eingeschränkt, indem man das Packgut in eine Hülle aus Sperrschichtmaterial (Folien, Verbundfolien) einschweißt. Von den Kunststoffolien haben Polyethylenfolien die geringste Wasserdampfdurchlässigkeit; für höchste Ansprüche werden Verbundfolien aus Kunststoff und Aluminium eingesetzt. Das luftdichte Einschweißen der Güter garantiert jedoch nicht das Verhindern von Korrosionsschäden, da die eingeschlossene Luft und die ebenfalls eingeschweißten Packwerkstoffe Feuchte enthalten. Diese schädigenden Einflüsse kann man vermindern durch Evakuieren der Luft, Reduzieren des Einschweißens von hygroskopischen Werkstoffen auf ein Minimum, Beigabe von Entfeuchtungsmittel, Anwenden von Dampfphaseninhibitoren sowie Konservieren durch Vorbehandlung.

Entfeuchtungsmittel dienen zur Absorption des in der Luft enthaltenen Wasserdampfs innerhalb einer luftdichten Verpackung. Zur Anwendung kommen vorwiegend Kieselgele, die sich durch Erwärmen bis maximal 180 °C mehrmals regenerieren lassen. Es braucht keine absolute Absorption des enthaltenen Wasserdampfs erreicht zu werden. Man muß aber sichern, die relative Luftfeuchte unter den für die Korrosion kritischen Wert (etwa 60 %) zu reduzieren. Kieselgel wird in luftdurchlässigen Beuteln an verschiedenen Stellen einer Verpackung beigegeben. Die erforderliche Menge hängt von der Wasserdampfdurchlässigkeit des Sperrschichtmaterials, der Gesamtfläche der Verpackungshülle, den Transport- und Klimabedingungen sowie von den verwendeten hygroskopischen Packmittelteilen und -hilfsmitteln ab (siehe DIN 55473 und 55474 in Tafel 8.9).

Dampfphaseninhibitoren haben chemische Wirkstoffe, die durch ständiges Verdampfen eine korrosionshemmende Schutzatmosphäre bilden. Voraussetzung für die Schutzwirkung ist eine dichte Verpakkung. Zum Einsatz kommen Korrosionsschutzpapiere sowohl für Eisenmetalle als auch für NE-Metalle. Die Fernwirkung in einer dichten Verpackung ist auf einen Abstand bis ca. 30 cm begrenzt. Die Schutzwirkung ist am größten bei direkter Berührung mit der zu schützenden Fläche. Bei der Anwendung sind [8.1] und [8.17] zu beachten.

Der Korrosionsschutz der Packgüter durch *Vorbehandlung* erfolgt durch Reinigen, Trocknen und Aufbringen temporärer Korrosionsschutzstoffe. Durch das Reinigen werden zunächst korrosionsfördernde Substanzen (Fingerabdrücke, Löt- oder Schweißrückstände, Staub, Rost usw.) von metallischen Oberflächen entfernt. Dazu verwendet man u. a. Waschbenzin, Perchlorethylen, Methanol usw. Nach dem sich anschließenden Trocknen (trockene Tücher, Druckluft, Ofentrocknung) erfolgt das Konservieren durch Aufbringen einer Schutzschicht aus temporären Korrosionsschutzstoffen. Diese halten die Feuchte von der zu schützenden Fläche fern und sind Träger von Korrosionsschutzinhibitoren. Sie dienen bevorzugt als zeitweiliger Schutz von metallisch blanken Flächen. Hiermit lassen sich geschützt liegende Teile, die aus technischen und ökonomischen Gründen keinen anderen Korrosionsschutz erhalten können, ausreichend über längere Zeit schützen.

Es werden Korrosionsschutzöle, -fette und -fluide angewendet. Das Aufbringen erfolgt durch Streichen, Tauchen oder Spritzen.

8.6.6 Bildung von Ladeeinheiten, Ladegutsicherung

Von zunehmender Bedeutung für die materialsparende Verpackung sowie einen rationellen Transport ist das Bilden von Ladeeinheiten einschließlich einer den Transportbeanspruchungen gerecht werdenden Ladegutsicherung. Zum Bilden von Ladeeinheiten werden vorwiegend Flachpaletten angewandt. Die Ladegutsicherung erfolgt durch Umreifen mittels Stahl- oder Kunststoffband, teilweise auch durch reißfeste Klebebänder und insbesondere durch Schrumpfen und Stretchen mit entsprechenden Kunststoffolien.

Für das Umreifen werden je nach zu verpackendem Produktionsvolumen Handgeräte oder halb- bzw. vollautomatische Umreifungsmaschinen eingesetzt. Die bei dieser Technologie auftretenden Druckkräfte sind aus [8.19] zu entnehmen.

Bei der Ladegutsicherung mit der Schrumpftechnik wird eine vorgefertigte Folienhaube über die Ladeeinheit gezogen und erwärmt. Beim Abkühlen legt sich die Folie an die Konturen der Ladeeinheit bzw. Packungen an und hält diese gleichmäßig fest. Dabei ist es zweckmäßig, wenn gleichzeitig die Flachpalette mit eingeschlossen wird. Man setzt vorwiegend biaxial gerechte Folie aus Polyethylen mit einer Dicke zwischen 50 bis 200 µm ein. Die beim Schrumpfen auftretenden Kräfte wirken in diagonaler Richtung und gleichmäßig von allen Seiten auf die Ladeeinheit bzw. Einzelpackung. Nach dem Abkühlen der Folie wirken nur noch geringe Kräfte auf die Ladeeinheit, trotzdem wird ein guter Zusammenhalt gewährleistet.

Schrumpfen ist vorteilhaft bei leicht verrutschbaren Packungen, bei geringer Widerstandskraft gegenüber horizontalen Zugkräften sowie zum Erzielen eines höheren Spritzwasser- bzw. Staubschutzes.

Bei der Stretchtechnik wickelt man eine dehnbare Folie um die Ladeeinheit, wobei durch die Dehnkraft und das Haftvermögen der Folie die Ladeeinheit im Kaltverfahren fest verbunden wird. Anfang und Ende der Folienbahn lassen sich entweder an der Palette oder an den Packungen befestigen. Die Oberseite der Ladeeinheit kann man vorher mit einem Folienzuschnitt abdecken. Gegenüber der Schrumpfverpackung wirken die Zugkräfte nicht diagonal, sondern horizontal, wobei selbst bei voll ausgedehnter Folie ständig ein Druck auf die Packungen der Ladeeinheit bestehen bleibt. Es werden Folien mit Dicken von 10 bis 30 µm eingesetzt. Da eine mehrlagige Wicklung erfolgt, ist im Vergleich zum Schrumpfen keine wesentliche Materialeinsparung erreichbar.

Stretchen ist zu empfehlen bei sich ständig ändernden Abmessungen der Ladeeinheiten, beim Verpacken von wärmeempfindlichen Gütern und beim Einsatz von zumeist ungelernten Arbeitskräften im Verpackungsprozeß.

Für die Schrumpf- und Stretchtechnik kommen sowohl einfache Handgeräte als auch Halb- und Vollautomaten zum Einsatz. Der Investaufwand für das Schrumpfen ist dabei annähernd doppelt so hoch wie beim Stretchen. Beide Verfahren haben ihre spezifischen Vorteile, so daß eine Globalaussage für oder gegen eine dieser Technologien nicht möglich ist.

Um die richtige Entscheidung zum Einsatz des Schrumpfens oder Stretchens treffen zu können, müssen folgende Eigenschaften das Packgutes sowie die Anforderungen an einen sicheren Transport beachtet werden:

- Abmessung der gesamten Ladeeinheit
- Gestalt (z. B. Scharfkantigkeit) und Abmessungen der Einzelpackungen
- Widerstandsfähigkeit der Einzelpackung gegenüber Vertikal- und Horizontaldruckbeanspruchungen
- zu erreichende Schutzfunktion gegenüber Feuchte und Staub
- Widerstandsfähigkeit der Güter gegenüber thermischen Beanspruchungen.

Für die Wahl der einzusetzenden Technik ist die zeitbezogene Menge der zu sichernden Ladeeinheiten ausschlaggebend.

8.7 Verpackungsprüfung

Die Verpackungsprüfung hat folgende Aufgaben zu erfüllen:

Schutzfunktion. Überprüfung, ob die Verpackung dem Packgut gegenüber mechanischen und klimatischen Beanspruchungen während Transport und Lagerung einen ausreichenden Schutz gewährt.

Wirtschaftlicher Materialeinsatz. Die Verpackungsprüfung soll das Finden der zweckmäßigsten (optimalen) Verpackung unterstützen und unnötigen Packstoffeinsatz verhindern helfen.

Transporttauglichkeit des Gutes. Durch die Prüfung der Einheit Packgut-Verpackung kann die verpackungs- und transportgerechte Konstruktion des Erzeugnisses überprüft werden, um evtl. bei Schwachstellen rechtzeitig konstruktive oder technologische Maßnahmen einzuleiten.

Die Verpackungsprüfung ist in vielen Unternehmen Bestandteil der Mustererprobung eines neuen Erzeugnisses.

Die Art und Weise der durchzuführenden Verpackungsprüfung hängt ab von

- der Bruttomasse der Packung (i. allg. in den Stufen bis 50 kg, über 50 bis 300 kg, über 300 bis 1000 kg),
- der Ausführung der Verpackung (z. B. Schachtel, Kiste, Palette),
- dem Haupttransportmittel (Güterwagen, Güterkraftwagen, Flugzeug, Schiff),
- dem Haupttransportweg (Inland, Europa, Fernost, Übersee),
- der Transportart (Stückgutversand oder geschlossene Wagen- bzw. Behälterladung im Haus-Haus-Verkehr)

sowie von den technischen Voraussetzungen für die Verpackungsprüfung im jeweiligen Unternehmen und Kooperationsmöglichkeiten [8.14] [8.19] [8.20].

Es kommen folgende Prüfarten zur Anwendung: Stoßprüfung auf der schiefen Ebene, durch freien Fall oder durch Kippen bzw. Abkanten; Rüttelprüfung, Stapeldruckprüfung sowie Transportversuch.

Das Verfahren zum Bestimmen des Stoßwiderstandes durch freien Fall dient dem Beurteilen der Widerstandsfähigkeit von Packungen mit Bruttomassen bis 50 kg gegenüber Stoßbeanspruchungen, wie sie beim freien Fall auf eine starre Unterlage auftreten können. Fallvorrichtungen sind Falltische, Fallhaken oder Greifer. Die Fallhöhen betragen ja nach Transportmittel, -weg und -art bei Bruttomassen bis 25 kg zwischen 0,6 und 1,0 m und bis 50 kg zwischen 0,3 und 0,6 m. Die Fallanzahl schwankt in Abhängigkeit von der Transportkette zwischen vier und acht (s. auch Bild 8.19).

Das Verfahren zum Bestimmen des Stoßwiderstandes auf der schiefen Ebene dient zum Prüfen der Widerstandsfähigkeit von Packungen gegenüber Rangierbeanspruchungen. Die Probe ist so auf einem auf Gleisen ablaufenden Wagen unterzubringen, daß sie in der gewünschten Stellung auf die Prellwand auftrifft. Bei einer Neigung der schiefen Ebene von 10° werden je nach Transportkette zwischen vier bis acht Auflaufstöße mit Aufprallgeschwindigkeiten zwischen 10 und 15 km/h durchgeführt. Die Bruttomasse der Packung hängt von der Tragfähigkeit des Prüfwagens ab und beträgt in der Regel zwischen 50 und 300 kg

Das Bestimmen des Stoßwiderstandes durch Kippen bzw. Abkanten erfolgt nach DIN 55439 T2 (s. Tafel 8.9). Praktisch bewährt hat sich eine Prüfmethode, bei der man eine Bodenkante der Verpakkung auf eine 100 mm hohe Schwelle auflegt, die gegenüberliegende Kante mit einem Hebezeug mit Ausklinkvorrichtung auf eine bestimmte Höhe anhebt und anschließend auf eine ebene Betonfläche fallen läßt. Die Abkanthöhe wird analog der Fallhöhe für freien Fall nach DIN 55439 T2 festgelegt und beträgt zwischen 0,3 und 0,8 m in Abhängigkeit von Masse und Form des Packstückes.

Das Bestimmen des Widerstandes gegenüber Schwingungsbeanspruchungen dient zum Prüfen der Schutzfunktion von Verpackungen bei Anregung durch sinusförmige Schwingungen. Als Prüfmittel werden Rütteltische eingesetzt, die Schwingfrequenzen im Bereich von 1 und 80 Hz (oder in Teilbereichen) sowie eine maximale Beschleunigung von mindestens $(0{,}75 \pm 0{,}25)\ g$ ermöglichen.

Die Prüfung kann mit einer festen Frequenz zwischen 3,0 und 4,6 Hz oder mit variabler Festfrequenz im Bereich zwischen 3 Hz und 100 Hz erfolgen. Zunehmend wird die Schwingungsprüfung mit Simulation der auf den Ladeflächen von LKW oder Eisenbahn sowie beim Luftverkehr wirkenden Belastungen durch Zufallsschwingungen sowie mit im Transportversuch ermittelten Schwingungsspektren durchgeführt.

Mit dem Bestimmen des Stauchwiderstandes wird die Widerstandsfähigkeit der Packung vorwiegend gegenüber zusammendrückend wirkenden Belastungen beim Stapeln (während Lagerung und Transport) mittels Stauchdruckpressen ermittelt.

Der Transportversuch findet Anwendung für überschwere Packungen, für solche mit Sonderabmessungen und für Verpackungseinheiten, die außergewöhnlichen Transportbedingungen unterliegen. Als Prüfmittel sollte ein Güterkraftwagen mit einer Nutzlast von 49 kN dienen, wobei eine Strecke von jeweils etwa 100 km Straße zweiter und erster Ordnung (jeweils 40 bis 50 km/h) sowie Autobahn (80 km/h) zu fahren ist. Dabei sind zweimaliges ruckartiges Anfahren und zweimalige Vollbremsung (bei 30 km/h) einzubeziehen.

Die genannten Verpackungsprüfungen können entweder selbständig oder als Teil eines Prüfprogramms durchgeführt werden. Sind nach den jeweiligen Prüfungen Schäden am verpackten Gut entstanden, ist von Fall zu Fall zu entscheiden, ob die Verpackung oder das Gut konstruktiv zu verändern sind.

Bild 8.21 zeigt in einer Zusammenfassung die Arbeitsschritte bei der Verpackungsentwicklung.

Festlegen des Verpackungskonzeptes bereits in der Entwurfsphase des Erzeugnisses
↓
Präzisierte Aufgabenstellung für Verpackungsentwicklung nach Konstruktionsabschluß (Erzeugnis)
↓
Erarbeiten eines Entwurfes für die Verpackung; Lieferantenauswahl, Einholung von Preisangeboten
↓
Abstimmen des Entwurfes mit Erzeugnisentwickler, Marketingbereich, Beschaffungsbereich
↓
Fertigstellen der Verpackungskonstruktion; ggf. Erarbeitung einer Ver- und Auspackungsvorschrift
↓
Realisieren der Musterfertigung einschließlich Beschaffung von Zulieferungen
↓
Mustererprobung, Packungsprüfung
↓
Optimieren der Konstruktionsunterlagen bzw. der Verpackungsvorschrift für Serienbedarf
↓
Serienfertigung bzw. Bestellung und Beschaffung der Packmittel, Packmittelteile, Packhilfsmittel und evtl. notwendiger Werkzeuge

Bild 8.21 Arbeitsschritte bei der Verpackungsentwicklung

Eine Zusammenstellung ausgewählter Normen und Richtlinien zum Abschnitt 8 enthält **Tafel 8.9**.

Tafel 8.9 Normen und Richtlinien zum Abschnitt 8

DIN - Normen	
DIN 4071 T1	Ungehobelte Bretter und Bohlen aus Nadelholz; Maße
DIN 4072	Gespundete Bretter aus Nadelholz
DIN 4073 T1	Gehobelte Bretter und Bohlen aus Nadelholz; Maße
DIN 15141 T1; T2; T4	Transportkette; Paletten; T1: Formen und Hauptmaße von Flachpaletten; T2: Prüfverfahren für Flachpaletten; T4: Vierwege-Fensterpaletten aus Holz; Brauereipaletten 1000 mm x 1200 mm
DIN 15142 T1	Flurfördergeräte; Boxpaletten, Rungenpaletten, Hauptmaße und Stapelvorrichtungen
DIN 15145	Transportkette; Paletten; Systematik und Begriffe für Paletten mit Einfahröffnungen
DIN 15146 T2 bis T4	Vierwege-Flachpaletten aus Holz; T2: 800 mm x 1200 mm; T3: 1000 mm x 1200 mm; T4: 800 mm x 600 mm
DIN 15147	Flachpaletten aus Holz, Gütebedingungen
DIN 16995	Folien für Verpackungszwecke; Kunststoff-Folien; Eigenschaften, Prüfverfahren
DIN 30783 T1	Modulordnung in der Transportkette; Maßliche Koordination in der Horizontalen; Begriffe, Grundsätze
DIN 30798 T1 bis T3	Modulsystem; Modulordnungen; T1: Begriffe; T2: Grundsätze; T3: Grundlagen für die Anwendung
DIN 50010 T1; T2	Klimate und ihre technische Anwendung; Klimabegriffe; T1: Allgemeine Klimabegriffe; T2: Physikalische Begriffe
DIN 50011 T11; T12	Klimate und ihre technische Anwendung; Klimaprüfeinrichtungen; T11: Allgemeine Begriffe und Anforderungen; T12: Klimagröße, Lufttemperatur
DIN 53122 T1; T2	Prüfung von Kunststoff-Folien, Elastomerfolien, Papier, Pappe und anderen Flächengebilden; Bestimmung der Wasserdampfdurchlässigkeit; T1: Gravimetrisches Verfahren; T2: Elekrolyse-Verfahren
DIN 53142	Prüfung von Pappe; Durchstoßversuch
DIN 55402 T1; T2	Markierung für den Versand von Packstücken; T1: Bildzeichen für die Handhabungsmarkierung; T2: Richtlinie für Exportverpackung
DIN 55405 T1 bis T7	Begriffe für das Verpackungswesen; T1: systematische Übersichten, alphabetisches Gesamtverzeichnis und Begriffsbereich Verpackungswesen; T2: Packstoff; T3: Packmittel; T4: Packhilfsmittel, Öffnungsmittel, Handhabungs- und Dosiermittel; T5: Verpackung, Packgut, Pakkung, Packstück; T6: Verpacken, Be- und Verarbeiten, Verschlußarten; T7: Verpackungsprüfung; Merkmale und deren Prüfung
DIN 55407 T1; T2	Verpackungswesen, Allgemeine Technische Liefer- und Bezugsbedingungen (ATLB); T1: Grundlagen; T2: Fehlerkatalog
DIN 55429 T1; T2	Packmittel; Schachteln aus Karton, Vollpappe oder Wellpappe; T1: Bauarten, Ausführungen, Lieferformen; T2: Abmessungen, Grenzabmaße und Prüfungen der Maße

Tafel 8.9 Fortsetzung

DIN - Normen	
DIN 55439 T1; T2	Verpackungsprüfung; Prüfprogramme für Packstücke; T1 Grundsätze; T2 Schärfegrade
DIN 55468 T1; T2	Packstoffe; T1: Wellpappe; T2: Wellpappe, naßfest; Anforderungen, Prüfung
DIN 55471 T1; T2	Polystyrol-Schaumstoff für Verpackungszwecke; T1: Anforderungen und Prüfung; T2: Berechnung und Gestaltung von Verpackungsformteilen
DIN 55473	Verpackung; Trockenmittelbeutel; Technische Lieferbedingungen
DIN 55474	Packhilfsmittel; Trockenmittelbeutel; Anwendung; Berechnung der erforderlichen Anzahl Trockenmitteleinheiten
DIN 55475	Packhilfsmittel; Unverstärkte Klebestreifen aus Kraftpapier; Anforderungen und Prüfung
DIN 55476 T1; T2	Packhilfsmittel; Verstärkte Klebestreifen aus Kraftpapier ; T1: Längs- und quer- oder diagonalverstärkt für den Verschluß von Packstücken; Anforderungen und Prüfung; T2: Wasser- und wärmeaktivierbar; querverstärkt oder diagonalverstärkt, für Fabrikanten von Schachteln; Anforderungen und Prüfung
DIN 55477	Packhilfsmittel; Klebebänder aus Kunststoff; unverstärkt und verstärkt; Anforderungen und Prüfung
DIN 55481 T1	Polyethylen-Schaumstoff für Verpackungszwecke; Anforderungen, Prüfungen
DIN 55482 T1	Polyurethan-Schaumstoff für Verpackungszwecke; Anforderungen, Prüfungen
DIN 55483 T1	Gummierte Fasern und/oder Haare für Verpackungszwecke; Anforderungen, Prüfung
DIN 55499 T1	Packmittel; Kisten aus Vollholz; Bauformen, Maße, Güteklassen
DIN 55509	Stellflächen im Verpackungswesen; Begriffe
DIN 55510	Verpackung; Modulare Koordination im Verpackungswesen; Modulare Teilflächen des Flächenmoduls 600 mm x 400 mm
DIN 55511 T1; T3	Packmittel; Schachteln aus Voll- oder Wellpappe abgestimmt auf 600 mm x 400 mm (Flächenmodul); T1: Faltschachteln mit Boden- und Deckelverschlußklappen; T3: Stülpdeckelschachteln
DIN 55520	Stellflächen für Versandverpackungen, abgeleitet aus den Stellflächen 800 mm x 1200 mm und 1000 mm x 1200 mm
DIN 55521 T1; T2	Packmittel; Schachteln aus Voll- oder Wellpappe, abgestimmt auf 800 mm x 1200 mm oder 1000 mm x 1200 mm (Stellfläche); T1: Faltschachteln mit Boden- und Deckelverschlußklappen; T2: Stülpdeckelschachteln
DIN 68252 T1	Begriffe für Schnittholz; Form und Maße
DIN 68500	Holzwolle-Polsterpack
DIN-EN 22206	Verpackung; Versandfertige Packstücke; Bezeichnung von Flächen, Kanten und Ecken und für die Prüfung
DIN-EN 22233	Verpackung; Versandfertige Packstücke; Klimatische Vorbehandlung für die Prüfung
DIN-EN 22234	Verpackung; Versandfertige Packstücke; Stapelprüfung unter statischer Last
DIN-EN 22244	Verpackung; Versandfertige Packstücke; Horizontale Stoßprüfung (waagerechte oder schiefe Ebene; Pendel)
DIN-EN 22247	Verpackung; Versandfertige Packstücke; Schwingprüfung mit niedriger Festfrequenz
DIN-EN 22248	Verpackung; Versandfertige Packstücke; Vertikale Stoßprüfung (freier Fall)
DIN-EN 22872	Verpackung; Versandfertige Packstücke; Stauchprüfung
DIN-EN 22873	Verpackung; Versandfertige Packstücke; Unterdruckprüfung
DIN EN 22874	Verpackung; Versandfertige Packstücke; Stapelprüfung mit Druckprüfmaschine
DIN-EN 22875	Verpackung; Versandfertige Packstücke; Sprühwasserprüfung
DIN-EN 22876	Verpackung; Versandfertige Packstücke; Umkipp-Prüfung (sequentiell)
DIN-EN 24180 T1, T2	Versandfertige Packstücke; Allgemeine Regeln für die Erstellung von Prüfplänen; T1: Allgemeine Grundsätze; T2: Beanspruchungsparameter
DIN-EN 28318	Verpackung; Versandfertige Packstücke; Schwingprüfung mit variabler sinusförmiger Frequenz
DIN-EN 28474	Verpackung; Versandfertige Packstücke; Tauchprüfung
DIN-EN 28768	Verpackung; Versandfertige Packstücke; Umstürz-Prüfung
DIN-EN ISO 3037	Wellpappe; Bestimmung des Kantenstauchwiderstandes (Verfahren für ungewachste Kanten)
Richtlinien	
VDI 2362	Konservierung, Verpackung und Versand von Stahlblechtafeln
VDI 2367	Konservierung, Verpackung und Versand von Rohren und Profilen aus Stahl und Nichteisenmetallen
VDI 2373	Konservierung, Verpackung und Versand von Stahlblechcoils
VDI 2490	Verpackung, Transport und Lagerung von Material
VDI 2496	Stahlpalette
VDI 2687	Lastaufnahmemittel für Container, Wechselbehälter und Sattelanhänger

Tafel 8.9 Fortsetzung

Richtlinien	
VDI 2698	Lagerung und Transport von Coils
VDI 2700 bis 2702	Ladesicherung auf Straßenfahrzeugen; Zurrmittel, Zurrkräfte
VDI 3581	Zuverlässigkeit und Verfügbarkeit von Transport- und Lageranlagen
VG 95146	Kisten aus Holz für Versorgungsgüter bis 500 kg
VG 95607	Packmittel; Mehrfach verwendbare Behältnisse aus Faserstoffen mit eingesetzten Kopfwänden aus Holz
VG 95621	Verschläge aus Holz, offen, für Verpackungsgüter bis 1000 kg; Konstruktionsrichtlinien
VG 95622	Schwergutkisten für Versorgungsgüter bis 1500 kg
VG 95629	Holz für Kisten und Verschläge; Anforderungen, Gütebedingungen
VG 95631	Packmittel; Behältnisse aus Wellpappe mit Palette

Literatur zum Abschnitt 8

Bücher

[8.1] *Rockstroh, O.*: Handbuch der industriellen Verpackung. München: Wolfgang Dummer & Co. Verlag Moderne Industrie 1972.

[8.2] *Dietz, G.; Lippmann, R.*: Verpackungstechnik. Leipzig: Fachbuchverlag 1985.

[8.3] *Autorenkollektiv*: RGV-Handbuch Verpackung. Berlin: Erich Schmidt Verlag 1988.

[8.4] *Krause, W.*: Fertigung in der Feinwerk- und Mikrotechnik. Verfahren – Werkstoffe – Gestaltung. München, Wien: Carl Hanser Verlag 1996.

[8.5] *Krämer, E.*: Verpackungstechnik – Mittel und Methoden zur Lösung einer Verpackungsaufgabe. Heidelberg: Dr. Alfred Hüthig Verlag 1997.

Aufsätze

[8.10] *Steudel, H.; Anger, H.-H.; Kunz, J.*: Über Erfahrungen beim Verpacken elektronischer Geräte mit PUR-Füllschaum. Die Verpackung 20 (1979) 6, S. 192.

[8.11] *Schmidt, G.; Michel, U.*: Verpackungsökonomie und der Zusammenhang zwischen TUL- und Verpackungsprozessen. Die Verpackung 21 (1980) 1, S. 3.

[8.12] *Heinrich, Chr.*: Schwingungsfestigkeitsprüfung von Verpackungen. Die Verpackung 27 (1981) 1, S. 26.

[8.13] *Tenzer, H.-J.*: Betrachtungen zur Entwicklung ingenieurwissenschaftlicher Grundlagen für die Herstellung und den Einsatz von Verpackungsmitteln. Die Verpackung 26 (1985) 3, S. 83.

[8.14] *Braune, H.-J.*: Notwendige Bemerkungen zu mechanischen Beanspruchungen beim Eisenbahntransport. Die Verpackung 28 (1987) 4, S. 122.

[8.15] Ports of the World, 8. Ausg., Insurance Company of North America Headquarters Philadelphia 1987, Pa S. 34.

[8.16] *Heinrich, Chr.*: Die Beanspruchungen verpackter Güter beim Rangierstoß und deren Simulation auf der schiefen Ebene. Die Verpackung 28 (1987) 4, S. 116.

[8.17] *Heinrich, Chr.*: Ergebnisse von Transporteignungsprüfungen (I bis VI). Die Verpackung 27 (1986) 5, S. 136; 6, S. 182; 28 (1987) 1, S. 20; 3, S. 74; 6, S. 182; 29 (1988) 1, S. 24.

[8.18] *Bläsius, W.*: Richtig verpacken mit Holz. Verpackungsrundschau 41 (1990) 9, S. 1092.

[8.19] *Braune, H.-J.*: Mechanische Beanspruchungen beim Rangieren – Grundlage für Ladesicherung. Neue Verpackung 43 (1990) 7, S. 64.

[8.20] *Dantzer, H.*: Korrosions- und Feuchteschutz in der Verpackung. Verpackungsrundschau 42 (1991) 12, S. 89 TWB.

[8.21] N. N.: Sicher verpackt mit Luftkissenfolie aus HD-PE. Verpackungsrundschau 44 (1993) 6, S. 8.

Sachwörterverzeichnis